Robot Simulation and Programming

机器人仿真与编程技术

杨辰光 李智军 许扬◎编著
Yang Chenguang Li Zhijun Xu Yang

清華大學出版社
北京

内 容 简 介

在机器人的科研与工业应用中，机器人仿真与编程技术发挥着无可替代的作用，因为它一方面能够对机器人控制算法进行检验测试，另一方面给机器人的研发与测试提供一个无风险且稳定的平台。

本书主要内容分为三部分，分别介绍了基于 MATLAB 机器人工具箱的机器人仿真、3 款常用的机器人仿真软件、机器人操作系统（Robot Operating System，ROS）的基础和应用。本书所使用的工具包括 MATLAB、Simulink、3 款常用的机器人仿真软件和机器人操作系统。

本书配套资源丰富，适合作为教材或教辅，也适合各阶层的机器人开发人员和机器人爱好者阅读。

图书在版编目（CIP）数据

机器人仿真与编程技术/杨辰光，李智军，许扬编著. —北京：清华大学出版社，2018（2024.8重印）
（清华开发者书库）
ISBN 978-7-302-49048-7

Ⅰ. ①机… Ⅱ. ①杨… ②李… ③许… Ⅲ. ①机器人－仿真设计 ②机器人－程序设计 Ⅳ. ①TP242

中国版本图书馆 CIP 数据核字（2017）第 295510 号

责任编辑：曾　珊
封面设计：李召霞
责任校对：李建庄
责任印制：沈　露

出版发行：清华大学出版社
网　　址：https://www.tup.com.cn，https://www.wqxuetang.com
地　　址：北京清华大学学研大厦 A 座　　**邮　　编**：100084
社 总 机：010-83470000　　**邮　　购**：010-62786544
投稿与读者服务：010-62776969，c-service@tup.tsinghua.edu.cn
质量反馈：010-62772015，zhiliang@tup.tsinghua.edu.cn
课件下载：https://www.tup.com.cn，010-83470236
印 装 者：三河市铭诚印务有限公司
经　　销：全国新华书店
开　　本：186mm×240mm　　**印　　张**：42.5　　**字　　数**：949 千字
版　　次：2018 年 2 月第 1 版　　**印　　次**：2024 年 8 月第8次印刷
定　　价：138.00 元

产品编号：074129-01

前言

PREFACE

机器人技术是衡量一个国家科技创新和高端制造业水平的重要标志。随着机器人技术的快速发展,它的应用领域涉及工业、服务、航空航天、军事等方面,因此需要一批熟练掌握机器人技术的创新型人才。

传统的机器人教材大多侧重于对机器人学理论知识的探讨,往往涉及比较多的矩阵理论、控制理论的知识,对于读者来说比较抽象。另一方面,这些知识面难以培养读者的动手能力,难以取得良好的实践效果。因此需要将理论与实践相结合。本书将机器人学的理论和应用相结合,一方面概要地介绍了机器人学的理论,另一方面着力于介绍机器人的仿真和编程技术。

在机器人的科研与工业应用中,机器人仿真与编程技术发挥着无可替代的作用,这是因为它一方面能够对机器人控制算法进行检验测试,另一方面给机器人的研发与测试提供一个无风险且稳定的平台。本书所使用的工具包括 MATLAB/Simulink、3 款常用的机器人仿真软件和机器人操作系统(Robot Operating System,ROS)。这些工具一方面可以用于将机器人学的理论知识进行实际验证与研究,另一方面用于对机器人进行设计、仿真与测试。同时,这些工具大多具有开源的特点,而且它们相互之间有方便快捷的接口,能够发挥各自的优势,实现更强大的仿真、编程功能。如今,这些仿真工具都已广泛应用于机器人设计、研发和科学研究等方面,尤其是机器人操作系统,成为机器人领域越来越重要的应用系统。

本书的内容主要分为三篇,第一篇介绍了基于 MATLAB 机器人工具箱的机器人仿真,第二篇介绍了 3 款常用的机器人仿真软件,第三篇介绍了机器人操作系统的基础和应用。

在第一篇中,从机器人学的理论入手,讲述了机器人学中的数学基础、机器人运动学、机器人动力学、机器人控制和轨迹。然后针对每一部分理论内容,介绍了如何使用 MATLAB 机器人工具箱去解决相关的问题。最后,以作者的一些科研成果作为实例,介绍了 MATLAB 机器人工具箱在科研中的应用。

在第二篇中,介绍了 3 款机器人仿真软件:V-REP、Gazebo 和 OpenRAVE。它们作为机器人的仿真工具,能够对机器人及其工作平台进行 3D 建模和 3D 渲染,搭建与现实类似的机器人模型,并具备丰富的物理引擎,能够对机器人在虚拟的物理条件下的运动进行仿真。

在第三篇中,主要介绍了机器人操作系统。ROS 是一个适用于机器人的开源的操作系统。它提供了操作系统应有的服务,包括硬件抽象、底层设备控制、常用函数的实现、进程间消息传递，以及包管理。它也提供用于获取、编译、编写和跨计算机运行代码所需的工具和库函数。这部分主要讲述了ROS的概念、应用和相关的基础，然后以Baxter机器人为应用对象，介绍了ROS在机器人中的相关编程技术。

本书适用于高校的教师作为教材或教辅，同时适合各层次的机器人开发人员和机器人爱好者阅读。教师在以本书作为教材时，可以利用本书提供的工具，布置一些能够锻炼学生动手能力、激励学生创新思维的课程作业。初学机器人学的学生在阅读本书时，可以参考一些对于机器人学理论介绍更全面的书籍，同时要利用好本书介绍的工具，去动手搭建机器人模型或编写相关代码。

在本书的编写过程中得到了编者所在实验室曾超、罗晶、王行健、彭光柱、吴怀炜、陈垂泽、陈雄君、叶宇航、王尊冉、黄典业、梁聪垣等的支持和帮助，编者在此表示谢意。

由于编者水平有限，对于书中存在的欠缺之处，敬请读者批评指正。

作　者

2017年11月

学 习 说 明

由于本书所涉及的工具较多，而且它们之间独立性强，在学习上的关联性不大。在这里，我们分别对每一篇的内容进行梳理，并给出一些学习建议。

第一篇 介绍了机器人学中的数学基础、机器人运动学、机器人动力学、机器人控制和轨迹，并介绍了如何用 MATLAB 机器人工具箱进行相关问题的仿真。建议读者在学习该部分时，应具备一定的机器人学基础，对本章出现的例子要亲自动手实践，并尝试使用机器人工具箱去解决实际科研或工作项目中的问题。

第二篇 介绍了三种机器人仿真软件。因为三种软件都是国外开源的机器人仿真软件，所涉及的界面都为英文。读者在阅读本篇内容中，应根据书中介绍的方法，动手去搭建一些机器人模型，并进行编程仿真。此外，本书的内容参考了软件用户手册的部分内容，读者也可参考文中提供的参考文献书目，进行更深入的学习与研究。在这里，因为 V-REP 相对简单友好，建议初学者使用这款开源、免费的机器人仿真软件练习编程。

第三篇 介绍了机器人操作系统的基础与应用。读者在进行本部分内容的学习时，应亲手去安装虚拟机、Linux 系统和机器人操作系统。此外，可以结合 ROS 的网站（详见 http://wiki.ros.org/cn/ROS/Tutorials），对 ROS 的基础进行全面的学习。此外，这一部分介绍了 ROS 在 Baxter 机器人的 3 个实例，这一部分适合研究生进行学习探究。有条件的读者可以根据本书提供的程序代码，对这本部分例子进行实现，并进行深入的研究。

常用符号列表

符号	描述
P	三维空间中的一个点
$\boldsymbol{R}$	正交旋转矩阵,3×3 的矩阵
$\boldsymbol{T}$	齐次变换矩阵,4×4 的矩阵
a_{i-1}	连杆长度
α_{i-1}	连杆转角
d_i	连杆偏距
θ_i	关节角
σ_i	关节类型,1 表示移动关节,0 表示转动关节
$\boldsymbol{v}$	速度向量
$\boldsymbol{w}$	角速度向量
$\boldsymbol{J}$	雅克比矩阵
$\boldsymbol{\tau}$	力矩
$\boldsymbol{f}$	力
$\boldsymbol{I}$	惯性张量
m_i	连杆 i 的质量
k_i	连杆 i 的动能
u_i	连杆 i 的势能
$\boldsymbol{M}(q)$	惯性矩阵
$\boldsymbol{C}(q,\dot{q})$	科里奥利矩阵
$\boldsymbol{G}(q)$	重力矩阵
$\boldsymbol{F}(\dot{q})$	摩擦力矩
B	黏性摩擦系数
J_m	电机总惯性
$\boldsymbol{\tau}_c$	库仑摩擦力矩

目录

CONTENTS

第一篇　基于 MATLAB 工具箱的机器人仿真

第二篇　机器人仿真软件的基础与应用

第三篇 机器人操作系统基础与应用

第一篇 基于MATLAB工具箱的机器人仿真

MATLAB 机器人工具箱的简介

MATLAB(矩阵实验室)是美国 MathWorks 公司开发的一种商业数学软件。它可用于线性代数计算、图形和动态仿真的高级技术计算语言和交互式环境。如今 MATLAB 已经广泛应用于大学教学和科学研究。MATLAB 的核心功能可在各种商业或开源的许可之下通过应用程序的特定工具箱去进行扩展。矢量与矩阵是 MATLAB 的基本数据类型,它们非常适用于解决机器人学的相关问题。

本书主要基于澳洲学者 Peter Corke 开发的 MATLAB 机器人工具箱,使用 MATLAB 对机器人进行仿真。来自昆士兰科技大学的教授 Peter Corke 开发出了 MATLAB 机器人工具箱和 MATLAB 机器视觉工具箱,后者可以用于机器视觉相关颜色渲染、相机模型建立、三维视觉和控制等方面的研究。本书对后者不进行详细的叙述,只涉及使用机器人工具箱进行机器人仿真。

机器人工具箱主要用于对传统的关节式机器人与移动机器人的研究和仿真,提供了支持机器人相关基本算法的功能集合,例如三维坐标中的方向表示,运动学、动力学模型和轨迹生成。大多数机器人教科书中提出的例子都基于二连杆机器人,因为对二连杆机器人的分析易于处理。但对于实际中应用最广泛的六自由度机器人,其运动学和动力学计算是复杂的，并且可能难以求解。机器人工具箱所包含的功能使其在二连杆机器人上的应用十分方便，除此之外，它还包含着能用于六自由度（或更多）机器人的功能。例如，可以非常容易地研究有效载荷质量对惯性矩阵的影响或者由电动机看到的关节惯性的变化。

机器人工具箱使用一种非常通用的方法描述串行连接臂的运动学和动力学模型。这些模型的参数封装在 MATLAB 的对象中，因此用户可以使用这些机器人对象去创建各种串联机械臂，而其中的可视化仿真使抽象的机器人学习变得更加直观。

在使用机器人工具箱时，每个连杆由连杆对象（Link Object）表示。每个连杆对象的属性包括：标准型（Standard）或改进型（Modified）Denavit-Hartenberg 参数，关节和电机惯性值，摩擦和齿轮比等。多个连杆对象组成机器人对象，在机器人对象上可计算诸如正向和逆向运动学以及前向和逆向动力学等相关问题。工具箱中的示例对象包含经典的 puma560 机器人、KUKA 机器人和 Baxter 机器人。本书也将对这些机器人进行简要介绍。

Simulink 是 MATLAB 的配套产品，它提供了基于框图建模语言的动态系统仿真。在机器人工具箱中，用于工具箱函数的封装模块能够以框图形式描述非线性机器人系统，让使用者能够研究自己设计的机器人控制系统的闭环性能。

除此之外，机器人工具箱还提供了用于处理不同数据类型之间的转换工具，如四元数（表示三维位置和方向）可通过转换工具运用齐次变换，方便快捷地完成相应变换。

机器人工具箱的优点包括：

（1）机器人工具箱使用相对完善和成熟的代码。自 1996 年发布的第一个版本到 2015 年发布的最新版本，工具箱已经发布了多个版本，因此它本身使用的代码都经过了不断的改进。

（2）机器人工具箱中的示例程序十分直观，使用户易于理解；对同一个算法提供了不同的实现方法，有助于针对不同的情况进行比较分析。

（3）机器人工具箱提供了源代码。用户在使用时，可以深入阅读其中的源文件，从而对工具箱的使用和开发有更好的理解。

第1章 机器人学与 MATLAB 机器人工具箱

1.1 MATLAB 机器人工具箱的下载与安装

1. 下载

MATLAB 工具箱可从 Peter Corke 提供的网站上免费下载，网址为：http://www.petercorke.com/Robotics_Toolbox.html。在 Downloading the Toolbox 栏目中单击 here 按钮进入下载页面，然后在该页面中填写国家、组织和身份等信息，进入机器人工具箱的下载页面。如图 1-1 所示，在下载页面中，它提供了机器人工具箱的多个历史版本，本书选择和使用了版本名为 robot-9.10 的 MATLAB 机器人工具箱。

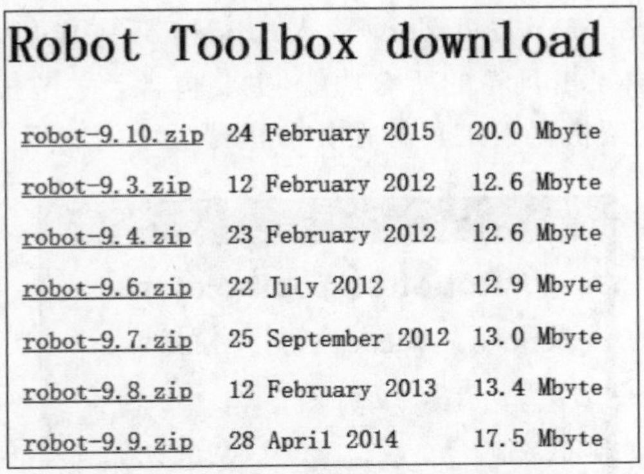

Robot Toolbox download

robot-9.10.zip	24 February 2015	20.0 Mbyte
robot-9.3.zip	12 February 2012	12.6 Mbyte
robot-9.4.zip	23 February 2012	12.6 Mbyte
robot-9.6.zip	22 July 2012	12.9 Mbyte
robot-9.7.zip	25 September 2012	13.0 Mbyte
robot-9.8.zip	12 February 2013	13.4 Mbyte
robot-9.9.zip	28 April 2014	17.5 Mbyte

图 1-1 网站所提供的机器人工具箱版本

2. 安装

将下载后的 zip 压缩包进行解压，然后将名字为“rvctools”的文件夹存放在 MATLAB 的安装路径下的 toolbox 文件夹里面。

3. 路径配置

MATLAB 调用的函数必须在它的搜索路径中，因此需要将机器人工具箱的文件夹路径添加到 MATLAB 的搜索路径。具体的做法是：启动 MATLAB，在 Set Path 的界面中添加相关的机器人工具箱路径。如图 1-2 所示，利用 MATLAB 工具栏里面的 Set Path 将文件夹 rvctools 里面的文件夹设置为搜索目录，包括了...\rvctools，...\rvctools\common，...\rvctools\contrib，...\rvctools\robot，...\rvctools\simulink 这 5 个文件夹。

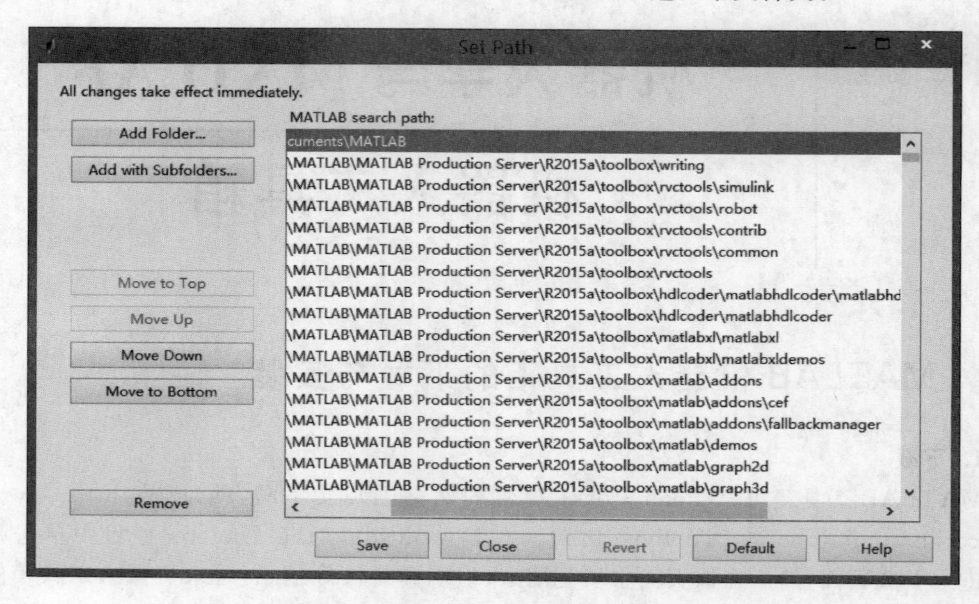

图 1-2 MATLAB 工具栏中对机器人工具箱的路径配置

4．机器人工具箱的启动

在 MATLAB 中的 command window 输入 rtbdemo，完成机器人工具箱的启动。如图 1-3 所示，可以查看机器人工具箱的所有功能，主要包含了关节机器人和移动机器人的各种功能。本书将侧重于介绍机器人工具箱在关节机器人中的应用。

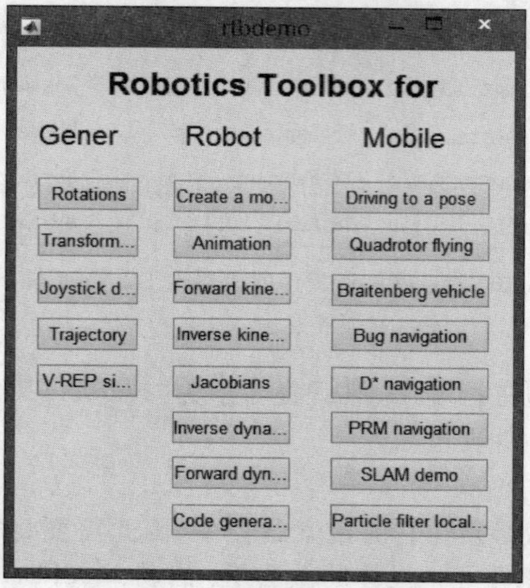

图 1-3 机器人工具箱的启动界面

1.2 机器人学的数学基础

1.2.1 三维空间中的位置与姿态

通常来说，机器人指的是至少包含有一个固定刚体和一个活动刚体的机器装置。其中，固定的刚体称为**基座**，而活动的刚体称为**末端执行器**。在两个部件之间会有若干连杆和关节来支撑末端执行器，并使其移动到一定的位置。

控制一个机器人的运动，可以通过控制机器人（机械臂）上各关节的位置，设定关节运动的轨迹。而首先需要做的就是获取机器人本身的位姿。所谓**位姿**，就是指机器人上每个关节在每一时刻的位置和姿态。这就需要确定描述空间物体位姿的方法，本书中使用空间坐标系来描述相关位姿。当得到位姿的描述以后，就可以利用各关节位姿之间的关系来描述机器人的整个运动链，进而得到机器人的基座坐标系和末端执行器坐标系之间的关系。

机器人的运动学模型包括机器人各连杆、关节的位置姿态以及在各关节上的坐标系，其任务之一就是确立机器人末端执行器的位姿。机器人的机械臂通常是由一组关节连接的连杆结合体：第一个连杆固定，连接该机械臂的基座，而最后一个连杆连接的是它的末端执行器。操作机器人是为了控制与机器人相关的零件、工具在三维空间中运动，因此需要描述相应的位置和姿态。

1. 位置描述

如图 1-4 所示，在三维空间中建立某一坐标系，于是空间中的任何一个点就可以通过一个 3×1 的位置矢量来确定。建立一个直角坐标系$\{A\}$，空间中的任一点$^{A}\boldsymbol{P}$ 可以表示为：

$$^{A}\boldsymbol{P}=\begin{bmatrix}p_x\\p_y\\p_z\end{bmatrix} \tag{1.1}$$

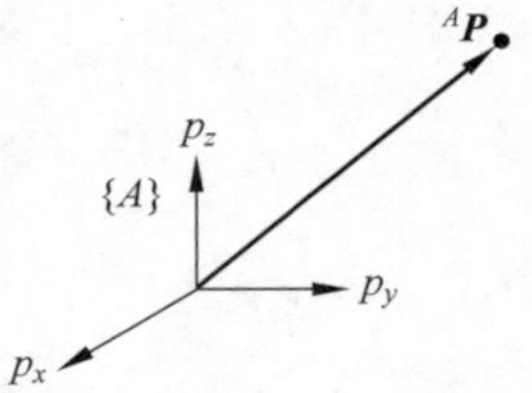

其中，p_x、p_y、p_z分别是$^{A}\boldsymbol{P}$ 在坐标系$\{A\}$中的三个坐标分量，$^{A}\boldsymbol{P}$ 称为位置矢量。

图 1-4 空间中点$^{A}\boldsymbol{P}$的位置描述

在 MATLAB 中，可以利用它本身自带的函数 plot3()画出三维空间中的一个点。例如点 p 的坐标为(1,1,3)，输入代码：plot3(1,1,3,'o')就用圆圈画出这个点。

2. 姿态描述

空间中的物体还需要描述它的姿态（也称为方位），这用固定在物体上的坐标系$\{B\}$来描述。如图 1-5 所示，为了规定空间某刚体 B 的方位，设一坐标系$\{B\}$与此刚体固连；用三个单位矢量 $\boldsymbol{x}_B,\boldsymbol{y}_B,\boldsymbol{z}_B$来表示坐标系$\{B\}$的主轴方向，因此物体相对于参考坐标系$\{A\}$的姿态可以用矢量 $\boldsymbol{x}_B,\boldsymbol{y}_B,\boldsymbol{z}_B$相对于参考坐标系$\{A\}$的方向余弦组成的 3×3 矩阵来表示，这个矩阵$^{A}_{B}\boldsymbol{R}$ 称为旋转矩阵。

$$ {}_B^A\boldsymbol{R} = \begin{bmatrix} {}^A\boldsymbol{x}_B & {}^A\boldsymbol{y}_B & {}^A\boldsymbol{z}_B \end{bmatrix} = \begin{bmatrix} r_{11} & r_{12} & r_{13} \\ r_{21} & r_{22} & r_{23} \\ r_{31} & r_{32} & r_{33} \end{bmatrix} \tag{1.2} $$

用矢量两两之间的余弦则表示为：

$$ {}_B^A\boldsymbol{R} = \begin{bmatrix} \cos(x_A, x_B) & \cos(x_A, y_B) & \cos(x_A, z_B) \\ \cos(y_A, x_B) & \cos(y_A, y_B) & \cos(y_A, z_B) \\ \cos(z_A, x_B) & \cos(z_A, y_B) & \cos(z_A, z_B) \end{bmatrix} \tag{1.3} $$

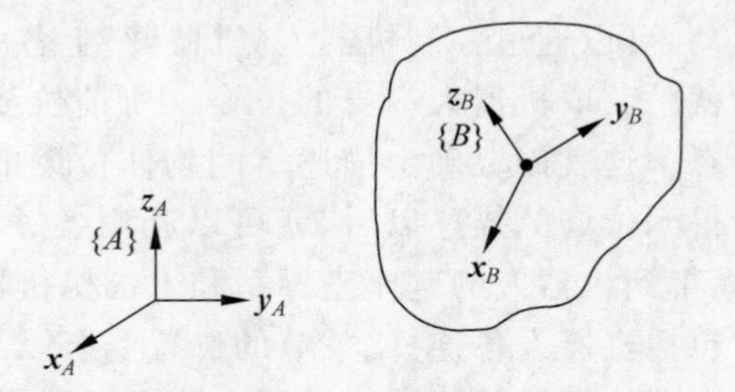

图 1-5　空间中某刚体 B 的姿态描述

对应于轴 X,Y 或 Z 作转角为 θ 的旋转变换，其旋转矩阵分别为：

$$ \boldsymbol{R}_x(\theta) = \begin{bmatrix} 1 & 0 & 0 \\ 0 & \cos\theta & -\sin\theta \\ 0 & \sin\theta & \cos\theta \end{bmatrix} \tag{1.4} $$

$$ \boldsymbol{R}_y(\theta) = \begin{bmatrix} \cos\theta & 0 & \sin\theta \\ 0 & 1 & 0 \\ -\sin\theta & 0 & \cos\theta \end{bmatrix} \tag{1.5} $$

$$ \boldsymbol{R}_z(\theta) = \begin{bmatrix} \cos\theta & -\sin\theta & 0 \\ \sin\theta & \cos\theta & 0 \\ 0 & 0 & 1 \end{bmatrix} \tag{1.6} $$

旋转矩阵${}_B^A\boldsymbol{R}$ 具有这样的特点：

(1) 3 个主矢量两两垂直；

(2) 9 个元素中，只有 3 个是独立的；

(3) 3 个单位主矢量满足 6 个约束条件：

$$ {}^A\boldsymbol{x}_B \cdot {}^A\boldsymbol{x}_B = {}^A\boldsymbol{y}_B \cdot {}^A\boldsymbol{y}_B = {}^A\boldsymbol{z}_B \cdot {}^A\boldsymbol{z}_B = 1 \tag{1.7} $$

$$ {}^A\boldsymbol{x}_B \cdot {}^A\boldsymbol{y}_B = {}^A\boldsymbol{y}_B \cdot {}^A\boldsymbol{z}_B = {}^A\boldsymbol{x}_B \cdot {}^A\boldsymbol{z}_B = 0 \tag{1.8} $$

(4) 旋转矩阵为正交矩阵，并且满足条件：

$$ {}_B^A\boldsymbol{R}^{-1} = {}_B^A\boldsymbol{R}^{\mathrm{T}}, \quad \left| {}_B^A\boldsymbol{R} \right| = 1 $$

在机器人工具箱中，可分别用函数 rotx(θ)，roty(θ)，rotz(θ)计算旋转 θ 的旋转矩阵，其中，在默认情况下，θ 用弧度表示。

例如围绕 X 轴做转角为 180°的旋转变换时，输入 MATLAB 命令：

```
>>  R = rotx(pi)
```

运行结果：

```
R =
    1.0000         0         0
         0   - 1.0000   - 0.0000
         0    0.0000   - 1.0000
```

如果直接用角度 θ 表示，可以分别用 rotx(θ,'deg')，roty(θ,'deg')，rotz(θ,'deg')计算旋转矩阵。上面例子的 MATLAB 命令：

```
>> R = rotx(180,'deg')
```

运行结果：

```
R =
    1.0000         0         0
         0   - 1.0000   - 0.0000
         0    0.0000   - 1.0000
```

以上两种方式，都可以得到相对应的旋转矩阵。

在机器人工具箱中，可以使用两种函数实现坐标的旋转可视化。函数 trplot()可以用图形表示相应的体坐标系，函数 tranimate()用动画展示世界坐标系旋转为体坐标系的过程。

输入 trplot(R)，运行结果如图 1-6 所示；输入 tranimate(R)，运行结果如图 1-7 所示。

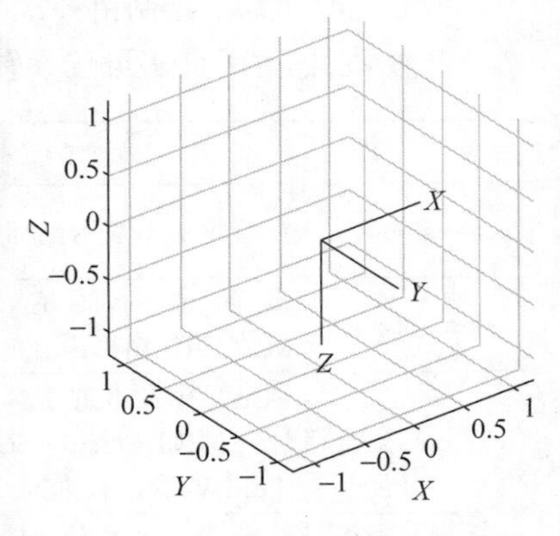

图 1-6　使用 trplot()生成的坐标图

3. 本节函数解析

根据 Peter Corke 所编著的 MATLAB 机器人工具箱的函数说明文档(即 *Robotics Toolbox for MATLAB*)，以下对本节所出现过的函数进行进一步的解析。

1) 获取旋转矩阵

(1) rotx()：R=rotx(θ)是表示围绕 X 轴旋转弧度为 θ 得到的旋转矩阵，返回一个 3×3 的矩阵。

(2) roty()：R=roty(θ)是表示围绕 Y 轴旋转弧度为 θ 得到的旋转矩阵，返回一个 3×3 的矩阵。

(3) rotz()：R=rotz(θ)是表示围绕 Z 轴旋转弧度为 θ 得到的旋转矩阵，返回一个 3×3 的矩阵。

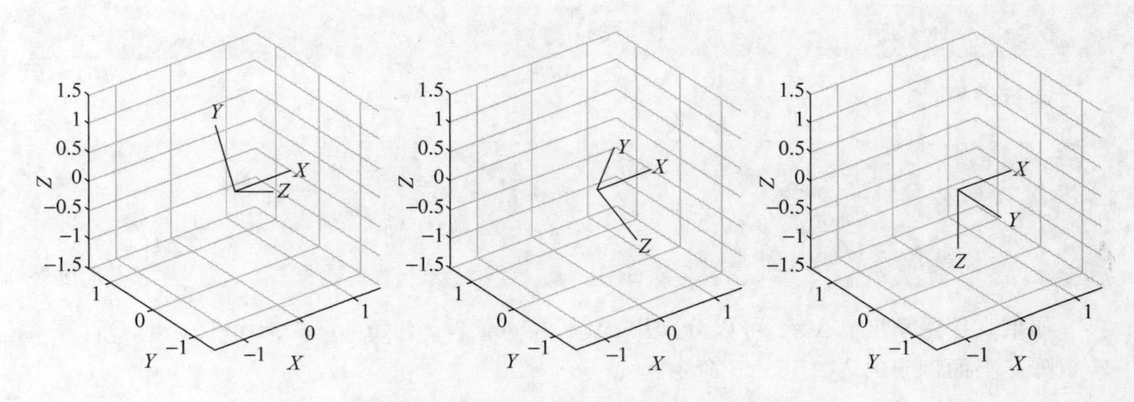

图 1-7 使用 tranimate()生成的坐标图

以上三个函数中,可选参数为“deg”,表示角度值单位为度(degree)。

2) 绘制坐标系

函数为:trplot()。

对于三维坐标系的绘制,机器人工具箱提供了强大的可视化函数 trplot()。

(1) trplot(R):绘制由旋转矩阵得到的坐标系,其中坐标系根据正交旋转矩阵围绕原点旋转得到,$\boldsymbol{R}$ 为 3×3 的矩阵。

(2) trplot(T):绘制由齐次变换矩阵 $\boldsymbol{T}$ 表示的三维坐标系,其中 $\boldsymbol{T}$ 为 4×4 的矩阵。

此外,它包含了许多可选参数,这里列举主要的几种:

参　数	意　义	参　数	意　义
'noaxes'	在绘图上不显示坐标轴	'axis', A	将图形显示的轴尺寸设置为 A,其中 A= [xmin xmax ymin ymax zmin zmax]
'color', C	设置轴的颜色,C 代表 MATLAB 图形内置的颜色类型	'frame', F	将绘制出来的坐标系命名为 F,并且 X,Y,Z 轴的下标含有 F
'text_opts', opt	调整显示文本的字体大小等属性;例如{'FontSize', 10, 'FontWeight', 'bold'}	'view', V	设置绘图视图参数 V = [az el]角度,或者对于坐标系的原点查看'auto'
'length', s	坐标轴的长度(默认值 1)	'arrow'	设置坐标轴的末端为箭头,而不是线段
'width', w	箭头宽度(默认为 1)	'thick', t	线条粗细(默认 0.5)
'3d'	在三维空间中使用浮雕图形绘制	'anaglyph', A	将“3d”的浮雕颜色指定为左右两个字符(默认颜色为“rc”):选自红,绿,蓝,青,品红
'dispar', D	3d 显示差异(默认 0.1)	'text'	启用在框架上显示 X,Y,Z 标签
'labels', L	使用字符串 L 的第 1 个,第 2 个,第 3 个字符标记 X,Y,Z 轴	'rgb'	以红色,绿色,蓝色分别显示 X,Y,Z 轴

3）动画展示

函数为：tranimate()。

（1）tranimate(x1,x2,options)展示3D坐标系从姿态x1变换到姿态x2的动画效果。其中，姿态x1和x2有三种表示方法：一个4×4的齐次矩阵，或一个3×3的旋转矩阵，或一个四元数。

（2）tranimate(x, options)展示了坐标系由上一个姿态变换到姿态x的动画效果。同样地，姿势x也有三种表示方法：一个4×4的齐次矩阵，或一个3×3的旋转矩阵，或一个四元数。

（3）tranimate(xseq, options)展示了移动一段轨迹的动画效果。xseq可以是一组4×4×N的齐次矩阵，或一组3×3×N的旋转矩阵，或是一组四元数向量(N×1)。

它包含的可选参数如下：

参　数	意　义	参　数	意　义
'fps', fps	每秒显示的帧数(默认为10)	'nsteps', n	沿路径的步数(默认50)
'axis', A	设置三个轴的边界，A=[xmin, xmax, ymin, ymax, zmin, zmax]	'movie', M	将帧保存为文件夹M中的文件，M为文件的路径

1.2.2 坐标变换

在三维空间中，任一坐标系均可作为描述一个物体位姿的参考坐标系。在机器人学的许多问题中，常常需要在不同的参考坐标系中表示同一个物体的位姿。例如，图1-8的应用例子中，需要在相机的指导下，使用机器人的手臂去夹取一个目标物体。因此，需要获取世界坐标系、固定相机的坐标系、机器人的坐标系、机器人的相机坐标系、目标物体的坐标系的位置与姿态，使得机器人的末端执行器能够达到夹取目标物体所需要的位姿，执行夹取任务。

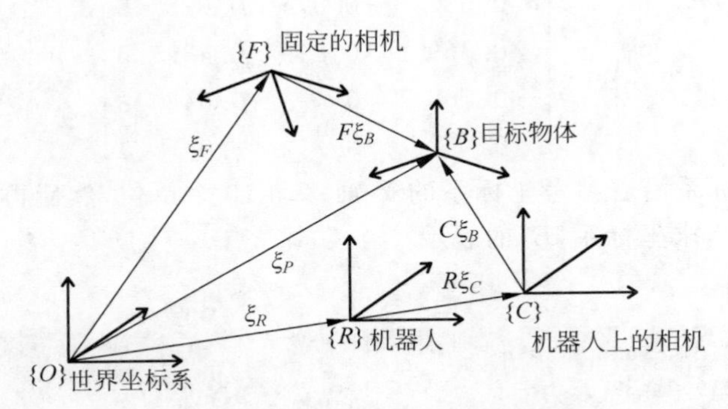

图1-8　机器人夹取物体任务中的坐标系

1. 平移坐标变换

如图1-9所示，坐标系{A}没有经过旋转，只经过平移得到坐标系{B}。P是B坐标系中的一点，用矢量${}^{B}\boldsymbol{P}$表示它在坐标系$\{B\}$中的位置；${}^{A}\boldsymbol{P}_{BORG}$表示$A$坐标系平移到$B$坐标系的距离。当$P$用坐标系$\{A\}$表示时，用矢量${}^{A}\boldsymbol{P}$表示。因为矢量${}^{A}\boldsymbol{P}$和${}^{B}\boldsymbol{P}$具有相同的姿态，所以可以使用矢量相加的方法表示${}^{A}\boldsymbol{P}$：

$$ {}^{A}\boldsymbol{P} = {}^{B}\boldsymbol{P} + {}^{A}\boldsymbol{P}_{BORG} \tag{1.9} $$

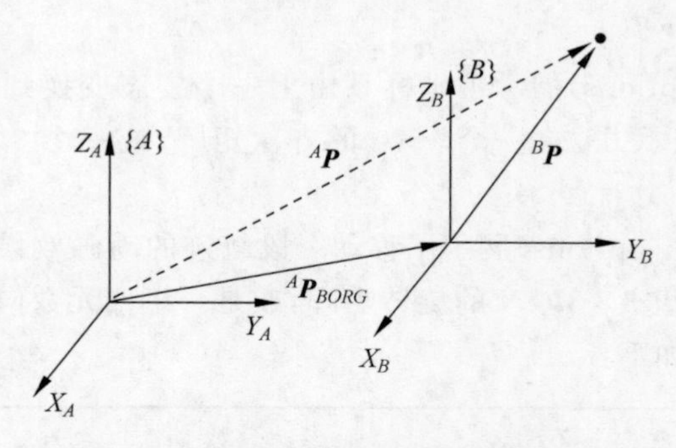

图 1-9　坐标系$\{O_A\}$经过平移变换到坐标系$\{O_B\}$

用 4×4 的齐次矩阵表示平移变换矩阵$\boldsymbol{T}$，则

$$ \boldsymbol{T} = \begin{bmatrix} 1 & 0 & 0 & p_x \\ 0 & 1 & 0 & p_y \\ 0 & 0 & 1 & p_z \\ 0 & 0 & 0 & 1 \end{bmatrix} \tag{1.10} $$

其中，p_x，p_y和p_z是平移向量$\boldsymbol{P}$相对于参考坐标系X轴、Y轴和Z轴的 3 个分量。与矢量和旋转矩阵一样，坐标系还可以用上述变换算子表示。

对于平移坐标变换，机器人工具箱提供了函数 transl()计算一段平移相对应的平移变换矩阵。

例如，空间中的一个坐标系$\{A\}$，它可以表示为

$$ \boldsymbol{A} = \begin{bmatrix} 0.527 & -0.574 & 0.628 & 5 \\ 0.369 & 0.819 & 0.439 & 3 \\ -0.766 & 0 & 0.643 & 8 \\ 0 & 0 & 0 & 1 \end{bmatrix} $$

如果将这个坐标系沿着参考坐标系的Y轴移动 10 个单位，然后再沿着Z轴移动 5 个单位得到坐标系$\{B\}$，求坐标系$\{B\}$的表示。

输入命令：

```
>> A = [0.527, - 0.574,.628,5;
      0.369,0.819,0.439,3;
      - 0.766,0,0.643,8;
      0,0,0,1];
>> T = transl(0,10,5);
>> B = T * A
```

运行结果：

```
B =
    0.5270   -0.5740    0.6280    5.0000
    0.3690    0.8190    0.4390   13.0000
   -0.7660         0    0.6430   13.0000
         0         0         0    1.0000
```

其中平移变换矩阵为：

```
T =
    1    0    0    0
    0    1    0   10
    0    0    1    5
    0    0    0    1
```

2. 旋转坐标变换

如图1-10所示，当坐标系$\{A\}$没有经过平移，只经过旋转时(旋转矩阵为${}^{A}_{B}\boldsymbol{R}$)，得到坐标系$\{B\}$。同一个点P在坐标系$\{A\}$和$\{B\}$中的表示分别为${}^{A}\boldsymbol{P}$和${}^{B}\boldsymbol{P}$，这两个矢量有这样的变换关系：

$$
{}^{A}\boldsymbol{P}={}^{A}_{B}\boldsymbol{R}\,{}^{B}\boldsymbol{P}
$$

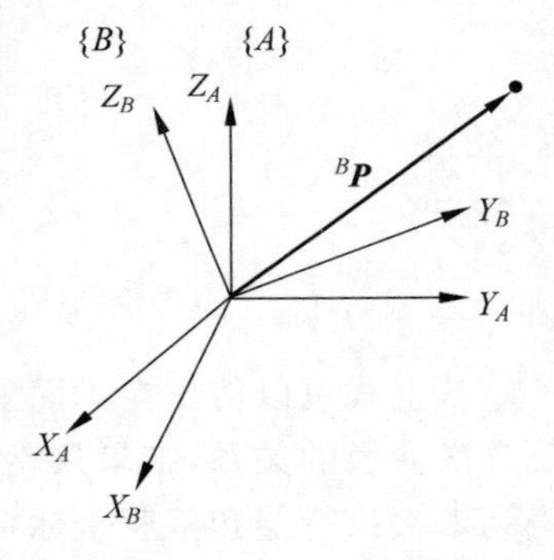

图1-10 坐标系$\{O_A\}$经过旋转变换到坐标系$\{O_B\}$

机器人工具箱分别提供了trotx()，troty()，trotz()三个函数计算旋转变换矩阵，分别对应着X轴，Y轴和Z轴旋转一定的角度，得到的是一个4×4的矩阵。

例如上面的坐标系$\{A\}$，然后绕着X轴旋转30°，求旋转后得到的坐标系$\{C\}$。

运行指令：

```
>> T = trotx(pi/6)
```

运行结果：

```
T =
    1.0000         0         0         0
         0    0.8660   -0.5000         0
         0    0.5000    0.8660         0
         0         0         0    1.0000
```

得到旋转变换矩阵后，可运行下面指令得到坐标系$\{C\}$的表示：

```
>> C = T * A
```

运行结果：

```
C =
    0.5270   - 0.5740    0.6280    5.0000
    0.7026     0.7093    0.0587  - 1.4019
  - 0.4789     0.4095    0.7764    8.4282
         0          0         0    1.0000
```

3. 齐次坐标变换

如图 1-11 所示，当坐标系$\{A\}$经过平移(距离为$^{A}\boldsymbol{P}_{BORG}$)与旋转(旋转矩阵为$^{A}_{B}\boldsymbol{R}$)得到坐标系$\{B\}$。同一个点 P 在坐标系$\{A\}$和$\{B\}$中的表示分别为$^{A}\boldsymbol{P}$ 和$^{B}\boldsymbol{P}$，这两个矢量有如下的变换关系：

$$^{A}\boldsymbol{P}={}^{A}_{B}\boldsymbol{R}\,{}^{B}\boldsymbol{P}+{}^{A}\boldsymbol{P}_{BORG} \tag{1.11}$$

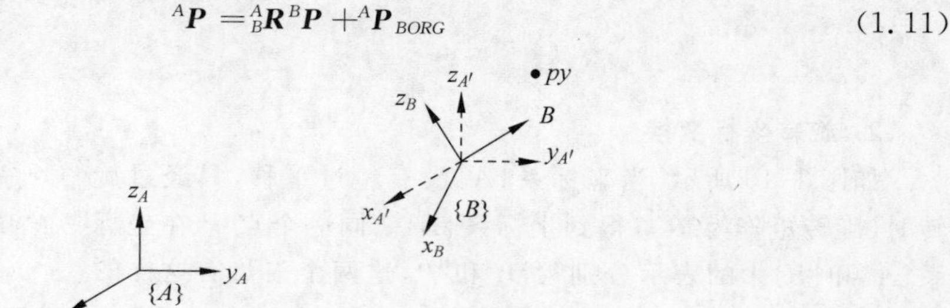

图 1-11 包括了平移变换和旋转变换的一般坐标变换

从上式可以得出在不同坐标系中的位姿$^{A}\boldsymbol{P}$ 和$^{B}\boldsymbol{P}$ 之间的关系，但在上式中$^{A}\boldsymbol{P}$ 和$^{B}\boldsymbol{P}$ 并不是齐次变换的关系，结果只能简易计算相邻坐标系中位姿之间的关系，当不是相邻甚至需要得到末端执行器和基座坐标系上位姿的关系时，计算量太大、太复杂，所以应该将这个等式写成齐次变换的形式。因为在三维矩阵计算不能充分描述齐次变换，所以增加了矩阵的维数，将等式改写为四维矩阵的形式，即：

$$\begin{pmatrix}^{A}\boldsymbol{P}\\1\end{pmatrix}=\begin{bmatrix}^{A}_{B}\boldsymbol{R} & ^{A}\boldsymbol{P}_{BORG}\\0_{1\times3} & 1\end{bmatrix}\begin{pmatrix}^{B}\boldsymbol{P}\\1\end{pmatrix} \tag{1.12}$$

将转换因子用齐次变换矩阵$^{A}_{B}\boldsymbol{T}$ 表示，即：

$$^{A}_{B}\boldsymbol{T}=\begin{bmatrix}^{A}_{B}\boldsymbol{R} & ^{A}\boldsymbol{P}_{BORG}\\0_{1\times3} & 1\end{bmatrix} \tag{1.13}$$

因此上式可以表示为

$$^{A}\boldsymbol{P}={}^{A}_{B}\boldsymbol{T}\,{}^{B}\boldsymbol{P} \tag{1.14}$$

对于旋转矩阵$^{A}_{B}\boldsymbol{R}$，根据正交矩阵的性质可以得到：

$$^{A}_{B}\boldsymbol{R}^{-1}={}^{A}_{B}\boldsymbol{R}={}^{A}_{B}\boldsymbol{R}^{\mathrm{T}} \tag{1.15}$$

而对于转换矩阵，其逆矩阵不等于原矩阵，经过推导，可得到：

$$^{A}_{B}\boldsymbol{T}^{-1}={}^{B}_{A}\boldsymbol{T}=\begin{bmatrix}^{A}_{B}\boldsymbol{R}^{\mathrm{T}} & -{}^{A}_{B}\boldsymbol{R}^{\mathrm{T}}\,{}^{A}\boldsymbol{P}_{BORG}\\0_{1\times3} & 1\end{bmatrix} \tag{1.16}$$

因此，得到了相邻坐标系间矢量（旋转矢量和移动矢量）的齐次变换。

前面提到，对于平移坐标变换，机器人工具箱提供了函数 transl()；对于旋转坐标变换，机器人工具箱分别提供了函数 trotx()、troty()、trotz()。下面用例子说明如何用机器人工具箱解决齐次变换的问题。

【例 1-1】 已知坐标系$\{A\}$与坐标系$\{B\}$初始位姿重合，首先$\{B\}$相对于$\{A\}$的y_A旋转60°，再沿着$\{A\}$的x_A轴移动 4 个单位，最后沿着$\{A\}$的z_A轴移动 3 个单位。

(1) 点p_1在坐标系$\{B\}$中的描述为${}^B\boldsymbol{p}_1=[2\quad 4\quad 3]^{\mathrm{T}}$，求它在坐标系$\{A\}$中的描述${}^A p_1$。

(2) 另有一点p_2在坐标系$\{A\}$中的描述为${}^A\boldsymbol{p}_2=[2\quad 4\quad 3]^{\mathrm{T}}$，求它在坐标系$\{B\}$中的描述${}^B p_2$。

解析：

(1) 旋转矩阵${}^A_B\boldsymbol{R}=R(y,60°)$，平移矢量为${}^A\boldsymbol{p}_B=[4\quad 0\quad 3]^{\mathrm{T}}$

$$
{}^A_B\boldsymbol{T}=\begin{bmatrix} {}^A_B\boldsymbol{R} & {}^A\boldsymbol{P}_{BORG} \\ 0_{1\times 3} & 1 \end{bmatrix}
$$

输入命令：

```
>> T = transl(4,0,3) * troty(pi/3)
```

运行结果为：

```
T =
    0.5000         0    0.8660    4.0000
         0    1.0000         0         0
   -0.8660         0    0.5000    3.0000
         0         0         0    1.0000
```

点p_1在坐标系$\{A\}$中的描述为：${}^A\boldsymbol{P}={}^A_B\boldsymbol{T}\,{}^B\boldsymbol{P}$。

输入命令：

```
>> p = T * [2;4;3;1]
```

运行结果为：

```
p =
    7.5981
    4.0000
    2.7679
    1.0000
```

(2) 由${}^A\boldsymbol{P}={}^A_B\boldsymbol{T}\,{}^B\boldsymbol{P}$ 可得到${}^B\boldsymbol{P}={}^A_B\boldsymbol{T}^{-1}\,{}^A\boldsymbol{P}$。

输入命令：

```
>> p2 = inv(T) * [2;4;3;1]
```

运行结果为：

```
p2 =
  - 1.0000
    4.0000
  - 1.7321
    1.0000
```

关于三维空间中的坐标系，MATLAB 机器人工具箱提供了函数 trplot()可以画出该坐标系。对于上面的例子，可以通过 trplot()画出坐标系$\{A\}$和坐标系$\{B\}$。

输入命令：

```
>> T0 = transl(0,0,0);
>> trplot(T0,'frame','A','color','b');
>> hold on;
>> trplot(T,'frame','B','color','r');
>>  axis([0 5 0 5 0 5]);
>>  axis([0 5 0 5 0 5]);
>> p2 = inv(T) * [2;4;3;1]
```

运行结果如图 1-12 所示。

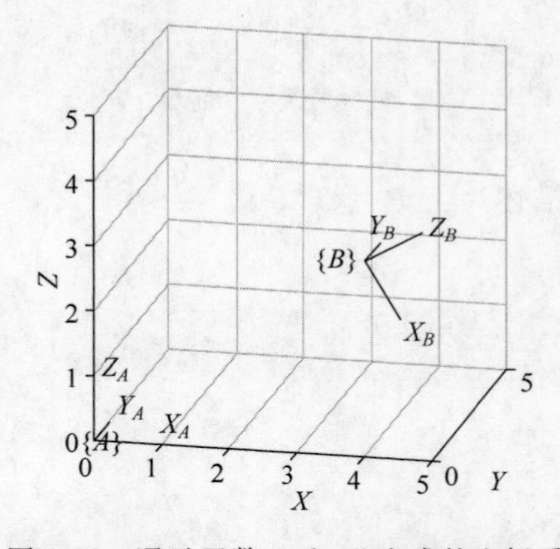

图 1-12　通过函数 trplot()生成的坐标系

此外，关于齐次变换矩阵${}^{A}_{B}\boldsymbol{T}$，机器人工具箱提供了函数 t2r()可以提取旋转矩阵分量。

输入命令：

```
>> R = t2r(T)
```

运行结果为：

```
R =
    0.5000         0    0.8660
         0    1.0000         0
   -0.8660         0    0.5000
```

而函数 r2t()则可以将旋转矩阵转换成对应的齐次变换矩阵。如通过运行指令 r2t(R)可以得到上面的矩阵 $\boldsymbol{T}$。

通过以下的命令可以提取平移变换分量。

输入命令：

```
>> p = tranl(T)
```

运行结果：

```
p =
    4
    0
    3
```

4. 本节函数解析

根据 *Robotics Toolbox for MATLAB*，以下对本节所出现过的函数进行进一步的解析。

1) 平移变换 transl()

(1) 使用 transl()创建平移变换矩阵。

T = transl(x, y, z)：表示能够获取一个分别沿着 x,y,z 轴平移一段距离得到的 4×4 齐次变换矩阵。

T = transl(p)：表示由经过矩阵(或向量)$\boldsymbol{p}=[x,y,z]$的平移得到的齐次变换矩阵。如果 $\boldsymbol{p}$ 为$(M\times3)$的矩阵，则 $\boldsymbol{T}$ 为一组齐次变换矩阵$(4\times4\times M)$，其中 $T(:,:,i)$对应于 $\boldsymbol{p}$ 的第 i 行。

(2) 使用 transl()提取一个矩阵中的平移变换分量。

[x,y,z] = transl(T)：x,y,z 是齐次变换矩阵中的三个分量，是一个 $1\times M$ 的向量。

p = transl(T)：p 是齐次变换矩阵中 $\boldsymbol{T}$ 的平移部分，是一个 $3\times M$ 的矩阵。

2) 旋转坐标变换

(1) T=trotx(θ)：表示围绕 X 轴旋转 θ(弧度)得到的齐次变换矩阵(4×4)。

(2) T=troty(θ)：表示围绕 Y 轴旋转 θ(弧度)得到的齐次变换矩阵(4×4)。

(3) T=trotz(θ)：表示围绕 Z 轴旋转 θ(弧度)得到的齐次变换矩阵(4×4)。

以上 3 个函数中，可选参数为 deg，表示角度值单位为度(degree)。

3) t2r()

R = t2r(T)获取齐次变换矩阵 $\boldsymbol{T}$ 中正交旋转矩阵分量。如果 $\boldsymbol{T}$ 是一个 4×4 的矩阵，

则 $\boldsymbol{R}$ 是一个 3×3 的矩阵；如果 $\boldsymbol{T}$ 是一个 3×3 的矩阵，则 $\boldsymbol{R}$ 是一个 2×2 的矩阵。

4) r2t()

函数 r2t()可将旋转矩阵转换为齐次变换矩阵。

T＝r2t(R)获取一个正交旋转矩阵 $\boldsymbol{R}$ 等价的具有零平移分量的齐次变换矩阵。如果 $\boldsymbol{R}$ 是一个 3×3 的矩阵，则 $\boldsymbol{T}$ 是一个 4×4 的矩阵；如果 $\boldsymbol{R}$ 是一个 2×2 的矩阵，则 $\boldsymbol{T}$ 是一个 3×3 的矩阵。

1.2.3 姿态的其他表示方法

1. 角坐标表示法

角坐标表示法的原理是：首先考虑坐标系$\{B\}$和一个固定的参考坐标系$\{A\}$重合，然后每次将$\{B\}$绕着$\{A\}$或$\{B\}$的其中一条轴旋转一定的角度，需要连续转三次。角坐标表示法有 24 种典型的表示方法：每次旋转都只围绕着$\{A\}$的某条轴，共有 12 种，称为固定角坐标系法；而每次旋转都是绕着$\{B\}$的某条轴，共有 12 种，称为欧拉角坐标系法。下面介绍几种常用的方法。

1) X-Y-Z 固定角坐标系

X-Y-Z 固定角坐标系的方法：首先将坐标系$\{B\}$和固定的参考坐标系$\{A\}$重合，然后$\{B\}$绕着X_A旋转γ，再绕着Y_A旋转β，最后绕Z_A旋转α。相对于 X、Y 和 Z 轴旋转的角分别称为回转角、俯仰角和偏转角。这里可以通过三个旋转矩阵的相乘推导出经过一系列旋转后的等价旋转矩阵：

$$ {}_{B}^{A}\boldsymbol{R}_{XYZ}(\gamma,\beta,C)=\boldsymbol{R}_{Z}(\alpha)\boldsymbol{R}_{Y}(\beta)\boldsymbol{R}_{X}(\gamma) \tag{1.17} $$

从而可以得出：

$$ \begin{aligned} &{}_{B}^{A}\boldsymbol{R}_{XYZ}(\gamma,\beta,\alpha) \\ &=\begin{bmatrix} \cos\alpha\cdot\cos\beta & \cos\alpha\cdot\sin\beta\cdot\sin\gamma-\sin\alpha\cdot\cos\gamma & \cos\alpha\cdot\sin\beta\cdot\cos\gamma+\sin\alpha\cdot\sin\gamma \\ \sin\alpha\cdot\cos\beta & \sin\alpha\cdot\sin\beta\cdot\sin\gamma+\cos\alpha\cdot\cos\gamma & \sin\alpha\cdot\sin\beta\cdot\cos\gamma-\cos\alpha\cdot\sin\gamma \\ -\sin\beta & \cos\beta\cdot\sin\gamma & \cos\beta\cdot\cos\gamma \end{bmatrix} \end{aligned} \tag{1.18} $$

可以看出，上式的结果比较复杂，而机器人工具箱提供了简单的函数去计算等价的旋转矩阵，其中一种是使用之前提过的函数 rotx()、roty()和 rotz()按顺序相乘；另外一种是使用函数 rpy2r()。

例如，在 X-Y-Z 固定角坐标系中，当回转角 γ 为 30°，俯仰角 β 为 45°，偏转角 α 为 60°时，求出经过这一系列旋转变换得到的旋转矩阵：

输入命令

```
>> R1 = rotz(pi/3) * roty(pi/4) * rotx(pi/6)
```

或者

```
>> R1 = rpy2r(pi/3,pi/4,pi/6,'zyx')
```

该函数默认的是 XYZ，应在后面的选项添加 zyx 指定为 ZYX 顺序。

运行结果：

```
R1 =
    0.3536   - 0.5732    0.7392
    0.6124     0.7392    0.2803
  - 0.7071     0.3536    0.6124
```

如果已知一个旋转矩阵，要求出对应的偏转角、俯仰角和回转角，根据理论计算很难得到所要求的值。在机器人工具箱中，可以根据函数 tr2rpy()计算出一个给定旋转矩阵的偏转角、俯仰角和回转角。

例如，在上面中的例子求出的旋转矩阵 $\boldsymbol{R}1$，可以求出对应的三个角、输入命令：

```
>> TB = tr2rpy(R1,'zyx')
```

运行结果：

```
TB =
    1.0472    0.7854    0.5236
```

因此，可以得出，回转角 γ 为 0.5236，俯仰角 β 为 0.7854，偏转角 α 为 1.0472(注意顺序)。

2) Z-Y-Z 欧拉角坐标系

Z-Y-Z 欧拉角坐标系的方法：首先将坐标系$\{B\}$和固定的参考坐标系$\{A\}$重合，然后$\{B\}$绕着Z_B旋转 α 角，再绕着 Y_B旋转 β，最后绕Z_B旋转 γ。这里可以通过三个旋转矩阵的相乘推导出经过一系列旋转后的等价旋转矩阵：

$$_{B}^{A}\boldsymbol{R}_{Z'Y'X'}(\gamma,\beta,C)=\boldsymbol{R}_Z(\alpha)\boldsymbol{R}_Y(\beta)\boldsymbol{R}_Z(\gamma) \tag{1.19}$$

从而可以得出：

$$\begin{aligned}&_{B}^{A}\boldsymbol{R}_{Z'Y'X'}(\gamma,\beta,C)\\&=\begin{bmatrix}\cos\alpha\cdot\sin\beta\cdot\cos\gamma-\sin\alpha\cdot\sin\gamma & -\cos\alpha\cdot\cos\beta\cdot\sin\gamma-\sin\alpha\cdot\cos\gamma & \cos\alpha\cdot\sin\beta\\ \sin\alpha\cdot\cos\beta\cdot\cos\gamma+\cos\alpha\cdot\sin\gamma & \sin\alpha\cdot\cos\beta\cdot\sin\gamma+\cos\alpha\cdot\cos\gamma & \sin\alpha\cdot\sin\beta\\ -\sin\beta\cdot\cos\gamma & \sin\beta\cdot\sin\gamma & \cos\beta\end{bmatrix}\end{aligned} \tag{1.20}$$

同样地，机器人工具箱提供了函数 eul2r()去计算对应的欧拉角。

例如，在 Z-Y-Z 欧拉角中，坐标系$\{B\}$绕 Z_B 旋转 30°，再绕 Y_B 旋转 45°，最后绕 Z_B 旋转

60°,要求经过这一系列旋转变换得到的旋转矩阵。

输入命令:

```
>> R2 = rotz(pi/6) * roty(pi/4) * rotz(pi/3)
```

或者

```
>> R2 = eul2r(pi/6,pi/4,pi/3)
```

运行结果:

```
R2 =
   - 0.1268   - 0.7803    0.6124
     0.9268     0.1268    0.3536
   - 0.3536     0.6124    0.7071
```

此外,如果已知一个旋转矩阵,要求出对应的三个欧拉角,在机器人工具箱中,可以根据函数 tr2eul()计算出一个给定旋转矩阵的欧拉角。

输入命令:

```
>> EA = tr2eul(R2)
```

运行结果:

```
EA =
     0.5236     0.7854    1.0472
```

因此可以得出,三个 Z-Y-Z 欧拉角分别是 0.5236、0.7854 和 1.0472。

2. 向量表示法

在机器人学中,用向量去表示一个坐标系的方法比较少用,但机器人工具箱提供了相关的函数进行计算。

1) 双向量表示法

双向量表示法是假设一个旋转矩阵为

$$\boldsymbol{R}=\begin{bmatrix} n_x & o_x & a_x \\ n_y & o_y & a_y \\ n_z & o_z & a_z \end{bmatrix} \tag{1.21}$$

已知两个在同一个平面但不平行的向量 $\boldsymbol{a}=[a_x \quad a_y \quad a_z]$和向量 $\boldsymbol{o}=[o_x \quad o_y \quad o_z]$。因为两个向量确定了一个平面,即使它们之间不存在正交的关系,但可以通过叉乘来确定另一个新的向量 $\boldsymbol{n}$,而且向量 $\boldsymbol{n}$ 垂直于它们所确定的平面。

在机器人工具箱中,提供了函数 oa2r()去计算两个非平行的向量所定义的一个坐标系。例如,两个向量分别是 $\boldsymbol{a}=[2,1,0]$ 和 $\boldsymbol{o}=[1,2,0]$,计算对应的旋转矩阵。

输入指令:

```
>> a = [2,1,0];
>> o = [1,2,0];
>> R = oa2r(o,a)
```

运行结果:

```
R =
         0   - 0.4472    0.8944
         0     0.8944    0.4472
   - 1.0000         0         0
```

2）单向量旋转法

对于空间中任意两个姿态的坐标系,可以在空间中找到某个轴,使得其中一个坐标系绕着这个轴旋转一定的角度,与另外一个坐标系姿态重合。其中这个向量称为旋转向量,与前面提到的旋转矩阵,二者可以通过罗德里格斯变换进行转换:

$$\boldsymbol{R}=\cos\theta\boldsymbol{I}+(1-\cos\theta)\boldsymbol{r}\boldsymbol{r}^{\mathrm{T}}+\sin\theta\begin{bmatrix}0 & -r_z & r_y\\ r_z & 0 & -r_z\\ -r_y & r_x & 0\end{bmatrix} \tag{1.22}$$

其中,$\boldsymbol{r}$ 为旋转向量,θ 为对应的角度。

机器人工具箱中,提供了函数 angvec2r()将向量与它所选择的角度转换到等价的旋转矩阵。例如,坐标系 A 绕着 X 轴旋转 90°,求它等价的旋转矩阵。

输入指令:

```
>> R = angvec2r(pi/2,[1,0,0])
```

运行结果:

```
R =
    1.0000         0         0
         0    0.0000   - 1.0000
         0    1.0000    0.0000
```

提供了函数 angvec2tr()将向量与它所选择的角度转换到等价的齐次变换矩阵。以上面的例子为例,输入指令:

```
>> T = angvec2tr(pi/2,[1,0,0])
```

运行结果：

```
T =
    1.0000         0         0         0
         0    0.0000   -1.0000         0
         0    1.0000    0.0000         0
         0         0         0    1.0000
```

如果进行逆运算，求出旋转矩阵所对应的旋转向量及角度，可以使用函数 tr2angvec()。例如上面例子的逆运算，输入指令：

```
>> [theta,v] = tr2angvec(R)
```

运行结果：

```
theta =
    1.5708
v =
    1     0     0
```

3．本节函数解析

根据 *Robotics Toolbox for MATLAB*，下面对本节所出现过的函数进行进一步的解析。

1）rpy2r()

R = rpy2r(roll, pitch, yaw, options)能够根据一组回转角、俯仰角和偏转角(1×3)求出对应齐次变换矩阵中的旋转矩阵 $\boldsymbol{R}$(3×3)，其中 3 个角度 rpy=[R,P,Y]分别对应于关于 X、Y 和 Z 轴的顺序旋转。

R = rpy2r(rpy, options)与前者相同，但是输入的是一个向量(1×3)。如果 rpy 是 N×3，那么它们表示为一段轨迹，得到的旋转矩阵 $\boldsymbol{R}$ 是三维矩阵(3×3×N)。

函数 rpy2r()包含的可选参数如下：

'deg'	用角度去计算(默认为弧度)
'zyx'	返回关于 Z,Y,X 轴的顺序旋转的解

2）tr2rpy()

rpy = tr2rpy(T, options)能够将齐次变换矩阵转换为对应的回转角、俯仰角和偏转角。其中，$\boldsymbol{T}$ 为一个 4×4 的矩阵，rpy 为齐次变换矩阵中的旋转部分对应的回转角、俯仰角和偏转角。其中，3 个角度 roy=[R,P,Y]分别对应于围绕 X、Y 和 Z 轴的顺序旋转。

rpy = tr2rpy(R, options)与上面相似，但输入的矩阵 $\boldsymbol{R}$ 是一个 3×3 的矩阵。

如果 $\boldsymbol{R}$(3×3×K)或 $\boldsymbol{T}$(4×4×K)表示一个序列，则 rpy 的每一行对应于该序列的一组回转角、俯仰角和偏转角。

函数 tr2rpy()包含的可选参数如下：

'deg'	用角度去计算(默认为弧度)
'zyx'	返回关于 Z,Y,X 轴的顺序旋转的解

3) eul2r()

函数 eul2r()的主要功能是将一组欧拉角转换为旋转矩阵。

R = eul2r(phi,theta,psi,options)是能够获得一组指定的欧拉角对应的正交旋转矩阵(3×3)。其中输入的三个欧拉角分别对应于围绕 Z,Y,Z 轴旋转的角度。如果 phi,theta,psi 是列向量(N×1),则假设它们表示一段轨迹,得到的旋转矩阵 $\boldsymbol{R}$ 是三维矩阵(3×3×N)。R = eul2r(eul,options)与上面的相似,但是欧拉角是从矩阵的列向量中取得的。如果 eul 是矩阵(N×3),则它们表示一段轨迹,得到的旋转矩阵 $\boldsymbol{R}$ 是三维矩阵(3×3×N)。

函数 eul2r()的可选参数为'deg',用角度表示。

4) tr2eul()

函数 tr2eul()的主要功能是将齐次变换矩阵转换为欧拉角。

eul = tr2eul(T,options)是对应于齐次变换矩阵 $\boldsymbol{T}$(4×4)的旋转部分 X、Y 和 Z 轴欧拉角(1×3)。获得的向量 eul = [PHI,THETA,PSI],3 个角度分别对应于围绕 X、Y 和 Z 轴的顺序旋转。

eul = tr2eul(R,options)与上面相似,但输入是一个正交旋转矩阵 $\boldsymbol{R}$(3×3)。如果 $\boldsymbol{R}$(3×3×K)或 $\boldsymbol{T}$(4×4×K)表示一个序列,那么 eul 的每一行对应于该序列的每一步。

函数 tr2eul()包含的可选参数如下：

'deg'	用角度去计算(默认为弧度)
'flip'	选择第一个欧拉角在第 2 象限或第 3 象限

5) oa2r()

函数 oa2r()能够将方向和接近向量转换为等价的旋转矩阵。

R = oa2r(o, a)对于由 3 个向量形成的指定取向和接近向量(3×1),$\boldsymbol{R}$=oa2r(o,a)是 SO(3)旋转矩阵(3→3),使得 $\boldsymbol{R}$=[N oa]。

6) angvec2r()

函数 angvec2r()能够将角度和向量方向转换为等价的旋转矩阵。

R = angvec2r(theta,v)能够得到绕矢量 $\boldsymbol{v}$ 旋转 theta 角度而得到对应的正交旋转矩阵 $\boldsymbol{R}$(3×3)。

7) angvec2tr()

函数 angvec2tr()能够将角度和向量方向转换为等价的齐次变换矩阵。

T = angvec2tr(theta,v)是等效于围绕向量 $\boldsymbol{v}$ 旋转 θ 角度的齐次变换矩阵(4×4)。

8) tr2angvec()

函数 tr2angvec()能够将旋转矩阵转换为等价的角和矢量形式。

[theta,v] = tr2angvec(R,options)能够求出正交旋转矩阵 $\boldsymbol{R}$(3×3)相应等价的向量和向量所需要旋转的角度。[theta,v] = tr2angvec(T,options)与上面相类似,但用齐次变换表示旋转部分。

1.2.4 具体例子的应用

【例 1-2】 如图 1-13 所示,一个单连杆操作臂的手腕具有一个自由度。已知手部起始位姿矩阵为 $\boldsymbol{G}_1=\begin{bmatrix}0 & 1 & 0 & 2\\ 1 & 0 & 0 & 6\\ 0 & 0 & -1 & 2\\ 0 & 0 & 0 & 1\end{bmatrix}$,若手臂绕 Z_0 轴旋转 +90°,则手部到达 $\boldsymbol{G}_2$;若手臂不动,仅手部绕手腕 Z_1 轴旋转 +90°,则手部到达 $\boldsymbol{G}_3$;写出手部坐标系{$\boldsymbol{G}_2$}及{$\boldsymbol{G}_3$}的矩阵表达式。

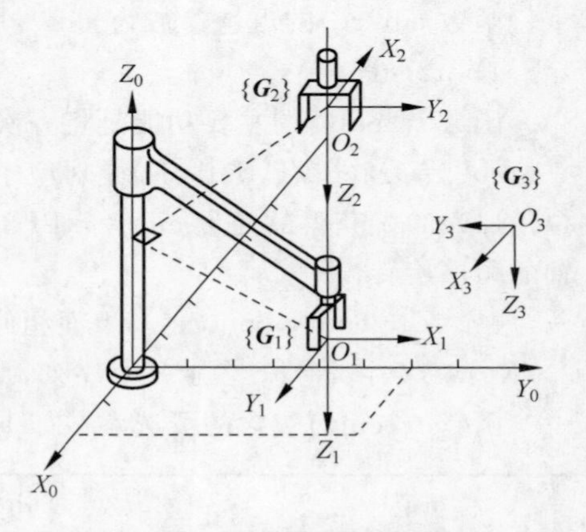

图 1-13 一个单连杆操作臂结构

解析:

(1) 手臂绕定轴转动是相对固定坐标系作旋转变换,故有

$$\boldsymbol{G}_2 = \mathrm{Rot}(Z,90°)\boldsymbol{G}_1$$

(2) 手部绕手腕轴转动是相对动坐标系作旋转变换,故有

$$\boldsymbol{G}_3 = \boldsymbol{G}_1\mathrm{Rot}(Z,90°)$$

程序代码如下:

```
G1 = [0 1 0 2;
     1 0 0 6;
     0 0 -1 2;
     0 0 0 1];
%%%问题一求解:
G2 = trotz(pi/2) * G1;
%%%问题二求解:
G3 = G1 * trotz(pi/2);
```

可以得到运行结果:

```
G2 =
   -1.0000    0.0000         0   -6.0000
    0.0000    1.0000         0    2.0000
         0         0   -1.0000    2.0000
         0         0         0    1.0000
```

```
G3 =
    0.0000   -1.0000         0    2.0000
   -1.0000   -0.0000         0    6.0000
         0         0   -1.0000    2.0000
         0         0         0    1.0000
```

【例 1-3】 如图 1-14 所示，通过人的手腕握住 WII 遥控器转动，从而控制机器人的手腕，让机器人的手腕跟随遥控器进行转动。然而，WII 遥控器的取向是根据横滚-俯仰-偏航(RPY)角度给出，而机器人的手的取向是使用 ZYZ 欧拉角，此时就需要进行 RPY 角与 ZYZ 欧拉角进行转换。

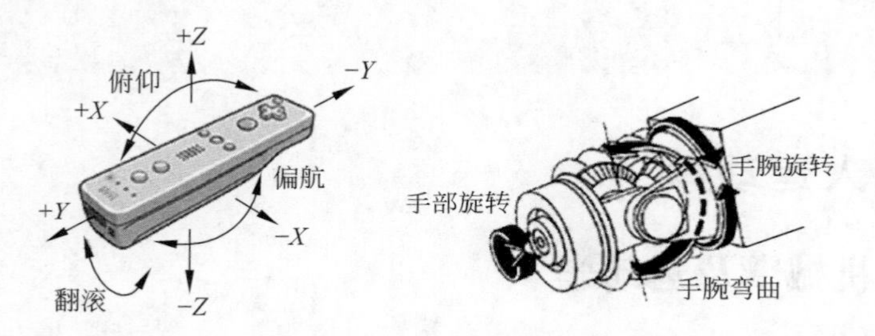

图 1-14　WII 遥控器与机器人手腕(左图表示了遥控器的俯仰角，翻滚角和偏转角，右图表示了机器人手腕旋转，手腕弯曲和手部旋转)

问题：编写一个 MATLAB 函数，使得给出一组 RPY 角能够返回一组与之对应的欧拉角。从旋转矩阵确定一组欧拉角有两种解决方案：第一种方案即通过普通的旋转，第二种方案即将第二次旋转约束在 0°～180°之间，然后进行旋转。

解析：

第一方案：通过机器人工具箱提供的 rpy2eul()，可以将 PRY 角直接转化为 ZYZ 欧拉角，它将返回一个向量，这个向量对应于分别围绕 Z、Y 和 Z 轴旋转的三个角。

第二种方案：

由一组欧拉角(phi，theta，psi)给出的旋转矩阵可以表示为：

```
R = rotz(phi) * roty(theta) * rotz(psi)
```

在这种方案中：

```
roty(theta) = rotz(pi) * roty( - theta) * rotz(pi)
```

因此，旋转矩阵为：

```
R = rotz(phi) * rotz(pi) * roty( - theta) * rotz(pi) * rotz(psi)
  = rotz(phi + pi) * roty( - theta) * rotz(psi + pi)
```

程序代码如下：

```
%通过 sigma 的设置,决定两种方案
functioneuler = rpy2eul(rpy, sigma)
%方案一：直接通过函数计算欧拉角
euler = tr2eul(rpy2tr(rpy));
%方案二：通过 R = rotz(phi + pi) * roty( - theta) * rotz(psi + pi)计算欧拉角
if sigma == -1
euler(1) = euler(1) + pi;
euler(2) = - euler(2);
euler(3) = euler(3) + pi;
end
end
```

1.3 机器人运动学

1.3.1 机械臂及运动学

1. 机械臂的构成

机器人本体，是机器人赖以完成作业任务的执行机构，一般是一台机械臂，也称操作臂或操作手，可以在确定的环境中执行控制系统指定的操作。典型工业机器人本体一般由手部(末端执行器)、腕部、臂部、腰部和基座构成。机械臂多采用关节式机械结构，一般具有 6 个自由度，其中 3 个用来确定末端执行器的位置，另外 3 个则用来确定末端执行装置的方向(姿势)。机械臂上的末端执行装置可以根据操作需要换成焊枪、吸盘、扳手等作业工具。

如图 1-15 所示，一个机械臂是由一组可做相对运动的关节连接的连杆结合体。第一个连杆固定，连接该机械臂的基座，而最后一个连杆连接的是它的末端执行器。

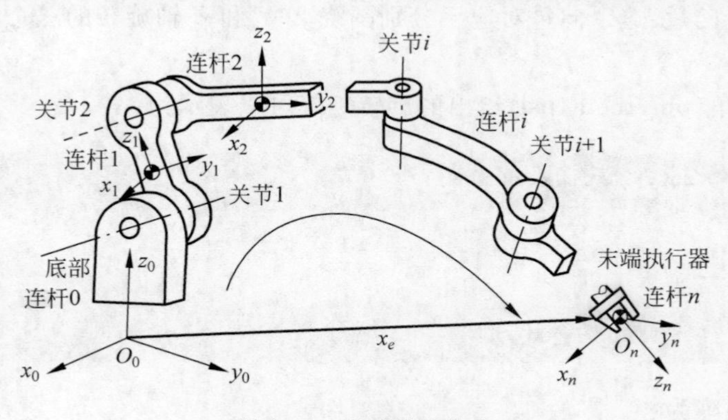

图 1-15 机械臂的构成

通常可将关节划分为两种：第一种称为转动关节(或称为旋转关节)，转动关节可绕基准轴转动，相应的转动量称为关节角；第二种称为移动关节，移动关节是沿着基准轴移动，

相应的位移称为关节偏距。还有一种特殊的关节称为球关节，球关节拥有三个自由度，可以用三个转动关节和一个零长度的连杆来描述一个球关节。

位于机械臂固定基座的坐标系称为基坐标系；位于操作臂末端执行器的坐标系称为工具坐标系，通常用它来描述机械臂的位置。

2. 机器人运动学的定义

运动学是研究物体的运动，而不考虑物体的质量以及引起这种运动的力。如图 1-16 所示，机器人正运动学是已知或给定一组关节角，计算出工具坐标系相对于基坐标系的位置和姿态，也就是说，用正运动学来确定机器人末端执行器的位姿。机器人逆运动学是给定机械臂末端执行器的位置和姿态，计算所有可到达给定位置和姿态的关节角。也就是说，末端执行器在特定的一个点具有特定的姿态，去计算出它所对应的每一关节变量的值。机器人运动学的研究方法，首先利用位姿描述、坐标系变换等数学方法确定物体位置、姿态和运动；然后确定不同结构类型的机器人的正逆运动学，这些类型包括直角坐标型、圆柱坐标型和球坐标型等等；最后根据 Denavit-Hartenberg 参数法去推导机器人的正逆运动学方程。

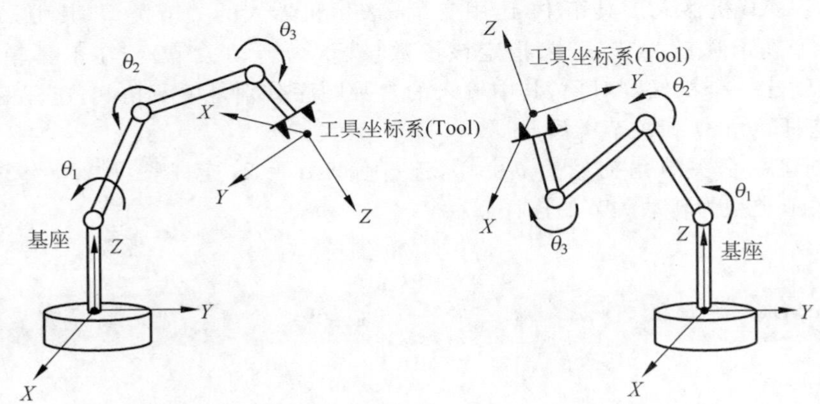

图 1-16　机械臂的正运动与逆运动示意图

1.3.2　DH 参数法

DH 参数全称为 Denavit-Hartenberg 参数，它使用连杆参数来描述机构运动关系。如图 1-17 所示，在标准型 DH 参数法中，描述机械臂中的每一个连杆需要 4 个运动学参数，分别是连杆长度 a_{i-1}、连杆转角 α_{i-1}、连杆偏距d_i和关节角 θ_i，它们的定义如下：

- 连杆长度 a_{i-1}：关节轴 $i-1$ 和关节轴 i 之间公垂线的长度。
- 连杆转角 α_{i-1}：第 $i-1$ 个关节轴和第 i 个关节轴之间的夹角。
- 连杆偏距d_i：沿两个相邻连杆公共轴线方向的距离。
- 关节角 θ_i：两相邻连杆绕公共轴线旋转的夹角。

用以上 4 个参数对应转动关节和移动关节有两种情况：转动关节中，连杆长度、连杆转角和连杆偏距是固定不变的，关节角 θ_i 为变量；移动关节中，连杆长度、连杆转角和关节角是固定不变的，连杆偏距d_i为变量。

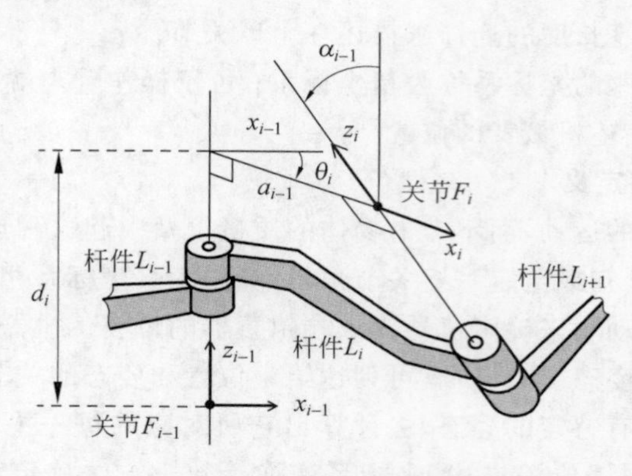

图 1-17 DH 参数法示意图

1. 创建一个连杆对象

在 MATLAB 机器人工具箱中，还用变量σ_i表示机器人的关节类型，其中$\sigma_i=0$表示转动关节，$\sigma_i=1$表示移动关节（若未指定该参数，默认为转动关节）。在工具箱中，用函数 Link()可以创建一个机械臂对象，其中输入的参数顺序分别是关节角θ_i、连杆偏距d_i、连杆长度a_{i-1}、连杆转角α_{i-1}、关节类型。

例如，创建一个关节角初始为$\theta_i=0°$，连杆偏距$d_i=2$，连杆长度$a_{i-1}=3$，连杆转角$\alpha_{i-1}=45°$，关节类型为转动关节的连杆。

输入命令：

```
>> L = Link([0,2,3,pi/4,0])
```

运行结果：

```
L =
theta = q, d = 2, a = 3, alpha = 0.7854, offset = 0 (R,stdDH)
```

其中，offset 表示关节的偏移量。R 表示为旋转关节、stdDH 表示用标准型 DH 参数法去描述。用以下的命令可以获取连杆的各个参数。

- 获取连杆的关节类型：L. RP；
- 获取连杆的关节角：L. theta；
- 获取连杆的连杆偏距：L. d；
- 获取连杆的连杆长度：L. a；
- 获取连杆的连杆转角：L. alpha。

2. 创建一个具有 *n* 自由度的机械臂

创建一个平面三杆机械臂，因为它的 3 个关节均为转动关节，所以有时称该机械臂为 RRR(或 3R)机构。

三连杆平面机械臂的 DH 参数如下表所示：

连　杆	θ_i	$d_i(m)$	$a_{i-1}(m)$	α_{i-1}
1	θ_1	0	1	0
2	θ_2	0	0.8	0
3	θ_3	0	0.6	0

输入命令：

```
>> L(1) = Link([0,0,1,0]);
>> L(2) = Link([0,0,0.8,0]);
>> L(3) = Link([0,0,0.6,0]);
>> L
```

运行结果：

```
L =
theta = q1, d = 0, a = 1, alpha = 0, offset =  0 (R,stdDH)
theta = q2, d = 0, a = 0.8, alpha = 0, offset = 0 (R,stdDH)
theta = q3, d = 0, a = 0.6, alpha = 0, offset = 0 (R,stdDH)
```

通过构造函数 SerialLink()可以给创建的机械臂对象命名，并显示出对象的信息。

输入命令：

```
>> three_link = SerialLink(L,'name','threelink')
```

运行结果：

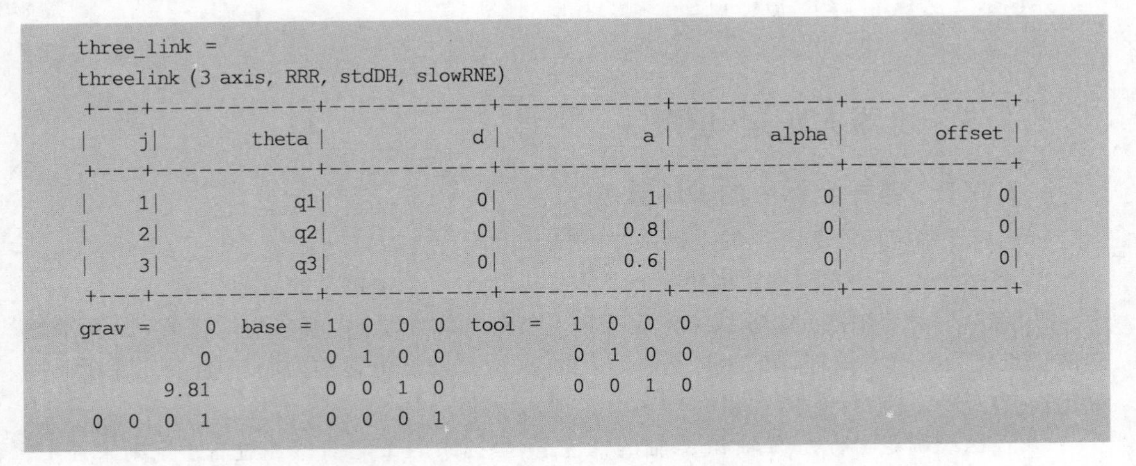

```
three_link =
threelink (3 axis, RRR, stdDH, slowRNE)
+---+-----------+-----------+-----------+-----------+-----------+
|  j|      theta |          d |          a |     alpha |     offset |
+---+-----------+-----------+-----------+-----------+-----------+
|  1|         q1|          0|          1|          0|          0|
|  2|         q2|          0|        0.8|          0|          0|
|  3|         q3|          0|        0.6|          0|          0|
+---+-----------+-----------+-----------+-----------+-----------+
grav =     0  base = 1  0  0  0  tool =  1  0  0  0
           0         0  1  0  0          0  1  0  0
        9.81         0  0  1  0          0  0  1  0
 0  0  0  1          0  0  0  1
```

这里的 std 表示该机械臂根据标准型 DH 参数进行定义，重力加速度默认作用在 Z 轴上，为 9.81N/kg，基坐标系和工具坐标系保存初始的位姿。

用以下的命令可以获取已创建机械臂的各个参数：

参　数	命　令	参　数	命　令
关节数目	three_link. n	关节角	three_link. theta
DH 参数	three_link. links	连杆偏距	three_link. d
关节类型	three_link. config	连杆长度	three_link. a
连杆转角	three_link. alpha		

同时也可以对创建的机械臂对象进行复制，如复制一个名称为“three_link2”的机械臂。输入命令：

```
>> L2 = SerialLink(three_link,'name','threelink2')
```

运行结果：

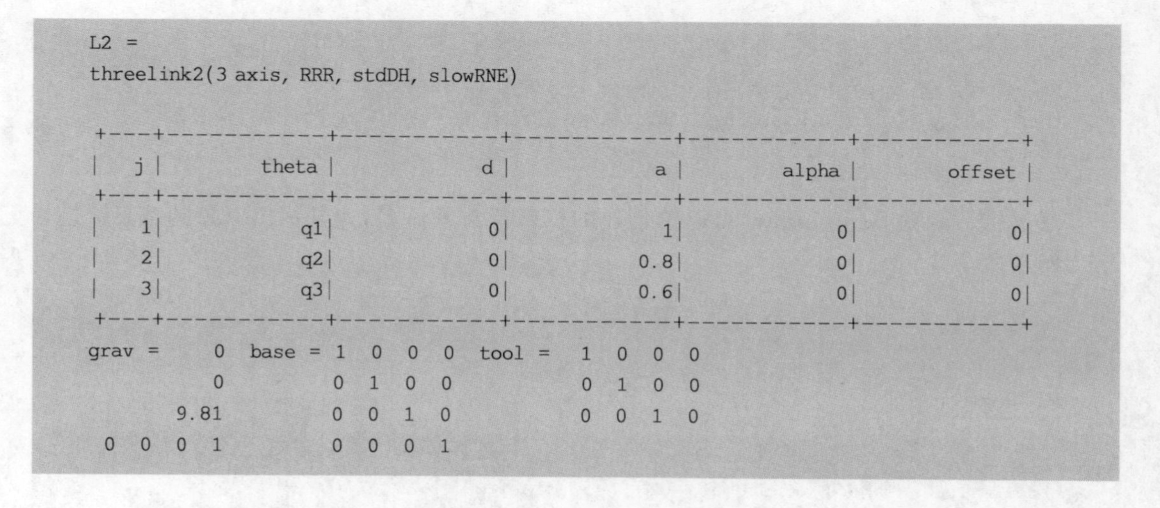

```
L2 =
threelink2(3 axis, RRR, stdDH, slowRNE)

+---+-----------+-----------+-----------+-----------+-----------+
| j |     theta |         d |         a |     alpha |    offset |
+---+-----------+-----------+-----------+-----------+-----------+
|  1|         q1|          0|          1|          0|          0|
|  2|         q2|          0|        0.8|          0|          0|
|  3|         q3|          0|        0.6|          0|          0|
+---+-----------+-----------+-----------+-----------+-----------+
grav =     0  base = 1  0  0  0   tool =  1  0  0  0
           0         0  1  0  0           0  1  0  0
        9.81         0  0  1  0           0  0  1  0
 0  0  0  1          0  0  0  1
```

1.3.3 机器人正运动学

1.3.3.1 连杆坐标中的 DH 参数

首先应该确定两个关节上的坐标系，方法步骤如下：

① 将两个关节轴方向都定为第 i 个坐标系和第 $i-1$ 个坐标系的 Z 轴。

② 将两个关节轴之间公垂线方向定为第 i 个坐标系的 X 轴，而在公垂线第 i 个关节轴上的交点作为原点。同理，第 $i-1$ 个坐标系的 X 轴和原点由之前两个坐标系公垂线共同确定。

③ 在已经确定坐标系 Z 轴和 X 轴的情况下，坐标系的 Y 轴直接通过右手定则来确定。

对于初始轴(第 0 个轴)，其与基座有关，可以自由定义，甚至可以与第 1 个关节轴重合，这样使第一个连杆长度 a_0、第一个转角 α_0 置零，同时会简化正运动学的计算。

确定坐标系之后，可以对 DH 参数做进一步描述：

- 连杆长度 a_{i-1}：x_i轴方向上z_i轴和z_{i+1}轴之间的距离。
- 连杆转角 α_{i-1}：x_i轴方向上z_i轴和z_{i+1}轴之间的夹角。
- 连杆偏距d_i：z_i轴方向上x_{i-1}轴和x_i轴之间的距离。
- 关节角 θ_i：z_i轴方向上x_{i-1}轴和x_i轴之间的夹角。

1.3.3.2 相邻连杆之间的变换

1. 标准型 DH 参数描述法

在机器人的每个关节上 DH 参数中的四个参数分别代表关节连杆不同的特征或在进行不同的变换。如图 1-18 所示，在某一瞬间，从第 $i-1$ 个关节到第 i 个关节，经历的变换有：Z 轴旋转(θ_i)、Z 轴平移(d_i)、X 轴平移(a_{i-1})和 X 轴旋转(α_{i-1})。

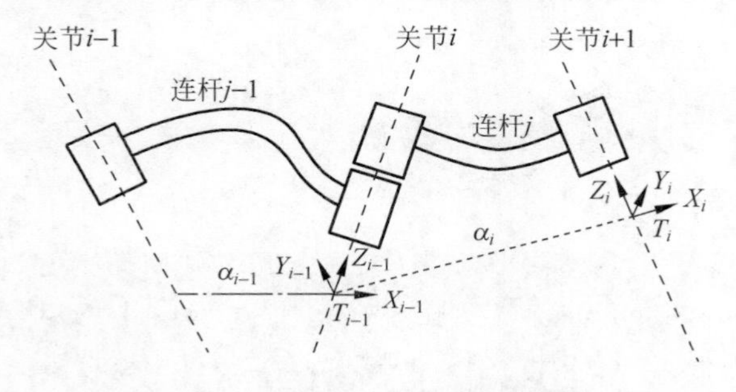

图 1-18 标准的 DH 参数的示意图

将之前的齐次变换矩阵 $\boldsymbol{T}$ 和 DH 参数联系起来，即可得到以下公式：

$$ {}_{i-1}^{i}\boldsymbol{T} = R_Z(\theta_i)\, D_Z(d_i)\, D_X(a_{i-1})\, R_x(\alpha_{i-1}) \tag{1.23}$$

$$ {}_{i-1}^{i}\boldsymbol{T} = \begin{bmatrix} \cos\theta_i & -\sin\theta_i\cos\alpha_{i-1} & \sin\theta_i\sin\alpha_{i-1} & a_{i-1}\cos\theta_i \\ \sin\theta_i & \cos\theta_i\cos\alpha_{i-1} & -\cos\theta_i\sin\alpha_{i-1} & a_{i-1}\sin\theta_i \\ 0 & \sin\alpha_{i-1} & \cos\alpha_{i-1} & d_i \\ 0 & 0 & 0 & 1 \end{bmatrix} \tag{1.24}$$

MATLAB 机器人工具箱用矩阵 $\boldsymbol{A}$ 表示 $\boldsymbol{T}$，用函数 L. A()求出上一节创建的连杆对象的连杆变换矩阵。

输入命令：

```
>> L = Link([0,2,3,pi/4,0]);
>> L. A(0)
```

运行结果：

```
ans =
    1.0000         0         0    3.0000
         0    0.7071   -0.7071         0
```

```
          0    0.7071    0.7071    2.0000
          0         0         0    1.0000
```

所以这个变换矩阵为：

$$ {}_{i-1}^{\ i}\boldsymbol{T}=\begin{pmatrix}1 & 0 & 0 & 3\\ 0 & 0.7071 & -0.7071 & 0\\ 0 & 0.7071 & 0.7071 & 2\\ 0 & 0 & 0 & 1\end{pmatrix} $$

对于给定机器人的连杆，坐标系{i}相对应坐标系{$i-1$}的变换是只有一个变量的函数(即旋转关节的关节角 θ_i 或移动关节的连杆偏距 d_i)。

当上面创建的连杆对象关节角 θ_i 为 30°时，可用函数 L.A()求出相应的变换矩阵。

输入命令：

```
>> L.A(pi/6)
```

运行结果为：

```
ans =
    0.8660   -0.3536    0.3536    2.5981
    0.5000    0.6124   -0.6124    1.5000
         0    0.7071    0.7071    2.0000
         0         0         0    1.0000
```

求出相应的变换矩阵为：

$$ {}_{i-1}^{\ i}\boldsymbol{T}=\begin{pmatrix}0.866 & -0.3536 & 0.3536 & 2.5981\\ 0.5 & 0.6124 & -0.6124 & 1.5\\ 0 & 0.7071 & 0.7071 & 2\\ 0 & 0 & 0 & 1\end{pmatrix} $$

2. 改进型 DH 参数描述法

改进型 DH 参数描述法对坐标系变换如图 1-19 所示，在某一瞬间，从第 $i-1$ 个关节到第 i 个关节，经历的变换有：X 轴旋转(α_{i-1})、X 轴平移(a_{i-1})、Z 轴旋转(θ_i)和 Z 轴平移(d_i)。所以，对应的变换矩阵为：

$$ {}_{i-1}^{\ i}\boldsymbol{T}=R_X(\alpha_{i-1})\,D_X(a_{i-1})\,R_Z(\theta_i)\,D_Z(d_i) $$

因此：

$$ {}_{i-1}^{\ i}\boldsymbol{T}=\begin{pmatrix}\cos\theta_i & -\sin\theta_i & 0 & \alpha_{i-1}\\ \sin\theta_i\cos\alpha_{i-1} & \cos\theta_i\cos\alpha_{i-1} & -\sin\alpha_{i-1} & -\sin\alpha_{i-1}\,d_i\\ \sin\theta_i\sin\alpha_{i-1} & \cos\theta_i\sin\alpha_{i-1} & \cos\alpha_{i-1} & \cos\alpha_{i-1}\,d_i\\ 0 & 0 & 0 & 1\end{pmatrix} $$

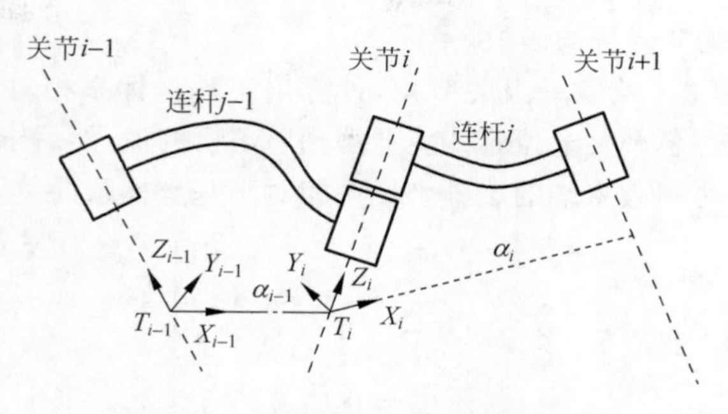

图 1-19　改进的 DH 参数的示意图

在创建连杆对象时，使用改进型 DH 描述法需要指定参数为 modified。

输入命令：

```
>> L = Link([0,2,3,pi/4,0],'modified')
```

运行结果：

```
L =
theta = q, d = 2, a = 3, alpha = 0.7854, offset = 0 (R,modDH)
```

modDH 表示使用了改进后的 DH 参数描述法，输入命令：

```
>> L.A(0)
```

运行结果：

```
ans =
    1.0000         0         0    3.0000
         0    0.7071   -0.7071   -1.4142
         0    0.7071    0.7071    1.4142
         0         0         0    1.0000
```

所以这个变换矩阵为

$$
{}_{i-1}^{i}\boldsymbol{T}=\begin{pmatrix}1 & 0 & 0 & 3\\ 0 & 0.7071 & -0.7071 & -1.4142\\ 0 & 0.7071 & 0.7071 & 1.4142\\ 0 & 0 & 0 & 1\end{pmatrix}
$$

1.3.3.3　连续的连杆变换

通过将每一个连杆的变换矩阵连乘能够得到坐标$\{N\}$相对于坐标$\{0\}$的变换矩阵：

$$
{}_{N}^{0}\boldsymbol{T}={}_{1}^{0}\boldsymbol{T}{}_{2}^{1}\boldsymbol{T}\cdots{}_{i+1}^{i}\boldsymbol{T}\cdots{}_{N}^{N-1}\boldsymbol{T}
$$

这个变换矩阵是 N 个关节变量的函数。

回顾正运动学的概念：给定一组关节角，计算出工具坐标系相对于基坐标系的位置和姿态。在这里，可以通过各个关节位置传感器得到所需要的值，然后求出每个连杆的变换矩阵，通过上式就可求出机器人末端的工具坐标系相对于基坐标系的位姿，可表示为：

$$
{}_N^0\boldsymbol{T} = \begin{bmatrix} r_{11} & r_{12} & r_{13} & p_x \\ r_{21} & r_{22} & r_{23} & p_y \\ r_{31} & r_{32} & r_{33} & p_z \\ 0 & 0 & 0 & 1 \end{bmatrix}
$$

上面的等式中的 r，即三行三列的子矩阵代表从基座到末端执行器的旋转矩阵，其中的每列从左到右分别代表末端执行器描述基座中 X 轴、Y 轴和 Z 轴方向上的单位矢量，即可表示末端执行器基于基座坐标系的方向姿态。而 p 三行一列从上往下分别代表末端执行器相对于基座坐标系的位置。

MATLAB 机器人工具箱中用了函数 fkine()计算正运动学的问题。以上面的三连杆平面机械臂为例，用标准型 DH 参数描述法计算。

输入命令：

```
>> L(1) = Link([0,0,1,0]);
>> L(2) = Link([0,0,0.8,0]);
>> L(3) = Link([0,0,0.6,0]);
>> three_link = SerialLink(L,'name','threelink');
>> T = three_link.fkine([0 0 0])
```

运行结果：

```
T =
    1.0000         0         0    2.4000
         0    1.0000         0         0
         0         0    1.0000         0
         0         0         0    1.0000
```

所以初始状态时：

$$
{}_3^0\boldsymbol{T} = \begin{bmatrix} 1 & 0 & 0 & 2.4 \\ 0 & 1 & 0 & 0 \\ 0 & 0 & 1 & 0 \\ 0 & 0 & 0 & 1 \end{bmatrix}
$$

通过下面的语句可以将创建的机械臂用图像化显示出来。输入命令：

```
three_link.plot([0 0 0])
```

运行结果如图 1-20 所示。

当第二个关节旋转 30°，第三个关节旋转 45°时，输入命令：

```
>> T = three_link.fkine([0 pi/6 pi/4])
```

运行结果：

```
T =
    0.2588   -0.9659         0    1.8481
    0.9659    0.2588         0    0.9796
         0         0    1.0000         0
         0         0         0    1.0000
```

所以：

$$
{}_3^0\boldsymbol{T}=\begin{pmatrix}0.2588 & -0.9659 & 0 & 1.8481\\ 0.9659 & 0.2588 & 0 & 0.9796\\ 0 & 0 & 1 & 0\\ 0 & 0 & 0 & 1\end{pmatrix}
$$

输入命令：

```
>> three_link.plot([0 pi/6 pi/4])
```

运行结果如图 1-21 所示。

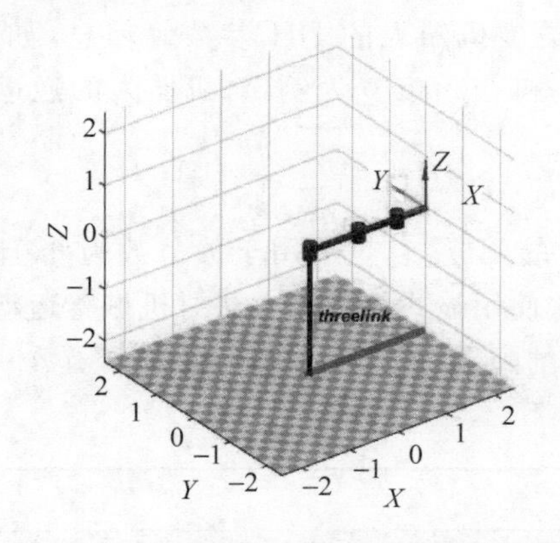

图 1-20 使用 DH 参数法创建的机械臂

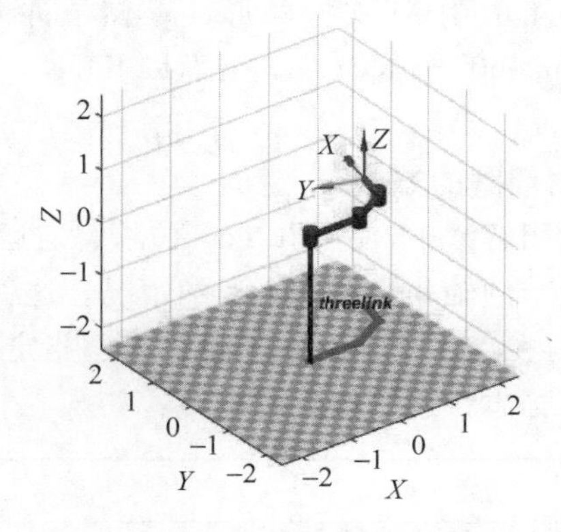

图 1-21 经过旋转变换的机械臂

1.3.4 机器人逆运动学

1.3.4.1 逆运动学的解

机器人逆运动学的问题即已知机械臂末端的工具坐标系相对于基坐标系的位置和姿态，计算所有能够到达给定位置和姿态的关节角，即已知变换矩阵${}_N^0\boldsymbol{T}$，计算出能够得到${}_N^0\boldsymbol{T}$

的一系列关节角 $\theta_1,\theta_2,\cdots,\theta_n$。

对于以上的问题，有以下几种情况：

(1) 不存在相应的解。当所期望的位姿离基坐标系太远，而机械臂不够长时，末端执行器无法达到该位姿；当机械臂的自由度少于 6 个自由度时，它将不能达到三维空间的所有位姿；此外，对于实际中的机械臂，关节角不一定能到达 360°，使得它不能达到某些范围内的位姿。在以上的情况中，机械臂都不能达到某些给定的位姿，因此不存在解。

(2) 存在唯一的解。当机械臂只能从一个方向达到期望的位姿时，只存在一组关节角使得它能到达这个位姿，即存在唯一的解。

(3) 存在多个解。当机械臂能从多个方向达到期望的位姿时，存在着多组关节角能使得它到达这个位姿，即存在多个解。此时，需要选择一组最适合的解：一是要考虑机械臂从初始位姿移动到期望位姿的"最短路程"，得到相应的解；二是要考虑在机械臂移动的过程中是否会遇到障碍，应选择无障碍的一组解。

1.3.4.2 逆运动学的解法

对机器人的运动学方程进行求解，是一个非线性问题。目前对这个问题的求解方法分为两种：封闭解法和数值解法。封闭解法不需要进行迭代，就可以对不高于四次项的多项式进行求解，存在代数法和几何法这两种方法；数值解法的求解过程需要迭代，因此求解的速度较慢。

因以上的方法无通用的公式解，本书对于以上解法的数学方法不做具体的详述，下面使用 MATLAB 机器人工具箱对封闭解和数值解进行介绍。

工具箱中用 M 文件的形式存储了许多种类型机器人的 DH 参数等信息，如 KUKA KR5、puma560、Fanuc10L。下面以 KUKA KR5 和 puma640 为例，对机器人的逆运动学进行解析。

1. 封闭解的方法

在封闭解法中，使用 ikine6s()求解逆运动学的问题，它只适用于关节数为 6，且腕部三个旋转关节的轴相交于一个点的情况。这种解法使用显式控制的方法对机械臂运动学进行配置，使得在存在多个解的情况下，能够指定一定的配置，得到一个唯一的解。函数 ikine6s()使用以下标志符进行相应的配置：

左　旋	'l'	右　旋	'r'
肘部向上	'u'	肘部向下	'd'
腕部翻转	'f'	腕部不翻转	'n'

以 KUKA KR5 机器人为例，对机器人的逆运动学问题进行数值解法的求解。

加载机器人 KR5 模型，输入命令：

```
>> mdl_KR5
```

运行结果，MATLAB 的工作空间加载了机器人的参数，如图 1-22 所示。

Name ▲	Value	Size
KR5	1x1 SerialLink	1x1
L	1x6 Link	1x6
qk1	[0.7854,1.0472,0.78...	1x6
qk2	[0.7854,1.0472,0.52...	1x6
qk3	[0.5236,1.0472,0.52...	1x6

图 1-22　MATLAB 工作空间中显示的机器人参数

为显示机器人的具体参数，输入命令：

```
>> KR5
```

运行结果为：

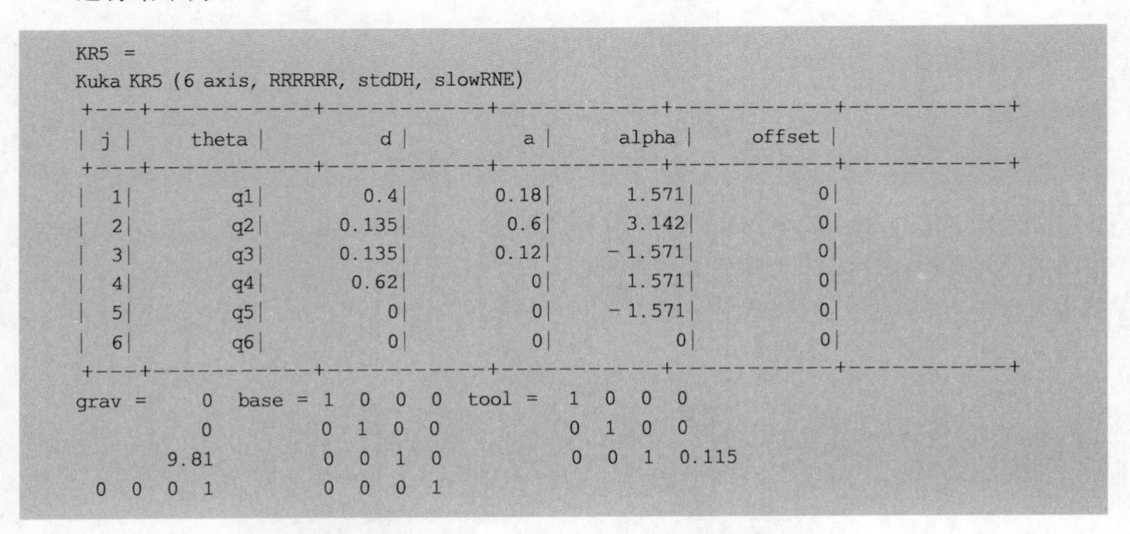

```
KR5 =
Kuka KR5 (6 axis, RRRRRR, stdDH, slowRNE)
+---+-----------+-----------+-----------+-----------+-----------+
| j |     theta |         d |         a |     alpha |    offset |
+---+-----------+-----------+-----------+-----------+-----------+
|  1|         q1|        0.4|       0.18|      1.571|          0|
|  2|         q2|      0.135|        0.6|      3.142|          0|
|  3|         q3|      0.135|       0.12|     -1.571|          0|
|  4|         q4|       0.62|          0|      1.571|          0|
|  5|         q5|          0|          0|     -1.571|          0|
|  6|         q6|          0|          0|          0|          0|
+---+-----------+-----------+-----------+-----------+-----------+
grav =     0  base = 1  0  0  0   tool =  1  0  0  0
           0         0  1  0  0           0  1  0  0
        9.81         0  0  1  0           0  0  1  0.115
  0  0  0  1         0  0  0  1
```

首先，使用正运动学的方法，让机器人按下列的关节角旋转，达到一定的位姿 T，输入命令：

```
>> qn = [0 0 pi/4 0 pi/6 pi/3];
>> T = KR5.fkine(qn)
```

运行结果为：

```
T =
    0.1294   -0.2241   -0.9659    0.3154
   -0.8660   -0.5000    0.0000   -0.0000
   -0.4830    0.8365   -0.2588   -0.1530
         0         0         0    1.0000
```

以 T 为已知条件，用封闭解的方法求出相应的旋转关节角，输入命令：

```
>> q1 = KR5.ikine6s(T)
```

运行结果为：

```
q1 =
3.1416    -3.3226    3.1775  3.1416  1.5259  1.0472
```

可以看到，得到的一组关节角与之前的关节角不一样，但这两组关节角显然能够达到相同的末端执行器位姿。此时可以指定配置，得到一个目标解。

输入命令：

```
>> q2 = KR5.ikine6s(T,'run')
```

运行结果为：

```
q2 =
-0.0000         0     0.7854  -0.0000      0.5236     1.0472
```

分别用 KR5.plot(q2)和 KR5.plot(q1)可以生成以下图形。如图 1-23 所示，可以看出，虽然关节角不同，但末端执行器的位姿相同。

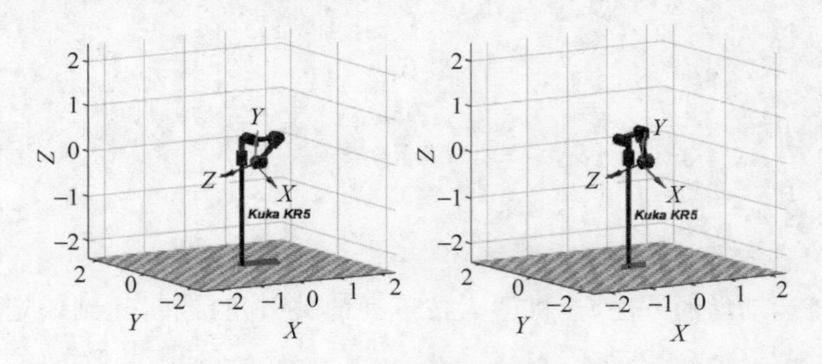

图 1-23　封闭解-两组不同的关节角使得末端执行器达到同样的位姿

2. 数值解的方法

数值解的方法使用 ikine()求解逆运动学的问题，它可适用于各种关节数目的机械臂，通过设定初始的关节角坐标对机械臂运动学配置进行隐式控制。

以 puma560 机器人为例，对机器人的逆运动学问题进行数值解法的求解。

加载机器人模型，并输入一组关节角，输入命令：

```
>> mdl_puma560;
>> qn = [0,pi/4,pi,0,pi/4,0];
```

```
>> T = p560.fkine(qn)
T =
   -0.0000    0.0000    1.0000    0.5963
   -0.0000    1.0000   -0.0000   -0.1501
   -1.0000   -0.0000   -0.0000   -0.0144
         0         0         0    1.0000
```

未设定初始关节角坐标，使用 ikine()进行求解，输入命令：

```
>> q1 = p560.ikine(T)
```

运行结果为：

```
q1 =
   -0.0000   -0.8335    0.0940    0.0000   -0.8312   -0.0000
```

设定初始关节角坐标，使用 ikine()进行求解，输入命令：

```
>> q2 = p560.ikine(T,[0 0 3 0 0 0])
```

运行结果为：

```
q2 =
   -0.0000    0.7854    3.1416   -0.0000    0.7854    0.0000
```

同样地，分别用 p560.plot(q2)和 p560.plot(q1)可以生成以下的图形。如图 1-24 所示，可以看出，虽然关节角不同，但末端执行器的位姿相同。

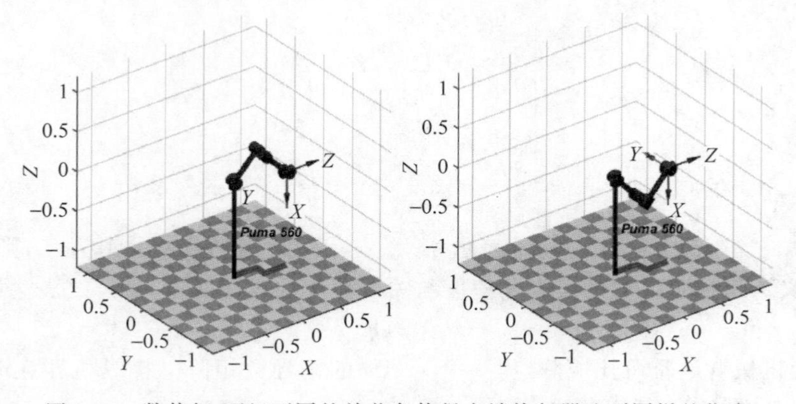

图 1-24　数值解-两组不同的关节角使得末端执行器达到同样的位姿

1.3.5 机器人的瞬态运动学

1. 瞬态运动学与雅可比矩阵

正运动学的内容主要是研究如何定位末端执行器，即得到基坐标系中如何描述末端执行器的位姿。当机械臂开始运动时，其中各个关节上的编码器会即时记录并监控微分运动，如果在当前位姿下把末端执行器移动一段很小的位移，就会得到末端执行器一个特定的位姿。

假设末端执行器的位姿是 x，关节角为 θ，则线速度为 $\dot{x}$，关节角速度为 $\dot{\theta}$。

- 对于正向运动学，需要解决的问题是：$\theta \rightarrow x$。
- 对于逆运动学，需要解决的问题是：$x \rightarrow \theta$。
- 而对于瞬态运动学：$\theta + \delta\theta \rightarrow x + \delta x$，需要解决的问题则是：$\delta\theta \rightarrow \delta x$，即从关节角速度到线速度：$\dot{\theta} \rightarrow \dot{x}$。

可以通过一个矩阵将两者联系在一起，这个矩阵就是雅可比矩阵。

2. 雅可比矩阵的定义及求法

机械臂的位姿 x 与关节变量 q 的函数关系是：

$$x = f(q) \tag{1.25}$$

即：

$$\begin{bmatrix} x_1 \\ x_3 \\ \vdots \\ x_m \end{bmatrix} = \begin{bmatrix} f_1(q) \\ f_2(q) \\ \vdots \\ f_m(q) \end{bmatrix} \tag{1.26}$$

式(1.26)两边分别计算其速度，需要使用微分和偏微分，并用矩阵形式表示：

$$\delta \boldsymbol{x}_{(m\times 1)} = \begin{bmatrix} \frac{\partial f_1}{\partial q_1} & \frac{\partial f_1}{\partial q_2} & \cdots & \frac{\partial f_1}{\partial q_n} \\ \frac{\partial f_2}{\partial q_1} & \frac{\partial f_2}{\partial q_2} & \cdots & \frac{\partial f_2}{\partial q_n} \\ \vdots & \vdots & \ddots & \vdots \\ \frac{\partial f_m}{\partial q_1} & \frac{\partial f_m}{\partial q_2} & \cdots & \frac{\partial f_m}{\partial q_n} \end{bmatrix}_{(m\times n)} \delta \boldsymbol{q}_{(n\times 1)} \tag{1.27}$$

用机械臂末端在笛卡儿空间的速度 $\dot{\boldsymbol{x}}$ 表示 $\delta \boldsymbol{x}_{(m\times 1)}$，用关节速度 $\dot{\boldsymbol{q}}$ 表示 $\delta \boldsymbol{q}_{(n\times 1)}$，则机械臂的雅可比矩阵定义为机械臂末端的笛卡儿速度与关节速度的线性变换，用公式表达如下：

$$\dot{\boldsymbol{x}} = \boldsymbol{J}(\boldsymbol{q})\,\dot{\boldsymbol{q}} \tag{1.28}$$

其中，$\boldsymbol{J}(\boldsymbol{q})$ 为机械臂的雅可比矩阵，为一个 $m \times n$ 的偏导数矩阵。操纵机器人时，想得到微分运动 $\delta \boldsymbol{x}$ 所对应的 $\delta \boldsymbol{q}$，可用下式：

$$\dot{\boldsymbol{q}} = \boldsymbol{J}(\boldsymbol{q})^{-1}\,\dot{\boldsymbol{x}} \tag{1.29}$$

将末端执行器的线速度(v_x, v_y, v_z)和角速度($\omega_x, \omega_y, \omega_z$)这 6 个变量作为雅可比矩阵等式的左边，即：

$$\begin{bmatrix} v_x \\ v_y \\ v_z \\ \omega_x \\ \omega_y \\ \omega_z \end{bmatrix}_{(6\times1)} = \boldsymbol{J}_{0(6\times1)}\ \dot{\boldsymbol{q}}_{(n\times1)} \tag{1.30}$$

上式中，n 代表机器人的自由度，$\boldsymbol{J}_0$ 在运动学中起着非常重要的作用，可以用于对速度的表述。因为所有对速度的表述都与线速度和角速度相关，任何与速度有关的表述都可以和这个雅可比矩阵建立联系。

将这个雅可比矩阵去掉下标（即 $\boldsymbol{J}$）作为**基本雅可比矩阵**，这个矩阵建立了线速度及角速度与关节角速度之间的关系。根据这种关系也将雅可比矩阵 $\boldsymbol{J}$ 分为两部分，即：

$$\boldsymbol{J} = \begin{bmatrix} \boldsymbol{J}_v \\ \boldsymbol{J}_\omega \end{bmatrix} \tag{1.31}$$

对于矩阵 $\boldsymbol{J}_v$，即为联系关节角速度和末端执行器线速度的矩阵。在笛卡儿坐标中，由前面齐次转换矩阵 $\boldsymbol{T}$ 可知，矩阵 $\boldsymbol{T}$ 的最后一列中的前三个变量（p_x, p_y, p_z）表示末端执行器或者物体最后一个关节坐标系相对于基座参考坐标系的位置，将这三个变量统一表示为一个位置变量 x_p，则线速度可以表示为：

$$\boldsymbol{v} = \begin{bmatrix} \dot{x} \\ \dot{y} \\ \dot{z} \end{bmatrix} = \dot{\boldsymbol{x}}_p = \frac{\partial x_p}{\partial q_1}\dot{\boldsymbol{q}}_1 + \frac{\partial x_p}{\partial q_2}\dot{\boldsymbol{q}}_2 + \cdots + \frac{\partial x_p}{\partial q_n}\dot{\boldsymbol{q}}_n \tag{1.32}$$

从中可得：

$$\boldsymbol{J}_v = \begin{pmatrix} \dfrac{\partial x_p}{\partial q_1} & \dfrac{\partial x_p}{\partial q_2} & \cdots & \dfrac{\partial x_p}{\partial q_n} \end{pmatrix} \tag{1.33}$$

上式即为与线性运动相关的雅可比矩阵 $\boldsymbol{J}_v$。当然，从结构定义可知，上式是指当关节为转动关节时的矩阵，当机器人关节为移动关节时，其对应的变量为 $\boldsymbol{0}$。

对于矩阵 $\boldsymbol{J}_\omega$，即为联系关节角速度末端执行器角速度的矩阵。角速度可以表示为：

$$\boldsymbol{\omega} = (\bar{\varepsilon}_1 z_1 \quad \bar{\varepsilon}_2 z_2 \quad \cdots \quad \bar{\varepsilon}_n z_n) \begin{bmatrix} \dot{q}_1 \\ \dot{q}_2 \\ \vdots \\ \dot{q}_n \end{bmatrix} \tag{1.34}$$

从中可得：

$$\boldsymbol{J}_\omega = (\bar{\varepsilon}_1 z_1 \quad \bar{\varepsilon}_2 z_2 \quad \cdots \quad \bar{\varepsilon}_n z_n) \tag{1.35}$$

上式中，$\bar{\varepsilon}_i = 1 - \varepsilon_i$，当关节为转动关节时，$\varepsilon_i = 0$；当关节为移动关节时，$\varepsilon_i = 1$。而每个 z 的定义，对于每个机器人关节，旋转都是指绕 Z 轴的旋转，而 z_i 则是指齐次变换矩阵 ${}^0_i\boldsymbol{T}$ 中的

第三列前三个变量表示为一个旋转变量，即

$$(r_{13} \quad r_{23} \quad r_{33})^{\mathrm{T}}$$

分别得到 $\boldsymbol{J}_v$ 和 $\boldsymbol{J}_\omega$ 之后，最终就得到了需要的反映末端执行器线速度和角速度的雅可比矩阵。

在 MATLAB 机器人工具箱中，可用函数 SerialLink. jacob0()求出对应某个位姿下世界坐标系中的雅可比矩阵，可用函数 SerialLink. jacobn()求出对应某个位姿下工具坐标系中的雅可比矩阵。

以 KUKA KR5 机器人为例，给定一组关节角，$\boldsymbol{q}=\left[0 \quad \frac{\mathrm{pi}}{4} \quad \mathrm{pi} \quad 0 \quad \frac{\mathrm{pi}}{4} \quad 0\right]$，求出在该位姿下的雅可比矩阵。

输入命令：

```
>> mdl_KR5
>> q = [0 pi/4 pi 0 pi/4 0];
>> J0 = KR5.jacob0(q)
```

运行结果：

```
J0 =

   -0.0000   -0.8928    0.4686    0.0000    0.1150         0
    0.0810   -0.0000    0.0000    0.0813   -0.0000         0
   -0.0000   -0.0990    0.5233   -0.0000    0.0000         0
    0.0000    0.0000    0.0000   -0.7071    0.0000   -0.0000
   -0.0000   -1.0000    1.0000    0.0000    1.0000    0.0000
    1.0000    0.0000   -0.0000    0.7071   -0.0000    1.0000
```

输入命令：

```
>> Jn = KR5.jacobn(q)
```

运行结果：

```
Jn =
    0.0000    0.8928   -0.4686   -0.0000   -0.1150         0
   -0.0810    0.0000    0.0000   -0.0813         0         0
    0.0000   -0.0990    0.5233   -0.0000         0         0
   -0.0000   -0.0000    0.0000    0.7071         0         0
    0.0000    1.0000   -1.0000   -0.0000   -1.0000         0
    1.0000   -0.0000    0.0000    0.7071    0.0000    1.0000
```

3. 雅可比矩阵参考坐标系的变换

已知坐标系$\{B\}$中，6×1 的笛卡儿速度矢量可以通过以下变换得到在坐标系$\{A\}$中的变换：

$$^{A}\dot{\boldsymbol{x}}=\begin{pmatrix}^{A}\boldsymbol{v}\\ ^{A}\boldsymbol{\omega}\end{pmatrix}=\begin{pmatrix}{}^{A}_{B}\boldsymbol{R} & 0\\ 0 & {}^{A}_{B}\boldsymbol{R}\end{pmatrix}\begin{pmatrix}^{B}\boldsymbol{v}\\ ^{B}\boldsymbol{\omega}\end{pmatrix}=\begin{pmatrix}{}^{A}_{B}\boldsymbol{R} & 0\\ 0 & {}^{A}_{B}\boldsymbol{R}\end{pmatrix}{}^{B}\dot{\boldsymbol{x}} \tag{1.36}$$

已知坐标系$\{A\}$、$\{B\}$中的雅可比矩阵分别为：

$$^{A}\dot{\boldsymbol{x}}={}^{A}\boldsymbol{J}(q)\,\dot{\boldsymbol{q}} \tag{1.37}$$

$$^{B}\dot{\boldsymbol{x}}={}^{B}\boldsymbol{J}(q)\,\dot{\boldsymbol{q}} \tag{1.38}$$

因此，可以得到雅可比矩阵参考坐标系的变换：

$$^{A}\boldsymbol{J}(q)=\begin{pmatrix}{}^{A}_{B}\boldsymbol{R} & 0\\ 0 & {}^{A}_{B}\boldsymbol{R}\end{pmatrix}{}^{B}\boldsymbol{J}(q) \tag{1.39}$$

以上面的 KUKA KR5 机器人为例，通过下列语句可以得到基坐标系到工具坐标系的齐次变换矩阵输入命令：

```
>> T = KR5.fkine([0 0 0 0 0 0])
```

运行结果：

```
T =
    1.0000         0         0    0.9000
         0   -1.0000   -0.0000   -0.0000
         0    0.0000   -1.0000   -0.3350
         0         0         0    1.0000
```

从而可以得到旋转矩阵：

$${}^{0}_{N}\boldsymbol{R}=\begin{pmatrix}1 & 0 & 0\\ 0 & -1 & 0\\ 0 & 0 & -1\end{pmatrix}$$

因此可得到相应的变换矩阵，输入命令：

```
>> R = [1 0 0 0 0 0;
     0 -1 0 0 0 0;
     0 0 -1 0 0 0;
     0 0 0 1 0 0;
     0 0 0 0 -1 0;
     0 0 0 0 0 -1];
>> R * Jn
```

运行结果：

```
ans =
    0.0000    0.7350   -0.7350         0   -0.1150         0
```

```
    0.9000   -0.0000   -0.0000         0         0         0
    0.0000    0.7200   -0.1200         0         0         0
    0         0         0              0         0         0
   -0.0000   -1.0000    1.0000         0    1.0000         0
    1.0000   -0.0000   -0.0000   -1.0000   -0.0000   -1.0000
```

可以看出，结果与 J_0 的值相同。

4. 速度的笛卡儿变换

当坐标系{A}和坐标系{B}是刚性连接时，且{A}通过选择矩阵，再通过平移矢量得到{B}时，通过下式可以得到速度在两个坐标系中表示的变换。

$$\begin{pmatrix} {}^{B}\boldsymbol{v}_{B} \\ {}^{B}\boldsymbol{w}_{B} \end{pmatrix} = \begin{pmatrix} {}_{A}^{B}\boldsymbol{R} & -{}_{A}^{B}\boldsymbol{R} \times {}^{A}\boldsymbol{P}_{B} \\ 0 & {}_{A}^{B}\boldsymbol{R} \end{pmatrix} \begin{pmatrix} {}^{A}\boldsymbol{v}_{A} \\ {}^{A}\boldsymbol{w}_{A} \end{pmatrix}$$

写成矩阵形式为：

$${}^{B}\boldsymbol{v}_{B} = {}_{A}^{B}\boldsymbol{T}_{v}\,{}^{A}\boldsymbol{v}_{A}$$

这里，${}_{A}^{B}\boldsymbol{T}_{v}$ 为一个 6×6 的速度变换矩阵。

在 MATLAB 机器人工具箱中，可用函数 tr2jac()求出不同变换的雅可比矩阵。例如，{B}是通过{A}平移(2,4,0)，再旋转 45°得到的，求速度变换矩阵 $\boldsymbol{T}_v$。当{A}中 X 方向的线速度为 2m/s，求{B}中的速度。

输入命令：

```
>> T = transl(2,4,0) * troty(pi/4);
>> Tv = tr2jac(T)
```

运行结果：

```
Tv =
    0.7071         0   -0.7071   -2.8284    1.4142   -2.8284
         0    1.0000         0         0         0    2.0000
    0.7071         0    0.7071    2.8284   -1.4142   -2.8284
         0         0         0    0.7071         0   -0.7071
         0         0         0         0    1.0000         0
         0         0         0    0.7071         0    0.7071
```

输入命令：

```
>> vB = Tv * [2 0 0 0 0 0]';
>> vB'
```

运行结果：

```
ans =
    1.4142         0    1.4142         0         0         0
```

可以得到，该速度在{B}中 X 方向为 1.4142m/s，在 Z 方向速度为 1.4142m/s。

1.3.6 具体例子的应用

【例 1-4】 一只三连杆的平面机器人如图 1-25 所示：参考坐标系 0 代表世界坐标系，参考坐标系 $i(i=1,2,3)$是一个与连杆 i 相关的坐标系，连杆的长度分别是 l_1，l_2 和 l_3。

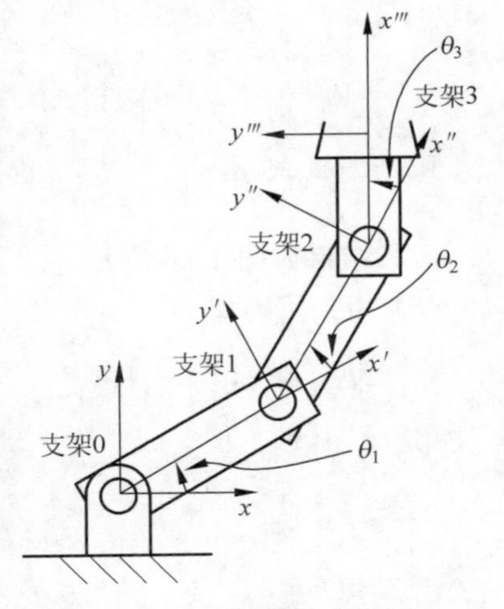

图 1-25 三连杆的平面机器人

(1) 获取相邻连杆之间的参考坐标系变换，即^0_1T，^1_2T，^2_3T，它们是关于 θ_1，θ_2 和 θ_3 的函数。

(2) 获取世界参考系中的连杆和机器人手中的参考系之间的变换。

(3) 假设连杆的长度 $l_1=l_2=l_3$，其将机器人手移动到由 $\begin{pmatrix} -1 & 0 & 0 & 0 \\ 0 & -1 & 0 & 1 \\ 0 & 0 & 1 & 0 \\ 0 & 0 & 0 & 1 \end{pmatrix}$ 给出的相对应的世界参考系的位置，尝试获取 θ_1，θ_2 和 θ_3 的值。

(4) 证明：一般来说，这个机器人的逆运动学问题有两个解决方案，并在 MATLAB 中写一个函数，返回两种方案的结果。

解析：

(1) 相关代码如下：

```
a1 = sym('a1');
l1 = sym('l1');
a2 = sym('a2');
l2 = sym('l2');
a3 = sym('a3');
l3 = sym('l3');
T01 = trotz(a1) * transl(l1, 0, 0);
T12 = trotz(a2) * transl(l2, 0, 0);
T23 = trotz(a3) * transl(l3, 0, 0);
```

(2) 相关代码如下：

```
T03 = T01 * T12 * T23;
%%%或者,我们也可以使用其 DH 参数来解决该机器人的正向运动学.
%%%然后,取 a_i = 1
L(1) = Link([0 0 1 0]);
L(2) = Link([0 0 1 0]);
```

```
L(3) = Link([0 0 1 0]);
ThreeLink = SerialLink(L);
ThreeLink.name = 'Planar3R';
%%%为了验证我们已经正确地构建了机器人,我们将它绘制出来.
ThreeLink.plot([pi/4 pi/4 pi/4]);
ThreeLink.fkine([pi/4 pi/4 pi/4]);
```

运行结果如图 1-26 所示。

(3) 相关代码如下：

```
TL = [-1 0 0 0; 0 -1 0 1; 0 0 1 0; 0 0 0 1];
%%%一种可能性在于使用由 ikine 实现的数值方法.问题是给出一个好的猜测,
%%%以便算法收敛到一个有效的解决方案.在一些试验和错误之后,良好的起
%%%点是 theta_1 = 0,theta_2 = pi,theta_3 = π,Q0 = [0 -pi/2 pi/2];
QF = ThreeLink.ikine(TL, Q0, [1 1 0 0 0 1]);
ThreeLink.plot(QF);
%%% 我们可以获得 Q0 和 QF 之间的轨迹
TRAJ = jtraj(Q0, QF, (0:.05:1));
ThreeLink.plot(TRAJ);
```

运行上面的代码,得到机器人轨迹,如图 1-27 所示。

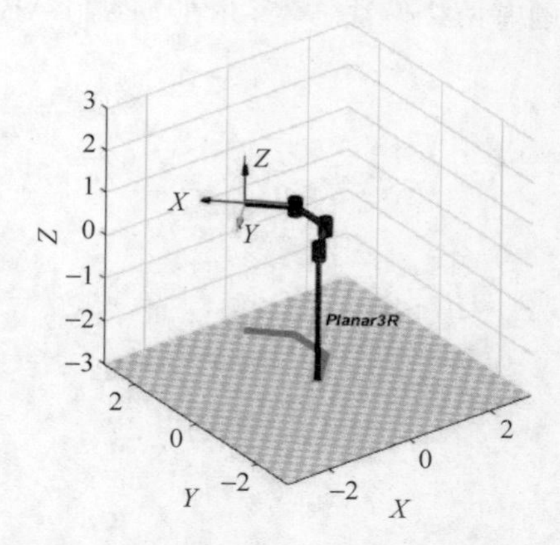

图 1-26 使用工具箱生成的平面机器人

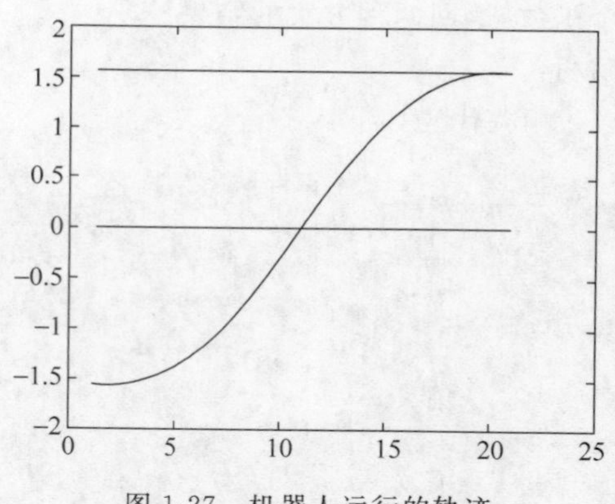

图 1-27 机器人运行的轨迹

(4) 相关代码如下：

```
function theta = ikine3r(l, conf, sigma)
%%%IKINE3R 解决了 3R 平面机器人的逆运动学[THETA1 THETA2 THETA3] = ikine3r
%%%([l11,l23],[XY PHI],SIGMA)返回与围绕三个关节的旋转对应的 3 个角度
%%%的向量.sigma = +/- 1 是一个标志,给我们两个可能的解决方案之一
xx = conf(1) - l(3) * cos(conf(3));
yy = conf(2) - l(3) * sin(conf(3));
```

```
theta(1) =  atan2(yy,xx) + ...
sigma * acos((l(1) * l(1) + xx * xx + yy * yy - l(2) * l(2))/...
(2 * l(1) * sqrt(xx * xx + yy * yy)));
theta(2) = atan2(yy - l(1) * sin(theta(1)),...
xx - l(1) * cos(theta(1))) - theta(1);
theta(3) = conf(3) - theta(1) - theta(2);
end
```

1.3.7 机器人工具箱的 Link 类

根据 *Robotics Toolbox for MATLAB*，对机器人工具箱中的 Link 类进行进一步的解析。

机器人工具箱中的 Link 对象保存与机器人连杆相关的所有信息，例如运动学参数、刚体惯性参数、电机和传动参数等。

与 Link 对象有关参数如下所示：

参　数	意　义	参　数	意　义
A	连杆变换矩阵	islimit	测试关节是否超过软限制
RP	RP 关节类型：'R'或'P'	isrevolute	测试关节是否旋转关节
friction	摩擦力	isprismatic	测试关节是否移动关节
nofriction	将摩擦参数设置为零的连杆对象	display	以可读的形式打印连杆参数
dyn	显示连杆动态参数	char	转换为字符串

写入/读取 Link 的参数如下所示：

参　数	意　义	参　数	意　义
theta	运动学：关节角度	m	动力学：连杆质量
d	运动学：连杆偏移	r	动力学：连杆的重心 3×1
a	运动学：连杆长度	I	动力学：连杆的惯性矩阵 3×3
alpha	运动学：连杆扭转角	B	动力学：连杆黏性摩擦(电机参考)
sigma	运动学：0 表示旋转，1 表示移动	Tc	动力学：连杆的库仑摩擦
mdh	运动学：0 表示标准 DH，其他情况为 1	g	执行器：齿轮比
offset	运动学：关节变量偏移	Jm	执行器：电机惯量(电机参考)
qlim	运动学：关节变量极限[min max]		

注意：

(1) 连杆对象是一个引用类对象。

(2) 连杆对象可以在向量和数组中使用。

1. Link：创建机器人的连杆对象

这是具有几个调用名的类构造函数，它有三种形式：

(1) L = Link()是具有默认参数的 Link 对象；

(2) L = Link(lnk)是一个 Link 对象，它是连杆对象 link 的副本；

(3) L = Link(options)是指定了运动和动态参数的连杆对象。

它的参数如下所示：

参数	意义	参数	意义
Options 'theta', TH	关节角度，如果没有指定，则默认的关节是旋转关节	'r', R	求出重心(3×1 的矩阵)
'd', D	关节延伸，如果没有指定，则默认的关节是移动的	'G', G	设置电机齿轮比(默认值 1)
'a', A	关节偏移(默认为 0)	'B', B	关节摩擦(默认为 0)
'alpha', A	关节的扭转角(默认为 0)	'Jm', J	电机惯量(默认为 0)
'standard'	使用标准型 DH 参数法(默认)定义	'Tc', T	库仑摩擦(1×1 或 2×1)(默认值[0×0])
'modified'	使用修改的 DH 参数定义	'revolute'	设置为旋转关节(默认)
'offset', O	关节变量 offset(默认为 0)	'prismatic'	设置移动关节'p'
'qlim', L	关节限制(默认为[])	'm', M	与连杆的质量相关
'I', I	连杆惯性矩阵(3×1,6×1 或 3×3 的矩阵)	'sym'	将所有参数值视为符号而非数字

注意：

(1) 同时指定'theta'和'd'是错误的；

(2) 连杆的惯性矩阵(3×3)是对称的，可以通过给定一个 3×3 的矩阵(对角元素[Ixx Iyy Izz])或矩阵的矩和乘积[Ixx Iyy Izz Ixy Iyz Ixz]来指定；

(3) 所有摩擦量均以电机而不是负载为参考；

(4) 齿轮比仅用于转换电机参考量。

2. Link.A：连杆的变换矩阵

T = L.A(q)：求对应于连杆变量 $\boldsymbol{q}$ 的连杆均匀变换矩阵(4×4)，连杆变量 $\boldsymbol{q}$ 是 DH 参数 THETA(旋转)或 D(移动)。

注意：

(1) 对于旋转关节，忽略连杆的 THETA 参数，而改为使用 q。

(2) 对于移动关节，忽略连杆的 D 参数，而改为使用 q。

(3) 在计算变换矩阵之前，将连杆偏移参数添加到 q。

(4) Link.char：转换为字符串。

s = L.char()：是一个以紧凑单行格式显示连杆参数的字符串。如果 L 是一个 Link 对象的向量，则返回每个连杆一行的字符串。

3. Link.display：显示连杆的参数

L. display()以紧凑单行格式显示连杆参数。如果 L 是连杆对象的向量，则每个元素显示一行。

注意：当表达式的结果是Link对象并且命令没有尾部分号时，在命令行中隐式调用此方法。

4. Link.dyn：显示连杆的惯性属性

L.dyn()以多行格式显示连杆对象的惯性属性。属性包括质量、质心、惯性、摩擦、传动比和电机性能。如果L是连杆对象的向量，则显示每个连杆的属性。

5. Link.friction：关节摩擦力

f = L.friction(qd)是用于连杆速度 qd 的关节摩擦力/扭矩。

注意：

(1) 1返回的摩擦值被称为齿轮箱的输出；

(2) Link对象中的摩擦参数以电机为参考；

(3) 电机黏性摩擦力按G2放大；

(4) 电机库仑摩擦由G放大；

(5) 在非对称情况下使用的适当的库仑摩擦值取决于对关节速度的符号，而不是电机速度。

6. Link.islimit：测试关节极限

如果q超出为该关节设置的软限制，则L.islimit(q)为真(即为1)。

注意：任何工具箱函数目前都不使用这些限制。

7. Link.isprismatic：测试关节是否为移动关节

如果关节是移动的，则L.isprismatic()为1；如果关节是转动的，则L.isprismatic()为0。

8. Link.isrevolute：测试关节是否旋转

如果关节是转动的，则L.isrevolute()为1；如果关节是移动的，则L.isrevolute()为0。

9. Link.issym：检查连杆是否是符号模型

如果连杆L具有符号参数，则res = L.issym()为真。

10. Link.nofriction：清除连杆的摩擦

ln = L.nofriction()是除了非线性之外具有与L相同的参数的连杆对象，使得它的(库仑)摩擦系数为零。

(1) ln = L.nofriction('all')，除了黏性和库仑摩擦，其他的参数设置为零。

(2) ln = L.nofriction('coulomb')，除了库仑摩擦，其他的参数设置为零。

(3) ln = L.nofriction('viscous')，除了黏性摩擦，其他的参数设置为零。

注意：有限库仑摩擦的前向动力学仿真可能很慢。

11. Link.RP：获取关节类型

c = L.RP()是一个字符"R"或"P"，取决于关节是旋转还是移动的。如果L是一个Link对象的向量，则以联合顺序返回一个字符串。

12. 三项参数的设置

1）Link. set. I：设置连杆惯量

L. I = [Ixx Iyy Izz]将连杆惯量设置为对角矩阵。

L. I = [Ixx Iyy Izz Ixy Iyz Ixz]将连杆惯量设置为具有指定惯性和惯性元素乘积的对称矩阵。

L. I = M 设置连杆的惯性矩阵为 M(3×3)，它必须是对称的。

2）Link. set. r：设置重心

L. r = R 将连杆重心(COG)设置为 R(3-矢量)。

3）Link. set. Tc：设置库仑摩擦

L. Tc = F 将库仑摩擦参数设置为[F −F]，对于模型的对称库仑摩擦。

L. Tc = [FP FM]将库仑摩擦设置为[FP FM]，用于非对称库仑摩擦模型。FP> 0 和 FM <0。其中，FP 用于正关节速度，FM 用于负关节速度。

注意：摩擦参数被定义为对于正关节速度是正的，通过 Link. friction 计算的摩擦力使用摩擦参数的负数，即，与关节的运动相反的力。

1.3.8 机器人工具箱的 SerialLink 类 1

根据 *Robotics Toolbox for MATLAB*，本节将对 SerialLink 类涉及机器人运动学内容进行进一步的解析。

机器人工具箱中的 SerialLink 类表示串联臂型机器人的具体类。该机制使用 DH 参数描述，每个关节一组。

SerialLink 类包含的参数如下所示：

参 数	意 义	参 数	意 义	参 数	意 义
plot	显示机器人的图形表示	jacob0	世界坐标系中的雅可比矩阵	rne	逆动力学
plot3d	显示机器人的 3D 图形模型	jacobn	工具坐标系中的雅可比矩阵	fdyn	正向动力学
teach	驱动一个图形化的机器人	Jacob_dot	雅可比衍生物	payload	在末端执行器的坐标中添加有效载荷
getpos	获取一个图形化机器人的位置	maniplty	可操作性	perturb	象征性地得到的 ikine 对称分析逆运动学
jtraj	关节空间轨迹	vellipse	显示速度椭圆体	gravjac	重力荷载和雅可比
edit	显示和编辑运动和动态参数	fellipse	显示力椭圆体	paycap	有效载荷能力
isspherical	测试机器人是否有球形手腕	qmincon	零空间运动到界限之间的中心关节	pay	有效载荷效应
islimit	测试机器人是否在关节限制	accel	关节加速	sym	对象的符号版本

续表

参数	意义	参数	意义	参数	意义
isconfig	测试机器人关节配置	coriolis	科里奥利关节力	gencoords	符号广义坐标
fkine	正向运动学	dyn	显示连杆的动态属性	genforces	符号广义力量
trchain	正向运动学作为一个基本变换链	friction	摩擦力	ikine sym	象征性地获得分析逆运动学
ikine6s	6 轴球形手腕旋转机器人的逆运动学	gravload	重力关节力	issym	测试对象是否是符号的
ikine	使用迭代数值方法的逆运动学	inertia	关节惯性矩阵	A	连杆的变换矩阵
ikunc	使用优化方法的逆运动学	cinertia	笛卡儿惯性矩阵		
ikcon	使用关节限制优化的逆运动学	nofriction	将摩擦参数设置为零		

写入/读取 SerialLink 类的参数如下所示：

参数	意义	参数	意义
links	连杆对象的向量(1×N 的矩阵)	comment	注释，一般性注释
gravity	重力方向[gx gy gz]	plotopt	plot()方法的选项(单元数组)
base	机器人基础姿势(4×4 的矩阵)	fast	使用 MEX 版本的 RNE。只有在 mex 文件存在时才能设置为 true。默认值为 true。
tool	机器人的工具变换，T6 到工具的末端(4×4 的矩阵)	n	关节数量(只读)
qlim	关节极限，[qmin qmax](N×2 的矩阵)	config	关节配置字符串，例如。'RRRRRR'(只读)
offset	运动学关节坐标偏移(N×1 的矩阵)	mdh	运动学约定布尔(0 = DH，1 = MDH)(只读)
name	机器人的名称，用于图形显示	theta	运动学：关节角度(1×N 的矩阵)(只读)
manuf	注释，作者的注释	d	运动学：连杆偏移(1×N 的矩阵)(只读)
a	运动学：连杆长度(1×N 的矩阵)	alpha	运动学：连杆扭角(1×N 的矩阵)(只读)

注意：

(1) SerialLink 是一个引用对象。

(2) SerialLink 对象可以在向量和数组中使用。

1. SerialLink：创建一个 SerialLink 机器人对象

(1) R = SerialLink(links，options)是一个由 Link 类对象定义的机器人对象，它可以是 Link，Revolute，Prismatic，RevoluteMDH 或 PrismaticMDH 的实例。

(2) R = SerialLink(options)是一个没有连杆的空机器人对象。

(3) R = SerialLink([R1 R2 …]，选项)连接机器人，R2 的基座连接到 R1 的末端。也

可以写成 R1 * R2 等。

(4) R = SerialLink(R1,选项)是机器人对象 R1 的深层副本,具有所有相同的属性。

(5) R = SerialLink(dh,options)是具有由矩阵 dh 定义的运动学的机器人对象,其中每个关节具有一行,并且每一行是 θa 并且假设关节被旋转。可选的第五列 sigma 指示旋转(sigma = 0,默认)或移动(sigma = 1)。

它的参数如下所示:

参数	意义	参数	意义
'name',NAME	将机器人名称属性设置为 NAME	'gravity',G	设置重力矢量属性为 G
'comment',COMMENT	将机器人注释属性设置为 COMMENT	'plotopt',P	将.plot()的默认选项设置为 P
'manufacturer',MANUF	设置机器人制造商属性为 MANUF	'plotopt3d',P	将.plot3d()的默认选项设置为 P
'base',T	设置基底变换矩阵属性为 T	'nofast'	不要使用 RNE MEX 文件
'tool',T	设置工具转换矩阵属性为 T		

实例:

1) 创建一个两连杆的机器人

```
L(1) = Link([ 0 0 a1 pi/2], 'standard');
L(2) = Link([ 0 0 a2 0], 'standard');
twolink = SerialLink(L, 'name', 'two link');
```

2) 创建一个两连杆的机器人(最具描述性)

```
L(1) = Revolute('d', 0, 'a', a1, 'alpha', pi/2);
L(2) = Revolute('d', 0, 'a', a2, 'alpha', 0);
twolink = SerialLink(L, 'name', 'two link');
```

3) 创建一个两连杆的机器人(最少描述性)

```
twolink = SerialLink([0 0 a1 0; 0 0 a2 0], 'name', 'two link');
```

4) 机器人对象可以以两种方式连接

```
R = R1 * R2;
R = SerialLink([R1 R2]);
```

注意:

(1) SerialLink 是一个引用对象,一个 Handle 对象的子类。

(2) SerialLink 对象可以在向量和数组中使用。

(3) 传入的连杆子类元素必须是所有标准或所有修改的 DH 参数。

(4) 当机器人连接时，中间基础和工具变换被删除，因为通常的常数变换不能以 DH 符号表示。

2. SerialLink.A：连杆的变换矩阵

(1) s = R.A(J,qj)是从连杆帧 fJ-1g 变换到作为第 J 个联合变量 qj 的函数的帧 fJg 的 SE(3)均匀变换(4×4)。

(2) s = R.A(jlist,q)，但是是在列表 JLIST 中给出的连杆变换矩阵的组合，并且联合变量取自 Q 的相应元素。

3. SerialLink.accel 机械臂正向动力学

(1) qdd = R.accel(q,qd,torque)是在状态 q 和 qd 下向驱动器力/转矩施加到机械手机器人 R 而产生的关节加速度的矢量($N \geqslant 1$)，N 是机器人的关节数量。

如果 q,qd,转矩是矩阵($K \geqslant N$)，则 qdd 是矩阵($K \in N$)，其中每行对应于 q,qd,转矩的等效行的加速度。

(2) qdd = R.accel(x)如上所述，但是 x = [q,qd,转矩](1×3N)。

注意：

(1) 用于仿真机械手动力学，结合数值积分函数。

(2) 使用 Walker 和 Orin 的方法 1 计算正向动力学。

(3) Featherstone 的方法对于具有大量关节的机器人更有效。

(4) 应当考虑关节摩擦。

4. SerialLink.animate：更新机器人动画

R. animate(q)更新机器人 R 的现有动画。这将使用 R.plot()创建。在所有图中更新此机器人的图形实例。

注意：

(1) 由 plot()和 plot3d()调用来实际移动手臂模型。

(2) 用于 Simulink 机器人动画。

5. SerialLink.char：转换为字符串

s = R.char()是机器人运动参数的字符串表示，显示 DH 参数、关节结构、注释、重力矢量、基准和工具变换。

6. SerialLink.edit()：编辑 SerialLink 机械臂的运动参数和动态参数

(1) R.edit 在新的图形界面中将机器人的运动参数显示为可编辑的表。

(2) R.edit('dyn')如上所述，但也显示动态参数。

注意：

(1) “保存”按钮将值从表中复制到 SerialLink 操纵器对象。

(2) 要退出编辑器而不更新对象，只需杀死图形窗口。

7. SerialLink.fkine：用于计算机器人的正向运动学

(1) T = R.fkine(q,options)是机器人末端执行器的姿态，作为关节配置 q(1×$\boldsymbol{N}$)的SE(3)均匀变换(4×4)。

如果 q 是矩阵($\boldsymbol{K}\in\boldsymbol{N}$)，则行被解释为沿着轨迹的点序列的广义联合坐标。q(i,j)是第 i 个轨迹点的第 j 个联合参数。在这种情况下，T 是一个 3d 矩阵(4×4×$\boldsymbol{K}$)，其中最后一个下标是沿着路径的索引。

(2) [T,all] = R.fkine(q)，但是所有的(4×4×$\boldsymbol{N}$)是连杆的坐标系 1 到 N 的姿态 k。

8. SerialLink.ikcon

1) 具有关节限制的数值逆运动学

q = R.ikcon(T)是对应于作为均匀变换的机器人末端执行器姿态 T(4×4)的关节坐标(1×N)。

[q,err] = robot.ikcon(T)如上所述，但也返回 err，它是目标函数的标量最终值。

[q,err,exitflag] = robot.ikcon(T)，但也返回 fmincon 的状态 exitflag。

[q,err,exitflag] = robot.ikcon(T,q0)，但是指定用于最小化的初始关节坐标 q0。

[q,err,exitflag] = robot.ikcon(T,q0,options)如上所述，但指定 fmincon 使用的选项。

2) 轨迹操作

在所有情况下，如果 $\boldsymbol{T}$ 是 4×4×M 矩阵作为均匀变换序列，并且 R.ikcon()返回与序列中的每个变换对应的联合坐标。$\boldsymbol{q}$ 是 $M\times N$ 矩阵，其中 N 是机器人关节的数量。对于每个时间步长的 $\boldsymbol{q}$ 的初始估计被取作来自先前时间步长的解。err 和 exitflag 也是 $M\times N$ 矩阵，并且指示对应的轨迹步长的优化结果。

注意：

(1) 需要优化工具箱中的 fmincon。

(2) 在本解决方案中考虑联合限制。

(3) 可用于具有任意自由度的机器人。

(4) 在多个可行解的情况下，返回的解取决于 q0 的初始选择。

(5) 通过最小化关节角度解的正向运动学和末端效应器框架之间的误差作为优化工作。目标函数(误差)描述为：

```
sumsqr((inv(T) * robot.fkine(q) - eye(4)) * omega)
```

9. SerialLink.ikine

1) 数值逆运动学

q = R.kinine(T)是与作为均匀变换的机器人末端执行器姿势 T(4×4)对应的关节坐标(1×N)。

q = R.ikine(T,q0,options)指定关节坐标的初始估计。该方法可用于具有 6 个或更多自由度的机器人。

2）欠驱动机器人

对于操纵器具有少于 6 个 DOF 的情况，解空间具有比可以由操纵器关节坐标跨越的更多的尺寸。

q = R.ikine(T, q0, m, options)，但是其中 $\boldsymbol{m}$ 是向量（1×6 矩阵），其指定在达到解中将被忽略的笛卡儿 DOF（在腕部坐标系中）。向量 $\boldsymbol{m}$ 具有对应于平移的 6 个元素。

在 X，Y 和 Z 轴中，以及分别绕 X，Y 和 Z 轴旋转。该值应为 0（对于忽略）或 1。非零元素的数量应等于操纵器 DOF 的数量。

例如，当使用 3 自由度机械手时，旋转方向可能不重要，在这种情况下 $\boldsymbol{m}=[1\ 1\ 1\ 0\ 0\ 0]$。对于具有 4 或 5 自由度的机器人，这种方法是非常难以使用的，因为方向由世界坐标中的 T 指定，并且可实现的取向是刀具位置的函数。

3）轨迹操作

在所有情况下，如果 $\boldsymbol{T}$ 是 $4\times4\times m$ 作为均匀变换序列，并且 R.ikine() 返回与序列中的每个变换对应的联合坐标。$\boldsymbol{q}$ 是 $m\times1\times N$，其中 N 是机器人关节的数量。对于每个时间步长的 $\boldsymbol{q}$ 的初始估计被取作来自先前时间步长的解。

1.4 机器人动力学

1.4.1 机器人动力学概述

动力学主要研究产生运动所需要的力。对于机器人动力学分析，有两种经典的方法：一种是牛顿-欧拉法，另一种是拉格朗日法。与机器人运动学相似，机器人动力学也有两个相反的问题：

（1）动力学正问题是已知机械臂各关节的作用力或力矩，求各关节的位移、速度和加速度，即机器人的运动轨迹（$\tau\rightarrow q,\dot{q},\ddot{q}$），这可以用于对机械臂的仿真。

（2）动力学逆问题是已知机械臂的运动轨迹，即各关节的位移、速度和加速度，求各关节所需要的驱动力或力矩（$q,\dot{q},\ddot{q}\rightarrow\tau$），这可以用于对机械臂的控制。

1.4.2 机器人动力学方程的建立方法

1. 机器人刚体的加速度

设两个相互独立的坐标系$\{A\}$和$\{B\}$，坐标系$\{B\}$固连在一个刚体上，刚体有一个相对于坐标系$\{A\}$的运动${}^{B}\boldsymbol{Q}$。坐标系$\{B\}$相对于坐标系$\{A\}$的位置可以用位置矢量${}^{A}\boldsymbol{P}_{\mathrm{BORG}}$和旋转矩阵${}_{B}^{A}\boldsymbol{R}$来描述。则 Q 点在坐标系$\{A\}$中的线速度可以表示为：

$$
{}^{A}\boldsymbol{V}_{Q}={}^{A}\boldsymbol{V}_{\mathrm{BORG}}+{}_{B}^{A}\boldsymbol{R}\,{}^{B}\boldsymbol{V}_{Q} \tag{1.40}
$$

注意，上式只适用于在坐标系$\{A\}$和$\{B\}$相对方位保持一定的前提下。

在一般情况下，即机器人均是转动关节的时候，Q 点在$\{B\}$坐标系中的位置固定，即${}^{B}\boldsymbol{Q}$为常量的时候，关节转动时坐标系$\{B\}$相对于坐标系$\{A\}$的旋转的角速度为${}^{A}\Omega_{B}$。经过推导和计算，最后得到机器人的线加速度的表达式为：

$$ {}^{A}\boldsymbol{V}_{Q}={}^{A}\boldsymbol{V}_{\mathrm{BORG}}+{}^{A}\Omega_{B}\times({}^{A}\Omega_{B}\times{}_{B}^{A}\boldsymbol{R}\,{}^{B}Q)+{}^{A}\Omega_{B}\times{}_{B}^{A}\boldsymbol{R}\,{}^{B}Q \tag{1.41} $$

通常情况下，上式用于计算转动关节机械臂连杆的线加速度。

同上假设，关节转动时坐标系$\{B\}$相对于坐标系$\{A\}$旋转的角速度为${}^{A}\Omega_{B}$，而坐标系$\{C\}$相对于坐标系$\{B\}$旋转的角速度为${}^{B}\Omega_{C}$，则坐标系$\{C\}$相对于$\{A\}$旋转的角速度为：

$$ {}^{A}\Omega_{C}={}^{A}\Omega_{B}+{}_{B}^{A}\boldsymbol{R}\,{}^{B}\Omega_{C} \tag{1.42} $$

然后对其求导，最终得到：

$$ {}^{A}\dot{\Omega}_{C}={}^{A}\dot{\Omega}_{B}+{}_{B}^{A}\boldsymbol{R}\,{}^{B}\dot{\Omega}_{C}+{}^{A}\Omega_{B}\times{}_{B}^{A}\boldsymbol{R}\,{}^{B}\Omega_{C} \tag{1.43} $$

由上式即可计算机械臂连杆的角加速度。

2. 机器人刚体的质量分布

分析机器人动力学的时候还应考虑到机器人刚体的质量分布。对于转动关节机械臂（定轴转动），在一个刚体绕任意轴做旋转运动的时候，用惯性张量表示机器人刚体的质量分布。在基于刚体构建的坐标系，如坐标系$\{A\}$上的惯性张量可表示为：

$$ {}^{A}\boldsymbol{I}=\begin{pmatrix} I_{\mathrm{xx}} & -I_{\mathrm{xy}} & -I_{\mathrm{xz}} \\ -I_{\mathrm{xy}} & I_{\mathrm{yy}} & -I_{\mathrm{yz}} \\ -I_{\mathrm{xz}} & -I_{\mathrm{yz}} & I_{\mathrm{zz}} \end{pmatrix} \tag{1.44} $$

其中的各元素分别为：

$$ I_{\mathrm{xx}}=\iiint_{V}(y^2+z^2)\rho\mathrm{d}v \tag{1.45} $$

$$ I_{\mathrm{yy}}=\iiint_{V}(x^2+z^2)\rho\mathrm{d}v \tag{1.46} $$

$$ I_{\mathrm{zz}}=\iiint_{V}(x^2+y^2)\rho\mathrm{d}v \tag{1.47} $$

$$ I_{\mathrm{xy}}=\iiint_{V}xy\rho\mathrm{d}v \tag{1.48} $$

$$ I_{\mathrm{xz}}=\iiint_{V}xz\rho\mathrm{d}v \tag{1.49} $$

$$ I_{\mathrm{yz}}=\iiint_{V}yz\rho\mathrm{d}v \tag{1.50} $$

上式中，机器人刚体由微分体积 $\mathrm{d}v$ 组成，其密度是 ρ，其中每个微分体的位置由其坐标确定，而上面 6 个相互独立的元素的大小取决于所在坐标系的位姿。其中，I_{xx}、I_{yy}和I_{zz}称为惯量矩，其余 3 个称为惯量积，参考坐标系的轴称为主轴。

3. 牛顿-欧拉递推动力学方程

将机器人上的连杆看作刚体，首先应确定机器人每个连杆的质量分布（包括质心位置和惯性张量），这是控制连杆进行加速和减速运动的前提，即连杆运动所需的驱动力是关于连杆的期望加速度和质量分布的函数。而牛顿-欧拉方程就描述了力或力矩与惯量、加速度等之间的关系。

根据牛顿第二定律，即物体加速度的大小与作用力成正比，与物体的质量成反比，可以得到机器人上连杆质心上的作用力 $\boldsymbol{F}$ 与相对应的刚体加速度的关系式：

$$\boldsymbol{F} = m\,\dot{\boldsymbol{v}}_c \tag{1.51}$$

其中，m 是刚体的总质量。

而对于一个转动的刚体，还要分析引起刚体转动的力矩 $\boldsymbol{N}$。欧拉方程用来表示作用在刚体上的力矩与刚体转动的角速度和角加速度的关系：

$$\boldsymbol{N} = {}^{C}\boldsymbol{I}\dot{\omega} + \omega \times {}^{C}\boldsymbol{I}\omega \tag{1.52}$$

上式中，${}^{C}\boldsymbol{I}$ 指刚体在坐标系$\{C\}$中的惯性张量。注意：刚体质心的位置位于坐标系原点。

有了上面两个方程，可以进一步得到基于机械臂给定运动轨迹求解驱动力或力矩的方法，即已知关节的位姿、速度和加速度分别为 q、$\dot{q}$ 和 $\ddot{q}$，可以进一步得出机器人运动的驱动力。

这种计算方法可分为两步。

第一步，在已知连杆位置 q 的情况下，从连杆 1 到连杆 n 向外递推计算连杆的速度 $\dot{q}$ 和加速度 $\ddot{q}$，然后进一步对机器人的所有连杆使用牛顿和欧拉方程，得到作用在连杆质心上的力和力矩。对于转动关节，递推求解的具体过程如下：

$$^{i+1}\omega_{i+1} = {}^{i+1}_{i}R\,{}^{i}\omega_i + \dot{\theta}_{i+1}\,Z_{i+1} \tag{1.53}$$

$$^{i+1}\dot{\omega}_{i+1} = {}^{i+1}_{i}R\,{}^{i}\dot{\omega}_i + {}^{i+1}_{i}R\,{}^{i}\omega_i \times \dot{\theta}_{i+1}\,\hat{Z}_{i+1} + \ddot{\theta}_{i+1}\,{}^{i+1}\hat{Z}_{i+1} \tag{1.54}$$

$$^{i+1}\dot{v}_{i+1} = {}^{i+1}_{i}R\,({}^{i}\dot{\omega}_i \times {}^{i}P_{i+1} + {}^{i}\omega_i \times ({}^{i}\omega_i \times {}^{i}P_{i+1}) + {}^{i}v_i) \tag{1.55}$$

$$^{i+1}\dot{v}_{C_{i+1}} = {}^{i+1}_{i}R\,({}^{i+1}\dot{\omega}_{i+1} \times {}^{i}P_{i+1} + {}^{i+1}\omega_{i+1} \times ({}^{i+1}\omega_{i+1} \times {}^{i+1}P_{i+1}) + {}^{i+1}\dot{v}_{i+1}) \tag{1.56}$$

$$^{i+1}F_{i+1} = m_{i+1}\,{}^{i+1}\dot{v}_{C_{i+1}} \tag{1.57}$$

$$^{i+1}N_{i+1} = {}^{C_{i+1}}I_{i+1}\,{}^{i+1}\dot{\omega}_{i+1} + {}^{i+1}\omega_{i+1} \times {}^{C_{i+1}}I_{i+1}\,{}^{i+1}\omega_{i+1} \tag{1.58}$$

上式中，$i=0,1,2,3,4,5$。对于通常的 6 个关节均为转动关节的机器人，通过上面的式子可以求解出作用在每个连杆上的力和力矩。

第二步，计算关节力矩。实际上，动力学要得出的这些关节力矩是施加在连杆上的力和力矩，即驱动器施加在机器人上的力矩或作用在机器人上使其运动的外力。而这种求解需要使用向内递推的方法，在得到上面的结果后，具体过程如下：

$$^{i}f_i = {}^{i+1}_{i}R\,{}^{i+1}f_{i+1} + {}^{i}F_i \tag{1.59}$$

$$^{i}n_i = {}^{i}N_i + {}^{i}_{i+1}R\,{}^{i+1}n_{i+1} + {}^{i}P_{C_i} \times {}^{i}F_i + {}^{i}P_{i+1} \times {}^{i}_{i+1}R\,{}^{i+1}f_{i+1} \tag{1.60}$$

$$\tau_i = {}^{i}n_i^{Ti}\,\hat{Z}_i \tag{1.61}$$

上式中，$i=6,5,4,3,2,1$。上面的式子即为通过牛顿-欧拉递推法推导得出的机器人动力学方程。

在分析机器人动力学的过程中，还有一个因素不能忽视，那就是重力因素，各连杆的重力也要加入到动力学方程中。由于递推推导过程中计算力的时候会使用到连杆的质量和加速度，所以可以假设机器人正以 1g(即 10m/s)的加速度向上做加速运动，这和连杆上的重力作用是等效的。因此可以让线加速度的初始值与重力加速度大小相等、方向相反，这样，不需要进行其他附加的运算就可以将重力的影响加入到动力学方程中。

上面各式即为运用牛顿-欧拉递推的方法通过机器人的运动轨迹(即位姿、速度和加速度)得到机器人的期望驱动力矩的具体过程。其中，角速度、角加速度和线加速度的初始值分别是：

$$^{0}\boldsymbol{\omega}_0=\begin{bmatrix}0\\0\\0\end{bmatrix}^{0}\quad \dot{\boldsymbol{\omega}}_0=\begin{bmatrix}0\\0\\0\end{bmatrix}^{0}\quad \dot{\boldsymbol{v}}_0=\begin{bmatrix}-g\\0\\0\end{bmatrix} \tag{1.62}$$

4. 用拉格朗日法建立机器人动力学方程

牛顿-欧拉法是通过基于由牛顿定律和欧拉方程推导出作用在连杆上的力和力矩从而得到机器人动力学的方法，而拉格朗日法则是从基于能量的角度来分析机器人的动力学。对于同一个机器人，两者得到的动力学方程是相同的。

首先从分析动能开始：对于机器人的第 i 个连杆，其动能可以表示为：

$$k_i=\frac{1}{2}m_i\,v_{C_i}{}^{\mathrm{T}}v_{C_i}+\frac{1}{2}\,{}^{i}\omega_i^{\mathrm{T}C_i}\,I_i^{i}\omega_i \tag{1.63}$$

上式中的两项分别代表由连杆的线速度(质心处)引起的动能和由连杆的角速度(同为质心处)引起的动能。则整个机械臂的动能是所有的连杆的动能之和，即：

$$k=\sum_{i=1}^{n}k_i \tag{1.64}$$

而机器人的动能又可以和之前的惯性矩阵 $\boldsymbol{M}(q)$ 建立等式，对于 6 关节的机器人，6 个连杆的动能可以由 6×6 矩阵 $\boldsymbol{M}(q)$ 与关节角速度 $\dot{q}$ 建立关系式：

$$k(q,\dot{q})=\frac{1}{2}\,\dot{q}^{\mathrm{T}}\boldsymbol{M}(q)\,\dot{q} \tag{1.65}$$

从物理力学可知，物体的总动能总是为正，所以惯性矩阵 $\boldsymbol{M}(q)$ 为正定矩阵。

第二步研究机器人的势能：对于机器人的第 i 个连杆，其势能可以表示为：

$$u_i=-m_i\,{}^{0}g^{\mathrm{T}}\boldsymbol{P}_{C_i}+u_{\mathrm{ref}_i} \tag{1.66}$$

上式中，${}^{0}g$ 是 3×1 的重力加速度矢量，${}^{0}\boldsymbol{P}_{C_i}$ 是第 i 个连杆的质心的相对位置矢量；取常数 u_{ref_i} 是为了使势能最小为 0。则整个机械臂的势能是所有的连杆的势能之和，即：

$$u=\sum_{i=1}^{n}u_i \tag{1.67}$$

因为 ${}^{0}P_{C_i}$ 是第 i 个连杆质心的相对位置矢量，则 ${}^{0}P_{C_i}$ 应该是关节角的函数；机械臂的整体势能可以表述为 $u(1)$，是各关节位置的标量函数。

当得到机器人的动能和势能后，进一步推导计算得到拉格朗日函数，即：

$$L(q,\dot{q})=k(q,\dot{q})-u(q) \tag{1.68}$$

通过拉格朗日函数得到机器人的驱动力矩：

$$\frac{\mathrm{d}}{\mathrm{d}t}\frac{\partial L}{\partial \dot{q}}-\frac{\partial L}{\partial q}=\tau \tag{1.69}$$

对于机械臂,驱动力矩方程也可以表示为:

$$\frac{\mathrm{d}}{\mathrm{d}t}\frac{\partial k}{\partial \dot{q}}-\frac{\partial k}{\partial q}+\frac{\partial u}{\partial q}=\tau \tag{1.70}$$

这样通过机器人的动能和势能,即拉格朗日函数,就能得到机器人的驱动力矩,这就是由拉格朗日法推导机器人动力学的过程。

1.4.3　状态空间方程

1. 状态空间方程

如果对方程进行相关的归纳和分类,然后可以进一步简化,并且很简便地表示机械臂的动力学方程。其中有一种就是用状态空间方程表示动力学方程。不考虑一切摩擦因素,其具体形式如下:

$$M(q)\ddot{q}+C(q,\dot{q})\dot{q}+G(q)+F(\dot{q})+J(q)^{\mathrm{T}}f=\tau \tag{1.71}$$

上式中,$q\in R^n$,为关节角位移量;$M(q)\in R^{n\times n}$,为机器人的惯性矩阵,该矩阵是一个角对称矩阵,在这个 $n\times n$ 矩阵中,里面的非零元素的大小取决于机器人中各关节角 $q(\theta_1,\theta_2,\cdots,\theta_n)$的大小;$M(q)\ddot{q}$表示该机械臂受到的惯性力的大小。$C(q,\dot{q})\in R^n$ 为科里奥利矩阵,表示离心力和科里奥利力(科氏力),$V(q,\dot{q})=C(q,\dot{q})\dot{q}$ 矩阵中非零元素的大小取决于两个因素——机器人中各关节的关节角 q 及其关节角速度$\dot{q}$。$G(q)\in R^n$ 表示重力矩阵,即机械臂上各连杆的重力因素,它表示这个机器人受到重力的大小。$G(q)$中非零元素的大小与机器人各关节的关节角 q 有关。$F(\dot{q})$为摩擦力矩,$J(q)^{\mathrm{T}}f$ 表示关节力,由一个作用在末端执行器的扭力 f 产生,J 是机械臂的雅可比矩阵。$\tau\in R^n$,是与关节角位移量 q 有关的广义驱动力向量。

由于上式中的离心力和科氏力矩阵 $\boldsymbol{C}(q,\dot{q})$取决于机械臂各关节连杆的位置和速度,所以将这个方程式称为状态空间方程。

2. 各项参数的获取与分析

MATLAB 机器人工具箱提供了一些函数,可以提取工具箱中已定义的机器人模型的动力参数。下面以 puma560 机器人为例,对函数进行说明(机器人工具箱,定义了许多机器人模型,其中只有 puma560 机器人的定义中涉及动力参数)。

1) 运动学和动力学参数

可以用函数 SerialLink. dyn()来显示机器人某个连杆的运动学参数和动力学参数。例如,显示 puma560 机器人第 6 个连杆的参数。

输入命令:

```
>> p560.links(6).dyn
```

运行结果为：

```
theta = q, d =           0, a =   0, alpha =     0, offset =           0 (R,stdDH)
  m     =          0.09
  r     =             0            0         0.032
  I     = |     0.00015            0             0 |
          |           0      0.00015             0 |
          |           0            0         4e-05 |
Jm   =     3.3e-05
Bm   =     3.67e-05
Tc   =     0.00396(+)      -0.0105(-)
  G     =         76.69
qlim =  -4.642576 to 4.642576
```

可以得到以下信息：第 6 个连杆的运动学 DH 参数，连杆质量，质心的坐标，惯性矩阵，电机转动惯量，电机摩擦力，库仑力和齿轮传动比。

2）惯性矩阵

当机器人的关节角为 q 时，可以通过函数 SerialLink.inertia()获取机器人的惯性矩阵。例如，当 $q=[0\ 0\ 0\ 0\ 0\ 0]$时，求出相应的惯性矩阵。

输入命令：

```
>> q = [0 0 0 0 0 0];
>> p560.inertia(q)
```

运行结果为：

```
ans =
    3.9611   -0.1627   -0.1389    0.0016   -0.0004    0.0000
   -0.1627    4.4566    0.3727    0.0000    0.0019    0.0000
   -0.1389    0.3727    0.9387    0.0000    0.0019    0.0000
    0.0016    0.0000    0.0000    0.1924    0.0000    0.0000
   -0.0004    0.0019    0.0019    0.0000    0.1713    0.0000
    0.0000    0.0000    0.0000    0.0000    0.0000    0.1941
```

得到惯性矩阵 $\boldsymbol{M}$ 为：

$$\boldsymbol{M}(q)=\begin{pmatrix} 3.9611 & -0.1627 & -0.1389 & 0.0016 & -0.0004 & 0 \\ -0.1627 & 4.4566 & 0.3727 & 0 & 0.0019 & 0 \\ -0.1389 & 0.3727 & 0.9387 & 0 & 0.0019 & 0 \\ 0.0016 & 0 & 0 & 0.1924 & 0 & 0 \\ -0.0004 & 0.0019 & 0.0019 & 0 & 0.1713 & 0 \\ 0 & 0 & 0 & 0 & 0 & 0.1941 \end{pmatrix}$$

能够看出，惯性矩阵 $\boldsymbol{M}(q)$为一个角对称矩阵。

3）科里奥利矩阵

当机器人的关节角为 q 时，关节角的速度为 $\dot{q}$，可以通过函数 SerialLink. coriolis()获取机器人的科里奥利矩阵。

例如，当 $q=[0\ \ 0\ \ 0\ \ 0\ \ 0\ \ 0]$，每个关节的角速度为 30°/s，$\dot{q}=\left[\frac{pi}{6}\ \ \frac{pi}{6}\ \ \frac{pi}{6}\ \ \frac{pi}{6}\ \ \frac{pi}{6}\ \ \frac{pi}{6}\right]$，求出相应的惯性矩阵。

输入命令：

```
>> q = [0 0 0 0 0 0];
>> qd = [pi/6 pi/6 pi/6 pi/6 pi/6 pi/6];
>> p560.coriolis(q,qd)
```

运行结果：

```
ans =
-0.4206   -0.5773   -0.2121   -0.0007   -0.0014    0.0000
 0.2118   -0.2029   -0.4050   -0.0000   -0.0020         0
 0.2081    0.2021   -0.0000    0.0000   -0.0001         0
 0.0000    0.0000    0.0000         0         0         0
 0.0007    0.0007    0.0001         0         0         0
      0         0         0         0         0         0
```

得到科氏矩阵 $\boldsymbol{C}(q,\dot{q})$ 为：

$$\boldsymbol{C}(q,\dot{q})=\begin{pmatrix} -0.4206 & -0.5773 & -0.2121 & -0.0007 & -0.0014 & 0 \\ 0.2118 & -0.2029 & -0.4050 & 0 & -0.0020 & 0 \\ 0.2081 & 0.2021 & 0 & 0 & -0.0001 & 0 \\ 0 & 0 & 0 & 0 & 0 & 0 \\ 0.0007 & 0.0007 & 0.0001 & 0 & 0 & 0 \\ 0 & 0 & 0 & 0 & 0 & 0 \end{pmatrix}$$

4）重力矩阵

当机器人的关节角为 q 时，可以通过函数 SerialLink. gravload()获取机器人的重力矩阵。

例如，当 $q=[0\ 0\ 0\ 0\ 0\ 0]$，得到相应的重力矩阵。

输入命令：

```
>> q = [0 0 0 0 0 0];
>> p560.gravload(q)
```

运行结果为：

```
ans =
        0  37.4837    0.2489         0         0         0
```

得到重力矩阵为：

```
G(q) = (0  37.4837  0.2489  0  0  0)ᵀ
```

5）摩擦力矩

工具箱中没有对摩擦力矩进行直接计算的函数，从函数 SerialLink.dyn()可以得到跟摩擦力矩相关的黏性摩擦系数、库伦摩擦系数和传动比的参数。例如前面的 p560.links(6).dyn 函数的返回值中：

- Bm＝ 3.67e－05 为黏性摩擦系数；
- Tc ＝ 0.00396(＋)－0.0105(－)为库仑摩擦系数；
- G＝76.69 为齿轮传动比。

3. 逆向动力学的计算

MATLAB 机器人工具箱中使用函数 SerialLink.rne()计算动力学的逆问题，其中主要该函数的参数主要为 q(关节角)，qd(速度)，qdd(加速度)，$grav$(重力项，默认下为地球的重力项)。

以 puma560 机器人为例，设置关节角为 $q=(0\quad 0\quad 0\quad 30^\circ\quad 30^\circ\quad 30^\circ)$，关节角速度$\dot{q}$为$(0\quad 0\quad 0\quad 10^\circ\quad 10^\circ\quad 10^\circ)$，加速度$\ddot{q}$为$(0\quad 0\quad 0\quad 0\quad 0\quad 0)$。

输入语句：

```
>> mdl_puma560;
>> q = [0 0 0 pi/6 pi/6 pi/6];
>> qd = [0 0 0 pi/18 pi/18 pi/18];
>> qdd = [0 0 0 0 0 0];
>> t1 = p560.rne(q,qd,qdd)
```

运行结果为：

```
t1 =
   -0.0000  37.4713    0.2366     0.9235     0.7265     0.3413
```

可以得到，此时的驱动力矩为：

```
τ1 = (0  37.4713  0.2366  0.9235  0.7265  0.3413)
```

当忽略掉状态方程的重力项时，输入语句：

```
>> t2 = p560.rne(q,qd,qdd,[0 0 0]')
```

运行结果为：

```
t2 =
   -0.0000   -0.0001   -0.0001    0.9235    0.7406    0.3413
```

可以得到，此时的驱动力矩为：

```
τ2 = (0   -0.0001   -0.0001   0.9235   0.7406   0.3413)
```

此外，函数 SerialLink. rne()也可以计算机器人沿着一条轨迹运动时，每一个时刻下的驱动力矩。

输入语句：

```
>> T1 = transl(0.3,0.1,0) * trotx(pi);          % 设置初始位姿
>> q1 = p560.ikine6s(T1);                        % 计算对应关节角
>> T2 = transl(0.2,0.4,0) * trotx(pi)/2;        % 设置最终位姿
>> q2 = p560.ikine6s(T2);                        % 计算对应关节角
>> t = [0:0.1:6]';                               % 设置时间及步长
>> [q,qd,qdd] = jtraj(q1,q2,t);                  % 生成相应的轨迹
>> tu = p560.rne(q,qd,qdd);                      % 计算轨迹上每个点的驱动力矩
```

运行结果：

```
  0.0000   -15.5857   -2.6777   -0.0000    0.0000   0
 24.7760   -23.2628    4.4214   -1.2850   -1.0435   0.3066
   ……         ……        ……        ……        ……        ……
 24.6978   -17.2257    5.5386   -1.2850   -1.0424   0.3010
  0.0000    -9.5899   -1.5434   -0.0000   -0.0000   0.3037
```

结果得到了一个 61×6 的矩阵，每一行都对应着某一个时间点的驱动力矩。更直观地观察每个关节的驱动力矩随时间的变换，可以用图形表示，输入语句：

```
>> plot(t,tu(:,1));
>> hold on
>> plot(t,tu(:,2));
>> plot(t,tu(:,3));
>> plot(t,tu(:,4));
>> plot(t,tu(:,5));
>> plot(t,tu(:,6));
```

运行结果如图 1-28 所示。

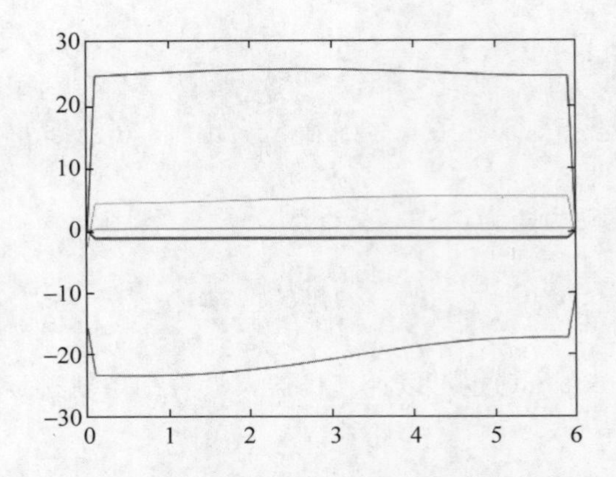

图 1-28 机器人的各个关节在力矩的驱动下运行的轨迹

1.4.4 正向动力学

1. 正向动力学的计算方法

通过状态空间方程进行推算，可以得到动力学方程中的加速度：

$$\ddot{q}=M(q)^{-1}(\tau-C(q,\dot{q})\dot{q}-G(q)+F(\dot{q})) \tag{1.72}$$

可以通过简单的欧拉积分方法，计算出机械臂的位置、速度和加速度。设 $q(0)=q_0$，$\dot{q}(0)=0$，从 $t=0$ 时开始，进行迭代计算。

当时刻为 $t+\Delta t$，机械臂的速度为：

$$\dot{q}(t+\Delta t)=\dot{q}(t)+\ddot{q}(t)\Delta t \tag{1.73}$$

此时，机械臂的位置为：

$$q(t+\Delta t)=q(t)+\dot{q}(t)\Delta t+\frac{1}{2}\ddot{q}(t)\Delta t^2 \tag{1.74}$$

然后将 $q=q(t+\Delta t)$ 和 $\dot{q}=\dot{q}(t+\Delta t)$，代入到上面的方程能够得到机械臂的加速度 $\ddot{q}(t+\Delta t)$。对于一个机械臂来说，输入一定的驱动力矩 τ 时，就可以通过上面的方法，得到每一个时刻的机械臂位置、速度和加速度。此外，关于数值积分的方法，实现欧拉积分，还有其他的方法，这里不做详述。

2. MATLAB 计算正向动力学

MATLAB 机器人工具箱中提供了函数 SerialLink. fdyn()计算正向动力学，主要的调用格式为：[T,q,qd] =SerialLink. fdyn(T, torqfun)。其中，T 表示时间间隔(采样时间)，torqfun 表示给定的力矩函数，根据力矩函数可以求出相对应的关节角度和关节角速度。

此外，MATLAB 机器人工具箱中提供了函数 SerialLink. accel()，可以计算给定关节角、关节角速度、关节角驱动力矩时，相对应的关节角加速度。

给定关节角：$q=(0\quad 0\quad 0\quad 0\quad 0\quad 0)$；

关节角速度：$\dot{q}=(0\quad 0\quad 0\quad 0\quad 0\quad 0)$；

关节角驱动力矩：$t=(1\quad 1\quad 1\quad 1\quad 1\quad 1)$。

计算关节角加速度，输入命令：

```
>> mdl_puma560
>> q = [0 0 0 0 0 0];
>> qd = [0 0 0 0 0 0];
>> t = [1 1 1 1 1 1];
>> qdd = p560.accel(q,qd,t)
```

运行结果：

```
qdd =
0.3404
 - 8.3915
5.2246
10.3883
11.7078
10.3015
```

3. Simulink 计算正向动力学

MATLAB 机器人工具箱中提供了一些用于机器人仿真的 Simulink 文件，其中包含着一个这样的例子：puma560 在零关节力矩的情况下，受到重力作用导致机械臂在仿真时就立即下坠的结果。这里使用该例子，并改变初始的力矩，阐明如何用 Simulink 计算正向动力学。

输入语句：

```
>> sl_ztorque
```

通过以上的语句，即可加载已创建的 Simulink 文件，对该模型进行修改，如图 1-29 所示。

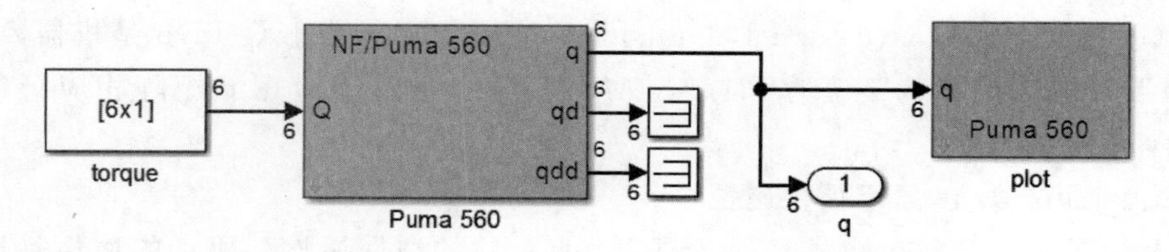

图 1-29　MATLAB 工具箱中 Simulink 模型(一)

输入力矩为 $t=[20\ 20\ 20\ 20\ 20\ 20]$，并进行仿真，输入语句：

```
>> r = sim('sl_ztorque')
```

可以看到机器人在驱动力矩的作用下进行运动，并输出机器人运动过程中变化的时间和关节角(这里的输入力矩可能与具体的情况不符，在实际的仿真工作中，应当设置合理的力矩值)：

```
Simulink.SimulationOutput:
tout: [161x1 double]
yout: [161x6 double]
```

可以获取时间与关节角，并绘制出关节角随时间变化的图形：

输入语句：

```
>> t = r.find('tout');
>> q = r.find('yout');
>> plot(t,q(:,1:6))
```

1.4.5 机器人工具箱的 SerialLink 类 2

根据 *Robotics Toolbox for MATLAB* 一书，下面对 SerialLink 类涉及机器人动力学内容进行进一步的解析。

1. SerialLink.cinertia：笛卡儿惯性矩阵

m = R.cinertia(q)笛卡儿(操作空间)惯性矩阵，其将笛卡儿力/扭矩与关节配置 q 处的笛卡儿加速度相关。

2. SerialLink.collisions：执行碰撞检查

(1) 如果姿态 $q(1\times N)$下的 SerialLink 对象 R 与属于 CollisionModel 类的实体模型相交，则 C = R.collisions(q,model)为真。该模型包括多个几何基元和相关姿势。

(2) C = R.collisions(q,model,dynmodel,tdyn)　如上所述，但也检查其元素处于姿势 tdyn 的动态碰撞模型 dynmodel。tdyn 是一个变换矩阵($4\times4\times P$)的数组，其中 P 为长度(dynmodel_primitives)。tdyn 的第 P 个平面预取 dynmodel 的第 P 个原语的姿态。

(3) C = R.collisions(q,model,dynmodel)　如上所述，但假设 tdyn 是机器人的工具框架。如果 $\boldsymbol{q}$ 是 $M\times N$ 为姿态序列，$\boldsymbol{C}$ 为 $M\times1$，并且冲突值应用 $\boldsymbol{q}$ 矩阵相应行的姿态。tdyn 是 $4\times4\times M\times P$。

3. SerialLink.dyn：显示惯性属性

(1) R.dyn()　以多行格式显示 SerialLink 对象的惯性属性。所示的属性是质量，质心，惯性，齿轮比，电机惯量和电机摩擦。

(2) R.dyn(J)　如上所述，但仅显示关节 J 的参数。

4. SerialLink.fdyn：用于计算机器人的正向动力学

(1) [T,q,qd] = R.fdyn(T,torqfun)　在 0 到 T 的时间间隔上对机器人的动力学进行积分，并返回时间 T，关节位置 q 和关节速度 qd 的向量。初始关节位置和速度为零。施加到关节的扭矩由用户提供的控制函数 torqfun 计算：

```
TAU = TORQFUN(T,Q,QD)
```

其中，Q 和 QD 分别是操纵器关节坐标和速度状态，T 是当前时间。

(2) [ti,q,qd] = R.fdyn(T,torqfun,q0,qd0)　允许指定初始关节位置和速度。

(3) [T,q,qd] = R.fdyn(T1,torqfun,q0,qd0,ARG1,ARG2,…)　允许将可选参数传递给用户提供的控制函数：

```
TAU = TORQFUN(T,Q,QD,ARG1,ARG2,…)
```

例如，如果机器人由 PD 控制器控制，可以定义一个函数来计算以下控制函数

```
tau = mytorqfun(t,q,qd,qstar,P,D)
tau = P * (qstar - q) + D * qd;
```

然后将机器人动力学与控制器集成

```
[t,q] = robot.fdyn(10,@mytorqfun,qstar,P,D)
```

注意：

(1) 此函数对非线性关节摩擦（例如库仑摩擦）执行效果较差。R.nofriction 方法可用于将此摩擦设置为零。

(2) 如果未指定 torqfun，或给定为 0 或[]，则无扭矩施加到机械手关节。

(3) 使用内置积分函数 ode45()。

5. SerialLink.friction：机器人的摩擦力

它是机器人以关节速度 qd 移动的关节摩擦力/扭矩的矢量。

摩擦模型包括：

- 速度线性函数的黏性摩擦力。
- 与 qd 成比例的库仑摩擦。

6. SerialLink.gencoords：符号广义坐标向量

q = R.gencoords()是符号[q1 q2 … qN]的向量($1\times N$)。

[q,qd] = R.gencoords()，qd 是符号的向量($1\times N$)[qd1 qd2 … qdN]。

[q,qd,qdd] = R.gencoords()，qdd 是符号[qdd1,qdd2,…,qddN]的向量($1\times N$)。

7. SerialLink.genforces：矢量符号广义力量

q = R.genforces()是符号[Q1 Q2 … QN]的向量($1\times N$)。

8. SerialLink.getpos：从图形显示获取关节坐标

q = R.getpos()返回图形机器人上的最后一个绘图或给出操作设置的关节坐标。

9. SerialLink.gravjac()

1）快速重力荷载和雅可比

[tau,jac0] = R.gravjac(q)　由机器人处在于姿态 $\boldsymbol{q}(1\times N)$时，由于重力$(1\times N)$和机械臂的雅可比产生的广义关节力/扭矩，其中 N 是机器人关节的数量。

[ga,jac0] = R.gravjac(q,grav)　与上面的相似，但重力由 grav(3×1)明确给出。

2）轨迹操作

如果 $\boldsymbol{q}$ 是$M\times N$，其中 N 是机器人关节的数量，则 $\boldsymbol{q}$ 的每一行对应于假定轨迹的姿态。tau$(M\times N)$是广义的关节力矩，每行对应于输入姿态，jac0$(6\times N\times M)$，其中每个平面是对应于输入姿态的雅可比行列式。

注意：

(1) 如果没有明确给出，重力矢量由 SerialLink 属性定义。

(2) 不使用逆动力学函数 RNE。

(3) 比分别计算重力和雅可比更快。

10. SerialLink.gravload：关节重力负荷

(1) taug = R.gravload(q)　对关节配置 $\boldsymbol{q}(1\times N)$中机器人 R 的关节重力加载$(1\times N)$，其中 N 是机器人关节的数量。重力加速度是机器人对象的属性。

如果 $\boldsymbol{q}$ 是矩阵$(M\times N)$，则每行被解释为联合配置向量，并且结果是：每行是对应的关节扭矩的矩阵$(M\times N)$。

(2) taug = R.gravload(q,grav)　如上，但重力加速度向量 grav 被明确给出。

1.5 机器人的运动轨迹

1.5.1 运动轨迹问题

机械臂在三维空间中每个关节的位置、速度和加速度都是关于时间的函数，它们构成了机械臂的运动轨迹。关于机械臂的运动轨迹主要有 3 个问题：根据具体的操作任务给机械臂指定一条空间中的轨迹；描述一条规划好的轨迹；与轨迹生成相关的问题。

关于机械臂的位姿描述的方法，一共有 3 种：关节空间描述、驱动器空间描述和笛卡儿空间描述。确定一个 n 自由度机械臂的所有连杆位置，需要一组 n 个关节变量的关节矢量，所有的关节矢量组成了关节空间。将关节矢量表示成一组驱动器函数，称为驱动器矢量。所有的驱动器矢量组成了驱动器空间。当机械臂的位置是在空间相互正交的轴上测量、姿态按照欧拉角等规定测量时，称这个空间为笛卡儿空间。

1.5.2 关节空间的规划方法

使用五阶多项式作为路径段，确定路径段的起始点和终止点的位置、速度和加速度，需要用一个五次多项式进行插值。

$$\theta(t)=a_0+a_1t+a_2t^2+a_3t^3+a_4t^4+a_5t^5 \tag{1.75}$$

约束条件为：

$$\theta_0=a_0 \tag{1.76}$$

$$\theta_f=a_0+a_1t_f+a_2t_f^2+a_3t_f^3+a_4t_f^4+a_5t_f^5 \tag{1.77}$$

$$\dot{\theta}_0=a_1 \tag{1.78}$$

$$\dot{\theta}_f=a_1+2a_2t_f+3a_3t_f^2+4a_4t_f^3+5a_5t_f^4 \tag{1.79}$$

$$\ddot{\theta}_0=2a_2 \tag{1.80}$$

$$\ddot{\theta}_f=2a_2+6a_3t_f+12a_4t_f^2+20a_5t_f^3 \tag{1.81}$$

可以由上面的方程组得到相应的解：

$$a_0=\theta_0 \tag{1.82}$$

$$a_1=\dot{\theta}_0 \tag{1.83}$$

$$a_2=\frac{\ddot{\theta}_0}{2} \tag{1.84}$$

$$a_3=\frac{20\theta_f-20\theta_0-(8\dot{\theta}_f+20\dot{\theta}_0)t_f-(3\ddot{\theta}_0-\ddot{\theta}_f)t_f^2}{2t_f^3} \tag{1.85}$$

$$a_4=\frac{30\theta_0-30\theta_f-(14\dot{\theta}_f+16\dot{\theta}_0)t_f+(3\ddot{\theta}_0-2\ddot{\theta}_f)t_f^2}{2t_f^4} \tag{1.86}$$

$$a_5=\frac{12\theta_f-12\theta_0-(6\dot{\theta}_f+6\dot{\theta}_0)t_f-(\ddot{\theta}_0-\ddot{\theta}_f)t_f^2}{2t_f^5} \tag{1.87}$$

MATLAB 机器人工具箱中提供的函数 tpoly()可以生成五次多项式轨迹。例如，生成一个初始位置为 0，最终位姿为 4，初速度为 2，最终速度为 0，最初加速度和最终加速度都为 0，时间长度为 20 的轨迹时：

输入命令：

```
>> [x v a] = tpoly(0,4,20,2,0);
>> plot(x)
```

运行结果如图 1-30 所示。

1. 关节角空间的轨迹

以 KUKA KR5 机器人为例，利用 MATLAB 机器人工具箱，对机器人末端执行器在关节角空间中两个位姿之间移动的轨迹进行仿真。

初始位姿：

```
T1 = transl(0.3,0.1,0) * trotx(pi);
```

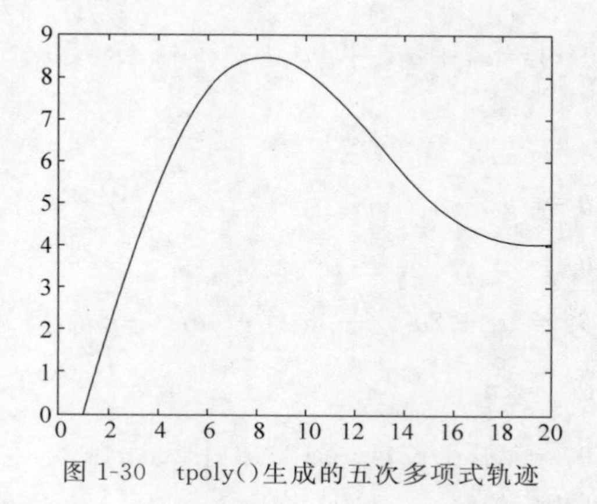

图 1-30 tpoly()生成的五次多项式轨迹

此时，对应的一组关节角为：

```
q1 = KR5.ikine6s(T1);
```

最终位姿：

```
T2 = transl(0.2,0.4,0) * trotx(pi)/2;
```

此时，对应的一组关节角为：

```
q2 = KR5.ikine6s(T2);
```

设置机器人末端执行器从 A 点移动到 B 点，用时 6s，每 100ms 计算一次关节角：

```
t = [0:0.1:6]';
```

求解 A 点到 B 点，6 个关节角在 6s 中的变换过程，MATLAB 机器人工具箱中可以用以下三条等价的语句进行计算：

```
语句 1: q = mtraj(@tpoly,q1,q2,t);
语句 2: q = mtraj(@lspb,q1,q2,t);
语句 3: q = jtraj(q1,q2,t);
```

结果运行如下：

```
q =
    3.4633   -3.7572    2.7273    3.1416    0.2013    0.3218
    3.4633   -3.7572    2.7273    3.1415    0.2014    0.3218
………………………………
    2.1582   -3.4343    2.9869    0.5501    1.9780    1.4876
    2.1582   -3.4343    2.9869    0.5500    1.9781    1.4877
```

生成了一个 61×6 的矩阵，可以看出从 A 点到 B 点的移动过程中，关节角由 $q1$ 到 $q2$ 逐渐逼近。此外，还可以通过可选参数求出从 A 点到 B 点移动过程中的速度和加速度。

语句：`[q,v,a] = jtraj(q1,q2,t);`同样为速度 v、加速度 a 各自生成了一个 61×6 的矩阵。

下面将从动画、图形对机械臂的轨迹进行显示：

当用动画对该过程进行仿真时，相关的语句为：

```
KR5.plot(q);
```

需要绘制所有关节角随时间变化的图形时，相关的语句为：

```
>> qplot(t,q)
```

运行结果如图 1-31 所示。

当只需要绘制第 n 个关节角随时间变化的图形时，相关语句为：`plot(t,q(:,n))`，例如：

```
>> plot(t,q(:,1))
```

运行结果如图 1-32 所示。

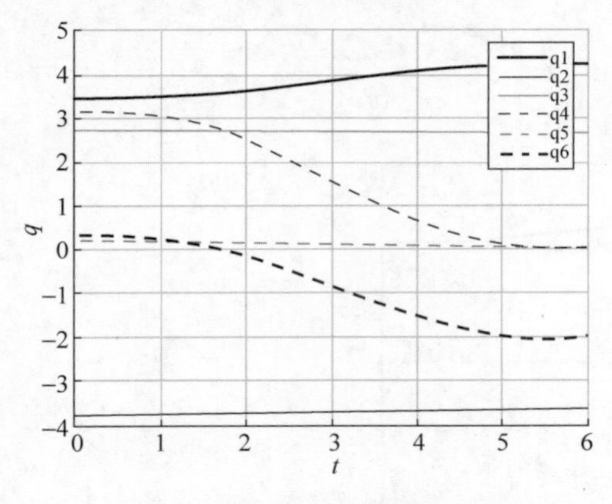

图 1-31 所有关节角随时间变化图

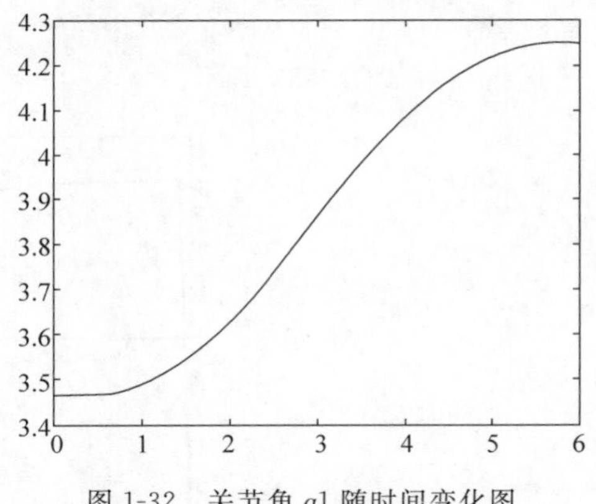

图 1-32 关节角 $q1$ 随时间变化图

使用下列代码可以求出末端执行器在笛卡儿空间中的移动轨迹。

```
>> T3 = KR5.fkine(q);
>> p = transl(T3);
>> plot(p(:,1),p(:,2))
```

运行结果如图 1-33 所示。

2. 笛卡儿空间的轨迹

绘制末端执行器在 xy 平面上的运动轨迹，输入命令：

```
>> Ts = ctraj(T1,T2,length(t));
>> plot(t,transl(Ts))
```

运行结果如图 1-34 所示。

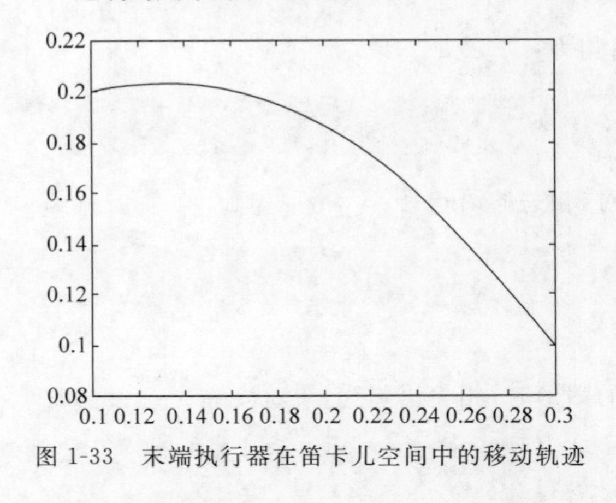

图 1-33 末端执行器在笛卡儿空间中的移动轨迹

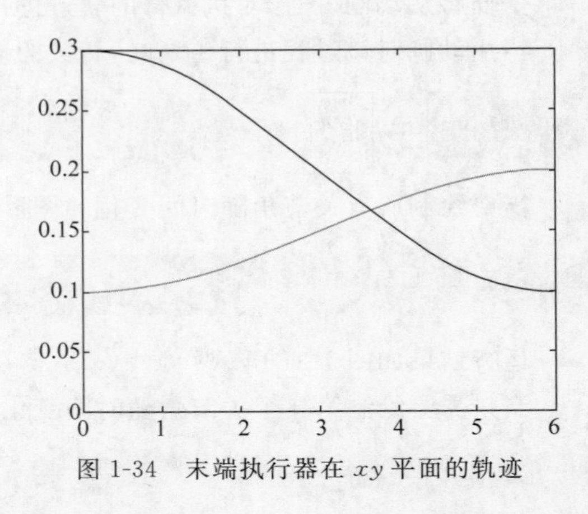

图 1-34 末端执行器在 xy 平面的轨迹

绘制末端执行器在 xy 平面的指向轨迹，输入命令：

```
>> plot(t,tr2rpy(Ts))
```

运行结果如图 1-35 所示。

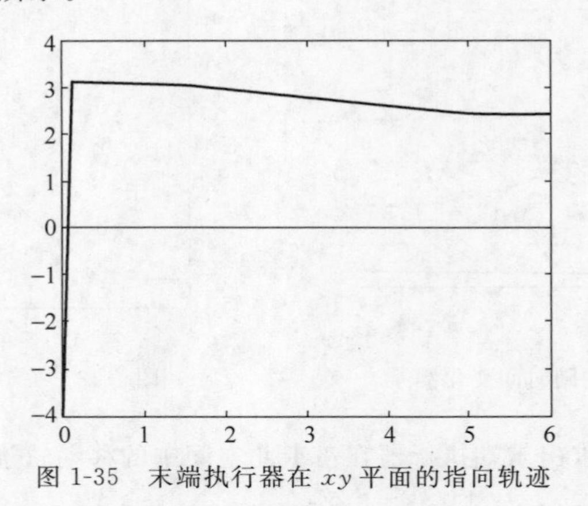

图 1-35 末端执行器在 xy 平面的指向轨迹

1.6 机械臂关节控制

1.6.1 机器人控制系统的构成

在实际中，机器人控制系统的物理构成如图 1-36 所示。通过示教、数值数据或外传感器来生成目标轨迹，转换成笛卡儿坐标系下的机器人末端执行器的坐标轨迹；因机械臂各关节的运动轨迹是在关节空间里，所以需要通过目标轨迹生成环节将笛卡儿空间的坐标轨迹转换成机器人各个机械臂的转角轨迹，即为机器人各关节的期望输出；控制器通过相关的控制算法处理并输出控制量，执行器根据控制量的大小输出力矩驱动机器人各关节，最终使系统稳定并保证跟踪误差(即：期望值与实际值之差)收敛到零或零附近的一个区域，同时满足一定的动态性能指标。

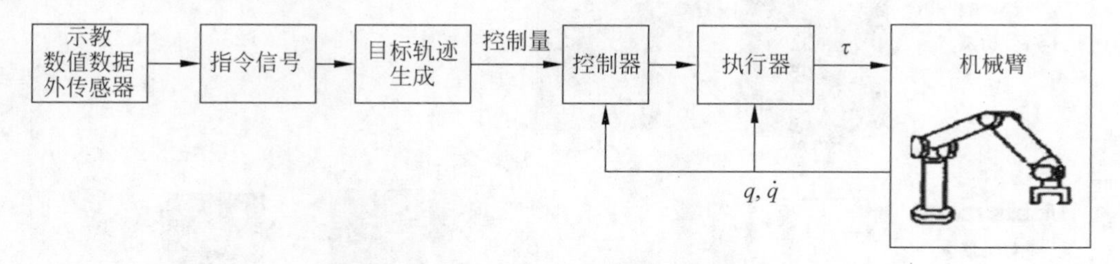

图 1-36 机器人控制系统物理构成示意图

用 X 表示机器人末端执行器在笛卡儿坐标系下的期望运行轨迹，可根据逆运动学由 X 求取出机器人各关节的期望转角 q_d，其转角速度及其加速度分别用 $\dot{q}_d$、$\ddot{q}_d$ 表示，用 μ 表示控制器的输入，则机器人控制系统的框图形式如图 1-37 所示。

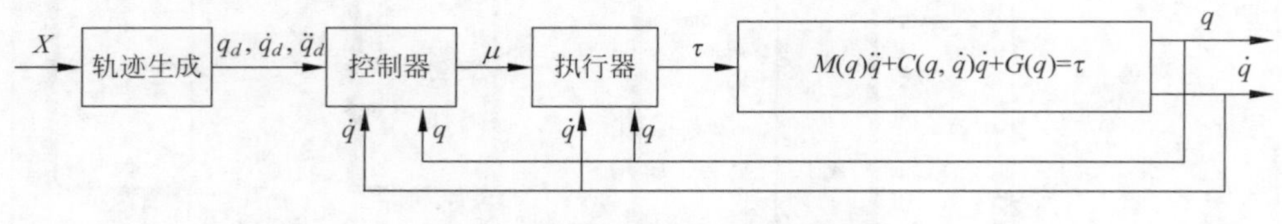

图 1-37 机器人控制系统框图

1.6.2 Simulink 机器人模块

机器人工具箱中提供了一些机器人模块，存放的目录路径为 toolbox\rvctools\simulink，可以通过以下的命令显示工具箱中所有的机器人模块，输入命令：

```
>> roblocks
```

运行结果如图 1-38 所示。

可以看出，它包括了图形模块、轨迹模块、变换转换模块、运动学模块、变换模块、动力学模块。用鼠标双击可进入下一级的子目录，如图 1-39 所示，动力学模块提供的 Simulink 模块，包括了关节机器人模块、移动机器人模块、飞行器模块和关节控制模型。

此外，机器人工具箱针对机器人控制的方法，提供了一些 Simulink 仿真模型，下面将以这些 Simulink 仿真模

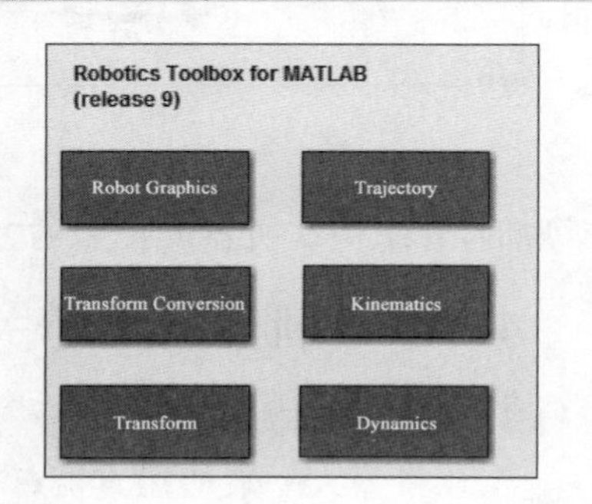

图 1-38 工具箱中的机器人模块库

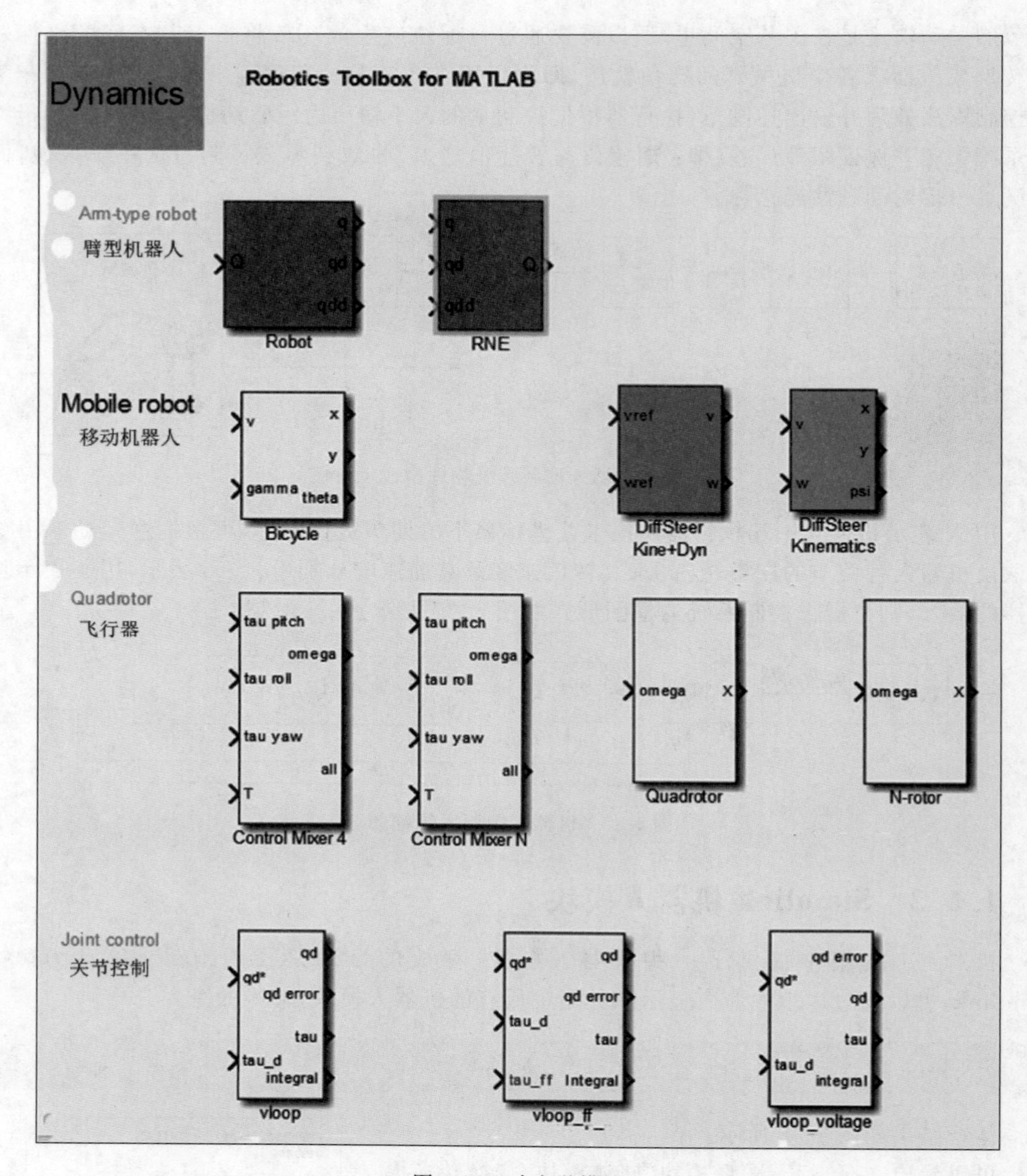

图 1-39 动力学模块

型为例，介绍一些机器人控制的方法。

1.6.3 机器人的单关节控制

1. 电机的动力模型

工业机器人一般使用直流(DC)力矩电机作为驱动器。设电机驱动器提供的电流为：

$$i = K_a u \tag{1.88}$$

它产生力矩的能力用电机转角常数K_m来描述，因此，电枢电流与电机产生的转矩的关系为：

$$\tau = K_m i \tag{1.89}$$

电机动力学模型可表示为：

$$J_m\dot{\omega} + B\omega + \tau_c(\omega) = K_m K_a u \tag{1.90}$$

其中，J_m是电机总的惯性，B是黏性摩擦系数，τ_c是库仑摩擦力矩。

2. 单关节控制的思想

机器人单关节控制的常见方法是将每个关节当作一个独立的控制系统，让它去跟随各自的关节轨迹。因此，机器人每个关节可以看作一个独立的电机模型，因此可以借鉴电机的双环控制，其中内层为速度层。

3. 速度环

在机器人工具箱中给出了肩关节的速度控制环 Simulink 模型。

忽略电机的库仑摩擦力，对电机动力模型进行拉普拉斯变换得到：

$$sJ\Omega(s) + B\Omega(s) = K_m K_a U(s) \tag{1.91}$$

其中，$\Omega(s)$是时域信号$\omega(t)$的拉普拉斯变换，$U(s)$是$u(t)$的拉普拉斯变换，可以进一步推算得到电机的传递函数：

$$(sJ + B)\Omega(s) = K_m K_a U(s) \tag{1.92}$$

$$\frac{\Omega(s)}{U(s)} = \frac{K_m K_a}{sJ + B} \tag{1.93}$$

1）比例控制

基于期望速度和实际速度之间的误差的比例控制器控制律为：

$$u^* = K_v(\dot{q}^* - \dot{q}) \tag{1.94}$$

比例控制的框图如图 1-40 所示，其中，电机动力学模型的传递函数如上式所述；控制周期为 1ms，它用于仿真控制算法的计算时间；力矩限制器用于限制电机的输入力矩，防止输入的力矩过高，不符合实际工作情况；K_v为比例控制的增益。

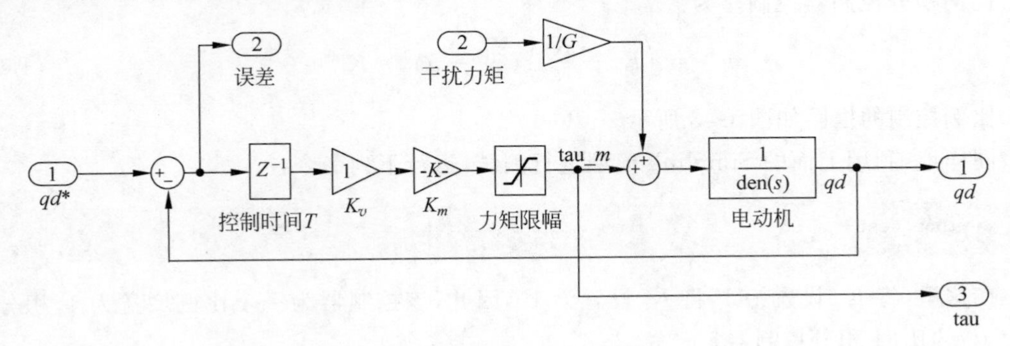

图 1-40　比例控制框图

机器人工具箱提供了一个 Simulink 对 puma560 肩关节进行比例控制的模型，运行下列命令：

```
>> vloop_test
```

加载得到的 Simulink 模型如图 1-41 所示。

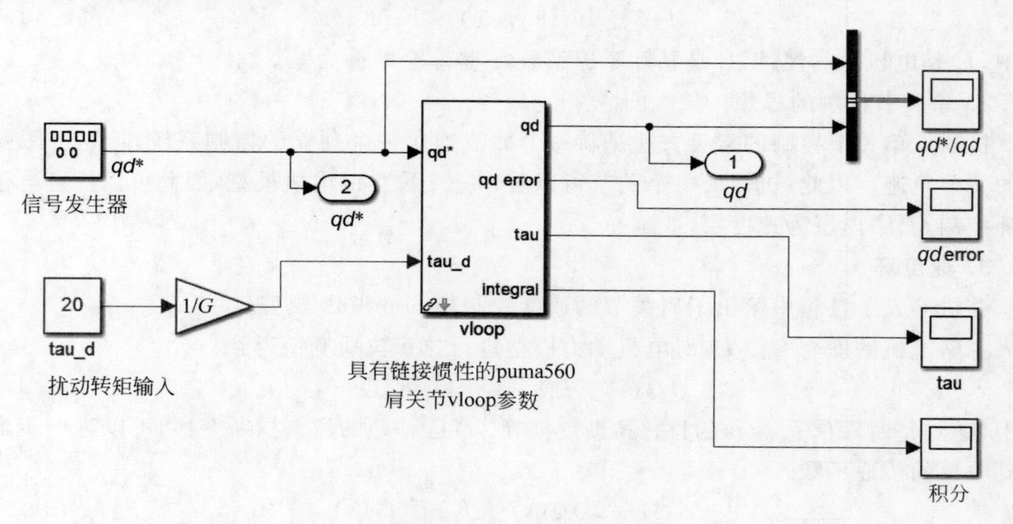

图 1-41 Simulink vloop_test 模型

相比于图 1-40 所示的比例控制器，本模型包含了一个输入扰动：重力力矩项，它的值设置为 20N·m。这里的 vloop 模型为图 1-41 的模型，但多了一个积分环节，因此双击该模块，将 K_v 设置为 1，K_i 设置为 0，使它为增益为 1 的纯比例控制器。此外，将信号发生器设置为 sawtooth，即为锯齿波测试信号。

运行仿真结果如图 1-42 所示。

2）比例积分控制

比例积分控制器控制律为：

$$u^* = \left(K_v + \frac{K_i}{s}\right)(\dot{q}^* - \dot{q}), \quad K_i > 0 \tag{1.95}$$

比例控制的框图如图 1-43 所示。

同样地，利用上面的 Simulink 模型进行测试，运行下列命令：

```
>> vloop_test
```

在这里，将 K_v 设置为 1，将 K_i 设置为 10，因此，该控制器为一个比例增益为 1，积分增益为 10 的比例-积分控制器。

运行仿真的结果如图 1-44 所示。

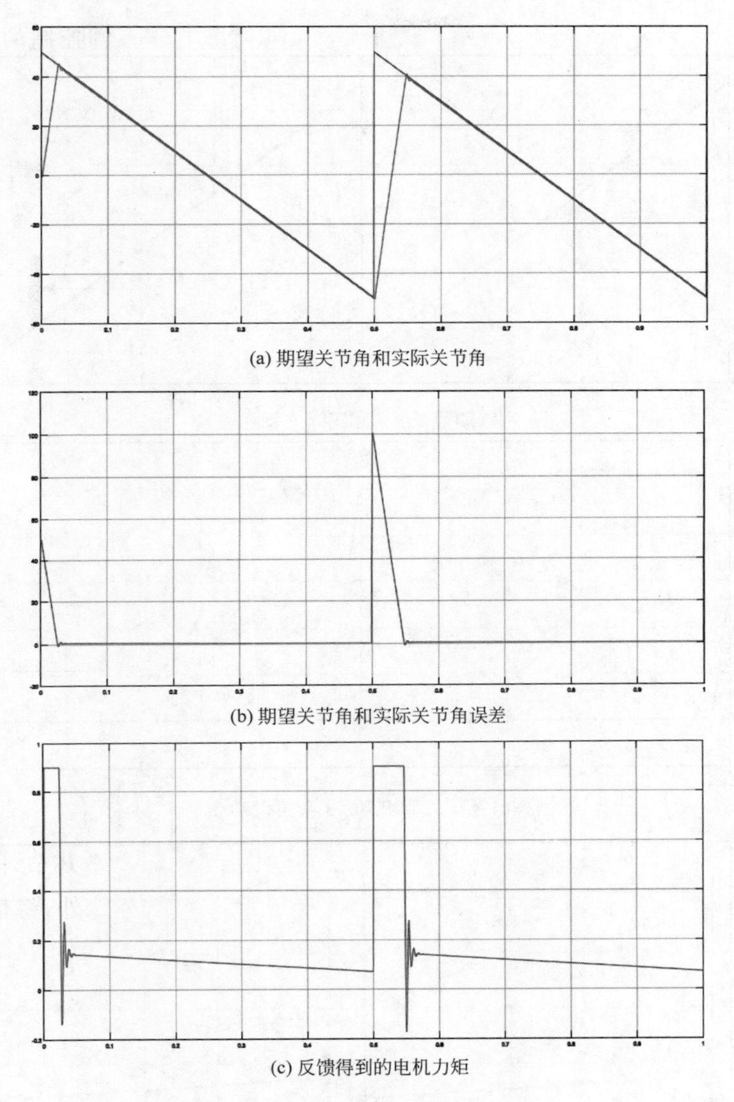

(a) 期望关节角和实际关节角

(b) 期望关节角和实际关节角误差

(c) 反馈得到的电机力矩

图 1-42 运行仿真结果 1

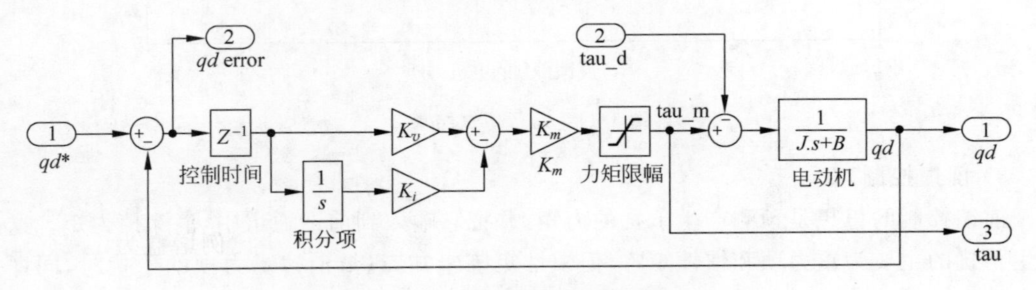

图 1-43 比例-积分控制框图

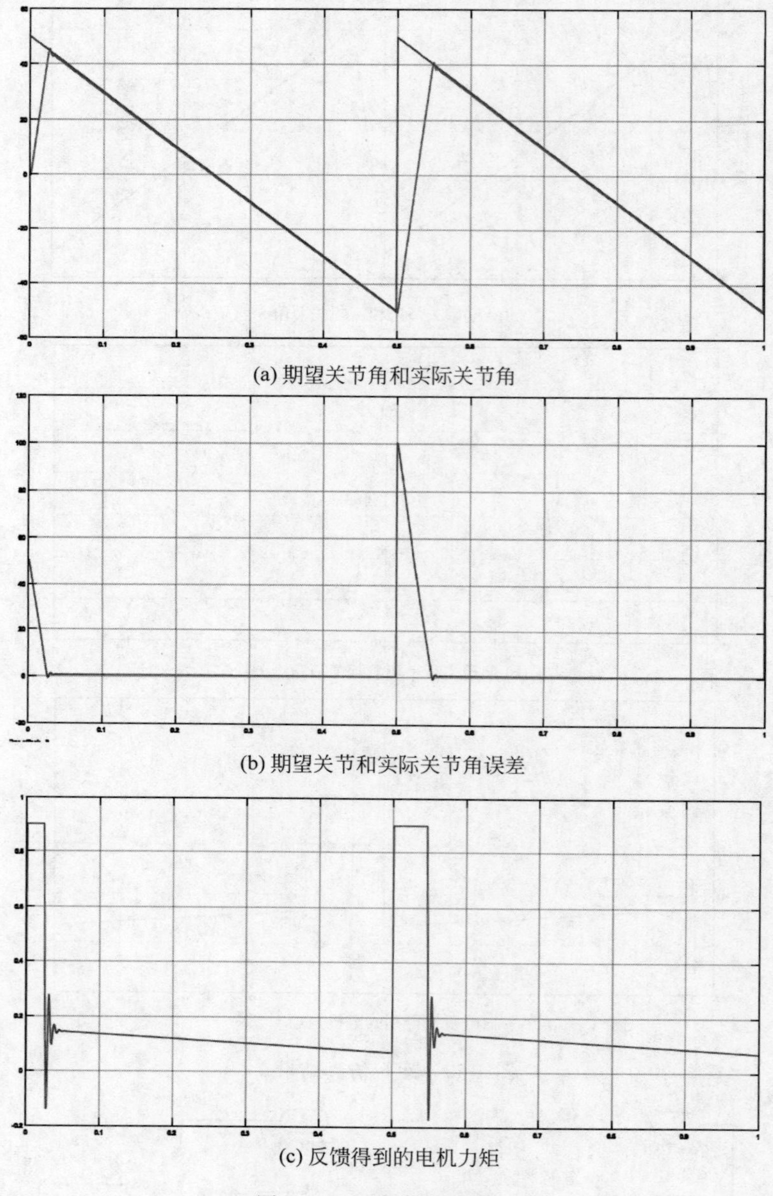

(a) 期望关节角和实际关节角

(b) 期望关节和实际关节角误差

(c) 反馈得到的电机力矩

图 1-44　运行仿真结果 2

3）前馈控制

前馈控制的思想是预测产生干扰的力矩，并把它输入到前馈通道中，消除掉力矩。这里产生干扰的主要为重力项和惯性矩阵，但惯性矩阵未知，只抵消掉重力项的干扰时，同样把输入力矩设置为 20。

机器人工具箱提供了一个 Simulink 对 puma560 肩关节进行前馈控制的模型，运行下列命令：

```
>> vloop_test2
```

加载得到的 Simulink 模型如图 1-45 所示。

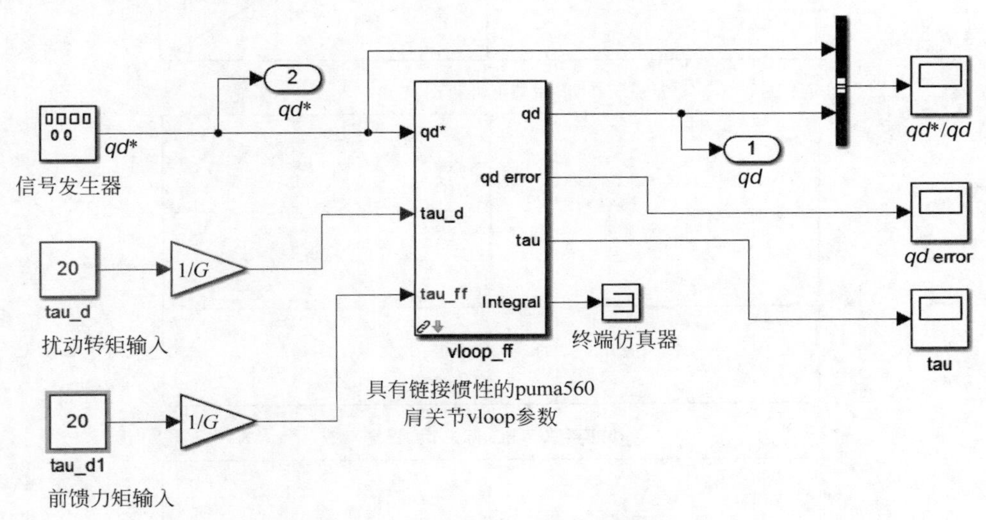

图 1-45　前馈控制 Simulink 模型

运行仿真的结果如图 1-46 所示。

4. 位置环

外层为位置环，负责维持位置和确定关节的速度。这里使用简单的比例控制，基于期望位置和实际位置之间的误差的比例控制器控制律为：

$$\dot{q}^* = K_p(q^* - q) \tag{1.96}$$

位置控制环的控制框图如图 1-47 所示，其中 vloop 为速度环模型，K_p 为比例控制器的增益。

机器人工具箱提供了一个对 puma560 肩关节的位置控制环进行测试的 Simulink 模型，运行下列命令：

```
>> ploop_test
```

加载得到的 Simulink 模型如图 1-48 所示。其中，用一个 LSPB 轨迹发生器设置期望的位置，它从 0 到 0.5rad 运动，采样频率是 1000Hz。

运行仿真图形如图 1-49 所示。

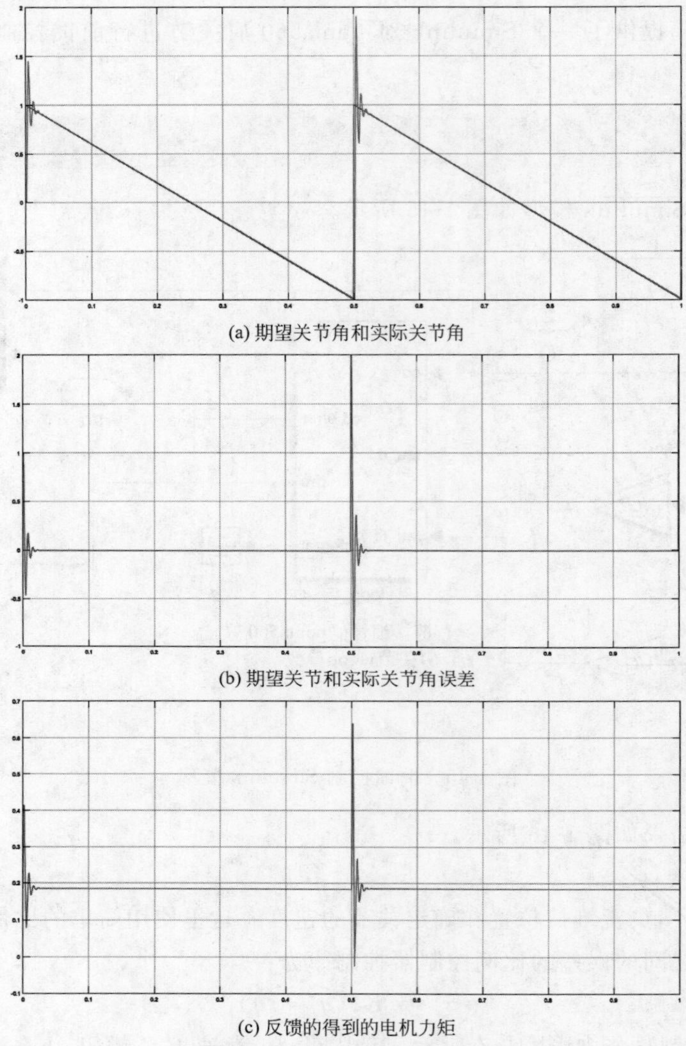

(a) 期望关节角和实际关节角

(b) 期望关节和实际关节角误差

(c) 反馈的得到的电机力矩

图 1-46　运行仿真结果 3

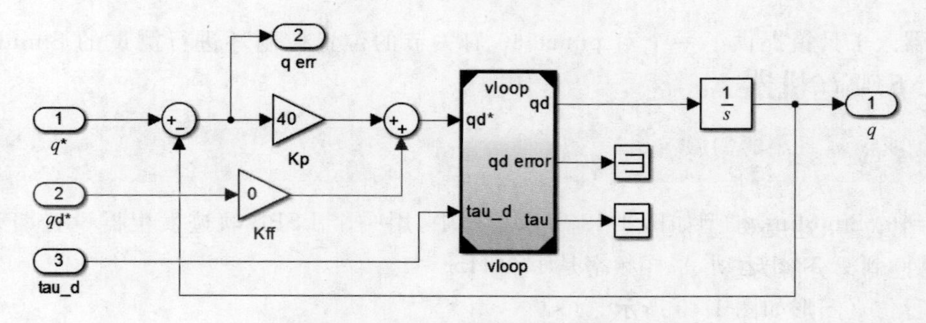

图 1-47　位置控制环的控制框图

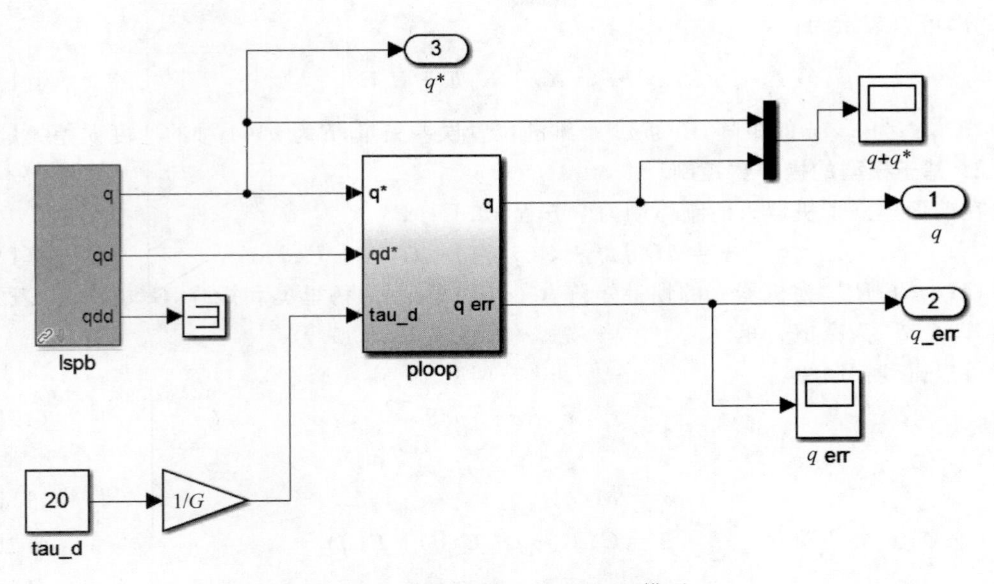

图 1-48　位置控制环 vloop_test 模型

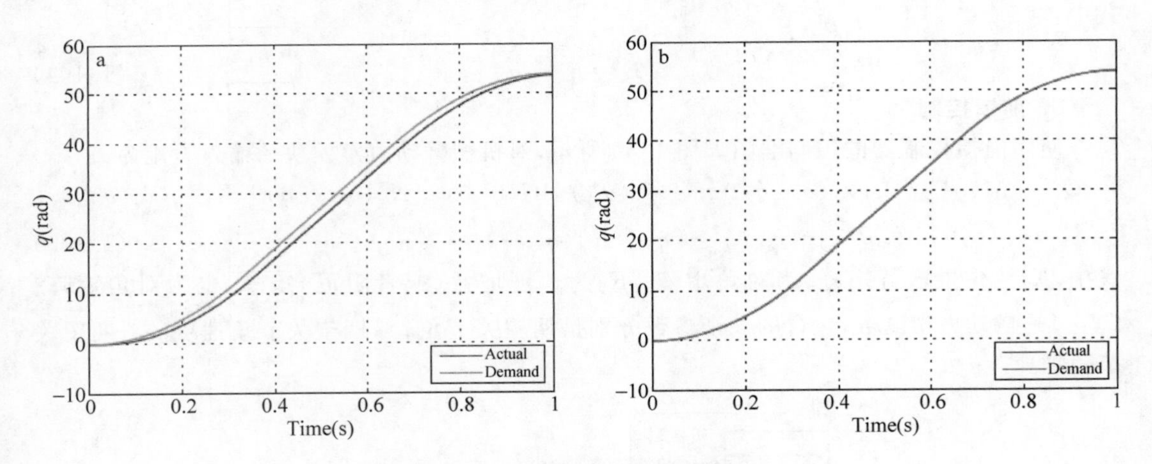

图 1-49　位置控制环的仿真图形

1.6.4　机器人的多关节控制

1. 机器人系统的伺服控制律

因为机器人的操作臂具有多个关节，分别需要相应的驱动电机提供驱动力矩，并输出多个关节的位置、速度和加速度，所以对操作臂进行控制是一个多输入多输出的问题。

将控制律分解为基于模型的控制部分和伺服控制部分，那么它可以表示为：

$$\boldsymbol{F} = \boldsymbol{\alpha}\boldsymbol{F}' + \boldsymbol{\beta} \tag{1.97}$$

其中，$\boldsymbol{F}$、$\boldsymbol{F}'$、$\boldsymbol{\beta}$ 为 $n\times1$ 的矢量，$\boldsymbol{\alpha}$ 为 $n\times n$ 的矩阵。$\boldsymbol{\beta}$ 为基于模型的控制部分、而 $\boldsymbol{F}'$ 为伺服控

制部分，可以表示为：

$$\boldsymbol{F}' = \ddot{\boldsymbol{X}}_d + \boldsymbol{K}_v \dot{\boldsymbol{E}} + \boldsymbol{K}_p \boldsymbol{E} \tag{1.98}$$

其中，$\boldsymbol{K}_v$、$\boldsymbol{K}_p$ 为 $n\times n$ 的矩阵，$\boldsymbol{E}$ 为 $n\times 1$ 维的位置误差矢量，$\dot{\boldsymbol{E}}$ 为 $n\times 1$ 维的速度误差矢量。

2. 基于模型的操作臂控制

在前面建立了机器人的刚体动力学方程，如下：

$$\tau = \boldsymbol{M}(q)\ddot{q} + \boldsymbol{C}(q,\dot{q})\dot{q} + \boldsymbol{G}(q) + \boldsymbol{F}(\dot{q}) \tag{1.99}$$

其中，$\boldsymbol{M}(q)\in R^{n\times n}$ 为机器人的惯性矩阵，$\boldsymbol{C}(q,\dot{q})\in R^n$ 为科里奥利矩阵，$\boldsymbol{G}(q)\in R^n$ 表示重力矩阵，$\boldsymbol{F}(\dot{q})$ 为摩擦力矩。

可以得到控制律：

$$\boldsymbol{\tau} = \boldsymbol{\alpha}\boldsymbol{\tau}' + \boldsymbol{\beta} \tag{1.100}$$

其中：

$$\boldsymbol{\alpha} = \boldsymbol{M}(q) \tag{1.101}$$

$$\boldsymbol{\beta} = \boldsymbol{C}(q,\dot{q})\dot{q} + \boldsymbol{G}(q) + \boldsymbol{F}(\dot{q}) \tag{1.102}$$

$$\boldsymbol{\tau}' = \ddot{q}_d + \boldsymbol{K}_v \dot{\boldsymbol{E}} + \boldsymbol{K}_p \boldsymbol{E} \tag{1.103}$$

式中：

$$\dot{\boldsymbol{E}} = q_d - q \tag{1.104}$$

3. 前馈控制

使用前馈控制器的控制框图如图 1-50 所示，对机械臂动力学模块的输入力矩为：

$$\begin{aligned} Q^* &= M(q^*)\ddot{q}^* + C(q^*,\dot{q}^*)\dot{q}^* + F(\dot{q}^*) + G(q^*) + \{K_v(\dot{q}^* - \dot{q}) + K_p(q^* - q)\} \\ &= \mathscr{D}(q^*,\dot{q}^*,\ddot{q}^*) + \{K_v(\dot{q}^* - \dot{q}) + K_p(q^* - q)\} \end{aligned} \tag{1.105}$$

其中，K_p 为位置增益矩阵，为对角矩阵；K_v 为速度增益（或者阻尼）矩阵，也为对角矩阵；$\mathscr{D}(\cdot)$ 是逆动力学函数，包含的 3 个参数分别是期望关节角 q^*、期望关节角速度 $\dot{q}^*$、期望关节角加速度 $\ddot{q}^*$。

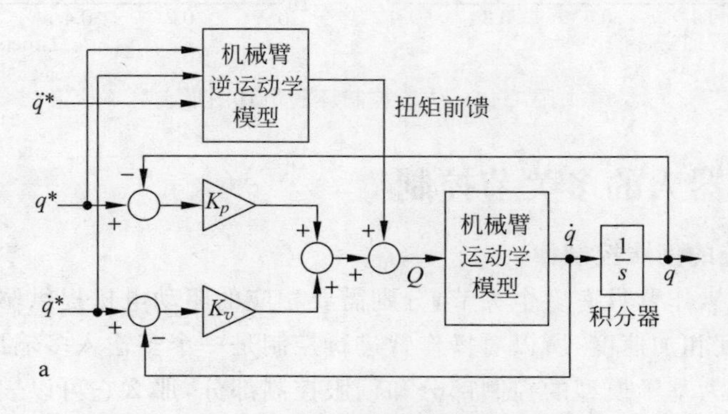

图 1-50 机器人前馈控制的控制框图

在这里，$\mathscr{D}(q^*,\dot{q}^*,\ddot{q}^*)$为前馈力矩，它提供期望的机械臂状态$(q^*,\dot{q}^*,\ddot{q}^*)$所需要的关节力；$\{K_v(\dot{q}^*-\dot{q})+K_p(q^*-q)\}$为反馈项，它补偿控制系统存在的误差，造成这些误差的因素包括了惯性参数的不确定性、未建模力和外部干扰。

机器人工具箱中提供了一个对前馈控制测试的Simulink模型，运行下面的命令加载相关的Simulink模型：

```
>> mdl_puma560
>> sl_fforward
```

加载得到的Simulink模型，运行结果如图1-51所示，其中，前馈力矩是使用RNE模块来计算的，加入到由位置和速度误差计算出来的反馈力矩中。期望关节角度和速度是使用jtraj模块计算的。因为机器人结构改变相对缓慢，前馈力矩可以以比误差反馈回路T_{fb}更低的速度T_{ff}来估计。这里采用零阶保持器以维持相对较低的采样率——20Hz。

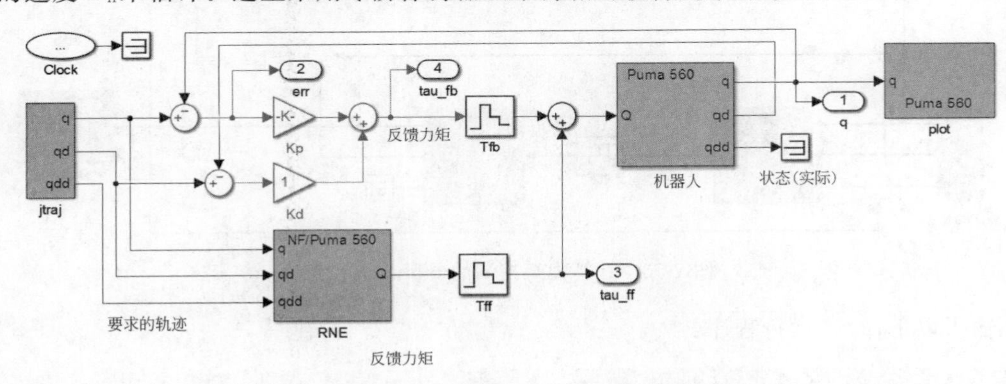

图1-51　前馈控制的Simulink模型

4. 计算力矩控制

使用计算力矩控制器的控制框图如图1-52所示，对机械臂动力学模块的输入力矩为：

$$\begin{aligned} Q &= M(q)\{\ddot{q}^*+K_v(\dot{q}^*-\dot{q})+K_p(q^*-q)\}+C(q,\dot{q})\dot{q}+F(\dot{q}) \\ &= \mathscr{D}(q,\dot{q},(\ddot{q}^*+K_v(\dot{q}^*-\dot{q})+K_p(q^*-q))) \end{aligned} \tag{1.106}$$

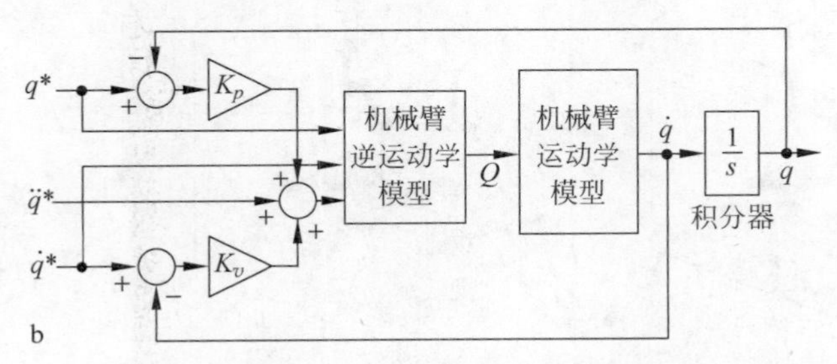

图1-52　机器人计算力矩控制的框图

其中，$\boldsymbol{K}_v$是位置增益矩阵，$\boldsymbol{K}_p$是速度增益矩阵；$\mathscr{D}(\cdot)$是逆动力学函数。

机器人工具箱中提供了一个对前馈控制测试的Simulink模型，运行下面的命令加载相关的Simulink模型：

```
>> mdl_puma560
>> p560 = p560.nofriction();
>> sl_ctorque
```

加载得到的Simulink模型，运行结果如图1-53所示。设置jtraj模块，将初始关节角度设置为q0=[0 0 0 0 0 0]，末端关节角度设置为qf=[pi/4 pi/2 −pi/2 0 0 0]，最大的力矩设置为10。

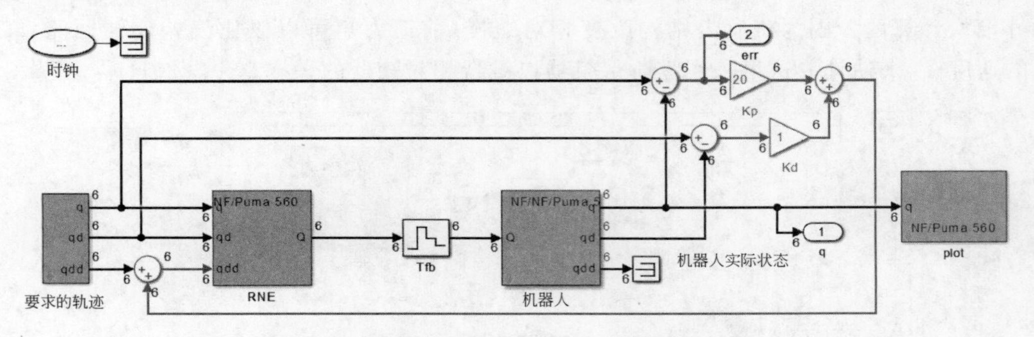

图1-53 计算力矩控制的Simulink模型

输入以下命令，运行程序：

```
>> r = sim('sl_ctorque');
```

仿真开始时，机器人的操作臂按照期望的关节角度、关节角速度和关节角加速度运动，如图1-54所示。

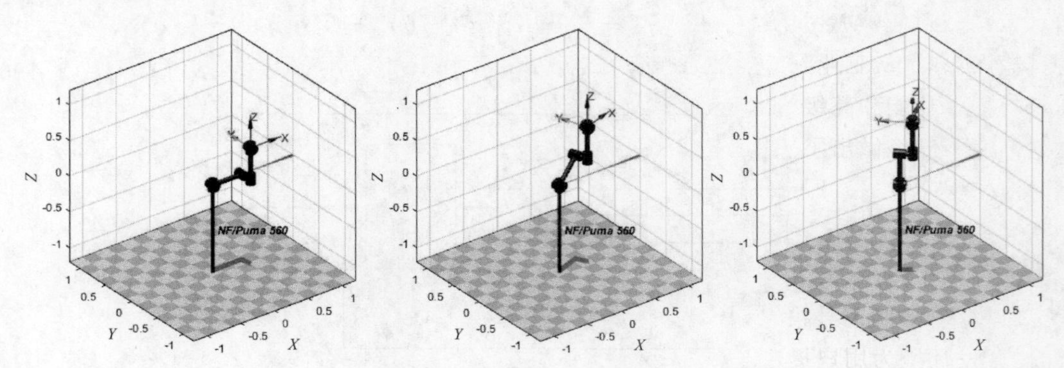

图1-54 计算力矩控制的机器人仿真图

此外可以通过输入命令得到关节角度随时间变化的图形，输入命令：

```
>> t = r.find('tout');
>> q = r.find('yout');
>> plot(t,q)
```

得到的图形如图 1-55 所示，可以看出，关节角度由初始位置 q0=[0 0 0 0 0 0]到末端位置qf=[pi/4 pi/2 −pi/2 0 0 0]变化的图形。

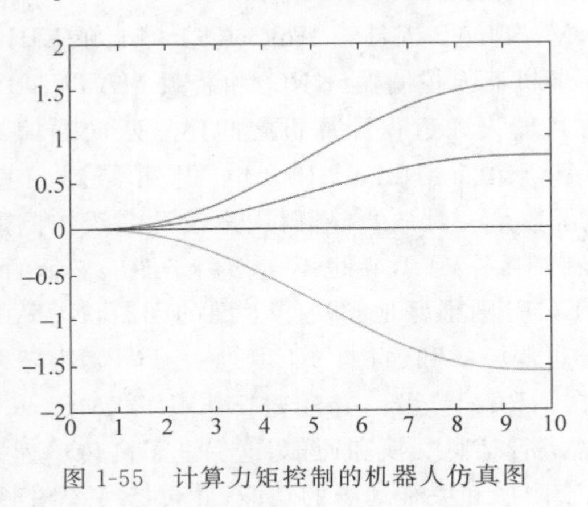

图 1-55 计算力矩控制的机器人仿真图

1.7 其他基于 MATLAB 的机器人工具箱

1.7.1 Kuka 控制工具箱(KCT)的介绍与测试

1. KCT 的诞生背景

在过去十年中，MATLAB 已经开发出了用于机器人系统建模的几个工具箱。这些仿真工具受到各种应用场景的启发，逐渐开发出适用于基于视觉的机器人和空间机器人的工具箱，实现了从工业到学术教育的转型。其中具有挑战性的问题是设计 MATLAB 工具包以提供多功能和高级编程环境用于真实机器人的运动控制。puma560 机械手在这个领域已经做了已经做出了一些尝试。然而，这个机器人有一些已知固有的软件限制，特别是在实时应用程序方面。Kuka 控制工具箱(KCT)在实时应用程序方面取得突出进展，本节将重点介绍 Kuka 控制工具箱和其他一些常用的机器人工具箱。

2. KCT 的发展历程

Kuka 控制工具箱(KCT)是用于 KUKA 机器人操纵器运动控制的 MATLAB 函数集合，开发环境为用户提供直观和高级的编程接口。该工具箱与使用 Eth. RSIXML 的所有 6 自由度小型和低型库卡机器人兼容，通过 TCP/IP 与 KUKA 控制器连接在远程计算机上运行。KCT 包括超过 30 个功能，涵盖正向和反向运动学计算、点对点连接和笛卡儿控制、轨迹生成、图形显示和诊断等操作。

库卡操纵器是由世界领先的工业机器人制造商之一KUKA生产的一款操纵器，其设计适用于工业设置中的大量应用，例如组装、材料处理、分配、码垛和焊接任务。KUKA已经开发了一种特定的C语言编程语言，称为KRL(库卡机器人语言)，用于机器人运动控制。这种语言很简单，编程方便。然而，它不适用于关键的实时远程控制应用，不支持图形界面和高级数学工具(如矩阵运算、优化和过滤任务)，不允许外部硬件模块的简单集成，例如使用公共协议的照相机或嵌入式设备USB、PCI等。

为了克服这些缺点，MATLAB工具箱Kuka-KRL-tbx在KRL上构建MATLAB抽象层，使用串行接口连接库卡机器人控制器(KRC)和装载MATLAB的远程计算机。在KRC上运行的KRL解释器在机器人和远程计算机之间建立双向通信，负责识别和执行通过串行接口传输的所有指令。然而，Kuka-KRL-tbx仍然受到一些限制，例如工具箱的MATLAB命令与KRL函数是一对一的，阻碍用户设计高级控制应用程序，串行接口可能给实时控制应用带来限制。另外，工具箱也不包括用于图形显示的特定例程。

Kuka控制工具箱(KCT)则很好地解决了上面的问题，KCT的函数不像KRL命令那样一对一，这使得工具箱非常灵活和通用；KCT通过TCP/IP与KRC连接在远程计算机上运行，多线程服务器在KRC上运行，并通过Eth. RSIXML(以太网机器人传感器接口XML)在客户端与操纵器进行信息交换和通信，这保证了高传输速率，使实时控制应用成为可能；KCT有几个专用于图形和三维动画的功能，并包括一个图形用户界面。

本部分内容将根据KCT工具箱中的函数和*KCT: a MATLAB toolbox for motion control of KUKA robot manipulators*一文，对KCT的通信原理进行详解，对所有函数的功能进行测试，以让读者更深入了解KCT。

3. KCT的通信原理

KCT与机器人操纵器之间的通信由3个部分组成：在MATLAB下运行KCT的远程计算机，KUKA机器人控制器(KRC)，机器人机械手。为了在远程计算机和机器人控制器之间建立连接，KCT提供了kctserver，它是一个在KRC上运行的C++多线程服务器。kctserver通过eth. RSIXML(用于TCP/IP-robot接口的KUKA软件包)与kctrsiclient. src进行通信，该kctrsiclient. src是在KRC上运行eth. RSIXML客户端并管理与机器人操纵器的信息交换的KRL脚本。KCT的MATLAB函数使用特定的MEX文件(默认选项)或通过MATLAB仪器控制工具箱与kctserver通信。

4. KCT的函数测试

KCT工具箱共有41个函数，按功能可大致分为七类：初始化、联网、运动学、运动控制、图像、齐次变换和演示。

1) 初始化函数

初始化函数主要用于工具箱和机器人的初始化设置，共有9个函数，以下将依次介绍。

kctrobot()

函数 kctrobot()的功能是显示所有本工具箱支持的库卡机器人的信息。本工具箱默认支持 13 款型号的库卡机器人，其中的信息均存放在 kctrobotdata. mat 文件中。本函数的程序代码如下所示，从中可见该函数的程序是相当简单的，先判断能否找 kctrobotdata. mat 文件，如果不能，则打印'kctrobotdata. mat not found. '信息，如果能，则加载 kctrobotdata. mat 文件并打印 13 款库卡机器人版本信息。

函数 kctrobot()的程序如下：

```
function kctrobot()
 % Can't read the data structure
if exist('kctrobotdata.mat') == 0
    display('kctrobotdata.mat not found.');
    return
end
 % Reading the data structure
load kctrobotdata;
for i = 1:size(kctrobotdata,2)
    disp(['position: ', num2str(i)]);
    kctrobotdata(i)
end
```

运行结果：

```
>> kctrobot();
position: 1
ans =
     name: 'KR3'
    link1: 350
    link2: 100
    link3: 265
    link4: 0
    link5: 270
    link6: 75

position: 2
ans =
     name: 'KR5sixxr650'
    link1: 335
    link2: 75
    link3: 270
    link4: 90
    link5: 295
    link6: 80

position: 3
ans =
     name: 'KR5arc'
    link1: 400
    link2: 180
    link3: 600
    link4: 120
    link5: 620
    link6: 115

position: 4
ans =
     name: 'KR5arcHW'
    link1: 400
    link2: 180
    link3: 600
    link4: 170
    link5: 620
    link6: 200
```

```
position: 5
ans =
      name: 'KR6-2'
     link1: 675
     link2: 300
     link3: 650
     link4: 155
     link5: 600
     link6: 125

position: 6
ans =
      name: 'KR6-2KS'
     link1: 235
     link2: 450
     link3: 645
     link4: 35
     link5: 670
     link6: 115

position: 7
ans =
      name: 'KR15SL'
     link1: 600
     link2: 240
     link3: 640
     link4: -60
     link5: 620
     link6: 170

position: 8
ans =
      name: 'KR16-2'
     link1: 675
     link2: 260
     link3: 680
     link4: 0
     link5: 670
     link6: 158

position: 9
ans =
      name: 'KR16-2S'
     link1: 675
     link2: 260
     link3: 680
     link4: 0
     link5: 670
     link6: 158

position: 10
ans =
      name: 'KR16-2KS'
     link1: 235
     link2: 450
     link3: 680
     link4: 0
     link5: 670
     link6: 158

position: 11
ans =
      name: 'KR16L6-2'
     link1: 675
     link2: 260
     link3: 680
     link4: 0
     link5: 970
     link6: 115

position: 12
ans =
      name: 'KR16L6-2KS'
     link1: 235
     link2: 450

     link3: 680
     link4: 0
     link5: 970
     link6: 115

position: 13
ans =
      name: 'KR5sixxr850'
     link1: 335
     link2: 75
     link3: 365
     link4: 90
     link5: 405
     link6: 80
```

kctfindrobot()

函数 kctfindrobot()的功能是在 kctrobotdata 列表中查找 KUKA 机器人的模型，找到，则返回 1，没找到，则返回 0。其用法是：bFound = kctfindrobot(kctname)，其中的参数 kctname 是 kuka 机器人型号名称的字符串。

其程序代码如下所示：

```
function bFound = kctfindrobot(kctname)
krd = load('kctrobotdata.mat');
temp_kctrobotdata = krd.kctrobotdata;
bFound = 0;
for i = 1:size(temp_kctrobotdata,2)
if(strcmp(temp_kctrobotdata(i).name, kctname) == 1)
    bFound = 1;
return;
end
end
```

运行结果：

```
>> bFound = kctfindrobot('KR3')
bFound =
1
```

文件中含有机器人'KR3'，返回 1。

```
>> bFound = kctfindrobot('KR2')
bFound =
0
```

文件中不含有机器人'KR2'，返回 0。

kctinsertrobot()

函数 kctinsertrobot()的功能是将新模型添加到 kctrobotdata 列表并保存。其用法是：kctinsertrobot(kctname,kctlinks)，该函数具有两个参数，kctname 为 kuka 机器人型号名称的字符串，kctlinks 是一个六维向量，它表示该模型的六个连杆的长度。若所添加的模型名称已存在，则提示该模型已存在；若所添加的模型名称未存在 kctrobotdata.mat 中，则把新模型存入 kctrobotdata 列表，并提示新模型已成功添加。

函数 kctinsertrobot()的程序如下所示：

```
function kctinsertrobot(kctname,kctlinks)
if kctfindrobot(kctname) == 0
krd = load('kctrobotdata.mat');
kctrobotdata = krd.kctrobotdata;
```

```
    kctindex = length(kctrobotdata) + 1;
    kctrobotdata(kctindex).name = kctname;
    kctrobotdata(kctindex).link1 = kctlinks(1);
    kctrobotdata(kctindex).link2 = kctlinks(2);
    kctrobotdata(kctindex).link3 = kctlinks(3);
    kctrobotdata(kctindex).link4 = kctlinks(4);
    kctrobotdata(kctindex).link5 = kctlinks(5);
    kctrobotdata(kctindex).link6 = kctlinks(6);
    save('kctrobotdata.mat','kctrobotdata');
    disp(['Model ',kctname,' added correctly.'])
    else
    disp(['Model ',kctname,' already in kctrobotdata.mat.'])
    end
```

运行结果：

```
>> kctlinks = [345, 75, 385, 90, 435, 80];
>> kctinsertrobot('KR3',kctlinks)
Model KR3 already in kctrobotdata.mat.
>> kctinsertrobot('KR2',kctlinks)
Model KR2 added correctly.
```

文件中已存在机器人'KR3'，则提示机器人'KR3'已存在，文件中不存在机器人'KR2'，则提示已成功添加。

kctdeleterobot()

函数 kctdeleterobot()的功能是从 kctrobotdata 列表中删除一个特定的模型并自动更新 kctrobotdata.mat 文件。其用法是：kctdeleterobot(kctname)，其中参数 kctname 是 kuka 机器人型号名称的字符串。若该模型存在于 kctrobotdata 列表中，则从列表中删除该模型，并提示已成功删除模型；若该模型不存在于 kctrobotdata 列表中，提示未找到该模型。

函数 kctdeleterobot()的程序如下所示：

```
    function kctdeleterobot(kctname)
    krd = load('kctrobotdata.mat');
    temp_kctrobotdata = krd.kctrobotdata;
    bDelete = 0;
    for i = 1:size(temp_kctrobotdata,2)
        if(strcmp(temp_kctrobotdata(i).name, kctname) == 1)
     bDelete = 1;
  end
  if (bDelete == 1) && i < size(temp_kctrobotdata,2)
    temp_kctrobotdata(i) = temp_kctrobotdata(i + 1);
end
```

```
    end
    if bDelete == 1
  kctrobotdata = temp_kctrobotdata(1:(size(temp_kctrobotdata,2) - 1));
    save('kctrobotdata.mat','kctrobotdata');
  disp(['Model ',kctname,' removed correctly.'])
    else
  disp(['Model ',kctname,' not found.'])
    end
```

运行结果：

```
>> kctlinks = [345, 75, 385, 90, 435, 80];
>> kctinsertrobot('KR2',kctlinks)
Model KR2 added correctly.
>> kctdeleterobot('KR2')
Model KR2 removed correctly.
>> kctdeleterobot('KR1')
Model KR1 not found.
```

文件中存在机器人'KR2'，提示机器人已成功删除，文件中不存在机器人'KR1'，提示没找到该机器人。

kctinit()

函数 kctinit()的功能是提取某一特定 KUKA 机器人的数据并将其保存在.mat 文件中，这些机器人数据是运动功能操作所必需的，另外该函数还可以加载 TCP/IP 通信选项。其用法为：kctinit(robotname)，其中参数 robotname 为机器人型号名称字符串。若参数为空，则提示错误，需要输入一个参数；若输入的参数模型不存在，则提示错误；若模型存在，则提取该模型的数据保存到 kctrobotlinks.mat 文件中，并加载 kcttcpiptype.mat 文件。

函数的程序如下所示：

```
function kctinit(robotname)
    if(nargin ~= 1)
        display('ERROR : kctinit requires one input.');
        return;
    end
    krd = load('kctrobotdata');
    i = 1;
    while ~strcmp(robotname,krd.kctrobotdata(i).name)
        i = i + 1;
    end
kctrobotlinks = [krd.kctrobotdata(i).link1,krd.kctrobotdata(i).link2,krd.kctrobotdata(i).
link3,krd.kctrobotdata(i).link4,krd.kctrobotdata(i).link5,krd.kctrobotdata(i).link6];
    save('kctrobotlinks.mat','kctrobotlinks');
```

```
    kctchframe(eye(4));
    % Load TCP/IP comunication type
    global kcttcpiptype;
    load('kcttcpiptype.mat');
```

运行结果：

```
>> kctinit()
  ERROR : kctinit requires one input.
>> kctinit('KR2')
Index exceeds matrix dimensions.
Error in kctinit (line 43)
    while ~strcmp(robotname,krd.kctrobotdata(i).name)
>> kctinit('KR3')
```

kctsetbound()

函数 kctsetbound()的功能是设置机器人的工作区边界，并将工作区边界保存到 kctrobotbound.mat 文件中。其用法为：kctsetbound(bound)，其中参数 bound 为 2×6 的矩阵，第一行为 X，Y，Z 轴坐标的最大和最小值，第二行为关节角度 4，5，6 的最大和最小值。设置好参数后调用函数，则将工作区边界保存到 kctrobotbound.mat 文件中，并调用 kctgetbound()函数。

函数 kctsetbound()的程序如下：

```
function kctsetbound(kctworkspace)
save('kctrobotbound.mat','kctworkspace');
kctgetbound();
```

运行结果：

```
>> kctsetbound([-800 800 -800 800 0 800; -90 180 -90 180 -90 180])
```

调用该函数后弹出一个用户界面，如图 1-56 所示，其绘出了机器人和机器人的工作区间。

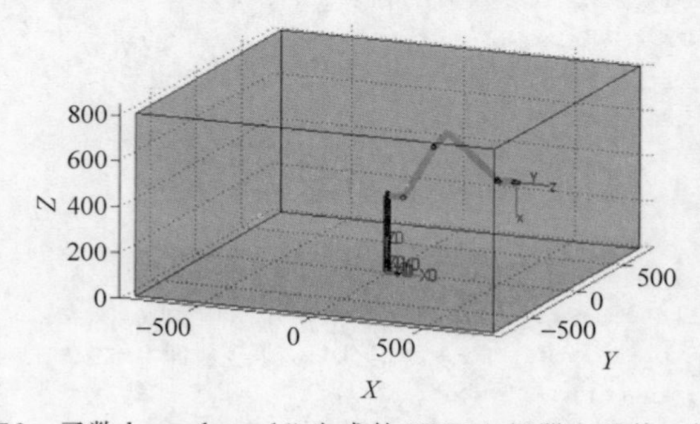

图 1-56 函数 kctsetbound()生成的 KUKA 机器人及其工作区间

kctgetbound()

函数 kctgetbound()的功能是显示机器人的工作区边界。其用法是：B = kctgetbound()，其返回值为包含边界的最小值和最大值的 2×6 矩阵。调用函数后返回机器人的工作区边界数据，并调用函数 kctdrawbound()和 kctdisprobot()将工作区边界和机器人以三维图形的形式表示出来。

函数 kctgetbound()的程序为：

```
function kctworkspace = kctgetbound
kw = load('kctrobotbound');
kctworkspace = kw.kctworkspace;
h_bound = figure();
kctrobothome = load('kctrobothome.mat');
df = 40;
% Box color
    color2 = [0.0,0.0,0.8];
    axis equal;
    k = [0:pi/4:2 * pi];
    d = 40;
    Xzvert = [d * 0.25 * sin(k);d * 0.25 * sin(k + pi/4);zeros(1,length(k))];
    Yzvert = [d * 0.25 * cos(k);d * 0.25 * cos(k + pi/4);zeros(1,length(k))];
    Zzvert = [zeros(1,length(k));zeros(1,length(k));d/2 * ones(1,length(k))];
    Xyvert = [d * 0.25 * sin(k);d * 0.25 * sin(k + pi/4);zeros(1,length(k))];
    Yyvert = [zeros(1,length(k));zeros(1,length(k));d/2 * ones(1,length(k))];
    Zyvert = [d * 0.25 * cos(k);d * 0.25 * cos(k + pi/4);zeros(1,length(k))];
    Xxvert = [zeros(1,length(k));zeros(1,length(k));d/2 * ones(1,length(k))];
    Yxvert = [d * 0.25 * cos(k);d * 0.25 * cos(k + pi/4);zeros(1,length(k))];
    Zxvert = [d * 0.25 * sin(k);d * 0.25 * sin(k + pi/4);zeros(1,length(k))];
    framecolor = 'red';
    patch(df + Xxvert,Yxvert,Zxvert,framecolor);
    patch(Xyvert,df + Yyvert,Zyvert,framecolor);
    patch(Xzvert,Yzvert,df + Zzvert,framecolor);
    line([0 df],[0 0],[0 0],'color',framecolor,'LineWidth',2);
    line([0 0],[0 df],[0 0],'color',framecolor,'LineWidth',2);
    line([0 0],[0 0],[0 df],'color',framecolor,'LineWidth',2);
    text(df + 5,5,5,'X0');
    text(5,df + 5,5,'Y0');
    text(5,5,df + 5,'Z0');
    grid on;
    axis equal;
    hold on;
% Plot robot's bounds
    kctdrawbound(kctworkspace, color2);
% Plot the robot
    kctdisprobot( - kctrobothome.kcthomeposition(2,:),h_bound);
```

运行结果：

```
>> kctsetbound([ - 800 800  - 800 800 0 800; - 90 180  - 90 180  - 90 180])
>> kctsetbound([ - 800 800  - 800 800 0 800; - 90 180  - 90 180  - 90 180])
>> kctgetbound()
ans =
      - 800  800   - 800  800      0  800
        - 90  180    - 90  180   - 90  180
```

调用该函数后，返回一个包含机器人工作区间的矩阵，并弹出一个用户界面，如图 1-57 所示，其绘出了机器人和机器人的工作区间。

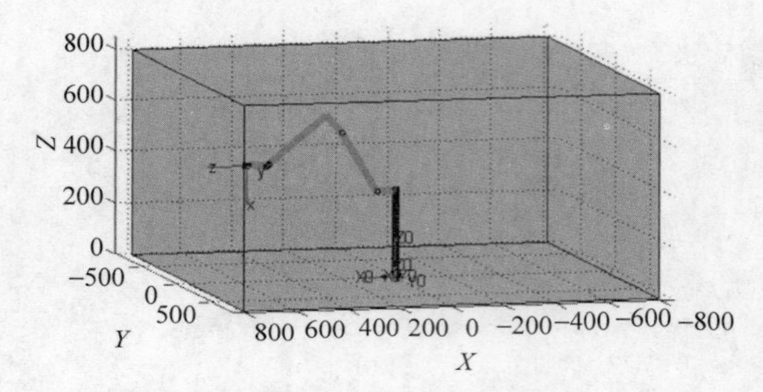

图 1-57　函数 kctgetbound()生成的 KUKA 机器人及其工作区间

kctchecksystem()

函数 kctchecksystem()的功能是检查系统是否满足要求。其用法为：[issystemok, foundmatlab, foundtoolbox] = kctchecksystem()。其中返回值 issystemok 为 1，表示系统支持该工具箱；为 0，表示系统不支持该工具箱。返回值 foundmatlab 为 1，表示 MATLAB 支持该工具箱(MATLAB7.0 及以上版本)；为 0，表示 MATLAB 不支持该工具箱。返回值 foundtoolbox 为 1，表示工具箱已成功安装；为 0，表示工具箱为成功安装。另外，函数也会返回 MATLAB 的版本信息，若 MATLAB 版本过低或工具箱未正常安装，则做出相应的提示。

函数 kctchecksystem()的程序如下：

```
function [issystemok, foundmatlab, foundtoolbox] = kctchecksystem()
global kcttcpiptype;
load('kcttcpiptype.mat');
toolboxlist = ver();
% Check Matlab version
matlabversion = version();
foundmatlab = 0;
if matlabversion(1) >= 7
   foundmatlab = 1;
   fprintf('Matlab version %s.\n', matlabversion);
```

```
end
% Check if Instrument Control Toolbox is installed
foundtoolbox = 0;
for i = 1:size(toolboxlist,2)
    if strcmp(toolboxlist(i).Name, 'Instrument Control Toolbox') == 1
        foundtoolbox = 1;
        display('Instrument Control Toolbox found.');
        break;
    end
end
if foundmatlab == 0
    display('Matlab version too old required 7.x or higher.');
    display('Some KCT functions may not work properly.');
end
if foundtoolbox == 0
    display('Instrument Control Toolbox not found.');
    display('MEX functions will be used for the network communication.');
    kctsettcpip('MEX');
end
issystemok = and(foundmatlab, foundtoolbox);
```

运行结果：

```
>> [issystemok, foundmatlab, foundtoolbox] = kctchecksystem()
  Matlab version 8.0.0.783 (R2012b).
  Instrument Control Toolbox found.
    issystemok = 1
    foundmatlab = 1
    foundtoolbox = 1
```

kctdrawbound()

函数 kctdrawbound()的功能是显示机器人边界。其用法为：kctdrawbound(kctworkspace, kctcolor, h_fig)，其中参数 kctworkspace 为包含机器人边界的矩阵，kctcolor 为边框颜色(可选)，h_fig 为图的句柄(可选)。

运行结果：

```
>> kctdrawbound([-600 600 -600 600 0 600])
```

输入该函数后弹出一个用户界面，如图 1-58 所示，中间较深色的箱子表示机器人的边界。

2) 联网函数

联网函数主要用于通信连接，共有 4 个函数，如下所示：

kctsettcpip()

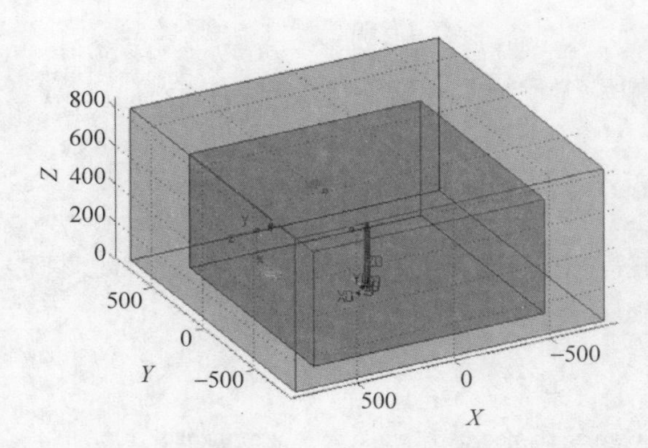

图 1-58 函数 kctdrawbound()生成的 KUKA 机器人及其工作区间

函数 kctsettcpip()的功能是设置网络通信协议(仪器控制工具箱或 Mex 文件)。其用法为：kctsettcpip('ICT')或 kctsettcpip('MEX')，其中 kctsettcpip('ICT')对应于仪器控制工具箱，kctsettcpip('MEX')对应于 Mex 文件，参数 value 为表示 TCP/IP 类型的字符串。若调用函数时没有设定参数，则提示错误并要求输入一个参数；若调用函数时设定参数为 ICT，则调用 kctchecksystem()函数判断工具箱是否能用于 TCP/IP 通信；调用函数时设定参数为 ICT 或 MEX 均会关闭当前的 TCP/IP 通信形式，并设置为新的 TCP/IP 通信形式，同时将新的 TCP/IP 通信类型保存至 kcttcpiptype. mat 文件中。

函数 kctsettcpip()的程序如下：

```
function kctsettcpip(value)
global kctipvar
if(nargin ~ = 1)
    display('ERROR : kctsettcpip requires one input.');
    return;
end
% Load TCP/IP comunication type
global kcttcpiptype;
if value == 'ICT'
    [issystemok, foundmatlab, foundtoolbox] = kctchecksystem();
    if foundtoolbox == 0
        display('Instrument Control Toolbox cannot be used for TCPIP communication.');
        return;
    end
end
% Closing previous communication if exist
if isempty(kctipvar) == 0
display('Closing previous TCPIP communication.');
kctcloseclient();
end
% Changing TCPIP communication type
```

```
    kcttcpiptype = value;
    save('kcttcpiptype.mat', 'kcttcpiptype');
```

运行结果：

```
>> kctsettcpip('ICT')
  Matlab version 8.0.0.783 (R2012b).
  Instrument Control Toolbox found.
  Closing previous TCPIP communication.
  KUKA ICT client succesfully closed.
>> kctsettcpip('MEX')
```

kctgettcpip()

函数 kctgettcpip()的功能是获取网络通信协议，其用法是：kctgettcpip()，其返回信息为网络通信类型。若通信类型为 ICT，则打印 KUKA communication protocol：Instrument Control Toolbox.；若通信类型为 MEX，则打印 KUKA communication protocol：MEX files.。

函数 kctgettcpip()的程序如下：

```
function kctsettcpip(value)
 % Load TCP/IP comunication type
global kcttcpiptype;
if kcttcpiptype == 'ICT'
    display('KUKA communication protocol: Instrument Control Toolbox.');
elseif kcttcpiptype == 'MEX'
    display('KUKA communication protocol: MEX files.');
end
```

运行结果：

```
>> kctgettcpip()
  KUKA communication protocol: Instrument Control Toolbox.
```

kctclient()

函数 kctclient()的功能是初始化 KUKA 机器人通信的 MATLAB 客户端，它可以初始化指定的 URL 和端口上的 TCP/IP 连接，以便启动与 KUKA 机器人的服务器的通信。其用法为：t=kctclient(str_address)，其中参数 str_address 为服务器 PC 的 IP 地址(字符串格式)，参数 SampleTime 为控制通信所需的时间(最小值为 0.015s)，返回值 t 为与 KUKA 机器人通信的处理程序。

运行结果：

```
    >> t = kctclient('192.168.1.0')
    KCTCLIENT: connect the robot with MATLAB
```

```
    Start the kctserver.exe on the KUKA robot controller and press any key to continue…
    Connection on port failed
    Frame position and orientation
    kctptfr =
  0    0    0
TCPIP Object : TCPIP-192.168.1.0
  Communication Settings
  RemotePort:          2999
  RemoteHost:          192.168.1.0
  Terminator:          'LF'
     NetworkRole:          client
  Communication State
  Status:              closed
     RecordStatus:        off
     Read/Write State
  TransferStatus:      idle
  BytesAvailable:      0
  ValuesReceived:      0
       ValuesSent:          0
    kctrotfr =
1    0    0
0    1    0
0    0    1
    Sample time for communication
    Ts =
         0.1500
```

kctcloseclient()

函数 kctcloseclient()的功能是终止用于 KUKA 机器人通信的 MATLAB 客户端，即终止与 KUKA 机器人服务器的 TCP/IP 连接。其用法是：kctcloseclient(t)，其中参数 t 为与 KUKA 机器人通信的处理程序。

kctcloseclient()的程序如下：

```
function kctcloseclient()
global kctipvar;
% Load TCP/IP comunication type
global kcttcpiptype;
if( kcttcpiptype == 'ICT' & ~isempty(kctipvar) )
    fclose(kctipvar);
    clear global kctipvar;
    clear global kctrobotlinks;
    fprintf('KUKA ICT client succesfully closed. \n')
elseif( kcttcpiptype == 'MEX' & ~isempty(kctipvar) )
    kctcloseclientmex();
```

```
    clear global kctipvar;
    clear global kctrobotlinks;
    fprintf('KUKA MEX client succesfully closed. \n')
else
    fprintf('TCPIP communication not initialized. \n')
end
```

运行结果：

```
>> kctcloseclient()
  KUKA ICT client succesfully closed.
```

3）运动学函数

运动学函数主要用于求取机器人的运动学，共有5个函数，如下所示：

kctreadstate()

函数kctreadstate()的功能是返回机器人的当前状态，该函数返回一个2×6的矩阵，第一行为实际位置，第二行为机械臂的关节角度。其用法为：kctreadstate()，返回值为表示机器人状态的2×6矩阵，第一行为末端效应器的位置，第二行为机械臂关节连接处的角度。

函数kctreadstate()的程序如下：

```
    function robotstate = kctreadstate()
  global Ts;
global kctipvar;
   global kcttcpiptype;
      t = kctipvar;
    tic;
    % Reading Data
    v_coor = [];
    v_axis = [];
    if kcttcpiptype == 'ICT'
        fwrite(t,'<ask/>');
        B = t.BytesAvailable;
        while t.BytesAvailable < 400
        end
        DataReceived = char(fread(t,400));
        DataReceived = DataReceived';
    elseif kcttcpiptype == 'MEX'
        totalBytesRec = 0;
        DataReceived = '';
        kctsenddatamex('<ask/>');
        [bytesRec, dataRec] = kctrecdatamex();
        dataRec = dataRec([1:bytesRec]);
        DataReceived([1:bytesRec]) = char(dataRec);
```

```
            totalBytesRec = totalBytesRec + bytesRec;
            while totalBytesRec < 400
                [bytesRec, dataRec] = kctrecdatamex();
                DataReceived([(size(DataReceived,2) + 1):(size(DataReceived,2) + bytesRec)]) =
dataRec([1:bytesRec]);
                totalBytesRec = totalBytesRec + bytesRec;
            end
        end
        v_temp = findstr(DataReceived,'"');
        j = 1;
        i = 5;
        while i < 17
                try
                    temp = DataReceived((v_temp(1,i) + 1):(v_temp(1,i + 1) - 1));
                catch
                    disp('system wake up')
                    flushinput(t);
                    kctstop();
                    DataReceived = char(fread(t,400));
  DataReceived = DataReceived';
                    v_temp = findstr(DataReceived,'"');
                    temp = DataReceived((v_temp(1,i) + 1):(v_temp(1,i + 1) - 1));
                end
                v_coor(1,j) = str2num(temp);
                i = i + 2;
                j = j + 1;
        end
             i = 29;
             j = 1
        while i < 41
                temp = DataReceived((v_temp(1,i) + 1):(v_temp(1,i + 1) - 1));
                v_axis(1,j) = str2num(temp);
                i = i + 2;
                j = j + 1;
        end
         robotstate(1,1:6) = v_coor;
         robotstate(2,1:6) = v_axis;
        % Pause for synchronizatio;
        tempo = toc;
        while (tempo)< Ts
              tempo = toc;
        end
```

运行结果：

由于没有连接硬件，不能返回机器人的当前状态。

```
>> kctreadstate()
Error using icinterface/fwrite (line 191)
OBJ must be connected to the hardware with FOPEN.
Error in kctreadstate (line 51)
fwrite(t,'<ask/>');
```

kctfkine()

函数 kctfkine()的功能是计算机器人的正向运动学，并返回机器人正向运动学的齐次矩阵(本工具箱利用 DH 法求正向运动学)。其用法为：H_0e = kctfkine(angleDH)，其中参数 angleDH 为以角度为单位的关节角矢量，返回值 H_0e 为正向运动学的齐次矩阵。

工业机器人的正向运动学指已知机器人各关节类型、相邻关节之间的尺寸和相邻关节相对运动量的大小时，确定机器人末端执行器在固定坐标系中的位姿。

KUKA 机器人为六自由度机器人，可以通过每个连接点的相对位姿求得最终的位姿。不妨设六个关节角分别为 $\theta1,\theta2,\theta3,\theta4,\theta5,\theta6$，六个连杆长度分别为 $l1,l2,l3,l4,l5,l6$，令${}_1^0\boldsymbol{T}$表示从 0 位置到 1 位置的刚性运动齐次变换矩阵，则有

$${}_e^0\boldsymbol{T} = {}_1^0\boldsymbol{T}{}_2^1\boldsymbol{T}{}_3^2\boldsymbol{T}{}_4^3\boldsymbol{T}{}_5^4\boldsymbol{T}{}_6^5\boldsymbol{T}{}_e^6\boldsymbol{T}$$

函数 *kctfkine*()的程序如下：

```
function H_0e = kctfkine(angleDH)
global kctrobotlinks;
global kctptfr;
global kctrotfr;
l1 = kctrobotlinks(1);
l2 = kctrobotlinks(2);
l3 = kctrobotlinks(3);
l4 = kctrobotlinks(4);
l5 = kctrobotlinks(5);
l6 = kctrobotlinks(6);
a = angleDH;
H_01 = kctrotoz(a(1)) * kcttran([0,0,l1]);
H_12 = kctrotox(90) * kcttran([l2,0,0]);
H_23 = kctrotoz(a(2)) * kcttran([l3,0,0]);
H_34 = kctrotoz(a(3)) * kcttran([sqrt(l5 ^2 + l4 ^2),0,0]) * kctrotoy(90);
H_45 = kctrotoz(a(4)) * kctrotoy( - 90);
H_56 = kctrotoz(a(5)) * kctrotoy(90);
H_6e = kctrotoz(a(6)) * kcttran([0,0,l6]) * kctrotoz( - 90);
H_0e = H_01 * H_12 * H_23 * H_34 * H_45 * H_56 * H_6e;
H_0e(1:3,1:3) = inv(kctrotfr(1:3,1:3)) * H_0e(1:3,1:3);
temp_fr = [kctrotfr(1:3,1:3), kctptfr'; [0 0 0 1]];
temp_fr = inv(temp_fr);
H_0e(1:3,4) = temp_fr(1:3,1:3) * H_0e(1:3,4) + temp_fr(1:3,4);
```

分析以上程序可知，该函数利用式3-2-1～3-2-8求取机器人相对于基本坐标系的齐次矩阵，再将其变换到用户自定义的坐标系(当前坐标系)，得到最终的齐次矩阵。

运行结果：

```
    >> angleDH = [30,30,30, - 30,30,30]
    angleDH =
30  30  30  - 30  30  30
    >> H_0e = kctfkine(angleDH)
    H_0e =
  0.8331  - 0.5480  - 0.0748  396.6590
  0.5480    0.7996    0.2455  250.6618
- 0.0748  - 0.2455    0.9665  788.8148
       0         0         0    1.0000
```

kctikine()

函数 kctikine()的功能是返回机器人的逆运动学，即计算机器人的逆运动学，返回以角度为单位的关节角向量。其用法为：angleDH = kctikine(mat)，其中参数 mat 为一个 4×4 的齐次矩阵，返回值 angleDH 为以度为单位的关节角矢量。

给定机器人的终端位姿，求各关节变量，称为运动学逆解。

函数 kctikine()的程序如下所示：

```
function angleDH = kctikine(mat)
global kctrobotlinks;
global kctptfr
global kctrotfr
l1 = kctrobotlinks(1);
l2 = kctrobotlinks(2);
l3 = kctrobotlinks(3);
l4 = kctrobotlinks(4);
l5 = kctrobotlinks(5);
l6 = kctrobotlinks(6);
vet = mat(1:3,4);
rot = mat(1:3,1:3);
delta = 1;
gamma = 1;
 % update the new frame (if it exists)
vet = kctptfr' + kctrotfr(1:3,1:3) * vet;
rot = kctrotfr(1:3,1:3) * mat(1:3,1:3);
if vet(1,1)< 0
    delta = 0;
    if vet(2,1)< 0
        gamma = 0;
    end
end
```

```
% Computes the coordinates of joint 5 using joint 6.
vet = vet - l6 * rot(1:3,3);
theta_1 = asin(vet(2,1)/(sqrt(vet(2,1)^2 + vet(1,1)^2)));
theta_1 = ((1 - delta) * (pi - theta_1) + theta_1 * delta) * (gamma) + ((1 - delta) * ( - pi -
theta_1) + theta_1 * delta) * (1 - gamma);
t2_1 = atan((vet(3,1) - l1)/(sqrt(vet(1,1)^2 + vet(2,1)^2) - sqrt((l2 * sin(theta_1))^2 + (l2
* cos(theta_1))^2)));
d_2_5 = sqrt((vet(3,1) - l1)^2 + (sqrt(vet(1,1)^2 + vet(2,1)^2) - sqrt((l2 * sin(theta_1))^2
+ (l2 * cos(theta_1))^2))^2); % distanza dal giunto 2 5
t2_2 = acos(((l4 ^2 + l5 ^2) - l3 ^2 - d_2_5 ^2)/( - 2 * l3 * d_2_5)); % Carnot inverse formula
t3_1 = acos((l3 ^2 - (l4 ^2 + l5 ^2) - d_2_5 ^2)/( - 2 * sqrt(l4 ^2 + l5 ^2) * d_2_5));
theta_2 = t2_2 + t2_1;
theta_3 = ( - 1) * (t3_1 + t2_2);
% Computes the forward kinematics between joint 0 and joint 3
H_01 = kctrotoz(theta_1 * 180/pi) * kcttran([0,0,l1]);
H_12 = kctrotox(90) * kcttran([l2,0,0]);
H_23 = kctrotoz(theta_2 * 180/pi) * kcttran([l3,0,0]);
H_34 = kctrotoz(theta_3 * 180/pi) * kcttran([sqrt(l5 ^2 + l4 ^2),0,0]) * kctrotoy(90);
H_0_3 = H_01 * H_12 * H_23 * H_34;
H_0_3 = H_0_3(1:3,1:3);
% Indirect computation of the homogeneous matrix between joint 4 and 6
H4_e = inv(H_0_3) * rot;
if rot(3,3)< 0 && rot(1,2)> = 0 && rot(3,2)> = 0
        theta_4 = - atan(H4_e(1,3)/H4_e(2,3));
    theta_5 = asin(H4_e(2,3)/cos(theta_4));
    theta_6 = - asin(H4_e(3,2)/sin(theta_5));
elseif (rot(3,3)< 0 && rot(1,2)< 0) || (rot(3,3)< 0 && rot(3,2)< 0)
    theta_4 = - atan2(H4_e(1,3),H4_e(2,3));
    theta_5 = asin(H4_e(2,3)/cos(theta_4));
    theta_6 = - atan2(H4_e(3,2),H4_e(3,1));
elseif rot(3,3)> 0
    theta_4 = - atan2(H4_e(1,3),H4_e(2,3));
        theta_6 = - atan2(H4_e(3,2),H4_e(3,1));
    theta_5 = atan2((H4_e(3,1)/cos(theta_6)),(H4_e(3,3))); %
end
angleDH = [theta_1 theta_2 theta_3 theta_4 theta_5 theta_6] * 180/pi;
```

分析以上程序可知,该函数先判断当前坐标系是否为用户自定义坐标系,若是,则进行相应的坐标变换,然后逆向求解出 6 个关节角。

运行结果:

```
>> mat = [1 0 0 100;0 1 0 10;0 0 1 100;0 0 0 1]
mat =
    1     0     0   100
    0     1     0    10
    0     0     1   100
    0     0     0     1
```

```
>> angleDH = kctikine(mat)
angleDH =
    5.7106   -36.6159   -105.1919   180.0000   128.1922   174.2894
```

kctfkinerpy()

函数 kctfkinerpy()的功能是计算机器人的正向运动学(返回姿势),即返回正向运动学向量 $\boldsymbol{p}=[x,y,z,\text{roll},\text{pitch},\text{yaw}]$。其用法为：$\boldsymbol{p}$ = kctfkinerpy(angleDH),其中参数 angleDH 为以度为单位的关节角矢量,返回值 $\boldsymbol{p}$ 为六维向量：前三个分量是末端执行器的 x、y、z 坐标,最后三个分量是末端执行器的侧倾-俯仰-偏航角(以度为单位)。

函数 kctfkinerpy()的程序如下所示：

```
function [c_rpy] = kctfkinerpy(angleDH)
    H = kctfkine(angleDH);
    coor = H(1:3,4);
    Y = real(atan(H(2,1)/H(1,1)));
    P = real(-asin(H(3,1)));
    Rx = inv(kctrotoz(Y) * kctrotoy(P)) * H;
    Rtemp(1,1) = real(acos(Rx(2,2)));
    Rtemp(2,1) = real(asin(Rx(3,2)));
    Rtemp(3,1) = real(-asin(Rx(2,3)));
    Rtemp(4,1) = real(acos(Rx(3,3)));
    % Disambiguate the solution
    for i = 1:4
          Hdiff = H - kctrotoz(Y) * kctrotoy(P) * kctrotox(Rtemp(i,1));
          kctsignal = 0;
           for j = 1:3
               for k = 1:3
                   if abs(Hdiff(j,k))> 0.0001
                      k = 4;
                      j = 4;
                      kctsignal = 1;
                   end
               end
           end
           if kctsignal == 0
               R = Rtemp(i,1);
               i = 5;
           end
    end
    try
        c_rpy= [coor',Y * 180/pi,P * 180/pi,R * 180/pi];
    catch
        warning('Solution may be unfeseable, please check joint angles 4,5,6')
    end
```

分析以上程序可知，该函数调用函数 kctfkine()求取正向运动学的齐次矩阵解，再将齐次矩阵经过变换转化为六维向量 $\boldsymbol{p}=[x,y,z,\text{roll},\text{pitch},\text{yaw}]$。

roll、pitch、yaw 角可以通过以下公式求取：

$$\begin{bmatrix} \cos y\cdot\cos p & \cos y\cdot\sin p\cdot\sin r-\sin y\cdot\cos r & \cos y\cdot\sin p\cdot\cos r+\sin r\cdot\sin y \\ \sin y\cdot\cos p & \sin y\cdot\sin p\cdot\sin r+\cos y\cdot\cos r & \sin y\cdot\sin p\cdot\cos r-\cos y\cdot\sin r \\ -\sin p & \cos p\cdot\sin r & \cos p\cdot\cos r \end{bmatrix}$$

$$=\begin{bmatrix} r_{11} & r_{12} & r_{13} \\ r_{21} & r_{22} & r_{23} \\ r_{31} & r_{32} & r_{33} \end{bmatrix}$$

运行结果：

```
>> angleDH =[5.7106   -36.6159 -105.1919  180.0000  128.1922  174.2894]
angleDH =
             5.7106   -36.6159 -105.1919  180.0000  128.1922  174.2894
>> p = kctfkinerpy(angleDH)
p =
  99.9999  10.0000  100.0000    0.0000    0.0000        0
```

kctikinerpy()

函数 kctikinerpy()的功能是从姿势中计算机器人的逆运动学，即利用 6 维向量 $\boldsymbol{p}=[x,y,z,\text{roll},\text{pitch},\text{yaw}]$计算机器人的逆运动学。其用法为：angleDH = kctikine(p)，其中参数 $\boldsymbol{p}$ 为六维向量：前三个分量是末端执行器的 x、y、z 坐标，后三个分量是末端执行器的侧倾-俯仰-偏航角（以度为单位），返回值 angleDH 为以度为单位的关节角矢量。

函数 kctikinerpy()的程序如下：

```
function angDH = kctikinerpy(c_rpy)
    A = c_rpy(1,4);
    B = c_rpy(1,5);
    C = c_rpy(1,6);
    rot = kctrotoz(A) * kctrotoy(B) * kctrotox(C)
    M = [rot(1:3,1:3),c_rpy(1:3)';0 0 0 1];
    angDH = kctikine(M);
```

分析以上程序可知，该函数利用旋转变换：

$$\boldsymbol{R}_x(\theta)=\begin{bmatrix} 1 & 0 & 0 \\ 0 & \cos\theta & -\sin\theta \\ 0 & \sin\theta & \cos\theta \end{bmatrix}$$

$$\boldsymbol{R}_y(\theta)=\begin{bmatrix} \cos\theta & 0 & \sin\theta \\ 0 & 1 & 0 \\ -\sin\theta & 0 & \cos\theta \end{bmatrix}$$

$$\boldsymbol{R}_z(\theta) = \begin{bmatrix} \cos\theta & -\sin\theta & 0 \\ \sin\theta & \cos\theta & 0 \\ 0 & 0 & 1 \end{bmatrix}$$

$$R = R_Z(\text{roll}) * R_Y(\text{pitch}) * R_X(\text{yaw}) \quad 3\text{-}5\text{-}4$$

实现六维向量 $\boldsymbol{p} = [x, y, z, \text{roll}, \text{pitch}, \text{yaw}]$ 与齐次矩阵之间的变换，再调用函数 kctikine()求取机器人的逆运动学。

运行结果：

```
p =
    50    60    80    30    60    45
>> angleDH = kctikinerpy(p)
rot =
    0.4330    0.1768    0.8839         0
    0.2500    0.9186   -0.3062         0
   -0.8660    0.3536    0.3536         0
0         0         0    1.0000
angleDH =
  78.8904  144.1135 -112.5877  68.2578  85.7598  -99.9667
```

4）运动控制函数

运动控制函数主要用于控制机器人的运动，共有 10 个函数，如下所示：

kctsetjoint()

函数 kctsetjoint()的功能是将关节角度设置为所需的值，即将机器人从当前配置移动到所需的配置，并向机器人发送速度曲线。其用法为：[robotinfo, warn] = kctsetjoint (angleDH, vp, option)，参数 angleDH 为关节角矢量，vp 为所支持的最大速度百分比，option 为指定其他属性参数对。例如，'Plot'，布尔变量(1/0)可以启用/禁用绘图；'FrameDimension'，float 变量可以设置末端效应器框架尺寸；'FrameStep'，float 变量可以设置末端效应器框架步长；'FrameColor'，可以确定末端效应器框架的颜色；'TrajColor'，可以确定机器人轨迹的颜色；'ShowRobot'，布尔变量(1/0)可以启用/禁用机器人的绘图；'View'，可以设定视点规格。返回值 robotinfo 为包含了机器人关节角度序列的矩阵，warn 为二进制变量，如果 warn = 1，则发生问题。

运行结果：

```
>> [robotinfo, warn] = kctsetjoint([90 20 45 30 45 30],30,'Plot',1)
Error using icinterface/fwrite (line 191)
OBJ must be connected to the hardware with FOPEN.
Error in kctreadstate (line 51)
        fwrite(t,'<ask/>');
Error in kctsetjoint (line 111)
robotstate = kctreadstate();
```

由于没有连接到硬件，不能得到最终的测试结果。

kctsetxyz()

函数 kctsetxyz()的功能是将末端执行器移动到所需位置，即将机器人的末端执行器从当前位置移动到所需的位姿[x,y,z,roll,pitch,yaw]，并使用 kctmovejoint 向机器人发送速度剖面。其用法为：[robotinfo,warn] = kctsetxyz(pose,vp,option)，其中参数 pose 为期望的末端效应器姿态的矢量[x,y,z,roll,pitch,yaw]，vp 为所支持的最大速度百分比，option 为指定其他属性参数对。例如，'Plot'，布尔变量（1/0）可以启用/禁用绘图；'FrameDimension'，float 变量可以设置末端效应器框架尺寸；'FrameStep'，float 变量可以设置末端效应器框架步长；'FrameColor'，可以确定末端效应器框架的颜色；'TrajColor'，可以确定机器人轨迹的颜色；'ShowRobot'，布尔变量(1/0)可以启用/禁用机器人的绘图；'View'，可以设定视点规格。返回值 robotinfo 为包含机器人关节角度序列的矩阵，warn 为二进制变量，如果 warn = 1，则发生问题。

运行结果：

```
>> [robotinfo, warn] = kctsetxyz([400 200 400 45 60 90],30,'Plot',1)
Error using fwrite
Invalid file identifier. Use fopen to generate a valid file identifier.
Error in kctreadstate (line 51)
        fwrite(t,'<ask/>');
Error in kctsetxyz (line 64)
currentpos = kctreadstate();
```

由于该函数调用了 kctreadstate()函数，而 kctreadstate()函数需要连接硬件，故没有得到想要的测试结果。

kctmovejoint()

函数 kctmovejoint()的功能是将关节速度设置为所需的值，并将参考速度发送到库卡机器人控制器(KRC)：它使用低级库卡控制跟踪速度曲线。其用法为：kctmovejoint(vet)，其中参数 vet 为关节角速度向量。

运行结果：

```
>> kctmovejoint([2 2 2 2 2 2])
Error using icinterface/fwrite (line 191)
OBJ must be connected to the hardware with FOPEN.
Error in kctmovejoint (line 119)
            fwrite(t,robotspeed);
```

由于没有连接到硬件，不能得到最终的测试结果。

kctmovexyz()

函数 kctmovexyz()的功能是设置末端执行器的线性速度和角速度，并将参考速度发送到库卡机器人控制器(KRC)：它使用低级库卡控制跟随速度分布。其用法为：kctmovexyz(vet)，其中，参数 vet 为末端执行器的线性向量(vet(1:3))和角速度(vet(4:6))。

运行结果：

```
>> kctmovexyz([10 10 10 2 2 2])
Error using icinterface/fwrite (line 191)
OBJ must be connected to the hardware with FOPEN.
Error in kctmovexyz (line 128)
            fwrite(t,robotspeed);
```

由于没有连接到硬件，不能得到最终的测试结果。

kctpathjoint()

函数 kctpathjoint()的功能是沿着给定轨迹移动机器人的末端执行器，给定轨迹为关节空间中的一系列指定分配的位姿。其用法为 kctpathjoint(points, vp, plot)，其中参数 points 为包含末端效应器位姿的 $n\times 6$ 矩阵，vp 为所支持的最大速度的百分比(如果未指定，则设置默认值(vp = 20%))，plot 为标志变量：若为 1，则显示轨迹，若为 0，则不显示轨迹。返回值 robotinfo 为结构体，其包含 3 个参数：realtraj 为末端执行器沿实际轨迹的姿态序列，idealtraj 为末端效应器沿期望轨迹的姿态序列，warn 为二进制变量，如果 warn = 1，则发生问题。

运行结果：

```
>> kctpathjoint([90 20 45 30 45 30],30,1)
Error using icinterface/fwrite (line 191)
OBJ must be connected to the hardware with FOPEN.
Error in kctreadstate (line 51)
        fwrite(t,'<ask/>');
Error in kctpathjoint (line 53)
CurrentState = kctreadstate();
```

由于没有连接到硬件，不能得到最终的测试结果。

kctpathxyz()

函数 kctpathxyz()的功能是沿着给定的轨迹移动机器人的末端执行器，轨迹通过一系列指定分配的姿势[x,y,z,roll,pitch,yaw]确定。其用法为：kctpathxyz(points,vp,plot)，其中参数 points 为包含末端效应器姿态的 $n\times 6$ 矩阵，vp 为所支持的最大速度的百分比(如果未指定，则设置默认值(vp=20%))，plot 为标志变量：若为 1，则显示轨迹，若为 0，则不显示。返回值 robotinfo 为结构体，其包含 3 个参数：realtraj 为末端执行器沿实际轨迹的姿态序列，idealtraj 为末端效应器沿期望轨迹的姿态序列，warn 为二进制变量，如果 warn=1，则发生问题。

运行结果：

```
>> kctpathxyz([400 500 400 45 45 60],30,1)
```

```
Error using icinterface/fwrite (line 191)
OBJ must be connected to the hardware with FOPEN.
Error in kctreadstate (line 51)
        fwrite(t,'<ask/>');
Error in kctpathxyz (line 60)
CurrentState = kctreadstate();
```

由于没有连接到硬件，不能得到最终的测试结果。

kctstop()

函数 kctstop()的功能是在当前位置停止机器人，即发送零速度设定值以停止机器人。其用法为 kctstop()。

函数 kctstop()的程序如下所示：

```
function kctstop()
    global kctipvar;
    t = kctipvar;
    global kcttcpiptype;
    global kcttom;
    kcttom;
    if (kcttom == 0) || (kcttom == 1)
        A1 = ['"0.000"'];
        A2 = ['"0.000"'];
        A3 = ['"0.000"'];
        A4 = ['"0.000"'];
        A5 = ['"0.000"'];
        A6 = ['"0.000"'];
        robotspeed = ['<AKorr A1 = ',A1,' A2 = ',A2,' A3 = ',A3,' A4 = ',A4,' A5 = ',A5,' A6 = ',A6,
'/>'];
    else
        X = ['"0.000"'];
        Y = ['"0.000"'];
        Z = ['"0.000"'];
        A = ['"0.000"'];
        B = ['"0.000"'];
        C = ['"0.000"'];
        robotspeed = ['<RKorr X = ',X,' Y = ',Y,' Z = ',Z,' A = ',A,' B = ',B,' C = ',C,' />'];
    end
    if kcttcpiptype == 'ICT'
        fwrite(t,robotspeed);
    elseif kcttcpiptype == 'MEX'
        kctsenddatamex(robotspeed);
    end
```

分析以上程序可知，其将机器人关节角速度或末端执行器的速度均变为0，以达到使机器人停止运动的目的。

运行结果：

```
>> kctstop()
Error using icinterface/fwrite (line 191)
OBJ must be connected to the hardware with FOPEN.
Error in kctstop (line 57)
        fwrite(t,robotspeed);
```

由于没有连接到硬件，不能得到最终的测试结果。

kcthome()

函数 kcthome()的功能是驱动机器人回到初始位置，初始位置在函数 kctrsiclient. src 中定义。其用法为 kcthome()。

运行结果：

```
>> kcthome()
ans =
     1
```

kctdrivegui()

函数 kctdrivegui()的功能是显示机器人运动的图形界面，其用法是 kctdrivegui()。

运行结果：

弹出以下两个用户界面。如图 1-59 所示，通过这两个图形用户界面，用户可以自由地设置关节角和运动轨迹并观察机器人的运动。

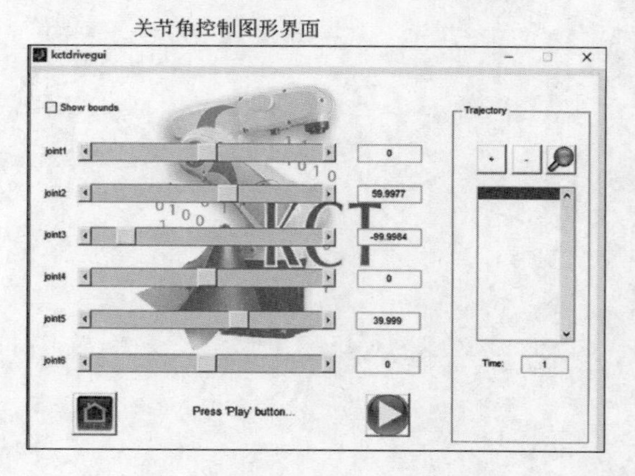

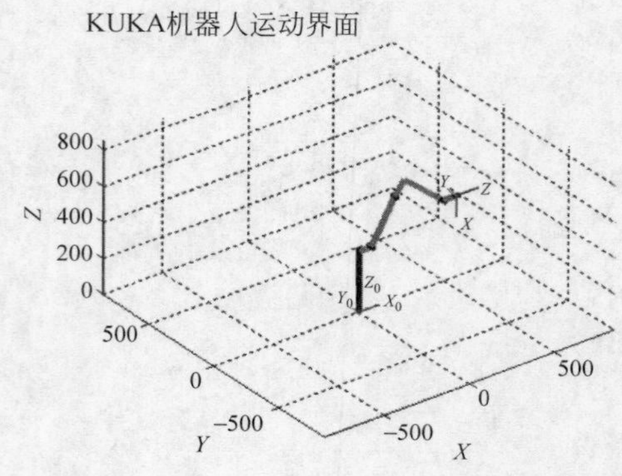

图 1-59　函数 kctdrivegui()生成的机器人运动图形界面

kctcheckarg()

函数 kctcheckarg()的功能是检查 KCT 函数的参数，并返回 KCT 例程所需使用的值。从严格意义上来说，函数 kctcheckarg()应该算是一个诊断函数。其用法为：kctoption =

kctcheckarg(varargin)，其中参数 'Plot'，布尔变量(1/0)可以启用/禁用绘图；'FrameDimension',float 变量可以设置末端效应器框架尺寸；'FrameStep',float 变量可以设置末端效应器框架步长；'FrameColor',可以确定末端效应器框架的颜色；'TrajColor',可以确定机器人轨迹的颜色；'ShowRobot',布尔变量(1/0)可以启用/禁用机器人的绘图；'View',可以设定视点规格。返回值为包含以上项目相对应值的结构体。

5）图像函数

图像函数主要用于绘画和显示机器人的运动，共有 4 个函数，如下所示：

kctdisprobot()

函数 kctdisprobot()的功能是在用户定义的位置显示机器人的 3D 模型。其还会显示出基本参考系< x0,y0,z0 >和末端效应器参考系< x6,y6,z6 >。其用法为：kctdisprobot(angleDH,h_fig)，其中参数 angleDH 为所需关节角向量，h_fig 为图的处理程序数，如果未指定，则设置默认值。返回值 h_fig 为图处理程序数。

运行结果：

```
>> kctdrivegui()
>> kctdisprobot([90 20 45 30 45 30])
ans =
     1
```

输入函数后弹出一个图形用户界面。如图 1-60 所示，显示出当前机器人的 3D 模型的底座坐标系和末端执行器参考系。

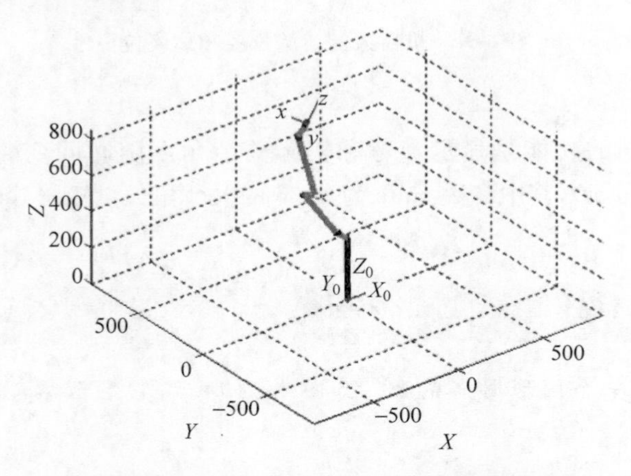

图 1-60　机器人底座坐标系及末端执行器参考系

kctdisptraj()

函数 kctdisptraj()的功能是显示末端执行器的 3D 轨迹和机器人的初始和最终姿态。其用法为：kctdisptraj(state,option)，其中参数 state 为 $n\times6$ 的关节角矢量矩阵，option 为指定其他属性的参数对。例如，'Plot'，布尔变量(1/0)可以启用/禁用绘图；

'FrameDimension',float 变量可以设置末端效应器框架尺寸；'FrameStep',float 变量可以设置末端效应器框架步长；'FrameColor',可以确定末端效应器框架的颜色；'TrajColor',可以确定机器人轨迹的颜色；'ShowRobot',布尔变量(1/0)可以启用/禁用机器人的绘图；'View',可以设定视点规格。

运行结果：

```
>> kctdisptraj([90 20 45 30 45 30;90 10 45 30 45 30])
```

输入函数后弹出一个图形用户界面。如图 1-61 所示，它显示末端执行器的 3D 轨迹和机器人的初始位姿和最终姿态。

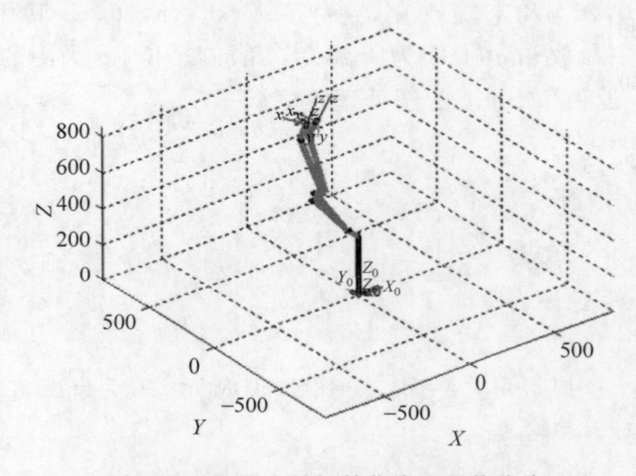

图 1-61　机器人的初始位姿和最终位姿

kctdispdyn()

函数 kctdispdyn()的功能是显示参考和实际关节角度随时间变化的图形。其用法为：kctdispdyn(state,linecolor),其中参数 state 为 $n\times6$ 的关节角矢量矩阵,linecolor 为行的颜色。

运行结果：

```
>> kctdispdyn([90 20 45 30 45 30;90 10 45 30 45 30])
```

输入函数后弹出一个图形用户界面。如图 1-62 所示，它显示参考和实际关节角度的时间曲线。

kctanimtraj()

函数 kctanimtraj()的功能是显示机器人沿给定轨迹的 3D 运动动画。其用法：kctanimtraj(state,option),其中参数 state 为 $n\times6$ 的关节角矢量矩阵,option 为指定其他属性的参数对。例如,'Plot',布尔变量(1/0)可以启用/禁用绘图；'FrameDimension',float 变量可以设置末端效应器框架尺寸；'FrameStep',float 变量可以设置末端效应器框架步长；'FrameColor',可以确定末端效应器框架的颜色；'TrajColor',可以确定机器人轨迹的颜

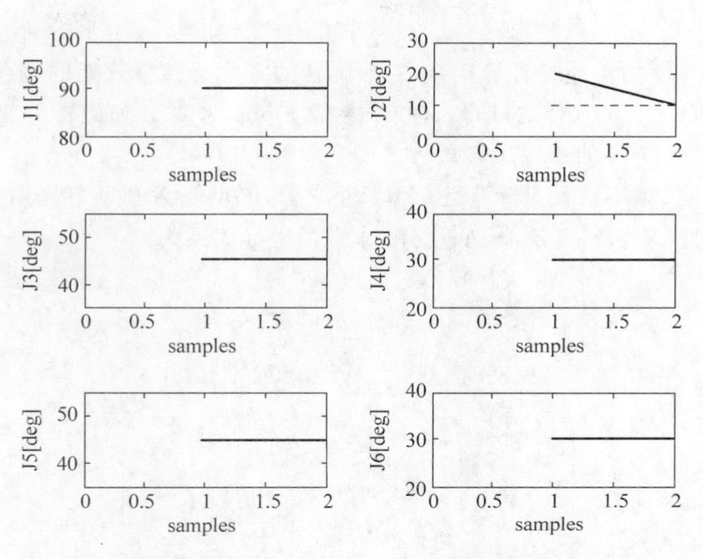

图 1-62　函数 kctdispdyn()生成的关节角-时间曲线

色；'ShowRobot',布尔变量(1/0)可以启用/禁用机器人的绘图；'View',可以设定视点规格。

运行结果：

```
>> kctanimtraj([90 20 45 30 45 30;90 10 45 30 45 30;80 10 45 30 45 30],2,'Plot',1)
kctanimtraj finished...
```

输入函数后弹出一个图形用户界面。如图 1-63 所示，它显示机器人沿给定轨迹的 3D 运动动图。

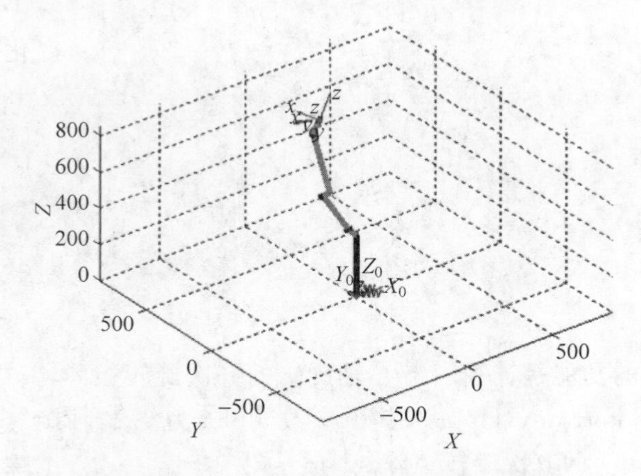

图 1-63　函数 kctanimtraj()生成的机器人轨迹动图

6）齐次变换

齐次变换主要用于坐标的变换，共有 6 个函数。

kctrotox()

函数 kctrotox()的功能是计算围绕 X 轴旋转的齐次旋转矩阵，其中旋转角度以弧度表示。其用法为：H = kctrotox(alpha)，其中参数 alpha 为绕 x 轴旋转的旋转角（以角度表示），返回值为一个 4×4 的齐次旋转矩阵。

空间中某一点 A，不妨设其坐标为(X_A,Y_A,Z_A)，该点绕 X 轴旋转 θ 角后到达 $A1$ 点，不妨设 A1 的坐标为(X_{A1},Y_{A1},Z_{A1})，A1 点和 A 点的坐标关系为

$$X_{A1} = X_A$$
$$Y_{A1} = Y_A\cos(\theta) - Z_A\sin(\theta)$$
$$Z_{A1} = Y_A\sin(\theta) + Z_A\cos(\theta)$$

用矩阵表示为

$$\begin{bmatrix} X_{A1} \\ Y_{A1} \\ Z_{A1} \end{bmatrix} = \begin{bmatrix} 1 & 0 & 0 \\ 0 & \cos(\theta) & -\sin(\theta) \\ 0 & \sin(\theta) & \cos(\theta) \end{bmatrix} \begin{bmatrix} X_A \\ Y_A \\ Z_A \end{bmatrix}$$

函数 kctrotox()的程序如下所示：

```
    function H = kctrotox(alpha)
    alpha = alpha * pi/180;
H = [1,      0,             0,       0;
     0,  cos(alpha), - sin(alpha),   0;
     0,  sin(alpha),  cos(alpha),    0;
     0,      0,             0,       1];
```

由以上程序可知，该函数先将旋转角的角度转化为弧度，再求取齐次旋转矩阵。

运行结果：

```
>> H = kctrotox(180)
   H =
       1.0000          0         0         0
       0         - 1.0000  - 0.0000        0
       0           0.0000  - 1.0000        0
       0               0         0    1.0000
```

kctrotoy()

函数 kctrotoy()的功能是计算围绕 Y 轴旋转的齐次旋转矩阵，其中旋转角度以弧度表示。其用法为：H = kctrotoy(alpha)，其中参数 alpha 为绕 Y 轴旋转的旋转角（以角度表示），返回值为一个 4×4 的齐次旋转矩阵。

空间中某一点 A，不妨设其坐标为(X_A,Y_A,Z_A)，该点绕 Y 轴旋转 θ 角后到达 $A1$ 点，不妨设 A1 的坐标为(X_{A1},Y_{A1},Z_{A1})，A1 点和 A 点的坐标关系为：

$$X_{A1} = X_A\cos(\theta) + Z_A\sin(\theta)$$

$$Y_{A1} = Y_A$$
$$Z_{A1} = -X_A\sin(\theta) + Z_A\cos(\theta)$$

用矩阵表示为：

$$\begin{bmatrix} X_{A1} \\ Y_{A1} \\ Z_{A1} \end{bmatrix} = \begin{bmatrix} \cos(\theta) & 0 & \sin(\theta) \\ 0 & 1 & 0 \\ -\sin(\theta) & 0 & \cos(\theta) \end{bmatrix} \begin{bmatrix} X_A \\ Y_A \\ Z_A \end{bmatrix}$$

函数 kctrotoy()的程序如下所示：

```
function H = kctrotoy(alpha)
alpha = alpha * pi/180;
H = [cos(alpha), 0,  sin(alpha),     0;
              0, 1,               0,  0;
     - sin(alpha), 0,  cos(alpha),  0;
              0, 0,               0,  1];
```

由以上程序可知，该函数先将旋转角的角度转化为弧度，再求取绕 Y 轴旋转后的齐次旋转矩阵。

运行结果：

```
>> H = kctrotoy(90)
H =
    0.0000         0    1.0000         0
         0    1.0000         0         0
   -1.0000         0    0.0000         0
         0         0         0    1.0000
```

kctrotoz()

函数 kctrotoz()的功能是计算围绕 Z 轴旋转的齐次旋转矩阵，其中旋转角度以弧度表示。其用法为：H = kctrotoz(alpha)，其中参数 alpha 为绕 Z 轴旋转的旋转角（以角度表示），返回值为一个 4×4 的齐次旋转矩阵。

空间中某一点 A，不妨设其坐标为(X_A, Y_A, Z_A)，该点绕 Z 轴旋转 θ 角后到达 $A1$ 点，不妨设 $A1$ 的坐标为(X_{A1}, Y_{A1}, Z_{A1})，$A1$ 点和 A 点的坐标关系为：

$$X_{A1} = X_A\cos(\theta) - Y_A\sin(\theta)$$
$$Y_{A1} = X_A\sin(\theta) + Y_A\cos(\theta)$$
$$Z_{A1} = Z_A$$

用矩阵表示为：

$$\begin{bmatrix} X_{A1} \\ Y_{A1} \\ Z_{A1} \end{bmatrix} = \begin{bmatrix} \cos(\theta) & -\sin(\theta) & 0 \\ \sin(\theta) & \cos(\theta) & 0 \\ 0 & 0 & 1 \end{bmatrix} \begin{bmatrix} X_A \\ Y_A \\ Z_A \end{bmatrix}$$

函数 kctrotoz()的程序如下所示：

```
function H = kctrotoz(alpha)
alpha = alpha * pi/180;
H = [cos(alpha), - sin(alpha),  0, 0;
          sin(alpha),  cos(alpha),  0, 0;
                  0,           0,  1, 0;
        0,           0,  0, 1];
```

由以上程序可知，该函数先将旋转角的角度转化为弧度，再利用公式 6-3-1 求取绕 Z 轴旋转后的齐次旋转矩阵。

运行结果：

```
>>  H = kctrotoz(45)
H =
    0.7071   - 0.7071         0         0
    0.7071    0.7071         0         0
         0         0    1.0000         0
         0         0         0    1.0000
```

kcttran()

函数 kcttran()的功能是计算平移后的齐次矩阵，其中平移长度以毫米为单位。其用法为：H = kcttran(tran_vet)，其中参数 tran_vet 为平移向量[dx,dy,dz]，返回值 H 为平移后的齐次矩阵。

空间中一点 A，不妨设其坐标为(X_A,Y_A,Z_A)，该点经过平移后到达 A1 点，不妨设 A1 的坐标为(X_{A1},Y_{A1},Z_{A1})，设平移向量为[dx,dy,dz]，则 A1 点和 A 点的坐标关系为

$$X_{A1} = X_A + \mathrm{d}x$$
$$Y_{A1} = Y_A + \mathrm{d}y$$
$$Z_{A1} = Z_A + \mathrm{d}z$$

函数 kcttran()的程序如下所示：

```
function H = kcttran(tran_vet)
H = [  1, 0,  0, tran_vet(1,1);
          0, 1,  0, tran_vet(1,2);
          0, 0,  1, tran_vet(1,3);
          0, 0,  0, 1  ];
```

分析以上程序可知，该函数保持 X,Y,Z 轴方向不变，将 X,Y,Z 轴坐标与相应的平移量相加得到平移后的齐次矩阵。

运行结果：

```
>> tran_vet = [100,150,180]
tran_vet =
  100   150   180
>>  H = kcttran(tran_vet)
H =
    1     0     0   100
    0     1     0   150
    0     0     1   180
    0     0     0     1
```

kctchframe()

函数 kctchframe()的功能是更改机器人的参考系,工具箱默认的基准参考系为< x0,y0,z0 >,用户可以新增自定义的参考系< xw,yw,zw >,参考系储存在文件 kctrobotframe.mat 中。其用法为:kctchframe(H0w),其中参数 H0w 为基本参考系< x0,y0,z0 >和新的参考系< xw,yw,zw >之间刚性运动的齐次矩阵。

函数 kctchframe()的程序如下:

```
    function kctchframe(H0w)
global kctptfr
global kctrotfr
load('kctrobotframe.mat');
  kctptfr = H0w(1:3,4)';
  kctrotfr = H0w(1:3,1:3);
      save('kctrobotframe.mat','kctptfr','kctrotfr');
```

运行结果:

```
>> H0w = [1 0 0 100;0 1 0 100;0 0 1 100;0 0 0 1]
H0w =
    1     0     0   100
    0     1     0   100
    0     0     1   100
    0     0     0     1
>> kctchframe(H0w)
>> Hfr = kctgetframe()
Hfr =
    1     0     0   100
    0     1     0   100
    0     0     1   100
    0     0     0     1
```

kctgetframe()

函数 kctgetframe()的功能是返回当前的笛卡儿坐标系,所有运动均是相对于该坐标系进行的。其用法为：Hfr = kctgetframe()，其中返回值 Hfr 为当前的笛卡儿坐标系和基本参考坐标系之间刚性运动的齐次矩阵。

函数 kctgetframe()的程序如下所示：

```
function currentframe = kctgetframe
global kctrotfr;
global kctptfr;
currentframe = [kctrotfr,kctptfr';0 0 0 1];
```

运行结果：

```
>> Hfr = kctgetframe()
Hfr =
0     0     0     1
>> H0w = [1 0 0 100;0 1 0 100;0 0 1 100;0 0 0 1]
H0w =
     1     0     0   100
     0     1     0   100
     0     0     1   100
     0     0     0     1
>> kctchframe(H0w)
>> Hfr = kctgetframe()
Hfr =
     1     0     0   100
     0     1     0   100
     0     0     1   100
     0     0     0     1
```

7）演示函数

演示函数共有 3 个，如下所示：

kctdemo()

函数 kctdemo()的功能是 KUKA 控制工具箱的演示，即进行一些简单和基本的操作演示，以增进用户对本工具箱的理解和运用。其用法为 kctdemo()。

函数 kctdemo()的程序如下所示：

```
fprintf('KUKA Control Toolbox Demo. \n Press any key to continue... \n')
pause
kctsel = input('If you want to connect the robot press 1, any key if it is already connect:');
if kctsel == 1
    kctmodel = input('Insert a string with your KUKA robot model:');
    kctinit(kctmodel)
    addr = input('Insert a string with your KUKA controller''s IP address:');
    t = kctclient(addr,0.15);
end
```

```
disp('Press any key to move the robot.')
pause
disp('Robot moving...')
pause(0.1);
[robotstate,warn] = kctsetjoint([0 0 45 0 - 45 0],50);
disp('Press any key to display the dynamics of the robot:')
pause
kctdispdyn(robotstate);
disp('Press any key to move the robot along a square path:')
pause
disp('Home positioning...')
kcthome()
disp('...')
  P=[450   225 100   0 90   0;
      450   225 550 10 60  - 10;
      450  - 225 550   0 90   0;
      450  - 225 100   0 90   20;
      450   225 100   0 90   0];
  kctpathxyz(P,30,1);
disp('Press any key to use the KCT GUI for robot motion control:')
pause
kctdrivegui
disp('The demo is finished.')
```

由以上程序可知，其演示的流程为：选择连接机器人，输入库卡机器人模型，输入库卡机器人控制端的 IP 地址，移动机器人，演示机器人的运动，沿着正方形路径移动机器人，令机器人回到初始位置，调用函数加载用户图形界面。

运行结果：

```
>> kctdemo()
KUKA Control Toolbox Demo.
Press any key to continue...
If you want to connect the robot press 1, any key if it is already connect:1
Insert a string with your KUKA robot model:'KR3'
Insert a string with your KUKA controller's IP address:'192.168.1.0'
KCTCLIENT: connect the robot with MATLAB
Start the kctserver.exe on the KUKA robot controller and press any key to continue...
Connection on port failed
Frame position and orientation
kctptfr =
     0     0     0
   TCPIP Object : TCPIP - 192.168.1.0
   Communication Settings
```

```
        RemotePort:          2999
        RemoteHost:          192.168.1.0
        Terminator:          'LF'
        NetworkRole:         client
    Communication State
        Status:              closed
        RecordStatus:        off
    Read/Write State
        TransferStatus:      idle
        BytesAvailable:      0
        ValuesReceived:      0
        ValuesSent:          0
kctrotfr =
     1     0     0
     0     1     0
     0     0     1
Sample time for communication
Ts =
    0.1500
Press any key to move the robot.
Robot moving...
Error using icinterface/fwrite (line 191)
OBJ must be connected to the hardware with FOPEN.
Error in kctreadstate (line 51)
        fwrite(t,'<ask/>');
Error in kctsetjoint (line 111)
robotstate = kctreadstate();
Error in kctdemo (line 41)
[robotstate,warn] = kctsetjoint([0 0 45 0 -45 0],50);
```

由于该演示过程涉及硬件连接，故不进行相关的测试。

kctdemohaptik()

函数 kctdemohaptik()的功能是使用 HaptiK Library 演示 KUKA 控制工具箱，其允许通过触觉界面控制机器人操纵器(需要 Haptik Library 1.0)。其用法为 kctdemohaptik()。

由于该演示过程涉及硬件连接，故不进行相关的测试。

kctdemovision()

函数 kctdemovision()功能是在视觉伺服中演示 KUKA 控制工具箱，其用法为 kctdemovision()。

由于该演示过程涉及硬件连接，故不进行相关的测试。

5. 绘画一个圆

以上为单个函数的测试，下面通过组合一些函数实现某一特定功能：利用机器人末端执行器绘画一个圆。其程序如下所示：

```
>> kctsetbound([ - 800 800  - 800 800 0 800; - 90 180  - 90 180  - 90 180])
>> k = [0:pi/50:2 * pi];
>> x = 600 * ones(1,length(k));
>> y = 150 * cos(k);
>> z = 150 * sin(k) + 400;
>> p = [x',y',z',repmat([0 90 0],length(k),1)];
>> kctpathxyz(p,20,1);
Error using icinterface/fwrite (line 191)
OBJ must be connected to the hardware with FOPEN.
Error in kctreadstate (line 51)
        fwrite(t,'<ask/>');
Error in kctpathxyz (line 60)
CurrentState = kctreadstate();
```

由于没有连接到硬件，单独运行以上代码并没有成功地生成动画及图形。如图 1-64 所示，它是程序运行成功时应该弹出的用户图形界面。

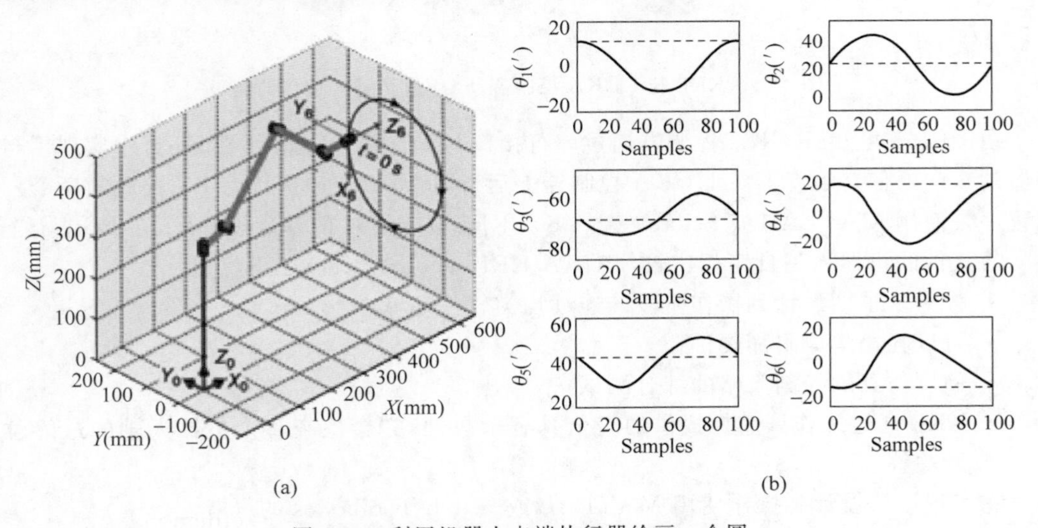

图 1-64　利用机器人末端执行器绘画一个圆

1.7.2　其他机器人工具箱

基于 MATLAB 的机器人工具箱还有不少，它们或多或少都具有一些突出的优点和不足，下面将介绍几个 MATLAB 机器人工具箱，与 KCT 形成对比。

1. KUKA-KRL-Tbx

KUKA-KRL-Tbx 是由维斯马大学的计算工程和自动化研究小组开发的。它实现了具有 SCE 的工业机器人的控制，如 MATLAB 和 Scilab。该工具箱通过基于 KUKA 的 KR3

机器人原型开发进行测试和验证。由于对机器人技术的研究正在不断地发展，机器人的应用领域也在不断地增加，使得对于机器人的要求非常高，编程简单和集成不同的外部硬件(如传感器、操作器)显得特别重要。在这种情况下，人们期望提供从早期设计到操作阶段的连续平稳软件开发环境。

在工程和科学领域中，控制模型设计通常的特征在于使用科学和技术计算环境(Super Computing Environment，SCE)，如 MATLAB 和已经存在的其他自由 SCE，如 Scilab 或 Octave。KUKA-KRL-Tbx 工具箱弥补了机器人制造商特定的编程语言(例如 KUKA 机器人语言(KRL))和 SCE 之间的差距。如图 1-65 所示，显示了通过添加包含 MATLAB 或 Scilab 的 PC 来扩展 KUKA 环境的示例。

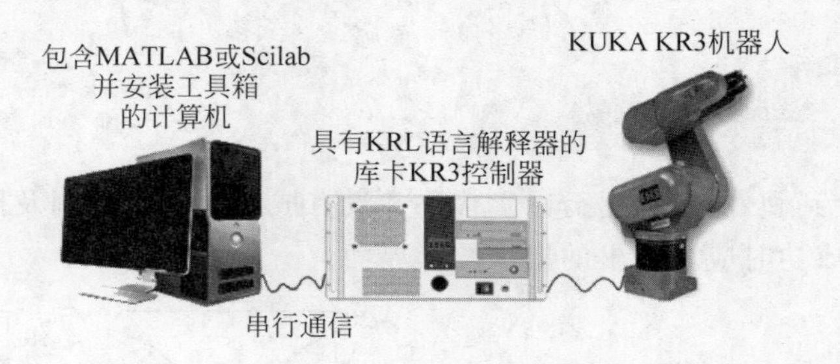

图 1-65　KRL 与 KUKA 控制器、KUKA 机器人通信的例子

由图 1-65 可知，KUKA 控制器通过串行接口与 PC 相连。随后，在 KRL 中实现了与解释器的双向通信。解释器在 KUKA 控制器上运行，负责识别和执行由 PC 发送的命令。控制程序是使用 MATLAB 或 Scilab 在 KUKA-KRL-Toolbox 的基础上开发，在 PC 上运行。

与其他的机器人工具箱相比较，KUKA-KRL-Toolbox 具有以下优点：

- 提供从早期设计到操作阶段的连续均匀软件环境；
- 可以轻松集成附加硬件；
- 使用仿真的控制策略的综合测试；
- KRL 通过工作区监控提供的安全具有永久性，它会检查每个机器人轴的最终位置开关等。

它实现了从设计到操作使用 MATLAB 或 Scilab-Toolboxes 的可能性。

与 KCT 对比可以发现：KUKA-KRL-Toolbox 缺少图形用户界面，没有实时跟踪功能。同时它还具有一些自身的不足：其工具箱中的 MATLAB 命令与 KRL 函数是一对一通信，阻碍了用户设计先进的控制应用程序；串行接口不允许高速传输等。

2. Machine Vision Toolbox(MVT)

Machine Vision Toolbox(MVT)是一个用于机器视觉的开源工具箱，工具箱中表现出作者对光度、摄影测量和比色法领域的兴趣。MVT 包括超过 60 个功能，包括图像文件读取和写入、获取、显示、过滤、斑点、点和线特征提取、数学形态学、单应性、视觉雅可比、相机校准和颜色空间转换。MVT 可用于机器视觉的研究，但也具有足够的通用性，可用于实时工作甚至控制。MVT 结合 MATLAB 和模型工作站计算机，是一种用于机器视觉算法调查的有用和方便的环境。对于适度的图像大小，处理速率可以是足够实时的以允许闭环控制。诸如动态窗口（未提供）的注意力焦点方法可以用于增加处理速率。使用来自火线或网络摄像机（提供支持）和输出到机器人（未提供）的输入，可以完全在 MATLAB 中实现可视伺服系统。

图像通常被视为表示强度或可能范围的标量值的矩形阵列。该矩阵是 MATLAB 的自然数据类型，这使得图像的操作在 MATLAB 语言中的算术语句中很容易表示。许多图像操作，如阈值、滤波和统计可以用现有的 MATLAB 函数实现。MVT 使用实现函数和类的 M 文件以及用于某些计算密集型操作的 MEX 文件来扩展此核心功能。可以使用 MEX 文件与图像采集硬件接口，从简单的帧加速器到机器人。MATLAB 矢量化已被尽可能地用于提高效率，然而，一些算法不适于矢量化。一些特别是计算密集型功能被提供为 MEX 文件，并且可能需要为特定平台编译。MVT 将图像通常视为双精度数字的数组。

虽然有很多共同的功能，但 MVT 不是 Mathworks 公司的图像处理工具箱（IPT）的克隆。这个工具箱的第三个版本已经扩大到包括代表不同类型的相机（透视、鱼眼、反射和球面）、姿态估计、视觉雅可比和高级分割技术，如 MSER 和基于图表的类。工具箱还包括用于臂式、移动和飞行机器人的 PBVS 和 IBVS 视觉伺服系统的 Simulink 模型。

MVT 具有以下优点：代码相当成熟，并为同一算法的其他实现提供了比较点；这些例程通常以直接的方式编写，这允许容易地理解，或许以牺牲计算效率为代价进行编写，如果想提高计算效率，可以重写函数来实现，可以使用 MATLAB 编译器编译 M 文件或创建 MEX 版本。

3. Robotics System Toolbox

Robotics System Toolbox 为开发自动化移动机器人应用程序提供算法和硬件连接。工具箱算法包括差分驱动机器人的地图表示、路径规划和路径跟踪，可以设计和电机控制、计算机视觉和状态机在 MATLAB 应用程序或 Simulink 的原型，并将它们与机器人系统工具箱核心算法集成。系统工具箱提供了 MATLAB 和 Simulink 之间的接口和机器人操作系统（ROS），使用户能够测试和验证启用 ROS 的机器人和机器人仿真器（如 Gazebo）上的应用程序。它支持 C++代码生成，使用户能够从 Simulink 模型生成 ROS 节点并将其部署到 ROS 网络。机器人系统工具箱包括示例，显示如何使用 Gazebo 中的虚拟机器人和启用 ROS 的机器人。

Robotics System Toolbox 的主要功能有：路径规划，路径跟踪和地图表示算法；用于在不同旋转和平移表示之间转换的函数；与启用 ROS 的机器人进行双向通信；接口到 Gazebo 和其他启用 ROS 的仿真器；从 rosbag 日志文件导入数据；从 Simulink 中 ROS 节点代车型（使用 Simulink 编码器）。

对于坐标变换，在机器人应用中，可以使用许多不同的坐标系来定义机器人、传感器和其他物体位于何处。通常，3D 空间中的对象的位置由其位置和取向来定义。机器人系统工具箱支持机器人中常用的坐标表示，并允许用户在它们之间进行转换。当将这些坐标表示应用于 3D 点时，也可以在坐标系之间进行转换。轴角、欧拉角、齐次变换矩阵、四元数、旋转矩阵和平移矢量是一些支持的坐标表示。

对于互动数据探索,Robotics System Toolbox 提供 MATLAB 和 Simulink 中与机器人操作系统(ROS)之间的接口。使用此接口,可以连接到 ROS 网络,使用标准和专门的 ROS 消息,与发布者和订户交换数据,调用和提供服务,访问 ROS 参数服务器,导入 rosbag,并从 ROS 访问转换树包。可以将来自任何启用 ROS 的机器人或仿真器上的传感器的数据传送到 MATLAB 中进行可视化、探索、系统识别和校准。还可以向执行器发送命令以控制机器人,并探索其功能和限制。例如,可以从 Husky 机器人上的 ROS 启用测距仪读取数据,以验证其测量范围读数;可以直接从 Baxter 机器人的相机读取图像序列,并执行相机校准,以查找视觉系统与计算机视觉系统工具箱的内在和外在参数;可以向 TurtleBot 机器人的电机发送速度命令,以了解其在不同表面上的行为。

Robotics System Toolbox 提供了包括差分驱动机器人的路径规划、路径跟踪和地图表示的算法。可以将这些算法与在设计机器人应用程序时使用其他 MathWorks 工具开发的电机控制、计算机视觉和状态机组件集成。然后,可以在启用 ROS 的仿真环境(如 Gazebo 或 V-REP)中直接测试和验证这些算法。工具箱允许通过 ROS 与仿真环境进行交互。例如,可以自主直接从 MATLAB 中读取模型和仿真属性,添加、构建和删除对象,施加力和扭矩和测试机器人。如果无法访问机器人仿真器,则系统工具箱会提供一个虚拟机映像,使用该虚拟机映像可以测试算法。

当准备在启用物理 ROS 的机器人上测试算法时,可以使用通过仿真开发和测试的相同算法。使用最少的代码更改,可以连接到物理机器人,而不是仿真器机器人。当连接到启用 ROS 的机器人时,可以在 MATLAB 中交互式地修改和调整算法,并立即看到结果。

当要验证和验证算法的性能时,可以将 ROS 日志文件从机器人导入到 MATLAB 中进行离线分析和可视化。工具箱能够导入 rosbag 并检索有关其内容的信息。可以在 bag 文件中按时间和主题阅读消息的子集。可以从包文件中的一个或多个消息属性中将数据作为时间序列提取,并将该时间序列用于进一步处理。

Simulink 支持机器人系统中的 ROS System Toolbox 创建与 ROS 网络配合使用的 Simulink 模型,用于发送和接收指定主题的消息。可以使用实时 ROS 网络中的数据测试算法。一旦在 Simulink 中有一个工作算法或设计规范,就可以为能够在任何 Ubuntu 系统上运行的独立 ROS 节点生成 C++代码。可部署的 ROS 节点是完全独立的,它不需要 MATLAB 运行。

4. Core Control Toolbox

Core Control Toolbox 提供完整的源代码,并完全理解每个功能正在做什么,用户可以查看和修改工具箱中的任何功能,以满足它们的特定需求。CCT 包含过滤,图形,数学,四元数,机器人和其他通用功能。

Core Control Toolbox 具有控制和估计功能。控制功能允许用户按照想要的方式工作,用户可以使用许多不同的技术来处理控制设计,包括频域、状态空间和特征结构分配。

工具箱包含卡尔曼滤波器、扩展卡尔曼滤波器、迭代扩展卡尔曼和无限卡尔曼滤波器等众多滤波器。每个卡尔曼滤波器可以处理和测量在不同时间到达的多个测量源。测量在包括指向测量功能的指针的数据结构中，允许容易地使用不同的测量方法。

工具箱包括一个递归的牛顿-欧拉动力学模型，可以处理各种机器人，包括多臂机器人。SCARA 用于需要在平面中组装的许多工业应用中，例如制造 PC 板，如图 1-66 所示，它为利用 CCT 构建的一个 SCARA 机械手。

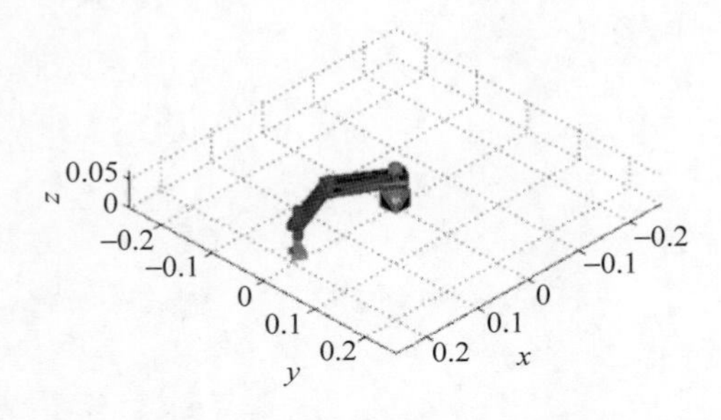

图 1-66 利用 CCT 构建的 SCARA 机械手

Core Control Toolbox 具有动力学和仿真功能，它包含各种动力系统的模型和仿真。例如，托卡马克的等离子体垂直定位模型；永磁同步电机的仿真；汽车悬架的仿真。

本章小结

本章主要介绍了如何利用 MATLAB 机器人工具箱解决机器人学的问题，包括机器人学的数学基础、机器人正逆运动学、机器人动力学、运动轨迹和机械臂关节控制等几方面的内容。此外，还对工具箱的一些函数进行了详细的说明。最后，本章对 Kuka 控制工具箱进行了介绍，对它包含的所有函数进行了测试与说明，并简要介绍了其他几个基于 MATLAB 的机器人工具箱。

参考文献

[1] 蔡自兴. 机器人学基础[M]. 北京：机械工业出版社，2015.

[2] Corke P. Robotics Vision and Control[M]. Berlin：Springer，2011.

[3] Corke P. Robotics toolbox for MATLAB，release 9 [Software][J]. Robotics Toolbox for MATLAB，2011.

[4] Saeed B Niku. 机器人学导论：分析、系统及应用[M]. 孙富春，朱纪洪，刘国栋，等译. 北京：电子工业出版社，2004.

[5] Yang C，Ma H，Fu M. Advanced Technologies in Modern Robotic Applications[M]. 北京：科学出版社，2016.

[6] Corke P. A robotics toolbox for MATLAB[J]. Robotics & Automation Magazine IEEE，1996，3

(1)：24-32.

[7] Chinello F，Scheggi S，Morbidi F. KCT：a MATLAB toolbox for motion control of KUKA robot manipulators[C]. Proc. IEEE Int. Conf. on Robotics and Automation. IEEE，2010：4603-4608.

[8] https://www.mb.hs-wismar.de/cea/Kuka_KRL_Tbx/Kuka_KRL_Tbx.html.

[9] https://www.mathworks.com/products/robotics.html.

[10] http://www.psatellite.com/products/core-control-toolbox/.

第2章

MATLAB机器人工具箱的应用

2.1 基于学习算法的机器人触觉识别算法研究

本节将介绍机器人触觉检测算法的原理、编程与实现。

2.1.1 引言

在机器人上面实现触觉功能，使机器人能判别出被测物体的各种性质（如轮廓、硬度），目前最常见的方法是使用专门的触觉传感器。触觉传感器的发展始于20世纪70年代，至今已经研究出多种多样的功能各异形态各异的触觉传感器，如近年来很热门的柔性、阵列触觉传感器，然而这意味着要使机器人有“触觉”，就必须先配置上相应的触觉传感器，这对于现有的大部分机器人来说门槛太高。于是就有了触觉算法的需求。触觉算法一般对机器人的硬件要求不高，传统的机器人都具有测量所受外力的传感器，运用这个与外界物体交互所受的外力。本节内容利用一种通过迭代学习自适应的触觉算法，不断调整更新参考点的位置和输出一个前馈力，并利用加权最小二乘法来估计出物体的边界位置和硬度系数。

机器人本身性质比较复杂，且其系统参数在很多实际情况中具有不确定性或时变性，传统的控制方法都需要对机器人预先了解，或者可能会由于其系统参数在任务过程中发生变化而限制控制效果。利用自适应控制形式简单及迭代学习的性质，针对系统参数不确定的机器人模型，本节内容提出一种基于迭代自适应学习算法，在有效时间内学习逼近实际的系统参数，辅以简单的PD控制器实现良好的控制。

2.1.2 背景

1. 机器触觉概述

触觉是智能机器人实现与外部环境直接作用的必需媒介，是仅次于视觉的一种重要知觉形式，与视觉不同，触觉本身有很强的敏感能力，可直接测量对象和环境的多种性质特征。触觉的主要任务是为获取对象、环境信息和为完成某种作业任务而对机器人与对象、环境相互作用时的一系列物理特征量如形状、表面纹理、硬度等进行检测或感知。机器人触觉与视觉类似，基本上是模拟人的感觉，广义地说，它包括接触觉、压觉、力觉、滑觉、冷热觉等与接触有关的感觉，狭义地说，它是机械手与对象接触面上的力感觉。与机器人视觉相比，触觉仍处于发展的初级阶段。机器人触觉的研究涉及许多理论和技术，如计算机视觉、人工智能、心理生理学、传感器技术、控制技术、机器人手爪技术等，可以说，机器人触觉是一门综合性极强的边缘学科。机器人触觉研究的主要内容有触觉传感器、触觉控制与规划、触觉模式识别等，另外还有系统总体结构以及手爪多传感器信息融合与集成技术。将触觉融合于视觉，将为智能机器人提供可靠而坚固的知觉系统。

2. 机器触觉发展现状

目前最常见的机器人触觉识别是依靠触觉传感器实现的。机器人触觉传感技术的研究始于20世纪70年代，从最初的功能简单、探测不精准的简陋模型开始，逐步发展到现在原理运用、材料运用、功能设计都多姿多彩的触觉传感器，但其耐用性差、通用性低、可靠性不足一直是其不可忽视的缺陷。触觉技术相对落后的原因，一方面是现阶段在机理与材料上的研究不足，另一方面是最初对触觉传感器应用的技术与市场定位不当。尽管如此，随着科学的快速发展和各学科交叉频率的提升，触觉传感器的发明和应用也不断地突破各种难关。

近年来，对于机器人触觉识别的实现，一种利用力反馈的力触觉方法被提出并研究。这种方法是对人类与不同刚度对象交互时，人类不同的适应行为的研究。研究表明，人类中枢神经系统不断调节相互作用力来抵消一个兼容的对象，同时调节参考轨迹来围绕一个刚性物体并避免输入过大的力。

随着机器人的飞速发展和应用范围的扩大，机器人的触觉识别技术也需要实现更精确、更多样化的目标，以应对不同的工作环境和需求。力触觉识别方法摆脱了专门的触觉传感器，对适用的机器拥有更强的兼容性，虽然仍处于发展阶段，但拥有广大的发展前景。

3. 机器触觉识别算法概述

一般来说，探测物体表面状况和物体形状，可以单纯地依靠触觉，或者加上视觉进行探测，旨在获取被测物体的三维信息或硬度弹性（质地）。而传统的触觉探测普遍利用专门的触觉传感器，其优点是在与被测物体交互时不需要输出较大的接触力。但有一些特定的任务，如抛光或挖掘需要对物体作用一个较大的力，甚至会渗透进表面，此时不能用到触觉传感器。另外，因为抛光或挖掘的同时会对物体表面产生影响，视觉探测对于这种变化和不规则性无法提供有效的探测，在有些光线条件不佳或者视觉死角的情况下，视觉探测也爱莫能助。于是，摆脱视觉探测、不使用触觉传感器的机器人触觉识别方法应运而生。

为了控制机器人与环境的相互作用，现已提出三种方法：力/位置混合控制，阻抗/导纳控制和力/位置并联控制。第一种方法的控制过程可以分为接触阶段和非接触阶段，两阶段之间的转换需要接触面的精确模型，而不精准的位置或者时间探测将会导致转换不稳定。第二种方法不致力于追踪需求的运动和力，而更偏向于利用目标阻抗模型来调节两者的动态变化。然而，在障碍物很大的情况下，作用于物体表面的力会随着与参考轨迹之间的距离增大而增大，而这可能会损伤到物体或者机器人。为了避免以上问题而提出了第三种方法，其中设计的力控制回路要比位置控制回路更占优势。但是，这个策略仍需要关于力所作用的表面几何形状的信息。

总的来说，当任务对象环境和外部物体已经建模得比较成功，选择一种传统的控制器就能用来执行任务，例如，利用阻抗控制并谨慎地调节阻抗参数能完成钻孔任务，利用混合控制相对于表面的水平位置和垂直作用力能完成抛磨任务。但是，若是任务环境或外部物体的信息提供不充足，这些机器人策略可能会控制失败，而与此相对的是，人类在没有视觉的情况下能与各种各样的物体相互作用。这启发了关于人类如何与未知的利用机器人界面产生的虚拟力场的动态变化进行互动的研究。我们知道，在自由运动中人类中枢神经系统(Central Nervous System，CNS)选择性地调节肌肉运动来保持相同的稳定裕度。因此，相对于人类 CNS 调节端点的作用力和机械阻抗，本节尝试建立基于学习算法的机器人触觉识别算法，实现力和轨迹的自适应，控制相互作用力并分辨出物体的几何形状和硬度(弹性)。

4. 机器人的自适应控制

由于自适应控制对受控对象的系统参数的先知需求较小，较于其他传统控制方法来说，其设计更加简单，更侧重于进行迭代学习，不断地修正控制器中的自适应项，兴起于航空领域并且在机器人控制方面的应用愈来愈广泛。本节内容针对的是系统参数不确定的机器人模型，所以也采用了自适应迭代学习控制。

2.1.3 算法设计

本小节将设计一个参考模型，其参考点和前馈力在迭代域上进行更新，运用加权最小二乘法来估计被测物体的边界和弹性；设计一个自适应控制器，其更新律是在时域上更新的，用来保证实际系统准确跟随参考模型，由于参考点和前馈力在每个周期都要改变，需要实际系统与参考模型之间的跟随误差在有限时间内趋于 0，采用 FT(Finite Time)跟踪，即跟随误差 w 在有限时间内趋于 0。

1. 机器人运动学及动力学方程

机器人末端执行器的运动学方程为：

$$\boldsymbol{x}(t) = \phi(\boldsymbol{q}) \tag{2.1}$$

其中，$\boldsymbol{x}(t)$为机器人末端执行器在笛卡儿空间里的位置向量，$\boldsymbol{q}$ 为机器人关节角向量，是一个 $n\times1$ 维向量，n 是机器人的自由度数量。本节内容后续仿真是在一个双关节机械臂上进行的，即 $n=2$。由 2.3 节中介绍的雅可比矩阵，将笛卡儿坐标速度与关节角速度联系起来，即：

$$\dot{\boldsymbol{x}} = \boldsymbol{J}(\boldsymbol{q})\,\dot{\boldsymbol{q}} \tag{2.2}$$

对上式求导得：

$$\ddot{\boldsymbol{x}} = \boldsymbol{J}(\boldsymbol{q})\,\ddot{\boldsymbol{q}} + \dot{\boldsymbol{J}}(\boldsymbol{q})\,\dot{\boldsymbol{q}} \tag{2.3}$$

将式(2.2)和式(2.3)代入机器人动力学方程式(2.1)得：

$$\boldsymbol{M}_x(\boldsymbol{q})\,\ddot{\boldsymbol{x}} + \boldsymbol{C}_x(\boldsymbol{q},\dot{\boldsymbol{q}})\,\dot{\boldsymbol{x}} + \boldsymbol{G}_x(\boldsymbol{q}) = \boldsymbol{\tau}_x - \boldsymbol{f}_I \tag{2.4}$$

即把在关节角空间里的动力学方程对应到笛卡儿空间里。

其中：

$$\boldsymbol{M}_x(\boldsymbol{q})\ddot{\boldsymbol{x}}+\boldsymbol{C}_x(\boldsymbol{q},\dot{\boldsymbol{q}})\dot{\boldsymbol{x}}+\boldsymbol{G}_x(\boldsymbol{q})=\boldsymbol{\tau}_x-\boldsymbol{f}_I$$

$$\boldsymbol{M}_x(\boldsymbol{q})=\boldsymbol{J}^{-T}(\boldsymbol{q})\boldsymbol{M}(\boldsymbol{q})\boldsymbol{J}^{-1}(\boldsymbol{q})$$

$$\boldsymbol{C}_x(\boldsymbol{q},\dot{\boldsymbol{q}})=\boldsymbol{J}^{-T}(\boldsymbol{q})(\boldsymbol{C}(\boldsymbol{q},\dot{\boldsymbol{q}})-\boldsymbol{M}(\boldsymbol{q})\boldsymbol{J}^{-1}(\boldsymbol{q})\dot{\boldsymbol{J}}(\boldsymbol{q}))\boldsymbol{J}^{-1}(\boldsymbol{q})$$

$$\boldsymbol{G}_x(\boldsymbol{q})=\boldsymbol{J}^{-T}(\boldsymbol{q})\boldsymbol{G}(\boldsymbol{q})$$

$\boldsymbol{\tau}_x=\boldsymbol{J}^{-T}(\boldsymbol{q})\boldsymbol{\tau}$ 和 $\boldsymbol{f}_I=\boldsymbol{J}^{-T}(\boldsymbol{q})\boldsymbol{\tau}_{\text{ext}}$ 分别为在笛卡儿空间中施加给末端执行器的力矩和末端执行器受到环境作用的力矩。$\boldsymbol{M}_x(\boldsymbol{q})$也是对称且正定矩阵。

性质 2.1 矩阵 $2\boldsymbol{C}_x(\boldsymbol{q},\dot{\boldsymbol{q}})-\dot{\boldsymbol{M}}_x(\boldsymbol{q})$是一个斜对称正定矩阵。

性质 2.2 动力学方程式(2.4)的右侧可以通过参数线性化表示成一个线性回归矩阵乘以未知参数向量，即：

$$\boldsymbol{M}_x(\boldsymbol{q})\ddot{\boldsymbol{x}}+\boldsymbol{C}_x(\boldsymbol{q},\dot{\boldsymbol{q}})\dot{\boldsymbol{x}}+\boldsymbol{G}_x(\boldsymbol{q})=\boldsymbol{Y}(\boldsymbol{x},\dot{\boldsymbol{x}},\ddot{\boldsymbol{x}})\boldsymbol{\theta} \tag{2.5}$$

其中，$\boldsymbol{Y}(\boldsymbol{x},\dot{\boldsymbol{x}},\ddot{\boldsymbol{x}})$是一个线性回归矩阵，只跟 $\boldsymbol{x},\dot{\boldsymbol{x}},\ddot{\boldsymbol{x}}$有关，对于一个确定的系统来说，$\boldsymbol{Y}$ 的形式是已经固定下来且已知的；$\boldsymbol{\theta}$ 是执行器的系统参数向量，其维数跟系统参数的数量有关。

2. 参考模型的设计

因为机器人末端执行器的物理参数是未知的，我们设计一个简单的参考模型如下：

$$\boldsymbol{M}_m\ddot{e}+\boldsymbol{C}_m\dot{e}+\boldsymbol{K}_m e=\boldsymbol{f}_I-\boldsymbol{f}_d \tag{2.6}$$

其中，$e=x_d-x$；x_d 是在笛卡儿空间里的需求轨迹，也称参考轨迹；$\boldsymbol{M}_m$、$\boldsymbol{C}_m$、$\boldsymbol{K}_m$ 分别是参考的惯性矩阵、阻抗矩阵和硬度矩阵。$\boldsymbol{M}_m$、$\boldsymbol{C}_m$、$\boldsymbol{K}_m$ 的选择取决于其应用情况。例如，在抛光任务中，为了使物体表面光滑并跟踪要求的轨迹，需要在工作表面垂直方向上有一个大的硬度值，而在与工作平面平行的方向上有一个较小的硬度值；例如在本节内容中，想让机器人的末端执行器在与物体的交互中呈现柔顺状态，那么就需要一个在所有工作方向上都较小的硬度值。

注意：参考模型式(2.6)给出了位置误差 e 与交互力 $\boldsymbol{f}_I$之间的动态关系。在某些特殊任务中，机器人不需要与物体接触，即接触力为 0，若考虑式(2.6)稳定，那么这种情况下实际轨迹将会收敛到与参考轨迹重合。也就是说，式(2.6)将有接触和无接触两种情况结合起来，这意味着自由运动与接触运动之间没有传输，这一点很重要，因为实际应用中两个情况的切换往往可能导致颤动，甚至会破坏系统的稳定性。

3. 控制目标

本节内容的最终目的是估计出接触物体的边界和弹性，而控制目标是设计一个控制器控制输入力矩$\boldsymbol{\tau}_x$ 来使实际系统跟随上述给定的参考模型即式(2.6)。建立一个误差信号将实际系统即式(2.4)和虚拟系统即式(2.6)联系起来，也称为匹配误差，其表达式如下：

$$\boldsymbol{w}=-\boldsymbol{M}_m\ddot{e}-\boldsymbol{C}_m\dot{e}-\boldsymbol{K}_m e+\boldsymbol{f}_I-\boldsymbol{f}_d \tag{2.7}$$

控制目标是要让匹配误差 $\boldsymbol{w}$ 趋向于 0。而因为控制器的更新是时域上控制每个周期内机器人的运动；参考模型中的参考点 x_d 和前馈力 $\boldsymbol{f}_d$的更新是在迭代域上，而这要求在每个周期中实际系统都与参考模型匹配，即使 $\boldsymbol{w}=0$ 成立，那么我们设计的控制器不仅仅是使得实际系统能趋向参考模型$\lim\limits_{t\to\infty}\boldsymbol{w}(t)\to 0$，而且是要在有限时间内就能满足，即当$t>t_a$，就有$\boldsymbol{w}=0$。

因为我们对机器人的系统知识知之甚少，用经典的控制方法很难达到良好的控制效果，因此提出采用自适应控制方法，且为了使匹配误差在有限时间内收敛，参数估计的更新律采用了自适应有限时间参数估计。

4. 控制器的设计

本节着重并具体地介绍控制器和参数估计更新律的设计。为了后续分析设计的方便，根据式(2.7)设定一个增长的匹配误差如下：

$$\bar{\boldsymbol{w}}=\boldsymbol{K}_f\boldsymbol{w}=-\ddot{e}-\boldsymbol{K}_d\dot{e}-\boldsymbol{K}_p e+\boldsymbol{K}_f(\boldsymbol{f}_I-\boldsymbol{f}_d) \tag{2.8}$$

其中，$\boldsymbol{K}_d=\boldsymbol{M}_m^{-1}\boldsymbol{C}_m$，$\boldsymbol{K}_p=\boldsymbol{M}_m^{-1}\boldsymbol{K}_m$，$\boldsymbol{K}_f=\boldsymbol{M}_m^{-1}$。

用L和L^{-1}分别代表拉普拉斯变换和拉普拉斯逆变换。我们设计一个滤波匹配误差$\boldsymbol{z}$，其表达式如下：

$$\boldsymbol{z}=L^{-1}\left\{\left(1-\frac{\boldsymbol{\Gamma}}{s+\boldsymbol{\Gamma}}\right)L\{\dot{e}\}+\frac{1}{s+\boldsymbol{\Gamma}}L\{\boldsymbol{\varepsilon}\}\right\} \tag{2.9}$$

其中，$\boldsymbol{\Gamma}$是一个正定矩阵，$\boldsymbol{\varepsilon}$是实际运用中的$\bar{\boldsymbol{w}}$。由于实际测量中关节角的加速度往往不可测，$\boldsymbol{\varepsilon}$的表达式如下：

$$\boldsymbol{\varepsilon}=-\boldsymbol{K}_d\dot{e}-\boldsymbol{K}_p e+\boldsymbol{K}_f(\boldsymbol{f}_I-\boldsymbol{f}_d) \tag{2.10}$$

可见，$\boldsymbol{\varepsilon}$比$\bar{\boldsymbol{w}}$少了关节角加速度这一项。

为了后续计算简化的方便，重新设计z为：

$$\boldsymbol{z}=-\dot{\boldsymbol{e}}+\boldsymbol{e}_h+\boldsymbol{\varepsilon}_l \tag{2.11}$$

其中，$\boldsymbol{e}_h=L^{-1}\left\{\frac{\boldsymbol{\Gamma}s}{s+\boldsymbol{\Gamma}}L\{\boldsymbol{e}\}\right\}$，$\boldsymbol{\varepsilon}_l=L^{-1}\left\{\frac{1}{s+\boldsymbol{\Gamma}}L\{\boldsymbol{\varepsilon}\}\right\}$，可以理解为分别是高通和低通滤波的值，即分别滤去频率较高和频率较低的变化。综上将式(2.11)代回式(2.8)，可以将增长匹配误差$\bar{\boldsymbol{w}}$表示成$\bar{\boldsymbol{w}}=\dot{\boldsymbol{z}}+\boldsymbol{\Gamma}\boldsymbol{z}$。

从式(2.11)和式(2.8)可以看出，当$\dot{\boldsymbol{z}}=0$且$\boldsymbol{z}=0$时，将会导致$\boldsymbol{w}=0$。

基于学习算法的柔顺控制设置了一个参考模型去跟踪匹配，用了自适应的方法实现系统参数的估计，其参数估计的更新律是在迭代域上进行的。参考控制器提出了计算控制输入的控制器如下：

$$\boldsymbol{\tau}_x^k=\boldsymbol{\tau}_{ct}^k+\boldsymbol{\tau}_{fb}^k+\boldsymbol{\tau}_\delta^k+\hat{\boldsymbol{f}}_I^k \tag{2.12}$$

其中，k代表迭代次数，即第k次触碰；$\boldsymbol{\tau}_{ct}^k$，$\boldsymbol{\tau}_{fb}^k$，$\boldsymbol{\tau}_\delta^k$分别是计算力矩矢量、反馈力矩矢量和补偿转矩矢量；$\hat{\boldsymbol{f}}_I^k$是$\boldsymbol{f}_I^k$的测量值。

注意：为了使结果能应用得更加灵活，假定力的测量精度没得到严格的保证，例如存在着一个力的测量噪声：$\tilde{\boldsymbol{f}}_I^k=\hat{\boldsymbol{f}}_I^k-\boldsymbol{f}_I^k\neq 0$。那么就需要下面的假设。

假设1：力的测量噪声是有界的，且其界限δ可知，即$\|\tilde{\boldsymbol{f}}_I^k\|\leqslant\delta$。

(1) 实际计算中，计算力矩矢量由下式给出：

$$\boldsymbol{\tau}_{ct}^{k}=\hat{\boldsymbol{M}}_{x}^{k}\ddot{x}_{r}^{k}+\hat{\boldsymbol{C}}_{x}^{k}\dot{x}_{r}^{k}+\hat{\boldsymbol{G}}_{x}^{k}=\boldsymbol{Y}(\ddot{x}_{r}^{k},\dot{x}_{r}^{k},z^{k})\hat{\boldsymbol{\theta}}^{k} \tag{2.13}$$

其中，$\hat{\boldsymbol{\theta}}$ 是对系统参数$\boldsymbol{\theta}$ 的估计，运用自适应进行更新：

$$\begin{aligned}\dot{x}_{r}^{k}&=\dot{x}_{d}^{k}-e_{h}^{k}-\varepsilon_{l}^{k}\\ \ddot{x}_{r}^{k}&=\ddot{x}_{d}^{k}-\dot{e}_{h}^{k}-\dot{\varepsilon}_{l}^{k}\end{aligned} \tag{2.14}$$

(2) 反馈力矩矢量的表达式如下：

$$\boldsymbol{\tau}_{fb}^{k}=-\boldsymbol{K}z^{k} \tag{2.15}$$

其中，$\boldsymbol{K}$ 是一个对称正定矩阵。

(3) 补偿力矩矢量的表达式如下：

$$\boldsymbol{\tau}_{\delta}^{k}-\boldsymbol{K}_{\delta}\operatorname{sgn}(z^{k}) \tag{2.16}$$

其中，$\boldsymbol{K}_{\delta}>\delta$。

综上，计算力矩矢量$\boldsymbol{\tau}_{ct}^{k}$ 可以理解成为抵消系统参数变化带来的干扰；而反馈力矩矢量$\boldsymbol{\tau}_{fb}^{k}$ 利用误差进行控制，类似于 PID 控制中的 PD 部分；而补偿力矩矢量$\boldsymbol{\tau}_{\delta}^{k}$ 用来补偿因为力测量的不精确带来的误差。

将上述控制器即式(2.12)整合进机器人末端执行器在操作空间动力学模型即式(2.5)中，得到其闭环动力学方程如下：

$$\begin{aligned}&\boldsymbol{M}_{x}(q^{k})\dot{z}^{k}+\boldsymbol{C}_{x}(q^{k},\dot{q}^{k})z^{k}+\boldsymbol{K}z^{k}=\\ &\boldsymbol{Y}(\ddot{x}_{r}^{k},\dot{x}_{r}^{k},\dot{x}^{k},x^{k})\hat{\boldsymbol{\theta}}^{k}-(\boldsymbol{K}_{\delta}\operatorname{sgn}(z^{k})-\tilde{f}_{I}^{k})\end{aligned} \tag{2.17}$$

其中，$\tilde{\boldsymbol{\theta}}^{k}=\hat{\boldsymbol{\theta}}^{k}-\boldsymbol{\theta}^{k}$。

5. 参数估计更新律的设计

因为在每次试验时都需要更新参考点 x_d 和前馈力 f_d，这就意味着前面的匹配误差 $\boldsymbol{w}$ 应该在有限时间内收敛为 0，即实际系统在有限时间内与参考模型匹配以后，考虑参考点 x_d 和前馈力 f_d的更新才有意义。为了保证匹配误差 $\boldsymbol{w}$ 应该在有限时间内收敛为 0，用另一种方法设计参数估计$\hat{\boldsymbol{\theta}}^{k}$ 的更新律。

定义替代向量 $\boldsymbol{F}_{x}(q^{k},\dot{q}^{k})=\boldsymbol{M}_{x}(q^{k})\dot{x}^{k}$ 和 $\boldsymbol{H}_{x}(q^{k},\dot{q}^{k})=-\dot{\boldsymbol{M}}_{x}(q^{k})\dot{x}^{k}+\boldsymbol{C}_{x}(q^{k},\dot{q}^{k})x^{k}+\boldsymbol{G}_{x}(q^{k})$，根据性质 2.2 可以得到：

$$\begin{cases}\boldsymbol{F}_{X}(q^{k},\dot{q}^{k})=\boldsymbol{M}_{x}(\dot{q}^{k})\dot{x}^{k}=\boldsymbol{Y}_{1}(q^{k},\dot{q}^{k})\boldsymbol{\theta}^{k}\\ \boldsymbol{H}_{x}(q^{k},\dot{q}^{k})=-\dot{\boldsymbol{M}}_{x}(\dot{q}^{k})\dot{x}^{k}+\boldsymbol{C}_{x}(q^{k},\dot{q}^{k})x+\boldsymbol{G}_{x}(q^{k})\\ \qquad\qquad\quad=\boldsymbol{Y}_{2}(q^{k},\dot{q}^{k})\boldsymbol{\theta}^{k}\end{cases} \tag{2.18}$$

其中，$\boldsymbol{Y}_{1}(q^{k},\dot{q}^{k})\boldsymbol{\theta}^{k}$，$\boldsymbol{Y}_{2}(q^{k},\dot{q}^{k})\boldsymbol{\theta}^{k}$都是新的回归矩阵，可以看出，两者都与关节角加速度$\ddot{q}^{k}$ 无关。式(2.4)可以表示为：

$$\dot{\boldsymbol{F}}_{x}(q^{k},\dot{q}^{k})+\boldsymbol{H}_{x}(q^{k},\dot{q}^{k})=\boldsymbol{\tau}_{x}^{k}-\boldsymbol{f}_{I}^{k} \tag{2.19}$$

其中，$\dot{\boldsymbol{F}}_{x}(q^{k},\dot{q}^{k})=\dfrac{\mathrm{d}}{\mathrm{d}t}[\boldsymbol{M}_{x}(q^{k})\dot{x}^{k}]=\dot{\boldsymbol{Y}}_{1}(q^{k},\dot{q}^{k})\boldsymbol{\theta}^{k}$。

定义$\boldsymbol{Y}_1(q^k,\dot{q}^k)\boldsymbol{\theta}^k$，$\boldsymbol{Y}_2(q^k,\dot{q}^k)\boldsymbol{\theta}^k$和$\boldsymbol{\tau}_f^k$经过一阶滤波后分别为$\boldsymbol{Y}_{1f}(q^k,\dot{q}^k)\in\boldsymbol{R}^{n\times N}$，$\boldsymbol{Y}_{2f}(q^k,\dot{q}^k)\in\boldsymbol{R}^{n\times N}$和$\boldsymbol{\tau}_f^k\in\boldsymbol{R}^n$，其实就是使$\boldsymbol{Y}_1(q^k,\dot{q}^k)\boldsymbol{\theta}^k$，$\boldsymbol{Y}_2(q^k,\dot{q}^k)\boldsymbol{\theta}^k$和$\boldsymbol{\tau}_f^k$的曲线更平滑，有利于后续运算控制：

$$\begin{cases}l\dot{\boldsymbol{Y}}_{1f}(q^k,\dot{q}^k)+\boldsymbol{Y}_{1f}(q^k,\dot{q}^k)=\boldsymbol{Y}_1(q^k,\dot{q}^k),\boldsymbol{Y}_{1f}(q^k,\dot{q}^k)\big|_{t=0}=0\\ l\dot{\boldsymbol{Y}}_{2f}(q^k,\dot{q}^k)+\boldsymbol{Y}_{2f}(q^k,\dot{q}^k)=\boldsymbol{Y}_2(q^k,\dot{q}^k),\boldsymbol{Y}_{2f}(q^k,\dot{q}^k)\big|_{t=0}=0\\ l\dot{\boldsymbol{\tau}}_f^k+\boldsymbol{\tau}_f^k=\boldsymbol{\tau}_x^k,\boldsymbol{\tau}_f^k\big|_{t=0}=0\\ l\dot{\boldsymbol{f}}_f^k+\boldsymbol{f}_f^k=\boldsymbol{f}_I^k,\boldsymbol{f}_f^k\big|_{t=0}=0\end{cases}\tag{2.20}$$

结合式(2.18)和式(2.20)，式(2.19)可表示成：

$$\begin{aligned}&\dot{\boldsymbol{F}}_x(q^k,\dot{q}^k)+\boldsymbol{H}_x(q^k,\dot{q}^k)=\\&[\dot{\boldsymbol{Y}}_{1f}(q^k,\dot{q}^k)+\boldsymbol{Y}_{2f}(q^k,\dot{q}^k)]\boldsymbol{\theta}^k=\boldsymbol{\tau}_f^k-\boldsymbol{f}_f^k\end{aligned}\tag{2.21}$$

将式(2.20)中的第一个式子代入上式得：

$$\left[\frac{\boldsymbol{Y}_1(q^k,\dot{q}^k)-\boldsymbol{Y}_{1f}(q^k,\dot{q}^k)}{l}+\boldsymbol{Y}_2(q^k,\dot{q}^k)\right]\boldsymbol{\theta}^k=\boldsymbol{Y}_f(q^k,\dot{q}^k)\,\boldsymbol{\theta}^k=\boldsymbol{\tau}_f^k-\boldsymbol{f}_f^k\tag{2.22}$$

其中，$\boldsymbol{Y}_f(q^k,\dot{q}^k)=\dfrac{\boldsymbol{Y}_1(q^k,\dot{q}^k)-\boldsymbol{Y}_{1f}(q^k,\dot{q}^k)}{l}+\boldsymbol{Y}_2(q^k,\dot{q}^k)\in\boldsymbol{R}^{n\times N}$也是个新的回归矩阵，将会用在参数估计更新律的设计里。

定义矩阵$\boldsymbol{P}^k\in\boldsymbol{R}^N$和向量$\boldsymbol{Q}^k\in\boldsymbol{R}^N$如下：

$$\begin{cases}\dot{\boldsymbol{P}}^k=-l\boldsymbol{P}^k+\boldsymbol{Y}_f^{k^{\mathrm{T}}}\boldsymbol{Y}_f^k,\boldsymbol{P}^k(0)=0\\ \dot{\boldsymbol{Q}}^k=-l\boldsymbol{Q}^k+\boldsymbol{Y}_f^{k^{\mathrm{T}}}\boldsymbol{Y}_f^k,\boldsymbol{Q}^k(0)=0\end{cases}\tag{2.23}$$

其中，$l>0$是可以设计的参数。

定义一个辅助向量$\boldsymbol{W}^k\in\boldsymbol{R}^N$，其可以根据式(2.23)中的$\boldsymbol{P}^k$和$\boldsymbol{Q}^k$计算得到：

$$\boldsymbol{W}^k=\boldsymbol{P}^k\hat{\boldsymbol{\theta}}^k-\boldsymbol{Q}^k\tag{2.24}$$

从而可以得到：

$$\boldsymbol{W}^k=\boldsymbol{P}^k\hat{\boldsymbol{\theta}}^k-\boldsymbol{P}^k\boldsymbol{\theta}^k=-\boldsymbol{P}^k\tilde{\boldsymbol{\theta}}^k\tag{2.25}$$

为了保证参数估计的误差$\tilde{\boldsymbol{\theta}}^k$能在有效时间内收敛到0，选择以下的方法：

$$\dot{\hat{\boldsymbol{\theta}}}^k=-\boldsymbol{\Lambda}\frac{\boldsymbol{P}^{k^{\mathrm{T}}}\boldsymbol{W}^k}{\|\boldsymbol{W}^k\|}\tag{2.26}$$

其中，$\boldsymbol{\Lambda}>0$是一个增益常数矩阵。

选择李雅普诺夫函数的形式如$\boldsymbol{V}^k=\dfrac{1}{2}\boldsymbol{W}^{k^{\mathrm{T}}}\boldsymbol{P}^{k^{-1}}\boldsymbol{P}^{k^{-1}}\boldsymbol{W}^k$，可以得到，$\lim\limits_{t\to t_a}\boldsymbol{W}_1=0$收敛于有限时间$t_a\leqslant 2\sqrt{V^k(0)}/\mu^k$内，其中，$\mu^k=(\lambda_{\min}(\boldsymbol{\Lambda})-\|\boldsymbol{P}^{k^{-1}}\psi^{k\prime}\|)\sigma\sqrt{2}$是一个正定的标量，选

择大于预先设定的常数；当外力 f_I^k 和回归矩阵 $\boldsymbol{Y}_f(q^k,\dot{q}^k)$ 有界时，$\psi^k = -\int_0^t e^{-l(t-r)}\boldsymbol{Y}_f^{k^{\mathrm{T}}}(r)f_f^k(r)\mathrm{d}r$ 也有界。

因此，当 $t>t_a$ 时，参数误差 $\tilde{\boldsymbol{\theta}}^k$ 可以看成 0，从闭环方程即式(2.17)可以看出，当 $\tilde{\boldsymbol{\theta}}^k=0$ 时，$\dot{Z}=0$ 且 $Z=0$，那么匹配误差 $\boldsymbol{w}=0$，即实际系统即式(2.4)准确跟踪了参考模型即式(2.6)，也就是此时可以用式(2.6)代替式(2.4)。得以保证后续的分析在式(2.6)上进行。也就是说，只要令每个试验周期的时间 $t_f \geqslant t_a$ 且始终令下一个迭代周期开始的时候参数的取值是这个周期最后时刻参数的值，即 $\hat{\boldsymbol{\theta}}^{k+1}(0)=\hat{\boldsymbol{\theta}}^k(t_f)$，就可以在第 $k=0$ 个周期内完成机械臂不确定参数 $\hat{\boldsymbol{\theta}}$ 的学习，从第 $k=1$ 个周期开始，就能够开始估计物体的边界和弹性了。

6. 参考点和前馈力的自适应

假设在每次试验中 C_m、K_m 和初始参考点 x_t 都选择恰当，使得末端执行器得以平滑地接触并触碰未知物体而不会毁坏它。阻尼系数 C_m 是用来避免过大的速度和反弹，硬度系数 K_m 用来产生一个柔顺的驱动力来跟随参考点 x_d，参考点的初始值为在物体边界内部的 x_t。用 x_b 来表示机器人末端执行器在试验中首次触碰物体的边界所处的位置，用 K_0 表示物体的硬度，那么在接触过程中，由于物体弹性所产生的作用在机器人末端执行器的反作用力可以表示成：

$$f_I = K_0(x - x_b) \tag{2.27}$$

其中，K_0 是代表着物体的硬度，而 x_b 是末端执行器在表面变形前的接触位置。

由之前的讨论可知，当 $t>t_a$ 时，匹配误差 $\boldsymbol{w}=0$。由此可以将式(2.27)代入参考模型即式(2.7)中，得到接触过程中的闭环动态方程：

$$M_m\ddot{e} + C_m\dot{e} + K_m e - K_0(x - x_b) = -f_d \tag{2.28}$$

取每次试验的时间为 t_f，并假设这个时间足够大，使得在这个时间段内机器人末端与物体交互已达到平衡点 x_*。综合上面的 W 在有效时间 t_a 内收敛，可知 t_f 与 t_a 的关系应为：$t_f \geqslant t_a$。

在平衡点位置时有：

$$K_0(x_* - x_b) = -K_m(x_* - x_d) + f_d \tag{2.29}$$

用 $v^k = x_*^k - x_d^k$，设计参考点 x_d 和前馈力 f_d 从第 k 次到 $k+1$ 次试验的更新规律如下：

$$\begin{cases} x_d^0 = x_d^1 = x_t, k = 2,3,4,\cdots \\ x_d^{k+1} = x_d^k + \alpha^k v^k + (1-\alpha^k)(x_t - x_d^k) \quad (v^k \leqslant 0) \\ x_d^{k+1} = x_d^k + (1-\alpha^k)(x_t - x_d^k) \quad (v^k > 0) \end{cases} \tag{2.30}$$

$$\begin{cases} f_d^0 = f_d^1 = F_0, k = 2,3,4,\cdots \\ f_d^{k+1} = f_d^k + K_m(v^k - v^{k-1}) + \beta^k(F_0 - f_d^k), \quad (v^k \leqslant 0) \\ f_d^{k+1} = f_d^k + \beta^k(F_0 - f_d^k) \quad (v^k > 0) \end{cases} \tag{2.31}$$

其中，$0<\alpha^k<1$ 是一个柔顺因子。α 越大，参考点将越随着物体而变化；反之 α 越小，参考点

的改变值将越小，则机器人更趋向于保持上次的参考点。人类运动控制实验表明，当人类主体与一个柔软的物体交互时，人类使用一种补偿性响应，趋向于在自由运动中遵守参考点；而当物体比较硬时，它们将跟随着物体的边缘来修改参考点。由这个观察现象得出启示：根据对物体刚度的估计来选择一个柔性的 α^k，这将会在式(2.37)中说明；$0<\beta^i<1$ 是个放松因子，它更倾向于使 f_d 的值趋向于 F_0（默认的接触力）。这个可能与人类运动控制中的疲劳相一致。当人举着一个高硬度的物体（如玻璃杯）时，他得小心翼翼地控制接触力以防摔坏它，而当物体比较有弹性更容易拿住时，他就能够控制得比较轻松。所以，应当设定这个因数随物体刚度的增大而减小，正如式(2.37)中所示。

当 $v^k>0$ 时，换句话说，机器人末端执行器到达的地方超过了参考设置点，这也许是额外的前馈力导致的，或者由于物体的刚度降低了，如物体已被移走或者被替换成一个比较柔软的东西。在前面一种情况中，在式(2.31)中将会减少前馈力；然后在后面一种情况中，将简单地调节 x_d 回到原来的参考点，例如当物体被移走时，机器人末端执行器应归回原状。

7. 计算物体的边界和弹性

为了推导方便，定义一些变量如下：

$$\theta_1 \equiv \frac{K_m}{K_0}, \quad \theta_1 \equiv x_b$$

$$s^k \equiv \frac{x_*^k}{x_*^k - x_d^k}$$

$$\phi_1^k \equiv \frac{f_d^k}{K_m(x_*^k - x_d^k)} - 1, \quad \phi_2^k \equiv \frac{1}{x_*^k - x_d^k} \tag{2.32}$$

将上式代入动态闭环方程即式(2.28)中并化简得：

$$\Theta^{\mathrm{T}} \Phi^k = s^k \tag{2.33}$$

其中，$\Theta=[\theta_1,\theta_2]^{\mathrm{T}}$，$\Phi=[\phi_1,\phi_2]^{\mathrm{T}}$。

因为式(2.33)的系数是线性的，可以用一些求解方法如梯度下降或者递归最小二乘法来估计位置参数 θ_1 和 θ_2。为了获得比较快速的收敛性能，采用加权最小二乘法：

$$\hat{\Theta}^{k+1} = \hat{\Theta}^k + L^k(s^{k+1} - \hat{\Theta}^{k^{\mathrm{T}}} \Phi^k)$$

$$L^k = \frac{P^k \Phi^k}{o^{k-1} + \Phi^{k^{\mathrm{T}}} P^k \Phi^k}$$

$$P^{k+1} = P^k - \frac{P^k \Phi^k \Phi^{k^{\mathrm{T}}} P^k}{o^{k-1} + \Phi^{k^{\mathrm{T}}} P^k \Phi^k} \quad (k = 2,3,\cdots) \tag{2.34}$$

其中，$\hat{\Theta}^i=[\hat{\theta}_1^i,\hat{\theta}_2^i]^{\mathrm{T}}$ 中的 $\hat{\theta}_1^i$、$\hat{\theta}_2^i$ 分别是 θ_1、θ_2 的估计值。那么在第 k 次实验时，K_0、x_b 的估计值分别用 $\hat{K}_0^k$、$\hat{x}_b^k$ 表示，为：

$$\begin{cases} \hat{K}_0^k \equiv \dfrac{K_m}{\hat{\theta}_1^k}, \hat{x}_b^k \equiv \hat{\theta}_2^k \quad (\mathrm{e}^k \leqslant 0) \\ \hat{K}_0^k \equiv \beta^k \hat{K}_0^{k-1}, \hat{x}_b^k \equiv \alpha^k \hat{x}_b^{k-1} + (1-\alpha^k) x_t \quad (\mathrm{e}^k > 0) \end{cases} \tag{2.35}$$

从数学上来讲，$\hat{\Theta}^0$ 的 Θ 的初始估计值能任意取值，但实际上一般选择 K_0 和 x_b 的初始值分别为$\hat{K}_0^1=\hat{K}_0^0=\overline{K}_0$ 和$\hat{x}_b=x_s$；其中 $\overline{K}_0$ 是物体刚度可能的最大值，而 x_s 是机器人末端执行器的初始位置。另外，式(2.34)中 P 的初始值可简单地设为 $\boldsymbol{P}^0=\boldsymbol{I}$，其中 $\boldsymbol{I}$ 是单位矩阵，权值序列 o^k 为：

$$o^k=\frac{1}{\log^{1+\gamma}(1+\sum_0^k\|\Phi^k\|^2)} \tag{2.36}$$

此时，K_0 已经估计出来，现在计算式(2.30)和式(2.31)中的柔顺因子 α^k 和放松因子 β^k：

$$\alpha^k=\lambda\frac{\hat{K}_0}{\overline{K}_0},\quad \beta^k=1-\alpha^k \tag{2.37}$$

其中，λ 是一个由设计者设计的常数。

2.1.4 实验设计

根据算法设计可以得到触觉识别算法实现框图如图 2-1 所示。本节将对实验中三个部分进行介绍，包括如何使用机器人工具箱对 Baxter 机器人进行建模，Simulink 中的机器人模块和加权最小二乘法的实现。

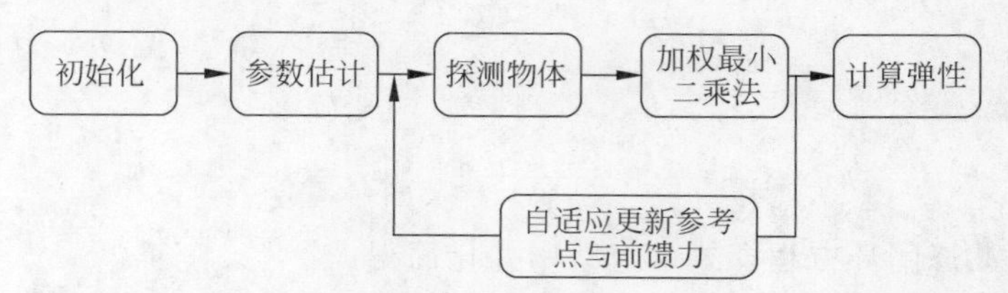

图 2-1 触觉识别算法实现框图

1. Baxter 机器人模型的建立

使用 MATLAB 机器人工具箱对 Baxter 机器人进行运动学和动力学建模，生成的可视化模型如图 2-2 所示。这里以 Baxter 机器人的左臂建模为例，所使用的 MATLAB 代码如下：

```
 % -- Create Links with D-H parameters. ----------------------------------------
 % 1. left_s0 --> left_upper_shoulder --> left_s1
 % Left(1) = Link([ 0 Lzs1        Lxs1 - pi/2 0 ], 'standard'); Left(1).offset = 0;     % s1
ixx = 0.04709102262; ixy = 0.00012787556; ixz = 0.0061487039;
                    iyy = 0.03766976455; iyz = 0.00078086899;
                                        izz = 0.03595988478;
I_interia = [ixx iyy izz ixy iyz ixz];
 %            \Theta d              a                   \alpha \sigma
Left(1) = Link([0,     left_s1_xyz(3), left_s1_xyz(1), - pi/2, 0     ], 'standard');
Left(1).offset = 0;
```

```
Left(1).qlim        = [-1.70167993878 1.70167993878];      % [-97.5, 97.5], left_s0
Left(1).I           = I_interia;
Left(1).r           = [0.01783 0.00086 0.19127] + [0,0,0];  % left_s0 = joint_s0
Left(1).m           = 5.70044;
Left(1).Jm          = 200e-6;
Left(1).G           = -62.6111;
Left(1).B           = 1.48e-3;
Left(1).Tc          = [0.395 -0.435];
% 2. left_s1 --> left_lower_shoulder --> left_e0
% Left(2) = Link([ 0 0 0    pi/2 0 ], 'standard'); Left(2).offset = pi/2;
ixx = 0.01175209419; ixy = -0.00030096398; ixz = 0.00207675762;
                   iyy = 0.0278859752; iyz = -0.00018821993;
                                           izz = 0.02078749298;
I_interia = [ixx iyy izz ixy iyz ixz];
%              \Theta d              a               \alpha \sigma
Left(2) = Link([0,    0,             0,              pi/2, 0    ], 'standard');
Left(2).offset = pi/2;
Left(2).qlim        = [-2.147 1.047];                        % [-123, 60], left_s1
Left(2).I           = I_interia;
Left(2).r           = [0.06845 0.00269 -0.00529] + [0,0,0]; % left_s1 = joint_s1;
Left(2).m           = 3.22698;
Left(2).Jm          = 200e-6;
Left(2).G           = 107.815;
Left(2).B           = .817e-3;
Left(2).Tc          = [0.126 -0.071];
% 3. left_e0 --> left_upper_elbow --> left_e1
% Left(3) = Link([ 0 Lxe0 + Lze1 Lxe1 -pi/2 0 ], 'standard'); Left(3).offset = 0;
ixx = 0.02661733557; ixy = 0.00029270634; ixz = 0.00392189887;
                   iyy = 0.02844355207; iyz = 0.0010838933;
                                           izz = 0.01248008322;
I_interia = [ixx iyy izz ixy iyz ixz];
%              \Theta d                      a          \alpha \sigma
Left(3) = Link([0,    left_e0_xyz(1) + left_e1_xyz(3), left_e1_xyz(1), -pi/2, 0],
'standard');
Left(3).offset = 0;
Left(3).qlim        = [-3.05417993878 3.05417993878];      % [-175, 175], left_e0
Left(3).I           = I_interia;
Left(3).r           = [-0.00276 0.00132 0.18086] + [0,0,left_e0_xyz(1)]; % left_e0 !=
                    % joint_e0
Left(3).m           = 4.31272;
Left(3).Jm          = 200e-6;
Left(3).G           = -53.7063;
Left(3).B           = 1.38e-3;
Left(3).Tc          = [0.132, -0.105];
% 4. left_e1 --> left_lower_elbow --> left_w0
% Left(4) = Link([ 0 0             0    pi/2 0 ], 'standard'); Left(4).offset = 0;
```

```
ixx = 0.00711582686; ixy = 0.00036036173; ixz = 0.0007459496;
                    iyy = 0.01318227876; iyz = -0.00019663418;
                                        izz = 0.00926852064;
I_interia = [ixx iyy izz ixy iyz ixz];
%           \Theta d   a   \alpha  \sigma
Left(4) = Link([ 0,  0,  0, pi/2, 0], 'standard');
Left(4).offset = 0;
Left(4).qlim       = [-0.05 2.618];       % [-2.865, 150],left_e1
Left(4).I          = I_interia;
Left(4).r          = [0.02611 0.00159 -0.01117] + [0,0,0]; % left_e1 = joint_e1
Left(4).m          = 2.07206;
Left(4).Jm         = 33e-6;
Left(4).G          = 76.0364;
Left(4).B          = 71.2e-6;
Left(4).Tc         = [11.2e-3, -16.9e-3];
% 5. left_w0 --> left_upper_forearm --> left_w1
% Left(5) = Link([ 0 Lxw0 + Lzw1 Lxw1 -pi/2 0 ], 'standard'); Left(5).offset = 0;
ixx = 0.01667742825; ixy = 0.00018403705; ixz = 0.00018657629;
                    iyy = 0.01675457264; iyz = -0.00064732352;
                                        izz = 0.0037463115;
I_interia = [ixx iyy izz ixy iyz ixz];
%           \Theta d                     a        \alpha \sigma
Left(5) = Link([0,     left_w0_xyz(1) + left_w1_xyz(3), left_w1_xyz(1), -pi/2, 0],
'standard');
Left(5).offset = 0;
Left(5).qlim       = [-3.059 3.059];      % [-175.27, 175.27],left_w0
Left(5).I          = I_interia;
Left(5).r          = [-0.00168 0.0046 0.13952] + [0,0,left_w0_xyz(1)]; % left_w0 = joint_w0
Left(5).m          = 2.24665;
Left(5).Jm         = 33e-6;
Left(5).G          = 71.923;
Left(5).B          = 82.6e-6;
Left(5).Tc         = [9.26e-3, -14.5e-3];
% 6. left_w1 --> left_lower_forearm --> left_w2
% Left(6) = Link([ 0 0  0   pi/2 0 ], 'standard'); Left(6).offset = 0;
ixx = 0.00387607152; ixy = -0.00044384784; ixz = -0.00021115038;
                    iyy = 0.00700537914; iyz = 0.00015348067;
                                        izz = 0.0055275524;
I_interia = [ixx iyy izz ixy iyz ixz];
%           \Theta d   a   \alpha  \sigma
Left(6) = Link([0,     0,  0,   pi/2, 0], 'standard');
Left(6).offset = 0;
Left(6).qlim       = [-1.57079632679 2.094];  % [-90, 120],left_w1
Left(6).I          = I_interia;
Left(6).r          = [0.06041 0.00697 0.006] + [0,0,0];  % left_w1 = joint_w1;
```

```
Left(6).m        = 1.60979;
Left(6).Jm       = 33e-6;
Left(6).G        = 76.686;
Left(6).B        = 36.7e-6;
Left(6).Tc       = [3.96e-3, -10.5e-3];
% 7. left_w2 --> left_wrist -->
% Left(7) = Link([ 0 Lxw2 0 0 0 ], 'standard'); Left(5).offset = 0;
ixx = 0.00025289155; ixy = 0.00000575311; ixz = -0.00000159345;
                     iyy = 0.0002688601; iyz = -0.00000519818;
                                         izz = 0.0003074118;
I_interia = [ixx iyy izz ixy iyz ixz];
%            \Theta d                        a \alpha \sigma
Left(7) = Link([0,left_w2_xyz(1) + left_wrist_hand_xyz(3) + left_endpoint_xyz(3), 0, 0, 0],
'standard');
Left(7).offset = 0;
Left(7).qlim     = [-3.059 3.059];          % [-175.27, 175.27],left_w2
Left(7).I        = I_interia;
Left(7).r        = [0.00198 0.00125 0.01855] + [0,0,left_w2_xyz(1)]; % left_w2 != joint_w2
Left(7).m        = 0.35093 + 0.19125 + 0.0001 * 4; % + hand + camera + range + base + gripper
Left(7).Jm       = 33e-6;
Left(7).G        = 76.686;
Left(7).B        = 36.7e-6;
Left(7).Tc       = [3.96e-3, -10.5e-3];

LeftArm = SerialLink(Left, 'name', 'LeftArm');
LeftArm.base = ...
      transl(base_torso_xyz(1), base_torso_xyz(2), base_torso_xyz(3)) ...
    * transl(torso_left_arm_mount_xyz(1), torso_left_arm_mount_xyz(2), torso_left_arm_
mount_xyz(3)) ...
    * trotz(torso_left_arm_mount_rpy(3)) ...
    * transl(left_s0_xyz(1),0,left_s0_xyz(3));
```

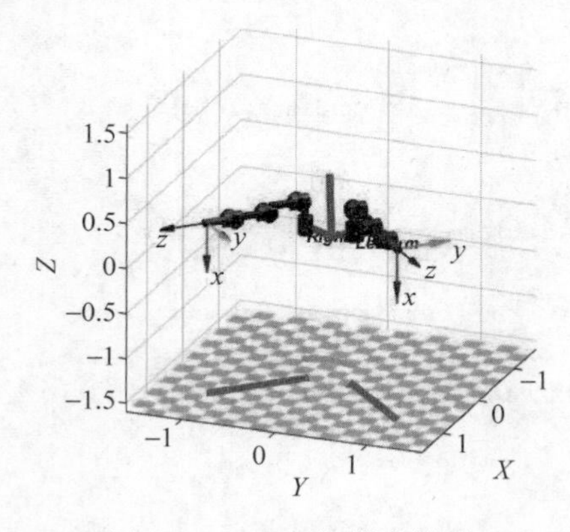

图 2-2　Baxter 机器人模型

2. Simulink 中的机器人模块

在 Simulink 中，实现的算法是对机器人进行控制，其中机器人模块的 Simulink 框图如图 2-3 所示。

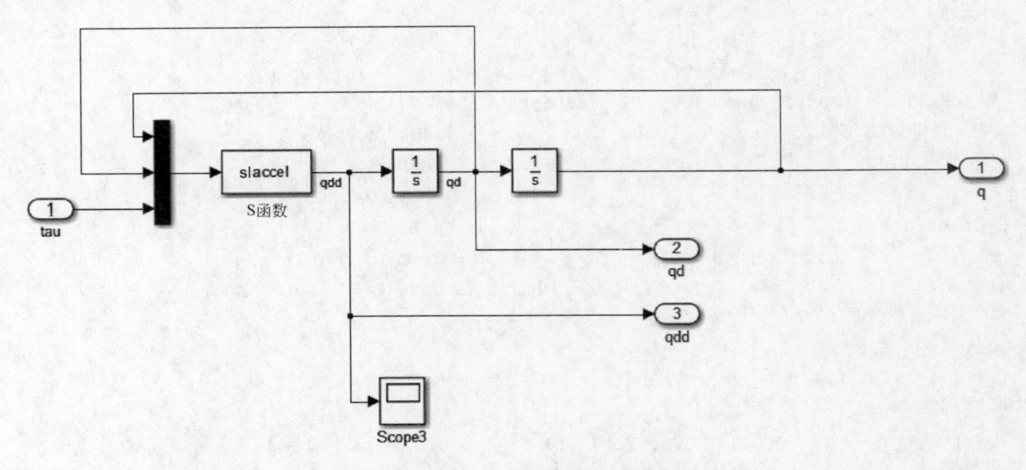

图 2-3 机器人模块的 Simulink 框图

在机器人模块中，slaccel 模块的代码如下：

```
%SLACCEL  S-function for robot acceleration
%
% This is the S-function for computing robot acceleration. It assumes input
data u to be the vector [q qd tau].
%
% Implemented as an S-function to get around vector sizing problem with Simulink 4.

function [sys, x0, str, ts] = slaccel(t, x, u, flag, robot)
    switch flag,

    case 0
        % initialize the robot graphics
        [sys,x0,str,ts] = mdlInitializeSizes(robot);        % Init

    case {3}
        % come here to calculate derivitives

        % first check that the torque vector is sensible
        if numel(u) ~= (3 * robot.n)
            error('RTB:slaccel:badarg', 'Input vector is length %d, should be %d', numel(u),
3 * robot.n);
        end
        if ~isreal(u)
```

```
            error('RTB:slaccel:badarg', 'Input vector is complex, should be real');
        end

        sys = robot.accel(u(:)');
    case {1, 2, 4, 9}
        sys = [];
    end
%
% ==============================================================================
% mdlInitializeSizes
% Return the sizes, initial conditions, and sample times for the S-function.
% ==============================================================================
function [sys,x0,str,ts] = mdlInitializeSizes(robot)

%
% call simsizes for a sizes structure, fill it in and convert it to a
% sizes array.

% Note that in this example, the values are hard coded. This is not a
% recommended practice as the characteristics of the block are typically
% defined by the S-function parameters.
%
sizes = simsizes;

sizes.NumContStates   = 0;
sizes.NumDiscStates   = 0;
sizes.NumOutputs      = robot.n;
sizes.NumInputs       = 3 * robot.n;
sizes.DirFeedthrough = 1;
sizes.NumSampleTimes = 1;   % at least one sample time is needed

sys = simsizes(sizes);

% initialize the initial conditions
x0 = [];

% str is always an empty matrix
str = [];

% initialize the array of sample times
ts = [0 0];
% end mdlInitializeSizes
```

3. 加权最小二乘法的实现

在计算物体的边界和弹性中，为了获得比较快速的收敛性能，采用加权最小二乘法来估计位置参数 θ_1 和 θ_2。使用 Simulink 对加权最小二乘法进行实现，如图 2-4 所示。

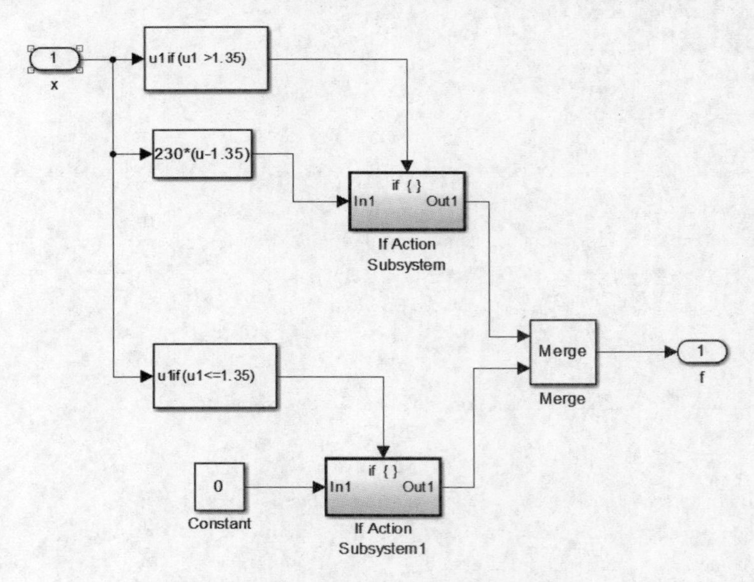

图 2-4 加权最小二乘法的 Simulink 框图

2.1.5 实验与结果

本节将在 MATLAB/Simulink 平台中，利用已有的机器人工具箱里的机器人模型，对控制器进行仿真。本节所提到的控制器的实现大体可分为两个部分，第一部分先进行自适应参数估计，在有限时间内参数估计值收敛后，即实际系统即式(2.4)与参考模型即式(2.6)成功匹配后，再通过调节参考点和前馈力，并利用最小二乘法对物体边界和弹性进行估计和学习。由于程序较复杂且需调参数较多，在实现过程中先把时域和迭代域分开来调试实现，一方面设计一个简单的 PD 控制器控制机器人与被测物体接触，每次试探时间为 3s，共试探 20 次，每次试探结束就计算更新参考点和前馈力，并估计出被测物体的性质；另一方面，实现实际系统与参考模型在有限时间内匹配，才能用上前面的物体估计部分。把上述第一部分又再细分：先将系统参数 θ 设定为真实值，同时调节参数 K 使系统保持稳定状态；再加上参数估计部分 $\hat{\theta}$ 使匹配误差 $\boldsymbol{w}$ 在有限时间内收敛。另外，为了分析简便，本节内容仿真所用的是较为简单的双关节单机械臂，具有两个自由度，所触碰物体设定为一个弹簧，可通过设置改变其末端位置 x_b 及其劲度系数 K_0，只研究执行器与弹簧在 x 轴方向的交互，其位置关系如图 2-5 所示。

用 $m_i, l_i, I_i, l_{ci}(i=1,2)$ 分别表示关于 z 轴的质量、长度、惯性和关节重心与上一个关节之间的距离，其中 z 轴方向为穿出纸面的方向。令 $m_1=m_2=10.0\text{kg}, l_1=l_2=1.0\text{m}, I_1=$

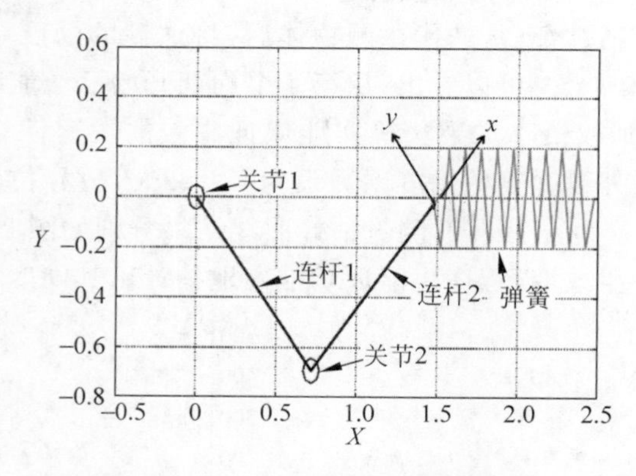

图 2-5　双关节单机械臂与被测弹簧

$I_2=0.83\text{kgm}^2$，$l_{c1}=l_{c2}=0.1\text{m}$。注意，这里介绍的参数是为了搭建仿真平台，因为MATLAB中的机器人模块也需要设置一些参数才能使用，并没有用到前文设计的控制器中。本实验假设机械臂所受的重力因素 $G(q)=0$。

如式(2.7)所示，采用如下简写方式：$s_1=\sin(q_1)$，$s_2=\sin(q_2)$，$s_{12}=\sin(q_1+q_2)$，$c_1=\cos(q_1)$，$c_2=\cos(q_2)$，$c_{12}=\cos(q_1+q_2)$，该机械臂的雅可比矩阵为：

$$\boldsymbol{J}(q)=\begin{bmatrix}-(l_1s_1+l_2s_{12}) & l_2s_{12}\\ l_1c_1+l_2c_{12} & l_2c_{12}\end{bmatrix}$$

机械臂末端执行器的初始位置为：

$$x^k(0)=1.0\text{m},\quad y^k(0)=0.0\text{m}$$

设定每次试探时间为3s，3s内机器人与被测弹簧之间已处于稳定的平衡关系，即已到达平衡点x_*。弹簧的劲度系数设为$K_0=150$，边界所处位置为$x_b=1.3$。机器人末端执行器的初始位置$x_s=1$。自适应参数估计机器人的参数结果如图2-6所示，实际系统与参考模型的匹配误差如图2-7所示。

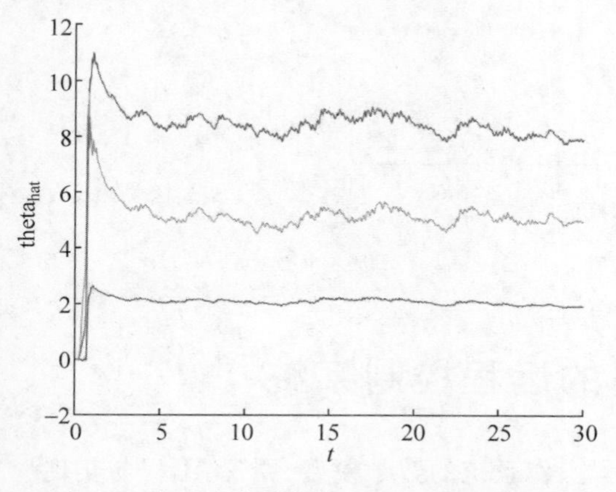

图 2-6　自适应参数估计机器人的参数结果

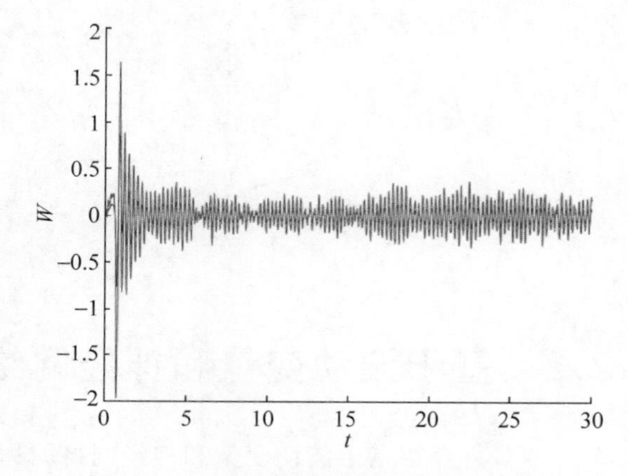

图 2-7　实际系统与参考模型的匹配误差

在学习好的基础上，经过 20 次迭代探测物体后，将估计的劲度系数和边界位置以曲线形式表示出来，如图 2-8 所示。可以看出，从第 4 个周期开始已经能准确地估计出实际弹簧的K_0和x_b。说明所用的加权最小二乘法确实能保证收敛的快速性。为了证明程序的可靠估计和非偶然性，我们另外设弹簧的劲度系数设为$K_0=200$，边界位置为$x_b=1.4$ 和劲度系数设为$K_0=175$，边界位置为 $x_b=1.2$，测量估计曲线结果分别如图 2-9 和图 2-10 所示。可以看出，就算弹簧性质发生改变，程序也能成功准确地估计出其硬度和边界性质。

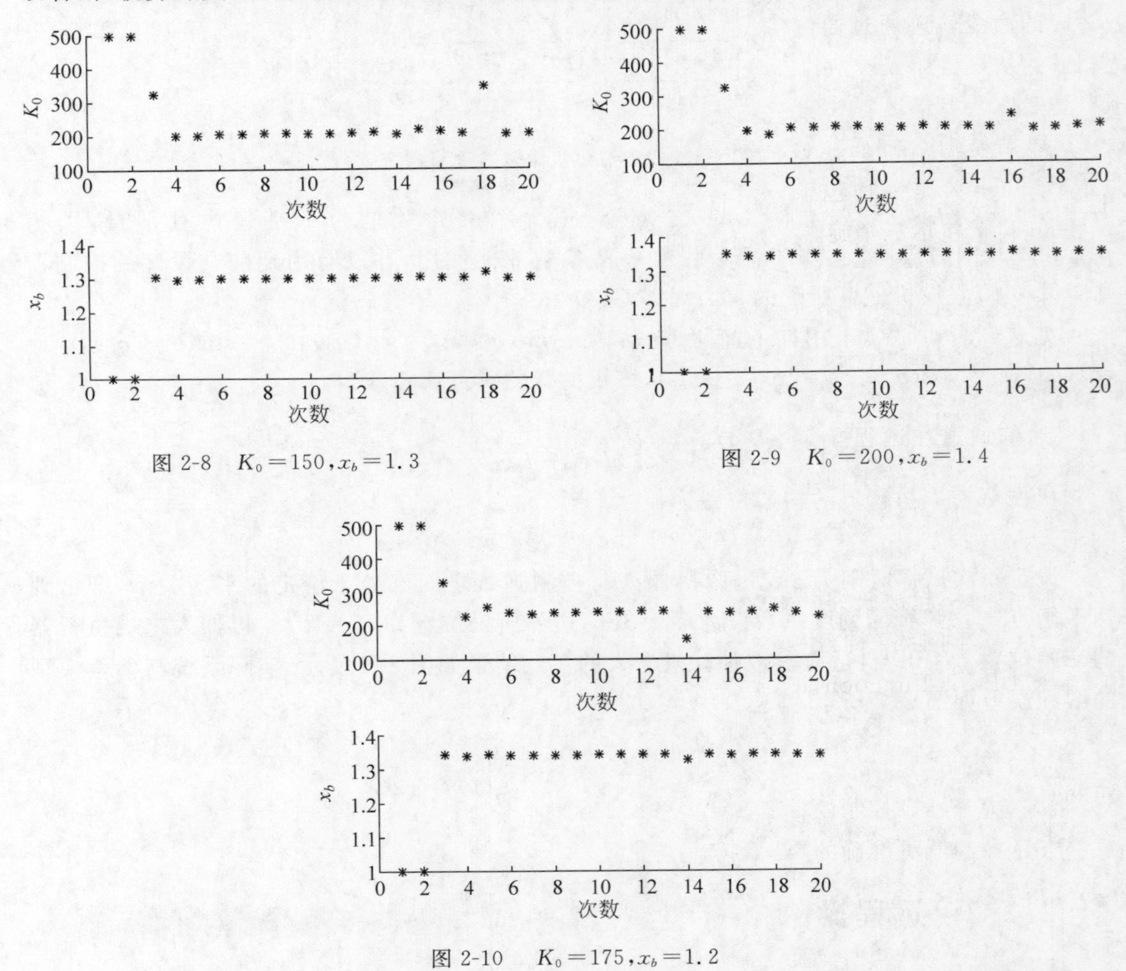

图 2-8　$K_0=150, x_b=1.3$

图 2-9　$K_0=200, x_b=1.4$

图 2-10　$K_0=175, x_b=1.2$

2.2　基于波动变量和神经网络的远程控制系统

本节将介绍基于波动变量和神经网络的远程操作系统的数学模型、原理、编程与实现。

2.2.1　引言

在过去的几十年中，机器人技术在各种工程领域中得到快速发展。远程操作作为机器人技术中最具吸引力和最具挑战性的话题之一，被应用于远程外科、搜索和救援、三维游戏开发等各种应用。典型的远程操作系统通常包括五个部分：人类操作者、主设备、通信信道、从机器人、环境。通常，人类操作者控制与人接触的主设备进行运动；随后主设备生成对应的命令轨迹通过通信信道传递；接下来，命令轨迹被传递到作用于目标环境并执行某任务的从属机器人。从机器人和环境之间的相互作用力被反馈到主机，根据该相互作用力，人类操作者可以更有效地控制机器人。

本节使用 Geomagic Touch X 作为主设备。Touch X 由 SensAble Technologies Inc. 设计。Touch X 是一种包括硬件驱动器和软件包(OpenHaptics 工具包)的触觉反馈设备。Touch X 臂包括三个旋转关节，每个旋转关节配备有产生反馈力的电机。

作为从机器人，在 Baxter 的每个臂中有 7 个旋转关节，这使得它在 3D 空间中容易移动。为了抓握和处理物体，在每个臂的末端执行器处安装旋转夹具。MATLAB 机器人工具箱用于建立 Baxter 机器人手臂的运动学和动力学模型，用作从属远程机器人来测试所提出的方法。

通信通道在远程操作系统中起重要作用，并且通道中的时间延迟可能在存在力反馈的情况下导致系统不稳定。由于实际应用中存在不确定性，控制不确定机器人系统的研究变得非常重要。机器人的自适应控制方法已经在相当多的工作中进行了研究，可用于机器人模型中未知参数和时变参数的情况。机器人模型的时变延迟和不确定性已经与自适应控制一起被研究。近年来，由于神经网络具有仿真复杂的非线性和不确定的函数的能力，神经网络(神经网络)在机器人控制系统中的应用越来越普及。径向基函数(Radical Basis Function，RBF)神经网络是一种非常有效的方法，已广泛用于不确定机器人系统的控制设计。自适应 RBF 基于神经网络的控制已经被用于处理死区和不确定的机器人模型。

本节基于 PD 控制的神经网络控制器应用于具有 7 个自由度的从机器人，这保证了比常规 PD 控制器更准确的轨迹跟踪。

2.2.2　远程操作系统的数学模型

1. 远程操作系统的框架

远程操作系统如图 2-11 所示，操作者握住触觉装置的接触杆并驱动主装置运动，这提供了位置命令。通过计算机的处理，新命令将由主计算机生成，然后传递到从计算机，并由从控制器接收。Baxter 机器人将根据从控制器的命令移动。操纵器的末端执行器与环境相互作用，并且相互作用力被传递到触觉装置已由操作者感测，这将导致新的运动和新的控制命令。以下分析远程操作系统的各个组件及其数学模型。

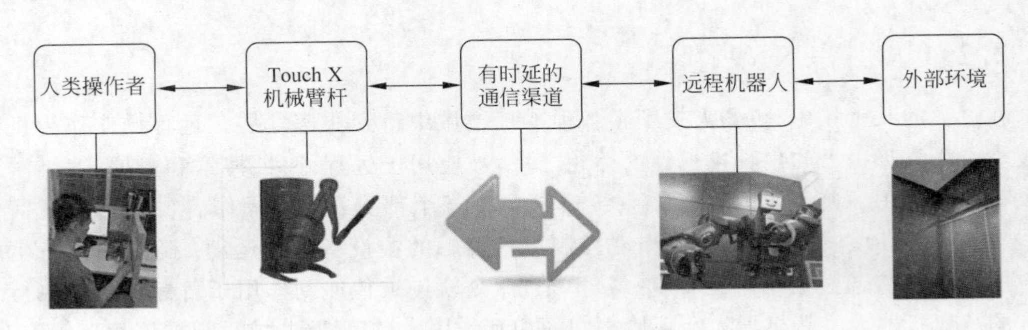

图 2-11 系统的框架

2. 主机器人臂的运动学和动力学

力触觉操纵杆 Geomagic Touch X 是一种 6 关节机器人，是对人的手臂进行模仿相应设计的，触觉设备 Touch X 不仅向主设备发送运动命令，而且返回远程机器人与环境之间的相互作用力，这对于操作者调节接触力是非常有用的。主机器人的数学模型包括运动学模型和动力学模型。

Touch X 的运动学模型是基于其结构，如图 2-12 所示。Touch X 具有 6 个旋转关节，其中 3 个关节配备有电动机，而另外 3 个被认为是末端执行器的万向节关节，使其可以灵活地在工作空间内移动。

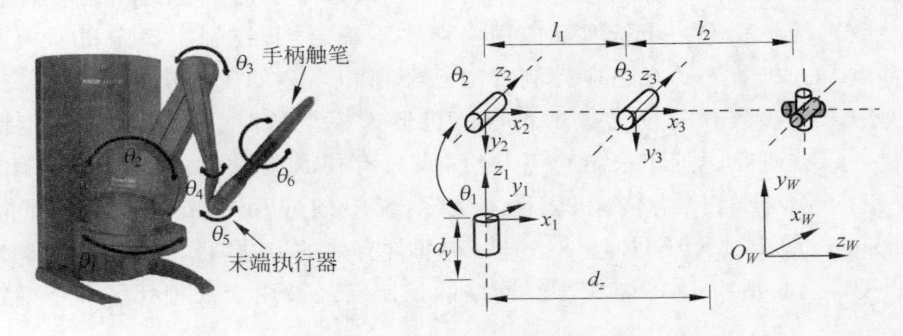

图 2-12 Touch X 的结构

为了更具体和直观地表示其结构，DH 参数用于建立运动学模型。DH 参数有两种表示形式：

- 标准的 DH 参数法；
- 修改的 DH 参数法。

后面将根据修改的 DH 参数法用于本节中的 Touch X 操纵杆的运动学建模。根据标准的 DH 参数法，如图 2-13 的左图所示，与关节 4 和 5 相关的坐标的原点是相同的。

因此，应该修改由 MATLAB 机器人工具箱建模的仿真机器人。具体地，a_{i-1} 和 d_i 分别用于表示连杆长度和连杆偏移，其中 i 表示主设备的第 i 个关节。α_{i-1} 和 θ_i 分别用于表示关节扭转角和关节角。所有 6 个主设备的关节是旋转的，并且 Touch X 的修改 DH 参数在表 2-1 中获得。表 2-1 中的 DH 参数表示主设备的结构特性，从其中可以获得运动学模型。

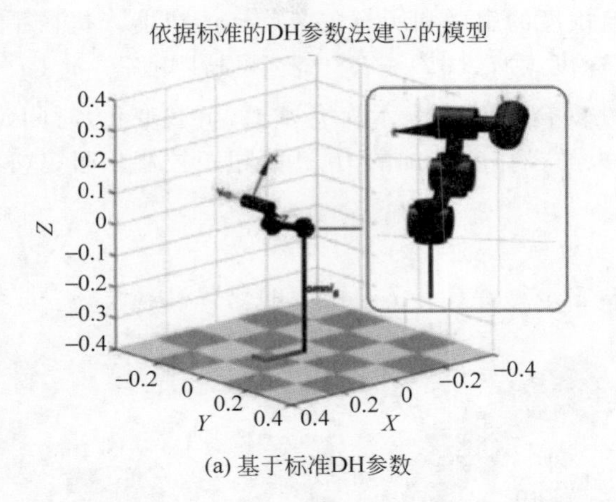

(a) 基于标准DH参数

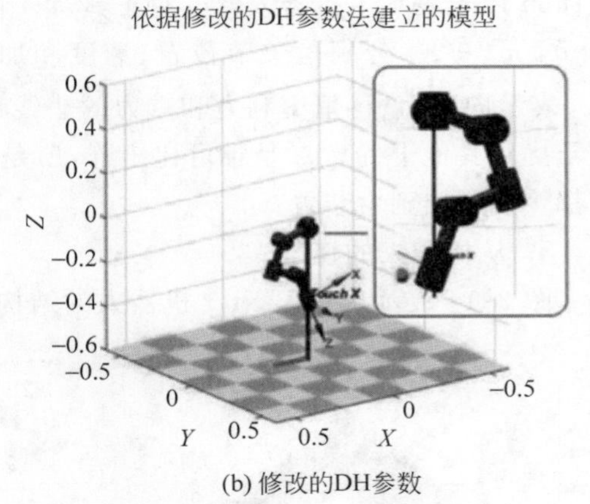

(b) 修改的DH参数

图 2-13　Touch X 的两个运动学模型之间的比较

表 2-1　主动臂的 DH 参数

Link i	θ_i(angle limit(deg))	d_i	a_{i-1}	α_{i-1}(rad)
1	q_1(−60～60)	0	0	0
2	q_2(0～105)	0	0	−π/2
3	q_3(−180～180)	0	L_{m1}	0
4	q_4(−145～145)	L_{m2}	0	−π/2
5	q_5(−70～70)	0	0	−π/2
6	q_6(−145～145)	0	0	−π/2

两个相邻坐标之间的齐次变换，可以使用 DH 参数表示如下：

$$
{}^{i-1}\mathbf{A}_i(\theta_i,d_i,a_i,\alpha_i)=\begin{bmatrix} c\theta_i & -s\theta_i c\alpha_i & s\theta_i c\alpha_i & a_i c\theta_i \\ c\theta_i & c\theta_i c\alpha_i & -c\theta_i c\alpha_i & a_i s\theta_i \\ 0 & \alpha_i & c\alpha_i & d_i \\ 0 & 0 & 0 & 1 \end{bmatrix} \tag{2.38}
$$

其中，c 是三角函数 cos 的缩写，s 是 sin 的缩写。

此外，可以用下式来表示末端执行器的位置和基部之间的关系：

$$
{}^{n}X_0={}^{0}A_1{}^{1}A_2\cdots{}^{n-1}A_n\cdot X_n \tag{2.39}
$$

其中，对于主设备 n 为 6，$X=[x,y,z,1]$表示相关关节的位置，${}^{i}A_{i+1}(i=0,1,\cdots,n-1)$表示相邻的坐标。

主机器人臂的动力学模型表示了驱动转矩或相关力和关节运动之间的关系，并且可以表示如下：

$$
\mathbf{M}_m(q_m)\ddot{q}_m+h_m(q_m,\dot{q}_m)=\mathbf{J}_m^{\mathrm{T}}F_h-\tau_m+f_m \tag{2.40}
$$

其中，

$$
h_m(q_m,\dot{q}_m)=C_m(q_m,\dot{q}_m)\dot{q}_m+G_m(q_m)
$$

下标 m 用于表示主机器人臂。对于具有 n 自由度的串联和所有关节旋转的机器人机械手，q_m、$\dot{q}_m$、$\ddot{q}_m \in R^n$ 分别是关节位置、速度和加速度。$\boldsymbol{M}_m(q_m) \in R^{n\times n}$ 表示惯性矩阵。$h_m(q_m, \dot{q}_m)$ 表示向心力、科里奥利力和重力的非线性耦合项。f_m 表示库仑摩擦，负载变化，时间延迟干扰和其他干扰。$\boldsymbol{J}_m$ 是雅可比矩阵，F_h 是人类操作者施加的力，τ_m 是扭矩控制信号，这两者都将被施加到主装置。

3. 从机器人的模型

图 2-14 展示出了 Baxter 机器人的结构，它是每臂具有 7 自由度的双臂机器人。

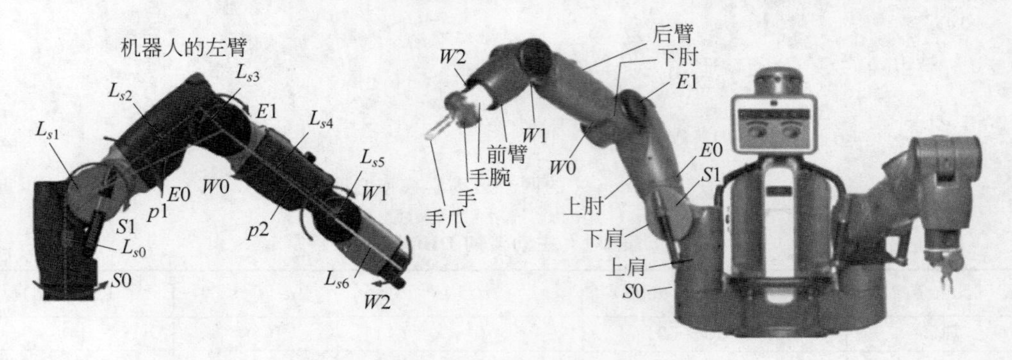

图 2-14　Baxter 机器人的结构

本节将 Baxter 机器人的仿真左臂作为从属远程机器人。标准 DH 参数用于描述 Baxter 机器人左臂的结构，如表 2-2 所示。相关的长度在图 2-14 和表 2-2 中给出。$L_{s0}=0.27\text{m}$，$L_{s1}=0.069\text{m}$，$L_{s2}=0.364\text{m}$，$L_{s3}=0.069\text{m}$，$L_{s4}=0.375\text{m}$，$L_{s5}=0.01\text{m}$，$L_{s6}=0.28\text{m}$。

表 2-2　从属机器人的 DH 参数(标准规则)

Link i	θ_i(angle limit(deg))	d_i	a_i	α_i(rad)
1	q_1(−97.5～97.5)	L_{s0}	L_{s1}	$-\pi/2$
2	$q_2+\frac{\pi}{2}$(−123～60)	0	0	$\pi/2$
3	q_3(−175～175)	L_{s2}	L_{s3}	$-\pi/2$
4	q_4(2.865～150)	0	0	$\pi/2$
5	q_5(−175.27～175.27)	L_{s4}	L_{s5}	$-\pi/2$
6	q_6(−90～120)	0	0	$\pi/2$
7	q_7(−175.27～175.27)	L_{s6}	0	0

为了实现由主操纵杆命令的位置的精确跟踪，主操纵杆和从属远程机器人之间的工作空间匹配是必要的。使用的蒙特卡罗方法应用于近似主从的工作空间。为了确保主设备的变换的工作空间被约束在从属机器人的工作空间内，主设备的工作空间以固定比例缩放。图 2-15 表示出了在匹配过程之后主设备和从设备的工作空间。

图 2-15(a)表示出了三维包络表面，它在匹配过程之后作为主从的工作空间的 3D 云的包络产生。Baxter 机器人手臂和 Touch X 操纵杆之间的工作空间变换给出为

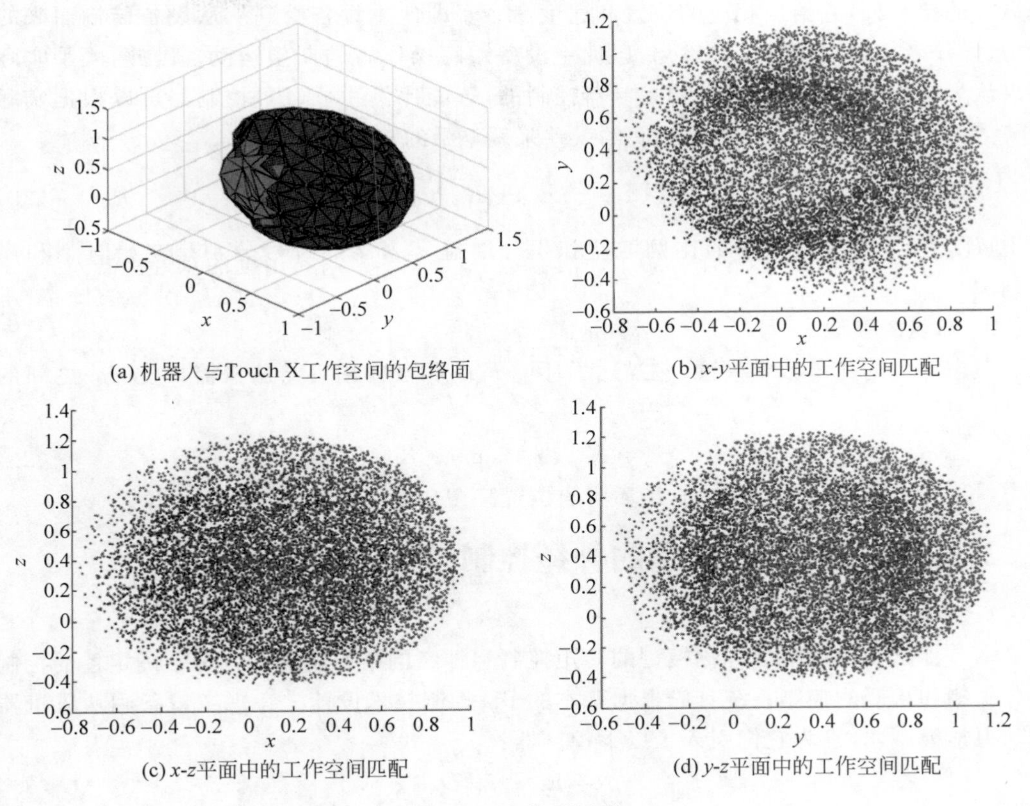

(a) 机器人与Touch X工作空间的包络面

(b) x-y平面中的工作空间匹配

(c) x-z平面中的工作空间匹配

(d) y-z平面中的工作空间匹配

图 2-15　工作区匹配

$$\begin{bmatrix} x_s \\ y_s \\ z_s \end{bmatrix} = \begin{bmatrix} \cos\delta & -\sin\delta & 0 \\ \sin\delta & \cos\delta & 0 \\ 0 & 0 & 1 \end{bmatrix} \times \left(\begin{bmatrix} S_x & 0 & 0 \\ 0 & S_y & 0 \\ 0 & 0 & S_z \end{bmatrix} \begin{bmatrix} x_m \\ y_m \\ z_m \end{bmatrix} + \begin{bmatrix} T_x \\ T_y \\ T_z \end{bmatrix} \right) \tag{2.41}$$

其中，$[x_s, y_s, z_s]^{\mathrm{T}}$，$[x_m, y_m, z_m]^{\mathrm{T}}$ 分别表示 Baxter 和 Touch X 操纵杆的末端效应器的笛卡儿坐标。δ 是主设备的基底的 z 轴的旋转角度，$[S_x, S_y, S_z]^{\mathrm{T}}$ 和 $[T_x, T_y, T_z]^{\mathrm{T}}$ 是关于 x、y 和 z 的比例系数和偏移校正项轴。匹配参数由下式给出：

$$\delta = \frac{\pi}{4} \begin{bmatrix} S_x \\ S_y \\ S_z \end{bmatrix} = \begin{bmatrix} 0.0041 \\ 0.0040 \\ 0.0041 \end{bmatrix} \begin{bmatrix} T_x \\ T_y \\ T_z \end{bmatrix} = \begin{bmatrix} 0.701 \\ 0.210 \\ 0.129 \end{bmatrix} \tag{2.42}$$

远程机器人的动力学模型可以表示如下：

$$\boldsymbol{M}_s(q_s)\ddot{q}_s + h_s(q_s, \dot{q}_s) = \tau_s - \boldsymbol{J}_s^{\mathrm{T}} F_e + f_s \tag{2.43}$$

$$h_s(q_s, \dot{q}_s) = C_s(q_s, \dot{q}_s)\dot{q}_s + G_s(q_s) \tag{2.44}$$

其中，下标 s 用于指示从属。F_e 是环境和远程机器人之间的相互作用力，τ_s 是从机的控制输入。

4. 人类操作员的模型

早期研究已经表明，人手的肌肉特性可以建模为弹簧。在遥控操作系统中，人手握住主操纵杆的接触杆，并给出相应的位置和速度命令。即使主设备受到从从设备传输而来的环境力，操作者也可以调整手的输出，以使主设备跟踪操作者的期望运动。因此，人手实际上可以认为是由智能比例积分(PI)控制器控制的，智能比例积分(PI)控制器可以根据实际位置 x_m 和主控器的期望位置 x_{md} 之间的误差来调整手的输出力：

$$F_h = K_{hp}(x_{md} - x_m) + K_{hi}\int_{t_0}^{t}(x_{md} - x_m)\mathrm{d}t \tag{2.45}$$

其中，K_{hp} 和 K_{hi} 分别是人手的比例增益和积分增益，t_0 和 t 的符号分别是初始时刻和当前时刻。

5. 环境的模型

考虑环境的简单数学模型，它描述了环境 F_e 的相互作用力与从机器人位置 x_s 之间的关系，即

$$F_e = K_{sp}(x_s - x_e) + K_{sd}\dot{x}_s \tag{2.46}$$

其中，K_{sp} 和 K_{sd} 是环境的参数，x_e 是环境的位置。在自由空间运动中，$K_{sp} = K_{sd} = 0_{m\times n}$。

2.2.3 基于波动变量的神经控制设计

1. 基本的 PD 控制设计

本节提出了使用基于标称模型的转矩控制和神经网络控制器来处理不确定性的控制方案。主侧和从侧的控制系统首先根据基本的 PD 控制技术设计。考虑主设备和从属机器人的动力学模型，分别为它们引入了以下控制器：

$$\tau_m = \boldsymbol{K}_m e_m + D_m \dot{e}_m \tag{2.47}$$

$$\tau_s = -\boldsymbol{K}_s e_s - D_s \dot{e}_s \tag{2.48}$$

其中，$e_i = q_i - q_{id}$ 是跟踪误差，$q_{id} \in R_n$ 是用作局部 PD 控制器的参考命令的期望关节角，$K \in R_n \times n$ 和 $D \in R_n \times n$ 是关节的对称正定矩阵角度和角速度增益。下标“i”表示“m”和“s”，它们分别表示主设备和从机器人。定义广义跟踪误差为：

$$e_{vs} = \dot{e}_s + K_{s1} e_s \tag{2.49}$$

对于轨迹跟踪，如果机器人的动力学可用，通过适当选择角位置和角速度增益 K 和 D，PD 控制可以保证闭环系统的稳定性。对于不确定的模型，传统的 PD 控制器可能不能保证全局的协调稳定性。如上所述，神经网络具有强大的函数近似能力，可用于识别不确定性。

人工操作员的模型可以被认为是智能 PI 控制器，它可以实时调整输出力和位置。本节专注于从属远程机器人的精确位置控制。

2. 任务空间位置到位置控制

闭环反运动学(the Closed Loop Inverse Kinematics，CLIK)方法用于从机器人的位置控制，当解决逆运动学问题时，可以避免运动学奇异性和数值漂移。

所需的从属关节速度可以在 CLIK 算法中描述

$$q_{sd} = \int \boldsymbol{K}_p \boldsymbol{J}_s^{\mathrm{T}}(q) e \mathrm{d}\sigma \tag{2.50}$$

其中 $e=x_{sd}-x_s$ 是期望从轨迹 x_{sd} 和实际从轨迹之间的误差，$\boldsymbol{K}_p$ 是调整收敛速率的正定矩阵，$\boldsymbol{J}_s^{\mathrm{T}}(q)$ 是雅可比矩阵的转置。该方法可以避免在开环形式中出现的问题，并且 CLIK 算法的框图在图 2-16 中给出。

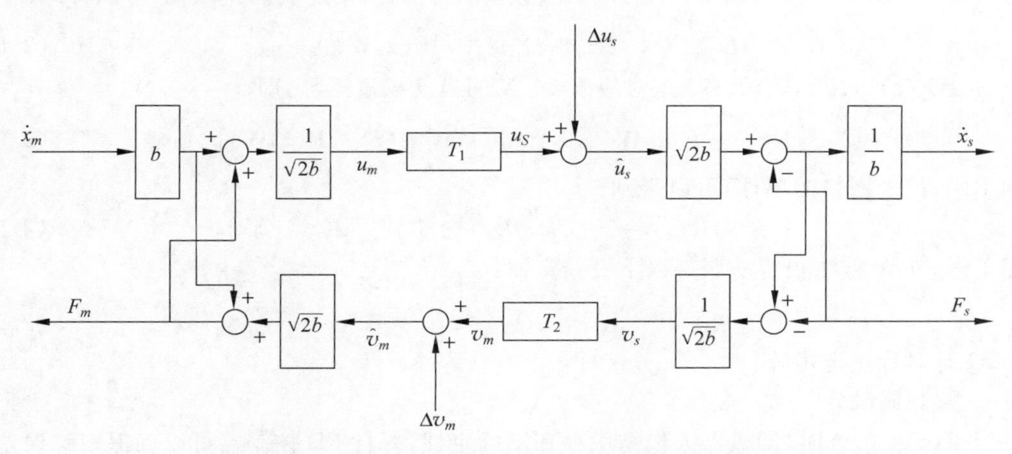

图 2-16　使用全局神经控制器的波动校正方案的远程操作控制

3. RBF 神经网络

RBF 神经网络可以利用其局部泛化网络的能力去近似机器人模型的动力学，它可以大大加快学习速度，避免局部最小问题，提高机器人的跟踪精度，特别是对于结构复杂和大量自由度的机器人，这些优势更加明显，RBF 神经网络可以表示为：

$$\varphi_i=\exp\left(-\frac{\|\boldsymbol{z}-\boldsymbol{c}_i\|^2}{\sigma_i^2}\right),\quad i=1,2,\cdots,n \tag{2.51}$$

$$\hat{\boldsymbol{F}}(\boldsymbol{z})=\hat{\boldsymbol{W}}^{\mathrm{T}}\varphi(\boldsymbol{z}) \tag{2.52}$$

其中，$\boldsymbol{z}\in\boldsymbol{R}_n$ 是输入向量，n 表示从属机器人的自由度，对于 Baxter 机器人的左臂为 7，$\boldsymbol{F}(\boldsymbol{z})\in\boldsymbol{R}_n$ 是输出向量，$\boldsymbol{W}\in RN\times n$ 是连接隐层和输出层的权重矩阵，N 表示隐藏节点数，$\boldsymbol{c}_i\in\boldsymbol{R}_n$ 和 $\sigma_i>0$ 是中心向量和第 i 个隐藏节点的宽度。通过径向对称函数（例如，高斯函数）计算 RBF 神经网络中的隐藏节点的输出。

RBF 神经网络的可调参数是每个隐藏节点的权重矩阵 $\boldsymbol{W}$，中心向量 $\boldsymbol{c}_i$ 和宽度 σ_i。通常，$\boldsymbol{c}_i$ 和 σ_i 的值根据系统的知识或通过预处理来选择训练。网络 $\boldsymbol{F}(\boldsymbol{z})$ 的输出相对于权重矩阵 $\boldsymbol{W}$ 是线性的，这极大地简化了 RBF 神经网络的分析和学习过程。

RBF 神经网络用于近似不确定非线性函数 $\boldsymbol{F}(\boldsymbol{z})$，并给出以下引理。

引理 1　RBF 神经网络的输入向量 $\boldsymbol{z}\in X$，其中 X 是紧凑子集。

引理 2　给定正常数 ε_0 和连续函数 F: $\boldsymbol{z}\rightarrow R_n$，存在权重矩阵 $\boldsymbol{W}^*\in RN\times n$，使得具有 N 个隐藏层节点 $\hat{\boldsymbol{F}}(\boldsymbol{z})$ 的 RBF 神经网络的输出满足

$$\max_{z\in X}\|\hat{\boldsymbol{F}}(\boldsymbol{z},\boldsymbol{W}^*)-\boldsymbol{F}(\boldsymbol{z})\|\leqslant\varepsilon \tag{2.53}$$

其中，N 由精度参数 ε_0 和函数 $\hat{\boldsymbol{F}}(z)$ 确定。$\hat{\boldsymbol{F}}(z,\hat{\boldsymbol{W}})$ 是具有理想权重矩阵 $\boldsymbol{W}^*$ 的输出 $\boldsymbol{F}(z)$ 的估计。

引理 3 RBF 神经网络 $\boldsymbol{F}(z,\boldsymbol{W})$ 对其参数 z、$\boldsymbol{W}$ 的输出是连续的。因此，可以得到：

$$\boldsymbol{M}_s \dot{e}_{vs} = -(C_s + D_s)e_{vs} + \hat{\boldsymbol{F}}(z,\boldsymbol{W}^*) + \boldsymbol{\eta} \tag{2.54}$$

其中，$\boldsymbol{\eta} = \boldsymbol{F}(z) - \boldsymbol{F}(z,\boldsymbol{W}^*)$，$\boldsymbol{W}^*$ 是对应于 $z \in \boldsymbol{X}$ 的最佳权重矩阵，即

$$\| \boldsymbol{F}(z) - \hat{\boldsymbol{F}}(z,\boldsymbol{W}^*) \| = \min \sup_{z \in X} \| \boldsymbol{F}(z) - \hat{\boldsymbol{F}}(z,\hat{\boldsymbol{W}}) \| \tag{2.55}$$

根据 RBF 神经网络的属性，可以得到：

$$\boldsymbol{M}_s \dot{e}_{vs} = -(C_s + D_s)e_{vs} + \boldsymbol{W}^{*\mathrm{T}} \varphi(z) \tag{2.56}$$

使用 Lyapunov 方法很容易获得以下更新定律：

$$\dot{\hat{\boldsymbol{W}}} = -\boldsymbol{Q}^{-1} \varphi(z)\, e_{vs}^{\mathrm{T}} \tag{2.57}$$

其中，$\boldsymbol{Q}$ 是对称正定矩阵。

4. 控制器设计

当 $\boldsymbol{F}(z) \neq 0_{m\times n}$ 时，即机器人模型中存在不确定性，并且 PD 控制器可以确保跟踪误差的有限性，收敛到零。因此，RBF 神经网络控制是基于 Lemmas 1-3 开发的。控制力矩由两部分组成：

$$\tau_s = \tau_{PD} + \tau_{NN} \tag{2.58}$$

其中，τ_{PD} 是基本 PD 控制，并且根据上面的推论，有

$$\tau_{PD} = -\boldsymbol{K}_s e_s - D_s \dot{e}_s = -D_s e_{vs} \tag{2.59}$$

而 τ_{NN} 是神经网络的补偿控制器

$$\tau_{NN} = \hat{\boldsymbol{F}}(z) = \hat{\boldsymbol{W}}^{\mathrm{T}} \varphi(z) \tag{2.60}$$

然后从属机器人的闭环系统动力学可以写成

$$M_s \dot{e}_{vs} + C_s e_{vs} + D_s e_{vs} = F_z - \hat{F}_z \tag{2.61}$$

2.2.4 实验设计

1. 主从臂远程操作系统

主从臂远程操作系统的 Simulink 框图如图 2-17 所示，它由 Master 模块、通信模块和 Slave 模块组成。其中，Master 模块用于接收 Touch X 的数据，并进行初步处理，输出位置误差、期望速度和力矩。通信模块实现了波动变量功能，减少了时延对远程操作系统的影响，Slave 模块实现了对 Baxter 机器人的神经网络控制，包括了 Baxter 机器人模型和神经网络控制算法的实现。

2. Touch X 的建模

使用机器人工具箱对 Touch X 进行运动学和动力学建模，其中运动学建模方法使用了修改的 DH 参数法，所生成的 Touch X 模型如图 2-13 所示。

对 Touch X 建模所使用的代码如下：

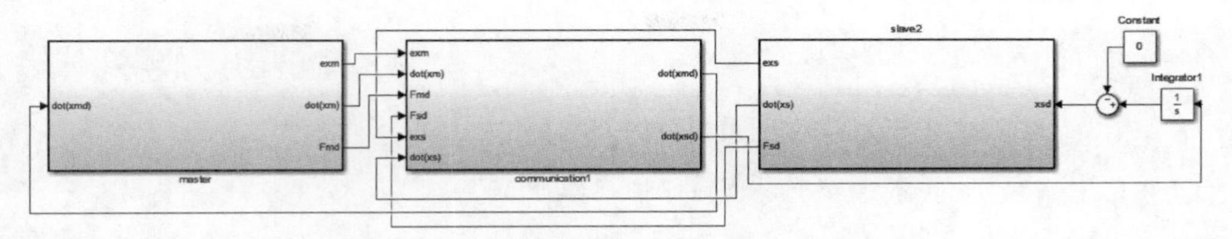

图 2-17 主从臂远程操作系统的 Simulink 框图

```
Joff12 =  0.019;   % m   horizontal displace between 1,2 joint along negative direction of z
axis;
Joff23 =  0.019;   % m   horizontal displace between 2,3 joint along postive direction of z
axis;
L1        = 0.13335;        % m  length of link2(between joint1,2) = 133.35mm
L2        = 0.13335;        % m  length of link2(between joint1,2) = 133.35mm
Lup        = 0.02335;        % m  vertical  downward displace
Lout      = 0.16835;        % m  horizontal outward  displace

clear L;
deg = pi/180;

%            \Theta d       a     \alpha     \sigma
L(1) = Link([0,   0,     0,     0,     0], 'modified');
L(1).offset = 0;
L(1).qlim    = [ - 60 60] * pi/180;        %
L(1).I       = [0, 0.35, 0, 0, 0, 0];
L(1).r       = [0.01783 0.00086 0.19127] + [0,0,0]; % left_s0 = joint_s0
L(1).m       = 5.70044;
L(1).Jm      = 200e - 6;
L(1).G       =  - 62.6111;
L(1).B       = 1.48e - 3;
L(1).Tc      = [0.395  - 0.435];

L(2) = Link([0,     0,     0,     - pi/2,       0], 'modified');
L(2).offset = 0;
L(2).qlim    = [0 105] * pi/180;        %
L(2).I       = [0, 0.35, 0, 0, 0, 0];
L(2).r       = [0.01783 0.00086 0.19127] + [0,0,0]; % left_s0 = joint_s0
L(2).m       = 4.70044;
L(2).Jm      = 200e - 6;
L(2).G       = 107.815;
L(2).B       = .817e - 3;
L(2).Tc      = [0.126  - 0.071];

L(3) = Link([ - pi/2,     0,     L1,     0,     0], 'modified');
L(3).offset = pi/2;
L(3).qlim    = [ - 180 180] * pi/180;        %
L(3).I       = [0, 0.35, 0, 0, 0, 0];
L(3).r       = [0.01783 0.00086 0.19127] + [0,0,0]; % left_s0 = joint_s0
```

```
L(3).m       = 3.70044;
L(3).Jm      = 200e-6;
L(3).G       = -53.7063;
L(3).B       = 1.38e-3;
L(3).Tc      = [0.132, -0.105];

L(4) = Link([0,  L1,    0,   -pi/2,    0], 'modified');
L(4).offset = 0;
L(4).qlim    = [-145 145]*pi/180;       %
L(4).I       = [0, 0.35, 0, 0, 0, 0];
L(4).r       = [0,0,0]; % left_s0 = joint_s0
L(4).m       = 2.70044;
L(4).Jm      = 33e-6;
L(4).G       = 76.0364;
L(4).B       = 71.2e-6;
L(4).Tc      = [11.2e-3, -16.9e-3];

L(5) = Link([0,  0 ,      -L1,     -pi/2,    0], 'modified');
L(5).offset = pi/2;
L(5).qlim    = [-70 70]*pi/180;       % [-97.5, 97.5], left_s0
L(5).I       = [0, 0.25, 0, 0, 0, 0];
L(5).r       = [0,0,0]; % left_s0 = joint_s0
L(5).m       = 1.70044;
L(5).Jm      = 33e-6;
L(5).G       = 71.923;
L(5).B       = 82.6e-6;
L(5).Tc      = [9.26e-3, -14.5e-3];

L(6) = Link([0,    L1,    0,     -pi/2,    0], 'modified');
L(6).offset = 0;
L(6).qlim    = [-145 145]*pi/180;       % [-97.5, 97.5], left_s0
L(6).I       = [0, 0.15, 0, 0, 0, 0];
L(6).r       = [0,0,0]; % left_s0 = joint_s0
L(6).m       = 0.70044;
L(6).Jm      = 33e-6;
L(6).G       = 76.686;
L(6).B       = 36.7e-6;
L(6).Tc      = [3.96e-3, -10.5e-3];

omni_6 = SerialLink(L, 'name', 'Touch X');
% omni_6.base = transl(-Lout, 0, Lup) ...
%     * transl(torso_left_arm_mount_xyz(1), torso_left_arm_mount_xyz(2), torso_left_arm_
%mount_xyz(3)) ...
%     * trotz(torso_left_arm_mount_rpy(3)) ...
%     * transl(left_s0_xyz(1),0,left_s0_xyz(3));

% some, useful, poses
oqz = [0, 0, 0, 0, 0, 0];       % zero angles, L, shaped, pose
```

```
oqn = [0, 0.2689, -2.209, 0, 0.796, 0.1126];
omni_6.plot(oqn);
view( 100, 45 );
clear L;
```

3. Touch X 工作空间标定

使用 MATLAB 机器人工具箱对 Touch X 的工作空间进行标定，生成的图形如图 2-15 所示，所使用的 MATLAB 代码如下：

```
clear st1 st2 st3 st4 st5 st6 st7 a p ;
N = 10^4 * 0.6;
st1 = unifrnd(-60, 60, N, 1) * pi/180;          % [-60 60]
st2 = unifrnd(0, 105, N, 1) * pi/180;           % [0 105]
% modify to fit the real situation because the range of st3 vary according to the value of st2
st3 = unifrnd(-180, 180, N , 1) * pi/180;       %!!!修改[-100 100]---[-180 180]
st4 = unifrnd(-145, 145, N , 1) * pi/180;       %[-145 145]
st5 = unifrnd( -70, 70, N , 1) * pi/180;        % [-70 70]
st6 = unifrnd(-145, 145, N , 1) * pi/180;       % [-145 145]
a = size( st1 );

k = 4;                                          % ratio of mapping the touch x to baxter
for i=1 : 1 : a
    i;
    T = omni_6.fkine( [st1(i), st2(i), st3(i) st4(i) st5(i) st6(i) ] );
    %rotate about the z axis -pi/4
    %T = T*trotz(-pi/4);
% transl(T)
    p(:,i) = transl(T)*2+[-0.005;0.32;0.525];
end

% %[d1,d2]=decision matrix for existence of point (j1,j2,j3) in left and right arm
%workspace.
st1 = unifrnd(-1.55, 1.7, N , 1);      % [-97.5, 97.5], left_s0;
%d1=inpolygon(j1,j2,p(1,k1),p(2,k1))&&inpolygon(j2,j3,p(2,k2),p(3,k2))&&inpolygon(j1,
j3,p(1,k3),p(3,k3));
%d2=inpolygon(j1,j2,p1(1,kk1),p1(2,kk1))&&inpolygon(j2,j3,p1(2,kk2),p1(3,kk2))
&&inpolygon(j1,j3,p1(1,kk3),p1(3,kk3));
st2 = unifrnd(-1.4, 1.033,N , 1); % [-123, 60], left_s1
st3 = unifrnd(-3.045, 3.05,N , 1);              % [-175, 175], left_e0
st4 = unifrnd(-0.05, 2.6, N , 1);               % [-2.865, 150],left_e1
st5 = unifrnd(-3.05, 3.055, N , 1);             % [-175.27, 175.27],left_w0
% joint angle of joint 6 remains constant at 90 deg throughout the
% experiment
st6 = unifrnd(-1.57, 2.09, N , 1);              % [-90, 120],left_w1
st7 = unifrnd(-3.055, 3.052, N , 1);            % [-175.27, 175.27],left_w2
```

```
a = size(st1);

for i = 1 : 1 : a
T = LeftArm.fkine( [st1(i), st2(i), st3(i) st4(i) st5(i) 1.57 st7(i)] );
p2(:,i) = (transl(T) - [0.63;0.825;0.0365]) * 8/100;
p2(:,i) = transl(T);
end

 % % Plotting the workspaces of both the arms with convhull
figure;
plot3( p2(1,:), p2(2,:), p2(3,:), 'r.');
hold on;
DT = delaunayTriangulation(p');
[K2,v] = convexHull(DT);
trisurf(K2,DT.Points(:,1),DT.Points(:,2),DT.Points(:,3),...
      'FaceColor','r')
plot3( p(1,:), p(2,:), p(3,:), 'b.');
  DT1 = delaunayTriangulation(p2');
  [K2,v] = convexHull(DT1);
  trisurf(K2,DT1.Points(:,1),DT1.Points(:,2),DT1.Points(:,3),...
      'FaceColor','b')
xlabel('X','FontSize',10, 'FontWeight','bold','Color','k')
ylabel('Y','FontSize',10, 'FontWeight','bold','Color','k')
zlabel('Z','FontSize',10, 'FontWeight','bold','Color','k')
hold on
grid on;
box off;
view(45, 45);
 % % Plotting the xy
figure;
plot(p(1,:), p(2,:), 'b.');
hold on;
plot(p2(1,:), p2(2,:), 'r.');
xlabel('X','FontSize',10, 'FontWeight','bold','Color','k')
ylabel('Y','FontSize',10, 'FontWeight','bold','Color','k')
box off;
 % % Plotting the yz
figure;
plot( p(2,:), p(3,:), 'b.');
hold on;
plot( p2(2,:), p2(3,:), 'r.');
xlabel('Y','FontSize',10, 'FontWeight','bold','Color','k')
ylabel('Z','FontSize',10, 'FontWeight','bold','Color','k')
box off;
 % % Plotting the xz
```

```
figure;
plot( p(1,:), p(3,:), 'b.');
hold on;
plot( p2(1,:), p2(3,:), 'r.');
xlabel('X','FontSize',10, 'FontWeight','bold','Color','k')
ylabel('Z','FontSize',10, 'FontWeight','bold','Color','k')
box off;
```

2.2.5　仿真实验

为了以下目的进行比较实验：

(1) 证明与无补偿的典型 PD 控制相比，RBF 神经网络补偿有效地改善跟踪性能。

(2) 证明波可变技术增强的主-从远程操作系统在存在各种时间延迟的情况下保持稳定。

(3) 说明遥操作系统的神经控制方案和波动变量技术的无缝组合。

1. 实验平台

实验平台设置有 Touch X 触觉设备和连接到它的计算机，以及使用 MATLAB 机器人工具箱仿真的从机器人 Baxter(见图 2-18)。人类操作者移动 Touch X 操纵杆的接触杆，通过该接触杆将期望的轨迹发送到模拟的通信信道，并且调节模拟的机器人和环境之间的接触力。通过通信通道，从机器人的期望位置被传递到 Baxter 机器人的仿真左臂。

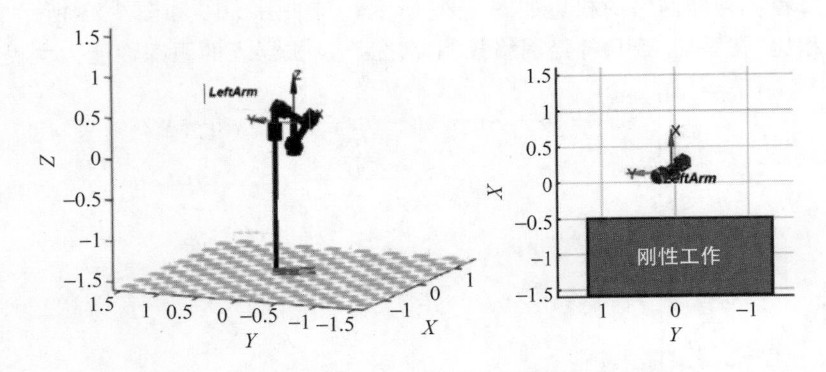

图 2-18　仿真的从机器人

2. 不同控制器下的轨迹跟踪

首先，将从机器人的控制器设计为典型的 PD 控制器，并设计了由主机设备(Touch X)为从机器人(仿真的 Baxter 机器人臂)设置的期望轨迹，其要求操作者将主操纵杆的接触杆从初始位置沿着 x 方向移动到最小值，然后沿 x 方向达到最大值，最后恢复到初始位置，时间跨度为 0～3s。然后，人类操作者沿着 y 方向执行相同的运动 3～6s，并且沿着 z

方向执行相同的运动 6～9s。具有传统 PD 控制器的从机器人的轨迹跟踪结果如图 2-19 所示。

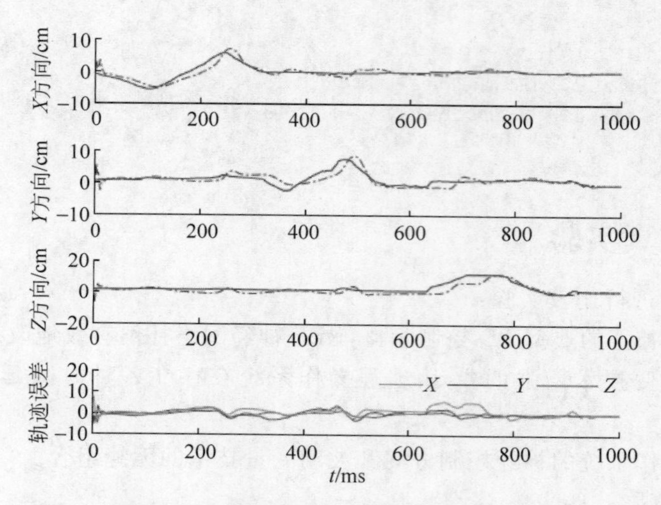

图 2-19 传统 PD 控制器的主设备(实线)和从设备(虚线)的轨迹

然后，在基本 PD 控制器之上添加 RBF 神经控制器，以将不确定的非线性动力学补偿在该实验中，保留前 10s 用于神经网络训练。

显然，不同关节的权重收敛到不同的值，其中关节 S1，W0 和 W2 的标准权重的值接近于 0，因为它们在机器人的移动期间几乎不受重力影响。在 10～19s，人工操作者重复最后一个实验的过程。神经网络的权重如图 2-20 所示。与如图 2-19 和图 2-21 所示的两个实验的跟踪性能相比，在添加 RBF 神经网络控制器之后，从机器人的跟踪性能大大提高。

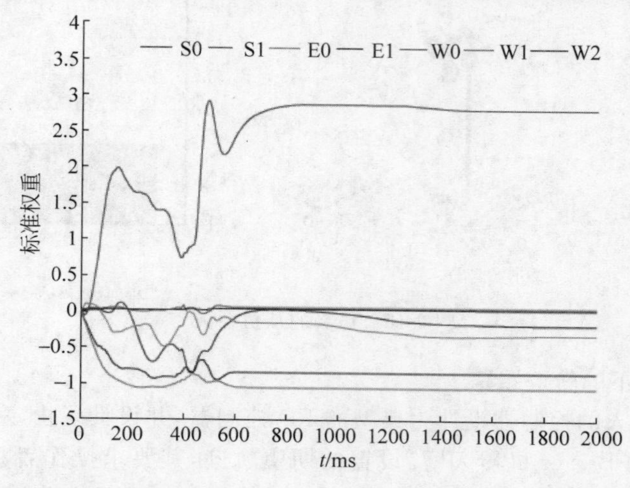

图 2-20 神经网络训练期间从机器人的每个关节的神经网络权重的标准

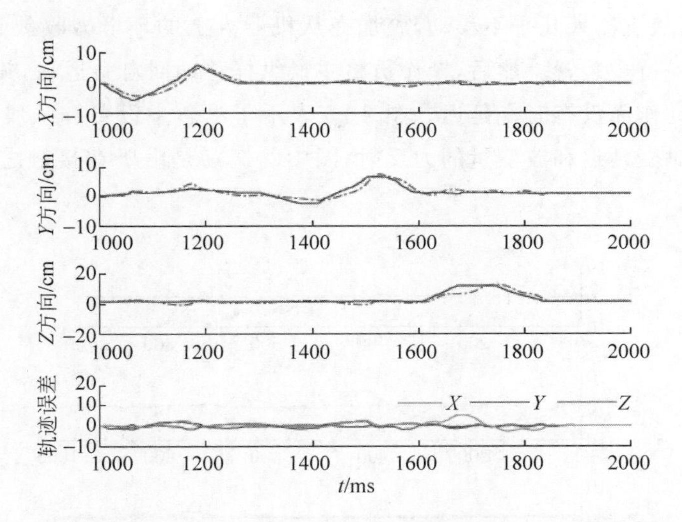

图 2-21 使用 RBF 神经网络补偿的主设备(实线)和从设备(虚线)的轨迹

3. 在不同的通信下的轨迹和力反馈

在时变延迟的情况下,系统很可能变得不稳定和不可控制。接下来测试远程操作系统通信中的波动变量技术,然后在不使用波动变量的情况下与其他实验组进行比较。实验中添加的时间延迟 T_1 和 T_2 如图 2-22 所示。图 2-22 中的力反射到人类操作者。图 2-23 是通过 $F_{fb}=K_{fb}(x_s-x_m)$计算的。

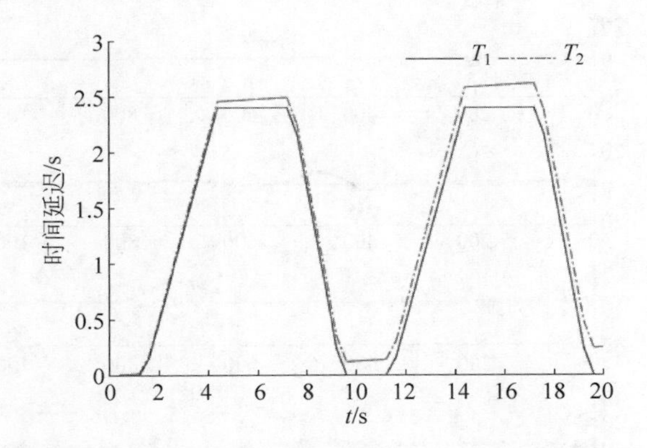

图 2-22 变化时间延迟 T_1(实线)和 T_2(虚线)

人类操作者需要重复上一次实验的两次移动,一次在通信信道中具有波变量,另一次没有。两个比较实验的轨迹跟踪性能如图 2-23 和图 2-24 所示。在力反射实验中,类似于壁的刚性工件被建立并沿 x 方向安装,如图 2-23 所示。在前 3s 中,主设备和从属机器人都处于自由运动。然后,主件开始朝向从件将接触工件的位置移动,并且接触将持续约 10s。在与工件接触期间，从机器人几乎不移动，施加在从机器人上的环境力收敛到设定值，并且操作者以恒定的力保持主装置。然后，操作员将主操纵杆移动回自由运动，并且从动机器人离开工件并跟踪主动作而没有时变延迟。图 2-25 表示了沿着主设备和从属远程机的 x 方向的轨迹以及具有时变延迟和波变量的力反射，图中的振荡是由于在接触之前和之后的力反馈的过程引起的。

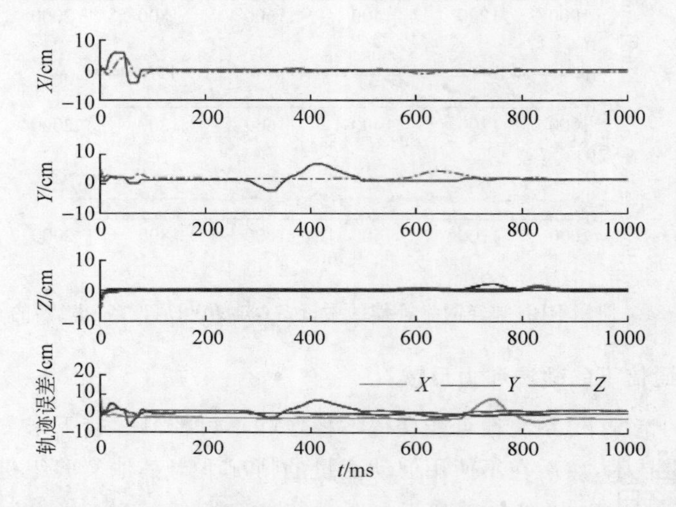

图 2-23 使用波可变技术的主设备(实线)和从设备(虚线)轨迹随时变延迟通信

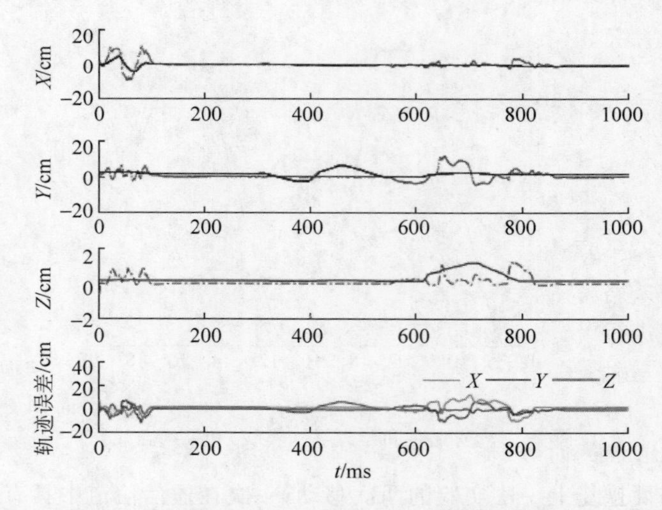

图 2-24 不使用波可变技术的主设备(实线)和从设备(虚线)轨迹随时变延迟通信

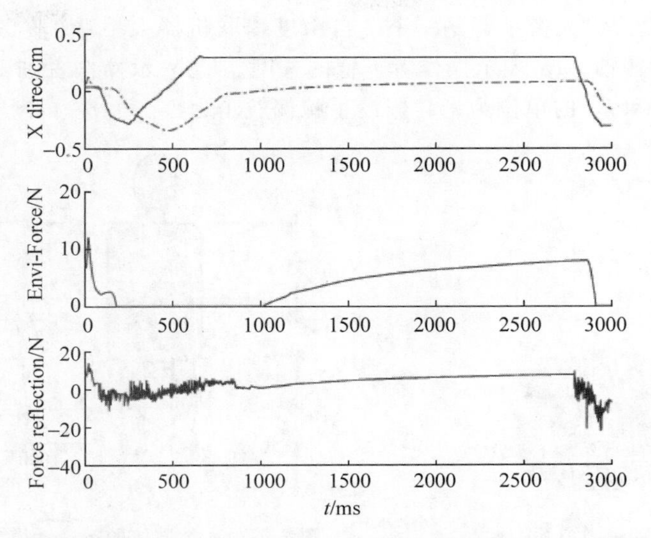

图 2-25 (顶部)使用波可变技术,随着时间延迟通信,沿着主设备(实线)和从设备(虚线)的 x 方向的轨迹;(中)对从机器人的环境力;(底部)使用波可变技术,随着时变延迟通信,沿着 x 方向对主设备施加反馈

2.3 开发混合运动捕捉方法使用 MYO 手环应用于远程操作

本节介绍根据 2.2 节所述方法搭建的仿真系统的设计方法、编程与实现。

2.3.1 引言

1. MYO 手环

如图 2-26 所示,MYO 手环(手势控制臂环)是加拿大创业公司 Thalmic Labs 推出的创新性臂环,佩戴者只要动动手指或者手,就能操作科技产品,与之发生互动。手势控制臂环可以佩戴在任何一条胳膊的前臂,探测用户的肌肉产生的电活动。它通过低功率的蓝牙设备与其他电子产品进行无线连接,不需要借助相机就可感知用户的动作。MYO 手环由 9 轴 IMU 测量单元(三轴陀螺仪、三轴加速度、三轴磁场)和 8 个肌电信号传感器组成。通过 9 轴惯性测量单元可以有效地测量穿戴者的手臂姿态,而通过 8 个肌电信号传感器可以检测操作者手臂皮肤表面的肌电信号,用于识别操作者的手势。通过 MYO 手环提供的肌电信号可以有效地估计操作者的手势。MYO 手环测量的数据可以通过蓝牙传输到计算机。

2. 人类关节运动学模型

健康的人类手臂包括肩关节、肘关节和腕关节,由 7 个自由度组成,其中肩关节包括 3 个自由度,肘关节包括 2 个自由度,腕关节包括 2 个自由度。

本节使用标准 DH 参数(见表 2-3)的方法,建立了代表人体手臂的运动学模型,如

图 2-27 所示。这里假设人类手臂是一个 7 自由度串联机器人手臂，表 2-3 显示相关的 DH 参数。Z 轴表示旋转轴。L_1 表示操作者上臂的长度。L_2 表示操作者的下臂长度。L_3 是手掌的长度。L_1、L_2 和 L_3 的单位为米。假设手腕偏航角为零。

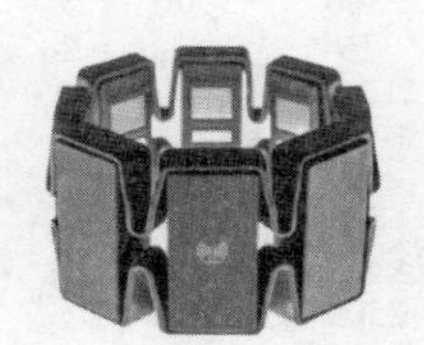

图 2-26 MYO 手环

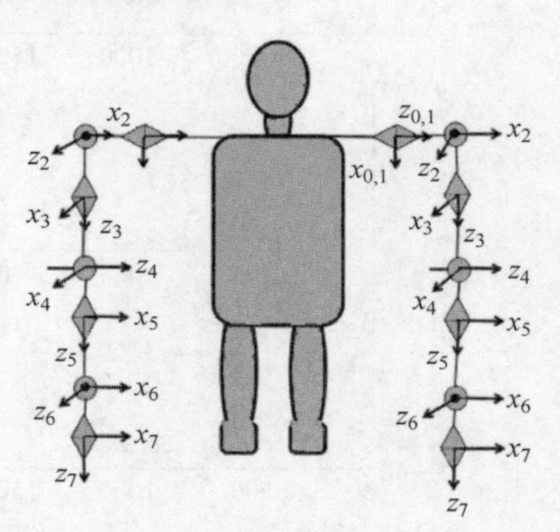

图 2-27 人类肢体的运动学模型

表 2-3 人体动力学模型的标准 DH 参数

i	θ_1	d_i	a_i	α_i
1	q_1	0	0	$-90°$
2	$q_2+90°$	0	0	$90°$
3	q_3	L_1	0	$-90°$
4	q_4	0	0	$90°$
5	q_5	L_2	0	$-90°$
6	q_6	0	0	$90°$
7	q_7	L_3	0	0

2.3.2 设计方法

1. 肩部和肘部运动捕获方法 I

如图 2-28 所示，全局坐标系(X_G,Y_G,Z_G)定义为：X 轴指向侧面；Y 轴向前，Z 轴向上。假设最初肱骨参考坐标系(X_T,Y_T,Z_T)和前臂参考坐标系(X_F,Y_F,Z_F)与全局坐标系重合，因此能够确定旋转矩阵 $\boldsymbol{R}_{GF}^{i}=[X_{GF}^{i}\quad Y_{GF}^{i}\quad Z_{GF}^{i}]$ 和 $\boldsymbol{R}_{GH}^{i}=[X_{GH}^{i}\quad Y_{GH}^{i}\quad Z_{GH}^{i}]$，其中 R 表示旋转矩阵；上标“i”表示初始位置；下标“G”、“H”和“F”分别表示全局参考坐标系、肱骨参考坐标系和前臂参考坐标系。旋转矩阵 $\boldsymbol{R}_{MN}$ 表示参考坐

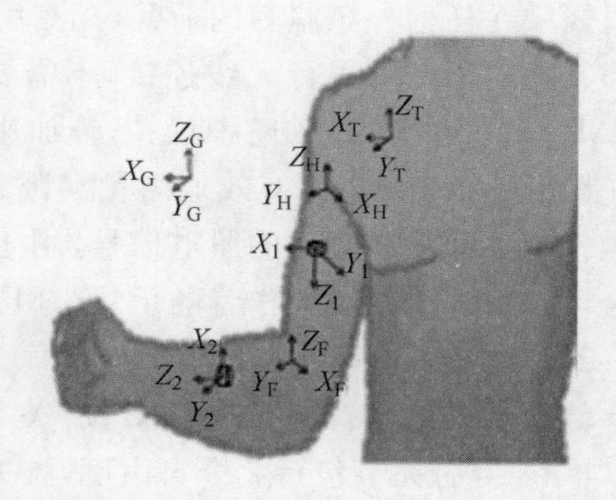

图 2-28 全局参考坐标系以及局部参考坐标系

标系“N”相对于参考坐标系“M”的姿态。列向量 $\boldsymbol{X}_{\mathrm{MN}}, \boldsymbol{Y}_{\mathrm{MN}}, \boldsymbol{Z}_{\mathrm{MN}}$ 表示用参考坐标系“M”表示坐标系“N”的坐标轴方向的单位向量，$\boldsymbol{X}_{\mathrm{MN}}, \boldsymbol{Y}_{\mathrm{MN}}, \boldsymbol{Z}_{\mathrm{MN}} \in R^{3\times 1}$。

肱骨坐标系相对于第一个 MYO 臂环坐标系和下臂坐标系相对于第二个 MYO 臂环坐标系的取向分别表示如下：

$$\boldsymbol{R}_{UH}^{i} = (\boldsymbol{R}_{GU}^{i})^{\mathrm{T}} \boldsymbol{R}_{GU}^{i}, \quad \boldsymbol{R}_{LF}^{i} = (\boldsymbol{R}_{GL}^{i})^{\mathrm{T}} \boldsymbol{R}_{GF}^{i} \tag{2.62}$$

其中，下标 U 表示佩戴在上臂上的第一 MYO 手环坐标系，下标 L 表示佩戴在下臂上的第二 MYO 手环坐标系。

当操作者将手臂移动到新的姿势时，全局坐标系中的肱骨和前臂的取向可以由以下旋转矩阵描述：

$$\boldsymbol{R}_{GH}^{f} = \boldsymbol{R}_{GU}^{f} \boldsymbol{R}_{UH}^{i}, \quad \boldsymbol{R}_{GF}^{f} = \boldsymbol{R}_{GL}^{f} \boldsymbol{R}_{LF}^{i} \tag{2.63}$$

其中，上标 f 表示操作者的手臂新姿势。

从第一个 MYO 的陀螺仪，获得四元数 $\boldsymbol{q} = [\boldsymbol{x}, \boldsymbol{y}, \boldsymbol{z}, \boldsymbol{w}]^{\mathrm{T}}$，其中 $(\boldsymbol{x}, \boldsymbol{y}, \boldsymbol{z})$ 是向量，w 是标量。

$$\boldsymbol{q} = \boldsymbol{x}_i + \boldsymbol{y}_j + \boldsymbol{z}_k + w \tag{2.64}$$

从四元数中，肱骨在全局坐标系中的姿态可以表示如下：

$$\boldsymbol{R}_{GH}^{f} = \begin{bmatrix} r_{11} & r_{12} & r_{13} \\ r_{21} & r_{22} & r_{23} \\ r_{31} & r_{32} & r_{33} \end{bmatrix} = \begin{bmatrix} 1-2(y^2+z^2) & 2(xy-wz) & 2(wy+xz) \\ 2(xy+wz) & 1-2(x^2+z^2) & 2(yz-wx) \\ 2(xz-wy) & 2(wx+yz) & 1-2(x^2+y^2) \end{bmatrix} \tag{2.65}$$

人体胳膊坐标系的关节角度图示见图 2-29。考虑参考坐标系 $\{B\}$ 和坐标系 $\{A\}$ 之间的 3 个欧拉角，即 γ、β、α，它们分别是回转角、俯仰角和偏转角。首先，参考坐标系 $\{B\}$ 与参考坐标系 $\{A\}$ 重合，然后参考坐标系 $\{B\}$ 绕 x 轴旋转 γ 弧度，然后绕 y 轴旋转 β 弧度，最后绕 z 轴旋转 α 弧度。因此，可以写成如下形式：

$$\boldsymbol{R}_{GH}^{f} = \boldsymbol{R}_Z(\alpha)\boldsymbol{R}_Y(\beta)\boldsymbol{R}_X(\gamma) = \begin{bmatrix} c\alpha c\beta & c\alpha s\beta s\gamma - s\alpha c\gamma & c\alpha s\beta c\gamma + s\alpha s\gamma \\ s\alpha c\beta & s\alpha s\beta s\gamma + c\alpha c\gamma & s\alpha s\beta c\gamma - c\alpha s\gamma \\ -s\beta & c\beta s\gamma & c\beta c\gamma \end{bmatrix} \tag{2.66}$$

其中，$c\beta$ 是 $\cos\beta$ 的简写，$s\beta$ 是 $\sin\beta$ 的简写。

从两个 MYO 手环的读数，可以计算操作者手臂的前五个关节角度。从上面的式子可以计算 3 个肩关节角度(肩部弯曲/伸展、外展/内收和内/外旋转)：

$$\beta = \mathrm{Atan2}\left(\sqrt{r_{31}^2 + r_{32}^2}, r_{33}\right) \tag{2.67}$$

$$\alpha = \mathrm{Atan2}(r_{23}/s\beta, r_{13}/s\beta) \tag{2.68}$$

$$\gamma = \mathrm{Atan2}(r_{32}/s\beta, -r_{31}/s\beta) \tag{2.69}$$

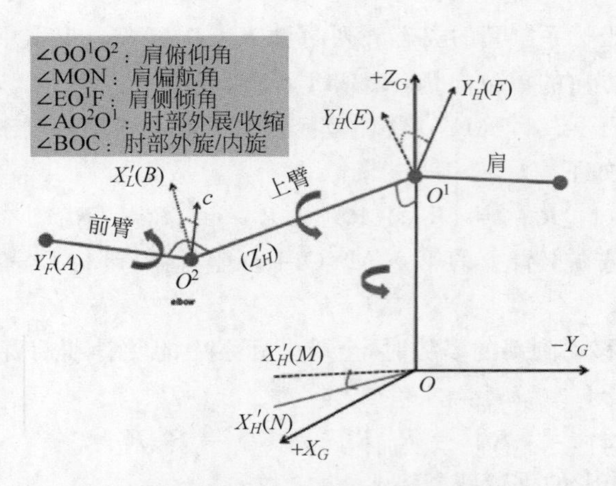

图 2-29　人体胳膊坐标系的关节角度图示

其中，γ、α 和 β 分别代表肩关节回转角、偏转角和俯仰角。

通过从两个 MYO 手环收集的数据，还可以计算两个肘关节角度(肘屈曲/伸展和旋前/旋后)，通过第二个 MYO 臂环可以得到如下旋转矩阵：

$$\boldsymbol{R}_{GL}^{f} = \begin{bmatrix} a_{11} & a_{12} & a_{13} \\ a_{21} & a_{22} & a_{23} \\ a_{31} & a_{32} & a_{33} \end{bmatrix} \tag{2.70}$$

因此可得：

$$A_{fe} = \arccos(a_{12}r_{13} + a_{22}r_{23} + a_{32}r_{33}) \tag{2.71}$$

$$A_{ps} = \arccos(a_{11}\ r_{11} + a_{21}\ r_{21} + a_{31}\ r_{31}) \tag{3.72}$$

其中，A_{fe} 和 A_{ps} 分别表示肘关节屈曲和肘弯的关节角度。

2. 肩部和肘部运动捕获方法Ⅱ

为了估计上臂的旋转角度，需要先找出用于描述操作者上臂三个旋转轴线的旋转矩阵。$\boldsymbol{W}_{FE}$、$\boldsymbol{W}_{AA}$、$\boldsymbol{W}_{IE}$ 是相对于胸部坐标系的旋转矩阵，分别用来描述上臂屈曲伸展、外展内收和内旋外旋的旋转轴。

计算旋转矩阵 $\boldsymbol{W}_{FE}$ 的步骤如下：

① 操作者手臂戴两个 MYO 手环站立，将手臂自然放在一侧。

② 让操作者以缓慢速度完全弯曲上臂，到达手臂弯曲上限后，将手臂伸回到初始位置。

计算旋转矩阵 $\boldsymbol{W}_{AA}$ 的步骤如下：

① 让操作者以缓慢的速度完全外展上臂。

② 让操作者将手臂加回到初始位置。

通过相同的过程，以下面的方式找到 $\boldsymbol{W}_{IE}$。让操作者的手臂以适当的速度向内充分旋转，然后旋转回到初始位置。操作者每个动作执行 5 次。为了找到胸部坐标系中上臂屈曲伸展的旋转轴，假设胸部坐标系是固定的，并且胸部的坐标系与全局坐标系重合。上臂的 MYO 手在最初参考坐标系中的姿态用旋转矩阵表示如下：

$$\boldsymbol{R}_U^{if} = (\boldsymbol{R}_{GU}^i)\boldsymbol{R}_{GU}^f \tag{2.73}$$

R_U^{if} 的旋转轴可以由下面的对称矩阵表示：

$$\boldsymbol{W}_U^{FE} = \boldsymbol{R}_U^{if} - (\boldsymbol{R}_U^{if})^{\mathrm{T}} = \begin{bmatrix} 0 & -w_z & w_y \\ w_z & 0 & -w_x \\ -w_y & w_x & 0 \end{bmatrix} \tag{2.74}$$

旋转矩阵$\boldsymbol{W}_U^{FE}$关于旋转轴的描述为：

$$W = \boldsymbol{W}_U^{FE} / \sqrt{w_x^2 + w_y^2 + w_z^2} \tag{2.75}$$

因为胸部坐标系与全局坐标系重合，所以胸部坐标系中的旋转轴的旋转矩阵可以写为

$$\boldsymbol{W}_{FE} = \boldsymbol{R}_{GU}^i \boldsymbol{W} \tag{2.76}$$

同理，可以引入对应于外展内收和内旋外旋的旋转轴的反对称矩阵。可以计算出肱骨坐标系在胸部坐标系中的姿态为

$$\boldsymbol{R}_{TH}^n = (\boldsymbol{R}_{GT}^n)^{\mathrm{T}} \boldsymbol{R}_{GH}^n \tag{2.77}$$

其中，下标"T"表示胸部坐标系。在时间步骤 n，肱骨坐标系相对于初始姿态的的旋转矩阵可以计算为

$$\boldsymbol{R}_T^{i,n} = (\boldsymbol{R}_{TH}^i)^{\mathrm{T}} \boldsymbol{R}_{HR}^n \tag{2.78}$$

刚体围绕固定轴线旋转以指数形式描述为 $\boldsymbol{R} = \mathrm{e}^{Wq}$，其中 $q \in R$ 是围绕旋转轴线的旋转角度，用更明确的形式可以表示为

$$\boldsymbol{R} = \mathrm{e}^{\hat{W}q} = \boldsymbol{I} + \hat{\boldsymbol{W}}\sin q + \hat{\boldsymbol{W}}^2(1 - \cos q) \tag{2.79}$$

其中，$w = (w_x, w_y, w_z)^{\mathrm{T}} \in R^{3\times 1}$，$W$ 表示刚体的旋转轴。在肩关节中有 3 个自由度，使得上臂的运动可以分解成 3 个连续的旋转，分别是围绕屈伸伸展的轴线、外展内收的轴线和内旋外旋的轴线，计算公式如下

$$\boldsymbol{R}_{\text{shoulder}} = \mathrm{e}^{W^{FE} q_{FE}} \ \mathrm{e}^{W^{AA} q_{AA}} \ \mathrm{e}^{W^{EI} q_{EI}} \tag{2.80}$$

其中，$\boldsymbol{R}_{\text{shoulder}}$ 和式(2.78)中的 $\boldsymbol{R}_T^{i,n}$ 表示上臂相同的运动。q_{FE}、q_{AA}、q_{EI} 分别是相对于伸展的轴线、外展内收的轴线和内旋外旋的轴线的旋转角。

下臂的最终位置相对于第二个 MYO 手环坐标中的初始位置的姿态是

$$\boldsymbol{R}_L^{if} = (\boldsymbol{R}_{GL}^i)^{\mathrm{T}} \boldsymbol{R}_{GL}^f \tag{2.81}$$

R_L^{if} 的旋转轴用斜对称矩阵 $\boldsymbol{R}_L^{EF}$ 表示为

$$\boldsymbol{W}_L^{EF} = \boldsymbol{R}_L^{if} - (\boldsymbol{R}_L^{if})^{\mathrm{T}} \tag{2.82}$$

下臂 MYO 坐标系旋转轴用旋转矩阵表示为

$$\boldsymbol{W}_2 = \boldsymbol{W}_L^{EF} / \sqrt{w_{2x}^2 + w_{2y}^2 + w_{2z}^2} \tag{2.83}$$

其中，w_{2x}^2、w_{2y}^2 和 w_{2z}^2 是 $\boldsymbol{W}_L^{EF}$ 的元素。相对于上臂 MYO 手环坐标系中，旋转轴的姿态表示为

$$\boldsymbol{W}_1 = \boldsymbol{R}_{UL}^i \boldsymbol{W}_2 \tag{2.84}$$

肱骨坐标系中旋转轴的姿态为

$$\boldsymbol{W}_{EF} = (\boldsymbol{R}_{GH}^i)^{\mathrm{T}} \boldsymbol{R}_{GU}^i \boldsymbol{W}_1 \tag{2.85}$$

前臂坐标系在肱骨坐标系中的姿态为

$$\boldsymbol{R}_{HF}^{n} = (\boldsymbol{R}_{GH}^{n})^{\mathrm{T}} \boldsymbol{R}_{GF}^{0} \tag{2.86}$$

下臂在肱骨坐标系中的姿态为

$$\boldsymbol{R}_{H}^{i,n} = (\boldsymbol{R}_{HF}^{i})^{\mathrm{T}} \boldsymbol{R}_{HF}^{n} \tag{2.87}$$

考虑到肘部有两个自由度。肘的运动可以由两个连续的旋转组成：一个是关于肘关节的屈曲伸展，另一个是关于肘关节的内旋外旋

$$\boldsymbol{R}_{\mathrm{elbow}} = \mathrm{e}^{W^{FE} q_{FE}} \ \mathrm{e}^{W^{PS} q_{PS}} \tag{2.88}$$

其中，$\boldsymbol{R}_{\mathrm{elbow}}$ 和 $\boldsymbol{R}_{H}^{i,n}$ 是描述操作者肘关节运动的旋转矩阵，q_{FE} 和 q_{PS} 分别是相对于轴关节屈曲延伸轴和内旋外旋轴的旋转角度。

3. 手腕关节角度估计

当 MYO 手环佩戴在操作者的前臂上时，它能够通过 *EMG* 信号识别操作者的手姿势。通过确定的手势，基于 *EMG* 信号建立关节角度模型。这里只估算手腕的回转角。令 θ_i 表示腕关节角，其中 $i=1,2$ 表示不同的旋转方向。*EMG*(*IEMG*)是一个引入的变量，可以通过应用全智能整流和平滑得到。*EMG* 信号的幅度作为 *IEMG* 信号的平均值的 *AIEMG* 特征表示。其中，$IEMG1(n)(n=1,\cdots,8)$是第 1 个 *EMG* 传感器测量第 n 参考坐标系中的 *IEMG* 信号的值。第 n 参考坐标系中的 *AIEMG* 特征的平均值计算如下

$$AIEMG_l(m) = \frac{1}{t}\int_0^t IEMG_l \mathrm{d}t \tag{2.89}$$

假设腕关节角度的幅度和 *ENG* 信号之间的关系是近似线性的。腕关节角度计算为

$$E(n) \frac{1}{L}\sum_{l=1}^{8} AIEMG_l(n) \tag{2.90}$$

其中，$\theta_i^{\max}$ 是手势 i 中角度的最大值，$i=1$ 表示手掌向内，$i=2$ 表示手掌向外。$E_i^{\max}$ 和 $E_i^{\min}$ 分别是 $E(n)$的最大值和最小值，因此

$$\hat{\theta}_i = \frac{E(n) - E_i^{\min}}{E_i^{\max} - E_i^{\min}} \theta_i^{\max} \tag{2.91}$$

2.3.3 仿真系统设计

根据编者前期研究工作，下面介绍根据上述方法搭建的仿真系统的编程与实现。设计仿真系统如图 2-30 所示。它的工作原理为：MYO 手环用于采集操作者手臂的姿态数据，经过无线蓝牙发送到计算机。然后通过一个 C++程序对这些数据进行处理，计算出操作者手臂的关节角度，包括 3 个肩关节角度和 2 个肘关节角度，从而确定手臂的姿态。最后，通过无线网络将关节角发送到另一台计算机中的 MATLAB 程序，用于控制虚拟的机器人模型。

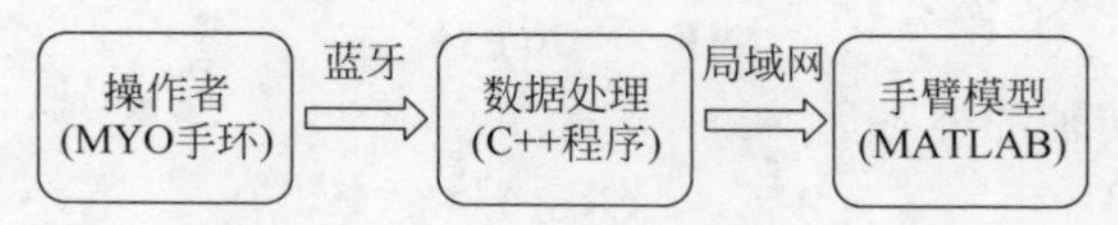

图 2-30 仿真系统的结构

1. 使用程序接收并处理 MYO 手环传输的数据

所使用的代码如下：

```
if (identifyMyo(myo) == 1)
 {
 //Calculate Euler angles (roll, pitch, and yaw) from the unit quaternion.

 a11 = 1 - 2 * (quat.y() * quat.y() + quat.z() * quat.z());
 a12 = 2 * (quat.x() * quat.y() - quat.z() * quat.w());
 a13 = 2 * (quat.x() * quat.z() + quat.y() * quat.w());
 a21 = 2 * (quat.x() * quat.y() + quat.z() * quat.w());
 a22 = 1 - 2 * (quat.x() * quat.x() + quat.z() * quat.z());
 a23 = 2 * (quat.y() * quat.z() - quat.x() * quat.w());
 a31 = 2 * (quat.x() * quat.z() - quat.y() * quat.w());
 a32 = 2 * (quat.y() * quat.z() + quat.x() * quat.w());
 a33 = 1 - 2 * (quat.x() * quat.x() + quat.y() * quat.y());

 //calculated the three shoulder joint angles.
 float pitch = atan2( -1 * a31, sqrt(a11 * a11 + a21 * a21));
 float yaw = atan2(a21 / (cos(pitch)), a11 / (cos(pitch)));
 float roll = atan2(a32 / (cos(pitch)), a33 / (cos(pitch)));
 //转换为度数
 pitch_w = pitch / 3.14 * 180;
 roll_w = -1 * roll / 3.14 * 180;
 yaw_w = yaw / 3.14 * 180;
 }
 else
 {
 //Calculate Euler angles (roll, pitch, and yaw) from the unit quaternion.

 b11 = 1 - 2 * (quat.y() * quat.y() + quat.z() * quat.z());
 b12 = 2 * (quat.x() * quat.y() - quat.z() * quat.w());
 b13 = 2 * (quat.x() * quat.z() + quat.y() * quat.w());
 b21 = 2 * (quat.x() * quat.y() + quat.z() * quat.w());
 b22 = 1 - 2 * (quat.x() * quat.x() + quat.z() * quat.z());
 b23 = 2 * (quat.y() * quat.z() - quat.x() * quat.w());
 b31 = 2 * (quat.x() * quat.z() - quat.y() * quat.w());
 b32 = 2 * (quat.y() * quat.z() + quat.x() * quat.w());
 b33 = 1 - 2 * (quat.x() * quat.x() + quat.y() * quat.y());

 //calculated the elbow joint angles
 float Pitch = acos(a11 * b11 + a21 * b21 + a31 * b31);
 //float Roll = acos((a31 * b21 - a21 * b31) * b12 + (a11 * b31 - a31 * b11) * b22 + (a21 *
b11 - a11 * b21) * b32);
 float Roll = acos(a12 * b12 + a22 * b22 + a32 * b32);
 //转换成度数
 Pitch_w = Pitch / 3.14 * 180;
 Roll_w = Roll / 3.14 * 180;
```

2. 使用 MATLAB 机器人工具箱对机器人进行建模

所使用的 MATLAB 代码如下：

```
%设置机器人的连杆长度
l1 = 0.27;
l2 = 0.069;
l3=0.28;
deg = pi/180;
clear L;
%使用标准的 DH 参数对人体手臂进行建模
%           \theta       d  a  \alpha  \sigma
                         %0.1  %0.069
L(1) = Link([0,        0.1,  0.069, -pi/2 ,  0], 'standard');
L(2) = Link([pi/2,        0,  0, pi/2 ,  0], 'standard');
L(3) = Link([0,        0.364,  L2, -pi/2 ,  0], 'standard');
L(4) = Link([0,     0,  0, pi/2 ,  0], 'standard');
L(5) = Link([0,     0.104+0.271,  0.01, -pi/2 ,  0], 'standard');
L(6) = Link([0,        0,  0, pi/2 ,  0], 'standard');
L(7) = Link([0,     0.28,  0,  0,  0], 'standard');
%显示手臂的名称
D_H =SerialLink(L, 'name', 'robot arm');
%设置初始位姿
oqz=[0,0,0,0,0,0,0];
oqn=[0,pi/2,0,0,0,0,0];
%画出机器人模型
D_H.plot(oqn);
%设置观察角度
view(100,45);
clear L;
```

2.3.4 仿真实验

为了验证仿真系统的有效性，开展了以下实验：让一个操作者参与到实验中。操作者在同一个手臂上穿戴两个 MYO 手环，保持站立的姿势。第一个 MYO 手环佩戴在上臂中心附近，第二个 MYO 手环佩戴在前臂中心附近。利用本书介绍的 MATLAB 机器人工具箱建立虚拟的机器人手臂，其初始姿势如图 2-31 所示。

在操作者控制虚拟机器人臂之前，MYO 手环必须被校准，并且 EMG 传感器必须进行一段时间的"适应"操作者手臂，使得 MYO 手环能够辨别不同的手姿势。操作者不能移动位置，使得只有两个臂可以自由移动。而且，实验过程中，手臂的移动速度不能过快。

如图 2-32 所示，可以看到，当操作者以适当的速度移动臂时，虚拟机器人臂很好地跟随操作者的手臂运动。操作者手臂在不同姿势下的方向如表 2-4 和表 2-5 所示，前三行的值

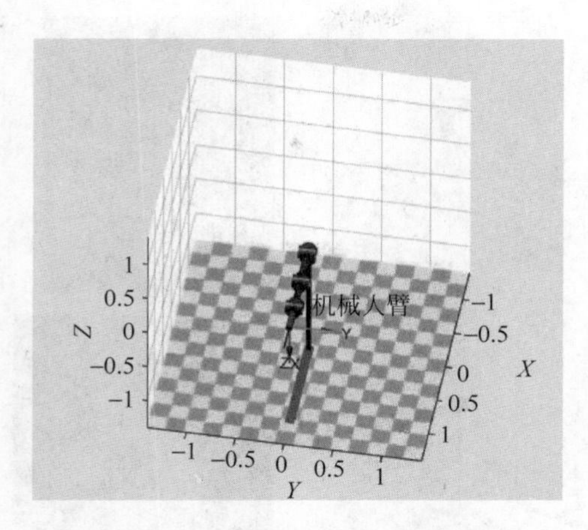

图 2-31 机器人模型的初始位姿

分别用于俯仰角、回转角和偏转角。第四和第五行的值为肘关节的弯曲和回转角度，第六行为手腕关节角度。可以看到，两种方法都能够捕获人的手臂姿势。

表 2-4 第一种方法计算不同位置的操作者臂的关节角度

姿 态	俯仰角	翻滚角 1	偏航角	屈伸角	翻滚角 2	手腕翻滚角
1	12.58	−17.44	12.36	18.72	5.70	0
2	4.41	−31.54	−11.78	12.85	19.31	42.85
3	−15.42	−28.08	62.70	18.59	12.34	0
4	−15.61	−79.54	53.28	6.5	47.69	0
5	−64.96	−18.30	20.04	16.63	47.69	0
6	6.63	−21.30	−8.79	89.58	17.54	0
7	0.07	−22.65	−10.28	73.02	27.49	0
8	−34.87	−58.39	22.93	65.68	30.05	75.08

表 2-5 第二种方法计算不同位置的操作者臂的关节角度

姿 态	俯仰角	翻滚角 1	偏航角	屈伸角	翻滚角 2	手腕翻滚角
1	18.00	−8.02	−4.67	16.33	0.78	0
2	12.18	−24.52	−6.23	7.92	21.34	42.85
3	−21.34	−40.41	47.55	8.63	13.51	0
4	−4.92	−86.27	41.59	36.6	12.60	0
5	−77.18	−21.12	−31.01	14.28	5.56	0
6	−4.19	−21.52	−12.36	81.25	21.84	0
7	5.17	−19.51	−8.61	71.00	4.16	0
8	−42.61	−66.68	−59.90	60.19	27.81	75.08

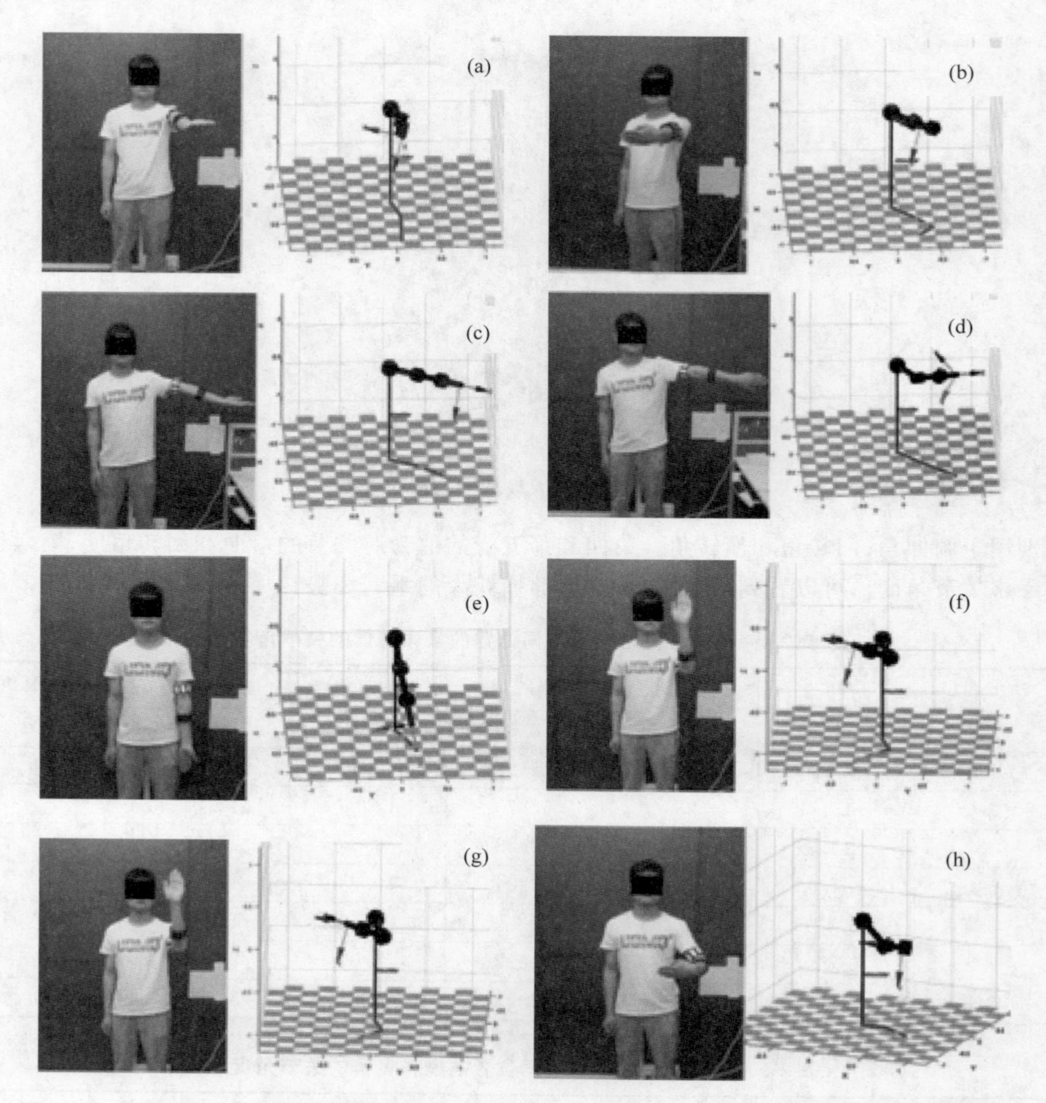

图 2-32 操作者的不同手臂姿态控制不同的机械臂姿态(使用 MATLAB 工具箱中的仿真机器人)
(a) 姿态 1：操作者的手臂初始姿势；(b) 姿态 2：操作者的手波入；(c) 姿态 3：操作者的肩膀内收；(d) 姿态 4：操作者的肩部内旋；(e) 姿态 5：操作者的手臂放下；(f) 姿态 6：操作者的肘伸展；(g) 姿态 7：操作者的肘关节；(h) 姿态 8：操作者的复杂姿势

2.4 基于自适应参数识别的 Geomagic Touch X 触觉装置运动学建模

本节主要介绍基于自适应参数识别的 Geomagic Touch X 触觉装置运动学建模的步骤、仿真设计、编程与实现。

2.4.1 引言

在过去二十年中，力反馈设备的商业化已使得触觉技术广泛应用在各个方面，例如虚拟现实、遥操作、娱乐和医学研究。触觉技术在如牙修复和医学模拟中成为研究热点，引起了广泛的关注。

Geomagic Touch X 是由 SensAble 技术公司开发的触觉装置，不仅仅提供了力反馈装置，还提供了硬件驱动程序和软件包(OpenHaptics 工具包)。它支持一系列如手动旋转的动作，支持各种商业、学术和研究应用。该装置是专门为动觉反馈设计，包含了一系列机器手臂以及一个手柄。它的机器手臂包括 3 个旋转关节，每个关节配备一个电机提供反馈力。手柄是通过一个万向节安装在机器手臂末端的。Touch X 设备具有级联结构，具有定位精度高、工作空间大、摩擦小、惯性低的性能。

当操作者在人机交互应用上使用触觉设备，如医学模拟训练，需要设计一个视觉反馈接口在模拟环境中显示用户的操作来作为反馈信息，提高操作可控性。为了达到这个目的，首先需要建立一个高精度的机器人运动学模型来描述机器人的运动。MATLAB 软件包提供了一个有效的仿真环境，包含了多种专业工具箱和许多数学函数，因此，该软件包应用于机器人实时的控制和运动性能的表示。Robotics Toolbox 是一个在 MATLAB 下建立的机器人仿真软件，也已广泛应用。它允许用户以一个简单的方式规划轨迹和实现坐标变换，同时有内置模块来获取机器人动力学和运动学信息，而这些功能都是创建仿真模型的基础。

DH 方法已广泛应用于描述机器人的运动学模型。它可以用来建立运动学模型以分析机器人结构的几何形状。如果一个机器人的 DH 参数是完全已知的，机器人的运动就可以很容易地利用机器人工具箱进行模拟，并计算机器人的运动学(例如雅可比矩阵、关节姿态等)。

然而 Touch X 装置的标称 DH 参数并不提供给用户，而且由于机械结构是看不见的，所以不易测量。相反，官方提供的 SDK 提供了末端执行器的位置和关节角度。为了获得精确的 DH 参数并进一步建立运动学模型，需要通过参数估计方法确定有效的 DH 参数。

机器人的自适应控制已经研究了数十年，它一直被视为一个强大的用来估计机器人系统未知参数的工具。通过使用恰当的自适应规律和一些错误估计的信息，估计的参数可以渐近收敛到真实值。

本节提到的自适应参数估计算法被应用于解决 DH 参数识别问题。同时，利用 DH 表示法模拟三维运动学模型来表示 Touch X 的运动。此外，实施实验来测试模型的精确度和验证参数估计的有效性。本节建立一个 Touch X 设备的精确模型，利用有限时间收敛估计来确定未知的 DH 参数和精确确定器件的工作空间。

2.4.2 建模步骤

Touch X 触觉设备的运动学建模过程包括以下步骤。首先，介绍该触觉设备的基本机械结构；其次，使用修改的 DH 法来获取 Touch X 的正向运动学方程；然后，利用自适应有限时间估计的方法来获取触觉设备的DH参数。

1. Touch X设备的描述

Geomagic的Touch X触觉设备由一系列环节组成，包括6个旋转关节。前3个关节配备直流电机和光电编码器，这些关节描述了末端执行器的位置和确定了反馈力大小。后3个关节通过万向节连接到端部执行器，这些关节与手柄的方向有关。同时，通过OpenHaptics工具包，用户可以通过手柄获取关节角度和末端控制器的位置。

2. 机器人正运动学模型

正向运动学用来描述关节角度和机器人位置和方向之间的关系。对于Touch X触觉设备，本地化端部执行器的位置是很重要的，因为它代表了手柄柄端并且将用于在虚拟环境中位置信息的广义化。同时，手柄的方向与3个转动关节形成的万向节有关。这是一个有效的结构，因为它允许用户独立地控制和定位。为了建立一个与Touch X相似的运动学模型，需要计算出它的运动学模型的DH参数见表2-6。Touch X的运动学模型如图2-33所示。

Touch X模型的DH参数

连　杆	a_{i-1}(m)	d_i(m)	α_{i-1}(rad)	θ_i
1	0	0	0	q_1
2	0	0	$-\pi/2$	q_2
3	l_1	0	0	q_3
4	0	l_2	$-\pi/2$	q_4
5	0	0	$-\pi/2$	q_5
6	0.030	0	$-\pi/2$	q_6

α_{i-1}表示连杆的旋转，a_{i-1}表示连杆的长度，d_{i-1}表示连杆的偏移，还有θ_{i-1}表示关节角度，它们都是变量。连杆长度L_1和L_2是关节2和3、关节3和5之间的长度。在运动学模型中，关节4和5分别设置在两个正交点的同一点上。因此，连杆偏移d_5设置为零。由于在运动学模型中关节4、5和6只代表方向，与末端执行器的位置无关。连杆长度a_5可以通过直尺来预先测量。注意：L_1和L_2的长度由于机械结构是看不见的因此是未知的，很难精确地测量它的值，这些参数将通过下一节的估计算法得到。

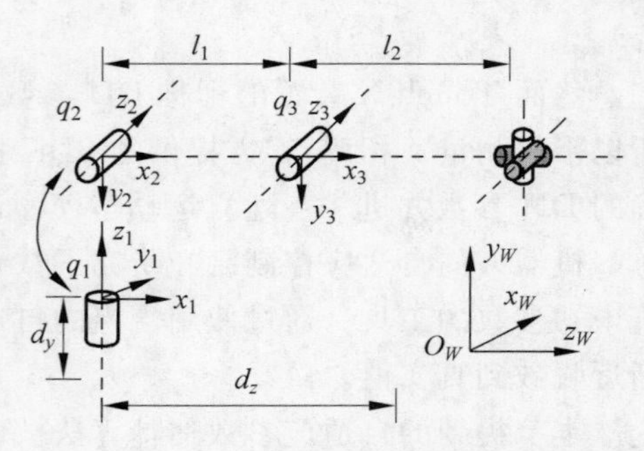

图2-33　Touch X的运动学模型示意图

利用DH表示法，Touch X设备的每一个环节都附有一个坐标系。当θ_1等于零的时候与坐标系{1}有关，坐标系{2}的原点与坐标系{1}相同。

有了这些DH参数，有关$i-1$到i所涉及的坐标系的齐次变换矩阵如下所示。

$$
{}^{i-1}\boldsymbol{A}_i=\begin{bmatrix} c_i & -s_i & 0 & a_{i-1} \\ s_i c\alpha_{i-1} & c_i c\alpha_{i-1} & -s\alpha_{i-1} & -s\alpha_{i-1}d_i \\ s_i s\alpha_{i-1} & c_i s\alpha_{i-1} & c\alpha_{i-1} & c_i c\alpha_{i-1}d_i \\ 0 & 0 & 0 & 1 \end{bmatrix} \tag{2.92}
$$

参考式(2.92)可以计算从端部执行器到基坐标的变换矩阵，可以通过以下矩阵乘法计算所得

$$
{}^0\boldsymbol{A}_n={}^0\boldsymbol{A}_1{}^1\boldsymbol{A}_2\cdots{}^{n-1}\boldsymbol{A}_n \tag{2.93}
$$

与固定的参考坐标机器人运动学模型不同，Touch X 有自己的世界坐标系。因此，为了使得运动学模型的直角坐标系与 Touch X 设备匹配，将一个世界坐标系$\{OW\}$添加到模拟的运动学模型，如图 2-34 所示。坐标矩阵$\{0\}$到世界坐标系$\{W\}$的变换矩阵可以计算如下

$$
{}^W\boldsymbol{A}_0=R_x(\pi)\boldsymbol{R}_z\left(-\frac{\pi}{2}\right)\boldsymbol{R}_y\left(\frac{\pi}{2}\right)\boldsymbol{T}_y(d_y)\boldsymbol{T}_z(d_z) \tag{2.94}
$$

其中，$\boldsymbol{R}_x(\cdot)$，$\boldsymbol{R}_y(\cdot)$，$\boldsymbol{R}_z(\cdot)\in R^{4\times4}$表示沿 x、y、z 轴的齐次旋转变换矩阵，$\boldsymbol{T}_y(\cdot)$，$\boldsymbol{T}_z(\cdot)$表示沿 y、z 轴的转换矩阵，dy 和 dz 表示偏移参数。$\boldsymbol{R}_y(\cdot)$，$\boldsymbol{R}_z(\cdot)$可从实验获得，因为 x 方向没有偏移，因此 $\boldsymbol{T}_x(\cdot)$不考虑。

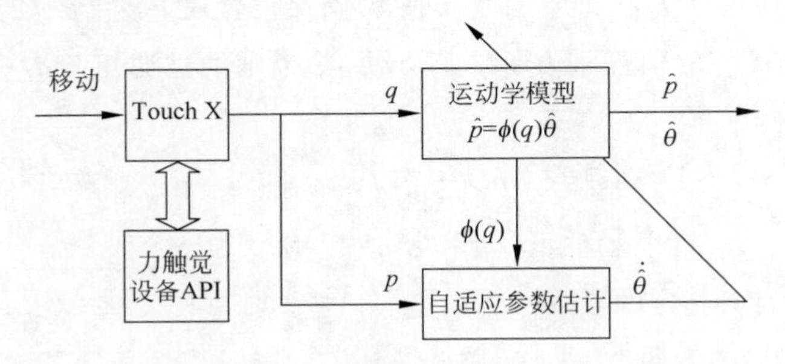

图 2-34　自适应参数估计过程

因此末端控制器从坐标$\{e\}$到世界坐标$\{W\}$的转换可以通过以下转换

$$
{}^W\boldsymbol{A}_e={}^W\boldsymbol{A}_0\,{}^0\boldsymbol{A}_e \tag{2.95}
$$

其中，${}^W\boldsymbol{A}_e$ 可以如下计算

$$
{}^W\boldsymbol{A}_e=\begin{bmatrix} s_1c_{23} & -c_1 & -s_1s_{23} & p_x \\ -s_{23} & 0 & -c_{23} & p_y \\ c_1c_{23} & s_1 & -c_1s_{23} & p_z \\ 0 & 0 & 0 & 1 \end{bmatrix} \tag{2.96}
$$

其中 s_i，c_i，s_{ij} 和 c_{ij} 分别表示 $\sin q_i$，$\cos q_i$，$\sin(q_i+q_j)$和 $\cos(q_i+q_j)$。p_x，p_y 和p_z表示末端执行器的位置：

$$
\begin{aligned}
p_x &= -\sin q_1\cos q_2 l_1-l_2\sin q_1\sin q_3 \\
p_y &= l_1\sin q_2-l_2\cos q_3+d_y \\
p_z &= l_1\cos q_1\cos q_2+l_2\cos q_1\sin q_3+d_z
\end{aligned} \tag{2.97}
$$

式(2.97)中的运动学方程可以用一个紧凑的形式重写为

$$\boldsymbol{p}=\varphi(\boldsymbol{q}) \tag{2.98}$$

其中,$\boldsymbol{p}=[p_x,p_y,p_z]^T$ 是连续函数向量,$\boldsymbol{q}\in R3$,是关节向量。

这样,建立了 Touch X 的正向运动学和它的位置跟关节角度的关系。

末端执行器的笛卡儿位置可以通过正向运动学模型计算所得。然而,制造商不提供触觉设备的 DH 参数。因此采用了一种自适应的有限时间参数估计方法来确定这个 DH 参数,以获取精确的值来建立运动学模型。在估算之前,将式(2.98)改写为:

$$\boldsymbol{p}=\boldsymbol{\phi}(\boldsymbol{q})\,\boldsymbol{\theta}$$

其中,$\boldsymbol{\theta}=[l_1,l_2,d_y,d_z]^{\mathrm{T}}\in R^4$,是未知的参数向量。而$\boldsymbol{\phi}(\boldsymbol{q})\in R^{3\times4}$是已知的回归矩阵。根据$p_x,p_y,p_z$和 θ 的定义,$\boldsymbol{\phi}(\boldsymbol{q})$可以定义如下

$$\boldsymbol{\Phi}(\boldsymbol{q})=\begin{bmatrix}-\sin q_1\cos q_2 & -\sin q_1\sin q_3 & 0 & 0\\ \sin q_2 & -\cos q_3 & 1 & 0\\ \cos q_2\cos q_2-1 & \cos q_1\sin q_3 & 0 & 1\end{bmatrix} \tag{2.99}$$

估算的目的是使得 $\hat{\theta}(t)$ 接近它的真实值 θ,确保位置误差$\tilde{p}=p-\hat{p}$的收敛性。其中,$\hat{p}=\phi(q)\hat{\theta}$ 是真实位置 p 的估算。为了估算方便,一个辅助过滤矩阵 $\boldsymbol{D}\in R^{4\times4}$ 和向量 $\boldsymbol{F}\in R^{1\times4}$ 介绍如下

$$\begin{cases}\dot{D}=-hD+\phi^{\mathrm{T}}\phi, & D(0)=0\\ \dot{F}=-hF+\phi^{\mathrm{T}}p, & F(0)=0\end{cases} \tag{2.100}$$

其中,h 是一个由设计者指定的参数。

对上式进行积分,结果如下

$$\begin{cases}D(t)=\int_0^t \mathrm{e}^{-h(t-r)}\phi(q(r))^{\mathrm{T}}\phi(q(r))\mathrm{d}r\\ F(t)=\int_0^t \mathrm{e}^{-h(t-r)}\phi(q(r))^{\mathrm{T}}p(r)\mathrm{d}r\end{cases} \tag{2.101}$$

对比式子中的 D 和 F,再根据 p 的定义,可以得到下式

$$F=D\theta \tag{2.102}$$

可以定义由 D、F 所确定的误差向量 $\boldsymbol{W}$

$$\boldsymbol{W}=D\hat{\theta}-F \tag{2.103}$$

通过参数估计误差的定义 $\tilde{\theta}=\theta-\hat{\theta}$,$\boldsymbol{W}$ 可重定义为

$$\boldsymbol{W}=D\hat{\theta}-F=D\hat{\theta}-D\theta=D\tilde{\theta} \tag{2.104}$$

这表明,向量 $\boldsymbol{W}$ 包含了位置误差的信息,之后自适应参数估计法则如下

$$\dot{\hat{\theta}}=-\boldsymbol{\Gamma}\frac{D^{\mathrm{T}}\boldsymbol{W}}{\|\boldsymbol{W}\|} \tag{2.105}$$

其中，$\boldsymbol{\Gamma}$是一个常数学习增益矩阵。

定义 假设一个向量或矩阵函数 ϕ 是持续激发的，如果存在 $T>0$，$\varepsilon>0$，那么 $\int_t^{t+T}\phi(r)\,\phi(r)^{\mathrm{T}}\mathrm{d}r\geqslant\varepsilon\boldsymbol{I}$，$\forall\, t\geqslant 0$。

定理 使用 $\varphi(q)$满足 PE 条件的运动学模型和参数估计法则，估计误差会在有限时间内收敛 ta，满足 $ta\leqslant||\hat{\theta}(0)||\lambda\max(\boldsymbol{\Gamma}-1)/\sigma$，$\lambda\max(\cdot)$是矩阵一个最大的特征值，$\lambda\max(\cdot)>\sigma>0$，$\sigma$是一个正定值。

证明：考虑李雅普诺夫函数：

$$V=\frac{1}{2}\tilde{\theta}^{\mathrm{T}}\boldsymbol{\Gamma}^{-1}\tilde{\theta} \tag{2.106}$$

考虑上式对时间的偏导数，可得

$$\begin{aligned}\dot{V}&=\tilde{\theta}^{\mathrm{T}}\boldsymbol{\Gamma}^{-1}\dot{\tilde{\theta}}=-\tilde{\theta}^{\mathrm{T}}\frac{D^{\mathrm{T}}W}{\|D\hat{\theta}-F\|}\\&=-\frac{\tilde{\theta}^{\mathrm{T}}D^{\mathrm{T}}D\tilde{\theta}}{\|D\tilde{\theta}\|}\\&\leqslant-\|D\tilde{\theta}\|\leqslant-\mu\sqrt{V}\end{aligned} \tag{2.107}$$

其中，$\mu=\sigma\sqrt{2/\lambda_{\max}(\boldsymbol{\Gamma}^{-1})}$是一个正常数。因此，估计的收敛性得到保证。

2.4.3 仿真设计

下面介绍 Touch X 运动学建模的步骤。基于自适应参数识别的程序实现步骤框图如图 2-35 所示。

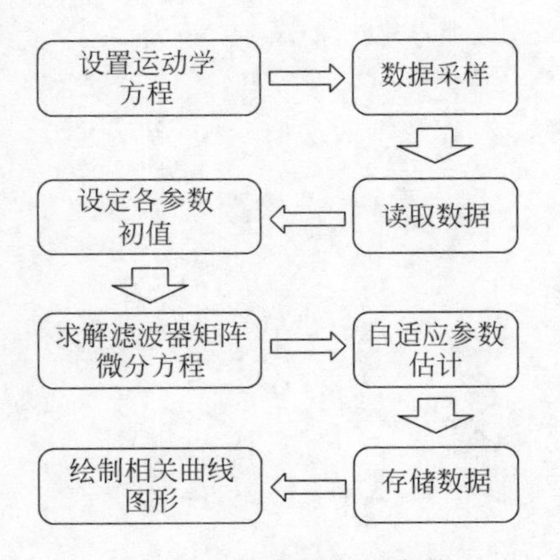

图 2-35 程序的实现步骤

根据程序的实现步骤，基于自适应参数识别的 Touch X 运动学建模进行编程，代码如下所示：

```
clc;
clear;
% ------------------ 设定初值 ----------------------------
a0 = 0;a1 = 0;a2 = 0.06;a3 = 0;a4 = 0.133;a5 = 0;                          % DH 参数初值
d1 = 0;d2 = 0;d3 = 0.0;d4 = 0.09;d5 = 0;d6 = 0.133;
theta = [a2,d3,d4]'; % 参数可以定义成一个,实时更新.
ay = 0;
az = 0;

theta_u = 10;
theta_l = - 10;
dthetalb = - 0.00275;
dthetaub = 0.00275;
kdtheta = 0.31;
% theta_u = 0.3;
% theta_l = - 0.3;

% ----------------------------------------------
h = 100;
Ki = 0.15 * eye([3,3]);                                                    % 参数估计增益 Ki
% h = 10;
% Ki = 5 * eye([3,3]);
% -----------------------------------------------
% h = 15;
% Ki = 2 * eye([12,12]);
% -----------------------------------------------
% load q_data1;
% q = Q;
% ------------------ 数据采样 ----------------------------
Q0  = importdata('JointAngle.txt');
tq = length(Q0(:,1));
i0q = ceil(tq/20) - 1;
q = zeros(i0q,9);
ik = 0;
i1q = 1;
for t0q = 1:tq
ik = ik + 1;
 if (ik > = 20)
    q(i1q,:) = Q0(t0q,:);
 ik = 0;
 i1q = i1q + 1;
 end;
end
% -------------------------------------------
q(:,7) = q(:,7)./1000;
q(:,8) = q(:,8)./1000;
```

```
q(:,9) = q(:,9)./1000;
t1 = length(q(:,1))/50;                    %总时间
dt = 0.02;                                 %时间间隔
t = 0.02:dt:t1;
i0 = length(q(:,1));                       %总步数

%q = zeros(6,i0);                          %关节角度

pr = zeros(3,i0);
p = zeros(3,1);                            %位置估计值
phi = zeros(3,3);
D = zeros(3,3);                            %滤波器矩阵初值
F = zeros(3,1);                            %滤波器向量初值
Dtemp = zeros(3,3);                        %D初值
phif = zeros(3,3);
ptemp = zeros(3,4);

W = zeros(3,1);
dtheta = zeros(3,1);

ep = zeros(3,1);                           %位置误差;

data_p = zeros(i0,3);
data_phi{i0} = zeros(i0,3);
data_theta = zeros(i0,3);
data_dtheta = zeros(i0,3);
data_W = zeros(i0,3);
data_ep = zeros(i0,3);

% ------------------ 第k0步 --------------------------
for k0 = 1:i0
%for k0 = 1:260
% ------------------ 读取数据 --------------------------
    %读取t时刻q数据
% q1 = q(k0,1);q2 = q(k0,2) + pi/2;q3 = q(k0,3) + pi/2;q4 = q(k0,4);q5 = q(k0,5);q6 = q(k0,6);
q1 = q(k0,1);q2 = q(k0,2);q3 = q(k0,3);q4 = q(k0,4);q5 = q(k0,5);q6 = q(k0,6);

%pr = [q(k0,7);q(k0,8) + 0.1 - d4;q(k0,9) + a2];
pr = [q(k0,7);q(k0,8) - 0.03335;q(k0,9) + 0.13335];

%pr = [q(k0,7);q(k0,8) + 0.1 - d4;q(k0,9) + a2];
% ------------------ 运动学方程 --------------------------
% ------------------ t时刻 ------------------------------
phi1 = [ - sin(q1) * cos(q2)
    0
    - sin(q1) * sin(q3)]';
```

```
phi11 = 0;
 phi2 = [sin(q2)
        0
       - cos(q3)]';
   phi22 = 0;
     phi3 = [cos(q1) * sin(q3)
            0
          cos(q1) * cos(q2)]';
      phi33 = 0;
 phi = [phi1;phi2;phi3];
  p = phi * theta;

 ep = p - pr; % 位置误差
  % ---------------- 求解滤波器矩阵微分方程 -----------------
  % ---------------- t - dt to t 时刻 ----------------------------------

 B1 = phi' * phi;
 for i = 1:3 % 第 i 个列向量
b1 = B1(:,i);
dD1 = @(r,D1)( - h. * D1 + b1); % 微分方程,变量 D1
 %[xt,DOUT] = ode45(@(t,D)FE(t,D,B),[t t + 0.1],Dtemp);
[xt,DOUT] = ode45(dD1,[(k0 - 1) * dt k0 * dt],Dtemp(:,i));
D(:,i) = DOUT(end,:)';
 end
 Dtemp = D;

b2 = phi' * pr;
df = @(r,f)( - h. * f + b2); % 微分方程,变量 f
ftemp = F;
[xt,FOUT] = ode45(df,[(k0 - 1) * dt k0 * dt],ftemp);
F = FOUT(end,:)';
 % --------------- 参数自适应律 ---------------------------
 % --------------- t 时刻 ---------------------------------
 W = D * theta - F;
  dtheta = - Ki * D' * W/norm(W);

 if (dtheta(3)> dthetalb&&dtheta(3)< = dthetaub)
     dtheta(3) = dtheta(3) * kdtheta;
 end


 % ----------------------------------------------

 theta = theta + dtheta;

 % ----------------- 数据存储 ---------------------------
```

```
    data_p(k0,:) = p';
    data_theta(k0,:) = theta';
    data_dtheta(k0,:) = dtheta';
    data_W(k0,:) = W';
    data_ep(k0,:) = ep';
    end
    % ---------------- 画图 ------------------------------
     figure(1)
    plot(t,data_ep(:,1),'b-');hold on;
    plot(t,data_ep(:,2),'r-');
    plot(t,data_ep(:,3),'g-');hold off;
    legend('ep_x','ep_y','ep_z');
    figure(11)
    plot3(q(:,9),q(:,7),q(:,8),'b--','LineWidth',1);hold on;
    %plot3(data_p(:,3),data_p(:,1),data_p(:,2),'g-','LineWidth',1);
    plot3(q(1,9),q(1,7),q(1,8)','rd',q(end,9),q(end,7),q(end,8)','bs');hold off;
    legend('Actual trajectory','Start point','End point')
    xlabel('z(m)');
    ylabel('x(m)');
    zlabel('y(m)');
     figure(2)
    plot(t,data_theta(:,1),'b-');hold on;
    %plot(t,data_theta(:,2),'r-');
    plot(t,data_theta(:,3),'g-');hold off;
    legend('a_1','a_2');
     figure(11)
    plot(t,q(:,7),'b-');hold on;
    plot(t,q(:,8),'r-');
    plot(t,q(:,9),'g-');hold off;
    legend('x','z','z');
     figure(12)
    plot(t,data_p(:,1),'b-');hold on;
    plot(t,data_p(:,2),'r-');
    plot(t,data_p(:,3)-0.11,'g-');hold off;
    legend('x','z','z');
    % -------------------------------------------------
```

2.4.4 实验和仿真

为了说明DH参数估计的有效性,以下进行数值仿真和实验。实验的设计是为了验证估计的DH参数和建立的运动学模型的有效性。

1. DH参数估计

为了执行估计算法,满足PE条件的真实的位置轨迹和关节角度通过操作伴随一个圆形轨迹的末端执行器广义化。在估算之前,参数缩减方法被应用于简化估算过程,并根据连杆长度和坐标偏移之前的关系提高计算效率。在 Touch X 设备的运动学模型中，偏移参数与连杆长度 dy、dz 有关，相关方程 dy= $l2$－0.1，dz=－$l1$。因此，估算的参数可以平等地简化为 $\theta=[l1, l2]$。在接下来的模拟中，$l1$ 和 $l2$ 的初始值被设定为 $\theta(0)=[l1, l2]=[0, 0]$，而自适应学习的增益设置为 $\Gamma=2I$，还有 h 被设定为 $h=10$。仿真结果显示在图 2-36 和图 2-37 中，图 2-36 顶部的图像显示了参数 $l1$ 估计的效果，而底部显示参数 $l2$ 估计的效果。而图 2-37 展示了真实数据与所建模型计算数据的位置误差。可以从图中看到，参数收敛到一定值时，同时位置误差收敛到原点。这表明自适应有限时间参数估计算法可以实现高精度的估计，并保证在短时间内收敛。因此，Touch X 的估计所得的参数为 $l1=0.13335$m，$l2=0.13335$m。

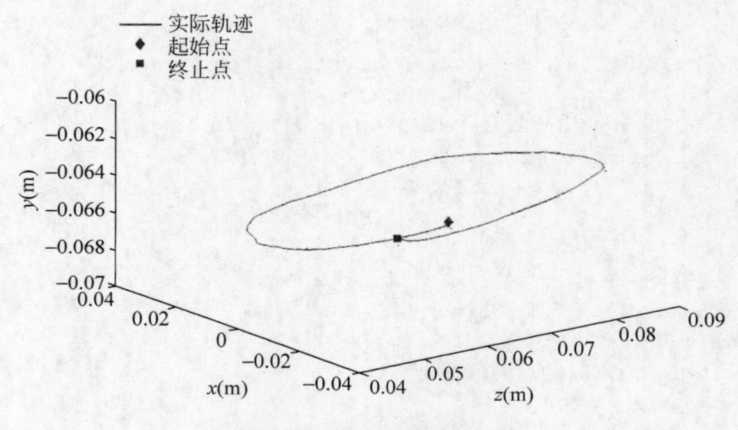

图 2-36 末端控制器的轨迹

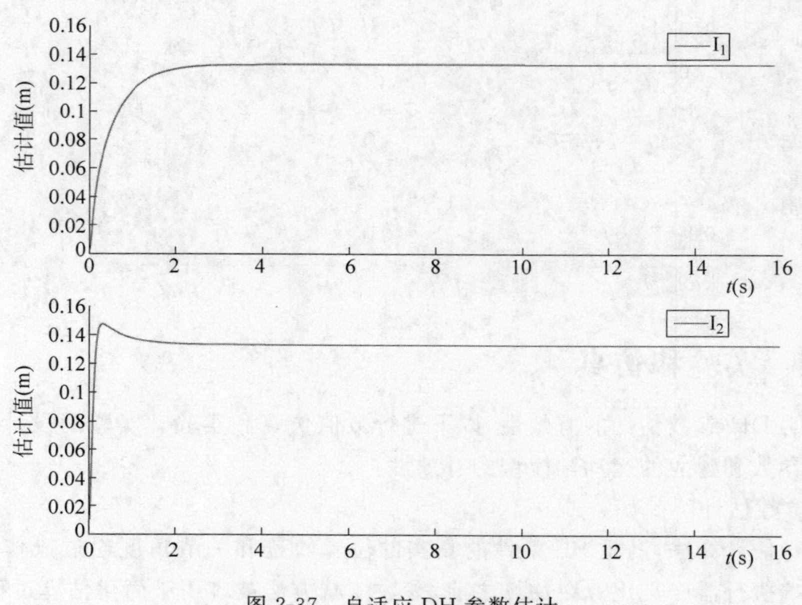

图 2-37 自适应 DH 参数估计

2. 实验证明

为了验证估计的DH参数的准确性和运动学模型的有效性，进行了实验进行证明。在验证之前，移动手柄，并通过读取官方的软件开发包工具来广义化Touch X的关节角度和位置轨迹。然后利用运动学方程来计算笛卡儿坐标下的位置与DH参数的估计。实验结果如图2-38所示，通过真实数据和从运动学模型计算所得的位置轨迹信息得到展示。从图2-38可以看出，当实际机器和所建立模型之间的误差收敛到零时，由运动学模型产生的轨迹(红色曲线)与Touch X末端执行器的实际轨迹很接近。因此，估计DH参数的准确性和运动学模型的有效性得到了验证。为了实现模拟仿真目的的运动学模型的精度是令人满意的。

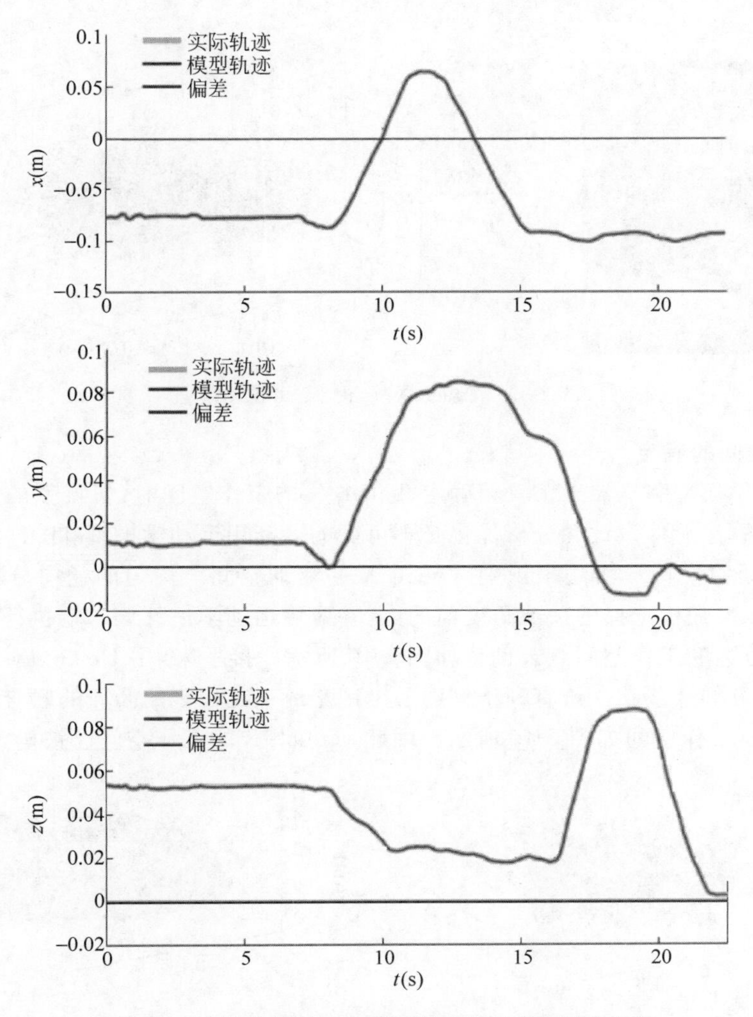

图 2-38　实际位置轨迹与运动学模型广义轨迹的比较

2.4.5 可视化运动学模型与工作空间识别

利用 DH 参数和运动学方程，Touch X 的可视化运动学模型是通过 MATLAB 中的机器人工具箱创建的。同时，通过仿真研究已确定 Touch X 的工作空间。

1. 可视化的运动学模型

根据已建立的运动学模型，Touch X 可视化运动学模型是用机器人工具箱建立的，见图 2-39。当所有关节角度已知的时候，可以利用运动学模型计算出 Touch X 的位置和方向。如果给定了相同的关节角度，当相同的 Touch X 姿势出现时，将在可视化界面上给出。这意味着通过可视化的模型，可以模拟运动，并进一步研究 Touch X 设备的属性。

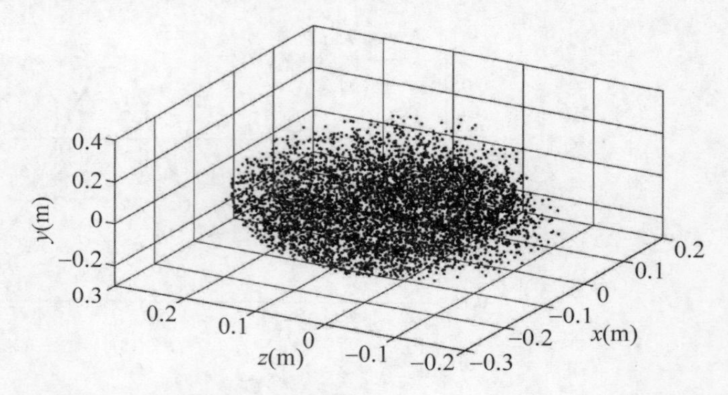

图 2-39 Touch X 实际图与可视化模型

2. 工作空间的确定

利用运动学模型和机器人工具箱确定 Touch X 的工作空间时，机械手的工作空间边界估计是机器人算法总体设计和分析优化必不可少的。利用运动学模型和 DH 参数和关节旋转极限，可以延伸蒙特卡洛法来识别 Touch X 的活动空间。均匀的径向分布是用来产生 6000 个 Touch X 随机选择的关节角度值的点，并应用运动学估计该末端执行器的位置。因此，Touch X 可达的工作空间点云创建如图 2-40 所示。接下来，用 Delaunay 三角来生成一组在三维空间点的外接圆。这有利于创建一个用于约束工作区的凸壳的联合空间。识别到 Touch X 的 3D 工作空间如图 2-41 所示。因此，Touch X 的工作空间已被确定。

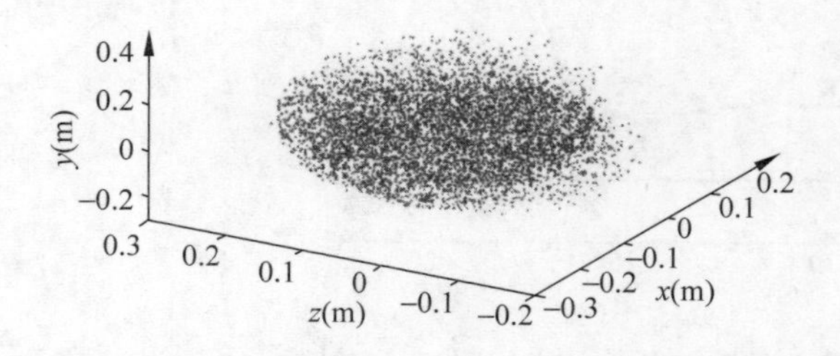

图 2-40 2D 空间下表示 Touch X 的工作区间

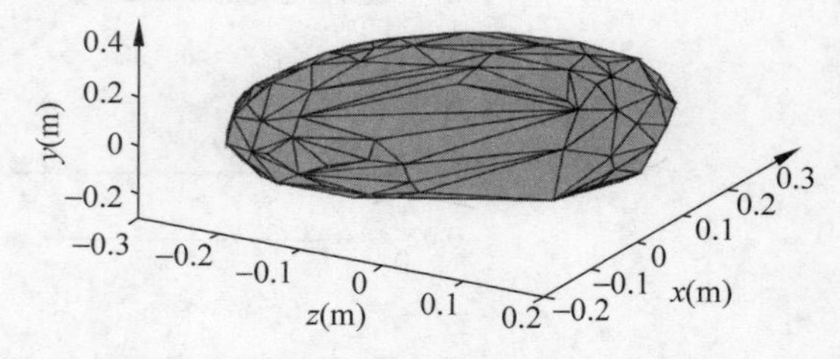

图 2-41 3D 空间下表示 Touch X 的工作区间

2.5 复杂扰动环境中的新型机械臂混合自适应控制器

本节介绍复杂扰动环境中的新型机械臂混合自适应控制器的控制问题，仿真设计，编程与实现。

2.5.1 引言

我们期望现代机器人能够与环境和人类广泛地交互。当与动态的、未知的环境交互时，我们需要一种控制方法，即使受到了干扰，仍然能够保持稳定性并高效地执行任务。阻抗控制是人们首次提出与位置环境交互的控制方案之一。环境被建模为导纳系统，机械臂被建模为阻抗系统，使得交互式控制能够通过能量交换实现。阻抗控制能够在自适应控制之上进行设计，从而补偿了参数的不确定性。自适应阻抗控制改善了传统的阻抗控制器的操作性能。特别地，控制器能够在初始交互不稳定(典型的情况如钻孔、雕刻)的情况下，逐渐保持稳定和成功执行任务。

与上述的研究并行发展，在生物学和人类神经学等领域，研究已经表明人类的神经系统能够适应机械阻抗(例如，抗扰动)，以在稳定和不稳定的环境中成功执行任务。这是通过如图 2-42(a)中所示的“主动肌/对抗肌”肌肉群共同收缩实现的。神经系统通过独立控制阻抗和施加的力来适应运动命令以稳定交互作用；适应过程自动选择激活合适的肌肉以补偿交互作用和不稳定性。同时，当误差足够小时，通过肌肉群自然松弛使代谢成本最小化。这种学习模型演化成了一种新型的非线性自适应控制器，这种控制器已成功地应用在机器人上。该仿生控制器中阻抗的适应遵循“V 形”散发，如图 2-42(b)所示。常规设计的自适应控制

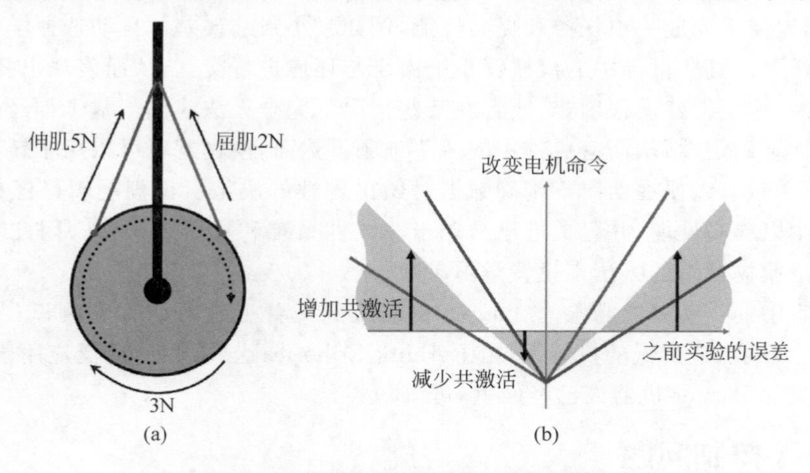

图 2-42 共同收缩如何影响到肌肉阻抗

(a) 通过两侧肌肉以不同的力同时收缩，屈肌和伸肌肌肉一起工作以维持效应器扭矩，增加阻抗；(b)“V-形”自适应律。阻抗的增加与误差方向无关，当误差小于一定阈值时阻抗减小，这种机制保证了代谢成本(即控制力)的最小化

器设计通常关注于在稳定的运动下对不确定参数进行估计；相比之下，仿生控制器设计能够通过力和阻抗的适应在不稳定动力学下获得稳定，同时使控制能量最小化。类似于肌肉松弛，在稳定的相互作用下，控制器也表现出柔顺性，这在最近的机器人操作研究中得到很多关注。

以下从两方面拓展这种新型的自适应控制器：第一个方面是“任务/关节”空间混合控制。通常情况下，控制器要么在关节空间中实现（对应于驱动器），要么在笛卡儿空间中实现（在这种情况下必须求解逆运动学）。这两种控制方法都有优势和劣势：

(1) 相比于关节空间控制器，笛卡儿控制器能够在世界空间中更加直观地表达轨迹。放置在工作空间中的物体通常具有笛卡儿表达式，例如一个箱子放置在机器人前 0.1m 处。

(2) 另一方面，机器人通常需要在关节空间中输入，也就是说，输入是力矩而不是力或动量。因此，在关节空间中进行控制避免了逆运动学的问题，使得其计算量要比在笛卡儿空间中进行控制的计算量小。对于欠驱动或冗余机器人（例如 Baxter 机械手）来说，更是如此。

(3) 远程操作任务在关节空间中会更加直观，如当一个拟人机器人模拟人来操作者时。

(4) 更具体地分析在关节空间中进行控制能够使机械臂鲁棒性更好，能够通过监控关节空间误差来抵抗作用于机械臂任意部分的干扰。笛卡儿控制器对于发生在机械臂末端执行器处，任务特定的干扰很敏感。

因此，本节内容开发并研究了关节-笛卡儿空间混合控制方案，以利用这两种控制方法的优点。我们研究的笛卡儿空间任务是沿着给定轨迹搬运一个物品，同时在执行器末端或是沿着机械臂（或两者）施加扰动，类似于在喧哗的房间握着一杯香槟时抑制噪声。

自适应控制较少受到关注的另外一方面原因是学习参数的设置。这些参数通常是由使用者整定的，以便于完成一项任务和提高性能，例如减小跟踪误差。自动选择学习参数不是一项简单的任务。真实世界中的机械臂系统由于与环境进行交互，从而表现出复杂的、未知的动力学特性，这使得建模很困难，或者在某些情况下完全无法建模。基于神经网络的方法可以用来估计不确定性，从而避免其中的一些难题。然而，模糊逻辑可以用于转移来自人类操作者的专业知识，以便在面对不精确数据时做出理性的决策。模糊逻辑已经成功地引入到控制系统中以提高性能，并且最近已被用于非线性系统和机器人操作。因此本节内容开发了一种基于模糊逻辑的方法来设置学习参数。

本节内容中的一些概念将会在 Baxter 机器人的单臂上进行仿真和测试（见图 2-43）。Baxter 是一个双臂、造价低的机器人，由 Rethink Robotics 公司设计，广泛应用于工业应用。用于学术研究的 Baxter 机器人已经面世，可以购买。

2.5.2 控制问题

Baxter 要求在末端执行器以高频、低振幅震动的影响下（仿真工具可能产生的干扰类型），沿着给定轨迹移动。此外，还有一个高振幅、低频的扰动作用在臂上远离末端执行器的一点，用以模拟机械臂与操作员或环境的碰撞。表 2-7 给出了变量的命名以供参考。

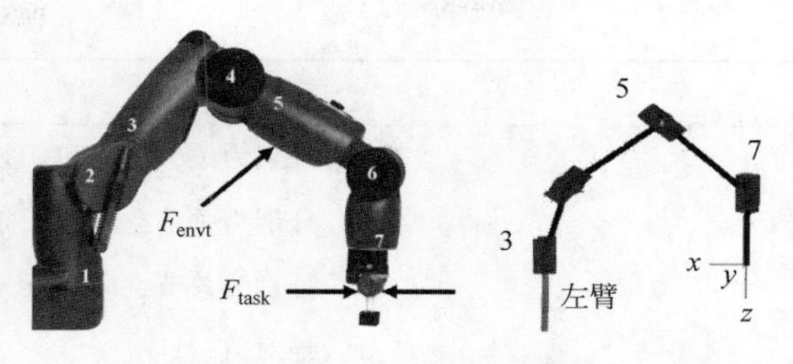

图 2-43 Baxter 手臂和作用于该手臂的干扰力

注：作用在末端执行器的 F_{task} 以及作用在远离末端执行器的 F_{euent}。使用 MATLAB 工具箱"MATLAB and Peter Corke's Robotics Toolbox"生成的模型如右图所示。

表 2-7 变量命名

符 号	描 述
n	关节数量，即自由度
$q\in\Re^n$	关节角度
$\dot{q}\in\Re^n$	关节角速度
$\ddot{q}\in\Re^n$	关节角加速度
$X\in\Re^6$	笛卡儿/任务空间位置
$\dot{X}\in\Re^6$	笛卡儿/任务空间速度
$\ddot{X}\in\Re^6$	笛卡儿/任务空间加速度
q^*, X^*	期望关节位置，笛卡儿位置
$F_{task}, F_{envt}\in\Re^6$	分别为内力，外力
$M\in\Re^{n\times n}$	惯量矩阵
$C\in\Re^n$	科氏和离心力
$G\in\Re^n$	重力
$\tau_u\in\Re^n$	输入力矩
$\tau_{dist}\in\Re^n$	扰动力矩
$\tau_v\in\Re^n$	参考力矩
$\tau_j\in\Re^n$	关节空间控制力矩
$\tau_x\in\Re^n$	任务空间控制力矩
$L\in\Re^{n\times n}$	稳定裕度
$J\in\Re^{6\times n}$	机械臂的雅可比矩阵
$J^{\dagger}\in\Re^{n\times 6}$	雅可比矩阵伪逆
$Z\in\Re^{6\times 6}$	简化矩阵

续表

符　号	描　述
e, e_x	分别为关节空间和任务空间位置误差
$\dot{e}, \dot{e}_x$	分别为关节空间和任务空间速度误差
$\ddot{\varepsilon}_j, \ddot{\varepsilon}_x$	分别为关节空间和任务空间跟踪误差
$\lvert \cdot \rvert$	绝对值
$\lVert \cdot \rVert$	欧几里得矢量范数
$0_{[i\times j]}$	$i\times j$ 维 0 矩阵

1. 机器人动力学

机器人手臂的动力学表达式如下：

$$\boldsymbol{M}(\boldsymbol{q})\ddot{q}+\boldsymbol{C}(\boldsymbol{q},\dot{q})\dot{q}+\boldsymbol{G}(\boldsymbol{q})=\boldsymbol{\tau}_u+\boldsymbol{\tau}_{\text{dist}} \tag{2.108}$$

其中，$\boldsymbol{q}$ 表示关节角向量，$\boldsymbol{M}(\boldsymbol{q})\in\Re^{n\times n}$ 是对称、有界、正定惯性矩阵，n 是机器人手臂的自由度；$\boldsymbol{C}(\boldsymbol{q},\dot{q})\dot{q}\in\Re^n$ 表示科氏力和离心力；$\boldsymbol{G}(\boldsymbol{q})\in\Re^n$ 是重力；$\boldsymbol{\tau}_u\in\Re^n$ 是控制输入力矩矢量；$\boldsymbol{\tau}_{\text{dist}}\in\Re^n$ 是由摩擦力、环境干扰或负载引起的扰动转矩。控制力矩$\boldsymbol{\tau}_u$ 由设计的控制器产生，以便在运动跟踪和扰动抑制方面实现期望的性能。

2. 扰动

假设扰动转矩$\boldsymbol{\tau}_{\text{dist}}$可以分解为两个分量，以模拟在末端执行器的任务干扰（这里描述为 F_{task}）和施加在臂上的环境干扰 F_{envt}。

$$F_{\text{task}}\equiv[p\quad 0\quad 0\quad 0\quad 0\quad 0]^{\mathrm{T}},\quad p=A_p\sin(2\pi\omega_p t) \tag{2.109}$$

作用在末端，其中 $0N<A_p\leqslant 20N$ 表示幅值，$100<\omega_p\leqslant 1000$ 是以 Hz 为单位的振荡频率。在关节空间中，施加的扭矩如下：

$$\boldsymbol{\tau}_{\text{task}}=\boldsymbol{J}^{\mathrm{T}}(\boldsymbol{q})F_{\text{task}} \tag{2.110}$$

其中，雅可比矩阵 $\boldsymbol{J}(\boldsymbol{q})$由$\dot{x}\equiv\boldsymbol{J}(\boldsymbol{q})\dot{q}$定义。环境干扰如下：

$$F_{\text{envt}}\equiv[r\quad 0\quad 0\quad 0\quad 0\quad 0]^{\mathrm{T}},\quad r=A_r\sin(2\pi\omega_r t) \tag{2.111}$$

其中，$20N<A_p\leqslant 100N$ 是扰动幅值，类似于人类推/拉强度的平均极限，$0.1<\omega_r\leqslant 1$ 是以 Hz 为单位的频率值，它提供了缓慢变化的扰动。为了模拟作用在臂上一点的环境力 F_{envt}（例如在肘部位置），雅可比矩阵 $\boldsymbol{J}$ 被矩阵 $\boldsymbol{Z}$ 简化，矩阵 $\boldsymbol{Z}$ 定义为：

$$\boldsymbol{Z}\equiv\begin{bmatrix} I_{[z\times z]} \\ 0_{[(n-z)\times z]} \end{bmatrix} \tag{2.112}$$

其中，z 是从基座到接触点的关节数目（例如，如果力施加在肘部，那么 $z=4$）。环境力矩可以通过下式获得：

$$\boldsymbol{\tau}_{\text{envt}}=(\boldsymbol{J}(\boldsymbol{q})\boldsymbol{Z})^{\mathrm{T}}F_{\text{envt}} \tag{2.113}$$

2.5.3 自适应控制

1. 前馈控制器

考虑到机械臂的动力学特性，采用以下控制器作为初始输入力矩：

$$\boldsymbol{\tau}_r(t)=\boldsymbol{M}(\boldsymbol{q})\ddot{q}^*+\boldsymbol{C}(\boldsymbol{q},\dot{q})\dot{q}^*+\boldsymbol{G}(\boldsymbol{q})-L(t)\varepsilon(t) \tag{2.114}$$

其中，$L(t)\varepsilon(t)$对应于产生最小反馈（类似于肌肉和肌腱的被动阻抗效应）的期望的稳定裕度，并且前三项是用于机械臂动力学的前馈补偿。参考滑模控制，使用如下跟踪误差：

$$\varepsilon(t)=\dot{e}(t)+ke(t) \tag{2.115}$$

其中

$$e(t)=q(t)-q^*(t),\quad \dot{e}(t)=\dot{q}(t)-\dot{q}^*(t) \tag{2.116}$$

分别为关节角度和角速度误差。除了上述控制输入$\boldsymbol{\tau}_r(t)$，本节开发了关节空间和任务空间的自适应。

1）关节空间自适应控制

用于整定控制力矩$\boldsymbol{\tau}_u$的前馈和反馈分量的自适应律适用于关节空间和任务空间。这里自适应在运动期间是连续的，而不是一次接着一次地重复运动，因此跟踪误差和控制力被连续地最小化。定义以下公式：

$$\boldsymbol{\tau}_j=-\boldsymbol{\tau}(t)-\boldsymbol{K}(t)e(t)-\boldsymbol{D}(t)\dot{e}(t) \tag{2.117}$$

其中，$-\boldsymbol{\tau}(t)$是学习获得的前馈力矩，$-\boldsymbol{K}(t)e(t)$和$-\boldsymbol{D}(t)\dot{e}(t)$是分别对应于刚度和阻尼的反馈力矩。用于周期为$T$的轨迹跟踪的自适应律如下：

$$\begin{aligned}\delta\boldsymbol{\tau}(t)&\equiv\boldsymbol{\tau}(t)-\boldsymbol{\tau}(t-T)\equiv Q_\tau(\varepsilon(t)-\gamma(t)\boldsymbol{\tau}(t))\\ \delta\boldsymbol{K}(t)&\equiv\boldsymbol{K}(t)-\boldsymbol{K}(t-T)\equiv Q_K(\varepsilon(t)e^{\mathrm{T}}(t)-\gamma(t)\boldsymbol{K}(t))\\ \delta\boldsymbol{D}(t)&\equiv\boldsymbol{D}(t)-\boldsymbol{D}(t-T)\equiv Q_D(\varepsilon(t)\dot{e}^{T}(t)-\gamma(t)\boldsymbol{D}(t))\end{aligned} \tag{2.118}$$

将遗忘因子$\gamma(t)$从增益矩阵$\boldsymbol{Q}_{(\cdot)}$中分解出来，以避免当$\gamma(t)$和$\boldsymbol{Q}_{(\cdot)}$都比较大的时候产生的高频振荡。如上所述，考虑连续时间的适应，而不是通过连续迭代试验的适应，导出了关节空间中的自适应律：

$$\begin{aligned}\delta\boldsymbol{\tau}(t)&\equiv\boldsymbol{\tau}(t)-\boldsymbol{\tau}(t-\delta t)\equiv Q_\tau\varepsilon_j(t)-\gamma_j(t)\boldsymbol{\tau}(t)\\ \delta\boldsymbol{K}(t)&\equiv\boldsymbol{K}(t)-\boldsymbol{K}(t-\delta t)\equiv Q_{K_j}\varepsilon_j(t)e_j^T(t)-\gamma_j(t)\boldsymbol{K}_j(t)\\ \delta\boldsymbol{D}(t)&\equiv\boldsymbol{D}(t)-\boldsymbol{D}(t-\delta t)\equiv Q_{D_j}\varepsilon_j(t)\dot{e}_j^T(t)-\gamma_j(t)\boldsymbol{D}_j(t)\end{aligned} \tag{2.119}$$

其中，δt是采样时间，$K_j(0)=0_{[n\times n]}$，$D_j(0)=0_{[n\times n]}$。$Q_\tau, Q_{Kj}, Q_{Dj}\in\Re^{n\times n}$是对角正定增益矩阵。此外，$\boldsymbol{\gamma}(t)\in\Re^{n\times n}$是对角矩阵，且满足

$$\boldsymbol{\gamma}_{ii}(t)=\frac{a}{1+b\|\varepsilon_i(t)\|^2} \tag{2.120}$$

上式需要整定两个变量：a和b。为了简化参数的选择，重新定义γ值如下

$$\boldsymbol{\gamma}_{ii}(t)=\alpha_{ji}\exp\left(-\frac{\varepsilon_{ji}^2(t)}{0.1\alpha_{ji}^2}\right),\quad 0<\alpha_{ji}\leqslant 1 \tag{2.121}$$

上式只需要调整一个变量α_j来描述$\boldsymbol{\gamma}$取值随着ε变化的曲线形状，见图 2-44，同时保持着

与前面式子相同的功能。这也展示了简单应用模糊推理机的优点，后文会进一步描述。

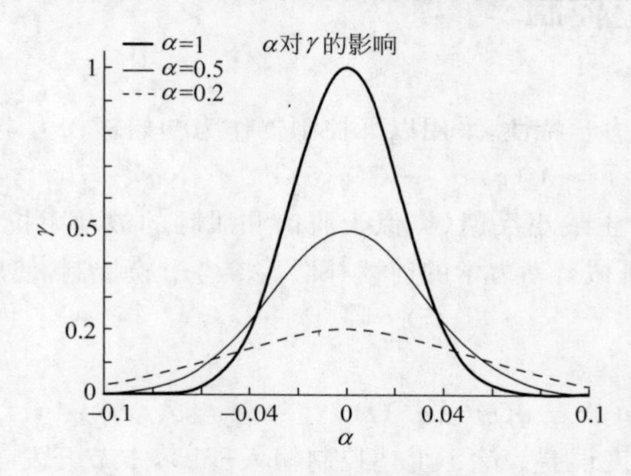

图 2-44 α 的大小如何影响遗忘因子 γ

注：α 取较高值时，γ 为高窄的形状，从而在跟踪性能良好时，控制力能够最大限度地减小；当跟踪性能较差时，遗忘因子较小，反馈力矩随之增加。

2）任务空间自适应控制

任务空间控制器的设计与关节空间中的设计方式类似。首先，在笛卡儿空间中定义误差项：

$$\begin{aligned} e_x(t) &= X(t) - X^*(t) \\ \dot{e}_x(t) &= \dot{X}(t) - \dot{X}^*(t) \\ \varepsilon_x(t) &= \dot{e}_x(t) + k e_x(t) \end{aligned} \tag{2.122}$$

这使得前面公式中描述的前馈和反馈项发生变化，为：

$$\begin{aligned} \delta F_x &\equiv Q_F \varepsilon_x - \gamma_x F_x \\ \delta K_x &\equiv Q_{Kx} \varepsilon_x e_x^{\mathrm{T}} - \gamma_x K_x \\ \delta D_x &\equiv Q_{Dx} \varepsilon_x \dot{e}_x^{\mathrm{T}} - \gamma_x D_x \end{aligned} \tag{2.123}$$

从而

$$\tau_x = J^{\mathrm{T}}(q)(-F_x - K_x e_x - D_x \dot{e}_x) \tag{2.124}$$

对于任务空间的遗忘因子定义如下：

$$\gamma_x = \alpha_x \exp\left(-\frac{\varepsilon_x^2(t)}{0.1\alpha_x^2}\right), \quad 0 < \alpha_x \leqslant 1 \tag{2.125}$$

3）混合控制器

基本控制器、关节空间控制器和任务空间控制器相互组合后产生了混合控制器，因此输入力矩为：

$$\boldsymbol{\tau}_u(t) = \boldsymbol{\tau}_r(t) + \boldsymbol{\tau}_x(t) + \boldsymbol{\Omega}\boldsymbol{\tau}_j(t) \tag{2.126}$$

其中，$\boldsymbol{\Omega} \in \Re^{n\times n}$ 表示加权矩阵，通过设计该加权矩阵，使得关节力矩反馈被限制在特定关节上，这些关节取决于所需执行的任务。假设能够获得机器人精确的动态模型，由扰动产生的力矩 $\boldsymbol{\tau}_{\text{dist}}$ 给定为

$$\boldsymbol{\tau}_{\text{dist}} = \boldsymbol{M}(q)\ddot{q} + \boldsymbol{C}(q,\dot{q})\dot{q} + G(q) - \boldsymbol{\tau}_u \tag{2.127}$$

即,建模的系统力矩减去输入力矩。通过相对于该矢量最大元素归一化该力矩矢量,可以形成加权矢量:

$$\boldsymbol{\Omega}_{ii} = \frac{\boldsymbol{\tau}_{\text{dist}_i}}{\max\limits_{1<i\leqslant n}(\boldsymbol{\tau}_{\text{dist}})}, \quad \boldsymbol{\Omega}_{ij} \equiv 0(i \neq j) \tag{2.128}$$

然后将上式应用到前面的公式中,使得关节空间控制力矩能够主要施加在那些受到较大扰动力影响的关节上,较少施加在那些受影响较少的关节。这限制了不必要施加的控制力,减少了总的控制力。

2. 控制增益的模糊推理

传统意义上,用户基于系统运行时的响应来设置学习参数 $\boldsymbol{Q}_{(\cdot)}$ 和 α,以确保良好的控制性能。在这里,系统的专家知识被提炼成模糊推理机以在线调整增益,从而不需要用到先验知识。系统性能得到改进,因为系统将根据对不可测干扰的系统响应来选择适当的增益值。推理是根据跟踪误差和控制力得到的,期望该推理能够使跟踪误差和控制力最小化,同时给出控制器总体性能的良好指示。

输出 Y 的模糊推理需要执行几个步骤。首先,模糊化,利用隶属度函数,将真实的标量(例如,温度值)映射到模糊空间中。令 X 为点的空间,空间中的元素 $x \in X$。X 中的模糊集合 A 通过将区间[0,1]中的隶属度 $\mu_A(x_i)$ 与 A 中的每个点 x 相关联的隶属度函数 $\mu_A(x)$ 来描述。

本节使用简单的三角形隶属度函数,它对输入变化的灵敏度低,并且计算成本低。此外,所有的隶属度函数都被设置,使得所有的模糊集合的完整度是0.5。这通过消除论域中真实程度较低的区域来降低不确定性,保证了合理的超调。

需要先定义几个概念。集合 A 和集合 B 的并集是模糊集合 C,对应于"或"连接方式如下。

$$C = A \cup B; \quad \mu_C(x) = \max[(\mu_A(x), \mu_B(x))], \quad x \in X \tag{2.129}$$

交集,对应于"和"连接方式,能够类似地描述如下:

$$C = A \cap B; \quad \mu_C(x) = \min[(\mu_A(x), \mu_B(x))], \quad x \in X \tag{2.130}$$

笛卡儿乘积用于描述两个或更多的模糊集之间的关系,令 A 为 X 空间中的集合,B 为 Y 空间中的集合。集合 A 和集合 B 的笛卡儿乘积结果满足以下关系:

$$\Re \equiv A \times B \subset X \times Y \tag{2.131}$$

其中,模糊关系 R 具有一个隶属度函数

$$\mu_R(x,y) = \mu_{A\times B}(x,y) = \min[\mu_A(x), \mu_B(y)] \tag{2.132}$$

上式在 Mamdani 最小推理中将用到,用于将输出集合与输入集合相关联,即,如果 x 是 A,那么 y 是 B。然后使用规则集来表示输出,这是所有规则最大的聚合。

接着使用一般的重心法执行去模糊化操作。去模糊后的输出 y^* 计算如下

$$y^* = \frac{\int \mu_B(y) y \mathrm{d}y}{\int \mu_B(y) \mathrm{d}y} \tag{2.133}$$

上式计算聚集的输出隶属度函数的质心,关联 μ 值使 y 返回到清晰的输出值。

模糊系统原始输入为跟踪误差和控制器控制输出,在关节空间中为 ε_j, τ_u; 类似地,在任务空间中为 ε_x, F_u。在进行模糊化操作前,必须对输入进行归一化处理,使得同样的模糊推理机具有一般性而不取决于输入的幅值。跟踪误差 $\hat{\varepsilon}_j \in \Re^n, \hat{\varepsilon}_x \in \Re^6$,输入力矩 $\hat{\tau}_u \in \Re^n$ 和输入力 $\hat{F}_u \in \Re^6$ 的平均基准值通过在总的仿真时间步 $t_f/\delta t$ 中,针对每个自由度进行计算获得:

$$\hat{\varepsilon}_{x_i} = \frac{\sum |\varepsilon_{x_i}(t)|}{t_f/\delta t}, \quad \hat{\varepsilon}_{j_i} = \frac{\sum |\varepsilon_{j_i}(t)|}{t_f/\delta t}, \quad \hat{\tau}_{u_i} = \frac{\sum |\tau_{u_i}(t)|}{t_f/\delta t}, \quad \hat{F}_{u_i} = \frac{\sum |F_{u_i}(t)|}{t_f/\delta t} \tag{2.134}$$

然后将这些用于计算模糊系统的输入,即给出与前一次迭代相比的性能指示的值。

$$\bar{\varepsilon}_{j_i}(t) = \frac{\sigma |\varepsilon_{j_i}(t)|}{\hat{\varepsilon}_{j_i}}, \quad \bar{\varepsilon}_{x_i}(t) = \frac{\sigma |\varepsilon_{x_i}(t)|}{\hat{\varepsilon}_{x_i}}, \quad \bar{\tau}_{u_i}(t) = \frac{\sigma |\tau_{u_i}(t)|}{\hat{\tau}_{u_i}}, \quad \bar{F}_{u_i}(t) = \frac{\sigma |F_{u_i}(t)|}{\hat{F}_{u_i}} \tag{2.135}$$

对于模糊控制系统的所有输入,小于 σ 的值表示性能的改善,大于 σ 的值表示性能变差。在这里,我们设置 $\sigma=0.5$,从而输入的范围大约在 0~1 之间。式(2.135)产生的变量没有上界限,因此任意一个大于单位的输入都会返回"高"分类的最大真值。这允许将一组通用的输入隶属度函数应用于所有系统中。

这些被归一化的变量接下来被应用于自适应规律。$Q_\tau \equiv Q_\tau(\bar{\varepsilon}_j, \bar{\tau}_j)$, $Q_{K_j} \equiv Q_{K_j}(\bar{\varepsilon}_j, \bar{\tau}_j)$, $Q_{D_j} \equiv Q_{D_j}(\bar{\varepsilon}_j, \bar{\tau}_j)$, $\alpha_j \equiv \alpha_j(\bar{\varepsilon}_j, \bar{\tau}_j)$ 用于关节空间控制器,同时能够应用于任务空间控制器中。

使用专家知识设置控制增益的模糊推理规则。通常情况下:如果控制力太高,那么增益设置为低;如果跟踪误差性能太差,那么增益设置为高(如表 2-8 所示对 $Q_{(.)}$ 进行设置)。遗忘因子增益对应的真值表则有所不同(参看表 2-9):当误差跟踪性能改善时,α 需要设置更大一点的值。注意,模糊控制推理系统的输出 $\boldsymbol{Q}_{(.)}$ 和 α 是有界的:

$$\begin{aligned} 0 < \boldsymbol{Q}_{(.)ii} \leqslant \boldsymbol{Q}_{(.)ii}\max \\ 0 < \alpha_i \leqslant \alpha_i \max \end{aligned} \tag{2.136}$$

其中,最大值是根据先前没有应用模糊系统进行试验设置的。控制力和跟踪误差的变化对 $\boldsymbol{Q}_{(.)}$ 增益的影响如图 2-45(a)所示。可以看出,通常:当跟踪误差高且控制力低时,增益增加;当跟踪误差低且控制力高时,增益最小。α 的模糊推理表面如图 2-45(b)所示,可以看出,当跟踪误差低且控制力高时,遗忘因子处于最大值。

表 2-8 基于 $\bar{\varepsilon}_{j_i}, \bar{\varepsilon}_{x_i}, \bar{\tau}_{u_i}, \bar{F}_{u_i}$ 模糊隶属度函数的推理输出 $Q_{(.)}$ 的真值表

	输入				输出	
规则 1	如果	$\bar{\varepsilon}_j, \bar{\varepsilon}_x < \sigma$			那么	$\boldsymbol{Q}_{(.)}$ 小
规则 2	如果	$\bar{\varepsilon}_j, \bar{\varepsilon}_x \approx \sigma$	且	$\bar{\tau}_u, \bar{F}_u < \sigma$	那么	$\boldsymbol{Q}_{(.)}$ 小
规则 3	如果		且	$\bar{\tau}_u, \bar{F}_u \geqslant \sigma$	那么	$\boldsymbol{Q}_{(.)}$ 中等
规则 4	如果	$\bar{\varepsilon}_j, \bar{\varepsilon}_x > \sigma$	且	$\bar{\tau}_u, \bar{F}_u \leqslant \sigma$	那么	$\boldsymbol{Q}_{(.)}$ 大
规则 5	如果		且	$\bar{\tau}_u, \bar{F}_u > \sigma$	那么	$\boldsymbol{Q}_{(.)}$ 中等

表 2-9　基于$\bar{\varepsilon}_{j_i}$，$\bar{\varepsilon}_{x_i}$，$\bar{\tau}_{u_i}$，$\bar{F}_{u_i}$模糊隶属度函数的推理输出α的真值表

	输　入				输　出	
规则 1	如果	$\bar{\varepsilon}_j,\bar{\varepsilon}_x<\sigma$	且	$\bar{\tau}_u,\bar{F}_u<\sigma$	那么	α 中等
规则 2	如果		且	$\bar{\tau}_u,\bar{F}_u\geqslant\sigma$	那么	α 大
规则 3	如果	$\bar{\varepsilon}_j,\bar{\varepsilon}_x\approx\sigma$	且	$\bar{\tau}_u,\bar{F}_u\leqslant\sigma$	那么	α 中等
规则 4	如果		且	$\bar{\tau}_u,\bar{F}_u>\sigma$	那么	α 大
规则 5	如果	$\bar{\varepsilon}_j,\bar{\varepsilon}_x>\sigma$	且	$\bar{\tau}_u,\bar{F}_u\leqslant\sigma$	那么	α 小
规则 6	如果		且	$\bar{\tau}_u,\bar{F}_u>\sigma$	那么	$\alpha_{(.)}$ 中等

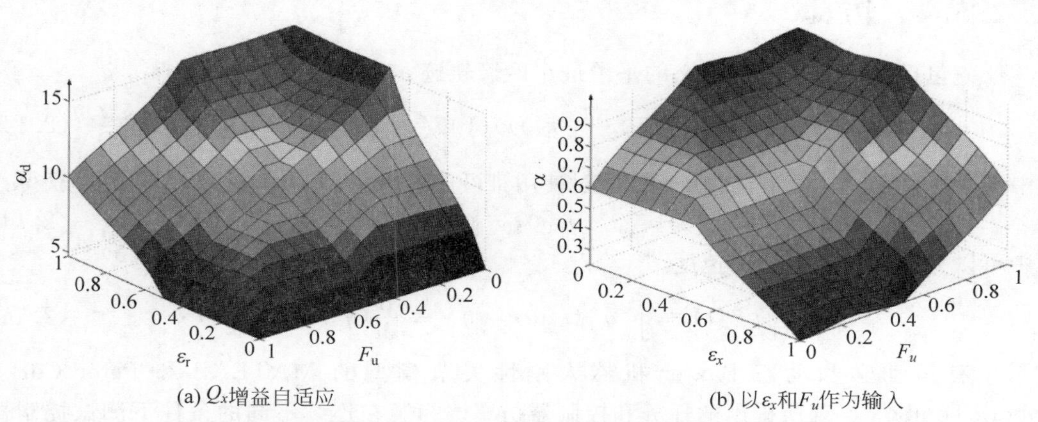

(a) Q_x增益自适应　　(b) 以ε_x和F_u作为输入

图 2-45　规则表面(任务空间中的增益的表面也具有类似特性)

3. 稳定性

控制器在关节空间中的稳定性和收敛到小有界集合，并且笛卡儿空间控制器的证明与之类似。然而，本节内容中必须考虑到的是，对角适应增益矩阵$Q_{(.)}$是时变的。

$$\sigma V_c(t)=\frac{1}{2}\int_{t-\delta t}^{t}\{\mathrm{tr}(\widetilde{K}^{\mathrm{T}}(\sigma)Q_k^{-1}(\sigma)\widetilde{K}(\sigma)-\widetilde{K}^{\mathrm{T}}(\sigma-\delta t)Q_k^{-1}(\sigma-\delta t)\widetilde{K}(\sigma-\delta t))+$$
$$\mathrm{tr}(\widetilde{D}^{\mathrm{T}}(\sigma)Q_D^{-1}(\sigma)\widetilde{D}(\sigma)-\widetilde{D}^{\mathrm{T}}(\sigma-\delta t)Q_D^{-1}(\sigma-\sigma t)\widetilde{D}(\sigma-\delta t))+$$
$$\widetilde{\tau}(\sigma)Q_\tau^{-1}(\sigma)\widetilde{\tau}(\sigma)-\widetilde{\tau}^{\mathrm{T}}(\sigma-\delta t)Q_\tau^{-1}(\sigma-\delta t)\widetilde{\tau}(\sigma-\delta t)\}\tag{2.137}$$

定义一个新的变量$\delta Q\equiv\mathrm{diag}[I\otimes\delta Q_K,I\otimes\delta Q_D,I\otimes\delta Q_\tau]$(其中$\otimes$是克罗内克积)以允许在公式的最后添加另一项，得到：

$$\delta V_c(t)=-\frac{1}{2}\int_{t-\delta t}^{t}\delta\widetilde{\Phi}^{\mathrm{T}}(\sigma)Q^{-1}(\sigma)\delta\widetilde{\Phi}(\sigma)\mathrm{d}\sigma-\int_{t-\delta t}^{t}\gamma(\sigma)Q^{-1}(\sigma)\widetilde{\Phi}^{\mathrm{T}}(\sigma)\Phi(\sigma)\mathrm{d}\sigma+$$
$$\int_{t-\delta t}^{t}\varepsilon^{\mathrm{T}}(\sigma)\widetilde{K}(\sigma)e(\sigma)+\varepsilon^{\mathrm{T}}(\sigma)\widetilde{D}(\sigma)\dot{e}(\sigma)+\varepsilon^{\mathrm{T}}(\sigma)\widetilde{D}(\sigma)\dot{e}(\sigma)+$$
$$\varepsilon^{\mathrm{T}}(\sigma)\widetilde{\tau}(\sigma)\mathrm{d}\sigma+\int_{t-\delta t}^{t}\widetilde{\Phi}^{\mathrm{T}}(\sigma)\delta Q^{-1}(\sigma)\widetilde{\Phi}(\sigma)\mathrm{d}\sigma\tag{2.138}$$

最后一个被积式中的项可以用$\varepsilon_Q\widetilde{\Phi}^{\mathrm{T}}\widetilde{\Phi}$表述，其中

$$\varepsilon_Q\widetilde{\Phi}^{\mathrm{T}}\widetilde{\Phi}\geqslant tr(\varepsilon_K\widetilde{K}^{\mathrm{T}}\widetilde{K}+\varepsilon_D\widetilde{D}^{\mathrm{T}}\widetilde{D}+\varepsilon_\tau\widetilde{\tau}^{\mathrm{T}}\widetilde{\tau}),\quad\varepsilon_Q=\max(\varepsilon_K,\varepsilon_D,\varepsilon_\tau)\tag{2.139}$$

考虑到$\widetilde{K}^{\mathrm{T}}\Phi_K^{-1}\widetilde{K}\leqslant\varepsilon_K\widetilde{K}^{\mathrm{T}}\widetilde{K}$,$\widetilde{D}^{\mathrm{T}}\Phi_D^{-1}\widetilde{D}\leqslant\varepsilon_D\widetilde{D}^{\mathrm{T}}\widetilde{D}$和$\widetilde{\tau}^{\mathrm{T}}\Phi_{-1\tau}\widetilde{\tau}\leqslant\varepsilon_\tau\widetilde{\tau}^{\mathrm{T}}\widetilde{\tau}$,其中$\varepsilon_{K,D,\tau}$分别定义为$\Phi_{K,D,\tau}^{-1}$的最小特征值。这可以被添加到公式中的条件,并给出不等式:

$$\begin{aligned}\delta V &\geqslant \lambda_L\|\varepsilon\|^2+\bar{\gamma}_{\max}\|\widetilde{\Phi}\|^2-\gamma'\|\widetilde{\Phi}\|\|\Phi^*\|\\ &\geqslant \lambda_L\|\varepsilon\|^2+\bar{\gamma}\|\widetilde{\Phi}\|^2-\gamma'\|\widetilde{\Phi}\|\|\Phi^*\|\geqslant 0\end{aligned}\tag{2.140}$$

其中,$\gamma'=Q^{-1}\gamma,\bar{\gamma}=\gamma'+\varepsilon_Q$。这是证明稳定性的充分条件,并且假定$Q(t)$由前面的公式中的模糊推理的输出界定。

2.5.4 仿真

任务包括跟踪沿y坐标定义的平滑最小颠簸轨迹:

$$y^*(t)\equiv y^*(0)+(y^*(T)-y^*(0))(10\,\bar{t}^3-15\,\bar{t}^4+6\,\bar{t}^5),\quad \bar{t}\equiv\frac{2t}{T}\tag{2.141}$$

其中T是运动周期。关节空间角速度通过使用雅可比的伪逆$J^{\dagger}(q)\equiv J^{\mathrm{T}}(JJ^{\mathrm{T}})^{-1}$计算获得:

$$\dot{q}^*(t)=J^{\dagger}(q)[0,y^*(t),0,0,0,0]^{\mathrm{T}}\tag{2.142}$$

从中可以分别求出位置和加速度

$$q^*(t)\equiv\int_0^t\dot{q}^*(t)\,\mathrm{d}t,\quad \ddot{q}^*\equiv\frac{\mathrm{d}}{\mathrm{d}t}(\dot{q}^*)(t)\tag{2.143}$$

使用具有运动学和动态 Baxter 机器人刚性关节模型的 MATLAB 和 Peter Corke's RoboticToolbox 实现所提出的任务和控制器仿真。为了在连续不同的条件下测试控制器,两个扰动力F_{task}和F_{envt}将在不同阶段被引入:

- 阶段Ⅰ:没有扰动;
- 阶段Ⅱ:只有F_{task};
- 阶段Ⅲ:只有F_{envt};
- 阶段Ⅳ:F_{task}和F_{envt}。

对于每个阶段分析性能,观察控制器对不同扰动的反应。仿真期望看到的结果是关节空间控制能够改善对F_{envt}产生的扰动的抑制以及任务空间控制能够抵抗F_{task}产生的扰动。设置阶段的顺序是为了使读者更容易理解适应的整个过程。性能指数η可以通过对输入力F_u和任务空间跟踪误差ε_x的加权和积分计算得到:

$$\eta=\int_{t_s}^{t_f}F_u(t)^{\mathrm{T}}QF_u(t)+\varepsilon_x^{\mathrm{T}}(t)R\varepsilon_x(t)\,\mathrm{d}t\tag{2.144}$$

其中$Q,R\in\Re^{6\times 6}$是正对角缩放矩阵,t_s和t_f被设置以获得仿真过程中每个阶段的η。小的性能指数η对应于小的跟踪误差和控制力,因此意味着好的控制性能。

2.5.5 实验设计

下面对 Simulink 仿真中重要的框图进行介绍。

(1) 笛卡儿空间的自适应控制模块如图 2-46 所示。

(2) 关节空间的自适应控制模块如图 2-47 所示。

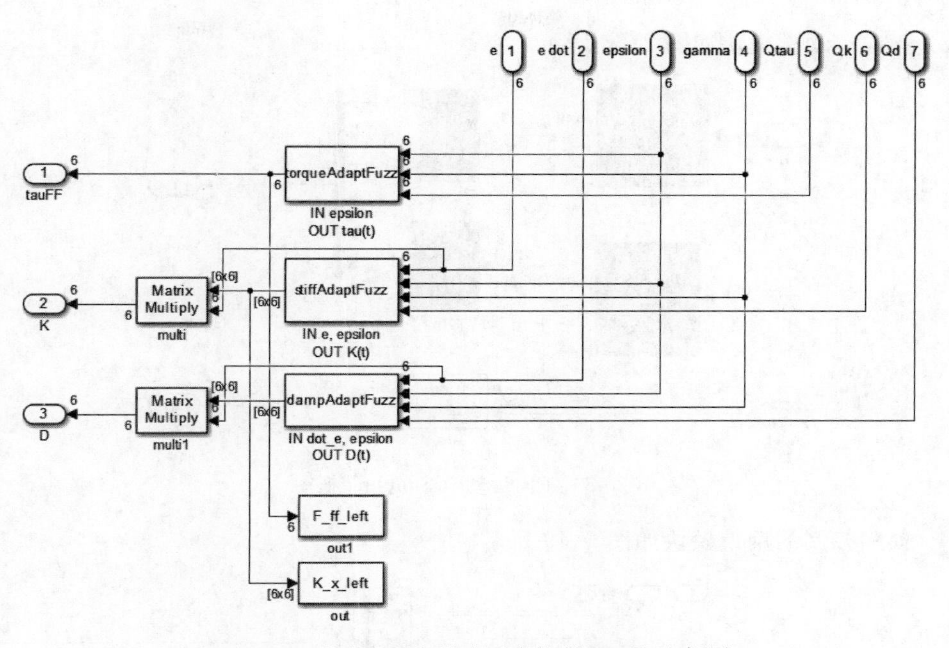

图 2-46 笛卡儿空间的自适应控制 Simulink 框图

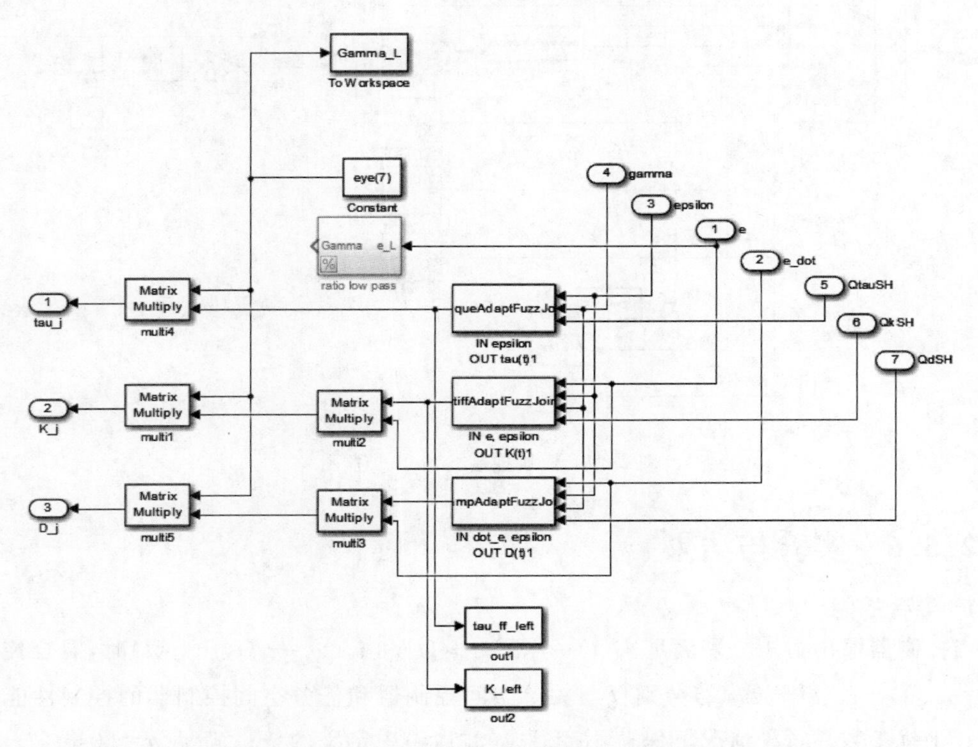

图 2-47 关节空间的自适应控制 Simulink 框图

(3) 正向运动学模块如图 2-48 所示。

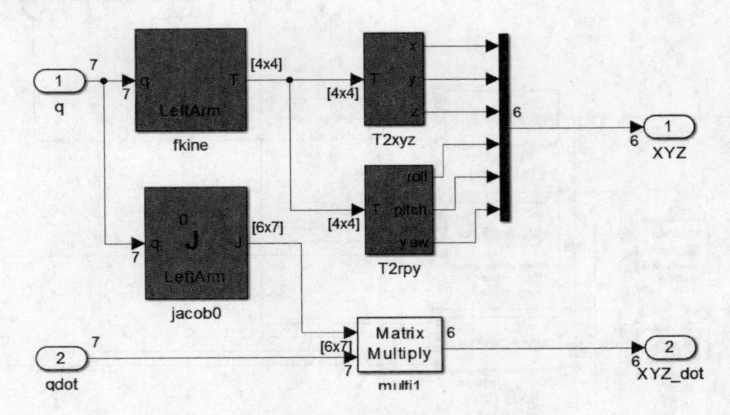

图 2-48　正向运动学 Simulink 框图

(4) 模糊控制的反馈模块如图 2-49 所示。

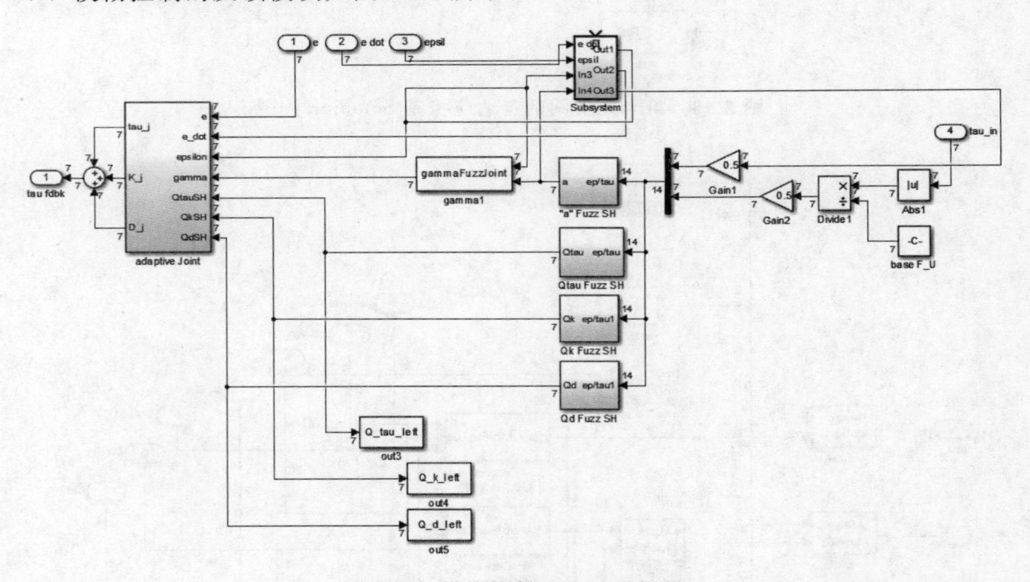

图 2-49　模块控制 Simulink 框图

2.5.6　实验与结果

1. 混合控制

当控制器输出力矩分别满足 $\tau_u(t)=\tau_r(t)+\tau_j(t)$ 和 $\tau_u(t)=\tau_r(t)+\tau_x(t)$ 时，混合控制器 $\tau_u(t)=\tau_r(t)+\tau_x(t)+\Omega\tau_j(t)$ 分别仅与关节空间控制器和任务空间控制器的控制性能进行比较。干扰参数在每种情况下保持不变；式(2.145)中定义的 F_{task} 满足 $p=20\sin(2\pi 50t)$，式(2.111)中定义的参数满足 $r=100\sin(2\pi 0.1042t)$。轨迹周期和行进距离分别设置为

4.8s 和 0.2m。每个仿真阶段对应于完成一次式(2.141)的轨迹跟踪。图 2-50(a)中有 3 个控制方案的笛卡儿跟踪误差示出了当一个工具类型扰动作用于机械臂时任务空间控制器如何执行得更好，但当大的干扰被施加在远离末端执行器时，任务空间控制受到影响。在这种情况下，关节空间控制能够更有效地减少跟踪误差。当混合控制器将两者组合时，跟踪误差进一步降低。从图 2-50(b)可以注意到，应用三种控制方案所需的控制力总量之间几乎没有差别。通过测量跟踪误差和控制力，组合计算出的每个阶段的性能指数 η 如图 2-50(c)所示。在阶段Ⅱ和阶段Ⅲ中可以明显看出的任务空间和关节空间控制器的性能差异，其中干扰类型从 F_{task} 切换到 F_{envt}；任务空间控制能更好地处理前者 F_{task} 类型的干扰，而关节空间控制则能更好地处理后者 F_{envt} 类型的干扰。混合控制器在阶段Ⅱ中关节空间稍微有所改善，但在其阶段Ⅲ和阶段Ⅳ的组件部分则能够看出有所改进。考虑到三种方案中的 $\|\tau_u\|$ 类似，如图 2-50(b)所示，这表明混合控制器以更有针对性的方式应用控制。

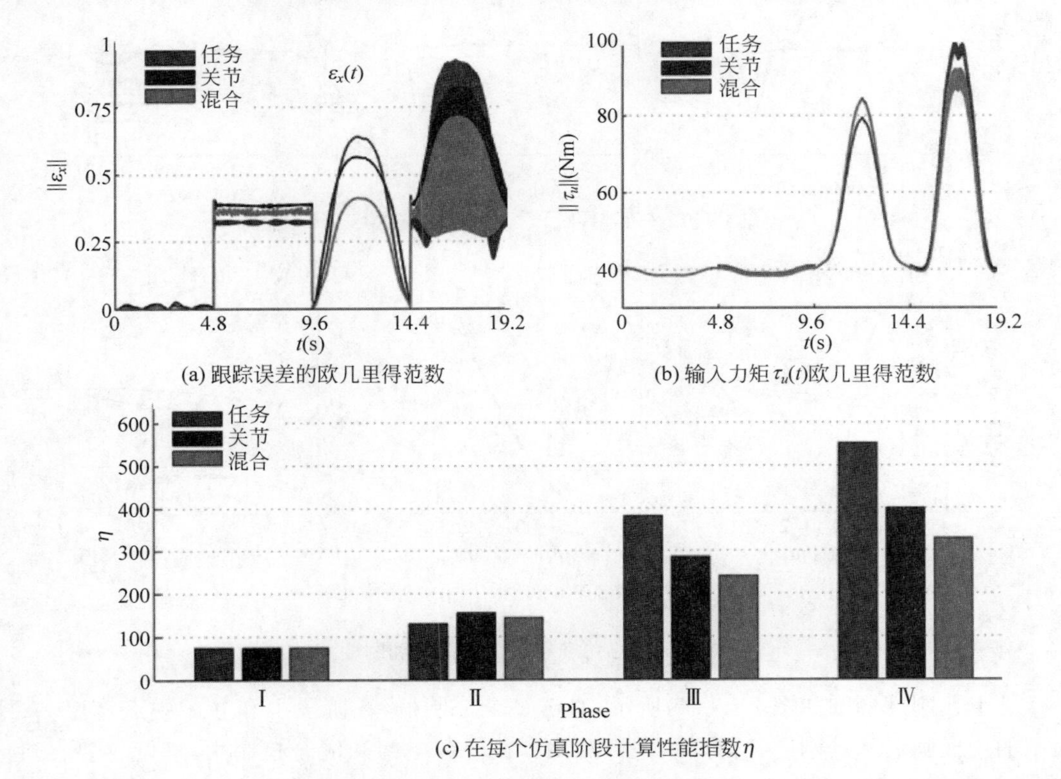

图 2-50　控制器性能对比

对于图 2-50(a)：阶段Ⅰ中($0<t<4.8$)，在跟踪误差方面，三种控制器性能上没有很大的差别。在阶段Ⅱ中，任务空间的跟踪误差最小，在关节空间中误差最大，混合控制器则处于两者之间。在接下来的两个阶段中($9.6<t<19.2$)，任务空间控制产生的误差最大，而混合控制器显示出比组成部分低得多的跟踪误差。对于图 2-50(b)：通过观察输入力矩，

可以看出三种控制方案之间的微小差异。对于图 2-50(c)：每个阶段的性能指数 η 表明了在不同干扰条件下每个控制类型的限制。特别是在关节控制表现出色但任务空间控制性能下降的阶段Ⅲ和阶段Ⅳ中，混合控制显示出了两者改进的性能。即仅对需要附加反馈的关节施加附加反馈。

图 2-51 为学习获得的前馈力矩和刚度。通过查看图 2-51(a)中前馈力矩的变化，可以看到控制器如何在阶段Ⅲ和阶段Ⅳ中增大力矩来补偿低频 F_{envt} 的干扰，主要是在第一个关节(沿着 x-y 平面旋转)。比较控制器之间前馈力矩的大小，显然，关节空间控制产生了更大的力矩，而混合力矩输出施加在关节 1 的幅值和权重都比较小。

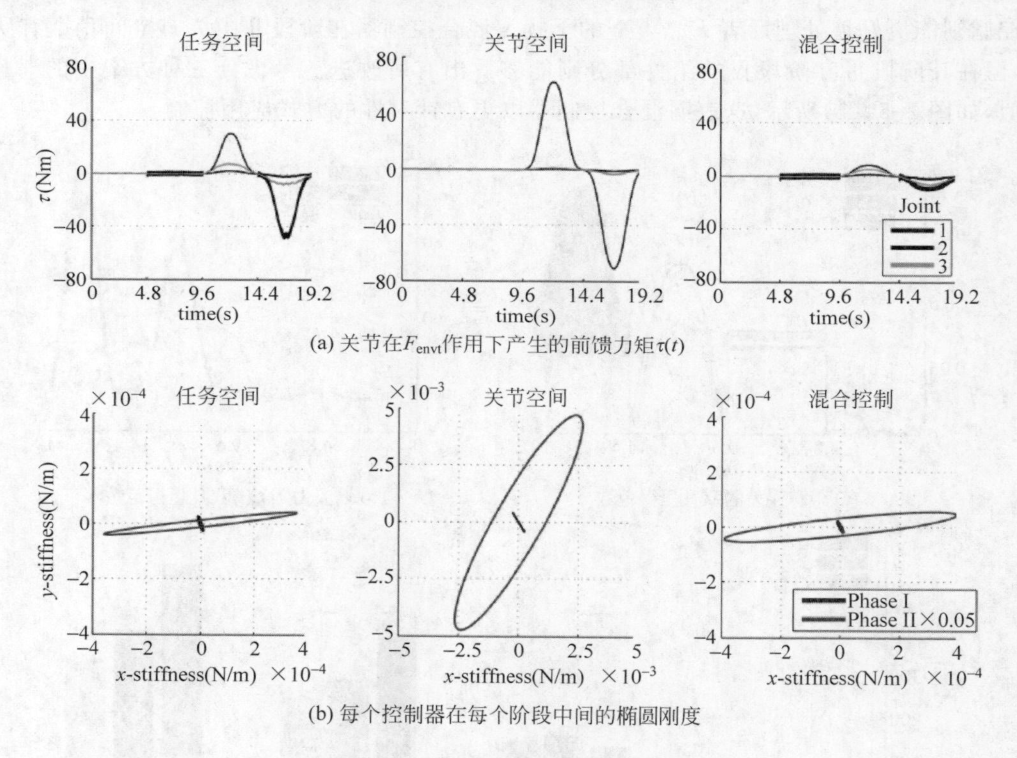

(a) 关节在F_{envt}作用下产生的前馈力矩$\tau(t)$

(b) 每个控制器在每个阶段中间的椭圆刚度

图 2-51 学习获得的前馈力矩和刚度

笛卡儿刚度椭圆如图 2-51(b)所示，对于每个控制器，在阶段Ⅰ和Ⅱ的中点，对 x-y 平面中的用椭圆表示的刚度几何形状进行对比。在任务空间和混合控制中，椭圆主要在对应于扰动方向的 x 轴上伸长。在任务空间和混合控制中，可以观察到刚度从 y 方向上的轻微取向(由于沿着该轴线移动的轨迹)变化到主要在 x 轴上的更大的椭圆，与扰动作用方向一致。然而在关节空间控制中，刚度椭圆的取向与扰动方向则不完全一致，这表明在这种情况下反馈力矩被低效地应用。

2. 控制增益模糊推理

通过在混合控制器上实现来检验控制增益 $Q_{(\cdot)}$ 和 α 的模糊推理的有效性，并且与前面部分(其中控制增益是固定的)获得的结果进行比较。在式(2.135)中描述的基线平均值和适应增益的上限通过从先前实验中混合控制器运行时收集的数据计算获得,它们随后将用作影响自适应定律的模糊推理机的输入。

模糊调整参数的性能见图 2-52。观察图 2-52(a)可以看到,阶段Ⅱ中的跟踪误差有改善,但其他阶段没有那么多,这类似于以前的结果。然而,将结果与图 2-52(b)进行比较,可以看出,尽管在前两个阶段中控制力矩没有减小,但是在最后两个阶段中显著减小;这不仅证明了在控制力已经最小时,在线整定能够减少跟踪误差,而且还减少了维持良好跟踪所需要的控制力。这反映在图 2-52(c)中,其示出在所有扰动阶段中,通过在线调整学习参数来改善总体性能指标得分。

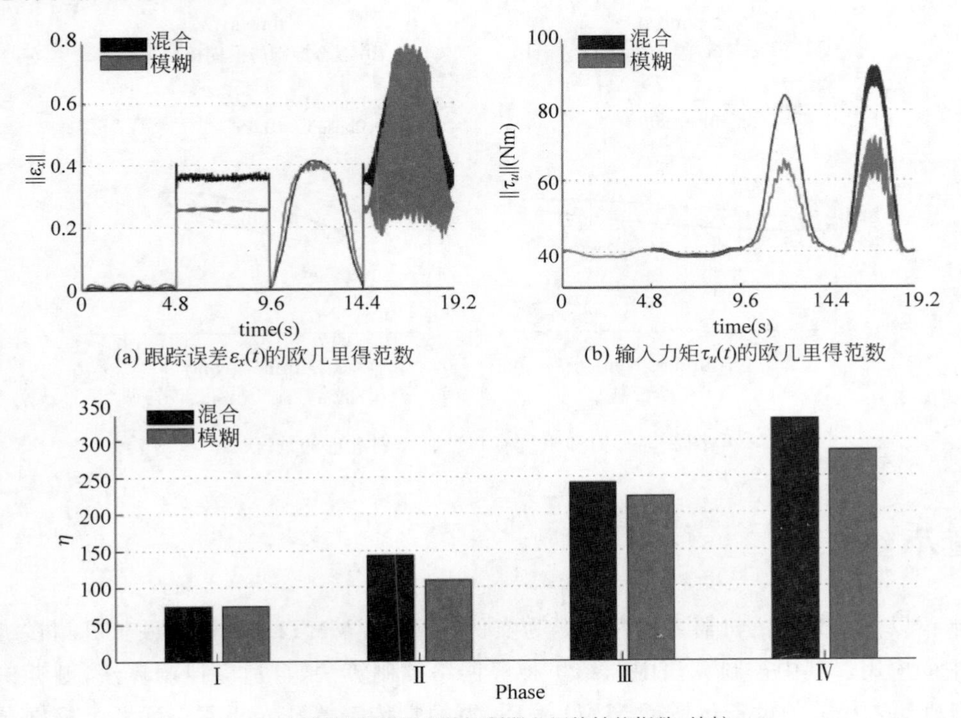

(a) 跟踪误差$\varepsilon_x(t)$的欧几里得范数

(b) 输入力矩$\tau_u(t)$的欧几里得范数

(c) 固定和模糊参数控制器之间的性能指数η比较

图 2-52　模糊调整参数的性能

在图 2-53(a)、(b)中,比较近侧关节的前馈力矩,可以看到,刚度椭圆随时间变化的形状在两个控制器之间是类似的。然而,模糊混合控制器期间施加较大的前馈转矩。模糊整定有一个高得多的响应幅度,尽管形状保持不变。与图 2-53(c)、(d)相比,利用模糊调整参数时,刚度椭圆幅值减小。这表明在线调节控制增加了前馈力矩,同时牺牲刚度以减少在图 2-50(b)中观察到的控制作用,尽管椭圆的几何形状保持在扰动的方向。在图 2-53(c)、(d)中,混合控制器的刚度椭圆与相同的模糊参数整定的控制器相比,具有更高的幅值。注意,在模糊整定的情况改下的缩放倍数是0.02。在第二阶段中的椭圆在干扰方向上伸长。

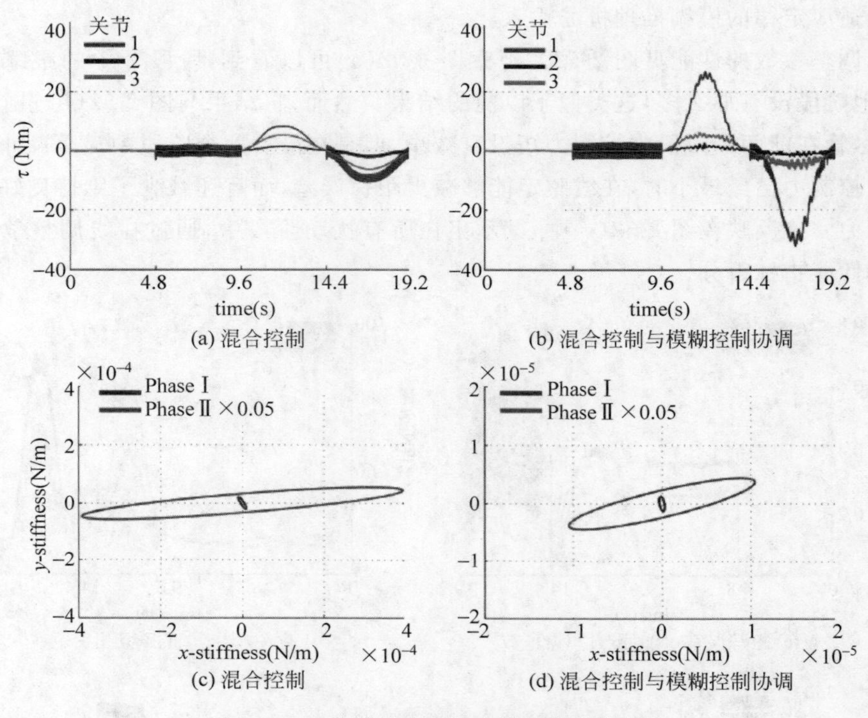

(a) 混合控制 (b) 混合控制与模糊控制协调

(c) 混合控制 (d) 混合控制与模糊控制协调

图 2-53 力和阻抗有和没有模糊推理的情况

本章小结

本章以5个先进的机器人研究课题为实例,介绍了 MATLAB 机器人工具箱在机器人研究中的应用。其中控制算法中介绍了神经网络控制算法,自适应控制算法,触觉识别算法;与机器人相关的设备包括了 MYO 手环,力触觉传感器 Touch X。读者可根据自己的研究课题,对感兴趣的实例进入深入的研究。

参考文献

[1] Huang K, Yang C, Cheng H. Object Property Identification Using Uncertain Robot Manipulator [C]. Chinese Conference on Pattern Recognition. Springer Singapore, 2016: 174-188.

[2] Yang C, Wang X, Li Z, et al. Teleoperation Control Based on Combination of Wave Variable and Neural Networks[J]. IEEE Transactions on Systems, Man, and Cybernetics: Systems, vol. 47 2017.

[3] Xu Y, Yang C, Liang P, et al. Development of a hybrid motion capture method using MYO armband

with application to teleoperation[C]. IEEE International Conference on Mechatronics and Automation. IEEE，2016：1179-1184.

[4] Jiang Y，Yang C，Wang X，et al. Kinematics modeling of Geomagic Touch X haptic device based on adaptive parameter identification[C]. Real-time Computing and Robotics（RCAR），IEEE International Conference on. IEEE，2016：295-300.

[5] Smith A M C，Yang C，Ma H，et al. Novel hybrid adaptive controller for manipulation in complex perturbation environments[J]. PloS one，2015，10(6)：e0129281.

[6] Yang C，Ma H，Fu M. Advanced Technologies in Modern Robotic Applications[M]. 科学出版社，2016.

第二篇 机器人仿真软件的基础与应用

机器人仿真的意义

仿真指的是设计实际或理论物理系统的模型，执行模型和分析执行输出的过程。自20世纪初以来，仿真工具已成为一种重要的研究工具。最初，它是作为一个学术研究工具诞生的。如今，仿真工具作为一个强大的工具，在科学研究和工程技术领域提供设计、规划、分析和决策等服务。作为现代技术的一个分支，机器人仿真技术也是非常重要的。实际上，仿真工具在机器人应用研究中起着非常重要的作用。

虚拟仿真软件能够在虚拟的计算机环境中，对现实的物理环境进行仿真，并且这种仿真效果具有一定的逼真度。在机器人学领域中，机器人仿真技术发挥着重要的作用，它能够给机器人的研究开发提供一个安全可靠的平台。例如，设计一个机器人完成一个危险而复杂的任务。如果通过现实环境进行任务测试，会使机器人面临着较大的风险，同时会造成一定的经济损失。通过机器人仿真平台进行测试，不仅没有因任务失败带来的风险，而且能够进行多次重复测试，节省成本。但是，这对于机器人仿真平台的要求极高，必须保证仿真结果具有真实性与有效性，才能对实际工作进行指导。

第一个商业机器人仿真软件由 Deneb Robotics 公司（现在的 Dassault/Delmia 公司）和 Tecnomatix Technologies 公司（现在的

UGS/Tecnomatix公司)在二十多年前联合开发完成。这款精心设计的产品的关键目标是帮助解决设计和编程机器人系统日益复杂的问题。直到现在,仿真仍然是机器人研究领域的热点,例如移动机器人,是机器人的运动和抓取规划中的一个重要工具。

在这里,我们讨论仿真的作用,对机器人仿真进行了概述。这里有几个基本的仿真概念。首先是"学习"原理。仿真给出了非常有效的方式来了解环境对象的不同可能性,并且允许通过改变参数来观察交互的效果。仿真中的可视化是仿真中的另一个重要因素。仿真的可能性提供了广泛的选择,使人们能够将创意方便地插入到问题解决方案中,可以在系统构建之前获得结果,并对结果进行评估。同时,使用仿真工具可以避免损伤和损坏机器人,也可以避免在开始生产之后对设计做出的不必要的改变的风险。在研究中,仿真软件使得构建具有期望特性的实验环境成为可能。不同的因素,如复杂性、现实性和特异性,可以在仿真环境中逐渐增加。

仿真已经是机器人技术中的重要工具,用于从产品的设计和性能评估到它们的设计应用中。通过仿真可以研究不同级别的机器人系统的结构、特性和功能。系统越复杂,仿真的作用就越重要。仿真使得我们能够很方便地使用计算复杂的算法,如遗传算法,而这些算法在真实的机器人微控制器上运行是一个很耗时的过程。因此,仿真可以提升机器人系统的设计、开发甚至操作等方面的能力,根据具体应用、不同的结构属性和功能参数进行建模。目前,市面上出现了各种仿真工具,它们广泛地应用于机器人机械手的建模、控制系统设计、离线编程系统以及其他领域。

大多数现有的仿真软件主要集中在机器人在不同环境中的运动仿真。所有仿真系统的中心问题是如何对机器人的运动学模型和动态模型进行运动仿真。例如,轨迹规划算法依赖于运动学模型;驱动器的设计需要动态模型。因此,具体模型的选择取决于仿真系统的目标。为了对机器人进行建模和仿真,可以采用不同的方法。其中一个差异可能是用户构建模型的方式。例如,在框图定向的仿真软件中,用户通过组合不同的块来创建模型。替代方案是需要手动编码的包。用于机器人系统的仿真工具大致可以分为2个组:

- 基于一般仿真系统的工具;
- 机器人系统的专用工具。

第一组包括简化机器人系统及其在一般仿真系统中的环境的实现的特殊模块。这种集成的工具箱使得能够使用一般系统的其他工具来实现不同的任务。

第二组涵盖更具体的目的,如离线编程或机械设计。特殊的仿真工具也可以专门用于某些类型的机器人,如移动或水下机器人。

目前,机器人的3D环境构建以及建模是机器人仿真软件中最流行的应用程序。现代3D仿真软件包括用于生成模仿机器人更真实的运动的物理引擎。机器人可以配备大量的传感器和执行器,现代仿真软件还提供各种脚本接口。应用比较广泛的脚本语言是 URBI、MATLAB 和 Python。目前也存在多种针对移动机器人导航的仿真软件。新算法的开发和测试，环境和机器人的建模，包括不同类型的传感器和驱动器是操纵和抓取仿真软件必须应对的关键方面。

机器人仿真软件的功能

机器人仿真软件用于为机器人创建嵌入式应用程序，而不是在实际机器人上的物理建模，因此节省了成本和时间。在某些情况下，这些应用程序可以在真实机器人上传送（或重建）而无须修改。机器人仿真软件可以指几种不同的机器人仿真应用。例如，在移动机器人应用中，基于行为的机器人仿真软件允许用户创建刚性对象和光源的简单世界，编程机器人与这些构建的世界交互。此外，基于行为的仿真软件可以对有能力的人进行"学习"，展示人形态的人形质量。

机器人仿真软件最受欢迎的应用之一是用于机器人及其环境的 3D 建模和渲染。这种类型的机器人软件具有作为虚拟机器人的仿真软件，它能够仿真真实工作包络中的实际机器人的运动。一些机器人仿真软件使用物理引擎用于机器人的更真实的运动生成。我们强烈建议使用机器人仿真软件开发机器人控制程序，而不用考虑实际的机器人是否可用。仿真软件允许机器人程序写入副本并与在实际机器人上测试的程序的最终版本离线联合调试。当然，这个关键点仅适用于工业机器人应用，因为取决于机器人的类似环境的离线编程的成功与否与仿真环境相关。基于传感器的机器人动作更难以仿真或离线编程，因为机器人运动取决于真实世界中的瞬时传感器读数。

一般来说，机器人仿真软件可以通过三维建模创建虚拟环境中的机器人及其工作环境，而不依赖于实际的机器人，而且它还可以提供多种不同的机器人仿真应用。在某些情况下，这些仿真软件中的程序可以通过直接转移或重建到实际的机器人。使用机器人仿真软件开发机器人控制程序有许多好处，仿真软件允许人们在将程序写入到真实的机器人之前，多次地测试与调试。

机器人仿真平台主要有以下 4 种功能：

(1) 通过本身仿真软件或外部工具快速地设计机器人原型；

(2) 使用物理引擎仿真现实运动，例如使虚拟环境具有跟现实一样的重力条件；

(3) 逼真的 3D 渲染，使用 3D 建模工具或外部工具来构建环境，例如给机器人工作环境增加摄像头等功能；

(4) 使用脚本语言使机器人动态地进行运动仿真。一般来说，这些脚本语言有 C、C++、MATLAB、Python、Java、Perl、URBI 等。

机器人仿真软件的种类及选用

目前，科研或商业领域都存在着多款开源或不开源的机器人仿真软件，例如V-REP、Gazebo、MORSE、OpenHRP、RoboDK、SimSpark、ARS、Webots等。不同的机器人仿真软件适用于不同的仿真任务，采用的编程语言也不尽相同。下表对不同的机器人仿真软件进行了对比。

八种机器人仿真软件的比较

机器人仿真软件	物理引擎	3D建模	3D渲染引擎	支持的CAD模型格式	平台支持	主要编程语言	外部API
V-REP	ODE/Bullet/Vortex/Newton Dynamics	内部	内部	OBJ，STL，DXF，3DS，Collada，URDF	Linux，MacOS X，Windows	LUA	C/C++，Python，Java，Urbi，MATLAB，Octave
Gazebo	ODE/Bullet/Simbody/DART	内部	OGRE	SDF/URDF	Linux，MacOS X，Windows	C++	C++
MORSE	Bullet	Blender	Blender游戏引擎	无	Linux，BSD*，MacOS X	Python	Python
OpenHRP	ODE/内部	内部	Java3D	VRML	Linux，Windows	C++	C/C++，Python，Java
RoboDK	无	内部	OpenGL	STEP，IGES，STL，WRML	Linux，MacOS X，Windows，Android	Python	C/C++，Python，MATLAB
SimSpark	ODE	无	内部	Ruby的场景图	Linux，MacOS X，Windows	C++，Ruby	Network(sexpr)
ARS	ODE	无	VTK	无	Linux，MacOS X，Windows	Python	无
Webots	定制的ODE	内部	OGRE	WBT，VRML	Linux，MacOS X，Windows	C++	C/C++，Python，Java，MATLAB

机器人仿真软件的选用需要从物理逼真度（物理环境的条件、特征逼近真实环境的程度）、功能逼真度（软件仿真进行时机器人的行为逼近实际情况中机器人执行任务的程度）、编程语言及扩展性、平台支持、费用成本和开发成本等多方面去选择。

物理引擎

物理引擎是计算机软件，提供了在计算机图形学、视频游戏和电影领域中使用的某些物理系统的近似仿真，例如刚体动力学(包括碰撞检测)、软体动力学和流体动力学。它们的主要用途是在视频游戏(通常作为中间件)时，用于实时的仿真。该术语有时更常用于描述用于仿真物理现象的任何软件系统，例如高性能科学仿真。

物理引擎通常有两类：高精度物理引擎和实时物理引擎。高精度物理引擎需要更多的处理能力来计算非常精确的物理模型，通常被科学家和计算机动画电影使用。实时物理引擎用于视频游戏和其他形式的交互式计算，它使用简化的计算和较低的准确性来及时计算游戏，并以适当的速度响应游戏。

自20世纪80年代以来，物理引擎通常用于超级计算机，以计算流体动力学建模，其中粒子被分配、组合以显示循环的力矢量。由于对速度和精度的高要求，开发了称为矢量处理器的特殊计算机处理器以加速计算。这些技术可用于仿真天气预报中的天气模式，用于设计空气和水运工具的风洞数据或包括跑道的机动车辆，以及用于改进散热器的计算机处理器的热冷却。与计算中的许多计算负载过程一样，仿真的精确度与仿真的分辨率和计算的精度有关；在仿真中未建模的小波动可以极大地改变预测结果。

但是物理引擎也具有一定的限制。物理引擎现实性的主要限制是表示作用于对象的位置和力的数字的精度。当精度太低时，舍入误差影响结果，并且未在仿真中建模的小波动可以显著地改变预测结果；仿真对象可能会意外运行或到达错误的位置。在两个自由移动对象以大于物理引擎可以计算的精度拟合在一起的情况下，将使错误复杂化，这可能导致物体中不自然的积聚能量，这是由于开始剧烈振动并最终将物体吹开的圆角误差。任何类型的自由移动的复合物理学对象可以证明这个问题，但是它特别容易在高张力下和具有主动物理支承表面的轮式物体上影响链节。一般较高的精度可以降低位置/力误差，但是是以计算所需的较大CPU功率为代价的。

本书涉及的物理引擎包括Bullet physics library，Open Dynamics Engine(ODE)，Vortex Dynamics，Newton Dynamics，Simbody和DART。它们在各自的网站中对自己的介绍如下：

Bullet physics library是一个跨平台的开源物理引擎，支持3D碰撞检测、刚体动力学、柔体动力学，多用于游戏开发和电影制作中。它支持对刚体和柔体的仿真，其中支持的刚体有球体、长方体、圆柱、圆锥等，柔体包括布料、绳索等可变形对象。

Open Dynamics Engine(ODE)是一个物理引擎，包含两部分：一个刚体动力学仿真引擎和一个碰撞检测引擎。它支持的几何体有球体、圆柱体、长方体、三角体、高度图。它具有先进的关节类型和集成碰撞检测与摩擦。ODE可用于仿真车辆，虚拟现实环境中的对象和虚拟动物，目前用于许多电脑游戏、3D创作工具和仿真工具。

Vortex Dynamics：是一个不开源的商业物理引擎，可制作高精度的物理仿真。它为实现大量的物理性质提供了与真实世界相同的参数，使得这个引擎更真实和准确。

Newton Dynamics：是一个跨平台的物理仿真库。它实现了一个确定的解算器，不是基于传统的迭代方法或连接控制，但同时具有稳定性和快速性。这个特征使得它不但支持游戏引擎，而且可支持实时的物理仿真。

Simbody 可用于内部坐标和粗粒度分子建模，大型机械模型如骨骼，以及任何其他可以建模为通过关节互连，由力作用和受约束限制的任何东西。Simbody 是一个 SimTK 工具集，提供通用多体动力学能力，即在任意约束的任何一组广义坐标中解决牛顿第二定律($F=ma$)的能力。Simbody 作为一个开源、面向对象的 C++ API 提供的物理引擎，它能够用于高性能、精度控制的科学工程。因此，它适用于大型机械模型，如人类步态、机器人、化身和动画的神经肌肉模型。Simbody 也可以用于实时交互式应用程序的生物仿制以及虚拟世界和游戏。

DART(动态动画和机器人工具包)是由 Georgia Tech Graphics Lab 和 Humanoid Robotics Lab 创建的协作的跨平台开源库。该库为机器人和计算机动画中的运动学和动态应用程序提供数据结构和算法。DART 的突出之处在于其精确性和稳定性，因为它使用广义坐标来表示铰接的刚体系统，而 Featherstone 的铰接体算法来计算运动的动力学。对于开发人员来说，与许多将仿真器视为黑盒的流行物理引擎相反，DART 可以完全访问内部运动和动态量，例如质量矩阵、科里奥利和离心力、变换矩阵及其导数。DART 还为任意身体点和坐标系提供了雅可比矩阵的有效计算。DART 的帧语义允许用户定义任意参考帧(惯性和非惯性)，并使用这些帧来指定或请求数据。对于气密代码安全性，通过惰性评估自动更新正向运动和动态值，使 DART 适合实时控制器。此外，DART 提供了扩展 API 以便将用户提供的类嵌入到 DART 数据结构中。接触和碰撞使用隐式时间步进算法，基于速度的 LCP(线性互补问题)来处理，以确保非穿透、定向摩擦和近似的库仑摩擦锥条件得到满足。DART 在机器人和计算机动画中具有广泛应用，因为它具有多体动态仿真器和用于控制和运动规划的各种运动工具。

参考链接

以下网址可以提供一些参考：

(1) https://en.wikipedia.org/wiki/Robotics_simulator

(2) https://en.wikipedia.org/wiki/Physics_engine

(3) https://en.wikipedia.org/wiki/Open_Dynamics_Engine

(4) http://bulletphysics.org/wordpress/

(5) http://www.ode.org/

(6) http://newtondynamics.com/forum/newton.php

(7) https://simtk.org/projects/simbody/

(8) https://en.wikipedia.org/wiki/Vortex_(software)

(9) https://dartsim.github.io/

第3章 V-REP在机器人仿真中的应用

3.1 V-REP简介及安装

3.1.1 V-REP的简介

V-REP (英文全称为Virtual Robot Experimentation Platform)是一款开源的机器人仿真软件,它可以创建、组成虚拟机器人并进行仿真。因为V-REP具有多种类型的功能与特性,丰富的应用编程接口,所以也被称为机器人仿真器中的"瑞士军刀"。作为一款机器人仿真软件,V-REP可用于快速算法开发、工厂自动化仿真、快速原型设计和验证、与机器人相关的教学、远程监控、产品的安全检测等任务。

3.1.2 V-REP的特性

V-REP有以下几种主要的特性:

(1) V-REP支持Windows、MacOS、Linux三种操作系统。

(2) V-REP使用集成开发环境,并基于分布式控制体系结构。因此,每个对象/模型可以通过嵌入式脚本、插件、附加组件、ROS节点、远程客户端应用编程接口或自定义的解决方案,单独地被控制。

(3) 控制器可用C/C++、Python、Java、Lua、MATLAB、Octave或者Urbi等编程语言编写。

(4) V-REP中具有4个物理引擎:Bullet physics library、Open Dynamics Engine (ODE)、Vortex Dynamics和Newton Dynamics。其中Bullet引擎提供了Bullet 2.78和Bullet 2.83两个版本的物理引擎。

(5) V-REP具有五种主要的计算模块:正向和逆向运动学模块、动力学或物理模块、路径规划模块、碰撞检测模块、最小距离计算模块。

3.1.3 V-REP的安装

本书选择了Pro-edu中的Windows版本,将安装包下载至本地电脑中。双击安装程序可进入安装界面。V-REP的安装步骤相对简单,只需按照它的提示,选择Yes或Next即可完成安装过程。

一般来说,安装步骤对应于以下界面:Welcome界面(见图3-1),License Agreement界面,Set Program Shortcuts界面,Confirm Setup Settings界面,Copying Files界面,Setup Complete界面。

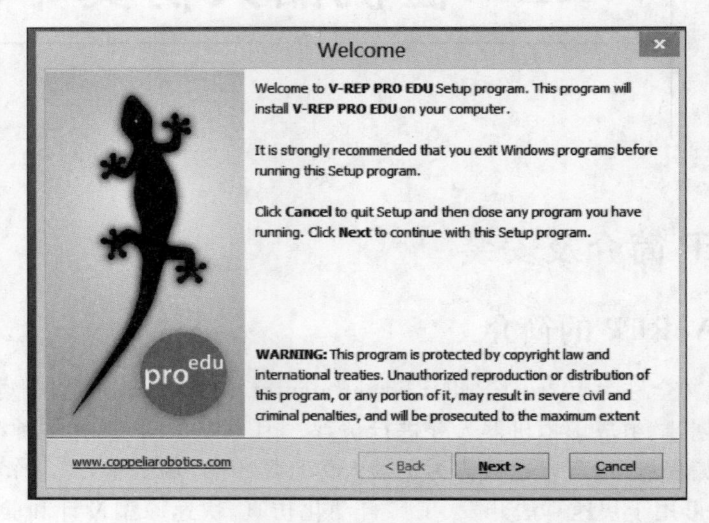

图3-1 V-REP的安装界面——Welcome界面

这里,需要注意以下三点:

(1) 如果计算机本身已安装V-REP。在重新安装新版本的V-REP时,它会提示"是否卸载掉已安装的V-REP",再进行重装。

(2) 安装V-REP的默认路径为C:\Program Files (x86)\V-REP3\V-REP_PRO_EDU,用户无法进行更改。

(3) 安装完毕后,会弹出对话窗口,询问是否要安装Visual Studio 2010。如果计算机本身没有Visual Studio 2010,应按照它的提示单击Yes,让系统自动安装。接下来,它会提示是否对Microsoft Visual C++ 2010 x86 Redistributable进行修复或卸载。这些需要根据用户计算机本身的需求进行合理的选择。

3.2 V-REP的用户界面及位姿操作

启动V-REP应用程序时,计算机(Windows系统)将会自动创建一个控制台窗口,随后将控制台窗口自动隐藏(这种默认隐藏控制台窗口的配置可以在用户设定对话框中更改)。控制台窗口仅用于输出信息,例如表示插件是否安装成功。正常启动后V-REP会初始化一个默认的场景,如图3-2所示,场景周围分布着应用栏、菜单栏、工具栏、模型浏览器等窗口部件。

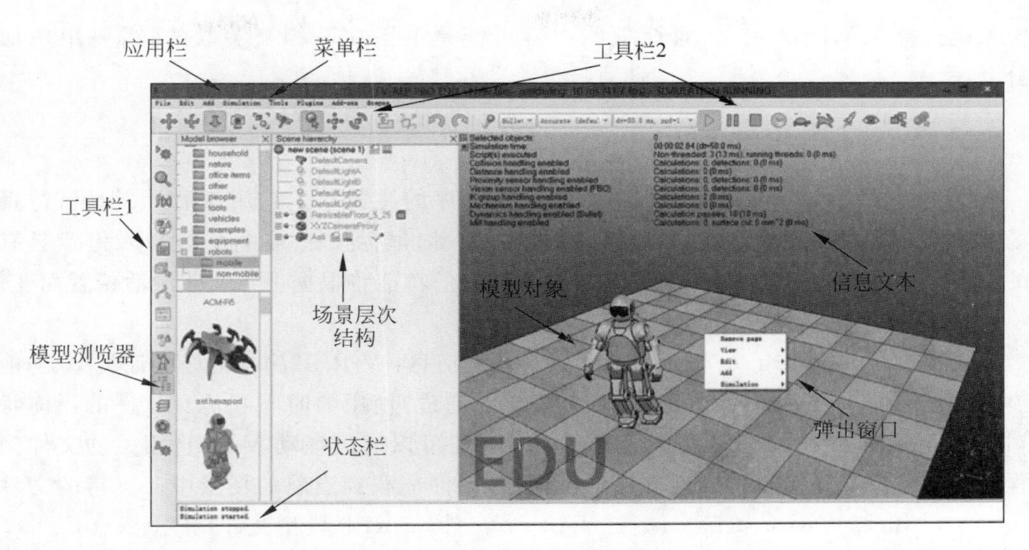

图 3-2 V-REP 的主界面

3.2.1 控制台窗口

控制台窗口(console window)不是交互式的,如图 3-3 所示,仅用于输出信息,其功能是显示所加载的插件和告知用户初始化过程是否成功。用户可以使用 Lua 打印命令(从脚本中)直接输出信息到控制台窗口。使用插件中的 C printf 或 std :: cout 命令也可将信息输出到控制台窗口。除此之外,用户可以以编程的方式创建辅助控制台窗口以显示对实例进行仿真时特定的信息。

图 3-3 控制台窗口

在 Windows 系统中:当 V-REP 应用程序启动时,将创建一个控制台窗口,但会再次直接隐藏。隐藏控制台窗口的默认配置可以在用户设置对话框中更改。

在 Linux 系统中:V-REP 需要从控制台启动,它在 V-REP 整个运行的过程中保持可见。

在 MacOSX 系统中:最好是从终端启动 V-REP,以使消息可见。

3.2.2 对话框

在应用程序窗口旁边,用户还可以通过调整对话框(dialogs)设置或参数来编辑场景与场景交互。每个对话组合一组相关函数或适用于同一目标对象的函数。由于多种原因,例如对象被选择为不同的状态，对话框的内容可能是上下文不相互关联的，需要用户加以区分。

3.2.3 应用程序窗口

应用程序窗口(application window)是应用程序的主窗口。它用于显示、编辑、仿真和与场景交互。当在应用程序窗口中激活时，鼠标左键、鼠标按钮、鼠标滚轮以及键盘具有特定的功能。在应用窗口内，输入设备(鼠标和键盘)的功能将根据上下文或激活位置而变化。

1. 应用程序栏

应用程序栏(application bar)给出了以下几点信息：V-REP副本的许可证类型、当前正在显示的场景的文件名、一个渲染通道(一个显示通道)使用的时间和仿真软件的当前状态(仿真状态或当前使用的编辑模式类型)。此外，还可以通过拖动V-REP相关的文件到应用程序栏或应用程序窗口范围内的任意位置，将文件加载到当前的场景中。支持的文件包括"* .ttt"-files(V-REP场景文件)，"* .ttm"文件(V-REP模型文件)和"* .ttb"。

2. 菜单栏

菜单栏(menu bar)可以访问V-REP中所有的功能。如图3-4所示，其中File栏目可用于文件的建立和保存，或者对利用3DMAX、Soildworks等软件建立的模型进行加载；Edit栏目主要用于对场景对象进行编辑；Add栏目主要用于在场景中添加对象；Simulation栏目主要用于对V-REP仿真的设置和控制；Tools栏目主要用于对用户界面窗口的启用和关闭；Plugin栏目和Add-ons栏目分别与两种编程方法有关：插件和附加组件；通过Help栏目可以直接访问V-REP自带的用户手册、版本信息等。

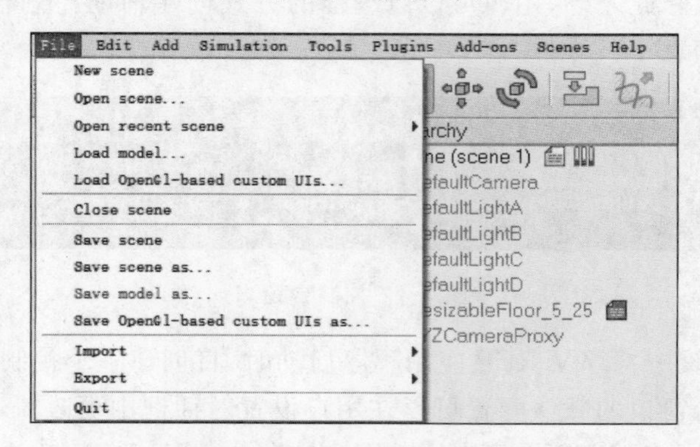

图3-4 菜单栏目及File栏目展开后显示的功能

3. 工具栏

工具栏(toolbars)如图3-5所示，它分为两个栏目，其中工具栏1位于菜单栏下方，工具栏2位于模型浏览器的左边。工具栏1主要用于编辑模型及场景、设置仿真参数和控制仿真过程。其中包括了对场景视角的旋转、放大和缩小；对模型在三维空间中的移动与旋转；对模型进行装配与拆卸；控制模型仿真运行、暂停与结束停止(包括仿真速度的选择)。工具栏 2 包含对仿真参数的设置，脚本的插入与设置，路径点的规划、计算模块的启用与设置，自定义用户界面的编辑等。总体而言，工具栏包括了 V-REP 中所有工具功能。

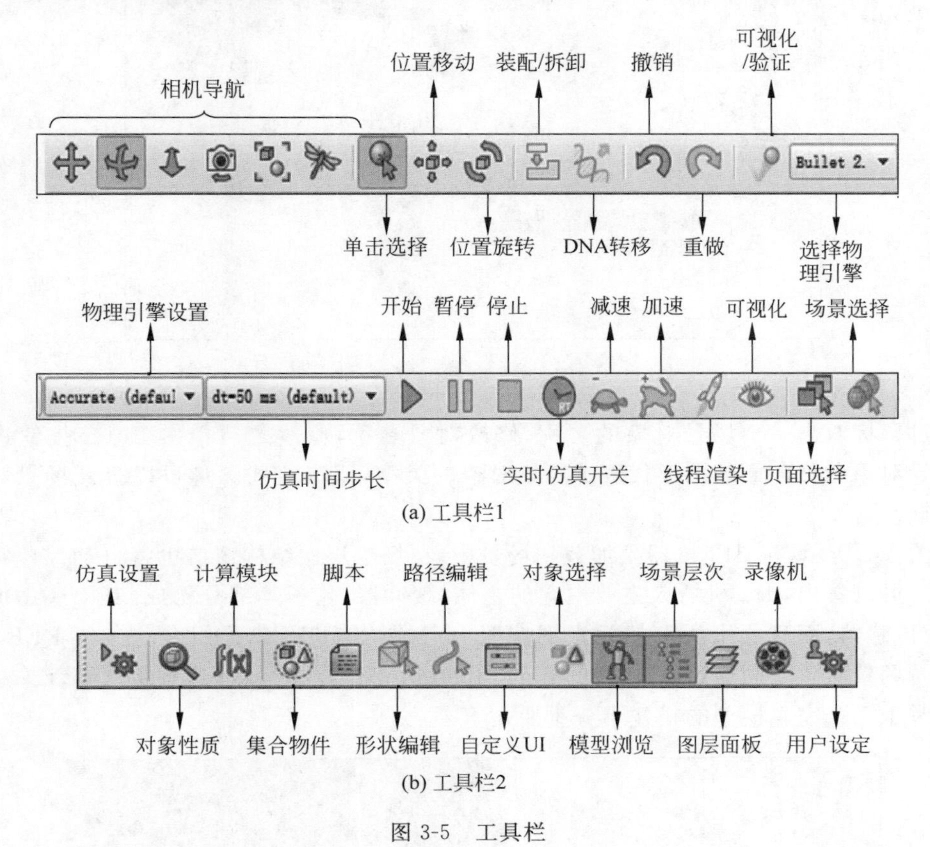

(a) 工具栏1

(b) 工具栏2

图 3-5 工具栏

4. 模型浏览器

仿真浏览器以文件夹的形式呈现，位于 V-REP 主界面的左边，如图 3-6 所示，文件中包含了 V-REP 中所有的模型，选择其中一个文件夹，模型浏览器的下方将会显示出文件夹内所有模型的预览缩略图及名称。模型浏览器中所有的模型都存放在 V-REP 安装文件夹的相对路径：...\V-REP3\V-REP_PRO_EDU\models 中，模型文件的扩展名为.ttm。V-REP 默认的模型包含了交通工具模型，人体模型，可移动的机器人模型和不可移动的机器人模型等。

使用这些程序提供的模型非常简单，只需要用鼠标拖拽模型的预览缩略图到空白的场景中，场景将会自动加载相关的模型，以供用户下一步的使用。其中，有些模型已经包含了可执行的脚本，单击“仿真”按钮可以看到默认的仿真结果。

5. 场景层次结构

场景层次结构(scene hierarchy)显示了一个场景的所有内容，即场景中的所有场景对象。它用类似树的层次结构显示了场景中的每个元素，而这些元素都能够被展开或折叠。

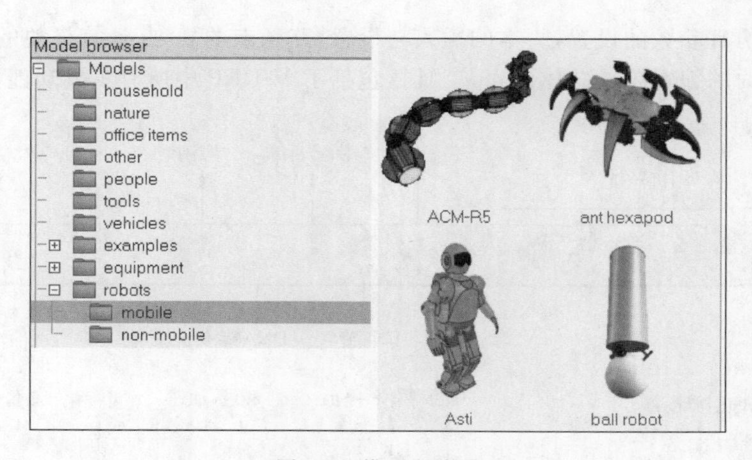

图 3-6 模型浏览器

可以通过鼠标双击一个场景对象的名称，修改对象名称，修改之后单击 Enter 按钮进行保存。场景对象名称前面的图形代表了场景对象的类型，双击这些图形可以打开场景对象属性编辑框。

如图 3-7 所示，将 d12 机器人加载到场景中，在场景层次结构窗口也将自动加载它的层次结构。可以看出，d12 机器人主要由它的主体、缓冲器、轮子等部分构成，其中还添加了摄像头、力传感器，而且这里所有的元素都按照一定的结构进行排列组合。在 V-REP 中，场景对象与场景对象之间通过 Edit 栏的 object parent 形成层次等级（这种层次等级关系的正确组合对于一个完整模型的搭建十分重要）。

图 3-7 dr20 模型及其层次结构

6. 其他用户界面

信息文本在仿真时将会被自动加载，它记录了仿真时的有关数据；状态栏在仿真时会显示仿真过程的信息，如果相关代码存在漏洞，也将会在这里给出相关提示；弹出窗口会在单击鼠标右键时弹出，使用它可以方便快捷地添加场景模型和编辑场景。

页面(page)：每个场景可以包含最多 8 个页面，每个页面可以包含无限数量的视图。页面可以看作是视图的容器。

视图(view)：页面中可以包含无限数量的视图。视图用于显示可视对象(例如相机、图形或视觉传感器)看到的场景(其本身包含环境和对象)。

信息文本(information text)：信息文本显示与当前对象/项目选择以及仿真运行时的状态或参数相关的信息。文本显示可以通过页面左上方两个小按钮的其中一个进行切换。另一个按钮可用于切换白色背景，根据场景的背景颜色提供更好的对比度。

状态栏(status bar)：状态栏显示与执行的操作、命令有关的信息，并显示来自 Lua 解释器的错误消息。在脚本中，用户还可以使用 simAddStatusbarMessage 函数将字符串输出到状态栏。状态栏默认只显示两行，但可以使用其水平分隔句柄调整大小。

自定义用户界面(custom user interfaces)：自定义用户界面是可用于显示信息(如文本、图像等)或自定义对话框的用户定义的 UI 界面，允许以自定义的方式与用户交互。

弹出菜单(popup menu)：弹出菜单是在单击鼠标右键后出现的菜单。要激活弹出式菜单，请确保鼠标在单击操作期间不移动，否则可能会激活相机旋转模式。应用窗口(例如，场景层次视图、页面、视图等)内的每个表面可以触发不同的弹出菜单(注意区分不同的情景)。弹出菜单的内容也可以根据当前的仿真状态或编辑模式而改变。除了仅在视图或页面上激活弹出菜单时出现的视图菜单项之外，还可以通过菜单栏访问大多数弹出菜单功能。

3.2.4 自定义用户界面

V-REP 提供了两种不同的自定义用户界面，一种是基于 Qt 的自定义用户界面，另一种是基于 OpenGl 的自定义用户界面，见图 3-8。

基于 Qt 的自定义用户界面采用 Qt 框架提供的功能。因为它是封装在一个 V-REP 插件(v_repExtCustomUI)中，(插件源代码的路径为：…\V-REP3\V-REP_PRO_EDU\programming\v_repExtCustomUI)，所以它更加容易为用户扩展自身功能。这种界面提供 Qt 类型的部件，如集成了按钮的对话框、编辑框、滑块、标签、图片等。任何在自定义用户界面上的动作(例如按钮单击、文字版、滑块运动)都以一个回调脚本的形式进行记录，其他的功能调用通过相关的 API 函数访问。

基于 OpenGl 的自定义用户界面是 V-REP 第一个开发的自定义 UI 类型，并且基于 OpenGl。它相对灵活，但是在开发复杂 UI 时可能是不切实际和过于耗时的。基于 OpenGl 的自定义 UI 可以采用集成按钮、编辑框、滑块或标签的对话框的形式。对自定义 UI 执行的任何操作(例如，按钮单击、文字编辑、滑块移动)都会报告为可被相应的 API 调用拦截的消息。这很大程度上允许自定义仿真过程。

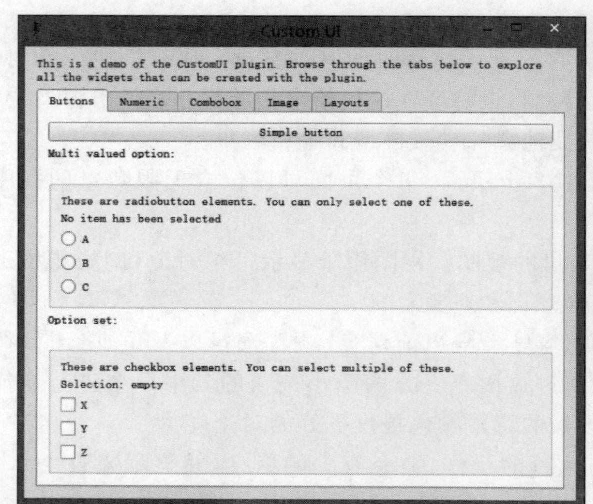

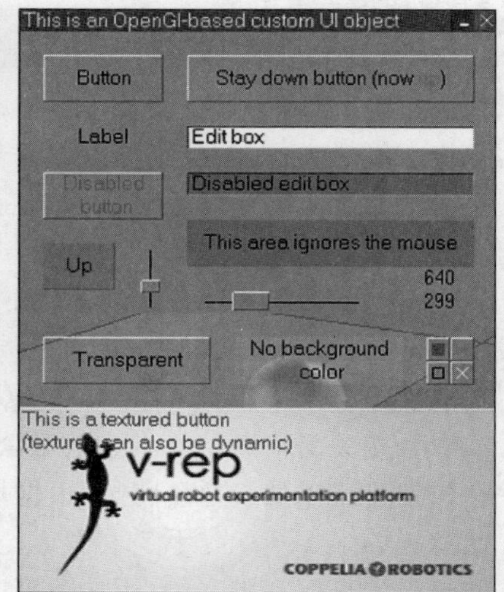

图 3-8　左图为基于 Qt 的 UI 界面，右图为基于 OpenGI 的 UI 界面

此外，在 V-REP 的官方声明中宣称，将来不可能进一步发展或改进基于 OpenGl 开发的用户自定义界面。因此，在这里，我们建议读者去学习使用基于 Qt 的自定义 UI。

在 V-REP 本身提供的场景(V-REP3\V-REP_PRO_EDU\scenes)中分别提供了以上两种自定义界面的场景，文件名为 customUI-OpenGlBased. ttt 和 customUI-QtBased. ttt。运行这两个文件，可以将它们的界面风格、输入命令等进行比较。

3.2.5　页面与视图

V-REP 中的视图用于显示特定对象的图像内容。其中这个对象必须是可被查看的。V-REP 中的页面是场景主要能够被用过观看的表面。它可以由一个或一个以上的视图组成。例如，一个视图与相机对象相关联，那么它可以显示相机看到的内容。如图 3-9 所示，它说明了页面、视图和可见对象之间的关系：页面可以包含多个视图，每个视图表示同一只移动机器人的不同图像；而视图则显示了相对应相机的视角，与相机的位置及配置有关。

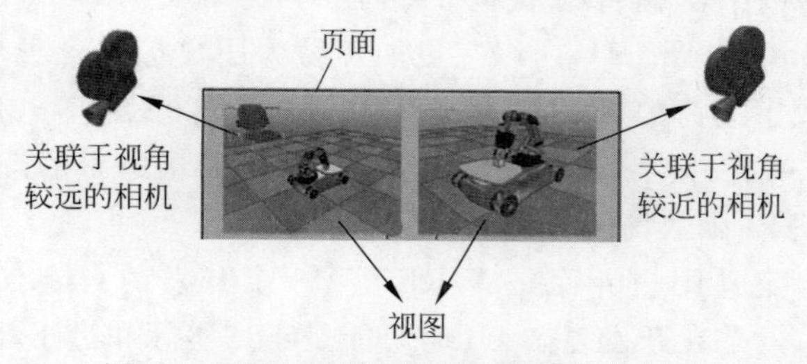

图 3-9　页面、视图和可见对象之间的关系

在页面中，视图可以具有一个固定位置，也可以浮动于页面上，即可以根据用户的需要去调动位置。

页面、视图和可见对象之间的关系如下页面配置所示：V-REP中的每个场景都有8个可自由配置的页面。可以通过页面选择器工具栏按钮（见图3-10）访问（即显示）单个页面。

图3-10　页面选择器工具栏按钮

当创建新场景时，8个页面中的每一个页面将以不同的方式被预配置：

创建页面和选择默认页面配置时，依次选择：Popup menu（弹出菜单）、Set-Up Page With（设置页面）；

删除某个页面时，依次选择：Popup menu（弹出菜单）、Remove Page（删除页面）。之后，不存在的页面（即已删除的页面）将显示深灰色表面。

有几种默认页面配置可用，如图3-11所示（数字表示视图索引）。

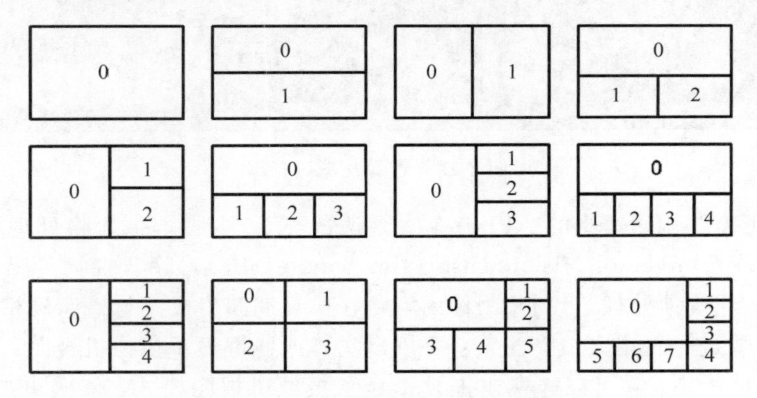

图3-11　具有固定视图的可用页面配置

页面上方配置允许显示1～8个固定视图。浅灰色表面中的每一个对应于空视图（即非关联视图）。在任何时候，可以依次单击弹出菜单、删除页面以删除页面。删除页面还会删除其包含的所有视图，但不会删除任何关联的对象。在现有页面配置的顶部，可以依次单击弹出菜单、添加、浮动视图以添加无限数量的浮动视图。

浮动视图可以移动和调整大小，但不允许使用左或右鼠标按钮进行导航（例如相机转换、相机旋转等）。双击浮动视图以使用视图索引以交换其内容（但是，可以通过编程禁用它来禁止此操作）。要删除浮动视图，只需单击其右上方的按钮即可。要将可查看对象与视图相关联，请选择该对象，并在我们要关联的视图上依次单击弹出菜单、视图、与所选摄像机关联视图，以及弹出菜单、视图、关联视图与所选图形或依次单击弹出菜单、视图、与所选视觉传感器关联视图（弹出菜单将根据最后选择的对象自动调整其内容）。当创建视图但尚未与可见对象关联时，依次单击弹出菜单、添加、相机命令将添加一个摄像机，并直接将其与视图相关联（即透视它）。给定的可见对象可以与任何数量的视图同时关联。或者通过在视图中激活以下弹出窗口将视图与可见对象相关联：依次单击弹出菜单、视图、视图选择器。这将打开视图选择器，如图3-12所示。

一旦观看对象与视图相关联，视图中将自动显示其图像内容，如果采用视觉传感器产生

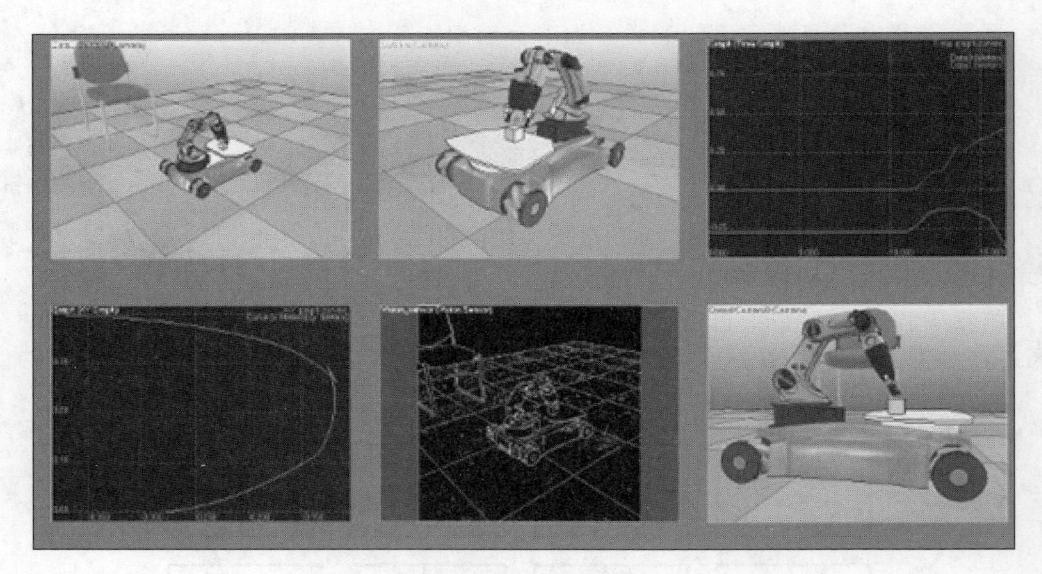

图 3-12 查看视图选择器

其图像内容，则需要调用适当的 API 命令。默认情况下，主脚本包含将处理场景中所有视觉传感器的命令(simHandleVisionSensor(sim_handle_all))。除非视觉传感器被标记为显式处理，但未被明确地处理，否则其图像内容将在仿真期间生成。与摄像机相关联的视图可以通过以下方式进行自定义或调整：它可以以实体或线框显示摄像机视图：依次单击弹出菜单、视图、实体渲染；它可以透视或正投影显示摄像机视图模式：依次单击弹出菜单、视图、透视投影；它可以显示或隐藏边缘：依次单击弹出菜单、视图、可见边缘；它可以显示边缘为粗线或细线：依次单击弹出菜单、View、Thick edges；它可以打开和关闭纹理显示：依次单击弹出菜单、视图、形状纹理启用；其相关的摄像机可以跟踪最后选择的对象：依次单击弹出菜单、视图、跟踪所选对象。与图形相关联的视图可以通过以下方式进行自定义或调整：可以显示图形对象的时间图：依次单击弹出菜单、视图、显示时间图；图形对象的 x/y 图形：依次单击弹出菜单、视图、显示 x/y 图形；它可以自动调整为图形内容：依次单击弹出菜单、视图、仿真时自动调整大小；它可以保持比例为 1∶1：依次单击弹出菜单、视图、保持比例在 1∶1。

3.2.6 对象/项目位置和方向操作

在通过坐标和变换对话框修改对象配置之后，还可以使用鼠标直接操作对象：当选择对象时，可以使用以下工具栏按钮(见图 3-13)移动或旋转对象：

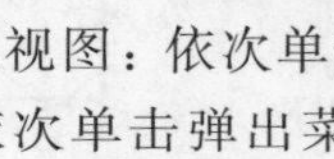

图 3-13 操作工具栏按钮(平移和旋转)

如图 3-14 所示，默认情况下，平移是在 *X-Y* 平面进行的。取决于对象操纵设置中的设置，其还可以沿着不同的轴/平面并且相对于每个单独对象的不同参考系执行。图中深色阴影覆盖处表示当前平移平面或轴。默认情况下，围绕对象自己的 *Z* 轴执行旋转。也可以根据对象操纵设置中的设置，围绕不同的轴或相对于每个单独对象的不同参考系执行。图中深色阴影覆盖处表示当前旋转轴。

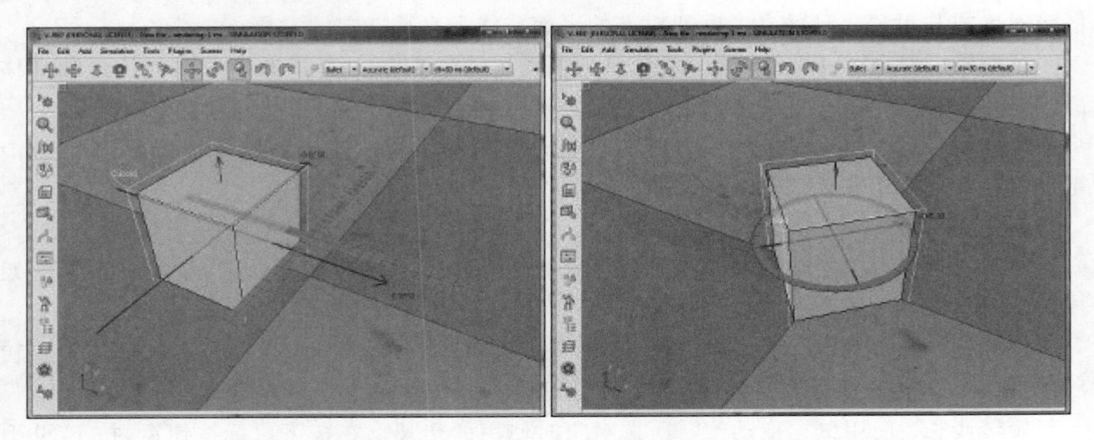

图 3-14　对象平移和旋转操作：图中深色阴影覆盖处表示平移平面或旋转轴

可以在用户设置对话框中调整默认平移和旋转步长(捕捉)，但建议分别保持 5cm 和 5°的值，或者在对象操作设置中单独设置对象的步长。在对象操作期间按下鼠标按钮后，按住 shift 键可暂时禁用捕捉。以类似的方式，在对象操纵期间按下鼠标按钮之后，通过按住 Ctrl 键可临时激活可选的平移或旋转轴。

当仿真软件处于顶点编辑模式或路径编辑模式时，也可以使用对象/项目平移工具栏按钮。对于精确的对象定位，建议通过坐标和变换对话框修改对象的位置和方向。

1. 对象操作设置

可以依次单击菜单栏、工具和对象操作设置以显示对象操作设置。对话框的内容取决于最后选择的对象。如果未选择对象，则对话框处于非活动状态。对话框如图 3-15 所示。

Object Manipulation Settings

Mouse translations
Relative to: World　Parent frame　Own frame
Preferred axes: along X　along Y　along Z
Translation step size [m]　Default

Mouse rotations
Relative to: World　Parent frame　Own frame
Preferred axis: about X　about Y　about Z
Rotation step size [deg]　Default

Mouse manipulation disabled when simulation not running
Mouse manipulation disabled when simulation running

图 3-15　鼠标平移/旋转设置对话框

1）鼠标平移

相对于世界/父框架/自身框架：表示鼠标拖动将与绝对参考框架对准，与父对象参考框架对准或与对象自己的参考框架对准的平面或线上平移选定的对象。

优选轴：沿 *X*/沿 *Y*/沿 *Z* 轴，表示鼠标拖动允许沿着以上选择的参考系的优选轴平移所选对象。在按下鼠标按钮后，按下 Ctrl 键可以在操作过程中使用其他轴。

平移步长：使用鼠标拖动平移所选对象时使用的步长。在按下鼠标按钮后按下 Shift 键仍可在操作过程中使用较小的步长。

2）鼠标旋转

相对于世界/父框架/自身框架：表示鼠标拖动将围绕绝对参考框架，父对象参考框架或对象自己的参考框架的轴旋转所选对象。

优选轴：沿 *X*/沿 *Y*/沿 *Z* 轴，表示鼠标拖曳允许围绕上面选择的参考系的优选轴旋转所选对象。在按下鼠标按钮后，按下 Ctrl 键可以在操作过程中使用其他轴。

旋转步长：使用鼠标拖动旋转所选对象时使用的步长。在按下鼠标按钮后，按下 Shift 键仍可在操作过程中使用较小的步长。

仿真运行/不运行时禁用鼠标操作：启用时，当仿真运行/不运行时，无法操作所选对象。

2. 坐标和变换对话框

当用户使用以下工具栏按钮之一切换到对象/项目移动模式时，坐标和变换对话框变为可见。

对话框的内容取决于所选的移动模式（平移或旋转）和最后选择的对象或项目。如果未选择对象/项目，则对话框处于非活动状态。如果选择了多个对象/项目，则一些参数可以从最后选择的对象/项目复制到其他所选对象/项目（应用于选择按钮）。

1）位置/平移

当选择对象转换工具栏按钮时，对话框的部分变为可见。位置/平移对话框如图 3-16 所示，有两个不同的部分。

（1）对象/项目位置：此部分允许修改对象或项目的坐标。

相对于世界/父框架：指示坐标相对于绝对参考系，或相对于父参考系。

X/*Y*/*Z* 坐标：所选对象相对于指示的参考框架（世界框架或父框架）的位置。

（2）对象/项目平移和位置缩放操作：此部分允许将平移和缩放变换应用于对象或项目。

相对于世界/父帧/自身帧：表示变换将相对于绝对参考帧，相对于父参考帧，或相对于对象自己的参考帧。

沿着 *X*/*Y*/*Z* 平移：表示沿着所指示的参考帧（世界、父或自己的帧）的 *X* 轴、*Y* 轴和 *Z* 轴的期望的平移量。

沿 *X*/*Y*/*Z* 的标度：表示沿着所指示的参考系（世界或母体）的 *X*、*Y* 和 *Z* 轴的期望位置缩放。

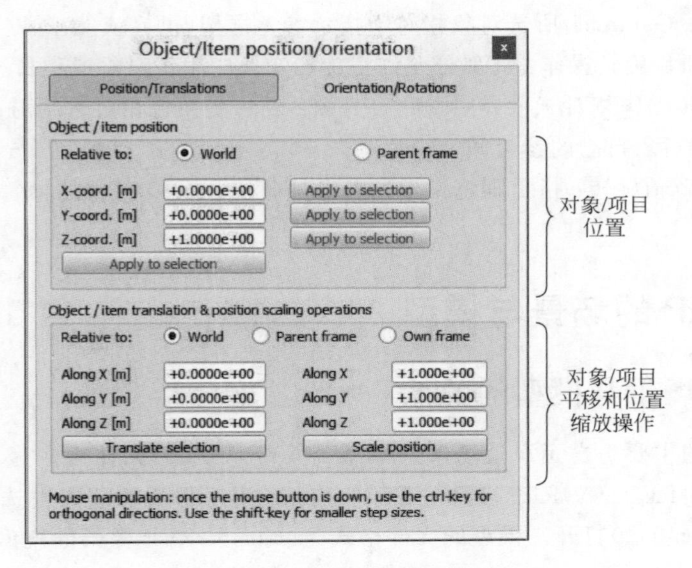

图 3-16 位置/平移对话框

2）方向/旋转

选择对象旋转工具栏按钮时，对话框的该部分变为可见。方向/旋转对话框如图 3-17 所示，它有两个不同的部分。

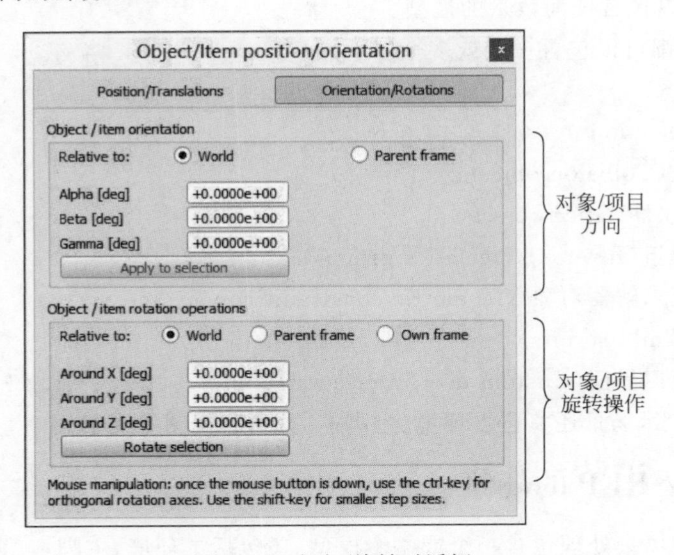

图 3-17 方向/旋转对话框

（1）对象/项目方向：此部分允许修改对象或项目的方向。

对象/项目定向相对于世界/父框架：表示所指定的欧拉角度相对于绝对参考系或相对于父参考系。

Alpha/Beta/Gamma：所选对象相对于指示参考框架(世界或父)的欧拉角。

(2) 对象/项目旋转操作：此部分允许将旋转变换应用于对象或项目。

对象/项旋转操作相对于世界/父帧/自身帧：表示变换将相对于绝对参考帧，相对于父参考帧或相对于对象自己的参考帧。

围绕 $X/Y/Z$ 轴旋转：指示围绕指示的参考帧(世界、父或自己的帧)的 X、Y 和 Z 轴的期望旋转量。

3.3 V-REP 的场景与模型

3.3.1 场景与模型的关系

V-REP 中的主要仿真元素是场景与模型。其中，场景的文件格式为.ttt，V-REP 提供的场景存放在 V-REP3\V-REP_PRO_EDU\scenes 中，可以通过依次选择 File(文件)和 Open scene(打开场景)打开。模型的文件格式为.ttm，V-REP 提供的模型主要存放在模型浏览器中。

场景与模型的关系是：

(1) 场景中包含了一个或多个模型，而模型是只包含了一种元素的场景。

(2) 模型是一个场景的子元素，只是这个子元素被明确标明为一个完整的模型。

(3) 场景可以包含任何数量的模型。

场景和模型都可以包含一个或多个以下元素：

- 对象(Objects)
- 集合(Collections)
- 碰撞对象(Collision objects)
- 距离对象(Distance objects)
- 逆运动学组(Inverse kinematics groups)
- 几何约束求解器对象(Geometric constraint solver objects)
- 子脚本(Child scripts)
- 自定义用户界面(Custom user interfaces)

除了上述元素，场景还将包含环境、主脚本、页面和视图等元素。

3.3.2 V-REP 的场景

V-REP 中的场景处理包含一个或多个模型，还包括了环境、主脚本、页面和视图。

通过与视图相关联的可视对象可以看到场景或场景图像内容，该视图本身包含在页面中。创建新场景时(可以通过依次单击菜单栏、文件、新场景打开)，默认场景将包含以下元素：

- 多个相机对象：如果相机与视图相关联，则相机允许查看场景。

- 几个光对象：没有光，场景将几乎不可见。灯光用于照亮场景。
- 几个视图：视图与相机相关联，并显示相机看到的内容。视图包含在页面中。
- 几个页面：一个页面包含一个或多个视图。
- 环境：环境由环境光、雾、背景颜色等属性组成。
- 地板：地板由组合在一个模型中的对象组成。
- 默认主脚本：默认主脚本应该允许运行最少的仿真，而不需要子脚本。然后，如果与场景对象相关联，则稍后阶段复制到场景中的子脚本也将被自动执行（由主脚本调用）。

场景可以通过依次单击菜单栏、文件、打开场景…打开（加载），并可以通过依次单击菜单栏、文件、保存场景或可以通过依次单击菜单栏、文件、将场景另存为…保存场景。场景文件（“*.ttt”-files）还支持在资源管理器窗口和应用程序窗口之间进行拖放操作。场景文件也可以双击打开，双击后系统将自动启动 V-REP 应用程序并打开场景文件。在打开的场景之间切换可以通过在场景层级的上部中单击来实现（所有打开的场景被分组在场景层级的顶部），或者通过其相关的工具栏按钮（见图 3-18）使用场景选择器来实现。

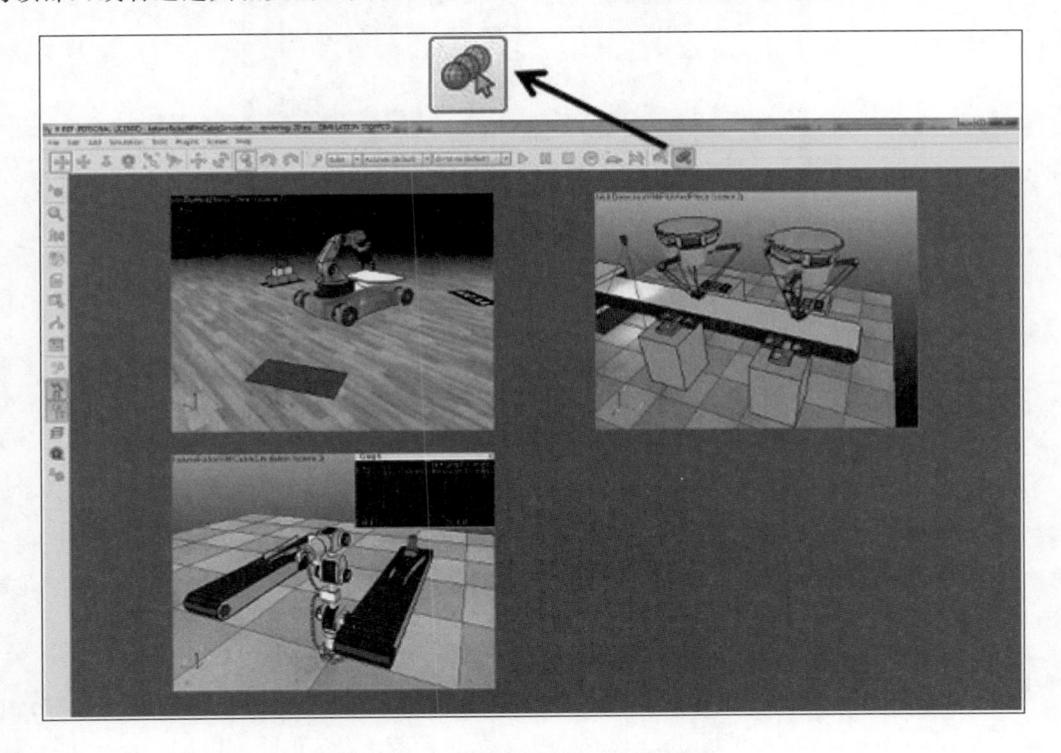

图 3-18　场景选择器工具栏按钮

环境定义了场景的属性和参数，包括了背景颜色、雾参数（与相机视觉、传感器相关）、环境的光线、场景创建的信息和附加的设置。环境的设置对话框可以通过依次单击 Menu bar

(菜单栏)、Tools(工具)、Environment(环境)打开或通过双击场景层次结构中对应的场景图标打开。环境设置对话框见图 3-19。

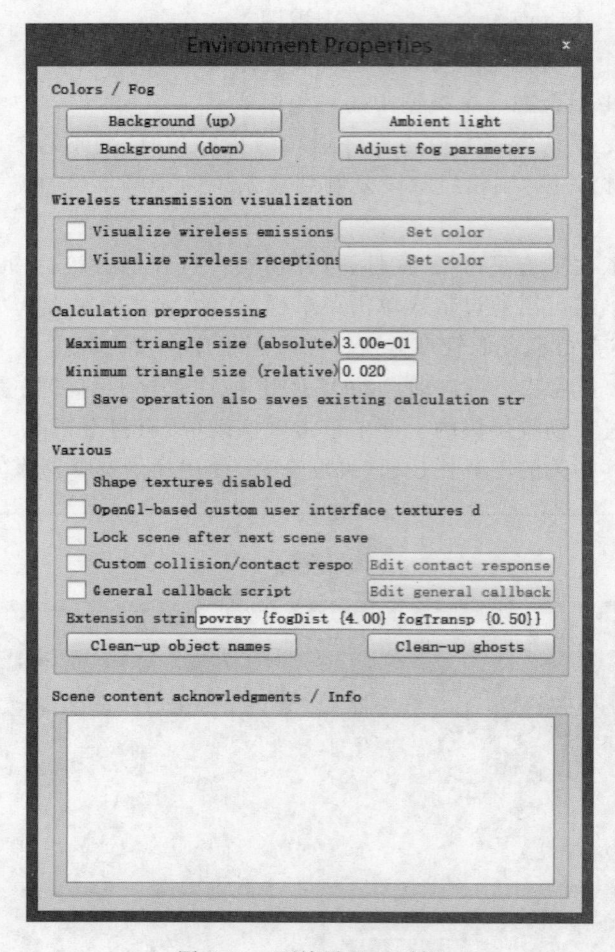

图 3-19 环境设置对话框

默认的情况下,每个场景都有一个主脚本,它包含了最基本的代码,使得仿真得以进行。每次仿真开始和结束时,都分别调用一次主脚本。因此,主脚本分为三个部分:初始化部分、常规部分和恢复部分。

(1) 初始化部分负责准备用于仿真的代码。

(2) 常规部分负责处理所有的代码仿真器的功能(逆运动学、碰撞检测和动力学等),其中命令 simLaunchThreadedChildScripts 调用线程的子脚本。simHandleChildScripts 调用非线程的子脚本。这一部分分为驱动(或动作/反应)部分和传感(或探测)部分。

(3) 恢复部分将在每一次仿真结束时执行,这部分的代码负责恢复对象的初始配置、清除传感器状态、碰撞状态等。

3.3.3　V-REP的模型

1. 模型的创建

模型是场景的子元素。模型本身不能被仿真，它必须被包含在场景中，然后组成场景以进行操作。

模型由建立在同一层次树上的场景对象的选择来定义，其中树的基础必须是被标记为模型基础的对象。它们可以通过依次单击菜单栏、文件、加载模型…加载。然而，通过在模型浏览器和场景视图之间进行拖放操作来加载模型更容易和方便。模型可以通过依次单击菜单栏、文件、保存模型为…保存，只需确保选中标记为对象的单个对象为模型库的基础，否则“将模型另存为…”菜单项将不被启用。还要严格遵循关于如何构建一个干净的仿真模型的教程。

模型按以下步骤定义：

① 将逻辑上属于该模型的所有对象附加到基础对象，以便基础对象是模型树的基础。

② 检查对象模型基础项(objectismodelbase-item)中对象的公共属性。

③ 在上面的同一个对话框中，检查对象/模型是否可以转移或接受DNA项目。如果稍后需要重建修改模型，这将简化重建的过程。

④ 在上面的同一对话框中，单击编辑模型属性，可以定义特殊覆盖属性(例如，使整个模型不可见、不可复制等)。这允许快速禁用模型中定义的所有对象的某些属性。

⑤ 对于模型中的所有对象，除了基础对象之外，请检查对象公共属性中模型的选择基础。这将保护建好的模型：用户将无法直接选择模型中的单个部件，而只能够对整个模型进行操作。

⑥ 对于一般不可见的所有对象，请选中不显示为内部模型选择项。这将使模型边界框在模型周围以正确的尺寸显示。

⑦ 模型的作用：例如你的模型是一个夹子，你可以附加到操纵器的手腕(例如，用户建立的机械臂模型可以接受夹具模型的操纵器)。一旦角色决定了，可以定义模型的组装行为。

现在，在模型基础上构建的单个对象不能在场景中被选择(选择它们将改为选择模型的基础)，但是仍然可以通过在选择期间按住Ctrl和Shift键在场景层次中选择它们。除此之外，当选择基础对象时，包含整个模型的点画框将如图3-20所示显示出来。在图场景视图和相应的场景层次视图中，选定的虚拟对象被标记为模型基础对象。

双击模型标签打开模型对话框，其中可以调整模型属性。还有一个更好的做法是，编辑模型后折叠模型的层次结构，如图3-21所示，以便轻松识别逻辑上分组的元素/模型的数量。

当子脚本以编程方式访问对象时，将多个对象分组为模型也很重要。请记住，**在V-REP中，对象/模型可以在仿真期间随时重复**。为了使重复的子脚本能够访问正确的对象(不是原始对象而是重复的对象)，子脚本应该始终与它访问的对象同时复制。一种保证方式是创

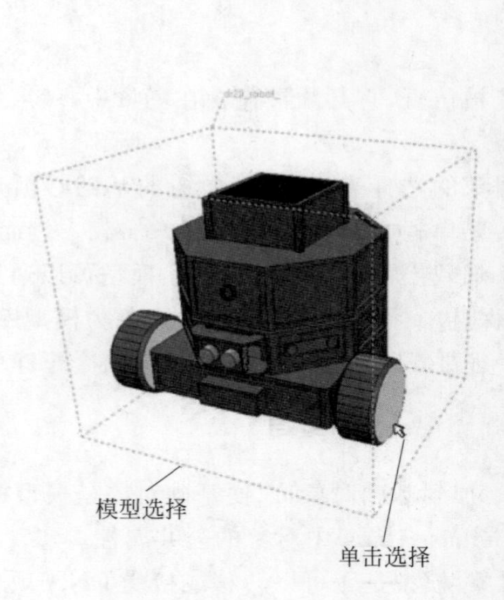

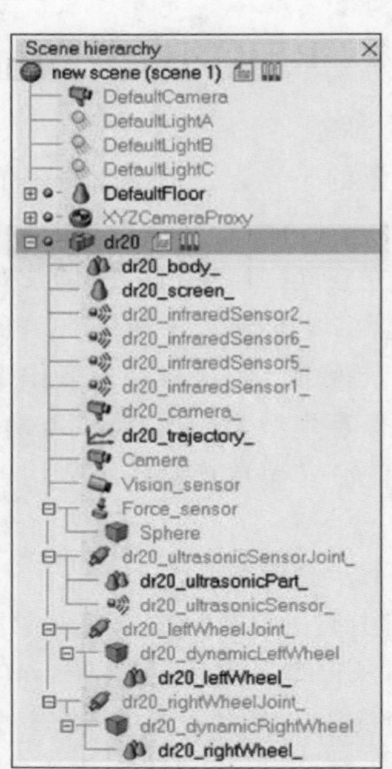

图 3-20　基础对象与层次结构

建模型(如上所述),并确保访问模型中对象的子脚本与模型中包含的对象相关联。最好是将一个子脚本(也可能有辅助子脚本)与模型的基础相关联。

为了使模型能够容易地组合(即在彼此之上构建),而没有任何额外的修改,重要的是考虑模型将扮演什么角色:它会附加到其他型号,还是会接受其他型号附加给它?这些问题的答案将允许选择最佳对象类型作为模型基础。

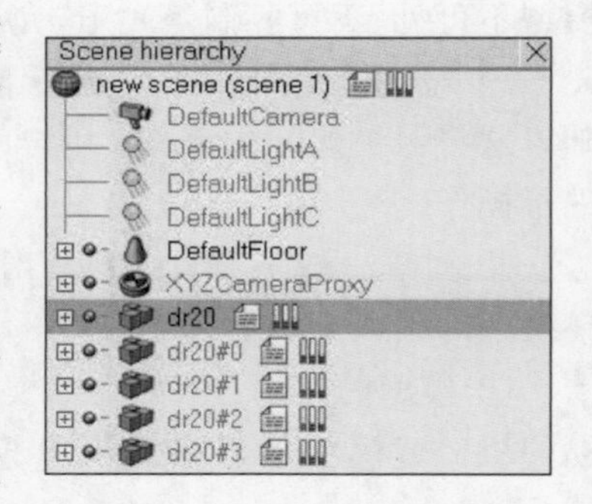

图 3-21　显示 5 个折叠模型的场景层次视图

复制和粘贴模型的行为与先保存模型,然后加载它(使用内存缓冲区而不是磁盘空间)的操作完全相同。模型可以像任何其他对象一样从一个场景复制到另一个场景。模型文件("＊ .ttm"-files)还支持在资源管理器窗口和应用程序窗口之间进行拖放操作。也可以双击模型文件,随后系统将启动 V-REP 应用程序,并加载到默认场景中。

2. 模型对话框的设置

模型的属性可以在模型对话框中单独调整。可以通过双击场景层次结构中的模型图标来打开它,如图 3-22 所示。

选择模型缩略图:保存模型时,会弹出一个对话框,要求输入模型缩略图(将显示在模型浏览器中)。但是,如果希望以不同的配置保存模型的缩略图(例如,希望以直线配置保存蛇形机器人的模型,但希望缩略图以弯曲配置可视化蛇形机器人),则可以在此处指定缩

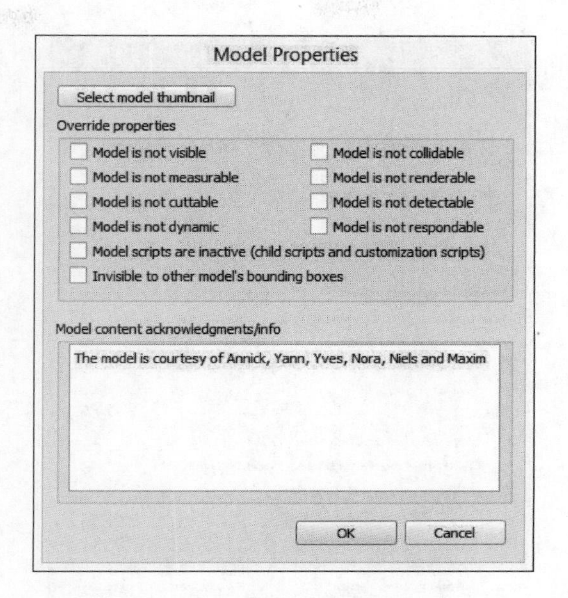

图 3-22 模型状态对话框

略图。

覆盖属性：在这里，可以禁用（覆盖）整个模型（即模型层次结构树中的所有对象）的特定属性。这样便于快速禁用需要太多计算时间的模型。

模型内容确认/信息：与模型相关的信息。始终良好的做法是确认场景，模型或导入网格的原始作者。当包含确认信息的模型打开时，它将自动显示该信息。

3.3.4 V-REP 的环境

V-REP 中的环境定义作为场景一部分的属性和参数，但不是场景对象。保存模型时，不保存环境属性和参数，环境的属性和参数仅在保存场景时保存。

环境定义以下属性和参数：

- 背景颜色。
- 雾参数。雾参数不直接与场景对象交互，除非使用相机或视觉传感器环境光。
- 场景创建信息。
- 其他设置。

1. 环境设置对话框

可以通过依次单击菜单栏、工具、环境或通过双击场景层次结构中的图标访问环境对话框（见图 3-23）。

如图 3-23 所示，对环境设置对话框的说明如下：

(1) 背景（向上/向下）：允许调整场景的背景颜色。向上分量对应于屏幕的上部（天空），向下分量对应于屏幕的下部分。背景颜色仅在禁用雾功能时可见。

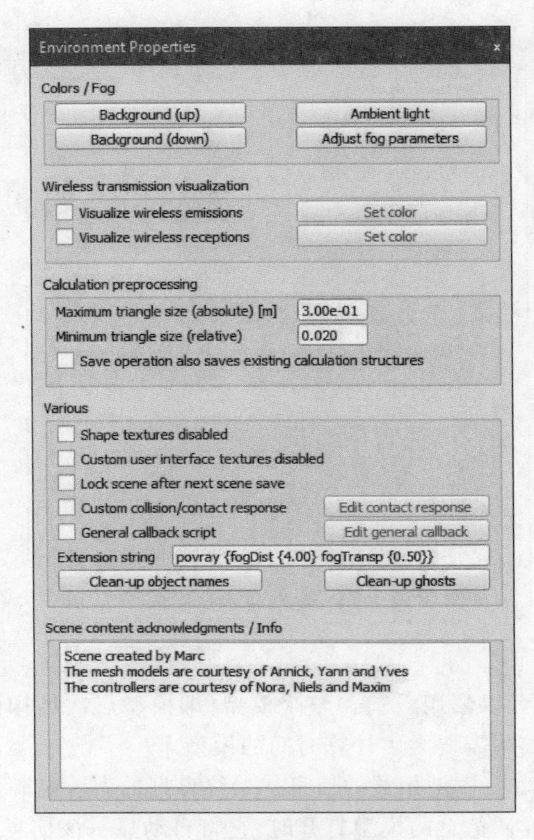

图 3-23 环境设置对话框

(2) 环境光：允许调整场景的环境光。环境光可以被视为场景的最小光，它以完全相同的方式从所有方向照亮对象。

(3) 调整雾参数：允许调整各种雾参数。

(4) 可视化无线发射/接收：如果启用，则所有无线发射/接收活动将被可视化。

(5) 最大三角形大小(绝对)：此项不会影响形状的视觉外观。然而，这将影响大多数V-REP计算模块的执行速度。例如，在两个实体之间执行最小距离计算时，如果两个实体由大小基本相同的三角形组成，则执行通常更快。最大三角形尺寸值指定如何处理形状的内部表示(即形状的计算结构是多么精细)。小尺寸会增加预处理时间，但一般来说，仿真执行速度会同时提高。此值将整个最大三角形的大小设置为绝对值。

(6) 最小三角形大小(相对)：类似于上一项，但此项有助于避免创建可能需要很长时间的过大的计算结构。此值将最小三角形大小设置为相对值(相对于给定对象的最大维度)。保存操作还保存现有的计算结构：对于距离计算碰撞检测等，在仿真开始时(预处理)计算数据结构，或者在这种计算中第一次涉及形状，以便加速计算。该数据结构的计算可能是耗时的，因此用户可以选择将其与场景或模型一起保存。然而，必须意识到，将被保存的附加信息是大的，这将导致总的文件变得很大(有时是两倍或更大)。

(7) 禁用形状纹理：如果选中，则将禁用应用于形状的所有纹理。

(8) 自定义用户界面纹理已禁用：如果选中，则将禁用应用于基于 OpenGl 的自定义 UI 的所有纹理。

(9) 在下一个场景保存后锁定场景：如果要在编辑/修改、查看脚本内容、导出资源这些操作中锁定场景，可以选择该选项。如果希望以后能够修改它，请确保已经在解锁状态下保存了相同的场景。

(10) 自定义碰撞/联系人响应：选中此项目后，所有动态联系人处理都可以由用户定义，并通过联系人回调脚本执行。请记住，此设置与场景相关，模型将在不同的场景中作出不同的表现。此设置仅适用于知道它们正在做什么的用户。

(11) 一般回调脚本：当选中此项时，将能够处理普通回调脚本中的特定用户回调。当插件调用 API 函数 simHandleGeneralCallbackScript 时，将调用通用回调脚本。

(12) 扩展字符串：描述其他环境属性的字符串，主要由扩展插件使用(与 simGetExtensionString API 函数有关)。

(13) 清理对象名称：允许使用哈希标记将某些顺序放入对象名称中。这不是必需的，但可以方便地减少哈希标记后的后缀数。

(14) 清除重影：删除场景可能包含的所有重影对象，这与重影记录功能有关。

(15) 场景内容确认/信息：与场景有关的信息。始终良好的做法是确认场景、模型或导入网格的原始作者。当打开包含确认信息的场景时，它将自动显示该信息。

2. 纹理设置对话框

纹理对话框如图 3-24 所示，它的作用是允许查看和修改与附加到形状或基于 OpenGl 的自定义 UI 的纹理相关的属性。

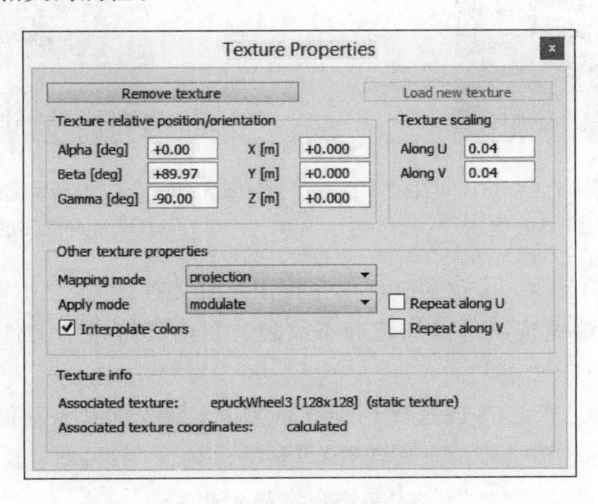

图 3-24 纹理设置对话框

可通过在形状属性对话框中单击设置纹理项，或通过单击基于 OpenGl 的自定义 UI 对话框中的设置 UI 背景纹理项或设置按钮纹理项来访问它。

纹理是位图图像，可以应用到表面，以使它们看起来更真实。想象一下，将砖纹理应用到矩形表面，以使其看起来像砖墙。V-REP 对形状应用纹理的默认方式是将其投影到形状的 X/Y 平面上。

V-REP 支持以下 5 种纹理映射方法：

(1) 投影映射：将纹理简单地投影到对象的 X-Y 平面上。将计算纹理坐标。

(2) 圆柱映射：纹理包裹在对象的 Z 轴周围。将计算纹理坐标。

(3) 球面映射：纹理被球面映射到对象上。将计算纹理坐标。

(4) 框映射：纹理应用于盒状对象的所有 6 个面。将计算纹理坐标。

(5) 导入的纹理坐标：通过 OBJ 文件格式，可以在导入网格的同时导入特定的纹理坐标。

建议保持默认设置，以保持与较旧的显卡的兼容性（当选中缩放纹理时，所有纹理都将调整为 2 的幂次）和文件大小。

一旦纹理在存储器中，它可以在实际映射发生之前被缩放、移位和旋转，以便获得期望的视觉外观。

如果将纹理应用于作为背景的基于 OpenGl 的自定义 UI 或基于 OpenGl 的自定义 UI 按钮，则它不能被缩放、移动或旋转。如图 3-25 和图 3-26 所示，它将自动地在整个自定义 UI 表面或整个自定义 UI 创建按钮。

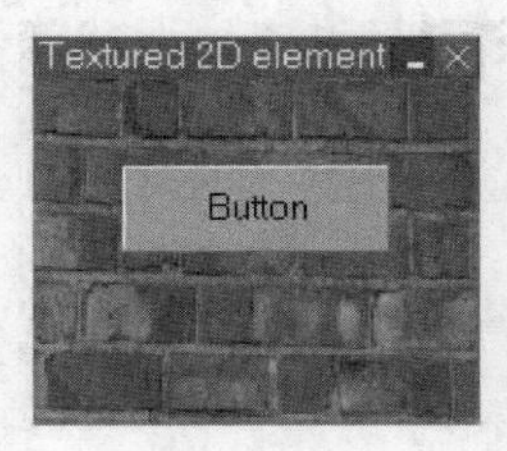

图 3-25 应用于基于 OpenGl 的自定义 UI 作为背景的纹理

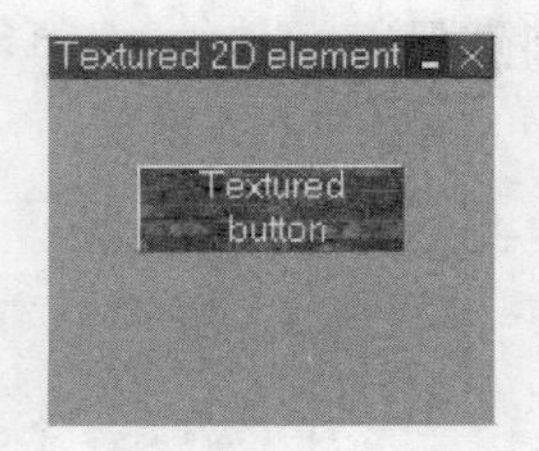

图 3-26 应用于基于 OpenGl 的自定义 UI 作为按钮的纹理

基于 OpenGl 的自定义 UI 背景纹理仅在按钮具有选择透明/显示背景纹理项目时才可见。通过单击加载新纹理按钮可以加载静态纹理。目前支持以下文件格式：JPEG、PNG、TGA、BMP、TIFF 和 GIF。

除了从文件加载纹理，还可以选择已加载的静态纹理，或由视觉传感器生成的动态纹理。只需单击“从现有纹理选择纹理按钮”即可替换纹理。注意，动态纹理只有在仿真期间，而且视觉传感器被正确处理的时候，才能够正常显示出来。

3.4　实体

模型包括了以下这些元素：对象、集合、碰撞的对象、远程对象、逆运动学组、几何约束求解对象、子脚本和自定义用户界面。其中一个场景对象或集合称为实体。场景、场景对象、集合、实体的关系如图 3-27 所示，对象 A、对象 B、对象 C、对象 D、集合 1 和集合 2 都称为实体。

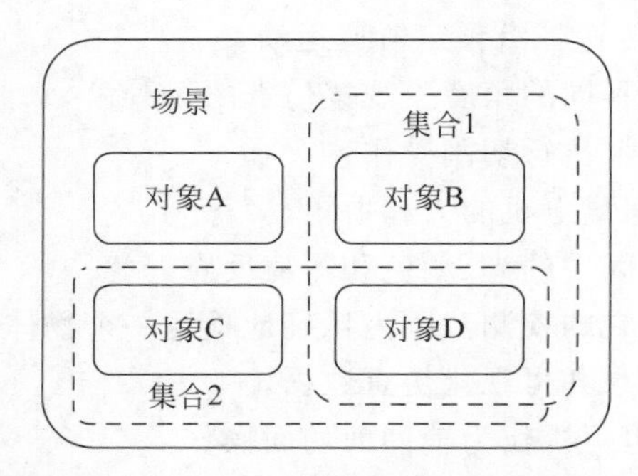

图 3-27　场景、场景对象、集合和实体的关系

3.4.1　V-REP 的场景对象

一个 V-REP 仿真场景包含了一些场景对象和基本对象。这些对象由树状的层次结构装配在一起，共同组成了 V-REP 中的仿真模型和工作环境。在 V-REP 界面中，对象存在于场景层次结构和可见的场景视图中。

如图 3-28 所示，V-REP 中所支持的场景对象包括：形状（shape）、关节（joint）、路径（path）、摄像机（camera）、光源（light）、近距离传感器（proximitysensor）、视觉传感器（visionsensor）、力/力矩传感器（force/torquesensor）、图表（graph）、磨机（mill）、镜子（mirror）等。这些场景对象部分由 V-REP 本身提供，部分可从外部的建模软件导入。下面对模型的建立所涉及的场景对象进行介绍。

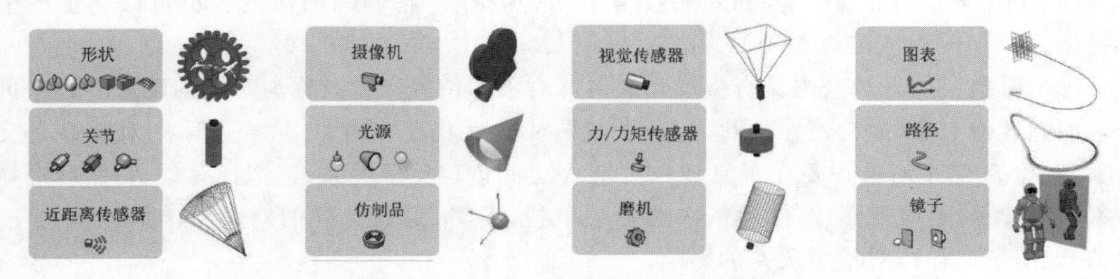

图 3-28　V-REP 中的场景对象示意图

形状：它是由三角形网络构成的刚性网络，一方面用于刚体的仿真，另一方面实现了刚体的可视化。形状是可碰撞、可衡量、可检测、可渲染和可放缩的对象，所以它可用于与其他

对象的碰撞检测、可被近距离传感器、视觉传感器等检测。因此,其他场景对象的使用也在很大程度上依赖于形状。

关节：它是一种连接两个或多个场景对象的元素,并赋予它们 1 个或 3 个自由度。关节具有 4 种类型：转动关节、移动关节、螺丝关节和球形关节,前 3 种具有 1 个自由度,球形关节具有 3 个自由度。

路径：它允许对空间中复杂的运动进行定义,包括转化、旋转或暂停以及它们之间的组合,并使机器人沿着一个预定义的轨迹进行运动。例如,让焊接机器人沿着预定轨迹进行焊接物体表面的工作,或者让传送带沿预定轨迹运动。

摄像机：摄像机允许从不同的角度去观察仿真的场景。

磨机：可以在形状对象上执行切割操作。

力/力矩传感器：能够测量电机的力和力矩。

视觉传感器：能够与空间中的光、颜色和图片反应。

近距离传感器：能够在它的检测范围内精确地检测一个物体。

图表：图表可以用来记录和可视化仿真数据。

镜子：能够反射图像,也可以作为辅助剪切面操作。

光源：能够照明仿真的场景。

下面详细地介绍 V-REP 中的各种场景对象。

3.4.2 场景对象的性质

一些上述对象可以具有允许其他对象或计算模块与它们交互的特殊属性。对象可以是：

(1) 可碰撞：碰撞的对象可以与其他可碰撞的对象发生碰撞。

(2) 可测量的：可测量的对象可以具有它们和其他可测量的对象之间的最小距离。

(3) 可检测的：可由接近传感器检测可检测的物体。

(4) 可切割：可切割的物体可以被铣刀切割。

(5) 可渲染：可渲染的对象可以被视觉传感器看到或检测。

(6) 可查看：可查看对象可以通过“查看”选项查看,它们的图像内容也可以在视图中可视化。

每个对象在仿真场景内具有位置和取向。对象的位置和方向称为对象的**配置**。对象可以附加到其他对象(或构建在彼此之上)。如果对象 A 构建在对象 B 的顶部,则对象 B 是父对象,对象 A 是子对象。要在对象 B 和对象 A 之间创建父子关系,请选择对象 A,然后选择对象 B(选择顺序很重要)。然后依次选择菜单栏、编辑、最后选择的对象父。如图 3-29 所示,它说明了此操作对模型关系的影响。

也可以将对象拖放到场景层次结构中的另一个上,以获得类似的结果。注意：对象 A 的配置没有改变(两个对象保持它们各自的配置)。然而,查看场景层次结构,可以看到对象 A 成为对象 B 的子对象。如果现在移动对象 B,则对象 A 将自动跟随,因为对象 A 附加到

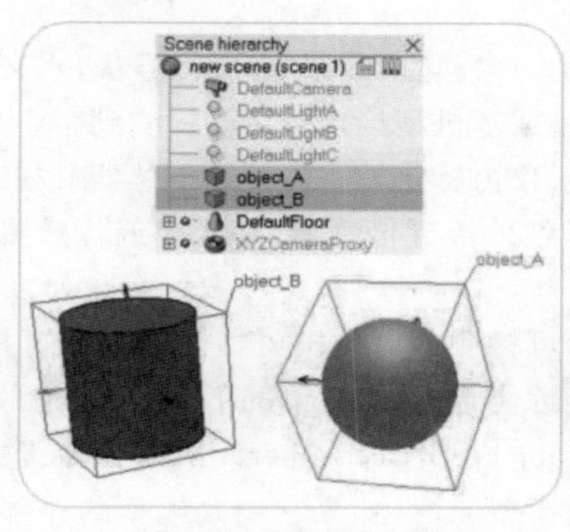

(a) 在将对象A附加到对象B之前

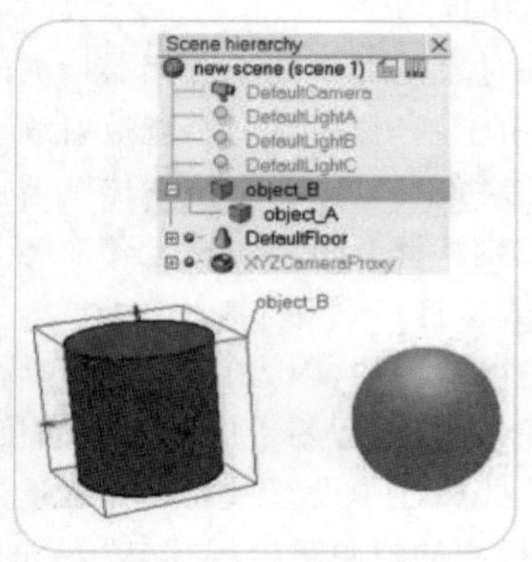

(b) 在将对象A附加到对象B之后

图 3-29　场景对象对模型关系的影响

对象 B。对象 A 可以通过选择它来分离，然后依次选择菜单栏、编辑、选择孤立的对象。这样做将分离对象 A，而不更改其配置。也可以将对象拖放到世界图标上，以获得类似的结果。

每个对象都具有相对于世界参考坐标系的绝对配置（或累积配置），以及相对于父对象参考坐标系的本地配置（或相对配置）。在上面的例子中，当对象 A 成为对象 B 的子对象时，对象 A 的绝对配置没有改变，但它的本地配置被修改。

最后选择的对象的绝对配置显示在信息文本中，某些对象数据可以通过图形对象进行记录。

1．场景对象的具体形状

1）可碰撞的对象

可碰撞的对象是可以被测试与其他可碰撞对象碰撞的对象，即将注册碰撞状态。这并不意味着它们将响应冲突（即可响应），这是不同的东西。可碰撞的对象包括：虚拟对象，形状，八叉树，点云。

可碰撞对象可以单独启用或禁用其可碰撞的属性（默认情况下为非纯形状、八叉树和点云启用）。这可以在对象公共属性中设置或通过 simSetObjectSpecialProperty API 函数设置。此外，可碰撞的对象可以根据其相关的模型属性（如果它们是模型的一部分）覆盖其可碰撞的属性。

2）可测量的对象

可测量的对象是可用于与其他可测量的对象进行最小距离计算的对象，包括：虚拟对象，形状，八叉树，点云。集合也是可衡量的，因为它们可能包含可衡量的对象。

可测量的对象可以单独启用或禁用其可测量的属性（对于非纯形状，八叉树和点云默认启用）。这可以在对象公共属性中设置或通过 simSetObjectSpecialProperty API 函数设置。

此外，可衡量对象可以根据其相关的模型属性（如果它们是模型的一部分）覆盖其可衡量属性。

3）可检测的对象

可检测的对象是可由接近传感器检测的对象，包括：虚拟对象，形状，八叉树，点云虚拟对象和点云，由于基于点，它们不能被射线型或随机型接近传感器检测到。

可检测的对象可以由所有接近传感器或仅由特定类型的接近传感器或如下所列的接近传感器的子类别检测：超声波接近传感器，红外接近传感器，激光接近传感器，电感式接近传感器，电容式接近传感器。

集合也是可检测的，因为它们可能包含可检测的对象。可检测对象的可检测的属性可以单独启用或禁用，这适用于所有类型的接近传感器（默认情况下，对于非纯形状启用）。这可以在对象公共属性中设置或通过 simSetObjectSpecialProperty API 函数设置。

此外，可检测的对象可以根据其相关的模型属性（如果它们是模型的一部分）覆盖其可检测的属性。

4）可切割的对象

可切割物体是可以被铣刀切割的物体。现在，只有简单的非纯形状是可以切割的，但未来的 V-REP 版本也将包括可切割的卷。集合也是可切割的，因为它们可能包含可切割对象。

可切割的对象可以单独启用或禁用它们的可切割属性（默认情况下禁用）。这可以在对象公共属性中设置或通过 simSetObjectSpecialProperty API 函数设置。

此外，可切割对象可以根据它们的相关模型属性（如果它们是模型的一部分）对其可切割属性进行重写。

5）可渲染对象

可渲染对象是可由视觉传感器看到或检测到的对象，包括：形状，路径（路径整形功能必须启用），图形（仅渲染非静态 3D 曲线），镜子，八叉树，点云。

集合也是可呈现的，因为它们可能包含可呈现对象。

你可以有一个可渲染的对象只有特定的视觉传感器才能看到。可渲染对象也可以单独启用或禁用它们的可呈现属性（默认情况下启用，纯粹形状除外）。这可以在对象公共属性中设置或通过 simSetObjectSpecialProperty API 函数设置。

此外，可渲染对象可以根据其相关的模型属性（如果它们是模型的一部分）覆盖其可渲染属性。

6）可见对象

可见对象是可以浏览、查看或可以显示某些图像内容的对象，包括：相机，图表，视觉传感器，可见对象可以与将显示其图像内容的视图相关联。

2. 场景对象的性质设置

依次单击菜单栏、工具、场景对象属性，可以打开场景对象属性对话框。还可以通过双击场景层次结构中的对象图标或单击其工具栏按钮来打开对话框。

如图 3-30 所示，场景对象属性对话框显示与对象（即场景对象）相关的属性。对话框是上下文敏感的，其内容主要取决于场景对象选择状态：只显示最后选择的对象的属性。这些属性分为两部分。

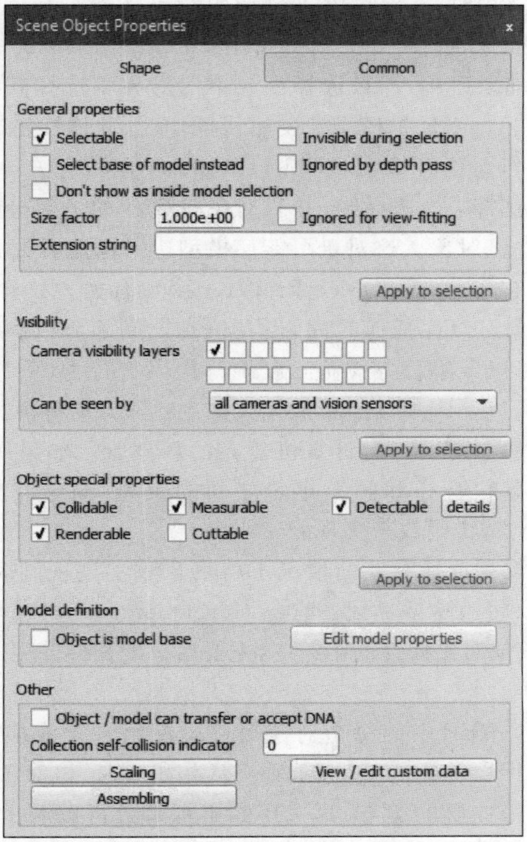

Scene Object Properties

图 3-30 Scene 对象属性对话框，当前显示对象的常用属性

- 对象类型特定属性：特定于所选对象类型的属性。
- 对象公共属性：所有对象类型共有的属性。

对话框上部的 2 个按钮允许选择要显示的属性类型。如果对象选择为空，则所有对话框项都将处于非活动状态。

对话框的对象类型特定属性部分将显示以下对话框之一，具体取决于最后选择的对象的类型。但是，场景对象具有一些公共的属性，能够在对话框中被设置。

在场景对象属性对话框中，单击常用按钮以显示对象常用属性对话框。该对话框显示上次选择的对象的设置和参数。如果未选择对象，则对话框处于非活动状态。如果选择了多个对象，则可以将一些参数从最后选择的对象复制到其他所选对象(应用于选择按钮)。

可选：指示是否可以在场景中选择对象。总是可以在场景层次结构中选择对象。与 simSetObjectProperty 函数有关。

在选择期间不可见：启用时，对象将在选择过程中不可见(即，我们将能够通过对象进行选择)。

忽略深度传递:当启用时,在深度渲染过程中对象将被忽略。深度渲染通道用于正确定位红色球体以用于相机移动。

选择模型的基础:如果启用,那么选择场景中的对象将选择其第一个父对象标记为对象是模型基础(详见下文)。当保护模型免受错误操作时,此属性很方便,允许将其作为单个实体与其他对象一起操作。这与 simSetObjectProperty 函数有关。

不显示为内部模型选择:当选择时,并且对象是模型的一部分,则模型边界框(即模型选择边界框)将不会包含该对象。这对于可能使模型边界框显得太大的不可见对象很有用。此属性没有功能效果。它与 simSetObjectProperty 函数有关。

尺寸因子:每个对象可以在任何时间,也在仿真期间缩放(调整大小)。尺寸因子将以类似的方式缩放,并且可以以编程方式访问以调整代码的行为(例如子脚本)。设想一个两轮运动机器人,其运动通过子脚本以简单的方式控制:子脚本将根据几个参数(车轮旋转速度、车轮直径和两个车轮之间的距离)计算机器人的新位置。如果用户缩放机器人,子脚本应根据新的尺寸参数(车轮直径和两个车轮之间的距离)调整其计算。它可以通过使用 simGetObjectSizeFactor API 函数来实现。

忽略视图拟合:在没有选择对象的情况下将场景添加到视图时,将不会考虑使用所选项目的对象。通常,楼层将被这样标记。它与 simCameraFitToView API 函数有关。

扩展字符串:描述其他对象属性的字符串,主要由扩展插件使用,与 simGetExtensionString API 函数有关。

相机可见性图层:V-REP 中的每个对象可以分配给一个或多个可见性图层。如果存在至少一个与层选择对话层匹配的可见层,则当从相机看时,该对象将是可见的。默认情况下,形状分配给第一层、第二层的关节、第三层的虚拟等。可以看出:允许指定将是唯一能够看到对象的相机或视觉传感器(或包含相机或视觉传感器的集合)。

Collidable:允许启用或禁用所选可 collidable 对象的碰撞检测功能。

可测量:允许启用或禁用所选可测对象的最小距离计算能力。

可检测:允许启用或禁用所选可检测对象的接近传感器检测能力。单击详细信息将允许编辑可检测的详细信息。

可渲染:允许启用或禁用所选可渲染对象的视觉传感器检测能力。

可切割:允许启用或禁用所选可切割对象的铣刀切割能力。

对象是模型基础:指示对象是否应作为模型的基础。标记为模型基础的对象具有特殊属性(例如,保存或复制对象也将自动保存/复制其所有子项和子项的子项等)。另外,当选择这样的对象时,选择边界框被显示为粗点画线,包围整个模型。参考模型,并选择上面的模型的选择基础。

编辑模型属性:允许打开模型对话框。

对象/模型可以传输或接受 DNA:当为对象或模型启用此功能时,它将与其所有副本共享相同的标识符。对象或模型然后可以经由转移 DNA 工具条按钮将其 DNA(即,复制其自身的实例)转移到其所有兄弟(即具有相同标识符的对象/模型)。想象一下,在你的场景中有100个相同的机器人,你想以类似的方式修改:只需修改其中之一,选择它,然后单击转移DNA工具栏按钮。这个项目应该总是检查一个模型基础(见后续),以方便模型重建。

集合自冲突指示器:当在两个相同集合之间执行冲突(或最小距离)计算时,V-REP通常将检查所有集合项目与该集合中的所有其他项目。在某些情况下,例如运动链,人们不想检查连续的连杆,因为它们可能在接口处不断地碰撞。在这种情况下,可以使用集合自冲突指示器:如果它们的指标差异正好为1,则相同集合中的两个项目不会相互检查。

缩放:对象或模型可以在V-REP中以灵活的方式缩放。对象或模型的大小以及所有相关属性被适当地缩放(例如关节范围、速度设置、质量等),使得缩放的对象或模型可以正常地继续操作(但是以不同的比例)。

查看/编辑自定义数据:打开一个允许可视化和编辑附加到对象的自定义数据的对话框,如图3-31所示。

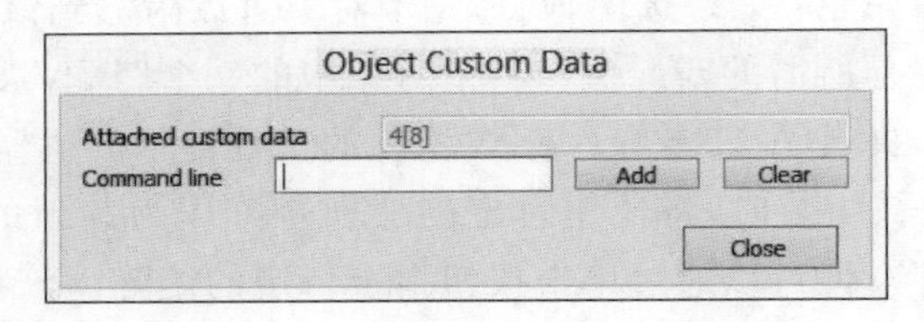

图3-31 对象自定义数据对话框

附加的自定义数据:显示附加到此对象的自定义数据的摘要,格式为:header number [data size],header number [data size]等。数据可以通过API调用读取和写入(simAddObjectCustomData和simGetObjectCustomData)。标头号是自定义数据和/或添加它的开发人员的标识符。如果要添加自定义数据(作为公司或个人),请始终使用相同的标题(因为只有我们才知道哪些数据类型存储在该标题下)。最好是使用我们的V-REP副本的序列号,或高随机整数值。否则,我们可能会与其他开发人员的自定义数据(可能与我们使用相同的标题)冲突。

添加:允许向对象添加简单的自定义数据。要添加的数据应以以下格式写入命令行:头号,字符串或头号,number1,number2,number3等。不带“.”的数字默认为整数,否则为浮点数。以小端方式将数字添加到给定头号的自定义数据缓冲区中。如果必须添加/提取复杂数据,请使用API调用(simAddObjectCustomData和simGetObjectCustomData)。

清除:允许从对象中删除自定义数据。要删除的数据的头部编号应写入其右侧的空框中。如果必须添加/提取复杂数据,请使用API调用(simAddObjectCustomData和simGetObjectCustomData)。

装配:打开一个对话框,可以指定装配工具栏按钮在装配过程中如何处理对象(如果对象以不同于通过装配工具栏按钮的方式装配,则以下设置不会有影响),如图3-32所示。

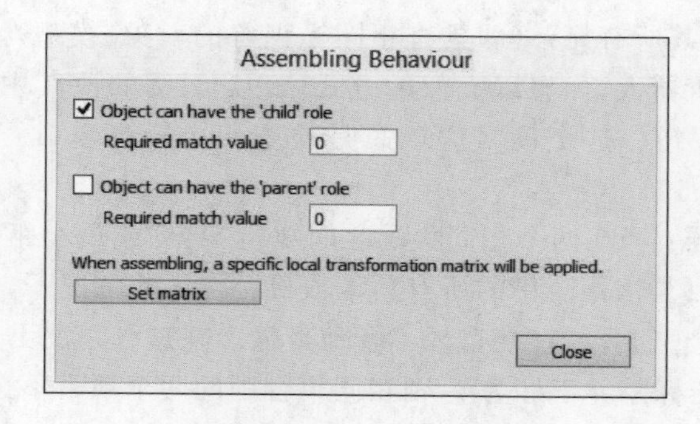

图 3-32 装配行为对话框

对象可以具有"子"角色：如果选中，则对象可以附加到另一个对象(即成为另一个对象的子对象)，但前提是所需的匹配值与其父对象中的一个匹配。此功能对于设置夹具兼容性标准很有用(例如，夹具 A 只能与具有类型 A 的工具提示的机器人连接)。

对象可以具有"父"角色：如果选中，则另一个对象可以附加到该对象上(即成为另一个对象的父对象)，但前提是所需的匹配值与其子对象中的一个匹配。此功能对于设置夹具兼容性标准很有用(例如，夹具 A 只能与具有类型 A 的工具提示的机器人连接)。

设置矩阵：当对象被组装时，将使用特定的变换矩阵作为其新的局部变换矩阵。默认情况下，矩阵是单位矩阵，但可以通过单击按钮指定特定的矩阵。该特征可以使对象自动并正确地定位和定向到其新的父对象上(例如，为了使抓手自动正确地放置在机器人的工具提示处)。

3.4.3 常用的场景对象——形状

形状是 V-REP 中的基本场景对象，它们是由三角形面组成的刚性网格物体。它们可以导入、导出和编辑。它们有几种不同的子类型：

(1) 简单随机形状：可以表示任何网格。它有一种颜色和一套视觉属性。未优化动态碰撞响应，不推荐用于动态碰撞响应计算(因为非常慢和不稳定)。

(2) 复合随机形状：可表示任何网格。它有几种颜色和几组视觉属性。未优化动态碰撞响应，不推荐用于动态碰撞响应计算(因为非常慢和不稳定)。

(3) 简单凸形：表示具有一种颜色和一组视觉属性的凸网格。针对动态碰撞响应计算进行了优化(但推荐使用纯形状)。

(4) 复合凸形：表示具有几种颜色和一组视觉属性的一组凸网格。针对动态碰撞响应计算进行优化(但推荐使用纯复合形状)。

(5) 纯简单形状：表示原始形状(长方体、圆柱体或球体，根据所使用的物理引擎具有额外的变化)。纯简单形状(或纯复合形状)适合于动态碰撞响应计算，因为它快速并且稳定。

(6) 纯复合形状：表示一组原始形状(长方体、圆柱体或球体)。纯复合形状(或纯简单形状)适合于动态碰撞响应计算,因为它快速并且稳定。

(7) 高度形状：可以将地形表示为规则网格,其中只有高度变化。该形状也可以被认为是纯简单形状,并且被优化用于动态碰撞响应计算。

默认情况下,所有导入的形状是简单的形状。然而,可以将两个或多个简单形状或复合形状分组或取消分组,也可以合并简单形状。在这种情况下,所有合成元素的视觉属性都相同。也可以分割简单形状,这取决于其配置：分割算法将提取形状的每个不同元素。如果两个元素不共享任何公共边,则两个元素不同。

纯形状主要是功能形状。它们大多数时间只由物理引擎使用,因为它们比非纯形状(例如随机或凸形网格)具有更好和更快的执行能力。由于这个原因,纯形状通常隐藏在不可见层(例如层 9)。

纯简单形状也可以分组,然而,如果所有的组成元素也是纯的,则所得到的复合形状将是纯的。合并纯简单形状将导致非纯简单形状。

1. 形状的特点

形状是可碰撞的、可测量的、可检测的、可渲染的和可切割的对象。这意味着形状：

- 可用于对其他可碰撞对象的碰撞检测。
- 可用于与其他可测量的对象的最小距离计算。
- 可以由接近传感器检测。
- 可以由视觉传感器检测。
- 可以由磨机切割。然而,只有简单的非纯形状可以是可切割的。

形状的可碰撞、可测量、可检测、可呈现和可裁切的性质可以在对象的常见属性中修改。此外,如果形状是覆盖它们的模型的一部分,那么这些属性可以被覆盖。

2. 形状参考坐标系和边界框

形状跟每个对象一样,具有参考坐标系和边界框。参考坐标系或坐标坐标系(参考系或坐标系)始终位于形状的几何中心,并且指示从中计算形状的位置和取向的点。坐标系具有三个轴：X-、Y-和 Z-轴,分别对应于红色、绿色和蓝色箭头。形状的边界框围绕形状的参考坐标系居中,并且具有与参考坐标系相同的取向(X、Y 和 Z 轴具有与边界框的边缘相同的取向)。边界框完全包围形状,用户可以从 4 种不同的方式中选择以定义形状的参考系和边界框方向(纯简单形状和高度场形状不能重新定向)：

(1) 与世界参考坐标系对齐：可以通过依次单击菜单栏、编辑、重定向边界框、与世界参考坐标系打开。当单击该项目(必须预先选择形状)时,将计算坐标系,以便产生具有与世界参考坐标系(即绝对坐标系)对准的边缘的边界框。

(2) 与随机形状的主轴对齐：可以通过依次单击菜单栏、编辑、重定向边界框、随机形状的主轴打开。当单击该项目(必须预先选择形状)时,将计算参考系,以便在随机形状周围产生最紧凑的边界框。这是默认的计算方法。

(3) 与圆柱形主轴对齐：可以通过依次单击菜单栏、编辑、重定向边界框、圆柱形主轴打开。当单击该项目(必须预先选择形状)时,将以圆柱形状计算精确的参考系,其 Z 轴与圆柱的旋转轴重合。这比上述项目(与随机形状的主轴对准)更精确,但需要精确限定的圆柱形状。如果形状看起来离常规和精确的圆柱太远,操作可能失败。

(4) 与长方体形状的主轴对齐：可以通过依次单击菜单栏、编辑、重定向边界框、主要长方体形状打开。当单击此项目(必须预先选择形状)时,将计算与立方体的面对齐的长方体形状的精确参考系。这比上述项目(与随机形状的主轴对准)更精确,但需要精确定义的立方体形状。如果形状看起来离常规和精确的立方体太远,则操作可能失败。

同样地,也可以在几何对话框中或通过 API 修改相对于其形状的边界框方向。如图 3-33 所示,说明了两个相同形状具有不同参考坐标系的情况。

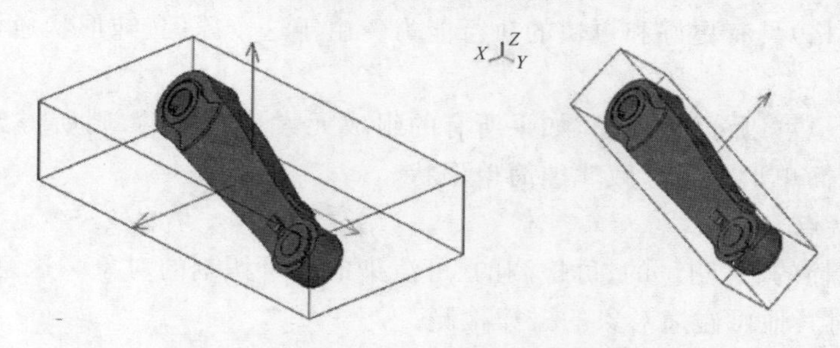

图 3-33　两个相同的形状,具有不同的参考坐标系

3. 形状的性质

形状属性是场景对象属性对话框的一部分。也可以通过双击场景层次结构中的对象图标或单击其工具栏按钮来打开对话框。

在场景对象性质对话框(见图 3-34)中,单击形状按钮以显示形状对话框(仅当最后一个选择是形状时,才会显示形状按钮)。该对话框显示上次选择的形状的设置和参数。如果选择了多个形状,则可以将一些参数从最后选择的形状复制到其他所选形状(应用于选择按钮)。

对于场景对象性质的说明如下。

调整颜色：允许编辑形状的颜色。

遮光角：遮光角是区分各个面的角度。这只影响形状的视觉外观。小角度使得形状看起来清晰,具有许多边缘；大角度使得形状看起来平滑,并且具有较少的边缘。

显示边缘：以黑色显示边缘。显示的边缘将取决于指定的角度。如果选中隐藏边框,则不共享多个三角形的边将被隐藏。

背面剔除：构成一个形状的每个三角形都有一个内表面和一个外表面。当启用背面剔除时,不会显示内部面。这是对封闭形状和透明形状有用的参数。

反转面：这将翻转所有三角形。内表面变成外表面,外表面变成内表面。凸形形状将变为非凸形,纯形状除外。

线框：如果选中,则通过相机查看时,形状将始终显示为线框。

调整纹理：打开所选形状的纹理对话框。当形状与纹理相关联时,将以纹理方式显示。

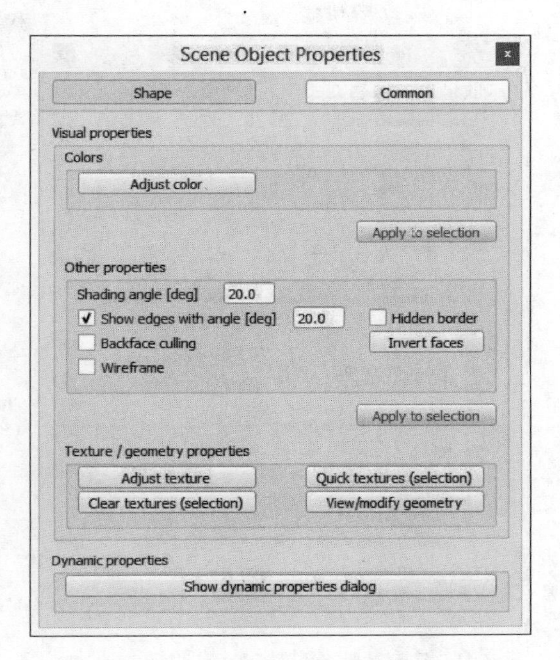

图 3-34　场景对象性质对话框

快速纹理(选择)：将三维映射纹理应用于所有选定的形状。这对于用作"污垢"的无缝纹理特别有用，以使对象看起来更逼真。

清除纹理(选择)：从所有选定的形状中删除纹理。

查看/修改几何：打开所选形状的形状几何对话框。它允许调整网格的各种参数。

显示动态属性对话框：切换形状动力学属性对话框。形状动态对话框允许调整形状的动力学属性。

以上的一些参数仅适用于简单形状。选择复合形状时，可以通过切换到复合形状的形状编辑模式来编辑其视觉属性。当然也可以取消组合它，以便单独编辑其组件。

1) 形状的动力学特性

形状动力学对话框是形状属性的一部分。对话框显示上次选择的形状的动态设置和参数。如果未选择对象，则对话框处于非活动状态。如果选择了多个形状，则可以将一些参数从最后选择的形状复制到其他所选形状(应用于选择按钮)。形状的动力学特性对话框如图 3-35 所示，说明如下。

刚体是可响应的：如果启用，则形状将产生与其他可响应形状的碰撞反应，但前提是相应的可应答掩码重叠。更多细节参见设计动态仿真部分。

可响应掩码：指示何时生成冲突响应(但是需要启用可响应项目)。掩码由两个 8 位值组成。如果两个碰撞形状共享它们的任何父对象(直接或间接)，则使用局部掩码，否则使用全局掩码。如果两个形状的 AND 组合掩码(局部或全局)不为零，则将生成冲突响应。

材质：所选形状的所选材质。材料属性将所有动态引擎的特定属性(如摩擦、恢复等)

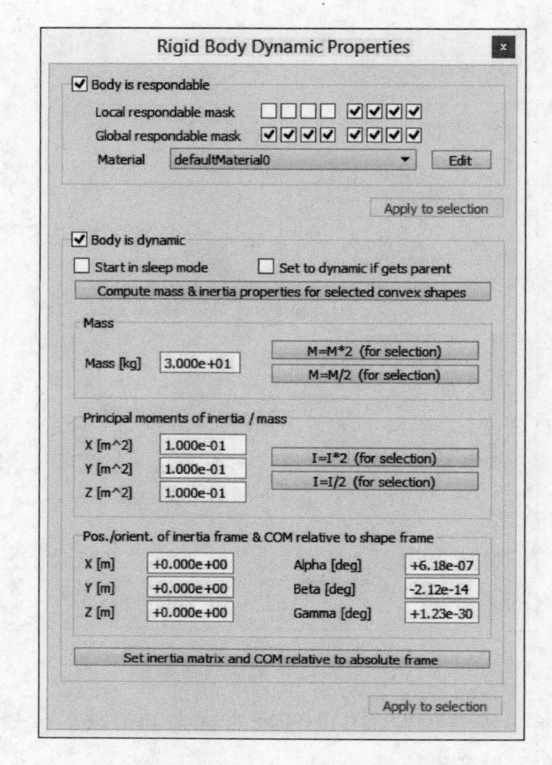

图 3-35 形状的动力学特性对话框

组合在一起，并可与其他几种形状共享。可以通过材料属性查看和修改(编辑)材料。

刚体是动态的：启用时，形状的位置和方向将在动力学仿真中受到影响。

在睡眠模式下开始：动态仿真的可响应形状可以以睡眠模式开始，在这种情况下，其不会对约束(例如重力)做出反应，直到其首先与另一可响应形状碰撞。

设置为动态如果获得父级：启用并且形状附加到另一个对象时，形状将自动变为动态。这对于在独立时应该是静态的模型基础是有用的，但是当与另一模型/对象结合时，变为动态的。例如，自身操作的机器人操纵器通常具有其基部静止，但是当附接到车辆时，应该变为动态。

计算所选形状的质量和惯性属性：通过单击此按钮，可以基于材料均匀密度自动计算所选凸形状的质量和惯性属性。

质量：形状的质量。所选形状可以使用 $M=M*2$(用于选择)和 $M=M/2$(用于选择)按钮，使其质量增大或减小两倍。这便于通过试错法快速找到稳定的仿真参数。

主要转动惯量/质量：无质量(即除以形状的质量)主转动惯量。所选形状可以使用 $I=I*2$(用于选择)和 $I=I/2$(用于选择)按钮，使其无质量惯量值增至两倍或减少一半。这便于通过试错法快速找到稳定的仿真参数。

Pos. /orient. 的惯性坐标系和 COM 相对于形状坐标系：惯性坐标系的配置和相对于形

状的参考坐标系表示的质心的配置。

设置惯性矩阵和COM相对于绝对坐标系：打开惯性矩阵对话框，允许指定相对于绝对参考坐标系的惯性属性。对象的自定义数据对话框如图3-36所示，说明如下。

惯性矩阵除以质量：惯性矩阵或张量。值是无质量的(即除以形状的质量)。矩阵必须相对于形状的质心表示(即矩阵是对称的)。

质心位置：质心的位置。

应用于选定的形状：选中时，所有选定的形状将相对于绝对参考系具有相同的惯性属性(即质心和惯性矩阵的所有中心将重合)。

2）形状的材料特性

可以通过形状动力学特性对话框访问材料特性(即与形状相关的动力学引擎特性)。

3）形状的几何特征对话框

形状几何对话框如图3-37所示，它是形状属性的一部分。该对话框允许我们查看与形状相关联的几何图形，并在一定程度上对其进行修改。它显示顶点和三角形的数量，以及形状边界框的大小。网格的顶点和三角形的数量与渲染和计算时间直接相关(例如，在冲突检测或距离计算期间)，并且网格具有的顶点/三角形越多，仿真或场景显示越慢。虽然对象公共属性允许缩放对象(包括形状)，但是它始终保持比例相同(沿对象的x、y或z轴的缩放比例相同)。此限制不适用于几何对话框，我们甚至可以通过指定负缩放因子来沿着其中一个轴翻转网格。但是请记住，一些纯简单的形状和纯复合形状对非均匀缩放有限制。除此之外，纯形状不能翻转。

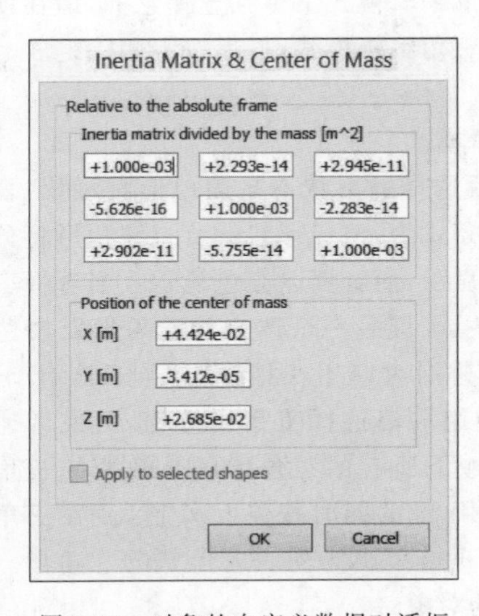

图3-36　对象的自定义数据对话框

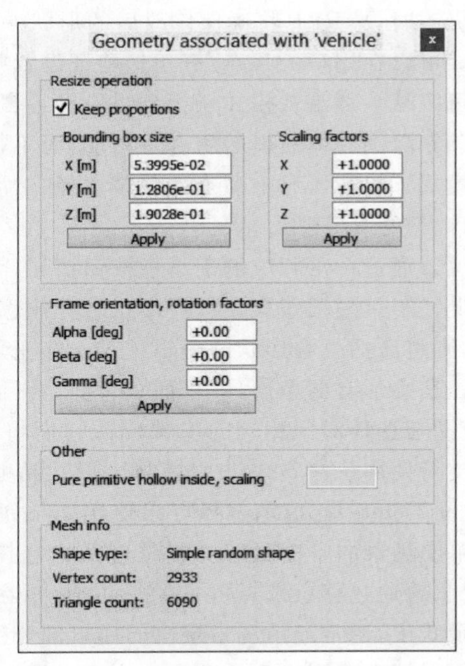

图3-37　形状的几何特征对话框

此外，形状几何对话框允许修改形状的边界框方向，这应该只在非常特殊的情况下使用。修改形状边界框方向的首选方法是先选中某个形状，然后依次选择菜单栏、编辑、边界框对齐、将所选形状的坐标框与主轴对齐或依次选择菜单栏、编辑、边界框对齐、将所选形状的坐标坐标系与世界对齐。

4. 形状的编辑模式

在V-REP中，当需要使用到特定形状时，最佳选择是在CAD应用程序（例如AutoCAD、3D Studio Max等）中绘制它们，然后导入它们。当外部CAD应用程序不可用或只需要简单形状时，用户可以创建基本形状，然后在V-REP支持的三种形状编辑模式的其中一种模式下自定义创建的形状：

(1) 三角形编辑模式：在此模式下，构成形状的单个三角形是可见的，可以操作或提取。

(2) 顶点编辑模式：在此模式下，组成形状的单个顶点是可见的，可以操作或提取。

(3) 边缘编辑模式：在此模式下，构成形状的单个边缘可见，并且可以进行操作或提取。

在输入上述编辑模式之前，纯形状将转换为常规形状。复合形状不能直接编辑，它将首先被取消分组。或者通过复合形状的编辑模式编辑其合成元素的视觉参数。通过单击相应的工具栏按钮可访问不同的编辑模式。

确保在进入形状编辑模式之前选择了一个形状对象。在形状编辑期间，无法选择对象，也无法开始仿真。一旦编辑完成，单击形状编辑模式工具栏按钮完成编辑模式。当对形状应用更改时，V-REP将确保修改后的形状一致，并删除未使用的顶点和合并彼此靠近的顶点等。可以在用户的顶点/三角形验证设置中设置确切的行为设置对话框。

可以从一种编辑模式切换到另一种编辑模式，这允许我们实现特殊操作。例如，如果要选择和删除圆柱体表面的所有三角形，而不是在三角形编辑模式下单独选择它们，请在顶点编辑模式下执行所有上顶点的移位选择，然后切换到三角编辑模式，最后按下删除键。

1）三角编辑模式

可以通过单击相应的工具栏按钮访问三角形编辑模式。

上述工具栏按钮仅在选择形状时有效。如果最后选择的形状不是简单形状，而是复合形状，则将激活复合形状的编辑模式。在三角形编辑模式中，组成形状的所有三角形将分别显示。三角形有两个面，即正面和背面。正面以蓝色显示，而背面以红色显示。当选择三角形（使用与选择对象相同的步骤）时，它们将以黄色显示，最后一个选定的三角形以白色显示。支持使用快捷方式进行复制、剪切、粘贴、删除（分别对应于快捷键Ctrl＋c，Ctrl＋x，Ctrl＋v，Delete）。取消选择可以使用Esc键，或者使用取消选择工具栏按钮，又或者通过Ctrl单击场景的空白区域。移位选择将选择所选区域下所有的三角形以及隐藏的三角形（如果只想通过移位选择可见的三角形，请在按住Shift键的同时按住Ctrl键）。在三角形编辑模式中，通常显示场景层次的窗口部分用于显示正被编辑为列表的形状的三角形。可以使用鼠标选择列表中的项目作为层次结构窗口中的对象。

进入三角编辑模式后，编辑菜单项将变为特定于三角形的编辑模式，并将显示以下对话框，如图 3-38 所示。

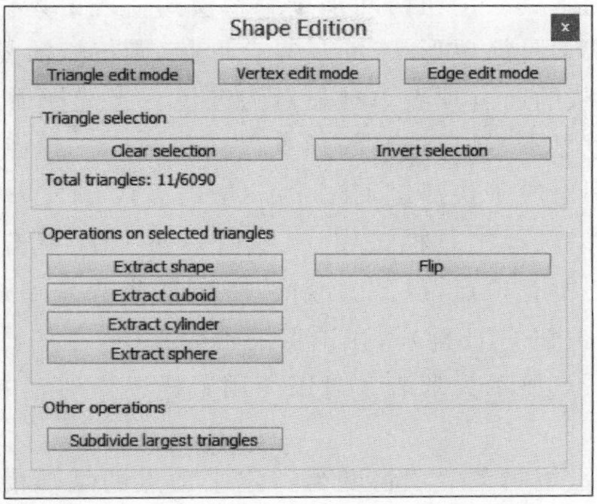

Shape Edition
Triangle edit mode | Vertex edit mode | Edge edit mode
Triangle selection
Clear selection | Invert selection
Total triangles: 11/6090
Operations on selected triangles
Extract shape | Flip
Extract cuboid
Extract cylinder
Extract sphere
Other operations
Subdivide largest triangles

图 3-38 三角编辑模式对话框

三角/顶点/边编辑模式：当前激活的编辑模式。用户可以通过这些按钮从一种编辑模式切换到其他编辑模式(所选项目将被保留)。

清除选择：取消三角形的选择。

反转选择：反转三角形的选择状态。

提取形状：将基于当前选定的三角形创建一个简单的形状。形状将添加到场景，但可能不可见(编辑模式下的形状和新创建的形状在位置和方向上重合，或第一个可见性层被禁用)。将保留三角形选择。

提取立方体：将基于当前选定的三角形创建矩形(纯)简单形状(将以与包含所选三角形的最小边界框相同的方式定向新立方体)，将保留三角形选择。当需要以简化的方式对复杂的网格形状进行建模(例如有效的动力学仿真)时，该操作是有用的。

提取柱：将基于当前选定的三角形创建圆柱形(纯)简单形状(将以与包含所选三角形的最小边界框相同的方式定向新柱形)。将保留三角形选择。当需要以简化的方式对复杂的网格形状进行建模(例如有效的动力学仿真)时，该操作是有用的。

提取球体：将基于当前选择的三角形创建一个球形(纯)简单形状(将以与包含所选三角形的最小边界框相同的方式定向新球体)。将保留三角形选择。当需要以简化的方式对复杂的网格形状进行建模(例如有效的动力学仿真)时，该操作是有用的。

翻转：翻转所选三角形的边(从红色到蓝色，从蓝色到红色)。

细分最大的三角形：这将划分大的三角形。除非想减小三角形的大小，以获得更大差别的大表面照明，其他情况下不建议减少三角形的大小。相反，我们可以在环境对话框中调整计算结构的三角形大小。

三角形可以直接使用鼠标转换方向，使用工具栏的对象/项目转换按钮将在垂直平面中选中的三角形转换到视图方向。

2）顶点编辑模式

可以通过单击相应的工具栏按钮访问顶点编辑模式。该工具栏按钮仅在选择形状后有效。如果最后选择的形状不是简单形状，而是复合形状，则将激活复合形状的编辑模式。在顶点编辑模式中，组成形状的所有顶点单独显示为红色。当选择顶点（使用与选择对象相同的步骤）时，它们将以黄色显示，最后选择的顶点以白色显示。顶点支持使用快捷方式来复制、剪切、粘贴、删除（分别对应于快捷键 Ctrl＋c，Ctrl＋x，Ctrl＋v，Delete）。取消选择可以使用 Esc 键，或者使用取消选择工具栏按钮，又或者通过 Ctrl 单击场景的空白区域。移位选择将选中所选区域下的所有顶点，以及隐藏的顶点（如果只想通过移位选择可见的顶点，则在按住 Shift 键的同时按住 Ctrl 键）。在顶点编辑模式中，通常显示场景层次的窗口部分用于正被编辑的形状的顶点显示为列表。可以使用鼠标选择列表中的项目作为层次结构窗口中的对象。

进入顶点编辑模式后，编辑菜单项将变为特定于顶点的编辑模式。顶点编辑模式对话框如图 3-39 所示。

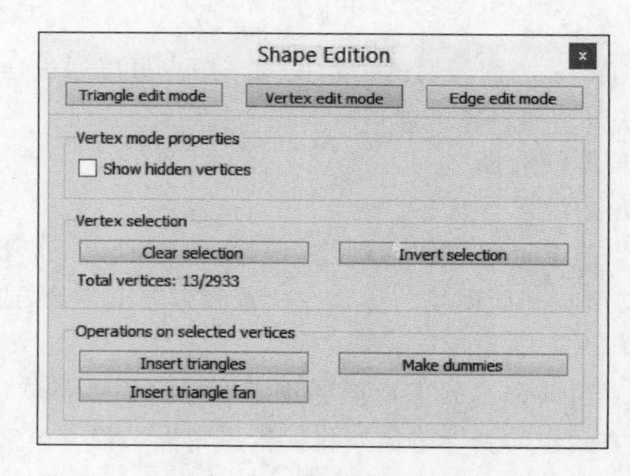

图 3-39　顶点编辑模式对话框

三角/顶点/边编辑模式：当前激活的编辑模式。用户可以通过这些按钮从一种编辑模式切换到其他编辑模式（所选项目将被保留）。

显示隐藏顶点：选择时，将显示隐藏顶点。

清除选择：清除顶点的选择。

反转选择：反转顶点的选择状态。

插入三角形：将在所选顶点之间插入三角形。选择顶点的顺序很重要。

插入三角风扇：将在所选顶点之间插入三角形风扇。选择顶点的顺序很重要。最后选择的顶点将是新插入的三角形之间的公共顶点。

Make Dummies：将根据当前选择的顶点创建虚拟对象。当需要设置形状的精确坐标系时，这是一个有用的特征。基于顶点创建虚拟对象，离开编辑模式并将形状附加到虚拟对象上(虚拟变为父对象)。然后可以通过虚拟对象操纵形状的位置。

顶点可以通过坐标和变换对话框精确定位。它们也可以直接使用鼠标转换,使用工具栏的对象/项目转换按钮将垂直平面中选定的顶点转换为视图方向。

3) 边缘编辑模式

可以通过单击相应的工具栏按钮访问边缘编辑模式。该工具栏按钮仅在选择形状后有效。如果最后选择的形状不是简单形状,而是复合形状,则将激活复合形状的编辑模式。在边缘编辑模式中,构成形状的所有边缘单独显示为红色。当选择边缘(使用与选择对象相同的步骤)时,它们将显示为黄色,最后一个选定的边缘显示为白色。可以使用Delete键删除边缘,但不能复制、剪切或粘贴。取消选择可以使用Esc键,或者使用取消选择工具栏按钮,又或者通过Ctrl单击场景的空白区域。移位选择将选中所选区域下的所有边缘,以及隐藏边缘(如果只希望通过移位选择选择可见边缘,请在按住Shift键的同时按住Ctrl键)。在边缘编辑模式中,通常显示场景层次的窗口部分用于将正被编辑的形状的边缘显示为列表。可以使用鼠标选择列表中的项目作为层次结构窗口中的对象。

进入边缘编辑模式后,编辑菜单项将变为特定于边缘的编辑模式。边缘编辑模式对话框如图3-40所示。

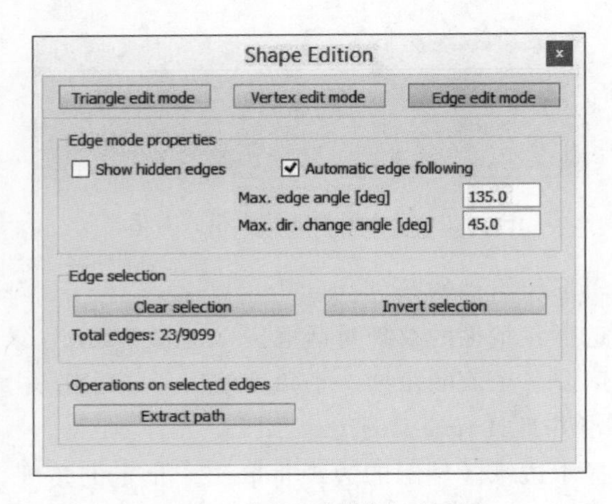

图3-40 边缘编辑模式对话框

三角/顶点/边编辑模式:当前激活的编辑模式。用户可以通过这些按钮从一种编辑模式切换到其他编辑模式(所选项目将被保留)。

显示隐藏边缘:选择时,也将显示隐藏的边缘。

自动边缘跟随:当该选项被选中并且有边缘被选择时,该边缘将被跟随,直到创建循环或者边缘突然改变方向(最大直径变化角度)或消失(最大边缘角度)。当我们不仅要提取局部边缘(三角形的一侧),而且需要提取全局边缘(形状的边缘)时,这是一个有用的功能。边缘只在一个方向上被跟随。

清除选择:清除边缘的选择。

反转选择:反转边缘的选择状态。

提取路径：将基于当前选定的边缘创建路径对象。每个边表示路径中两个连续控制点之间的段(Bezier 插值被关闭，每个控制点的贝塞尔点计数为 1)。该路径提取功能在许多不同的情况下非常有用(例如，使焊接机器人跟随物体的边缘，或者使轨道型物体产生其相应的路径)。

边缘可以直接通过单击工具栏的对象/项目转换按钮进行转换，可以将垂直平面中选中的边缘转换到视图方向。

4) 复合形状编辑模式

上述工具栏按钮仅在选择形状时有效。如果最后选择的形状不是复合形状，而是简单的形状，则将激活三角形编辑模式。在复合形状的编辑模式中，可以编辑形状组件的单个视觉参数。形状的组件可以选择层次结构窗口。

在进入复合形状的编辑模式后，将显示复合形状的编辑模式对话框，如图 3-41 所示。

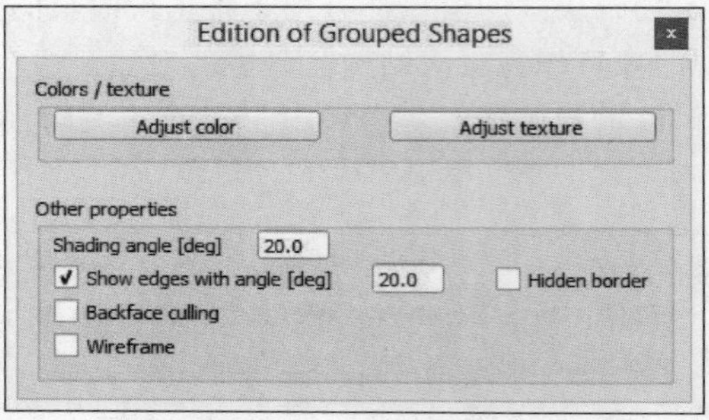

图 3-41 复合形状的编辑模式对话框

调整颜色：允许编辑形状组件的颜色。

调整纹理：打开所选形状组件的纹理对话框。

遮光角：遮光角是区分各个面的角度。小角度使得形状看起来清晰，具有许多边缘，大角度使得形状看起来平滑并且具有较少的边缘。

显示边缘：以黑色显示边缘。显示的边缘将取决于指定的角度。如果选中隐藏边框，则不共享多个三角形的边将被隐藏。

背面剔除：构成一个形状的每个三角形都有一个内表面和一个外表面。当启用背面剔除时，不会显示内部面。这是封闭形状和透明形状的有用参数。

线框：如果选中，则通过相机查看时，形状将始终显示为线框。

3.4.4 常用的场景对象——关节

关节是具有至少一个内在自由度(自由度)的对象。关节用于构建机构和移动物体。通过依次单击菜单栏、添加、关节可将关节添加到场景中。与另一个对象相比，关节具有两个参考帧(仅在选择关节时可见)。第一个是固定的常规参考系，其他对象也有；第二参考帧不是固定的，并且将根据定义其配置的关节位置(或关节值)相对于第一参考帧移动。

1. 关节类型

V-REP 有 4 种类型的关节，如图 3-42 所示。

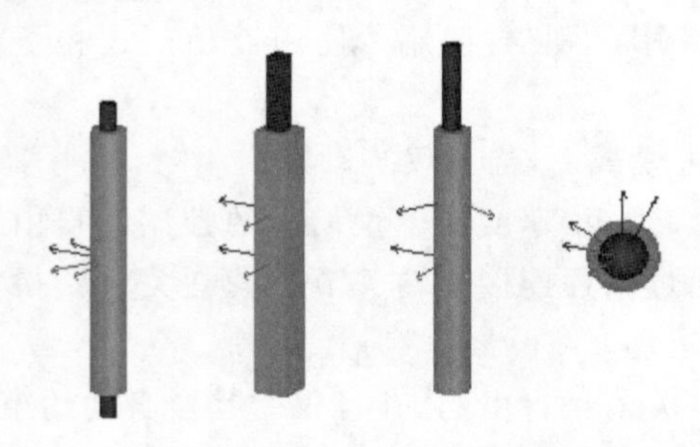

图 3-42 旋转关节、棱柱形关节、螺杆和球形关节

旋转关节：旋转关节具有 1 个自由度，并用于描述对象之间的旋转运动。它们的配置由一个值定义，这个值代表的是它们在第一参考系下的 z 轴的旋转量。它们可用作被动关节或主动关节(电机)。

棱柱关节：棱柱关节有一个自由度，用于描述物体之间的平移运动。它们的配置由一个值定义，这个值代表的是沿着第一参考系的 z 轴的平移量。它们可用作被动关节或主动关节(电机)。

螺钉：螺钉可以看作是旋转关节和棱柱关节(具有连杆值)的组合，具有 1 个自由度，用于描述类似于螺钉的运动。螺距参数定义了给定旋转量下的平移量。螺杆构造由表示围绕其第一参考系的 z 轴的旋转量的一个值限定。螺钉可用作被动关节或主动关节(电机)。

球形关节：球形关节具有 3 个自由度，用于描述物体之间的旋转运动。它们的配置由表示围绕其第一参考系的 x、y 和 z 轴的旋转量的三个值定义。定义球形关节构造的三个值被指定为欧拉角。在一些情况下，球形关节可以被认为是 3 个旋转关节组成，它们在层级链中彼此联系，在空间中正交。然而，这种类比只有当任意一个旋转关节保持一个不同于其他两个关节的方向时是有用的。事实上，如果两个关节接近一致，特殊的情况可能出现，机械装置可能会失去一个自由度。这在内部结构避免这种情况的球形关节不会发生。球形关节总是被动关节，不能用作电机。

关节用于允许其父对象与其子对象之间的相对运动。当在关节和对象之间建立父子关系时，对象附接到关节的第二参考系，因此，关节的配置(内在位置)的改变将直接反映到子对象上。可以通过依次单击菜单栏、添加、关节以将新关节添加到场景。

2. 关节模式

关节可以是以下模式之一。

被动模式：在这种模式下，关节不被直接控制，并且将用作固定构件。然而，用户可以通过适当的 API 函数调用(例如 simSetJointPositon 或 simSetSphericalJointMatrix)来改变关节的位置。

反运动学模式：在这种模式下，关节作为被动关节，但在逆运动学计算或几何约束求解器计算中使用(调整)。

从属模式：在此模式下，关节位置通过线性方程直接连接(依赖)到另一个关节位置。

运动模式：此模式已弃用，不应再使用。使用被动模式和子脚本适当地更新关节可以获得类似和更灵活的行为。

力矩或力模式：在这种模式下，当且仅当动态启用时，动力学模块才会仿真关节。当动态启用时，关节可以受到力/力矩、速度或位置信号的控制而自由运动。螺钉不能在力矩或力模式下操作(但是可以通过编程连接旋转关节和棱柱关节获得类似的行为)，球形关节只能在力矩或力模式下自由运动。

当关节马达被禁用时，关节是自由的，并且仅受其自身的约束。

当关节电机启用并且控制回路被禁用时，在给定其能够输送的最大力矩/力的情况下，关节将尝试达到期望的目标速度。当最大力矩/力非常高时，瞬时达到目标速度，于是关节在速度控制中运动，否则其以指定的力矩/力运动，直到达到期望的目标速度(力矩/力控制)。

当关节电机启用并且控制回路启用时，用户有3种控制模式：

自定义控件：关节控件调用脚本将负责控制关节的动态行为，允许我们使用任何我们能够想到的算法控制关节。

位置控制(PID)：通过PID控制器控制关节的位置，通过以下方式调节关节速度(Δt分频器使控制器不受选定的控制器的时间步长影响)。

弹簧减震器模式：关节将通过力/力矩调节作用使其类似于弹簧减震器系统。

当关节处于被动模式、逆运动学模式或相关模式时，其也可以以混合方式操作：混合操作允许关节以常规方式操作，但是，在动态计算之前，当前关节位置将被复制到目标关节位置，然后，在动力学计算期间，关节将作为位置控制中的电机处理(如果且仅当其被动态启用时(参考关于设计动态仿真的部分以获得更多信息))。例如，该特征允许通过简单地指定期望的脚的位置(作为逆运动学任务)来控制类人机器人的腿；则通过相应的计算得出的关节位置将被应用为腿部动态运动的位置控制值。

3. 关节控制器

有许多不同的方法可以控制关节。后文将区分不精确控制器和精确控制器：不精确关节控制器将不能在每个可能的调节步骤中提供新的控制值(例如，一些调节步骤可以/将跳过，但控制作用仍然是可以发挥的)。另一方面，精确的关节控制器将能够在每个可能的调节步骤中提供控制值。

首先，用于控制关节的方法将取决于关节模式：

- 关节不处于力/力矩模式。
- 关节以力/力矩模式操作。

两种模式的不同之处在于力/力矩模式下操作关节采用的是物理引擎。物理引擎将默认执行比仿真循环多10倍的计算步骤：仿真循环以20Hz(在仿真时间)运行，而物理引擎以200Hz(也在仿真时间)运行。如果需要，完全可以配置该默认行为。

如果关节不是力/力矩模式，则可以通过 simSetJointPosition（或类似地，例如用于远程 API 的 simxSetJointPosition）API 函数直接（和瞬时地）设置其位置。我们可以从子脚本、插件、ROS 节点或远程 API 客户端执行此操作。如果从子脚本执行此操作，则应在非线程子脚本的驱动部分或在主脚本的感测阶段（默认）之前执行的线程子脚本中完成。然而，在后一种情况下，请确保线程子脚本与仿真循环同步以进行精确控制。

在下面的线程子脚本示例中，关节在位置被控制 loosley，并且没有与仿真循环的同步：

```
-- Following script should run threaded:

jointHandle = simGetObjectHandle('Revolute_joint')

simSetJointPosition(jointHandle,90 * math.pi/180) -- set the position to 90 degrees
simWait(2) -- wait 2 seconds (in simulation time)
simSetJointPosition(jointHandle,180 * math.pi/180) -- set the position to 180 degrees
simWait(1) -- wait 1 second (in simulation time)
simSetJointPosition(jointHandle,0 * math.pi/180) -- set the position to 0 degrees
etc.
```

在下面的线程子脚本示例中，在每个仿真步骤中精确地控制关节的位置，即线程与仿真循环同步：

```
-- Following script should run threaded:

simSetThreadSwitchTiming(200) -- Automatic thread switching to a large value (200ms)
jointHandle = simGetObjectHandle('Revolute_joint')

simSetJointPosition(jointHandle,90 * math.pi/180) -- set the position to 90 degrees
simSwitchThread() -- the thread resumes in next simulation step (i.e. when t becomes t + dt)
simSetJointPosition(jointHandle,180 * math.pi/180) -- set the position to 180 degrees
simSwitchThread() -- the thread resumes in next simulation step
simSetJointPosition(jointHandle,0 * math.pi/180) -- set the position to 0 degrees
simSwitchThread() -- the thread resumes in next simulation step
-- etc.

-- In above code,a new joint position is applied in each simulation step
```

当我们尝试从外部应用程序（例如，通过远程 API 或 ROS）控制非强制/力矩模式的关节时，外部控制器将异步地运行到 V-REP（即类似于线程子脚本的非同步代码）。这大多用于控制，但是如果希望在每个仿真循环中精确地控制关节的位置，则必须在同步模式下运行 V-REP，并且外部控制器（例如远程 API 客户端）必须明确地触发每个仿真步骤。下面说明了一个 C/C++远程 API 客户端：

```
simxSynchronous(clientId,1); -- enable the synchronous mode (client side). The server side
(i.e. V-REP) also needs to be enabled.
simxStartSimulation(clientId,simx_opmode_oneshot);  //start the simulation
simxSetJointPosition(clientId,jointHandle,90.0*3.1415f/180.0f,simx_opmode_oneshot);
                                                      //set the joint to 90 degrees
simxSynchronousTrigger(clientId); //trigger next simulation step. Above commands will be applied
simxSetJointPosition(clientId,jointHandle,,180.0*3.1415f/180.0f,simx_opmode_oneshot);
                                                      //set the joint to 180 degrees
simxSynchronousTrigger(clientId);//next simulation step executes. Above commands will be applied
simxSetJointPosition(clientId,jointHandle,,0.0*3.1415f/180.0f,simx_opmode_oneshot);
                                                      //set the joint to 0 degrees
etc.
```

如果关节处于力/力矩模式：如果关节在力/力矩模式下操作并且动态地启用，则其将由物理引擎间接处理。如果关节的电机没有启用，那么关节不受控制(即它是可以在外力作用下自由运动的)。否则，关节可以是以下两种动态模式：

(1) 关节的电机启用，但控制回路被禁用。当我们想要从外部应用程序(例如力/力矩控制，PID等)精确控制关节时，使用此模式。当想要在力/力矩模式下或用于速度控制(例如机器人轮马达)时不精确地控制关节时，也可使用此模式。

(2) 关节的电机启用，控制回路启用。当关节需要用作弹簧/阻尼器，或者想要从V-REP中精确地自定义控制关节时，或者如果想从外部应用程序不精确地控制位置控制中的关节时，请使用此模式。

如果关节的电机启用，但控制回路被禁用，则物理引擎将应用指定的最大力/转矩，并加速关节直到达到目标速度。如果负载小或力和转矩达到最大，则将快速达到目标速度。否则，将需要一些时间。如果力/力矩不够大，则将永远不会达到目标速度。我们可以使用simSetJointTargetVelocity(或例如，在远程API，simxSetJointTargetVelocity的情况下)以及使用simSetJointForce(或例如，在远程API的情况下，simxSetJointForce)的最大力/力矩来以编程方式调整目标速度。如果想在脚本中编写力/力矩模式下的精确关节控制器时，应该注意以下问题：

默认情况下，仿真循环以50ms的时间步长(在仿真时间内)运行。但是物理引擎将以5ms的时间步长运行。将在每个仿真步骤中调用子脚本，但不在每个物理引擎计算步骤中调用。子脚本不是在每个物理引擎计算步骤中被调用，而是在每个仿真步骤中被调用。这意味着如果你通过一个子脚本控制一个关节，则只能每10个物理引擎计算步骤下提供一个新的控制值：你将缺少9个步骤的控制量计算与输出。克服这一点的一种方法是改变默认仿真设置，并指定仿真时间步长为5ms，而不是50ms。这是个很好的方法，但要记住，所有其他计算(例如视觉传感器，接近传感器，距离计算，IK等)也将运行10次，最后减慢你的仿真进度(大多数时候你不需要让其他计算模块具有这样的高刷新率，但是物理引擎需要这样高的刷新率)。另一个更好的选择是，也需要启用关节的控制循环，并在关节控制回调脚本中实现对它的控制，这将在后文进一步解释。

另一方面，如果想要在外部（例如从远程 API 客户端或 ROS 节点）运行精确和规则的关节控制器，那么除了将仿真循环设置为与物理引擎相同的速率之外，没有别的选择，然后在同步模式下运行 V-REP，外部控制器（例如远程 API 客户端）必须显式地触发每个仿真步骤。下面说明了这样做的 C/C++远程 API 客户端：

```
simxSynchronous(clientId,1); -- enable the synchronous mode (client side). The server side
(i.e. V-REP) also needs to be enabled.
simxStartSimulation(clientId,simx_opmode_oneshot);//start the simulation
simxSetJointForce(clientId,jointHandle,1.0f,simx_opmode_oneshot);
                                                    //set the joint force/torque
simxSetJointTargetVelocity(clientId, jointHandle, 180.0f * 3.1415f/180.0f, simx_opmode_
oneshot);                                           //set the joint target velocity
simxSynchronousTrigger(clientId); //trigger next simulation step. Above commands will be applied
simxSetJointForce(clientId,jointHandle,0.5f,simx_opmode_oneshot);
                                                    //set the joint force/torque
simxSetJointTargetVelocity(clientId, jointHandle, 180.0f * 3.1415f/180.0f, simx_opmode_
oneshot);                                           //set the joint target velocity
simxSynchronousTrigger(clientId); //next simulation step executes. Above commands will be applied
simxSetJointForce(clientId,jointHandle,2.0f,simx_opmode_oneshot);
                                                    //set the joint force/torque
simxSetJointTargetVelocity(clientId, jointHandle, 180.0f * 3.1415f/180.0f, simx_opmode_
oneshot);                                           //set the joint target velocity
etc.
```

如果关节的电机启用，并且控制回路也启用，物理引擎将根据设置控制关节：可以对关节进行位置控制（即 PID 控制），或者在弹簧/阻尼器模式和自定义控制模式下进行控制。PID 和弹簧/阻尼器参数可以从子脚本、远程 API 客户端或 ROS 节点更新。与对象参数 ID 2002-2004 和 2018-2019 有关。所需的目标位置可以使用 simSetJointTargetPosition（例如，从远程 API 客户端，simxSetJointTargetPosition）设置。当需要一个精确的自定义控制器，应该使用关节控制回调脚本，而不是从一个子脚本中控制关节。

最后，如果需要在外部应用程序中实现精确的 PID 或自定义的控制器，则需要确保仿真步长与物理引擎计算步长相同：默认情况下，V-REP 的仿真环路运行在 20Hz 在仿真时间，而物理引擎运行在 200Hz。我们可以在仿真设置中调整仿真步长。还需要确保的是：在同步模式下运行的 V-REP。下面说明了一个 C/C++远程 API 客户端：

```
simxSynchronous(clientId,1); -- enable the synchronous mode (client side). The server side
(i.e. V-REP) also needs to be enabled.
simxStartSimulation(clientId,simx_opmode_oneshot); //start the simulation
```

```
simxSetJointTargetPosition(clientId, jointHandle, 90.0f * 3.1415f/180.0f, simx_opmode_oneshot);       //set the desired joint position
simxSynchronousTrigger(clientId); //trigger next simulation step. Above commands will be applied
simxSetJointTargetPosition(clientId, jointHandle, 180.0f * 3.1415f/180.0f, simx_opmode_oneshot);       //set the desired joint position
simxSynchronousTrigger(clientId); //next simulation step executes. Above commands will be applied
simxSetJointTargetPosition(clientId, jointHandle, 0.0f * 3.1415f/180.0f, simx_opmode_oneshot);       //set the desired joint position
etc.
```

也可以通过远程 API 客户端来为关节控制器提供控制量，这将需要给关节控制回调脚本提供信号实现，如下例所示：

```
simxSynchronous(clientId,1); -- enable the synchronous mode (client side). The server side (i.e. V-REP) also needs to be enabled.
simxStartSimulation(clientId,simx_opmode_oneshot); //start the simulation
simxSetFloatSignal(clientId,"myDesiredTorque",1.0f,simx_opmode_oneshot);
                                                     //set the signal value
simxSetFloatSignal(clientId,"myDesiredTarget",90.0f*3.1415/180.0f,simx_opmode_oneshot);
                                                     //set the signal value
simxSynchronousTrigger(clientId); //trigger next simulation step. Above commands will be applied
etc.
```

在上面的例子中，关节控制回调脚本可以在进行控制之前获取这两个信号（使用 simGetFloatSignal）。

4. 关节的性质

关节属性是场景对象属性对话框的一部分，可以通过依次单击菜单栏、工具、场景对象属性打开。还可以通过双击场景层次结构中的对象图标或单击其工具栏按钮来打开对话框。

1）关节的普通性质

在场景对象属性对话框中，单击关节按钮显示关节对话框（如果最后一个选择是关节，则仅显示关节按钮）。如图 3-43 所示，该对话框显示最后选择的关节的设置和参数。如果选择了多个关节，则可以将一些参数从最后选择的关节复制到其他所选关节。请注意，这仅在相同类型或模式的关节之间具有效果。

位置是循环的：指示关节位置是否是循环的（在 −180°和 +180°之间变化，没有限制）。只有旋转关节可以是循环的。

螺距：关节的螺距值。此属性仅适用于 Revolute/Screw 类型的关节，并且仅在“位置是循环的”选项框中保留未选中的情况下该属性才有效。

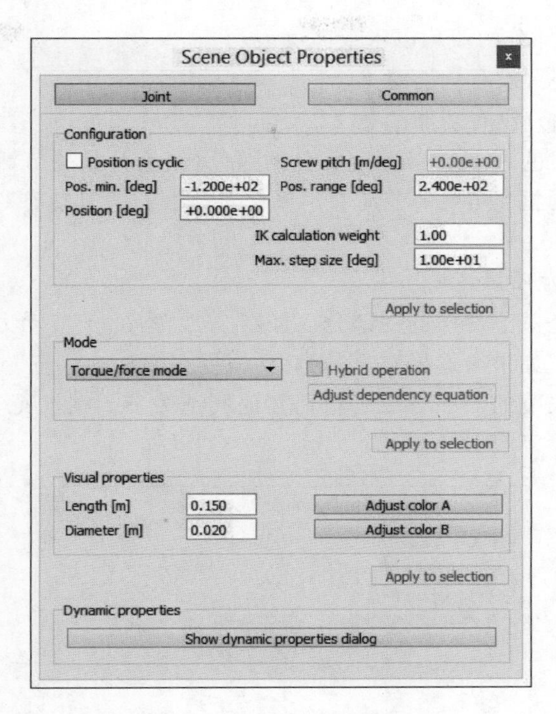

图 3-43　关节对话框

位置最小值：非循环旋转关节，螺钉或棱柱关节的最小允许值。

位置范围：非循环旋转关节，螺杆或棱柱关节的变化范围。这样的关节的位置被限制在一定的位置范围内。

位置：旋转关节，棱柱关节或螺钉的内在关节位置。

IK 计算重量：逆运动学计算期间关节的重量。例如，在冗余机械手的情况下，该选项使我们能够在反向运动学决议期间让某些关节超过其他关节。与其他关节相比，具有较小重量的关节将具有相对较小的位置变化。

最大步长：在一个运动学计算期间允许的最大位置变化。较小的步长通常导致较大的计算量，但可以更稳定。对于逆运动学计算，该值可以被忽略最大值覆盖。步长项目在逆运动学的对话框中。

模式：关节的控制模式。关节可以处于被动模式、反向运动学模式、依赖模式或力矩/力模式。

混合操作：当关节处于被动模式、反向运动学模式或依赖模式时，也可以选择以混合方式操作。混合操作允许关节以常规方式操作，但是，在动态计算之前，当前关节位置将复制到目标关节位置，然后在动力学计算期间，关节的控制将处理成电机的位置控制（当且仅当其被动态启用时）。

调整依赖关系方程：如果关节处于依赖模式，则可以指定将关节连杆到另一关节的线性方程。对话框中，此部分的值均以米或弧度表示。

长度：关节的长度。没有功能意义。

直径：关节的直径。没有功能的意义。

调整颜色 A/B：颜色 A 是关节固定部分的颜色，颜色 B 是关节活动部分的颜色。

显示动态属性对话框：切换关节动力学属性对话框。关节动态对话框允许调整关节的动态属性。

2）关节的动力学性质

关节动力学性质是关节性质的一部分。如图 3-44 所示，关节动力学对话框显示了关节的动力学设置和参数。如果未选择对象，则对话框处于非活动状态。如果选择了多个关节，则可以将最后选择的关节的一些参数复制到其他所选关节。请注意，这仅在相同类型或模式的关节之间具有效果。

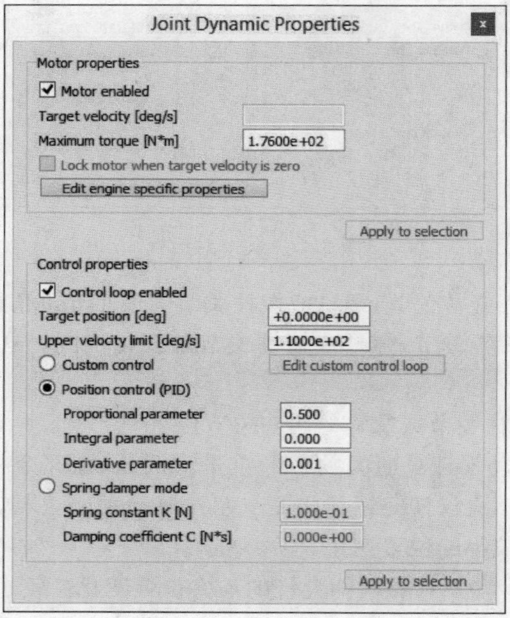

Joint Dynamic Properties

Motor properties
- [x] Motor enabled

Target velocity [deg/s]
Maximum torque [N*m] 1.7600e+02
- [ ] Lock motor when target velocity is zero

Edit engine specific properties
Apply to selection

Control properties
- [x] Control loop enabled

Target position [deg] +0.0000e+00
Upper velocity limit [deg/s] 1.1000e+02
○ Custom control　Edit custom control loop
◉ Position control (PID)
Proportional parameter 0.500
Integral parameter 0.000
Derivative parameter 0.001
○ Spring-damper mode
Spring constant K [N] 1.000e-01
Damping coefficient C [N*s] 0.000e+00
Apply to selection

图 3-44　关节动力学对话框

电机启用：启用或禁用关节的电机。如果禁用，关节是可以自由运动的。仅当关节处于力矩/力模式时可用。

目标速度：关节电机的目标速度。如果最大力矩/力足够高，目标速度将立即达到；否则逐渐逼近目标速度。

最大力矩/力：关节电机运行时的最大力矩或力。

当目标速度为零时锁定电机：当关节的电机启用并且控制回路被禁用时，它在速度控制中起作用。当目标速度为零时，其可能漂移，因为力矩/力将仅作为内部摩擦。为了避免这种情况，可以启用此项目，当目标速度设置为零时，将锁定关节。

引擎特定属性：允许调整引擎特定参数。

控制回路已启用：启用或禁用关节控制回路。默认情况下，使用内置 PID 控制器。

目标位置：期望的目标位置。

速度上限：允许将速度限制在最大值。

自定义控件：如果启用，则将通过关节控件回调脚本控制关节。这允许用户写入非常特定的关节控制器，其将在每个物理引擎仿真步长(即，默认为仿真时间步长的 10 倍)下执行。

编辑自定义控制循环：允许编辑关节控制回调脚本来获得关节的自定义控制。

位置控制(PID)：如果启用，则通过内置 PID 控制器调节关节速度，从而控制关节的位置。

比例/积分/微分参数：PID 位置控制参数。

弹簧减震器模式：如果启用，则通过内置弹簧减震器控制器调节关节力/力矩，从而控制关节的位置。

弹簧常数 *K* /阻尼系数 *C*：弹簧阻尼器参数。

3) 动力学引擎与关节相关的属性

与关节相关的动力学引擎属性可以通过关节动力学属性对话框访问。最后选择的关节的引擎特定属性显示在对话框中。如果选择了多个关节，则可以将最后选择的关节的属性复制到其他所选关节(将所有属性应用于所选关节)。

(1) 项目符号属性：与 Bullet 物理库相关的属性。

正常 CFM：当远离极限时使用的约束力混合参数。

停止 ERP：在极限处的误差减小参数。

停止 CFM：在极限处约束力混合参数。

(2) ODE 属性：与 Open Dynamics Engine 相关的属性。

正常 CFM：当远离极限时使用的约束力混合参数。

停止 ERP：在极限处的误差减小参数。

停止 CFM：在极限处的约束力混合参数。Bounce 是指调节在限制下的弹跳性的值(即恢复参数)。

Fudge 因子：一个任意值，可以使关节正确地运行。其值在远离极限时不太跳跃。

(3) 涡流性质：与 Vortex Dynamics 引擎相关的属性。

关节轴摩擦：允许沿约束轴线或围绕约束轴线定义内部摩擦。

启用：启用内部摩擦。

比例：如果为真，摩擦力与约束中的张力成正比。

系数：对于比例摩擦力，摩擦力与张力系数成正比。

最大力：对于非比例摩擦，摩擦力可以由用户直接提供。

损耗：粘度系数。

关节轴限制：管理沿着或围绕约束轴的位置或角度限制。

下/上恢复：弹性。

下/上刚度：限制的弹簧的线性角刚度。

下/上阻尼：限制的弹簧的线性角阻尼。

下/上最大力：限制弹簧的力或力矩边界值。

关节依赖性：属性允许动态连杆两个启用了动态连杆功能的关节。两个连接的关节将共享/交换它们各自的负载(即，施加到一个关节中的力/力矩将被传递到另一个关节中，反之亦然)。

从属关节：与此关节关联的关节。此属性不是双向显示的(即，依赖关系将不在从属关节上显示)，以便能够将依赖关节连杆到其他关节，从而建立复杂的依赖关系。所有从属关节必须共享相同的父形状，这样才能获得正确的操作。

乘法因子：连杆依赖关节的乘法因子。一般的或为1的因子将使两个连杆的旋转关节以相同的速率在相同的方向上旋转。

偏移：尚未使用。保持在0。

***X*轴位置**：沿约束 *X* 轴(位置)的松弛和摩擦参数。

松弛：松弛允许控制相应的约束强度。

- 启用：启用松弛属性。
- 刚度：基于位置的方程的弹性刚度。
- 阻尼：基于位置的方程的弹簧阻尼。
- 损失：基于速度的方程的黏度。

摩擦：沿轴的内摩擦。

- 启用：启用此轴的内部摩擦。
- 比例：使摩擦与关节中的张力成比例。
- 系数：摩擦设定为张力系数。
- 最大力：如果不是成比例的摩擦，摩擦力由用户手动设置。
- 损耗：摩擦力黏度。

***Y*轴位置**：沿约束 *Y* 轴(位置)的松弛和摩擦参数。

***Z*轴位置**：沿约束 *Z* 轴(位置)的松弛和摩擦参数。

***X*轴取向**：围绕约束 *X* 轴(定向)的松弛和摩擦参数。

***Y*轴取向**：围绕约束 *Y* 轴(取向)的松弛和摩擦参数。

***Z*轴取向**：围绕约束 *Z* 轴(定向)的松弛和摩擦参数。

(4) Newton属性：与Newton动力学引擎相关的属性。

关节依赖性：属性允许动态连杆两个动态启用的关节，两个连接的关节将共享/交换它们各自的负载(即，施加到一个关节中的力/力矩将被传递到另一个关节中，反之亦然)。

从属关节：与此关节关联的关节。此属性不是双向显示的(即，依赖关系将在从属关节上显示)，以便能够将依赖关节连杆到其他关节，从而建立复杂的依赖关系。所有从属关节必须共享相同的父形状，这样才能获得正确的操作。

乘法因子：连杆依赖关节的乘法因子。一般的或为1的因子将使两个连杆的旋转关节以相同的速率在相同的方向上旋转。

偏移：尚未使用。保持为0。

3.4.5　V-REP的集合

集合是用户定义的场景对象集合。集合必须包含至少一个对象，并被认为是一个实体(对象也是实体)。集合在引用几个对象(例如机器人)时非常有用。V-REP不仅支持对象，还支持基于集合的计算。例如，碰撞检测模块允许注册以下碰撞对：(集合A；对象B)。然后，冲突检查算法将检查集合A(构成它的任何对象)是否与对象B冲突。

集合是可碰撞、可测量、可检测、可切割和可呈现的实体。这意味着集合具有以下的属性：

(1) 集合可用于对其他可碰撞实体的碰撞检测。

(2) 集合可用于与其他可测量的实体的最小距离的计算。

(3) 集合可以由接近传感器检测。

(4) 集合可以由磨机切割。

(5) 集合可以被视觉传感器检测或看到。

(6) 即使集合是可碰撞、可测量、可检测、可切割和可渲染的，这并不意味着集合中包含的所有对象都是可碰撞、可测量、可检测、可切割或可渲染的。

- 在碰撞检测期间，仅对集合(集合的子集)的可碰撞对象与另一可碰撞实体进行检测。
- 在距离测量期间，仅对在集合中的距离可测量的对象(集合的子集)进行与另一个可测量实体之间的距离测量。
- 只有集合中可检测的对象(集合的子集)可以由接近传感器检测。
- 只有集合中可切割对象(集合的子集)可以被铣刀切割。
- 只有集合的可渲染对象(集合的子集)可以被视觉传感器检测到。

然而，集合可以覆盖其对象的属性，这些属性包括可碰撞的、可测量的、可检测的、可剪切的和可呈现的。集合必须由至少一个元素组成。支持以下元素：所有场景对象；松散物体；算上基的树；不算基的树；包含末端的链；不包含末端的链；以及上述元素的组合。

1. 所有场景对象

元素由所有场景对象组成，如图3-45所示(箭头表示：子元素)。

上面的元素没有任何定义对象，不能单独存在，需要结合其他类型的元素。

2. 松散物体

这是一个可松散定义的场景对象的组合，如图3-46所示(箭头表示：子元素)。

在上面的示例中，如果从场景中删除对象2、对象3、对象4和对象7，则该元素不再有效，并且也将被删除。对象2、对象3、对象4和对象7是元素的定义对象。

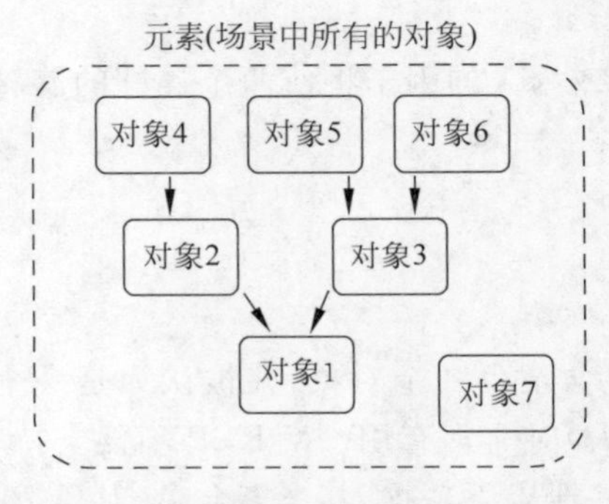

图 3-45 由所有场景对象组成的元素

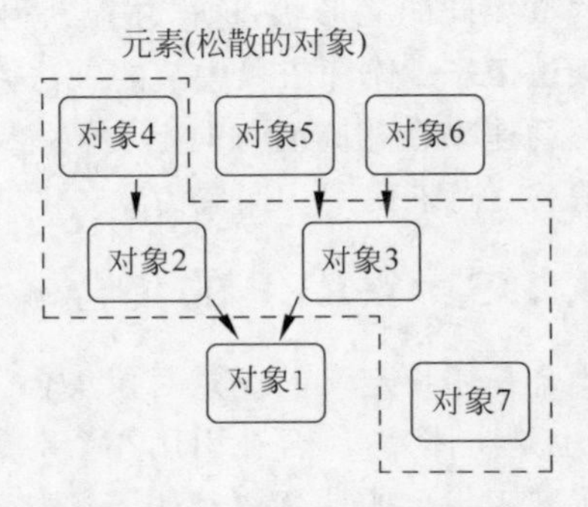

图 3-46 由松散物体组成的元素

3. 树(包括基)

这包括一个对象及其所有子对象(和子对象的子对象等),如图 3-47 所示(箭头表示:子对象)。

在上面的示例中,如果从场景中删除对象 1,则元素不再有效,并且将被删除。对象 1 是元素的定义对象。

4. 树(不包括基)

这包括对象的所有子对象(和子对象的子对象等),不包括对象本身,如图 3-48 所示(箭头表示:子对象)。

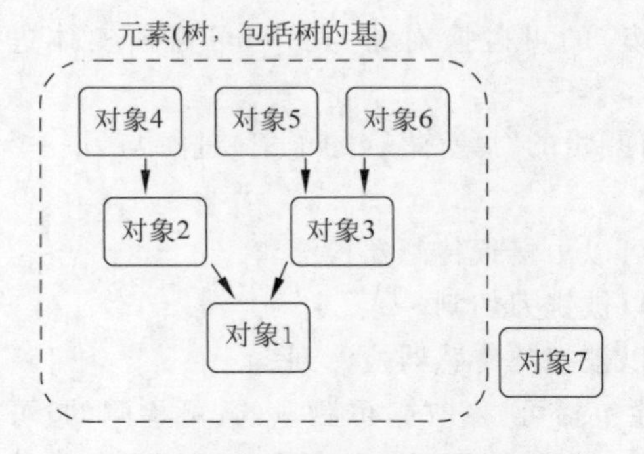

图 3-47 由一棵树,包括基地组成的元素

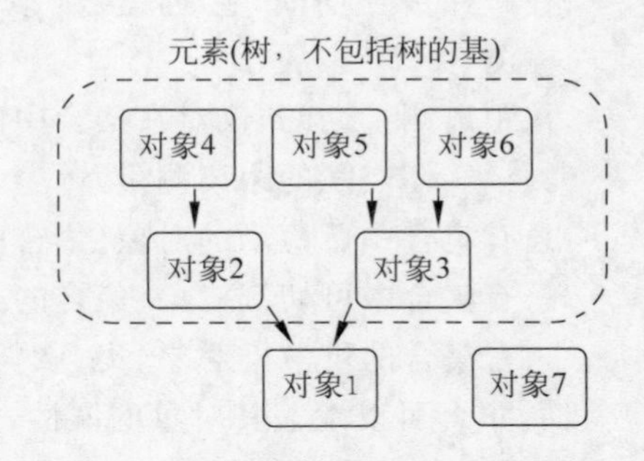

图 3-48 由一棵树组成的元素,不包括基

在上面的示例中,如果从场景中删除对象 1,则元素不再有效,并且将被删除。对象 1 是元素的定义对象。

5. 链(包括末端)

它包括一个对象和它的所有父对象(和父对象的父对象等),如图 3-49 所示(箭头表示:子对象)。

在上面的示例中,如果从场景中删除对象 6,则元素不再有效,并且将被删除。对象 6 是元素的定义对象。

6. 链(末端除外)

这包括对象的所有父对象(和父对象的父对象等),不包括对象本身,如图 3-50 所示(箭头表示:是子对象)。

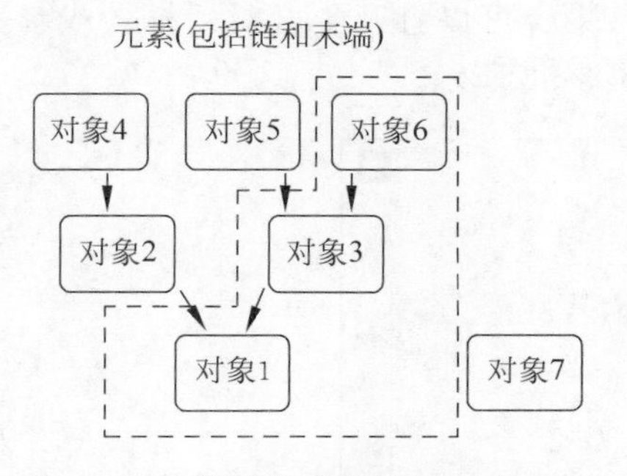

图 3-49 由链条组成的元件,包括尖端

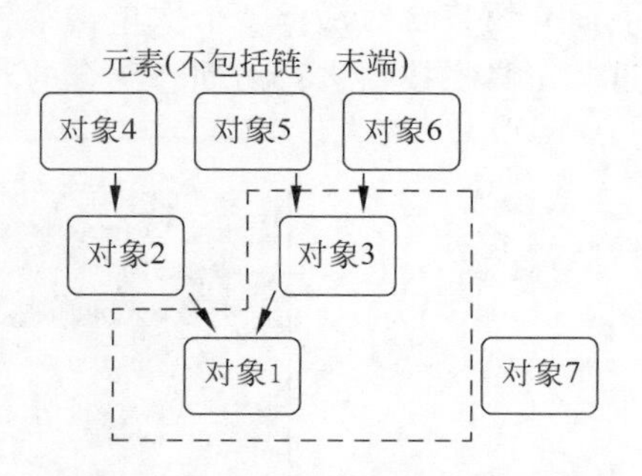

图 3-50 由链条组成的元件,不包括尖端

在上面的示例中,如果从场景中删除对象 6,则元素不再有效,也将被删除。对象 6 是元素的定义对象。

7. 元素的组合

在集合中,元素可以是加法或减法。如图 3-51 所示,显示了由 3 个元素定义的集合。

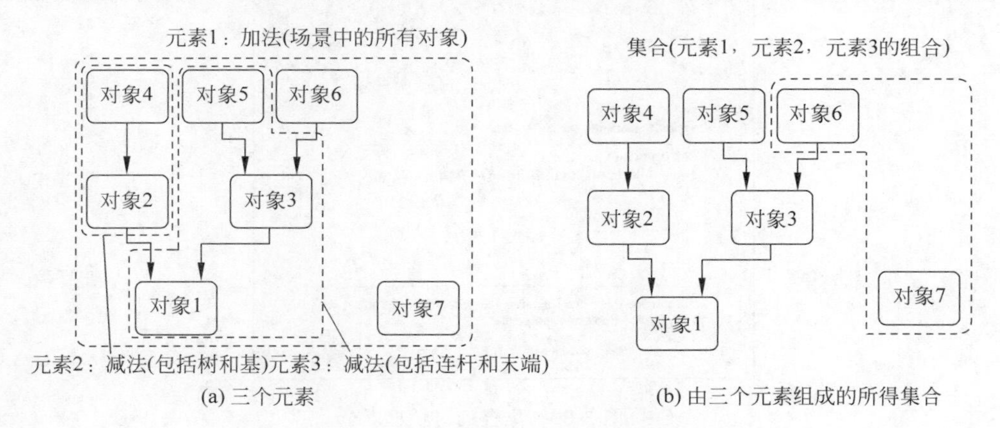

图 3-51 由三个元素定义的集合

在上面的示例中,生成的集合包含两个对象。如果新对象附加到对象 2 或对象 4,则它不会包含在集合中(因为它将是元素 2 中定义的树的一部分,它是减法的)。如果新对象成为对象 5、对象 3 或对象 1 的父对象,则它不会包含在集合中(因为它将是元素 3 中定义的链中的一部分,这是减法的)。否则,新对象将自动包含在集合中。集合是动态实体,会自动重新计算或更新。如果一个对象为定义对象,当对它进行复制或保存时,相关集合也将被自动地复制或保存。

不用盲目地使用集合,只有在没有找到其他替代品的时候可以考虑使用。例如,如果希望测试移动机器人与场景中所有其他对象的碰撞,可以定义机器人集合(从机器人底层开始建立的树)和障碍集合,然后对机器人集合和障碍物集合进行碰撞检测。这种做法是没有问题的,但是障碍物集合不是必需的。事实上,碰撞检测模块允许指定场景项目中的所有其他可碰撞的对象进行碰撞检测。

下面介绍集合对话框。依次单击菜单栏、工具、集合可以打开集合对话框。或者,也可以通过其工具栏按钮进行访问。集合的对话框如图 3-52 所示。

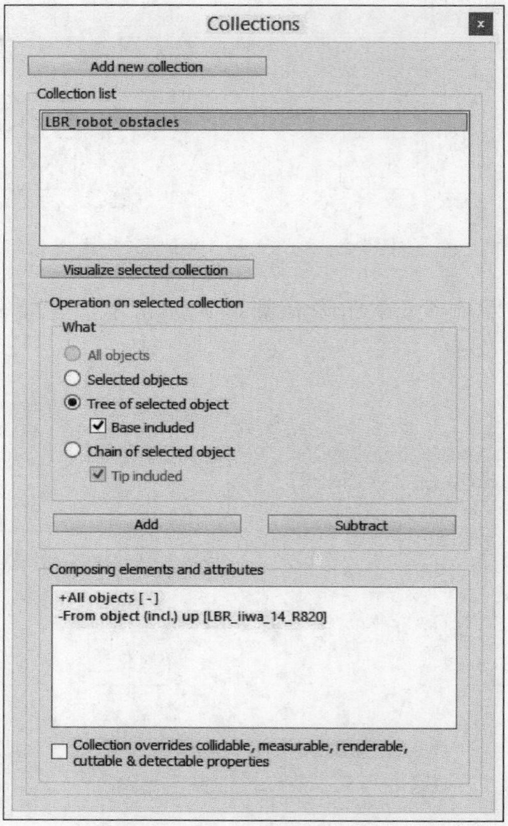

图 3-52 集合的对话框

添加新集合:添加一个新的空集合。尽量为集合提供唯一的名称,以便在与其他模型合成场景时不会发生名称冲突。集合可以在集合列表中重命名。

可视化所选集合:选择场景中所有相关的对象,则这些对象的集合是可见的。

对所选集合的操作:对话框的此部分允许向所选集合添加或从所选集合中减去各种对象。添加新集合时,它最初为空。然后可以添加或减去单个对象(选定对象)、层级树中包含的所有对象(选定对象的树)、链中包含的所有对象(选定对象的链-即所选对象的所有父级和祖先)或场景中的所有对象(所有对象)。

组合元素和属性:组成所选集合的元素列表。可以使用键盘上的删除键删除单个元素。

集合覆盖可碰撞、可衡量、可呈现、可切割和可检测的属性：允许覆盖集合中的对象的主要属性(可碰撞、可衡量、可呈现、可剪切和可检测的)。例如，如果希望一些对象是不可检测的，除了特殊情况，可以简单地禁用这些对象的可检测的属性(参考对象常见属性)，然后将这些对象建立集合，并启用可检测属性。现在，当且仅当它们作为刚刚定义的集合时，这些对象才可以被检测到(换句话说，只有当尝试检测它们的集合时，它们才能被检测到)。

3.5　V-REP 的六种计算模块

V-REP 具有六种计算模块，包括了碰撞检测模块、最小距离计算模块、逆运动学计算模块、几何约束求解模块、动力学模块和运动的路径规划模块。这些计算模块不是封装在对象中，但可以直接对一个或两个场景对象进行操作。

一些计算模块允许被使用在用户定义的计算对象中。计算对象与场景对象有一定的差别，但它们的操作却有一定的联系。以下有几种计算对象本身不存在的情况：

- 碰撞检测对象依靠可碰撞的场景对象。
- 最小距离计算对象的距离依赖可测量的对象。
- 逆运动学计算对象主要依靠虚拟点和运动链，主要用在场景对象为关节的情况中。
- 几何约束求解对象主要依靠虚拟点和运动链，主要在场景对象为关节中。
- 关于计算模块的设置，可以通过依次单击 Menu bar(菜单栏)、Tools(工具)、Calculation module properties(计算模块属性)和工具栏 2 的计算模块图标打开计算模块属性对话框。

3.5.1　碰撞检测模块

碰撞检测模块：允许对任何形状或任何形状的集合组合进行快速干涉检查，检测它们之间是否发生了碰撞(这种碰撞完全独立于动力学模块关于碰撞反应的计算算法)。该模块使用基于二叉树的数据结构，使用了有向包围盒(OBB)的算法，使得计算速度更加快速。此外，采用了一种时序一致性缓存技术对这个模块进行了算法优化。

V-REP 可以以非常灵活的方式检测两个可冲突实体之间的碰撞。该计算是一个精确的干扰计算。碰撞检测模块将仅检测碰撞；但是它不会直接对它们做出反应(对于碰撞响应，参考动态模块)。

碰撞检测模块允许登记那些可冲突的实体对(碰撞实体和碰撞实体)的碰撞对象。在仿真期间，每个注册的碰撞对象的碰撞状态可以用不同的着色可视化，或记录在图形对象中。如果注册的碰撞对象的两个组成实体在复制粘贴操作中同时复制，则注册的碰撞对象也会自动复制。

碰撞检测对话框是计算模块属性对话框的一部分，可以通过依次单击菜单栏、工具、计算模块属性来打开。碰撞检测对话框如图 3-53 所示，对它的说明如下。

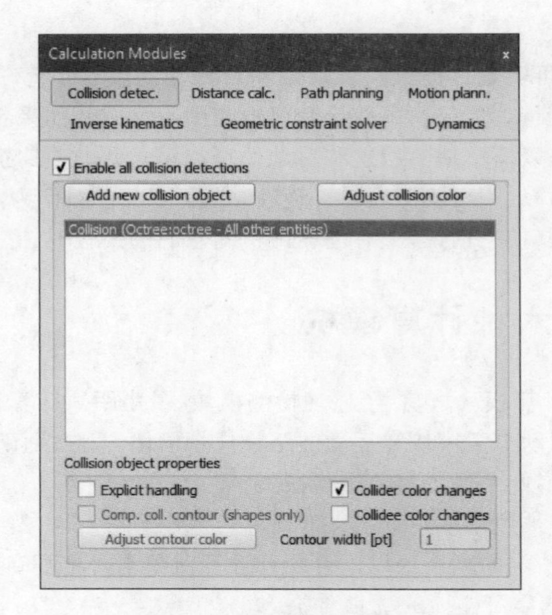

图 3-53 碰撞检测对话框

启用所有碰撞检测：允许启用或禁用所有已注册碰撞对象的碰撞检测。

添加新的碰撞对象：允许指定两个实体进行碰撞检测。按钮下方的列表显示所有已注册的碰撞对象，双击它们可以重命名。可以选择列表中的各个碰撞对象，然后在下面显示相关属性。

调整碰撞颜色：允许调整碰撞实体的颜色。参见碰撞更改碰撞体颜色和碰撞更改碰撞颜色项目获取进一步信息。

显式处理：指示是否应显式处理选定的碰撞对象。如果选中，当调用 simHandleCollision(sim_handle_all_except_explicit)时，但仅当调用 simHandleCollision(sim_handle_all)或 simHandleCollision(collisionObjectHandle)时，不会处理此碰撞对象的碰撞检测。如果用户希望在子脚本中而不是在主脚本中处理该碰撞对象的碰撞检测，则这是有用的(如果未选中，则该碰撞对象的碰撞检测将被处理两次，一次是在主脚本中调用 simHandleCollision(sim_handle_all_except_explicit)时，另一次则是在子脚本中调用 simHandleCollision(collisionObjectHandle)时)。

碰撞更改碰撞/碰撞颜色：在碰撞期间启用或禁用碰撞/碰撞实体的颜色更改。

Comp，coll，contour(shapes only)：如果启用，则将对形状-形状的碰撞执行完全碰撞检测，计算并可视化所有的相交点(即碰撞轮廓)。然而，这需要比简单碰撞检测多得多的计算时间。

调整轮廓颜色：允许调整碰撞轮廓线的颜色。

轮廓宽度：碰撞轮廓线的宽度。

3.5.2　最小距离计算模块

最小距离计算模块允许快速地计算形状与形状之间、形状与形状的组合之间、形状的组合与形状的组合之间的最小距离。该模块使用了与碰撞检测模块相同的数据结构。此外，该模块也采用了时序一致性缓存技术。

V-REP可以以非常灵活的方式测量两个可测量实体之间的最小距离。该计算是精确的最小距离计算。距离计算模块将仅测量距离；但它不会直接对它们做出反应。

距离计算模块允许记录作为可测量实体对的距离对象。在仿真期间，每个注册的距离对象的最小距离段可以被可视化或记录在图形对象中。如果注册距离对象的两个合成实体在复制粘贴操作中同时复制，则注册的距离对象也会自动复制。距离计算对话框是计算模块属性对话框的一部分，可以通过依次单击菜单栏、工具、计算模块属性来打开。

在计算模块属性对话框中，单击距离计算按钮以显示距离计算对话框，如图3-54所示。

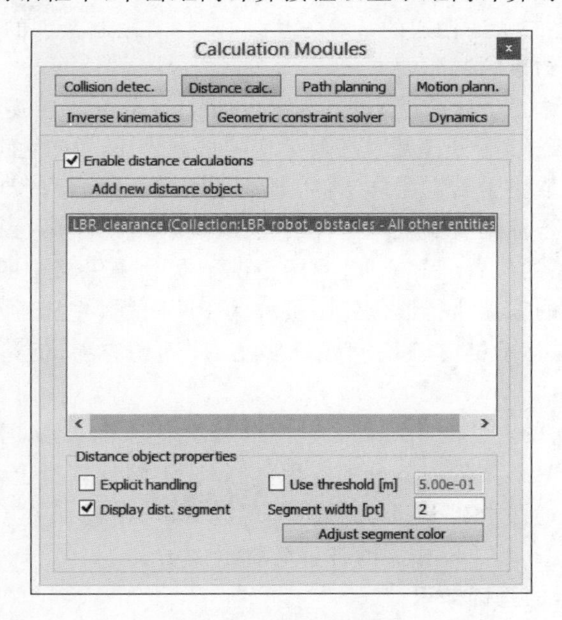

图3-54　距离计算对话框

启用所有距离计算：允许启用或禁用所有注册距离对象的距离计算。

添加新距离对象：允许指定两个实体进行距离计算。按钮下方的列表显示所有注册的距离对象，双击它们可以重命名。可以选择列表中的单个距离对象，然后在下面显示相关属性（见下文）。

显式处理：指示是否应显式处理所选的距离对象。如果选中，当调用simHandleDistance(sim_handle_all_except_explicit)时，但仅当调用simHandleDistance(sim_handle_all)或simHandleDistance(distanceObjectHandle)时，不会处理此距离对象的距离计算。如果用户希望在子脚本而不是在主脚本中处理该距离对象的距离测量，这将是有用的（如果未选中，则该距离对象的距离计算将被处理两次，一次是在主脚本调用 simHandleDistance(sim_handle_all_except_explicit)时，另一次是在子脚本中调用 simHandleDistance(distanceObjectHandle)时。

使用阈值：当实体间的距离很远并且不需要计算距离时，可以指定距离阈值用于加速计算。

显示距离段：如果启用，则该距离对象的最小距离段在场景中可见。

段宽度：距离段的宽度。

段颜色：允许调整距离段的颜色。

3.5.3 逆向运动学模块

1. 逆向运动学模块的功能

正向和逆向运动学模块：它支持分支、闭环、嵌套循环等多种类型的运动学计算机制。该模块是基于阻尼最小二乘法伪逆的计算方法，它支持有限制条件的解决方法、阻尼和加权决议的方法，以及基于约束的避障的方法。

V-REP 的逆运动学(IK)计算模块非常强大和灵活。它允许在逆运动学模式(IK 模式)或正向运动模式(FK 模式)中处理几乎任何类型的机制。IK 的问题可以看作是寻找关节值的问题，而这个关节值取决于给定主体元件(通常是末端执行器)的具体位置和方向。一般地说，它是从任务空间坐标到关节空间坐标的变换。例如，对于串行操纵器，需要解决的问题是在给定末端执行器的位置(和/或取向)的情况下找到操纵器中的所有关节的值。与之相反，找到给出关节值的末端执行器位置则被称为 FK 问题，并且通常被认为是比 IK 更容易的任务。在处理开放运动链时，FK 问题确实比 IK 问题容易，但是对于一般类型的机械配置则不是这样。

逆运动学计算模块的一些结果可以通过图形对象来记录。运动学功能还可用于外部应用(即，不直接是 V-REP 框架的一部分的应用，例如在不同计算机上，在机器人或控制器上的应用)。这些都可以通过外部运动学功能实现。最后，请确保查看文件夹场景/ ik_fk_simple_examples 中与 IK 和 FK 相关的各种简单示例场景。

2. IK 组和 IK 元素的基础知识

V-REP 使用 IK 组和 IK 元素来解决逆向和正向运动学任务。重要的是要了解如何解决 IK 任务，以充分利用该模块的功能。IK 组包含一个或多个 IK 元素：

(1) IK 组：IK 组将一个或多个 IK 元素组合。要解决简单运动链的运动学，需要一个包含一个 IK 元素的 IK 组。IK 组定义了一个或多个 IK 元素的总体求解属性(例如要使用什么求解算法等)。

(2) IK 元素：IK 元素指定简单的运动链。一个 IK 元素表示一个运动链。运动链是包含至少一个联合对象的连杆。简而言之，IK 元素由以下组成：

基座(任何类型的物体，甚至是关节，在这种情况下，关节被认为是刚性的)：它代表运动链的开始。

几个连杆(任何类型的对象,除了关节):然而,不在 IK 模式中的关节也被认为是连杆(在这种情况下,它们表现为刚性关节(固定值))。

几个关节:然而,不在 IK 模式中的关节不被认为是关节,而是作为连杆(参见上文)。

一个尖端:尖端始终是虚拟的,并且是所考虑的运动链中的最后一个对象(当从基部到尖端时)。尖端虚拟器应连杆到目标虚拟器(见下文),并且链路应为 IK,尖端-目标链路类型。

一个目标:目标始终是虚拟的,并且代表尖端在仿真期间应当采用(或跟随)的位置和/或方向。目标虚拟体应该连杆到尖端虚拟(参见上文)上,并且连杆应该是 IK 或尖端-目标连杆类型。

IK 元素由运动链指定,并且指点跟随目标。运动链本身由工具提示(或末端执行器,或简称末端)和一个基础设置指定。工具提示链中的最后一个对象而基础设置指示链中的基础对象(或第一对象)。如图 3-55 所示,显示了为 IK 元素指定的两个运动链。IK 元素以类似的方式感知两个链(第二个示例的第一个关节被 IK 元素忽略)。

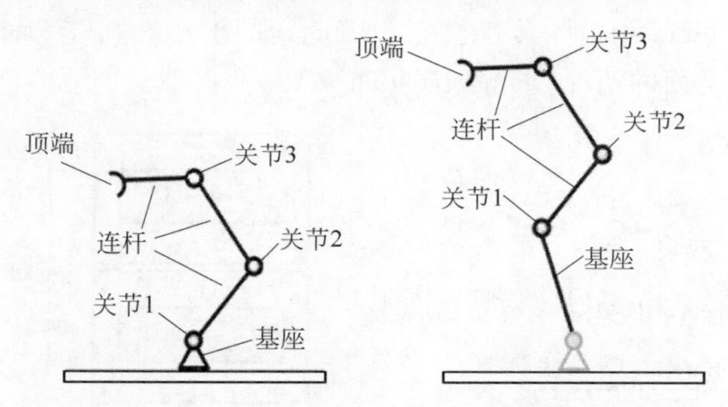

图 3-55　两个运动链(各自描述一个 IK 元素)

在上述示例中,由尖端/基部对指定的运动链都具有 3 自由度(DoF),因为涉及 3 个 1-DoF 关节。然而,如果关节中的一个是球形关节,则链将具有 5DOF,因为球形关节自身具有 3DOF。现在你应该告诉 IK 元素指定的运动链在仿真过程中应该如何表现。通常,如图 3-56 所示,我们希望运动链的尖端跟随目标(参考虚拟属性以形成尖-目标连杆)。

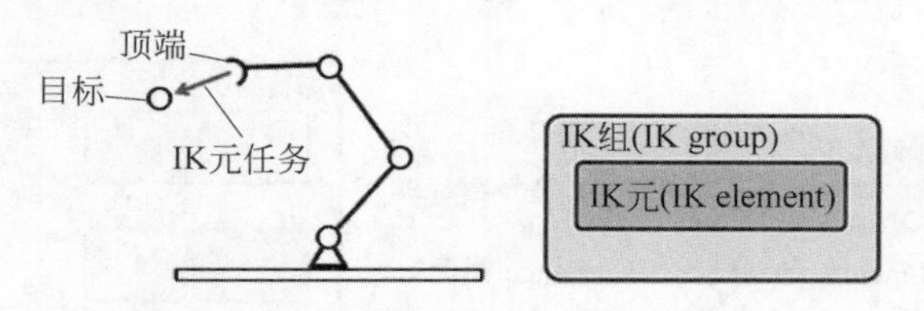

图 3-56　IK 元素和 IK 解决任务的相应模型

当仿真运行并且一些附加参数已被正确定义(参见下文参数描述)时,则机构(指定的运动链)应当朝向目标移动。这是 IK 任务的最基本情况。两个单独的运动链以相同的方式处理,但是这次需要两个 IK 组(并且每个组都应该包含每个运动链的一个 IK 元素)。解决两个 IK 组的顺序并不重要。

如图 3-57 所示，在上面的例子中，如果目标 2 被附加到第一运动链的移动部分，则求解顺序变得重要，并且应当首先求解 IK 组 1(求解结果将移位目标 2，如从图 3-58 可以看出的)：

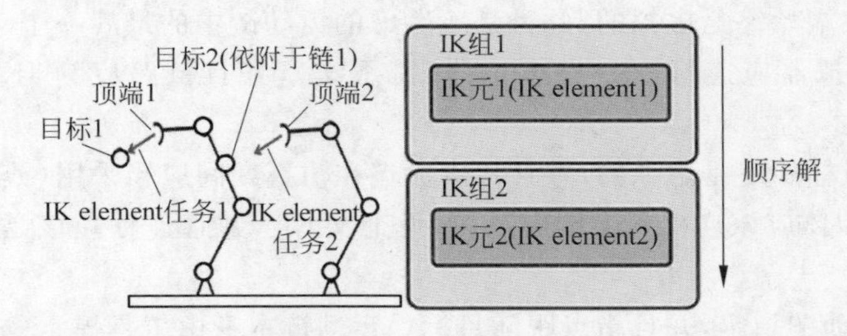

图 3-57　两个单独的 IK 链，其中第二链的目标连接到第一链，以及 IK 解决任务的相应模型

当一个 IK 元素建立在另一个 IK 元素的顶部而没有共享任何公共关节时，可以出现类似的情况，如图 3-58 所示。Base2 是两条链之间的共同对象。解决 IK element2 不会替换 Base2，但是解析 IK element1 将会替换它。因此，如图 3-58 所示，IK group1 必须在 IK group2 之前解决，如上面的情况(求解顺序很重要)。

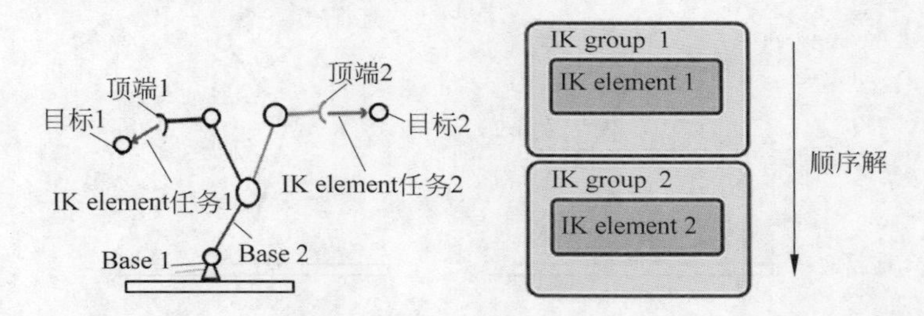

图 3-58　两个 IK 链共享一个公共连杆，但没有公共关节和 IK 解决任务的相应模型

当两个或更多个运动链共享公共关节时出现更困难的情况。在这种情况下，顺序求解在大多数时间不工作(在下面的示例中，两个 IK 元素倾向于将公共关节旋转到相反的方向)，并且需要同时求解方法。为了同时求解几个 IK 元素，只需将它们组合成一个公共的 IK 组。这种情况如图 3-59 所示。

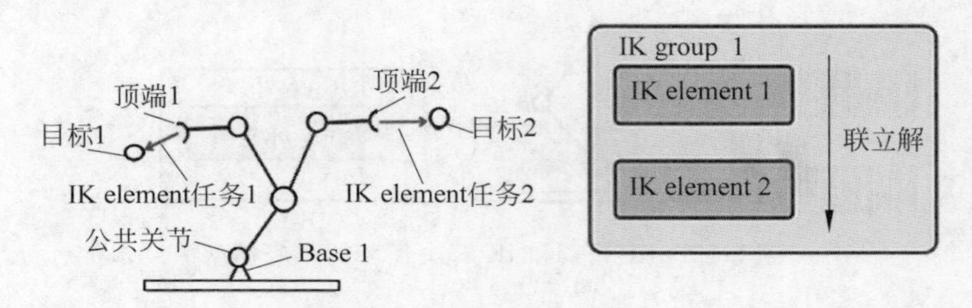

图 3-59　两个 IK 链共享一个共同的关节和 IK 解决任务的相应模型

3. 解决任何类型的机制的 IK 和 FK 问题

通过使用 IK 组和 IK 元素来解决反向运动学(IK)或正向运动学(FK)的机制,记住以下检查点,以便成功设置 IK 或 FK 计算:

(1) 通过提供基座和尖端来指定单个运动链。

(2) 指定要跟踪的目标(简单地将尖端虚拟对象连接到目标虚拟对象)。

(3) 如果它们共享公共关节,则 IK 组元素在单个 IK 组中。

(4) 订购单个 IK 组以获取所需的行为。

(5) 验证运动链中的关节是否启用或禁用了正确的属性。

(6) 验证单个 IK 元素不是过约束的(X,Y,Z,Alpha-Beta,Gamma)。

最后一点是非常重要的:一个运动链的尖端,打开所有的约束,尖端将跟随其相关的目标在 x,y,z 方向,同时试图保持与目标相同的方向。然而,这仅当运动链具有至少 6 个非冗余自由度(DoF)时才有效。尖端应始终被适当地约束(即从未指示比在机制中存在 DoF 更多的约束)。如图 3-60 所示,位置约束多半是相对于基本方向指定的。

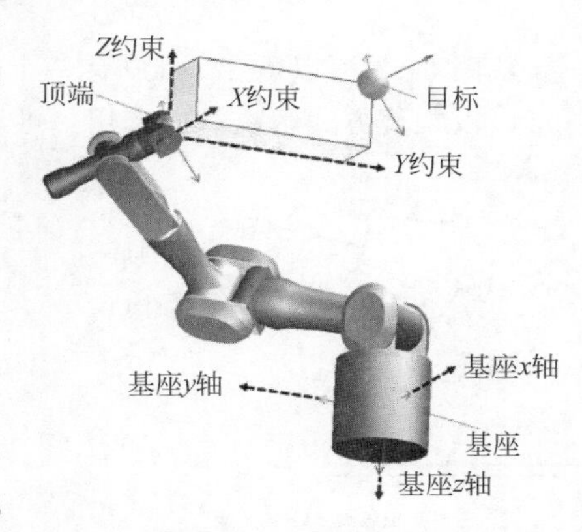

图 3-60 运动链的位置约束

有时我们并不能够正确地指定为一个尖端的限制,并且在这种情况下,IK 组的计算方法应该是一个含有适当可选的阻尼因子的阻尼方法(例如 DLS 法)。当我们可能无法到达目标(不可达到,或接近单个配置)时,应选择阻尼分辨率方法。阻尼方法可以使得计算更稳定,但需要注意的是,阻尼方法也会使得 IK 计算速度减慢(需要更多的迭代将尖端放置到位)。

打开 Alpha-Beta 约束将使尖端的 z 轴方向与目标的 z 轴方向匹配,同时如果 Gamma 约束关闭,则可以让尖端围绕 z 轴自由地旋转。当 Alpha-Beta 约束和 Gamma 约束打开时,尖端将尝试保持与其关联目标完全相同的方向。

如何解决 IK 简单运动链的 IK 问题在有关 IK 组和 IK 元素基础的章节有解释。解决简单运动链的 FK 问题是容易的(只是将所需的关节值应用于链中的所有关节,以获得尖端或末端执行器的位置和方向)。但是解决闭合机制的 IK 和 FK 问题并不简单。

对于 FK 问题,首先要确定想控制的关节(如驱动机构的关节、活动关节)。那些关节应该从所有运动学计算中排除(选择一个不是反向运动模式的关节(参见关节属性))。从现在起,那些关节将通过运动学计算被认为是刚性的。然后,识别哪个运动链需要关闭。闭合操作将由尖端-目标对组成的闭合约束环来处理,如图 3-61 所示。然后,为活动关节设置期望的关节值,并调用逆运动学功能来处理闭环约束(默认主脚本处理未标记为显式处理的所有 IK 组)。下面的例子显示了一些可用于解决复杂运动学问题的附加功能,如图 3-62 所示。

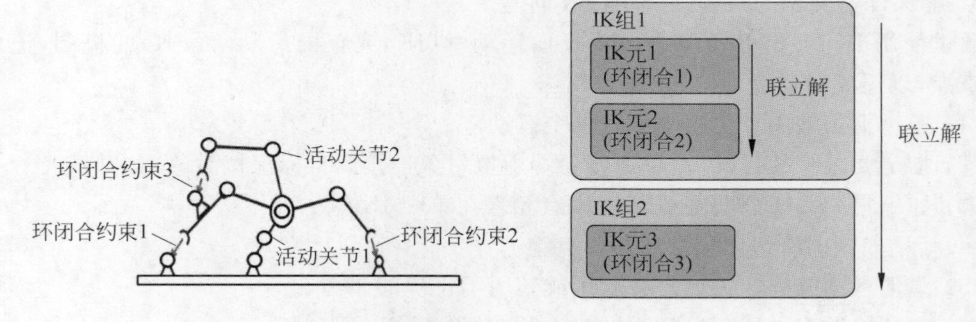

图 3-61　封闭机构正向运动学求解方法

从图 3-62 可以看出，用户有一个 IK 任务：将尖端放到目标上(或使尖端跟随目标)。这可以以常规方式解决。或者用户可以如图 3-63 所示，使用关节依赖性功能。

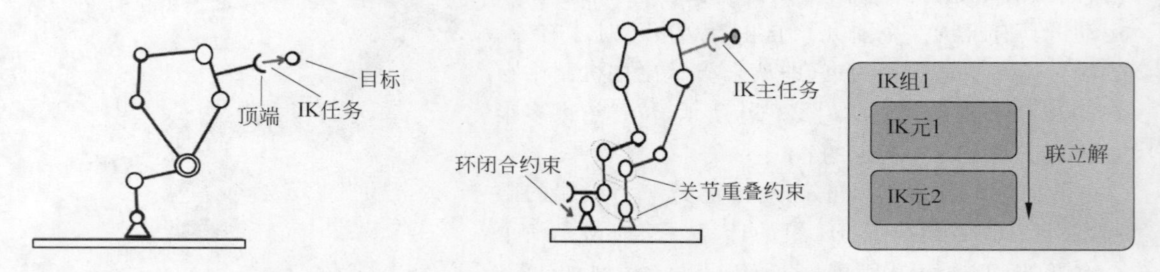

图 3-62　逆运动学任务

图 3-63　具有关节重叠约束的逆运动学任务

IK 主要任务是负责让尖端到达目标，闭环约束负责关闭机制(合并杆机构)，并且关节重叠约束负责保持机构的基础固定(成为一条链)。必须仔细选择关节依赖性线性方程的参数，以便达到完美接合，例如，如果两个对应的关节(通过重叠约束连杆的关节)具有相同的方向，则方程中的系数需要设置成－1。(因为一个关节是自下而上构造的，而另一个关节是自上而下构造的。)

4. 反向运动学对话框的设置

逆运动学对话框是计算模块属性对话框的一部分，可以通过依次单击菜单栏、工具、计算模块属性来打开。

在计算模块属性对话框中，单击反向运动学按钮以显示反向运动学对话框，如图 3-64 所示。

启用反向运动：启用或禁用所有反向运动学计算。

添加新 IK 组：添加一个新的空 IK 组。IK 组可以包含一个或多个 IK 元素。IK 元素是基本运动链的 IK 任务，IK 组可以对整组元素同时进行求解。仅在需要时使用同时求解(计算时间比顺序求解更长)。IK 元素必须始终与 IK 组相关联，并且不能单独存在。按钮下方的列表显示了在 IK 计算期间所有需要求解的 IK 组。选择列表中的 IK 组，可以在对话框的剩余部分显示该组的参数。列表中的顺序很重要(IK group2 的快速并正确地执行可能

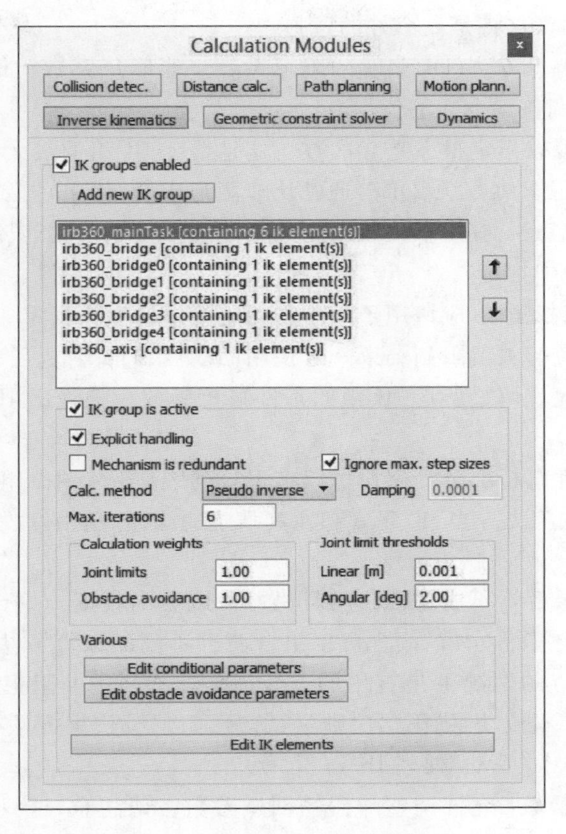

图 3-64　逆向运动学对话框

依赖于 IK group1 的运行结果)。列表旁边的两个按钮允许更改所选 IK 组的位置。

IK 组处于活动状态：允许打开和关闭单个 IK 组。

显式处理：指示是否应显式处理所选的 IK 组。如果选中，当调用 simHandleIkGroup (sim_handle_all_except_explicit)时，但仅当调用 simHandleIkGroup(sim_handle_all)或 simHandleIkGroup(ikGroupHandle)时，将不处理此 IK 组的 IK 计算。如果用户希望在子脚本而不是主脚本中处理该 IK 组的运动学问题(如果该选项未选中，则该 IK 组将进行两次 IK 计算，一次是在主脚本调用 simHandleIkGroup(sim_handle_all_except_explicit)时，另一次是在子脚本中调用 simHandleIkGroup(ikGroupHandle)时。

机构是多余的：当选择时，在 IK 解算期间将应用关节限制修正。否则，在 IK 解算之后将简单地强制执行关节限制，这可能导致不稳定。

忽略最大步长：如果选中此属性，将忽略关节属性中指定的最大步长。

计算值方法：用于指定 IK 组解算的计算方法。伪逆是最快的方法，但是当目标和尖端相距太远时，或者在运动链过度约束时又或者在机构接近单个配置或目标不可达时，其可能是不稳定的。DLS 较慢，但更稳定，因为它是一种阻尼解算方法(可指定阻尼系数(阻尼))。

当伪逆方法可能失败时，这将是一个好的选择。

阻尼：使用阻尼解算方法（DLS）时的阻尼系数。当阻尼系数大时，求解将更稳定但也更加缓慢。关键是要调整到合适的值。

最大迭代次数：可以指定最大迭代次数。这是给定IK组的最大计算次数，直到达到其指定的解的精度。阻尼求解方法（DLS）通常比非阻尼求解（伪逆）需要更多的迭代。

关节限制（计算权重）：应用于关节限制约束的计算权重（关节限制约束在关节属性（位置最小值和位置范围）中指定）。

障碍物回避（计算权重）：应该用于障碍物回避约束的计算权重。

关节限制阈值：应与关节限制约束一起使用的线性和角阈值。

编辑条件参数：允许调整所选IK组的条件解析参数。将弹出IK条件解析对话框，如图3-65所示。

执行...：这是条件解析部分。用户可以在下拉列表中选择IK组，其IK解析结果将决定当前IK组是否将被解决。当IK元素都在其指定的线性/角精度内将被认为是成功的IK组计算。

如果...恢复：如果解算不成功（未达到位置和/或方向精度），则允许恢复初始IK组配置（关节值）。结合上述条件求解，用户可以组合两种不同的计算方法。这在机械手的目标可能不可达或接近奇点的情况下是有用的：第一次尝试利用非阻尼分辨率方法（伪逆，快速）来解决IK组，如果不成功，则第二次则尝试使用阻尼分辨率方法（DLS，较慢）。用户当然也可以从脚本，插件中"手动"处理IK解析。

编辑障碍物回避参数：允许调整障碍物回避参数。请注意，这只对冗余的机械臂有意义，并且仿真速度可能会急剧下降。将弹出IK避障对话框，如图3-66所示。

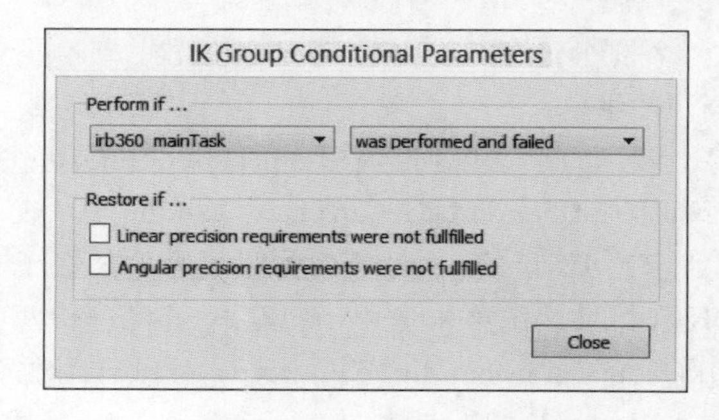

图3-65　IK条件解析对话框

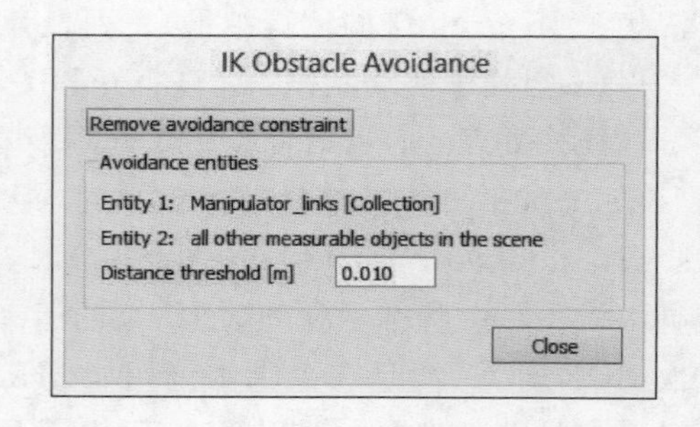

图3-66　IK避障对话框

选择回避实体/删除回避约束：允许选择/删除回避实体。一个实体通常是机器人，另一个实体是障碍物。使用简单的可测量对象快速求解。

距离阈值：相互避开的实体之间应保持的最小距离。

5. IK元素对话框的设置

IK元素对话框是逆运动学对话框的一部分。该对话框显示给定IK组的各种IK元素。

在逆运动学对话框中，选择 IK 组，然后单击编辑 IK 元素按钮以打开 IK 元素对话框，如图 3-67 所示。

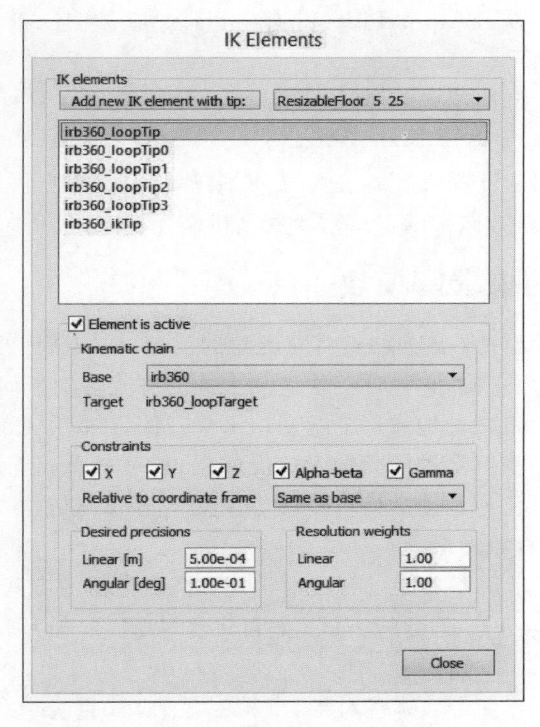

图 3-67　IK 元素对话框

添加带有末端的新 IK 元素：使用默认值添加一个新的 IK 元素（由其顶点虚拟定义）。IK 组可以包含多个 IK 元素，它们显示在列表中。列表中的 IK 元素将在 IK 计算期间同时求解（因为它们在同一 IK 组中），在列表中的顺序并不重要。在列表中选择 IK 元素将显示其属性和参数。

元素处于活动状态：允许打开和关闭所选的 IK 元素。无效的 IK 元素可能在仿真期间自动关闭。

基础：IK 链的基础对象。请记住，如果没有另外指定，则相对于基础对象的方向指定约束。

目标：尖端应该遵循的虚拟对象。目标不应该是指定的运动链的一部分（否则 IK 元素的求解可能无法完成），但是建议在基础之上构建目标（保持一个干净的场景层次结构）。如果选定的尖端虚拟对象未连杆到任何其他虚拟对象，或者连杆类型不是 IK、tip-target，则将显示警告消息，而不是目标虚拟名称。

约束：在 IK 元素求解期间需要遵守的约束条件。默认情况下相对于基础指定位置约束，但可以选择另一个虚拟对象作为约束参考框架（相对于坐标框架项）。过度约束的 IK 元素将不能正确求解并且不稳定。仔细分析需要什么约束以及相对于什么参考框架是很重要的。然而，有时难以不过度地约束 IK 元素。在这种情况下，应该为 IK 组选择阻尼求解方法（DLS），并适当调整阻尼系数。但请记住，阻尼求解较慢。（X，Y 和 Z 对应的是位置（尖端将跟随目标的位置），Alpha-Beta 和 Gamma 对应的是方向（尖端将跟随目标的方向））。

线性/角度精度：指定期望的线性/角度精度。如果尖端在目标的线性和角度精度内（考虑特定的约束），则认为 IK 元素可求解。

线性/角度权重：用于位置或方向求解的 IK 求解权重。用户可以为 IK 元素的求解选择优先进行位置跟随还是方向跟随。这对于冗余机制尤其有用。

3.5.4 几何约束求解模块

几何约束求解模块允许解决逆向或前向运动的问题。V-REP 的逆运动学计算模块非常强大和灵活。如果使用正确，它允许以快速和准确的方式解决任何类型的正向/反向运动问题。然而，由于用户的机械结构或运动学知识水平不同，该模块可能是难以使用的。另一方面，几何约束求解器在求解运动学问题时速度较慢，精度较低，但使用起来可能更容易和更直观。此外，其允许以比逆运动学计算模块更灵活的方式与机构交互。几何约束求解器的一些结果可以由图形对象记录。

V-REP 的几何约束求解器功能以与运动学计算模块类似的方式操作，差别在于求解器将尝试自动识别运动链，并以适当的方式（如自动约束调整，循环闭合（或闭环）等）处理它们。

通常，用户必须告诉求解器：哪些对象（虚拟对象）应该重合（以便例如关闭循环）；什么机制必须由几何约束求解器处理；哪些附加约束应该应用于该机制。

1. 指定闭包约束

闭包约束可以被看作需要两个对象的配置（位置和取向）相同的约束，如图 3-68 所示（为了清楚起见，表示限于二个维度）。

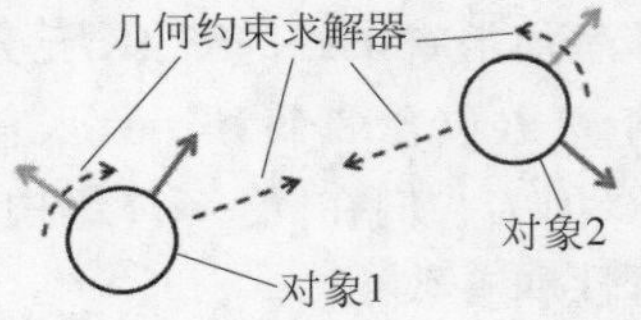

图 3-68 几何约束求解器闭包约束

几何约束求解器将尝试重叠试图保持机构一致的两个对象的位置和取向（即，仅调整机构中的 IK 模式中的关节以达到该重叠情况，见图 3-69）。几何约束求解程序用于指定闭包约束的对象是虚拟的。为此，两个虚拟需要标记为闭合对。这可以通过选择相反的虚拟为连杆虚拟，并且指定 GCS 和链路类型的重叠约束在虚拟属性中调整。如图 3-70 所示，它说明了指定几何约束求解器闭包约束的两个连杆的虚拟对象。

2. 指定要解决的机制

接下来，几何约束求解器需要被告知它必须处理哪个机制。当被认为是一个相同的机制时，所有对象可以从给定的对象到达，通过遵循一个路径可以去：

- 从一个对象到其父对象。
- 从一个对象到其子对象。

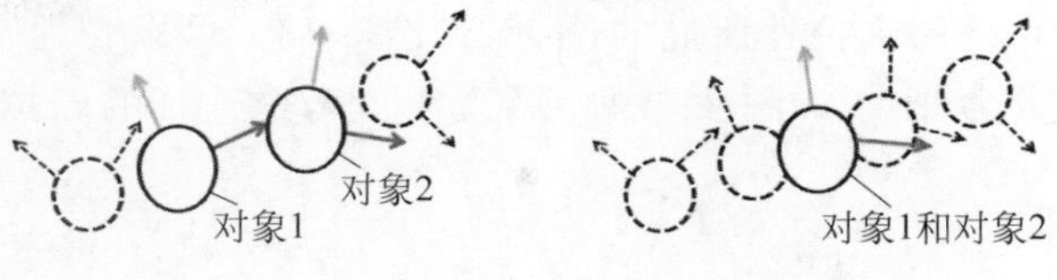

对象1　对象2

(a) 中间情况

对象1和对象2

(b) 最终情况

图 3-69　几何约束求解器的闭合动作

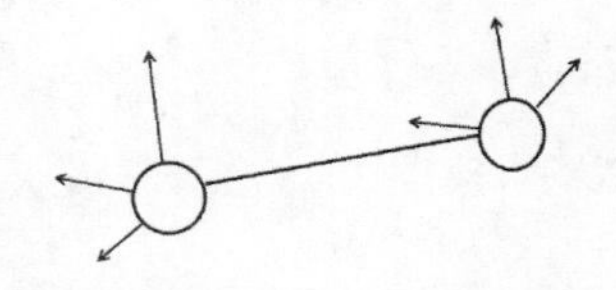

图 3-70　两个连杆的虚拟对象指定一个闭包约束

• 从一个虚拟到其连杆虚拟(但是只有 GCS 类型的连杆,重叠约束)。

如果两个连杆的虚拟项连接它们,则不共享任何公共父对象(以下称为元素)的两个对象树也可以是相同机制的一部分。对于两个不共享任何公共父对象的对象树,如果两个连杆的虚拟项连接它们,它们也可以成为相同的机构的一部分,如图 3-71 所示。

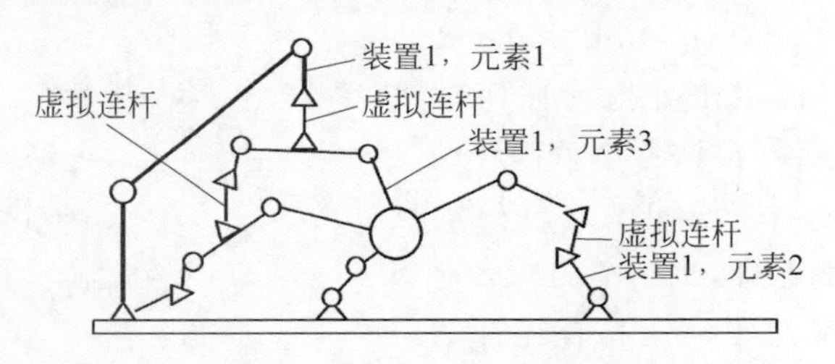

图 3-71　由 3 个元素(对象树)组成的一个机制

选择作为机制探索(路径探索)的起点的对象的最后一个父对象被称为**机制的基本对象**。当几何约束求解器试图解决一个机制时,它将尝试通过保持机制的基本对象来实现。记住它是很重要的。想要指定需要解决的机制,请选择一个机构基础对象的父对象,然后在几何约束解算器对话框中单击"插入新对象"。一个相同的机制在求解中只能被注册一次。在 IK 模式中,至少要包括一个关节的机制才会被求解器处理。

3. 指定其他约束

可以为机制指定其他位置约束。这可以通过形成尖端-目标对(指定 GCS,提示/GCS,目标作为虚拟属性中的连杆类型)的两个连杆的虚拟对象来实现。如图 3-72 所示,它给出了两个连杆的虚拟对象,其中一个被标记为目标(为了清楚起见,仅限于二维)。

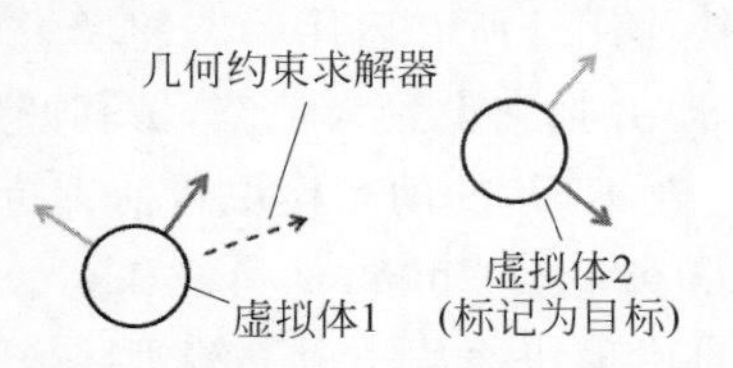

图 3-72　几何约束求解器位置约束

被标记为目标的虚拟器不被认为是机制的一部分,因此在几何约束解析期间将不移动,而另一虚拟器将试图到达被标记为目标的虚拟器所处的位置，见图 3-73。可以在运动学计算模块中使用尖端-目标虚拟对来进行类比。如图 3-74 所示，说明了两个连杆的虚拟对象，其中一个标记为目标。

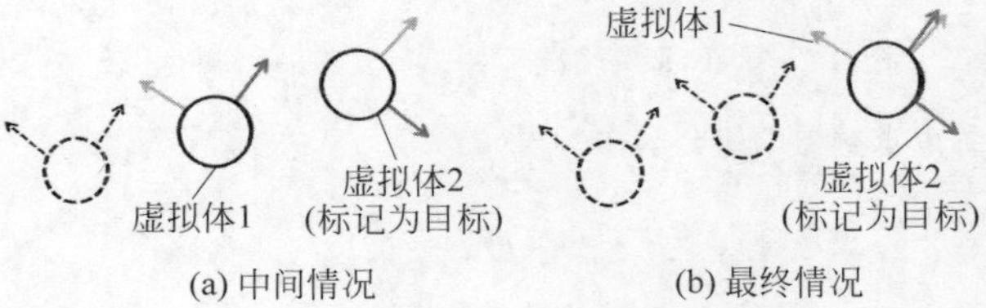

(a) 中间情况　　(b) 最终情况

图 3-73　几何约束求解器的位置约束动作

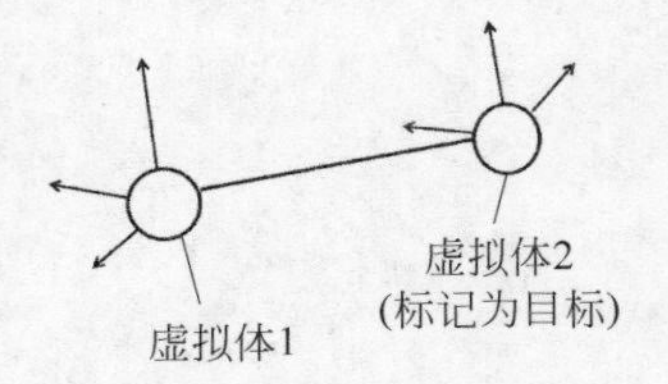

图 3-74　两个连杆的虚拟对象，其中一个被标记为目标

4. 几何约束求解器操作

当构建将由几何约束求解器解决的机制时，确保机制是一致的，并且约束是可能的（即，机制具有足够的自由度）。

在仿真期间，当选择机械导航模式时，可以用鼠标以灵活的方式来操纵先前注册要用几何约束求解器求解的机制。该模式可以通过以下 API 调用启用：simSetNavigationMode(sim_navigation_ikmanip)只需单击并拖动任何在机制中的形状对象，解算器将尝试考虑该额外的位置约束。如图 3-75 所示，它说明了这种拖动操作：将机制构建为树结构（即，机制中的所有对象具有至少一个共同的父对象），让具有连杆的虚拟项负责关闭某些树分支，这些都是好的习惯，可以减少机制的复杂性，简化机制的场景层次结构表示，并且我们将能够将该机制作为模型处理。几何约束求解器功能也非常适合于简单机制，并且能够实现与用户的直接和灵活的交互。

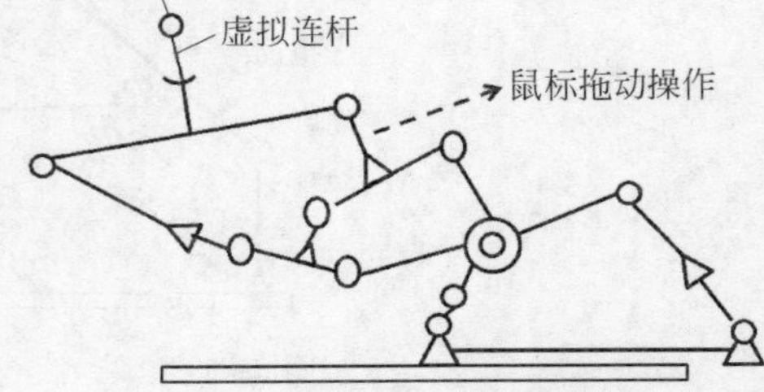

图 3-75　具有两个附加位置约束的机制

3.5.5　动力学模块

动力学或物理模块以 V-REP 内置的四个物理引擎作为支撑，允许处理刚体动力学的计算和交互（碰撞响应、抓取等）。动力学或物理模块已默认包含在 V-REP 的仿真环境中，直接作用于所有启用动态的场景对象。例如，在场景中添加一个与地板有一定高度距离的小球，并把它设置为动态，仿真开始时小球会因为虚拟环境中的物理引擎而自由落体。

V-REP 的动态模块目前支持四种不同的物理引擎：Bullet 物理库，Open Dynamics 引擎，Vortex Dynamics 引擎和 Newton Dynamics 引擎。在任何时候，用户可以根据其仿真需要自由地快速从一个发动机切换到另一个。物理引擎支持中的这种多样性的原因是物理仿真是一个复杂的任务，可以通过各种精度、速度或支持的各种特征来实现。

Bullet physics library：一种开源物理引擎，具有3D碰撞检测，刚体动力学和软体动力学(V-REP目前不支持的功能)。它用于游戏和电影中的视觉效果，通常被认为是一个游戏物理引擎。

Open Dynamics Engine (ODE)：一个开源物理引擎，具有两个主要组件：刚体动力学和碰撞检测。它已经在许多应用程序和游戏中使用，通常被认为是一个游戏物理引擎。

Vortex Dynamics：一个闭源的，商业物理引擎产生高保真物理仿真。Vortex为大量物理属性提供真实世界参数(即对应于物理单位)，使得这个引擎既实际又精确。Vortex主要用于高性能/精密工业和研究应用。V-REP的默认Vortex插件是一种商业产品，其免费版本目前支持在20s内进行仿真。

Newton Dynamics：它是一个跨平台的生命型物理仿真库。它实现了一个确定性求解器，它不是基于传统的LCP或迭代方法，而是分别具有两者的稳定性和速度。这个功能使Newton动力学不仅可以用于游戏，也可以用于任何实时物理仿真。当前插件实现是BETA版本。

动态模块允许仿真接近真实世界的对象之间的相互作用。它允许物体跌落、碰撞、反弹，但它也允许操纵者抓住物体，传送带驱动部件向前运动，或车辆在不平坦的地形以现实的方式滚动。

与许多其他仿真软件包不同，V-REP不是纯动态仿真器。它可以被视为一个混合仿真器，结合运动学和动力学以获得各种最佳性能的仿真场景。现在，物理引擎仍然采用许多近似，并且相对不精确和缓慢，它尽可能地尝试使用运动学(例如，对于机器人操纵器)并且仅依赖于没有它则不可行的动力学(例如机器人操纵器的夹子)。如果你仿真的移动机器人不支持与其环境(大多数移动机器人反正很少应该做的)碰撞或物理交互，并且只能在平地上操作(其中绝大多数移动机器人分组)，那么可以尝试使用运动或几何计算来仿真机器人的运动，结果将更快，也更准确。动态模块的一些结果可以通过图形对象来记录。

3.5.6　路径规划模块

路径规划模块通过一个源自快速扩展随机树算法(RRT)的方法，允许完整的路径规划任务和非完整的路径规划任务，包括了运动链的路径规划。

V-REP通过包装OMPL库的插件提供路径/运动规划功能。在准备路径/运动规划任务时应考虑以下几点：

(1) 确定开始和目标状态。当路径规划对象是串行操纵器时，通常提供目标姿势(或末端执行器位置/取向)而不是目标状态。在这种情况下，函数simGetConfigForTipPose可用于查找满足所提供的目标姿态的一个或多个目标状态。

(2) 使用simExtOMPL_createTask创建路径规划任务。

(3) 使用simExtOMPL_setAlgorithm选择算法。

(4) 创建所需的状态空间，它可以组成一个复合对象：simExtOMPL_createStateSpace和simExtOMPL_setStateSpace。指定不允许与simExtOMPL_setCollisionPairs发生冲突

的实体。

(5) 使用 simExtOMPL_setStartState 和 simExtOMPL_setGoalState 指定开始和目标状态。使用 simExtOMPL_compute 计算一个或多个路径。使用 simExtOMPL_destroyTask 销毁路径计划任务。通常,路径规划与逆运动学结合使用:例如,在拾取和放置任务中,最终方法通常应为直线路径,可以使用 simGenerateIkPath 生成。

以上程序是常规方法,有时缺乏灵活性。

此外,可以设置以下回调函数:

```
simExtOMPL_setStateValidationCallback
simExtOMPL_setProjectionEvaluationCallback
simExtOMPL_setGoalCallback
simExtOMPL_compute
```

提供的路径通常只是无限可能的路径中的一个路径,并且不能保证返回的路径是最优解。由于这个原因,通常计算几个不同的路径,然后选择更好的路径(例如较短的路径)。以类似的方式,如果目标状态必须从目标姿势计算,则通常测试若干目标状态,因为不是所有目标状态都可达到的或可以足够接近的(在状态空间距离方面)。通常的做法是首先找到几个目标状态,然后根据它们到开始状态的状态空间距离对它们进行排序。然后,执行到最近的目标状态,然后再到下一个最接近的目标状态。以此类推,直到找到满意的路径。

3.6 V-REP 中控制机器人仿真的方法

当完成机器人模型及环境的搭建后,需要对机器人进行控制,以达到所需要的仿真效果。V-REP 是一个高度可定制的仿真软件:仿真的每个方面都可以定制。此外,仿真软件本身可以被定制和定制以便根据需要正确地执行。这是通过一个复杂的应用程序编程接口(API)完成的。支持六种不同的编程或编码方法,每种编程或编码方法相对于其他具有特定的优点(并且显然也是有缺点的),但是所有六个方法都是相互兼容的(即可以同时使用,或者甚至并用)。模型,场景或仿真软件本身的控制实体可以位于:

嵌入式脚本(即通过脚本定制仿真(即一个场景或多个模型)):该方法包括编写 Lua 脚本,非常容易和灵活,保证与每个其他默认 V-REP 安装的兼容性(只要定制的 Lua 命令不使用,或者与分布式插件一起使用)。该方法允许定制特定的仿真和仿真场景,并且在一定程度上定制仿真器本身。这是最简单和最常用的编程方法。

一个附件:这个方法,包括写 Lua 脚本,允许快速自定义仿真软件本身。加载项可以自动启动并在后台运行,或者它们可以被称为函数(例如,当写入进口商/出口商时很方便)。附加组件不应该特定于某个仿真或模型,它们应该提供更通用的仿真软件绑定功能。

一个插件(即定制仿真软件和/或通过插件的仿真):这个方法基本上在为 V-REP 编写一个插件。通常,插件仅用于提供具有定制的 Lua 命令的仿真,因此可与第一种方法结合使用。其他时候，插件用于为 V-REP 提供特殊功能，如需要的快速计算能力（脚本大多数时间比编译语言慢），硬件设备（例如真实机器人）的特定接口或与外界特殊的通信接口。

远程 API 客户端（即，定制仿真软件和/或经由远程 API 客户端应用的仿真）：该方法允许外部应用（例如位于机器人、另一台机器等情况）以非常连接的方式方便地连接到 V-REP，使用远程 API 命令。这使得可以把运用在机器人上完全相同的代码调用来控制其在 V-REP 内的虚拟挂件。

ROS 节点（即，定制仿真软件和/或经由 ROS 节点的仿真）：该方法允许外部应用（例如位于机器人、另一机器等情况）经由 ROS 连接到 V-REP。

定制客户端/服务器（即，经由充当客户端或服务器的外部应用来定制仿真器和/或仿真）：客户端或服务器应用程序需要使用自定义通信手段（例如套接字，管道等）与脚本或插件协同工作。这种做法是灵活的，但对比以上 4 种其他方法，这种方法更为复杂。图 3-76 说明了 V-REP 中及其周围的各种定制可能性。

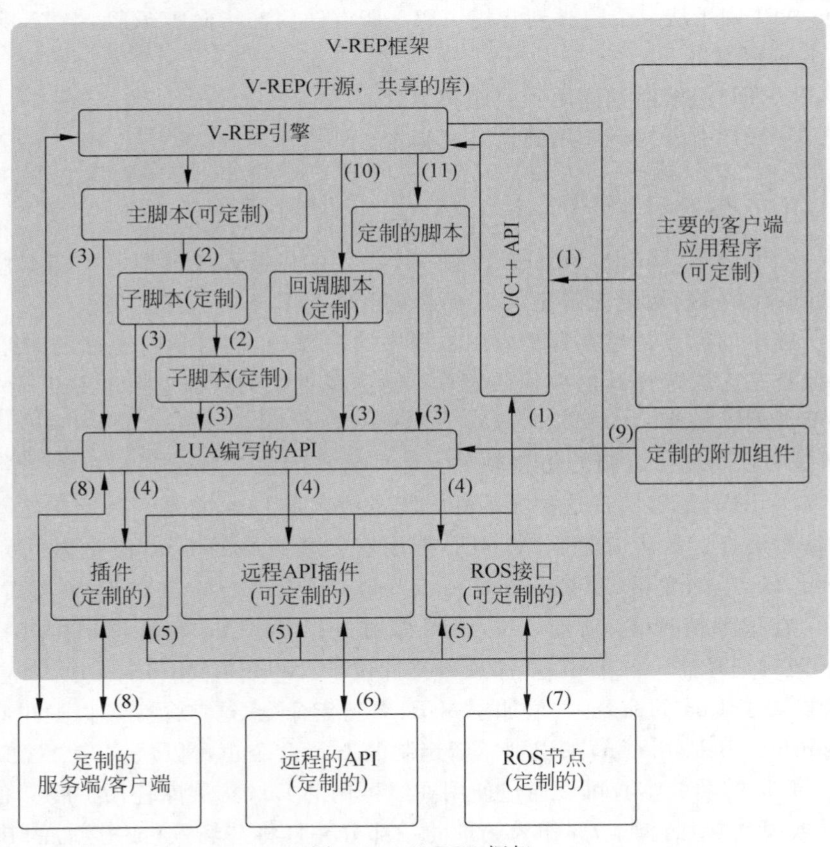

图 3-76 V-REP 框架

如图 3-76 所示，简要描述图中所示的各种通信或消息传递机制如下：

(1) 从主客户端应用程序或插件到常规 API 的 C/C++ API 调用。如果语言提供了一种调用C函数的机制(例如,在Java的情况下,请参考Java本机接口(JNI)),可以源自非C/C++应用程序。

(2) 级联子脚本执行。在主脚本中使用simHandleChildScript启动。

(3) Lua API从主脚本、子脚本、回调脚本或定制脚本调用到常规API。所有调用都指向V-REP引擎,除了调用插件的自定义Lua函数(参见下一项)。

(4) 从仿真软件到插件的回调调用。回调调用来自Lua脚本调用自定义Lua函数(见上一项)。

(5) 事件回调从仿真软件到插件。

(6) 来自外部应用程序,机器人,远程PC等的远程API调用。

(7) V-REP(即其RosPlugin或RosInterface)与外部应用程序,机器人,远程PC等之间的ROS数据交换。

(8) 套接字,管道,串行端口等连接到/从外部应用程序。

(9) Lua API调用从一个附件到常规API。所有调用都指向V-REP引擎,除了调用插件的自定义Lua函数。

(10) 从V-REP引擎回调调用到回调脚本。

(11) 从V-REP引擎执行调用到自定义脚本。

3.6.1 嵌入式子脚本

通过写一个子脚本(child script)去控制一个给定的机器人或模型。子脚本直接与场景对象(scene object)关联,可通过自定义Lua函数或外部Lua函数库扩展。

嵌入式子脚本的优点是它本身是应用主程序的一部分,同时执行程序的时候没有通信延迟。它的缺点是无法选择其他编程语言;不能选择更快的代码;除了Lua函数库,无法直接访问外部其他函数库。

V-REP是一个高度可定制的仿真软件:几乎仿真的每一步都是用户定义的。集成的脚本解释器使V-REP能够实现这种灵活性。脚本语言是Lua,它是一种旨在支持通用过程编程的扩展编程语言。默认情况下,V-REP使用官方和原始的Lua,但是你也可以通过将system/usrset.txt中的变量useExternalLuaLibrary设置为true来告诉V-REP使用另一种Lua风格。在这种情况下,所有Lua调用都通过v_repLua库处理,它本身将连杆到LuaJIT(Lua即时编译器)。v_repLua库项目文件位于/ v_repLuaLibrary中。

V-REP扩展了Lua的命令,并增加了V-REP特定命令,这些命令可以通过它们的sim前缀(例如simHandleCollision)来识别。新定制的Lua命令也可以从主客户端应用程序或从插件注册。Lua的功能本身可以通过使用在线可用的Lua扩展库轻松扩展。嵌入脚本是嵌入在场景(或模型)中的脚本,即作为场景的一部分并且将与场景(或模型)的其余部分一起保存和加载的脚本。

支持两种主要类型的嵌入脚本。

1. 仿真脚本

仿真脚本是仅在仿真期间执行的脚本，用于自定义仿真或仿真模型。主要仿真循环通过主脚本处理，模型/机器人通过子脚本控制，低级动态电机控制器通过联合控制回调脚本编写，动态碰撞可以通过联系回调脚本处理。一般回调脚本是多用途回调脚本。

2. 其他嵌入式脚本

那些是在仿真不运行时也可以执行的脚本，并且用于定制仿真场景或仿真器本身。它们包括自定义脚本和一般回调脚本。

V-REP 还支持附加组件，允许自定义仿真软件本身。

在不同的脚本类型中，记住一些与场景对象(附加到场景对象，即相关联的脚本)相关联是有用的，例如子脚本、联合控制回调脚本和定制脚本。相关的脚本是形成 V-REP 的分布式控制架构的基础，具有共享方便的属性，如果它们相关联的对象被复制，则被自动复制。

3.6.2　插件

通过写一个插件(plugin)去控制一个给定的机器人或模型。插件允许回调机制，自定义 Lua 函数寄存和外部函数库。插件经常被用于与一个子脚本相关联，并相互结合。与嵌入式脚本的优点相类似，插件的优点是它没有通信延迟；并且是应用主程序的一部分。它的缺点是编程复杂，并且需要外部编译。

插件是共享库(例如 dll)，它在程序启动时由 V-REP 的主客户端应用程序自动加载，或者通过 simLoadModule/simUnloadModule 动态加载/卸载。它允许 V-REP 的功能通过用户编写的功能扩展(与加载项类似)。语言可以是能够生成共享库并且能够调用导出的 C 函数的任何语言(例如，在 Java 的情况下，参考 GCJ 和 IKVM)。插件也可以用作运行使用其他语言编写的代码，或者甚至为其他微控制器编写的代码(例如，为 Atmel 微控制器处理和执行代码的插件)。

插件通常用于定制仿真软件和/或特定的仿真。通常，插件仅用于为使用自定义脚本的命令提供仿真，因此与脚本结合使用。其他时候，插件用于为 V-REP 提供需要快速计算能力(脚本大多数时间比编译语言慢)或硬件设备(例如实际机器人)的接口的特殊功能。

每个插件需要有以下 3 个入口点过程：

```
extern "C" __declspec(dllexport) unsigned char v_repStart(void * reserved, int reservedInt);
extern "C" __declspec(dllexport) void v_repEnd();
extern "C" __declspec(dllexport) void * v_repMessage(int message, int * auxiliaryData, void *
customData, int * replyData);
```

如果缺少一个过程，则插件将被卸载，并且将不可操作。下面简要介绍上述三个切入点的目的：

1. v_repStart

这个过程将在主客户端应用程序加载插件后调用一次。程序应该：

(1) 检查 V-REP 的版本是否与用于开发插件的版本相同或更高(只需确保支持在插件中使用的所有命令)。

(2) 如果需要,分配内存,并准备 GUI 相关的初始化工作。

(3) 如果需要,注册自定义脚本函数。

(4) 如果需要,注册自定义脚本变量。

(5) 如果初始化成功,则返回此插件的版本号,否则返回 0。如果返回 0,则卸载该插件并且不会操作。

2. v_repEnd

此过程将在仿真循环退出之前调用一次。该过程应该释放自调用 v_repStart 后保留的所有资源。

3. v_repMessage

此过程将在仿真软件运行时非常频繁地调用。该程序负责监视感兴趣的消息并对其作出反应。重要的是对以下事件做出反应(最好通过拦截 sim_message_eventcallback_instancepass 消息),具体取决于插件的任务:

(1) 当对象被创建,销毁,缩放或加载模型时:确保反映插件中的更改(即将插件与场景内容同步)。

(2) 当加载场景或调用 undo/redo 功能时:确保删除并重建连杆到场景内容的所有插件对象。

(3) 当场景切换时:确保用户删除并重建所有与场景内容连杆的插件对象。除此之外,请记住,场景切换将放弃以下项目的句柄:通信管,信号,横幅和绘图对象等。

(4) 当仿真软件处于编辑模式时:确保禁用插件提供的任何"特殊功能",直到编辑模式结束。特别是,确保用户不以编程方式选择场景对象。

(5) 当启动仿真时:确保在需要时初始化插件元素。

(6) 当仿真结束时:确保释放仿真期间需要的任何内存和插件元素。

(7) 当对象选择状态更改或发送了对话框刷新消息时:确保实现插件显示的对话框。

当编写插件时,必须注意或考虑以下几点:

(1) 插件必须与主客户端应用程序放在同一目录中,并遵守以下命名规则:"v_repExtXXXX.dll"(Windows),"libv_repExtXXXX.dylib"(Mac OSX),"libv_repExtXXXX.so"(Linux),其中"XXXX"是插件的名称。使用至少 4 个字符,不要使用下划线(除了第二个位置明显),因为插件将被忽略。

(2) 当你的插件本身加载一些额外的库(例如语言资源,如"v_repExtXXXX_de.dll",等))。注册自定义脚本函数或脚本变量时,请尝试使用前缀,并为模块注册的所有函数和变量(例如"simExtLab_testMemory","simExt_lab_error_value"等)添加前缀。避免使用与 V-REP 的函数("sim")相同的前缀。建议用户使用"simExtXXXX_"前缀。

(3) 在插件中创建的线程应该非常仔细地使用,不应该调用任何仿真软件命令(用于后台计算或与硬件通信)。

可以自由地编译你的插件与任何你想要的编译器。然而，如果想编写一个 Qt 插件（即使用 Qt 框架的插件），应该注意：

(1) 需要编译具有与用于编译 V-REP 完全相同的 Qt 版本的插件。

(2) 应该使用与 V-REP（Windows 上为 MinGW，Mac OSX 和 Linux 上为 GCC）相同的编译器编译插件。

programming/v_repExtPluginSkeleton：表示一个插件模板，用户可以使用它创建自己的插件。

programming/v_repExtVision：处理特定视觉任务的插件（例如 Velodyne 传感器的仿真，或全向相机的仿真）。

programming/v_repExtSimpleFilter：说明如何为视觉传感器编写自定义的图像处理过滤器。插件是一个 Qt 项目。

programming/v_repExtBubbleRob：说明如何添加定制的 Lua 函数以及如何处理几个特定的模型。

programming/v_repExtK3：与 KheperaIII 模型相关的插件。

programming/v_repExtRemoteApi：与远程 API 相关的插件功能（服务器端）。

programming/ros_packages/v_repExtRosInterface：ROS 包，允许用户为 V-REP 构建 RosInterface。

programming/ros_packages/vrep_plugin：ROS 包，允许用户构建用于 V-REP 的 RosPlugin。

programming/v_repExtMtb：演示了一个 Qt 插件，它将机器人语言解释器（或其他仿真软件）集成到 V-REP 中。

3.6.3 附加组件

附加组件与插件十分类似，它在程序开始运行时将会被自动加载，并且允许通过用户自己写的函数或函数库扩充 V-REP 的函数库。附加组件的脚本是通过 Lua 代码编程的。支持两种类型的附加组件：

(1) 附加功能：附加功能首先出现在附加菜单中。它们可以被看作是当用户选择时将被执行一次的函数。进口商和出口商可以方便地与它们一起实施。

(2) 附加脚本：附加脚本在仿真软件运行时不断执行，有效地在后台运行。它们应该只在每次被调用时执行简约代码，否则整个应用程序的运行速度将会减慢。根据仿真状态，附加脚本的调用方式不同：

① 当仿真未运行（即停止或暂停）时：在场景可视化之前调用附加脚本；

② 当仿真运行时：在调用主脚本之后调用附加脚本。

附加功能应该写在与主应用程序位于同一文件夹中的文本文件中，具有以下命名约定：

① vrepAddOnFunc_xxxx.lua，其中 xxxx 可以是表示附加功能名称的任何字符串。

② vrepAddOnScript_xxxx.lua，其中 xxxx 可以是表示附加脚本名称的任何字符串。

附加脚本将自动启动。在附加菜单中选择它允许通过暂停/取消来暂停其执行。脚本可以通过返回 0 来请求终止。

③ vrepAddOnScript-xxxx. lua,其中 xxxx 可以是表示附加脚本名称的任何字符串。附加脚本不会自动启动。用户可以在需要时通过在附加菜单中选择它来开始/暂停/取消暂停。脚本可以通过返回 0 来请求终止。

注意:不遵循以上命名约定的附加脚本仍然可以通过命令行选项加载和运行。

只要文档中没有另行说明,加载项可以调用任何常规 API 函数。它们甚至可以调用由插件注册的自定义 Lua 函数。然而,它们有两个限制:

(1) 附加组件不能调用需要调用者在线程中运行的 API 函数。这是因为附加组件以非线程方式操作。

(2) 虽然仿真没有运行,但附加组件不应该调用仅当运行仿真时才有意义的 API 函数。

3.6.4 远程客户端应用程序接口

通过外部客户端应用程序,可在外部应用程序、外部的机器人或另一台计算机运行控制代码;允许使用运行于实际的机器人的代码控制模型或仿真。这种方法的机理是,依赖于远程应用程序接口的插件(在服务端)和远程应用程序接口的代码(在用户端)。它的特点是:程序与编程是开源的,支持 C/C++,Python、Java、MATLAB、Octave、Lua 和 Urbi。

V-REP 是一个函数库:没有主客户端应用程序(或主应用程序或主循环),V-REP 无法运行。安装包附带的默认主客户端应用程序是“vrep. exe”(Windows)或“vrep”(MacOSX 和 Linux)。请注意,在 MacOSX 下,客户端应用程序以及其他一些项目(例如库)包含在软件包“vrep. app/Contents/MacOS/vrep”中。

主客户端应用程序是一个小型可执行文件,用于处理以下主要任务:

(1) 它使用 simRunSimulator 运行仿真软件;

(2) 它使用 simLoadModule 和 simUnloadModule 加载和卸载插件;

(3) 它加载用 simLoadScene,simLoadModel 或 simLoadUI 双击的场景,模型或 UI 文件;

(4) 它使用 simHandleMainScript 和 simAdvanceSimulationByOneStep 处理运行仿真。

V-REP 编程文件夹包含两个主要应用程序项目:v_repClientApplication(跨平台 Qt 项目)和 windowsOnlyProjects/v_repClientApplication(MSV2005 项目)。以下是编译和运行应用程序所需的主要文件(最简单的是将新建的主应用程序复制到 V-REP PRO/V-REP PRO EDU/V-REP PLAYER 安装文件夹中):

(1) “v_repLib. h”“v_repLib. cpp”和“v_repConst. h”:动态加载和绑定到 V-REP 所需的文件。

(2) “v_rep. dll”/“libv_rep. dylib”/“libv_rep. so”:V-REP 库。

(3) “lua5. 1. dll”(或类似):Lua 功能所需的库。

(4)“qscintilla2. dll”(或类似)：scintilla 编辑器所需的库。

(5)“QtCore4. dll”“QtGui4. dll”等(或类似)：Qt 框架库。

(6) V-REP 的“系统”文件夹及其所有内容(正确初始化等所需)。

(7)“v_repWin. dll”(仅限 Windows)：Windows 版本 V-REP 所需的辅助库。

虽然主客户端应用程序可以定制，但是不建议这样做，因此只有在编写脚本和/或插件不能用于用户的目的时才能使用，因为如果没有正确实现，与默认 V-REP 行为失去兼容性的风险很高。

3.6.5 通过 ROS 的节点

与远程 API 相类似，它具有几个相互通信的分布式流程，是一种分布式的操作系统。它能够使得连接在同一个网络中的多台计算机更简单地被管理与通信。在 ROS 的工作机制中，V-REP 作为一个 ROS 节点，能够通过 3 种方式与其他 ROS 节点进行通信：V-REP 节点提供 ROS 服务；V-REP 节点作为 ROS 发布者；V-REP 节点作为 ROS 用户。

有几个 ROS 接口可用于 V-REP。每一个都提供一个特定的行为、特征或一种操作方式：

(1) RosInterface：这是为 V-REP 开发的最后一个 ROS 插件。与 RosPlugin 不同，RosInterface 以良好的保真度复制了 C/C++ ROS API。这使其成为通过 ROS 进行非常灵活通信的理想选择，但可能需要更多地了解各种消息和 ROS 操作方式。

(2) RosPlugin：这是为 V-REP 开发的第一个 ROS 插件。与 RosInterface 不同，RosPlugin 不会复制 C/C++ ROS API。相反，它表示更高级别的抽象，应用订阅的消息并自动在场景对象上发布主题。这可能会有点混乱，但允许在几种情况下简化与 ROS 的交互。另一方面，RosPlugin 不是很灵活，并且不直接支持许多标准 ROS 消息。因此，使用 RosInterface 而不是 RosPlugin 通常更有意义。

(3) ROS skeleton 插件：这表示一个开源的 skeleton 项目，可用于为 V-REP 创建一个新的 ROS 插件。

(4) 由其他人开发的 ROS 接口：这些不是 V-REP 直接支持的。例如，ROS V-Rep Bridge。

所有 ROS 接口都可以正常工作，但强烈建议用户首先尝试 RosInterface，因为这是最灵活和自然的方法。上面列出的前三个 ROS 接口的包位于编程/ros_packages 中。建议使用 catkin 工具来构建这些包，否则可能会遇到困难。

3.6.6 自定义解决方案

自定义的解决方案是通过不同的方式(管道、串行窗口、套接字)与 V-REP 的插件或脚本通信。它的优点是可选择不同的编程语言；可在实际的机器人或另一台计算机运行。它的缺点是本身的工作机理和编程复杂，同时运行冗长。

3.7 V-REP 的 API 框架

V-REPAPI 框架对 V-REP 周围的所有接口进行分组。它有几种主要的不同类型：

- 常规 API；
- 远程 API；
- ROS 接口；
- 辅助 API；
- 其他接口。

不仅可以从仿真器内(例如从嵌入脚本、附加组件、插件或主客户端应用)访问常规 API,也可以从几乎任何可能的外部应用或硬件访问远程 API 和 ROS 接口(包括真实机器人、远程计算机等)。辅助 API 不是一个接口本身,而更多的是一个辅助函数的集合,可以嵌入它们,并且自己操作。其他接口项目为用户扩展可用接口的所有可能性。如图 3-77 所示,它说明了 V-REP 中各种 API 与其他程序的连接。

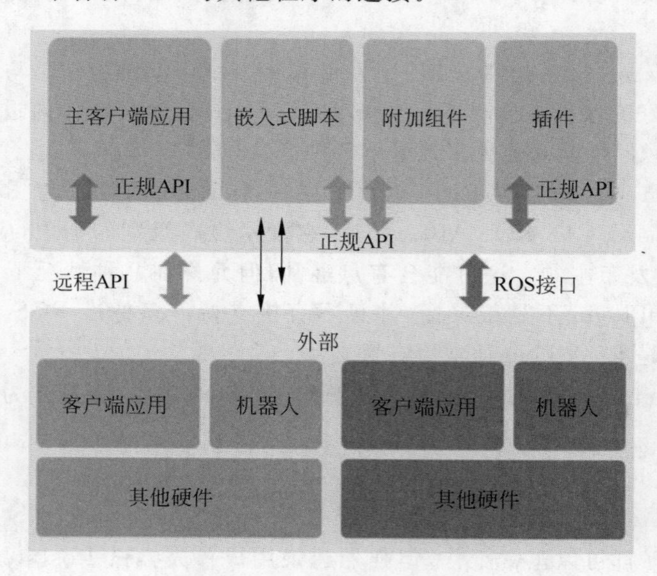

图 3-77 V-REP 的 API 框架

3.7.1 常规 API

常规 API 是 V-REPAPI 框架的一部分。常规 API 由几百个可以从 C/C++应用程序(插件或主客户端应用程序)或嵌入脚本调用的函数组成。可以从它们的"sim"或"_sim"-prefix(例如 simHandleCollision)中轻松地识别 V-REP 函数和常量。确保不要混淆常规 API(有时也简称为"API")与远程 API。

常规 API 可以通过定制 lua 函数,即插件或主客户端应用程序寄存器来扩展。自定义

lua 函数可以从它们的“simExt”-prefix 中识别。

V-REP 的主要功能由以下类型的调用或命令处理：simHandleXXX 或 simResetXXX（例如 simHandleCollision，simResetCollision 等）。命令期望的常规参数是通用类型对象（例如，碰撞对象的句柄，距离对象的句柄等）的句柄。想象一下，你通过碰撞检测对话框注册了一个碰撞对象“robotCollision”。如果你现在想检查该对象的碰撞状态，你可以写下面的代码：

```
collisionObjectHandle = simGetCollisionHandle("robotCollision")collisionState = simHandleCollision
(collisionObjectHandle)
```

第一行检索名为“robotCollision”的碰撞对象的句柄。第二行显式地处理碰撞对象（即，它对该特定碰撞对象执行碰撞检测）。在这种情况下，碰撞对象必须标记为显式处理，否则生成错误。

上面两个相同的命令也可以以非显式方式处理对象：而不是使用碰撞对象句柄作为参数，也可以使用 sim_handle_all 参数：

```
simHandleCollision(sim_handle_all)
```

sim_handle_all 参数允许一次处理所有已注册的碰撞对象。这里，以非显式方式处理碰撞对象。

当注册通用类型的对象（例如碰撞对象）时，你不需要任何特定的代码行来处理对象，因为主脚本正在处理（注册一个新的碰撞对象通过指定两个实体，应该检查碰撞，运行仿真并将两个实体中的一个移动到另一个上：将检测到碰撞，并且两个实体将以不同的颜色出现以指示碰撞）。事实上，主脚本包含以下默认代码：

```
simHandleCollision(sim_handle_all_except_explicit)simHandleDistance(sim_handle_all_except_
explicit)simHandleProximitySensors(sim_handle_all_except_explicit)
...
```

命令的参数是 sim_handle_all_except_explicit。它具有与 sim_handle_all 相同的效果，具有以下异常：标记为显式处理的对象将不会被处理。大多数通用类型的对象可以被标记为显式处理。当被标记为非显式处理时，只有当使用对象句柄（例如 simHandleCollision (collisionObjectHandle)）或者使用 sim_handle_all 参数（例如 simHandleCollision（sim_handle_all））调用命令时，它们才会被处理。

默认情况下，显式处理标志被禁用，这意味着默认通用类型对象由主脚本处理。然而，如果子脚本希望（或需要）自己处理对象，则应该启用显式处理标志，否则生成错误。通常，只有当子脚本在同一个仿真过程中需要多次计算新的计算结果时（否则子脚本可以使用诸如 simReadCollision，simReadDistance，simReadProximitySensor 等命令），才能明确地处理对象。另一方面，子脚本不应该使用 sim_handle_all 或 sim_handle_all_except_explicit 参数。如图 3-78 和图 3-79 所示，它显示了显式和非显式调用。

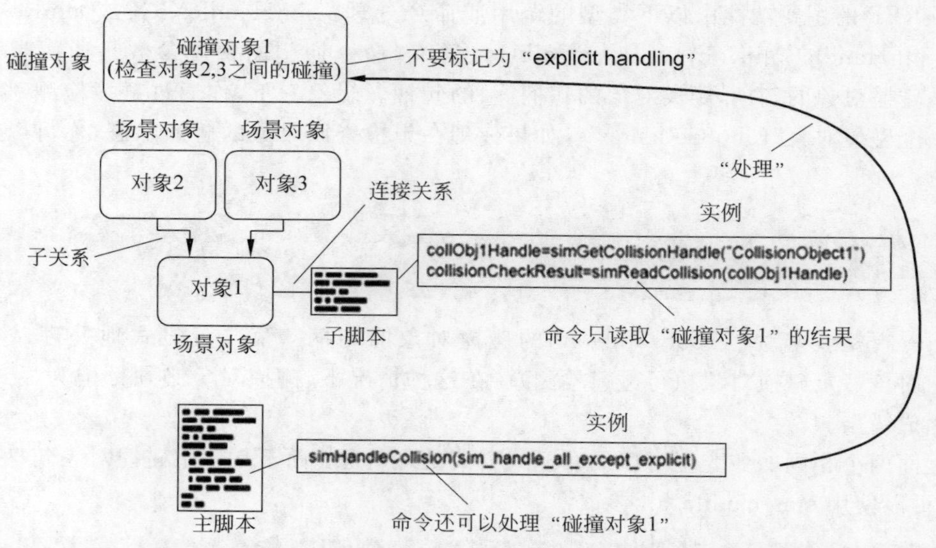

图 3-78　CollisionObject1 通过默认主脚本(非显式处理)处理(即计算)，并且结果在子脚本中读取

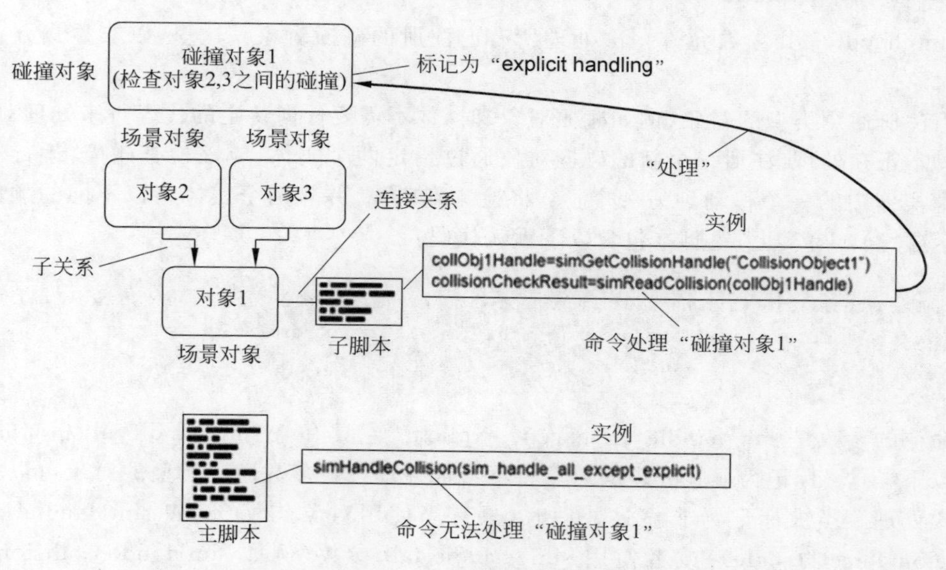

图 3-79　CollisionObject1 由子脚本处理(即计算)(显式处理)

3.7.2　远程 API

V-REP 提供远程 API，允许从外部应用或远程硬件(例如真实机器人、远程计算机等)控制仿真(或仿真器本身)。V-REP 远程 API 由大约一百个特定函数和一个通用函数组成，可以从 C/C++应用程序、Python 脚本、Java 应用程序、MATLAB/Octave 程序、Urbi 脚

本或 Lua 脚本进行程序(代码)的编写。远程 API 函数通过套接字通信与 V-REP 进行交互,在很大程度上减少了滞后和网络负载。所有这些都以隐藏的方式发生给用户。远程 API 可以允许一个或多个外部应用程序以同步或异步方式(默认为异步)与 V-REP 进行交互,甚至支持仿真器的远程控制(例如远程加载场景、开始、暂停或停止仿真场景)。

在每个仿真通过与远程 API 应用同步地运行(即,仿真器将在 $t+dt$ 时间等待来自客户端的触发信号开始下一个仿真通过)的意义上使用。这与阻塞/非阻塞操作的意义上的同步/异步不同。远程 API 还支持阻塞和非阻塞操作。

远程 API 功能分为两个独立的实体,通过套接字通信进行交互:

(1) 客户端(即应用程序):客户端上的远程 API 可用于许多不同的编程语言。目前支持以下语言:C/C++,Python,Java,MATLAB,Octave,Urbi 和 Lua。其他语言的绑定可以很容易地自己创建。

(2) 服务器端(即 V-REP):服务器端的远程 API 通过 V-REP 插件实现,应该由 V-REP 默认加载:v_repExtRemoteApi.dll,libv_repExtRemoteApi.dylib 或 libv_repExtRemoteApi.so。插件项目文件位于 V-REP 的安装目录中的"编程"文件夹中。

1. 启用远程 API 的客户端

1) C/C++客户端

要在 C/C++应用程序中使用远程 API 功能,只需在项目中包含以下 C 语言文件:

```
extApi.h
extApi.c
extApiPlatform.h(包含平台特定代码)
extApiPlatform.c(包含平台特定代码)
```

以上文件位于 V-REP 的安装目录下,在编程/remote API 下。确保已将 NON_MATLAB_PARSING 和 MAX_EXT_API_CONNECTIONS=255 定义为预处理器定义。要在客户端(即应用程序)上启用远程 API,请调用 simxStart。此页面列出并描述所有支持的 C/C++远程 API 函数。V-REP 远程 API 函数可以从其"simx"-prefix 中轻松识别。

2) Python 客户端

要在 Python 脚本中使用远程 API 功能,需要以下 3 个项目:

```
vrep.py
vrepConst.py
remoteApi.dll,remoteApi.dylib 或 remoteApi.so(取决于目标平台)
```

以上文件位于 V-REP 的安装目录下,在编程/remoteApiBindings/python 下。可能必须自己构建 remoteApi 共享库(使用 remoteApiSharedLib.vcproj 或 makefile)(如果尚未构建)。在这种情况下,请确保已将 NON_MATLAB_PARSING 和 MAX_EXT_API_CONNECTIONS=255 定义为预处理器定义。

在 Python 中已知的目录中有以上元素后，调用 importvrep 以加载库。要在客户端（即的应用程序）上启用远程 API，请调用 vrep. simxStart。此页面列出并描述所有支持的 Python 远程 API 函数。V-REP 远程 API 函数可以从其“simx”-prefix 中轻松识别。

3）Java 客户端

要在 Java 应用程序中使用远程 API 功能，需要以下 2 个项目：

```
coppelia(包含 12 个 Java 类)
remoteApiJava.dll,libremoteApiJava.dylib 或 libremoteApiJava.so(取决于目标平台)
```

以上文件位于 V-REP 的安装目录，编程/remoteApiBindings/java 下。可能必须自己构建 remoteApiJava 共享库（使用 remoteApiSharedLibJava. vcproj 或 remoteApiSharedLibJava_Makefile)（如果尚未构建）。在这种情况下，请确保已将 NON_MATLAB_PARSING 和 MAX_EXT_API_CONNECTIONS=255 定义为预处理器定义。

在 Java 中已知的目录中具有上述元素后，使用 javacmyAppName. java 编译具有 myAppName. java 的应用程序。在应用程序中，确保导入与 importcoppelia. className 一起使用的类，然后调用 remoteApivrep=newremoteApi()加载库。要在客户端（即的应用程序）上启用远程 API，请调用 vrep. simxStart。本页列出并描述了所有支持的 Java 远程 API 函数。V-REP 远程 API 函数可以从其“simx”-prefix 中轻松识别。

可能还需要将文件夹添加到系统路径。例如，在 Linux 中，可以在执行 Java 应用程序之前调用：exportLD_LIBRARY_PATH= $ LD_LIBRARY_PATH：'pwd'。

4）MATLAB 客户端

要在 MATLAB 程序中使用远程 API 功能，需要以下 3 个项目：

```
remoteApiProto.m
remApi.m
remoteApi.dll,remoteApi.dylib 或 remoteApi.so(取决于目标平台)
```

以上文件位于 V-REP 的安装目录下，在编程/remoteApiBindings/matlab 下。可能必须自己构建 remoteApi 共享库（使用 remoteApiSharedLib. vcproj 或 remoteApiSharedLib_Makefile)（如果尚未构建）。

一旦在 MATLAB 的当前文件夹中有以上元素，调用 vrep=remApi('remoteApi')来构建对象并加载库，要在客户端（即的应用程序）上启用远程 API，请调用 vrep. simxStart。请参见编程/remoteApiBindings/matlab 目录中的 simpleTest. m 程序的示例。本页列出并描述了所有支持的 MATLAB 远程 API 函数。V-REP 远程 API 函数可以从其“simx”-prefix 中轻松识别。

确保 MATLAB 使用与 remoteApi 库相同的位体系结构：64 位 MATLAB 与 32 位 remoteApi 库将不工作，反之亦然。

如果不得不重建 remoteApi 库，可能需要重新生成原型文件（remoteApiProto. m)：首先，确保有一个 MATLAB 识别的编译器。可能需要调用 mex-setup。然后，输入 loadlibrary ('remoteApi','extApi.h','mfilename','remoteApiProto')。

5) Urbi

要在 Octave 程序中使用远程 API 功能，需要以下 2 个项目：

```
remApiSetup.m
remApi.oct
```

以上文件位于 V-REP 的安装目录中，在编程/remoteApiBindings/urbi 下。可能必须自己构建 remoteApiUrbi 共享库(如果尚未构建)。在这种情况下，请确保已将 NON_MATLAB_PARSING 和 MAX_EXT_API_CONNECTIONS＝255 定义为预处理器定义。在 Windows 下，使用 remoteApiSharedLibUrbi.vcproj。在 Linux/Mac 下，执行以下步骤：

① 在 Urbi 根目录中创建一个 extApiUrbi.uob 文件夹。

② 将以下元素复制到该新文件夹中：extApi.c，extApi.h，extApiInternal.h，extApiPlatform.c，extApiPlatform.h，v_repConst.h 和 extApiUrbi.cpp。

③ 从上面的文件夹中，输入：

```
../bin/umake - q -- shared - library - oremoteApiUrbi.soEXTRA_CPPFLAGS = - DNON_MATLAB_PARSING
- DMAX_EXT_API_CONNECTIONS = 255
```

要从脚本加载远程 API 功能，请调用 loadFile("remoteApiConst.urbi")和 loadModule("remoteApiUrbi")。要在客户端(即应用程序)上启用远程 API，请调用 vrep.simxStart。此页面列出并描述所有支持的 Urbi 远程 API 函数。V-REP 远程 API 函数可以从其 "simx"-prefix 中轻松识别。

2．启用远程 API 的服务器端

远程 API 服务器端通过基于常规 API 的 V-REP 插件实现。远程 API 插件项目位于 V-REP 的安装目录“programming/v_repExtRemoteApi”下。

要在服务器端启用远程 API(即在 V-REP 端)，请确保在 V-REP 启动(v_repExtRemoteApi.dll，libv_repExtRemoteApi.dylib 或 libv_repExtRemoteApi.so)中成功加载了远程 API 插件(可以检查控制台窗口有关插件加载的信息)。远程 API 插件可以根据需要启动多个服务器服务(每个服务将在不同的端口上侦听/通信)。服务器服务可以以两种不同的方式启动：

(1) 在 V-REP 启动(连续远程 API 服务器服务)。远程 API 插件将尝试读取名为 remoteApiConnections.txt 的配置文件，并根据其内容启动适当的服务器服务。使用此方法远程控制仿真器本身。使用这种方法，远程 API 函数将总是在服务器端执行，即使仿真没有运行(这在下一个方法中并不总是这样)。还有另一种方法可以通过命令行启动连续的远程 API 服务器服务。

(2) 从脚本(临时远程 API 服务器服务)中启动，大多数时候这是启动远程 API 服务器服务的首选方法。用户在服务启动或停止时处于控制之下。但是，当从仿真脚本启动临时远程 API 服务器服务时，服务将在仿真结束时自动停止。可以使用以下 2 个自定义 Lua 函数（插件导出 2 个函数）来启动或停止临时远程 API 服务器服务：

```
simExtRemoteApiStart
simExtRemoteApiStop
```

可以使用以下自定义 Lua 函数收集有关任何远程 API 服务器服务的信息（该函数由插件导出）：

```
simExtRemoteApiStatus
```

可以使用以下自定义 Lua 函数重置（即销毁和重新创建）任何远程 API 服务器服务（该函数由插件导出）：

```
simExtRemoteApiReset
```

3. 远程 API 操作方式

远程 API 函数以类似于常规 API 函数的方式调用，但是有两个主要区别：

（1）大多数远程 API 函数返回类似的值：返回代码。始终记住返回码是位编码的（因此必须测试各个位，以便正确解释它）。

（2）大多数远程 API 函数需要两个附加参数：操作模式和 clientID（由 simxStart 函数返回的标识符）。

对操作模式和特定返回代码的需要来自于远程 API 函数必须通过套接字通信到服务器（V-REP），执行任务，然后返回到调用者（客户机）的事实。一个朴素的（或常规的）方法是让客户端发送请求，并等待，直到服务器处理请求并回复。在大多数情况下，这将花费太多的时间，滞后将会影响客户端应用程序。相反，远程 API 允许用户通过提供 4 个主要机制来执行函数调用或控制仿真进度，来选择操作模式的类型和仿真进展的方式：

- 阻塞函数调用；
- 非阻塞函数调用；
- 数据流；
- 同步操作。

1）阻塞函数调用

阻塞函数调用是一种朴素或正常的方法，意味着我们不能等待服务器的回复的情况，如下面的情况：

```
//以下函数(阻塞模式)将检索对象句柄:
if(simxGetObjectHandle(clientID,"myJoint",&jointHandle,simx_opmode_blocking)==simx_
return_ok)
```

```
{
//这里我们有联合句柄在变量 jointHandle
}}
```

如图 3-80 所示，它说明了阻塞函数调用：

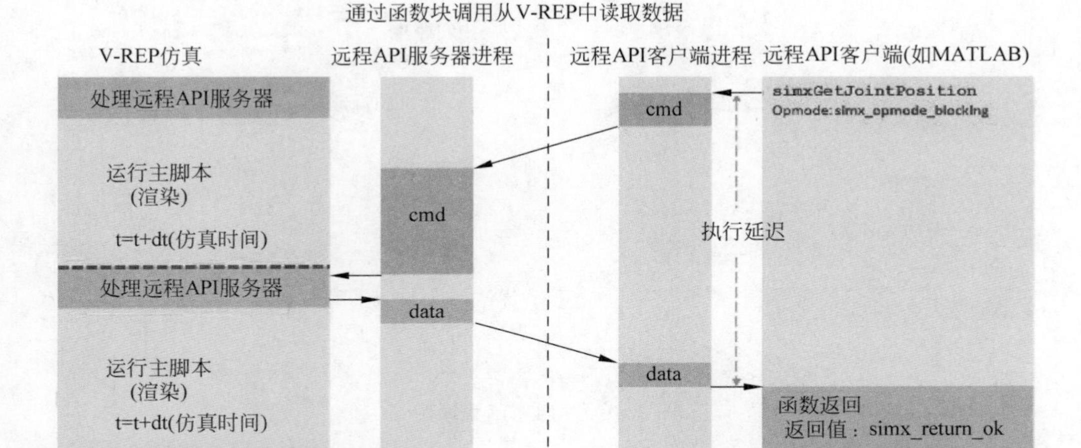

图 3-80　阻塞函数调用

2）非阻塞函数调用

非阻塞函数调用适用于当我们只想要向 V-REP 发送数据而不需要回复的情况，如下面的情况：

```
//跟随功能(非阻塞模式)将设置关节的位置:
simxSetJointPosition(clientID,jointHandle,jointPosition,simx_opmode_oneshot);
```

如图 3-81 所示，它说明了非阻塞函数调用。

在一些情况下，重要的是能够在同一消息内发送各种数据，以便在服务器侧同时应用该数据（例如，想要将机器人的 3 个关节应用于其 V-REP 模型在同一时间，即在相同的仿真步骤）。在这种情况下，用户可以暂时停止通信线程以实现这一点，如以下示例所示：

```
simxPauseCommunication(clientID,1);simxSetJointPosition(clientID,joint1Handle,joint1Value,
simx_opmode_oneshot);simxSetJointPosition(clientID,joint2Handle,joint2Value,simx_opmode_
oneshot);simxSetJointPosition(clientID,joint3Handle,joint3Value,simx_opmode_oneshot);
simxPauseCommunication(clientID,0);
//上面的 3 个关节将被同时接收和设置在 V-REP 侧
```

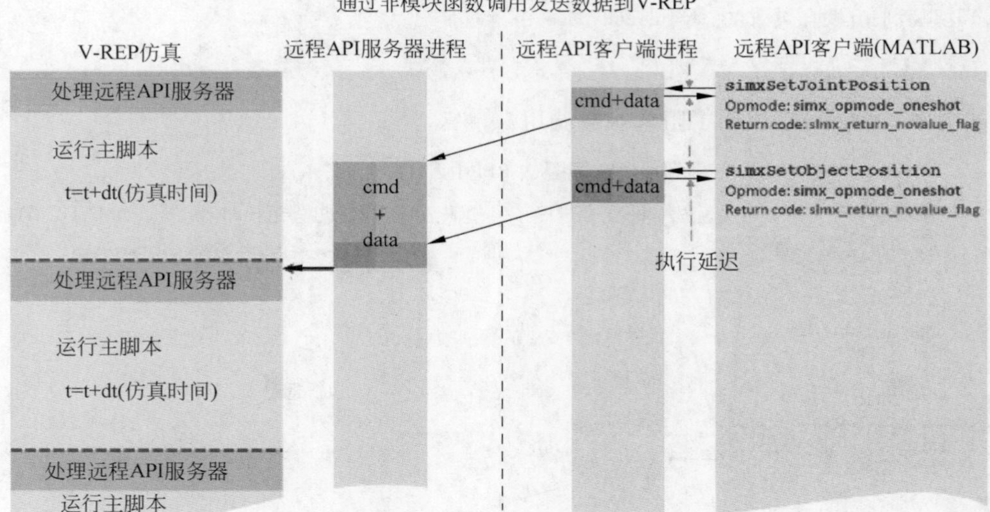

图 3-81 非阻塞函数调用

如图 3-82 所示，它说明了临时停止通信线程的影响。

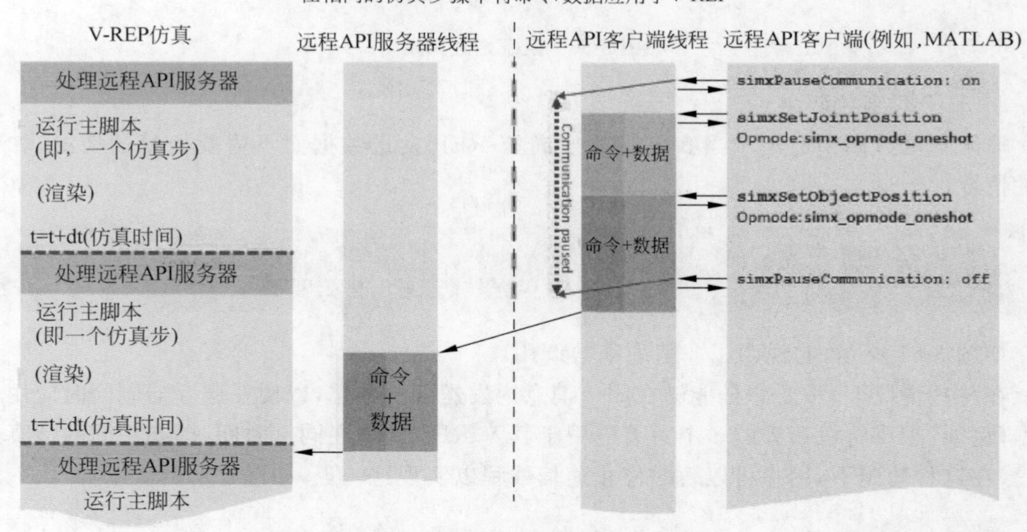

图 3-82 临时暂停通信线程

3）数据流

服务器可以预期客户端需要什么类型的数据。为了发生这种情况，客户端必须以“流”或“连续”操作模式标志向服务器发信号通知该期望（即，功能存储在服务器侧，在常规时间基础上执行和发送,而不需要来自客户端的请求)。这可以看作是从客户端到服务器的命令/消息订阅,其中服务器将流式传输数据到客户端。这样的流操作请求和流数据的读取在客户端看起来像这样。

如图 3-83 所示,它说明了数据流的原理。

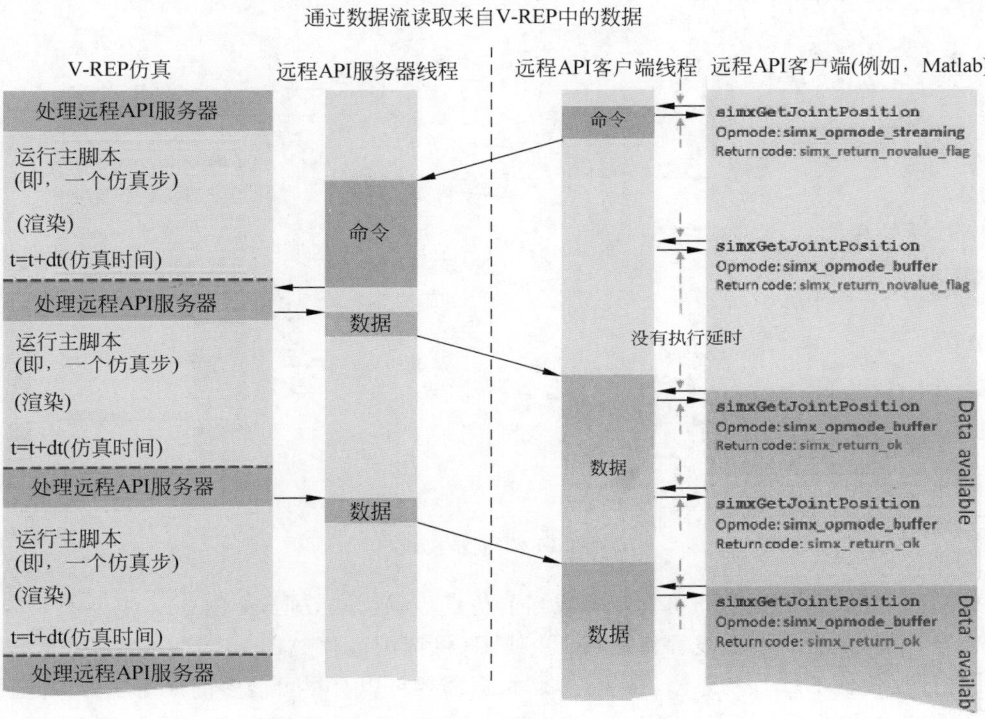

图 3-83 数据流

一旦完成数据流传输,远程 API 客户端应始终通知服务器(即 V-REP)停止流传输该数据,否则服务器将继续流传输非必需数据并最终减慢速度。使用 simx_opmode_discontinue 操作模式。

4) 同步操作

从上面的函数调用,你可能已经注意到一个仿真将提前或进步,而不考虑远程 API 客户端的进度。默认情况下,远程 API 函数调用将异步执行。然而,存在远程 API 客户端需要与仿真进程同步的情况,通过控制来自远程 API 客户端的仿真进展。这可以通过使用远程 API 同步模式来实现。在这种情况下,远程 API 服务器服务需要预先启用以进行同步操作(这可以通过 simExtRemoteApiStart 函数或通过连续远程 API 服务器服务配置文件 remoteApiConnections.txt 实现)。如图 3-84 所示,它说明了同步模式的工作原理。

当调用 simxSynchronousTrigger 时,下一个仿真步骤将开始计算。这并不意味着当函数调用返回时,下一个仿真步骤将完成计算。因此,必须确保读取正确的数据。如果没有采

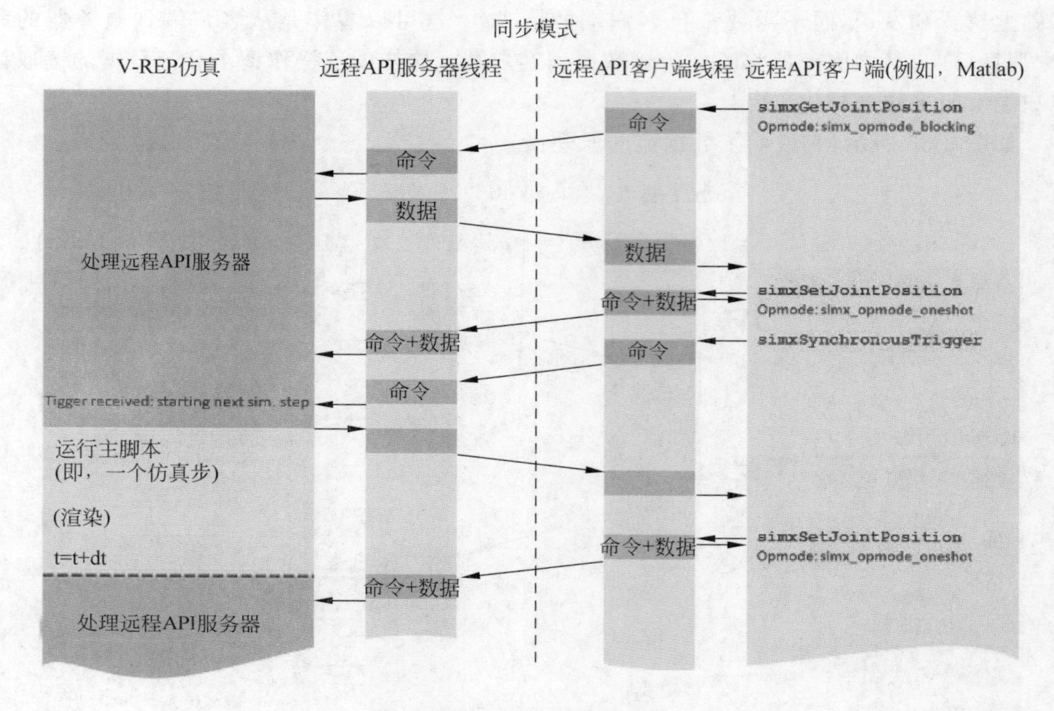

图 3-84 同步模式

取特殊措施，可能会从先前的仿真步骤或当前仿真步骤读取数据，如图 3-85 所示。

在客户端，至少有 2 个线程将运行：主线程（将调用远程 API 函数的线程）和通信线程（将处理数据传输的线程场景）。在客户端，根据需要可以有尽可能多的通信线程（即通信线路）：确保为它们中的每一个调用 simxStart。使用 V-REP 插件实现的服务器端以类似的方式操作。图 3-86 说明了远程 API 的工作原理。

以下描述了各种支持的操作模式：

(1) simx_opmode_oneshot：非阻塞模式。将命令发送到服务器以便执行(1)-(b)-(3)。如果可用(i)-(2)，则从本地缓冲器返回对相同命令的答复，但是先前执行的答复。该函数不等待来自服务器(7)-(i)的答复。在服务器侧，命令临时存储(4)-(d)，执行一次(d)-(9)-(g)和回复(g)-(6)。此模式通常与“set-functions”(例如 simxSetJointPosition)一起使用，其中用户不关心返回值。

(2) simx_opmode_blocking：阻塞模式。向服务器发送命令以执行(1)-(b)-(3)，并且该功能等待来自服务器(7)-(i)-(2)的应答。然后，将从收件箱缓冲器(i)中擦除所接收的应答，其不会与其他操作模式一起发生。在服务器侧，命令临时存储(4)-(d)，执行一次(d)-(9)-(g)和回复(g)-(6)。此模式通常与“get-functions”(例如 simxGetObjectHandle)一起使用，其中用户需要对发送的命令进行回复。

(3) simx_opmode_streaming：非阻塞模式。将命令发送到服务器以执行(1)-(b)-(3)。

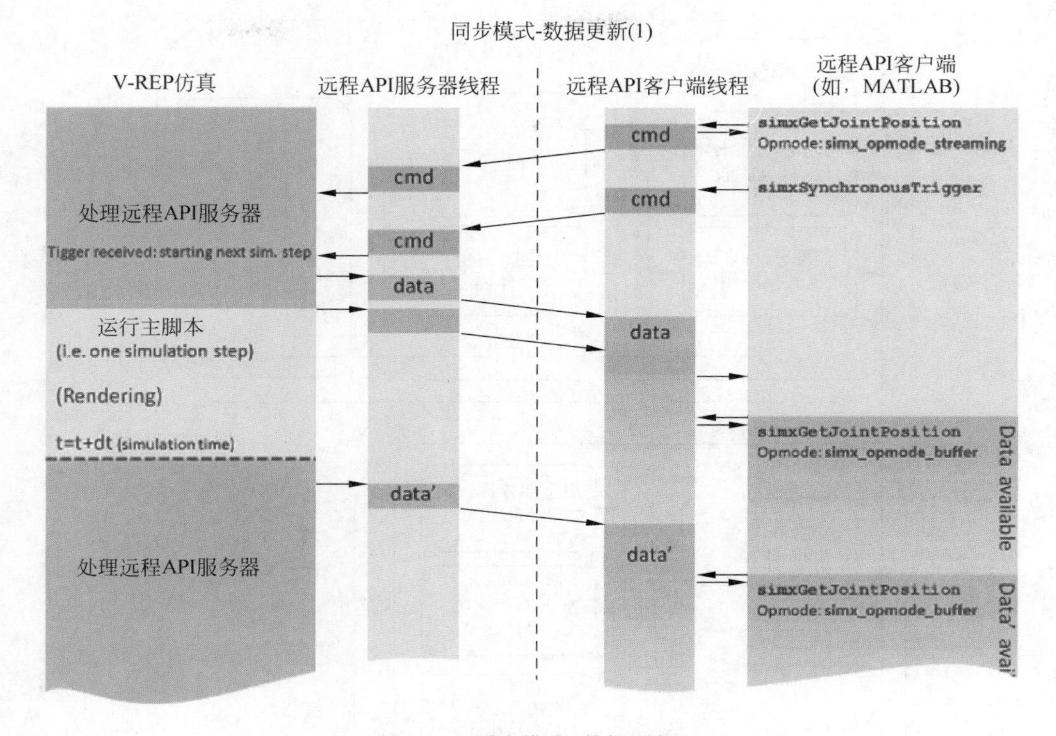

图 3-85　同步模式(数据更新)

如果可用(i)-(2),则从本地缓冲器返回对相同命令的答复,但是先前执行的答复。该函数不等待来自服务器(7)-(i)的答复。类似于 simx_opmode_oneshot,但区别在于命令将存储在服务器侧(4)-(e),连续执行(e)-(9)-(g),并连续发送回客户端-(6)。此模式通常与“get-functions”(例如 simxGetJointPosition)一起使用,其中用户不断地需要特定的值。

(4) simx_opmode_oneshot_split(不推荐):非阻塞模式。逐步(以小数据块)向服务器发送命令以执行(1)-(a)-(3)。如果可用(i)-(2),则从本地缓冲器返回对相同命令的答复,但是先前执行的答复。该函数不等待来自服务器(7)-(h)-(i)的答复。当命令完全发送时,它从(a)中删除。在服务器侧,命令块被重新存储(4)-(c),并且当命令被完全接收时,命令将被执行一次(5)-(d)-(9)-(f)逐渐发回客户端(f)-(6)。客户机以小块(7)-(h)接收答复,并且当答复完成时,它被存储在本地缓冲器(8)-(i)中。该模式通常和与大量数据相关联的“设置函数”(例如 simxSetVisionSensorImage)一起使用,以便不使通信网络过载。

(5) simx_opmode_streaming_split(不推荐):非阻塞模式。逐步(以小数据块)向服务器发送命令以执行(1)-(a)-(3)。如果可用(i)-(2),则从本地缓冲器返回对相同命令的答复,但是先前执行的答复。该函数不等待来自服务器(7)-(h)-(i)的答复。当命令完全发送时,它从(a)中删除。在服务器侧,命令块被重新存储(4)-(c),并且当命令被完全接收时(5)-(e),命令将被连续地执行(e)-(9)和回复逐渐发送回客户端(f)-(6)。客户机以小块(7)-(h)接收应答,并且当应答完成时,它被存储在本地缓冲器(8)-(i)中。该模式通常和与

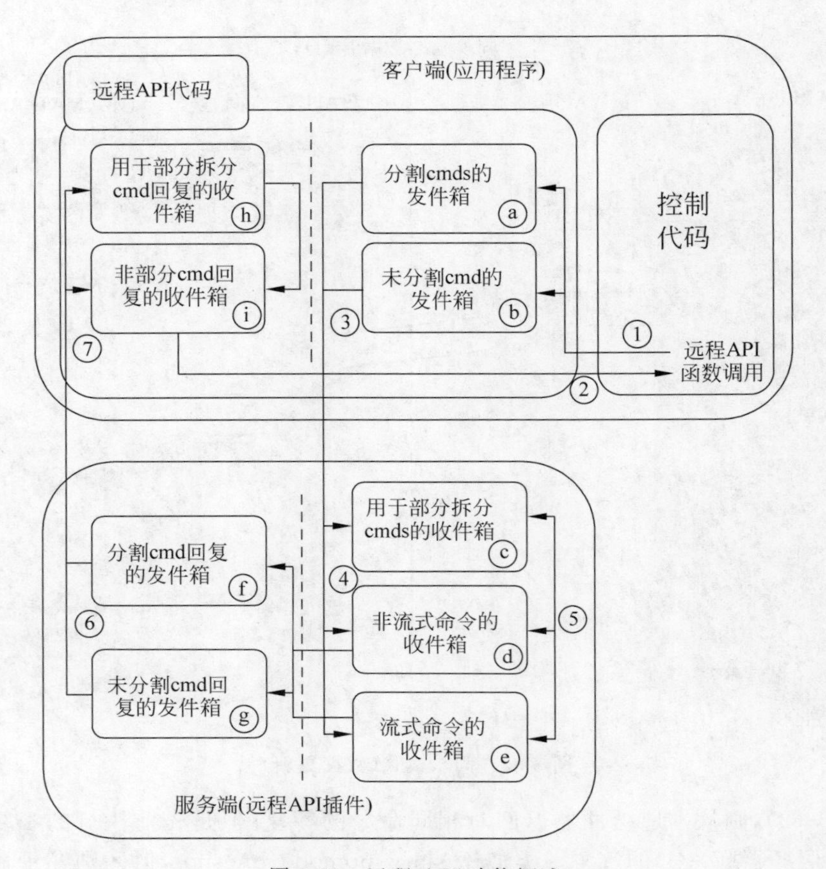

图 3-86 远程 API 功能概述

大量数据(例如 simxGetVisionSensorImage)相关联的"获取函数"一起使用,其中用户需要不断地数据而不使通信网络过载。

(6) simx_opmode_discontinue:非阻塞模式。向服务器(1)-(b)-(3)发送命令。如果可用(i)-(2),则从本地缓冲器返回对相同命令的答复,但是先前执行的答复。该函数不等待来自服务器(7)-(i)的答复。在服务器端,命令简单地清除位于(e)中的类似命令。向客户端(6)-(7)发送回复,其也将清除位于(i)中的类似回复。此模式用于释放(i)中的一些存储器(类似于 simx_opmode_remove)或中断流命令(即,通过从(e)中去除它们)。

(7) simx_opmode_buffer:非阻塞模式。没有命令被发送到服务器,但是如果可用(i)-(2),则从本地缓冲器返回先前执行的对同一命令的回复。此模式通常与 simx_opmode_streaming 或 simx_opmode_streaming_split 操作模式结合使用:首先,使用流式命令启动常量命令执行,然后提取只有命令的回应。

(8) simx_opmode_remove:非阻塞模式。没有命令被发送到服务器,但是只有对先前执行的相同命令的答复,如果存在(i),则从本地缓冲器清除。该函数不返回任何值,除了返回代码。此模式可用于释放客户端上的一些内存,但很少需要。

3.7.3 ROS 接口

前面关于 V-REP 的编程方法已经介绍了 ROS 接口，下面将具体地介绍 ROS 接口以及 ROS 插件。

1. RosInterface

RosInterface 是 V-REPAPI 框架的一部分，由 FedericoFerri 提供。确保不要混淆 RosInterface 与 RosPlugin，它们是 V-REP 中的两个不同的 ROS 接口。与 RosPlugin 不同，RosInterface 以良好的保真度复制了 C/C++ ROSAPI。这使其成为通过 ROS 进行非常灵活通信的理想选择，但可能需要更多地了解各种消息和 ROS 操作方式。可以从 simExtRosInterface_前缀中识别 RosInterfaceAPI 函数。ROS 是一种分布式伪操作系统，允许在网络中连接的多台计算机之间轻松管理和通信。

V-REP 可以作为 ROS 节点，其他节点可以通过 ROS 服务、ROS 发布者和 ROS 订阅者进行通信。

V-REP 中的 RosInterface 功能通过插件启用：libv_repExtRosInterface.so 或 libv_repExtRosInterface.dylib。插件的代码是开源的，位于 programming/ros_packages 文件夹中。该插件可以很容易地适应自己的需要。插件在 V-REP 启动时加载，但加载操作只有在 roscore 当时正在运行时才会成功。确保检查 V-REP 的控制台窗口或终端有关插件加载操作的详细信息。

V-REP 本身提供了几个与 RosInterface 相关的.ttt 场景文件。

```
rosInterfaceTopicPublisherAndSubscriber.ttt
controlTypeExamples.ttt
Models/tools/rosInterfacehelpertool.ttm(允许在同步模式下操作 V-REP 的模型,例如为了手动步进仿真).
```

2. RosPlugin

RosPlugin 是 V-REPAPI 框架的一部分。确保不要混淆 RosPlugin 与 RosInterface，这是 V-REP 中的两个不同的 ROS 接口。与 RosInterface 不同，RosPlugin 不会复制 C/C++ ROSAPI。相反地，它表示更高级别的抽象，应用订阅的消息并自动在场景对象上发布主题。这可能会有点混乱，但允许在几种情况下简化与 ROS 的交互。另一方面，RosPlugin 不是很灵活，并且不直接支持许多标准 ROS 消息。因此，使用 RosInterface 而不是 RosPlugin 通常更有意义。可以从 simExtROS_前缀中识别 RosPluginAPI 函数。

ROS 是一种分布式伪操作系统，允许在网络中连接的多台计算机之间轻松管理和通信。V-REP 作为其他节点可以通过以下 3 种方式进行通信的 ROS 节点：

(1) V-REPRosPlugin 节点提供 ROS 服务。V-REP 只要启动 V-REP，就可以使用 RosPlugin 服务（假定 roscore 正在运行，且 Rosplugin 已正确加载到 V-REP）。

(2) 可以启用 V-REPRosPlugin 来发布主题，并向其发布数据。V-REPRosPlugin 发布商只能启用，并且只能在运行仿真时运行。一个例外是 info 主题：只要 V-REP 正在运行，该主题的数据将被流式传输。

(3) 可以启用 V-REPRosPlugin 以订阅主题，从中读取数据，并将数据应用于 V-REP 中的特定对象/项目。V-REPRosPlugin 用户只能启用，并且只能在仿真运行时运行。

V-REP 中的 RosPlugin 功能通过以下插件启用：libv_repExtROS. so 或 libv_repExtROS. dylib。插件的代码是开源的，位于编程/ros_packages 文件夹中。该插件可以很容易地适应自己的需要。插件在 V-REP 启动时加载，但加载操作只有在 roscore 当时正在运行时才会成功。确保检查 V-REP 的控制台窗口或终端有关插件加载操作的详细信息。

如图 3-87 所示，它说明了如何在服务器端(即在 V-REPRosPlugin 端)处理 ROS 消息。

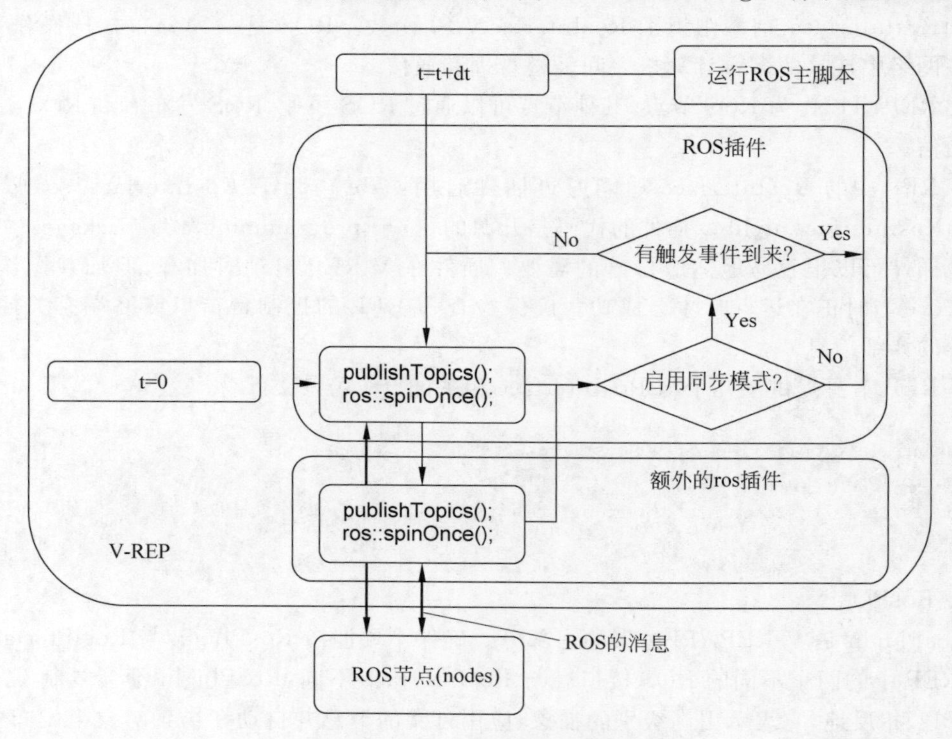

图 3-87 ROS 消息处理，服务器端

V-REP 本身提供了几个与 RosPlugin 相关的. ttt 场景文件：

```
rosPluginTopicPublisherAndSubscriber1.ttt
rosPluginTopicPublisherAndSubscriber2.ttt
controlTypeExamples.ttt
```

3.7.4 辅助 API

辅助 API 不是一个接口本身，而是更多的辅助函数集合，可以嵌入到自己的代码中，并且自己操作。

可以使用以下辅助 API 类别：外部运动学：这是一个 C++ 函数集合，提供与 V-REP 中相同的运动学计算。

这个函数集合允许执行的运动学计算与在 V-REP 中相同。对此的例外是障碍物避免功能，它仅在 V-REP 内支持。

这个想法是通常在 V-REP 中构建运动任务，然后导出场景的运动内容，然后可以直接使用下面的嵌入函数。所需的源代码位于编程/externalIk 文件夹中。确保将所有文件包含在项目中，并在需要访问函数的文件中包含 extIk.h。还要确保知道如何使用 V-REP 中的运动学功能。如果可以访问常规 API，那么将不需要此辅助 API，因为所有以下函数都有其常规 API 等效项。

外部 IK 源代码不直接是 V-REP 的一部分，并且带有单独的许可条件。

按照以下方法从我们自己的外部应用程序中执行运动学计算：

(1) 在 V-REP 中构建运动任务，测试它们。

(2) 依次单击菜单栏、文件、导出、IK 内容导出场景的运动内容。

(3) 在自己的应用程序中包含外部运动代码（代码位于编程/externalIk 文件夹中）。

(4) 在应用程序启动时调用 simEmbLaunch，在应用程序结束时调用 simEmbShutDown。

(5) 调用 simEmbStart 来导入以前导出的文件。simEmbStart 可以根据需要频繁调用以重置运动场景。运动场景类似于 V-REP 中的场景，除了它被去除了非运动学的一切。

(6) 调用各种函数来移动/旋转目标虚拟变量（例如，使用 simEmbSetObjectTransformation），或移动非活动关节，即不处于 IK 模式的关节（例如，使用 simEmbSetJointPosition）。

(7) 调用 simEmbHandleIkGroup 来执行一次计算通过（即有效地将虚拟指针带到它们的目标上）。如果我们正在搜索特定的机器人配置，或需要立即跳转到新的末端效应器姿势，然后调用 simEmbGetConfigForTipPose。

(8) 根据需要重复步骤 7 和 8。确保检查返回值以检测错误。

(9) 如果有多个同一机器人的实例，则可以调用 simEmbLaunch 几次来初始化嵌入运动学的几个实例。然后，我们可以使用 simEmbSwitch 从一个实例切换到另一个实例。

3.7.5 其他接口

可以以各种方式扩展 V-REP API 框架，以便提供不直接是 V-REP 一部分的接口。这通常通过插件发生，但是也可以使用其他选项（如附加组件、远程 API 客户端、ROS 节点等）。以下仅列出其中几个：OMPL 接口，基于 Qt 的自定义 UI 界面，V-REP 与 ROS 之间的桥架等。

3.8 仿真模型的搭建

V-REP 的模型及其工作环境是由场景对象组成的。而这些场景对象的来源主要有两种,一种是 V-REP 本身所提供的模型,另外一种则需要利用外部 CAD 软件进行建模,再导入到 V-REP 中。因此,V-REP 的模型搭建有 3 种方法:

(1) 从模型浏览器中加载现有模型;

(2) 从菜单栏中添加基础形状;

(3) 从 Import 命令中加载其他软件的 CAD 模型。

3.8.1 从模型浏览器中加载现有模型

在模型浏览器中选择机器人及其他模型,然后用鼠标拖曳到场景中,场景中将自动加载相应的机器人及其他模型,并给予它们任意的位姿。因此,加载后的模型一般需要进行位置和姿态调整。

在工具栏中,选择 object/item shift 的按钮可在三维空间中对机器人及其他模型的位置进行设置;选择 object/item rotate 可对机器人及其他模型在三维空间的姿态进行旋转操作。

3.8.2 从菜单栏中添加场景对象

在场景中,右击 Add 窗口可添加模型所需要的元素,包括基础形状、力传感器、近距离传感器、关节、摄像机、灯光等元素。其中,在基础形状中,包括了平面、圆柱、长方体、球体和圆筒等基础形状。将这些元素添加到场景中后,都必须先对其大小、位置、姿态等参数进行设置。

添加原始形状时,通过依次单击菜单栏、添加、原始形状,可以在 V-REP 中直接创建形状。其支持以下 5 种基本形状:平面,圆盘,长方体,球体和圆柱体。

如图 3-88 所示,基本形状的几何参数可以在原始形状对话框中进行调整。

(1) $X/Y/Z$ 尺寸:沿着世界参考框架的 $X/Y/Z$ 轴的尺寸。

(2) X-/Y-/Z-细分:沿着世界参考框架的 X-/Y-/Z-轴的元素数量(*)。

(3) 侧面:圆柱、圆盘或球体的边数。

(4) 面数:柱面或球面的面数。

(5) 光盘细分:光盘细分数(光盘或光柱)。

(6) 平滑阴影:形状是否应该看起来光滑或锐利。

(7) 开口端:气缸是否有开口端。

(8) 锥体:表示需要锥体而不是圆柱体。

(9) 创建动态和可响应形状:如果选择,生成的形状将是动态的和可响应的。它不会是可碰撞的、不可测量的、不可呈现的和不可检测的,并且具有淡蓝色,以便快速识别它。

(10) 创建纯形状:如果选择,将生成纯形状,在动态计算期间执行得更好、更快。

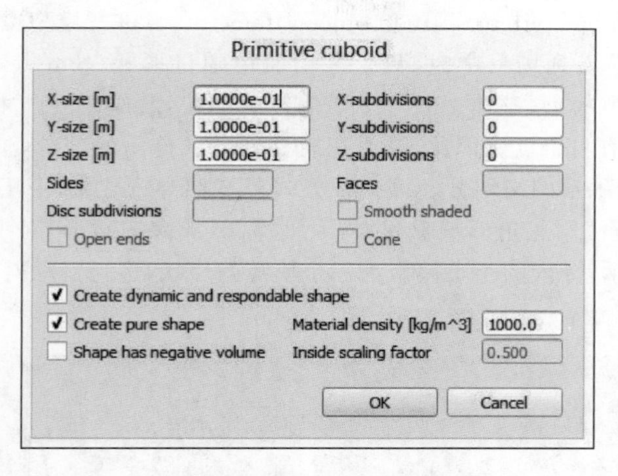

图 3-88 原始形状对话框

(11) 材料密度：材料的密度。

(12) 形状具有负体积：当选中时，创建的纯形状将具有内部(即，负体积)的孔，其具有由内部缩放因子缩放的形状的尺寸。这是创建可以动态有效仿真的管状结构的有用特征。目前，只有 Vortex Dynamics 引擎支持此功能。

具有更高细分计数的形状可以以更多不同的方式反射照明。颜色和其他视觉属性应在形状属性中进行调整。另外，也可以在形状编辑模式下或在几何对话框中调整和编辑形状网格。

3.8.3 从 Import 命令中导入/导出其他软件的 CAD 模型

构建新的模型时需要导入所需要的部件，使用菜单栏 File 中的 Import 命令，可加载在其他三维建模软件做好的 CAD 模型。加载的模型支持 obj，3ds，dxf，stl，csv 等格式。导入后的 CAD 模型将会直接呈现在场景中，因此还需要对模型的位置、大小、外观颜色等进行设置。

从 Import 命令中导入其他软件的 CAD 模型需要注意以下三点：

(1) V-REP 描述和显示模型的形状时使用了三角网络，这使得模型的形状可直接用于动力学。模型所包含的三角形越多，所需要的计算时间越长。从外部导入 CAD 模型必须考虑到模型的繁重程度，即不能包含过多的三角形。

一般情况下，V-REP 中模型所包含的三角形总数不能超过 20000，最佳范围是 5000～10000。当模型太过繁重时，需要对模型的各部分进行简化。

(2) CAD 模型导入到场景中时，会自动弹出一个 Import Option 窗口，让用户选择导入模型网络的范围和姿态。其中可选网络范围有“1 unit represents 1 meter”“1 unit represents 1 foot”“1 unit represents 10 centimeter”等选项，姿态上提供了 ***Y*** 向量朝上和 ***Z*** 向量向上两个选择。用户应该按照具体的任务需求选择模型网络的范围和姿态。在导入至场景后，还可以利用 object/item shift 和 object/item rotate 进行模型位置和姿态调整。

(3) CAD 模型导入到场景中时，只是一个简单随机形状(Simple random shape)。例如，导入一个机器手臂模型，整体上只是一个单纯的形状，底座、连杆、末端执行器等部分都没有分离开来，不具有自由度。因此，需要把模型划分成分离的部分，这可通过两种方式实现：自动网络划分和手动网络划分。第一种方式是按照导入之前 CAD 模型的网络结构进行划分的；第二种是使用三角形编辑模式，手动增添、删除三角形，对模型的网络进行再次划分。如图 3-89 所示，导入的小车模型为一个单纯的形状，进行自动网络划分后，成为了由几个部分组成的形状组合。

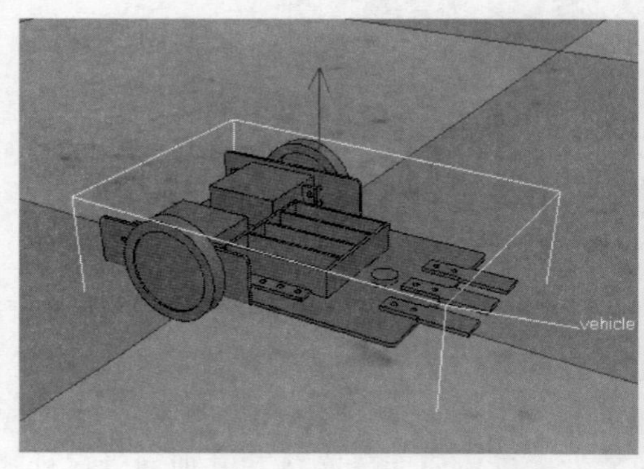

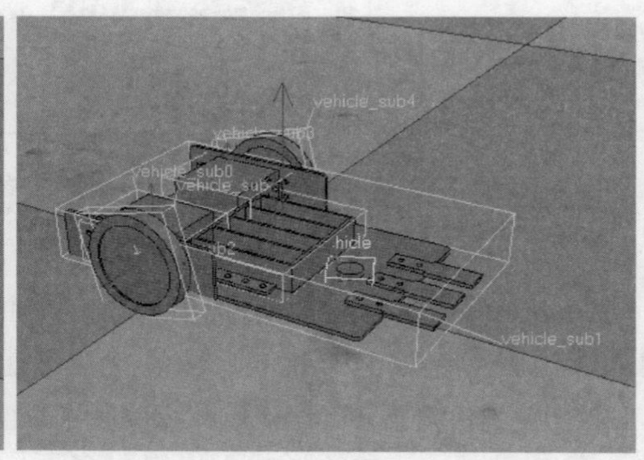

图 3-89　导入的模型与使用自动网络划分后的效果

1. 导入形状

V-REP 使用三角形网格来描述和显示形状。因此，V-REP 只能导入将对象描述为三角形网格的格式。然而，如果希望导入其他描述的对象，例如描述为参数曲面(如 IGES、STEP 等)，则必须先将文件转换为适当的三角形网格格式。有几个转换应用程序可以实现此操作，并且大多数 3D 绘图应用程序也支持这种操作。

V-REP 支持以下文件格式导入形状：

(1) OBJ：Wavefront Technologies 文件格式。这是目前唯一允许在 V-REP 中导入纹理网格的格式。

(2) DXF：AutoCAD 文件格式(Autodesk)。包含在文件中的非 3D 信息可能被忽略。

(3) 3DS：3ds Max 文件格式(Autodesk)。纹理信息会被忽略。此格式目前仅支持 Windows 平台。

(4) STL(ASCII 或二进制)：3D 系统文件格式。支持 ASCII 和二进制文件。

(5) COLLADA：有关详细信息，请参阅 collada 插件。

(6) URDF：有关详细信息，请参阅 URDF 插件。

在导入操作期间，与纹理相关的缩放对话框可能会打开。与网格物体相关的另一个对话框也将打开。

如图 3-90 所示，导入选项对话框允许我们正确设置导入文件中使用的单位(某些应用程序可能使用单位米，其他的可能使用英尺、英寸、厘米或毫米）以及网格的方向（某些应用程序中的 Y 轴指向朝上，其他程序中是 Z 轴朝上）。在任何情况下，我们都可以在对象公共属性中缩放导入的形状，或在方向操作模式中更正导入的形状。

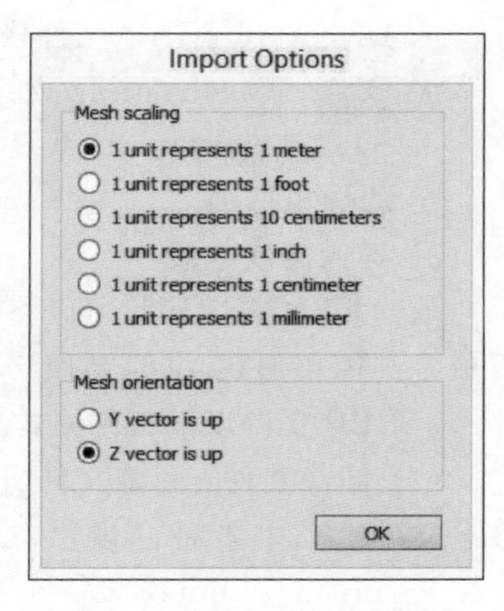

图 3-90 导入选项对话框

导入的形状将具有默认的视觉参数和随机颜色，以区分各个形状。纹理只能通过 OBJ 文件格式导入：在这种情况下，纹理将被加载并应用于导入的网格。如果纹理加载操作失败，则只导入网格和纹理坐标，并且稍后可以通过纹理对话框应用纹理。

在导入操作期间，V-REP 将确保网格对象一致，并删除未使用的顶点，合并彼此靠近的顶点等。可以在用户设置对话框的顶点/三角形验证设置中进行设置。如果在导入操作后，我们无法在场景中看到任何形状，但场景层次结构表明存在新添加的形状，则很可能我们导入的形状太大或太小，导致无法看到。另外，可以在对象公共属性中继续缩放操作。此外，当从 CAD 应用程序导出网格时，程序会尝试将它们作为整体导出（最好是将它们导出为单个对象，在 V-REP 中，可以依次单击菜单栏、编辑、分组/合并、分割选定的形状）；这是为了避免 CAD 应用程序在导出操作期间根据它们的参考帧重新定位/重新定向各个网格（V-REP 的参考框架是不同的），这可能导致外观的破坏。

确保导入的网格不包含太多的三角形（对于机器人，通常在 10000～20000 个三角形之间），否则 V-REP 可能会大大减慢（由于渲染、计算、加载/保存操作等）。有一些应用程序可以减少网格中的多边形数量（例如 MeshLab）。还可以使用以下 V-REP 功能：

（1）依次单击菜单栏、编辑、变形选择成凸形：允许将选定的形状转换为凸形。

（2）依次单击菜单栏、编辑、变形选择到其凸分解：允许将选定的形状转换为它们的凸分解表示。

（3）依次单击菜单栏、编辑、抽取所选形状：允许减少所选形状中的三角形数量。

（4）依次单击菜单栏、编辑、提取选定形状：允许从相同形状的外部提取/分离形状（即不可见部分）的内部（即可见部分）。该功能基于视觉传感器，并且可能无法给出令人满意的结果。

当从处理形状作为参数表面（例如 IGES、STEP 等）的应用程序中导出形状时，如果绘图由不同大小的对象组成，则需要用多个步骤导出对象；这是为了避免具有过于精确定义的大对象（太多的三角形）和太粗略定义的小对象之间的精度混乱：首先导出大对象（通过调整所需的精度设置），然后再导入小对象（通过调整精度设置）。

2. 导出形状

V-REP 通过依次单击菜单栏、文件、导出、所选形状导出形状，其支持以下的文件格式（注意：只导出所选对象）：

- DXF：AutoCAD 文件格式(Autodesk)。
- OBJ：Wavefront Technologies 文件格式。
- STL(二进制)：3D 系统文件格式。仅导出支持二进制格式。这是 V-REP 中最常用的导出选项。

3. 导入高度字段

前面提到，高度形状可以将地形表示为规则网格，其中只有高度变化。高度场也可以被看成是纯简单形状，并且被用于优化动态碰撞响应计算。

V-REP 支持以下文件格式导入高度场形状(依次单击菜单栏、文件、导入、高度)：

(1) 图像文件：图像文件(JPEG,PNG,TGA,BMP,TIFF 或 GIF 文件)，其中各种高度值取自红、绿和蓝色分量：height = (red + green + blue)/3。

(2) CSV 或 TXT：逗号分隔值文件格式。该文件应包含 y 行，其中每行具有用逗号分隔的 x 值。

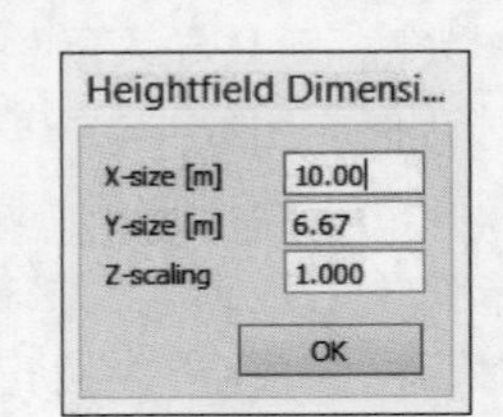

图 3-91 Heightfield 导入选项对话框

选择要导入的文件后，将打开一个对话框，如图 3-91 所示，对 Heightfield 导入选项对话框的说明如下：

(1) X 尺寸/Y 尺寸：指定高度字段的 X 和 Y 尺寸。每个高度单元都是方形。

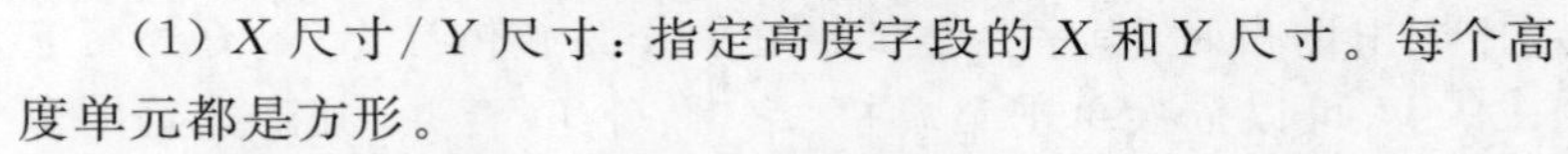

(2) Z 缩放：指定要应用于高度值的缩放。

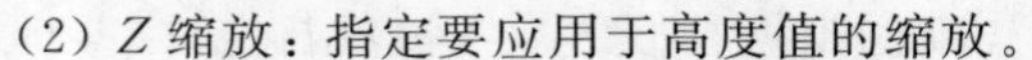

3.9 机器人的仿真

对搭建好的场景进行仿真主要有 3 个步骤：

① 选择物理引擎；

② 设置仿真参数；

③ 进行仿真。

可以依次单击菜单栏、仿真、开始/暂停/停止仿真或通过相关工具栏按钮启动，暂停和停止 V-REP 中的仿真。

脚本和程序应始终考虑当前的调用类型和/或仿真状态，以便正确运行。最好将每个控制代码至少划分为 4 个部分(对于非线程子脚本)：

- 初始化部分：初始化部分应该仅在第一次调用脚本或程序时运行。
- 仿真部分，致动：该部分是致动实际发生的地方。
- 仿真部分，感测：这部分是感测实际发生的地方。
- 恢复部分：恢复部分应该在上次调用脚本或程序时运行。

仿真器通过在恒定时间步长推进仿真时间来操作。如图 3-92 所示，它说明了主要的仿真循环。如图 3-93 所示，可以通过尝试保持仿真时间与实时同步来支持实时仿真。

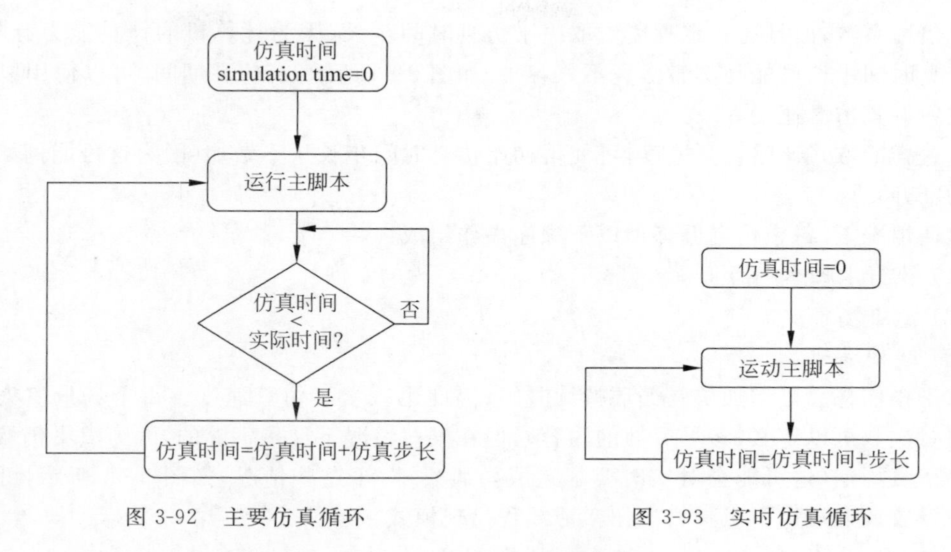

图 3-92 主要仿真循环　　图 3-93 实时仿真循环

以下代表一个非常简化的主要客户端应用程序(为了表示清楚,消息、插件处理和其他细节已被省略):

```
void initializationCallback
{
    //do some initialization here
}

void loopCallback
{
    if ( (simGetSimulationState()&sim_simulation_advancing)!= 0 )
    {
        if ( (simGetRealTimeSimulation()!= 1)||(simIsRealTimeSimulationStepNeeded() == 1) )
        {
            if ((simHandleMainScript()&sim_script_main_script_not_called) == 0)
                simAdvanceSimulationByOneStep();
        }
    }
}

void deinitializationCallback
{
    //do some clean - up here
}
```

根据仿真的复杂性,计算机的性能和仿真设置,实时仿真可能不总是可行的。

在非实时仿真中,仿真速度(即感知速度)主要取决于两个因素:渲染通道的仿真时间步长和仿真通道数(更多细节参见仿真对话框)。在实时仿真的情况下,仿真速度主要取决于实时倍增系数,而且还一定程度地取决于仿真时间步长(因为计算机的计算能力有限,太小的仿真时间步长可能与实时仿真不兼容)。如图 3-94 所示,在仿真期间,可以使用以下工具栏按钮调整仿真速度。

以这样的方式调整仿真速度,可使得初始仿真时间步长从不增加(因为这可能例如导致机构的断开)。

默认情况下,每个仿真循环由以下顺序操作组成:

(1) 执行主脚本;

(2) 渲染场景;

(3) 线程呈现。

渲染操作将总是增加仿真循环持续时间,因此也减慢了仿真速度。每个场景渲染的主脚本执行次数可以定义(参见后面的内容),但在某些情况下这是不够的,因为渲染仍然会减慢每个仿真周期(这可能会对实时要求造成妨碍)。对于这些情况,如图 3-95 所示,可以通过用户设置或通过以下工具栏按钮激活线程呈现模式。

图 3-94 仿真速度调整工具栏按钮

图 3-95 线程渲染工具栏按钮

当激活线程渲染模式时,仿真循环将仅在于执行主脚本,因此仿真将以最大速度运行。渲染将通过不同的线程发生,并且不会减慢仿真任务。然而当线程呈现被激活时,必须考虑以下缺点。

(1) 渲染将异步发生到仿真循环,并且可能会出现视觉上的毛刺。

(2) 录像机不会以恒定速度操作(某些帧可能会跳过)。

(3) 应用程序的稳定性可能会降低。

(4) 一些操作(例如擦除对象等)需要在能够执行之前等待呈现线程完成工作,反之亦然。在这些情况下,循环可能比在顺序渲染模式中花费更多的时间。

3.9.1 物理引擎的选择

V-REP 提供了 4 类物理引擎,使用户在使用仿真功能时,可以根据自身需求,自由地从一个物理引擎切换到另外一个物理引擎。众多的物理引擎存在的原因是:物理仿真本身具有一定的复杂性,选择不同的物理引擎可以达到不同的精度和速度。

此外,还可以设置与形状相关的动力学引擎属性对话框对动力学引擎进行更细致的选择。如图 3-96 所示,对动力学引擎属性对话框说明如下。

材料名称:材料的名称。只能对用户定义的材料进行修改。

重复材料:允许复制给定材料。默认材料(即非用户定义材料)首先需要重复,然后才能编辑它们。

V-REP 中的四种物理引擎与形状之间的关系及物理的性质如下:

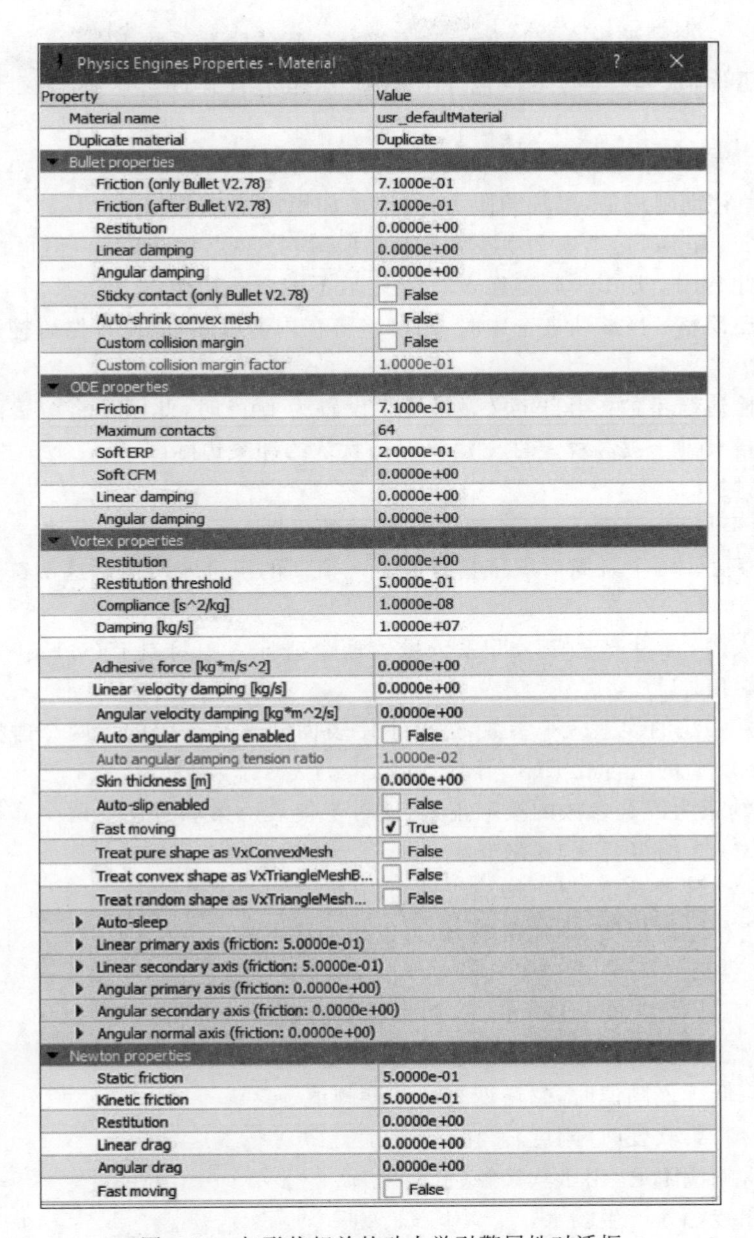

图 3-96 与形状相关的动力学引擎属性对话框

1. Bullet 的性质

Bullet 的性质是与 Bullet 物理库相关的属性。

摩擦(仅 Bullet V2.78)：仅用于 Bullet V2.78 的摩擦值。两个碰撞对象将具有值 1 * 值 2 的组合摩擦值。这不符合实际的摩擦系数。

摩擦(在 Bullet V2.78 之后)：仅用于 V2.78 之后的 Bullet 版本的摩擦值。两个碰撞对象将具有值1 *值2的组合摩擦值。这不符合实际的摩擦系数。

归还：归还价值。较高的值倾向于使碰撞看起来有弹性。这不对应于实际的恢复系数。

线性阻尼：线性移动阻尼值，增加线性阻力，并可以提高稳定性。

角阻尼：角移动阻尼值，增加角阻力，可以增加稳定性。

黏性联系(只有 Bullet V2.78)：当选中此项时，接触点将非常强，但可能导致不稳定性。建议保持此禁用。Bullet 版本在 V2.78 之后不需要此功能。

自动收缩凸网格：当该项被选中时，凸网格将在内部收缩，以便补偿碰撞边际因子。建议保持此禁用。

自定义碰撞边缘系数：当自定义碰撞边距设置为 true 时，此因子将覆盖默认碰撞边缘系数。碰撞余量有助于提高稳定性。建议保持默认的冲突边际因子。

2. ODE 属性

ODE 属性是与 Open Dynamics Engine 相关的属性。

摩擦：摩擦值。两个碰撞对象将具有值1 *值2的组合摩擦值。这不符合实际的摩擦系数。

最大联系人数：要生成的最大联系人数。两个碰撞对象将具有(value1 + value2)/ 2的组合最大接触值。

软 ERP：接触法的误差减小参数，这对于使表面柔软是有用的。两个碰撞对象将具有(value1+value2)/2 的组合软 ERP 值。

软 CFM：约束力混合参数的接触正常，这对于使表面柔软有用。两个碰撞对象将具有(value1+value2)/2 的组合软 CFM 值。

线性阻尼：线性移动阻尼值，增加线性阻力，并可以提高稳定性。

角阻尼：角移动阻尼值，增加角阻力，可以增加稳定性。

3. Vortex 性质

Vortex 性质是与 Vortex Dynamics 引擎相关的属性。

恢复：碰撞正常反应弹性从0(非弹性)到1为纯弹性。

恢复阈值：低于该阈值时，忽略恢复的速度阈值。

符合性：材料柔软度(1/刚度)。

阻尼：正常响应阻尼，用于软接触(低刚度)。

粘合力：在接触处产生胶水。

线速度阻尼：人工线速度阻尼。

角速度阻尼：人工角速度阻尼。

自动角度阻尼启用：在大张力下刚性体的自我管理角阻尼。不推荐用于车轮或滚动物体。

自动角阻尼张力比：自我管理角阻尼算法的比例因子。

皮肤厚度：使皮肤厚度更柔软(使抓握更稳定)。

自动滑移启用：自我管理接触黏度。

快速移动：在碰撞检测期间启用附加检查，以防止深度穿透或隧道效应。

把纯粹的形状当作 VxConvexMesh：把一个纯粹的形状作为一个凸形。

将凸形形状视为 VxTriangleMeshBVTree：将凸形形状作为 OBB 树数据库处理(通常比凸形形状更准确和稳定)。

将随机形状视为 VxTriangleMeshUVGrid：将随机形状处理为 2D 网格数据库(对于大地形数据库更有效)。VxTriangleMeshUVGrids 永远不会彼此冲突。

自动睡眠：允许禁用非移动对象以节省仿真时间的功能。当所有速度、加速度都在相应的阈值内时，部件被认为是休眠。

阈值线速度：线速度阈值。

阈值线性加速度：线性加速度阈值。

阈值角速度：角速度阈值。

阈值角加速度：角加速度阈值。

阈值步骤：在再次进入睡眠之前，部件必须醒来的最小步骤数。

线性主轴：摩擦平面中的轴。

轴方向：指示主轴方向的矢量(矢量将投影到摩擦平面中)。矢量相对于形状参考系。

摩擦模型：沿此轴的摩擦模型。

摩擦系数：摩擦系数(用于缩放框和缩放框快速模型)。

静摩擦标尺：静摩擦/动摩擦比。

滑动：摩擦黏度。

滑动：沿此轴的摩擦所需的相对速度。

直线第二轴：定义摩擦平面的第二轴。

角主轴：允许围绕主轴(滚动阻力)添加角摩擦。

角度副轴：允许围绕副轴添加角摩擦(滚动阻力)。

角法向轴：允许围绕法向轴添加角摩擦(旋转阻力)。

4. Newton 引擎的属性

静摩擦：静摩擦系数。两个碰撞对象将具有值 1 * 值 2 的组合摩擦值。

动摩擦：动摩擦系数。两个碰撞对象将具有值 1 * 值 2 的组合摩擦值。

归还：归还系数。较高的值倾向于使碰撞看起来有弹性。两个碰撞对象将具有 value1+value2 的组合恢复值。

线性拖动：线性拖动值，这可以提高稳定性。

角度拖动：角度拖动值，这可以提高稳定性。

快速移动：在碰撞检测期间启用附加检查，以防止深度穿透或隧道效应。

5. Vortex 的附加信息

材质属性定义单个形状在与另一个形状碰撞时的行为。碰撞涉及两种形状及其相应的材料性质。接触材料将这两种材料性质组合成用于在执行仿真期间产生两个碰撞形状之间的接触力的合并的一组性质。合并两种联系材料的规则如下：

(1) 符合性：采取最兼容和相关的阻尼和恢复。

(2) 粘合力：使用较大的值。

(3) 皮肤厚度：使用较大的值。

(4) 摩擦模型：如果两个模型不同，优先级如下：none，boxProportional，scaledBox，scaledBoxFast，box，neutral。摩擦模型定义如下：

- 无：无摩擦。
- Box比例：n/a。
- ScaledBox：摩擦边界=法向力*摩擦系数。
- 盒：n/a。
- 中性：最低优先级，因此使用其他模型。如果两者都是中性的，它是无摩擦的。

如果两个模型相同，则使用最低的摩擦系数。如果摩擦不是各向同性的，则可以在限定摩擦平面(线性主轴和副轴)的2个方向上提供不同的摩擦特性。轴方向是对象的局部框架中的向量。它在摩擦平面中的投影定义了线性主方向。轴方向仅用于各向异性材料。如果两种各向异性材料相互作用，则将使用它们中的一种，用户当前不能优先考虑哪一种。

3.9.2 仿真参数的设置

仿真参数设置的对话框可以通过依次单击Menu bar(菜单栏)、Simulation(仿真)、Simulation settings(仿真设置)或者单击工具栏2中仿真设置打开。如图3-97所示，它可以设置仿真的时间步长、每帧渲染的仿真、仿真时间等。

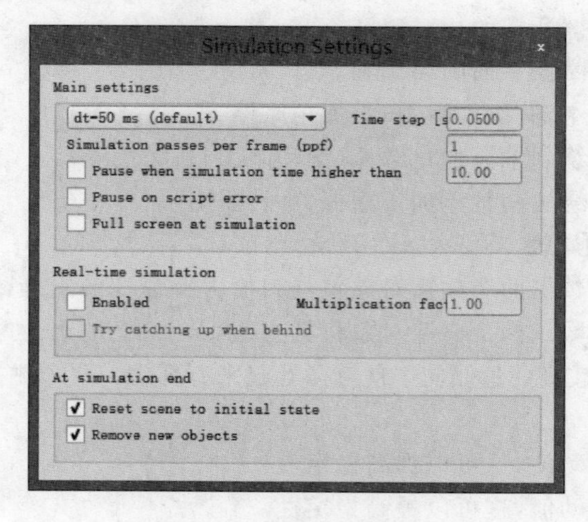

图3-97 仿真设置对话框

如图3-97所示，对仿真设置对话框的说明如下。

时间步长：仿真时间步长。每次执行主脚本时，仿真时间都会按照仿真时间步长递增。使用大的时间步长可实现快速但不准确/不稳定的仿真。另一方面，小时间步长(通常)可实现更精确的仿真,但将需要更多的时间。强烈建议保留默认时间步长。

每帧的仿真传递(ppf):一个渲染传递的仿真传递数。值 10 表示在屏幕刷新之前,主脚本执行 10 次(10 个仿真步骤)。

当仿真时间高于 XX 时,暂停:允许指定仿真暂停的仿真时间(例如,能够在特定仿真时间分析一些结果)。

暂停脚本错误:如果启用,则当脚本错误发生时,仿真将暂停。

仿真启动时的全屏:如果启用,则仿真在全屏模式下启动。请注意,在全屏模式下,对话框和消息不会出现或将不可见,只有鼠标左键将处于活动状态。因为这个原因,只有在场景被正确配置和最终时才推荐该模式。全屏模式可以使用 Esc 键,并在仿真期间通过布尔参数 sim_booparam_fullscreen 切换。Unler Linux 和 MacOS 全屏模式可能仅部分支持,并且切换回正常模式可能会在某些系统上失败。

实时仿真,乘法因子:如果选择,则仿真时间将尽量跟随实时。乘法因子 *X* 将试图运行仿真比实时快 *X* 倍。

尝试在后面赶上:在实时仿真期间,可能发生仿真时间不能跟随实时(例如,由于一些暂时的计算)。在这种情况下,如果选中此复选框,则仿真时间将尝试赶上损失的时间(例如,当计算负载再次减小时),这导致明显的加速。

将场景重置为初始状态:当选择时,所有对象将被重置为其初始状态,包括对象局部位置、局部方向及其父对象(只要对象未被修改(否则为缩放))、关节和路径固有位置、浮动视图位置和大小等。这意味着下一个仿真运行将以与前一个相同的方式执行,除非进行了大的改变(如形状缩放、对象移除等)。此项目忽略一些次要设置。

删除新对象:选择后,在仿真运行期间添加的场景对象将在仿真结束时删除。

3.9.3 仿真的控制

仿真的控制主要跟工具栏中的 5 个按钮有关。选择 Start/resume simulation 可对已经构建好的机器人模型及其工作环境进行仿真。在对默认的模型未做出其他修改时,机器人将使用 V-REP 内置的运动规划和逆运动学的算法进行运动。在机器人运动的过程中,在场景的上方还将实时地呈现机器人运动的信息文本。选择 Pause simulation 可暂停仿真过程,选择 Stop simulation 可结束仿真过程,机器人模型及其他场景将恢复到起始的状态。在 V-REP 仿真过程中,单击 speed up simulation,可以对仿真过程进行加速,单击 slow down simulation,可以对仿真过程进行减速。

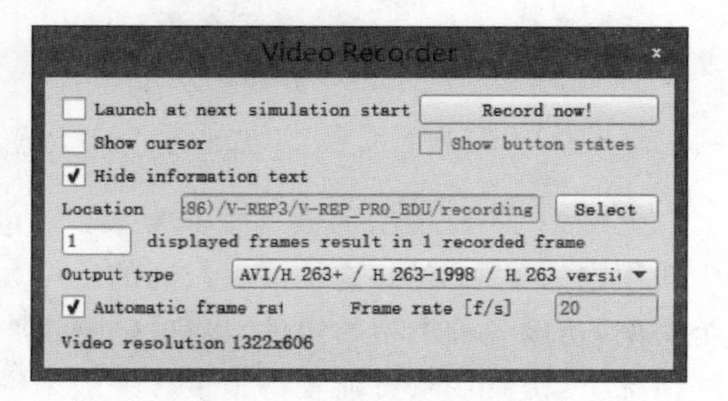

图 3-98　录像机设置对话框

此外,V-REP 还提供了录像功能,通过依次单击 Menu bar(菜单栏)、Tools(工具)、Video recorder(录像机)打开录像机对话框,如图 3-98 所示。但选择开始记录或仿真开始时，它将记录机器人仿真的动画；当仿真结束时，它将自动地把动画保存为 avi 的视频格式至路径 V-REP3\V-REP_PRO_EDU\recording.avi 中。

3.10 V-REP 的具体例子

3.10.1 机械臂模型的构建

1. 构建可视形状

当构建一个新模型时，首先，我们只处理它的视觉方面，动态方面(其潜在的更简化/优化模型)、关节、传感器等将在稍后阶段处理。

现在可以在 V-REP 中通过依次单击菜单栏、添加、原始形状、直接创建原始形状。执行此操作时，我们可以选择创建纯形状或常规形状。纯形状将被优化用于动态交互，并且还会被直接动态地启用(即下降、碰撞，但是这可以在稍后阶段被禁用)。原始形状将是简单的网格，可能不包含足够的细节或几何精度。在这种情况下，可以选择其他方法：从外部应用程序导入网格。

当从外部应用程序导入 CAD 数据时，最重要的是要确保 CAD 模型不会太繁重，即不包含太多的三角形。这个要求很重要，因为重型模型显示缓慢，并且也可能减慢在稍后阶段使用的各种计算模块(例如最小距离计算或动态)。如图 3-99 所示，下面的例子通常是难以实现的。

图 3-99　复杂 CAD 数据(实体和线框)

上例中 CAD 模型的数据量非常大：它包含许多三角形(超过 47000)，如果只在空场景中使用它的单个实例，这是可以做到的。但大多数时候，你可能想要仿真同一个机器人的几个实例，连接各种类型的组件，也许这些机器人还会与其他机器人、设备或环境交互。在这种情况下，仿真场景可能变得很慢。一般来说，建议对一个由不超过 20000 个三角形组成的机器人进行建模，但大多数时候 5000～10000 三角形就可以很好地满足各种需求。记住：

不管在什么情况下，三角形数量越少越好。

为何上面的模型会如此繁重？首先，包含孔和小细节的模型将需要更多的三角形面以获得正确的表示。因此，如果可能，请尝试从原始模型数据中删除所有的孔、螺丝、对象的内部结构等。如果将原始模型数据表示为参数曲面/对象，则大多数时间会花在选择项目和删除项目(例如在 Solidworks 中)的简单问题上。第二个重要步骤是以有限的精度导出原始数据：大多数 CAD 应用程序允许你指定导出网格的精确程度。当绘图由大小对象共同组成时，有必要用多个步骤导出对象，这是为了避免大对象具有过于精确定义(太多的三角形)和小对象太粗略定义(太少的三角形)，应当：首先导出大对象(通过调整所需的精度设置)，然后再导出小对象(通过调整精度设置)。

V-REP 支持当前以下 CAD 数据格式：OBJ，STL，DXF，3DS(仅限 Windows)和 Collada。URDF 也受支持，但在这里不涉及，因为它不是一个纯粹的基于网格的文件格式。

现在假设我们已经应用了所有可能的简化。如图 3-100 所示，在导入后，我们可能仍然会遇到太繁重的网格。

图 3-100　导入的 CAD 数据

可以注意到：整个机器人是作为单个网格导入的。我们稍后将看到如何适当划分它的方法。注意导入网格的方向：最好是保持方向，直到整个模型被建立，因为，如果在以后的阶段中我们要导入与同一机器人相关的其他项目，它们将自动具有相对于原始网格的正确位置/取向。

在这个阶段，有几个功能可供我们使用，以简化网格：

(1) 自动网格划分：允许为未通过公共边缘连杆在一起的所有元素生成新形状。这并不总是适用于选定的网格，但是值得一试，因为在网格元素上的工作会给我们带来更多的麻烦，如果我们不得不同时处理所有的元素。可以通过依次单击菜单栏、编辑、分组/合并、分割所选形状以访问该功能。有时，网格将被划分得超过预期。在这种情况下，简单地合并逻辑上属于一体的元素(即具有相同的视觉属性并且是同一连杆的一部分)使其成为一个单一的形状(通过依次单击菜单栏、编辑、分组/合并、合并选定的形状)。

(2) 提取凸包：允许通过将网格转换为凸包来简化网格。该功能可以通过依次单击菜单栏、编辑、变形选择成凸形来访问。

(3) 抽取网格：允许减少网格中包含的三角形的数量。可以通过依次单击菜单栏、编辑、抽取所选形状以访问该功能。

(4) 删除网格内部：允许通过删除网格简化网格。此功能基于视觉传感器，并且可能根据所选设置提供不同结果。可以通过依次单击菜单栏、编辑、在选定形状内提取以访问该功能。

上面的函数的应用没有预定义的顺序(除了列表中的第一个项目总是应该先被尝试)，它在很大程度上取决于我们试图简化的网格几何。如图 3-101 所示，它演示了应用于导入网格的上述功能(假设列表中的第一个项目并不适用)。

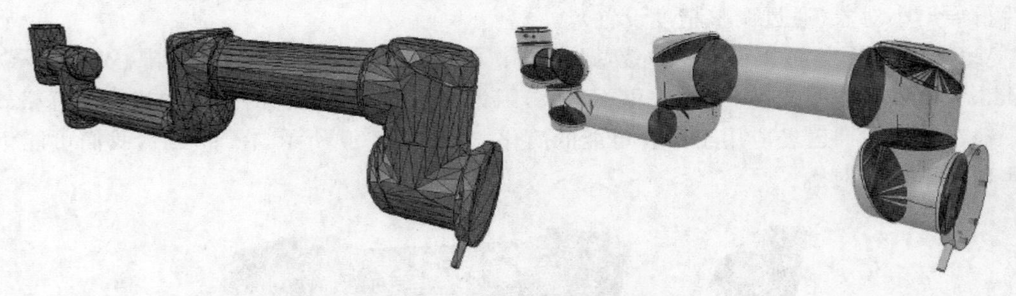

图 3-101　凸体，抽取网格，并在里面提取

注意：在这个阶段，凸包不能帮助我们。我们决定先使用网格抽取功能，并运行函数两次，以便将三角形的数量除以总数 50。一旦完成这一步，我们将提取简化形状的内部并丢弃它。我们最终会得到一个总共包含 2660 个三角形的网格(原始导入的网格包含超过 136 000 个三角形)。在形状几何对话框中可以看到形状所包含的三角形/顶点的数量。2660 是构建一个完整的机器人模型需要的最少的三角形数量，但是视觉外观可能受到一点点影响。

在这个阶段，可以开始将机器人分成单独的连杆(记住，目前整个机器人只有一个形状)。可以通过两种不同的方式做到这一点：

(1) 自动网格划分：如上所述，这个功能将检查形状，并生成一个新形状的所有元素，并且没有通过共同的边缘连杆在一起。这个方法并不总是有效，但值得一试。可以通过依次单击菜单栏、编辑、分组/合并、分割所选形状以访问该功能。

(2) 手动网格划分：通过三角编辑模式，可以手动选择在逻辑上属于一体的三角形，然后单击提取形状。这将在场景中生成新的形状。在该操作后将删除选定的三角形。

如图 3-102 所示为分隔的网格。

现在，可以进一步细化/简化个别形状。有时，如果使用凸包，形状可能看起来更好。其他时候，你将不得不迭代使用上面描述的几种技术，以获得所需的结果。以如图 3-103 所示的网格为例。

上面的形状的问题在于，不能很好地简化，因为它包含了洞。所以必须通过形状编辑模式这种更复杂的方式，其中可以提取逻辑上属于同一个凸子实体的各个元素。这个过程可

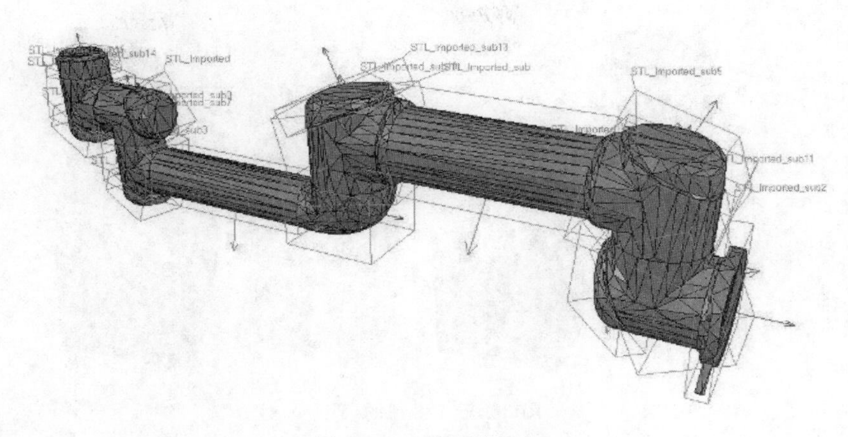

图 3-102 分隔的网格

以进行几次迭代，首先提取 3 个近似凸元素。现在，忽略作为两个孔的一部分的三角形。在形状编辑模式下编辑形状时，可以方便地切换可视图层，以查看其他场景项目覆盖的内容，如图 3-104 所示。

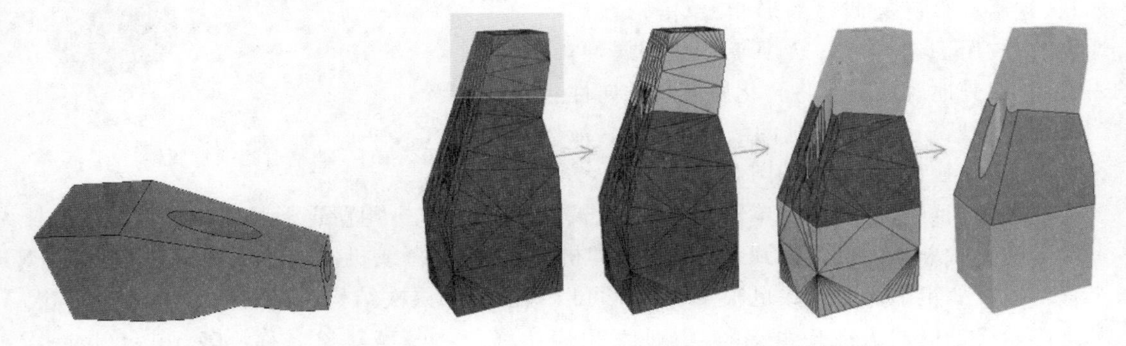

图 3-103 导入的网格　　　　图 3-104 得到的图形

最终形成了三种形状，但其中两种需要进一步改进。现在可以删除作为孔的一部分的三角形。最后，为 3 个形状单独提取凸包，然后通过依次单击菜单栏、编辑、分组/合并、合并所选形状以将它们合并回来，得到的模型如图 3-105 所示。

在 V-REP 中，可以启用/禁用每个形状的边缘显示。还可以指定边缘显示的角度。类似的参数是阴影角度，其指示形状的显示方式。可以在形状属性中调整这些参数以及诸如形状颜色的其他几个参数。形状有各种各样的形式，在本部分内容中，我们只处理到现在的简单形状：一个简单的形状有一组单一的视觉属性(即一种颜色、一个阴影角度等)。如果合并两个形状，那么结果将是一个简单的形状。还可以对形状进行分组，在这种情况下，每个形状将保留其视觉属性。

下一步可以合并逻辑上属于一体的元素(如果它们是同一刚性元素的一部分，并且它们具有相同的视觉属性)，然后改变各种元素的视觉属性。最简单的方法是调整具有不同颜色

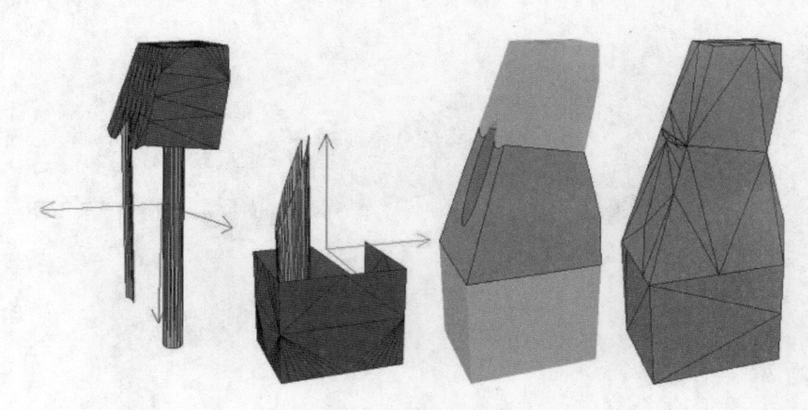

图 3-105 得到的模型

和视觉属性的几个形状,如果使用特定字符串命名颜色,可以在随后的工作中轻松地以编程的方式更改该颜色(即使形状是复合形状的一部分)。然后,选择具有相同视觉属性的所有形状,控制选择已经调整的形状,单击形状属性中的"应用于选择",一次用于"颜色"属性,一次用于"其他属性",这将转化所有视觉属性到选定的形状(包括你提供的颜色名称)。最终得到 17 个独特的形状,如图 3-106 所示。

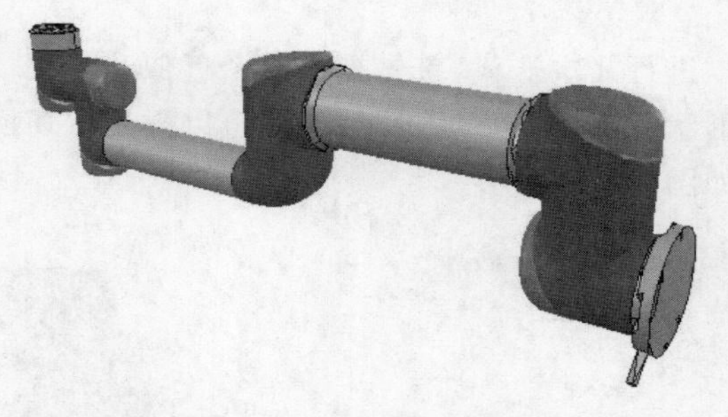

图 3-106 调整后的视觉属性

现在我们可以通过依次单击菜单栏、编辑、分组/合并、分组所选形状以将属于同一连杆一部分的形状分组。最终得到 7 种形状:即机器人的基座(或机器人的层次树的基座)和 6 个移动连杆。正确命名对象也很重要:你可以双击场景层次结构中的对象名称进行修改。基座应始终是机器人或模型名称,其他对象应始终包含基座对象名称,如:robot(base)、robot_link1、robot_proximitySensor 等。通过默认设置,形状将分配给可视层 1,但可以在对象公共属性中更改。默认情况下,仅激活场景的可见性图层 1~8。我们现在有以下模型(模型 ResizableFloor_5_25 在模型属性对话框中暂时使不可见),如图 3-107 所示。

创建或修改形状时,V-REP 将自动设置其参考框架位置和方向。形状的参考框架将始终位于形状的几何中心。默认选择的框架方向会使形状的边界框保持尽可能小。但显示效果并不总是令人满意,不过可以随时重新定向形状的参考系。通过依次单击菜单栏、编辑、重定向边界框、与世界的参考框架,可以重新定向我们创建的所有形状的参考框架。形状几何对话框中有更多选项可以用来重新定向参考系。

2. 建立关节

现在关注关节/电机。大多数时候,我们知道每个关节的确切位置和方向。在这种情况下,我们只需通过依次单击菜单栏、添加、关节,然后使用坐标和变换对话框更改它们的位置和方向。有时候我们只有 Denavit-Hartenberg(即 DH)参数。在这种情况下,可以通过

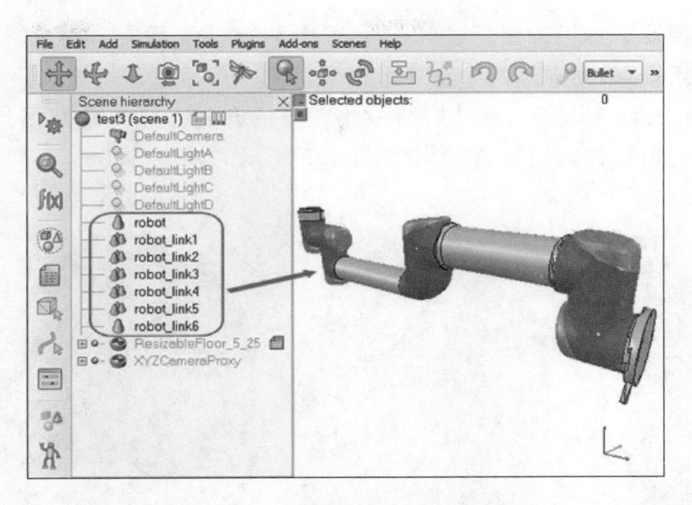

图 3-107 单个元素组合成的机器人

Models/tools/Denavit-Hartenberg joint creator. ttm 中的工具模型在模型浏览器中建立我们的关节。没有关于关节位置和方向的信息时，我们需要从导入的网格中提取它们。假设我们打开一个新的场景，并再次导入原始的 CAD 数据，而不是处理经过修改的、更近似的网格。大多数时候，我们可以从原始网格中提取网格或原始形状。第一步是细分原始网格。如果这不起作用，可以使用三角形编辑模式。假设我们可以分割原始网格，现在有可以看到的更小的对象。我们寻找可以用作参考的旋转形状，以便在其位置创建关节，同时具有相同的方向。首先，删除所有不需要的对象。有时需要跨越几个打开的场景，以便获得更容易的可视化/操纵。在本例中，我们首先关注机器人的基座：它包含一个具有第一关节正确位置的圆柱体。如图 3-108 所示，在三角形编辑模式得到的机器人基座模型。

图 3-108 机器人基座：正常和三角形编辑模式可视化

通过页面选择器工具栏按钮更改摄像机视图，以便从侧面查看对象。适合视图的工具栏按钮可以派上用场，以便在编辑中正确地构建对象。然后我们切换到顶点编辑模式，并选择属于顶盘的所有顶点。记住，通过切换一些图层的开/关，可以隐藏场景中的其他对象。然后我们切换回三角形编辑模式，得到如图 3-109 所示的模型。

图 3-109 所选顶盘、顶点编辑模式和三角编辑模式

现在选择 Extract cylinder(Extract shape)，Extract shape 也可以在这种情况下工作，这命令只是根据所选的三角形在场景中创建了一个柱形。我们离开编辑模式并放弃更改。现在我们通过依次单击菜单栏、添加、关节、旋转添加一个旋转关节保持选择，然后控制选择提取的圆柱形状。在坐标和变换对话框中，我们单击位置/平移按钮，然后在对象/项目位置部分，单击应用于选择(编辑框下面的)：这基本上将 $x/y/z$ 圆柱的位置复制到关节中。现在两个位置相同。然后单击方向/旋转按钮，在对象/项目定向部分中，单击应用于选择：我们所选对象的方向现在也是相同的。有时，我们需要围绕其自身的参考系附加地旋转关节约 90°/180°，以便获得正确的取向或旋转方向。如果需要，我们可以在对象/项目循环操作部分执行此操作(在这种情况下，不要忘记单击自己的框架按钮)。以类似的方式，我们也可以沿着它的轴移动关节，或者做更复杂的操作。得到的模型如图 3-110 所示。

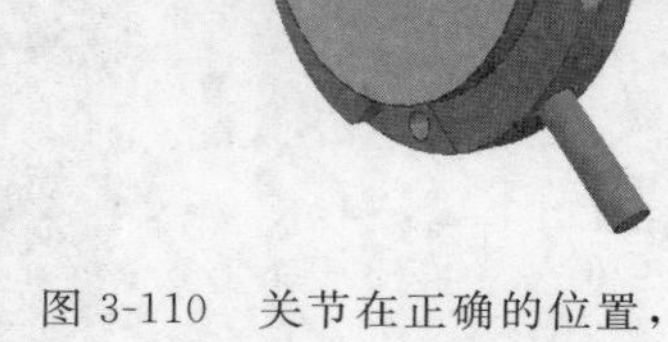

图 3-110 关节在正确的位置，具有正确的方向

现在把关节复制到原来的场景，并保存它。对机器人中的所有关节重复上述过程，然后重命名。在关节属性中，我们还使所有关节略长，以便能够看到它们。默认设置下，关节将被分配给可视层 2，不过这可以在对象公共属性中更改。现在我们将所有关节分配给可见层 10，然后暂时使能用于场景的可见层 10 也将这些关节可视化(默认情况下，仅为场景激活可见层 1～8)。如图 3-111 所

示为得到的模型。(ResizableFloor_5_25 模型暂时在模型属性对话框中不可见)。

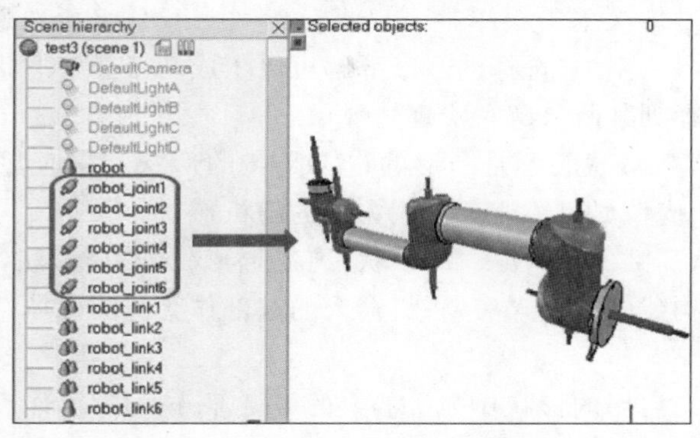

图 3-111 配置正确的关节

现在可以开始构建模型层次结构并完成模型定义。但是如果想要动态启用 opur 机器人,那么还需要一个额外的中间步骤。

3. 构建动态形状

如果我们希望我们的机器人被动态启用,即对碰撞、跌落等作出反应,那么我们需要适当地创建/配置形状。形状可以是:

(1) 动态或静态:动态(或非静态)形状将会下降并受到外力/力矩的影响。另一方面,静态(或非动态)形状将保持在适当位置,或者遵循其父级在场景层次结构中的移动。

(2) 可应答的或不可应答的:可应答的形状将引起与其他可应答的形状的碰撞反应。它们是动态的,它们和它们的碰撞物的运动将会受到影响。另一方面,如果不可响应形状与其他形状碰撞,则不能计算碰撞响应。

可响应的形状应该尽可能简单,以便允许快速和稳定的仿真。物理引擎将能够仿真以下 5 种类型的具有不同程度的速度和稳定性的形状:

(1) 纯形状:纯形状将是稳定的,并由物理引擎处理时非常有效。但是,纯形状在几何形状上受到限制,主要是立方体、圆柱体和球体。如果可能,可以用于那些长时间与其他物品接触的物品(例如类人机器人的脚,连续机械臂的基座,夹具的手指等)。纯形状可以通过依次单击菜单栏、添加、原始形状以创建。

(2) 纯复合形状:纯复合形状是几种纯形状的分组。它与纯形状共享类似的属性。可以通过依次单击菜单栏、编辑、分组/合并、分组所选形状以分组几个纯形状生成纯复合形状。

(3) 凸形状:凸形状会稍微不稳定,并且当由物理引擎处理时需要花费更多的计算时间。它可以有比纯形状更一般的几何特性(唯一的要求:它需要是凸的)。如果可能,对于偶尔与其他部件(例如机器人的各种连杆)接触的部件,可以使用凸面形状。凸面形状可以通过依次单击菜单栏、添加、选择凸面或通过依次单击菜单栏、编辑、变形选择为凸形以生成。

(4) 复合凸形状或凸分解形状：凸分解形状是几种凸形形状的分组。它与凸形形状和共享类似的属性。通过依次单击菜单栏、编辑、分组/合并、分组所选形状以将多个凸形分组，通过依次单击菜单栏、添加、选择的凸形分解可以生成凸形分解形状，或者通过依次单击菜单栏、编辑、变形选择到其凸分解来实现。

(5) 随机形状：随机形状既不是凸形的也不是纯的形状。它通常具有较差的性能（如计算速度和稳定性）。应该尽可能避免使用太多的随机形状。

因此，优先顺序从高到低依次是：纯形状，纯复合形状，凸形形状，复合凸形状，以及随机形状。在我们想要构建的机器人中，将机器人的基部作为纯圆柱体，并且其他连杆作为凸形或分解形状。

我们可以使用动态启用的形状作为机器人的可见部分，但这可能看起来不够好。所以，相反地，将为第一部分创建的可视形状构建一个动态副本，并隐藏掉：隐藏部分将代表动态模型，并可以完全由物理引擎使用，而可见部分将用于可视化，但也用于最小距离计算、接近传感器检测等。

我们选择机器人对象，将其复制并粘贴到一个新场景（为了保持原始模型不变），并启动三角形编辑模式。如果对象是机器人复合形状，我们首先不得不取消它的组合（通过依次单击菜单栏、编辑、分组/合并、取消组合所选形状），然后合并各自的形状（通过依次单击菜单栏、编辑、分组/合并、合并所选形状），然后才能启动三角形编辑模式。现在我们选择代表电源线的几个三角形，并删除它们。然后选择该形状中的所有三角形，再单击提取柱面。我们现在可以离开编辑模式，如图 3-112 所示，基础对象已经表示为纯圆柱体。

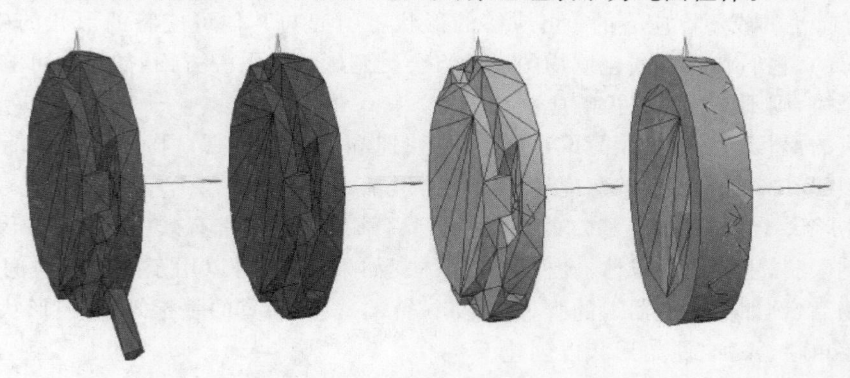

图 3-112 纯圆筒生成程序（在三角编辑模式）

我们重命名新形状（双击它在场景层次结构中的名称）为 robot_dyn，将其分配给可见性层 9，然后将其复制到原始场景。其余的连杆将被建模为凸形或复合凸形。我们现在选择第一个移动连杆（即对象 robot_link1），并通过依次单击菜单栏、添加、选择的凸包以生成一个凸形。将其重命名为 robot_link_dyn1，并将其分配给可见层 9。如果提取凸包时不能保留原始形状的足够细节，你仍然可以从其组成元素中手动提取几个凸包，然后通过依次单击菜单栏、编辑、分组/合并、分组所选形状以将所有凸包分组。如果这种方法有问题或耗时，那么你可以通过依次单击菜单栏、添加、选择的凸形分解以自动提取凸分解形状，得到的模型如图 3-113 所示。

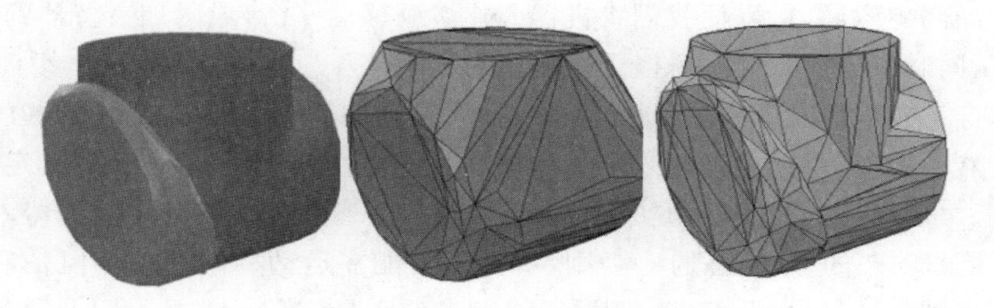

图 3-113 原形形状进行分解后得到的凸形

现在对所有剩余的机器人连杆重复相同的过程。一旦完成，我们将每个可见形状附加到其相应的不可见的动态垂饰。首先选择可见形状，然后通过控制单击选择其动态垂饰，然后依次选择菜单栏、编辑、最后选择的父对象。如图 3-114 所示，将可见形状拖动到场景层次结构中的动态垂饰上也可以实现相同的结果。

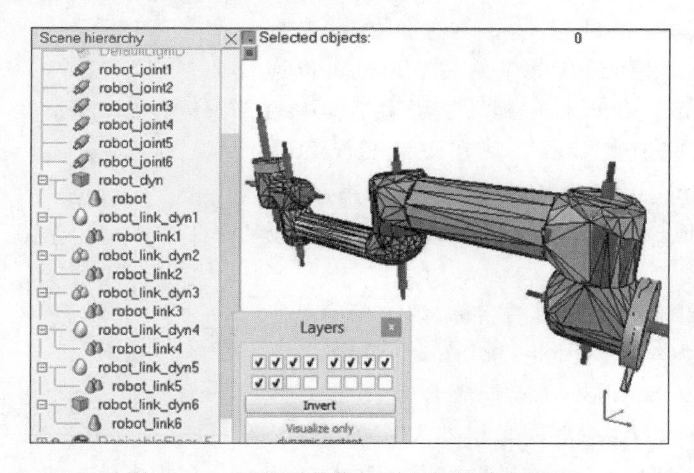

图 3-114 可见形状附加到它们的动态形状

我们仍然需要处理几件事情：

(1) 因为我们希望动态形状只对物理引擎可见，而不是对其他计算模块可见，所以我们在对象公共属性中取消选中动态形状的所有对象特殊属性。

(2) 我们仍然必须将动态形状配置为动态的和可响应的，可以在形状动力学属性中做到这一点。首先选择基本动态形状(即 robot_dyn)，然后检查 Body 是否是可响应项。启用前 4 个局部可响应掩码标志，并禁用最后 4 个局部可响应掩码标志：这对于连续的可响应连杆不会彼此冲突来说是很重要的。对于机器人中的第一个移动动态连杆(即 robot_link_dyn1)，我们还启用了 Body 可响应项，但是这次我们禁用前 4 个本地可响应掩码标志，并启用最后 4 个局部可响应掩码标志。对所有其他动态连杆都重复上述过程，同时总是交替局部可应答掩码标志：一旦模型被定义，机器人的连续动态形状在彼此交互时就不会产生任何冲突响应。尝试以机器人动态基座所在的构造物结束，并且机器人的最后一个动态连杆只启用4个局部响应标志，以便我们将机器人连接到移动平台，或附加夹持器到机器人的最后动态连杆，同时保证没有动态碰撞干扰。

（3）我们仍然需要标记动态形状，因为Body是动态的，也可以在形状动力学属性中做到这一点。然后，我们可以手动输入质量和惯性张量属性，或通过单击计算选定凸形的质量和惯性属性。机器人的动态基座是一种特殊情况：大多数时候，我们希望机器人的基座（即robot_dyn）是非动态的（即静态的），否则，机器人可能在运动期间下落。但是，一旦将机器人的基座连接到移动平台，我们希望基座变为动态（即非静态）。为此，我们可以启用"Set to dynamic if gets parent"选项，然后关闭"Body is dynamic item"选项。现在运行仿真：所有动态形状，除了机器人的基础，按理说是会下落的。附加的视觉形状将遵循它们的动态垂饰。

4. 模型定义

现在准备好定义我们的模型。通过构建模型组合开始：选择robot_link_dyn6，然后控制选择robot_joint6，并通过依次单击菜单栏、编辑、最后选择的父对象，将最后一个动态机器人连杆（robot_link_dyn6）附加到其对应的关节。也可以通过将对象robot_link_dyn6拖放到场景层次结构中的robot_link6上来完成此步骤。现在继续将robot_joint6和robot_link_dyn5组合起来，依此类推，直到到达机器人的基地。如图3-115所示，现在有以下场景层次结构。

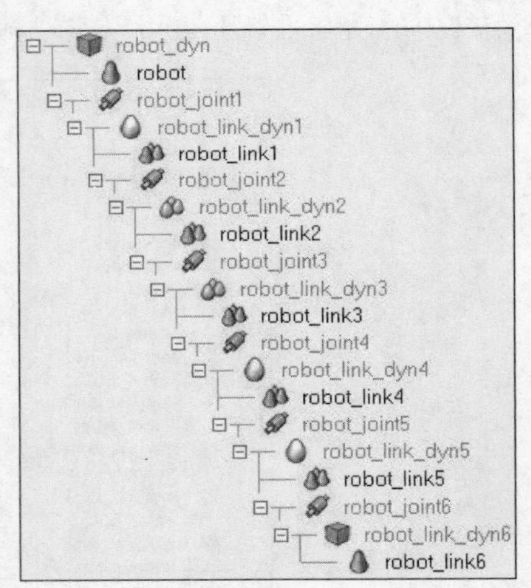

图3-115　机器人模型层次

模型基座最好有一个简单的名称，因为模型基座往往也代表模型本身。因此，将robot重命名为robot_visibleBase，将robot_dyn重命名为robot。现在我们选择层次树的基础（即对象机器人），在对象公共属性中启用Object is model base，同时启用Object/model can transfer or accept DNA。模型边界框将出现，并包围整个机器人。然而，边界框看起来太大，这是因为边界框还包含不可见项目（例如关节）。现在，通过为所有关节启用Don't show as inside model selection，从模型边界框中排除关节。我们可以对模型中的所有不可见项目执行相同的过程。这也是一个从模型边界框中排除大传感器或其他项目的方法，如图3-116所示。

接下来需要保护我们的模型免受意外修改。我们选择机器人中的所有可见对象，然后启用Select base of model instead：如果我们现在单击场景中的可见关节，将会选择到机器人的基座，这允许我们像操作一个单一对象一样操纵模型。还可以通过在场景中的同时单击Shift和Ctrl键或通过选择场景层次结构中的对象来选择机器人中的可见对象。

接下来将机器人置于正确的默认位置/方向。首先，保存当前场景作为参考（例如，如果

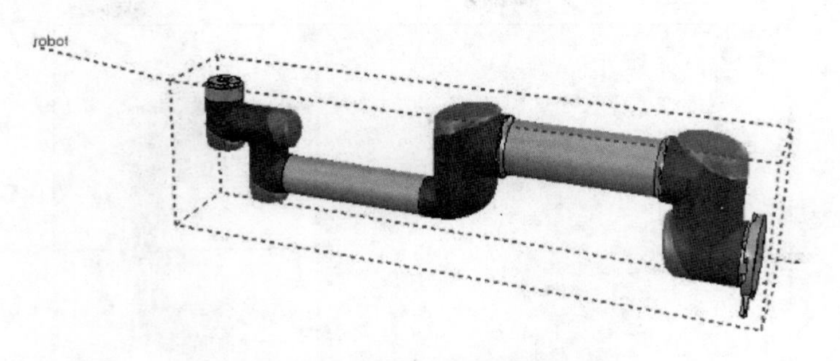

图 3-116 机器人模型边界框

在稍后阶段，我们需要导入具有相同方向的 CAD 数据)。然后选择模型并适当地修改其位置/方向。最好的做法是将模型(即其基座对象)定位在 $X = 0$ 和 $Y = 0$，如图 3-117 所示。

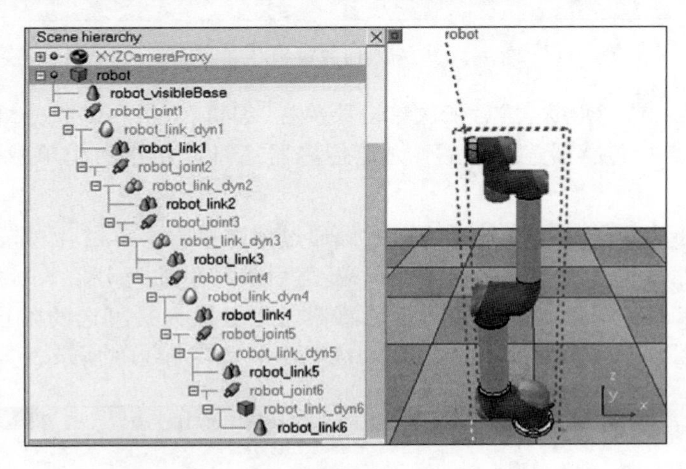

图 3-117 在默认配置情况下的机器人模型

运行仿真时，机器人将崩溃，因为关节不是默认控制的。在前一阶段添加关节时，我们是在力/力矩模式下创建关节，但是它们的电机或控制器被禁用(默认)。现在可以根据我们的要求调整关节。在该例中，我们想要一个简单的 PID 控制器。在关节动态属性中，单击电机启用，并调整最大力矩。然后，单击控制回路启用并选择位置控制(PID)。我们现在再次运行仿真，机器人将会保持其位置。尝试切换当前物理引擎，以查看所有支持的物理引擎的行为是否一致。你可以通过相应的工具栏按钮，或在一般动力学属性中做到这一点。

在仿真期间，通过动态内容可视化和验证工具栏按钮验证场景动态内容。现在，只有物理引擎考虑的项目将被显示，并且显示是彩色编码的。这样做是非常重要的，特别是当你的动态模型不按预期的行为时，可以快速调试模型。类似地，在仿真期间始终查看场景层次结构：动态启用的对象应在其名称的右侧显示球形边界图标，如图 3-118 所示。

最后，我们需要准备好机器人，以便我们能够轻松地将夹具连接到机器人，或者容易地将机器人附接到移动平台。两个动态启用的形状可以以两种不同的方式彼此刚性地附接：

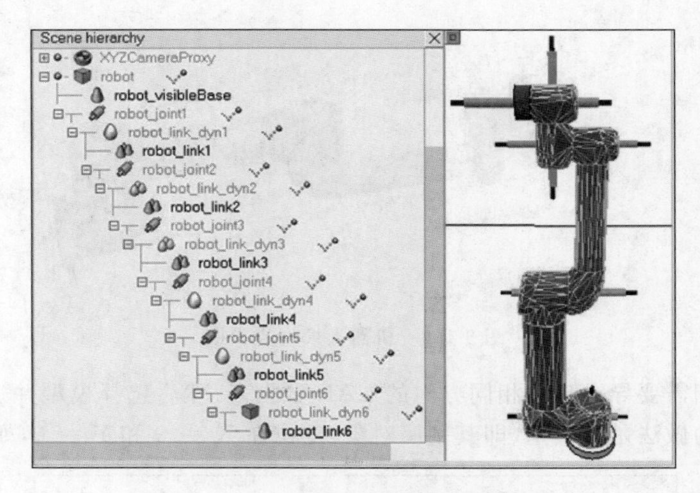

图 3-118 动态内容可视化和验证

(1) 通过分组：选择形状，然后依次单击菜单栏、编辑、分组/合并、分组选定的形状。

(2) 通过力/力矩传感器连接它们：力矩传感器还可以用作两个单独的动态使能形状之间的刚性连杆。

在我们的例子中只关注第 2 种方式。我们通过依次单击菜单栏、添加、力传感器以创建力/力矩传感器，然后将其移动到机器人的顶端，然后将其附加到对象 robot_link_dyn6。适当地改变其尺寸和视觉外观(红色力/力矩传感器通常被认为是可选的附接点，请检查各种机器人是否可用)，将其名称更改为 robot_attachment，如图 3-119 所示。

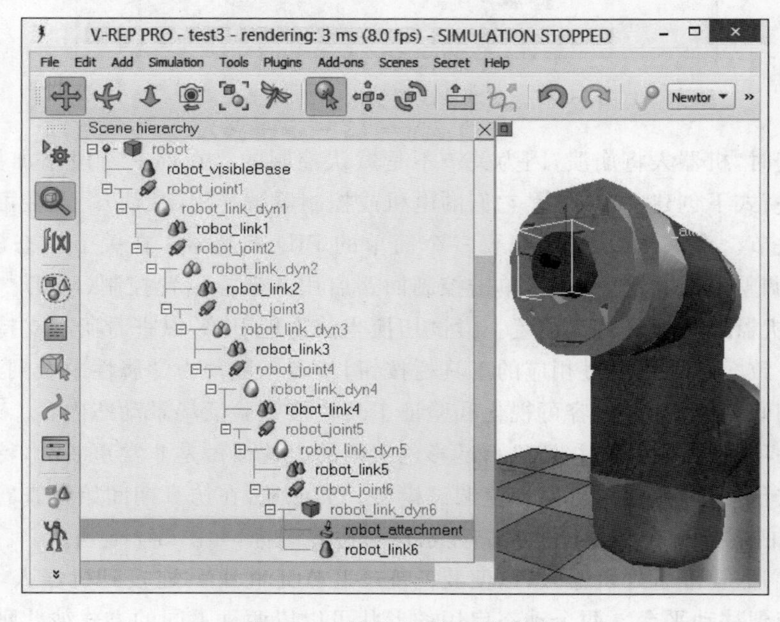

图 3-119 附件力/力矩传感器

现在我们将一个夹具模型拖到场景中，保持选择它，然后按住 Ctrl 键并单击附件力传感器，然后单击组装/拆卸工具栏按钮。夹具将会附加上去，如图 3-120 所示。

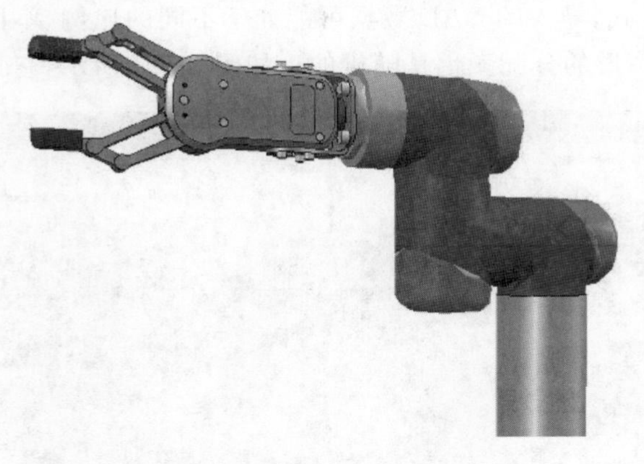

图 3-120 附加夹具

因为夹具在模型定义期间被适当地配置，它会准确附加上去。我们现在还需要正确配置机器人模型，以便知道它如何将自身附加到移动基础上。选择机器人模型，然后在对象常用属性中单击组合。禁用对象可以具有“父”角色，然后单击设置矩阵。这将记忆当前基础对象的局部变换矩阵，并使用它来相对于移动机器人的附接点定位/定向。为了验证我们的正确性，拖动模型 Models/robots/mobile/KUKA Omnirob. ttm 到场景中。然后选择我们的机器人模型，按住 Ctrl 键并单击移动平台上的一个连接点，然后单击组装/拆卸工具栏按钮。

现在可以向机器人添加额外的项目，例如传感器。在某些时候，我们可能还想要将嵌入式脚本附加到模型中，以便控制其行为或为各种目的配置它。在这种情况下，请确保已经了解如何从嵌入式脚本访问对象句柄。我们还可以从插件、从远程 API 客户端、从 ROS 节点或从附加组件控制/访问/接口模型。

现在确保我们已经还原机器人和夹具附件中的更改，折叠机器人模型的层次结构树，选择模型的基座，然后依次单击菜单栏、文件、保存模型为。如果我们将它保存在模型文件夹中，那么模型将在模型浏览器中可用。

3.10.2 逆运动学建模

本节将尝试解释如何使用逆运动学功能，同时构建一个 7 DoF 冗余机械手。但在此之前，请确保查看文件夹 scenes/ik_fk_simple_examples 中与 IK 和 FK 相关的各种简单示例场景。我们将构建一个非动态机械臂，它只使用逆运动学，而不使用任何物理引擎功能。与本部分内容相关的 V-REP CAD 数据（“redundantManipulator. stl”）位于 V-REP 安装文件夹的 cadFiles 文件夹中。与本部分内容相关的 V-REP 场景可以在 V-REP 的安装文件夹的 tutorials\InverseKinematics 文件夹中找到。依次单击菜单栏、文件、导入、网格，然后选择要导入的文件。此时将弹出一个对话框,询问网格缩放和网格方向。单击确定按钮将导入位于场景中间的一个简单的形状。形状也会出现在主窗口左侧的场景层次结构中。根据原始 CAD 数据的导出方式,导入的 CAD 数据可能处于不同的比例、不同的位置,或甚至细分为多个形状。导入的图形的分配颜色是随机的。如图 3-121 所示,它显示了导入的形状。

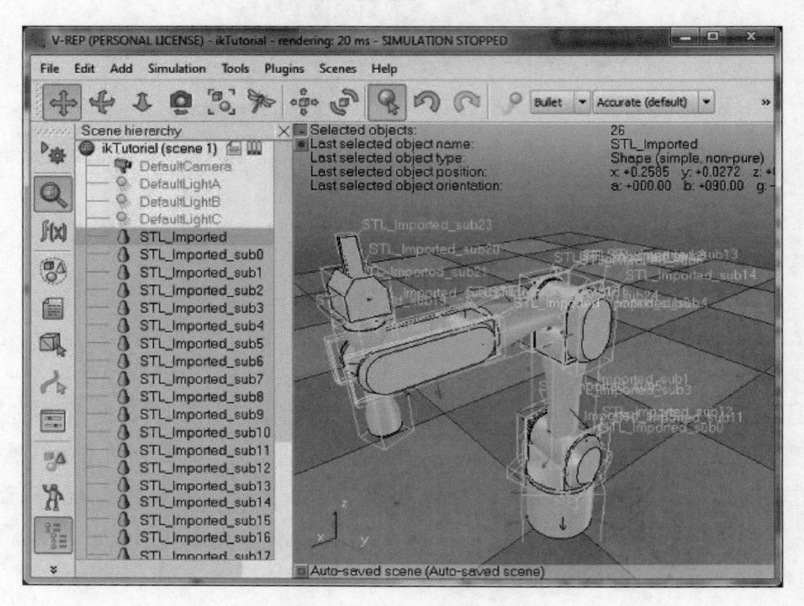

图 3-121 导入的模型形状

原始形状被分成几个子形状(也可参见场景层次结构)。形状分割算法通过对公共边缘连杆的所有三角形进行分组来进行操作。根据原始网格的创建或导出方式,无法执行此类划分过程。在这种情况下,你将不得不在三角形编辑模式中手动提取形状。

接下来,将改变各种对象的颜色,以便使其具有良好的视觉外观。首先双击场景层次结构中的形状图标,打开形状属性对话框。在选择形状时,单击对话框中的调整外部颜色:这将允许你调整所选形状的外部面的各种颜色分量。现在,只需调整形状的环境/漫反射颜色分量。若要将一种形状的颜色转换为另一种形状,请选择这两种形状,并确保最后一个选定的形状(用白色边框指示)是你要采用颜色的形状,然后单击在形状对话框的"颜色"部分的"应用于选择"按钮。也可以随意调整其他视觉参数,如阴影角度参数、边缘宽度或边缘颜色。一旦完成了着色,你可能得到如图 3-122 所示的场景。

在下一步中,我们将添加机械臂的 7 个关节。一种方法是将关节添加到场景中,然后指定它们适当的位置和方向(通过坐标和变换对话框)。然而,当你不知道确切的关节位置,这是不可能做到的,所以必须从我们有的形状提取:选择所有导入的形状,然后依次单击菜单栏、编辑、边界框对齐、将所选形状的坐标框架与世界对齐。此操作确保我们的边界框与绝对参考框架对齐,并且给定的当前机械臂配置表示了最小的边界框。依次单击菜单栏、添加、关节、旋转,将旋转关节插入场景。默认位置为(0; 0; 0),其默认方向为垂直,因此关节

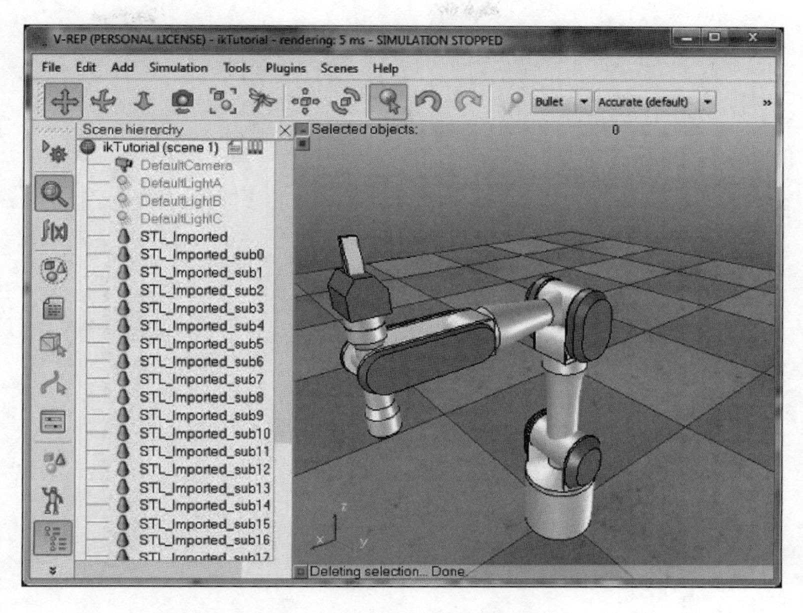

图 3-122 着色后的模型外观

被机械手的基准圆柱体隐藏。当关节仍然被选中时，按下 Ctrl 键选择基圆柱，然后打开位置和平移对话框，并单击第 1 部分底部的“应用于选择”。这只是将关节定位在与基圆柱完全相同的坐标系下（这个操作知识轻微地调整了关节的垂直位置，因为它已经在恰当的位置了）。现在为机械臂的所有关节重复这个过程（记住总共有 7 个关节）。所有的关节现在就位，然而，其中一些方向有错误。选择与世界 Y 轴对齐的所有关节，然后在方向和旋转对话框的第 1 节中为 Alpha、Beta 和 Gamma 项输入(90,0,0)，然后单击相关的“应用于选择”按钮。接下来，选择与世界 X 轴对齐的关节，然后为 Alpha、Beta 和 Gamma 输入(0,90,0)。现在，所有关节都有正确的位置和方向。

现在可以在关节属性对话框中调整关节尺寸（检查关节长度和关节直径项目）（也可以通过双击场景层次结构中的关节图标打开）。确保所有关节清晰可见，如图 3-123 所示。

下一步将对属于同一刚体的形状进行分组。选择作为连杆 1（基本圆柱为“连杆 0”）一部分的 5 个形状，然后依次单击菜单栏、编辑、分组/合并、分组所选形状。一旦形状以复合形状分组，就可以重新将其边界框与世界对齐，但此步骤不是必需的（并且只有视觉效果）。对逻辑上属于一体的所有形状重复相同的过程。在本部分内容中，我们不会启动夹具的手指，因此只是简单地将它们与最后一个关节分组。当所有要分组的形状共享相同的视觉属性时，尝试将它们合并在一起（依次单击菜单栏、编辑、分组/合并、合并所选形状）。

此时，可以按照以下方式重命名场景中的所有对象：依次单击 redundantRobot、redundantRob_joint1、redundantRob_link1、redundantRob_joint2 等。只需双击场景中的层次结构中的对象名称即可编辑其名称。

现在我们可以建立运动链，从顶端到基座：选择对象“redundantRob_link7”，然后按下

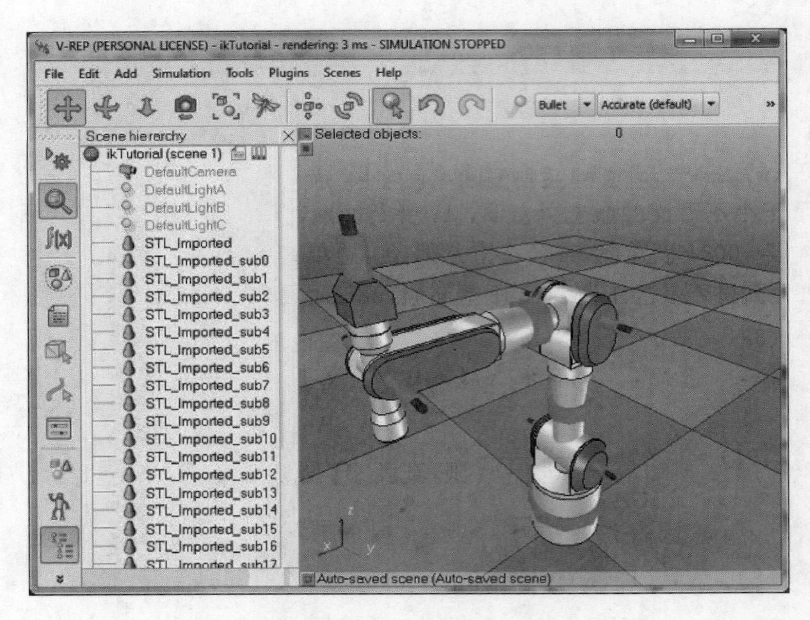

图 3-123 添加关节后的模型

Ctrl 键选择对象“redundantRob_joint7”,然后依次单击菜单栏、编辑、最后选择的对象父。或者,你可以将对象拖动到场景层次结构中的另一个对象上,以实现类似的操作。接下来对对象“redundantRob_joint7”和对象“redundantRob_link6”执行相同操作。以相同的方式继续,直到建立了机械臂的整个运动链。这时你应该(注意场景层次结构的结构):

选择所有关节,然后在关节对话框中,在“关节模式”部分中选择“关节处于逆运动学模式”,然后单击“应用于选择”按钮。打开对象公共属性,在可见性图层部分,禁用图层 2 并启用图层 10,然后单击相关的“应用于选择”按钮。这只是将所有关节发送到可见层 10,有效地使它们不可见。如果你希望临时启用/禁用某些图层,请查看图层选择对话框。

现在将为机械臂定义一个逆运动学任务。在 V-REP 中,IK 任务需要至少规定以下元素:

① 一个用"tip" dummy 和“base”对象描述的运动链。

② 一个约束"tip" dummy 的"target" dummy。

我们已经有了“base”对象(对象“redundantRobot”)。再添加一个 dummy 对象,将其重命名为“redundantRob_tip”,并使用坐标和变换对话框将其位置设置为(0.324,0,0.62)。接下来,将 dummy 连接到“redundantRob_link7”(选择“redundantRob_tip”,然后选择“redundantRob_link7”,然后依次单击 Menu bar、Edit、Make last selected object parent)。这样,"tip" dummy 就准备好了。

现在让我们准备"target" dummy:复制和粘贴“redundantRob_tip”,并将副本重命名为“redundantRob_target”。"target" dummy 准备就绪。接下来,我们必须通知 V-REP“redundantRob_tip”和“redundantRob_target”是用于逆运动学分辨率的一个 tip-target 对。

双击场景层次结构中的“redundantRob_tip”虚拟图标，这将打开虚拟属性对话框。在Dummy-dummy 连接部分中，将“redundantRob_target”指定为 Linked dummy。注意两个虚拟变量通过场景层次结构中的红色刻线连接起来(两个虚拟变量也通过红线在场景中连杆，但由于两个虚拟变量是重合的，因此无法看到该行)。在同一对话框中，连杆类型已经是IK，tip-target，这是默认值。这时你现在应该能得到如图 3-124 所示的场景。

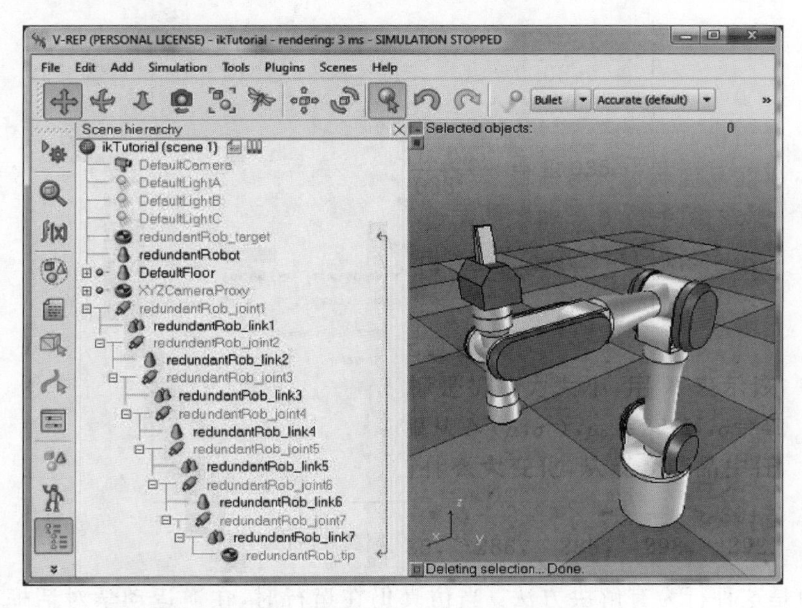

图 3-124 添加了 IK 组的模型

在这个阶段，用于定义逆运动学任务的所有元素都准备就绪，我们只需要将任务注册为IK 组。打开逆运动学对话框，然后单击添加新 IK 组。IK 组列表中将显示一个新项目——“IK_Group”。选择该项目后，单击编辑 IK 元素以打开 IK 元素对话框。在 Add new IK element with tip 按钮旁边，在下拉框中选择“redundantRob_tip”，然后单击 Add new IK element with tip 按钮。这只是添加了一个显示在列表中的 IK 元素。接下来，指示“redundantRobot”作为“Base”。最后，确保在“Constraints”部分中检查所有项目(检查 als Alpha-Beta 和 Gamma)。事实上，如图 3-125 所示，我们希望"tip" dummy 在位置和方向上跟随"target" dummy。

关闭 IK 元素对话框。在逆运动学对话框中，可以自由地检查选项“Mechanism is redundant”，但在此阶段，它不会有任何差异，因为没有定义关节限制或障碍物回避参数。

我们的逆运动学任务已经准备好了。运行仿真，然后选择“冗余 Rob target”。接下来，选择对象平移工具栏按钮。现在用鼠标拖动对象：机械臂应该会跟随。也可以尝试对象旋转工具栏按钮。

尝试在操作过程中按住 Ctrl 或 Shift 键。切换回对象平移工具栏按钮，并尝试尽可能远地拖动对象，并注意逆运动学任务如何中断。实际上，当配置是奇异或不可达时，会发生

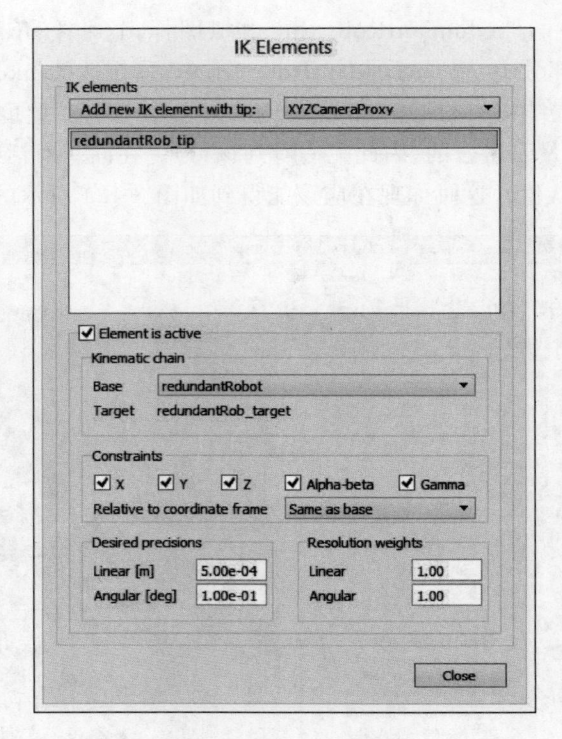

图 3-125　IK 元素对话框

这种情况，但是这种行为有解决方法：当仿真仍在运行时，在逆运动学对话框列表中选择"IK_Group"，然后为 Calc. Method 项指定 DLS。将对象拖动到不能触及的地方，注意逆运动学解如何变得更稳定。尝试上下调整 Damping 项。基本上，当阻尼大时，解会变得更稳定，但更慢。实际上，你可以获得两种求解方法的优点，你需要做的是定义两个相同的"IK 组"，其中第一个为非阻尼，第二个为阻尼。然后，对于第二个"IK 组"，你可以指定一个条件解。现在将"Calc. method"设回"Pseudo inverse"。

现在，在 IK 元素对话框中，选择"redundantRob_tip"，然后尝试禁用一些约束项，并注意当"redundantRob_target"对象被拖动或旋转时机械手的行为。一旦实验完成，将所有约束项目重置为"已选中"，然后停止仿真。

我们现在要做的是添加一种方式来轻松地操纵机器人，而不必担心由于移动错误的对象而破坏机器人。因此，我们将其定义为一个模型。首先，将"redundantRob_tip"和"redundantRob_target"移动到第 11 层，使两个虚拟变量不可见。然后 Shift 选择场景视图中的所有可见对象，Ctrl 单击场景层次结构中的对象"redundantRobot"以将其从选择中删除，然后打开对象公共属性对话框。检查选择模型的基础项目，然后选择相关的"Apply to selection"按钮。使用 Esc 键清除选择，然后选择"redundantRobot"。在同一对话框中，检查对象是模型基础项，然后关闭对话框。如图 3-126 所示，边界框现在包含整个机械臂。

单击机械臂上的任何对象，并注意 base dummy("redundantRobot")始终被选中。现在

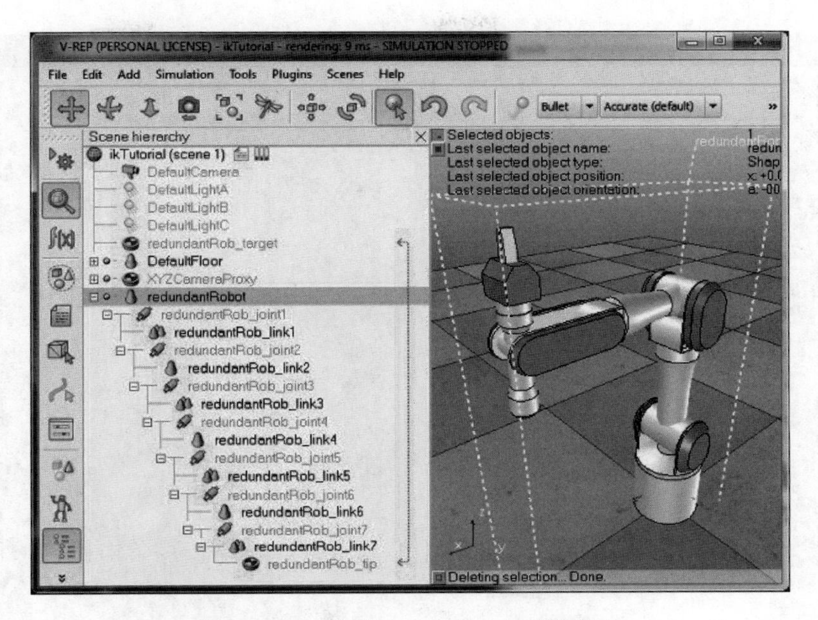

图 3-126 边界框包含了整个机械臂模型

打开对象操作设置并检查它(确保选择"redundantRobot")。你可以看到"redundantRobot"的平移发生在绝对参考系的 x-y 平面中。你可以通过调整各个项目来更改所选对象的默认鼠标平移行为。

现在当你尝试在场景中移动或旋转机器人(使用对象操纵工具栏按钮)时,它将始终固定在地板上,并保持正确的方向。你可以尝试一下(然后确保你使用撤销工具栏按钮将其重置为其初始位置/方向)。如果在平移操作期间按 Ctrl 键,则可以上下移动机器人。

接下来,让我们添加一个"manipulation sphere"的球体,我们将使用它来操纵机器人的夹具位置/方向。依次单击菜单栏、添加、基本形状、球体打开基本形状对话框,将 X 尺寸,Y 尺寸和 Z 尺寸指定为 0.05,然后取消选中创建动态和可响应形状项并单击"确定"按钮。将新添加的球体位置调整为与"redundantRob_target"相同(使用坐标和变换对话框)。球体现在会出现在机械手的末端。将球体重命名为"redundantRob_manipSphere",然后将其作为"redundantRob_target"的父级。当你运行仿真时,你应该能够通过移动操作球体来更改机械臂的配置。再次停止仿真。

让我们更改一些其他细节。在形状属性对话框中,单击调整外部颜色,然后检查不透明度项。注意球体外观的变化。为了得到更好的外观,请检查形状对话框中的背面拣选项目。在对象公共属性对话框中取消选中对象特殊属性部分中的所有项(这是因为操纵球不真的属于机械臂,它更多是一个用户界面元素)。如图 3-127 所示,现在使"redundantRobot" parent 为"redundantRob_manipSphere"。

作为最后一步,我们将注册一个碰撞对象,它会检测机械臂与其环境之间的碰撞。我们想要的是机械臂中的每个单独形状(操纵球除外)能够检测与环境的碰撞。让我们首先为我

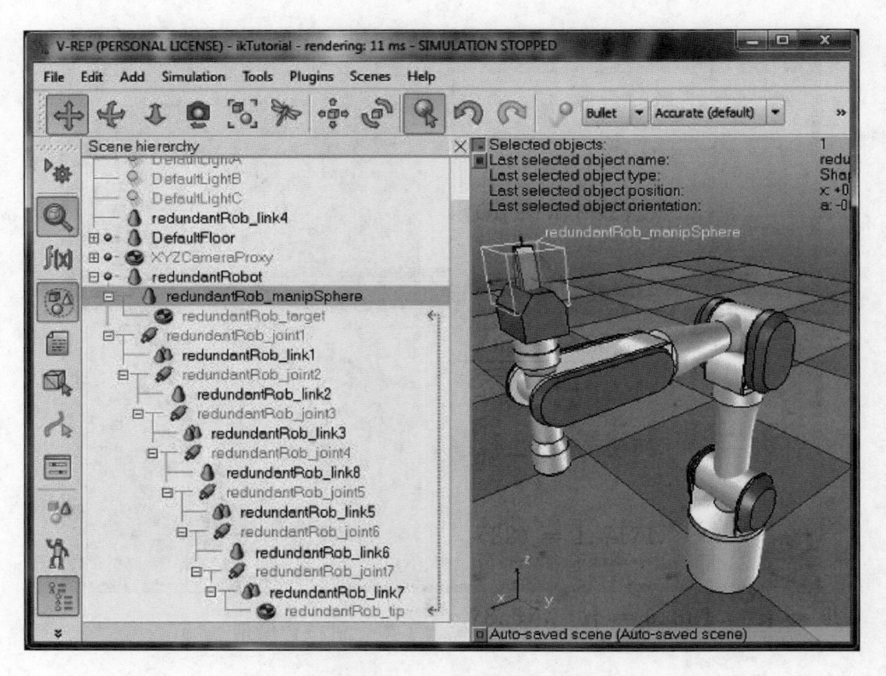

图 3-127　添加了球体的机械臂模型

们的机械臂定义一个集合。依次单击菜单栏、工具、集合或单击相应的工具栏按钮，打开集合对话框。选择“redundantRobot”，然后单击“添加新集合”。添加了一个新的空集合。我们现在需要定义集合内容：单击添加（确保“redundantRobot”仍然被选中）。注意集合的内容如何更改。现在选择新添加的集合项，然后单击可视化所选集合：构成机械臂的所有对象在场景中获得粉红色的颜色（注：即图 3-128 右侧的深色部分）。将集合重命名为“redundantRob”，这时将得到如图 3-128 所示的场景。

现在定义了“redundantRob”集合，我们可以注册一个碰撞对象：打开碰撞对话框，然后单击添加新碰撞对象并指定以下项对：“[Collection] redundantRob”“场景中的所有其他可碰撞对象”。这添加了一个新的冲突对象，你可以通过双击（将其重命名为“redundantRob”）在列表中重命名。

折叠场景层次结构中的“redundantRobot”树。现在你的冗余机械臂模型已准备就绪。运行仿真，并复制、粘贴几次机械臂。移动/旋转副本，并通过拖动其操作球体来更改其配置。注意每个机器人实例是如何完全功能的，以及如何用颜色变化来指示碰撞。打开逆运动学对话框，收集对话框和碰撞检测对话框。请注意所列项目是如何被自动复制的。现在停止仿真。注册最小距离对象的过程与上面的碰撞对象注册非常相似。所有已注册的对象（碰撞检测、集合、IK 组等）和所有场景对象都可以通过相应的 API 调用访问。此外，它们可以直接记录并通过图形对象可视化。

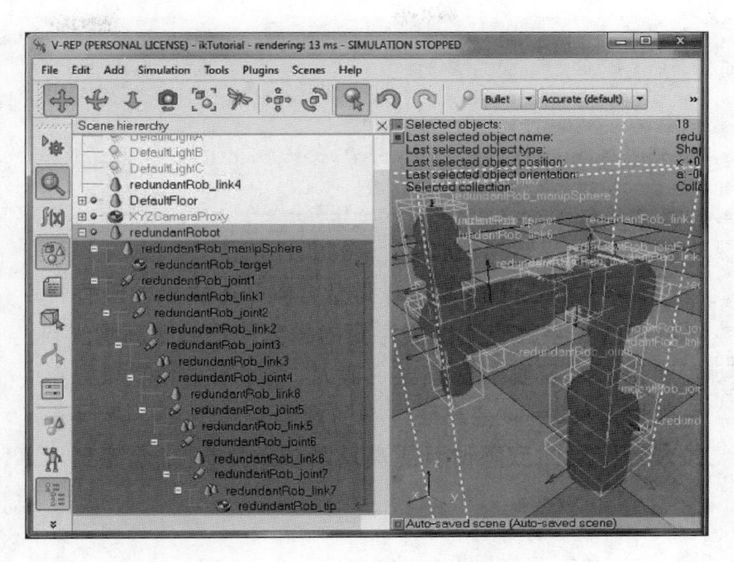

图 3-128　定义了集合的机械臂模型

3.10.3　V-REP 与 MATLAB 连接的例子

1. 读取 V-REP 中机器人模型的关节角

在 V-REP 的场景中，添加一个 Baxter 机器人。然后在 MATLAB 中保存下面的函数。先运行 V-REP，再运行下面的函数，即可在 Baxter 机器人运行的过程中，读取每一个时刻的关节角，并保存为.txt 的文本格式。

MATLAB 函数如下：

```
function baxter()
   disp('Program started');
   % vrep = remApi('remoteApi','extApi.h'); % using the header (requires a compiler)
   vrep = remApi('remoteApi'); % using the prototype file (remoteApiProto.m)
   vrep.simxFinish( - 1); % just in case, close all opened connections
   clientID = vrep.simxStart('127.0.0.1',19999,true,true,5000,5);
   r1 = [];
   r2 = [];
   r3 = [];
   r4 = [];
   r5 = [];
   r6 = [];
   r7 = [];

   if (clientID > - 1)
      disp('Connected to remote API server');
       % get handle for Baxter_rightArm_joint1
```

```
        [res,handle_rigArmjoint1] = vrep.simxGetObjectHandle(clientID,'Baxter_rightArm_
joint1',vrep.simx_opmode_oneshot_wait);
        [res,handle_rigArmjoint2] = vrep.simxGetObjectHandle(clientID,'Baxter_rightArm_
joint2',vrep.simx_opmode_oneshot_wait);
        [res,handle_rigArmjoint3] = vrep.simxGetObjectHandle(clientID,'Baxter_rightArm_
joint3',vrep.simx_opmode_oneshot_wait);
        [res,handle_rigArmjoint4] = vrep.simxGetObjectHandle(clientID,'Baxter_rightArm_
joint4',vrep.simx_opmode_oneshot_wait);
        [res,handle_rigArmjoint5] = vrep.simxGetObjectHandle(clientID,'Baxter_rightArm_
joint5',vrep.simx_opmode_oneshot_wait);
        [res,handle_rigArmjoint6] = vrep.simxGetObjectHandle(clientID,'Baxter_rightArm_
joint6',vrep.simx_opmode_oneshot_wait);
        [res,handle_rigArmjoint7] = vrep.simxGetObjectHandle(clientID,'Baxter_rightArm_
joint7',vrep.simx_opmode_oneshot_wait);
         while(vrep.simxGetConnectionId(clientID) ~= -1), % while v-rep connection is
still active
          t = vrep.simxGetLastCmdTime(clientID)/1000.0; % get current simulation time
          if (t>1000) break;
          end % stop after t = 1000 seconds
[res,r1angle] = vrep.simxGetJointPosition(clientID,handle_rigArmjoint1,vrep.simx_opmode_
oneshot_wait);

[res,r2angle] = vrep.simxGetJointPosition(clientID,handle_rigArmjoint2,vrep.simx_opmode_
oneshot_wait);

[res,r3angle] = vrep.simxGetJointPosition(clientID,handle_rigArmjoint3,vrep.simx_opmode_
oneshot_wait);

[res,r4angle] = vrep.simxGetJointPosition(clientID,handle_rigArmjoint4,vrep.simx_opmode_
oneshot_wait);

[res,r5angle] = vrep.simxGetJointPosition(clientID,handle_rigArmjoint5,vrep.simx_opmode_
oneshot_wait);

[res,r6angle] = vrep.simxGetJointPosition(clientID,handle_rigArmjoint6,vrep.simx_opmode_
oneshot_wait);

[res,r7angle] = vrep.simxGetJointPosition(clientID,handle_rigArmjoint7,vrep.simx_opmode_
oneshot_wait);
           r1 = [r1 r1angle];
           r2 = [r2 r2angle];
           r3 = [r3 r3angle];
           r4 = [r4 r4angle];
           r5 = [r5 r5angle];
           r6 = [r6 r6angle];
           r7 = [r7 r7angle];
         end

       r=[r1' r2' r3' r4' r5' r6' r7'];
```

```
        fid = fopen('r.txt','wt');
        [m,n] = size(r);
        for i = 1:1:m
         for j = 1:1:n
           if j == n
           fprintf(fid,'%g\n',r(i,j));
           else
           fprintf(fid,'%g\t',r(i,j));
           end
         end
        end
       fclose(fid);

      % Before closing the connection to V - REP, make sure that the last command sent out had
time to arrive. You can guarantee this with (for example):
     vrep.simxGetPingTime(clientID);
      % Now close the connection to V - REP:
     vrep.simxFinish(clientID);
   else
      disp('Failed connecting to remote API server');
   end
   vrep.delete(); % call the destructor!

   disp('Program ended');
end
```

2. 设定 V-REP 中机器人模型的关节角

在 V-REP 的场景中，添加一个 Baxter 机器人。然后在 MATLAB 中保存下面的函数。先运行 V-REP，再运行下面的函数，即可通过 MATLAB 给机器人设定每一个时刻关节角的数值，V-REP 中的机器人将跟随着关节角进行移动。

MATLAB 函数如下：

```
function BaxterTest()
   clear;
   clc;
   disp('Program started');
    % vrep = remApi('remoteApi','extApi.h'); % using the header (requires a compiler)
   vrep = remApi('remoteApi'); % using the prototype file (remoteApiProto.m)
   vrep.simxFinish( - 1); % just in case, close all opened connections
   clientID = vrep.simxStart('127.0.0.1',19999,true,true,5000,5);

    % read the joint angle data from 'r.txt'
      jointValue = load('left.dat'); % A matrix of 7 x 150. Each column vector recorded the
changes of each joint Angle
      jointValue
      [m n] = size(jointValue);
      m
```

```
    if (clientID>-1)
        disp('Connected to remote API server');
         % get handle for Baxter_leftArm_joint1
        [res,handle_leftArmjoint1] = vrep.simxGetObjectHandle(clientID,'Baxter_leftArm_
joint1',vrep.simx_opmode_oneshot_wait);
        k=4
        [res,handle_leftArmjoint2] = vrep.simxGetObjectHandle(clientID,'Baxter_leftArm_
joint2',vrep.simx_opmode_oneshot_wait);
        [res,handle_leftArmjoint3] = vrep.simxGetObjectHandle(clientID,'Baxter_leftArm_
joint3',vrep.simx_opmode_oneshot_wait);
        [res,handle_leftArmjoint4] = vrep.simxGetObjectHandle(clientID,'Baxter_leftArm_
joint4',vrep.simx_opmode_oneshot_wait);
        [res,handle_leftArmjoint5] = vrep.simxGetObjectHandle(clientID,'Baxter_leftArm_
joint5',vrep.simx_opmode_oneshot_wait);
        [res,handle_leftArmjoint6] = vrep.simxGetObjectHandle(clientID,'Baxter_leftArm_
joint6',vrep.simx_opmode_oneshot_wait);
        [res,handle_leftArmjoint7] = vrep.simxGetObjectHandle(clientID,'Baxter_leftArm_
joint7',vrep.simx_opmode_oneshot_wait);

        %Set the position of every joint
          while(vrep.simxGetConnectionId(clientID) ~=-1), % while v-rep connection is
%still active
            for i=1:m
           vrep.simxPauseCommunication(clientID,1);

vrep.simxSetJointTargetPosition(clientID,handle_leftArmjoint1,jointValue(i,1),vrep.simx_
opmode_oneshot);
           jointValue(i,1)

vrep.simxSetJointTargetPosition(clientID,handle_leftArmjoint2,jointValue(i,2),vrep.simx_
opmode_oneshot);

vrep.simxSetJointTargetPosition(clientID,handle_leftArmjoint3,jointValue(i,3),vrep.simx_
opmode_oneshot);

vrep.simxSetJointTargetPosition(clientID,handle_leftArmjoint4,jointValue(i,3),vrep.simx_
opmode_oneshot);

vrep.simxSetJointTargetPosition(clientID,handle_leftArmjoint5,jointValue(i,5),vrep.simx_
opmode_oneshot);

vrep.simxSetJointTargetPosition(clientID,handle_leftArmjoint6,jointValue(i,6),vrep.simx_
opmode_oneshot);

vrep.simxSetJointTargetPosition(clientID,handle_leftArmjoint7,jointValue(i,7),vrep.simx_
opmode_oneshot);
           vrep.simxPauseCommunication(clientID,0);
           pause(0.1);
            end
```

```
            vrep.simxGetConnectionId(clientID) = 1;
          end

          % Before closing the connection to V - REP, make sure that the last command sent out had
    % time to arrive. You can guarantee this with (for example):
        vrep.simxGetPingTime(clientID);
          % Now close the connection to V - REP:
        vrep.simxFinish(clientID);
      else
          disp('Failed connecting to remote API server');
      end
      vrep.delete(); % call the destructor!

      disp('Program ended');
    end
```

3.11 V-REP 在人机交互中的应用(一)

3.11.1 触觉学与 Touch X

在 20 世纪初,在研究基于人类触摸的感知和操作的课题上,触觉学(Haptics)第一次被心理物理学家提出。之后,在 20 世纪 70 年代,在另外一个研究领域——机器人技术中,尤其在自主机器人的研究中,开始关注通过力/触觉来进行感知和操作。在 21 世纪初,由于多种新兴技术的融合与发展,计算机触觉技术得到了快速的发展。这种新的技术使得能够通过触觉接口,给人类的手施加一定的力,从而传递信息。而这种力的传递,依靠着机械的物理接触。与人类的视觉、听觉、嗅觉等相比,力/触觉的能量和信息的流向是双向的,因此能够达到良好的交互体验。

力/触觉设备包括了力再现设备和触觉再现设备。力再现设备能够将远端非现场或虚拟环境中的物体力特性传递给使用者,包括了物体的轻重、柔软程度等。现在已有的力再现设备有外骨骼和固定设备、数据手套和穿戴设备、点交互设备和专用设备、基于智能材料的力/触觉装置。触觉再现设备能够将它们的触觉信息传递给使用者,包括了物体的粗糙程度和形状等。现在已有的触觉再现设备主要按照驱动方式进行分类,目前有电磁驱动、电机驱动、气体驱动、压电陶瓷驱动、记忆合金的 SMA 线驱动等多种驱动方式。

Geomagic Touch X(原名为 Sensable Phantom Desktop)是美国 Geomagic 公司的力触觉设备类的产品。Touch X 具有 3 个自由的维度(上下翻动、左右晃动和侧向移动),6 个角度的自由操作位置传感,能够通过力反馈提供真实的三维输入。Touch X 的使用是固定在桌面上的,用户通过 Touch X 的终端效应器进行操作,就好像使用其他工具与虚拟环境或远程环境进行交互。

Touch X 的耐久性、负担能力和准确性,尤其是简洁紧密性、可移植性,使得它可用于与数字世界进行真实的互动，推动了它在商业、医学和科学研究上的应用。目前，Touch X 已经在机器人控制、虚拟装配、三维建模、娱乐与虚拟现实等领域上广泛应用。

3.11.2 Touch X 的相关软件在人机交互中的作用

与 Touch X 相关的软件包括了 Geomagic Touch Device Driver 和 OpenHaptics Developer Edition。前者是 Touch X 的驱动程序，包括了用于连接 Touch X 和计算机的 Geomagic Touch Setup，以及用于校准诊断 Touch X 的 Geomagic Touch Diagnostic。后者是 Touch X 的开源软件开发包，在与 Touch X 与 CHAI3D 的连接中，起到了中间桥梁的作用。

1. Geomagic Touch Setup

当 Touch X 直接通过网线与计算机连接时，Touch X 可在计算机中正常使用，但在 Geomagic Touch Setup 的界面出现"No device available"的提示。此时，应该使用通过 USB 网线转接器连接，如图 3-129 所示，正确的接法是：计算机-USB 线缆-USB 网线转接器-网线-Touch X。在这其中，USB 网线转接器可起到转换与保护作用。当 Touch X 与计算机连接正常时，在 Geomagic Touch Setup 的界面中，单击 Pairing，并同时按下 Touch X 背后的连接按钮时，将会出现表示连接成功的命令，这才可进入下一步的使用。

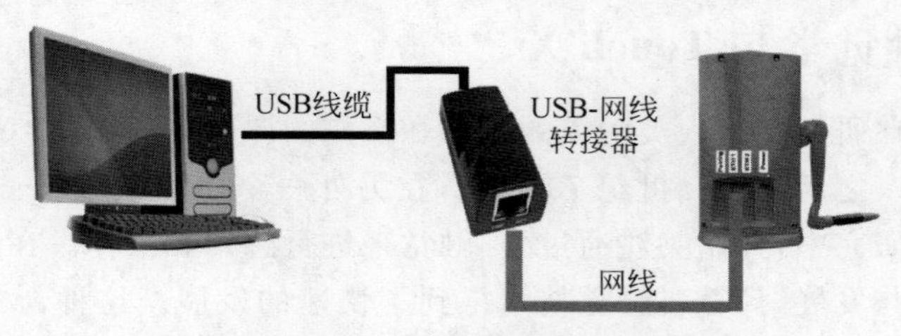

图 3-129　Touch X 与计算机的连接

2. Geomagic Touch Diagnostic

Geomagic Touch Diagnostic 的主要功能是对 Touch X 的校准和诊断。在 Geomagic Touch Diagnostic 的界面中，提供了校准、读取编码器测试、周期放大器测试、力测试、盒测试和伺服回路测试功能。在其中的校准界面中，可测试 Touch X 向上/向下、向左/向右、向外/向里的功能。当使用者在所对应的方向进行测试时，如若 Touch X 的功能正常，测试界面相应的图标会由红色变绿色。在编码器测试界面，使用者在移动 Touch X 时，界面将实时地显示关于 Touch X 的位置等数据。在周期放大器测试界面，将会测试 Touch X 的放大功能是否正常。在力测试界面中，使用者在使 Touch X 向上下、左右、前后移动时，界面会实时显示出各个方向的力。在盒测试界面中，提供了一个含有一颗小球的正方形形状框，使用者在移动 Touch X 中，边框中的小球会跟随着地移动。当小球触碰到边框时，界面会实时显示出小球对边框的作用力，另外使用者的手也会感受到一定的力。在伺服回路测试界面中，使用者在移动 Touch X 时，界面会记录 Touch X 的使用频率，数值一般都在 1000Hz 附近。总而言之，在 Geomagic Touch Diagnostic 中，主要提供了对 Touch X 的测试，判断它是否能被正常地使用。这一步骤是下一步对 Touch X 进行使用的重要前提。

3. OpenHaptics Developer Edition

OpenHaptic 工具套件在高度级别上，为已经使用 OpenGL 技术的应用程序启用了 Sensable Phantom 触觉设备支持、真实 3D 导航、材料属性和多边形对象支持。在较低级别上，为开发人员提供了对传感器读数、设备控制、力渲染的直接控制以及其他功能的完全访问权。其中包括了 QuickHaptics 微型应用程序，它能够使开发者利用示例代码，对触觉应用程序进行快速开发。

QuickHaptics 微型应用程序有两个功能，一个让使用者能够更快更方便地编写新的力触觉应用程序，另一个是给外部的应用程序添加力触觉功能，使得其他的程序能够借助 QuickHaptics 与触觉设备连接。在与 Touch X 与 V-REP 的通信中，QuickHaptics 主要实现了第二种功能，成为二者 Touch X 与 CHAI3D 之间的连接桥梁。

Quickhaptics 包含了图形绘制和触觉功能，它为典型的触觉应用程序封装了逻辑步骤，使用户可以快速地进行程序设计和程序部署。这些已经封装好的逻辑步骤包括：

① 包括了流行的动画包中的几何文件；

② 对图形环境进行了初始化；

③ 对触觉环境进行了初始化；

④ 搭建了虚拟的场景；

⑤ 将触觉参数映射到场景对象中；

⑥ 为触觉设备与场景的交互做出反应。

因此，经过了这些逻辑步骤的封装后，用户只需要通过使用默认值的参数，进行相关代码的编写，就可以创建一个可行的场景，而不需要指定特殊的位置、设备空间参数或各种形状属性的值。

3.11.3 CHAI3D 在人机交互中的作用

1. CHAI3D 介绍

CHAI3D 是 2003 年由斯坦福大学机器人与人工智能实验室开发的一款跨平台的 C++ 仿真框架。目前，全世界超过 100 个工业企业和科研机构已经将 CHAI3D 用于汽车、航天航空、医疗技术和机器人等多个领域。

CHAI3D 是一组开源的 C++ 函数库，它可用于计算机触觉技术、可视化和人机交互式的实时仿真。作为一款开源的仿真框架，CHAI3D 支持多种商业化的三自由、六自由度、七自由度的力触觉设备。CHAI3D 适合用于教育、研究和专业的应用，给它们提供一个可扩展的开发平台。CHAI 的模块化功能允许创建高性能的本机触觉应用程序，让使用者可以达到良好的触觉和视觉用户体验。

2. CHAI3D 的安装

从 CHAI3D 的主页（http://www.chai3d.org/download/releases）下载相对应 Windows 平台的 CHAI3D 资源包后，需要经过以下步骤才能进行安装。

① 确保计算机中已安装 Visual Studio，并能够正常运行。目前只支持 2010、2012、

2013、2015 的 Visual Studio 版本；

② 利用 Visual Studio 打开相对应版本的 sln 工程文件，如使用 Visual Studio 2015，则需打开文件名为 CHAI3D-VS2015. sln 的工程文件；

③ 选择构建配置和目标架构：解决方案配置选择为 Release，解决方案平台选择为 X64；

④ 在 Visual Studio 的生成窗口中选择生成解决方案，系统将自动编译生成相对应的 CHAI3D 函数库和测试例子。

3. CHAI3D 的测试

经过以上对 Visual Studio 工程文件的编译后，将会生成相应的解决方案，以及它包含的项目。需要通过对例子的测试使用，判断 CHAI3D 是否安装正常与力触觉设备是否支持 CHAI3D 函数库。

选择 CHAI3D 提供的一个例子，在 Visual Studio 的调试窗口中选择调试功能，Windows 将自动弹出以下的窗口。如若设备未连接，或者并未安装相应的 OpenHaptics 程序，窗口将显示“No devices”。如若连接正常，将会显示如下的效果。

如图 3-130 所示，窗口的上方显示一颗小球，并在它本身建立起一个 X 轴、Y 轴、Z 轴构成的直角坐标系。当用户用手操作 Touch X 时，小球会相应地运动。当小球离开原始位置的距离越远，用户的手将会感受到越大的反馈力。同时，窗口下方记录了小球的运动状态，其中不同颜色的线分别代表了小球在各个方向的位移；右边的格子实时地显示小球移动的速度；右边的圆圈显示了小球在各个方向受到的力。

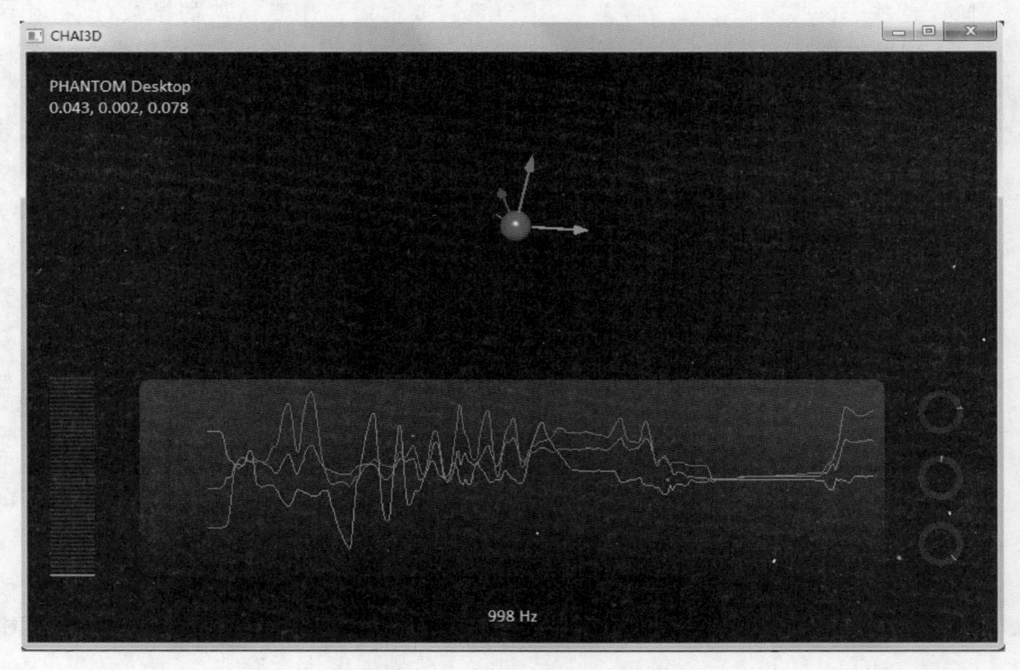

图 3-130 CHAI3D 的测试例子

3.11.4　V-REP 模块

1. 力触觉设备与 V-REP 的交互原理

在 CHAI3D 的函数库中，存在着 4 个模块：GEL 模块、OCULUS 模块、ODE 模块和 V-REP 模块。这些模块可以被单独或混合地被使用。

如图 3-131 所示，在 V-REP 模块中，通过 CHAI3D 函数库连接 V-REP 和触觉设备的原理是：CHAI3D 中的 V-REP 模块为 V-REP 软件创建了一个可分享的函数库。CHAI3D 插件通过使用 chai3d::cWorld 这个类创建一个无形的 CHAI3D 场景，并且同时运行 V-REP 的仿真。

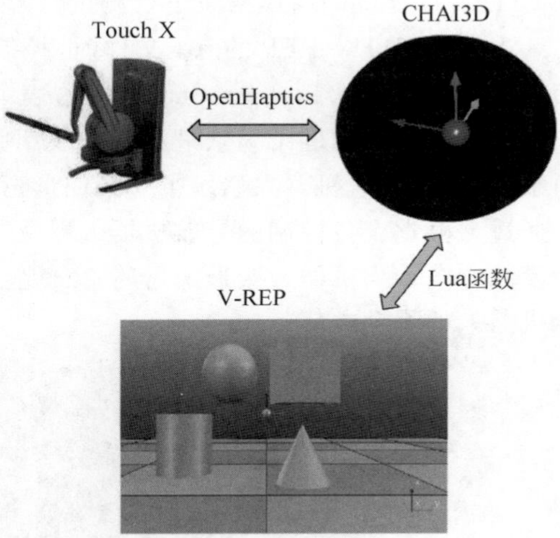

图 3-131　Touch X、CHAI3D 与 V-REP 之间的交互

这个 CHAI3D 场景可以被 V-REP 的 LUA 脚本所使用的 LUA 函数控制，从而允许使用完成以下任务：

(1) 连接 V-REP 和力触觉设备。

(2) 将 V-REP 中的物体复制到 CHAI3D 中的场景中，因此这些物体能够被力触觉设备所感受。

(3) 当 V-REP 进行仿真时，V-REP 中的物体会移动。CHAI3D 场景中所对应的物体将进行同样的移动，以保持相应的位置和姿态。

(4) 限制力触觉设备的行为。例如对于一个二维的力反馈操作杆，仿真时将会把它的行为限制在一个平面上。

(5) 在仿真中改变力触觉设备的约束特性，用来反映变化。例如，在 V-REP 中，设置一定的障碍物，当仿真模型接近障碍时，力触觉设备会反馈一定的力，用来表示模型与障碍的距离。

2. V-REP 模块的安装

与 CHAI3D 资源包的安装步骤相类似，V-REP 模块也需要以下的步骤才能够正确安装：

① 利用 Visual Studio 打开相对应版本的 sln 工程文件，这里使用 Visual Studio 2015 打开命名为 CHAI3D-V-REP-VS2015.sln 的工程文件。

② 选择构建配置和目标架构：解决方案配置选择为 Release，解决方案平台选择为 X86（由于 V-REP 为 32 位，这里需选择 X86）。

③ 在 Visual Studio 的生成窗口中选择生成解决方案，系统将自动创建库 v_repExtCHAI3D.lib 和对象 v_repExtCHAI3D.exp，并且生成文件 v_repExtCHAI3D.dll。

④ 将生成的文件复制到 V-REP 安装文件夹中(如路径为：C:\Program Files (x86)\V-REP3\V-REP_PRO_EDU)，这里包含的文件有 v_repExtCHAI3D. dll、hdPhantom32. dll 等多个文件。

3. V-REP 模块的测试

在 CHAI3D 中的 V-REP 模块安装后，为进一步实现 Touch X 与 V-REP 进行交互，使用 CHAI3D 提供的简单例子进行测试。

当打开相应 V-REP 的. ttt 文件时，控制窗口将显示："Add-on script 'vrepAddOnScript-addOnScriptDemo. lua' was loaded"，这表示 CHAI3D 的插件已成功安装。

这里对原有的例子场景进行了修改和完善，并把原来场景中分布的圆柱体障碍改造成两条路障，给导航机器人修筑了一条曲形弯道。修改后的场景如图 3-132 所示，它提供了一个通过力触觉设备控制的导航机器人以及周围环境。通过力触觉设备，可以控制机器人的速度和方向。当机器人接近障碍时，力触觉设备会将力传给使用者，让使用者感受到路障位于机器人的哪个方向。

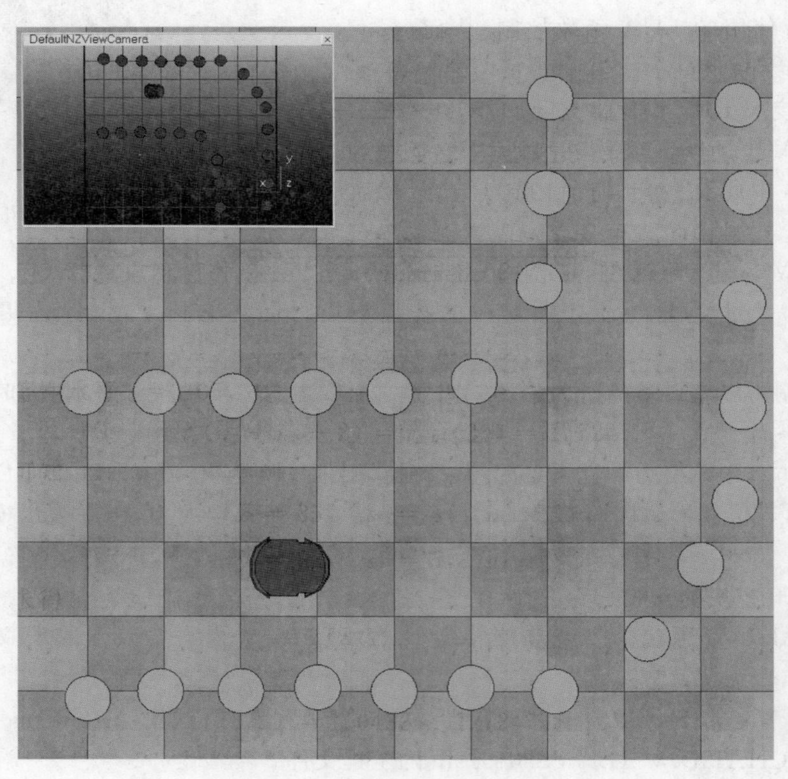

图 3-132 V-REP 与 Touch X 的交互

通过测试，可以得出这样的实验结果：

(1) 当 V-REP 仿真开始时，Touch X 会收到反馈，操作杆将回到起始的位置。

(2) 使用者通过 Touch X 的操作杆,可以使机器人移动,控制它的速度和方向。

(3) 在机器人前进的过程中,通过 V-REP 提供的近距离传感器,会测量机器人与路障之间的距离,并把距离的大小转化为力的强弱,通过 Touch X 传到使用者的手上。

(4) 当机器人距离路障越近时,使用者感受到的力越大。当距离小到一定的程度时,Touch X 将会出现不受控的情况,弹到一定的位置,而 V-REP 中的导航机器人也会随着移动到相应的位置。

Touch X 与 V-REP 连接失败有两种情况,第一种是 CHAI3D 相关的插件没有安装成功,第二种是力触觉设备没与计算机连接成功。在第一种情况中,V-REP 的仿真结果是主界面下方出现相关的代码错误提示:Lua API call error:[string "SCRIPT hapticDevice"]:302:Initialization failed.(simExtCHAI3D_start)。在第二种情况中,V-REP 的仿真结果是在主界面中,弹出错误提示窗口,显示:Device failed to initialize。

3.11.5　Touch X 控制 V-REP 中 KUKA 机器人的实现

1. CHAI3D 中 LUA 函数的使用

1) V-REP 与 Touch X 通信的函数

通过 Lua 语句可以实现 V-REP 和 Touch X 的通信连接,主要由以下 LUA 函数:simExtCHAI3D_start()。当运行该函数时,返回值为 1 则表示通信成功,返回值为 −1 则表示通信失败。

2) CHAI3D 场景中的两种对象

在 CHAI3D 的插件中,有两种不同的对象,用来产生所有 CHAI3D 场景中的触觉行为。这两种对象分别是形状对象和约束对象。形状对象可以用在 CHAI3D 中,渲染 V-REP 中所有存在对象;而约束对象可以用于控制力触觉设备的行为,以用来帮助使用者完成一些特别的任务。

3) 形状对象

当需要在 CHAI3D 添加存在于 V-REP 中的所有对象时,需要用到的 Lua 函数为:simExtCHAI3D_addShape()。当使用该函数后,对象将被添加到 CHAI3D 的场景中,此时对象可以被连接到 CHAI3D 场景中的力触觉设备所感知,并且能够反馈相应的力。

当 V-REP 中的对象在进行仿真时,发生了一定的位置或姿态变化时,CHAI3D 相对应的对象可以通过以下 Lua 的函数,实现同时变化:simExtCHAI3D_updateShape()。

4) 约束对象

在 CHAI3D 的约束对象中,有约束点、约束线段和约束平面三种类型,它们被用于约束力触觉设备的末端执行器。

将力触觉设备的末端执行器约束在一个单独的点,使用的 Lua 函数为:

```
simExtCHAI3D_addConstraintPoint()
```

将力触觉设备的末端执行器约束在一条线段,使用的 Lua 函数为:

```
simExtCHAI3D_addConstraintSegment()
```

将力触觉设备的末端执行器约束在一个平面，使用的 Lua 函数为：

```
simExtCHAI3D_addConstraintPlane()
```

在使用这三种约束对象时，都遵守着以下三个公式：

$$F_{\mathrm{p}} = K_{\mathrm{p}} \times S_{\mathrm{M}} \times D$$

其中，F_{p}为刚性力，表示维持约束对象与约束目标之间距离所使用的力，它会随着二者之间距离的变化而变化；K_{p}为刚度比例因子；S_{M}为设备所能支持的最大刚度；D 为约束对象与约束目标的距离。

$$F_{\mathrm{v}} = K_{\mathrm{v}} \times D_{\mathrm{M}} \times V$$

其中，F_{v}为阻尼力，表示设备在遇到约束对象时受到的力，使得设备会瞬间移动；K_{v}为粘度比例因子；D_{M}为设备所能支持的最大阻尼；V 为设备移动的速度。

$$F_t = \min(F_{\mathrm{M}}, F_{\mathrm{p}}) + F_{\mathrm{v}}$$

其中，F_t为设备受到总体的力；F_{M}为最大的受力限制，用于限制由于刚度产生的力，达到保护设备的效果。

上面三个公式中存在的参数可通过以下 Lua 函数进行调节：

```
simExtCHAI3D_updateConstraint()
```

2. 虚拟交互环境的搭建与测试

首先，从 V-REP 中的机器人模型浏览器中导入型号为 LBR iwaa 7 R800 的 KUKA 机器人，这是一款小型的工业机器人，其重量为 23.9kg，具有 7 个轴，最大负荷为 7kg，可进行人机协作，用于机械加工、装货等领域。

在 V-REP 中，KUKA R800 机器人具有 6 个关节，因此使得机器人具有 6 个自由度。分别单击每个关节的对话框，把它们的关节模式设置为逆运动学模式(joint is in inverse kinematics mode)，并改变默认的最大力矩和最高速度限制，以达到更好的控制效果(在本实验中，以上两个参数都各增加一倍)。

接下来，需要定义一个逆运动学的任务。在 V-REP 中，逆运动学至少需要规范以下两个任务：

(1) 一个运动链描述了一个虚拟的末端和一个基本的对象；

(2) 一个虚拟的目标使得应虚拟的末端在运动上受到限制。

因此，在接下来的步骤中，添加了一个虚拟的目标对象和一个虚拟的末端对象，并把它们的位置与姿态进行了适当的设置(其中虚拟的末端对象的位置与 KUKA 机器人的末端一致)。如图 3-133 所示，然后，打开逆运动学对话框，添加一组新的 IK 组合，在 IK 元素对话框中添加虚拟的末端。以上的设置，使得虚拟的末端将跟随虚拟的目标进行位置和姿态上的变化。

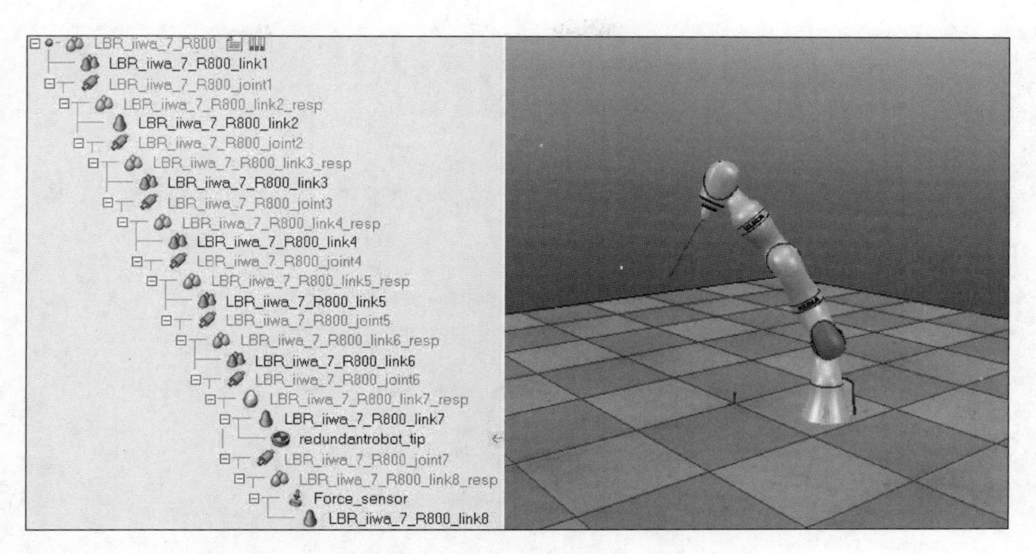

图 3-133　V-REP 场景 KUKA 机器人工作环境的搭建

最后，在 V-REP 的脚本对话框中添加一个非线程的子脚本，并通过设置将子脚本添加至名为"LBR_iwaa_7_R800"的对象中。在子脚本的代码编写中，利用 CHAI3D 插件提供的 Lua 函数进行编程，以进行 Touch X 与 V-REP 的连接。

子脚本的主要代码流程如下：

① 判断 CHAI3D 插件是否安装，如果插件未安装界面将显示错误；

② 如果 CHAI3D 插件安装正确，将通过 simExtCHAI3D_reset()函数对插件进行重新设置；并通过 simExtCHAI3D_start()函数对设备的工具半径和工作范围进行设定；

③ 检测设备是否连接正常，如果设备连接不正常界面将提示错误；

④ 对 KUKA 机器人相关的对象进行处理，包括各个关节、虚拟的末端和虚拟的目标；

⑤ 通过 simExtCHAI3D_readPosition()函数读取 Touch X 控制的光标所在位置；

⑥ 通过 simSetObjectPosition()函数将新的位置设置为虚拟目标的位置；

⑦ 对第 5、第 6 步骤进行循环，使得 V-REP 通过 CHAI3D 插件不断读取 Touch X 的新位置，并把新的位置传递给 KUKA 机器人末端。

相关的 Lua 代码为：

```
addSphere = function(rad,pos)
    if CHAI3DPluginInitialized then
        local sphereHandle = simCreatePureShape(1,4 + 16,{rad * 2,rad * 2,rad * 2},1)
        simSetObjectParent(sphereHandle,modelHandle,true)
        simSetObjectPosition(sphereHandle,modelHandle,pos)
        return addMesh(sphereHandle,true), sphereHandle
    end
    return -1, -1
```

```
end

addMesh = function(shapeHandle,whenRemovedEraseMesh)
    if CHAI3DPluginInitialized then
        if not objCont then
            objCont = {}
        end
        objCont[#objCont + 1] = shapeHandle
        local vertices,indices = simGetShapeMesh(shapeHandle)
        local pos = simGetObjectPosition(shapeHandle,modelHandle)
        local orient = simGetObjectOrientation(shapeHandle,modelHandle)
        local hapticObjId = simExtCHAI3D_addShape(vertices,indices,pos,orient,1000)
        objCont[#objCont + 1] = hapticObjId
        objCont[#objCont + 1] = whenRemovedEraseMesh
        return hapticObjId
    end
    return -1
end
setObjectPose = function(objectHandle,pos,orient,interpolTimeInMs)
    if CHAI3DPluginInitialized then
        if objCont then
            for i = 1,(#objCont)/3,1 do
                local shapeHandle = objCont[3 * (i - 1) + 1]
                local fdObj = objCont[3 * (i - 1) + 2]
                if fdObj == objectHandle then
                    simSetObjectPosition(shapeHandle,modelHandle,pos)
                    simSetObjectOrientation(shapeHandle,modelHandle,orient)
                    simExtCHAI3D_updateShape(fdObj,pos,orient,1000)
                    return
                end
            end
        end
    end
end


if (sim_call_type == sim_childscriptcall_initialization) then
modelHandle = simGetObjectAssociatedWithScript(sim_handle_self)
modelBase = simGetObjectAssociatedWithScript(sim_handle_self)

-- check if the haptic plugin is loaded
    moduleName = 0
    moduleVersion = 0
    index = 0
    pluginNotFound = true
    while (moduleName) do
```

```
        moduleName, moduleVersion = simGetModuleName(index)
        if (moduleName == 'CHAI3D') then
            pluginNotFound = false
        end
        index = index + 1
    end

    if (pluginNotFound) then
         simDisplayDialog ( 'Error', 'CHAI3D plugin was not found, or was not correctly
initialized (v_repExtCHAI3D.dll).', sim_dlgstyle_ok, false, nil, {0.8, 0, 0, 0, 0, 0}, {0.5,
0, 0, 1, 1, 1})
    else
        local device = 0
        local toolRadius = 0.3
        workspaceRadius = 0.2
        if (simExtCHAI3D_start(device, toolRadius, workspaceRadius) ==- 1) then
            simDisplayDialog('Error', 'Device failed to initialize.', sim_dlgstyle_ok, false,
nil, {0.8, 0, 0, 0, 0, 0}, {0.5, 0, 0, 1, 1, 1})
        else
            CHAI3DPluginInitialized = true
            forcesensor = simGetObjectHandle('Force_sensor')
            FR = simReadForceSensor(forcesensor,1,0)

dummyTarget = simGetObjectHandle('redundantrobot_target')
dummyTip = simGetObjectHandle('redundantrobot_tip')

-- Create a haptic sphere:
local sphereRadius = 0.03
local spherePosition = {0, - 0.4,0.04}
sphereId, sphereHandle = addSphere(sphereRadius, spherePosition)

maxVel = 0.2
        end
    end
end

if (sim_call_type == sim_childscriptcall_cleanup) then
    if (CHAI3DPluginInitialized) then
        simExtCHAI3D_reset()
    end
end

if (sim_call_type == sim_childscriptcall_sensing) then
    if CHAI3DPluginInitialized then
```

```
            -- Read the position of the cursor:
            local p = simExtCHAI3D_readPosition(0)

            -- Reflect the position of the cursor in V - REP:
            -- simSetObjectPosition(toolSphereHandle,modelHandle,p)

            -- Read the interaction force:
            local f = simExtCHAI3D_readForce(0)

            -- Read the buttons of the device:
            local currentButtonStates = simExtCHAI3D_readButtons(0)

            local s = 0.01/simGetSimulationTimeStep()
            local dummyTargetPos = simGetObjectPosition(dummyTarget, - 1)
            local p = simExtCHAI3D_readPosition(0)
                print(p[1])
                print(p[2])
                print(p[3])
            local newPos = {p[1] * 3,p[2] * 3,p[3] * 3}
            simSetObjectPosition(dummyTarget, - 1,newPos)

        end
    end
```

完成虚拟环境的搭建和相关代码的编写后，并检测相关设备是否连接正常。在 V-REP 界面中选择仿真，并通过操作 Touch X，其实验效果如图 3-134 所示。连接成功后，利用 Touch X 进行控制时，V-REP 中的 KUKA 机器人将会跟随目标位置实时地进行运动，到达新的位置。在之前代码中有设置一个不可见的工作区间，当机器人末端触碰到该区间边缘时，用户将不能操作 Touch X 继续向该方向移动，能感受到一定的阻力。此外，通过添加力传感器和一个相关图表功能，能够实时显示机器人末端在 X、Y、Z 方向的受力。

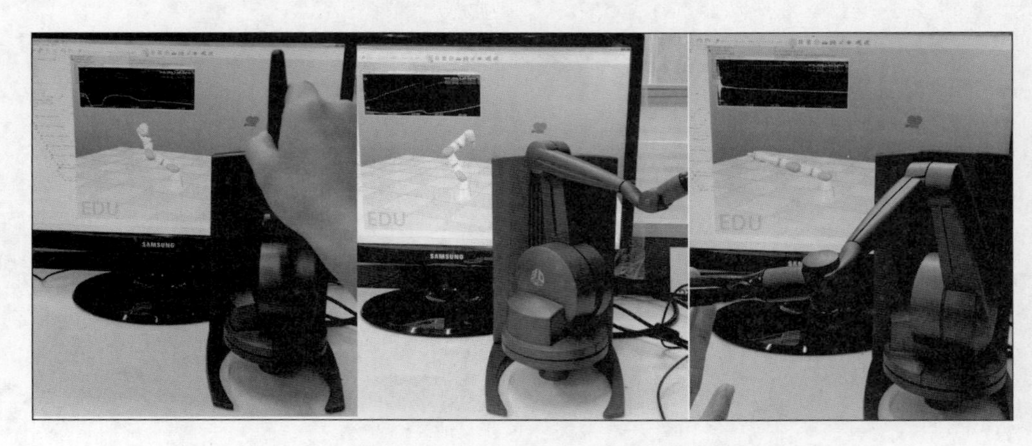

图 3-134　Touch X 控制 V-REP 中 KUKA 机器人的实验效果

总体的实验效果是,KUKA 机器人能够实时跟随 Touch X 移动,达到向上/下,向左/右,向前/后的跟随功能,并且 Touch X 能够感受到一定的力反馈。从实验结果得知,Touch X 能够通过本身相关的驱动软件和开发软件,与 CHAI3D 进行连接;然后再通过 CHAI3D 插件提供的相关 Lua 函数与 V-REP 进行连接,从而达到控制 V-REP 中导航机器人或工业机器人的功能,并能够通过相关的设置将虚拟环境中模型的受力反馈到使用 Touch X 的用户手中,实现了人机交互功能。

3.12　V-REP 在人机交互中的应用(二)

3.12.1　体感技术与 Kinect

体感技术是人机交互中一种重要的交互方式,因为它主要通过人身体的动作与计算机中的虚拟环境进行交互,这种交互方式自然、友好,具有实时性,目前主要用于娱乐、游戏和教育中。

目前体感技术以下几种方式:惯性感测、光学感测、惯性及光学联合感测技术、肌肉电信号传感技术和 WiFi 信号传感技术,其中光学感测有基于光学反射片或发光器的体感技术和视线跟踪技术和基于光编码的人体成像技术这三种光学技术。

随着人们对体感技术相关的图像处理、机器视觉、传感器技术等多个领域的深入研究,体感交互的技术也将得到更多的发展,因此将能够应用到更多领域中,如军事、勘察等复杂的任务。

Kinect 是微软公司于 2010 年为其游戏主机 XBOX 360 而研制的一个外部设备产品,主要用于人体姿态的输入设备。Kinect 具有 3 个摄像头,左边为红外线发射器,中间为 RGB 彩色摄像机,右边红外线 CMOS 摄像机,其中左边和右边的摄像头构成了深度传感器,用来捕捉 3D 的影像。此外,Kinect 具有数组式麦克风,能够捕捉声源中的有效信息,可用于语音识别领域。

由于 Kinect 具有以上的设备装置,它主要用于 3 个技术领域:深度识别(3D 图像识别技术)、人体骨骼追踪技术(动作捕捉技术)、语音识别技术。

目前,Kinect 设备在医学领域中可用于无菌化操作的临床手术和远程医疗手术等工作,在商业领域中可用于购物的虚拟试衣技术,在机器人领域中用于根据人的肢体动作和声音控制机器人。Kinect 主要用于捕捉人体的骨架,并把相关的数据传送到计算机的应用程序中,用于与虚拟环境进行实时的交互。

3.12.2　交互相关软件的作用

1. OpenNI 在人机交互中的作用

OpenNI(Open Natural Interaction,开放式自然交互)为自然交互提供了编写程序的应用程序界面,从而定义了一个支持多种编程语言、跨多个操作平台的架构。OpenNI 的主要作用是构建了一个标准式的应用程序界面,这个界面能够与视觉传感器和音频传感器以及它们的感知中间件进行通信。因此,这个应用程序界面支持的交互方式有语音和语音命令识别、手势、身体运动跟踪,从而给用户的程序提供了一条访问和使用这些具有某种交互功能的自然交互设备。OpenNI 的特性使得用户在开发新的视觉算法或使用新的传感器时,极大地减少了应用程序的开发时间。

2. NITE 在人机交互中的作用

NITE(Natural Interaction Technology for End-user,终端用户的自然交互技术)是一个感知 3D 世界的中间件,其中的感知原理是借助于传感器深度图像,感知人类所做的动作,并把这些感知以同样的方式转化为包含这些信息的数据。因此,一个 3D 传感器将观察使用者的世界(使用者的身体以及他的动作),而 NITE 则作为感知引擎的角色,用于理解环境中的这些用户交互方式。NITE 既包含了用于识别用户和跟踪他们的动作的计算机视觉算法,也包含了一个能够实现自然互动界面控件的应用程序界面,这些界面控件是基于用户手势的。

3. SensorKinect 在人机交互的作用

SensorKinect 是 Kinect 的驱动程序,为 Kinect 与计算机之间的连接提供了一条通道,能够将 Kinect 获取的外界图像数据传输到计算机的其他程序中,供用户进行应用程序开发。

当安装好 SensorKinect 并正确连接上交互设备后,计算机中的设备管理器将会出现 PrimeSensor,包括了 KinectWindows Audio 和 KinectWindows Camera。

4. Kinect 开发环境的架构

对以上三个程序进行安装后,完成了 Kinect 开发环境的搭建。如图 3-135 所示,该开发环境的架构可以分为 3 层:程序层、OpenNI 界面层和硬件层。最上层为程序层,机器人仿真软件 V-REP 可以借用 OpenNI 界面层获取的信息进行相应的开发使用;第二层为 OpenNI 界面层,它是由 OpenNI 和 NITE 共同提供的交互接口,它们定义了 4 个功能主件,即全身分析、手部分析、手势检测和场景分析;最底层为硬件层,在本书中,传感器设备主要是 Kinect XBOX 360,它通过摄像功能能够获取外界的图像信息,主要是捕捉人体的动作,然后通过本身的驱动 SensorKinect 与计算机进行连接,将获取的图像信息传输到 OpenNI 界面层中。

3.12.3 交互相关软件的安装与测试

Kinect 开发环境的搭建需要对以上的相关软件进行正确的安装与配置,其中 OpenNI 与 NITE 版本的位数需要与用户计算机的位数一致,而二者之间的版本也需要对应。OpenNI 采用的是 32 位,序号为 1.5.7 的版本;NITE 采用的是 32 位,序号为 1.5.2 的版本。安装过程中需注意不能将 Kinect 与计算机连接,而且以上 3 个软件的安装顺序依次

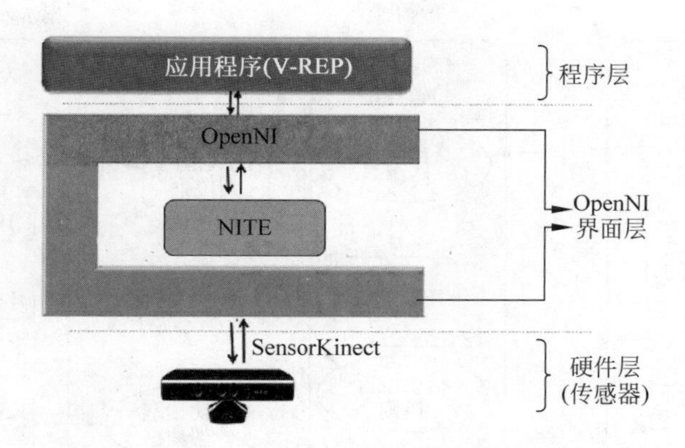

图 3-135　OpenNI 开发环境的三层结构

为：OpenNI、NITE、SensorKinect，按照默认路径进行安装。

完成以上的安装步骤后，对计算机进行重启，将会使已经改变的环境生效。这时连接上 Kinect 后，可以对已搭建的开发环境进行测试，看是否已经正确安装。此时，选择 OpenNI 或 NITE 安装路径中 Sample 子目录中的例子进行测试，可以成功搭建 OpenNI＋NITE＋SensorKinect 的开发环境。

3.12.4　OpenNI/NITE 中的人体骨架分析

在 OpenNI 中，人体骨架主要是由关节构成的，而每一个关节都具备有一个位置和一个姿态。在 OpenNI 中，一共定义了人体的 24 个关节，但通过 NITE 这个中间件来分析人体骨架时，如图 3-136 所示，只能用到以下 15 个关节：头部、脖子、躯干中心、右(左)肩、右(左)肘、右(左)手、右(左)臀、右(左)膝和右(左)脚。

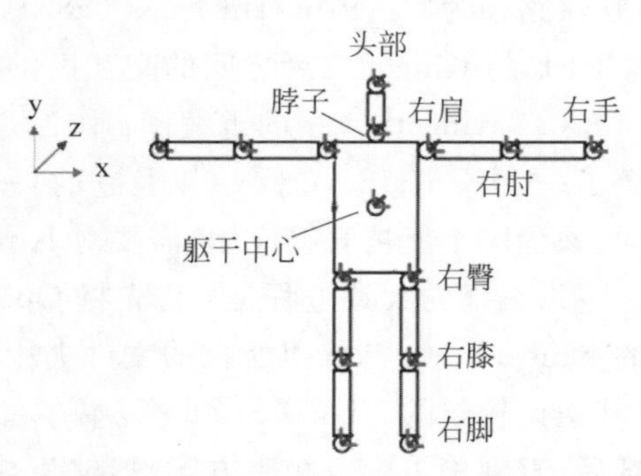

图 3-136　NITE 中的人体骨架图

通过 OpenNI/NITE 来获取追踪人体骨架的过程如图 3-137 所示，图中第一个方块代表用户产生器，它包含着两个事件：产生新用户和丢失用户。产生新的用户这个事件会在“可侦测的范围内检测到新的使用者”时被创建；丢失用户会在“使用者离开了画面已有一段时间”时被创建。第二个方块是位置检测。在用户产生器侦测到有新的使用者时，这个方块会使用预先定义的校正姿态去检测。当使用者摆出这个预先定义的姿态时，位置检测方块一方面将会结束检测，另一方面将启用第三个方块。当第三个方块的需要校准模块被创建时，就会开始对骨架进行校正和分析。校准成功后，将会停止这个工作，并成功地追踪到人体骨架，最后成功地读取到最新的骨架数据。

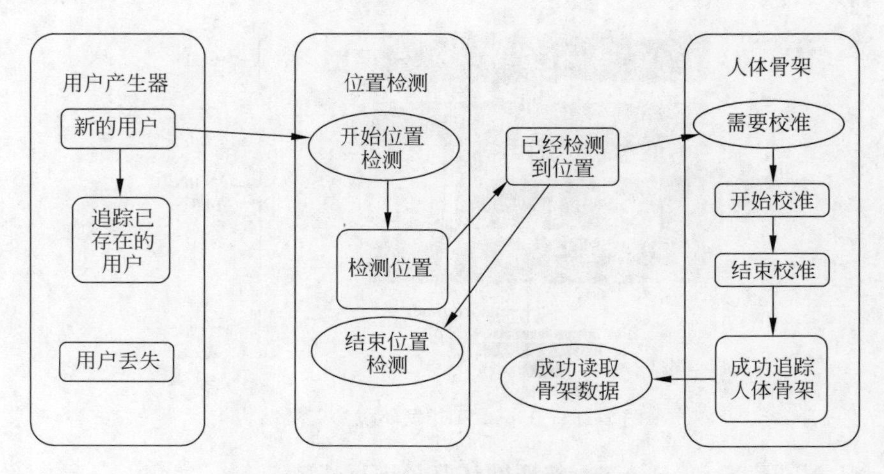

图 3-137　建立人体骨架的流程

3.12.5　V-REP 与 Kinect 接口的安装与测试

对 Kinect 的开发环境搭建后，需要安装 V-REP 与 Kinect 之间的接口，此时需要经过两个步骤：

(1) 相关插件的安装：在 OpenNI 和 NITE 的安装路径子目录中寻找以下 3 个文件：glut32.dll、OpenNI.dll 和 SamplesConfig.Xml，并把这些文件复制到 V-REP 的安装路径中(默认路径为 C:\Program Files (x86)\V-REP3\V-REP_PRO_EDU)。它们的作用是：为 V-REP 与 Kinect 二者之间的交互提供相关的插件。

(2) KinectSever 的重编译：作为开源的机器人仿真软件，V-REP 在其安装文件夹中提供了一个 KinectSever.exe 以及它的 C++源代码。但由于 V-REP 及其他相关软件版本的不同，该程序不能被直接应用，需要对 KinectSever 进行重编译。

重编译的大致过程是：首先将 OpenNI 的 Include 中的 C++头文件复制到 V-REP 提供的 KinectSever 源代码所在的文件夹中。然后利用 Visual Studio 2010 对源代码进行编译(其他比较新的 Visual Studio 版本存在不兼容的问题)，对相关代码存在的 bug 进行修改调试后，直到单击生成解决方案，能够生成一个新的 KinectSever.exe。最后需要把新生成的程序复制到 V-REP 的安装文件夹中，替换旧的程序。

正确完成了以上开发环境及接口的搭建后，需要进行相关的测试。在 V-REP 提供的模型中，有一个名为"interface to kinect.ttm"的模型，可以使用它进行测试。如图 3-138 所示，测试的结果如下：

(1) 在模型浏览器中，将"interface to kinect.ttm"加载到空白的场景中，这时场景中出现了一个小球。

(2) 运行仿真，如果以上的步骤都能正确进行，将自动加载程序 KinectSever.exe，弹出通过 Kinect 感知外界图像的窗口。否则，将会弹出相对应的错误提示，如"无法启动此程

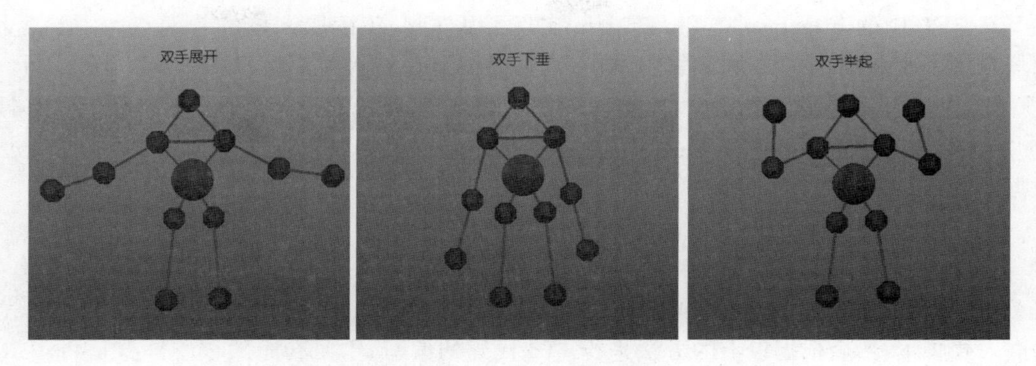

图 3-138　V-REP 通过 Kinect 获取的人体骨架

序，因为计算机丢失 glut32. dll”。

(3) 使用者站在 Kinect 的前方一定距离，其手势的运动将会被 Kinect 所捕捉到。此时，如图所示，V-REP 场景中的小球变成人的骨架，由若干个点组成。使用者在进行运动时，场景中的人形骨架也跟随着运动。

3.12.6　Kinect 与 V-REP 交互的设计与实现

1. Kinect 与 V-REP 交互的设计

通过“interface to kinect. ttm”的成功测试，表明了 Kinect 与 V-REP 已经实现了连接。此时，为进一步研究二者之间更友好自然的交互方式，设计一个预期的实验目标：通过 Kinect 捕捉人的动作，从而控制 V-REP 中人形机器人的运动。

V-REP 模型库提供的 Asti 机器人如图 3-139 所示，Asti 可活动的关节部分主要由脖子、左臂、右臂、左腿、右腿五个部分组成，在这各大部分中由具有许多个关节，一共有 20 个关节。借鉴“interface to kinect. ttm”中对数据的写入及读取的方法进行编程，而且上文提到 OpenNI/NITE 对人体骨架的捕捉只有 15 个关节点，因此不需利用到全部的关节点。

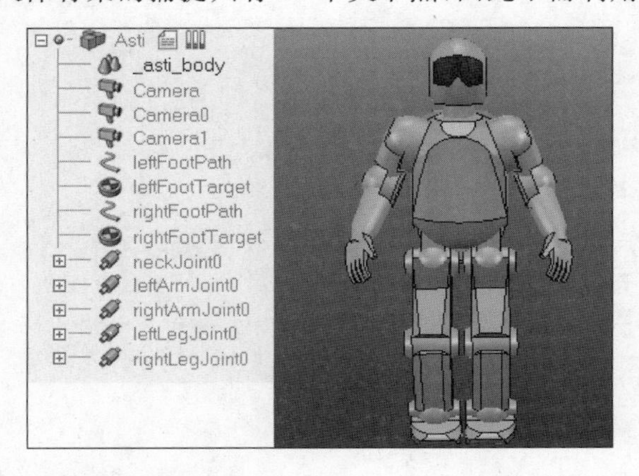

图 3-139　V-REP 中的 Asti 机器人及其层次结构

V-REP 中的 interface to kinect. ttm 实现了从 Kinect 读取人体的骨架点，并把它投影到场景中。在相对的 Lua 嵌入式脚本中，它的主要工作流程如下：

① 启用了一个服务器端口，并建立了一个套接字，并让它连接到 KinectSever 服务端；

② 定义了一个写数据至套接字的函数：首先计算了需要发送多少个数据包，然后进行数据的写入；

③ 定义了一个从套接字读取数据的函数；

④ 准备画线和显示球状，用于显示人体的骨架。

将 Asti 机器人加载到空白的场景中，并对模型进行一定的修改，给它添加了一个非线程的嵌入式脚本，然后根据以上的方法进行 Lua 代码的编写，主要补充的核心部分是将 V-REP 获取的人体骨架点赋予 Asti 机器人相对应的关节。

相关的 Lua 代码为：

```
-- Following function writes data to the socket (the data might be sent in several packets)
writeSocketData = function(client,data)
    -- Check how many packets we need to send:
    local packetCount = 0
    local s = #data
    while (s~=0) do
        packetCount = packetCount + 1
        if (s>256-6) then -- this is the max packet size minus header size
            s = s - 256 + 6
        else
            s = 0
        end
    end
    -- Now send the data:
    s = #data
    local pointer = 0
    while (s~=0) do
        packetCount = packetCount - 1
        local sizeToSend = s
        if (s>256-6) then
            sizeToSend = 256 - 6
        end
        s = s - sizeToSend
        local header = string.char(59,57,math.mod(sizeToSend,256),math.floor(sizeToSend/
256),math.mod(packetCount,256),math.floor(packetCount/256))
-- Packet header is: headerID (59,57), dataSize (WORD), packetsLeft (BYTE)
        client:send(header..data:sub(pointer+1,pointer+sizeToSend))
        pointer = pointer + sizeToSend
    end
end
```

```
-- Following function reads data from the socket (that might be arriving in several packets)
readSocketData = function(client)
    local returnData = ''
    while (true) do
-- Packet header is: headerID (59,57), dataSize (WORD), packetsLeft (WORD)
        local header = client:receive(6)
        if (header == nil) then
            return(nil) -- error
        end
        if (header:byte(1) == 59)and(header:byte(2) == 57) then
            local l = header:byte(3) + header:byte(4) * 256
            returnData = returnData..client:receive(l)
            if (header:byte(5) == 0)and(header:byte(6) == 0) then
                break -- That was the last packet
            end
        else
            return(nil) -- error
        end
    end
    return(returnData)
end

linkPoints = function(returnData,index1,index2,minConfidence)
     if (returnData[4 * index1 + 4] > minConfidence) and (returnData[4 * index2 + 4] >
minConfidence) then
        local data = {returnData[4 * index1 + 1],returnData[4 * index1 + 2],returnData[4 *
index1 + 3],returnData[4 * index2 + 1],returnData[4 * index2 + 2],returnData[4 * index2 + 3]}
        data[1] = data[1] - 1
        data[4] = data[4] - 1
        simAddDrawingObjectItem(lineContainer,data)
    end
end

threadFunction = function()
    while simGetSimulationState() ~= sim_simulation_advancing_abouttostop do
        -- Send a request to the server (just anything):
        writeSocketData(client,'')
        -- Read the reply from the server:
        local returnData = readSocketData(client)
        if (returnData == nil) then
            break -- Read error
        else
            returnData = simUnpackFloats(returnData)
            simAddDrawingObjectItem(lineContainer,nil)
            simAddDrawingObjectItem(sphereContainer,nil)
            torsoTransf = simGetObjectMatrix(objectHandle, -1)
```

```
            if (returnData[60]> 0.5) then
                torsoPos = {returnData[57]/1000,returnData[58]/1000,returnData[59]/1000}
                torsoPos = simMultiplyVector(m,torsoPos)
            end
            for i = 0,15,1 do
                if (i < 6)or(i > 13) then
                if (returnData[4 * i + 4]> 0.5) then
                    scalingFact = 0.7

                    pointPos = {returnData[4 * i + 1] * scalingFact/1000,returnData[4 * i + 2] *
scalingFact/1000,returnData[4 * i + 3] * scalingFact/1000}

                    pointPos = simMultiplyVector(m,pointPos)
                    pointPos[1] = pointPos[1] - torsoPos[1]
                    pointPos[2] = pointPos[2] - torsoPos[2]
                    pointPos[3] = pointPos[3] - torsoPos[3]
                    pointPos = simMultiplyVector(torsoTransf,pointPos)
                    returnData[4 * i + 1] = pointPos[1]
                    returnData[4 * i + 2] = pointPos[2]
                    returnData[4 * i + 3] = pointPos[3]
                    pointPos[1] = pointPos[1] - 1
                    -- Skeleton animation in V - REP
                    simAddDrawingObjectItem(sphereContainer,pointPos)
                end
                end

            end

            local packedData = simPackFloats(returnData)
            simSetStringSignal('MyJointData',packedData)

            linkPoints(returnData,0,2,0.5)
            linkPoints(returnData,1,3,0.5)
            linkPoints(returnData,5,14,0.5)
            linkPoints(returnData,4,14,0.5)
            linkPoints(returnData,2,4,0.5)
            linkPoints(returnData,3,5,0.5)
            linkPoints(returnData,4,5,0.5)
            linkPoints(returnData,4,15,0.5)
            linkPoints(returnData,5,15,0.5)

            if (returnData[4 * 0 + 4]> 0.5)and(returnData[4 * 1 + 4]> 0.5)and(returnData[4 *
2 + 4]> 0.5)and(returnData[4 * 3 + 4]> 0.5)and(returnData[4 * 4 + 4]> 0.5)and(returnData[4 * 5 +
4]> 0.5)and(returnData[4 * 14 + 4]> 0.5) then
                pt1 = {returnData[4 * 4 + 1],returnData[4 * 4 + 2],returnData[4 * 4 + 3]}
                pt2 = {returnData[4 * 5 + 1],returnData[4 * 5 + 2],returnData[4 * 5 + 3]}

                pt3 = {returnData[4 * 14 + 1],returnData[4 * 14 + 2],returnData[4 * 14 + 3]}
```

```
            v1 = {pt1[1] - pt2[1],pt1[2] - pt2[2],pt1[3] - pt2[3]}
            v2 = {pt3[1] - pt2[1],pt3[2] - pt2[2],pt3[3] - pt2[3]}

            n = {v1[2] * v2[3] - v1[3] * v2[2],v1[3] * v2[1] - v1[1] * v2[3],v1[1] * v2[2] -
v1[2] * v2[1]}
            l = math.sqrt(n[1] * n[1] + n[2] * n[2] + n[3] * n[3])
            n[1] = n[1]/l
            n[2] = n[2]/l
            n[3] = n[3]/l
        dd = {0,0,1.5,n[1],n[2],1.5 + n[3]}
        correctionAngle = math.asin(n[3])

            z = {v1[2] * n[3] - v1[3] * n[2],v1[3] * n[1] - v1[1] * n[3],v1[1] * n[2] -
v1[2] * n[1]}
            l = math.sqrt(z[1] * z[1] + z[2] * z[2] + z[3] * z[3])
            z[1] = z[1]/l
            z[2] = z[2]/l
            z[3] = z[3]/l
        dd = {0,0,1.5,z[1],z[2],1.5 + z[3]}

        x = {n[2] * z[3] - n[3] * z[2],n[3] * z[1] - n[1] * z[3],n[1] * z[2] - n[2] * z[1]}
        dd = {0,0,1.5,x[1],x[2],1.5 + x[3]}
        lsp = simGetObjectPosition(leftShoulder, - 1)
        rsp = simGetObjectPosition(rightShoulder, - 1)
        mm = {0,0,0,0,0,0,0,0,0,0,0,0}
            mm[1] = x[1]
            mm[2] = n[1]
            mm[3] = z[1]
            mm[4] = returnData[17]
            mm[5] = x[2]
            mm[6] = n[2]
            mm[7] = z[2]
            mm[8] = returnData[18]
            mm[9] = x[3]
            mm[10] = n[3]
            mm[11] = z[3]
            mm[12] = returnData[19]
            mml = simGetInvertedMatrix(mm)
            mm[4] = returnData[21]
            mm[8] = returnData[22]
            mm[12] = returnData[23]
            mmr = simGetInvertedMatrix(mm)

            leftHandP = simMultiplyVector(mml,{returnData[1],returnData[2],returnData[3]})
            leftHandP[1] = leftHandP[1] + lsp[1]
            leftHandP[2] = leftHandP[2] + lsp[2]
            leftHandP[3] = leftHandP[3] + lsp[3]

            rightHandP = simMultiplyVector(mmr,{returnData[5],returnData[6],returnData[7]})
```

```
                rightHandP[1] = rightHandP[1] + rsp[1]
                rightHandP[2] = rightHandP[2] + rsp[2]
                rightHandP[3] = rightHandP[3] + rsp[3]

                leftElbowP = simMultiplyVector(mml,{returnData[9],returnData[10],
returnData[11]})
                leftElbowP[1] = leftElbowP[1] + lsp[1]
                leftElbowP[2] = leftElbowP[2] + lsp[2]
                leftElbowP[3] = leftElbowP[3] + lsp[3]

                rightElbowP = simMultiplyVector(mmr,{returnData[13],returnData[14],
returnData[15]})
                rightElbowP[1] = rightElbowP[1] + rsp[1]
                rightElbowP[2] = rightElbowP[2] + rsp[2]
                rightElbowP[3] = rightElbowP[3] + rsp[3]
            simSetObjectPosition(leftHand, -1,leftHandP)
            simSetObjectPosition(rightHand, -1,rightHandP)
            simSetObjectPosition(leftElbow, -1,leftElbowP)
            simSetObjectPosition(rightElbow, -1,rightElbowP)
            end
        end
        simSwitchThread()
    end
end

-- Put some initialization code here:
simSetThreadSwitchTiming(200) -- We wanna manually switch for synchronization purpose (and
also not to waste processing time!)
if (simGetInt32Parameter(sim_intparam_platform) == 0) then -- for now only Windows is supported

-- We start the server on a port that is probably not used (try to always use a similar --
code):
    simSetThreadAutomaticSwitch(false)
    local portNb = simGetInt32Parameter(sim_intparam_server_port_next)
    local portStart = simGetInt32Parameter(sim_intparam_server_port_start)
    local portRange = simGetInt32Parameter(sim_intparam_server_port_range)
        if (not portNb) then
            portNb = portStart
        end

    local newPortNb = portNb + 1
    if (newPortNb >= portStart + portRange) then
        newPortNb = portStart
    end
    simSetInt32Parameter(sim_intparam_server_port_next,newPortNb)
```

```
    simSetThreadAutomaticSwitch(true)

    simLaunchExecutable('kinectServer.exe',portNb,1)

    -- Build a socket and connect to the server:
    socket = require("socket")
    client = socket.tcp()
    simSetThreadIsFree(true) -- To avoid a bief moment where the simulator appears as locked
    local result = client:connect('127.0.0.1',portNb)
    simSetThreadIsFree(false)

    -- Prepare the drawing containers for lines and spheres (to display the skeleton):
    lineContainer = simAddDrawingObject(sim_drawing_lines,4,0,-1,100,{1,0,0})

    sphereContainer = simAddDrawingObject(sim_drawing_spherepoints,0.05,0,-1,100,{0,0,1})
    objectHandle = simGetObjectHandle('astiTorso')
    leftHand = simGetObjectHandle('leftHandSphere')
    rightHand = simGetObjectHandle('rightHandSphere')
    leftElbow = simGetObjectHandle('leftElbowSphere')
    leftShoulder = simGetObjectHandle('leftShoulderSphere')
    rightShoulder = simGetObjectHandle('rightShoulderSphere')

    m = simBuildMatrix({0,0,0},{math.pi/2,0,0})
    objectHandle = simGetObjectAssociatedWithScript(sim_handle_self)
    torsoPos = {0,0,0}
    scalingFact = 0.7
    w = 1.2
    correctionAngle = 0

    if (result == 1) then
        -- We could connect to the server

        -- Here we execute the regular thread code:
        res,err = xpcall(threadFunction,function(err) return debug.traceback(err) end)
if not res then
    simAddStatusbarMessage('Lua runtime error: '..err)
end

    end
    client:close()
else
    simDisplayDialog('Error','This model is not yet supported on this platform and currently
only works on Windows.&&nContact us for source code examples if you wish to also have support on
this platform.',sim_dlgstyle_ok,true)
end
```

2. Kinect与V-REP交互的实现效果

完成相关模型的搭建和脚本的编写后，在V-REP中运行仿真，其实验结果如下：

(1) 仿真开始时，将自动运行KinectSever.exe，通过该程序与OpenNI/NITE的开发环境进行通讯。其效果是弹出一个Kinect捕捉图像信息的窗口，当人体距离Kinect一定的距离时，将会自动辨识并追踪人体，并把人体的颜色标注为蓝色。

(2) 当人体远离Kinect所能捕捉的视觉范围后，再次进入该范围时，人体的颜色开始依然为灰色，只有等到被再次辨识出来才会变成蓝色。当Kinect已经辨识出人体时，此时视觉范围中出现另一个人体或其他干扰物，将会被标注成其他颜色。

(3) 当人体再向空旷的后方移动时，图像窗口将会出现人的骨架点。此时，如图3-140所示，人体开始动作时，V-REP中的Asti机器人将会跟随人体双手的动作进行实时地运动。目前，能够实现Asti机器人跟随人体进行举起手臂、弯曲手臂和使手臂垂下等动作。

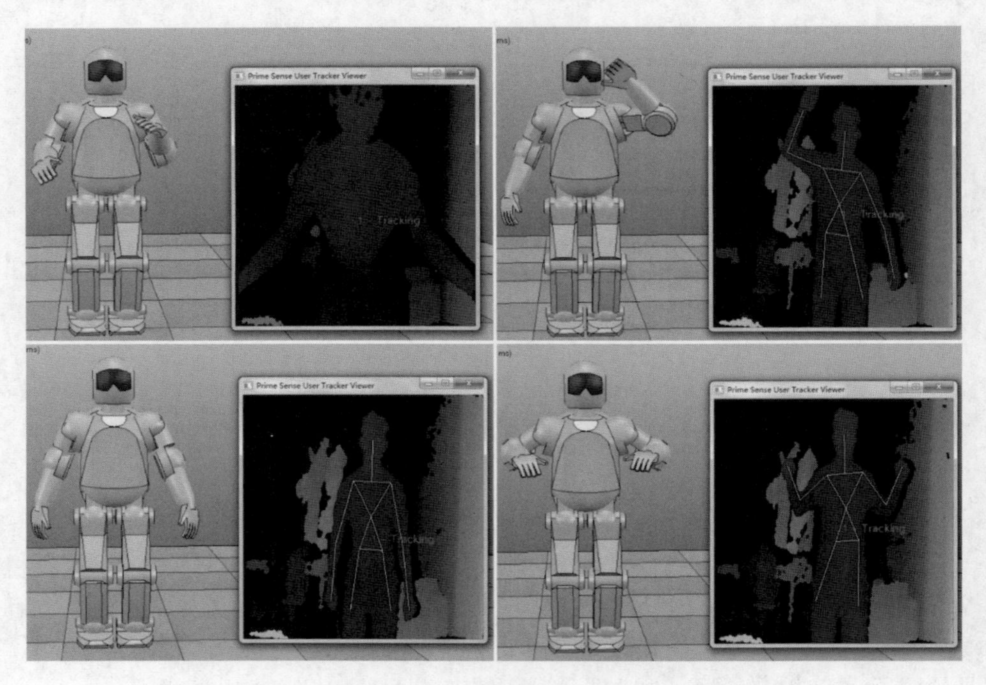

图3-140 使用Kinect控制V-REP中的Asti机器人

以上的实验结果表明，使用者能够通过Kinect控制V-REP中的机器人，让它完成一定的动作，因此通过Kinect进行虚拟人机交互的研究与设计能够成功实现。

本章小结

本章介绍了V-REP机器人仿真的基础知识，包括了它的安装、用户界面、场景与模型、计算模块和控制方法等，然后介绍了如何使用V-REP进行仿真，它的主要步骤为：模型搭建、编程实现控制方法、设置仿真。最后介绍了 V-REP 在人机交互的应用，包括了 V-REP 如何和 Touch X、Kinect 之间进行通信。

参考文献

[1] http://www.coppeliarobotics.com/helpFiles.

[2] Freese M, Singh S, Ozaki F, et al. Virtual Robot Experimentation Platform V-REP: A Versatile 3D Robot Simulator[M]//Simulation, Modeling, and Programming for Autonomous Robots. Springer Berlin Heidelberg, 2010: 51-62.

[3] Rohmer E, Singh S P N. Freese M. V-REP: A versatile and scalable robot simulation. framework [C]//Ieee/rsj International Conference on Intelligent Robots and Systems. IEEE, 2013: 1321-1326.

[4] Yang C, Chang S, Liang P, et al. Teleoperated robot writing using EMG signals [C]//IEEE International Conference on Information and Automation. IEEE, 2015: 2264-2269.

[5] Wang H, Ma H, Yang C, et al. Simulation of one effective human-robot cooperation method based on kinect sensor and uncalibrated visual servoing[C]//IEEE International Conference on Robotics and Biomimetics. IEEE, 2015: 2014-2019.

[6] Spica R, Claudio G, Spindler F, et al. Interfacing Matlab/Simulink with V-REP for an Easy Development of Sensor-Based Control Algorithms for Robotic Platforms[C]//IEEE Int. Conf. on Robotics and Automation Workshop: Matlab/simulink for Robotics Education and Research. IEEE,2014.

第 4 章 Gazebo在机器人仿真中的应用

4.1 Gazebo的介绍与安装

4.1.1 Gazebo的初步介绍

Gazebo是一款机器人3D动力学仿真软件，它能够精确并且有效地对在室内或室外环境中一定数量的机器人进行3D动力学仿真。跟V-REP等其他机器人仿真软件相似，Gazebo能够提供高精确度的物理仿真。除此之外，Gazebo还提供了一系列的传感器，针对使用者和程序的接口。

Gazebo具有丰富的功能，其中典型应用有：机器人算法测试、机器人设计、机器人现实可能情况的回归分析。

Gazebo功能丰富，具有多种特征，其中一些关键的特征包括：

- Gazebo拥有大量物理引擎，包括了ODE、Bullet、Simbody和DART；
- Gazebo具有一个丰富的机器人库和环境库；
- Gazebo具有各种类型的传感器；
- 具有便利的可编程图表化接口。

4.1.2 Gazebo的安装

1. Ubuntu下使用Ubuntu包安装Gazebo

(1) 默认安装：如果需要进行Gazebo版本的默认安装，输入以下命令：

```
curl - ssL http://get.Gazebosim.org | sh
```

(2) 可选择安装。

设置用户的电脑可以接受从packages.osrfoundation.org下载的软件，然后输入以下命令：

```
sudosh - c 'echo "deb http://packages.osrfoundation.org/Gazebo/ubuntu - stable 'lsb_release
- cs' main" > /etc/apt/sources.list.d/Gazebo - stable.list'
```

用户可以检查该文件是否书写正确，在 Ubuntu 的终端中，用户可以输入以下命令进行安装：

```
$ cat /etc/apt/sources.list.d/Gazebo - stable.list
deb http://packages.osrfoundation.org/Gazebo/ubuntu - stable trusty main
```

安装关键的软件包：

```
wget http://packages.osrfoundation.org/Gazebo.key - O - | sudo apt - key add -
install Gazebo
```

首先更新 debian 数据库：

```
sudo apt - get update
```

注意：确保 apy-get 更新过程没有错误，控制台输出以 done 结束，类似以下输出：

```
$ sudo apt - get update
...
hit http://ppa.launchpad.net trusty/main Translation - en
ign http://us.archive.ubuntu.com trusty/main Translation - en_US
ign http://us.archive.ubuntu.com trusty/multiverse Translation - en_US
ign http://us.archive.ubuntu.com trusty/restricted Translation - en_US
ign http://us.archive.ubuntu.com trusty/universe Translation - en_US
reading package lists... Done
```

然后通过下列命令安装 Gazebo8：

```
sudo apt - get install Gazebo8
# for developers that work on top of Gazebo, one extra package
sudo apt - get install libGazebo8 - dev
```

如果用户看到如下错误：

```
$ sudo apt - get install Gazebo8
reading package lists... Done
building dependency tree
reading state information... Done
E: Unable to locate package Gazebo8
```

产生错误的原因是 Gazebo 的版本跟用户的操作系统版本不匹配。例如在 Ubuntu14.04 上安装 Gazebo8 会出现上述错误。注意：通过查看“Project Status”可查看每个 Gazebo 支持的 Ubuntu 版本和 ROS 版本。此时，你将查看自己的系统版本，然后安装相对应的

Gazebo 版本。完成以上的安装步骤后，输入以下的命令运行 Gazebo，测试安装是否正确：

```
Gazebo
```

注意：Gazebo 第一次运行需要下载一些模型，这将花费一些时间，请耐心等候。

(3) Gazebo 中不同的 debian 安装包。

Gazebo 中有以下两种不同的 debian 安装包：

① 把 Gazebo 作为应用程序：针对只使用 Gazebo 仿真软件提供的插件，模型的使用者。不打算在自己的软件中进行 Gazebo 顶层设计。为使用 Gazebo8，请安装 Gazebo8。

② 使用 Gazebo 的库来开发软件：开发插件或者任意软件需要 Gazebo 的头文件或库。在这种情况下，请在下载 Gazebo8 的基础上下载 libGazebo8-dev。

2. 在 Windows 下安装

安装过程需要使用本地预编译好的二进制文件。为了使安装更加简单，使用 MinGW 来进行编辑工作(如 GitBash Shell)，并且只使用 Windows 的命令行工具来配置和构建，用户可能需要禁用 Windows 防火墙。具体的安装步骤如下：

① 创建工作目录，输入以下命令：

```
mkdirgz - ws
cdgz - ws
```

② 下载如下附件到该目录里面：

- freeImage 3. x，slightly modified to build on VS2013
- boost 1. 56. 0
- bzip2 1. 0. 6
- dlfcn-win32
- ibcurl HEAD
- OGRE 1. 9. 0 rc1
- protobuf 2. 6. 0
- TBB 4. 3
- ziplib 0. 13. 62
- zlib

③ 在 gz-ws 下解压；

④ 下载 Qt 4. 8，解压到 C:\Qt\4. 8. 6\x64\msvc2013；

⑤ 安装 cmake，确保选择“为所有使用者添加 CMake 系统路径”选项；

⑥ 安装 Ruby1. 9 或更高版本，安装过程确保添加 Ruby 到系统路径；

⑦ 复制 Ignition Math，Sdformat 和 Gazebo；

```
hg clone https://bitbucket.org/ignitionrobotics/ign-math
hg clone https://bitbucket.org/osrf/sdformat
hg clone https://bitbucket.org/osrf/Gazebo
```

⑧ 打开命令窗口，通过如下命令加载编译器进行安装：

```
"C:\Program Files (x86)\Microsoft Visual Studio 12.0\VC\vcvarsall.bat" x86_amd64
```

⑨ 配置和构建 Ignition Math：

```
cdign-math
mkdir build
cd build
# if you want debug, run ..\configure Debug
..\configure Release
nmake
nmake install
```

此时用户应该在 gz-ws/ign-math/build/install/Release 安装了 Ignition Math。

⑩ 在同一个窗口下，配置和安装 Sdformat：

```
cd ..\..\sdformat
mkdir build
cd build
# if you want debug, run ..\configure Debug
..\configure
nmake
nmake install
```

此时，在 gz-ws/sdformat/build/install/Release 或 gz-ws/sdformat/build/install/Debug 下安装了 Sdformat。

⑪ 在相同的命令窗口下，配置和构建 Gazebo：

```
cd ..\..\Gazebo
mkdir build
cd build
# if you want debug, run ..\configure Debug
..\configure
nmakegzclient
nmakegzserver
nmake install
```

此时应在 gz-ws/Gazebo/build/install/Release 或 gz-ws/Gazebo/build/install/Debug

下安装了 Gazebo。为了在 Windows 环境下使用 Gazebo 的所有功能，还需要进行以下步骤。

首先，运行：

```
gzserver
```

调整所有路径以加载 dll：

(1) 如果在 Debug 中，为：

```
cdgz - ws \ Gazebo \ build .. \ win_addpath. batDebug
```

(2) 如果在 Release 中，为：

```
cdgz - ws \ Gazebo \ build .. \ win_addpath. batRelease
```

(3) 创建一个 ogre plugins. cfg 文件。

(4) 输入

```
cdgz - ws\Gazebo\build\Gazebo
```

(5) 如果在 Debug 中：复制下面内容到 plugins. cfg and replace MYUSERNAME with your actual username：

```
# Define plugin folder
PluginFolder = C:\Users\MYUSERNAME\gz - ws\ogre_src_v1 - 8 - 1 - vc12 - x64 - release - debug\
build\install\Debug\bin\Debug

# Define plugins
Plugin = RenderSystem_GL_d
Plugin = Plugin_ParticleFX_d
Plugin = Plugin_BSPSceneManager_d
Plugin = Plugin_PCZSceneManager_d
Plugin = Plugin_OctreeZone_d
Plugin = Plugin_OctreeSceneManager_d
```

3. 如果在 Release 中：复制下面内容到 plugins. cfg

```
# Define plugin folder
PluginFolder = C:\Users\MYUSERNAME\gz - ws\ogre_src_v1 - 8 - 1 - vc12 - x64 - release - debug\
build\install\Release\bin\Release

# Define plugins
Plugin = RenderSystem_GL
```

```
Plugin = Plugin_ParticleFX
Plugin = Plugin_BSPSceneManager
Plugin = Plugin_PCZSceneManager
Plugin = Plugin_OctreeZone
Plugin = Plugin_OctreeSceneManager
```

将此文件复制到 gui 目录中，输入下面的命令：

```
copyplugins.cfggui\
```

然后，运行 gzserver：

```
gzserver.exe ..\..\worlds\empty.world
```

接下来，调试。查看用户在 Gazebo 上需要调试遇到的问题，可以输入：

```
run gzserver
```

如果遇到问题，请使用--verbose 获取更多信息，输入

```
run gzclient
```

一个已知的问题是，它不运行在 Ubuntu 15.04 主机的 VirtualBox 3.4。当前的理论是它不支持离屏帧缓冲。它已经确认工作在 Windows 7 和 Ubuntu 14.04 主机的 VMWare 播放器。随着测试的继续，将添加更多的细节。

接下来构建 Ogre 示例。

(1) 下载 OIS。下载地址为：

http://sunet.dl.sourceforge.net/project/wgois/Source%20Release/1.3/ois-v1-3.zip

(2) 在 Visual Studio 中编译 OIS 使用 Win32 /文件夹中的项目。

(3) 将 OIS 标题和库放入：

```
ogre - ... \ Dependencies \ include ogre - ... \ Dependencies \ lib
ogre - ... \ Dependencies \ bin
```

(4) 补丁 ogre-1.8 里面的 configure.bat，使用：

```
- DOGRE_BUILD_SAMPLES:BOOL = TRUE ..
```

(5) 正常编译：

```
..\configure.bat
nmake
```

(6) 使用以下命令运行演示浏览器：

```
#将 OIS _ *.dll 复制到 bin 目录 ogre - ... \ build \ bin \ SampleBrowser.exe 中.
```

可以看出，在 Windows 的环境下安装 Gazebo 的步骤比较多，这里不推荐用户在 Windows 环境下使用 Gazebo。此外，Gazebo 还可以在 OS X 系统中安装，具体的步骤可以参考 Gazebo 的官方网站。

4.1.3 Gazebo 与 V-REP 的比较

在前面的部分中详细地介绍了机器人仿真软件 V-REP。在这里，我们将这两个常用的仿真软件进行了比较，包括以下四个部分：

- ROS 集成：使用现有的 ROS 框架与仿真软件，使它们一起工作的难点。
- 场景建模：创建像迷宫一样的场景模型的难点。
- 机器人模型修改：修改仿真软件提供的机器人模型，在机器人上添加传感器和插件的难点。
- 程序控制：使用编程语言来控制仿真环境的难点。

1. 与 ROS 之间的集成

Gazebo 是 ROS 系统中使用的默认机器人仿真软件。Gazebo 与 ROS 是分离的项目，即它们的开发者是不相同的，但有一个与 Gazebo 相关的软件包在 ROS 官方存储库（ros-indigo-gazebo-ros）这是由 Gazebo 开发者自己维护的软件包，它包含接口 ROS 和 Gazebo 的插件。这些插件可以连接到仿真软件场景中的对象，并提供简单的 ROS 通信方法，例如 Gazebo 发布和订阅的主题以及服务。将 Gazebo 封装为 ROS 节点，还允许将其轻松集成到运行大型和复杂系统（称为启动文件）的 ROS 默认方法中。

V-REP 中没有位于本机的 ROS 节点。这意味着它还不可能在单个启动文件中作为 ROS 系统的一部分运行，而在另一个 Linux 终端上运行它。另一方面，V-REP 提供了一个默认的 ROS 插件，可以在 VREP Lua 脚本中使用它来创建 ROS 发布者和订阅者（关于 V-REP 与 ROS 之间的插件将在第 6 章中具体介绍）。此外，需要 ROS 与 V-REP 之间进行集成，更有用的是由来自法国 INRIA 研究所的研究组 Lagadic 创建的软件包（插件）。这个软件包在尝试复制 Gazebo 的 ros 包功能。同样，它还在其操纵器处理程序插件上提供差分驱动功能。然而，对于仿真软件中的传感器，需要使用 V-REP Lua 脚本创建发布者以将传感器读数传输到 ROS 主题，而不能通过这个软件包。

Gazebo 和 ROS 有着很紧密的关系。因为使用 ROS 的人数众多，容易从开发者的社区中取得技术上的发展。Gazebo 有一个明显的优势：虽然它们是单独的项目，但每一个版本的 Gazebo 开发，都有考虑到相应的与 ROS 版本相适应，这样使得 Gazebo 能够跟紧 ROS 的更新速度。总体来说，Gazebo 提供了一个广泛的 API 来访问任何代码的所有功能。其次，Gazebo 已经集成一些 ROS 特定的功能，如服务、主题订阅和发布。最后，更关键的是，Gazebo 和 ROS 已经有了大量的社区开发的插件和代码。

因此，虽然 V-REP 与 ROS 之间也能够通过 Lua 或者插件进行集成，但与 Gazebo 相比较，它们之间的即用型组件在数量上远远不足，而且也存在较大的难度。所以说，在需要与 ROS 进程集成的项目中，建议开发者选择 Gazebo 这款仿真软件。

2. 场景建模

在这个标准中，两个仿真软件对一个虚拟的机器人工作环境进行建模是相对简单的，但也存在着许多不同。这涉及了可视化编辑、可视化场景图形和对象属性等方向上。

V-REP 能够提供上述所有功能。在模型浏览器中，V-REP 有很多模型，可以很容易地插入到场景中。这些模型的范围基础设施对象，如墙和门、家具、甚至地形模型。此外，它还有一个易于使用的可视化场景图形。在那里，我们可以访问场景中的所有对象，并检查和修改其所有属性。

在这一点上，Gazebo 是远远落后的。Gazebo 不提供许多能够被直接使用的场景建模功能。它提供了一个建筑编辑器，这在设计基本的环境和基础设施中非常实用。其次，它还提供了 3 个简单的几何形状，它们能够直接插入在场景中：一个球体、一个立方体和一个圆柱体。在这一点上，V-REP 提供了更丰富更多种类的基础形状。最后，Gazebo 拥有一个由社区开发的在线模型数据库，它由各种模型组成，在 Gazebo 中可以直接访问。这是 Gazebo 在模型构建中的一个优点，但数据库缺少官方的维护，相对处于无组织的状态。

因此，在 Gazebo 中进行模型的编辑是不可能的。为此，用户必须使用外部 3D 建模工具(如 Blender 或 Google Sketchup)来绘制模型，然后将它们导入 Gazebo 所支持的格式。Gazebo 使用称为 SDF 的模型格式，它是基于 XML 格式的一种文件类型。为了使用 Gazebo 的全部功能，强烈建议用户学习 SDF 如何工作，以及它与 ROS URDF 的关系。ROS URDF 是 ROS 使用的模型格式。在这一点上，V-REP 具有 URDF 导入工具。

在这个标准中，我们可以发现，V-REP 为场景建模提供了更多的用户友好的特性，不需要任何深入的 XML 知识。因此，我们可以进行快速原型设计的仿真设置和更复杂的项目。相反，如果使用 Gazebo，则需要去深入挖掘 SDF 的规范，然后才能构建那些非基本的设置。最后，必须掌握了 SDF 的规范后才能创建非常复杂的仿真。因此，在场景建模这一点上，V-REP 具有一定的优势，能让用户快速地实现模型构建。

3. 机器人模型修改

机器人模型的修改与场景建模相类似。在实际的项目中，在仿真软件提供的机器人模型上，需要向机器人模型添加传感器和执行器。

要修改 Gazebo 中的模型，用户需要使用 SDF 文件。例如，需要将接近传感器集成到 Pioneer 机器人。具体的做法是：

① 在 Gazebo 在线数据库中使用 Pioneer 2DX 模型，同时使用来自同一数据库的 Hokuyo 激光扫描模型。虽然已经拥有了这两个模型，但没有办法从 Gazebo 的内部将它们组合成一个单一的模型。必须通过编辑适当的 SDF 文件来完成，这需要花费一定的时间。

② 在感测部分，Hokuyo 模型带有一个 ROS 插件，可以将读数发布到 ROS 主题上。这个插件和 Gazebo/ROS 插件是类似的。

而在 V-REP 中，虽然有工具来导入基于 XML 文件的模型，但没有必要使用基于 XML 的文件。Pioneer 2dx 的现有模型在 V-REP 本地模型数据库上是默认可用。此外，V-REP 提供各种不同型号的传感器，而且用户可以轻松插入任何现有型号的传感器。传感器放置在机器人的某个部分中，所需要的操作都是从 VREP 内部完成的。之后，用户需要修改了相关的 Lua 脚本，以添加将传感器的读数发布到 ROS 主题的 ROS 发布者，这只需要几行代码。

在这一点上，V-REP 的优点是它的用户友好功能。V-REP 能够从仿真软件内部修改模型，这在具体的工作上是非常有用和实用的。唯一的不足是，在这里需要使用的工具之一 V-Rep ROS Bridge 不是由 V-REP 官方本身进行维护。另一方面，Gazebo 不提供编辑模型的简单图形方式，并且必须编辑文本文件。Gazebo 具有的优点是：大多数传感器是由开发者社区开发的解决方案，如 Hokuyo 模型。这使得用户很容易获得很多非常有用的插件，而 V-REP 的机器人模型都保存在自身的模型浏览器中，难以被扩展。

4. 程序控制

在机器人仿真软件的使用上，经常需要用一段代码去控制仿真的状态。作为可用代码库的对仿真环境的访问和控制在这里被认为是程序控制的标准。

在 Gazebo 和 V-REP 上，所需的所有程序控制都可以作为与每个仿真软件相关联的 ROS 节点提供的 ROS 服务。这项 ROS 服务是：启动和停止仿真，获取机器人模型在环境中的实时姿势，并设置模型的姿势。在 Gazebo 中，重置仿真时，需要获取和设置机器人的姿势，这是因为重置仿真的服务出现问题导致差分驱动程序插件停止工作。这在 V-REP 中不需要，因为重置仿真服务也重置了机器人的位置。

ROS 服务可以通过 ROS 节点代码轻松地被调用。所使用的数据库是 ROS 的一部分，并且不属于任何仿真软件。这表明 ROS 可以用于抽象低级实现更具体的细节，从而方便用户的工作。然而，Gazebo 和 VREP 都提供了一个能够完全控制其内部仿真变量的代码 API。因此，在这个标准中，Gazebo 和 V-REP 的区分度不大。

在这部分内容中，我们对 V-REP 和 Gazebo 机器人仿真软件进行了比较。得出的结论是：V-REP 是一个更直观和用户友好的仿真软件，并且包装更多的功能。Gazebo 更加集成到 ROS 框架中，是一个开源解决方案，意味着它允许对仿真软件的完全控制。但它需要一些外部工具来实现 V-REP 拥有的功能。此外，Gazebo 比 V-REP 对于硬件的要求更高。总体而言，初学者需要在这一章中对两个软件的学习进行比较，掌握它们在不同场合中存在的优势，然后在遇到具体的项目时进行评估，选择更适合的机器人仿真软件。

4.2 Gazebo 的结构

4.2.1 Gazebo 的运行方法

前面已经介绍了 Gazebo 的安装方法。接下来关于 Gazebo 的部分内容中，我们将在

Ubuntu 系统下对 Gazebo 的各部分知识进行介绍。

在 Ubuntu 系统环境下进行以下的三个步骤将在默认的条件下运行 Gazebo：

① 确认已安装 Gazebo；

② 打开 Ubuntu 的终端(在大部分 Ubuntu 的版本中，按 Ctrl+Alt+t 组合键)；

③ 在终端的窗口中通过以下的输入命令启动 Gazebo：

```
Gazebo
```

启动 Gazebo 后，可以通过加载 pioneer2dx(场景(worlds))进行仿真，感受下 Gazebo 与 V-REP 的不同。输入以下的命令打开终端：

```
Gazebo worlds/pioneer2dx.world
```

1. 场景文件的位置

运行上面的命令，我们注意到上述命令中的参数：worlds/pioneer2dx.world。这条命令的含义是让 Gazebo 去搜索文件 pioneer2dx.world，并在开始仿真的时候加载它。场景文件位于相对应版本的系统目录中，例如：Ubuntu 的/usr/share/Gazebo-7。如果在 Ubuntu7.0 中安装 Gazebo，在终端中输入下列命令来看完整的(场景)目录，输入以下的命令：

```
ls /usr/share/Gazebo - 7/worlds
```

如果在 OS X 中安装 Gazebo，使用 Homebrew 工具查看完整的场景目录，输入以下的命令：

```
ls /usr/local/share/Gazebo - 7/worlds
```

2. 客户端和服务器的分离

在上面的例子中，Gazebo 命令行工具实际上运行了两个可执行程序，一个是 gzserver，另一个是 gzclient。其中，gzserver 可执行程序运行了(自然环境)更新循环和传感器数据计算。gzserver 是 Gazebo 的核心，可单独在图像界面执行，这时我们可能得到输出为“run headless”，它的意思相当于只运行 gzserver。此外，gzclient 可执行程序运行在基于 QT 的用户界面。这个应用程序提供了一个优良的可视化仿真，方便让用户控制各种仿真特性。

接下来尝试运行每一个可执行文件，打开终端并运行服务器，输入以下的命令：

```
gzserver
```

打开另一个终端并运行图像客户端，输入以下的命令：

```
gzclient
```

此时，我们应该看到 Gazebo 的用户界面。我们可以重启 gzclient 应用程序，甚至运行多重界面。

4.2.2 Gazebo 的组成部分

Gazebo 仿真软件的组成部分包括了场景文件、模型文件、环境变量、Gazebo 服务器、图像化客户端、服务器及图像客户端、插件等。下面对各部分进行具体介绍。

1. 场景文件

场景描述文件包含在一个仿真场景中的所有元素，包括机器人、灯光、传感器和静态对象。文件格式使用 SDF(Simulation Description Format)，并且经常使用的后缀名为.world。Gazebo 的 gzserver 读取这个文件，并生成一个仿真场景。很多场景描述文件的例子是 Gazebo 本身自带的。这个描述文件位于：<install_path>/share/gazebo-<version>/worlds。

2. 模型文件

模型文件同样使用 SDF 文件格式，但只包含一个模型的描述。这些文件的目的是为了方便多次使用同样的模型，并简化场景文件。一旦创建了模型文件，可以使用以下的语法将其包含在场景文件中：

```
<include>
<uri>model://model_file_name</uri>
</include>
```

大量的模型可在在线模型数据库中获得。在 Gazebo 的一些旧版本中有附带一些示例模型。假设在网络连接通畅的情况下运行 Gazebo，我们可从数据库中获取并插入任意模型，相关内容将会在 Gazebo 运行时下载。

3. 环境变量

Gazebo 使用大量环境变量来定位文件，建立客户端和服务器之间的联系。编译时，大多数情况用默认值工作。这意味着我们不需要设置任何变量。

下面是这些变量：

```
GAZEBO_MODEL_PATH:
```

冒号紧接的是路径，用于 Gazebo 搜索模型。

```
GAZEBO_RESOURCE_PATH:
```

冒号紧接的是路径，用于搜索其他资源，例如场景文件或媒体文件。

```
GAZEBO_MASTER_URI:
```

Gazebo 的 URI。指定服务器的 IP 和端口，告诉客户端连接的目的地。

```
GAZEBO_PLUGIN_PATH:
```

用于 Gazebo 在运行共享库时搜索插件。

```
GAZEBO_MODEL_DATABASE_URI:
```

在线模型库的 URI，Gazebo 从中下载模型。

这些默认值也包含在一个 shell 脚本中。

```
source < install_path >/share/Gazebo/setup.sh
```

如果我们想修改 Gazebo 的环境变量，例如：通过它拓展搜索模型的路径，我们应该首先 source 上述的脚本，然后修改它。

4. Gazebo 服务器

服务器是 Gazebo 的主要工作部分，它解析命令行上给出的场景描述文件，然后使用物理引擎和传感器来仿真它。

服务器可以用下面的命令启动。注意，它在运行时不包括任何图像，输入以下的命令：

```
gzserver < world_filename >
```

< world_filename >可以是：相对路径、绝对路径或环境变量中的相对路径部分。

Gazebo 附带的场景位于：<安装路径>/share/Gazebo-< version_number >/worlds

例如，使用 Gazebo 附带的 empty.world，使用下面的命令：

```
gzserver worlds/empty.world
```

5. 图像化客户端

图像化客户端连接运行中的 gzserver 和可视化部分。这也是一个工具，允许我们修改正在运行的仿真。

运行图像化客户端，输入以下的命令：

```
gzclient
```

6. 服务器及图像客户端

命令 Gazebo 将服务器和客户端同时执行，而不是在运行 gzserver worlds/empty.world 之后在运行 gzclient。这等价于以下的命令：

```
Gazebo worlds/empty.world
```

7. 插件

插件提供一个与 Gazebo 接口对接的简便机制。插件可以在命令行加载，或者在场景或模型文件中指定(参考 SDF 格式)。第一个加载在命令行指定的插件，然后加载场景或模型文件中指定的插件。大多数插件由服务器加载，然而插件也可以由图像化客户端加载来促进 GUI 计算。

例如：在命令行加载插件，输入以下的命令：

```
gzserver - s <plugin_filename><world_file>
```

图形化客户端要使用相同的机制，输入以下的命令：

```
gzclient - g <plugin_filename>
```

4.2.3 Gazebo 的结构

1. 介绍

与 V-REP 相类似，Gazebo 使用分布式体系结构：各种独立的库可用于物理仿真，渲染、用户界面、通信和传感器。此外，Gazebo 提供了两个用于仿真的可执行程序：

- 一个服务器 gzserver：用于仿真自然环境、渲染和调用传感器；
- 一个客户端 gzclient：提供了一个可视化图形界面，并与仿真进行交互。

此外，客户端和服务器之间使用 Gazebo 的通信库进行通信。

2. 进程之间的通信

目前通信库使用开源的 Google Protibuf 进行消息序列化和 boost::ASIO 作为传输机制，它支持发布或订阅通信模式。例如，虚拟场景中机器人姿态的更新、传感器的迭代 GUI 将使用这些信息来作为输出。

这种机制允许内部的仿真，并提供一种方便的机制来进行 Gazebo 的控制。

3. 系统

Gazebo 的系统包括了主体、通信库、物理库、渲染库、传感器生成器、GUI 和插件。

1) Gazebo 的主体

Gazebo 的主体本质上是一个名为服务器的主题。它提供了根据名字搜索的功能，主题管理。可以处理多种自然环境仿真、传感器迭代和 GUI。

2) 通信库

- 依赖项：Protibuf 和 boost::ASIO；
- 外部 API；
- 内部 API：无；
- 发布主题：无；

• 订阅主题：无。

通信库几乎被所有的后续库使用。它作为 Gazebo 的通信和传输机制，目前只支持发布或订阅，但可以以最小代价使用 RPC。

3）物理库

• 依赖项：动力学引擎（内部碰撞检测）；
• 外部 API：提供了一个用于物理仿真的简单而通用的接口；
• 内部 API：为物理库定义了一个基本的接口，用于第三方动力学引擎。

物理库提供了一个简单而通用的接口，用于基本的仿真部件，包括刚体、碰撞形状、关节角限制。这个接口集成了四个开源物理引擎：Open Dynamics Engine（ODE）、Bullet、Simbody 和 Dynamic Animation and Robotics Toolkit（DART）。

用 SDF 描述的模型文件可以使用 XML 加载这些物理引擎，为不同的算法实现和仿真特性提供了一种途径。

4）渲染库

• 依赖项：OGRE；
• 外部 API；
• 内部 API。

渲染库使用 OGRE 来提供一个为 GUI 和传感器库渲染 3D 场景的接口。这包括光照、纹理和天空的仿真，可以为渲染引擎引入插件。

5）传感器生成库

• 依赖项：渲染库，物理库；
• 外部 API：提供初始化和运行的一系列传感器；
• 内部 API：TBD。

传感器生成库实现所有各种类型的传感器，通过物理仿真器监听场景状态更新，并产生由实例化传感器指定的输出。

6）GUI

• 依赖项：渲染库，Qt；
• 外部 API：无；
• 内部 API：无。

GUI 库使用 Qt 为用户创建图形部件与仿真进行交互。用户可以通过 GUI 窗口小部件控制时间的流动，如：暂停或改变时间步长。用户也可以更改场景，通过添加、修改或删除模型。另外有一些工具来观察日志记录和仿真传感器数据。

7）插件

物理传感器和渲染库支持插件。这些插件可以使用户访问各自相应的库而不使用通信系统。

4.3 创建机器人

4.3.1 模型结构和要求

这一部分将讲述如何创建并修改机器人模型，特别是创建带轮子的机器人。将机器人、传感器和执行器进行集成，最后通过编程使模型运动。

1. 内容提要

Gazebo 可以通过编程方式或 GUI 动态地加载模型到仿真场景中。模型在下载后或由用户创造后存在于用户的电脑中。本部分内容描述 Gazebo 的模型目录的结构，以及模型目录必要的文件。

在 Gazebo 中，模型定义为有着动力学和可视属性的物理实体模型。此外，一个模型可能有一个或多个插件，这些插件影响着模型的行为。一个模型可以代表任何东西，从一个简单的机器人到一个形状复杂的机器人；甚至地面也是一个模型。

Gazebo 依赖于一个数据库来存储和维护模型，以便在仿真时可供使用。模型数据库是一个社区支持的资源，可以上传和维护用户创造创建和使用的模型。

2. 模型数据存储库

模型数据存储库是一个 bitbucket 仓库。用户可以复制存储库，从而获取模型数据存储库中的模型。存储库的地址为 https://bitbucket.org/osrf/Gazebo_models，因此输入以下的命令可以获取：

```
hg clone https://bitbucket.org/osrf/Gazebo_models
```

3. 模型数据库结构

模型数据库必须遵守特定的目录和文件结构规则。模型数据库的根目录包含着所有模型的目录和一个 database.config 文件，该文件包含模型数据库的信息。每一个模型目录也有一个 model.config 文件，其中包含元数据模型。一个模型目录还包含模型的 SDF 和任何材料，网格信息和插件。结构如下(在本例中，数据库只有一个模型 model_1)。

数据库如下：

database.config：元数据数据库。目前这个是从 CMakeLists.txt 自动填充；

model_1：model_1 目录；

model.config：model_1 的元数据；

model.sdf：模型的 SDF 描述；

model.sdf.erb：模型的 Ruby 嵌入式 SDF 描述；

meshes：所有 COLLADA 和 STL 文件的目录；

materials：只包含 textures(纹理)和 scripts(脚本)子目录的一个目录；

textures：图像文件的目录(jpg，png 等)；

scripts：OGRE材料脚本的目录；

plugins：插件源文件和头文件的目录。

模型目录包含的子目录包含了插件目录、网络目录、材料目录等，它们详细的信息如下：

（1）插件目录：一个可选的目录，其中包含模型的所有插件。

（2）网络目录：一个可选的目录，其中包含所有的COLLADA和/或STL文件模型。

（3）材料目录：一个可选的目录，其中包含模型的所有的textures（纹理），图片和ORGE脚本。图像必须放置在textures（纹理）子目录，ORGE的脚本文件在脚本目录中。

（4）数据库配置：database.config文件在模型数据库的根目录中。这个文件包含模型的许可信息、数据库的名称和所有有效的模型的列表。

注意：database.config文件只用在在线存储库。在用户的本地计算机上完整的模型的目录不需要database.config文件。

database.config的文件格式为：

```
<?xml version = '1.0'?>
<database>
<name>name_of_this_database</name>
<license>Creative Commons Attribution 3.0 Unported</license>
<models>
<uri>file://model_directory</uri>
</models>
</database>
```

对以上的代码进行解析，如下：

<name>是数据库的名称。在GUI和其他工具的应用时，将会使用到它。

<license>是数据库中模型的许可证。Gazebo官方推荐Creative Commons Attribution 3.0 Unported许可证。

<models>是数据库中所有模型URI的列表。

<ur>是模型的URI，形式应该是file：//model_directory_name。

（5）模型配置。

每个模型都必须有一个model.config模型文件的根目录，其中包含的元信息模型。其中，model.config文件的格式是：

```
<?xml version = "1.0"?>
<model>
<name>My Model Name</name>
<version>1.0</version>
<sdf version = '1.5'>model.sdf</sdf>
<author>
<name>My name</name>
```

```
<email>name@email.address</email>
</author>
<description>
    A description of the model
</description>
</model>
```

对以上的文件中包含的代码，解释如下：

<name>是必须项，它表示模型的名称。

<version>是必须项，它该模型的版本。

注意：这不是模型使用SDF的版本。模型使用SDF信息是保存在model.sdf文件。

<sdf>是必需项，它描述这个模型的SDF或URDF文件的名称。version属性显示的文件使用SDF版本，而使用URDFs时不是必需的。为了支持多个sdf版本，可以使用多个<sdf>元素。

<author>是必需项，它表示作者。

<name>是必需项，它表示模型作者的名称。

* <email>是必需项，它表示作者的电子邮件地址。

<description>是必需项，它表示模型的描述，其中模型的描述应该包括：模型的种类（如机器人、桌子、杯子等模型）；插件的用途（即模型的功能）。

<depend>是可选选项。它表示这个模型的所有依赖项，这通常是其他模型。

<model>是可选选项。

<uri>是必需项，它表示URI模式的依赖。

<version>是必需项，它表示版本的模型。

(6) 模型SDF描述格式。

每个模型需要一个model.sdf文件，这其中包含模型的仿真器描述格式。用户可以在SDF的网站(http://sdformat.org/)找到更多的信息。

(7) 模型SDF.ERB。

标准的文件SDF可以包含Ruby代码。这个选项用于通过编程方式嵌入Ruby代码模板去生成SDF文件。请注意，Ruby转换应该手动完成，最后model.sdf文件必须和模型sdf.erb文件一起上传。

此外，可以在gazebo_models存储库中找到sdf.erb文件的示例(其中的一些使用弃用的后缀.rsdf)。一个简单的ERB文件是flocking.world.erb，它使用一个简单的循环。

4.3.2 模型的上传

Gazebo与V-REP的不同点之一在于模型能够共享。本部分将介绍如何上传自己制作的模型到社区中。假设用户在Bitbucket有一个账户，并且有一个Mercurial的客户端。

复制osrf/Gazebo_models存储库转到https://bitbucket.org/osrf/Gazebo_models，然

后从屏幕左侧的菜单中选择“Fork”，并选择默认选项即可。在用户成功分叉存储库之后，复制它。假定用户为存储库选择了默认名称，则将使用类似于以下命令的命令进行复制：

```
code $  hg clone https://yourname@bitbucket.org/yourname/Gazebo_models
```

其中，yourname 是用户的 Bitbucket 用户名。

1. 创建模型

在 Gazebo_models 目录下创建在用户的模型目录。对于本部分内容，我们假定这个目录称为 mymodel。该目录必须包括文件 model.config，并且它也可以包括其他文件（插件，makefile，README 等）。

该 model.config 文件提供必要信息以挑选合适的 SDF 文件，模型的作者的信息，该模型的文字描述。

示例 model.config 如下所示：

```
<?xml version = "1.0"?>
<model>
<name>Wedge juggler</name>
<version>1.0</version>
<sdf version = "1.5">model.sdf</sdf>
<author>
<name>Evan Drumwright</name>
<email>drum@gwu.edu</email>
</author>
<description>
A ball - in - wedge juggler.
</description>
</model>
```

这个 model.config 文件位于 model.sdf 中，并遵循 SDF 标准 1.5，它指示仿真器的模型定义（即视觉，惯性，运动和几何属性等）。此外，我们可以定义模型的多个版本，这可以用于用户想将模型与不同版本的 Gazebo 一起使用的场合。例如，我们现在改变上面的文件的内容，支持三个不同版本的 SDF：

```
<?xml version = "1.0"?>
<model>
<name>Wedge juggler</name>
<version>1.0</version>
<sdf version = "1.5">model.sdf</sdf>
<sdf version = "1.4">model - 1.4.sdf</sdf>
<author>
```

```
<name>Evan Drumwright</name>
<email>drum@gwu.edu</email>
</author>
<description>
A ball-in-wedge juggler.
</description>
</model>
```

2. 将目录(和文件)添加到存储库

用户可以通过键入以下内容将所有文件添加到存储库,输入以下的命令:

```
Gazebo_models $ hg add mymodel
```

或者,如果用户有一些不想被发现的文件,可以单独添加文件,输入以下的命令:

```
Gazebo_models $ hg add mymodel/model.config
Gazebo_models $ hg add mymodel/model.sdf
```

3. 提交并推送用户的更改到 Bitbucket,输入以下命令

```
Gazebo_models $ hg commit
Gazebo_models $ hg push
```

4. 最后一步:创建合并分支请求

从到 bitbucket 库 https://bitbucket.org/yourname/Gazebo_models(假设用户 bitbucket 的用户名是 yourname 并且使用了默认的分叉库),创建一个合并分支请求。从网页左侧的菜单中选择“创建请求”。确保“osrf/Gazebo_models”被选择在箭头的右边。如果用户对其他选项感到满意,请单击“创建请求”按钮。OSRF 将审查用户的合并分支请求,并开始将用户的更改集成到模型数据库中。

4.3.3 制作一个模型

1. 内容提要

本部分内容描述了 SDF 模型对象的详细信息。SDF 模型可以从简单形状到复杂机器人。它指的是<model> SDF 标签,本质上是连杆、关节、碰撞对象、视觉和插件的集合。根据所需模型的复杂性,生成模型文件可能很困难。此页面将提供有关如何构建模型的一些注意。

2. SDF 模型的组件

Links:连接包含模型实体的物理属性。这可以是车轮,或者是连接链中的连杆。每个连杆可以包含许多碰撞和视觉元素。尝试减少模型中的连杆数,以提高性能和稳定性。例如,桌子模型可以包括通过关节连接的 5 个连杆(4 个用于腿部,1 个用于顶部)。然而,这过于复杂,特别是因为关节永远不会移动。所以,应以 1 个连杆和 5 个碰撞体组成桌子的

模型。

Collision：Collision 元素封装用于碰撞检查的几何体。这可以是简单的形状（这是首选）或三角形网格（消耗更多的资源）。连杆可能包含许多 Collision 元素。

Visual：Visual 元素用于连杆的可视化部分。连杆可以包含多个 Visual 元素。

Inertial：Inertial 元素描述链路的动态特性，如质量和惯性旋转矩阵。

Sensor：Sensor 收集来自世界的数据以供插件运用。连杆可能包含 0 个或更多的传感器。

Joints：一个 Joints 连接两个连杆。根据其他参数建立父子关系，例如旋转轴和关节限制。

Plugins：插件是由第三方创建的共享库，用于控制模型。

3. 构建模型

步骤 1：收集网格。

这个步骤涉及收集构建模型所需的所有必需的 3D 网格文件。Gazebo 提供了一组简单的形状：box、sphere 和 cylinder。网格来自多个地方。Google's 3D warehouse 是一个很好的 3D 模型库。最后，用户可以使用 3D 建模器（如 Blender 或 Sketchup）制作用户自己的网格物体。Gazebo 需要将网格文件的格式为 STL 或 Collada，其中 Collada 是首选格式。此外，有以下三点需要注意的地方：

- 使用 3D 建模软件移动每个网格，使其中心为原点。这将使模型在 Gazebo 中的放置更容易。
- Collada 文件格式允许用户将材料附加到网格。使用此机制来改善网格的视觉外观。
- 保持网格简单。如果用户打算使用网格作为碰撞元素，这是尤其真实的。一个常见的做法是使用低多边形网格作为 collision 元素，高层多边形网格用于视觉。更好的做法是使用内置的形状（box，sphere，cylinder）作为 collision 元素。

步骤 2：制作用户的模型 SDF 文件。

首先创建一个非常简单的模型文件，或复制一个现有的模型文件。这里以一个简单的盒子模型作为介绍。它是只有一个单位大小的箱子，并且可以用于碰撞，且具有单位惯性。首先我们需要创建 box. sdf 模型文件，输入以下的命令

```
gedit box.sdf
```

将以下内容复制到 box. sdf 中：

```
<?xml version = '1.0'?>
< sdf version = "1.4">
< model name = "my_model">
< pose > 0 0 0.5 0 0 0 </pose >
```

```
<static>true</static>
<link name="link">
<inertial>
<mass>1.0</mass>
<inertia><!-- interias are tricky to compute -->
<!-- http://answers.Gazebosim.org/question/4372/the-inertia-matrix-explained/ -->
<ixx>0.083</ixx><!-- for a box: ixx = 0.083 * mass * (y*y + z*z) -->
<ixy>0.0</ixy><!-- for a box: ixy = 0 -->
<ixz>0.0</ixz><!-- for a box: ixz = 0 -->
<iyy>0.083</iyy><!-- for a box: iyy = 0.083 * mass * (x*x + z*z) -->
<iyz>0.0</iyz><!-- for a box: iyz = 0 -->
<izz>0.083</izz><!-- for a box: izz = 0.083 * mass * (x*x + y*y) -->
</inertia>
</inertial>
<collision name="collision">
<geometry>
<box>
<size>1 1 1</size>
</box>
</geometry>
</collision>
<visual name="visual">
<geometry>
<box>
<size>1 1 1</size>
</box>
</geometry>
</visual>
</link>
</model>
</sdf>
```

注意：

（1）箱体几何的原点在箱体的几何中心，因此为了使箱体的底部与地平面齐平，指令<pose>0 0 0.5 0 0 0</pose>的作用是将箱体的原点提升到地面上。

（2）上述示例将箱子模型简单地设置为静态，这使得模型不可移动。此功能在模型创建期间很有用。创建模型后，< static >如果希望模型可移动，请将标记设置为 false。

步骤 3：添加到模型 SDF 文件。

接下来是通过对.sdf 文件的编写，逐步增加的添加项增加了文件的复杂性。每次新添加，使用图形客户端加载模型，以确保用户的模型是正确的。

以下是添加功能的参考顺序：

① 添加连杆。
② 设置碰撞元素。
③ 设置可视元素。
④ 设置惯性属性。
⑤ 转到步骤①,直到所有连杆都已添加。
⑥ 添加所有关节(如果有)。
⑦ 添加所有插件(如果有)。

4.3.4　制作移动机器人模型

1. 内容提要

本部分内容演示了 Gazebo 的基本模型管理,用户完成使用差分驱动机制创建移动的双轮移动机器人的过程,以便熟悉模型数据库中的基本模型表示。

2. 创建模型目录

阅读模型数据库文档后,用户将创建自己的模型,因为 Gazebo 模型数据库目录结构必须遵循格式化规则。

(1) 创建模型目录,输入以下命令:

```
mkdir -p ~/.Gazebo/models/my_robot
```

(2) 创建模型配置文件输入以下命令:

```
gedit ~/.Gazebo/models/my_robot/model.config
```

(3) 复制粘贴以下内容:

```
<?xml version = "1.0"?>
<model>
<name>My Robot</name>
<version>1.0</version>
<sdf version = '1.4'>model.sdf</sdf>
<author>
<name>My Name</name>
<email>me@my.email</email>
</author>
<description>
My awesome robot.
</description>
</model>
```

(4) 创建~/.Gazebo/models/my_robot/model.sdf 文件,输入以下的命令:

```
gedit ~/.Gazebo/models/my_robot/model.sdf
```

（5）复制粘贴以下的内容：

```
<?xml version = '1.0'?>
< sdf version = '1.4'>
< model name = "my_robot">
</model >
</sdf >
```

到此时，我们有一个模型的基本内容。该 model.config 文件描述了一些额外的元数据的机器人。该 model.sdf 文件包含 Gazebo 连杆实例化的机器人所需要的必要的标签，该实例化的机器人为 SDF 1.4 版本的，其名字为 my_robot。

3. 构建模型的结构

此步骤将创建一个带有两个轮子的矩形基座。第一步是布局模型的基本形状。要做到这一点，将使我们的模型 static，这意味着它将被物理引擎忽略。因此，模型将留在一个地方，并允许正确对齐所有的组件。

（1）通过添加文件～/.Gazebo/models/my_robot/model.sdf 中的部分< static > true </static >来使模型静止。这里，我们给出的例子为：

```
<?xml version = '1.0'?>
< sdf version = '1.4'>
< model name = "my_robot">
< static > true </static >
</model >
</sdf >
```

（2）通过编辑～/.Gazebo/models/my_robot/model.sdf 文件来添加矩形基座。这里给出的例子为：

```
<?xml version = '1.0'?>
< sdf version = '1.4'>
< model name = "my_robot">
< static > true </static >
< link name = 'chassis'>
< pose > 0 0 .1 0 0 0 </pose >
< collision name = 'collision'>
< geometry >
< box >
< size >.4 .2 .1 </size >
</box >
</geometry >
</collision >
< visual name = 'visual'>
```

```
<geometry>
<box>
<size>.4 .2 .1</size>
</box>
</geometry>
</visual>
</link>
</model>
</sdf>
```

创建了一个 0.4×0.2×0.1 米大小的 box。collision 部分可以指定由所述的碰撞检测引擎中使用的形状。visual 元件可以指定由渲染引擎使用的形状。对于大多数使用情况，collision 和 visual 元素是相同的。使用不同的 collision 和 visual 元素的最常见的用法是将 visual 使用复杂网格的元素简化后作为 collision 元素。这将有助于提高性能。

(3) 通过运行 Gazebo,并通过 GUI 上的插入模型界面导入模型来试用用户的模型。如图 4-1 所示,用户应该看到一个白色的盒子漂浮在地面以上 1 米。

图 4-1 导入的白色盒子

(4) 现在给机器人添加一个脚轮。脚轮是一个没有摩擦的球体。这种脚轮比添加带有关节的轮子更好,因为它对物理引擎设置了较少的约束,输入以下的内容:

```
<?xml version = '1.0'?>
<sdf version = '1.4'>
<model name = "my_robot">
<static> true </static>
<link name = 'chassis'>
<pose> 0 0 .1 0 0 0 </pose>
<collision name = 'collision'>
<geometry>
<box>
<size> .4 .2 .1 </size>
</box>
</geometry>
</collision>
```

```
<visual name = 'visual'>
<geometry>
<box>
<size> .4 .2 .1 </size>
</box>
</geometry>
</visual>
<collision name = 'caster_collision'>
<pose> - 0.15 0  - 0.05 0 0 0 </pose>
<geometry>
<sphere>
<radius>.05 </radius>
</sphere>
</geometry>
<surface>
<friction>
<ode>
<mu> 0 </mu>
<mu2> 0 </mu2>
<slip1> 1.0 </slip1>
<slip2> 1.0 </slip2>
</ode>
</friction>
</surface>
</collision>
<visual name = 'caster_visual'>
<pose> - 0.15 0  - 0.05 0 0 0 </pose>
<geometry>
<sphere>
<radius>.05 </radius>
</sphere>
</geometry>
</visual>
</link>
</model>
</sdf>
```

以上的内容能够显示用户的模型，以确保脚轮出现在机器人的末端。如图 4-2 所示，在 Gazebo 中将会生成相应模型(用户不需要重新启动 Gazebo，它会每次修改它后从磁盘重新加载用户的修改模型)。

(5) 现在让我们添加一个左轮。将～/. Gazebo/models/my_robot/model. sdf 文件修改为以下内容：

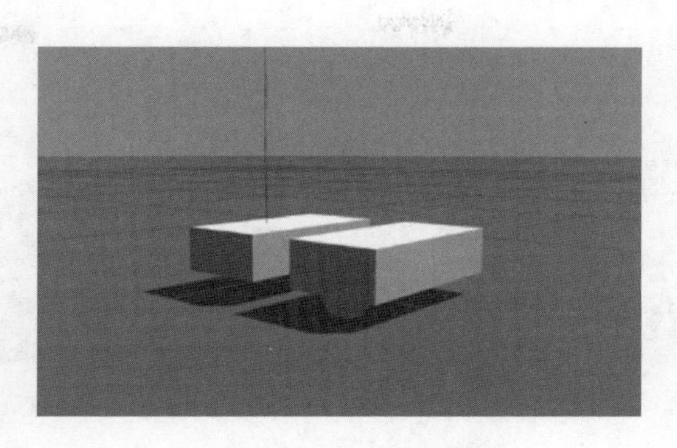

图 4-2 添加了脚轮的模型

```
<?xml version = '1.0'?>
< sdf version = '1.4'>
< model name = "my_robot">
< static > true </static >
< link name = 'chassis'>
< pose > 0 0 .1 0 0 0 </pose >
< collision name = 'collision'>
< geometry >
< box >
< size > .4 .2 .1 </size >
</box >
</geometry >
</collision >
< visual name = 'visual'>
< geometry >
< box >
< size > .4 .2 .1 </size >
</box >
</geometry >
</visual >
< collision name = 'caster_collision'>
< pose > - 0.15 0 - 0.05 0 0 0 </pose >
< geometry >
< sphere >
< radius > .05 </radius >
</sphere >
</geometry >
< surface >
< friction >
< ode >
                  0°
                  0°
< slip1 > 1.0 </slip1 >
< slip2 > 1.0 </slip2 >
</ode >
```

```
</friction>
</surface>
</collision>
<visual name = 'caster_visual'>
<pose> -0.15 0 -0.05 0 0 0 </pose>
<geometry>
<sphere>
<radius> .05 </radius>
</sphere>
</geometry>
</visual>
</link>
<link name = "left_wheel">
<pose>0.1 0.13 0.1 0 1.5707 1.5707 </pose>
<collision name = "collision">
<geometry>
<cylinder>
<radius>.1 </radius>
<length>.05 </length>
</cylinder>
</geometry>
</collision>
<visual name = "visual">
<geometry>
<cylinder>
<radius>.1 </radius>
<length>.05 </length>
</cylinder>
</geometry>
</visual>
</link>
</model>
</sdf>
```

之后运行 Gazebo，如图 4-3 所示，插入用户的机器人模型，并确保车轮已出现在正确的位置。

图 4-3　添加了左轮的模型

（6）我们可以通过复制左轮，并调整轮连杆的姿势来制作右轮，输入以下内容：

```
<?xml version = '1.0'?>
< sdf version = '1.4'>
< model name = "my_robot">
< static > true </static >
< link name = 'chassis'>
< pose > 0 0 .1 0 0 0 </pose >
< collision name = 'collision'>
< geometry >
< box >
< size > .4 .2 .1 </size >
</box >
</geometry >
</collision >
< visual name = 'visual'>
< geometry >
< box >
< size > .4 .2 .1 </size >
</box >
</geometry >
</visual >
< collision name = 'caster_collision'>
< pose > -0.15 0 -0.05 0 0 0 </pose >
< geometry >
< sphere >
< radius > .05 </radius >
</sphere >
</geometry >
< surface >
< friction >
< ode >
                0°
                0°
< slip1 > 1.0 </slip1 >
< slip2 > 1.0 </slip2 >
</ode >
</friction >
</surface >
</collision >
< visual name = 'caster_visual'>
< pose > -0.15 0 -0.05 0 0 0 </pose >
< geometry >
< sphere >
< radius > .05 </radius >
```

```
</sphere>
</geometry>
</visual>
</link>
<link name = "left_wheel">
<pose> 0.1 0.13 0.1 0 1.5707 1.5707 </pose>
<collision name = "collision">
<geometry>
<cylinder>
<radius> .1 </radius>
<length> .05 </length>
</cylinder>
</geometry>
</collision>
<visual name = "visual">
<geometry>
<cylinder>
<radius> .1 </radius>
<length> .05 </length>
</cylinder>
</geometry>
</visual>
</link>
<link name = "right_wheel">
<pose>0.1 -0.13 0.1 0 1.5707 1.5707 </pose>
<collision name = "collision">
<geometry>
<cylinder>
<radius>.1 </radius>
<length>.05 </length>
</cylinder>
</geometry>
</collision>
<visual name = "visual">
<geometry>
<cylinder>
<radius>.1 </radius>
<length>.05 </length>
</cylinder>
</geometry>
</visual>
</link>
</model>
</sdf>
```

如图 4-4 所示，此时机器人应该有一个带有脚轮和两个轮子的底盘。

图 4-4 带有脚轮和两轮子的模型

(7) 通过设置< static >为 false,使模型呈动态,为左右轮添加两个铰连杆头。

```
<?xml version = '1.0'?>
< sdf version = '1.4'>
< model name = "my_robot">
< static > false </static >
< link name = 'chassis'>
< pose > 0 0 .1 0 0 0 </pose >
< collision name = 'collision'>
< geometry >
< box >
< size > .4 .2 .1 </size >
</box >
</geometry >
</collision >
< visual name = 'visual'>
< geometry >
< box >
< size > .4 .2 .1 </size >
</box >
</geometry >
</visual >
< collision name = 'caster_collision'>
< pose > - 0.15 0 - 0.05 0 0 0 </pose >
< geometry >
< sphere >
< radius > .05 </radius >
</sphere >
</geometry >
< surface >
< friction >
< ode >
```

```
                    0°
                    0°
<slip1>1.0</slip1>
<slip2>1.0</slip2>
</ode>
</friction>
</surface>
</collision>
<visual name = 'caster_visual'>
<pose> -0.15 0 -0.05 0 0 0</pose>
<geometry>
<sphere>
<radius>.05</radius>
</sphere>
</geometry>
</visual>
</link>
<link name = "left_wheel">
<pose>0.1 0.13 0.1 0 1.5707 1.5707</pose>
<collision name = "collision">
<geometry>
<cylinder>
<radius>.1</radius>
<length>.05</length>
</cylinder>
</geometry>
</collision>
<visual name = "visual">
<geometry>
<cylinder>
<radius>.1</radius>
<length>.05</length>
</cylinder>
</geometry>
</visual>
</link>
<link name = "right_wheel">
<pose>0.1 -0.13 0.1 0 1.5707 1.5707</pose>
<collision name = "collision">
<geometry>
<cylinder>
<radius>.1</radius>
<length>.05</length>
</cylinder>
</geometry>
</collision>
```

```
<visual name = "visual">
<geometry>
<cylinder>
<radius>.1</radius>
<length>.05</length>
</cylinder>
</geometry>
</visual>
</link>
<joint type = "revolute" name = "left_wheel_hinge">
<pose>0 0 -0.03 0 0 0</pose>
<child>left_wheel</child>
<parent>chassis</parent>
<axis>
<xyz>0 1 0</xyz>
</axis>
</joint>
<joint type = "revolute" name = "right_wheel_hinge">
<pose>0 0 0.03 0 0 0</pose>
<child>right_wheel</child>
<parent>chassis</parent>
<axis>
<xyz>0 1 0</xyz>
</axis>
</joint>
</model>
</sdf>
```

其中,代码“<xyz>0 1 0</xyz>”的意思是两个关节绕 Y 轴旋转,并将每个轮连接到机箱。

(8) 启动 Gazebo,然后插入用户的模型。单击屏幕右侧的点,并将它们向左拖动。

(9) 将出现一个新窗口,其中包含每个关节的各种控制器(注意:确保选择要控制的型号)。

(10) 在 Force 标签页下,将施加到每个接头的力增加到约 0.1N·m。如图 4-5 所示,此时机器人应该四处移动。

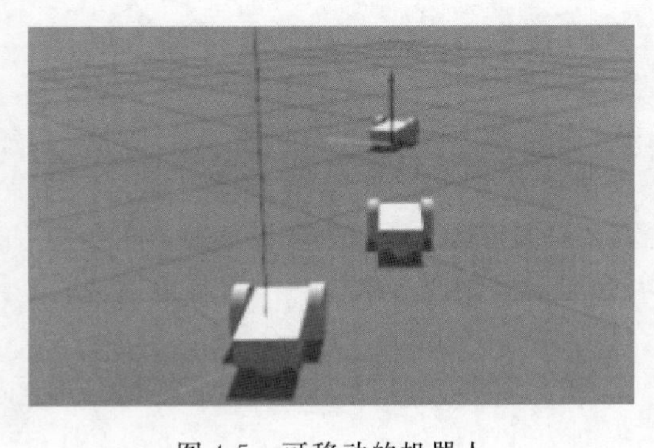

图 4-5　可移动的机器人

4.3.5 导入网格

本部分内容介绍如何将 3D 网格导入 Gazebo。

1. 准备网格

Gazebo 使用右手坐标系，其中 $+Z$ 方向向上（垂直），$+X$ 方向向前（进入屏幕），$+Y$ 方向向左。

1）降低复杂性

与 V-REP 相似，许多网格可能过于复杂。为了效率，具有数千个三角形的网格应该被缩小或分割成单独的网格。

2）居中网格

设置居中网络，第一步是将网格居中在(0,0,0)，并沿着 X 轴定向前面（可以是主观设定的）。

3）缩放网格

Gazebo 使用公制系统。许多网格（尤其是来自 3D 仓库的网格）使用英制单位。使用用户的 3D 编辑器将网格缩放到公制尺寸。

2. 导出网格

一旦网格已经准备好，将其导出为 Collada 文件。此格式将包含所有 3D 信息和材料。

3. 测试网格

测试网格的最简单的方法是创建一个简单的场景文件 my_mesh.world 去加载网格。用以下的内容去替换文件名为 my_mesh.dae 的网格。

```
<?xml version = "1.0"?>
< sdf version = "1.4">
< world name = "default">
< include >
< uri > model://ground_plane </uri >
</include >
< include >
< uri > model://sun </uri >
</include >
< model name = "my_mesh">
< pose > 0 0 0 0 0 0 </pose >
< static > true </static >
< link name = "body">
< visual name = "visual">
< geometry >
< mesh >< uri > file://my_mesh.dae </uri ></mesh >
</geometry >
</visual >
</link >
```

```
</model>
</world>
</sdf>
```

然后只需在文件所在的目录中启动 Gazebo：

```
Gazebo my_mesh.world
```

4. 测试网格

用户可以使用文件名为 duck.dae 和 duck.png 的网格文件。将它们放在与场景文件相同的目录中。因为鸭子的模型被定义为 Y 轴为向上，用户可以在 sdf 中旋转，使其显示垂直，设置的内容如下：

```
<visual name = "visual">
<pose>0 0 0 1.5708 0 0</pose>
<geometry>
<mesh><uri>file://duck.dae</uri></mesh>
</geometry>
</visual>
```

生成的场景模型如图 4-6 所示。

图 4-6　网格文件生成的鸭子模型

4.3.6　附加网格物体

1. 内容提要

网格最常见的作用是创建逼真的视觉效果，它可以为模型的视觉和传感器添加真实感。本部分内容演示了用户如何使用自定义网格来定义模型在仿真中的显示方式。

2. 将网格连接为视觉

(1) 切换到 my_robot 目录，输入以下命令：

```
cd ~/.Gazebo/models/my_robot
```

(2) 使用用户的编辑器打开 model.sdf 文件,输入以下命令:

```
gedit ~/.Gazebo/models/my_robot/model.sdf
```

(3) 我们将在箱子中添加一个网格。找到视觉效果 name=visual,格式如下:

```
<visual name='visual'>
<geometry>
<box>
<size>.4 .2 .1</size>
</box>
</geometry>
</visual>
```

(4) 网格可以来自磁盘上的文件,或来自另一个模型。在这个例子中,将使用 pioneer2dx 模型中的网格物体。保持文件的其余部分不变,将可视元素更改为以下内容:

```
<visual name='visual'>
<geometry>
<mesh>
<uri>model://pioneer2dx/meshes/chassis.dae</uri>
</mesh>
</geometry>
</visual>
```

(5) 查看用户的本地缓存模型数据库,看看用户是否有 pioneer2dx 上面的<mesh>块引用的模型,输入以下的命令:

```
ls -l ~/.Gazebo/models/pioneer2dx/meshes/chassis.dae
```

如果网格文件不存在,通过在 Gazebo 中至少产生一次 Pioneer 2DX 模型,使可以 Gazebo 从模型数据库中提取模型。或者用户可以手动将模型文件下载到本地缓存,输入以下的命令:

```
cd ~/.Gazebo/models
wget -q -R *index.html*,*.tar.gz --no-parent -r -x -nH http://models.Gazebosim.
org/pioneer2dx/
```

(6) 在 Gazebo 中,拖动 My Robot 场景中的模型。如图 4-7 所示,机箱的外观看起来像一个 pioneer2dx。

(7) 显然,机箱对于机器人来说太大了,所以需要缩放视觉标签。利用以下的内容,修改 visual 标签以具有缩放因子。

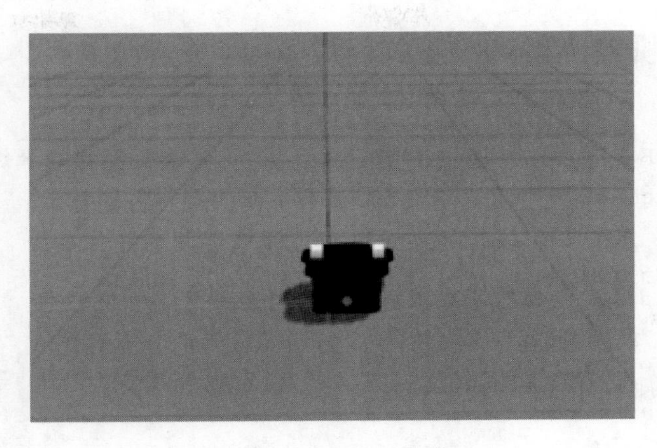

图 4-7 场景中的机箱模型

```
<visual name = 'visual'>
<geometry>
<mesh>
<uri> model: //pioneer2dx/meshes/chassis.dae </uri>
<scale> 0.9 0.5 0.5 </scale>

</mesh>
</geometry>
</visual>
```

(8) 在 Z 轴上，机器人的外观视觉较低。输入以下的内容，可以通过指定视觉的姿态来提高一点：

```
<visual name = 'visual'>
<pose> 0 0 0.05 0 0 0 </pose>

<geometry>
<mesh>
<uri> model: //pioneer2dx/meshes/chassis.dae </uri>
<scale> 0.9 0.5 0.5 </scale>
</mesh>
</geometry>
</visual>
```

注意，在这一点上，我们只是简单地修改了机器人的< visual >元素，所以可以通过 GUI 和基于 GPU 的传感器(如相机、深度相机和 GPU 激光器)使机器人看起来像 pioneer2DX 模型的缩小版本。因为没有修改< collision >这个模型中的元素，所以其将仍然被物理引擎的动态碰撞，并且 GPU 的射线传感器是盒子形状的。

4.3.7 给机器人添加传感器

1. 内容提要

本部分内容演示了用户如何通过使用< include >标签和< joint >来连接复合模型中不同组件，直接从 Gazebo 模型数据库中模型创建复合模型。

2. 添加镭射器

向机器人或任何模型添加激光仅仅是将传感器包括在模型中。

(1) 进入用户的上一个部分内容的模型目录，输入以下的命令：

```
cd ~/.Gazebo/models/my_robot
```

(2) 在编辑器中打开 model. sdf。

(3) 在文件末尾附近的</model>标记之前直接添加以下内容：

```
< include >
< uri > model://hokuyo </uri >
< pose > 0.2 0 0.2 0 0 0 </pose >
</include >
< joint name = "hokuyo_joint" type = "revolute">
< child > hokuyo::link </child >
< parent > chassis </parent >
< axis >
< xyz > 0 0 1 </xyz >
< limit >
< upper > 0 </upper >
< lower > 0 </lower >
</limit >
</axis >
</joint >
```

上述内容的作用分别是：< include >块告诉 Gazebo 需要找到一个模型，并根据给定的< pose >值插入到相关的父模型中。在这种情况下，我们将 hokuyo 激光器放置在机器人的前方和上方。< uri >块告诉 Gazebo 在其模型数据库中找到模型（注意，用户可以在此处或在相应存储库查看该部分内容中用到的数据库列表 uri）。新的< joint >将插入的 hokuyo 激光器连接到机器人的机箱。接头具有与< upper >和< lower >零限制，以防止其移动。

< child >的名称是从 hokuyo 模型的 SDF 派生，它开头部分的内容为：

```
<?xml version = "1.0"?>
< sdf version = "1.4">
< model name = "hokuyo">
< link name = "link">
```

当 hokuyo 模型被插入时，进行 hokuyo 的连杆以其模型名称命名。在这种情况下，模型名称为 hokuyo，因此 hokuyo 模型中的每个连杆都以 hokuyo 开头。

（4）现在启动 Gazebo，并使用 GUI 上的"插入"选项卡将机器人添加到仿真中。如图 4-8 所示，用户应该看到带激光的机器人。

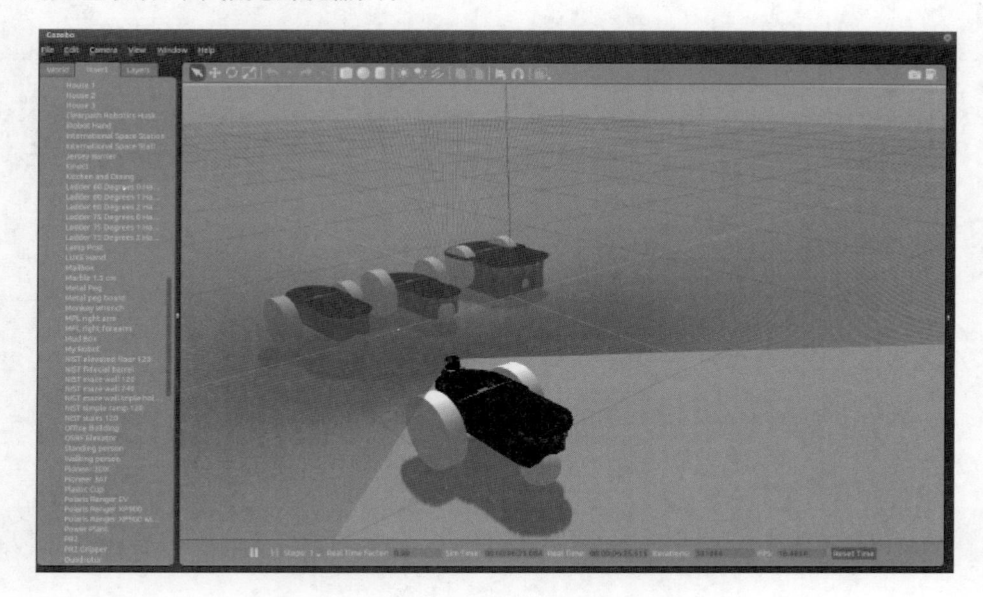

图 4-8　带激光的机器人

（5）尝试向机器人添加摄像头。相机的模型 URI 是 model://camera，它应该是本地缓存为用户，输入以下的命令：

```
ls ~/.Gazebo/models/camera/
```

4.3.8　做一个简单的夹持器

下面介绍如何通过编辑 SDF 文件做一个简单的两指夹持器。

1. 设置用户的模型目录

本部分内容参考模型数据库文件和 SDF 文件。

2. 制作模型

（1）创建场景文件的目录，输入以下命令：

```
mkdir ~/simple_gripper_tutorial; cd ~/simple_gripper_tutorial
```

（2）我们将用一个简单的空场景作为开始。创建一个场景文件，输入以下命令：

```
gedit ~/simple_gripper_tutorial/gripper.world
```

复制下面 SDF 的内容到名为“gripper. world”的文件中：

```
<?xml version = "1.0"?>
< sdf version = "1.4">
< world name = "default">
<! -- A ground plane -- >
< include >
< uri > model://ground_plane </uri >
</include >
<! -- A global light source -- >
< include >
< uri > model://sun </uri >
</include >
< include >
< uri > model://my_gripper </uri >
</include >
</world >
</sdf >
```

(3) 在～/ . Gazebo 目录内部创建模型。输入以下命令将模型文件写入目录：

```
mkdir - p ～/. Gazebo/models/my_gripper
cd ～/. Gazebo/models/my_gripper
```

(4) 让我们对夹持器的基本结构进行布局。做到这一点最简单的方法是做一个 static 模型，并将这些模型一个个添加到连杆上。静态模型意味着仿真器启动时的连杆不会移动。这将允许用户启动仿真器，并在增加关节前检查连杆位置。

(5) 创建 model. config 文件：

```
gedit model. config
```

(6) 复制下列内容：

```
<?xml version = "1.0"?>
< model >
< name > My Gripper </name >
< version > 1.0 </version >
< sdf version = '1.4'> simple_gripper. sdf </sdf >
< author >
< name > My Name </name >
< email > me@my. email </email >
</author >
< description >
My awesome robot.
```

```
</description>
</model>
```

(7) 同样地，创建 simple_gripper.sdf 文件：

```
gedit simple_gripper.sdf
```

(8) 将下面的代码复制到其中：

```
<?xml version="1.0"?>
<sdf version="1.4">
<model name="simple_gripper">
<link name="riser">
<pose>-0.15 0.0 0.5 0 0 0</pose>
<inertial>
<pose>0 0 -0.5 0 0 0</pose>
<inertia>
<ixx>0.01</ixx>
<ixy>0</ixy>
<ixz>0</ixz>
<iyy>0.01</iyy>
<iyz>0</iyz>
<izz>0.01</izz>
</inertia>
<mass>10.0</mass>
</inertial>
<collision name="collision">
<geometry>
<box>
<size>0.2 0.2 1.0</size>
</box>
</geometry>
</collision>
<visual name="visual">
<geometry>
<box>
<size>0.2 0.2 1.0</size>
</box>
</geometry>
<material>
<script>Gazebo/Purple</script>
</material>
</visual>
</link>
<link name="palm">
```

```
<pose>0.0 0.0 0.05 0 0 0</pose>
<inertial>
<inertia>
<ixx>0.01</ixx>
<ixy>0</ixy>
<ixz>0</ixz>
<iyy>0.01</iyy>
<iyz>0</iyz>
<izz>0.01</izz>
</inertia>
<mass>0.5</mass>
</inertial>
<collision name="collision">
<geometry>
<box>
<size>0.1 0.2 0.1</size>
</box>
</geometry>
</collision>
<visual name="visual">
<geometry>
<box>
<size>0.1 0.2 0.1</size>
</box>
</geometry>
<material>
<script>Gazebo/Red</script>
</material>
</visual>
</link>
<link name="left_finger">
<pose>0.1 0.2 0.05 0 0 -0.78539</pose>
<inertial>
<inertia>
<ixx>0.01</ixx>
<ixy>0</ixy>
<ixz>0</ixz>
<iyy>0.01</iyy>
<iyz>0</iyz>
<izz>0.01</izz>
</inertia>
<mass>0.1</mass>
</inertial>
<collision name="collision">
<geometry>
<box>
```

```
<size>0.1 0.3 0.1</size>
</box>
</geometry>
</collision>
<visual name="visual">
<geometry>
<box>
<size>0.1 0.3 0.1</size>
</box>
</geometry>
<material>
<script>Gazebo/Blue</script>
</material>
</visual>
</link>
<link name="left_finger_tip">
<pose>0.336 0.3 0.05 0 0 1.5707</pose>
<inertial>
<inertia>
<ixx>0.01</ixx>
<ixy>0</ixy>
<ixz>0</ixz>
<iyy>0.01</iyy>
<iyz>0</iyz>
<izz>0.01</izz>
</inertia>
<mass>0.1</mass>
</inertial>
<collision name="collision">
<geometry>
<box>
<size>0.1 0.2 0.1</size>
</box>
</geometry>
</collision>
<visual name="visual">
<geometry>
<box>
<size>0.1 0.2 0.1</size>
</box>
</geometry>
<material>
<script>Gazebo/Blue</script>
</material>
</visual>
</link>
```

```
<link name="right_finger">
<pose>0.1 -0.2 0.05 0 0 .78539</pose>
<inertial>
<inertia>
<ixx>0.01</ixx>
<ixy>0</ixy>
<ixz>0</ixz>
<iyy>0.01</iyy>
<iyz>0</iyz>
<izz>0.01</izz>
</inertia>
<mass>0.1</mass>
</inertial>
<collision name="collision">
<geometry>
<box>
<size>0.1 0.3 0.1</size>
</box>
</geometry>
</collision>
<visual name="visual">
<geometry>
<box>
<size>0.1 0.3 0.1</size>
</box>
</geometry>
<material>
<script>Gazebo/Green</script>
</material>
</visual>
</link>
<link name="right_finger_tip">
<pose>0.336 -0.3 0.05 0 0 1.5707</pose>
<inertial>
<inertia>
<ixx>0.01</ixx>
<ixy>0</ixy>
<ixz>0</ixz>
<iyy>0.01</iyy>
<iyz>0</iyz>
<izz>0.01</izz>
</inertia>
<mass>0.1</mass>
</inertial>
<collision name="collision">
<geometry>
```

```
<box>
<size>0.1 0.2 0.1</size>
</box>
</geometry>
</collision>
<visual name="visual">
<geometry>
<box>
<size>0.1 0.2 0.1</size>
</box>
</geometry>
<material>
<script>Gazebo/Green</script>
</material>
</visual>
</link>
<static>true</static>
</model>
</sdf>
```

(9) 运行场景文件可以看到已经创建的夹持器模型,输入以下命令:

```
Gazebo ~/simple_gripper_tutorial/gripper.world
```

如图 4-9 所示,用户将会看到创建的夹持器模型。

图 4-9 创建的夹持器模型

（10）经过以上步骤，我们成功地对连杆进行布局。下面我们可以通过对文件 simple_gripper.sdf 的修改增加关节，在</model>行之前添加下列代码：

```
gedit ~/.Gazebo/models/my_gripper/simple_gripper.sdf
<joint name = "palm_left_finger" type = "revolute">
<pose>0 -0.15 0 0 0 0</pose>
<child>left_finger</child>
<parent>palm</parent>
<axis>
<limit>
<lower>-0.4</lower>
<upper>0.4</upper>
</limit>
<xyz>0 0 1</xyz>
</axis>
</joint>
<joint name = "left_finger_tip" type = "revolute">
<pose>0 0.1 0 0 0 0</pose>
<child>left_finger_tip</child>
<parent>left_finger</parent>
<axis>
<limit>
<lower>-0.4</lower>
<upper>0.4</upper>
</limit>
<xyz>0 0 1</xyz>
</axis>
</joint>
<joint name = "palm_right_finger" type = "revolute">
<pose>0 0.15 0 0 0 0</pose>
<child>right_finger</child>
<parent>palm</parent>
<axis>
<limit>
<lower>-0.4</lower>
<upper>0.4</upper>
</limit>
<xyz>0 0 1</xyz>
</axis>
</joint>
<joint name = "right_finger_tip" type = "revolute">
<pose>0 0.1 0 0 0 0</pose>
<child>right_finger_tip</child>
<parent>right_finger</parent>
<axis>
```

```
<limit>
<lower>-0.4</lower>
<upper>0.4</upper>
</limit>
<xyz>0 0 1</xyz>
</axis>
</joint>
<joint name="palm_riser" type="prismatic">
<child>palm</child>
<parent>riser</parent>
<axis>
<limit>
<lower>0</lower>
<upper>0.9</upper>
</limit>
<xyz>0 0 1</xyz>
</axis>
</joint>
```

并且使模型非静态：

```
…
<static>false</static>
…
```

(11) 再次启动 Gazebo，输入以下命令：

```
Gazebo ~/simple_gripper_tutorial/gripper.world
```

(12) 在模型上单击鼠标右键，依次选择“查看”“关节”和“查看”“线框”。如图 4-9 所示，新创建的关节模型将显示在场景中。

(13) 用户还可以使用的关节控制部件控制每个关节的力量。单击抓取器模型。然后通过单击 GUI 右侧的垂直手柄，将其拖动到左侧扩大这个小程序。该插件展示了一系列滑块的列表，其中每一项代表一个关节。选中动力标签可以使用滑块将力施加于每一个关节，然后我们可以看到夹持器在力的作用下运动。例如，设置在 palm_riser 的为 10(单位为牛顿)，如图 4-11 所示，将会看到夹持器在力的作用下运动。

4.3.9 在机器人上构建夹持器

接下来说明如何从现有机器人部分，即移动机器人和夹取器的基础上，创建带夹持器的简单复合机器人。

1. 机器人组件

启动 Gazebo，并确保用户可以从前面两个部分内容加载模型。

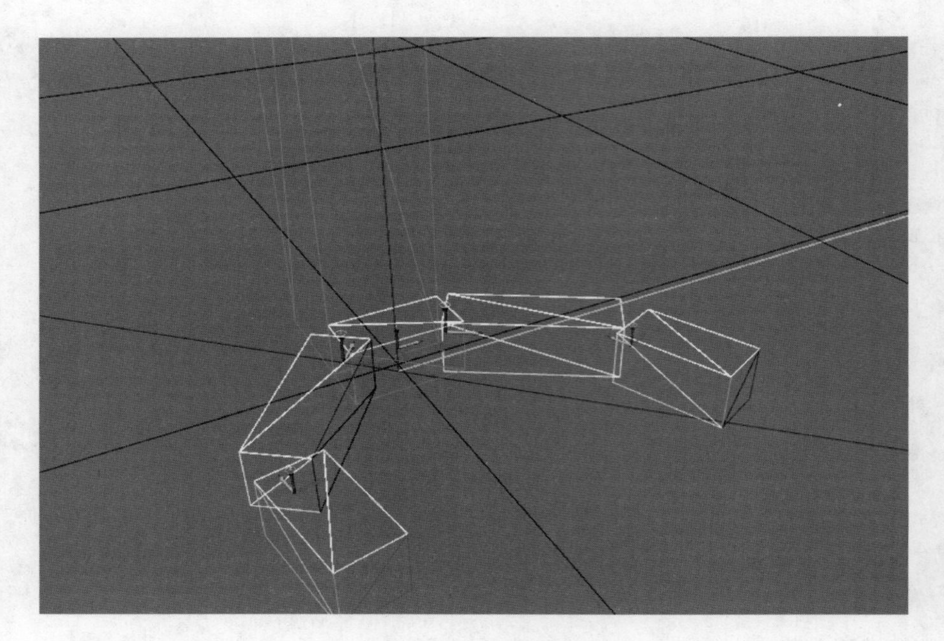

图 4-10 关节模型

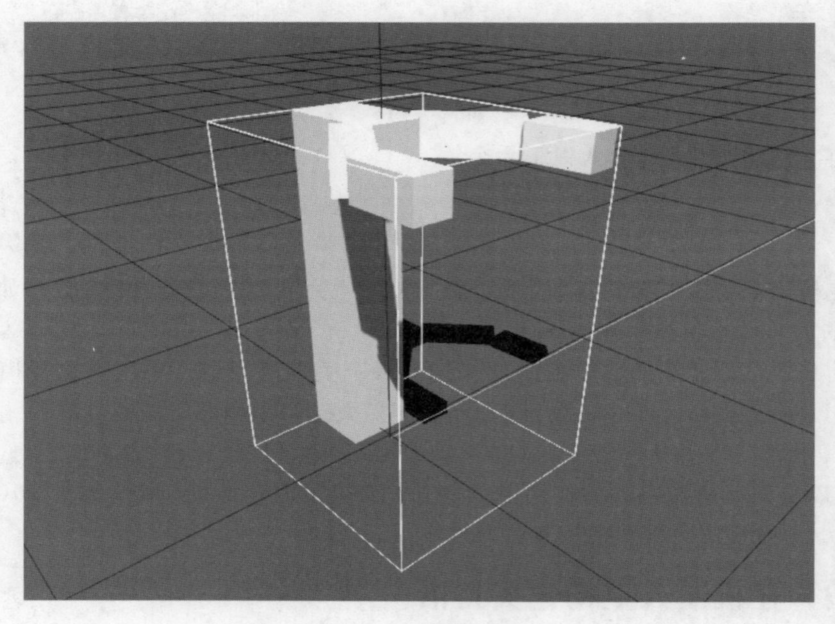

图 4-11 运动的夹持器

1）移动基座

（1）如图 4-12 所示，在完成制作移动机器人部分内容中的每条命令后，在用户的 disposal 上将会产生带基座的移动机器人。

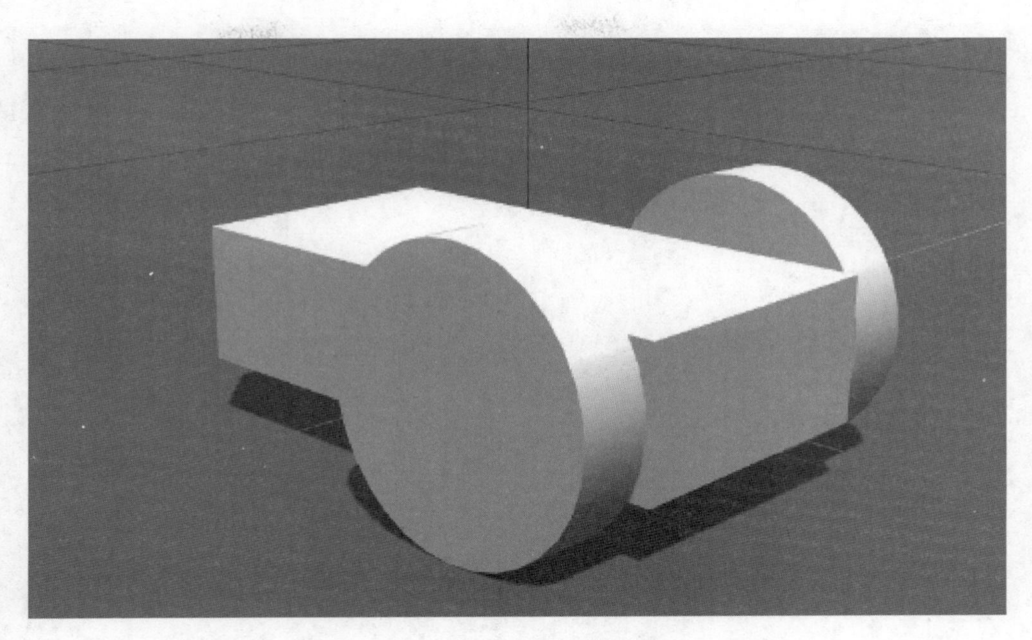

图 4-12　带基座的移动机器人

(2) 通过修改~/.Gazebo/models/my_robot/model.sdf,可以使模型更大,这将可以容纳我们需要在该模型上添加的夹持器,输入以下命令:

```
gedit ~/.Gazebo/models/my_robot/model.sdf
```

接下来需要更新内容,使模型的大小改变。输入以下内容重新定位车轮信息:

```
<?xml version = '1.0'?>
< sdf version = '1.5'>
< model name = "mobile_base">
< link name = 'chassis'>
< pose > 0 0 .25 0 0 0 </pose >
< inertial >
< mass > 20.0 </mass >
< pose > - 0.1 0 - 0.1 0 0 0 </pose >
< inertia >
< ixx > 0.5 </ixx >
< iyy > 1.0 </iyy >
< izz > 0.1 </izz >
</inertia >
</inertial >
< collision name = 'collision'>
< geometry >
```

```
<box>
<size>2 1 0.3</size>
</box>
</geometry>
</collision>
<visual name='visual'>
<geometry>
<box>
<size>2 1 0.3</size>
</box>
</geometry>
</visual>
<collision name='caster_collision'>
<pose>-0.8 0 -0.125 0 0 0</pose>
<geometry>
<sphere>
<radius>.125</radius>
</sphere>
</geometry>
<surface>
<friction>
<ode>
<mu>0</mu>
<mu2>0</mu2>
</ode>
</friction>
</surface>
</collision>
<visual name='caster_visual'>
<pose>-0.8 0 -0.125 0 0 0</pose>
<geometry>
<sphere>
<radius>.125</radius>
</sphere>
</geometry>
</visual>
</link>
<link name="left_wheel">
<pose>0.8 0.6 0.125 0 1.5707 1.5707</pose>
<collision name="collision">
<geometry>
<cylinder>
<radius>.125</radius>
<length>.05</length>
</cylinder>
</geometry>
```

```
</collision>
<visual name="visual">
<geometry>
<cylinder>
<radius>.125</radius>
<length>.05</length>
</cylinder>
</geometry>
</visual>
</link>
<link name="right_wheel">
<pose>0.8 -0.6 0.125 0 1.5707 1.5707</pose>
<collision name="collision">
<geometry>
<cylinder>
<radius>.125</radius>
<length>.05</length>
</cylinder>
</geometry>
</collision>
<visual name="visual">
<geometry>
<cylinder>
<radius>.125</radius>
<length>.05</length>
</cylinder>
</geometry>
</visual>
</link>
<joint type="revolute" name="left_wheel_hinge">
<pose>0 0 -0.03 0 0 0</pose>
<child>left_wheel</child>
<parent>chassis</parent>
<axis>
<xyz>0 1 0</xyz>
</axis>
</joint>
<joint type="revolute" name="right_wheel_hinge">
<pose>0 0 0.03 0 0 0</pose>
<child>right_wheel</child>
<parent>chassis</parent>
<axis>
<xyz>0 1 0</xyz>
</axis>
</joint>
</model>
</sdf>
```

2）组装复合机器人

（1）要创建一个附带了一个简单夹钳的移动机器人，需要创建一个新的模型目录，输入以下命令：

```
mkdir ~/.Gazebo/models/simple_mobile_manipulator
```

接下来编辑模型的配置文件，输入以下命令：

```
gedit ~/.Gazebo/models/simple_mobile_manipulator/model.config
```

加载如下内容：

```
<?xml version = "1.0"?>
<model>
<name>Simple Mobile Manipulator</name>
<version>1.0</version>
<sdf version = '1.5'>manipulator.sdf</sdf>
<author>
<name>My Name</name>
<email>me@my.email</email>
</author>
<description>
    My simple mobile manipulator
</description>
</model>
```

（2）接下来，创建模型SDF文件，输入以下命令：

```
gedit ~/.Gazebo/models/simple_mobile_manipulator/manipulator.sdf
```

加载如下内容：

```
<?xml version = "1.0" ?>
<sdf version = "1.5">
<model name = "simple_mobile_manipulator">
<include>
<uri>model://my_gripper</uri>
<pose>1.3 0 0.1 0 0 0</pose>
</include>
<include>
<uri>model://my_robot</uri>
<pose>0 0 0 0 0 0</pose>
</include>
<joint name = "arm_gripper_joint" type = "fixed">
```

```
<parent>mobile_base::chassis</parent>
<child>simple_gripper::riser</child>
</joint>
<!-- attach sensor to the gripper -->
<include>
<uri>model://hokuyo</uri>
<pose>1.3 0 0.3 0 0 0</pose>
</include>
<joint name="hokuyo_joint" type="fixed">
<child>hokuyo::link</child>
<parent>simple_gripper::palm</parent>
</joint>
</model>
</sdf>
```

（3）确保 model.config 与 manipulator.sdf 已经保存，启动 Gazebo 和通过插入选项卡来产生模型，选择简单的移动机器人模型来重新加载以上模型。如图 4-13 所示，用户可以看到组装得到的移动机器人模型。

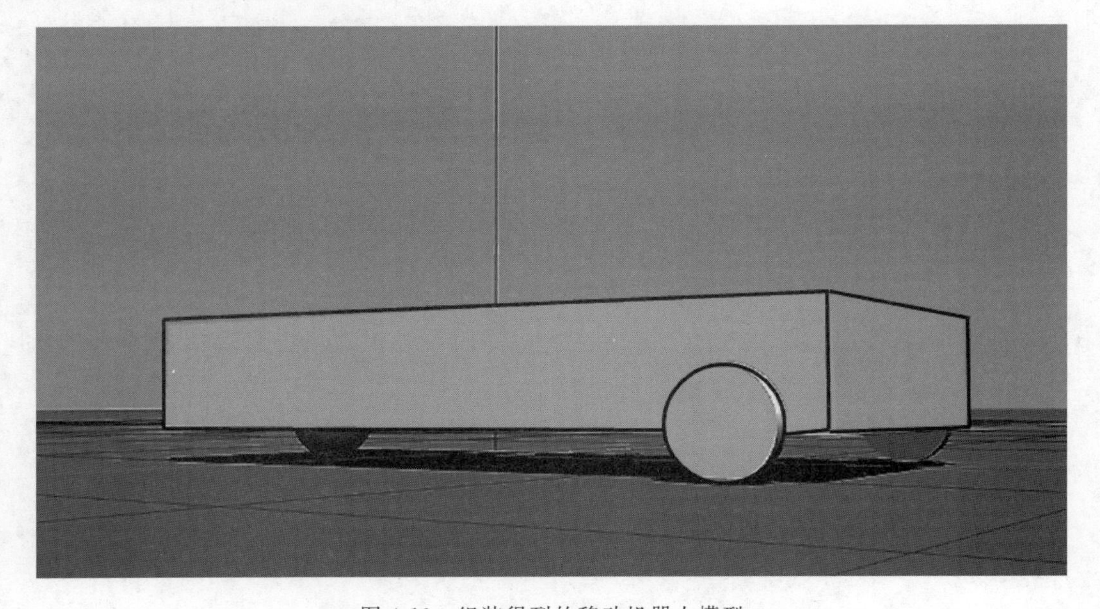

图 4-13 组装得到的移动机器人模型

4.3.10 嵌套模型

本部分内容将介绍如何将模型嵌入另一个模型中，以创建模型的集合。

1. 嵌套模型

在“制作模型”部分内容中可以看到，一个模型 SDF 是由连杆（links）和关节（joints）集合组成的。从 SDF 1.5 开始，SDF 的<model>元素已经扩展为支持自引用，这意味着允许元素<model>嵌套。在 Gazebo 7 中添加了加载嵌套<model>元素的支持。

下面是嵌套模型 SDF 的一个基本示例：

```
<sdf version = "1.6">
<model name = "model_00">
<pose>0 0 0.5 0 0 0</pose>
<link name = "link_00">
<pose>0.0 0 0 0 0 0</pose>
<collision name = "collision_00">
<geometry>
<sphere>
<radius>0.5</radius>
</sphere>
</geometry>
</collision>
<visual name = "visual_00">
<geometry>
<sphere>
<radius>0.5</radius>
</sphere>
</geometry>
</visual>
</link>
<model name = "model_01">
<pose>1.0 0 0.0 0 0 0</pose>
<link name = "link_01">
<pose>0.25 0 0.0 0 0 0</pose>
<collision name = "collision_01">
<geometry>
<box>
<size>1 1 1</size>
</box>
</geometry>
</collision>
<visual name = "visual_01">
<geometry>
<box>
<size>1 1 1</size>
</box>
</geometry>
</visual>
</link>
</model>
</model>
</sdf>
```

此模型 SDF 由两个连杆(link_00、link_01)和一个嵌套模型(model_01)组成。由于 Gazebo 中的模型只是一个可以容纳多个物体的抽象容器,因此在 Gazebo 中加载此模型将导致在物理引擎中只创建两个刚体,一个用于球形连杆,另一个用于嵌套方形连杆。默认情况下,它们不会像同一模型中的其他连杆一样发生自冲突。在 GUI 客户端上,用户将看到一个球体和一个盒子并排放置,并且不会发现嵌套模型和连杆之间的任何视觉差异。

2. 关节

在嵌套模型中,在连杆之间创建关节也是可行的。这是一个可以添加到上面的模型 SDF 的关节的示例:

```
<joint name = "joint_00" type = "revolute">
<parent> link_00 </parent>
<child> model_01::link_01 </child>
<pose> 0.0 0.0 0.0 0.0 0.0 0.0 </pose>
<axis>
<xyz> 1.0 0.0 0.0 </xyz>
</axis>
</joint>
```

这个关节 SDF 元素可以添加到最高层元素或嵌套< model >元素。然后在球形和箱形连杆之间将会形成旋转关节。注意< parent >和< child >名称的范围;除了顶级模型 prefix 外,嵌套模型的连杆的参考均需要被设定范围。

3. 关于包含 SDF 元素的注意事项

嵌入模型可以使用< include >元素的用法。

该< include >元素通过从包括的模型中取得所有连杆,并将它们嵌入到父模型中来工作。这种方法的缺点是在模型显示过程中被修改,即保存场景文件时将导致一个模型< model >元素的所有连杆结合在一起而没有保存< include >标签。这是嵌套< model >元素设计来解决的缺点之一。

另一方面,< include >元素是一个简单有效的解决方案,只需要一个 SDF 文件的引用来创建模型组合即可。未来的工作将考虑< model >使用此功能扩展嵌套的 SDF 元素。

4.3.11 模型编辑器

本部分内容介绍使用模型编辑器创建模型的过程。

(1) 打开模型编辑器。

启动 Gazebo,在 Edit 菜单上,转到 Model Editor 或单击 Ctrl+M 组合键打开编辑器。

(2) 图形用户界面。

该编辑器由以下 2 部分组成:

左侧的选项板有两个选项卡。该 Insert 选项卡允许用户将零件(连杆和其他模型)插入场景中以构建模型。该 Model 选项卡显示构成用户正在构建的模型的所有零件的列表。

右侧的 3D 视图中，用户可以看到模型的预览，并与能够编辑其属性和连杆之间创建关节。顶部工具栏上的 GUI 工具可用于操作 3D 视图中的关节和连杆。

1. 添加连杆

1）添加简单的形状

模型编辑器有 3 个简单的原始几何体，用户可以插入到 3D 视图中以创建模型的连杆。

（1）在调色板上，单击在简单形状下的 boxes、phere 或 cylinder 图标。

（2）将鼠标光标移动到 3D 视图上以查看视觉效果，然后在任何位置单击/释放将其添加到模型中。

注意：用户可以按 Esc 键取消添加附加到鼠标光标的当前连杆。

2）添加网格物体

添加网格文件的操作如图 4-14 所示，它的具体步骤为：

（1）单击自定义形状 Add 下的按钮，将弹出一个对话框，让用户从中找到要添加的网格。

（2）单击 Browse 按钮，使用文件浏览器在本地计算机上查找网格文件。如果用户知道网格文件的路径，用户可以直接在 Browse 按钮旁边的文本字段框中输入。Note Gazebo 目前仅支持导入 COLLADA(dae)、STereoLithography(stl)和 Scalable Vector Graphics(svg)文件。

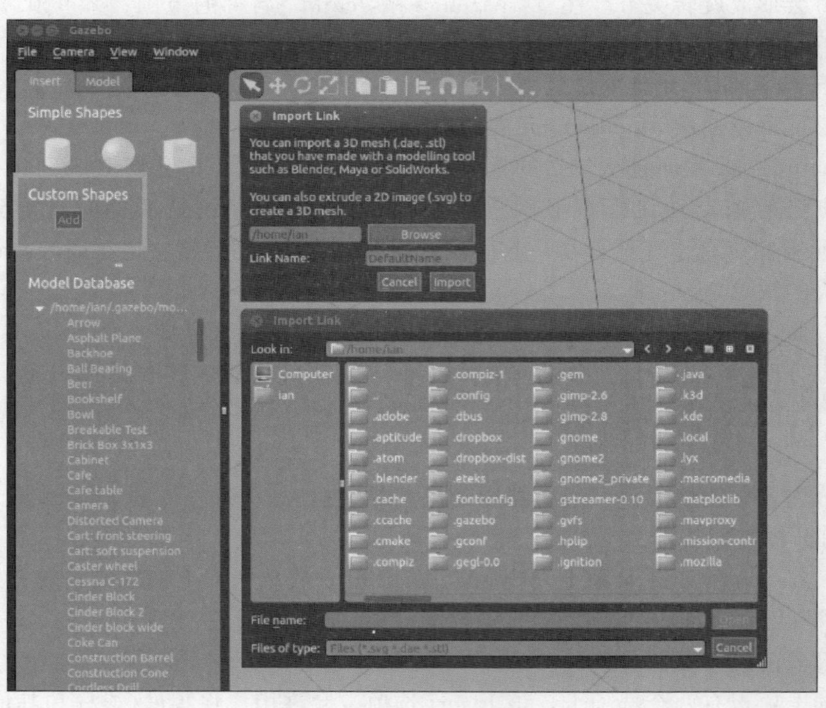

图 4-14　添加网格文件操作

(3) 单击 Import 以加载网格文件。然后，将其添加到 3D 视图。

2. 创建关节

模型编辑器支持在正在编辑的模型中的连杆之间创建多种类型的关节。过程如下：

(1) 单击 joint 工具栏上的图标。这将弹出创建关节的对话框，用户可以指定要创建的关节的不同属性。正如在对话框中看到的，默认的关节类型是 Revolute 关节。

(2) 将鼠标移动到用户要创建关节的连杆上，这时它将会变亮，单击选中它。这个连杆将是关节的父连杆。

(3) 然后，将鼠标移动到用户要成为关节的子连杆的连杆。如图 4-15 所示，单击它可以看到连接两个连杆的彩色线和附加到子连杆的关节视图。

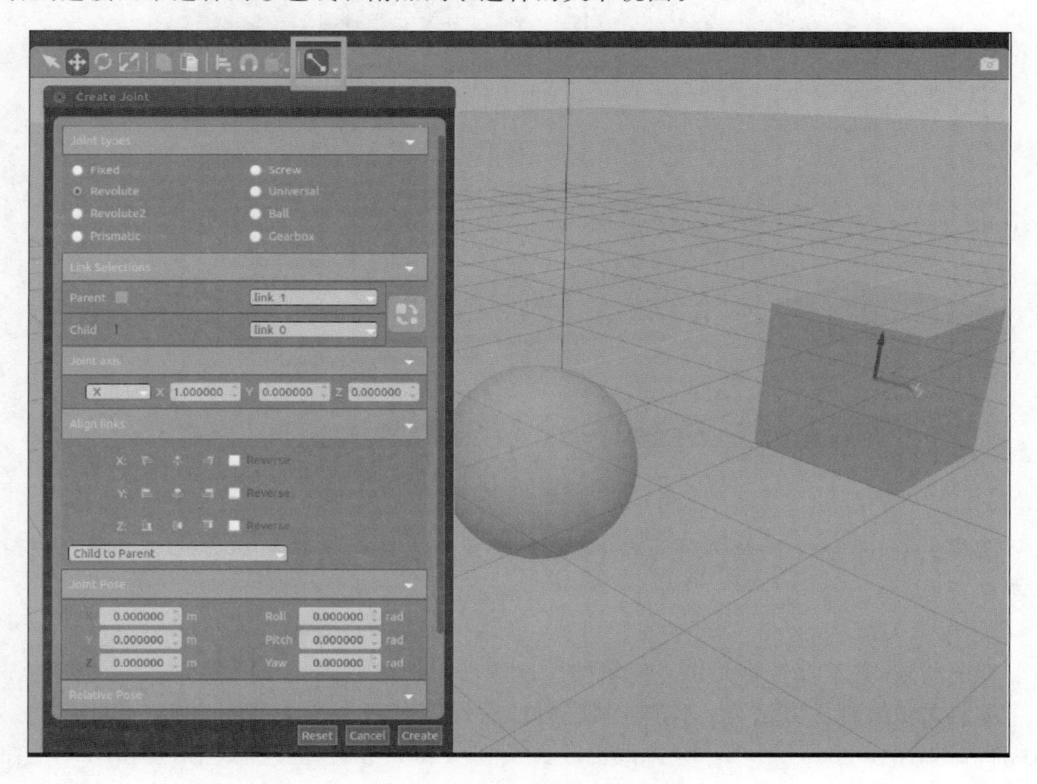

图 4-15　关节视图

用来表示关节的线是彩色编码的，不同的关节类型对应着不同的颜色。关节的视觉信息由 RGB 轴组成，这有助于给出关节的坐标框架的想法。黄色箭头表示接头的主轴。例如，在旋转接头的情况下，这是旋转轴线。

(4) 在“关节创建”对话框中指定所有所需的关节属性后，单击 Create 按钮完成关节创建。

注意：用户可以按 Esc 键在任意时间取消创建过程。

3. 编辑模型

编辑模型时要小心：编辑器目前无法撤销用户的操作；所有测量均以米为单位。

1）编辑连杆

模型编辑器支持编辑连杆，并能在 SDF 中找到这些属性。

编辑连杆的属性的方法为：双击连杆或右键单击并选择 Open Link Inspector。将出现一个对话框窗口，如图 4-16 所示，其中包含 Link、Visual 和 Collision 属性选项卡。例如，尝试更改连杆姿势和颜色。完成后，单击 OK 按钮关闭检查器。

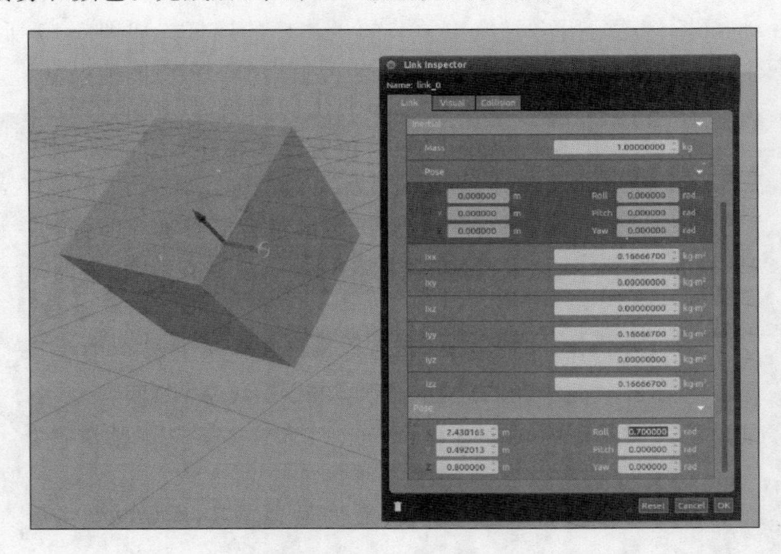

图 4-16 连杆属性设置对话框

注意：Gazebo 6＋支持编辑连杆、视觉和碰撞。编辑传感器和插件的能力将在以后的版本中实现。

2）编辑关节

如前所述，关节属性也是可以编辑的。这些是用户在关节 SDF 中可以找到的属性。

编辑关节属性的方法为：双击连接连杆或右键单击它并选择 Open Joint Inspector。关节编辑器如图 4-17 所示。例如，尝试更改关节姿势和关节类型。完成后，单击 OK 按钮关闭检查器。

4. 保存模型

保存将为用户的模型创建一个目录，SDF 和配置文件。这里以一个简单的例子作为说明：创建一个简单的汽车，并保存。如图 4-18 所示，汽车将有一个盒底盘和四个可以滚动的轮子，每个滚轮将通过旋转接头连接到底盘。

如果用户对所创建的模型感到满意，请转到 Model 左侧面板中的标签，并为其命名。保存模型，请选择 File 菜单，然后单击顶部菜单中的 Save As(按钮或单击 Ctrl＋S 键)。如图 4-19 所示，将出现一个对话框，用户可以在其中选择模型的位置。

Joint Inspector

Parent　link_1

Child　link_0

Name　link_1_JOINT_0

Type　REVOLUTE

Pose

X　0.000000　m　Roll　0.000000　rad

Y　0.000000　m　Pitch　0.000000　rad

Z　0.000000　m　Yaw　0.000000　rad

Axis1

Xyz

X　X　1.000000　Y　0.000000　Z　0.000000

Limit lower　-1797693134862315708　rad

Limit upper　17976931348623157081　rad

Limit effort　-1.00000000　Nm

Limit velocity　-1.00000000　rad/s

Damping　0.00000000　Ns

Friction　0.00000000　Nm

Reset　Cancel　OK

图 4-17　关节对话框

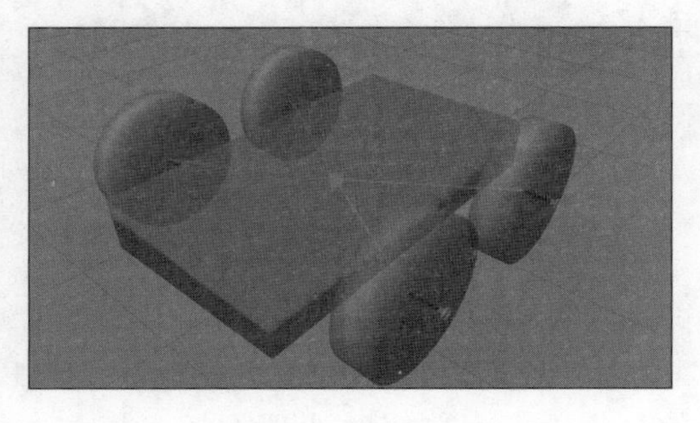

图 4-18　汽车模型

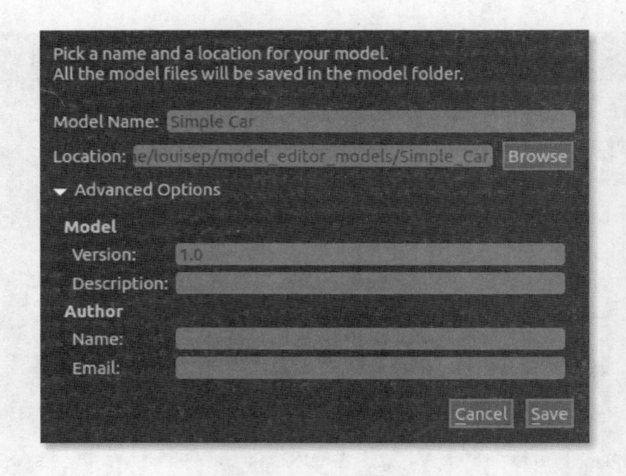

图 4-19　模型设置对话框

5. 退出

完成创建模型并保存后，转到 File 然后选择 Exit Model Editor。如图 4-20 所示，用户的模型将显示在主窗口中。

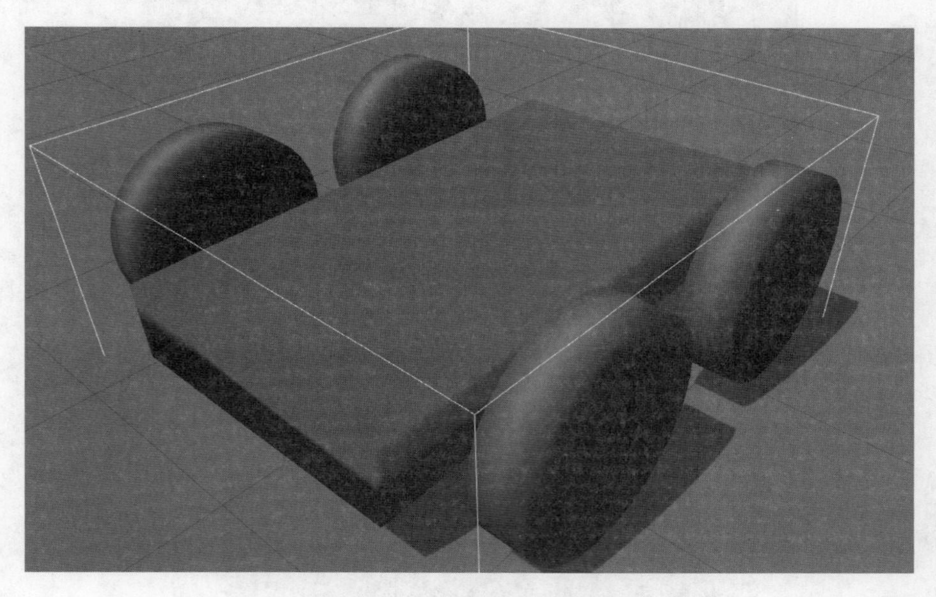

图 4-20　主窗口中的汽车模型

6. 编辑现有模型

如果用户不需要重新创建一个模型，那么用户可以在仿真中编辑模型的属性。

编辑当前模型的方法为：确保用户已保存创建的模型，并退出模型编辑器。或者，从一个新的 Gazebo 实例开始。从 Insert 左侧的选项卡插入模型。例如，让我们插入一个 Simple Arm。右键单击刚刚插入的模型，并选择 Edit Model。生成模型如图 4-21 所示。现在用户在模型编辑器中，用户可以向模型中添加新连杆或编辑现有连杆。

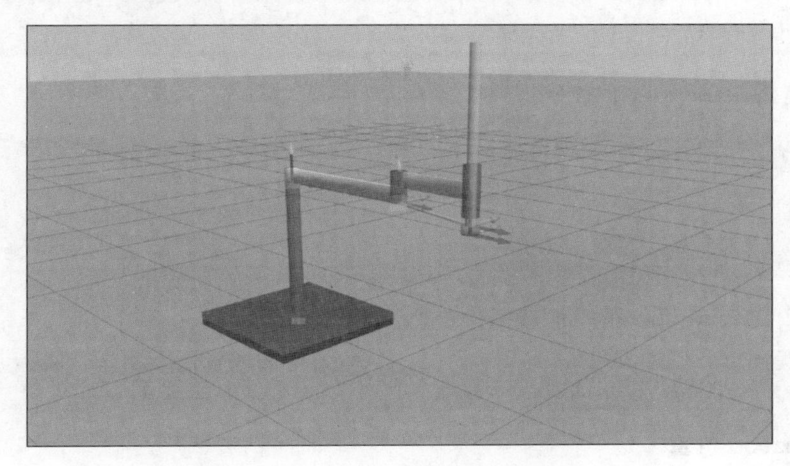

图 4-21 简单的机械臂模型

4.3.12 盒子的动画

本部分内容创建一个仿真场景，一个简单的盒子，在重复循环 10s 的动画，使它在地面上滑动。本部分内容还演示了使用 Gazebo 可执行文件或用户自己的自定义可执行文件查看，访问和与仿真交互的几种不同方法。仿真的盒子传输自己的位姿，并且创建回调来接收姿势并打印出盒子的位置和时间戳。

1. 建立

创建工作目录，输入以下的命令：

```
mkdir ~/Gazebo_animatedbox_tutorial
cd ~/Gazebo_animatedbox_tutorial
```

2. 动画框代码

（1）将 animated_box. cc，independent_listener. cc，integrated_main. cc，CMakeLists. txt 和 animated_box. world 复制到当前目录中。

（2）在 OS X 系统的 Gazebo 上，用户可以替换 wget 为 curl -OL。

```
wget http://bitbucket. org/osrf/Gazebo/raw/Gazebo8/examples/stand _ alone/animated _ box/
animated_box.cc
wget http://bitbucket. org/osrf/Gazebo/raw/Gazebo8/examples/stand _ alone/animated _ box/
independent_listener.cc
wget http://bitbucket. org/osrf/Gazebo/raw/Gazebo8/examples/stand _ alone/animated _ box/
integrated_main.cc
wget http://bitbucket. org/osrf/Gazebo/raw/Gazebo8/examples/stand _ alone/animated _ box/
CMakeLists.txt
```

```
wget http://bitbucket. org/osrf/Gazebo/raw/Gazebo8/examples/stand _ alone/animated _ box/
animated_box.world
```

（3）构建插件，输入以下命令：

```
mkdir build
cd build
cmake ../
make
```

（4）确保 Gazebo 可以稍后加载插件，输入以下命令：

```
exportGAZEBO_PLUGIN_PATH = 'pwd': $ GAZEBO_PLUGIN_PATH
```

3. 用 Gazebo 仿真

此示例演示如何运行使用插件的 Gazebo 可执行文件，输入以下命令：

```
cd ~/Gazebo_animatebox_tutorial
Gazebo animated_box.world
```

在另一个终端中，使用“gz topic”用户界面查看姿势，输入以下命令：

```
gz topic -v /Gazebo/animated_box_world/pose/info
```

用户应该会看到一个图形界面，显示盒子的姿势。

4. 连接自己的可执行文件到仿真器

首先是确保 Gazebo 没有运行；然后如上所述，启动 Gazebo，最后运行连接到 Gazebo 的独立侦听器可执行文件。独立侦听器接收盒子的位置和时间戳，并打印出来，运行以下命令：

```
cd ~/Gazebo_animatebox_tutorial
Gazebo animated_box.world & ./build/independent_listener
```

5. 运行仿真并连接自己的可执行文件

同样地，需要确保 Gazebo 没有运行。

integrated_main 示例演示了以下内容：

- 开始盒子仿真。
- 将侦听器连接到仿真，作为同一可执行文件的一部分。
- 侦听器获取时间戳和位置，然后打印出来。

运行 integrated_main，输入以下命令：

```
cd ~/Gazebo_animatebox_tutorial
./build/integrated_main animated_box.world
```

如需查看仿真，输入以下命令：

```
gzclient
```

6. 源代码

对源代码的说明如下：

```
independent_listener.cc
```

它是一个可执行文件，将连接到正在运行的仿真，从姿势信息主题接收更新，并打印对象位置。

```
integrated_main.cc
```

它是一个可执行文件将创建一个仿真，从姿势信息主题接收更新，并打印对象位置。

```
animated_box.cc
```

它是一个共享库插入定义仿真动画组件，用来移动了场景上的盒子。

```
animated_box.world
```

它是一个 XML 文件，定义仿真物理场景空间和其中的单个盒子。

```
CMakeLists.txt
```

它是一个 CMake 构建脚本。

4.3.13　三角网格的惯性参数

一个准确的仿真需要物理上的合理惯性参数：质量、质心位置和所有连杆的惯性矩阵。如果用户有连杆组成的 3D 模型，本部分内容将指导用户完成获取和设置这些参数。假设均匀体(均匀质量密度)，下面展示如何使用免费软件 MeshLab 获得惯性数据。用户还可以使用商业产品 SolidWorks 来计算这些信息。

1. 惯性参数说明

(1) 质量最容易通过称重物体来测量。它是一个标量，在 Gazebo 中公斤(kg)为默认单位。对于 3D 均匀网格，通过计算几何体积并乘以密度来计算质量。

(2) 质心是加权质量矩的和为零的点。对于一个均匀的物体，这相当于几何形心。此参数是一个长度为 3 的向量，具有位置的单位。

(3) 转动惯量代表质量在刚性体的空间分布。它取决于具有单位为“质量 * 长度^2”的物体的质量、尺寸和形状。转动惯量可以表示为对称正定 3×3 矩阵的分量，具有 3 个对角元素和3个唯一的非对角元素。每个惯性矩阵的定义都和坐标系和坐标轴相关。将矩阵对角化将会产生其主要转动惯量(特征值)和其主轴的方向(特征向量)。

转动惯量与质量成比例,但是与大小成非线性关系。此外,对主要惯量的相对值存在约束,这通常使得估计转动惯量比估计质量或质量中心位置更难。这个困难促使使用软件工具来计算转动惯量。

2. 安装 MeshLab

用户从官方网站下载 MeshLab,并将其安装在用户的计算机上。安装后,用户可以在 MeshLab 中查看网格(支持 DAE 和 STL 格式,这是 Gazebo/ROS 支持的格式)。

3. 计算惯性参数

(1) 计算球体惯性。

在 MeshLab 中打开网格文件。对于本示例,使用 sphere.dae 网格。要计算惯性参数,首先需要显示对话框 View-> Show Layer Dialog。在窗口的右边部分打开一个面板,它分成两部分,我们感兴趣的是包含文本输出的部分。

接下来,用 MeshLab 计算惯性参数。从菜单中选择依次 Filters→Quality Measure and Computations→Compute Geometric Measures。对话框的下半部分将显示有关惯性测量的一些信息。球体给出以下输出:

```
Mesh Bounding Box Size 2.000000 2.000000 2.000000
Mesh Bounding Box Diag 3.464102
Mesh Volume is 4.094867
Mesh Surface is 12.425012
Thin shell barycenter -0.000000 -0.000000 -0.000000
Center of Mass is -0.000000 0.000000 -0.000000
Inertia Tensor is :
|  1.617916   -0.000000    0.000000 |
| -0.000000    1.604620   -0.000000 |
|  0.000000   -0.000000    1.617916 |
Principal axes are :
|  0.000000    1.000000    0.000000 |
| -0.711101   -0.000000    0.703089 |
| -0.703089    0.000000   -0.711101 |
axis momenta are :
| 1.604620 1.617916 1.617916 |()
```

(2) 半径:球体的边界框是边长为2.0的立方体,这意味着球体的半径为1.0。

(3) 体积:半径为1.0的球体应具有4/3 * PI(4.189)的体积,其接近于计算值4.095。它不是精确值,因为它是三角形近似值。

(4) 表面积:表面积应为4 * PI(12.566),接近计算值12.425。

(5) 质心:质心给定为原点(0,0,0)。

(6) 惯性矩阵:由于球体的半径为1,球体的惯性矩阵(也称为惯性张量)应该是对角的，其主要转动惯量为 2/5 质量。它没有在输出中明确说明，而是质量等于体积(默认密度为 1)，因此我们预计对角矩阵条目为 8/15 * PI(1.676)。在给定精度下计算出的惯性张量将呈现对角线形式，主要惯量在[1.604,1.618]的范围内，接近预期值。

(7) 复制曲面：复制曲面需要记住的一点是，网格内的复制曲面将影响体积和转动惯量的计算。例如，考虑另一个球形网格：ball.dae。Meshlab 为此网格提供以下输出：

```
Mesh Bounding Box Size 1.923457 1.990389 1.967965
Mesh Bounding Box Diag 3.396207
Mesh Volume is 7.690343
Mesh Surface is 23.967396
Thin shell barycenter 0.000265 0.000185 0.000255
Center of Mass is 0.000257 0.000195 0.000292
Inertia Tensor is :
| 2.912301 0.001190 0.000026 |
| 0.001190 2.903731 0.002124 |
| 0.000026 0.002124 2.906963 |
Principal axes are :
|  0.108262   -0.895479   0.431738 |
| -0.120000    0.419343   0.899862 |
|  0.986853    0.149229   0.062058 |
axis momenta are :
| 2.902563 2.907949 2.912483 |
```

此网格大小大致相同，边界框尺寸在[1.92,1.99]范围内，但其计算差异近两倍：

- 体积：对比 7.69 与 4.09。
- 主要惯量：对比[2.90,2.91]与[1.60,1.62]。

当用户查看顶点和面的数量(列在 MeshLab 窗口底部)时，不同点为：

- sphere.dae：382 个顶点，760 个面。
- ball.dae：362 个顶点，1440 个面。

每个网格具有相似数量的顶点，但是 ball.dae 具有大约两倍的面。依次运行命令 Filters→Cleaning and Repairing→Remove Duplicate Faces 将面数减少 ball.dae 到 720，并为体积(3.84)和主转动惯量(1.45)提供更合理的值。有意义的是，这些值稍小，因为边界框也稍小。

(8) 缩放以提高数值精度。

Meshlab 当前打印具有 6 位固定精度的几何信息。如果网格太小，这可能会大大限制惯性张量的精度，例如：

```
Mesh Bounding Box Size 0.044000 0.221000 0.388410
Mesh Bounding Box Diag 0.449043
Mesh Volume is 0.001576
Mesh Surface is 0.136169
```

```
Thin shell barycenter - 0.021954 0.008976 0.012835
Center of Mass is - 0.021993 0.001259 0.001489
Inertia Tensor is :
|  0.000008   - 0.000000   - 0.000000 |
| - 0.000000    0.000001   - 0.000000 |
| - 0.000000   - 0.000000    0.000007 |
Principal axes are :
|  0.999999   0.000166    0.001241 |
| - 0.000113   0.999104   - 0.042310 |
| - 0.001247   0.042310    0.999104 |
axis momenta are :
| 0.000008 0.000001 0.000007 |
```

似乎我们得到了寻找的东西。但是当用户仔细观察,用户不难发现一个漏洞:输出只写出最多6位的十进制数。因此,我们失去了惯性张量中的大部分有价值的信息。为了克服惯性传感器的精度不足,用户可以按比例放大模型,以增加惯性的大小。该模型可以使用缩放通过 Filters→Normals, Curvatures and Orientation→Transform: Scale。模型缩放比例设置对话框如图 4-22 所示,在对话框中输入缩放比例并单击 Apply。

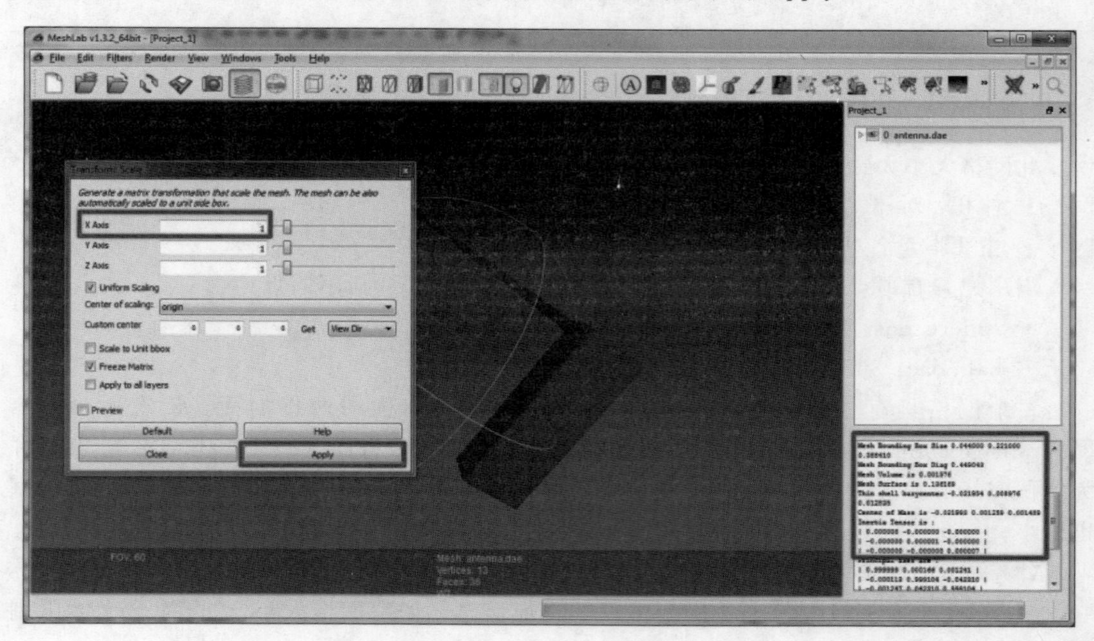

图 4-22 模型缩放比例的设置

对于如何选择缩放因子 s,MeshLab 使用体积替代质量,其将作为 s^3 变化。此外,惯性对长度的平方具有附加依赖性,因此惯性矩将根据 s^5 而改变。由于 s 存在这样大的依赖性的,因此缩放 10 倍或 100 倍可能就足够了。

(9) 获得质量中心。

MeshLab 使用的长度单位并不总是用户想要的(Gazebo 为米)。但是,通过查看 Mesh Bounding Box Size 条目,用户可以轻松地知道 MeshLab 单位与所需单位的比率。例如用户可以以所需单位计算边界框大小,并与 MeshLab 的大小进行比较。

用 Center of Mass 乘以计算的比率,用户将拥有网格质心的坐标。然而,如果用户建模的连杆不是均匀的,用户将不得不使用其他方法(最可能通过真实的实验)计算质心。

(10) 重新调整转动惯量值。

就像质心位置必须缩放到正确的单位一样,转动惯量也应该按比例缩放,尽管缩放因子应该平方再考虑转动惯量的长度的平方的变化。此外,惯量应乘以测量值 mass,并除以文本输出的计算体积。

(11) 在 URDF 或 SDF 中填写标签。

下一步是将计算值记录到包含机器人的 URDF 或 SDF 文件(假设用户已经具有机器人模型;如果没有,请按照前面部分内容制作模型)。

在每个连杆中,用户应该有< inertial >标签。它应该具有如下内容(在 SDF 中):

```
<link name = 'antenna'>
<inertial>
<pose>- 0.022 0.0203 0.02917 0 0 0</pose>
<mass>0.56</mass>
<inertia>
<ixx>0.004878</ixx>
<ixy>- 6.2341e - 07</ixy>
<ixz>- 7.4538e - 07</ixz>
<iyy>0.00090164</iyy>
<iyz>- 0.00014394</iyz>
<izz>0.0042946</izz>
</inertia>
</inertial>
<collision name = 'antenna_collision'>
    …
</collision>
<visual name = 'antenna_visual'>
    …
</visual>
  …
</link>
```

或者(在 URDF 中):

```
<link name = "antenna">
<inertial>
```

```
<origin rpy="0 0 0" xyz="-0.022 0.0203 0.02917"/>
<mass value="0.56"/>
<inertia ixx="0.004878" ixy="-6.2341e-07" ixz="-7.4538e-07" iyy="0.00090164" iyz
="-0.00014394" izz="0.0042946"/>
</inertial>
<visual>
    …
</visual>
<collision>
    …
</collision>
</link>
```

其中，<mass>应以千克为单位输入，用户需通过实验或者规定它的值。<origin>或<pose>用于输入质量中心的位置(相对于连杆的起点，尤其是与可视的连杆或碰撞起点无关)。旋转元件可以定义与转动惯量轴不同的坐标系。如果用户已经通过实验找到质心，请填写此值，否则填写由 MeshLab 计算的正确缩放的值。

<inertia>标记包含用户在上一步中计算的惯性张量。由于矩阵是对称的，只有 6 个数字就足以表示它。从 MeshLab 的输出的映射如下：

```
| ixx ixy ixz |
| ixy iyy iyz |
| ixz iyz izz |
```

为了快速检查矩阵是否正确，可以使用对角线条目应具有最大的正值并，并且非对角线数字应该或多或少接近零。

确切地说，矩阵必须是正定的(使用用户最喜欢的数学工具来验证)。其对角项也必须满足三角不等式，即，$ixx + iyy \geqslant izz$，$ixx + izz \geqslant iyy$ 和 $iyy + izz \geqslant ixx$。

(12) 在 Gazebo 上检查。

要检查一切是否正确，用户可以使用 Gazebo 的 GUI 客户端。

单独使用 Gazebo 时，运行 Gazebo，生成用户的机器人

```
gz model -f my_robot.sdf
```

使用 Gazebo 和 ROS 时，首先运行 Gazebo：

```
roslaunchGazebo_ros empty_world.launch
```

生成用户的机器人(使用用户的机器人的包/名称替换 my_robot，my_robot_description，MyRobot)：

SDF 模型为：

```
rosrunGazebo_ros spawn_model - sdf - file 'rospack find my_robot_description'/urdf/my_robot
.sdf - model MyRobot
```

URDF 型号为：

```
rosrunGazebo_ros spawn_model - urdf - file 'rospack find my_robot_description'/urdf/my_robot
.urdf - model MyRobot
```

当模型加载后，暂停场景并删除 ground_plane（这不是必需的，但它通常使调试更容易）。转到 Gazebo 菜单并依次选择 View→Inertia。每个连杆目前应显示一个带绿色轴的紫色框。每个盒子的中心与其连杆的指定质心对齐。箱的尺寸和方向对应于具有相同惯性行为单位质量的箱这可以作为它们对应的链接。虽然这对于调试惯性参数很有用，但是我们还可以做一件事来使调试更容易。

用户可以临时将所有连杆设置为质量为 1.0（通过编辑 URDF 或 SDF 文件）。然后所有的紫色框应该或多或少在形状与其连杆的边框相同。这种方式，用户可以很容易地检测问题，如错放的质心或错误旋转的惯性矩阵。当用户完成调试时，不要忘记输入正确的质量。

要修正错误旋转的惯性矩阵（常见错误），只需交换模型文件中的 ixx、iyy 和 izz 条目，直到紫色框与其连杆对齐。然后用户显然也必须适当地交换 ixy、ixz 和 iyz 值（当用户交换 ixx↔iyy 时，用户应该取消 ixy 和交换 ixz↔iyz）。

4. 进一步改进

1）简化模型

MeshLab 仅计算闭合形状的正确惯性参数。如果用户的连杆是开放的，或者它是一个非常复杂或凹陷的形状。在计算惯性参数之前简化模型可能是一个好选择（例如在 Blender）。或者，如果用户的模型具有碰撞形状，请使用它们代替全分辨率模型。

2）非均质体

对于非常不均匀体，本部分内容可能不工作，涉及两个问题。第一个是 MeshLab 假设均匀密度的身体。另一个是 MeshLab 计算相对于计算质心的惯性传感器。然而，对于非常不均匀体，计算的质心将远离真实质心，因此计算的惯性张量可能是错误的。

一个解决方案是将用户的连杆细分为更均匀的部分，并使用固定关节连接它们，但这并非永远可行。唯一的其他解决方案是通过实验找出惯性张量，这肯定需要大量的时间和精力。

我们已经展示了为机器人模型获得正确惯性参数的过程，如何将它们输入到 URDF 或 SDF 文件中的方法，以及如何确保正确输入参数的方法。

4.3.14 图层可见性

使用 Gazebo 6,可以向仿真中的视觉元素添加元数据。本部分内容解释如何向可视化添加图层元数据,以便用户可以通过图形界面控制哪些图层可见。

1. 在 SDF 上分配图层

目前,图层由数字标识。在用户的模型 SDF 文件中,在每个< visual >标记下,用户可以添加< meta >标记来记录元信息,然后为< layer >层号添加标记如下:

```
< visual name = 'visual_0'>
< meta >
< layer > 0 </layer >
</meta >
  …
</visual >
```

没有分配图层的视觉效果不能进行可见性切换,并且始终可见。

2. 可视化图层

一个场景示例分布在 Gazebo 中。用户可以加载此场景,输入以下命令:

```
Gazebo worlds/shapes_layers.world
```

用户可以通过 Layers 左侧面板上的标签切换每个图层的可见性。如果仿真中的图层没有可视物,图层标签页就是空。

4.4 Gazebo 中的模型编辑器

该部分描述如何使用模型编辑器构建和修改机器人。

4.4.1 模型编辑器

该部分内容与构建机器人部分的模型编辑器内容相同。故不赘述。

4.4.2 SVG 文件

本部分内容描述了得到 SVG 文件(即 2D 图像)的过程,以便为 Gazebo 中的模型创建 3D 网格。此过程类似于在 Inkscape 或 Illustrator 这样的程序中设计模型的一部分。并将向用户介绍如何在 Inkscape 中将自定义滚轮制作为. svg,并将其导入 Gazebo,以便将其附加到机器上。

Gazebo 中有许多 SVG 编辑器。本部分内容将使用开源 Inkscape 程序,这是本部分内容中使用的轮子的 SVG 文件。

1. 文件准备

启动 Inkscape。这将创建一个空白文档。如图 4-23 所示，首先让我们更改文档大小，以便更好地适应轮子：在 File→Document properties menu 下，选择 Page 标签，将文档大小更改为自定义大小 100.0×100.0 毫米。

如图 4-24 所示为另一个文件属性设置对话框。在同一对话框中，选择 Grids 选项卡，按 New 按钮创建自定义网格。最后，检查 Enabled，Visible 和 Snap to visible grid lines only 选项。更改 Spacing X 和 Spacing Y 为 10。

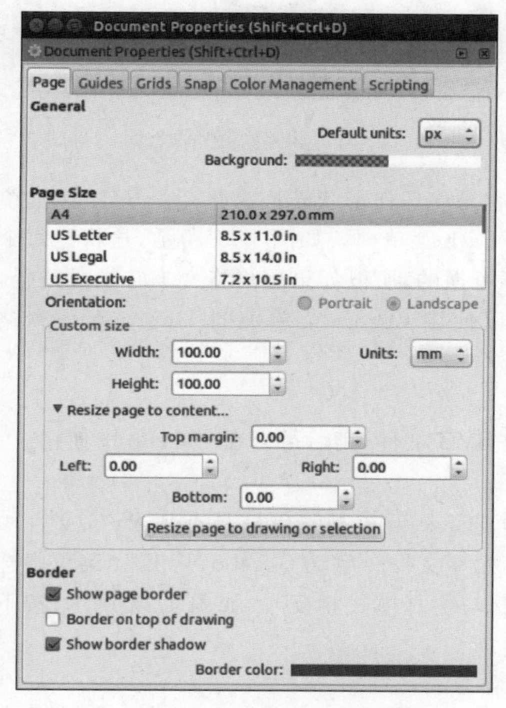

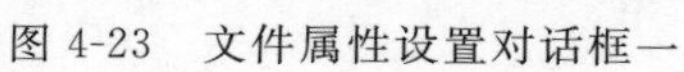
图 4-23 文件属性设置对话框一

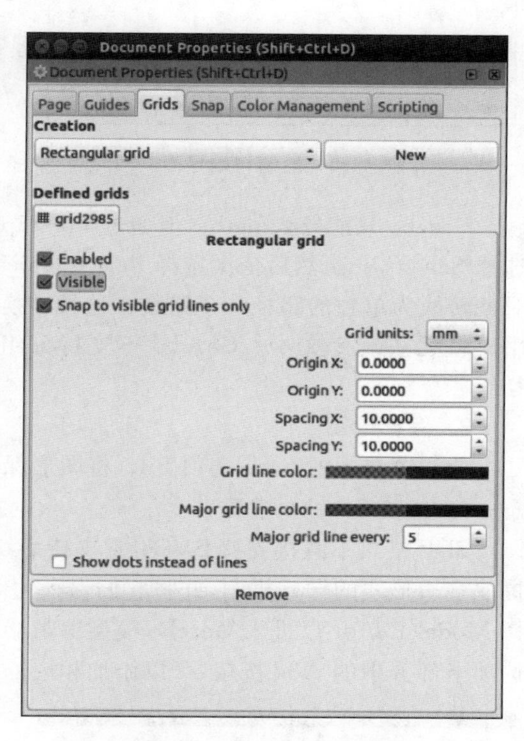

图 4-24 文件属性设置对话框二

上述操作完成后，如图 4-25 所示，用户应该得到一个绘制初始界面。

2. 绘制

用户可以使用不同的工具(例如笔、文本、星星和形状等)来创建几何体。在这个例子中，车轮是由圆形组成的(按下 Shift 键，用户可以从中心开始创建圆形，并使用 Ctrl 键允许保持形状的圆度)。用户可以将形状组合在一起，确保路径是封闭的，并且部件具有适当的厚度，绘制的效果如图 4-26 所示。

注意：一个棒形图或两个彼此接触的圆圈不会产生有效的 Gazebo 模型。SVG 路径必须创建具有孔的封闭轮廓，其中孔不能接触轮廓或其他孔。孔内的孔被视为实心零件(也可以有孔)。

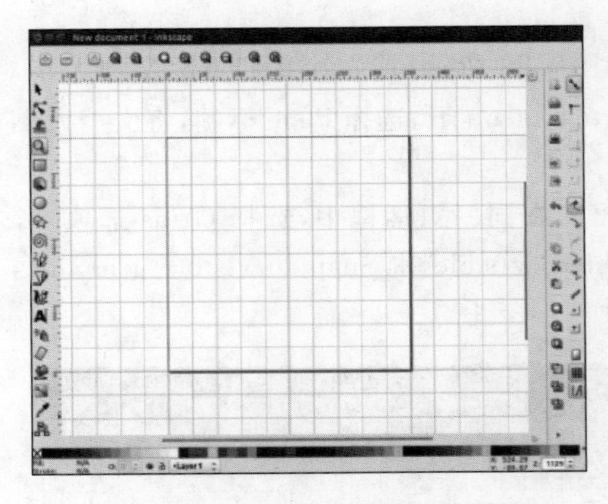

图 4-25 绘制初始界面

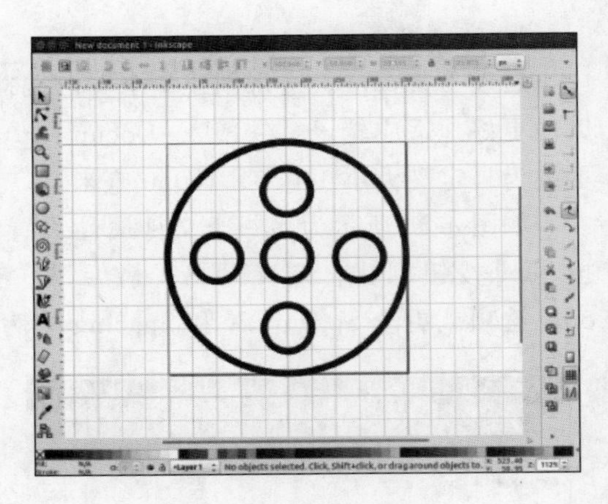

图 4-26 绘制界面一

Gazebo 只能导入 paths，但通过 Inkscape 很容易将任何形状转换为路径。从 Edit 菜单选择 Select All。然后依次选择 Path→Object to Path 菜单项。如图 4-27 所示，这将把每个对象转换为单独的路径和子路径。这种转换是不可逆的，所以如果用户将文本转换成路径，用户将无法改变文本。Gazebo 不支持分组，可以使用 Object 菜单中的 Ungroup 分离路径组。

3. 保存绘图

使用菜单中的 Save 选项 File，将图形保存为 SVG 文件，稍后可以在 Gazebo 中使用。

4. 创建 Gazebo 模型

SDF 格式不直接支持 SVG；它支持多线 2D。Gazebo 模型编辑器具有从 SVG 文件中提取多边形线的导入机制，并将它们保存为 SDF 模型文件。启动 Gazebo，从 Edit 菜单中选择 Model Editor 以进入 Gazebo 模型编辑器模式（与仿真模式相反）。如图 4-28 所示，按下选项卡部分中的 Add 按钮，可以添加相应的模型。

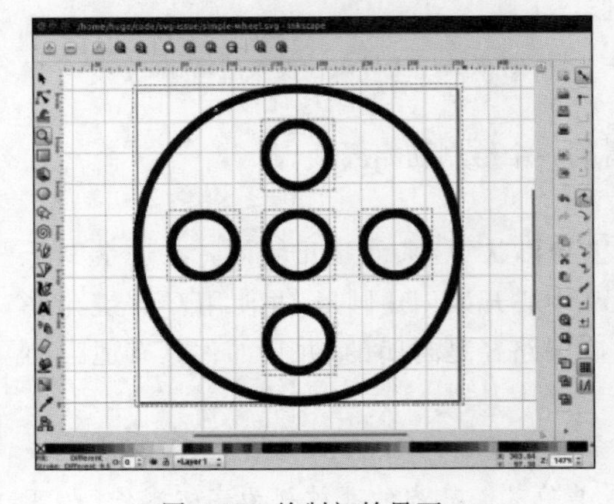

图 4-27 绘制初始界面二

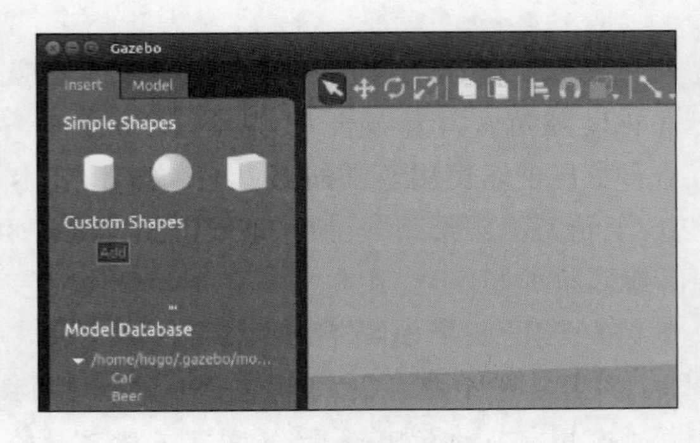

图 4-28 模型的添加

Import Link 对话框如图 4-29 所示，从中用户可以通过按 Browse 按钮选择 SVG 文件。选择文件后，按 Import 按钮打开 Extrude Link 对话框。

该对话框允许用户设置模型的参数：

(1) 厚度：连杆的粗细。这对应于 Z 轴中的模型高度。对于右侧所示的 SVG 路径，生成轴线从屏幕向外。

(2) 分辨率：SVG 中像素点的个数是以米为单位来统计的。默认值(3543.3px/m)对应于 90dpi(每英寸点数)，这是多个编辑器(包括 Inkscape)的默认分辨率。当显示单位为米时，如果用户的模型在 Inkscape 中显示为用户所需的大小，则不应更改分辨率值。

(3) 每个片段的样本：这表示 SVG 中的每个曲线路径将会有多少个片段。片段越多，用户的连杆就越复杂。它不会改变任何直线路径。

在右侧，用户可以看到从 SVG 提取的路径。红点是生成的 3D 模型的三角形的顶点。将车轮的厚度设置为 0.025m，然后按 OK 按钮。用户的新连杆应显示在 3D 视图中。这样就创建了一个新的连杆，它带有一个默认的碰撞形状，它是生成的 3D 网格的副本。

接下来，从 File 菜单中选择 Exit Model Editor。如图 4-30 所示，Gazebo 将注意用户将新模型保存到磁盘。按 Save and Exit 退出对话框上的按钮，Save Model 将出现对话框。

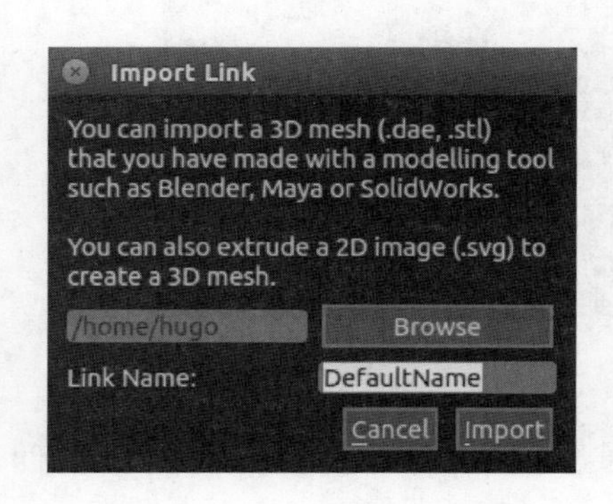

图 4-29 Import Link 对话框

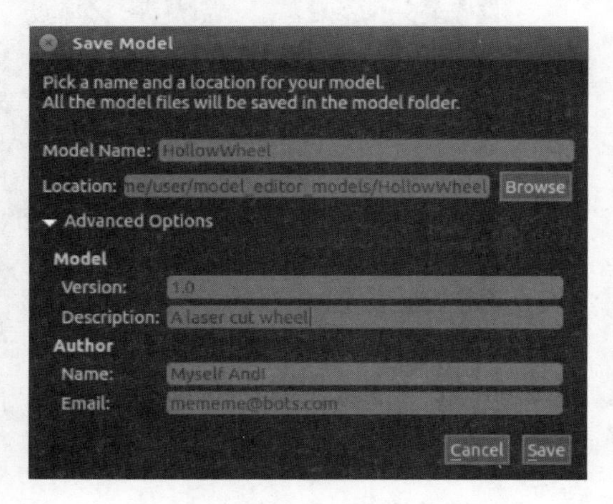

图 4-30 “保存模型”对话框

将新模型的名称设置为“HollowWheel”，填写 Advanced Options 部分下的信息，并按 Save 按钮保存。

4.5 场景文件的创建

这部分内容描述如何创建一个可以仿真机器人的环境。

4.5.1 创建一个场景

接下来介绍创建包含静态和动态对象的场景的过程。

1. 术语

场景(world)：用于描述机器人和物体(如建筑物、桌子和灯光)的集合以及包括天空、环境光和物理属性的全局参数的术语。

静态：标记为静态的实体(< static > true </static >在 SDF 中具有元素的实体)是仅具有碰撞几何的对象。所有不打算移动的对象应该标记为静态，这是一种增强性能的方法。

动态：标记为动态的实体(在 SDF 中缺少< static >元素或< static >设置为 false)是具有惯性和碰撞几何结构的物体。

2. 添加对象

启动 Gazebo 时，用户应该看到一个只有地板的场景。Gazebo 提供了两种将对象添加到 Gazebo 的机制。第一种是位于渲染窗口上方的一组简单形状，如图 4-31 所示。

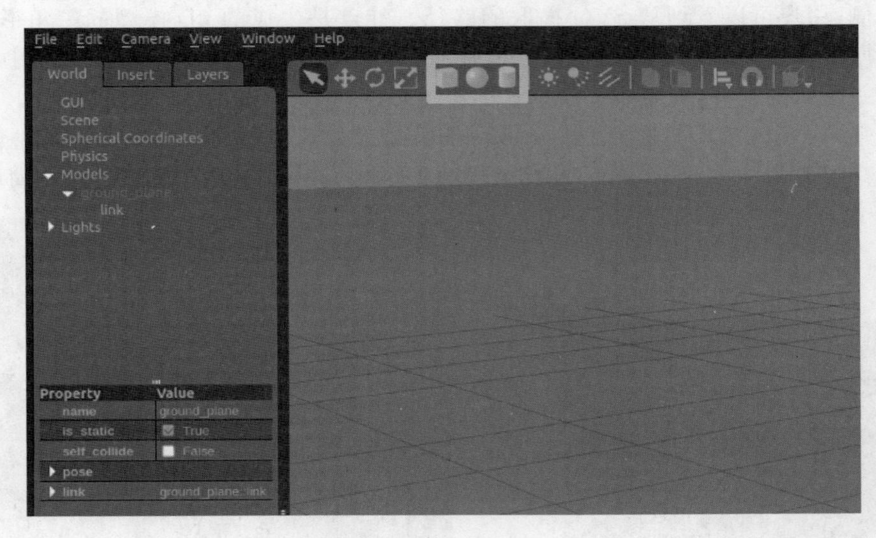

图 4-31 添加对象窗口一

第二种是通过模型数据库，如图 4-32 所示，可以通过选择左上角的 Insert 选项卡访问。

3. 添加简单形状

通过单击渲染窗口上方的相应图标，可以将立方体、球体和圆柱体添加到场景中。每个形状的单位大小如下：

- 立方体：1m×1m×1m
- 球体：直径 1m
- 圆柱：直径 1m，长 1m

选择立方体图标，然后将鼠标移动到渲染窗口。用户将看到一个随鼠标移动的立方体。当用户对立方体的位置感到满意时，单击鼠标左键。

对球体和圆柱体重复相同的步骤。操作完成后，如图 4-33 所示，用户应该建立出一个类似这样的场景。

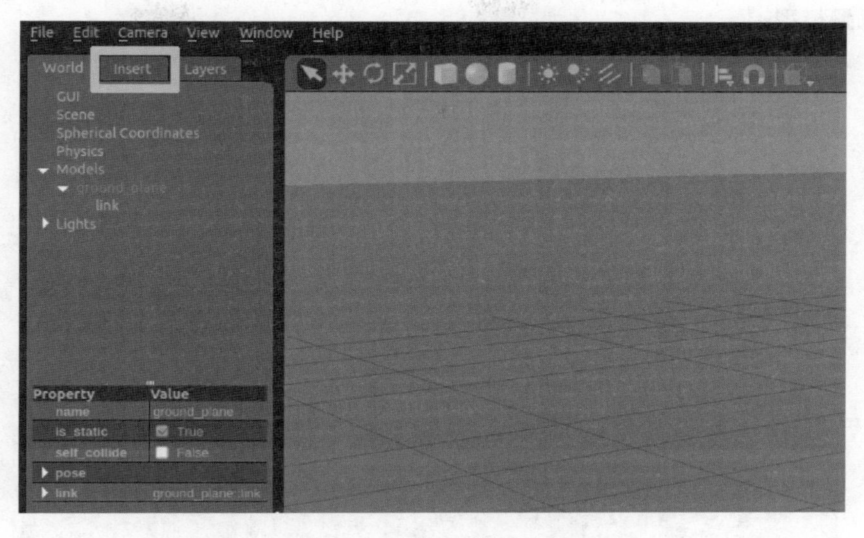

图 4-32　添加对象窗口二

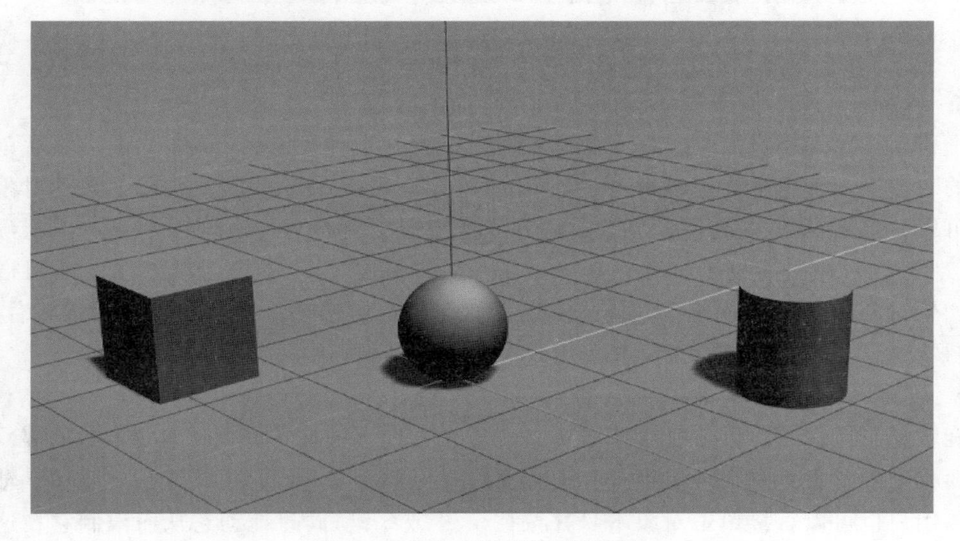

图 4-33　添加了简单形状的场景

4. 从模型数据库添加模型

Gazebo 的模型数据库是所有类型模型的存储库，包括机器人、表格和建筑物。

(1) 选择左上角的 Insert 选项卡以访问模型数据库。

模型列表根据其当前位置分为几个部分。每个部分都标记有路径或 URI。选择位于远程服务器上的对象将会自动下载模型并存储到～/.gazebo/models。

(2) 尝试添加各种模型到场景。下载模型时要有耐心，因为有些可能体积很大。

5. 位置模型

如图 4-34 所示,可以通过平移和旋转工具改变每个模型的姿势。

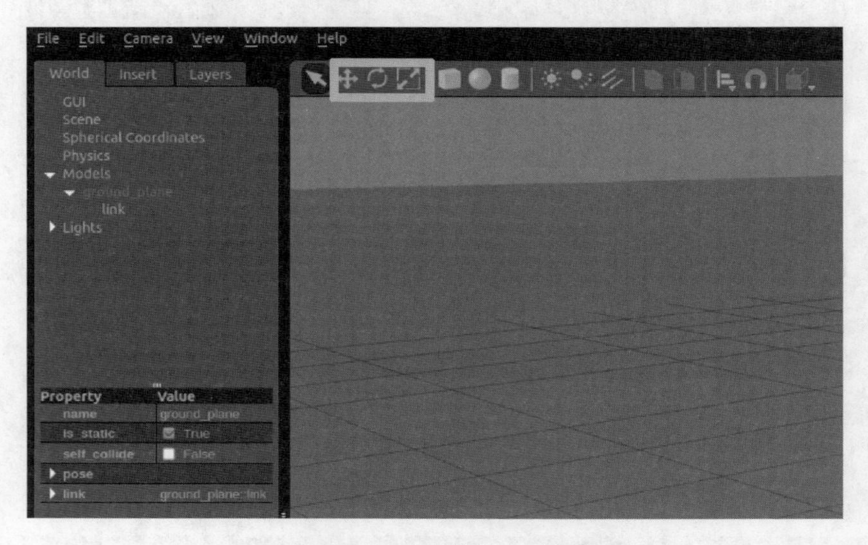

图 4-34 平移和旋转工具按钮

6. 平移

平移工具允许用户沿 x、y 和 z 轴移动对象。现在选择此工具(或按 T 键),然后单击要移动的对象。三轴视觉标记将出现在对象上,这允许用户在 x、y 和 z 方向上移动对象。用户也可以只单击对象本身并拖动它在 xy 平面上移动。用户可以通过按住 x、y 或 z 键的同时,拖动对象来控制沿哪个轴移动物体。用户可以按住 Ctrl 键控制对象在 1 米网格上移动。如果对象未与场景对齐(例如,在使用下面介绍的旋转工具之后),用户可以按住 Shift 键,使视觉标记显示与场景对齐,并且用户可以在场景坐标中进行平移。

7. 旋转

旋转工具允许用户重新改变模型 x、y 和 z 轴朝向。现在选择此工具(或按 R 键),然后单击要移动的对象。三个环形可视标记将出现在对象上,这允许用户围绕 x、y 和 z 轴旋转对象。用户也可以直接单击对象本身并按住 x、y 或 z 键,同时拖动它从而限制它在这些轴中的一个上移动。用户也可以按住 Ctrl 键以 45 度增量移动。如果对象未与场景对齐,则可以按住 Shift 键,以使可视标记显示与场景对齐,并且对象可以围绕场景轴旋转。

8. 缩放

缩放工具允许用户在 x、y 和 z 方向调整模型的大小。目前,缩放工具仅适用于简单的形状,即立方体、圆柱形和球形。选择此工具(或按 S 键),然后单击一个简单的形状。三轴视觉标记将出现在对象上,这允许用户缩放对象的 x、y 和 z 维度。用户也可以直接单击对象本身并按住 x、y 或 z 键,同时拖动它从而将缩放限制在这些轴中的一个。用户还可以按住 Ctrl 键以 1 米为增量缩放。

9. 删除模型

可以通过选择模型并单击 Delete 键,或通过右键单击模型并选择 Delete 来删除模型。请尝试删除几个模型。

10. 保存场景

一旦用户对一个场景很满意,它可以通过 File 菜单保存。选择 File 菜单,然后选择 Save World As,将出现一个弹出窗口,要求用户输入新的文件名。输入 my_world. sdf 并单击 OK 按钮。

11. 载入场景

可以在命令行中加载保存的场景,输入以下命令:

```
gazebomy_world.sdf
```

文件名必须位于当前工作目录中,或者必须指定完整路径。

4.5.2 修改场景

本部分内容介绍如何修改全局属性,包括场景和物理属性。

1. 场景属性

打开 Gazebo,在 World 选项卡中,选择 scene 项目,如图 4-35 所示。场景属性列表将显示在下面的列表框中。单击三角形以展开属性。这些属性允许用户更改环境光。注意:如果启用天空(Sky),背景颜色不会改变。

2. 物理属性

在 World 选项卡中,选择 physics 项目。物理属性列表将显示在下面的列表框中。

enable physics 复选框,可以用来禁用物理引擎同时允许插件和传感器继续运行。

real time update rate 参数以 Hz 为单位指定每秒尝试的物理更新数。如果此数字设置为零,它将尽可能快运行。注意,real time update rate 和的 max step size 乘积表示目标 real time factor,或仿真时间与实时的比率。

max step size 指定了在每个物理更新步骤的持续时间。

在重力板块:x,y 和 z 参数以 m/s ^ 2 设置全局重力矢量分量。

在求解器板块中:

(1) iterations 参数指定用于迭代 LCP 求解器(由 ODE 和项目符号使用)的迭代次数。

(2) SOR 参数代表连续的过松弛,可以用于尝试加速迭代方法的收敛。

约束块包含与求解约束相关的几个参数:CFM 与 ERP 参数分别代表约束力混合和减少错误参数,它们被 ODE 和 bullet 使用。CFM 和 ERP 参数可以与线性刚度和阻尼系数相关。max velocity 和 surface layer 参数被用来解决分流脉冲法的接触。任何穿透深度超过由 surface layer 指定的深度并具有小于 max velocity 的法向速度的接触将不会弹回。

在 SDF 的物理文件可以看到对这些参数的说明。

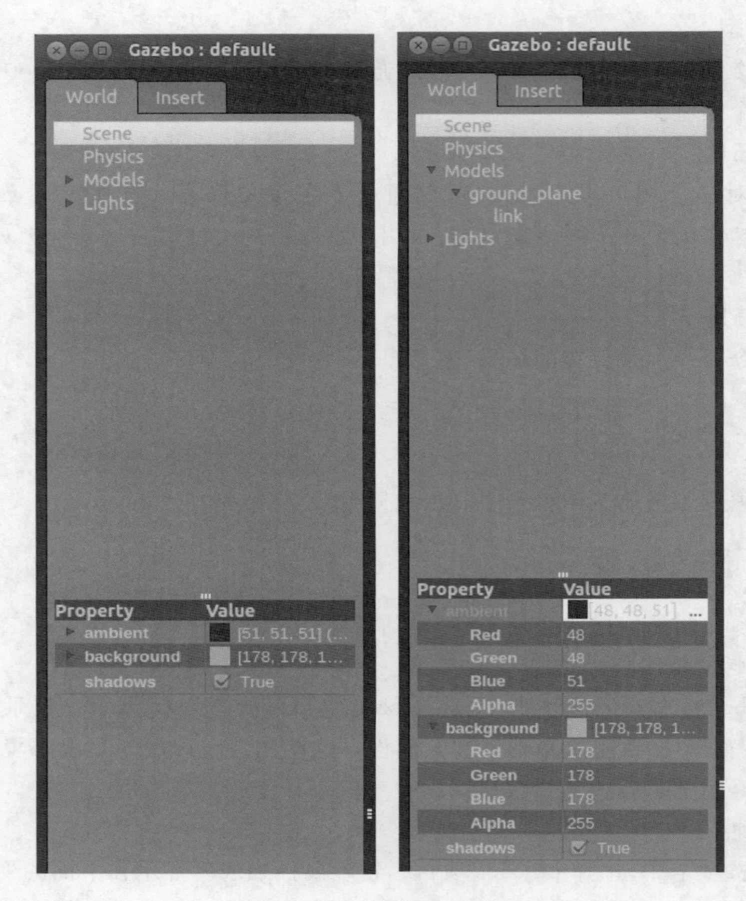

图 4-35 属性设置对话框

4.5.3 如何在 Gazebo 中使用 DEM

数字高程模型(DEM)是地形表面的 3D 表示,不包括任何对象,如建筑物或植被。DEM 通常结合传感器来创建,诸如 LIDAR、雷达或照相机。对地面位置的地形海拔以规则的水平间隔进行采样。DEM 仅仅是通用面值,而不是特定格式。事实上,DEM 可以表示为海拔网格(光栅)或基于矢量的三角形不规则网络(TIN)。目前,Gazebo 仅支持 GDAL 中支持的格式的栅格数据。

在 Gazebo 中支持 DEM 的主要动机是能够仿真逼真的地形。对于救援或农业应用方面感兴趣的用户可以使用与真实场景匹配的仿真地形来测试其机器人行为。

1. 令 Gazebo 支持 DEM

为了使用 DEM 文件,用户应该安装 GDAL 库,输入以下命令:

```
$ sudo apt - get install gdal - bin libgdal - dev libgdal1h python - gdal
```

2. DEM 文件和定义转换为 SDF 格式

有几个组织提供海拔数据。例如，让我们下载在 20 世纪 80 年代圣海伦山的火山喷发之前或之后的 DEM 文件。这些文件用于公共领域，由 USGS 分发。

解压缩文件并将其重命名 mtsthelens. dem，修改内容如下：

```
cd ~/Downloads
wget https://bitbucket.org/osrf/gazebo_tutorials/raw/default/dem/files/mtsthelens_before.zip
unzip ~/Downloads/mtsthelens_before.zip -d /tmp
mv /tmp/30.1.1.1282760.dem /tmp/mtsthelens.dem
```

通常，DEM 文件具有大分辨率，Gazebo 无法处理它，因此调整 DEM 的分辨率是个好办法。下一个命令将地形缩放到 129×129，并将它复制到 Gazebo media/dem/目录中，输入以下命令：

```
$ mkdir -p /tmp/media/dem/
$ gdalwarp -ts 129 129 /tmp/mtsthelens.dem /tmp/media/dem/mtsthelens_129.dem
```

Gazebo 中的 DEM 文件以与加载高度图图像相同的方式加载。Gazebo 自动检测文件是普通图片还是 DEM 文件。创建文件 volcano. world 并复制以下的内容。将文件保存到用户想要保存的任何位置，例如/tmp。

```
<?xml version = "1.0" ?>
<sdf version = "1.4">
<world name = "default">
<!-- A global light source -->
<include>
<uri>model://sun</uri>
</include>

<model name = "heightmap">
<static>true</static>
<link name = "link">
<collision name = "collision">
<geometry>
<heightmap>
<uri>file://media/dem/mtsthelens_129.dem</uri>
<size>150 150 50</size>
<pos>0 0 0</pos>
</heightmap>
</geometry>
</collision>
```

```
<visual name="visual_abcedf">
<geometry>
<heightmap>
<texture>
<diffuse>file://media/materials/textures/dirt_diffusespecular.png</diffuse>
<normal>file://media/materials/textures/flat_normal.png</normal>
<size>1</size>
</texture>
<texture>
<diffuse>file://media/materials/textures/grass_diffusespecular.png</diffuse>
<normal>file://media/materials/textures/flat_normal.png</normal>
<size>1</size>
</texture>
<texture>
<diffuse>file://media/materials/textures/fungus_diffusespecular.png</diffuse>
<normal>file://media/materials/textures/flat_normal.png</normal>
<size>1</size>
</texture>
<blend>
<min_height>2</min_height>
<fade_dist>5</fade_dist>
</blend>
<blend>
<min_height>4</min_height>
<fade_dist>5</fade_dist>
</blend>
<uri>file://media/dem/mtsthelens_129.dem</uri>
<size>150 150 50</size>
<pos>0 0 0</pos>
</heightmap>
</geometry>
</visual>

</link>
</model>

</world>
</sdf>
```

上面代码中的<heightmap><size>元素告诉 Gazebo 是否加载具有原始维度（当<size>不存在时）或缩放（当<size>存在时）的 DEM。如果用户喜欢缩放 DEM，<size>元素告诉 Gazebo 在仿真中以米为单位的地形的大小。如果要保持正确的宽高比，请务必正确计算宽度、高度和海拔（这是<size>中的第 3 个数字）。在示例中，DEM 将缩放为 150×150m 的正方形，最大海拔为 50m。

启动 Gazebo 并打开包含用户的 DEM 文件的场景，用户应该看到火山。在示例中，该文件位于/ tmp 目录中。

```
# Be sure of sourcing gazebo setup.sh in your own installation path
$ source /usr/share/gazebo/setup.sh
$ GAZEBO_RESOURCE_PATH = " $ GAZEBO_RESOURCE_PATH:/tmp" gazebo /tmp/volcano.world
```

3. 获得所需要区域的 DEM 文件

接下来将描述一种用于获得特定感兴趣区域的 DEM 文件的方法。

全球土地覆盖设施维护着地球的高分辨率数字地形数据库。转到其搜索和预览工具，用户会看到类似下面的图像。每个地形补丁都有一个唯一的路径和行，用户应该在使用该工具之前知道。我们将使用 QGIS 来发现感兴趣区域的路径/行。

QGIS 是一个跨平台的开源地理信息系统程序，提供数据查看、编辑和分析功能。按照 QGIS 网站上详细说明下载 QGIS。打开 QGIS，单击左栏图标标注 WMS/WMTS layer，单击 Add default servers，选择 Lizardtech server，然后，按下 connect 按钮。选择 MODIS 值并按下 Add 按钮。关闭弹出窗口。下一步是添加具有所有不同补丁的另一个层。下载此 shapefile，并在任意文件夹中解压缩。回到 QGIS 并按 Add Vector Layer(左栏图标)。按 Browse，然后选择以前未压缩的 wrs2 descending. shp 文件。在打开的窗口中按 Open。现在，用户将在主窗口中看到两个图层。改变 wrs2 降序层的透明度，以便能够同时看到两个图层。双击 wrs2_descending 图层，然后将其透明度值修改为大约 85%。

使用滚动和左按钮导航到用户感兴趣的区域，然后单击顶部栏上标记的 Identify Features 图标。单击用户感兴趣的区域，该区域周围的所有地形块将突出显示。新的弹出窗口将显示每个突出显示的补丁的路径/行值。在下面的图片中，用户可以看到包含拉斯帕尔马斯的 DEM 修补程序的路径和行，这是西班牙加那利群岛的天堂之一。

使用 GLCF 搜索工具返回到浏览器，并在标记为 Start Path 和 Start Row 的列中写入路径/行值。然后单击 Submit Query；按 Preview and Download 查看用户的结果。选择用户的地形文件，然后按 Download。最后，选择扩展名为. gz 的文件，并在用户喜欢的文件夹中解压缩。全球土地覆盖设施文件是 GeoTiff 格式，是最常见的可用 DEM 文件格式之一。

4. 准备 DEM 数据以在 Gazebo 中使用

DEM 数据通常以非常高的分辨率创建。在 Gazebo 中使用它之前，使用 gdalwarp 命令将地形分辨率降低到更适合管理的大小，输入以下命令：

```
$ gdalwarp -ts <width><height><srcDEM><targetDEM>
```

DEM 数据通常包含“holes”或“void”区域。这些部分对应于在创建 DEM 时无法收集数据的区域。在数据为“hole”的情况下，将为该孔分配该 DEM 中使用的数据类型的最小或最大值。

始终尝试下载已完成的 DEM 数据集的“完成”版本，这其中“孔”已经被填充。如果用

户的 DEM 地形包含孔(也称为 NODATA 值),请尝试使用 gdal 工具手动修复它,例如

```
gdal_fillnodata.py
```

5. 在 Gazebo 中使用多个 DEM

虽然 Gazebo 不直接支持多个 DEM,但 GDAL 有一套用于将一组 DEM 合并成一个 DEM 的实用程序。第一步是下载要合并的 DEM 集合。注意,补丁甚至可以彼此重叠;GDAL 将无缝地合并它们。假设当前目录包含一组可以合并的 Geotiff 文件,输入以下命令:

```
$ gdal_merge.py *.tif -o dem_merged.tif
```

现在,在场景文件中,你只能使用 dem_merged.tif 场景,Gazebo 将加载地形与所有的补丁合并。如图 4-36 所示,用户可以看到合并加那利群岛周围四个地形补丁的结果。

图 4-36 Gazebo 加载得到的地形

4.5.4 模型群

本部分内容演示了如何使用 SDF < population >标记创建模型群。模型总体由相同模型的集合组成。添加模型总体是指定以下参数的问题:

① 模型(例如:table,coke_can)。

② 作为总体一部分的对象数。

③ 其中将布置对象的容器的形状和尺寸(例如 box,cylinder)。

④ 群体容器的位置和方向。

⑤ 容器内对象的分布(例如：random,grid)。

作为参考,请检查 SDF 规范中< population >标记及其参数的完整规范。

1. 创建对象群

1) 快速开始

(1) 从为本部分内容创建一个目录开始,输入以下命令：

```
mkdir ~/tutorial_model_population
cd ~/tutorial_model_population
```

(2) 下载此文件：can_population. world 进入当前目录。输入以下命令：

```
wget http://bitbucket. org/osrf/gazebo _ tutorials/raw/default/model _ population/files/can _
population. world
```

用户应该得到这个场景文件,它的内容为：

```
<?xml version = "1.0" ?>
< sdf version = "1.5">
< world name = "default">

<! -- A global light source -- >
< include >
< uri > model://sun </uri >
</include >

<! -- A ground plane -- >
< include >
< uri > model://ground_plane </uri >
</include >

<! -- Testing the automatic population of objects -- >
< population name = "can_population1">
< model name = "can1">
< include >
< static > true </static >
< uri > model://coke_can </uri >
</include >
</model >
< pose > 0 0 0 0 0 0 </pose >
< box >
< size > 2 2 0.01 </size >
</box >
< model_count > 10 </model_count >
< distribution >
```

```
<type>random</type>
</distribution>
</population>

</world>
</sdf>
```

(3) 打开 Gazebo,输入以下命令:

```
gazebocan_population.world
```

用户应该看到一个苏打罐的模型群围绕场景的起点随机场景分布。罐被布置在尺寸为 2×2×0.01 米的箱式容器中。

2) 场景解释

进一步了解 can_population.world 的不同元素,它的部分内容如下:

```
<population name="can_population1">
<model name="can1">
<include>
<static>true</static>
<uri>model://coke_can</uri>
</include>
</model>
```

在这个片段中,可以看到如何通过使用<population>标签来指定一个总体元素。每个群体应该有一个唯一的名称,这是由 name 属性指定的。在 population 标记中,用户可以看到如何使用<model>标记来选择模型。群体的每个元素在仿真中将具有唯一名称地插入仿真,该唯一名称将通过以后缀_clone_i 附加到模型名称来创建,其中 i 是群体的第 i 个元素。如图 4-37 所示,用户可以看到在 Gazebo 场景中产生的模型列表。

最常见的群体类型包括无生命物体,如树木、岩石和建筑物。建议用户将<population>标记用于静态模型,并排除移动实体(例如机器人),这些移动实体通常需要更精确的展示位置,数量较少。

```
<pose>0 0 0 0 0 0</pose>
<box>
<size>2 2 0.01</size>
</box>
```

上面的代码块指定了对象将被放置的区域。在这种情况下,所有对象都在具有 2×2×0.01m 以(0,0,0)为中心,具有朝向(0,0,0)的边的 3D 边界框内产生。作为<box>的替代,通过指定其半径和长度的<cylinder>区域也是允许的。(检查 SDF 规范以查看

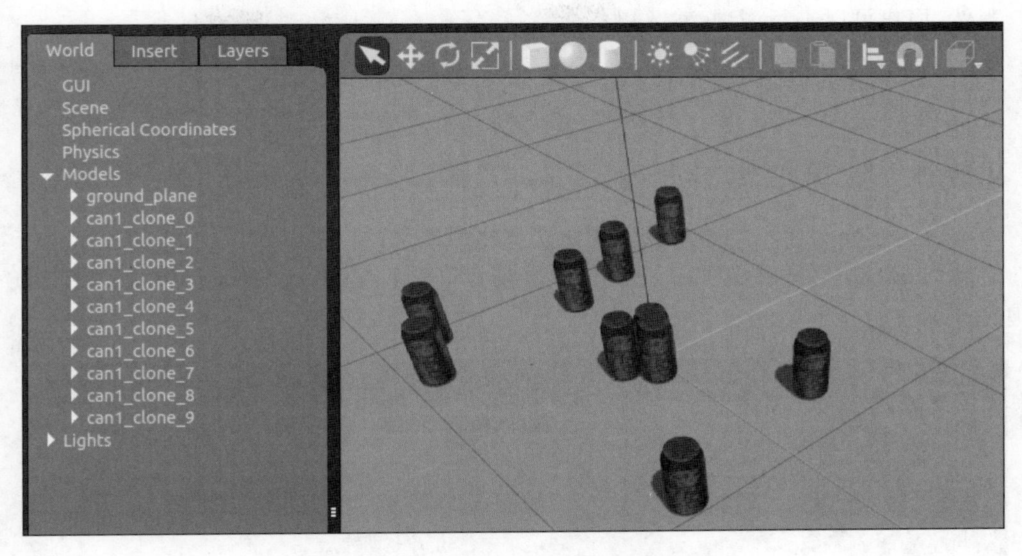

图 4-37 Gazebo 场景中产生的模型列表

< cylinder >的参数的完整描述。)< pose >元素设置总体区域的参考框架。

```
<model_count>10</model_count>
```

上面用户可以看到入口中的模型数量是如何确定的。任何正数都是允许的,但需考虑数字越高,性能可能受到的影响就越大。

```
<distribution>
<type>random</type>
</distribution>
```

< distribution >元素设置对象是如何放置的区域内。

3) 分布类型

random: 随机放置的模型。请注意,对象可能会彼此冲突。

uniform: 模型放置在伪 2D 网格模式。使用 K-Means 近似解决方案,并找到区域内指定对象的数量。

grid: 模型均匀放置在 2D 网格图案中。此分布还需要指定行数,列数和每个元素之间的距离。请注意,元素< model_count >在此分布中将被忽略。插入到仿真中的对象数量将等于行数乘以列数。

linear-x: 模型沿着全局 x 轴均匀放置为一行。

linear-y: 模型沿着全局 y 轴均匀放置在一行。

linear-z: 模型沿着全局 z 轴均匀放置在一行。

对于更高级的示例,用户可以检查使用 Gazebo 部署的 population. world 场景文件。

当然,用户可以进行测试,输入以下命令:

```
gazebo worlds/population.world
```

4.5.5 建筑编辑器

本部分内容介绍使用构建编辑器创建建筑物的过程。

启动 Gazebo,在 Edit 菜单上。如图 4-38 所示,转到 Building Editor 或单击 Ctrl+B 组合键打开编辑器。

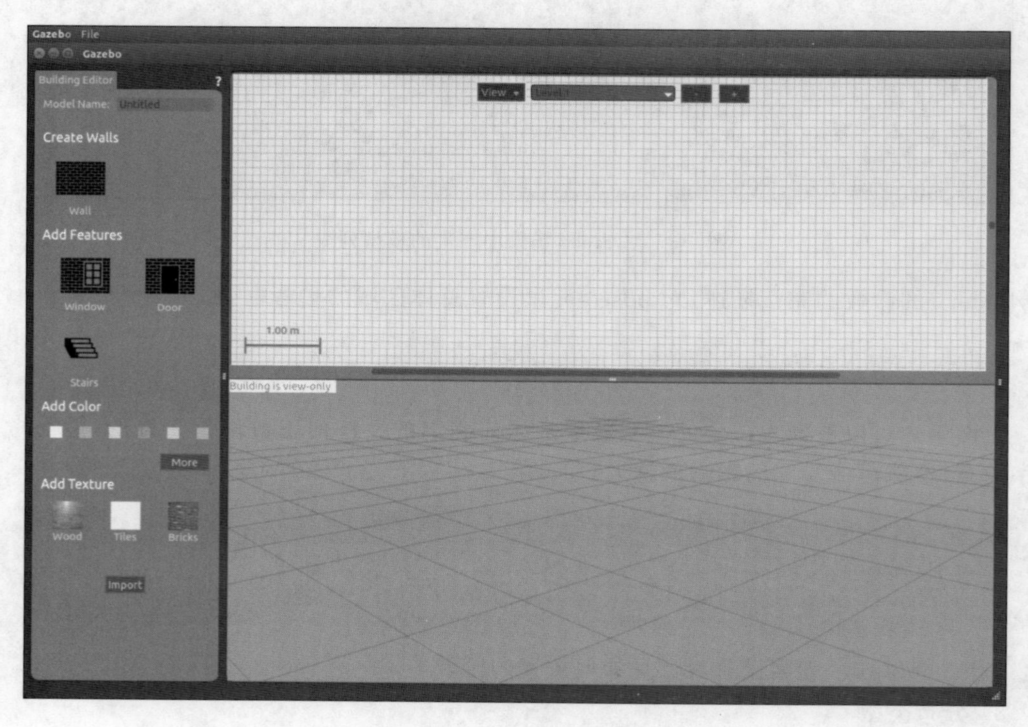

图 4-38 建筑编辑器的编辑界面

接下来进入图形用户界面。如图 4-39 所示,编辑器由以下 3 个方面组成:

(1) 调色板,在这里用户可以选择建筑的特征和材料。

(2) 在 2D 视图中,用户可以导入平面图以跟踪(可选),并插入墙壁、窗户、门和楼梯。

(3) 在 3D 视图中,用户可以看到用户的建筑的预览。用户可以在这里给用户的建筑物的不同部分分配颜色和纹理。

1. 导入平面图

用户可以从头开始创建场景,也可以使用现有图像作为模板进行跟踪。例如,该图像可以是建筑物的 2D 激光扫描。

如图 4-40 所示,单击这里获得平面图示例,然后执行如下操作:

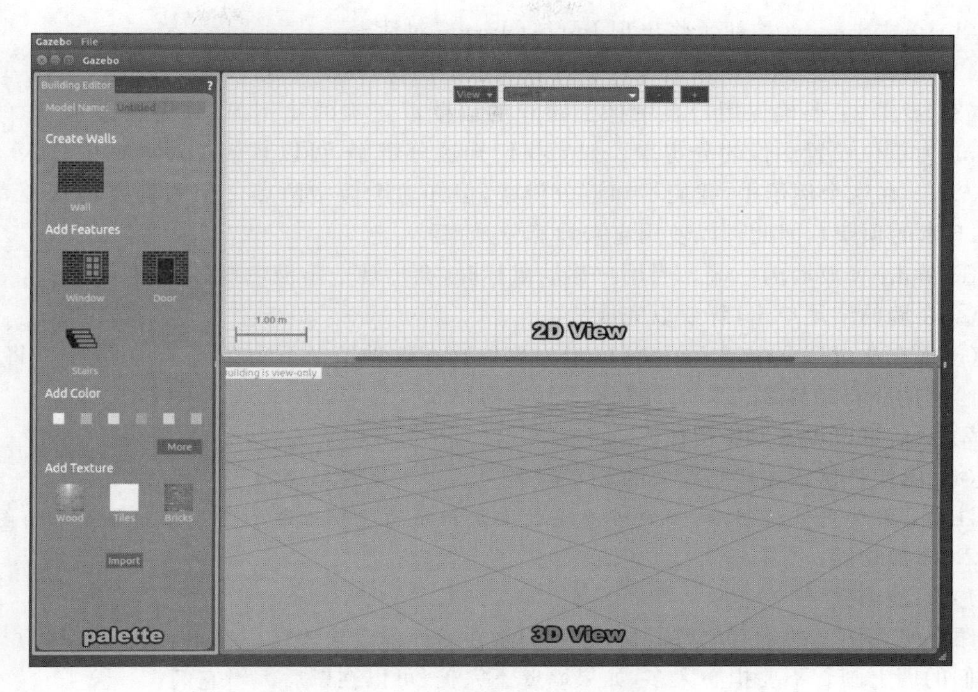

图 4-39 图形用户界面编辑器

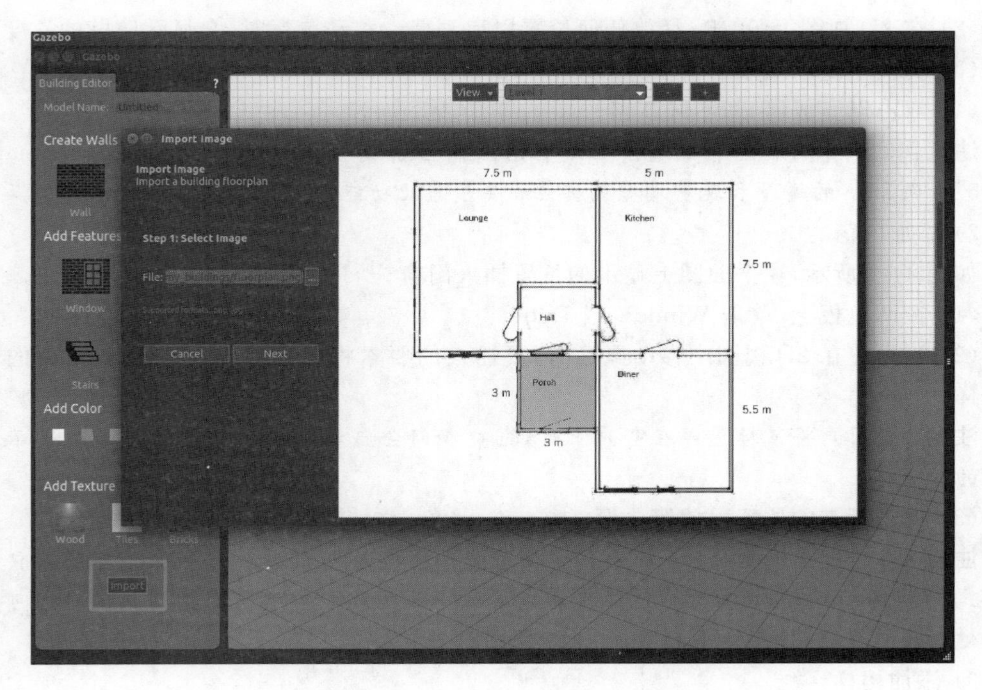

图 4-40 导入平面图

(1) 单击 Import 按钮。将出现 Import Image 对话框。

(2) 步骤 1: 选择用户以前保存在计算机上的图像,然后单击 Next。

(3) 步骤 2: 要确保用户在图像上跟踪的墙壁以正确的比例显示,用户必须以每像素(px/m)为单位设置图像的分辨率。如果我们知道分辨率,可以直接在对话框中键入,然后单击 OK。在这个例子中,我们不知道分辨率,但知道图像中两点之间的真实场景距离(例如,7.5 米的顶壁),因此可以使用它来计算分辨率:

① 单击/释放墙的一端。当用户移动鼠标时,会出现一条橙色线。

② 在墙的结尾单击/释放以完成线。

③ 现在在对话框中键入距离(以米为单位)(在这种情况下为 7.5 米)。分辨率将根据用户绘制的线自动计算。

④ 然后可以单击 OK 按钮。

(4) 图像将显示在适当缩放的 2D 视图上。

注意: 添加更多楼层后,用户可以通过重复相同的过程为每个楼层计划导入平面图。

2. 添加功能

1) 添加墙壁

跟踪平面图上的所有墙壁。记住,我们将在后面的墙上安装门窗,所以在这里用户可以在他们的墙上画。不要担心太多,如果墙壁不完美,可以在以后编辑它们。

(1) 在调色板上,单击 Wall。

(2) 在 2D 视图上,单击/释放任何位置以启动墙。移动鼠标时,会显示墙壁的长度。

(3) 再次单击以结束当前墙并启动相邻的墙。

(4) 双击以完成墙,而不画新墙。

注意: 用户可以右键单击或按 Esc 取消绘制当前墙壁段; 默认情况下,墙壁 snap(捕捉)15°和 0.25m 的增量和现有墙壁的终点; 要覆盖此功能,请在绘图时按住 Shift。

2) 添加门窗

如图 4-41 所示,在平面图上显示的位置插入门窗。

(1) 在调色板上,单击 Window 或 Door。

(2) 当用户在 2D 视图中移动鼠标时,要插入的要素将随之移动,与 3D 视图中的对应物一样。

注意: 当用户将鼠标悬停在窗户上时,窗口和门会自动捕捉到墙壁。移动时显示墙壁两端的距离。

(3) 单击所需的位置以放置要素。

注意: 在墙壁上绘制墙后,可能很难看到用户的楼面平面图上的特征。为了使它更容易,在 2D 视图的顶部,用户可以选择查看或隐藏平面图或当前楼层的特征。用户还可以使用热键切换可见性,F 表示平面图,G 表示特征。

3) 添加楼梯

如图 4-42 所示,在这个平面图上没有楼梯,但我们将插入一个。

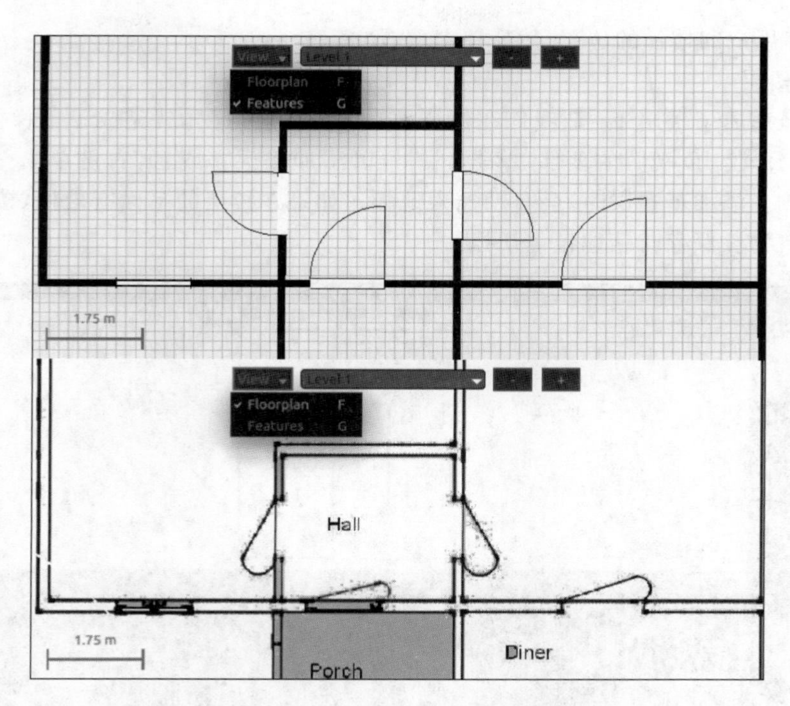

图 4-41 添加门窗后的地图

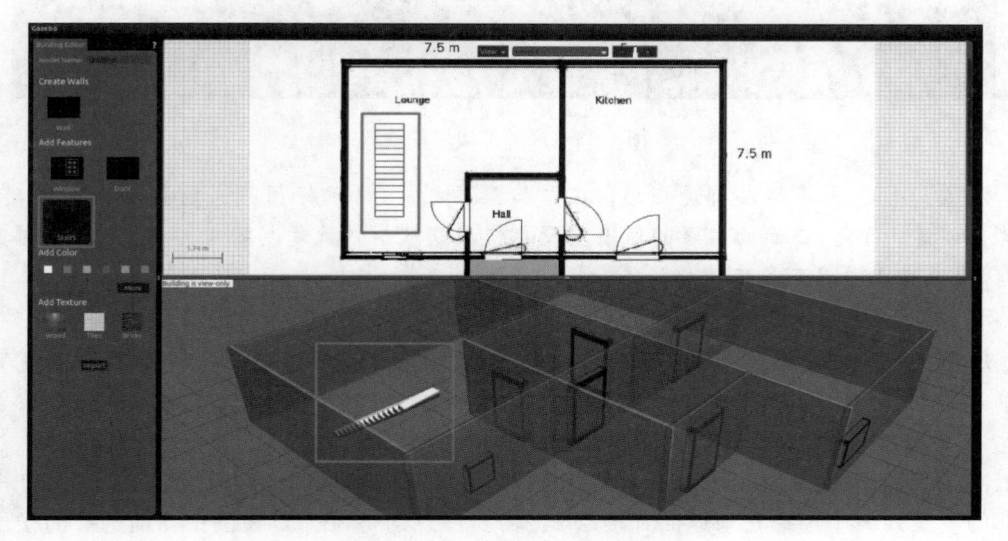

图 4-42 添加了楼梯的地图

(1) 在调色板上,单击 Stairs。

(2) 当用户在 2D 视图中移动鼠标时,要插入的楼梯将随之移动,与 3D 视图中的对应物一样。

(3) 选择用户的楼梯的位置,然后单击放置它。

4) 添加楼层

我们已经完成了楼层 1。让我们在建筑中添加另一层,这样就完成了楼梯模型的搭建。如图 4-43 所示,在 2D 视图的顶部,单击"+"号以添加楼层。或者,右键单击 2D 视图并选择 Add a level。添加新楼层时,会自动插入地板。如果在楼层的下面有楼梯,楼梯上方的一个洞将在建筑物被保存时从地板上切掉。

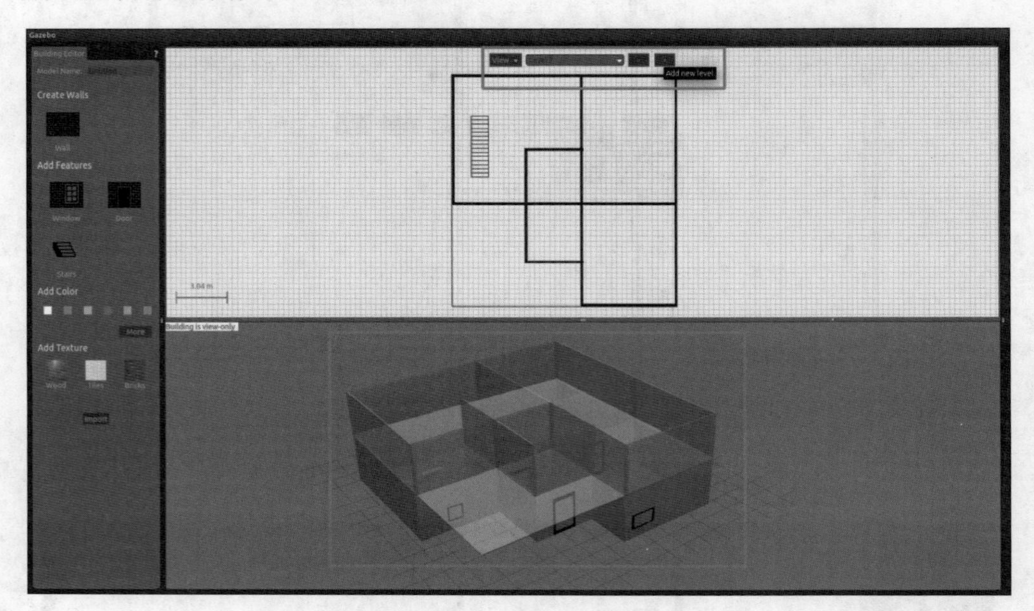

图 4-43 添加了楼层的地图

注意:目前,所有楼层都是矩形;在添加楼层之前,请确保用户当前楼层上有墙,以便在其上创建;目前,下面的楼层的所有墙壁都使用默认材料被复制到新的楼层,不复制其他功能,用户可以手动删除不想要的墙。

3. 编辑用户的建筑物

注意:编辑建筑物时要小心;编辑器目前无法撤销用户的操作;所有测量均以米为单位。

1) 更改楼层

由于我们添加了一个楼层,在 2D 视图中达到了新的水平面。用户可以通过从 2D 视图顶部的下拉列表中选择它来返回到楼层 1。需要注意的是,在 2D 视图中当前选择的楼层将在 3D 视图中显示为半透明,并且其下方的所有楼层将显示为不透明。上面的楼层将被隐藏。需要记住的是,它们仍然是用户的建筑的一部分。

此外,也可以编辑一些楼层配置:双击 2D 视图以打开具有楼层配置选项的检查器。或者,右键单击并选择 Open Level Inspector。

用户可能已经添加了用户不想要的楼层，或者可能觉得当前楼层混乱，并希望重新开始它。要删除当前楼层，请按2D视图顶部的-按钮，或右键单击并选择Delete Level。

2）编辑墙

在2D视图中，单击要编辑的墙壁。

(1) 通过将墙面拖动到新位置来平移墙面。

(2) 通过拖动其中一个端点来调整墙的大小或旋转墙。

注意：

(1) 默认情况下，墙壁以15°和0.25m为增量snap。要覆盖此功能，请在绘图时按住Shift。双击2D视图中的墙以打开具有配置选项的检查器。或者，右键单击并选择Open Wall Inspector。编辑某些字段，然后按Apply以预览更改。

要删除墙，请在选中需要删除的墙时按Delete键，或右键单击2D视图中的墙并选择Delete。

(2) 编辑墙会考虑附加的墙。

(3) 删除墙会删除所有连接到它的门和窗户。

3）编辑门窗

正如在编辑墙壁时做的，我们可以以几种不同的方式更精确地操纵门窗。如图4-44所示，在2D视图中，单击要编辑的要素。

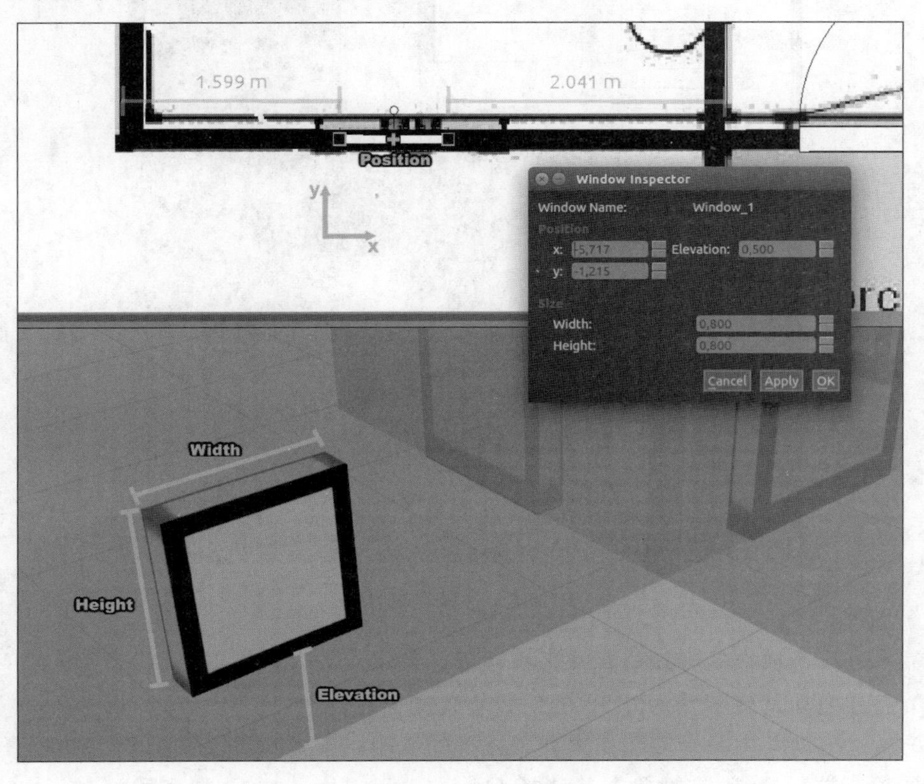

图4-44 门窗编辑界面

(1) 通过将要素拖动到新位置来平移它。记住,门和门自动地卡在墙上,把它们从任何墙上分离没有任何意义,因为它们代表在墙上的洞。

(2) 通过拖动旋转手柄来旋转要素。目前,只要它们在墙上,它们的方向就没有什么区别。

(3) 通过拖动其中一个端点来调整要素的宽度。双击 2D 视图中的要素以打开带有配置选项的检查器。或者,右键单击并选择 Open Window/Door Inspector。要删除特征,在选中时按下 Delete 键,或在 2D 视图中右键单击它,然后选择 Delete。

4) 编辑楼梯

最后,编辑我们之前插入的楼梯。由于它不是在平面图上,我们可以根据所想有些创意和调整它的大小。如图 4-45 所示,在 2D 视图中,单击楼梯选择它。

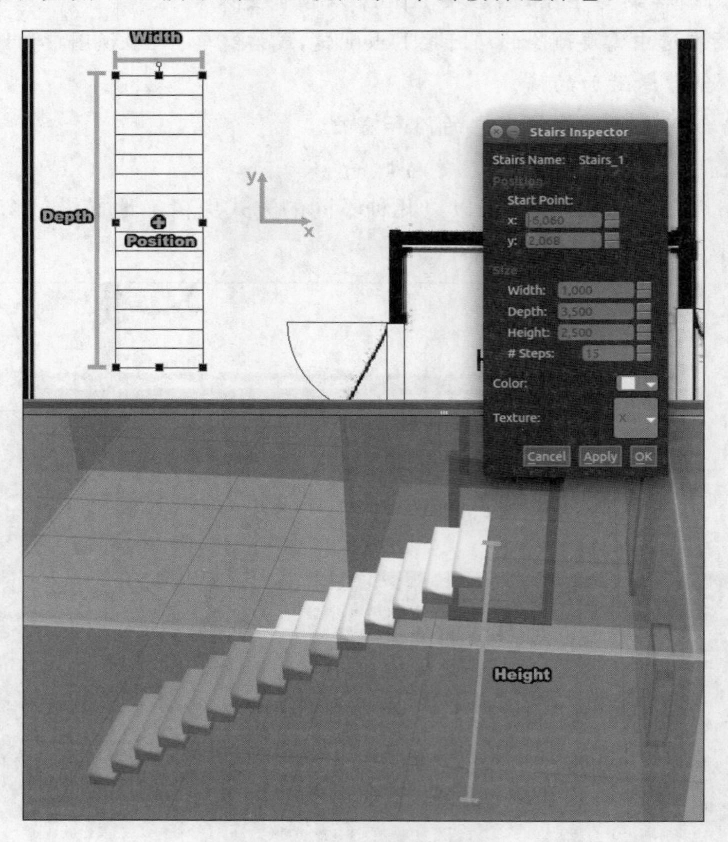

图 4-45 楼梯编辑界面

(1) 通过将楼梯拖动到新位置来平移楼梯。

(2) 通过拖动其旋转手柄以 90°的倍数旋转楼梯。

(3) 通过拖动其中一个端节点来调整楼梯的大小。双击 2D 视图中的楼梯,打开带有配置选项的检查器。或者,右键单击并选择 Open Stairs Inspector。要删除楼梯,请在 Delete

选择时按键，或右键单击并选择 Delete。需要注意的是，在 2D 视图中，楼梯在开始和结束楼层都可见。

5）添加颜色和纹理

现在，一切都正确放置并具有大小，用户可以分配墙壁，地板和楼梯的颜色和纹理。记住，窗户和门只是墙上的洞，因此不能有材料。其中，默认颜色为白色，默认纹理为无。

6）通过检查器

如图 4-46 所示，用户可以分别从 Wall Inspector、Stairs Inspector 和 Level Inspector 给墙壁、楼梯和地板添加颜色和质地。只需打开检查器，选择用户的材料，然后按 Apply。

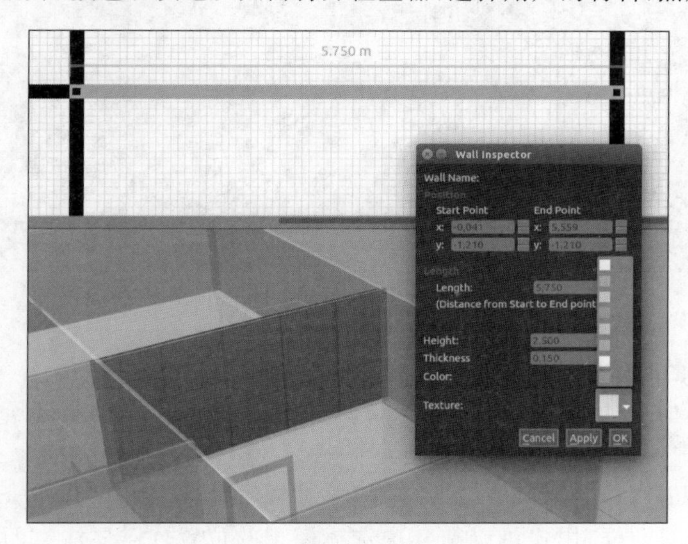

图 4-46　检查器设置对话框

7）通过调色板

可以从调色板中选择颜色和纹理，并通过在 3D 视图中单击它们将其分配给建筑物上的项目。

（1）在调色板中单击颜色或纹理。

（2）当用户在 3D 视图中移动鼠标时，悬停选中的要素将高亮显示，显示所选材料的预览。

（3）单击高亮的特征会为其分配所选材料。用户可以根据需求任意选择特征。

（4）完成所选材质后，右键单击 3D 视图，或单击选中要素外的任何部位以离开材质模式。

Gazebo 5.1 中的新功能：要选择自定义颜色，在调色板上单击 More。如图 4-47 所示，将打开一个对话框，用户可在其中指定自定义颜色。

注意：每个地图项只能有一种颜色和一个纹理。将相同的材料分配给要素的所有面；目前，不能在建筑编辑器上分配自定义纹理。

图 4-47 调色板设置对话框

4. 保存用户的建筑物

保存将为用户的建筑物创建一个目录、SDF 和配置文件。如图 4-48 所示，保存之前，请在调色板上为用户的建筑命名。

在顶部菜单上，选择 File 菜单，然后单击 Save As 按钮(或按下 Ctrl+S 键)。如图 4-49 所示，将出现一个对话框，用户可以在其中选择模型的位置。需要注意的是，在 Advanced Options 选项下用户可以为用户的建筑设置一些元数据。

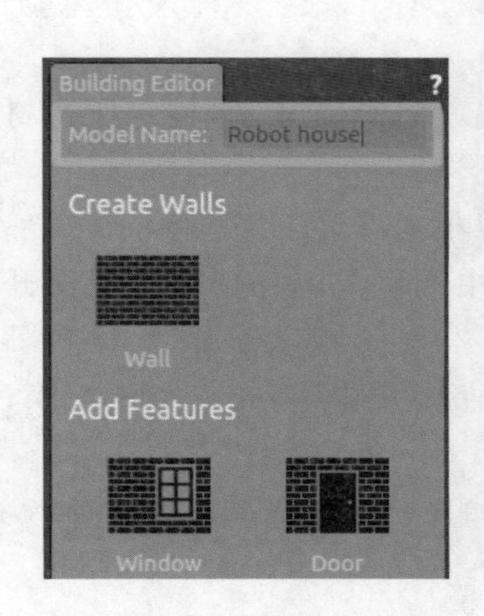

图 4-48 建筑命名对话框

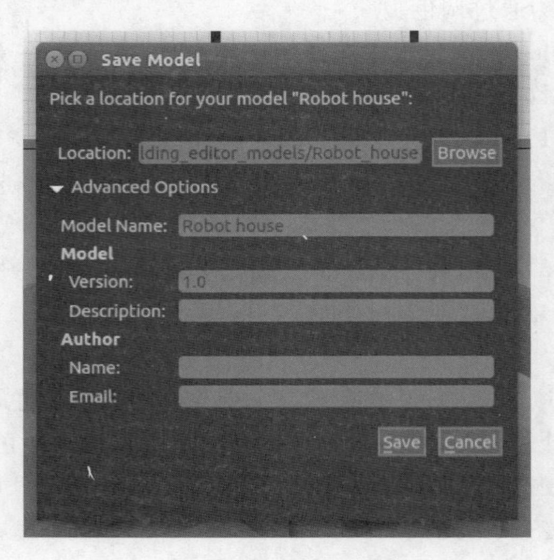

图 4-49 保存模型对话框

5. 退出

当用户完成创建建筑物并保存之后，请转到 File 菜单，然后选择 Exit Building Editor 命令。需要注意的是，退出建筑编辑器后，用户的建筑物将不再可编辑。如图 4-50 所示，用户的建筑将显示在主窗口中。将来，用户可以在 Insert 标签中找到该建筑。

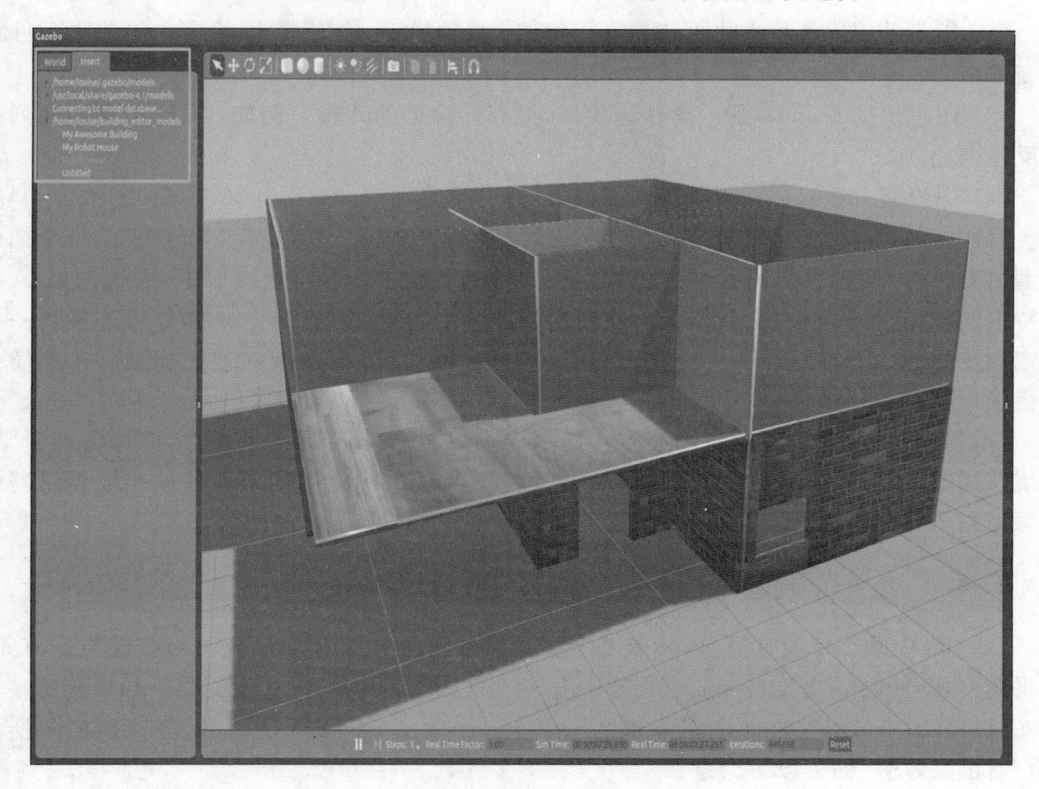

图 4-50　完成编辑后的建筑

4.6　插件的编写

插件允许用户控制模型，传感器，场景(world)属性，甚至 Gazebo 运行的方式。下面介绍如何为各种目的创建和加载插件。

插件是一段代码，它被编译为共享库，并插入到仿真中。插件可以通过标准的 C++类直接访问 Gazebo 的所有功能。

Gazebo 中的插件的功能有：

(1) 让开发人员几乎控制 Gazebo 的任何方面；

(2) 是易于共享的独立例程；

(3) 可以从正在运行的系统中插入和删除；

(4) 以前的 Gazebo 版本使用控制器。

它们表现方式与插件大致相同,但是被静态编译为 Gazebo。插件更加灵活,允许用户挑选和选择仿真中包含的功能。

Gazebo 中的插件的使用情景有:

(1) 用户希望以编程方式更改仿真。例如:移动模型,响应事件,给定一组前提条件插入新模型。

(2) 用户想要 Gazebo 的一个快速接口,没有传输层的开销。例如:没有消息的序列化和反序列化。

(3) 用户有一些代码可以使他人受益,并想分享它。

目前,Gazebo 中的插件有 6 种类型:场景,模型,传感器,系统,视觉和 GUI。每个插件类型由 Gazebo 的不同组件管理。例如,一个 Model 插件被附加到模型中,并控制 Gazebo 中特定的模型。同样,一个 World 插件被附加到一个场景,一个 Sensor 插件被连接到一个特定的传感器。系统插件被指定在命令行上,并在 Gazebo 启动期间首先加载。这个插件使得用户控制启动过程。

应根据所需的功能选择插件类型。使用 World 插件来控制场景属性,例如物理引擎、环境照明等。使用 Model 插件来控制关节和模型的状态。使用传感器插件获取传感器信息并控制传感器属性。

4.6.1 一个简单的插件:Hello WorldPlugin!

Gazebo 中的插件设计简单,其中一个场景插件包含一个有几个成员函数的类。首先,如果用户从 debians 上安装 Gazebo,确保用户已经安装了 Gazebo 开发文件。如果从源端安装 Gazebo,用户可以忽略此步骤。如果用户有一个除了 gazebo6 之外的发行版,把 6 换成用户有的版本号,输入以下命令:

```
sudo apt - get install libgazebo6 - dev
```

接下来,为新插件创建一个目录和一个.cc 文件,输入以下内容:

```
$ mkdir ~/gazebo_plugin_tutorial
$ cd ~/gazebo_plugin_tutorial
$ gedit hello_world.cc
```

将以下内容复制到 hello_world.cc 中,输入以下内容:

```
#include <gazebo/gazebo.hh>
namespace gazebo
{
  class WorldPluginTutorial : public WorldPlugin
```

```
  {
    public: WorldPluginTutorial() : WorldPlugin()
            {
printf("Hello World!\n");
            }

    public: void Load(physics::WorldPtr _world, sdf::ElementPtr _sdf)
            {
            }
  };
  GZ_REGISTER_WORLD_PLUGIN(WorldPluginTutorial)
}
```

上面的代码也位于 Gazebo 源码：examples/plugins/hello_world/hello_world. cc，以及一个合适的 CMakeLists. txt 文件。

要编译上面的插件，创建～/gazebo_plugin_tutorial/CMakeLists. txt，输入以下命令：

```
$ gedit ~/gazebo_plugin_tutorial/CMakeLists.txt
```

在 CMakeLists. txt 中复制以下内容：

```
cmake_minimum_required(VERSION 2.8 FATAL_ERROR)

find_package(gazebo REQUIRED)
include_directories(${GAZEBO_INCLUDE_DIRS})
link_directories(${GAZEBO_LIBRARY_DIRS})
list(APPEND CMAKE_CXX_FLAGS "${GAZEBO_CXX_FLAGS}")

add_library(hello_world SHARED hello_world.cc)
target_link_libraries(hello_world ${GAZEBO_LIBRARIES})
```

gazebo6 新增功能：现在，所有下游软件都需要使用 C++11 标志来编译 Gazebo。这是通过以下行来完成的：

```
set(CMAKE_CXX_FLAGS "${CMAKE_CXX_FLAGS} ${GAZEBO_CXX_FLAGS}")
```

创建构建目录，输入以下命令：

```
$ mkdir ~/gazebo_plugin_tutorial/build
$ cd ~/gazebo_plugin_tutorial/build
```

编译代码，输入以下命令：

```
$ cmake ../
$ make
```

编译将带来共享库，~/gazebo_plugin_tutorial/build/libhello_world.so，它可以插入到Gazebo中。

最后，将库路径添加到GAZEBO_PLUGIN_PATH，输入以下命令：

```
$ export GAZEBO_PLUGIN_PATH = ${GAZEBO_PLUGIN_PATH}:~/gazebo_plugin_tutorial/build
```

注意：这将更改当前shell的路径。如果用户想为用户打开的每一个新的temrinal使用用户的插件，将上面的行追加到~/.bashrc文件中。

4.6.2 插件的使用

一旦用户有一个插件编译为共享库(见上文)，用户可以在SDF文件中将它附加到一个场景或模型(更多信息参见SDF文档)。在启动时，Gazebo解析SDF文件，定位插件，并加载代码。重要的是Gazebo能够找到插件。指定插件的完整路径，或者插件存在于GAZEBO_PLUGIN_PATH环境变量中的一个路径中。

创建一个场景文件，并将下面的代码复制到其中。示例场景文件也可以在examples/plugins/hello_world/hello.world中找到。

```
$ gedit ~/gazebo_plugin_tutorial/hello.world
<?xml version = "1.0"?>
< sdf version = "1.4">
< world name = "default">
< plugin name = "hello_world" filename = "libhello_world.so"/>
</world >
</sdf >
```

现在用gzserver打开它，输入以下命令：

```
$ gzserver ~/gazebo_plugin_tutorial/hello.world -- verbose
```

用户应该看到类似的输出：

```
Gazebo multi - robot simulator, version 6.1.0
Copyright (C) 2012 - 2015 Open Source Robotics Foundation.
Released under the Apache 2 License.
http://gazebosim.org

[Msg] Waiting for master.
```

```
[Msg] Connected to gazebo master @ http://127.0.0.1:11345
[Msg] Publicized address: 172.23.1.52
Hello World!
```

4.6.3 模型插件

1. 代码

插件允许完全访问模型及其基础元素(连杆,关节,碰撞对象)的物理属性。以下插件将线性速度应用到它的父模型,输入以下命令:

```
$ cd ~/gazebo_plugin_tutorial
$ gedit model_push.cc
```

插件代码为:

```
#include <boost/bind.hpp>
#include <gazebo/gazebo.hh>
#include <gazebo/physics/physics.hh>
#include <gazebo/common/common.hh>
#include <stdio.h>

namespace gazebo
{
  class ModelPush : public ModelPlugin
  {
    public: void Load(physics::ModelPtr _parent, sdf::ElementPtr /*_sdf*/)
    {
      //Store the pointer to the model
      this->model = _parent;

      //Listen to the update event. This event is broadcast every
      //simulation iteration.
      this->updateConnection = event::Events::ConnectWorldUpdateBegin(
          boost::bind(&ModelPush::OnUpdate, this, _1));
    }

    //Called by the world update start event
    public: void OnUpdate(const common::UpdateInfo& /*_info*/)
    {
      //Apply a small linear velocity to the model.
      this->model->SetLinearVel(math::Vector3(.03, 0, 0));
    }

    //Pointer to the model
```

```
    private: physics::ModelPtr model;

    //Pointer to the update event connection
    private: event::ConnectionPtrupdateConnection;
  };

  //Register this plugin with the simulator
  GZ_REGISTER_MODEL_PLUGIN(ModelPush)
}
```

2. 编译插件

假设读者已经读过 Hello WorldPlugin 部分内容，那么现在所需做的是添加以下行到～/gazebo_plugin_tutorial/CMakeLists. txt 中，输入以下命令：

```
add_library(model_push SHARED model_push.cc)
target_link_libraries(model_push ${GAZEBO_LIBRARIES} ${Boost_LIBRARIES})
```

编译此代码将得到一个共享库，～/gazebo_plugin_tutorial/build/libmodel_push. so，它可以插入到 Gazebo 仿真中，输入以下命令：

```
$ cd ~/gazebo_plugin_tutorial/build
$ cmake ../
$ make
```

3. 运行插件

这个插件用在场景文件 examples/plugins/model_push/model_push. world 中，它的内容为：

```
$ cd ~/gazebo_plugin_tutorial
$ geditmodel_push.world
<?xml version = "1.0"?>
< sdf version = "1.4">
< world name = "default">

<! -- Ground Plane -->
< include >
< uri > model://ground_plane </uri >
</include >

< include >
< uri > model://sun </uri >
</include >

< model name = "box">
```

```
<pose>0 0 0.5 0 0 0</pose>
<link name="link">
<collision name="collision">
<geometry>
<box>
<size>1 1 1</size>
</box>
</geometry>
</collision>

<visual name="visual">
<geometry>
<box>
<size>1 1 1</size>
</box>
</geometry>
</visual>
</link>

<plugin name="model_push" filename="libmodel_push.so"/>
</model>
</world>
</sdf>
```

连接插件到模型的钩子(hook)由下列语句在模型元素块的结尾指定：

```
<plugin name  = "model_push"filename  = "libmodel_push.so"/>
```

将用户的库路径添加到 GAZEBO_PLUGIN_PATH，输入以下命令：

```
$ export GAZEBO_PLUGIN_PATH=$HOME/gazebo_plugin_tutorial/build:$GAZEBO_PLUGIN_PATH
```

要启动仿真，输入以下命令：

```
$ cd ~/gazebo_plugin_tutorial/
$ gzserver -u model_push.world
```

该-u 选项可启动处于暂停状态的服务器。
在一个单独的终端，启动 gui，输入以下命令：

```
$ gzclient
```

单击 gui 中的 play 按钮启动仿真，用户应该能看到立方体移动。

4.6.4 世界插件

1. 代码

源代码为：

```
gazebo / examples / plugins / factory
```

控制运行的仿真中有哪些模型以及何时插入它们可能是有用的。本部分内容演示如何将预定义和自定义模型插入到 Gazebo 中。

使用以前插件部分内容中的 gazebo_plugin_tutorial，输入以下命令：

```
$ mkdir ~/gazebo_plugin_tutorial
$ cd ~/gazebo_plugin_tutorial
```

创建新的源文件，输入以下命令：

```
$ gedit factory.cc
```

将以下代码复制到 factory.cc 文件中：

```
#include <ignition/math/Pose3.hh>
#include "gazebo/physics/physics.hh"
#include "gazebo/common/common.hh"
#include "gazebo/gazebo.hh"

namespace gazebo
{
class Factory : public WorldPlugin
{
  public: void Load(physics::WorldPtr _parent, sdf::ElementPtr /* _sdf */)
  {
    //Option 1: Insert model from file via function call.
    //The filename must be in the GAZEBO_MODEL_PATH environment variable.
    _parent->InsertModelFile("model://box");

    //Option 2: Insert model from string via function call.
    //Insert a sphere model from string
sdf::SDF sphereSDF;
sphereSDF.SetFromString(
"<sdf version ='1.4'>\
<model name ='sphere'>\
<pose>1 0 0 0 0 0</pose>\
<link name ='link'>\
```

```
<pose>0 0 .5 0 0 0</pose>\
<collision name = 'collision'>\
<geometry>\
<sphere><radius>0.5</radius></sphere>\
</geometry>\
</collision>\
<visual name = 'visual'>\
<geometry>\
<sphere><radius>0.5</radius></sphere>\
</geometry>\
</visual>\
</link>\
</model>\
</sdf>");
    //Demonstrate using a custom model name.
sdf::ElementPtr model = sphereSDF.Root()->GetElement("model");
    model->GetAttribute("name")->SetFromString("unique_sphere");
    _parent->InsertModelSDF(sphereSDF);

    //Option 3: Insert model from file via message passing.
    {
      //Create a new transport node
      transport::NodePtr node(new transport::Node());
      //Initialize the node with the world name
      node->Init(_parent->GetName());

      //Create a publisher on the ~/factory topic
      transport::PublisherPtrfactoryPub =
      node->Advertise<msgs::Factory>("~/factory");

      //Create the message
msgs::Factory msg;

      //Model file to load
msg.set_sdf_filename("model://cylinder");

      //Pose to initialize the model to
msgs::Set(msg.mutable_pose(),
          ignition::math::Pose3d(
            ignition::math::Vector3d(1, -2, 0),
            ignition::math::Quaterniond(0, 0, 0)));

      //Send the message
factoryPub->Publish(msg);
    }
  }
```

```
};

//Register this plugin with the simulator
GZ_REGISTER_WORLD_PLUGIN(Factory)
}
```

2. 代码解释

代码的第一部分创建了一个 World 插件。

```
#include <ignition/math/Pose3.hh>
#include "gazebo/physics/physics.hh"
#include "gazebo/common/common.hh"
#include "gazebo/gazebo.hh"

namespace gazebo
{
class Factory : public WorldPlugin
{
  public: void Load(physics::WorldPtr _parent, sdf::ElementPtr /* _sdf */)
```

在 Load 函数内有 3 种不同的模型插入方法。

第一种方法使用 World 方法根据 GAZEBO_MODEL_PATH 环境变量定义的资源路径中的文件加载模型。

```
//Option 1: Insert model from file via function call.
//The filename must be in the GAZEBO_MODEL_PATH environment variable.
_parent->InsertModelFile("model://box");
```

第二种方法使用 World 方法基于字符串数据加载模型。

```
    //Option 2: Insert model from string via function call.
    //Insert a sphere model from string
sdf::SDF sphereSDF;
sphereSDF.SetFromString(
"<sdf version = '1.4'>\
<model name = 'sphere'>\
<pose>1 0 0 0 0 0</pose>\
<link name = 'link'>\
<pose>0 0 .5 0 0 0</pose>\
<collision name = 'collision'>\
<geometry>\
<sphere><radius>0.5</radius></sphere>\
</geometry>\
```

```
</collision>\
<visual name = 'visual'>\
<geometry>\
<sphere><radius>0.5</radius></sphere>\
</geometry>\
</visual>\
</link>\
</model>\
</sdf>");
    //Demonstrate using a custom model name.
sdf::ElementPtr model = sphereSDF.Root()->GetElement("model");
    model->GetAttribute("name")->SetFromString("unique_sphere");
    _parent->InsertModelSDF(sphereSDF);
```

第三种方法使用消息传递机制来插入模型。此方法对通过网络连接与 Gazebo 通信的独立应用程序最有用。

```
  //Option 3: Insert model from file via message passing.
  {
    //Create a new transport node
    transport::NodePtr node(new transport::Node());

    //Initialize the node with the world name
    node->Init(_parent->GetName());

    //Create a publisher on the ~/factory topic
    transport::PublisherPtrfactoryPub =
    node->Advertise<msgs::Factory>("~/factory");

    //Create the message
msgs::Factory msg;

    //Model file to load
msg.set_sdf_filename("model://cylinder");

    //Pose to initialize the model to
msgs::Set(msg.mutable_pose(),
        ignition::math::Pose3d(
          ignition::math::Vector3d(1, -2, 0),
          ignition::math::Quaterniond(0, 0, 0)));

    //Send the message
factoryPub->Publish(msg);
```

3. 编译

假设读者已经读过插件内容提要部分内容，那么只需保存上面的代码为：

```
~/gazebo_plugin_tutorial/factory.cc
```

并添加到以下代码中：

```
~/gazebo_plugin_tutorial/CMakeLists.txt
```

输入以下命令：

```
add_library(factory SHARED factory.cc)
target_link_libraries(factory
   ${GAZEBO_LIBRARIES}
)
```

编译此代码将得到一个共享库~/gazebo_plugin_tutorial/build/libfactory.so，它可以插入到Gazebo仿真中，输入以下命令：

```
$ mkdir ~/gazebo_plugin_tutorial/build
$ cd ~/gazebo_plugin_tutorial/build
$ cmake ../
$ make
```

4. 例子：几何体的制作

编译包含立方体和圆柱体的模型目录，输入以下命令：

```
$ mkdir ~/gazebo_plugin_tutorial/models
$ cd ~/gazebo_plugin_tutorial/models
$ mkdir box cylinder
```

创建立方体模型，输入以下命令：

```
$ cd box
$ geditmodel.sdf
```

将以下内容复制并粘贴到box/model.sdf中：

```
<?xml version='1.0'?>
<sdf version ='1.6'>
<model name ='box'>
<pose>1 2 0 0 0 0</pose>
<link name ='link'>
<pose>0 0 .5 0 0 0</pose>
<collision name ='collision'>
<geometry>
```

```
<box><size>1 1 1</size></box>
</geometry>
</collision>
<visual name = 'visual'>
<geometry>
<box><size>1 1 1</size></box>
</geometry>
</visual>
</link>
</model>
</sdf>
```

创建 model. config 文件，输入以下命令：

```
$ geditmodel.config
```

将以下内容复制到 model. config：

```
<?xml version = '1.0'?>

<model>
<name>box</name>
<version>1.0</version>
<sdf>model.sdf</sdf>

<author>
<name>me</name>
<email>somebody@somewhere.com</email>
</author>

<description>
    A simple Box.
</description>
</model>
```

导航到圆柱体目录，并创建一个新 model. sdf 文件，输入以下命令：

```
$ cd ~/gazebo_plugin_tutorial/models/cylinder
$ geditmodel.sdf
```

将以下内容复制到 model. sdf：

```
<?xml version = '1.0'?>
<sdf version = '1.6'>
<model name = 'cylinder'>
<pose>1 2 0 0 0 0</pose>
<link name = 'link'>
```

```
<pose>0 0 .5 0 0 0</pose>
<collision name = 'collision'>
<geometry>
<cylinder><radius>0.5</radius><length>1</length></cylinder>
</geometry>
</collision>
<visual name = 'visual'>
<geometry>
<cylinder><radius>0.5</radius><length>1</length></cylinder>
</geometry>
</visual>
</link>
</model>
</sdf>
```

创建一个 model.config 文件，输入以下命令：

```
$ geditmodel.config
```

将以下内容复制到 model.config 中：

```
<?xml version = '1.0'?>

<model>
<name>cylinder</name>
<version>1.0</version>
<sdf>model.sdf</sdf>

<author>
<name>me</name>
<email>somebody@somewhere.com</email>
</author>

<description>
    A simple cylinder.
</description>
</model>
```

运行代码，确保用户的 $GAZEBO_MODEL_PATH 指的是用户的新模型目录，输入以下命令：

```
$ export GAZEBO_MODEL_PATH = $HOME/gazebo_plugin_tutorial/models: $GAZEBO_MODEL_PATH
```

将用户的库路径添加到 GAZEBO_PLUGIN_PATH，输入以下命令：

```
$ export GAZEBO_PLUGIN_PATH = $ HOME/gazebo_plugin_tutorial/build: $ GAZEBO_PLUGIN_PATH
```

创建一个场景 SDF 文件，命名为～/gazebo_plugin_tutorial/factory. world，输入以下命令：

```
$ cd ~/gazebo_plugin_tutorial
$ geditfactory.world
```

将以下内容复制到场景中：

```
<?xml version = "1.0"?>
< sdf version = "1.4">
< world name = "default">
< include >
< uri > model://ground_plane </uri >
</include >

< include >
< uri > model://sun </uri >
</include >

< plugin name = "factory" filename = "libfactory.so"/>
</world >
</sdf >
```

运行 Gazebo，输入以下命令：

```
$ gazebo ~/gazebo_plugin_tutorial/factory.world
```

Gazebo 窗口应显示这样一个场景：一个球体、立方体和一个圆柱体排列为一行。这个插件示例以编程方式修改重力。

4.6.5　程序化场景控制

1. 安装

使用以前的插件部分内容中的 gazebo_plugin_tutorial，输入以下命令：

```
$ mkdir ~/gazebo_plugin_tutorial; cd ~/gazebo_plugin_tutorial
```

创建一个名为～/gazebo_plugin_tutorial/world_edit. world 的文件，输入以下命令：

```
$ geditworld_edit.world
```

向其中添加以下内容：

```
<?xml version = '1.0'?>
< sdf version = '1.4'>
< world name = 'default'>
< include >
< uri > model://ground_plane </uri >
</include >

< include >
< uri > model://sun </uri >
</include >

< plugin filename = "libworld_edit.so" name = "world_edit"/>
</world >
</sdf >
```

2. 代码

创建一个名为～/gazebo_plugin_tutorial/world_edit.cc 的文件，输入以下命令：

```
$ gedit world_edit.cc
```

向其中添加以下内容：

```
# include < sdf/sdf.hh >
# include < ignition/math/Pose3.hh >
# include "gazebo/gazebo.hh"
# include "gazebo/common/Plugin.hh"
# include "gazebo/msgs/msgs.hh"
# include "gazebo/physics/physics.hh"
# include "gazebo/transport/transport.hh"

///\example examples/plugins/world_edit.cc
///This example creates a WorldPlugin, initializes the Transport system by
///creating a new Node, and publishes messages to alter gravity.
namespace gazebo
{
  class WorldEdit : public WorldPlugin
  {
    public: void Load(physics::WorldPtr _parent, sdf::ElementPtr _sdf)
    {
      //Create a new transport node
      transport::NodePtr node(new transport::Node());

      //Initialize the node with the world name
```

```
        node -> Init(_parent -> GetName());

        //Create a publisher on the ~/physics topic
        transport::PublisherPtrphysicsPub =
          node -> Advertise < msgs::Physics >("~/physics");

msgs::Physics physicsMsg;
physicsMsg.set_type(msgs::Physics::ODE);

        //Set the step time
physicsMsg.set_max_step_size(0.01);

        //Change gravity
msgs::Set(physicsMsg.mutable_gravity(),
          ignition::math::Vector3d(0.01, 0, 0.1));
physicsPub -> Publish(physicsMsg);
    }
  };

  //Register this plugin with the simulator
  GZ_REGISTER_WORLD_PLUGIN(WorldEdit)
}
```

代码解释如下：

```
//Create a new transport node
transport::NodePtr node(new transport::Node());

//Initialize the node with the world name
node -> Init(_parent -> GetName());
```

我们创建一个新的节点指针，并将其初始化为使用场景名称。场景名称允许节点与一个特定场景通信。

```
//Create a publisher on the ~/physics topic
transport::PublisherPtrphysicsPub =
  node -> Advertise < msgs::Physics >("~/physics");
```

创建以"～/ physics"主题发送物理消息的发布服务器(publisher)。

```
msgs::Physics physicsMsg;
physicsMsg.set_type(msgs::Physics::ODE);

        //Set the step time
```

```
physicsMsg.set_max_step_size(0.01);

      //Change gravity
msgs::Set(physicsMsg.mutable_gravity(),ignition::math::Vector3d(0.01, 0, 0.1));
physicsPub->Publish(physicsMsg);
```

创建物理消息，并改变步长时间和重力。然后将此消息发布到"～/ physics"主题。

3. 构建

假设读者已经读过插件内容提要部分内容，那么只需保存上面的代码为：

```
~/gazebo_plugin_tutorial/world_edit.cc
```

并添加以下行到～/gazebo_plugin_tutorial/CMakeLists.txt 中，输入以下命令：

```
add_library(world_edit SHARED world_edit.cc)
target_link_libraries(world_edit ${GAZEBO_LIBRARIES})
```

编译此代码将得到一个共享库，～/gazebo_plugin_tutorial/build/libworld_edit.so，它可以插入到 Gazebo 仿真中，输入以下命令：

```
$ mkdir ~/gazebo_plugin_tutorial/build
$ cd ~/gazebo_plugin_tutorial/build
$ cmake ../
$ make
```

4. 运行部分内容

首先需要将文件夹添加到 GAZEBO_PLUGIN_PATH 环境变量中，输入以下命令：

```
export GAZEBO_PLUGIN_PATH=${GAZEBO_PLUGIN_PATH}:~/gazebo_plugin_tutorial/build/
```

然后在终端上输入下列命令，输入以下命令：

```
$ cd ~/gazebo_plugin_tutorial
$ gazebo world_edit.world
```

用户应该看到一个空场景。

现在使用位于渲染窗口上方的 Box 图标向场景中添加一个立方体。立方体应该会向上浮动，并远离相机。

4.6.6 系统插件

本部分内容将创建一个源文件，它是 gzclient 的系统插件，用于将图像保存到目录

/tmp/gazebo_frames 中。

我们将从源文件开始。使用以下内容创建一个名为 system_gui.cc 的文件，输入以下命令：

```
$ cd ~/gazebo_plugin_tutorial
$ gedit system_gui.cc
```

将以下内容复制到 system_gui.cc：

```
#include <gazebo/math/Rand.hh>
#include <gazebo/gui/GuiIface.hh>
#include <gazebo/rendering/rendering.hh>
#include <gazebo/gazebo.hh>

namespace gazebo
{
  class SystemGUI : public SystemPlugin
  {
    /////////////////////////////////////////////
    ///\brief Destructor
    public: virtual ~SystemGUI()
    {
      this->connections.clear();
      if (this->userCam)
        this->userCam->EnableSaveFrame(false);
      this->userCam.reset();
    }

    /////////////////////////////////////////////
    ///\brief Called after the plugin has been constructed.
    public: void Load(int /*_argc*/, char ** /*_argv*/)
    {
      this->connections.push_back(
          event::Events::ConnectPreRender(
            boost::bind(&SystemGUI::Update, this)));
    }

    /////////////////////////////////////////////
    //\brief Called once after Load
    private: void Init()
    {
    }

    /////////////////////////////////////////////
    ///\brief Called every PreRender event. See the Load function.
```

```
    private: void Update()
    {
      if (!this->userCam)
      {
        //Get a pointer to the active user camera
        this->userCam = gui::get_active_camera();

        //Enable saving frames
        this->userCam->EnableSaveFrame(true);
        //Specify the path to save frames into
        this->userCam->SetSaveFramePathname("/tmp/gazebo_frames");
      }

      //Get scene pointer
      rendering::ScenePtr scene = rendering::get_scene();

      //Wait until the scene is initialized.
      if (!scene || !scene->Initialized())
        return;

      //Look for a specific visual by name.
      if (scene->GetVisual("ground_plane"))
std::cout <<"Has ground plane visual\n";
    }

    ///Pointer the user camera.
    private: rendering::UserCameraPtruserCam;

    ///All the event connections.
    private: std::vector<event::ConnectionPtr> connections;
  };

  //Register this plugin with the simulator
  GZ_REGISTER_SYSTEM_PLUGIN(SystemGUI)
}
```

Load 和 Init 函数一定不能被限制。Load 和 Init 函数在启动时、Gazebo 加载之前被调用。第一次 Update 时，我们得到一个指向用户相机（图形界面中使用的相机）的指针，并启用帧保存。

（1）获取用户相机：

```
this->userCam = gui::get_active_camera();
```

（2）启用保存帧：

```
this->userCam->EnableSaveFrame(true);
```

（3）设置保存帧的位置：

```
this->userCam->SetSaveFramePathname("/tmp/gazebo_frames");
```

1）编译相机插件

假设读者已经读过 Hello WorldPlugin 部分内容，那么只需添加以下行到~/gazebo_plugin_tutorial/CMakeLists.txt 中。输入以下命令：

```
add_library(system_gui SHARED system_gui.cc)
target_link_libraries(system_gui ${GAZEBO_LIBRARIES})
```

重建，用户最终应该得到一个 libsystem_gui.so 库，输入以下命令：

```
$ cd ~/gazebo_plugin_tutorial/build
$ cmake ../
$ make
```

2）运行插件

首先，在后台启动 gzserver，输入以下命令：

```
$ gzserver&
```

使用插件运行客户端，输入以下命令：

```
$ gzclient -g libsystem_gui.so
```

在/tmp/gazebo_frames 里面，用户应该看到许多从当前插件保存的图像。

注意：记住还要在退出客户端后终止后台服务器进程。在同一终端，将进程带到前台，输入以下命令：

```
$ fg
```

并按 Ctrl+C 组合键中止该过程。或者，只需结束 gzserver 进程，输入以下命令：

```
$ killallgzserver
```

4.7 传感器

4.7.1 传感器噪声模型

Gazebo 提供许多常见传感器的型号。在现实世界中，传感器存在噪声，是因为它们能完全反映实际。理想状态下，默认 Gazebo 的传感器能够完全反映实际(虽然不是 IMU)。

为了呈现一个更现实的环境，尝试在其中加入感知代码，我们需要添加噪声到 Gazebo 的传感器生成的数据中。

Gazebo 可以给以下类型的传感器添加噪声：

- 射线(例如，激光)
- 摄像头
- IMU

1. 镭射(激光)噪声

对于射线传感器，向每个射束的范围添加高斯噪声。用户可以设置采样噪声值的高斯分布的均值和标准偏差。每个波束独立地对噪声值进行采样。添加噪声后，结果会在传感器的最小和最大范围(包括)之间。

测试射线噪声模型：

(1) 创建模型目录，输入以下命令：

```
mkdir -p ~/.gazebo/models/noisy_laser
```

(2) 创建模型配置文件，输入以下命令：

```
gedit ~/.gazebo/models/noisy_laser/model.config
```

(3) 添加以下内容：

```
<?xml version = "1.0"?>
<model>
<name> Noisy laser </name>
<version> 1.0 </version>
<sdf version = '1.6'> model.sdf </sdf>

<author>
<name> My Name </name>
<email> me@my.email </email>
</author>

<description>
My noisy laser.
</description>
</model>
```

(4) 创建~/.gazebo/models/noisy_laser/model.sdf 文件，输入以下命令：

```
gedit ~/.gazebo/models/noisy_laser/model.sdf
```

(5) 添加如下程序，这是一个加上噪声的标准 Hokuyo 模型的副本：

```
<?xml version = "1.0" ?>
<sdf version = "1.6">
<model name = "hokuyo">
<link name = "link">
<gravity>false</gravity>
<inertial>
<mass>0.1</mass>
</inertial>
<visual name = "visual">
<geometry>
<mesh>
<uri>model://hokuyo/meshes/hokuyo.dae</uri>
</mesh>
</geometry>
</visual>
<sensor name = "laser" type = "ray">
<pose>0.01 0 0.03 0 -0 0</pose>
<ray>
<scan>
<horizontal>
<samples>640</samples>
<resolution>1</resolution>
<min_angle>-2.26889</min_angle>
<max_angle>2.268899</max_angle>
</horizontal>
</scan>
<range>
<min>0.08</min>
<max>10</max>
<resolution>0.01</resolution>
</range>
<noise>
<type>gaussian</type>
<mean>0.0</mean>
<stddev>0.01</stddev>
</noise>
</ray>
<plugin name = "laser" filename = "libRayPlugin.so" />
<always_on>1</always_on>
<update_rate>30</update_rate>
<visualize>true</visualize>
</sensor>
</link>
</model>
</sdf>
```

(6) 启动 Gazebo，插入带噪声的激光器，如图 4-51 所示，在左窗格中，选择“插入”选项卡，然后单击“噪声激光”按钮。将激光器放在场景中某个位置。

图 4-51 激光器的插入

(7) 可视化带噪声的激光器：如图 4-52 所示，依次单击窗口、主题可视化按钮(或按下 Ctrl＋T 组合键)以显示主题选择器。

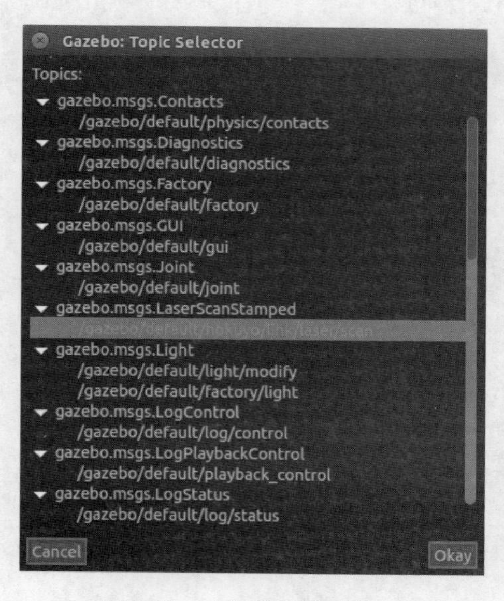

图 4-52 主题选择器对话框

(8) 找到名称为/gazebo/default/hokuyo/link/laser/scan 的选项，单击它，然后单击“确定”按钮。如图 4-53 所示，用户会得到一个激光视图窗口，显示激光数据。

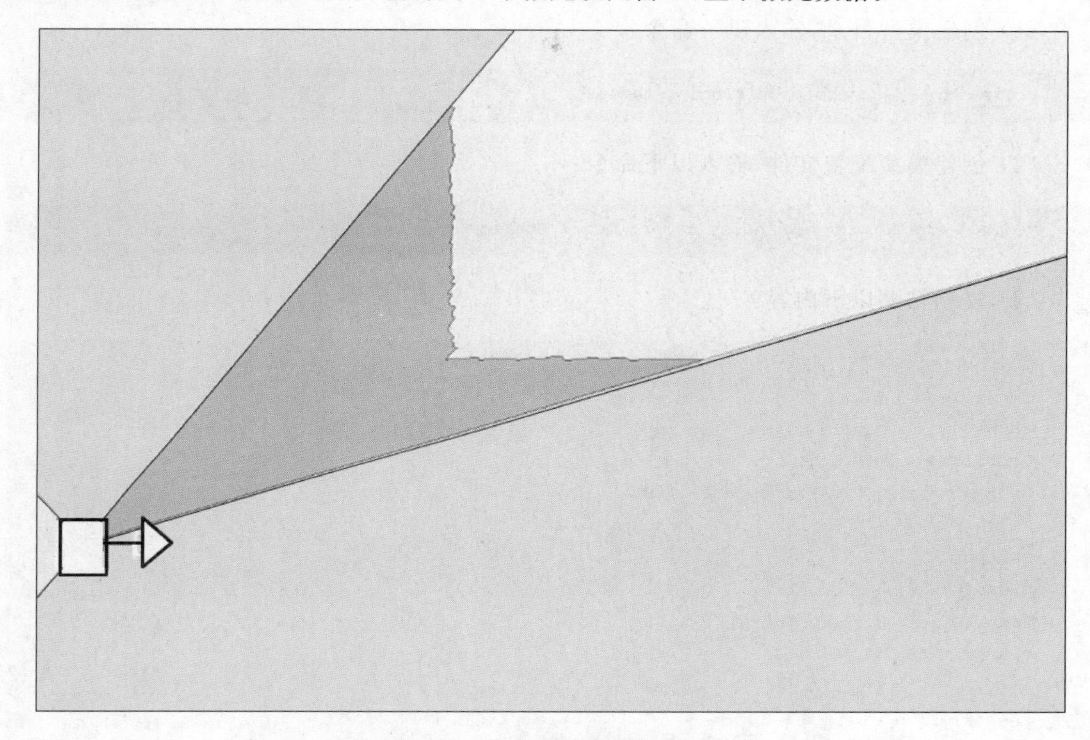

图 4-53　显示激光数据的窗口

用户可以看到，显示是带噪声的。为了调整噪声，只需使用 model.sdf 中的平均值和标准偏差值，其中单位为米。设置以下内容：

```
<noise>
<type>gaussian</type>
<mean>0.0</mean>
<stddev>0.01</stddev>
</noise>
```

这些是 Hokuyo 激光器的合理值。

2. 摄像头噪音

对于摄像头传感器，我们对输出放大器噪声进行建模，其对每个像素独立地添加高斯采样干扰。用户可以设置将被采样的噪声值的高斯分布的均值和标准偏差。针对每个像素独立地对噪声值进行采样，然后将该噪声值独立地添加到该像素的每个颜色通道。在添加噪声之后，所得到的颜色通道值被钳位在 0.0 和 1.0 之间；此浮点颜色值将在图像中作为无符号整数，通常在 0 和 255 之间(每个通道使用 8 位)。

这个噪声模型在 GLSL 着色器中实现,需要 GPU 运行。

测试摄像头噪声模型时:

(1) 创建模型目录,输入以下命令:

```
mkdir -p ~/.gazebo/models/noisy_camera
```

(2) 创建模型配置文件,输入以下命令:

```
gedit ~/.gazebo/models/noisy_camera/model.config
```

(3) 复制粘贴以下内容:

```
<?xml version="1.0"?>
<model>
<name>Noisy camera</name>
<version>1.0</version>
<sdf version='1.6'>model.sdf</sdf>

<author>
<name>My Name</name>
<email>me@my.email</email>
</author>

<description>
My noisy camera.
</description>
</model>
```

(4) 创建~/.gazebo/models/noisy_camera/model.sdf 文件,输入以下命令:

```
gedit ~/.gazebo/models/noisy_camera/model.sdf
```

(5) 添加以下内容,这是添加了噪声的标准摄像头型号的副本:

```
<?xml version="1.0" ?>
<sdf version="1.6">
<model name="camera">
<link name="link">
<gravity>false</gravity>
<pose>0.05 0.05 0.05 0 0 0</pose>
<inertial>
<mass>0.1</mass>
</inertial>
```

```
<visual name="visual">
<geometry>
<box>
<size>0.1 0.1 0.1</size>
</box>
</geometry>
</visual>
<sensor name="camera" type="camera">
<camera>
<horizontal_fov>1.047</horizontal_fov>
<image>
<width>1024</width>
<height>1024</height>
</image>
<clip>
<near>0.1</near>
<far>100</far>
</clip>
<noise>
<type>gaussian</type>
<mean>0.0</mean>
<stddev>0.07</stddev>
</noise>
</camera>
<always_on>1</always_on>
<update_rate>30</update_rate>
<visualize>true</visualize>
</sensor>
</link>
</model>
</sdf>
```

(6) 启动 Gazebo,然后插入带噪声的摄像头:在左窗格中,选择“插入”选项卡,然后单击“噪声摄像头”按钮。把用户的摄像头放在场景的某个地方。

(7) 可视化带噪声的摄像头:依次单击窗口、主题可视化按钮(或按 Ctrl+T 组合键)以显示主题选择器。

(8) 找到名称为“/gazebo/default/camera/link/camera/image”的选项,单击它,然后单击“确定”按钮。如图 4-54 所示,用户会得到一个图像视图窗口,显示图像数据。

不难发现,图像是有噪声的。要调整噪声,只需调整在 model.sdf 中的平均值和标准偏差值。这些是无单位的值;噪声将被添加到范围[0.0,1.0]内的每个颜色通道。

上面的例子有很高的< stddev >。尝试减小此值,以下的设置参数为数字摄像头的合理值:

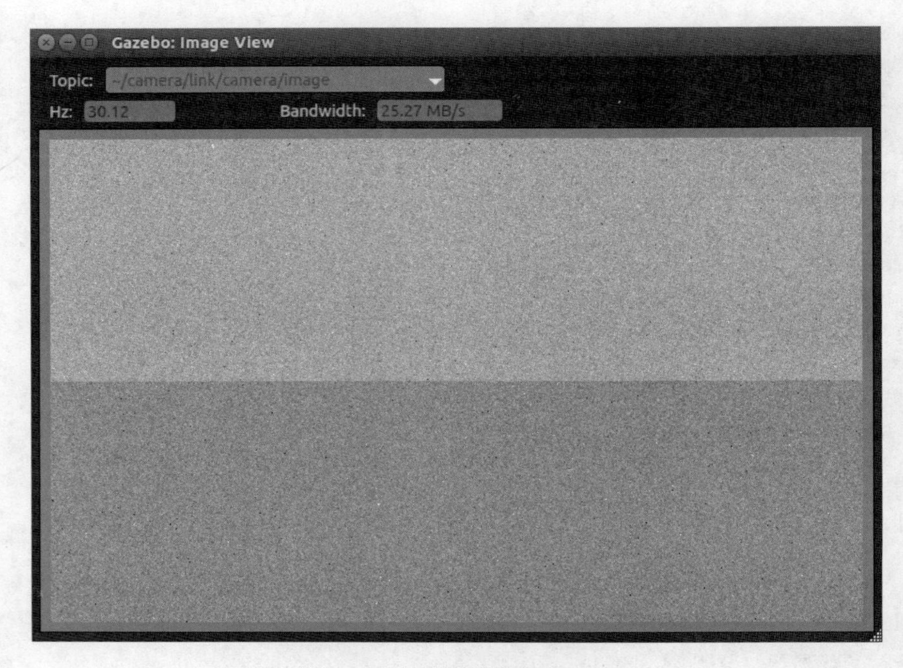

图 4-54 显示图像数据的窗口

```
<noise>
<type>gaussian</type>
<mean>0.0</mean>
<stddev>0.007</stddev>
</noise>
```

这些是数字摄像头的合理值。

3. IMU 噪声

对于 IMU 传感器，我们对两种对角速度和线性加速度的干扰进行仿真：噪声和偏置。角速率和线性加速度单独考虑，引出该模型的 4 组参数：速率噪声，速率偏差，加速度噪声和加速度偏差。没有噪声施加到 IMU 的方向数据，将其作为在坐标中的理想值来处理。

噪声是可加的，从高斯分布采样。用户可以设置高斯分布的平均值和标准偏差（一个用于速率，一个用于加速度），从中可以对噪声值进行采样。针对每个样本的每个分量（***X***，***Y***，***Z***）独立地对噪声值进行采样，并将其添加到该分量。

偏差也是可加的，但在仿真开始时，它被采样一次。用户可以设置高斯分布的平均值和标准偏差（一个用于速率，另一个用于加速度），从中可以对偏差值进行采样。偏置将根据提供的参数进行采样，然后以等概率进行否定；假设所提供的平均值指示偏差的幅度，并且它可能偏向任一方向。此后，偏差是固定值，加到每个样品的每个分量（***X***，***Y***，***Z***）。

注意：根据被仿真的系统和物理引擎的配置，可能发生仿真的 IMU 数据已经包含相当的噪声，因为系统不是完全收敛。因此，根据用户的实际应用情况，可能不需要添加噪声。

接下来对IMU噪声模型进行测试。

（1）创建模型目录，输入以下命令：

```
mkdir -p ~/.gazebo/models/noisy_imu
```

（2）创建模型配置文件，输入以下命令：

```
gedit ~/.gazebo/models/noisy_imu/model.config
```

（3）在文件中加入以下内容：

```
<?xml version = "1.0"?>
<model>
<name>Noisy IMU</name>
<version>1.0</version>
<sdf version = '1.6'>model.sdf</sdf>

<author>
<name>My Name</name>
<email>me@my.email</email>
</author>

<description>
My noisy IMU.
</description>
</model>
```

（4）创建~/.gazebo/models/noisy_imu/model.sdf文件，输入以下命令：

```
gedit ~/.gazebo/models/noisy_imu/model.sdf
```

（5）添加以下内容：

```
<?xml version = "1.0" ?>
<sdf version = "1.6">
<model name = "imu">
<link name = "link">
<inertial>
<mass>0.1</mass>
</inertial>
<visual name = "visual">
<geometry>
```

```
<box>
<size>0.1 0.1 0.1</size>
</box>
</geometry>
</visual>
<collision name="collision">
<geometry>
<box>
<size>0.1 0.1 0.1</size>
</box>
</geometry>
</collision>
<sensor name="imu" type="imu">
<imu>
<angular_velocity>
<x>
<noise type="gaussian">
<mean>0.0</mean>
<stddev>2e-4</stddev>
<bias_mean>0.0000075</bias_mean>
<bias_stddev>0.0000008</bias_stddev>
</noise>
</x>
<y>
<noise type="gaussian">
<mean>0.0</mean>
<stddev>2e-4</stddev>
<bias_mean>0.0000075</bias_mean>
<bias_stddev>0.0000008</bias_stddev>
</noise>
</y>
<z>
<noise type="gaussian">
<mean>0.0</mean>
<stddev>2e-4</stddev>
<bias_mean>0.0000075</bias_mean>
<bias_stddev>0.0000008</bias_stddev>
</noise>
</z>
</angular_velocity>
<linear_acceleration>
<x>
<noise type="gaussian">
<mean>0.0</mean>
<stddev>1.7e-2</stddev>
<bias_mean>0.1</bias_mean>
```

```
<bias_stddev>0.001</bias_stddev>
</noise>
</x>
<y>
<noise type="gaussian">
<mean>0.0</mean>
<stddev>1.7e-2</stddev>
<bias_mean>0.1</bias_mean>
<bias_stddev>0.001</bias_stddev>
</noise>
</y>
<z>
<noise type="gaussian">
<mean>0.0</mean>
<stddev>1.7e-2</stddev>
<bias_mean>0.1</bias_mean>
<bias_stddev>0.001</bias_stddev>
</noise>
</z>
</linear_acceleration>
</imu>
<always_on>1</always_on>
<update_rate>1000</update_rate>
</sensor>
</link>
</model>
</sdf>
```

(6) 启动Gazebo，然后插入带噪声的IMU：在左窗格中，选择“插入”选项卡，然后单击“噪声IMU”按钮。用户将IMU放在场景中的某个地方。

(7) 可视化带噪声的IMU：依次单击窗口、主题可视化按钮(或按Ctrl＋T组合键)以显示主题选择器。

(8) 找到名称为“/gazebo/default/imu/link/imu/imu”的选项，单击它，然后单击“确定”按钮。用户会得到一个文本视图窗口，显示用户的IMU数据。

在高速率的传感器上加入噪声是很难让人接受的，特别是在复杂系统中。用户应该能够在噪声和/或偏置参数中看到大的非零均值的影响。要调整噪声，只需调整在model.sdf中的平均值和标准偏差值。速率噪声和速率偏差的单位为rad/s，加速度噪声和加速度偏移的单位为m/s^2。以下的参数设置为高质量的IMU的合理值：

```
<angular_velocity>
<x>
<noise type="gaussian">
```

```
<mean>0.0</mean>
<stddev>2e-4</stddev>
<bias_mean>0.0000075</bias_mean>
<bias_stddev>0.0000008</bias_stddev>
</noise>
</x>
<y>
<noise type="gaussian">
<mean>0.0</mean>
<stddev>2e-4</stddev>
<bias_mean>0.0000075</bias_mean>
<bias_stddev>0.0000008</bias_stddev>
</noise>
</y>
<z>
<noise type="gaussian">
<mean>0.0</mean>
<stddev>2e-4</stddev>
<bias_mean>0.0000075</bias_mean>
<bias_stddev>0.0000008</bias_stddev>
</noise>
</z>
</angular_velocity>
<linear_acceleration>
<x>
<noise type="gaussian">
<mean>0.0</mean>
<stddev>1.7e-2</stddev>
<bias_mean>0.1</bias_mean>
<bias_stddev>0.001</bias_stddev>
</noise>
</x>
<y>
<noise type="gaussian">
<mean>0.0</mean>
<stddev>1.7e-2</stddev>
<bias_mean>0.1</bias_mean>
<bias_stddev>0.001</bias_stddev>
</noise>
</y>
<z>
<noise type="gaussian">
<mean>0.0</mean>
<stddev>1.7e-2</stddev>
<bias_mean>0.1</bias_mean>
<bias_stddev>0.001</bias_stddev>
```

```
</noise>
</z>
</linear_acceleration>
```

4.7.2 接触式传感器

本部分内容演示了创建传感器并通过插件或消息获取数据的过程。接触式传感器检测两个物体之间的碰撞并报告接触相关力的位置。

1. 安装部分内容

创建工作目录开始,输入以下命令:

```
mkdir ~/gazebo_contact_tutorial; cd ~/gazebo_contact_tutorial
```

接下来,创建包含接触式传感器的盒子的SDF世界文件,输入以下命令:

```
geditcontact.world
```

将以下代码复制到名为contact.world的文件中:

```
<?xml version = "1.0"?>
< sdf version = "1.6">
< world name = "default">
< include >
< uri > model://ground_plane </uri >
</include >

< include >
< uri > model://sun </uri >
</include >

< model name = "box">
< link name = "link">
< pose > 0 0 0.5 0 0 0 </pose >

< collision name = "box_collision">
< geometry >
< box >
< size > 1 1 1 </size >
</box >
</geometry >
</collision >

< visual name = "visual">
```

```
<geometry>
<box>
<size>1 1 1</size>
</box>
</geometry>
</visual>

<sensor name='my_contact' type='contact'>
<contact>
<collision>box_collision</collision>
</contact>
</sensor>
</link>
</model>
</world>
</sdf>
```

接触式传感器将装到到箱模型内的连杆上。它将检测到 box_collision 对象与场景中任何其他对象之间的冲突。

2. 打印接触值

使用 Gazebo 运行 contact.world，输入以下命令：

```
gazebocontact.world
```

在一个单独的终端列表中，由 Gazebo 产生的标题为：

```
gz topic -l
```

输出应如下所示：

```
/gazebo/default/pose/info
/gazebo/default/gui
/gazebo/default/log/status
/gazebo/default/response
/gazebo/default/world_stats
/gazebo/default/selection
/gazebo/default/model/info
/gazebo/default/light
/gazebo/default/physics/contacts
/gazebo/default/visual
/gazebo/default/request
/gazebo/default/joint
/gazebo/default/sensor
```

```
/gazebo/default/box/link/my_contact
/gazebo/default/box/link/my_contact/contacts
/gazebo/world/modify
/gazebo/default/diagnostics
/gazebo/default/factory
/gazebo/default/model/modify
/gazebo/default/scene
/gazebo/default/physics
/gazebo/default/world_control
/gazebo/server/control
```

我们关注的标题是/gazebo/default/box/link/my_contact。在这里，my_contact 接触式传感器根据这个标题发布。

将接触式传感器的值打印到屏幕上，输入以下命令：

```
gz topic  - e /gazebo/default/box/link/my_contact
```

上面的命令将所有的接触转储到终端。用户可以使用 Ctrl+C 组合键随时停止。

注意：如果该命令无效，用户可能需要在</contact>和</sensor>标签之间添加

```
<update_rate> 5 </update_rate>
```

以获得在终端上的输出。根据不同的场合，速率"5"可以改变为不同的频率。

3. 获取传感器数据插件

用户也可以为接触式传感器创建插件。这个插件可以获得操作碰撞数据，并将其输出接到任意目标（例如 ROS 主题）。

首先修改 contact. worldSDF 文件。在下面添加以下行：

```
<sensor name = 'my_contact' type = 'contact'>:
geditcontact.world
<plugin name = "my_plugin" filename = "libcontact.so"/>
```

这一行告诉 Gazebo 加载我们现在将定义的 libcontact. so 传感器插件。

为插件创建一个头文件，命名为 ContactPlugin. hh：

```
geditContactPlugin.hh
```

并粘贴以下内容：

```
#ifndef _GAZEBO_CONTACT_PLUGIN_HH_
#define _GAZEBO_CONTACT_PLUGIN_HH_
```

```
#include <string>

#include <gazebo/gazebo.hh>
#include <gazebo/sensors/sensors.hh>

namespace gazebo
{
  ///\brief An example plugin for a contact sensor.
classContactPlugin : public SensorPlugin
  {
///\brief Constructor.
public: ContactPlugin();

///\brief Destructor.
public: virtual ~ContactPlugin();

    ///\brief Load the sensor plugin.
///\param[in] _sensor Pointer to the sensor that loaded this plugin.
///\param[in] _sdf SDF element that describes the plugin.
public: virtual void Load(sensors::SensorPtr _sensor, sdf::ElementPtr _sdf);

    ///\brief Callback that receives the contact sensor's update signal.
private: virtual void OnUpdate();

    ///\brief Pointer to the contact sensor.
private: sensors::ContactSensorPtrparentSensor;

    ///\brief Connection that maintains a link between the contact sensor's
    ///updated signal and the OnUpdate callback.
private: event::ConnectionPtrupdateConnection;
  };
}
#endif
```

创建一个名为 ContactPlugin.cc 的源文件：

```
gedit ContactPlugin.cc
```

并粘贴以下内容：

```
#include "ContactPlugin.hh"

using namespace gazebo;
GZ_REGISTER_SENSOR_PLUGIN(ContactPlugin)
```

```
/////////////////////////////////////////////////
ContactPlugin::ContactPlugin() : SensorPlugin()
{
}

/////////////////////////////////////////////////
ContactPlugin::~ContactPlugin()
{
}

/////////////////////////////////////////////////
voidContactPlugin::Load(sensors::SensorPtr _sensor, sdf::ElementPtr /* _sdf */)
{
  //Get the parent sensor.
this->parentSensor =
std::dynamic_pointer_cast<sensors::ContactSensor>(_sensor);

  //Make sure the parent sensor is valid.
if (!this->parentSensor)
  {
gzerr <<"ContactPlugin requires a ContactSensor.\n";
return;
  }

  //Connect to the sensor update event.
this->updateConnection = this->parentSensor->ConnectUpdated(
std::bind(&ContactPlugin::OnUpdate, this));

  //Make sure the parent sensor is active.
this->parentSensor->SetActive(true);
}

/////////////////////////////////////////////////
voidContactPlugin::OnUpdate()
{
  //Get all the contacts.
msgs::Contacts contacts;
contacts = this->parentSensor->Contacts();
for (unsigned int i = 0; i <contacts.contact_size(); ++i)
  {
std::cout <<"Collision between["<< contacts.contact(i).collision1()
<<"] and ["<< contacts.contact(i).collision2() <<"]\n";

for (unsigned int j = 0; j <contacts.contact(i).position_size(); ++j)
    {
```

```
std::cout << j <<" Position:"
<< contacts.contact(i).position(j).x() <<""
<< contacts.contact(i).position(j).y() <<""
<< contacts.contact(i).position(j).z() <<"\n";
std::cout <<"   Normal:"
<< contacts.contact(i).normal(j).x() <<""
<< contacts.contact(i).normal(j).y() <<""
<< contacts.contact(i).normal(j).z() <<"\n";
std::cout <<"   Depth:"<< contacts.contact(i).depth(j) <<"\n";
    }
  }
}
```

4. 编译代码

(1) 创建 CMakeLists.txt 文件，输入以下命令：

```
cd ~/gazebo_contact_tutorial; gedit CMakeLists.txt
```

(2) 复制以下代码并保存文件：

```
cmake_minimum_required(VERSION 2.8 FATAL_ERROR)

find_package(gazebo REQUIRED)

include_directories( ${GAZEBO_INCLUDE_DIRS})
link_directories( ${GAZEBO_LIBRARY_DIRS})
list(APPEND CMAKE_CXX_FLAGS " ${GAZEBO_CXX_FLAGS}")

add_library(contact SHARED ContactPlugin.cc)
target_link_libraries(contact  ${GAZEBO_libraries})
```

(3) 接下来，创建一个构建目录并创建插件，输入以下命令：

```
mkdir build; cd build; cmake ../; make
```

5. 运行代码

(1) 输入构建目录，输入以下命令：

```
cd ~/gazebo_contact_tutorial/build
```

(2) 运行 gzserver，首先修改用户 LD_LIBRARY_PATH 的库，以便库加载器可以找到用户的库(默认情况下它只会查看某些系统位置)，输入以下命令：

```
export LD_LIBRARY_PATH = ~/gazebo_contact_tutorial/build: $ LD_LIBRARY_PATH
gzserver ../contact.world
```

4.7.3 摄像头失真

摄像机镜头通常表现出一定程度的光学失真，这导致图像的翘曲。本部分内容示例是鱼眼摄像头，其通常用于机器人应用中，以获得用于物体识别或导航任务的环境的更宽视场。使用诸如 MATLAB 或 OpenCV 的摄像头校准工具，可以提取失真系数以及其他摄像头内在参数。使用这些失真系数，用户现在可以在 Gazebo 中创建失真的摄像头传感器。

1. 当前实施方案

Gazebo 目前支持基于布朗失真模型的摄像头仿真。该公司要求的 5 个畸变系数(k1、k2、k3、p1、p2)，用户可以从摄像头校准工具获得。k 系数是畸变模型的径向分量，而 p 系数是切向分量。

需要考虑的当前实现有一些限制：

(1) 目前仅支持桶形畸变，这通常具有负值 k1。

(2) 失真应用于摄像头图像纹理。这意味着获取生成的图像数据并且只是使它变形。这需要注意的是，最终的图像(特别是在角落)比具有桶形畸变的真实摄像头镜头的视野更窄。补偿此效果的一种解决方法是增加 Gazebo 中摄像头传感器的视野。

2. 创建带有畸变的摄像头

要添加带畸变的摄像头型号：

(1) 创建模型目录，输入以下命令：

```
mkdir -p ~/.gazebo/models/distorted_camera
```

(2) 创建模型配置文件，输入以下命令：

```
gedit ~/.gazebo/models/distorted_camera/model.config
```

(3) 添加以下内容：

```
<?xml version = "1.0"?>
< model >
< name > Distorted Camera </name >
< version > 1.0 </version >
< sdf version = '1.5'> model.sdf </sdf >

< author >
< name > My Name </name >
```

```
<email>me@my.email</email>
</author>

<description>
My distorted camera.
</description>
</model>
```

(4) 创建~/.gazebo/models/distorted_camera/model.sdf 文件。

```
gedit ~/.gazebo/models/distorted_camera/model.sdf
```

(5) 添加以下内容,这是一个附加的失真的标准摄像头模型的副本:

```
<?xml version="1.0" ?>
<sdf version="1.5">
<model name="distorted_camera">
<link name="link">
<pose>0.05 0.05 0.05 0 0 0</pose>
<inertial>
<mass>0.1</mass>
<inertia>
<ixx>0.000166667</ixx>
<iyy>0.000166667</iyy>
<izz>0.000166667</izz>
</inertia>
</inertial>
<collision name="collision">
<geometry>
<box>
<size>0.1 0.1 0.1</size>
</box>
</geometry>
</collision>
<visual name="visual">
<geometry>
<box>
<size>0.1 0.1 0.1</size>
</box>
</geometry>
</visual>
<sensor name="camera" type="camera">
<camera>
<horizontal_fov>1.047</horizontal_fov>
<image>
```

```
<width>320</width>
<height>240</height>
</image>
<clip>
<near>0.1</near>
<far>100</far>
</clip>
<distortion>
<k1>-0.25</k1>
<k2>0.12</k2>
<k3>0.0</k3>
<p1>-0.00028</p1>
<p2>-0.00005</p2>
<center>0.5 0.5</center>
</distortion>
</camera>
<always_on>1</always_on>
<update_rate>30</update_rate>
<visualize>true</visualize>
</sensor>
</link>
</model>
</sdf>
```

（6）启动 Gazebo，然后插入畸变的摄像头型号：在左窗格中，选择 Insert 选项卡，然后单击 Distorted Camera 按钮。把用户的摄像头放在场景的某个地方，并在它前面放一个盒子。

（7）观看摄像头图像：依次单击窗口、主题可视化按钮（或按 Ctrl＋T 键）以显示主题选择器。

（8）找到标题为/gazebo/default/distorted_camera/link/camera/image，单击它，然后单击 OK 按钮。用户会得到一个摄像机视图窗口，显示摄像机图像数据。

正如用户所看到的，从盒子弯曲的边缘可见，摄像机的图像是畸变的。要调整失真，只需调整 model.sdf 中 k1、k2、k3、p1、p1 失真系数。

4.8　Gazebo 的其他功能

4.8.1　数学库的使用

Gazebo 有一个自定义的数学库。这部分内容描述如何使用这些数学函数。

Gazebo 使用随机数发生器。默认情况下，种子设置为运行 Gazebo 的进程的 PID。也可以手动设置随机数种子。该特征的优点是获得随机数的确定性序列，这对于测试可重复性是有益的。

1. 命令行

Gazebo 可以使用命令行上的随机数种子来初始化，使用--seed 参数：

```
gazebo  -- seed < integer >
```

2. 信息

要使用 Gazebo 监听～/world_control 主题，则需要类型为 msgs :: WorldControl 的消息。world 控制消息可能包含随机数种子。

4.8.2 用户输入

用户输入可以采取多种形式，包括来自图形界面和诸如操纵杆的硬件设备。

1. Razer Hydra

(1) Gazebo 支持 Razer Hydra 控制器。用户将能够使用此运动和方向检测控制器与 Gazebo 中的模型进行交互。

(2) Razer Hydra 配置。

打开终端(CTRL-ALT-T)，然后输入以下命令：

```
echo - e "ATTRS{idProduct} == \"0300\",ATTRS{idVendor} == \"1532\",ATTR{bInterfaceNumber}
 == \"00\",TAG = \"hydra - tracker\"\nSUBSYSTEM == \"hidraw\",TAGS == \"hydra - tracker\",
MODE = \"0666\", SYMLINK += \"hydra\"" > 90 - hydra.rules
```

这将创建一个名为 90-hydra. rules 的文件。

我们能够访问控制器，无须 root 访问权限，需要访问控制器时输入以下命令：

```
sudocp 90 - hydra.rules /etc/udev/rules.d/
sudoudevadm control  -- reload - rules
```

(3) Razer Hydra 下编辑 Gazebo。

我们需要安装 libusb 的从属项，输入以下命令：

```
sudo apt - get install libusb - 1.0 - 0 - dev
```

一旦 Hydra 配置成功并且满足附加从属关系，用户则能够在 Hydra 下编译 Gazebo。

按照此说明编译 Gazebo。在执行 cmake 命令期间，用户应该看到此确认找到 SDK 消息：

```
 -- Looking for libusb - 1.0  -  found. Razer Hydra support enabled.
```

(4) 在 Gazebo 内使用 Hydra。在 Gazebo 中使用 Hydra 需要两个步骤。第一步是将 Hydra 插件加载到用户的 world 文件中，输入以下内容：

```
<! -- Load the plugin for Razer Hydra -->
<plugin name="hydra" filename="libHydraPlugin.so"></plugin>
```

此插件将自动发布有关～/hydra 的消息。

第二步将使用 Hydra 的右操纵杆移动球体。可用 plugins 目录下的一个名为 HydraDemoPlugin 的插件上。

插件代码为：

```
#include <boost/bind.hpp>
#include <gazebo/gazebo.hh>
#include <gazebo/physics/physics.hh>
#include "gazebo/transport/transport.hh"
#include "HydraDemoPlugin.hh"

using namespace gazebo;

GZ_REGISTER_MODEL_PLUGIN(HydraDemoPlugin)

/////////////////////////////////////////////////
HydraDemoPlugin::HydraDemoPlugin()
{
}

/////////////////////////////////////////////////
HydraDemoPlugin::~HydraDemoPlugin()
{
}

/////////////////////////////////////////////////
voidHydraDemoPlugin::OnHydra(ConstHydraPtr&_msg)
{
boost::mutex::scoped_lock lock(this->msgMutex);
this->hydraMsgPtr = _msg;
}

/////////////////////////////////////////////////
voidHydraDemoPlugin::Load(physics::ModelPtr _parent, sdf::ElementPtr /*_sdf*/)
{
  //Get the world name.
this->model = _parent;
this->world = this->model->GetWorld();

  //Subscribe to Hydra updates by registering OnHydra() callback.
this->node = transport::NodePtr(new transport::Node());
```

```
this->node->Init(this->world->GetName());this->hydraSub = this->node->
Subscribe("~/hydra",&HydraDemoPlugin::OnHydra, this);

  //Listen to the update event. This event is broadcast every
  //simulation iteration.
this->updateConnection = event::Events::ConnectWorldUpdateBegin(
      boost::bind(&HydraDemoPlugin::Update, this, _1));
}
/////////////////////////////////////////////////
voidHydraDemoPlugin::Update(const common::UpdateInfo& /*_info*/)
{
boost::mutex::scoped_lock lock(this->msgMutex);

  //Return if we don't have messages yet
if (!this->hydraMsgPtr)
return;

  //Read the value of the right joystick.
doublejoyX = this->hydraMsgPtr->right().joy_x();
doublejoyY = this->hydraMsgPtr->right().joy_y();

  //Move the sphere.
this->model->SetLinearVel(math::Vector3(-joyX * 0.2, joyY * 0.2, 0));

  //Remove the message that has been processed.
this->hydraMsgPtr.reset();
}
```

在启动 Gazebo 之前,需要将模型插件包含在 world 文件中。这里是部分内容里一个完整的 World 文件:

```
<?xml version="1.0" ?>
<sdf version="1.4">
<world name="default">

<!-- A ground plane -->
<include>
<uri>model://ground_plane</uri>
</include>

<!-- A global light source -->
<include>
<uri>model://sun</uri>
</include>
```

```
<!-- Load the plugin for Razer Hydra -->
<plugin name="hydra" filename="libHydraPlugin.so">
<pivot>0.04 0 0</pivot>
<grab>0.12 0 0</grab>
</plugin>

<!-- A sphere controlled by Hydra -->
<model name="sphere">
<pose>0 0 0 0 0 0</pose>
<link name="link">
<collision name="collision">
<geometry>
<sphere>
<radius>0.5</radius>
</sphere>
</geometry>
</collision>
<visual name="visual">
<geometry>
<sphere>
<radius>0.5</radius>
</sphere>
</geometry>
</visual>
</link>

<plugin name='sphere_ctroller' filename='libHydraDemoPlugin.so'></plugin>

</model>

</world>
</sdf>
```

可以运行 Gazebo 并使用 Hydra 的右操纵杆移动球体了。不要忘记插入 Hydra，然后：

```
gazebo worlds/hydra_demo.world
```

2. GUI 覆盖

Gazebo GUI 覆盖可以被认为是位于渲染窗口顶部的透明 2D 层。QT 小部件可以通过插件界面添加到此层。用户可以通过单击 Gazebo 主菜单栏 View 命令，选择 GUI Overlays 上显示或隐藏所有 GUI 覆盖层。下面介绍如何创建和使用 GUI 覆盖插件来为 Gazebo 创建自定义界面。

两个示例将用于演示 GUI 叠加功能。第一个示例创建一个生成球体的按钮，第二个示例显示当前的仿真时间。这两个例子展示如何发送数据到 Gazebo 和从 Gazebo 接收数据。

1）示例1：产生球的模型

步骤如下。

安装开发 debian，输入以下命令：

```
sudo apt - get install libgazebo7 - dev
```

从创建工作目录开始，输入以下命令：

```
mkdir ~/gazebo_gui_spawn
cd ~/gazebo_gui_spawn
```

下载 GUI 覆盖插件的源代码，输入以下命令：

```
wget https://bitbucket.org/osrf/gazebo/raw/gazebo7/examples/plugins/gui_overlay_plugin_
spawn/GUIExampleSpawnWidget.hh
wget https://bitbucket.org/osrf/gazebo/raw/gazebo7/examples/plugins/gui_overlay_plugin_
spawn/GUIExampleSpawnWidget.cc
wget https://bitbucket.org/osrf/gazebo/raw/gazebo7/examples/plugins/gui_overlay_plugin_
spawn/CMakeLists.txt
```

查看头文件：

```
geditGUIExampleSpawnWidget.hh
```

GUI 覆盖插件必须从 GUIPlugin 类继承，并使用 Qt 的 Q_OBJECT 宏：

```
class GAZEBO_VISIBLE GUIExampleSpawnWidget : public GUIPlugin
    {
      Q_OBJECT
```

插件的其余部分可能包含使插件满足用户的需要的任何代码。本示例使用 QT 插槽接收按钮如下：

```
        ///\brief Callback trigged when the button is pressed.
protected slots: void OnButton()
```

我们还将使用 Gazebo 的 factory 功能将 SDF 产生的消息发送到 gzserver：

```
        ///\brief Node used to establish communication with gzserver.
private: transport::NodePtr node;

///\brief Publisher of factory messages.
private: transport::PublisherPtrfactoryPub;
```

查看源文件，输入以下命令：

```
gedit GUIExampleSpawnWidget.cc
```

此文件中的构造函数使用 QT 创建一个按钮并将其放到 OnButton 回调：

```
  //Create a push button, and connect it to the OnButton function
QPushButton * button = new QPushButton(tr("Spawn Sphere"));
connect(button, SIGNAL(clicked()), this, SLOT(OnButton()));
```

构造函数还连接到 Gazebo 的传输机制，并创建一个 factory publisher：

```
  //Create a node for transportation
this->node = transport::NodePtr(new transport::Node());
this->node->Init();
this->factoryPub = this->node->Advertise<msgs::Factory>("~/factory");
```

OnButton 可以回调创建一个新的球面 SDF 字符串：

```
std::ostringstreamnewModelStr;
newModelStr << "<sdf version='" << SDF_VERSION << "'>"
<< msgs::ModelToSDF(model)->ToString("")
<< "</sdf>";
```

并将字符串发送到 Gazebo：

```
msgs::Factorymsg;
msg.set_sdf(newModelStr.str());
this->factoryPub->Publish(msg);
}
```

编译插件，输入以下命令：

```
cd ~/gazebo_gui_spawn
mkdir build
cd build
cmake ../
make
```

现在我们需要确保 Gazebo 可以找到插件。用户可以通过将 build 目录附加到 GAZEBO_PLUGIN_PATH 环境变量来实现：

```
cd ~/gazebo_gui_spawn/build
export GAZEBO_PLUGIN_PATH='pwd':$GAZEBO_PLUGIN_PATH
```

注意；上面的命令只适用于当前 shell。为了确保插件在打开新终端时可以正常工作，请将插件安装到公共搜索路径中，例如/usr/local/lib，或者 GAZEBO_PLUGIN_PATH 库中指定的路径。

我们还需要让 Gazebo 加载 overlay 插件。有两种方法来实现这一点。

（1）SDFworld 文件：修改 worldworldSDF 文件以包含 GUI 插件。例如：

```
<?xml version = "1.0" ?>
< sdf version = "1.5">
< world name = "default">

< gui >
< plugin name = "sample" filename = "libgui_example_spawn_widget.so"/>
</gui >

<! -- A global light source -- >
< include >
< uri > model://sun </uri >
</include >
<! -- A ground plane -- >
< include >
< uri > model://ground_plane </uri >
</include >
</world >
</sdf >
```

注意：下载上面的 worldworld 文件，输入以下命令：

```
cd ~/gazebo_gui_spawn
wget https://bitbucket.org/osrf/gazebo/raw/gazebo7/examples/plugins/gui _ overlay _ plugin _
spawn/spawn_widget_example.world
```

（2）GUI INI 文件：修改~/.gazebo/gui.ini 文件，以便每次运行 Gazebo 时加载插件，输入以下命令：

```
gedit ~/.gazebo/gui.ini
```

添加以下行，输入以下命令：

```
[overlay_plugins]
filenames = libgui_example_spawn_widget.so
```

现在当 Gazebo 运行时，一个按钮应该出现在渲染窗口的左上角。如果用户需要使用 GUI 插件创建自定义 SDFworld 文件，输入以下命令：

```
gazebospawn_widget_example.world
```

或者如果用户修改～/.gazebo/gui.ini。最后运行 Gazebo，如图 4-55 所示，单击按钮生成球体。

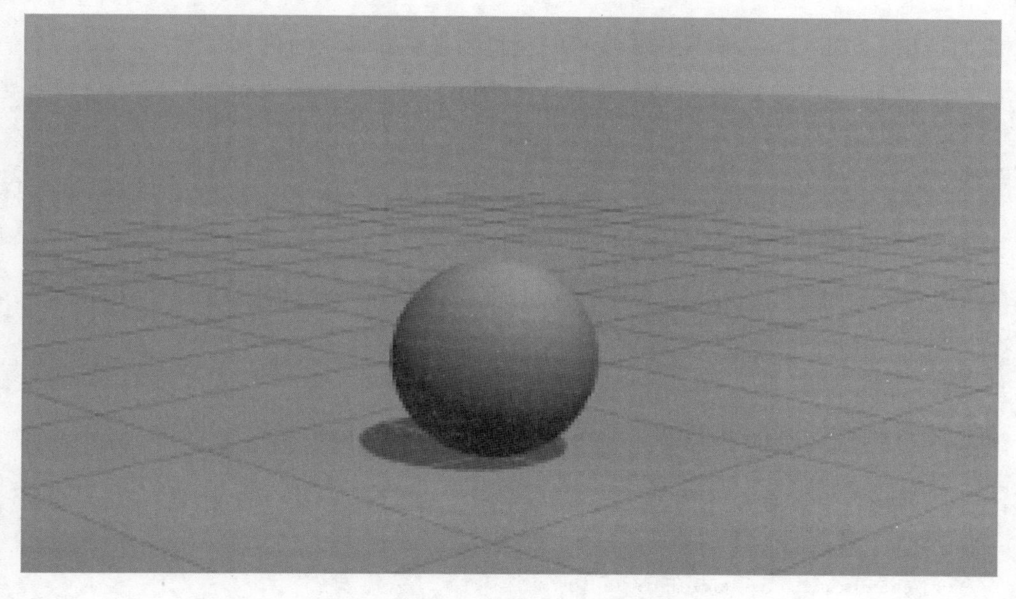

图 4-55　球体生成场景

2）示例 2：显示仿真时间

步骤如下。

首先，创建工作目录，输入以下命令：

```
mkdir ~/gazebo_gui_time
cd ~/gazebo_gui_time
```

下载 GUI 覆盖插件的源代码，输入以下命令：

```
wget https://bitbucket.org/osrf/gazebo/raw/gazebo7/examples/plugins/gui_overlay_plugin_
time/GUIExampleTimeWidget.hh
wget https://bitbucket.org/osrf/gazebo/raw/gazebo7/examples/plugins/gui_overlay_plugin_
time/GUIExampleTimeWidget.cc
wget https://bitbucket.org/osrf/gazebo/raw/gazebo7/examples/plugins/gui_overlay_plugin_
time/CMakeLists.txt
```

看看头文件，输入以下命令：

```
geditGUIExampleTimeWidget.hh
```

和第一个例子一样，这个插件继承自 GUIPlugin 类，并且使用 Qt 的 Q_OBJECT 宏。

```
class GAZEBO_VISIBLE GUIExampleTimeWidget : public GUIPlugin
  {
    Q_OBJECT
```

我们使用 SetSimTime 信号作为线程安全机制来更新显示的仿真时间：

```
    ///\brief A signal used to set the sim time line edit.
///\param[in] _string String representation of sim time.
signals: void SetSimTime(QString _string);
```

一个 OnStats 回调用于从 Gazebo 接收信息：

```
///\brief Callback that received world statistics messages.
///\param[in] _msg World statistics message that is received.
protected: void OnStats(ConstWorldStatisticsPtr&_msg);
```

我们还将使用 Gazebo 的传输机制来接收来自 Gazebo 的消息：

```
    ///\brief Node used to establish communication with gzserver.
private: transport::NodePtr node;

///\brief Subscriber to world statistics messages.
private: transport::SubscriberPtrstatsSub;
```

看看源文件，输入以下命令：

```
gedit GUIExampleTimeWidget.cc
```

在构造函数中，创建一个 QLabel 来显示时间，并将其连接到 SetSimeTime 信号。

```
  //Create a time label
QLabel * timeLabel = new QLabel(tr("00:00:00.00"));

  //Add the label to the frame's layout
frameLayout->addWidget(label);
frameLayout->addWidget(timeLabel);
connect(this, SIGNAL(SetSimTime(QString)),
timeLabel, SLOT(setText(QString)), Qt::QueuedConnection);
```

将构造函数连接到 Gazebo 的～/world_stats：

```
  //Create a node for transportation
this->node = transport::NodePtr(new transport::Node());
```

```
this->node->Init("default");
this->statsSub = this->node->Subscribe("~/world_stats",
&GUIExampleTimeWidget::OnStats, this);
```

当接收到消息时，OnStats 调用该函数并更新显示的时间：

```
voidGUIExampleTimeWidget::OnStats(ConstWorldStatisticsPtr&_msg)
{
this->SetSimTime(QString::fromStdString(
        this->FormatTime(_msg->sim_time())));
```

按照与上一个部分内容相同的步骤编译插件，告诉 Gazebo 在哪里找到它，并通过 gui.ini SDFworld 文件加载它。

用户可以按如下所示添加两个插件，输入以下命令：

```
gedit ~/.gazebo/gui.ini
```

将[overlay_plugins]部分更改为：

```
[overlay_plugins]
filenames=libgui_example_spawn_widget.so:libgui_example_time_widget.so
```

这将加载前一个示例的 spawn 插件和本示例中的时间插件。

运行 Gazebo 时，按钮右侧的新文本框应显示仿真时间，见图 4-56。

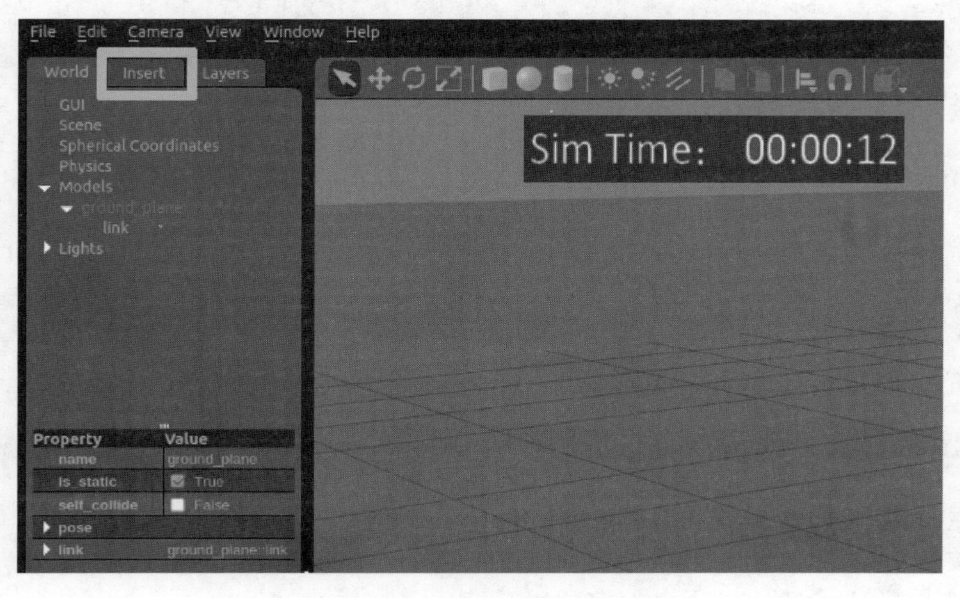

图 4-56　显示仿真时间的窗口

4.8.3 连接到 Player

Player 是一个机器人控制框架，下面介绍如何将 position2d Player 接口连接到 Gazebo。

创建工作目录，输入以下命令：

```
cd; mkdir gazebo_position2d; cd gazebo_position2d
```

将下面的配置脚本复制到 position2d.cfg 文件中：

```
driver
(
name "gazebo"
provides ["simulation:0"]
plugin "libgazebo_player"
  # The name of a running Gazebo world, specified in a .world file
world_name "default"
)

driver
(
name "gazebo"
provides ["position2d:0"]

  # This name must match the name of a model in the "default" world
model_name "pioneer2dx"
)
```

输入以下命令运行 Gazebo：

```
gazebo worlds/pioneer2dx.world
```

输入以下命令运行 Player：

```
player position2d.cfg
```

输入以下命令运行 playerv：

```
playerv
```

完成以上的步骤后，现在用户可以使用 playerv 驱动 pioneer2dx。

接下来介绍如何将相机播放器界面连接到 Gazebo。

创建工作目录，输入以下命令：

```
cd; mkdirgazebo_camera; cd gazebo_camera
```

将下面的配置脚本复制到 camera.cfg 文件中：

```
driver
(
name "gazebo"
provides ["simulation:0"]
plugin "libgazebo_player"

  # The name of a running Gazebo world, specified in a .world file
world_name "default"
)

driver
(
name "gazebo"
provides ["camera:0"]

  # This name must match a scoped name of a sensor in the "default" world
  # The format of a scoped name is "model_name::link_name::sensor_name"
camera_name "pioneer2dx::camera::link::camera"
)
```

输入以下命令运行 Gazebo：

```
gazebo worlds/pioneer2dx_camera.world
```

输入以下命令运行 Player：

```
playercamera.cfg
```

输入以下的命令运行 playerv：

```
playerv
```

完成以上的步骤后，现在用户可以在 playerv 中可看到相机。

本章小结

本章介绍了机器人仿真软件 Gazebo 的应用，重点部分在于如何使用 Gazebo 创建机器人和场景文件的创建。在 Gazebo 的学习中，应该注意与 V-REP 之间的差别，以及如何与机器人操作系统进行结合。

参考文献

[1] http://www.gazebosim.org/.
[2] Koenig N, Howard A. Design and use paradigms for Gazebo, an open-source multi-robot simulator [C]//Ieee/rsj International Conference on Intelligent Robots and Systems. IEEE Xplore, 2004: 2149-2154 vol. 3.
[3] Hoffman E M, Traversaro S, Rocchi A, et al. Yarp Based Plugins for Gazebo Simulator[J]. 2014.
[4] Meyer J, Sendobry A, Kohlbrecher S, et al. Comprehensive Simulation of Quadrotor UAVs Using ROS and Gazebo[J]. Lecture Notes in Computer Science, 2012, 7628: 400-411.

第5章 OpenRAVE 在机器人仿真中的应用

5.1 OpenRAVE 简介

5.1.1 OpenRAVE 的应用

OpenRAVE(英文全称为 Open Robotics Automation Virtual Environment)是一款开源的机器人仿真软件。OpenRAVE 提供了机器人的测试环境,它的主要功能是运动规划运动学和几何信息的模拟和分析。在应用方面,OpenRAVE 主要用于开发和部署机器人的运动规划算法,而这些算法能够应用于实际中的机器人。由于 OpenRAVE 具备有独立运行的性质,这些算法可以很容易地集成到现有的机器人系统。它为机器人开发者和机器人提供了许多命令行工具,核心运行时足够小,因此可用于内部控制器和更大的框架。

OpenRAVE 是一个开放源码跨平台软件架构,即开放的机器人和动画虚拟环境。OpenRAVE 针对真实世界自动机器人应用程序,包括 3-D 模拟、可视化、规划、脚本和控制的无缝集成。它的插件架构允许用户轻松地编写自定义的控制器和进行扩展功能。通过使用 OpenRAVE 插件,任何设计的算法、机器人控制器或感测子系统都可以在运行时进行分布和动态加载,从而使开发人员免于使用单片代码库。这样 OpenRAVE 的用户可以专注于问题的规划和脚本方面的开发,而无须明确管理机器人运动学和动力学、碰撞检测、世界更新和机器人控制的细节。OpenRAVE 架构也提供了一个灵活的接口,可以与其他流行的机器人软件包(如 Player 和 ROS)结合使用,因为它专注于自动运动规划和高级脚本,而不是低级控制和信息协议。OpenRAVE 还支持强大的网络脚本环境,使得在运行时控制和监视机器人以及更改执行流程变得更加简单。开放组件架构的一个关键优势是它们使机器人研究团体能够轻松地共享和比较算法。

下文将主要对 OpenRAVE 的原理以及运用进行简单介绍。

5.1.2 OpenRAVE 的特性

OpenRAVE 具有许多功能用于分析机器人场景的几何结构,然后把它们用于在整个工作区中使机器人运动。

OpenRAVE 在两方面上具有良好的应用：

(1) 对于每个机器人，使用 IKFast 能够针对某种机器人的结构专门地生成逆运动学程序。这允许所有奇点配置和除以零条件的处理。而且，这种处理的速度特别快，生成大多数解决方法只需运行 5μs。

(2) 可以很容易地结合多个约束条件，例如避免碰撞、把握对象、保持传感器能见度。然后，在这些约束条件下把一个机器人的初始和目标配置连接在一起。

OpenRAVE 是一个开放机器人和 3-D 动画虚拟环境。相比于其他仿真工具，OpenRAVE 具有它的独特优势：

(1) 能用于机器人的实时控制和执行监控的集成设计。

(2) 提供运动学操作和物理模拟的核心功能。

(3) 有允许诸如 Octave 和 MATLAB 之类的解释性脚本语言与其进行交互的网络协议（当然还支持其他脚本语言，例如 Python 和 Perl 是计划开发的）。

(4) 内置核心工具和插件界面，用于机器人的操作规划和抓取。

(5) 标准插件，允许测试不同的规划算法和传感系统，而只需做最少的代码修改。

OpenRAVE 架构模块化了机器人系统的执行和计划层，使自主系统的开发变得更容易，组件变得更可重用于其他项目。一个基本做法是在特定组件的实现与从其他组件的使用这个特定组件之间创建一个接口层。许多以前的架构已经为基本级别组件做到这一点。

5.1.3 OpenRAVE 的下载与安装

OpenRAVE 提供了可以用于 Ubuntu 和 Windows 的版本。下面介绍在 Ubuntu 上安装 OpenRAVE 的步骤。

1. 安装依赖库

首先保证已安装了下面的项目，从命令行输入：

```
01.sudo apt - get install cmake g++ git qt4 - dev - tools zlib - bin
02.sudo apt - get install ipython python - dev python - h5py python - numpy python - scipy python
- sympy
```

安装依赖库：

```
01.sudo apt - get install libassimp - dev libavcodec - dev libavformat - dev libavformat - dev
libboost - all - dev libboost - date - time - dev libbullet - dev libfaac - dev libglew - dev
libgsm1 - dev liblapack - dev libmpfr - dev libode - dev libogg - dev libopenscenegraph - dev
libpcre3 - dev libpcrecpp0 libqhull - dev libqt4 - dev libsoqt - dev - common libsoqt4 - dev
libswscale - dev libswscale - dev libvorbis - dev libx264 - dev libxml2 - dev libxvidcore - dev
```

唯一从 OpenRAVE ppa 上可以安装的包是 collada-dom：

```
01.sudo add - apt - repository ppa:OpenRAVE/release
```

```
02. sudo sh -c 'echo "deb-src http://ppa.launchpad.net/OpenRAVE/release/ubuntu 'lsb_release -cs' main" >> /etc/apt/sources.list.d/OpenRAVE-release-'lsb_release -cs'.list'
03. sudo apt-get update
04. sudo apt-get install collada-dom-dev
```

2. 从源文件安装

从命令行输入：

```
01. git clone https://github.com/rdiankov/OpenRAVE.git
```

编译：

```
01. cd OpenRAVE
02. mkdir build
03. cd build
04. cmake ..
05. make
06. sudo make install
```

将 OpenRAVE 的 bash 文件添加到系统环境：

```
01. vim .bashrc
```

最后一行加入以下路径代码：

```
01. view plain copy print? source /usr/local/share/OpenRAVE-0.9/OpenRAVE.bash
```

运行实例如下：

```
01. html] view plain copy print? OpenRAVE0.9.py --example Hanoi
```

5.2 OpenRAVE 概观

5.2.1 OpenRAVE 基本架构

OpenRAVE 的 4 个主要部件如图 5-1 所示。

1. 核心层

它的核心是由一组定义了插件如何共享信息的基本接口类组成，并提供了一个环境接口，来维持一个主要状态，作为通过 OpenRAVE 提供的所有功能的关卡，它是全局 OpenRAVE 状态管理加载的插件，有多个独立空间和日志记录。同时，这个环境将碰撞检查器、观察器、物理引擎、运动学世界及其所有接口组合成一致的机器人世界状态。

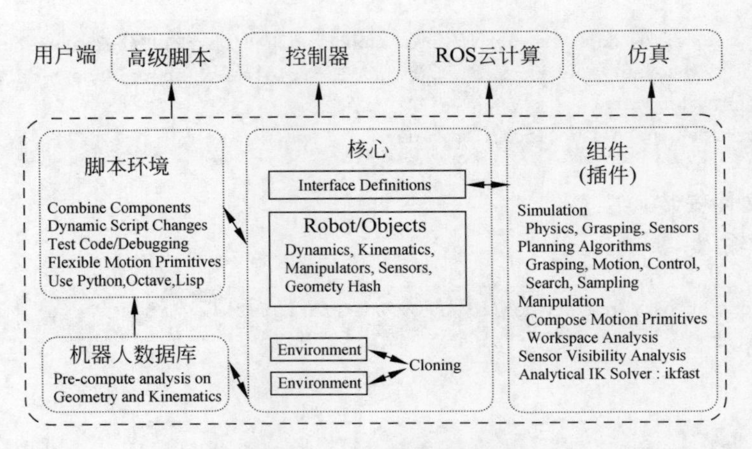

图 5-1 OpenRAVE 的基本架构

2. 插件层

OpenRAVE 设计为基于插件的架构，其中插件提供了动态加载到环境中的基本接口类的实现。插件可以与其他机器人库连接，允许 OpenRAVE 扩展其功能，或者可以向另一个机器人系统提供 OpenRAVE 服务。在它的启动过程中，OpenRAVE 将会解析 OPENRAVE_PLUGINS 环境变量并加载其找到的所有插件。

3. 脚本层

OpenRAVE 为 Python 和 Octave/MATLAB 提供了脚本环境。Python 与核心层通过内存调用直接通信，使得通信速度变得极快。另一方面，Octave/MATLAB 脚本协议通过 TCP/IP 发送命令，一个插件在 OpenRAVE 核心端提供一个文本服务器。脚本允许在不需要关闭的前提下实时修改环境的任何方面，使其成为测试新算法的理想选择。Python 脚本是如此强大，使得大多数的 OpenRAVE 示例和演示代码通过它提供。事实上，用户应该将脚本语言看作整个系统的一个组成部分，而不是作为 C++ API 的替代。

4. 机器人数据库层

实现规划知识库，并为其访问和生成参数提供简单的界面。数据库本身主要包括机器人和任务的运动学、准静态、动态和几何分析。如果机器人被正确定义，那么所有这些功能都应该能被直接调用。

所有基本规划器和模块应适用于任何的机器人结构。与其他规划包相比，OpenRAVE 的一个优点是能够在 OpenRAVE 中应用算法到任何机器人，而只需很少的修改。最近，已经引入了允许计算（如凸包分解，抓取集，可达性图，分析逆运动学等）属性的规划数据库结构。如果机器人被正确定义，那么所有这些功能都应该能够被直接调用。

主要的 API 是 Dawes 等人使用 Boost C++库在 C++中编码的，并且作为低级管理和存储结构的真正坚实的基础。Boost 的共享指针的风格允许在大量多线程环境中安全地引用对象指针。共享指针还允许将句柄和接口传递给用户，而不必担心用户调用无效对象或卸载共享对象。此外，OpenRAVE 使用通常在更高级语言中看到的函数和其他抽象对象来指定用于采样分布、事件回调、设置机器人配置状态等的函数指针。启用 Boost 的设计使得 C++ API 真正安全可靠，同时减少了用户在结尾处进行统计的麻烦。此外，它允许资源获取初始化(RAII)设计模式被完全利用，允许用户忽略多线程资源管理的复杂性。

如图 5-2 所示，客户端与服务端模型允许任何脚本或 GUI 实例同时与多个运行中的 OpenRAVE 主要例程通信；并且主要例程可以彼此通信，从而周期性地同步它们的世界的内部视图。

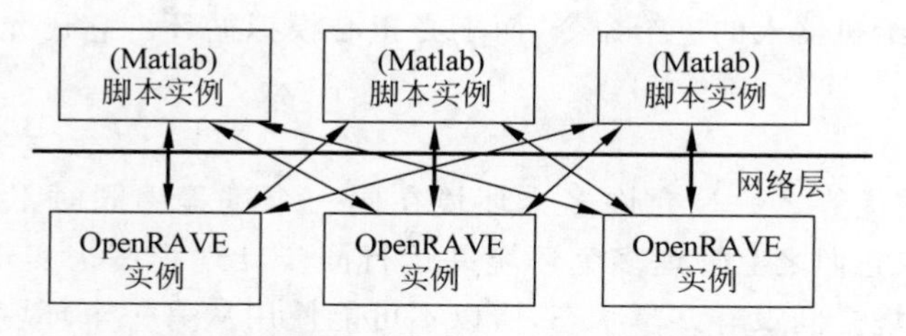

图 5-2　脚本实例与 OpenRAVE 实例之间的通信

5.2.2　关于 OpenRAVE 中的一些说明

1. 环境概念

所有 OpenRAVE 的服务都是通过所在的环境提供的。例如，通过 RaveCreatePlanner()请求称为“BiRRT”的计划程序接口。环境支持：

- 管理与沟通的插件；
- 碰撞检测；
- 加载场景与对象；
- 管理对象和三角测量；
- drawing 和 ploting。

每当写入或读取环境中的对象时，用户必须锁定 mutex 环境：mutexGetMutex()。这防止了任何其他进程在用户工作时修改环境。因为环境使用递归互斥，它允许互斥锁在同一线程内根据需要被锁定多次。这样就允许所有需要锁定的环境函数始终保证互斥锁被锁定，而不管用户是否锁定了互斥锁。(注意，这仅适用于环境函数，而不适用于接口函数。)

1) 锁定

因为 OpenRAVE 是一个高度多线程的环境，所以可以同时访问诸如主体和加载的接口的环境状态。为了安全地处于写或读状态，用户必须锁定环境，这防止任何其他进程在用户工作时修改环境。通过使用递归锁，它允许锁在同一线程内当变换状态改变函数调用另一状态改变函数时根据需要被锁定许多次，从而极大地减少了锁管理。此安全措施帮助用户在调用全局级环境功能(例如创建新实体或加载场景)时始终保证环境被锁定，而不管用户是否记得锁定。

2) 仿真线程

每个环境都有一个内部时间和一个直接连接到物理引擎的仿真线程。线程总是在后台运行，并且通过物理引擎和所有启用仿真的接口的小增量来周期性地对仿真时间进行处理。默认情况下，线程总是在运行，并且总是潜在地修改环境状态。因此，只要使用内部状态，如通过设置联合值或链接转换修改主体，用户总是需要明确地锁定环境。如有不慎，控制器或物理引擎将覆盖它们。默认情况下，仿真线程仅根据其控制器输入来设置对象位置，但可以通过附加物理引擎集成速度、加速度、力和力矩。

模拟线程最初令人感觉很麻烦，但是它将机器人控制划分为控制输入计算和执行，大大有助于用户只关注给机器人的进给命令，而不必担心模拟循环。它还允许环境更新发生在一个离散时间轴上。

3）复制

OpenRAVE 的优势之一是允许多个环境在同一个进程中同时工作。环境复制允许 OpenRAVE 通过在它们之上管理多个环境并运行同步计划程序来实现真正的并行运行。因为复制和原始环境之间没有共享状态，所以不可能使用从另一个环境中的一个环境创建的接口。例如，如果在一个环境中创建计划程序，则它只应由该环境中的对象使用。能设置计划器来计划属于不同环境的对象。这是因为将锁定环境，并期望它控制的对象完全在其控制之下。

创建复制很简单，在 C++ 中只需键入：

```
EnvironmentBasePtrpNewEnvironment = GetEnv()->CloneSelf(Clone_Bodies)
```

用以创建复制所有现有主体（带附件和抓取主体）及其当前状态的复制。基本上，复制可以执行和使用原始环境完成的任何操作。

因为环境状态非常复杂，所以复制过程可以控制其中有多少传输到新复制。例如，可以复制所有现有的机构和机器人，也可以复制它们附接的控制器，可以复制它们附接的查看器，也可以复制碰撞检查器状态，并且可以复制仿真状态。基本上，复制应该能够执行可以在原始环境中完成的任何操作，而无须对输入参数进行任何修改。

当复制真实的机器人时，OpenRAVE 复制提供的一个非常重要的特性是能够保持传感器不断更新新信息的环境的实时视图。当计划器被实例化时，它可以制作其可以独占控制而不干扰更新操作的环境的副本。此外，现实世界环境可能具有连接到真实机器人的机器人控制器，复制具有给出设置仿真控制器的能力，保证机器人在规划时的安全。来自复制环境的命令不会意外地向真实机器人发送命令。

4）验证插件

每个插件需要导出几个函数来通知核心它有什么接口和实例化接口。当插件首次加载时，它由环境验证，并查询其接口信息，以便核心可以注册名称。

在验证过程中有许多机制来防止旧的插件被核加载。OpenRAVE 经常更新，所有用户插件不一定在 OpenRAVE API 更改时重新编译。因此，我们会遇到很多情况，当插件导出正确的函数时，却没有实现正确的 API。使用不匹配编译的插件使用接口 API 可能导致非常难以调试的意外崩溃，因此绝对需要检测此情况。一个可能的解决方案是向 API 添加版本号，以在接口从插件返回到环境之前执行检查，但是这种方法很脆弱。它强制跟踪每个接口的版本号以及全局版本号。此外，即使是一个小的变化，每个开发人员都必须记住增加版本，但这很容易被遗忘，并在后来导致严重的错误。

我们通过计算接口函数和成员的唯一 hash 来解决接口验证问题，这是通过 C++ lexer 运行每个接口，收集影响 C++代码结构的标志，然后创建一个 128 位的唯一 MD5hash。我们为每个接口定义和环境创建一个 hash。散列被硬编码到 C++头文件中，并且可以通过两种方法来查询：返回调用函数的程序的静态函数的散列，以及返回编译接口的虚函数的散列。只有当其虚拟 hash 等同于核心环境的静态 hash 时，接口才有效。为了正确加载插件，首先环境 hash 必须匹配。检查单个接口，只有匹配的接口才会返回到核心，并从那里分派到其他插件。这种一致性检查，确保过期插件将永远不会被加载。

5）并行执行

能够在多线程中执行计划程序对于需要速度和解决方案质量的应用程序非常重要。由于解决方案质量和计算时间之间总是存在折中，一些应用程序（如工业机器人）需要最快、最平滑地抵达其目的地。幸运的是，环境复制允许规划者为每个线程创建一个独立的环境，这使得他们可以调用每个相应线程中的运动学和碰撞函数，而不用担心数据损坏。在多线程环境中生长 RRT 树只需要维护 kd-tree 结构的一个副本。查询操作主要使用配置空间上的欧式距离，所以这样会更快。此外，添加新点需要 O(log)时间，当然与冲突检查相比，它不应该是搜索过程中的瓶颈。最后，环境锁定允许线程获得对环境的独占访问。最好的方法是属于或添加到环境的任何接口在调用其任何方法之前都需要进行环境锁定。

2. 双模拟/控制性质

OpenRAVE 可以用作模拟、控制器，或同时用作两者。有几点需要注意：

（1）它可以通过附加物理引擎来设置扭矩到关节和施加力到连杆来用作模拟器。

（2）物理引擎直接反映 OpenRAVE 的内部状态。

（3）可以设置每个时间段都向物理引擎设置扭矩、速度、位置的控制器。如果模拟设置为 true（默认），物理仿真的时间周期会在内部“OpenRAVE 线程”中不断调用。

（4）默认物理引擎不接触 OpenRAVE 状态，也不模拟速度或动力学。

（5）默认控制器只是在指定的时间设置位置。

这就是为什么每当内部为 OpenRAVE 状态，如设置联合值或链接转换（例如在规划者）时，用户都需要明确地锁定环境互斥，否则，控制器或物理引擎将覆盖它们。

3. 异常处理

通过使用 C++标准和 Boost 库，OpenRAVE 可以从用户可以碰到的几乎所有错误中恢复，而不会导致程序在现场关闭。无效指针和超范围访问是非常危险的，因为它们可以修改不相关的内存，这导致程序在与问题的根本原因完全无关的地方崩溃。避免这样的问题一直是设计的最高优先级之一。核心总是包含着来自插件和回调的 try/catch 块的任何用户代码，这允许核心正确处理错误并通知用户一个问题，而不会破坏环境。因为异常处理很慢，所以函数应该返回错误代码以及它应该抛出异常的细微问题处。在 OpenRAVE 中，在程序的正常操作中不应该发生异常，它们应该只是程序的意外事件。例如，计划程序失败是取决于当前环境的预期事件，因此计划程序应返回具有失败原因的错误代码，而不是抛出异常。换句话说，异常传达应该指向代码中由用户固定的位置的程序的结构性错误。下面给出在 OpenRAVE 会报错的一些情况：

- 无效的插件或接口 hash 值；
- 无效的命令发送到接口；
- 无效的参数传递给函数；
- 无效指针或超出范围列表份被访问；
- 当环境需要被锁定时没有被锁定时；
- 数学运算与其他环境不一致；
- 不保持环境命名约束；
- 给出了无法识别的枚举类型；
- 不保持实例化顺序。

任何类型的 boost 错误或空指针访问都会抛出一个 OpenRAVE 异常报错。这大大减少了人们做错误检查代码的数量。例如，C 代码通常有这样的模式：

```
boolsomefun(KinBodyPtrpbody)
{
if( !pbody )
returnfalse;
pbody->GetTransform();
...
}
```

或者

```
boolsomefun(KinBodyPtrpbody)
{
assert( !!pbody );
pbody->GetTransform();
...
}
```

如果这些检查都没有做，代码段将报错。然而，这些能够真正检查混乱的代码。在 OpenRAVE，它能安全地通过下面的方式跳出：

```
boolsomefun(KinBodyPtrpbody)
{
pbody->GetTransform();
...
}
```

对于处理错误(例如,在最顶层的脚本),可以这样:

```
try {
...
somefun(pbody)
...
}
catch(constOpenRAVE_exception& ex) {
RAVELOG_WARN("exception caught: % s\n",ex.what());
if(ex.GetCode() == ORE_EnvironmentNotLocked ) {
RAVELOG_WARN("user forgot to lock environment!\n");
}
...
}
```

当在 python 中使用 OpenRAVEpy 时,这种未处理的 C++ 错误会抛出一个 python 异常,它可以被安全地捕获和处理。

4. 物体结构的 hash 值

OpenRAVE 的一个新概念是创建一个身体结构的独特散列。每个机构都有一个在线状态,包括:

- 身体的名称,其链接,其关节;
- 连杆变换,它的速度和加速度;
- 连接体。

所有其他信息独立于环境,可以分为运动学、几何学和主体的动力学。此外,机器人具有用于连杆的传感器和操纵器的类别。规划知识库存储关于身体和机器人的所有缓存的信息,因此它需要以一致的方式索引此信息。通过机器人名称索引是不可靠的,因为每次更改主体结构时都非常难以提醒用户更改名称。因此,OpenRAVE 提供了序列化主体的不同类别并创建 128 位 MD5hash 的功能。规划知识库中的每个模型都依赖于机器人的不同类别。例如:

(1) 逆运动学生成仅使用由机械手和抓握坐标系限定的机器人的子链的运动学;

(2) 运动学可达性关心机器人几何问题,因为它隐式存储自我碰撞的结果;

(3) 逆可达性进一步使用基机器人连杆连接到基座操纵器连杆的链路;

(4) 抓握关心目标体的几何形状以及夹具的运动学和几何形状;

(5) 凸分解只关心链路的几何形状;

(6) 逆动力学只关心每一个环节和运动学的动态性能。

在所有操作系统和编译器中开发一致的索引有几个挑战,因为浮点值在标准化浮点值时会出现浮点错误。然而,这样的索引的想法可以极大地帮助开发世界各地的机器人数据库,任何人都可以使用。

5. 资源文件格式

OpenRAVE 定义了自己的 OpenRAVE XML 格式,允许实例化任何 OpenRAVE 接口和快速建立机器人和运动结构。刚体几何资源几乎可以由任何 3D 文件格式指定。

例如：

- iv，vrml，wrl，stl，blend，3ds，ase，obj，ply，dxf，lwo，lxo，ac，ms3d，x，mesh.xml，irrmesh，irr，nff，off，raw。这些文件可以在<geom>标记内部使用，或者可以直接读入任何环境中的 ReadRobotX 和 ReadKinBodyX 方法来创建单个事件机构。

OpenRAVE 还支持关于 3D 几何和建模的 COLLADA 国际标准。COLLADA 通过这些 OpenRAVE 机器人特定的扩展而得到扩展。

5.2.3 OpenRAVE 公约与准则

1. 几何约定

(1) 内部矩阵是按列顺序的行主格式，这意味着仿射矩阵表示使用标准数学方法。所有矩阵以列主格式序列化，这是为了使 Octave/MATLAB 在矩阵之间转换更简单。注意，python 使用行主矩阵的格式，当传递到两个接口时需要转置。

(2) 四元数，表示旋转的优选方式，用标量值定义为第一分量。例如[w x y z]或[cos sin * axis]。

(3) 姿态是指定为四元数和平移的仿射变换。将它序列化为 7 个值，前 4 个是四元数。

(4) 两个旋转之间的距离是 $\cos^{-1}|q_1 \cdot q_2|$，其中每个旋转表示为四元数。对于彼此接近的旋转，这有时近似为：$\min(|q_1-q_2|,|q_1+q_2|)$。

(5) 联合轴旋转定义为逆时针旋转。

2. 机器人约定

(1) 机器人的上方向在正 z 轴上，前进方向是正 x 轴。

(2) 移动操纵在 XY 平面上进行。

(3) 机器人的原点应该被定义为使得其基部完美地重叠在 $z=0$ 处的平面上，并且当基部形成自然的就地转弯时，z 轴为旋转的中心轴。

(4) 默认环境尺度的所有物体、机器人应以米为单位。有许多默认阈值和参数符合这个约定，而如果不遵循它会导致计算爆炸。更一般的约定是，应该选择单位元，使得机器人的臂长最接近 1。

(5) 机器人、kinbody 中的每个链接、操纵器、传感器、关节都应该有一个名称，以区别于其他。

(6) 首次加载到场景中时机器人的初始配置不能处于自我碰撞状态。

3. 环境公约

添加到环境中的每个机构应该有一个唯一的名称。

5.2.4 OpenRAVE 中机器人概述

OpenRAVE 支持用于指定机器人的 COLLADA 文件格式，并添加了其自己的一组机器人专用扩展。COLLADA 格式可用于指定所有机器人和场景相关信息。COLLADA 文件保存为 dae 的是存储原始 XML 文件的,文件存储为 zae 的存储压缩的 XML 文件的。为了节省空间,OpenRAVE 中的大多数机器人都存储为 zae。

以下是属性可以传递给环境载入和读出的方法:

```
skipgeometry = "true"/"false"
```

是否跳过几何形状。

```
scalegeometry  = "10 10 10"
```

缩放所有物品的所有几何尺寸。

```
PREFIX  = "newname_"
```

添加前缀到所有链接、关节、传感器等。

```
OpenRAVEscheme  = "X1 X2"
```

用于 $ OPENRAVE_DATA 路径的外部引用的方案使用 x1: /或 x2: /指定。如果有管理者权限,请使用 x1: //authority。这些方案都是 OpenRAVE 数据库的别名。

```
uripassword = "URI password"
```

为要在加密存档时对添加条目使用的 URI/密钥键。

以下是属性可以传递给环境的保存和写入方法:

```
externalref  = "bodyname1 bodyname2"
```

如果写入 collada,请指定应通过外部引用导出的名称。如果为 *,则使用外部引用导出身体部位。因为用户可能对机器人参数进行了本地修改,所以导出的内容取决于 forcewirte。

```
ignoreexternaluri  = "URI"
```

一组 URI 到文档,这些文档永远不会被正在保存的当前文档外部引用。用于标记临时 URI。

```
skipwrite = "option1 option2"
```

跳过写这些属性。支持的选项有: * geometry -任何< geometry >对象 * 可读。

```
- From .Interface.GetReadableInterfaces * sensor * manipulator * physics * visual -
<node> hierarchy * link_collision_state
```

跳过写入链接的碰撞状态。

```
forcewrite = "option1 option2"
```

如果使用外部引用，则强制写入这些属性。这些属性可以在运行时由用户设置，并且是更具体的应用程序而不是限定于机器人。如果为 *，然后强制写所有支持的选项。默认情况下，这些值将被假定为包含在外部参考中。选项是：

```
* manipulator * sensor * jointlimit - position, velocity, accel * jointweight - weights,
resolution * readable
```

通过可读接口的参数 * link_collision_state 来写链接冲突状态。

```
OpenRAVEscheme = "customscheme"
```

写外部引用的方案。写程序将尝试将本地系统 URI（file：/）转换为相对于 $OPENRAVE_DATA 路径的相对路径，并使用 customscheme 作为方案。

```
unit = "1.0"
```

在一个距离单元中有多少真实世界中的米。例如，unit ＝"0.001"表示毫米。

```
reusesimilar = "true"/"false"
```

如果为 true，则尝试重用类似的网格和结构以减小大小。

```
password = "????"
```

任何属性都可以通过

```
collada - dom DAE :: getIOPlugin :: setOption
```

来设置。

因为 COLLADA 可能有点难以手动编辑，OpenRAVE 还定义了自己的格式，以帮助用户快速将机器人带入环境。可以使用以下命令将这些自定义 robot 转换为 COLLADA：

```
OpenRAVE - save myrobot.zae myrobot.xml
```

5.2.5 插件与接口说明

1. 编写插件与接口

每个插件需要导出几个函数，如插件导出函数中定义，以通知 OpenRAVE 它有什么接口。当插件首次加载时，它由环境验证，并且它的 OpenRAVEGetPluginAttributes 函数将被调用，以便 OpenRAVE 核心可以注册其提供的接口的名称。插件本身可以通过环境的接口查询功能查询其他插件提供的功能。

1）制作一个简单的接口

下面的示例 plugincpp.cpp 是创建一个名为 MyModule 的 OpenRAVE::ModuleBase 接口，并提供两个命令：numbodies 和 load。编译器看到的第一个 # include 必须是 OpenRAVE/OpenRAVE.h。然后对于主要的 C++ 文件，包括 OpenRAVE/plugin.h 的几个帮助函数。

```
#include <OpenRAVE/OpenRAVE.h>
#include <OpenRAVE/plugin.h>
#include <boost/bind.hpp>
using namespace std;
using namespace OpenRAVE;
namespacecppexamples {
classMyModule :publicModuleBase
{
```

现在注册模块的两个命令。boost::bind 是指定成员函数作为回调所必需的：

```
MyModule(EnvironmentBasePtrpenv) : ModuleBase(penv)
{
__description = "A very simple plugin.";
RegisterCommand( " numbodies", boost:: bind ( &MyModule:: NumBodies, this, _ 1, _ 2 )," returns bodies");
RegisterCommand("load",boost::bind(&MyModule::Load, this,_1,_2),"loads a given file");
}
```

提供成员函数的实现：

```
    boolNumBodies(ostream&sout, istream&sinput)
{
vector<KinBodyPtr>vbodies;
GetEnv()->GetBodies(vbodies);
sout << vbodies.size(); //publish the results
returntrue;
}
```

```
bool Load(ostream&sout, istream&sinput)
{
string filename;
sinput >> filename;
boolbSuccess = GetEnv() - > Load(filename.c_str()); //load the file
returnbSuccess;
}
    };
```

建议插件作者在其主要的 C++文件中包含 OpenRAVE/plugin. h,这将提供导出函数的实现,并要求用户提供一组新的函数 Create Interface Validated 和 Get Plugin Attributes Validated。

提供 MyModule 会看起来像:

```
InterfaceBasePtrCreateInterfaceValidated(InterfaceType type, conststd::string&interfacename,
std::istream&sinput, EnvironmentBasePtrpenv)
{
if( type == PT_Module&&interfacename == "mymodule" ) {
returnInterfaceBasePtr(newcppexamples::MyModule(penv));
}
```

为了告诉 OpenRAVE 我们提供了什么,必须定义:

```
voidGetPluginAttributesValidated(PLUGININFO& info)
{
info.interfacenames[PT_Module].push_back("MyModule");
}
```

2) 制作插件

OpenRAVE 的主构建系统是 cmake,FindOpenRAVE. cmake 可用于查找 OpenRAVE 安装。使用 FindOpenRAVE. cmake 编译插件的 CMakeLists. txt 文件示例如下:

```
    cmake_minimum_required (VERSION 2.6)
project (plugincpp)
find_package(OpenRAVE REQUIRED)
include_directories( ${OpenRAVE_INCLUDE_DIRS})
link_directories( ${OpenRAVE_LIBRARY_DIRS})
add_library(plugincpp SHARED plugincpp.cpp)
set_target_properties(plugincpp PROPERTIES COMPILE_FLAGS " ${OpenRAVE_CXX_FLAGS}" LINK_
FLAGS " ${OpenRAVE_LINK_FLAGS}")
    target_link_libraries(plugincpp ${OpenRAVE_LIBRARIES})
```

如果不使用 CMake,那么开发文件的组织方式如下: Linux 用户根据 OpenRAVE 的安装位置，应在 $ OPENRAVE_INSTALL/bin 目录中创建 OpenRAVE-config。可以调用 OpenRAVE-config-cflags 来获取正确的路径和标志，以包含在 gcc 中以链接到 libOpenRAVE.so 中。

3）使用插件

有几种方法来加载生成的插件。最简单的方法是将其安装目录添加到 OPENRAVE_PLUGINS。OpenRAVE 将在启动时自动加载它。用户可以使用以下方法确认：

```
OpenRAVE --listplugins
```

更明确的方法是使用以下任何一种方法从命令行加载它：

```
OpenRAVE --loadplugin $SOMEPATH/libplugincpp
OpenRAVE --loadplugin $SOMEPATH/libplugincpp.so
OpenRAVE --loadplugin ./libplugincpp.so
```

其中，$ SOMEPATH 是共享对象的绝对/相对路径。

另一种方法是从 C++/Python/API 加载它：

使用 C++语言时：

```
RaveLoadPlugin(env,"plugincpp");
```

使用 Python 语言时：

```
RaveLoadPlugin('plugincpp')
```

使用 Octave 语言时：

```
orEnvLoadPlugin('plugincpp');
```

一旦插件被加载，我们可以创建接口并调用其命令来加载环境并返回主体数量：

使用 C++语言时：

```
ModuleBasePtrprob = RaveCreateModule(env,"MyModule");
env->AddModule(prob,"");
stringstreamsinput, sout;
//input the load command
sinput <<"load data/lab1.env.xml";
if( !prob->SendCommand(sout,sinput) ) {
RAVELOG_WARN("command failed!\n");
}
else {
```

```
sinput.str(""); //have to reset the stream from the previous command
sinput <<"numbodies"; //input the numbodies command
prob -> SendCommand(sout,sinput);
intnumbodies;
sout >> numbodies;
RAVELOG_INFO("number of bodies are: % d\n",numbodies);
}
```

使用 Python 语言时：

```
prob = RaveCreateModule(env,'MyModule')
env.AddModule(prob,args = '')
cmdout = prob.SendCommand('load data/lab1.env.xml')
ifcmdout is None:
raveLogWarn('command failed!')
else:
cmdout = prob.SendCommand('numbodies')
print 'number of bodies are: ',cmdout
```

使用 Octave 语言时：

```
prob = orEnvCreateProblem('MyModule');
orProblemSendCommand('load data/lab1.env.xml',prob);
numbodies = orProblemSendCommand('numbodies',prob);
disp(['number of bodies are: ' num2str(numbodies)])
```

4）记录接口

所有接口文档的格式是广泛采用的标准 reStructuredText。接口的描述和关于它的使用的所有信息应该由两个地方提供：

（1）OpenRAVE :: InterfaceBase :: GetDescription()

返回接口描述的完整文档。如果打开新的部分，不要使用“-”。

reStructuredText 格式的接口文档。“多线程安全”定义在文件 interface.h（也就是上面的代码）的第 84 行。

代码段链接网址为：http://www.OpenRAVE.org/docs/latest_stable/coreapihtml/interface_8h_source.html。

（2）OpenRAVE :: InterfaceBase :: RegisterCommand()

在每个命令注册的帮助字符串。如果打开新的部分，不要使用“-”，“=”和“~”。

```
voidOpenRAVE::InterfaceBase::RegisterCommand(conststd::&cmdname
InterfaceBace::InterfaceCommandFnfncmd
conststd::string &  strhelp
```

其中，cmdname 为命令名称，转换为小写；fncmd 函数为命令执行；strhelp 为 reStructuredText 中的帮助字符串。在文件 interface. cpp 的第 121 行定义。

代码段链接网址为：http://www.OpenRAVE.org/docs/latest_stable/coreapihtml/interface_8cpp_source.html。

5）加载插件

已经设置了许多机制以防止由核加载到不匹配的或者旧的插件。使用旧的插件的界面可能导致意外的崩溃，这很难调试。可以通过 C++的 lexer 运行每个接口，然后创建一个 128 位的唯一的 md5hash，自动地得到接口函数和成员的唯一 hash。为了保护使用不同版本编译的插件，OpenRAVE 使用 cpp-gen-md5 从每个接口类定义创建一个 md5hash，并将它们存储在 OpenRAVE/interfacehashes.h 中。可以使用 OpenRAVE :: RaveGetInterfaceHash 检索接口 hash。对于要成功加载的接口，插件必须检查核心使用的 hash 是否与使用插件编译的 hash 匹配。这些类型的检查确保永远不会加载过时的插件；辅助函数在 OpenRAVE/plugin.h 中提供，作者应该使用所有插件。

2. 基本接口的概念

新接口由插件提供，并动态加载到 OpenRAVE 中。所有接口派生自 OpenRAVE :: InterfaceBase 类，并包含基本信息，如类型、拥有环境、设置用户数据、复制以及允许发送自定义字符串命令。每个实例化接口仅属于一个环境。可以使用 OpenRAVE :: InterfaceBase :: Clone 复制接口。每个接口都可以有自己的自定义命令。发送帮助将返回接口支持的所有命令的列表（认为它是向接口发送命令的命令行方式）。GetDescription()返回一个简要说明功能，作者和插件许可证的字符串。能够注册自定义 xml 阅读器接口。

3. OpenRAVE 目前主要接口

OpenRAVE 标识可以由插件实现的特定接口类别。目前主要的接口类型有：

1）规划器

规划是机器人为了在保持某些约束（例如保持动态平衡或避免与障碍物的碰撞）的同时，从其初始状态到目标状态必须遵循的轨迹或策略。规划器从初始条件产生计划。

在 OpenRAVE 中具体的规划器使用参见网址：http://www.OpenRAVE.org/docs/latest_stable/coreapihtml/arch_planner.html。

2）控制器

每个机器人都要连接到控制器中，用于在其所在环境（模拟或实际）中移动它。控制器提供获取或设置轨迹，并查询机器人当前状态的功能。

在 OpenRAVE 中具体的控制器使用参见网址：http://www.OpenRAVE.org/docs/latest_stable/coreapihtml/arch_controller.html。

3）传感器

传感器（如测距仪或相机）收集有关环境中的信息，并以标准格式返回。传感器可以连接到机器人的任何部分。

在 OpenRAVE 中具体的传感器使用参见网址：http://www.OpenRAVE.org/docs/

latest_stable/coreapihtml/arch_sensor. html。

4）传感器系统

可以根据某些外部输入设备（如运动捕捉系统、视觉相机或激光测距数据），从而任意更新对象姿态估计数据的系统。

在 OpenRAVE 中具体的传感器系统使用参见网址：http://www. OpenRAVE. org/docs/latest_stable/coreapihtml/arch_sensorsystem. html。

5）问题实例

每个问题实例类似于嵌入 OpenRAVE 中的小程序。创建后，通过 SendMessage 函数向主仿真循环和 OpenRAVE 网络服务器注册问题实例。问题实例可以提供操作或导航的特殊功能，并且可以轻松扩展 OpenRAVE 的网络功能。

6）机器人

OpenRAVE 支持具有独特功能的机器人的各种不同的运动结构。例如，用于类人机器人的接口明显不同于轮式移动机器人的接口。提供各种类型的机器人的实现使客户能够更好地利用其结构。

在 OpenRAVE 中具体的机器人使用参见网址：http://www. OpenRAVE. org/docs/latest_stable/coreapihtml/arch_robot. html。

7）反向运动学求解器

可以指定 IK(Inverse Kinematics Solvers)求解器，并返回封闭解或数值解，可用作操作规划器的输入。每个 IK 解算器可以附加到机器人的链接的子集。

在 OpenRAVE 中具体的 OpenRAVE :: IkSolverBase 类参见网址：http://www. OpenRAVE. org/docs/latest_stable/coreapihtml/classOpenRAVE_1_1IkSolverBase. html。

8）物理引擎

OpenRAVE 提供了通过插件使用任何自定义仿真系统库的能力，而无须任何其他插件，也无须了解库的细节或如何链接。

在 OpenRAVE 中具体的物理引擎使用参见网址：http://www. OpenRAVE. org/docs/latest_stable/coreapihtml/arch_physicsengine. html。

当前 OpenRAVE 模型会加载同一主要进程中的所有插件。在兼容性方面，这比将每个插件作为独立过程与另一层通信的灵活性要小。然而，此设计决策的原因是，可能需要以高频率（例如每秒秒数千次）调用一些消息和函数调用，例如碰撞查询。例如，运动计划器可以在搜索期间针对每个候选机器人对 CheckCollision 函数进行调用。虽然可以使用网络协议来执行这些查询，但是跳转到存储器地址比通过共享存储器使用 TCP/IP 要高效得多。类似地，在紧密循环中执行的复杂运动学或物理仿真的查询需要从调用者中抽象实现，并且查询本身又要尽可能快。鉴于这些考虑，在主要进程中加载所有插件的设计决策就不像最初看起来那样严格。计划程序和其他功能仍然能够在多个线程上运行，并且插件可以根据需要通过网络或共享内存连接到其他系统。此外，可以存在多个主要进程，每个实例加载其自己的一组插件并运行其自己的一组计划器。

5.2.6 网络协议和脚本

简要总结了 OpenRAVE 网络服务器,可用的命令提供了以下服务:

- 与机器人控制器通信。
- 读取场景对象,机器人关节值,链接转换和链接几何的状态估计。
- 设置对象姿势和机器人关节角度值。
- 执行对象到对象或物体到对象的碰撞查询。
- 创建或销毁任何机器人、对象、环境或问题实例。
- 向问题实例发送命令并获取结果。
- 在 OpenRAVE 3D 环境可视化 GUI 中绘制点云、线和其他基元。
- 加载和重新加载插件。
- 设置调试模式,调整规划,仿真和 GUI 参数。

在当前实现中,网络命令通过 TCP/IP 发送并且是基于文本的。基于文本的命令允许对数据进行简单的解释,并使支持的脚本语言变得直接,并且协议不限于网络和 TCP/IP 连接。在将来,我们计划通过类似于 ROS [3]的 XML-RPC 实现仲裁层,可以决定在脚本、GUI 和 Core 层之间传输数据的最佳格式和方法。例如,在本地运行到主要进程的脚本时应该自动利用共享内在两个进程之间进行通信。OpenRAVE 目前支持通过网络套接字进行通信的 Octave 和 MATLAB 脚本环境。与 OpenRAVE 功能的交互是无缝的。用户只需设置运行 OpenRAVE 的主机的 IP 地址,所有其他详细信息将自动被处理。

5.3 OpenRAVE 的基础

5.3.1 开始使用 OpenRAVE

OpenRAVEpy 软件包允许 Python 无缝使用 C++ API。绑定是使用 Boost. Python 库开发的,而且因为 OpenRAVEpy 是直接链接到 OpenRAVE 而不是通过网络连接,它允许更自然地进行设置,并有着更短的执行时间。事实上,大多数 python 绑定与精确的 C++ 头文件完全匹配。

这里的主要组成部分是:

- OpenRAVEpy_int——提供 C++ 内部绑定,是使用 Boost Python 生成的。
- OpenRAVEpy_ext——OpenRAVEpy_ext 提供有用的函数/类以供其余类使用。

有 3 个主要组件:

- 数据库软件包——数据库发电机。
- 示例包——可运行的例子。
- 接口封装——通过 OpenRAVE 插件提供的绑定接口。

在 Windows 上,可以在 C:\\Program Files\\OpenRAVE\\share\\OpenRAVE 到

OpenRAVEpy。对于基于 Unix 的系统，后续的命令可用于检索路径：

```
OpenRAVE - config -- python - dir
```

当直接导入 OpenRAVEpy 时，此路径需要被加入到 PYTHONPATH 的环境变量中。对于基于 Unix 的系统，它看起来像：

```
exportPYTHONPATH = $ PYTHONPATH:'OpenRAVE - config -- python - dir'
```

所有的例子都存储在 OpenRAVEpy/examples。例如，最简单的规划示例可以在 OpenRAVEpy/examples/hanoi. py 找到，并执行，通过命令：

```
OpenRAVE. py -- example hanoi
```

每个函数和类的文档字符串会自动从 C++编译文件。只需在 Python 解释器键入：

```
helpenv. CloneSelf # env is an instance of Environment()
helpKinBoby. GetChain # KinBody is a class
helpRobot. Manipulator. FindIKSolution # Robot. Manipulator is a sub - class
```

1. 异常情况

OpenRAVE C++ 异常以 OpenRAVE_exception 类的形式自动转换为 python 中的 OpenRAVE_exception 类。OpenRAVE 异常可以通过以下方式捕获：

```
    try:
env = Environment()
env. Load('robots/barrettwam. robot. xml')
env. GetRobots()[0]. SetDOFValues([])
    exceptOpenRAVE_exception, e:
    print e
```

2. 锁定与线程安全机制

当执行繁重的操作时，应始终锁定环境以防止其他用户更改它。所有环境都是多线程安全的，但是如果文档没有说多线程安全，那么任何其他方法对 kinbodies、机器人、控制器、规划器等而言都不是线程安全的！千万不要尝试没有锁定环境的方法！

锁定是使用 Environment. Lock(dolock)完成的。范围锁定可以使用 try/finally 块或在 python 中通过下面语句实现：

```
    env = Environment()
    # initialization code
    withenv:
# environment is now locked
    env. CheckCollision(...)
```

类似地，在结构和机器人上使用类似的声明来锁定环境并保持它们的状态：

```
    with robot:
robot.SetTransform(newtrans)
robot.SetActiveDOFs(...)
# do work

    # robot now has its previous state restored
```

对于那些想减少环境锁数量的人，可以使用新的 KinBodyStateSaver 和 RobotStateSaver 类：

```
    withenv:
# enviroment locked at this point
withKinBodyStateSaver(body):
# body state now preserved
withRobotStateSaver(robot):
    # robot state now preserved
```

3. 初始化

RaveInitialize()初始化 OpenRAVE 运行，并提供了许多配置选项。选项包括在启动时加载的插件。如果在创建 Environment 时未运行初始化时，系统则会自动调用 RaveInitialize()。

以下示例显示如何启动运行并仅加载一个插件：

```
    try:
RaveInitialize(load_all_plugins = False)
success = RaveLoadPlugin('libbasemanipulation')
# do work
finally:
    RaveDestroy() # destroy the runtime
```

4. 销毁

由于与内部 OpenRAVE 资源的循环依赖关系，环境实例必须使用 Environment. Destroy 进行破坏。为了保证它总是被调用，建议用户使用 try/finally：

```
    try:
env = Environment()
# do work
    finally:
    env.Destroy()
```

此外，当用户关闭程序时，必须使用 RaveDestroy()显式地销毁管理插件资源和环境。

它会破坏所有环境并卸载所有插件：

```
    try:
    env1 = Environment()
    env2 = Environment()
RaveLoadPlugin('myplugin')
# do work
    finally:
    RaveDestroy() # destroys all environments and loaded plugins
```

5. 加载不同版本

如果安装了多个 OpenRAVE 版本，则可以在导入任何内容之前通过将 __OpenRAVEpy_version __变量设置为所需的版本来选择 OpenRAVEpy 的版本。例如：

```
__builtins__.__OpenRAVEpy_version__ = '0.4'
importOpenRAVEpy
```

6. 记录

可以使用 DebugLevel 逐个设置内部 OpenRAVE 的日志记录级别：

```
RaveSetDebugLevel(DebugLevel.Verbose)
```

很多 OpenRAVE Python 绑定直接使用 python 日志模块。为了使用正确的输出句式，初始化它，并使其与内部 OpenRAVE 日志记录级别同步，请使用以下命令：

```
fromOpenRAVEpy.miscimportInitOpenRAVELogging
InitOpenRAVELogging()
```

5.3.2 OpenRAVE 的命令行工具

1. OpenRAVE.py

OpenRAVE. py 脚本试图使 OpenRAVE 的命令行参数更容易使用。它是原始 OpenRAVE 程序提供的函数的超集，它除了支持许多其他有趣的功能，并为所有 OpenRAVEpy 函数提供一个窗口，它还可以自动添加 OpenRAVEpy 到 PYTHONPATH，使其更简单。这里有一些它支持的功能。

在加载指定的特定文件后使用-i 选项打开文件现在会放入 ipython 解释器。例如：

```
OpenRAVE.py -i data/lab1.env.xml
```

输出为：

```
[OpenRAVEpy_int.cpp:2679] viewer qtcoin successfully attached
OpenRAVE Dropping into IPython
In [1]:
```

场景中的第一个机器人自动加载到“robot”变量中，因此可以立即用于脚本操作：

```
    In [1]: robot.GetJoints()
Out[1]:
[<env.GetKinBody('BarrettWAM').GetJoint('Shoulder_Yaw')>,
    <env.GetKinBody('BarrettWAM').GetJoint('Shoulder_Pitch')>, ...]
```

可以启动数据库生成过程：

```
OpenRAVE.py --database inversekinematics --robot=robots/pa10.robot.xml
```

可以执行一个例子：

```
OpenRAVE.py --example graspplanning
```

可以查询所有可执行数据库：

```
OpenRAVE.py -listdatabases
```

输出为：

```
No module named DatabaseGenerator
No module named OpenRAVEGlobalArguments
convexdecomposition
No module named getenv
grasping
No module named h5py
inversekinematics
inversereachability
kinematicreachability
linkstatistics
No module named log
No module named logging
No module named makedirs
No module named metaclass
No module named OpenRAVEpy_int
No module named os
No module named pickle
No module named time
No module named version_info
visibilitymodel
```

```
No module named with_statement
```

可以设置自定义碰撞,物理状态和查看器:

```
OpenRAVE.py --collision=pqp --viewer=qtcoin --physics=ode data/lab1.env.xml
```

可以设置调试方式:

```
OpenRAVE.py --level=verbose data/lab1.env.xml
```

可以执行任意 python 代码:

```
OpenRAVE.py -p "print 'robot manipulators: ',robot.GetManipulators()" robots/pr2-beta-
sim.robot.xml
```

可以执行任意 python 代码,并进入 ipython 解释器:

```
OpenRAVE.py -p "manip=robot.GetActiveManipulator()" -i robots/pr2-beta-sim.robot.xml
```

可以执行任意 python 代码并退出:

```
OpenRAVE.py -p "print('links: '+str(robot.GetLinks())); sys.exit(0)" robots/pr2-beta-
sim.robot.xml
```

鉴于环境 xml 文件现在可以包含任何接口的标签,可以在 XML 中设置所有使用的接口,使用 OpenRAVE.py -i 打开它,并立即开始对状态进行内部设定。

输入以下命令:

```
Usage: OpenRAVE.py [options] [loadable OpenRAVE xml/robot files...]

OpenRAVE 0.9.0

Options:
   --version              show program's version number and exit
   -h, --help             show this help message and exit
   --database             If specified, the next arguments will be used to call
a database generator from the OpenRAVEpy.databases module. The first argument is used to find
the database module. For example: OpenRAVE0.9.py
                          --database grasping
--robot=robots/pr2-beta-
                          sim.robot.xml
   --example              If specified, the next arguments will be used to call
```

```
an example from the OpenRAVEpy.examples module. The first argument is used to find the example
moduel. For example: OpenRAVE0.9.py --example graspplanning
                                            --scene=data/lab1.env.xml
   -i, --ipython               if true will drop into the ipython interpreter rather
than spin
   -p PYTHONCMD, --pythoncmd=PYTHONCMD
                               Execute a python command after all loading is done and
before the drop to interpreter check. The variables available to use are: "env","robots",
"robot". It is possible to quit the program after the command is executed by adding a "sys.exit
(0)" at the end of the command.
   --listinterfaces=LISTINTERFACES
                               List the provided interfaces of a particular type from
all plugins. Possible values are: planner, robot, sensorsystem, controller, module, iksolver,
kinbody, physicsengine, sensor, collisionchecker, trajectory, viewer, spacesampler.
   --listplugins               List all plugins and the interfaces they provide.
   --listdatabasesLists the available core database generators
   --listexamplesLists the available examples.

OpenRAVE Environment Options:
     --loadplugin=_LOADPLUGINS
                               List all plugins and the interfaces they provide.
     --collision=_COLLISION
                               Default collision checker to use
     --physics=_PHYSICS   physics engine to use (default=none)
     --viewer=_VIEWER     viewer to use (default=qtcoin)
     --server=_SERVER     server to use (default=None).
     --serverport=_SERVERPORT
port to load server on (default=4765).
     --module=_MODULES    module to load, can specify multiple modules. Two
arguments are required: "name" "args".
     -l _LEVEL, --level=_LEVEL, --log_level=_LEVEL
                          Debug level, one of
                          (fatal,error,warn,info,debug,verbose,verifyplans)
```

2. OpenRAVE-robot.py

能查询有关 OpenRAVE 可装载的机器人的信息。允许尽可能快地查询机器人连杆、关节、操纵器、传感器的简单信息。例如，获取所有操纵器的信息，代码如下：

```
OpenRAVE-robot.py robots/pr2-beta-static.zae --info manipulators
```

或者可以只获取操纵器名称的列表：

```
OpenRAVE - robot.py robots/pr2 - beta - static.zae -- list manipulators
```

每个机器人可以根据被查询的信息保存几种不同类型的 hash 值。hash 值使用-hash 选项检索：

```
OpenRAVE - robot.py data/mug1.kinbody.xml -- hash body
OpenRAVE - robot.py robots/barrettsegway.robot.xml -- hash robot
OpenRAVE - robot.py robots/barrettsegway.robot.xml -- manipname = arm -- hash kinematics
```

输入以下命令行：

```
Usage: OpenRAVE - robot.py OpenRAVE - filename [options]


Queries information about OpenRAVE - loadable robots


Options:
  - h, -- help              show this help message and exit
  -- list = DOLIST          Lists the manipulators/sensors/links/joints names of
the robot.
  -- info = DOINFO          Prints detailed information on
manipulators/sensors/links/joints information of a
robot.
  -- hash = DOHASH          If set, will output hashes of the loaded body
depending if manipname or sensorname are set. Can be
one of (body,kinematics,robot)
  -- manipname = MANIPNAME
if manipulator name is specified will return the
manipulator hash of the robot
  -- sensorname = SENSORNAME
if manipulator name is specified will return the
sensor hash of the robot
```

3. OpenRAVE-createplugin.py

用于设置项目目录和用于创建 OpenRAVE 插件和可执行文件的初始文件。

下面这个命令行将创建一个插件，提供一个 MyNewModuleModuleBase：

```
OpenRAVE - createplugin.pymyplugin -- module MyNewModule
```

输入以下命令行：

```
Usage: OpenRAVE - createplugin.py pluginname [options]

Sets up a project directory and initial files for creating OpenRAVE plugins
```

```
and executables.

Options:
  -h, --help            show this help message and exit
  --usecore             If set, will create an executable that links to the
core instead of creating a plugin.
  --planner=PLANNER     create a planner interface
  --robot=ROBOT         create a robot interface
  --sensorsystem=SENSORSYSTEM
create a sensorsystem interface
  --controller=CONTROLLER
create a controller interface
  --module=MODULE       create a module interface
  --iksolver=IKSOLVER   create a iksolver interface
  --kinbody=KINBODY     create a kinbody interface
  --physicsengine=PHYSICSENGINE
create a physicsengine interface
  --sensor=SENSOR       create a sensor interface
  --collisionchecker=COLLISIONCHECKER
create a collisionchecker interface
  --trajectory=TRAJECTORY
create a trajectory interface
  --viewer=VIEWER       create a viewer interface
  --spacesampler=SPACESAMPLER
create a spacesampler interface
```

4. OpenRAVE

能用C++编写的可以启动OpenRAVE环境和加载模块的简单可执行文件。它提供简单的参数配置,便于测试。可以将机器人保存到其中:

```
[OpenRAVE.cpp:93] OpenRAVE Usage
--nogui             Run without a GUI (does not initialize the graphics engine nor communicate
with any window manager)
--hidegui           Run with a hidden GUI, this allows 3D rendering and images to be captured
--listplugins       List all plugins and the interfaces they provide
--loadplugin [path] load a plugin at the following path
--serverport [port] start up the server on a specific port (default is 4765)
--collision [name]  Default collision checker to use
--viewer [name]     Default viewer to use
--server [name]     Default server to use
--physics [name]    Default physics engine to use
-d [debug-level]    start up OpenRAVE with the specified debug level (higher numbers print
more).
                    Default level is 2 for release builds, and 4 for debug builds.
```

```
- wdims [width] [height] start up the GUI window with these dimensions
- wpos x y set the position of the GUI window
-- module [modulename] [args] Start OpenRAVE with a module. If args involves spaces, surround
it with double quotes. args is optional.
-- version            Output the current OpenRAVE version

- f [scene]           Load aOpenRAVE environment file
```

5. OpenRAVE-config

用于查找 OpenRAVE 安装目录，使用的库，标题和共享文件。

输入以下命令：

```
Usage:OpenRAVE - config [ -- prefix[ = DIR]] [ -- exec - prefix[ = DIR]] [ -- version] [ --
cflags] [ -- libs] [ -- libs - core] [ -- libs - only - l] [ -- libs - only - L] [ -- cflags - only
- I] [ -- shared - libs] [ -- python - dir] [ -- octave - dir] [ -- matlab - dir] [ -- share - dir]
[ -- usage | -- help]
```

5.3.3 写 OpenRAVE 文档

1. 插件

创建 OpenRAVE 插件允许其他人通过 RaveCreateX 方法来连接接口，从而看到和使用用户的工作。虽然强烈建议开始使用 Python/Octave，但最终也是用户应该创建插件以通过它们提供相应的功能。

创建插件的最简单的方法是通过 OpenRAVE-createplugin. py 程序。

例如，以下命令将创建一个提供 MyNewModule Module 的插件：

```
OpenRAVE - createplugin.pymyplugin -- module MyNewModule
```

这将创建一个 myplugin 目录，其中写入所有的文件。下面是为了编译和测试它：

```
    cdmyplugin
make
    python testplugin.py
```

默认情况下，新的插件/可执行文件存储在构建文件夹中。创建以下文件以帮助用户开始：

CMakeLists. txt——用于创建 Makefiles 和 Visual Studio 解决方案。

Makefile——对于 Unix 用户，键入“make”来构建 CMake 项目。

myplugin. cpp——主要的 C++ 文件。

testplugin. py——将加载 OpenRAVE 中的插件并调用其 SendCommand 功能。

scenes/robots——保存场景和机器人文件的目录。

2. 编程

也可以通过与 OpenRAVE-core 库链接来在程序中创建和使用 OpenRAVE。创建示例程序的最简单的方法是：

```
OpenRAVE - createplugin.pymyprogram -- usecore
```

这是创建一个 OpenRAVE 环境和加载场景的简单程序。创建环境时不附加任何查看器。

5.3.4 环境变量

1. OPENRAVE_DATA

搜索路径/URL 用于加载 robot/environment/model 文件。使用 OpenRAVE 安装的机器人和场景将始终可访问，因此无须再次指定。

使用"："分隔每个目录(Windows 环境下使用"；")。

2. OPENRAVE_DATABASE

用于加载由 OpenRAVE 数据库系统创建的数据库文件的搜索路径。数据库用于存储有关机器人、目标对象和传感器的有用信息和统计信息，这些信息和统计信息需要很长时间才能预先计算或同步到真实数据。写入时，使用第一个有效目录。如果未设置环境变量，则使用 $ OPENRAVE_HOME。

使用"："分隔每个目录(Windows 环境下使用"；")。

3. OPENRAVE_HOME

用于设置 OpenRAVE 本地缓存和日志文件的目录。默认目录为 $ HOME/.OpenRAVE。

4. OPENRAVE_PLUGINS

在启动时，OpenRAVE 搜索这些目录中的每个共享对象/dll 插件并加载它们。默认插件总是加载，因此不需要再次包含它们。

使用"："分隔每个目录(Windows 环境下使用"；")。

5.4 OpenRAVE 运用与展望

5.4.1 OpenRAVE 的运用项目举例

1. 与 ROS(Robot Operation System)的应用

任何机器人系统都应该通过视觉反馈、传感器回路和更高层次的推理来处理自主操纵。OpenRAVE 可以在许多不同的场景中使用。

(1) 有一个 OpenRAVE 实例进行规划，用户想要所有的控制器和传感器馈送信息给它。我们称为 Master。

(2) 在 Master 之外，有 OpenRAVE 实例，它包装硬件和仿真控制器，生成仿真的传感器数据。这些实例发布到 ROS 网络，通常馈送到 MasterOpenRAVE。

1) OpenRAVE 插件连接到 ROS

有几个 OpenRAVE/ros 插件，在内部创建节点和发布和获取消息。这些包可以在 jsk-ros-pkg(https://sourceforge.net/projects/jsk-ros-pkg/? source=navbar)中找到。

operaveros——可以通过 ROS 网络向 OpenRAVE 发送命令。在 operaveros tutorials 中有部分内容(http://wiki.ros.org/OpenRAVEros_tutorials)。

OpenRAVE sensors——获取 ROS 消息以传输传感器数据到 OpenRAVE(由 Master 加载的数据)。

operave robot control——用于通过 ROS 网络来控制机器人的简单回话窗口，operave 是底层的客户端，注意在 lib 文件夹中有一个 librobot_control.so OpenRAVE 插件，是主控插件。

schunk motion controllers——连接到 Schunk 硬件接口并给出指令来控制机器人。

orrosplanning——额外插件，用来读取传感数据并把它展示在 OpenRAVE 中。例如，如果有一个节点 plublishingcheckerboard_detector/ObjectDetection 消息，则可以使用 ObjectTransform OpenRAVESensorSystem 接口在环境中显示对象。

2) 组件部分内容

ControllingRobots——通过 ROS 使用 OpenRAVE 控制机器人。

(参考链接：http://OpenRAVE.programmingvision.com/wiki/index.php/ROS:ControllingRobots.)

Sensors——通过 ROS 发布 OpenRAVE 传感器数据。

(参考链接：http://OpenRAVE.programmingvision.com/wiki/index.php/ROS:sensors.)

ROS:Object Detection——简单的对象检测和将对象插入到环境中。

(参考链接：http://OpenRAVE.programmingvision.com/wiki/index.php/ROS:Object_Detection.)

2. 其他

例如，在 Intel Research Pittsburgh 中的 Personal Robotics。

OpenGRASP——OpenGRASP 是一个用于抓取和灵活操作的开源仿真工具包。它支持创建和添加新功能以及集成了现有的和广泛使用的技术和标准。

Modular Robots——OpenMR 是一个 OpenRAVE 模块化机器人插件，用于模拟模块化机器人的运动。

此外，还有：Constrained Manipulation Planning Suite(CoMPS)、Planning Arm System、RTC-OpenRAVE、Open Probabilistic Roadmap Planning、SmartSoft Toolchain、Fawkes Robotics、Arm Model-Based Hierarchical Planner、Box Packing Robot、Lego Project、MiniHubo。

5.4.2 OpenRAVE 的展望

OpenRAVE 中使用传感器反馈模拟 6 自由度机器人手臂的性能变得足以胜任，并且足够稳定地处理机器人模拟，包括对象抓取、求解逆运动学、运动规划等。

在 OpenRAVE 使用其物理引擎的帮助下，可以在虚拟环境中模拟更多任务，这与在真实世界使用其物理引擎非常相似(仿真度非常高)。利用传感器反馈，模拟器可以执行复杂的动作，例如以更高的成功率抓取不规则或复杂的物体。与对象抓取相关的研究可以使用 OpenRAVE 进一步研究。此外，OpenRAVE 会更加实用，如果 OpenRAVE 中的轨迹规划器的计算结果可以把每个关节的命令输出给各种机器人，让模拟器指导它在现实世界中执行任务。如果是这样，许多机器人研究在 OpenRAVE 的帮助下将非常高效和简单。

目前，OpenRAVE 没有能力计算对象和机器人手之间的接触力。如果解决了判断接触力是否足够大以抓握物体，模拟器将会变得非常适合于对象抓取的机器人模拟研究。

OpenRAVE 为在现实世界的机器人应用中测试，开发和部署运动规划算法提供了一个环境。主要关注与运动规划相关的运动学和几何信息的模拟和分析。OpenRAVE 独立的性质允许轻松集成到现有的机器人系统中。它提供了许多命令行工具来使用机器人和规划器，并且运行时核心足够小，可以在控制器和更大的框架内使用。

本章小结

本章主要介绍 OpenRAVE 的基础知识和应用。OpenRAVE 主要应用于机器人的运动规划，在这里应当与前两个功能全面的机器人仿真软件区别开来，重点关注 OpenRAVE 的主要特性和用途。

参考文献

[1] http://www.openrave.org/.

[2] Diankov R, Kuffner J. OpenRAVE: A Planning Architecture for Autonomous Robotics[J]. Robotics Institute, 2011.

[3] Ivo Batistić, Jadranka Stojanovski. Simulation of work of a robotic system in openrave program environment[J]. 2013: 61.

[4] Hlupić S, Jerbić B. Robotic system simulation in OpenRAVE programming environment. [J]. 2013.

[5] Diankov R. Manipulation Planning for the JSK Kitchen Assistant Robot Using OpenRAVE[J].

第三篇　机器人操作系统基础与应用

机器人操作系统的概述

ROS 的诞生

随着机器人技术的快速发展，对机器人代码的可重用性和模块化的需求越来越大。在 2010 年，Willow Garage 机器人公司发布的一个开源的操作系统称为 Robot Operating System（机器人操作系统），简称 ROS。随着这个操作系统的推出，在机器人的研究领域很快就引发了人们对 ROS 的学习和应用热潮。为什么 ROS 具有如此的魅力？下面将对 ROS 的功能和应用进行介绍。

在 ROS 的官方网站（http://wiki.ros.org）中，关于 ROS 的简要介绍如下：ROS 提供一系列程序库和工具以帮助软件开发者创建机器人应用软件。同时，它还提供了硬件抽象、设备驱动、函数库、可视化工具、消息传递和软件包管理等诸多功能。

然而对于初学者而言，以上的简单介绍很难让他们深入了解 ROS 的功能，下面进行更深一步的解析。

首先 ROS 提供了一个标准的操作系统，包括硬件抽象、底层设备控制、常用函数的实现、进程间消息传递和包管理。基于这个标准系统，用户可以容易地构建和编写自开发代码所需要的工具和库。并且，自开发的代码也可以在多台计算机共享使用，大大提高了自开发代码的可移植性。

ROS设计的主要目标是在机器人的研发中提高代码的重复利用率。ROS是一个分布式的处理框架，这使得可执行文件可以被单独设计，而且具有松散耦合的特点。这些过程可以被封装成数据包和栈，因此能够被进一步地发布和共享。ROS也支持联合系统的代码库，因此协作也可以是分布式的制定独立的决策和实施。上面所有的这些功能可以通过基本的ROS工具来实现。

ROS本身虽然并不是一个实时框架，但是它可以将ROS和实时的代码进行集成。典型的集成例子如Willow Garage PR2，它使用一个称为pr2etherCAT的系统，这个系统可以在一个实时的进程中传输ROS的消息。此外，ROS还具有许多可用的实时工具包。

目前，ROS主要运行在UNIX平台上，有关ROS的软件主要是在Ubuntu和Mac OS X系统上测试的。但是，通过ROS community，它也支持Fedora，Gentoo，Arch Linux和其他Linux平台。

ROS的主要特性

ROS的运行架构是一种使用ROS通信模块实现模块间P2P的松耦合的网络连接的处理架构，它执行若干种类型的通信，包括基于服务的同步远程过程调用(RPC)通信、基于Topic的异步数据流通信，还有参数服务器上的数据存储。

ROS的主要特性如下。

1. 分布式通信

ROS是一个包括了一系列进程的系统，这些进程存在于许多不同的主机中，在运行过程中相互之间通过end-topology通信。ROS的点对点设计和节点管理机制能够分散计算机视觉和语言识别等功能带来的实时计算超负荷压力，改善这些问题。尽管这些基于中央服务器的软件框架能够实现多进程和多主机带来的好处，但是当计算机是通过不同网络进行连接时，中央数据服务器将出现问题。

2. 语言独立性

在进行程序设计的过程中，大部分程序员倾向于选择他们所习惯、擅长的语言。针对这种情况，ROS设计了一个语言中立框架，因此能够支持与不同的计算机语言，如C++、Python、Octave、LISO以及其他一系列编程语言。ROS的特殊之处主要在于它的消息通信层——端对端的连接和配置利用XML-RPC机制进行实现，同时XML-RPC也包含了大多数主要语言的合理实现描述。ROS的设计者想要ROS更自然地使用多种语言，更符合各种语言的语法规则，而不只是基于C语言的接口。在某些情况下，利用已经存在的库封装后支持更多新的语言是很方便的，例如Octave的客户端就是通过C++的封装库进行实现的。为了支持交叉语言，ROS利用了简单、独立的接口定义语言去描述模块之间的消息传送。接口定义语言使用了简短的文本去描述每条消息的结构，同时也允许消息的合成。

3. 简便的代码复用

大多数已经存在的机器人软件工程都包含了可以在工程外重复使用的驱动和算法。不幸的是，由于多方面的原因，大部分代码的中间层都过于混乱，以至于很难从中提取出它的功能，进而很难把它们从原型中提取出来，并应用到其他方面。为了改善这种状况，我们鼓励将所有的驱动和算法逐渐发展成为和ROS没有依赖性单独的库。基于ROS建立的系统具有模块化的特点，各模块中的代码可以单独编译，而且编译使用的CMake工具使它很容易地就实现精简的理念。ROS基本上已经将复杂的代码封装在库里，并且创建了一些小的应用程序用来显示库的功能。这样就允许了对简单的代码超越原型进行移植和重新使用。作为一种新加入的优势，单元测试的代码在库分散也变得非常容易，一个单独的测试程序可以测试库中的很多特点。

ROS利用了很多已经存在的开源项目的代码，例如，从Player项目中借鉴了驱动、运动控制和仿真方面的代码、从OpenCV中借鉴了视觉算法方面的代码、从OpenRAVE借鉴了规划算法的内容。在每一个实例中，ROS都用来显示多种多样的配置选项以及和各软件之间进行数据通信，也同时允许对它们进行微小的包装和改动。ROS可以不断地从社区维护中进行升级，包括从其他的软件库、应用补丁中升级ROS的源代码。

4. 精致的内核设计

为了管理复杂的ROS软件框架，设计者并不是通过构建一个庞大的开发和运行环境，而是利用了大量的小工具去编译和运行多种多样的ROS组建来设计系统内核。这些工具担任了各种各样的任务，例如，组织源代码的结构、获取和配置参数、形象化端对端的拓扑连接、测量频带使用宽度、生动的描绘信息数据、自动生成文档等。尽管我们已经通过像全局时钟和控制器模块的记录器来测试核心服务，但是还是希望能把所有的代码模块化，因为在效率上的损失远远是稳定性和管理的复杂性无法弥补的。

5. 免费且开源的代码

ROS所有的源代码都是公开发布的。这将必定促进ROS软件各层次的调试，不断地改正错误。虽然像Microsoft Robotics Studio和Webots这样的非开源软件也有很多值得赞美的属性，但是我们认为一个开源的平台也是无可替代的。当硬件和各层次的软件同时设计和调试的时候，这一点是尤为明显的。

ROS的层次概念

如果根据ROS系统代码的维护者和分布来分层，ROS主要由以下两大部分构成：

(1) main：核心部分，主要由Willow Garage公司和一些开发者设计、提供以及维护。它提供了一些分布式计算的基本工具以及编写整个ROS的核心部分的程序。

(2) universe：全球范围的代码，有不同国家的ROS社区组织开发和维护。一种是库的代码，如OpenCV、PCL等；库的上一层是从功能角度提供的代码，如人脸识别，它们通过调用下层的库来实现功能；最上层是应用级的代码，让机器人完成某一确定的功能。

一般来说，学界经常从另一个角度对 ROS 分级，主要分为三个级别：计算图级(ROS Computation Graph Level)、文件系统级(ROS Filesystem Level)、社区级(ROS Community Level)。分别介绍如下。

1. 计算图级

计算图是 ROS 处理数据的一种点对点的网络形式。程序运行时，所有进程以及它们所进行的数据处理，将会通过一种点对点的网络形式表现出来。这一级主要包括几个重要概念：节点(node)、消息(message)、主题(topic)、服务(service)。

1) 节点

节点就是一些执行运算任务的进程。ROS 具有的规模可增长特性是利用代码模块化来实现的：一个典型的系统就是由很多节点组成的。在这里，节点也可以被称为“软件模块”。使用“节点”使得基于 ROS 的系统在运行的时候更加形象化：当许多节点同时运行时，可以很方便地将端对端的通信绘制成一个图表，在这个图表中，进程就是图中的节点，而端对端的连接关系就是其中弧线连接。

2) 消息

节点之间是通过传送消息进行通信的。每一个消息都是一个严格的数据结构。这个数据结构支持标准的数据类型(如整型、浮点型、布尔型等)，也支持这些类型所组成的数组类型，并且它也支持包含任意数据类型的嵌套结构和数组(类似于 C 语言的结构体)。

3) 主题

主题是指消息以一种发布(Publish)/订阅(Subscribe)的方式传递。一个节点可以在一个给定的主题中发布消息，也可以关注、订阅某个主题特定类型的数据。可能同时有多个节点发布或者订阅同一个主题的消息。总的来说，发布者和订阅者不了解彼此的存在。

4) 服务

虽然基于主题的发布/订阅模型是很灵活的通信模式，但是它广播式的路径规划并不适合于可简化节点设计的同步传输模式。在 ROS 中，一个服务代表着用一个字符串和一对严格规范的消息定义：一个用于请求，另一个用于回应。这类似于 Web 服务器，Web 服务器是由 URIs 定义的，同时带有完整定义类型的请求和回复文档。需要注意的是，一个节点可以以任意独有的名字广播一个服务：只有一个服务可以称之为“分类象证”，例如，任意一个给定的 URI 地址只能有一个 Web 服务器。

2. 文件系统级

ROS 文件系统级指的是在硬盘上面查看的 ROS 源代码的组织形式。ROS 中有无数的节点、消息、服务、工具和库文件，需要有效的结构去管理这些代码。在 ROS 的文件系统级，有以下两个重要概念：包(Package)与堆(Stack)。

1）包

ROS的软件以包(Package)的方式组织起来。Package包含节点、ROS依赖库、数据套、配置文件、第三方软件，或者任何其他逻辑构成。包的目标是提供一种易于使用的结构，以便于软件的重复使用。

2）堆

堆是包的集合，它提供一个完整的功能，像“navigation stack”。Stack与版本号关联，同时也是如何发行ROS软件方式的关键。

ROS是一种分布式处理框架。这使可执行文件能被单独设计，并且在运行时松散耦合。这些过程可以封装到包和堆中，以便于共享和分发。

Manifests(manifest.xml)：提供关于Package元数据，包括它的许可信息和Package之间依赖关系，以及语言特性信息(如编译优化参数)。

Stack manifests(stack.xml)：提供关于Stack元数据，包括它的许可信息和Stack之间依赖关系。

3. 社区级

ROS的社区级概念是在ROS网络上进行代码发布的一种表现形式。

代码库的联合系统使得协作亦能被分发。这种从文件系统级别到社区一级的设计让不同开发者独立地发展和实施工作成为可能。正是因为这种分布式的结构，使得ROS迅速发展，软件仓库中包的数量以指数级增加。

第6章 机器人操作系统的基础

6.1 ROS的安装与测试

6.1.1 虚拟机与Ubuntu的安装

虚拟机(Virtual Machine)指通过软件仿真一个完整的计算机系统,它可以使用本机的硬件系统,但同时与主要的计算机系统完全隔离。本章节将展示如何在虚拟机中安装Ubuntu 14.04操作系统以及如何在Ubuntu中使用ROS,下面以虚拟机软件VMware Workstation 10为例向读者介绍。

(1) 在Ubuntu的网站(https://www.ubuntu.com/download)下载后缀名为iso的Ubuntu镜像文件,注意相应的版本和计算机位数。

(2) 启动VMware Workstation,并选择创建虚拟机,进入新建虚拟机向导界面,如图6-1所示。

图6-1 虚拟机向导界面

(3) 如图 6-2 所示，选择“典型”的配置，安装来源选择，并选择“稍后安装操作系统”，然后选择“Linux”和相应的版本。

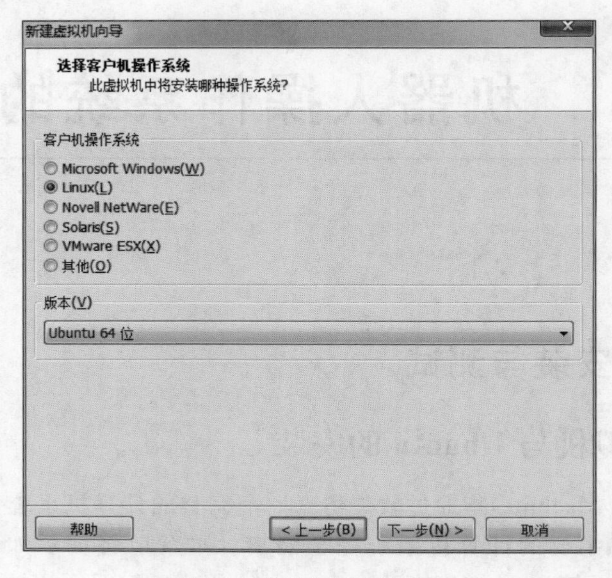

图 6-2　虚拟机安装界面一

(4) 命名虚拟机的名称，并选择好相应的安装位置；如图 6-3 所示，然后根据自己的需求指定磁盘的容量，从而完成了虚拟机的创建。此时，在“我的计算机”一栏可以显示出我们已创建的虚拟机。

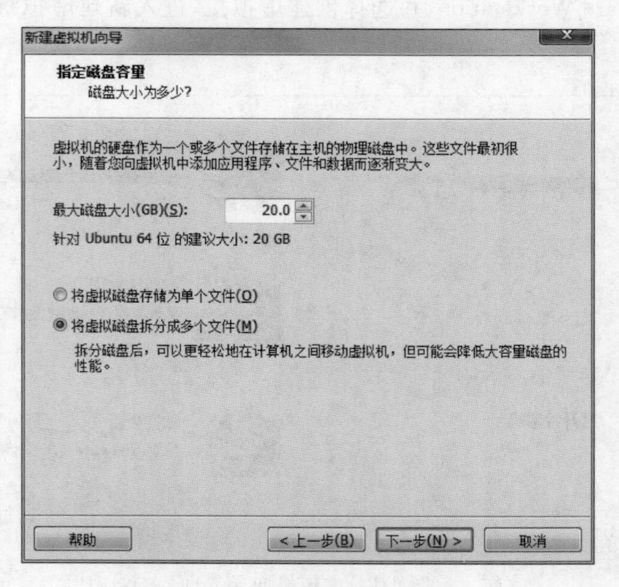

图 6-3　虚拟机安装界面二

(5) 如图 6-4 所示，虚拟机的设置，在硬件的 CD/DVD 一栏中选择使用已下载的 ISO 文件。

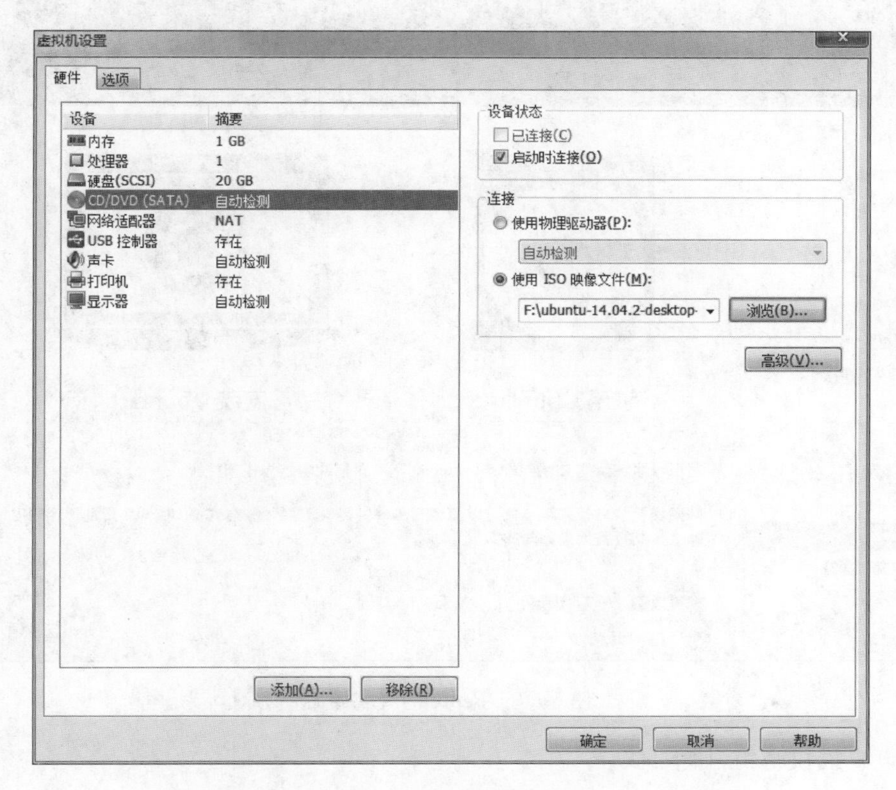

图 6-4　虚拟机安装界面三

(6) 设置完开启虚拟机，从而进入 Ubuntu 的安装界面。如图 6-5 所示，根据自己的需求选择相应的安装设置，完成 Ubuntu 的安装。

需要说明的是，使用 VMware Workstation 安装 Ubuntu 不局限于以上的方法。使用这种方法的好处是在安装的过程中无须联网下载过多的系统更新，节省时间。安装完成后，在相应的系统安装位置生成了相应的虚拟机系统文件。

6.1.2　ROS 的安装

ROS 有三个版本，下面只介绍 ROS 的 Indigo 版本在 Ubuntu 14.04 安装的详细步骤。

① 配置 Ubuntu 的存储库。使它允许“restricted”“universe”和“multiverse”。一般来说，它们已经被正确地配置，只需要确认以上的配置。

② 添加 ROS 的源列表。打开 Ubuntu 的终端窗口，输入以下指令添加 ROS 的源列表：

```
$ sudo sh -c 'echo "deb http://packages.ros.org/ros/ubuntu trusty main" > /etc/apt/sources
.list.d/ros-latest.list'
```

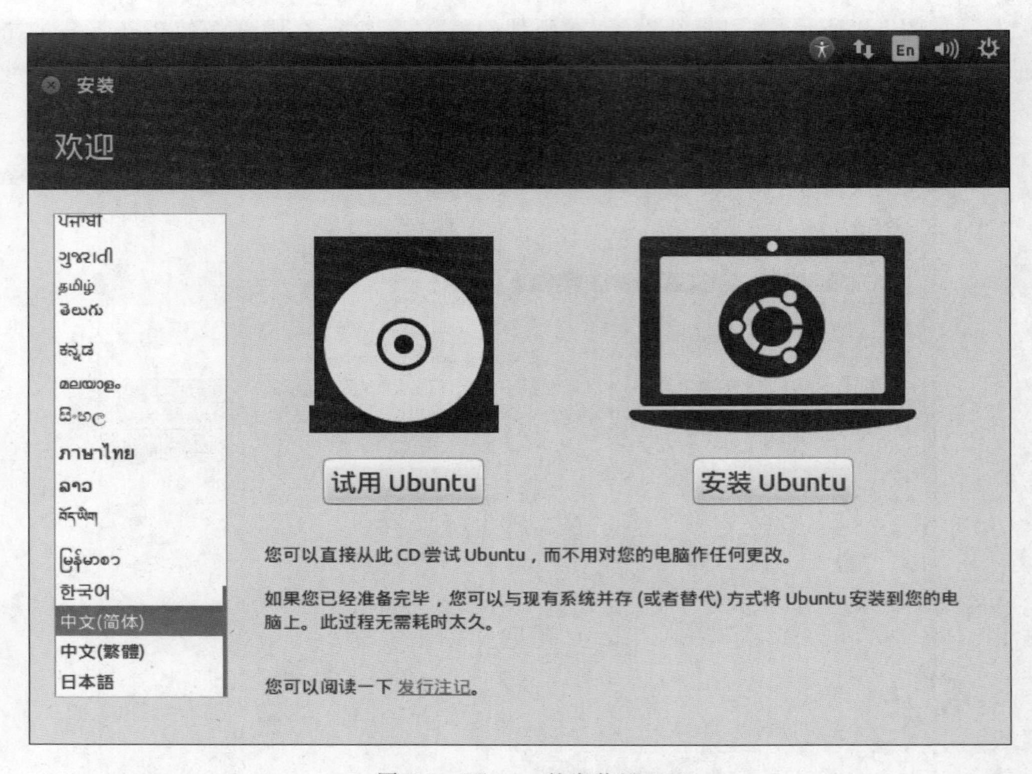

图 6-5 Ubuntu 的安装界面

③ 设置授权密钥，如下：

```
$ wget http://packages.ros.org/ros.key -0 - | sudo apt-key add -
```

④ 更新软件包，如下：

```
$ sudo apt-get update
```

⑤ 完整安装 ROS Indigo 版本，如下：

```
$ sudo apt-get install ros-indigo-desktop-full
```

注：在安装的过程中可能会得到一个提示“hddtemp”，可以输入“No”，继续下一步的安装。

⑥ 初始化 rosdep 如下：

```
$ sudo rosdep init
$ rosdep update
```

⑦ 安装 rosinstall 如下：

```
$ sudo apt - get install python - rosinstall
```

创建开发工作空间时的步骤如下：

① 创建 ROS 工作空间如下：

```
$ mkdir -p ~/ros_ws/src
```

② 设置 ROS 源如下：

```
$ source /opt/ros/indigo/setup.bash
```

③ 创建和安装如下：

```
$ cd ~/ros_ws
$ catkin_make
$ catkin_make install
```

6.1.3　turtlesim 例子的测试

当安装好 ROS 时，可使用 turtlesim 仿真器中一个简单的例子进行测试。首先打开三个不同的终端，分别在窗口中输入以下三个命令，并逐一执行：

对于终端一：

```
roscore
```

对于终端二：

```
rosrun turtlesim turtlesim_node
```

对于终端三：

```
rosrun turtlesim turtle_teleop_key
```

执行 3 个指令后，将弹出以下的一个名为“TurtleSim”的仿真窗口，在图像界面中有一个海龟。此时，切换到终端三的界面中，通过键盘的方向键可控制海龟进行运动。其中，“→”和“←”改变海龟的方向，“↑”和“↓”控制海龟的前进与后退。海龟在移动过程中，背景界面会记录爬行的轨迹，如图 6-6 所示。

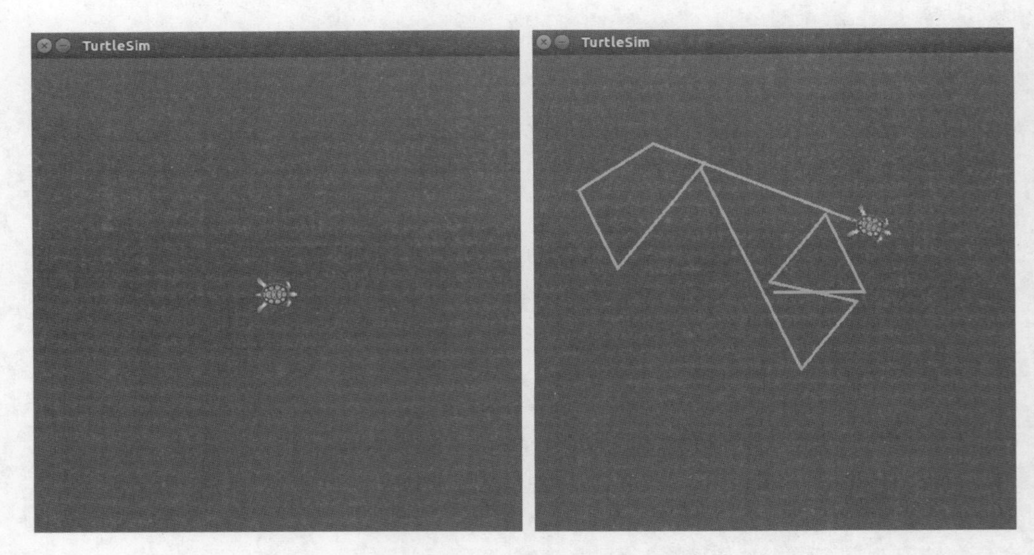

图 6-6 仿真实例：控制海龟移动

6.2 ROS 的基本概念与命令

6.2.1 程序包(packages)

程序包，简称为包，是 ROS 应用程序代码的组织单元。程序包中有一个重要的清单：Manifests 清单(package. xml)。它提供有关软件包的元数据，包括其名称、版本、描述、许可证信息、依赖关系和其他元信息(如导出的软件包)。

下面介绍程序包中常用的操作命令。

1. 查看软件包列表

```
rospack list
```

说明：运行该命令将会获取系统中已安装的所有 ROS 程序包，并以列表的形式呈现在窗口下面。

例如：输入命令：

```
rospack list
```

运行结果为：

```
actionlib /opt/ros/indigo/share/actionlib
actionlib_msgs /opt/ros/indigo/share/actionlib_msgs
```

```
actionlib_tutorials /opt/ros/indigo/share/actionlib_tutorials
……
```

其中，actionlib，actionlib_msgs，actionlib_tutorials 为程序包的名称，后面为程序包所在的目录。

2. 查找某程序包所在的目录

```
rospack find + package - name(程序包的名字)
```

说明：运行该命令能够获取某个程序包所在的目录。在这里，给读者们提供一个常用的小技巧，因为程序包的路径以及名称通常都比较冗长难记，因此，假如读者不能清楚记得某个程序包的名称时，可以通过 tab 命令补全的方法获取完整的程序包名称：即输入名称开头几个字母后，通过按下两次 Tab 键，便可获取所有以这些字母开头的程序包。

例如：(1) 如查找程序包 camera_calibration 的目录，输入命令：

```
rospack find actionlib
```

运行结果为：

```
/opt/ros/indigo/share/actionlib
```

(2) 输入 rospack find actionlib 后，可以通过按两次 Tab 键，获取以"actionlib"开头的程序包，运行结果如下：

```
actionlib          actionlib_msgs        actionlib_tutorials
```

3. 查看程序包

```
rosls package - name
```

说明：运行该命令能够获取该程序包目录下的所有文件。

例如：通过前面的例子可以知道，actionlib 的目录为：opt/ros/indigo/share/actionlib，如图 6-7 所示，通过查找该目录可得到该目录下有以下 4 个文件(夹)，用以下命令进行验证，输入命令。

```
rosls actionlib
```

运行结果为：

```
action cmake msg   package.xml
```

图 6-7 程序包中的文件夹

4. 访问程序包

```
roscd package - name
```

说明：通过运行该命令可以访问某程序包的目录。

例如，输入如下命令：

```
roscd actionlib
```

运行结果为：

```
/opt/ros/indigo/share/actionlib $
```

它将当前的目录切换到 actionlib 的目录，从而可以对该目录中的文件进行下一步操作。

6.2.2 节点(Nodes)和节点管理器(Master)

节点：节点是执行计算的进程。ROS 设计为以节点为单位进行模块化；机器人控制系统通常包括许多节点。例如，一个节点控制激光测距仪，一个节点控制车轮电动机，一个节点执行定位，一个节点执行路径规划，一个节点提供系统的图形视图等。ROS 的节点管理器提供名称注册和查找计算图形的其余部分。没有节点管理器，节点将无法找到彼此，执行交换消息或调用服务。

节点实质上是一个可执行文件，它可以通过 ROS 与其他节点进行通信。而在 ROS 中，实现节点与节点之间的关键部分为节点管理器。运行 ROS 的工作流程是：在一个终端中启动节点管理器，然后再打开其他终端运行其他程序。例如，前面的海龟仿真例子，先在一个终端中运行 roscore，然后在另外两个终端分别运行相关的程序。

1. 启动节点管理器

```
roscore
```

说明：当运行完所有与 ROS 相关的程序时，可通过 Ctrl+C 组合键停止节点管理器。

2. 启动节点

```
rosrun package - name executable - name
```

例如：海龟仿真在另外两个终端运行的命令为：

```
rosrun turtlesim turtlesim_node
```

和

```
rosrun turtlesim turtle_teleop_key
```

其中，turtlesim 为程序包名称，turtlesim_node 和 turtle_teleop_key 为可执行文件名。

3. 查看节点列表

```
rosnode list
```

说明：运行该命令能够获取当前时间内正在运行的节点信息。

例如：运行海龟仿真时，可以看到 3 个节点的列表：

```
/rosout
/teleop_turtle
/turtlesim
```

4. 查看节点

```
rosnode info node - name
```

说明：运行该命令能够获得某个节点的信息。

例如：查看 turtlesim 的信息，输入命令：

```
rosnode info turtlesim
```

运行结果为：

```
Node [/turtlesim]
Publications:
 * /turtle1/color_sensor [turtlesim/Color]
 * /rosout [rosgraph_msgs/Log]
 * /turtle1/pose [turtlesim/Pose]
Subscriptions:
 * /turtle1/cmd_vel [geometry_msgs/Twist]

Services:
 * /turtle1/teleport_absolute
 * /turtlesim/get_loggers
 * /turtlesim/set_logger_level
 * /reset
 * /spawn
```

```
* /clear
 * /turtle1/set_pen
 * /turtle1/teleport_relative
 * /kill
```

说明：能够获取的3种信息为 Publications、Subscriptions 和 Services。

5. 终止节点

```
rosnode kill node - name
```

说明：运行该命令能够终止某个节点，一般情况下对其他节点不会有影响。

例如，输入命令：

```
rosnode kill turtlesim
```

运行结果为：

```
killing /turtlesim
killed
```

6.2.3 消息(Messages)和主题(Topics)

前文中提过，消息只是一个数据结构，包括类型字段。支持标准基本类型(整数、浮点、布尔等)，以及原始类型数组。

主题：消息通过具有发布/订阅语义的传输系统进行交换。消息是 ROS 的一种数据类型，用于订阅或发布到一个主题。主题是用于标识消息内容的名称。节点通过将消息发布到给定主题来发出消息。对某种数据感兴趣的节点将订阅适当的主题。对于单个主题可以存在多个并发发布者和订阅者，单个节点也可以发布和订阅多个主题。

1. 获取主题列表

```
rostopic list
```

说明：运行该命令能够获取当前活跃的主题。

例如，运行海龟仿真的例子能够得到活跃的主题如下：

```
/rosout
/rosout_agg
/turtle1/cmd_vel
/turtle1/color_sensor
/turtle1/pose
```

2. 打印消息内容

```
rostopic echo topic-name
```

说明：运行该指令某个主题上发布的消息。
例如，输入命令：

```
rostopic echo rosout
```

运行结果为：

```
header:
  seq: 1
  stamp:
    secs: 1481356969
    nsecs: 196580539
  frame_id: ''
level: 2
name: /turtlesim
msg: Spawning turtle [turtle1] at x=[5.544445], y=[5.544445], theta=[0.000000]
file: /tmp/binarydeb/ros-indigo-turtlesim-0.5.5/src/turtle_frame.cpp
function: string turtlesim::TurtleFrame::spawnTurtle
line: 182
topics: ['/rosout', '/turtle1/pose', '/turtle1/color_sensor']
---
```

3. 测量发布频率

输出每秒发布的消息数量：

```
rostopic hz topic-name
```

说明：运行该指令能够获取每秒发布的消息数量。
输出每秒发布所占的字节量：

```
rostopic bw topic-name
```

说明：运行该指令能够获取每秒发布消息所占的字节量。

4. 查看主题信息

```
rostopic info topic-name
```

说明：能够获取消息类型、发布者和订阅者。

5. 查看消息类型

```
rosmsg show message-type-name
```

说明：运行该指令能够查看某种消息类型的信息。

6. 发布消息

```
rostopic pub -r rate-in-hz topic-name message-type message-content
```

说明："rate"为指定的发布频率，用一个数值表示，后面的三项分别是主题名称、消息类型和信息内容。运行该指令能够手动地发布消息，重复地用指定的频率给指定的主题发布指定的消息。

例如，前面通过键盘控制海龟的速度和方向，通过发布消息的方法也可控制海龟移动。运行下面指令：

```
rostopic pub -r 1 /turtle1/cmd_vel geometry_msgs/Twist '[1,0,0]' '[0,0,0]'
```

上面的指令中，发布频率为1，发布内容[1,0,0]表示线速度，[0,0,0]表示角速度。仿真效果为海龟沿着 x 轴方向一直前进。

6.2.4 其他ROS的相关概念

(1) 元包(Stacks)：Metapackages是专门的包，只用于表示一组相关的其他包。

(2) 参数服务器(Parameter Server)：允许数据通过键存储在中央位置。它目前是节点管理器的一部分。

(3) 服务(Services)：发布/订阅模型是一种非常灵活的通信范例，但是它的多对多，单向传输不适合请求/回复交互，这在分布式系统中通常是需要的。请求/应答通过服务完成，服务由一对消息结构定义：一个用于请求，另一个用于应答。

(4) 包(Bags)：包是用于保存和播放ROS消息数据的格式。包是存储诸如传感器数据的数据的重要机制，其可能难以收集，但是对于开发和测试算法是必要的。

(5) 分布(Distributions)：ROS分布区是可以安装的版本化堆栈的集合。分布区对Linux发行版起着类似的作用：它们使得安装软件集合更容易，并且它们还在一组软件中保持一致的版本。

(6) 存储库(Repositories)：ROS依赖于代码存储库的联合网络，其中不同的机构可以开发和发布自己的机器人软件组件。

(7) ROS wiki：ROS社区Wiki是记录有关ROS的信息的主要论坛。任何人都可以注册一个账户，并提供自己的文档，提供更正或更新，写教程等等。

6.2.5 ROS的一些常用工具

1. rostopic

rostopic是一个命令行工具，用于显示有关ROS主题的调试信息，包括发布者、订阅者、发布速率和ROS消息。

选项：

(1) rostopic echo [topic name]：显示发布到主题的消息。

(2) rostopic list -v：详细显示当前主题的列表。

(3) rostopic hz [topic name]：显示主题的发布速率。默认情况下报告的速率是rostopic已经运行的整个时间内的平均速率。

(4) rostopic pub [topic name] [msg type] [data]：将数据发布到主题。

2. rqt_console(a)

它提供了一个用于显示和过滤ROS消息的GUI插件。

3. rqt_logger_level(b)

它提供了一个用于配置ROS节点的记录器级别的GUI插件。

4. rqt graph

它提供了一个用于可视化ROS计算图的GUI插件。

6.3 ROS的程序包的创建与编译

6.3.1 创建工作区和功能包

1. 创建工作区

ROS的各类功能包都存放在工作区中，通过编译工作区来编写包含在它目录下的所有功能程序。同一网络中的功能包应该放在同一个工作区，以方便调试和交互。对于不相同或不相关的程序，应该避免放在同一个工作区中。这样可以区分不同的大型程序，也可以节省编译时间，以提高编译效率。

对于ROS程序的编写步骤，首先是创建一个能够容纳功能包的工作区，然后在这个工作区中创建相应的功能包。

(1) 用一个mkdir命令创建一个新的文件夹作为工作区，例如创建的文件夹在～/home/yang/ros中，运行下面的命令：

```
cd ~
mkdir -p yang/ros
```

(2) 在目录创建新的文件夹后，需要将此新路径添加到ROS_PACKAGE_ PATH，只需要在～/.bashrc文件的末尾添加一个新行：

```
echo "export ROS_PACKAGE_PATH = ~/yang/ros: ${ROS_PACKAGE_PATH}">>~/.bashrc
.   ~/.bashrc
```

运行以上命令后，将完成在 ROS 中创建和配置新的工作区。

（3）查看 ROS 正在使用的工作空间，命令如下：

```
$ echo  $ ROS_PACKAGE_PATH
```

（4）初始化工作区，命令如下：

```
cd ~/yang/ros
catkin_init_workspace
```

（5）编译工作区，命令如下：

```
cd ~/yang
catkin_make
```

2. 创建功能包

在新创建的工作区中创建一个 ROS 功能包：

```
catkin_create_pkg example1
```

如图 6-8 所示，为功能包成功创建时的界面。此时查看工作区发现多了两个文件：package.xml 和 CMakeLists.txt，都是与功能包相关的配置文件。其中，package.xml 是清单文件，前文已指出，清单文件定义了一个程序包，包括了包的名称、版本和依赖关系等内容。CMakeLists.txt 是一个 Cmake 脚本文件，包括了各种编译指令，例如与生成的可执行文件类型、源文件、头文件和链接库等相关的指令。

```
yang@yang-virtual-machine:~$ catkin_create_pkg example1
Created file example1/package.xml
Created file example1/CMakeLists.txt
Successfully created files in /home/yang/example1. Please adjust the values in p
ackage.xml.
```

图 6-8　功能包创建成功界面

注意：CMake 是一个跨平台的编译工具，可以用简单的语句来描述所有平台的编译过程。

6.3.2　ROS 程序的编译过程

如图 6-9 所示，使用 ROS 的 catkin 编译系统进行程序的编译有 4 个步骤。

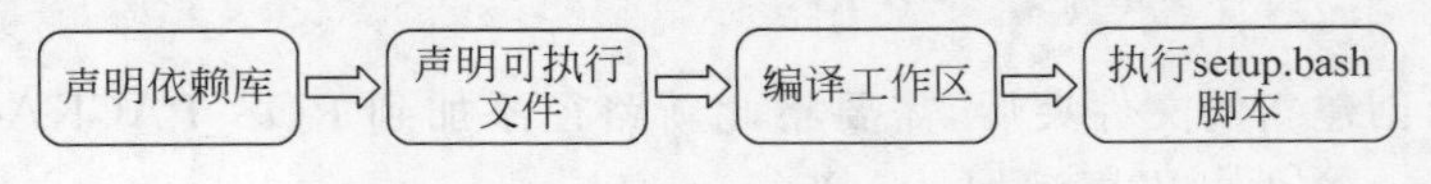

图 6-9　编译系统的 4 个步骤

1. 依赖关系及依赖库的声明

1）一级依赖

之前在使用 catkin_create_pkg 命令时提供了几个程序包作为依赖包，现在可以使用 rospack 命令工具来查看一级依赖包。

```
$ rospack depends1 beginner_tutorials
•    std_msgs
•    rospy
•    roscpp
```

rospack 列出了在运行 catkin_create_pkg 命令时作为参数的依赖包，这些依赖包随后保存在 package.xml 文件中。

```
$ roscd beginner_tutorials
$ cat package.xml
•    <package>
•    ...
•    <buildtool_depend>catkin</buildtool_depend>
•    <build_depend>roscpp</build_depend>
•    <build_depend>rospy</build_depend>
•    <build_depend>std_msgs</build_depend>
•    ...
•    </package>
```

2）间接依赖

在很多情况下，一个依赖包还会有它自己的依赖包，例如，rospy 还有其他依赖包。

```
$ rospack depends1 rospy
•    genpy
•    rosgraph
•    rosgraph_msgs
•    roslib
•    std_msgs
```

一个程序包还可以有好几个间接的依赖包，使用 rospack 可以递归检测出所有的依赖包。

```
$ rospack depends beginner_tutorials
cpp_common
rostime
roscpp_traits
roscpp_serialization
```

```
genmsg
genpy
message_runtime
rosconsole
std_msgs
rosgraph_msgs
xmlrpcpp
roscpp
rosgraph
catkin
rospack
roslib
rospy
```

因此，对于一个 ROS 程序，需要声明程序所依赖的功能包，以让 catkin 定位编译程序包所需要的头文件和链接库。在程序包目录下相应的 CMakeLists. txt 文件有以下的命令行：

```
find_package(catkin REQUIRED)
```

所依赖的其他包需添加到这一行的关键字 COMPONENTS 后面，如下所示：

```
find_package(catkin REQUIRED COMPONENTS package - names)
```

此外，还需在 package. xml 文件中列出依赖库，通过编译依赖和运行依赖两个关键字实现：

```
<build_depend>package - name</build_depend>
<run_depend>package - name</run_depend>
```

2. 声明可执行文件

对于程序包中的每一个可执行文件，需在 CMakeLists. txt 文件中添加两句命令，声明需要创建的可执行文件。第一行声明可执行文件的文件名，后面跟着相应的源文件列表。其中若包含多个源文件，则用空格分隔开：

```
add_executable(executable - name source - file1 source - file2 … source - fileN)
```

第二行声明所需要的链接库：

```
target_link_libraries(executable - name ${catkin_LIBRARIES})
```

3. 编译工作区

运行以下的命令可以编译包中的所有可执行文件：

```
catkin_make
```

4. 执行 setup.bash 脚本

运行以下命令可以执行名为 setup. bash 的脚本文件：

```
source devel/setup.bash
```

5. Hello World 程序的编译与执行

与其他基于计算机语言的程序一样，ROS 的程序也需要进行代码编写，代码编译与程序执行，才能够完成一定的功能。

对于一个简单的“Hello World”程序，它的代码如下：

```
//ThisisaROSversionofthestandard"Hello,world"
//这是一个 ROS 版本的标准 Hello World 程序
//This header definesthe standard ROS classes.
//(这是 ROS 类头文件的声明)
# include < ros /ros.h >
    int main (int argc, char * * argv){
//Initialize the ROS system.
//对 ROS 系统进行初始化
    ros::init (argc, argv , " hello _ros ");
//Establ ish this program as a ROS node.
//将这个程序建立成 ROS 的一个节点
ros::NodeHandle nh;
//Send some output as a log message.
//发送一些日志消息
ROS_INFO_STREAM(" Hello ,world! ");
}
```

编写完上面的代码后，将文件保存为 HelloWorld. cpp 的名称。对上面的代码说明如下：

(1) 函数 ros::init()用于初始化 ROS 客户端库，需要在程序的起始处调用一次这个函数。ros::init()函数最后的参数是一个包含节点默认名的字符串。

(2) 函数 ros::NodeHandle(节点句柄)对象是程序用于和 ROS 系统交互的主要机制。创建此对象会将程序注册为 ROS 节点管理器的节点。最简单的方法就是在整个程序中只创建一个 NodeHandle 对象。ROS_INFO_STREAM 宏将生成一条消息，且这一消息被发送到不同的位置，包括控制台窗口。

完成代码的编写后，根据编译原理对 CMakeLists. txt 文件进行编辑，声明所需要的依赖库和可执行文件，并编译工作区。

```
1    # What version of CMake is needed ?(说明所需要 CMake 的最小版本)
2    cmake_minimum_required (VERSION 2.8.3)
```

```
3 # Name of this package.
4 project (agitr)
5 # Find the catkin build system, and any other packages on
6 # which we depend.
7 find_pa cka ge (catkin REQUIRED COMPONENTS roscpp)
8 # Declare our catkin package.
9catkin_package()
10 # Specify locations of header files.
11include _directories(include ${catkin_INCLUDE_DIRS })
12 # Declare the executable, along with its sourcefiles. If there are multiple
13 #executables,use multiple copies of this line.
14 add_executable(hello hello.cpp)
15 # Specify libraries against which to link.Again, this line should be copied for each
16 # distinct executable in the package.
17 target _ link _ libraries (hello ${catkin_LIBRARIES })
```

当所有这些编译步骤完成后，要执行这个程序时，首先要启动 roscore：一个程序就是一个节点，而一个节点需要一个节点管理器才可以正常运行。然后可使用指令 rosrun 来执行，输入以下命令：

```
rosrun agitrhello
```

这个程序会在终端打印类似于下面这样的输出：

```
[INFO] [1416432122.659693753]: Hello ,world!
```

6.4 ROS 与 MATLAB 集成

第 1 章介绍了 MATLAB 拥有机器人原型设计和机器人仿真控制系统等强大的工具。然而，MATLAB 与 ROS 之间的集成还存在着一定的难度。目前，MATLAB 与 ROS 之间集成已经有多种解决方案，包括基于 JavaScript 对象符号的 rosbridge（见 http://wiki.ros.org/rosbridge_suite）、基于 Java 的 ROS-MATLAB bridge 和 ROSlab-IPCbridge 等。然而，这些集成都没有广泛应用，因为它们的安装比较困难，或者是在可用性和实用性上存在着一定的缺陷。

第 1 章介绍了 Robotics System Toolbox（RST）工具箱具有的几个主要功能：路径规划、路径跟踪和地图表示算法，用于在不同旋转和平移表示之间转换的函数，与启用 ROS 的机器人进行双向通信。随着 MATLAB 2015a 的发布，MATLAB 与 ROS 之间集成有一个更好的选择。新的 MATLAB 版本引入新的机器人系统工具箱（Robotics System Toolbox）。

6.4.1 RST 的 ROS 功能介绍

下面介绍 RST 为 MATLAB 与 ROS 之间提供通信的功能。RST 除了提供 MATLAB 和 Simulink 之间的接口，还提供了 MATLAB 与 ROS 之间的接口，使得 MATLAB 能够与 ROS 网络通信。

MATLAB 与 ROS 的接口的功能有多种。首先是让用户能够进行交互式地探索机器人功能和可视化传感器数据。其次，用户可以启用可应用于 ROS 操作系统的机器人仿真器（如 Gazebo 和 V-REP），利用它们去设计开发机器人模型，并将仿真实验数据导入 MATLAB，借助 MATLAB 强大的工具箱及数学工具去测试和验证用户的机器人算法和应用程序的性能。最后，用户还可以直接在 MATLAB 和 Simulink 中创建自包含 ROS 的网络，并导入 ROS 日志文件（rosbags）。借助 MATLAB/Simulink 对离线数据进行可视化、分析和后处理。这些功能允许用户在 MATLAB 和 Simulink 中开发机器人算法，同时使用户能够与 ROS 网络上的其他节点交换消息。此外，通过使用 EmbeddedCoder，用户可以从 Simulink 模型生成 C++代码，因此 MATLAB 中编写的算法也可以在安装了 ROS 的任何 Linux 平台上运行独立的 ROS 应用程序。

总之，RST 的主要功能允许用户：

(1) 与 ROS 网络通信，交互式探索机器人功能，并可视化传感器数据；

(2) 直接从 MATLAB 和 Simulink 创建 ROS 节点、发布者和订阅者；

(3) 从 MATLAB 和 Simulink 创建和发送 ROS 消息；

(4) 从 MATLAB 和 Simulink 创建和发送 ROS 自定义消息；

(5) 调用并提供 ROS 服务；

(6) 导入 ROS 日志文件以可视化、分析和后处理记录的数据；

(7) 在任何（包括 Windows，Linux，Mac）平台上使用 ROS 功能；

(8) 使用 MATLAB 作为 ROS 主机；

(9) 在启用 ROS 的机器人和机器人仿真器（如 Gazebo 和 V-REP）上测试和验证应用程序；

(10) 创建与 ROS 网络一起使用的 Simulink 模型；

(11) 从 Simulink 模型生成独立的 ROS C++节点。

6.4.2 MATLAB 与 ROS 通信的介绍

1. 通信

简单介绍 MATLAB 与 ROS 进行通信的功能如下。

首先在安装有 ROS 的主机运行 ROS 系统，然后我们用 ROS 主机的 IP 地址和端口号来初始化 MATLAB ROS 子系统，运行下面的指令：

```
rosinit('192.168.1.10',11311).
```

如果没有提供参数，那么 MATLAB 将创建一个 ROS 主服务器，然后会显示它的 URI，以便于被其他节点使用。

2. 发布主题

接下来要发布一个主题。在这里使用一个简单的例子进行说明。首先我们将创建一个标准字符串类型的消息对象，然后设置它的值，输入以下指令：

```
msg = rosmessage('std_msgs/String');
msg.Data = 'hello,MATLAB';
```

消息是一个对象，它的属性是分层的，并且匹配消息的字段。可以直接读取或写入属性，不必使用 setter 或 getter 方法。

然后进行发布，输入以下指令：

```
rospublisher('/MyTopic',msg);
```

或者，可以创建一个发布者对象并可选择指定消息类型，输入以下指令：

```
pub = rospublisher('/MyTopic', 'std_msgs/String');
```

然后调用它的 send 方法，输入以下指令：

```
pub.send(msg);
```

可以在构建时为发布方对象配置各种选项。

3. 接收主题

进行接收主题已比较简单。首先，为特定主题创建一个订阅者对象，并可选择指定消息类型，输入以下指令：

```
sub = rossubscriber('/MyTopic', 'std_msgs/String')
```

构造函数有各种选项来控制缓冲区大小，以及是否只返回最近的消息。阅读关于主题的下一条消息，输入以下指令：

```
msg = sub.receive()
```

这时，它将会处于阻塞状态，直到接收到消息才解除该状态。但是我们也可以指定超时间隔（以秒为单位）将解除该状态，输入以下指令：

```
msg = sub.receive(5)
```

对轮询消息的替代方法是建立回调，输入以下指令：

```
sub = rossubscriber('/MyTopic', std_msgs/String', @rxcallback)
```

对于函数：

```
function rxcallback(src,msg)disp([char(msg.Data()), sprintf('\nMessage received: %s',
datestr(now))]);
```

它在每个消息接收上被调用。

接下来，看一个更复杂的消息：

```
msg = rosmessage('geometry_msgs/TwistStamped'),
```

我们可以看到它的定义，输入以下指令：

```
>> definition(msg)
```

或访问其中一个字段输入以下指令：

```
msg.Twist.Linear.X = 0;
```

ROS参数可以通过返回的ParameterTree对象进行访问，输入以下指令：

```
ptree = rosparam,
```

此外，可以使用它来设置，获取，创建或删除ROS参数服务器中的参数，输入以下指令：

```
ptree.get('rosversion')
ptree.set('myparameter', 23)
```

4. 访问和创建服务

同时，参数可以具有整数、逻辑、字符、双精度或单元格数组类型，还可以在MATLAB代码中访问和创建服务。在这里以一个简单的例子进行介绍，可以创建一个服务来添加两个整数。输入以下指令：

```
sumserver = rossvcserver('/sum', rostype.roscpp_tutorials_TwoInts, @SumCallback),
```

实行一定的服务功能，输入以上指令：

```
function resp = SumCallback(~,req,resp)resp.Sum = req.A + req.B;
```

现在，我们可以从任何ROS节点进行调用，输入以下指令：

```
$ rosservice call /sum2 12 sum: 3
```

或者，首先从 MATLAB 内部创建一个服务客户端，输入以下指令：

```
sumclient = rossvcclient('/sum'),
```

然后，创建带有要添加的号码的消息，输入以下指令：

```
sumreq = rosmessage(sumclient);
sumreq.A = 2;
sumreq.B = 1,
```

最后输入以下指令，调用该服务：

```
sumresp = call(sumclient,sumreq,'Timeout',3)
>> sumresp.Sum ans = 3.
```

5. 读写 ROS 包文件

首先，打开 bag 文件并列出可用的主题，输入以下指令：

```
bag = rosbag ('quad - 2014 - 06 - 13.bag')bag.AvailableTopics.
```

要提取主题/预览上的所有图像，使用 select 方法选择特定主题，使用 readMessages 提取 100 个消息的单元格数组，其类型为 sensormsgs/Image，然后将其转换为单元格数组的可以显示的图像。输入以下指令：

```
preview = bag.select('Topic', 'preview')
subset = preview.readMessages(500:599)
images = cellfun(@readImage,all, 'UniformOutput',false);
```

我们还可以提取惯性测量单元(IMU)数据，并且将 x 轴平移和 z 轴角速度放置到一个时间序列(Timeseries)对象中。它将会自动拾取消息的时间，并具有用于分析和显示的各种方法，输入以下指令：

```
imu = bag.select('Topic','fcu/imu');
ts = imu.timeseries('LinearAcceleration.X','AngularVelocity.Z');
ts.plot
```

6. MATLAB 中的交互式命令

在 MATLAB 环境中有许多交互式命令，它们模仿 ROS 命令行，来查找消息、节点、主题、参数或服务，例如，以下指令：

```
>> rosmsg list
>> rosmsg show geometry_msgs/TwistStamped
>> rosnode list
>> rostopic list
>> rosparam list
>> rosservice list
```

它们提供了在 MATLAB 中编写代码所需的所有编程工具，可以完全参与基于 ROS 的机器人控制系统。MATLAB-ROS 的一个强大的优势是它的平台独立性。它的代码可以在 Mac、Windows 或 Linux 系统上工作。

7. ROS 与 Simulink

程序化实现的另一种方法是使用 Simulink 框图为环境建模。RST 提供了一个包含 Publish 和 Subscribe 的板块。例如，Subscribe 板块的 Msg 输出是总线类型，我们可以使用 Simulink 总线选择器来提取特定消息字段。使用触发子系统来确保仅在接收到消息之后才发布消息。通过适当的 Simulink 设置，此控制器可以“实时”运行，Scope 块允许我们方便地查看发生了什么。当然，我们可以将信号记录到工作空间变量，以供以后分析和图形显示。

最后，可以将生成的图用代码导出。这时，Simulink 将生成一个格式为.tgz 的文件。它包含在 Linux 系统上构建独立实时 ROS 节点所需的所有代码。

本节介绍了 MATLAB 与 ROS 之间通信的基本知识。随着需求加大和技术发展，我们相信，MATLAB 的 RST 工具箱将开发出更丰富更强大的功能，使得科研人员和工程师能够更方便、更有效地创建机器人控制系统，并利用大型和成熟的 ROS 代码库。关于 RST 实现 ROS 与 MATLAB/Simulink 之间的更多例子，可以参照网站：

```
https://www.mathworks.com/hardware-support/robot-operating-system.html
```

6.5 ROS 与 V-REP 之间的集成

在 V-REP 部分中提到，在 ROS 的工作机制中，V-REP 可以作为一个 ROS 节点，能够通过 3 种方式与其他 ROS 节点进行通信：V-REP 节点提供 ROS 服务；V-REP 节点作为 ROS 发布者；V-REP 节点作为 ROS 用户。其中，有 4 种插件用于 V-REP 与 ROS 之间的通信：RosInterface、RosPlugin、ROS skeleton 插件和 ROS V-Rep Bridge。其中，RosInterface 和 RosPlugin 是 V-REP 官方开发的插件。

6.5.1 V-REP 中的 ROS 程序包

V-REP 中的一般 ROS 功能通过两个不同的接口支持：RosInterface（libv_repExtRosInterface.so）和 RosPlugin（libv_repExtRos.so）。其中，RosInterface 的使用更

加方便简单，与 ROS 的 C/C++ API 相似，推荐使用。

V-REP 的 Linux 发行版应该已经在 V-REP/compiledRosPlugins 包括这些已经编译好的文件，但是它们首先需要复制到 V-REP 的主文件夹中，否则这些插件在 V-REP 运行时不会被加载。然而，当一切准备就绪后，也可能会遇到插件加载的问题，具体取决于系统的特定性。当 V-REP 启动时加载插件，确保始终检查 V-REP 的终端窗口有关插件加载操作的详细信息。如果 roscore 当时运行，则 ROS 插件将会成功加载并进行初始化。

如果无法加载插件，那么应该自己重新编译它们。它们是开源的，可以根据需要进行修改，以支持特定功能或扩展其功能。programming/ros_packages 文件夹程序包含以下 8 个软件程序包：

(1) ros_bubble_rob：这是一个机器人控制器的程序包，通过 RosPlugin 连接到 V-REP。在下面的例子中，该节点将负责控制演示场景 controlTypeExamples.ttt 中的暗红色机器人。

(2) ros_bubble_rob2：这是一个机器人控制器的程序包，通过 RosInterface 连接到 V-REP。在下面的例子中，该节点将负责控制示例场景 controlTypeExamples.ttt 中的亮红色机器人。

(3) vrep_common：此程序包用于生成实现 RosPlugin 的 V-REP API 函数所需的服务和流消息。使服务和流消息在单独的程序包中允许其他应用使用它们，以便以方便的方式经由 RosPlugin 与 V-REP 通信。

(4) v_repExtRosInterface：这个程序包是 RosInterface，将被编译为“.so”文件，并由 V-REP 使用。

(5) vrep_plugin：这个程序包是将被编译为“.so”文件，并由 V-REP 使用的 RosPlugin。

(6) vrep_joy：此软件程序包支持与操纵杆进行交互。

(7) vrep_skeleton_msg_and_srv：这个程序包等效于 vrep_common，并且可以用于为 V-REP 创建特定的 ROS 插件。例如，为特定机器人支持 ROS 消息。

(8) vrep_plugin_skeleton：这个程序包等效于 vrep_plugin，也和上面的软件程序包相似，可以用于为 V-REP 创建自己的特定 ROS 插件。

6.5.2 在 ROS 中安装 V-REP

在 ROS 中安装 V-REP 的具体步骤是：

① 在 V-REP 的官网下载相应版本的 V-REP；

② 在 ROS 的终端中通过以下指令转到 V-REP 所在的文件夹并要运行它：

```
~./vrep.sh;
```

③ 把 programming/ros_packages 文件夹中的程序包复制到 catkin_ws/src 文件夹中，确保 ROS 知道这些程序包，即可以切换到以上程序包文件夹。可以用以下命令：

```
$ roscd vrep_ros_interface
$ roscd vrep_plugin
$ roscd vrep_common
$ roscd vrep_joy
$ roscd ros_bubble_rob
$ roscd ros_bubble_rob2
$ roscd vrep_skeleton_msg_and_srv
$ roscd vrep_plugin_skeleton
```

6.5.3　在ROS中创建相关的V-REP程序包

(1) 为了构建软件程序包，切换到catkin_ws文件夹并键入：

```
$ export VREP_ROOT = ~/path/to/v_rep/folder
$ catkin build
```

(2) 软件程序包应该已经生成并编译为可执行文件或库。将创建的文件复制并粘贴到V-REP安装文件夹中，插件即可以使用了。确保已安装所有必需的项目，使编译工作没有问题。例如，vrep_joy程序包需要安装joystick驱动程序为：

```
$ sudo apt - get install ros - indigo - pr2 - controllers ros - indigo - joystick - drivers
```

(3) V-REP中的两个可用ROS插件(即RosInterface和RosPlugin)可以并行操作，但是在这里我们将使用RosInterface，因为它更灵活，并且还支持大多数标准ROS消息。接下来，我们将继续介绍基于RosInterface的方法。一旦有了RosInterface库，打开一个终端并启动：

```
ROS master: $ roscore
```

(4) 打开另一个终端，移动到V-REP安装文件夹并启动V-REP。运行下面的指令：

```
$ ./vrep.sh
License file 'v_rep':
--- > ok
Simulator launched.
Plugin 'BubbleRob': loading...
Plugin 'BubbleRob': load succeeded.
Plugin 'K3': loading...
Plugin 'K3': load succeeded.
Plugin 'RemoteApi': loading...
Plugin 'RemoteApi': load succeeded.
Plugin 'RosInterface': loading...
Plugin 'RosInterface': load succeeded.
```

（5）成功地加载 Ros Interface 后，检查可用的节点，运行下列指令：

```
$ rosnode list
/rosout
/vrep_ros_interface
```

（6）在空的 V-REP 场景中，选择一个对象，然后依次选择菜单栏、添加、关联的子脚本、非线程，将非线程子脚本附加到它。打开该脚本的脚本编辑器，并将内容替换为以下内容：

```
function subscriber_callback(msg)
    -- This is the subscriber callback function
    simAddStatusbarMessage('subscriber receiver following Float32: '..msg.data)
end

function getTransformStamped(objHandle,name,relTo,relToName)
    -- This function retrieves the stamped transform for a specific object
    t = simGetSystemTime()
    p = simGetObjectPosition(objHandle,relTo)
    o = simGetObjectQuaternion(objHandle,relTo)
    return {
        header = {
            stamp = t,
            frame_id = relToName
        },
        child_frame_id = name,
        transform = {
            translation = {x = p[1],y = p[2],z = p[3]},
            rotation = {x = o[1],y = o[2],z = o[3],w = o[4]}
        }
    }
end

if (sim_call_type == sim_childscriptcall_initialization) then
    -- The child script initialization
    objectHandle = simGetObjectAssociatedWithScript(sim_handle_self)
    objectName = simGetObjectName(objectHandle)
    -- Check if the required RosInterface is there:
    moduleName = 0
    index = 0
    rosInterfacePresent = false
    while moduleName do
        moduleName = simGetModuleName(index)
        if (moduleName == 'RosInterface') then
            rosInterfacePresent = true
        end
```

```
        index = index + 1
    end

    -- Prepare the float32 publisher and subscriber (we subscribe to the topic we advertise):
    if rosInterfacePresent then
        publisher = simExtRosInterface_advertise('/simulationTime','std_msgs/Float32')

subscriber = simExtRosInterface_subscribe('/simulationTime','std_msgs/Float32','subscriber_
callback')
    end
end

if (sim_call_type == sim_childscriptcall_actuation) then
    -- Send an updated simulation time message, and send the transform of the object attached
to this script:
    if rosInterfacePresent then
        simExtRosInterface_publish(publisher,{data = simGetSimulationTime()})

simExtRosInterface_sendTransform(getTransformStamped(objectHandle,objectName, - 1,'world'))
        -- To send several transforms at once, use simExtRosInterface_sendTransforms instead
    end
end

if (sim_call_type == sim_childscriptcall_cleanup) then
    -- Following not really needed in a simulation script (i.e. automatically shut down at
simulation end):
    if rosInterfacePresent then
        simExtRosInterface_shutdownPublisher(publisher)
        simExtRosInterface_shutdownSubscriber(subscriber)
    end
end
```

(7) 以上嵌入式子脚本将发布仿真的时间,并同时订阅相对的主题。它还将发布脚本附加到的对象的变换中。输入以下指令查看仿真时间主题:

```
$ rostopic list
```

如果想要查看消息内容,输入以下指令:

```
$ rostopic echo /simulationTime
```

6.5.4 使用 ROS 节点控制 V-REP 模型的例子

在 V-REP 中,加载演示场景“controlTypeExamples.ttt”,并运行仿真。如图 6-10 所示,该场景说明了 V-REP 目前支持的 6 种控制方法,可由嵌入的子脚本、插件、远程 API 客户端,RosInterface,RosPlugin 和定制的客户程序控制。其中,这 6 种方法彼此兼容,并且也可以组合，而且所有方法都与 V-REP 分布式控制架构兼容。本部分重点关注通过 RosInterface 控制的亮红色机器人。

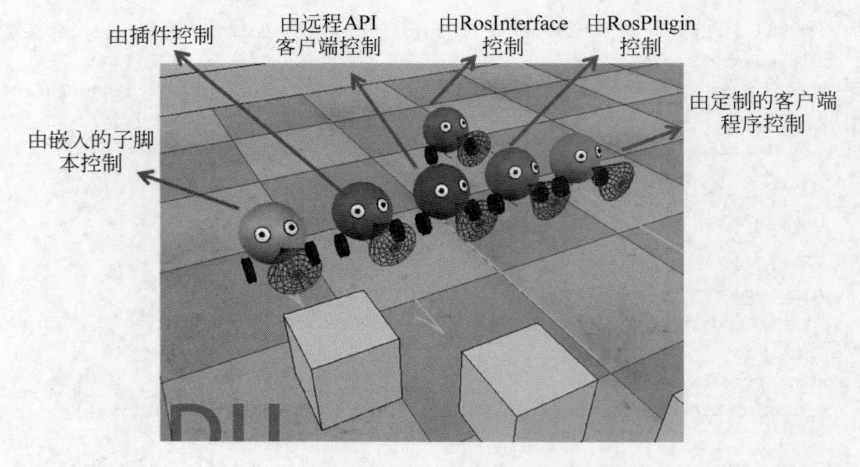

图 6-10 V-REP 提供的演示场景

子脚本附加到亮红色机器人，并以非线程方式运行，执行以下功能：

(1) 确定一些物体手柄(例如，马达关节手柄和接近传感器手柄)；

(2) 验证是否加载了 RosInterface；

(3) 添加场景中相关的标语信息；

(4) 启动与电机速度相关的订阅者；

(5) 启动与传感器发布者和仿真时间有关发布者；

(6) 最终启动一个客户端应用程序。调用应用程序时使用一些主题名称作为参数，以便它知道要监听和订阅的主题。然后运行客户端应用程序(rosBubbleRob2)，通过 ROS 接管亮红色机器人的控制。

现在停止仿真并打开一个新场景，然后将以下模型拖入其中：Models/tools/rosInterface helper tool. ttm。此模型由提供以下主题发布者和订阅者的单个自定义脚本构成：

(1) startSimulation 主题：可以用于通过发布此主题 std_msgs::Bool 消息来启动仿真。

(2) pauseSimulation 主题：可以用于通过发布一个 std_msgs::Bool 消息来暂停仿真。

(3) stopSimulation 主题：可以用于通过发布此主题 std_msgs::Bool 消息来停止仿真。

(4) enableSyncMode 主题：通过发布关于此主题的 std_msgs::Bool 消息，可以启用/禁用同步仿真模式。

(5) triggerNextStep 主题：通过发布关于此主题的 std_msgs::Bool 消息，可以在同步仿真模式下触发下一个仿真步骤。

(6) simulationStepDone 主题：类型 std_msgs::Bool 的消息将在每个仿真传递结束时

发布。

(7) simulationState 主题：std_msgs::Int32 类型的消息将定期发布。其中,0 表示仿真停止,1 表示仿真正在运行,2 表示仿真已暂停。

(8) simulationTime 主题：std_msgs::Float32 类型的消息将定期发布,指示当前的仿真时间。

可以查看完全自定义的脚本内容。尝试从命令行生成主题消息,例如：

```
$ rostopic pub / startSimulation std_msgs / Bool true -- once
$ rostopic pub / pauseSimulation std_msgs / Bool true -- once
$ rostopic pub / stopSimulation std_msgs / Bool true -- once
$ rostopic pub / enableSyncMode std_msgs / Bool true -- once
$ rostopic pub / startSimulation std_msgs / Bool true -- once
$ rostopic pub / triggerNextStep std_msgs / Bool true -- once
$ rostopic pub / triggerNextStep std_msgs / Bool true -- once
$ rostopic pub / triggerNextStep std_msgs / Bool true -- once
$ rostopic pub / stopSimulation std_msgs / Bool true -- once
```

为了显示当前的仿真时间,可以键入：

```
$ rostopic echo / simulationTime
```

6.5.5 V-REP ROS Bridge 的简介及安装

V-REP ROS Bridge 是由位于 Inria Rennes 的 Inria Lagadic 公司开发的 V-Reporter 的插件。插件的主要目的是提供 V-REP 和 ROS 之间的通信接口,让用户能够通过 ROS 消息和 ROS 服务在外部控制 V-REP 仿真。

这个插件是一个共享库,由 V-REP 的主要客户端应用程序在启动时自动加载。这一插件可以自动在场景中寻找已知的对象,以便管理它们。它创建 ROS 发布者发送仿真数据(例如场景中存在的对象的姿态和速度),接收(ROS 订阅者)消息,并动态地将命令应用到对象。请注意,vrep_ros_bridge 是一个元包,而 vrep_ros_plugin 是真正的主包。

ROS V-Rep Bridge 使用 pluginlib 包。Pluginlib 是一个 C++ 库,用于从 ROS 包中加载和卸载插件。插件是从运行时库(即共享对象、动态链接库)加载的动态可加载类。这样我们的处理程序实际上是一些依赖的插件。如果我们不需要一个处理程序,或者我们没有安装它的依赖,仍然能够建立桥梁(该插件将不可用)。例如, quadrotor_tk_handler 需要 Telekyb。如果我们不想安装 Telekyb,可以在 quadrotor_tk_handler 文件夹中添加一个名为 CATKIN_IGNORE 的文件,其他处理程序将可用。

插件支持的对象有机器人和传感器：其中机器人包括臂型机器人和移动机器人(manipulator_handler),四旋翼飞行器(quadrotor_handler)；传感器包括了视觉传感器

(camera_handler)和 IMU 传感器(imu_handler)。

1. V-Rep ROS Bridge 的安装步骤

(1) 通过终端访问 catkin_ws/src。

(2) 从 GIT 下载插件：

```
git clone https://github.com/lagadic/vrep_ros_bridge.git;
```

(3) 如果使用 ROS Indigo 或 ROS Jade,请使用分支主机。

(4) 如果使用 Hydro：

```
git checkout hydro - devel
```

(5) 可能不需要 vrep_ros_bridge 提供的所有子插件。一个常见的情况是,不需要使用 TeleKyb 框架。要忽略此子插件,需要在不需要的子插件文件夹中添加文件 CATKIN_IGNORE(因为它在 quadrotor_tk_handler 中完成)。要做到这一点,通过在 sub-plugin 文件夹中的终端执行：

```
touch CATKIN_IGNORE
```

(6) 打开文件 bashrc：gedit~/. bashrc,在文件末尾添加：

```
export VREP_ROOT_DIR = / ChangeWithyourPathToVrep /
```

并且,如果要避免每次键入,使用以下命令：

```
export ROS_PACKAGE_PATH = $ {ROS_PACKAGE_PATH}: / path_to_catkin_ws / catkin_ws / src
source/opt/ros/indigo/setup. bash
source /path_to_catkin_ws/catkin_ws/devel/setup. bash
```

(7) 进入 catkin_workspace,并运行：

```
catkin_make
```

(8) 现在使用下一条指令再次构建 pkg：

```
catkin_make -- pkg vrep_ros_bridge -- cmake - args - DCMAKE_BUILD_TYPE = RelWithDebInfo
```

(9) 在文件夹 catkin_ws/devel/lib/中,将找到主库(libv_repExtRosBridge. so)和其他库(libcamera_handler. so,libmanipulator_handler. so,libquadrotor_handler. so,librigid_body_handler. so)。

(10) 文件 libv_repExtRosBridge. so 必须在 V-Rep 安装文件夹中才能加载。要做的是

创建一个符号链接。通过终端进入 V-REP 的安装文件夹并输入：

```
ln -s /YOUR_CATKIN_WS_PATH/devel/lib/libv_repExtRosBridge.so
```

其中，/YOUR_CATKIN_WS_PATH 是到达工作区的实际路径。

(11) 如果使用的是新版本的 V-REP(V3_3_1_64_Linux)，需要一个额外的步骤。创建一个链接，指向 V-REP 根文件夹中的 compiledRosPlugins/libv_repExtRos.so 文件。通过终端进入 V-REP 的安装文件夹并输入：

```
ln -s compiledRosPlugins / libv_repExtRos.so
```

2. 测试

完成以上步骤后，简单地测试是否安装成功：

在 ROS 系统的终端中键入 roscore，然后通过终端运行 V-Rep。

在终端的窗口，将显示：

```
Add-on script 'vrepAddOnScript-addOnScriptDemo.lua' was loaded.
Simulator launched.
(...)
Plugin 'RosBridge': loading...
Plugin 'RosBridge': load succeeded.
(...)
```

这表明 V-REP ROS Bridge 已经正确安装。

关于 V-Rep ROS Bridge 的更多信息，有兴趣的读者可以查看以下网址：https://github.com/lagadic/vrep_ros_bridge。

6.6 ROS 与 Gazebo

ROS 是一个机器人控制框架。本节将讲述如何建立 Gazebo 和 ROS 的接口。

6.6.1 ROS 集成概述

ROS 可以通过 Gazebo_ros_pkgs (一组 ROS 包)实现独立的 Gazebo 包装器与独立运行的 Gazebo 的集成。这组 ROS 包利用 ROS 消息、服务和动态重新配置，向 Gazebo 中的仿真机器人提供必要的接口。

Gazebo_ros_pkgs 的一些功能如下：

- 支持未与 ROS 绑定的 Gazebo 的独立系统；
- 在 catkin 工作空间运行；
- 支持 URDF 和 SDF 文件；

- 减少 Gazebo 重复代码；
- 改善了 ros_control 对控制器支持服务；
- 内置 DARPA 机器人挑战赛中的实时控制器优化内容；
- 剔除一些旧版 ROS 和 Gazebo 代码。

升级 simulator_Gazebo(ROS groovy 和更早版本)时，为了获得更好的 ROS 包的使用体验，以下是从 simulator_Gazebo 获取 Gazebo 相关包对软件进行升级的方法。

启动文件时，最简便的方法是在 Gazebo 中获取帮助，使用 roslaunch 文件来生成模型。简而言之：

在 roslaunch 文件中，将 pkg="Gazebo"重命名为 pkg="Gazebo_ros"。删除 Gazebo_worlds 包。

由于大多数 world 文件很少使用，并且不支持 SDF XML 格式的变化。因此，所有的 world 文件(包括 empty. world)都集成在 Gazebo 项目中。

使用 Gazebo 启动文件的最佳方法是直接继承/声明 empty_world 位于 Gazebo_ros 包中的主启动文件。

1. CMakeLists. txt

删除 ROS 包装版本 Gazebo，有利于 Gazebo 的系统安装。这可能需要重新配置 CMake 文件。下面是一个 CMakeLists. txt 示例：

```
cmake_minimum_required(VERSION2.8.3)
project(YOURROBOT_Gazebo_plugins)

find_package(catkin REQUIRED COMPONENTS
Gazebo_ros
)

# Depend on system install of Gazebo
find_package(Gazebo REQUIRED)

include_directories(include ${catkin_INCLUDE_DIRS} ${GAZEBO_INCLUDE_DIRS} ${SDFormat_
INCLUDE_DIRS})

# Build whatever you need here
add_library(...) # TODO

catkin_package(
    DEPENDS
Gazebo_ros
    CATKIN_DEPENDS
    INCLUDE_DIRS
    LIBRARIES
)
```

2. package.xml

在新 Gazebo_ros 包上添加依赖关系：

```
<build_depend>Gazebo_ros</build_depend>
<run_depend>Gazebo_ros</run_depend>
```

3. 运行 Gazebo

为了与 Gazebo 可执行文件名称一致，对启动 Gazebo 的 ROS 节点的名称作出细微的改变：

```
rosrun Gazebo_ros Gazebo 启动 Gazebo 服务器和 GUI。
rosrun Gazebo_ros gzclient 启动 Gazebo GUI。
rosrun Gazebo_ros gzserver 启动 Gazebo 服务器。
```

可运行节点：

```
rosrun Gazebo_ros Gazebo
rosrun Gazebo_ros gzserver
rosrun Gazebo_ros gzclient
rosrun Gazebo_ros spawn_model
rosrun Gazebo_ros perf
rosrun Gazebo_ros debug
```

6.6.2 安装 Gazebo_ros_pkgs

首先，需要安装 Gazebo。用户可以从源代码或从预构建 Ubuntu debians 安装 Gazebo。如果从源代码安装，请确保先构建 Gazebo_X.Y 分支(X,Y 分别代表用户所需的版本)。

然后测试独立 Gazebo 工作状况。在安装 Gazebo_ros_pkgs 之前，需要确保独立的 Gazebo 在终端中运行。测试方法如下：单击左侧的"插入"选项卡，选择要添加的模型；然后在 simulation 上的目标位置上单击，确定模型位置。

最后测试 Gazebo 版本。确保 Gazebo 安装在正确的位置。请运行：

```
which gzserver
which gzclient
```

如果从 source 中安装到默认位置，会出现以下信息：

```
/usr/local/bin/gzserver
/usr/local/bin/gzclient
```

如果用户从 debian 安装，会出现：

```
/ usr / bin / gzserver
/ usr / bin / gzclient
```

1. 安装 Gazebo_ros_pkgs

安装 Gazebo_ros_pkgs 有两种方法，用户可以自行选择一种合适的方法。从软件包安装的优点是过程便捷；而从源代码安装的优点则是可以更方便地调试和修改。

1）安装预构建的 Debian

可使用 Gazebo_ros_pkgs 软件包。安装指令如下：

对于 ROSKinetic 版本：

```
Sudoapt - get install ros - kinetic - Gazebo - ros - pkgsros - kinetic - Gazebo - ros - control
```

对于 ROS Jade 版本：

```
sudo apt - get install ros - jade - Gazebo - ros - pkgs
```

对于 ROS Indigo 版本：

```
sudo apt - get install ros - indigo - Gazebo - ros - pkgs ros - indigo - Gazebo - ros - control
```

如果安装成功，请跳到下面的“使用 ROS 集成测试 Gazebo”部分的内容。

2）从源代码安装（在 Ubuntu 上）

如果用户正在使用早期版本的 ROS（Groovy 或更早版本），则需要选择从源代码安装的方式。若用户要开发新插件或提交修补程序，此方法也十分适用。安装步骤如下：

① 设置 Catkin 工作区。这些指令需要在 catkin 构建的系统下运行。如果没有 catkin 工作区设置，请尝试以下命令：

```
mkdir -p ~/catkin_ws/src
cd ~/catkin_ws/src
catkin_init_workspace
cd ~/catkin_ws
catkin_make
```

然后，添加源代码到.bashrc 文件的安装脚本：

```
echo "source ~/catkin_ws/devel/setup.bash" >> ~/.bashrc
```

② 复制 Github 存储库。首先确保 git 安装在用户的 Ubuntu 计算机上，然后输入以下指令：

```
sudo apt - get install git
```

对于 ROSKinetic 版本：

```
sudo apt-get install -y libGazebo7-dev
```

从 Gazebo_ros_pkgsgithub 存储库下载源代码：

```
cd ~/catkin_ws/src
git clone https://github.com/ros-simulation/Gazebo_ros_pkgs.git -b kinetic-devel
```

使用 rosdep 检查是否有丢失的依赖关系：

```
rosdep update
rosdep check --from-paths . --ignore-src --rosdistro kinetic
```

你可以使用 rosdep 通过 debian 安装自动安装时缺失的依赖关系：

```
rosdep install --from-paths . --ignore-src --rosdistro kinetic -y
```

对于 ROSJade 版本：
Jade 使用 Gazebo 5.x 系列，安装指令如下：

```
sudo apt-get install -y libGazebo5-dev
cd ~/catkin_ws/src
git clone https://github.com/ros-simulation/Gazebo_ros_pkgs.git -b jade-devel
```

使用 rosdep 检查是否有丢失的依赖关系：

```
rosdep update
rosdep check --from-paths . --ignore-src --rosdistro jade
```

你可以使用 rosdep，然后通过 debian 安装自动安装缺失的依赖关系：

```
rosdep install --from-paths . --ignore-src --rosdistro jade -y
```

注意：目前在 ROS Jade 中没有发布 ros-jade-Gazebo-ros-control 包。请检查 Gazebo_ros_control 跟踪器中的问题以查看进度。同时，需要禁用 Gazebo-ros-control：

```
touch Gazebo_ros_pkgs/Gazebo_ros_control/CATKIN_IGNORE
```

对于 ROS Indigo 版本：
Indigo 使用 Gazebo 2.x 系列，安装指令如下：

```
sudo apt-get install -y Gazebo2
cd ~/catkin_ws/src
git clone https://github.com/ros-simulation/Gazebo_ros_pkgs.git -b indigo-devel
```

使用 rosdep 检查是否有丢失的依赖关系：

```
rosdep update
rosdep check --from-paths . --ignore-src --rosdistro indigo
```

你可以使用 rosdep，通过 debian 安装自动安装缺失的依赖关系：

```
rosdep install --from-paths . --ignore-src --rosdistro indigo -y
```

③ 构建 Gazebo_ros_pkgs。要构建 Gazebo ROS 集成软件包，请运行以下命令：

```
cd ~/catkin_ws/
catkin_make
```

2. 使用 ROS 集成测试 Gazebo

确保始终提供适当的 ROS 设置文件，如对 Kinetic 应该输入以下指令：

```
source /opt/ros/kinetic/setup.bash
```

假设你的 ROS 和 Gazebo 环境已正确设置和构建。启动 roscore 后，你应该能够通过 rosrun 命令运行 Gazebo。如果它不在用户的.bashrc 里，请搜索 catkin setup.bash：

```
source ~/catkin_ws/devel/setup.bash
roscore&
rosrun Gazebo_ros Gazebo
```

Gazebo 用户界面中的窗口中不显示任何内容。

若要验证是否设置了正确的 ROS 连接，请运行以下指令查看可用的 ROS 主题：

```
rostopic list
```

用户应该在列表中看到以下主题：

```
/Gazebo/link_states
/Gazebo/model_states
/Gazebo/parameter_descriptions
/Gazebo/parameter_updates
/Gazebo/set_link_state
/Gazebo/set_model_state
```

用户还可以验证 Gazebo 服务是否存在：

```
rosservice list
```

用户可以在列表中看到如下服务：

```
/ Gazebo / apply_body_wrench
/ Gazebo / apply_joint_effort
/ Gazebo / clear_body_wrenches
/ Gazebo / clear_joint_forces
/ Gazebo / delete_model
/ Gazebo / get_joint_properties
/ Gazebo / get_link_properties
/ Gazebo / get_link_state
/ Gazebo / get_loggers
/ Gazebo / get_model_properties
/ Gazebo / get_model_state
/ Gazebo / get_physics_properties
/ Gazebo / get_world_properties
/ Gazebo / pause_physics
/ Gazebo / reset_simulation
/ Gazebo / reset_world
/ Gazebo / set_joint_properties
/ Gazebo / set_link_properties
/ Gazebo / set_link_state
/ Gazebo / set_logger_level
/ Gazebo / set_model_configuration
/ Gazebo / set_model_state
/ Gazebo / set_parameters
/ Gazebo / set_physics_properties
/ Gazebo / spawn_Gazebo_model
/ Gazebo / spawn_sdf_model
/ Gazebo / spawn_urdf_model
/ Gazebo / unpause_physics
/ rosout / get_loggers
/ rosout / set_logger_level
```

3. 其他 ROS 启动 Gazebo 方法

以下几个 rosrun 命令均可以启动 Gazebo。

(1) 同时启动服务器和客户端：

```
rosrun Gazebo_ros Gazebo
```

(2) 仅启动 Gazebo 服务器：

```
rosrun Gazebo_ros gzserver
```

(3) 仅启动 Gazebo 客户端：

```
rosrun Gazebo_ros gzclient
```

(4) 仅使用 GDB 在调试模式下启动 Gazebo 服务器：

```
rosrun Gazebo_ros debug
```

(5) 此外，可以使用 Gazebo 启动 roslaunch：

```
roslaunch Gazebo_ros empty_world.launch
```

6.6.3 ROS/Gazebo 版本组合的选择

1. Gazebo 版本的选择

如果用户计划使用特定版本的 ROS，并且不需要使用特定版本的 Gazebo，那么可以参照网页(http://gazebosim.org/tutorials? tut=ros_installing&cat=connect_ros)安装 Gazebo_ros_pkgs 内容。本节将介绍如何安装 ROS 完全支持的 Gazebo 版本。

请注意，使用与 ROS 存储库提供的官方不同的 Gazebo 版本可能会导致 ROS 包的冲突或其他集成问题。

2. Gazebo 版本和 ROS 集成

Gazebo 是一个如 boostogre 或其他任意被 ROS 使用的独立项目。通常，在每个 ROS 版本发布时可用的最新版本的 Gazebo(例如 Gazebo5 对于 ROS Jade)会被选择为完全集成和支持该 ROS 版本的正式版本，并且将会在 ROS 的整个生命周期中得到服务支持。

Gazebo 开发不与 ROS 同步，因此每个新版本的 Gazebo 必须在 ROS 发布使用之前被发布。

3. 安装 Gazebo

1) Gazebo Ubuntu 包

安装 Gazebo 的最简单的方法是使用软件包。以下是两个主要用来托管 Gazebo 软件包的软件库：packages.ros.org 与 packages.osrfoundation.org。

```
packages.ros.org
```

- Indigo：主机 Gazebo 版本 2.x 包。
- Jade：主机 Gazebo 版 5.x 包。

- Kinetic：主机或使用 Gazebo 版本 7.x 包。

```
packages.osrfoundation.org
```

- Gazebo 5.x 系列(包名 Gazebo5)。
- Gazebo 6.x 系列(包名 Gazebo6)。
- Gazebo 7.x 系列(包名 Gazebo7)。

这说明包含 osrfoundation 存储库不是得到 Gazebo Ubuntu 包的必要条件。用户可以从 ros 存储库安装。

2) 由源代码构建 Gazebo

如果你从源码编译了 Gazebo 版本，注意，根据使用的存储库分支(Gazebo6，Gazebo7 …)，只有当用户的本地分支存储库和 ROS 发行版中使用的 Gazebo 版本相匹配时，用户的 Gazebo 才能是兼容二进制的 Gazebo_ros_pkgs。注意，如果用户使用默认版本，那么用户可能与其他一些发布的软件包不能兼容二进制，所以用户需要一个 catkin 工作区来获得一个有效的 Gazebo_ros_pkgs。

4. 使用默认版本的 Gazebo

对于需要运行特定版本的 ROS 并想要使用所有 Gazebo ROS 相关软件包的用户，推荐使用以下 ROS 版本：

1) Kinetic

ROS Kinetic 主机是使用 7.x 版本的 Gazebo。对于完全集成的 ROS 系统，建议使用 7.x 版本的 Gazebo。继续进程的方法就是使用 ROS 库(它会自动安装 Gazebo7)，并且还没有使用 osrfoundation 库。

2) Jade

ROS Jade 托管 5.x 版本的 Gazebo。对于完全集成的 ROS 系统，建议使用 5.x 版本的 Gazebo。继续进程的方法就是使用 ROS 库(它会自动安装 Gazebo5)，且禁止使用 osrfoundation 库。

3) Indigo

ROS Indigo 主机是 2.x 版本的 Gazebo。对于完全集成的 ROS 系统，建议使用 2.x 版本的 Gazebo。继续进程的方法就是使用 ROS 库(它会自动安装 Gazebo2)，并禁止使用 osrfoundation 库。

5. 使用特定 Gazebo 版本

使用以下方法可以安装使用任何特定版本的 Gazebo 和 ROS。

1) Gazebo 7.x 系列

OSRF 存储库提供了建立在软件包顶部的-Gazebo7-ROS/Indigo 和 ROS/Jade Gazebo 包装器(Gazebo7_ros_pkgs)的 Gazebo7 版本。使用步骤如下：

- 将 osrfoundation 存储库添加到源列表。
- 从 osrfoundation 库中安装 ros-$ROS_DISTRO-Gazebo7-ros-pkgs，本次操作将会

安装 Gazebo7 包。

- 使用 catkin 工作区来编译从源代码得到的其余软件。

2) Gazebo 6.x 系列

OSRF 存储库提供了建立在软件包顶部的-Gazebo6-ROS/Indigo 和 ROS/Jade Gazebo 包装器(Gazebo6_ros_pkgs)的 Gazebo6 版本。使用步骤如下:

- 将 osrfoundation 存储库添加到源列表。
- 从 osrfoundation 库安装 ros-$ROS_DISTRO-Gazebo6-ros-pkgs,本次操作将安装 Gazebo6 包。
- 使用 catkin 工作区来编译从源代码得到的其余软件。

3) Gazebo 5.x 系列

OSRF 存储库提供了建立在软件包顶部的-Gazebo5-ROS/IndigoGazebo 包装器(Gazebo5_ros_pkgs)的 Gazebo5 版本。使用步骤如下:

- 将 osrfoundation 存储库添加到源列表。
- 从 osrfoundation 库安装 ros-indigo-Gazebo5-ros-pkgs,本次操作将安装 Gazebo5 包。
- 使用 catkin 工作区来编译从源代码得到的其余软件。

6. 几个问题

(1) 如果不使用 ROS,应该使用哪个版本?

如果用户不需要 ROS 支持,推荐的版本是最新发布的版本,可以参照网页(http://gazebosim.org/install)使用 osrfoundation repo 安装。

(2) 如果想使用 bullet/simbody/dart 物理引擎,应该使用哪个版本的 Gazebo?

Ubuntu 包内置 Gazebo4、bullet 和 simbody 服务支持。请按照上述 Gazebo4 说明与 ROS 组合使用。Dart 仍然需要从源(Gazebo3)安装 Gazebo,所以你可以使用 Gazebo3 或更高的版本,并按照上面的说明进行操作,使其与 ROS 兼容。

(3) 如果需要使用 Gazebo5/Gazebo6/Gazebo7 和 ROSIndigo,应该怎么做?

如果用户需要使用一些只出现在 5.x 版、6.x 版或 7.x 版中的功能,可以参照如何使用 ROS 与 Gazebo4、Gazebo5 或 Gazebo6 的说明文档安装 Gazebo5、Gazebo6 或者 Gazebo7 和 ROSIndigo。

(4) 如果需要使用 Gazebo6/Gazebo7 和 ROS Jade,应该怎么做?

如果用户需要使用一些只存在于 Gazebo 版本 6.x 或 7.x 中的功能,其中一种方式是安装 Gazebo6 或 Gazebo7 ROS Jade。请参照文档中关于如何使用 ROS 与 Gazebo6 软件包的说明。

(5) 解决一些 ROS 包与 GazeboX ROS Wrappers 冲突问题。

按照官方的设计思路,每个 ROS 分布与特定版本的 Gazebo(Gazebo5 在 Jade 中)需要一起使用。当选择使用与 ROS 发行版中推荐的版本不同的 Gazebo 版本时,可能会出现问题,而且,其中一些问题可能无法解决。如果在尝试安装本文档中描述的某个版本之后发现依赖性冲突(例如使用 RVIZ),用户将需要从源代码安装 ROS 或 Gazebo。

6.6.4 使用 roslaunch

有很多方法都可以用来启动 Gazebo、打开 world 模型并将机器人模型生成到仿真环境中。本节将介绍两种方式：使用 rosrun 和 roslaunch。这包括将用户的 URDF 文件存储在 ROS 包中，并保持用户 ROS 工作区各种资源相对路径。

1．使用 roslaunch 打开 world 模型

roslaunch 工具是 ROS 系统的标准方法，可以用于启动新的 ROS 节点。只需运行该工具就可以启动一个类似于在 rosrun 上输入下列指令所产生的空的 Gazebo world：

```
roslaunch Gazebo_ros empty_world.launch
```

1）roslaunch 参数

用户可以将以下参数附加到启动文件以更改 Gazebo 的行为：

- 暂停：启动 Gazebo 处于暂停状态（默认为 false）。
- use_sim_time：告诉 ROS 节点要求获得 Gazebo 发布的仿真时间，通过 ROS 主题/时钟发布（默认为 true）。
- gui：启动 Gazebo 的用户界面窗口（默认为 true）。
- headless：禁用对仿真器渲染（Ogre）组件的任何函数调用。不使用 gui := true（默认为 false）。
- debug：在调试模式下使用 gdb 启动 gzserver（Gazebo Server，默认为 false）。

2）roslaunch 命令示例

通常，这些参数的默认值都是用户需要调整的，以下仅作为示例：

```
roslaunch Gazebo_ros empty_world.launch paused := true use_sim_time := false gui := true
throttled := false headless := false debug := true
```

3）启动其他演示 world 模型

Gazebo_ros 软件包中已包含其他演示版本，其中包括：

```
roslaunch Gazebo_ros willowgarage_world.launch
roslaunch Gazebo_ros mud_world.launch
roslaunch Gazebo_ros shapes_world.launch
roslaunch Gazebo_ros rubble_world.launch
```

启动文件 mud_world.launch 包含以下内容：

```
<launch>
<!-- We resume the logic in empty_world.launch, changing only the name of the world to be
launched -->
<include file = "$(find Gazebo_ros)/launch/empty_world.launch">
```

```
<arg name="world_name" value="worlds/mud.world"/><!-- Note: the world_name is with
respect to GAZEBO_RESOURCE_PATH environmental variable -->
<arg name="paused" value="false"/>
<arg name="use_sim_time" value="true"/>
<arg name="gui" value="true"/>
<arg name="headless" value="false"/>
<arg name="debug" value="false"/>
</include>
</launch>
```

在这个启动文件中，从 empty_world.launch 继承了大部分必要的功能。需要改变的唯一参数是 world_name 参数，其他参数设置为其默认认值。

4）world 文件

接下来介绍 mud_world.launch 文件。首先查看 mud.world 文件的内容，文件的前几个组件如下所示：

```
<sdf version="1.4">
<world name="default">
<include>
<uri>model://sun</uri>
</include>
<include>
<uri>model://ground_plane</uri>
</include>
<include>
<uri>model://double_pendulum_with_base</uri>
<name>pendulum_thick_mud</name>
<pose>-2.0 0 0 0 0 0</pose>
</include>
    ...
</world>
</sdf>
```

在这个 world 文件片段中引用了 3 个模型，可以在本地 Gazebo 模型数据库中搜索得到。如果搜索不到，它们会自动从 Gazebo 的在线数据库中拉出。用户可以在网页（http://gazebosim.org/tutorials? cat=build_world）中了解有关 world 文件的更多信息。

（1）如何在计算机上查找 world 文件。

world 文件位于 Gazebo 资源路径的/worlds 目录中。此路径的位置取决于用户如何安装 Gazebo 和用户的系统类型。可以使用以下命令查找 Gazebo 资源的位置：

```
env | grep GAZEBO_RESOURCE_PATH
```

典型的路径可能是类似于：/usr/local/share/Gazebo-1.9。在这个路径结尾添加/worlds，此目录包含了 Gazebo 使用的 world 文件，包括 mud.world 文件。

(2) 如何创建自己的 Gazebo ROS 包。

在继续讲述如何将机器人模型生成到 Gazebo 之前,首先讨论使用 ROS 和 Gazebo 的文件层次结构标准。

现在,将假设用户的 catkin 工作区被命名 catkin_ws(用户也可以命名为其他名字)。用户的 catkin 工作区可能位于用户的计算机上,如:

```
/ home / user / catkin_ws / src
```

关于机器人的模型和描述的所有内容,根据 ROS 标准,位于一个名为/MYROBOT_description 的包中,所有的 world 文件和 Gazebo 使用的启动文件位于一个名为/MYROBOT_Gazebo 的 ROS 包中。使用这两个包,用户的层次结构如下所示:

```
../catkin_ws/src
    /MYROBOT_description
        package.xml
        CMakeLists.txt
        /urdf
            MYROBOT.urdf
        /meshes
            mesh1.dae
            mesh2.dae
            ...
        /materials
        /cad
    /MYROBOT_Gazebo
        /launch
            MYROBOT.launch
        /worlds
            MYROBOT.world
        /models
            world_object1.dae
            world_object2.stl
            world_object3.urdf
        /materials
        /plugins
```

注意: 命令 catkin_create_pkg 用于创建新包。

下面介绍如何自行设置并使用自定义的 world 文件。

(3) 创建自定义 world 文件。

用户可以在自己的 ROS 包中创建特定的 world 文件以及其他的自定义文件。下面的例子将创建一个空地面、一个地面、一个太阳和一个加油站。假设:首先确保将 MYROBOT 替换为用户的机器人的名称,如果用户并没有用于测试的机器人,则只需将其替换为类似"test"的东西：

① 创建一个使用约定 MYROBOT_Gazebo 的 ROS 包。

② 在此包中，创建一个 launch 文件夹。

③ 在 launch 文件夹中创建一个具有以下内容（缺省参数排除）的 YOUROBOT.launch 文件：

```
<launch>
<!-- We resume the logic in empty_world.launch, changing only the name of the world to be launched -->
<include file="$(find Gazebo_ros)/launch/empty_world.launch">
<arg name="world_name" value="$(find MYROBOT_Gazebo)/worlds/MYROBOT.world"/>
<!-- more default parameters can be changed here -->
</include>
</launch>
```

④ 在同一个包中，创建一个 worlds 文件夹，并创建一个 MYROBOT.world 文件，包含以下内容：

```
<?xml version="1.0" ?>
<sdf version="1.4">
<world name="default">
<include>
<uri>model://ground_plane</uri>
</include>
<include>
<uri>model://sun</uri>
</include>
<include>
<uri>model://gas_station</uri>
<name>gas_station</name>
<pose>-2.0 7.0 0 0 0 0</pose>
</include>
</world>
</sdf>
```

⑤ 现在，用户可以使用以下命令启动自定义 world（加油站）到 Gazebo：

```
. ~/catkin_ws/devel/setup.bash
roslaunch MYROBOT_Gazebo MYROBOT.launch
```

如图 6-11 所示，可以看到以下 world 模型（使用鼠标上的滚轮可以进行缩放操作）：

(4) 在 Gazebo 中编辑 world 文件。

用户可以将其他模型插入到机器人的 world 文件中，并使用 File 菜单中的 SaveAs 命

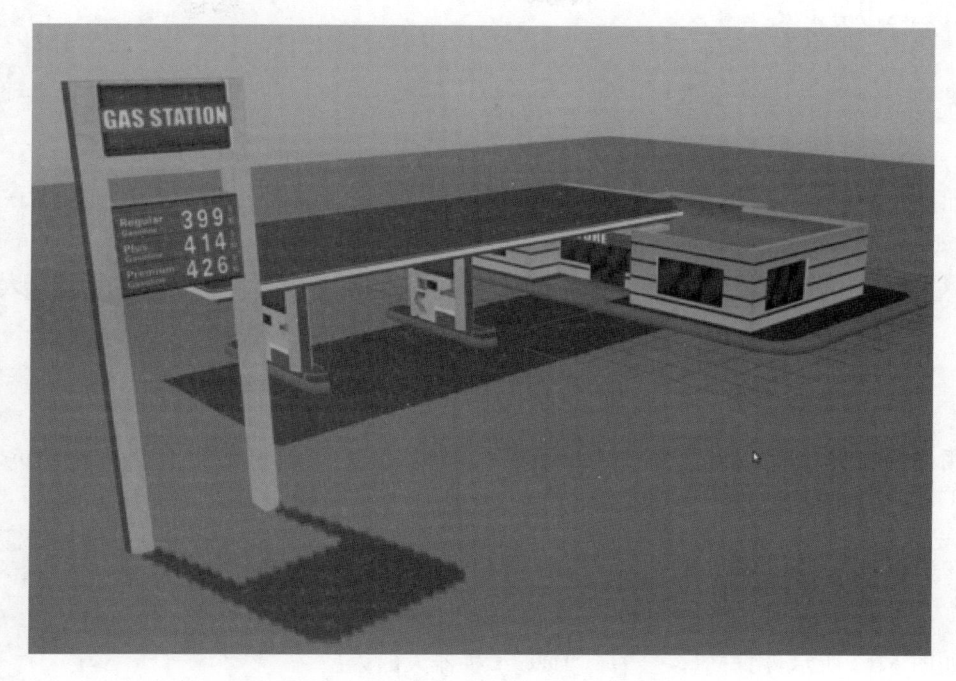

图 6-11　world 模型

令将编辑的 world 模型导出到 ROS 包。

2. 使用 roslaunch 生成 URDF 机器人

使用 roslaunch 在 Gazebo 中启动基于 URDF 的机器人有以下两种方法。

(1) ROS 服务调用方法。这种方法的优点是使用户的机器人 ROS 包在计算机和存储库检查之间更加具有可移植性。它允许用户保持用户的机器人的位置相对于一个 ROS 包路径,但也需要用户使用一个小脚本进行 ROS 服务调用。

(2) 模型数据库方法。这种方法的优点是允许用户将机器人包括在. world 文件中,这看起来更便捷,但需要通过设置环境变量将用户的机器人添加到 Gazebo 模型数据库。下文将分别讨论这两种方法,推荐使用"ROS 服务调用产生方法"。

1)"ROS 服务调用"机器人生成方法

这个方法使用一个小的 python 脚本 spawn_model 来向 Gazebo_rosROS 节点(在 rostopic 命名空间中简称为"Gazebo")发出服务调用请求,并将自定义 URDF 添加到 Gazebo 中。

用户可以按以下方式使用此脚本:

```
rosrun Gazebo_ros spawn_model - file 'rospack find MYROBOT_description'/urdf/MYROBOT.urdf
- urdf - x 0 - y 0 - z 1 - model MYROBOT
```

要查看所有可用的参数,包括 spawn_model 命名空间、trimesh 属性、关节位置和 RPY

方向可运行以下指令：

```
rosrun Gazebo_ros spawn_model -h
```

2) URDF 示例与 Baxter 机器人

如果用户没有一个 URDF 来测试(如下例)，用户可以从 Rethink Robotics 的 Baxter 机器人_common(网址为 https://github.com/RethinkRobotics/Baxter 机器人_common)仓库下载 Baxter 机器人_description 包。将此软件包放入 catkin 工作区中，具体方法是运行指令：

```
git clone https://github.com/RethinkRobotics/Baxter 机器人_common.git
```

用户现在应该有一个名为 Baxter 机器人.urdf 位于 Baxter 机器人_description/urdf/中的 URDF 文件，用户可以运行：

```
rosrun Gazebo_ros spawn_model -file 'rospack find Baxter 机器人_description'/urdf/Baxter 机器人.urdf -urdf -z 1 -model Baxter 机器人
```

如图 6-12 所示，用户应该会看到 Baxter 机器人的模型。

图 6-12 Baxter 机器人虚拟模型

要将其直接集成到 ROS 启动文件中，需要重新打开该文件 MYROBOT_Gazebo/launch/YOUROBOT.launch，并在</launch>之前添加以下内容：

```
<!-- Spawn a robot into Gazebo -->
<node name="spawn_urdf" pkg="Gazebo_ros" type="spawn_model" args="-file $(find Baxter机器人_description)/urdf/Baxter robot.urdf -urdf -z 1 -model Baxterrobot" />
```

启动此文件，用户可以看到与使用 rosrun 时相同的结果。

3）运用 PR2 的 XACRO 示例

如果用户的 URDF 不是 XML 格式，而是 XACRO 格式，用户可以对启动文件进行类似的修改。用户可以通过安装此程序包来运行 PR2 示例：

```
ROSJade:
sudo apt-get install ros-jade-pr2-common
```

然后将其添加到用户在之前创建的启动文件：

```
<!-- Convert an xacro and put on parameter server -->

<param name="robot_description" command="$(find xacro)/xacro.py $(find pr2_description)/robots/pr2.urdf.xacro" />

<!-- Spawn a robot into Gazebo -->
<node name="spawn_urdf" pkg="Gazebo_ros" type="spawn_model" args="-param robot_description -urdf -model pr2" />
```

启动这个文件，可以看到在加油站的 PR2，如图 6-13 所示。

图 6-13 PR2 机器人虚拟模型

注意：在这个部分内容中，由于 Gazebo API 的变化，仍然有很多错误和警告从控制台输出，需要从 PR2 的 URDF 修正。

4）“模型数据库”机器人生成方法

该方法允许用户将机器人包括在.world 文件中，这看起来更方便，但需要通过设置环境变量将用户的机器人添加到 Gazebo 模型数据库。因为 ROS 依赖关系从 Gazebo 中分离出来，所以这个环境变量是必需的。因为 Gazebo 没有 ROS 包的概念，所以 URDF 包路径不能直接在.world 文件内使用。

要使用此方法，用户必须创建一个仅包含单个 robot 的新模型数据库。这不是将 URDF 加载到 Gazebo 中的最简便的方法，但是不必在用户的计算机上保留两个机器人 URDF 副本。

假设 ROS 工作空间文件层次结构按上述所述进行设置。唯一的区别是，现在一个 model.config 文件添加到用户的 MYROBOT_description 包：

```
../catkin_ws/src
    /MYROBOT_description
        package.xml
        CMakeLists.txt
        model.config
        /urdf
            MYROBOT.urdf
        /meshes
            mesh1.dae
            mesh2.dae
            ...
        /materials
        /plugins
        /cad
```

此层次结构特别适用于通过以下文件夹/文件用作 Gazebo 模型数据库：

- /home/user/catkin_workspace/src——Gazebo 模型数据库的位置；
- /MYROBOT_description——单个 Gazebo 模型文件夹；
- model.config——Gazebo 在其数据库中查找此模型所需的配置文件；
- MYROBOT.urdf——用户的机器人描述文件，也被 Rviz，MoveIt！等使用；
- /meshes——.stl 或.dae 文件放在此处，如同常规 URDF 一样。

5）model.config

每个模型必须在其根目录中有一个 model.config 文件，其中包含有关模型的元信息。将其复制到一个 model.config 文件中，将用户的文件名替换 model.urdf：

```
<?xml version = "1.0"?>
< model >
```

```
<name>MYROBOT</name>
<version>1.0</version>
<sdf>urdf/MYROBOT.urdf</sdf>
<author>
<name>My name</name>
<email>name@email.address</email>
</author>
<description>
      A description of the model
</description>
</model>
```

与 SDF 不同，当用于 URDFs 时，不同版本不需要进行标记。有关详细信息请参阅 Gazebo 模型数据库文档。

6）环境变量

最后，用户需要向.bashrc 文件添加一个环境变量，告诉 Gazebo 在哪里查找模型数据库。首先使用编辑器编辑“～/.bashrc”。然后检查用户是否已定义 GAZEBO_MODEL_PATH。如果用户已经有一个，则再后边附加分号，否则添加新的定义。假设用户的 Catkin 工作区在～/catkin_ws/用户的路径：

```
export GAZEBO_MODEL_PATH=/home/user/catkin_ws/src/
```

7）在 Gazebo 中手动观看

现在测试用户的新 Gazebo 模型数据库是否通过启动 Gazebo 正确配置：

```
Gazebo
```

然后单击左侧的“插入”标签。用户可能会看到几个不同的下拉列表，表示系统上可用的不同模型数据库（包括在线数据库）。找到与用户的机器人对应的数据库，打开子菜单，单击用户的机器人的名称，然后使用用户的鼠标在 Gazebo 中选择一个位置放置机器人。

8）在 Gazebo 中查看-roslaunch 使用模型数据库

模型数据库方法的优点是：用户可以将机器人直接包含在 world 文件中，而无须使用 ROS 包路径。我们将使用“创建 world 文件”部分中相同的设置，但需要修改 world 文件。

在同一 MYROBOT_description/launch 文件夹中，使用以下内容编 MYROBOT.world 文件：

```
<?xml version="1.0" ?>
<sdf version="1.4">
<world name="default">
<include>
```

```
<uri>model://ground_plane</uri>
</include>
<include>
<uri>model://sun</uri>
</include>
<include>
<uri>model://gas_station</uri>
<name>gas_station</name>
<pose>-2.0 7.0 0 0 0 0</pose>
</include>
<include>
<uri>model://MYROBOT</uri>
</include>
</world>
</sdf>
```

现在用户能够使用以下命令将加油站和机器人的自定义世界启动到 Gazebo 中：

```
roslaunch MYROBOT_Gazebo MYROBOT.launch
```

这种方法的缺点是，用户的打包 MYROBOT_description，MYROBOT_Gazebo 并不容易在计算机之间移植，用户必须先设置 GAZEBO_MODEL_PATH，才能使用这些 ROS 包。

从 package.xml 导出模型路径的语句如下：

```
<export>
<Gazebo_ros Gazebo_model_path="${prefix}/models"/>
<Gazebo_ros Gazebo_media_path="${prefix}/models"/>
</export>
```

'${prefix}'是用户不会立即知道的信息，但在这里是必要的。

还有一些有用的信息，例如：如何从 ROS 侧调试这些路径、用户可以使用指令 `rospack plugins --attrib="Gazebo_media_path" Gazebo_ros` 检查将被 Gazebo 使用的媒体路径。

现在用户知道如何创建 roslaunch 打开 Gazebo、world 文件和 URDF 模型的文件，现在用户可以使用 A URDF 在 Gazebo 创建自己的 Gazebo-ready URDF 模型。

6.6.5 ROS 通信

Gazebo 提供了一组 ROS API，用于修改和获取有关仿真世界各个方面的信息。本节将演示一些用于操作仿真世界和对象的实用程序。用户也可以在这里找到 ROS 消息和 Gazebo 服务的完整列表。

刚体对象的姿态和腕部被称为其“状态”。同时，对象具有内在的属性，例如质量和摩擦系数。在 Gazebo 中,“身体”是指刚性体,与 URDF 上下文中的“连杆”同义。Gazebo 中的“模型”是由“关节”连接的身体的集合。

封装于 Gazebo_ros 的 Gazebo_ros_api_plugin 插件用于初始化“Gazebo”ROS 节点。它集成了 ROS 回调程序(消息传递)与 Gazebo 的内部调度程序,提供了下面的 ROS 接口。此 ROS API 使用户能够通过 ROS 设置虚拟环境的各种属性。同时能够对环境中模型的状态进行生成和内省。

Gazebo_ros 程序包中提供了一个名为 Gazebo_ros_paths_plugin 的辅助插件,帮助 Gazebo 找到 ROS 资源,即解析 ROS 包路径名。这个插件加载了 gzserver 和 gzclient。

1. Gazebo 已发布参数

参数:/use_sim_time: Bool——通知 ROS 使用由/clock 主题发布的 ROS 时间。

如果通过/use_sim_time 参数使用仿真时间,Gazebo 会通过 ROS 参数服务器通知其他应用程序,特别是 Rviz。用户启动 Gazebo_ros 时,Gazebo 自动设置为 true。

如果 Gazebo_ros 使用主题为/clock 的 ROS 系统提供的仿真同步时间,则/use_sim_time 为 true。有关仿真时间的更多信息,请参阅网页(http://www.ros.org/wiki/roscpp/Overview/Time)。

要查看设置参数的指令为:rosparam get /use_sim_time。

2. Gazebo 订阅的主题

主题包括:

用于设置连杆的状态(姿势/腕部):

```
~/set_link_state: Gazebo_msgs/LinkState
```

用于设置模型的状态(姿势/腕部):

```
~/set_model_state: Gazebo_msgs/ModelState
```

主题可用于快速设置模型的姿势和腕部,无须等待程序完成姿势动作设置。为此,我们需将所需的模型状态消息发布到/Gazebo/set_model_state 主题。例如,要通过主题设置测试姿势,可以通过从在线数据库中生成新模型并将焦点添加到模型中:

```
rosrun Gazebo_ros spawn_model -database coke_can -Gazebo -model coke_can -y 1
```

通过发布/Gazebo/set_model_state 主题设置可乐罐的姿势:

```
rostopic pub -r 20 /Gazebo/set_model_state Gazebo_msgs/ModelState '{model_name: coke_can,
pose: { position: { x: 1, y: 0, z: 2 }, orientation: {x: 0, y: 0.491983115673, z: 0, w:
0.870604813099 } }, twist: { linear: { x: 0, y: 0, z: 0 }, angular: { x: 0, y: 0, z: 0}  },
reference_frame: world }'
```

如图 6-14 所示，用户应该看到可乐可以悬停在 RRBot 前面。

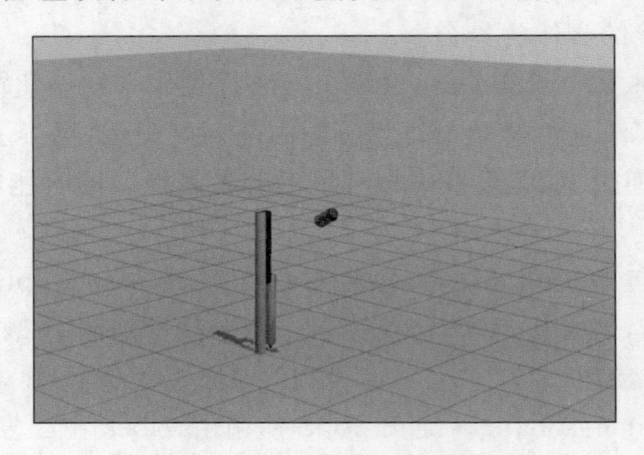

图 6-14 RRBot 机器人与可乐瓶子

3. Gazebo 发布主题

主题包括：

用于发布仿真时间，与/use_sim_time 参数一起使用：

```
/clock: rosgraph_msgs/Clock
```

用于发布仿真中所有连杆的状态：

```
~/link_states: Gazebo_msgs/LinkStates
```

用于发布仿真中所有模型的状态：

```
~/model_states: Gazebo_msgs/ModelStates
```

Gazebo 发布/Gazebo/link_states 和/Gazebo/model_states 主题，包含关于 Gazebo world 框架的仿真中对象的姿势和腕部信息。用户运行下面的以查看动作：

```
rostopic echo -n 1 /Gazebo/model_states
```

或者

```
rostopic echo -n 1 /Gazebo/link_states
```

注意："连杆"是指具有给定的惯性、视觉和碰撞特性的刚体。而"模型"为连杆和关节的集合。"模型"的状态是其规范的"连杆"的状态。鉴于 URDF 强制实施树结构，模型的规范连杆由其根链路定义。

4. 服务：在模拟环境中创建和删除模型

这些服务允许用户在仿真中动态创建模型：

用于使用此服务创建通用机器人描述格式(URDF)：

```
~/spawn_urdf_model: Gazebo_msgs/SpawnModel
```

用于使用此服务创建以 Gazebo 仿真描述格式(SDF)编写的模型：

```
~/spawn_sdf_model: Gazebo_msgs/SpawnModel
```

用于此服务允许用户从仿真中删除模型：

```
~/delete_model: Gazebo_msgs/DeleteModel
```

1) 创建模型

我们提供了一个名为 spawn_model 的帮助脚本，用于调用由 Gazebo_ros 提供的模型创建服务。使用服务调用方法生成模型的最实用的方法是使用 roslaunch 文件。详细信息请查看网页(见 http://gazebosim. org/tutorials/? tut = ros _ roslaunch)中关于使用 roslaunch 文件到生成模型部分内容。有很多方法可以利用 spawn_model 向 Gazebo 添加 URDF 和 SDF。以下是一些典型示例。

(1) 从文件生成 URDF。首先将. xacro 文件转换为. xml，然后生成：

```
rosrun xacro xacro 'rospack find rrbot_description'/urdf/rrbot. xacro >> 'rospack find rrbot_
description'/urdf/rrbot.xml

rosrun Gazebo_ros spawn_model - file 'rospack find rrbot_description'/urdf/rrbot.xml - urdf
- y 1 - model rrbot1 - robot_namespace rrbot1
```

(2) SDF 从本地模型数据库生成：

```
rosrun Gazebo_ros spawn_model - file 'echo $ GAZEBO_MODEL_PATH'/coke_can/model.sdf - sdf
- model coke_can1 - y 0.2 - x - 0.3
```

(3) SDF 从在线模型数据库生成：

```
rosrun Gazebo_ros spawn_model - database coke_can - sdf - model coke_can3 - y 2.2 - x - 0.3
```

(4) 要查看所有可用的参数，包括 spawn_model 命名空间，trimesh 属性，关节位置和 RPY 方向运行：

```
rosrun Gazebo_ros spawn_model - h
```

2) 删除模型

只需知道模型名称就可删除 Gazebo 中的模型。如果用户生成了一个名为“rrbot1”的

rrbot,用户可以通过以下语句删除：

```
rosservice call Gazebo/delete_model '{model_name: rrbot1}'
```

5. **服务：状态和属性设置**

这些服务允许用户在仿真中设置关于仿真和对象的状态和属性信息：

~/set_link_properties ：Gazebo_msgs/SetLinkProperties。

~/set_physics_properties ：Gazebo_msgs/SetPhysicsProperties。

~/set_model_state ：Gazebo_msgs/SetModelState。

~/set_model_configuration：Gazebo_msgs/SetModelConfiguration——此服务允许用户设置模型关节位置,而不需动态调用。

~/set_joint_properties ：Gazebo_msgs / SetJointProperties。

~/set_link_state ：Gazebo_msgs/SetLinkState。

~/set_link_state ：Gazebo_msgs/LinkState。

~/set_model_state ：Gazebo_msgs/ModelState。

设置模型状态示例如下。用/Gazebo/set_model_state 服务在 RRBot 打一个可乐罐。

如果用户还没有添加可乐罐到用户的仿真,运行以下语句：

```
rosrun Gazebo_ros spawn_model - database coke_can - Gazebo - model coke_can - y 1
```

这在 Gazebo 预包装或通过在线模型数据库。将可乐放在场景中的任何地方。现在调用服务请求将可乐移动到 RRBot 的位置：

```
rosservice call /Gazebo/set _ model _ state '{ model _ state: { model _ name: coke _ can, pose: { position: { x: 0. 3, y: 0. 2 , z: 0 }, orientation: {x: 0, y: 0. 491983115673, z: 0, w: 0.870604813099 } }, twist: { linear: {x: 0.0 , y: 0 ,z: 0 } , angular: { x: 0.0 , y: 0 , z: 0.0 } } , reference_frame: world } }'
```

用户会看到如图 6-15 所示的场景。

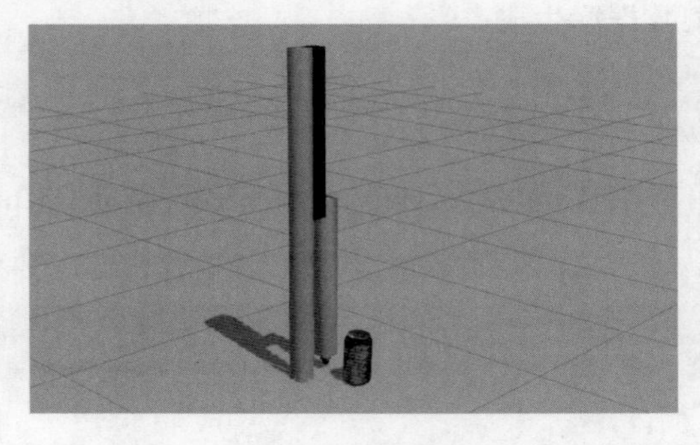

图 6-15　将可乐瓶子移动到 RRBot 机器人旁

使用以下命令让 RPBot 旋转：

```
rosservice call /Gazebo/set_model_state '{model_state: { model_name: rrbot, pose: { position: { x: 1, y: 1 ,z: 10 }, orientation: {x: 0, y: 0.491983115673, z: 0, w: 0.870604813099 } }, twist: { linear: {x: 0.0 , y: 0 ,z: 0 } , angular: { x: 0.0 , y: 0 , z: 0.0 } } , reference_frame: world } }'
```

如图 6-16 所示，RRBot 机器人会从可乐罐推出一定距离。如果失败，用户可以再次尝试。

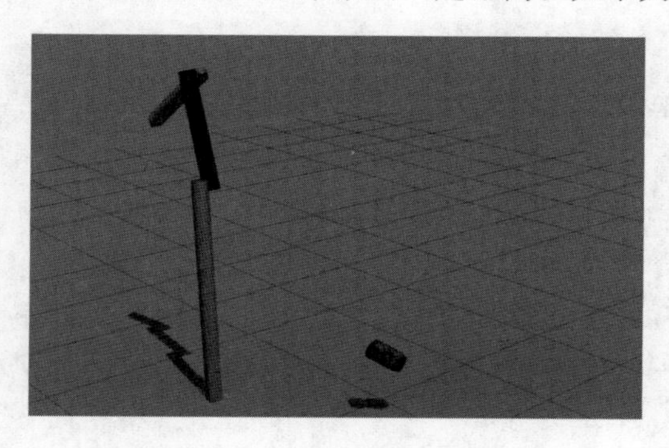

图 6-16 旋转的 RRBot 机器人

6. 服务：状态和属性获取

这些服务允许用户在仿真中检索关于仿真和对象的状态和属性信息：

~/get_model_properties：Gazebo_msgs/GetModelProperties——此服务返回仿真中的模型的属性。

~/get_model_state：Gazebo_msgs/GetModelState——此服务返回仿真中的模型的状态。

~/get_world_properties：Gazebo_msgs/GetWorldProperties——此服务返回仿真 world 的属性。

~/get_joint_properties：Gazebo_msgs/GetJointProperties——此服务返回仿真中关节的属性。

~/get_link_properties：Gazebo_msgs/GetLinkProperties——此服务返回仿真中连杆的属性。

~/get_link_state：Gazebo_msgs/GetLinkState——此服务返回仿真中连杆的状态。

~/get_physics_properties：Gazebo_msgs/GetPhysicsProperties——此服务返回在仿真中使用的物理引擎的属性。

~/link_states：Gazebo_msgs/LinkStates——在 world 框架中发布完整的连杆状态。

~/model_states：Gazebo_msgs/ModelStates——在 world 框架中发布完整的模型状态。

注意：link_names 是在 Gazebo 作用域的名称符号，[model_name::body_name]。

1）获取模型状态示例

现在已经可以“踢”可乐了，接下来用户会想知道它走了多远。进一步使用服务调用查询踢可乐时的姿势和腕部信息：

```
rosservice call Gazebo/get_model_state '{model_name: coke_can}'
```

这取决于机器人的踢技能：

```
pose:
position:
x: -10.3172263825
y: -1.95098702647
z: -0.00413857755159
orientation:
x: -0.0218349987011
y: -0.00515029763403
z: 0.545795377598
w: 0.83761811887
twist:
linear:
x: -0.000385525262354
y: -0.000344915539911
z: -0.00206406538336
angular:
x: -0.104256200218
y: 0.0370371098566
z: 0.0132837766211
success: True
```

2）检索仿真世界和对象属性

用户可以通过运行以下指令获取 world 上的模型列表（ground_plane，coke cane，rrbot）：

```
rosservice call Gazebo/get_world_properties
sim_time: 1013.366
model_names: ['ground_plane', 'rrbot', 'coke_can']
rendering_enabled: True
success: True
status_message: GetWorldProperties: got properties
```

利用以下命令并检索特定模型的详细信息：

```
rosservice call Gazebo/get_model_properties '{model_name: rrbot}'

parent_model_name: ''
```

```
canonical_body_name: ''
body_names: ['link1', 'link2', 'link3']
geom_names: ['link1_geom', 'link2_geom', 'link3_geom', 'link3_geom_camera_link', 'link3_geom_
hokuyo_link']
joint_names: ['fixed', 'joint1', 'joint2']
child_model_names: []
is_static: False
success: True
status_message: GetModelProperties: got properties
```

7. 服务：力的控制

服务允许用户在仿真中向身体和关节施加角动量和力：

～/apply_body_wrench：Gazebo_msgs/ApplyBodyWrench——在仿真中将角动量应用到主体。所有应用于同一物体的活动角动量是累积的。

～/apply_joint_effort：Gazebo_msgs/ApplyJointEffort——在仿真中对一个关节施加作用力。对同一关节应用的所有作用力是累积的。

～/clear_joint_forces：Gazebo_msgs/JointRequest——明确应用于一个关节的作用力。

～/clear_body_wrenches：Gazebo_msgs/ClearBodyWrenches——清除应用角动量到身体。

1）将角动量应用于连杆

为了演示在Gazebo体上的角动量应用，让我们生成一个没有重力的对象。首先确保可乐可以添加到仿真中：

```
rosrun Gazebo_ros spawn_model -database coke_can -Gazebo -model coke_can -y 1
```

然后发送服务呼叫：/Gazebo/set_physics_properties，关闭重力，便可使对象在任何轴都不受重力：

```
rosservice call /Gazebo/set_physics_properties "
time_step: 0.001
max_update_rate: 1000.0
gravity:
x: 0.0
y: 0.0
z: 0.0
ode_config:
  auto_disable_bodies: False
  sor_pgs_precon_iters: 0
  sor_pgs_iters: 50
```

```
    sor_pgs_w: 1.3
    sor_pgs_rms_error_tol: 0.0
    contact_surface_layer: 0.001
    contact_max_correcting_vel: 100.0
  cfm: 0.0
  erp: 0.2
    max_contacts: 20"
```

在可乐罐原点沿 x 方向施加 0.01N·m 的扭矩，持续时间为 1 秒，调用该/Gazebo/apply_body_wrench 服务，用户应该看到可乐可以沿正 x 轴旋转：

```
rosservice call /Gazebo/apply_body_wrench '{body_name: "coke_can::link" , wrench: { torque:
{ x: 0.01, y: 0 , z: 0 } }, start_time: 10000000000, duration: 1000000000 }'
```

如图 6-17 所示，可乐罐可以旋转。

图 6-17　旋转的可乐瓶子

在可乐罐原点处施加反转－0.01N·m 扭矩持续 1 秒，可乐罐应停止旋转：

```
rosservice call /Gazebo/apply_body_wrench '{body_name: "coke_can::link" , wrench: { torque:
{ x: -0.01, y: 0 , z: 0 } }, start_time: 10000000000, duration: 1000000000 }'
```

当转矩的持续时间设置为负值时，其转矩将无限期地保持。要清除应用于身体的任何活动角动量，用户可以利用以下命令：

```
rosservice call /Gazebo/clear_body_wrenches '{body_name: "coke_can::link"}'
```

2）仿真在关节中施加作用力

调用/Gazebo/apply_joint_effort 在关节施加扭矩：

```
rosservice call /Gazebo/apply_joint_effort "joint_name: 'joint2'

effort: 10.0
start_time:
secs: 0
nsecs: 0
duration:
secs: 10
nsecs: 0"
```

如图 6-18 所示，连杆开始旋转。

图 6-18 旋转的连杆

获取特定关节的力，可调用以下命令：

```
rosservice call /Gazebo/clear_joint_forces '{joint_name: joint2}'
```

8. 服务：仿真控制

以下服务允许用户在仿真中暂停和开启对象的物理学性质：

~/pause_physics：std_srvs/Empty——暂停物理更新。

~/unpause_physics：std_srvs/Empty——恢复物理更新。

~/reset_simulation：std_srvs/Empty——重置包括时间的整个仿真。

~/reset_world：std_srvs/Empty——重置模型的姿势。

假如用户想得到一张苏打水在空中飞舞的画面截图。用户可以调用暂停物理引擎：

```
rosservice call Gazebo/pause_physics
```

当仿真暂停时，仿真时间停止，对象变为静态。然而，Gazebo 的内部更新循环(例如自定义动态插件更新)仍然在运行，但考虑到仿真时间不变，任何由仿真时间节流的内容都不会更新。要恢复仿真，可以调用以下命令：

```
rosservice call Gazebo/unpause_physics
```

6.6.6 Gazebo 中的 URDF

通用机器人描述格式(URDF)是用于描述机器人的所有元素的 XML 文件格式。要在 Gazebo 中使用 URDF 文件，必须添加一些额外的用于仿真的特定标签。本节将介绍在 Gazebo 中使用 URDF 的必要步骤，用户不必从头创建单独的 SDF 文件或复制描述格式。在 hood 下，Gazebo 会自动将 URDF 转换为 SDF。

虽然 URDF 是 ROS 中非常有用的标准化格式，但是随着机器人技术发展更新，它们缺少许多功能。URDF 只能指定单个机器人的运动和动态属性，并且不能在 world 中指定机器人本身的姿态。它不能指定关节环(平行连杆)，并且缺乏摩擦和其他属性，所以并不是通用的描述格式。此外，它不能指定非机器人物体，例如灯光、高度图等。

通过创建一个名为仿真描述格式(Simulation Description Format，SDF)的新格式，可以解决 GazeboURDF 的缺点。SDF 是从 world 级到机器人级的一切完整描述。它是可扩展的，在其中添加和修改元素非常容易。SDF 格式本身是使用 XML 描述的，可以通过简单的升级工具，将旧版本升级到新版本。

1. Gazebo 概述

让 URDF 机器人在 Gazebo 中正确工作需要以下几个步骤，概述如下。

1) 要求

必须正确指定并配置在< inertia >元素内每一个< link >的元素。

2) 选择

① < Gazebo >为每个添加一个元素< link >。

- 将视觉颜色转换为 Gazebo 格式
- 将 stl 文件转换为 dae 文件以获得更好的纹理
- 添加传感器插件

② < Gazebo >为每个添加一个元素< joint >。

- 设置适当的阻尼动力学参数
- 添加执行器控制插件

③ 为< Gazebo >元素添加< robot >元素。

2. < Gazebo >元素

< Gazebo >元素的扩展允许用户在 SDF 格式(不包括 URDF)中指定建立的属性。可以不必设置< Gazebo >元素，因为它已自动设置了默认值。有 3 种不同类型的< Gazebo >元素，分别用于< robot >、< link >与< joint >的标记。我们将在< Gazebo >部分讨论每种类型

元素中的属性。

3. 先决条件

让用户的机器人在 Gazebo 中工作的第一步是从相应的 ROS URDF 中获得一个 URDF 文件(参照网页：http://www.ros.org/wiki/urdf/Tutorials)。在继续使用 Gazebo 配置机器人之前,通过在 Rviz 中查看来测试 URDF。

1) 在 Rviz 中查看

要检查一切是否正常,在 Rviz 中启动 RRBot：

```
roslunch rrbot_description rrbot_rviz.launch:
```

如果运行失败,尝试使用 killall roscore 指令或重新启动 RViz 以终止所有旧 roscore 进程。

用户还能够在"联合状态发布器"窗口中使用滑块来移动两个关节。

另外,当用户转换机器人到 Gazebo 中时,不需停止 Rviz 或其他 ROS 应用程序,这样用户可以很方便地在 Rviz 对机器人测试。

在前面的例子中,Rviz 中的 RRBot 机器人从一个假的 joint_states_publisher 节点(带有滑块条的窗口)得到/joint_states。Gazebo_ros_control 部分将介绍如何使用 Rviz 直接通过/joint_states 监控用户机器人的仿真状态。

2) 检查 RRBot URDF

以下指令可查看 rrbot.xacro 文件：

```
rosed rrbot_description rrbot.xacro
```

注意：使用 Xacro 可以使一些连杆的联合计算更容易。还包括了两个附加文件：

- rrbot.Gazebo 是一个 Gazebo 特定的文件,包括大多数 Gazebo 特定的 XML 元素。
- materials.xacro 是一个简单的 Rviz 颜色文件用于存储 rgba 值。

3) 在 Gazebo 中观察

用户能够在 Gazebo 中启动 RRBot：

```
roslaunch rrbot_Gazebo rrbot_world.launch
```

在启动的 Gazebo 窗口中,用户会看到直立的机器人。如图 6-19 所示,尽管默认情况下在物理仿真器中没有干扰,但是数字误差会开始累积,导致双倒立摆在几秒钟之后下降。

最终,手臂会完全停止。我们鼓励用户继续调整和测试 URDF 的各个方面,以帮助用户了解有关仿真 URDF 机器人的更多信息。

4. URDF 文件的头文件

Gazebo 中已经有很多 API 更改了 URDF 格式,其中一个使得用户不再需要 Gazebo xml-schema 的命名空间。如果用户的 URDF 有类似下面程序中的语句：

图 6-19　RRBot 机器人

```
<robot xmlns:sensor = "http://playerstage.sourceforge.net/Gazebo/xmlschema/#sensor"
           xmlns: controller = " http://playerstage. sourceforge. net/Gazebo/xmlschema/#
controller"
       xmlns:interface = "http://playerstage.sourceforge.net/Gazebo/xmlschema/#interface"
       xmlns:xacro = "http://playerstage.sourceforge.net/Gazebo/xmlschema/#xacro"
name = "pr2" >
```

用户可以删除它们。根元素标记中需要的所有内容都是机器人的名称，使用 xacro 的可选 xml 命名空间：

```
<robot name = "rrbot" xmlns:xacro = "http://www.ros.org/wiki/xacro">
```

5. < Gazebo >元素标签

如果使用没有 reference＝""属性的< Gazebo >元素，则该元素可用于整个机器人模型。标记< robot >内部的元素< Gazebo >如下：

名　称	类　型	描　述
static	bool	如果设置为 true，则模型是不可移动的。否则，在动态引擎中仿真模型

<Gazebo>不在上表中的标记内的元素直接插入到生成的 SDF <model>标记中。这对插件特别有用，如 ROS 电机和传感器插件部分中所述。

6. 刚性修复一个模型到 world

如果用户希望 URDF 模型永久地附加到 world 框架（地平面），则必须创建一个“world”连杆和一个连接，将其固定到模型的基座，如果用户有一个移动基地或移动机器人，则不需要连杆或关节。可用以下指令实现：

```
<! -- Used for fixing robot to Gazebo 'base_link' -->
<link name = "world"/>

<joint name = "fixed" type = "fixed">
<parent link = "world"/>
<child link = "link1"/>
</joint>
```

7. 连杆

以下是来自 RRBot 机器人的示例连杆：

```
<! -- Base Link -->
<link name = "link1">
<collision>
<origin xyz = "0 0  ${height1/2}" rpy = "0 0 0"/>
<geometry>
<box size = " ${width}  ${width}  ${height1}"/>
</geometry>
</collision>

<visual>
<origin xyz = "0 0  ${height1/2}" rpy = "0 0 0"/>
<geometry>
<box size = " ${width}  ${width}  ${height1}"/>
</geometry>
<material name = "orange"/>
</visual>

<inertial>
<origin xyz = "0 0 1" rpy = "0 0 0"/>
<mass value = "1"/>
<inertia
ixx = "1.0" ixy = "0.0" ixz = "0.0"
iyy = "1.0" iyz = "0.0"
izz = "1.0"/>
</inertial>
</link>
```

注意：根据 ROS REP 103 标准测量单位和坐标约定，Gazebo 中的单位应以米和公斤为单位。

1) <collision>和<visual>元素

这些标签在 Gazebo 中和在 Rviz 中基本相同。但用户必须指定<visual>元素和<collision>元素，否则 Gazebo 不会调用。Gazebo 会将用户的连杆视为"不可见"的，并进行碰撞检查。

为了提高性能，用户为碰撞几何创建简化的模型/网格。用于简化网格的开源工具是 Blender。另外也有许多闭源工具可以简化网格物体，例如 Maya 和 3DMax。

标准 URDF 可以使用 RRBot 中的标签来指定颜色：

```
<material name = "orange"/>
```

如需单独使用橙色，则可在文件 materials. xacro 中：

```
<material name = "orange">
<color rgba = " ${255/255} ${108/255} ${10/255} 1.0"/>
</material>
```

但这种指定连杆颜色的方法在 Gazebo 中不起作用，因为它采用 OGRE 的材质脚本来着色和纹理化连杆。Gazebo 必须指定每个连杆的材料标签，例如：

```
<Gazebo reference = "link1">
<material> Gazebo/Orange </material>
</Gazebo>
```

如前所述，在 RRBot 示例中选择了将所有 Gazebo 特定的标记包含在名为 rrbot . Gazebo 的辅助文件中。用户可以在那里找到<link>和<material>元素。Gazebo 中的默认可用材料可以在 Gazebo 源代码中的 Gazebo/media/materials/scripts/Gazebo. material 中找到。

对于更高级或自定义材质，用户可以创建自己的 OGRE 颜色或纹理。

像在 Rviz 一样，Gazebo 可以使用 STL 和 Collada 文件建议用户通常使用 Collada (. dae)文件，因为它们支持颜色和纹理，而对于 STL 文件，用户只能有一个彩色连杆。

2) <inertial>元件

为了使 Gazebo 物理引擎正常工作，<inertial>必须按照 URDF 连杆元素页(参照网页：http://www. ros. org/wiki/urdf/XML/link) 上的文档规定的内容提供元素。对于在 Gazebo 中不被忽略的连杆，它们的质量必须大于零。此外，具有零主转动惯量的连杆可能导致在任何有限转矩作用下的会无限地加速。

为了在 Gazebo 中获得精确的物理环境，需要确定每个连杆的正确值。这可以通过测量机器人的零件，或通过使用类似于 Solidworks 的 CAD 软件来执行。

RRBot 机器人第一个连杆的惯性元素示例如下：

```
<inertial>
<origin xyz = "0 0 ${height1/2}" rpy = "0 0 0"/>
<mass value = "1"/>
<inertia
ixx = "1.0" ixy = "0.0" ixz = "0.0"
iyy = "1.0" iyz = "0.0"
izz = "1.0"/>
</inertial>
```

原始标签表示此连杆的质心。通过将质心设置为 RRBot 的矩形连杆的高度的一半，可以将质心定在中间。用户可以通过单击 Gazebo 的“View”菜单，并选择“Wireframe”和“Mass of Mass”选项来检查 URDF 中 Gushbo 中的质心是否正确。在本示例机器人中，质量和惯性矩阵都由值组成，因为该机器人没有真实的物理模型。

3）< Gazebo >连杆的元素

单独解析的元素列表如下：

名　称	类型	描　述
material	值	视觉元素
gravity	bool	施加重力
dampingFactor	double	链路速度的指数速度衰减系数取值并将上一个链路速度乘以（1－dampingFactor）
maxVel	double	最大接触修正速度截断项
minDepth	double	施加接触校正脉冲之前的最小允许深度
mu1	double	由开放式动力学引擎（ODE）定义的接触面主要接触方向的摩擦系数 μ
mu2		
fdir1	string	3 元组指定碰撞局部参考系中 mu1 的方向
kp	double	用于刚性体接触的接触刚度 k_p 和阻尼 k_d
kd		
selfCollide	bool	如果为 true，则连杆可能与模型中的其他连杆发生冲突
maxContacts	int	两个实体之间允许的最大联系人数。此值将覆盖定义的 max_contacts 元素
laserRetro	double	激光传感器返回的强度值

4）RRBot 元件示例

在 RRBot 中，可以指定两个非固定连接的摩擦系数。如果发生碰撞，可以更准确地仿真接触的相互作用力。以下是连杆的< Gazebo >标记示例：

```
<Gazebo reference = "link2">
<mu1>0.2</mu1>
<mu2>0.2</mu2>
<material>Gazebo/Black</material>
</Gazebo>
```

8. 关节

所有为 URDF 关节记录的元素都适用于 Gazebo：

- < origin >,< parent >和< child >标签是必需的。
- < calibration >和< safety_controller >可忽略。
- 在< dynamics >标记中，只有 damping 属性可于 Gazebo4 和更早版本中使用。Gazebo5 及以上可使用 friction 属性。
- < limit >标记中的所有属性都是可选的。

以下是 RRBot 中使用的一个关节的示例：

```
<joint name = "joint2" type = "continuous">
<parent link = "link2"/>
<child link = "link3"/>
<origin xyz = "0 ${width} ${height2 - axel_offset * 2}" rpy = "0 0 0"/>
<axis xyz = "0 1 0"/>
<dynamics damping = "0.7"/>
</joint>
```

通过测试不同的阻尼并观察摆动摆如何运动。阻尼参数默认值为 0.7N·m·s/rad，请用户调整这一数值，以了解它对物理引擎的影响。

< Gazebo >接头的元素如下：

名　称	类型	描　述
stopCfm	double	ODE 使用的关节限制力混合(cfm)和误差减小参数(erp)
stopErp		
provideFeedback	bool	允许接头通过 Gazebo 插件发布其数据(力-扭矩)
implicitSpringDamper	bool	如果此标志设置为 true,ODE 将使用 ERP 和 CFM 来仿真阻尼。这是一种比默认阻尼标签更稳定的阻尼数值方法。不推荐使用 cfmDamping 元素
cfmDamping		
fudgeFactor	double	在关节限制下缩小关节运动量，其值应在 0 和 1 之间

9. 验证 Gazebo 模型工具

Gazebo 中的一个简单的工具可以检查用户的 URDF 是否正确转换为 SDF。运行：

```
  # Gazebo2 and below
gzsdf print MODEL.urdf
  # Gazebo3 and above
gz sdf -p MODEL.urdf
```

这将显示从输入 URDF 生成的 SDF 以及关于生成 SDF 缺少的所需信息。

注意：在 Gazebo 1.9 及更高版本中，一些调试信息已移至用户可以查看的日志文件：cat ~/.Gazebo/gzsdf.log。

10. 在 Gazebo 中查看 URDF

前文已经介绍了如何在 Gazebo 中查看 RRBot。对于用户自定义的机器人，假设其 URDF 存在于/urdf 子文件夹 MYROBOT_descriptionROS 包中。

从该部分内容可知，用户有两个 ROS 包用于用户的自定义机器人：

```
MYROBOT_description
```

和

```
MYROBOT_Gazebo
```

要查看用户的机器人并在 Gazebo 中测试，运行：

```
roslaunch MYROBOT_Gazebo MYROBOT.launch
```

这会启动 Gazebo 服务器，用户的机器人的接口界面客户端也会自动生成。

11. 调整用户的模型

如果用户的机器人模型在 Gazebo 中出现意外，可能因为用户的 URDF 需要进一步调整以准确地在 Gazebo 中表示其物理属性。Gazebo 中各种属性可通过< Gazebo >标签在 URDF 中获得。

12. 分享用户的机器人

如果用户有一个通用的机器人，其他人可能也想在 Gazebo 中使用。用户可以添加 URDF 到 Gazebo 模型数据库，它是一个在线服务器。它的 Mercurial 存储库位于 Bitbucket。有关如何提交请求以将机器人模型添加到数据库中，请参阅 Gazebo 模型数据库文档(见以下网页：http://gazebosim.org/tutorials?tut=model_contrib&cat=build_robot)。

6.7 实时系统 ROS 2.0 的介绍

经过多年的发展，ROS1 已经积累了非常丰富且稳定的功能包集、各类工具和完备的教程。

ROS 主要具有以下特点：

- 主要运行于单个机器人上；
- 拥有工作站等级的计算资源；
- 没有实时性的运算要求(实时性的运算要通过特殊的算法处理)；
- 优良的网络连接能力；
- 广泛应用于学术研究；
- 具有极大的开放性。

随着 ROS 在科研和工业的应用越来越广泛，人们对 ROS 的性能提出了更多的需求，这些需求都是现在的 ROS 无法满足的。

(1) 多机器人协作：虽然使用 ROS 可以开发多机器人系统，但却没有标准的方法。这些方法都是基于 ROS 的单一主控制器的结构上。

(2) 嵌入式平台开发：目标是小型计算机、单片机都能够直接地运行 ROS，而不需通过设备的驱动程序运行 ROS。

(3) 实时系统：目标是 ROS 能够直接支持实时控制，而且一次控制周期内的控制命令可以包含进程之间和机器之间的通信。

(4) 不理想的网络状况：目标是在网络连接不佳的情况下(如不良的无线网络信号灯)，ROS 还能有正常的表现。

(5) 适用于产品开发：目标是基于 ROS 的实验室原型产品能够转化为适合在工业界等场景下使用的基于 ROS 的产品。

(6) 构建系统的规范模式：目标是既保存 ROS 底层的高度灵活性，又能为一些功能(如生命周期管理和静态配置部署)提供清晰的模式和支持工具。

为了满足以上这些需求，ROS2 采用了数据分发服务(Date Distribution Service，DDS)通信协议，它能够极大地提高系统的实时性。

图 6-20 简要说明了 ROS1 和 ROS2 的系统模型。在图 6-20 的左侧，ROS1 的实现包括通信系统 TCPROS/UDPROS。这种通信需要一个主进程(在分布式系统中是唯一的)。与此相反的是，ROS2 是基于 DDS 建立的，它包含一个 DDS 抽象层，如图 6-20 的右侧所示。由于这个抽象层，用户不需要知道 DDS API。这一层允许 ROS2 有高级别的配置和优化 DDS 的使用。此外，由于使用了 DDS，ROS2 不需要一个主进程。这在容错能力方面是一个导入点。同时，为了保持弹性，OSRF 的开发者们希望使用者可以自己选择底层所使用的 DDS 版本，不同的公司会提供不同的 DDS 实现版本。这使得在分开的进程进行通信时，不

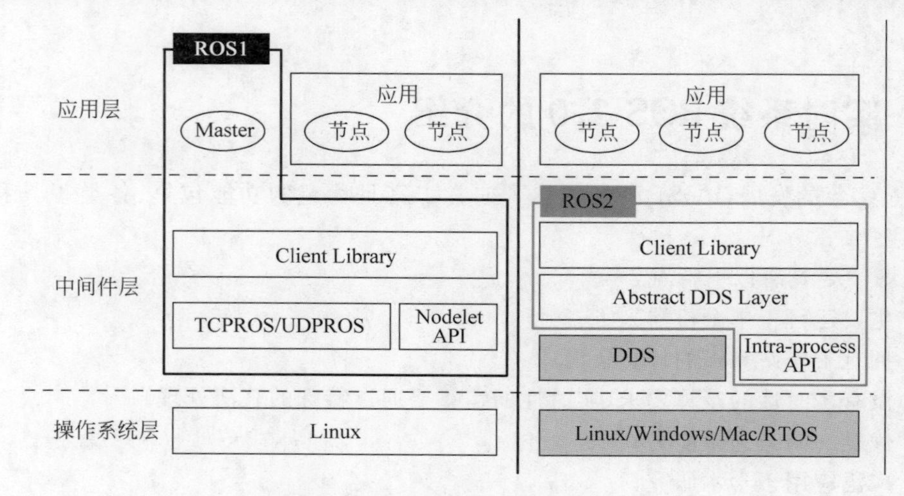

图 6-20　ROS1 和 ROS2 的结构

同的节点可以使用不同的供应商提供的DDS。

由于DDS具有各种传输配置(例如截止日期和容错能力)和可扩展性,DDS适合于实时分布式嵌入式系统。DDS满足分布式系统对于弹性、可伸缩性、容错和安全的要求。通过减少库大小和内存占用,DDS可以为一些实时的环境和一些小型嵌入式系统提供解决方案。由不同的DDS供应商开发的几个实现已被应用于任务关键型环境中(例如火车、飞机、船只、堤坝和金融系统)。然而,ROS2必须将数据转换为DDS和从用户提取DDS,这将带来额外的开销。

DDS规范描述了两个层次的接口。

(1) 底层DCPS层:将正确的信息有效地传递给真正需要的接收者。

(2) 可选的高层DLRL层:允许将服务简单地集成到应用层。

DDS将分布式网络中传输的数据定义为主题,将数据的产生和接收对象分别定义为发布者和订阅者,从而构成数据的发布/订阅传输模型。DDS的核心是以数据为中心的发布-订阅模型(DCPS),旨在为分布式异构平台之间提供高效的数据传输。DCPS模型创建一个"全局数据空间",可以由任何独立的应用程序访问。在DDS中,发布或订阅数据的每个进程被称为一名参与者,对应于ROS中的一个节点,参与者可以使用类型化的接口读取和写入到全局数据空间。各个节点在逻辑上无主从关系,点与点之间都是对等关系,通信方式可以是点对点、点对多、多对多等,在QoS的控制下建立连接,自动发现和配置网络参数。

所有DCPS实体都具有QoS策略,表示其数据传输行为。QoS的配置文件定义了一系列方针,包括耐久性、可靠性、队列深度和采样历史存储。基本的QoS配置文件包括以下方针的设置。

(1) 历史(History)。

- 保留最后(Keep last):只存储N个样本,可以通过队列深度选项进行配置。
- 保留所有(Keep all):存储所有的样本,受到DDS供应商已配置资源的限制。

(2) 深度(Depth)。

- 队列大小:只和"保留最后"一起使用。

(3) 可靠性(Reliability)。

- 最大努力(Best effort):尝试投递样本,但当网络不稳定时可能会丢失。
- 可靠(Reliable):保证样本成功投送,可以重试多次。

(4) 持久性(Durability)。尝试保持几个样本使得它们可以被传送到潜在的后加入的数据读取器中。保存样本的数量由"历史(History)"决定。这个选项有几个值,例如VOLATILE和TRANSIENT_LOCAL。

在DDS,有很多其他的QoS策略,ROS2可支持来扩展其功能。鉴于为给定的情况选择正确的QoS设置的复杂性,ROS2为常见的使用情况(例如传感器数据、实时等)提供一组预定义的QoS配置文件,同时为最常见的实体提供了灵活的QoS控制策略。

由于DDS提供了丰富的服务策略,支持数据一对多、多对多等传输模式,因此采用基于DDS标准的中间件,可以大大简化应用软件设计与开发的工作量,提升系统的设计水平和运行稳定性，保证数据传输质量。

下面通过实验来进行 ROS1 和 ROS2 的能力比较。如图 6-21 所示，在下列实验情况下的计算 ROS1 和 ROS2 的节点之间的各种通信情况。ROS1 用在(1-a)、(1-b)和(1-c)，ROS2 用在(2-a)、(2-b)和(2-c)。在(3-a)和(3-b)中，ROS1 和 ROS2 的节点共存。值得注意的是，由于(2-c)采用了内进程通信，即共享内存传输，因此不需要使用 DDS 技术，共享内存传输用于(1-c) ROS1 nodelet 和(2-c)ROS2 内进程情况。在实验中，节点之间的端到端延迟通过发送信息在同一台计算机上以便测量。

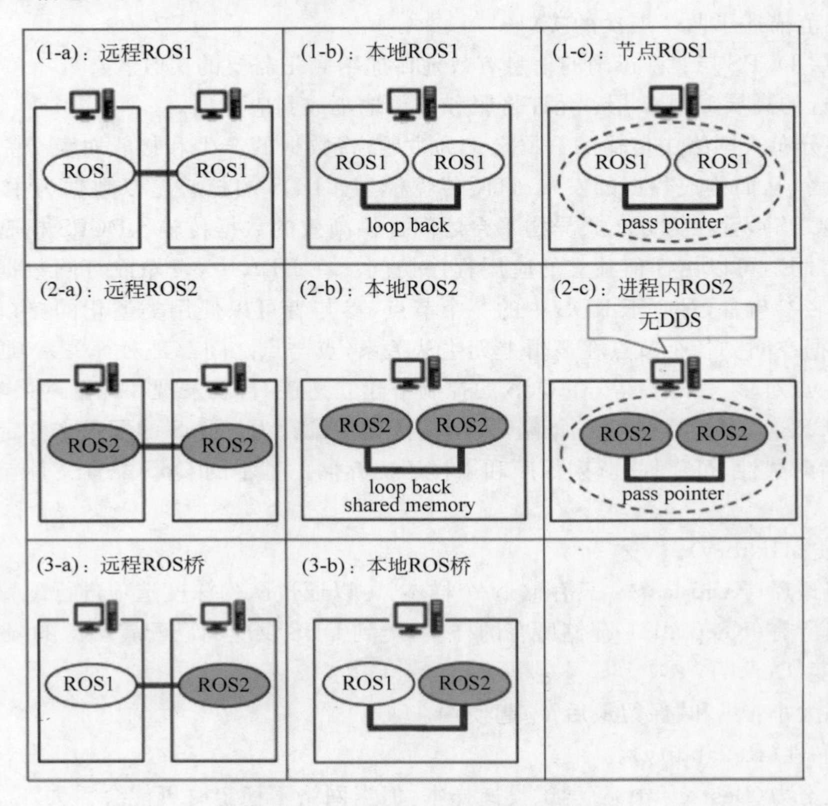

图 6-21 ROS1 和 ROS2 实验情况

图 6-21 中(3-a)和(3-b)是 ROS1 和 ROS2 之间的通信。由于 ROS1 历经多年的发展，已经积累了非常丰富且稳定的功能包集、各类工具和完备的教程，且广泛应用于各种机器人中。目前 ROS2 支持与 ROS1 进行通信。二者使用 ros_bridge 进行通信，如图 6-22 所示，通过动态桥检查可用的主题，得到主题名字和主题类型来实现通信。应该注意的是，当使用 ros_bridge 进行通信时只能使用最大努力(Best effort)策略，因为 ros_bridge 不支持可靠(Reliable)策略。

通过 ROS2 和 ROS1 的实验对比可知，在本地情况下，ROS2 的延迟开销并不小。延迟由两个数据转换为 DDS 和 DDS 事务引起。直到数据大小等于最大数据包大小(64KB)，

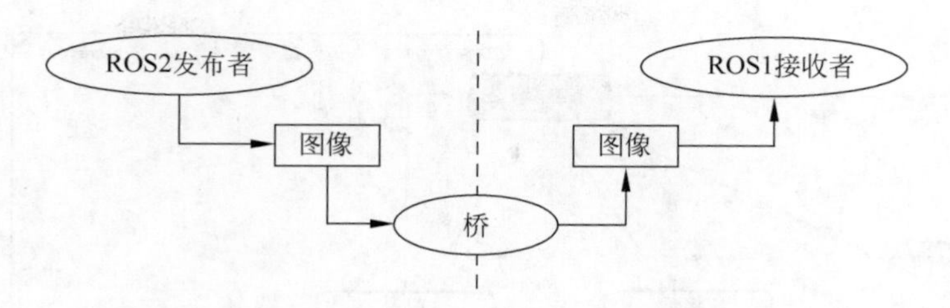

图 6-22　动态桥(Dynamic Bridge)

DDS 端到端延迟都是恒定的。另一方面,当大信息被划分成多个数据包,延迟大幅增加。数据大小是否超过 64KB 不是重要的问题,尤其是在 DDS 中,因为 QoS 策略划分数据包的管理需要大量的处理时间 API。OpenSplice 利用多线程,处理比 Connext 更快。这就是为什么在本地情况底层 DDS 实现时使用 OpenSplice 的原因。在远程的情况下,延迟开销是微不足道的,必须考虑带宽的吞吐量,Connext 在这方面优于 OpenSplice。这种恒定吞吐量的消耗是可预见的,且无论数据多么小都存在。尤其是当多种类的主题被高频使用时,它有较大影响。因此,在远程情况下推荐使用 Connext。

DDS 使得 ROS2 能够保证实时性。DDS 具有优越的容错能力,因为在 QoS 策略下,它能够保存过去的数据,且不需要一个主节点。DDS 保证公平的延迟。此外,DDS 能够在多种平台运行。在 RTPS 协议下,任何 ROS2 节点彼此通信不需依赖它的平台。对于嵌入式系统,目前 FastRTPS 在线程和内存上是最好的 DDS 实现方式,但它并不适合小型嵌入式系统。

在 ROS2 中,DDS 将会作为中间件,默认支持转换 DDS 供应商提供的文件。而且 ROS1 中的. msg 文件将会继续在 ROS2 中被用于定义界面,但在发布之前,需将. msg 类型的对象转换为. idl 对象,这样才可以使用 DDS 传输,如图 6-23 所示。

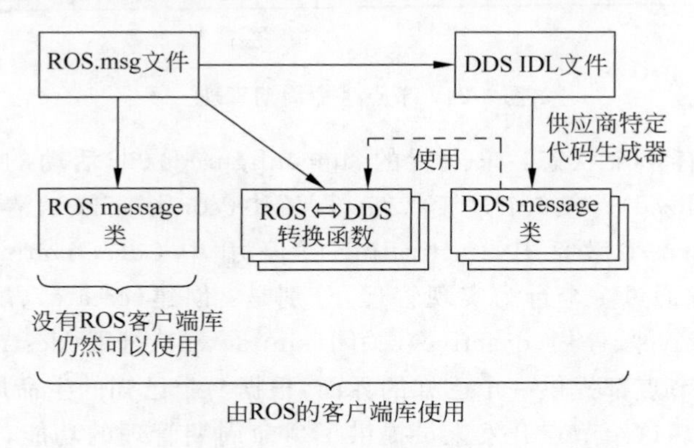

图 6-23　ROS 静态代码生成

另外,ROS2 还可实现节点生命周期的管理。节点之间的各种状态的相互转换关系,如图 6-24 所示。

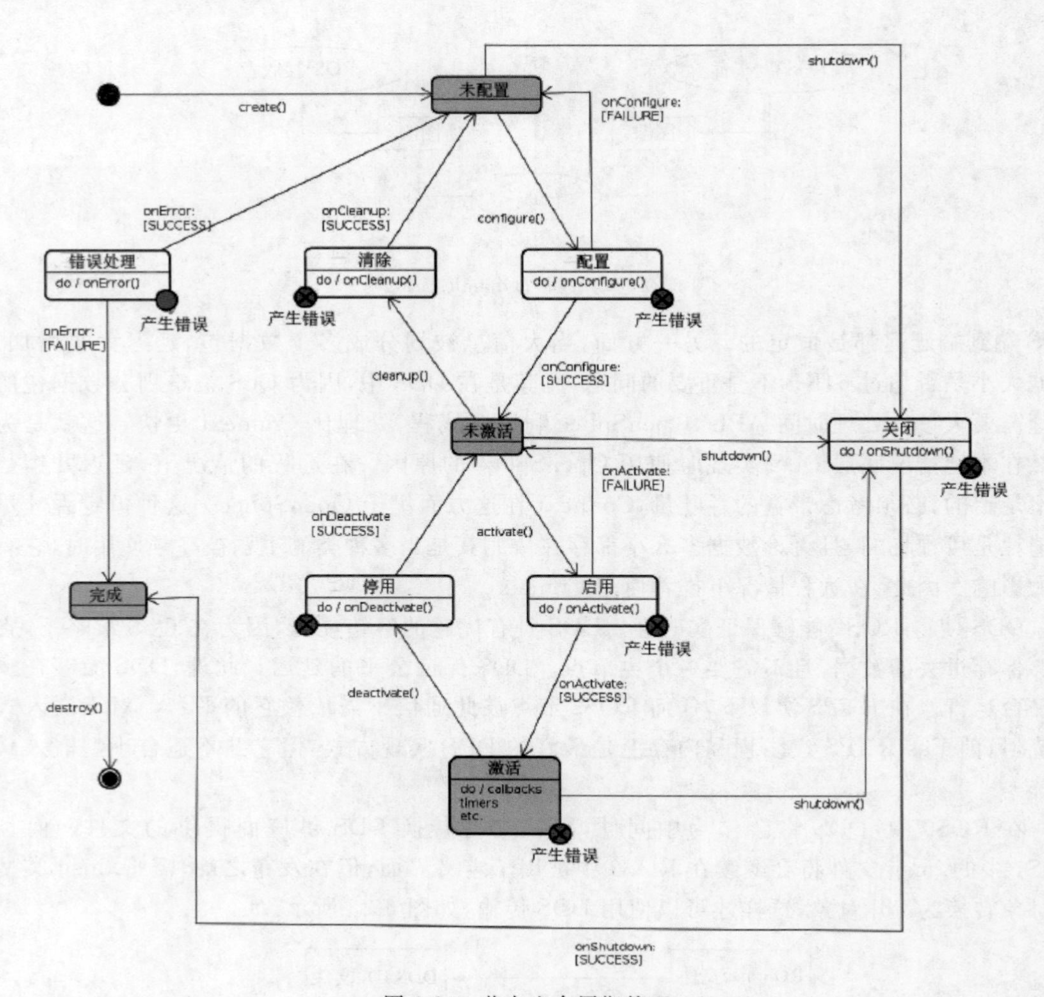

图 6-24　节点生命周期管理

ROS2 中的节点有 4 个状态：未配置的(unconfigured)、非活动的(inactive)、活跃的(active)、结束的(finalized)；有 6 个过渡状态：配置中(configuring)、清理中(cleaningup)、关闭中(shuttingdown)、激活中(activating)、停用中(deactivating)、错误处理中(errorprocessing)；它通过 7 个行为实现管理，分别是：创建(create)、配置(configure)、清除(cleanup)、激活(active)、停用(deactive)、关闭(shutdown)、摧毁(destroy)。

每一个被管理的节点都提供一个已知的界面，根据一个已知的生命周期状态来执行，同时还可视为一个黑箱。这给节点开发人员提供了生命周期管理的功能，同时方便于把管理节点所创建的工具应用于与之兼容的节点。

节点生命周期管理可以实现实时代码路径的明确分离；更好地控制 ROS 网络，以确保正确的启动顺序以及节点的在线重启动和转换；实现更好的监督。生命周期可以加强所有内部节点同步性，并且内部节点可以共享资源。

ROS1 提供了 nodelets，它旨在提供一种在单一的进程中对一台机器运行多个算法，且在进程内传递消息而不会增加成本的方法。nodelets 允许动态加载类到同一节点中，尽管在同一进程中，然而它们提供简单的单独命名空间，这使得 nodelets 就像一个单独的节点一样。值得注意的是 nodelets 有一些问题：节点和 nodelets 的应用程序编程接口是不同的；创建和运行 nodelets 也是复杂的。

ROS2 定义了非全局节点来解决这些问题，它没有跟踪在一个进程中的节点的全局状态，而是节点必须注册到系统来执行。"节点"和"nodelets"之间没有区别，事实上"nodelets"在 ROS2 中不会成为一个概念。在单一的进程中可以有多个节点，它们通过共享指针进行高效的通信。

另一个问题是：使用 nodelets 会很难去高效地使用一个共享线程池，这导致了线程池缺乏，如图 6-25 所示。

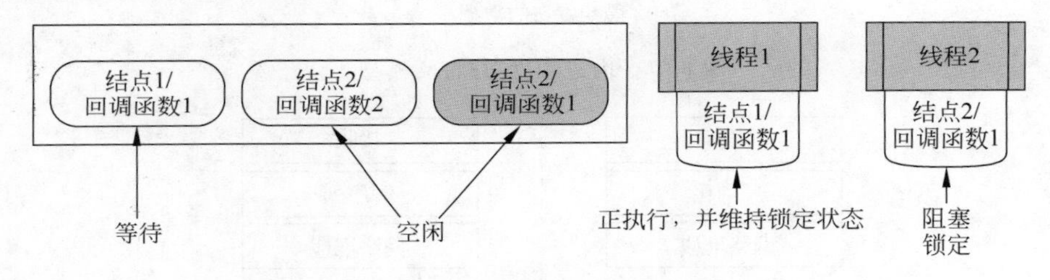

图 6-25　线程池缺乏

这不利于资源的有效利用，拥有很多的线程增加了内存印记，降低了环境转换的性能。在 ROS2 中，为了解决这个问题，引入了回调组(callback groups)。回调组是完全可选择的构造，但在默认情况下对用户隐藏。

可重入回调组(Reentrant Callback Groups)中的回调必须能够：

- 作为它们自己的回调同时运行；
- 作为它们组中的其他回调同时运行；
- 作为其他组中的其他回调同时运行。

然而，相互排斥回调组(Mutually Exclusive Callback Groups)中的回调：

- 不会同时运行多次；
- 不会作为它们组中的其他回调同时运行；
- 但必须作为其他组中的回调同时运行。

为了确保作用在共享资源上的回调不会在没有用户锁定的情况下同时运行，用户可以使用相互排斥回调组，如图 6-26 所示。此时 ROS2 是足够智能的，不会在同一时间执行"节点 1 的回调 1"的多个实例。这使得线程池中其他线程处理能够处理其他回调。

图 6-27 和图 6-28 分别展示了 ROS 的内进程和进程间发布/订阅模型。ROS 支持透明的内进程通信，这可以提升节点在自我通信(发布/订阅循环)和在同一进程中与其他节点通信两方面的性能。内进程通信使用高效的共享指针传输，可以避免序列化和并行运行，并且

避免网络堆叠和数据分包。

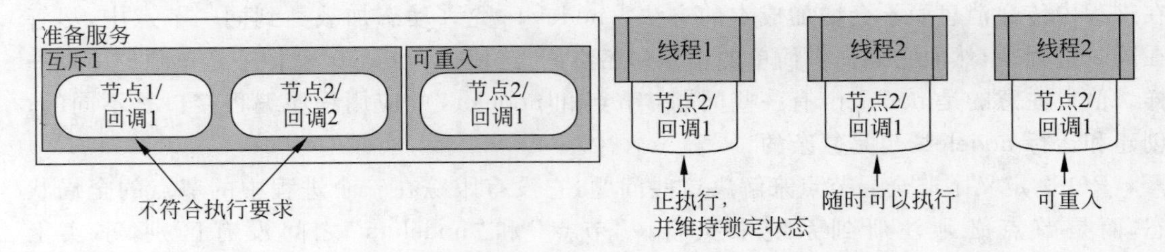

图 6-26 使用相互排斥回调组

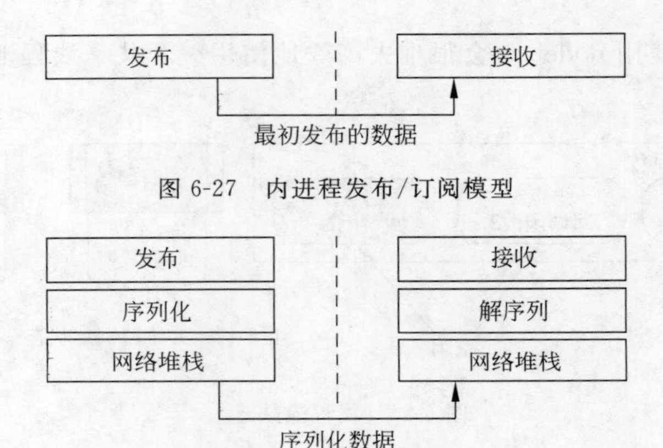

图 6-27 内进程发布/订阅模型

图 6-28 进程间发布/订阅模型

尽管 ROS1 的内进程通信已经具有不错的性能，但还是有隐藏的问题：在使用共享指针传输信息时，订阅侧的回调函数实际上调用了内进程回调函数，这会得到错误的结果。在 ROS2 中，通过使用所用权语义来跟踪所有权，如 unique_ptr，使得内进程通信更加安全。这种情况下，当分配一个 unique_ptr 指针时，它们之间所有权是可以被跟踪的。ROS2 使用 unique_ptr 指针可以以安全的方式避免重复。内进程回调函数在用户回调函数之外来处理，同时通过内进程支持更多的中间件 QoS 策略和排列行为，这使内进程通信和进程间通信的行为更一致。

ROS2 的设计目标是从一开始就具有实时能力，要在正确的时间内传输正确的计算结果——不能响应和错误的响应这两种情况一样糟糕。为了实现这一实时能力，需要使用一个相应的操作系统。

(1) Linux 变体的系统或者专属系统，例如 QNX、VxWorks。

(2) 优先考虑实时线程：使用一个实时时间表方针，如图 6-29 所示。

(3) 在实时节点中避免非决定论的来源，主要有：内存分配和管理时，在非实时路径中预分配资源；网络通路，特别是 TCP/IP；非实时装置驱动；访问硬盘；页面错误（锁定地址空间，预错误堆叠）等。

对于 DDS，大多数开发商将以透明方式使用共享内存优化消息流量（甚至进程之间），

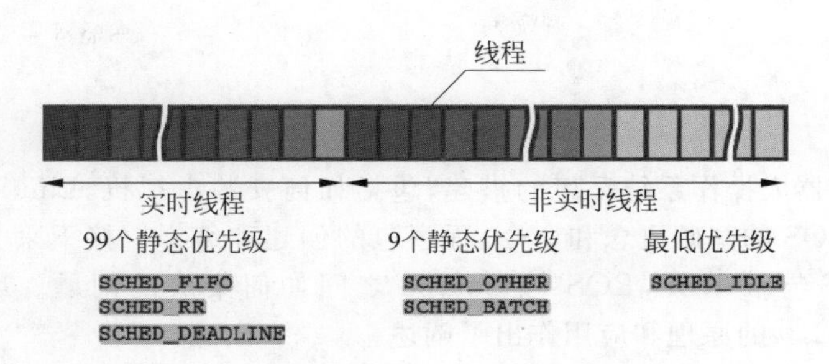

图 6-29　实时线程

仅仅在离开本地主机时使用有线协议和 UDP 套接字，这大大提高了 DDS 的性能。ROS2 还允许主题重分配(Topic Remapping)和别名使用(TopicAliasing)。

对于主题重分配：

- 同时应用到发布器和订阅器；
- 如果应用到发布器，订阅器将会失去连接；
- 如果应用到订阅器，发布器将会失去连接，并且发布器的连接将会被确立。

对于主题别名使用：

- 同时应用到发布器和订阅器；
- 如果应用到发布器，连接也会建立到订阅器；
- 如果应用到订阅器，连接也会建立到发布器。

为了在运行期间实现主题重分配和别名使用，发布器和订阅器的节点将自动创建一些内置服务：查询重分配和别名；通过名字重分配主题；通过名字添加一个别名；通过名字删除别名。这不仅使得开发人员使用功能更强大的运行库工具成为可能，而且支持像多机器人网络和可视化的动态情况。

ROS2 正处于发展阶段，具有很大的提升空间。

(1) ROS2 当前支持的 QoS 策略提供容错能力不足以实时处理。ROS2 必须扩大支持 QoS 策略的范围。

(2) 对于小的嵌入式系统，ROS2 需要一个最小的 DDS 实现和最低抽象层。

(3) 需要可供选择的 API 来管理划分数据包，这是处理大量信息的关键。它将缩小 DDS 端到端延迟，改善 ROS2 大量数据方面的性能。

(4) DDS 支持 C、C++ 和 Java 等语言。然而，还没有支持 Python 的 DDS 版本。因此 ROS2 应提供一个最好的、功能完善的 C API。Python、Rudy 和 Lisp 等语言可以通过 CAPI 使用 DDS。

(5) 在 ROS2 应用 unique_ptr 实现内进程通信后，还应使内进程存储更智能，允许更好的内存分配控制和实时安全的测试。

(6) 此外，ROS2 还有更多值得期待的地方，例如，更好地支持各种网络配置，复杂系统的确定性启动，预分配动态信息，添加或者删除节点和主题时的通知等。

本章小结

本章介绍了机器人操作系统环境的搭建，包括如何安装虚拟机、Linux 系统和 ROS 系统。然后介绍了 ROS 的基础概念和命令，程序包的创建和编译。接下来分别介绍了 ROS 与 MATLAB，ROS 与 V-REP，ROS 与 Gazebo 之间如何集成的问题。最后介绍最新的 ROS 2.0，对 ROS 2.0 的原理和应用作出了阐述。

参考文献

[1] 张建伟.开源机器人操作系统——ROS[M].北京：科学出版社，2012.

[2] O'Kane J M. A Gentle Introduction to ROS[J].

[3] Martinez A，Fernndez E. Learning ROS for Robotics Programming[M]. Packet Publishing，2013.

[4] Corke P. Integrating ROS and MATLAB[J]. IEEE Robotics & Automation Magazine，2015，22(2)：18-20.

[5] http://www.gazebosim.org/.

[6] https://github.com/lagadic/vrep_ros_bridge.

[7] Maruyama Y，Kato S，Azumi T. Exploring the performance of ROS2[C]//International Conference on Embedded Software. ACM，2016：5.

第 7 章

机器人操作系统的应用

7.1 Baxter 机器人与 ROS

前文多次以 Baxter 机器人为例，介绍各种机器人仿真的事例。这里将简单地介绍 Baxter 机器人与 ROS 之间的关系。

7.1.1 Baxter 机器人

Baxter 机器人是美国初创公司 Rethink Robotics 开发的双臂机器人。它不仅可以用于工业的作业，也广泛被许多高校用于科学研究。

Baxter 机器人最重要的一个特点是安全可靠，不会轻易对周围的人造成伤害。这是因为在 Baxter 机器人的内部结构中采用了弹性元件，从而减小了与外部环境交互时可能产生的碰撞，因此 Baxter 机器人属于柔性的机器人。它具有弹簧的弹性特征，使得机器人与人或其他物体发生碰撞时，能够提供耐冲击性并减小危险。此外，它可以在有人类经过它旁边的时候减慢运行速度，从而避免对人类可能造成的伤害。

使用 Rethink Robotics 提供的 SDK，研究人员可以对 Baxter 机器人的功能进行拓展。Baxter 常常应用于人机交互、人机协作、人机技能传递、末端执行器的轨迹规划等方面。

Baxter 机器人的外观如图 7-1 所示，对各部分介绍如下。

1——360 度头部超声波雷达：主要用于安全保护，可检测机器人工作空间内是否有人，防止发生意外。

2——头部摄像头：机器人头部视觉。

3——头部显示器：可显示工作状态、表情等。

4——7 自由度手臂：左右臂都是 7 自由度的机械臂，仿真人的手臂结构。

5——夹持器：位于手臂末端，可夹持物件。

6——手部摄像头及距离传感器：位于手臂末端，提

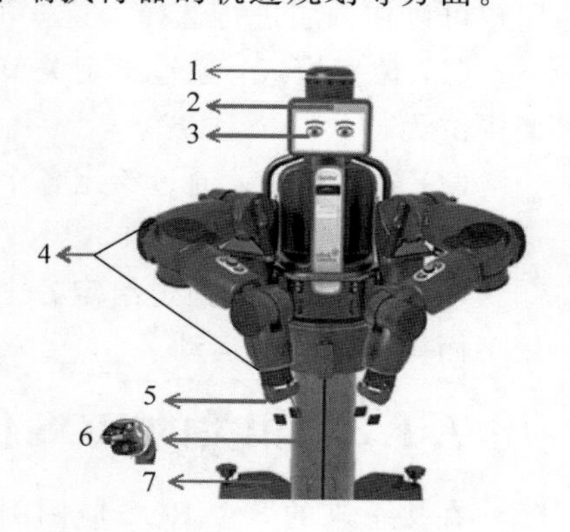

图 7-1　Baxter 机器人的外观

供手部视觉及手部与物件距离等信息。

7——可移动底座：可用于移动机器人、水平校准等。

7.1.2 Baxter 机器人的控制系统总体框架

Baxter 机器人的控制系统总体框架如图 7-2 所示，所有的计算机和 Baxter 机器人都必须处于同一局域网内。Baxter 的服务器是一台装有 ROS 系统的电脑，它可以跟 Baxter 机器人直接通信。个人计算机则通过特定格式的 UDP(User Datagram Protocol)数据包与 Baxter 的服务器通信，再由服务器将指令传输给机器人，从而间接控制机器人。采用这种控制方案的好处在于：利用网络通信的方式，可以实现跨平台控制。充分发挥不同操作系统以及不同编程软件的长处。

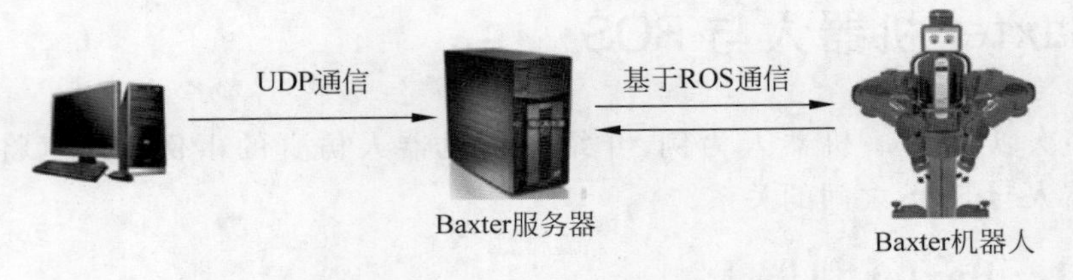

图 7-2 Baxter 机器人控制系统总体框架

服务器与 Baxter 机器人之间为基于 ROS 的通信，包括了同步通信和异步通信。此外，用户可以通过计算机与服务器进行通信，这时使用了 UDP 通信。UDP 是一种无连接的协议，运行在服务器和客户端的两个程序不用建立连接，而是以收、发数据包作为通信方式，数据包信息以分离的形式传送，每个数据包有独立的源地址和目的地址。

Baxter 机器人的核心 SDK 由多个程序包组成，具有分层功能，在 ROS 系统中处于 catkin 工作区。用户能够使用 Python＋ROS 进行编写。当需要通过某种控制算法去控制机器人时，首先用户用 Python 进行算法编写(也可以使用 MATLAB/Simulink)，然后用 Python 程序进行控制 Baxter 机器人。在控制模式上，Baxter 机器人提供了 3 种控制模式，用户可以在顶层进行选择。这 3 种控制模式分别是：

(1) 位置模式：通过给定关节的期望位置，Baxter 机器人通过运行自带的控制器，达到期望位置。

(2) 速度模式：通过给定各个关节的期望速度，Baxter 机器人的各个关节便会以期望速度进行相应的运动。

(3) 力矩模式：通过给定各个关节的力矩，Baxter 机器人的各个关节在对应力矩的作用下而做出相应的运动。

7.1.3 相关的 ROS 代码

在接下来的 3 个 ROS 应用例子中，我们将通过按照 Baxter 机器人的控制框架，对机器人进行遥操作。实验中，使用一台计算机通过 UDP 与 Baxter 机器人服务器进行通信，然后通过 ROS 对 Baxter 进行控制。对 Baxter 进行直接控制的 Python 程序，它既可以实现对 Baxter 机器人的遥操作，也可以实现机器人在运动过程中实现避障的效果。

由于 Python 的程序过长，我们将只介绍重要的代码模块。

7.2　基于神经网络实现对摇操作机器人进行高性能控制

下面介绍基于神经网络实现对摇操作机器人进行高性能控制的系统架构、编程与实现。

在过去十年中，遥操作机器人已经广泛应用于人类无法接近的工作场合，例如处理放射性物质和在危险环境下的搜索工作。与在结构确定性环境下工作的机械手相比，遥操作机器人可以在动态仿人环境下完成更多样化的操作任务。在大多数远程操作系统中，环境信息应该直接反馈给操作者，因此，操作者每次可以与机器人进行有效交互。当环境比较稳定时，操作者可以通过这种方式轻易地操纵远程机器人，但是在动态和不确定的环境中，这种方法可能对操作人员带来极大的工作负担。通常，远程机器人系统受到两种不确定性的影响：一个是机器人所处的外部环境，例如潜在的障碍物；另一个则是机器人内部的不确定性，如未知动力学关系和变化的负荷。对于外部不确定性，部分反馈给操作者的环境信息可能限制远程操作系统的应用范围，而全部反馈可能会分散操作者对工作任务的注意力。

在共享控制框架中，远程机器人的部分控制工作是自动完成的，可以辅助人类操作者的神经运动控制。为了减少操作员的工作量，考虑采用共享控制框架，并将自动避免碰撞机制嵌入到远程操作系统中，以使远程机器人能够安全地与动态环境进行交互。在这种控制策略下，操作者将能够集中精力于远程机器人末端执行器的操纵，并且通过使用冗余机制可以自动避障，而且对末端执行器只有很小的影响。在以前关于机械臂避障的研究中，通常使用机械臂的冗余自由度。在基座附近，剩余的自由度可能不足以使机械臂沿与障碍物的运动相反的方向移动。因此，机械臂可能遇到无法解决的动力学的问题。因此我们开发了一种降维方法来解决这个问题，以便更好地利用冗余机制。当障碍物远离机械臂时，将机械臂恢复到自然姿势。为此，我们基于运动学的远程机器人引入并行仿真系统。所提出的方法可以从运动学角度出发，在具有动态障碍的不确定环境中为机器人提供性能保证的遥操作。

内部不确定性主要受机器人动力学模型的精度影响。机器人机械臂的动态控制方法可以分为无模型控制和基于模型的控制。大多数无模型的方法可能不会产生良好的瞬态响应，而基于模型的控制方法通常产生更好的控制性能。事实上，控制性能在很大程度上取决于模型精度，但是机器人精确的动力学模型永远不可能预先获得。此外，未知或变化的载荷使得我们无法预先获得准确的动态模型。为了解决这些问题，研究者们已经开发了基于近似的控制方法，并且已经成功地应用于实际系统，例如编队控制、多智能体共同控制和机器人机械臂控制。这些近似的控制方法的理论基础是，当系统动力学满足某些条件时，不确定的非线性可以通过诸如神经网络、多项式方法、小波网络和模糊逻辑系统的工具逼近。

本节将自适应神经控制与误差变换技术相结合，以在运动学层面实现可靠的跟踪性能。在动力学水平上，确保可以避开障碍，并且在动态水平上实现基于神经网络的控制器设计与运动学水平的控制器设计无缝集成。

所设计的系统框架图如图 7-3 所示。在运动学水平上是在关节空间中生成用于机械臂的末端夹持器的参考轨迹，以跟随操作者的指令同时实现避障功能；在动力学上是在存在不确定性条件下可以确保参考轨迹被跟踪并满足特定的性能要求。

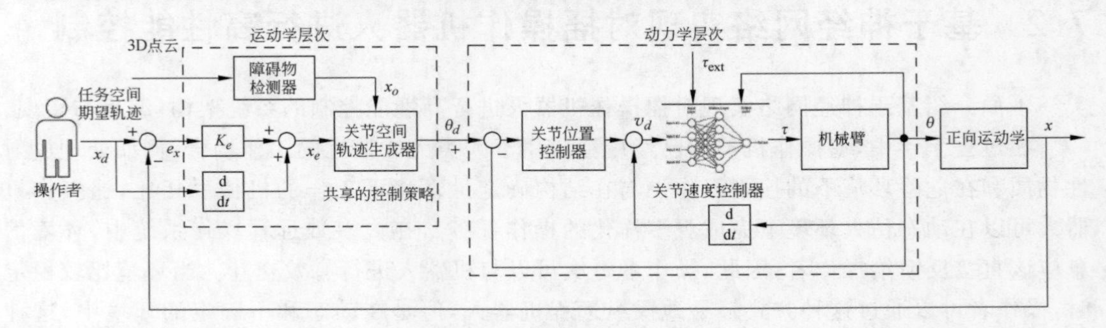

图 7-3 系统框架图

7.2.1 控制系统的架构

1. 系统组成

如图 7-4 所示为实验组件图，操作人员通过使用连接到主计算机的全方位操纵杆，采集操纵杆轨迹并发送到机器人服务器以远程操作机器人手臂。Baxter 机器人的其中一个机械臂被用作机械臂。它的全部 7 个关节都运用到了实验中。连接到下位机的机器人机械臂与 Kinect 传感器一起工作，以检测周围环境中的障碍物。

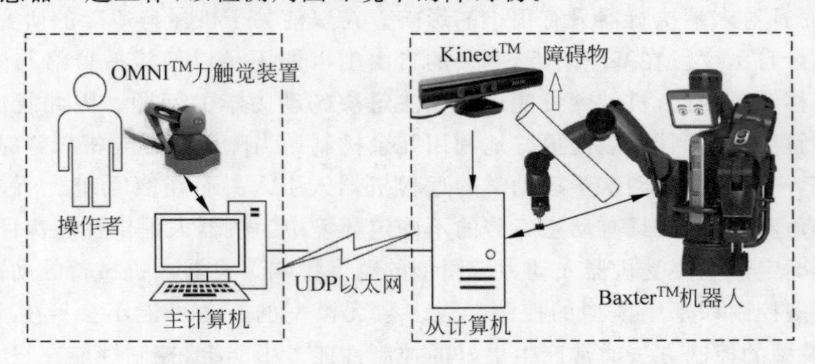

图 7-4 实验组件图

Kinect 传感器是由 Microsoft 开发的基于红色、绿色、蓝色加深度（RGB-D）的图像传感器，如图 7-5(b)所示，它包含 RGB 相机和深度传感器。利用 RGB 彩色图像以及深度图像，能够生成一个彩色的 3D 点云，可以使用 Kinect 传感器来感知远程机器人的周围环境。

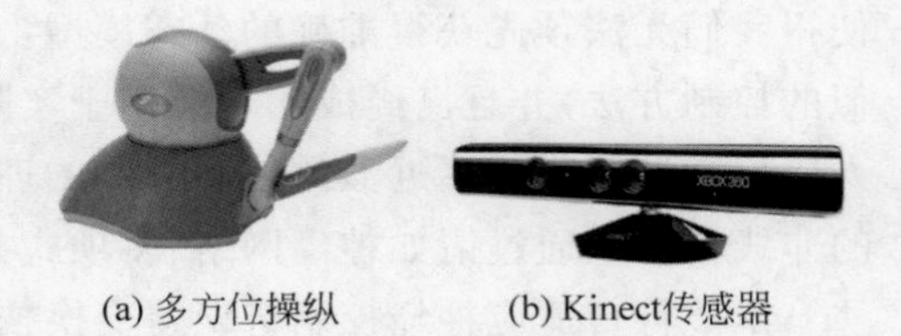

(a) 多方位操纵　(b) Kinect传感器

图 7-5 遥控操作系统中使用的设备

六自由度 SensAble 多方位操纵杆，如图 7-5(a)所示。前三个关节决定了末端执行器的笛卡儿空间位置，后三个关节决定它在笛卡儿空间中的方向。

2. 工作区间匹配

为了充分利用机械手工作区间，有必要建立机器人和多方位操纵杆相互匹配的工作区间，以使多方位操纵杆的缩放工作区间尽可能与远程机器人操作器的工作空间重叠。输入设备和机械臂的末端执行点的点云是基于蒙特卡罗方法创建的。

$$\boldsymbol{x}_d = \begin{bmatrix} \cos\beta & -\sin\beta & 0 \\ \sin\beta & \cos\beta & 0 \\ 0 & 0 & 1 \end{bmatrix} \times (\boldsymbol{S}_m \boldsymbol{x}_m + \boldsymbol{T}_m) \tag{7.1}$$

其中，$\boldsymbol{x}_d = [x_d \quad y_d \quad z_d]^{\mathrm{T}}$ 指的是机械臂末端执行器的笛卡儿位置，单位是米；$\boldsymbol{x}_m = [x_m \quad y_m \quad z_m]^{\mathrm{T}}$ 指的是多方位操纵杆尖端的笛卡儿位置，单位是毫米。旋转角 $\beta = \frac{\pi}{4}$ 是围绕机器人机械手基本框架的 $\boldsymbol{Z}$ 轴旋转。$\boldsymbol{S}_m = \mathrm{diag}\{0.0041, 0.0040, 0.0041\}$ 是选择好的缩放因子，而 $\boldsymbol{T}_m = [0.701, 0.210, 0.129]^{\mathrm{T}}$ 则为偏移量。

3. 坐标变换

如图 7-6 所示，Kinect 传感器被用来检测机器人机械臂周围的障碍物。为了实现障碍物的检测和避障，在机器人机械臂和 Kinect 的坐标系之间建立变换矩阵 $\boldsymbol{T}$ 是必要的。$\boldsymbol{T}$ 矩阵可以通过校准方法获得。

图 7-6　Kinect 传感器的设置

首先，我们考虑 4 个非共线点，并在机器人坐标系和 Kinect 传感器坐标系下测量它们的坐标。指定 XYZ 为机器人的坐标系，而 $X'Y'Z'$ 为 Kinect 的坐标系。指定 XYZ 坐标系下 4 个非共线点的坐标为 (x_1, y_1, z_1)，(x_2, y_2, z_2)，(x_3, y_3, z_3)，(x_4, y_4, z_4)；而在 $X'Y'Z'$ 坐标系下的坐标为 (x_1', y_1', z_1')，(x_2', y_2', z_2')，(x_3', y_3', z_3')，(x_4', y_4', z_4')。基于这两个坐标系可以计算出转换矩阵 $\boldsymbol{T}$

$$\boldsymbol{T} = \begin{bmatrix} x_1 & x_2 & x_3 & x_4 \\ y_1 & y_2 & y_3 & y_4 \\ z_1 & z_2 & z_3 & z_4 \\ 1 & 1 & 1 & 1 \end{bmatrix} \begin{bmatrix} x_1' & x_2' & x_3' & x_4' \\ y_1' & y_2' & y_3' & y_4' \\ z_1' & z_2' & z_3' & z_4' \\ 1 & 1 & 1 & 1 \end{bmatrix}^{-1} \tag{7.2}$$

这两个坐标系之间的转换可以通过该式子获得

$$[x \quad y \quad z \quad 1]^{\mathrm{T}} = \boldsymbol{T}[x' \quad y' \quad z' \quad 1]^{\mathrm{T}}$$

4. 碰撞点的识别

首先，连续 k 均值聚类方法用于将从 Kinect 传感器获得的点云分割成超像素。机器人上的超像素将通过其运动学构建的机器人骨架模型来识别。每个机器人机械臂的连接可以被视为3D空间中的一条线段，如图7-7所示。基于正向运动学，可以以下列方式计算每个关节的坐标，即每个节段的端点的笛卡儿位置：

$$ {}^{i}\boldsymbol{X}_o = {}^{0}\boldsymbol{A}_1 {}^{1}\boldsymbol{A}_2 \cdots {}^{n-1}\boldsymbol{A}_i \boldsymbol{X}_i \tag{7.3} $$

其中，${}^{i}\boldsymbol{X}_o=[{}^{i}x_o, {}^{n}y_o, {}^{n}z_o, 1]^{\mathrm{T}}$ 和 $\boldsymbol{X}_i=[x_i, y_i, z_i, 1]^{\mathrm{T}}$ 是笛卡儿空间中的增强位置矢量。矩阵${}^{j-1}\boldsymbol{A}_j$ 是它们之间的齐次变换矩阵。基于分段点云可以轻松地实时生成机器人的3D模型，即图7-8(b)中的球体组成的红色3D模型。在点云中，3D模型周围的点可以视为障碍物。碰撞点 p_{cr} 和 p_{co} 如图7-7所示。这两个点中，前者在机器人上，后者在障碍物上，机器人机械臂和障碍物之间的最短距离为 d。图7-8中直接提供检测结果，其中图7-8(b)中的红色3D模型是机器人的3D模型，点云中的绿色点(见图7-8(a)左侧)表示障碍物，蓝色和红色点分别表示左臂和右臂上的碰撞点，黑线段(见图7-8(a)、(c))表示机器人机械臂和障碍物之间的距离。

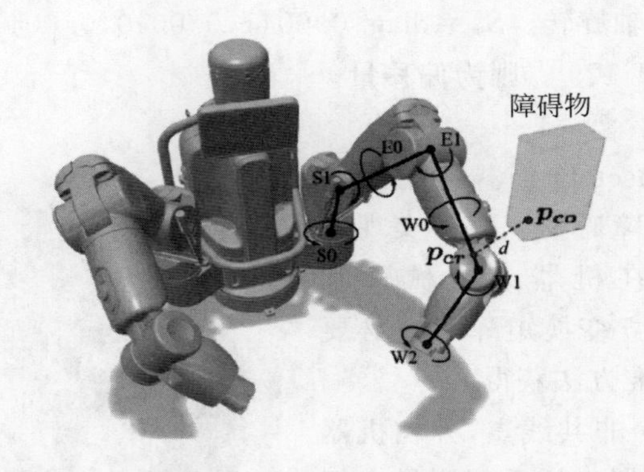

图7-7 碰撞点 p_{cr}、p_{co} 与Baxter机器人关节示意图

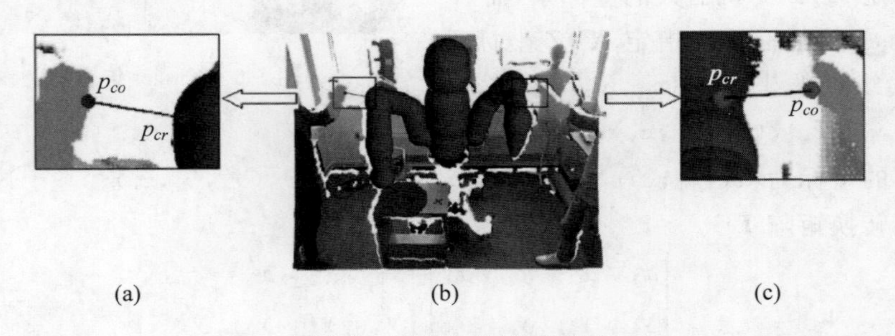

图7-8 障碍物检测示意图

避障决策示意图见图7-9。满足 $\dot{x}_o' = J_o\dot{\theta}$ 和 $\dot{x}_o' - \dot{x}_o$ 落在 $\dot{x}_o$ 的法向平面 N_o 上。

并行仿真系统见图7-10。实际机械臂的骨架由实心黑线表示，虚线黑线表示在并行系统中仿真的人工机械臂。

未知系统动力学估计实验见图7-11。

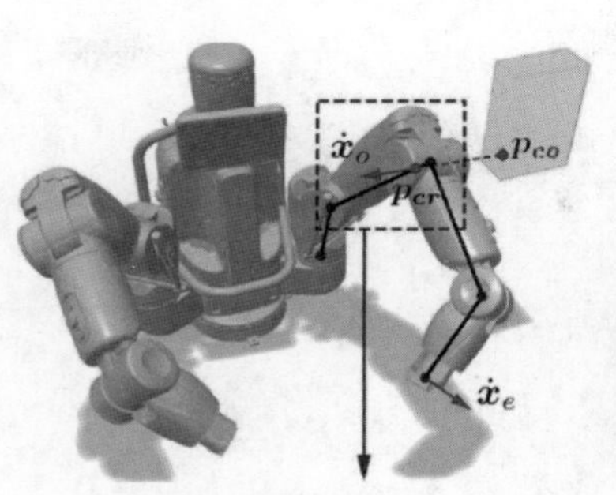

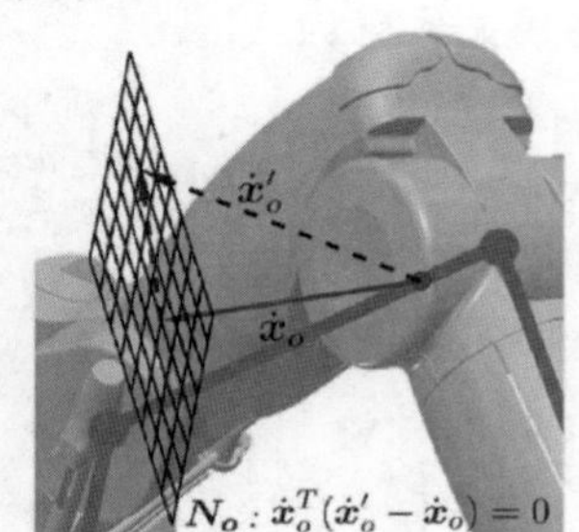

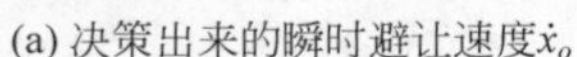
(a) 决策出来的瞬时避让速度$\dot{x}_o$　　(b) 可选的避免速度$\dot{x}_o'$

图 7-9　避障决策示意图

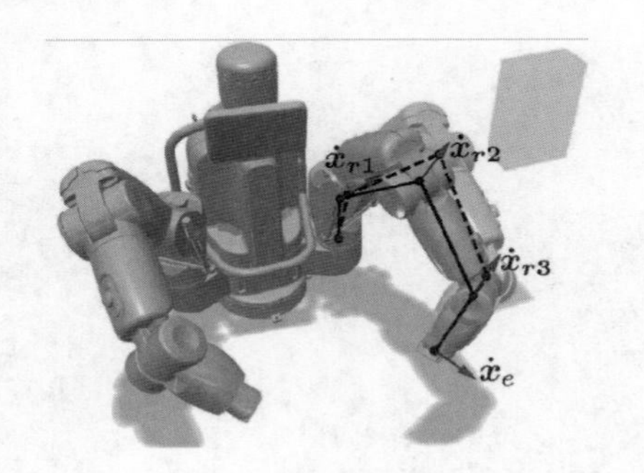

图 7-10　并行仿真系统

图 7-11　未知系统动力学估计实验

7.2.2　实验设计与实现

本书中的神经网络的实现是通过 Simulink 实现的，下面列举实验中重要的 Simulink 模块。

1. 输入模块

图 7-12 为输入模块 Simulink 框图。

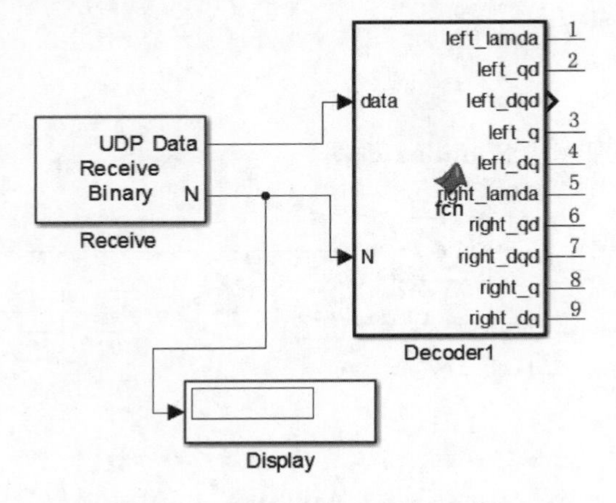

图 7-12　输入模块 Simulink 框图

Decoder1 的相关代码为：

```
function [left_lamda, left_qd, left_dqd, left_q, left_dq, right_lamda, right_qd, right_dqd,
right_q, right_dq]    = fcn(data, N)
persistent Data;
if isempty(Data)
    Data = single(data);
end
left_lamda = [0 0 0 0 0 0 0]';
left_qd = [0 0 0 0 0 0 0]';
left_dqd = [0 0 0 0 0 0 0]';
left_q = [0 0 0 0 0 0 0]';
left_dq = [0 0 0 0 0 0 0]';
right_lamda = [0 0 0 0 0 0 0]';
right_qd = [0 0 0 0 0 0 0]';
right_dqd = [0 0 0 0 0 0 0]';
right_q = [0 0 0 0 0 0 0]';
right_dq = [0 0 0 0 0 0 0]';
if N ~= 0
    Data = single(data);
end

for i = 0:6
    left_lamda(i+1) = (Data(1+2*i) + Data(2+2*i) * 256)/1000.0;
    left_qd(i+1) = (Data(15+2*i) + Data(16+2*i) * 256 - 32768)/10000.0;
    left_dqd(i+1) = (Data(29+2*i) + Data(30+2*i) * 256 - 32768)/10000.0;
    left_q(i+1) = (Data(43+2*i) + Data(44+2*i) * 256 - 32768)/10000.0;
    left_dq(i+1) = (Data(57+2*i) + Data(58+2*i) * 256 - 32768)/10000.0;

    right_lamda(i+1) = (Data(71+2*i) + Data(72+2*i) * 256)/1000.0;
    right_qd(i+1) = (Data(85+2*i) + Data(86+2*i) * 256 - 32768)/10000.0;
    right_dqd(i+1) = (Data(99+2*i) + Data(100+2*i) * 256 - 32768)/10000.0;
    right_q(i+1) = (Data(113+2*i) + Data(114+2*i) * 256 - 32768)/10000.0;
    right_dq(i+1) = (Data(127+2*i) + Data(128+2*i) * 256 - 32768)/10000.0;
end
```

2. 数据处理模块

图 7-13 为数据处理模块 Simulink 框图。

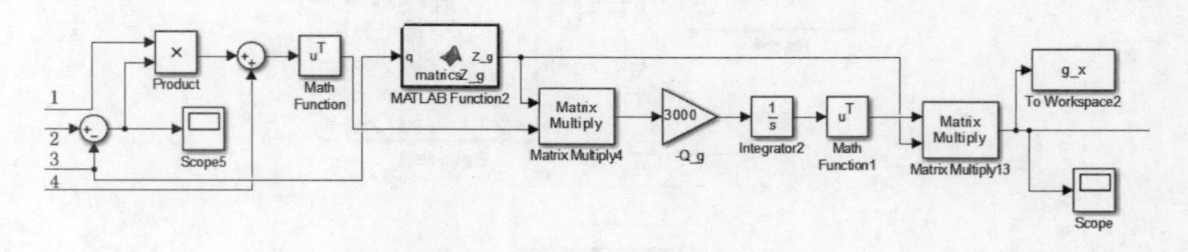

图 7-13　数据处理模块 Simulink 框图

其中，matricsZ_g 的代码为：

```
function Z_g = matricsZ_g(q)
n = 3;
persistent qlmt;
persistent qn;
if isempty(qlmt)
    qlmt = [ -1.7 1.7; -2.14 1.05; -3.05 3.05; -0.05 2.61; -3.05 3.05; -1.57 2.09; -3.05
3.05];
    qn = zeros(7,n);
    for i = 1:7
        for j = 1:n
            qn(i,j) = qlmt(i,1) + (qlmt(i,2) - qlmt(i,1))/(n-1) * (j-1);
        end
    end
end
Zraw = zeros(1,n^7);
counter = 1;
for i1 = 1:n
    for i2 = 1:n
        for i3 = 1:n
            for i4 = 1:n
                for i5 = 1:n
                    for i6 = 1:n
                        for i7 = 1:n
c = [qn(1,i1),qn(2,i2),qn(3,i3),qn(4,i4),qn(5,i5),qn(6,i6),qn(7,i7)]';
                            Zraw(1,counter) =  RBF(q,c);
                            counter = counter + 1;
                        end
                    end
                end
            end
        end
    end
end
Z_g = [Zraw Zraw Zraw Zraw Zraw Zraw Zraw]';
function out = RBF(x, c)
out = exp( -((x - c)' * (x - c)/0.5));
```

3. 输出模块

图 7-14 为输出模块 Simulink 框图。

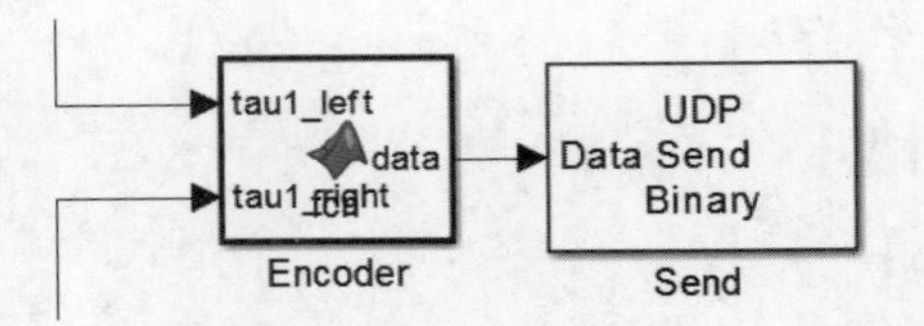

图 7-14　输出模块 Simulink 框图

Encoder 模块代码如下：

```
function data    = fcn(tau1_left, tau1_right)
data = uint8([0 0 0 0 0 0 0 0 0 0 0 0 0 0 0 0 0 0 0 0 0 0 0 0 0 0 0 0]);

dataraw = tau1_left;
dataraw = uint16(dataraw * 1000 + 32768);
data(1) = uint8(bitand(dataraw(1),hex2dec('FF00'))/256);
data(2) = uint8(dataraw(1) - uint16(data(1)) * 256);
data(3) = uint8(bitand(dataraw(2),hex2dec('FF00'))/256);
data(4) = uint8(dataraw(2) - uint16(data(3)) * 256);
data(5) = uint8(bitand(dataraw(3),hex2dec('FF00'))/256);
data(6) = uint8(dataraw(3) - uint16(data(5)) * 256);
data(7) = uint8(bitand(dataraw(4),hex2dec('FF00'))/256);
data(8) = uint8(dataraw(4) - uint16(data(7)) * 256);
data(9) = uint8(bitand(dataraw(5),hex2dec('FF00'))/256);
data(10) = uint8(dataraw(5) - uint16(data(9)) * 256);
data(11) = uint8(bitand(dataraw(6),hex2dec('FF00'))/256);
data(12) = uint8(dataraw(6) - uint16(data(11)) * 256);
data(13) = uint8(bitand(dataraw(7),hex2dec('FF00'))/256);
data(14) = uint8(dataraw(7) - uint16(data(13)) * 256);

dataraw = tau1_right;
dataraw = uint16(dataraw * 1000 + 32768);
data(15) = uint8(bitand(dataraw(1),hex2dec('FF00'))/256);
data(16) = uint8(dataraw(1) - uint16(data(15)) * 256);
data(17) = uint8(bitand(dataraw(2),hex2dec('FF00'))/256);
data(18) = uint8(dataraw(2) - uint16(data(17)) * 256);
data(19) = uint8(bitand(dataraw(3),hex2dec('FF00'))/256);
data(20) = uint8(dataraw(3) - uint16(data(19)) * 256);
data(21) = uint8(bitand(dataraw(4),hex2dec('FF00'))/256);
data(22) = uint8(dataraw(4) - uint16(data(21)) * 256);
data(23) = uint8(bitand(dataraw(5),hex2dec('FF00'))/256);
data(24) = uint8(dataraw(5) - uint16(data(23)) * 256);
data(25) = uint8(bitand(dataraw(6),hex2dec('FF00'))/256);
data(26) = uint8(dataraw(6) - uint16(data(25)) * 256);
data(27) = uint8(bitand(dataraw(7),hex2dec('FF00'))/256);
data(28) = uint8(dataraw(7) - uint16(data(27)) * 256);
```

7.2.3 实验及结果

1. 神经网络学习的性能测试

第一组实验主要测试由未知动力学和不确定载荷引起的效应的补偿效果。如图 7-11 所示，Baxter 右臂的末端执行器被控制沿着固定的轨迹移动。轨迹定义如下：

$$x_d(t)=\begin{bmatrix}0.6+0.1\sin(2\pi t/2.5)\\-0.4+0.3\cos(2\pi t/2.5)\\0.2\end{bmatrix}\tag{7.4}$$

载荷是施加在夹具上的，夹具具有 1.3kg 的重量。为了高精度实现 7-自由度 F 机器人动力学的近似，我们对于每个输入维度选择 3 个节点，并且采用 $l=3^7$ 个节点的神经网络 $\hat{M}(\theta)=\hat{W}_M^T Z_M(\theta)$ 和 $\hat{G}(\theta)=\hat{W}_G^T Z_G(\theta)$，或 $2l$ 个 NN 节点的神经网络 $\hat{C}(\theta)=\hat{W}_C^T Z_C(\theta)^T$ 和 $4l$ 个 NN 节点的神经网络 $\hat{f}=\hat{W}_f^T Z_f(\theta,\dot{\theta},v_d,\dot{v}_d)^T$。NN 权重矩阵的初始状态为 $\hat{W}_M(0)=\mathbf{0}\in\mathbb{R}^{nl\times n}$，$\hat{W}_C(0)=\mathbf{0}\in\mathbb{R}^{2nl\times n}$，$\hat{W}_G(0)=\mathbf{0}\in\mathbb{R}^{nl\times n}$ 和 $\hat{W}_f(0)=\mathbf{0}\in\mathbb{R}^{4nl\times n}$，其中，$l=2187$，$n=7$。

本节将进行两个比较实验以验证我们提出的基于神经学习的控制器的性能。在第一个实验中，带有负载的机械手采用神经学习的控制器进行控制，而在第二个实验中，采用了我们提出的神经学习方法。

对于第一个实验，参考关节角度 $\boldsymbol{\theta}_d$ 和实际关节角度 $\boldsymbol{\theta}$ 如图 7-15 所示；关节角度误差 $\boldsymbol{e}_\theta$ 如图 7-16 所示。我们看到：由于负载太大，关节角度误差相对较高。

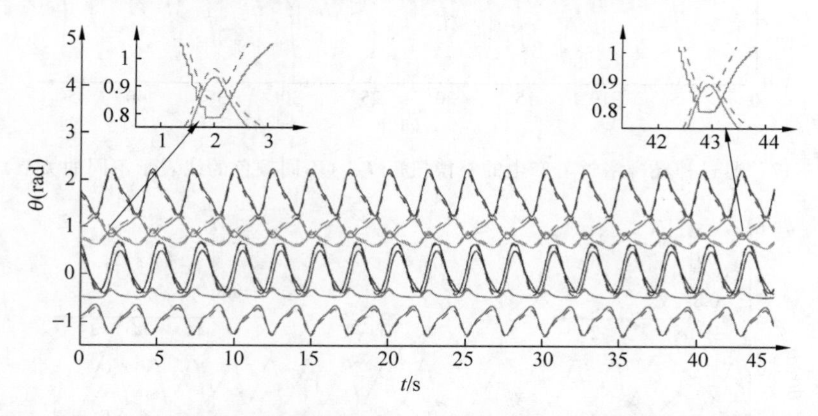

图 7-15 没有神经网络学习控制的参考关节角度 $\boldsymbol{\theta}_d$ 和没有神经学习的实际关节角度 $\boldsymbol{\theta}$

注：虚线和实线分别表示参考和实际关节角度。不同颜色的线表示不同的关节。

提出的神经网络学习方法的实验结果如图 7-14～图 7-19，图 7-17 显示的是补偿转矩 $\boldsymbol{T}_{NN}=\hat{M}\dot{v}_d+\hat{C}v_d+\hat{G}$。当负载附接到端部执行器时，其重力引起的不确定性比机器人机械手的动态不确定性更明显。所以在图 7-20 中特意展示了 NN 权重矩阵 $\hat{W}_G$，而图 7-18 显示了参考和实际关节角度，图 7-19 展示了关节的角度误差。可以看到，在开始时，补偿扭矩为

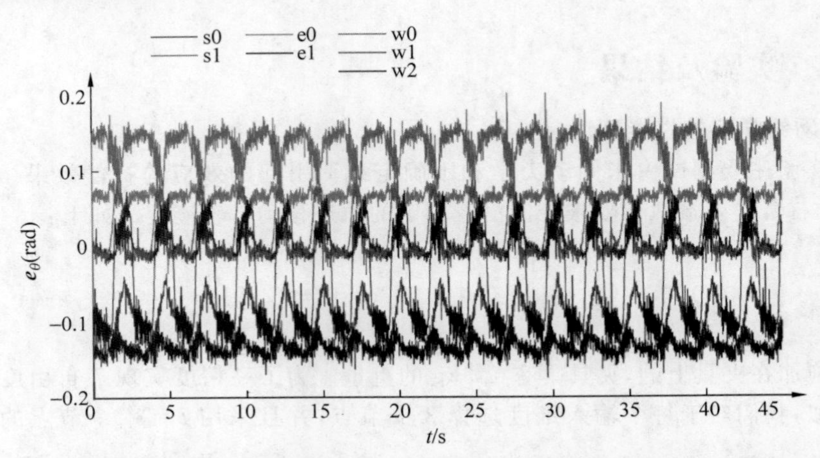

图 7-16 没有神经网络学习控制的关节角度偏差 $\boldsymbol{e}_\theta$（不同颜色的线代表不同的关节）

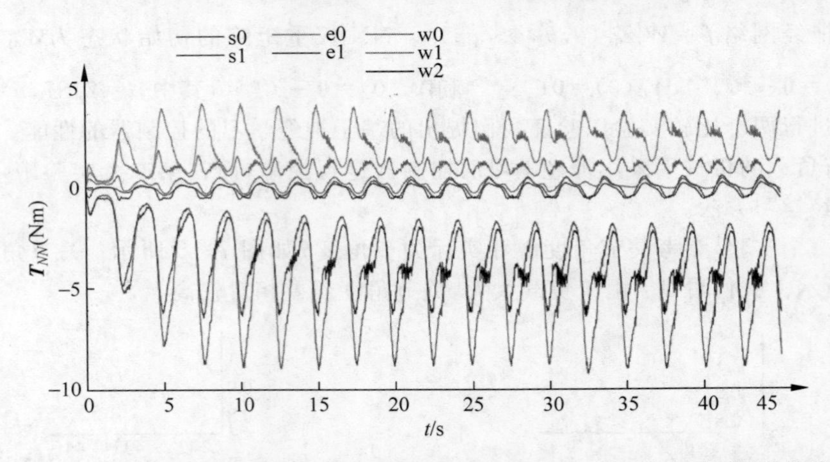

图 7-17 通过神经网络学习产生的补偿扭矩 $\boldsymbol{T}_{NN}$（不同颜色的线表示不同的关节）

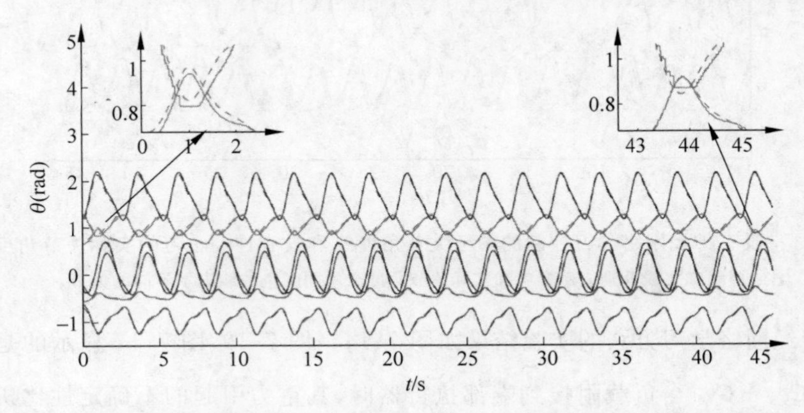

图 7-18 神经网络学习方法下的参考关节角度 $\boldsymbol{\theta}_d$ 和实际关节角度 $\boldsymbol{\theta}$（虚线和实线分别表示参考和实际关节角度。不同颜色的线表示不同的关节）

零，关节角度误差与图 7-16 所示的结果相同。后来权重矩阵显示了收敛的趋势。在补偿扭矩 $\boldsymbol{T}_{NN}$ 中可以找到与参考轨迹相同的周期性的变化。随着补偿扭矩的增加，关节角误差迅速减小，并在几个周期后得到足够小的效果，如图 7-19 所示。

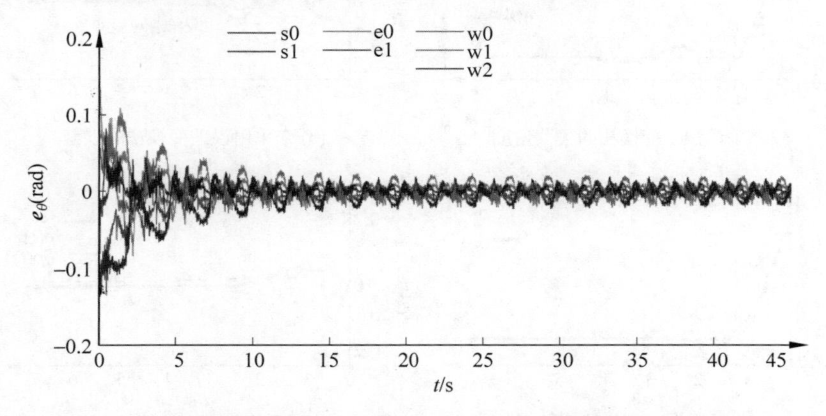

图 7-19 神经网络学习的关节角误差 $\boldsymbol{e}_\theta$（不同灰度的线表示不同的关节）

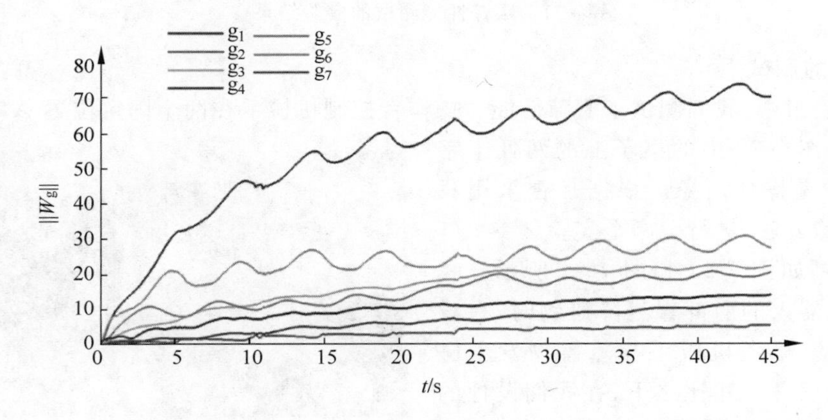

图 7-20 NN 权重矩阵 $\hat{W}_G$ 的每个列向量的范数，对应矩阵 $\hat{G}$ 的每一行

2．跟踪性能测试

第二组实验主要集中在动态控制器的跟踪性能的测试。控制机械手的末端执行器沿着两个点 $\boldsymbol{P}_1$：(0.6，−0.2，0.2)和 $\boldsymbol{P}_2$：(0.6，−0.6，0.2)之间的直线移动。进行两个比较实验：采用误差变换方法和没有采用误差变换方法。没有采用误差变换方法的结果显示在图 7-21(a)、(b)。而采用我们提出的误差变换方法的结果如图 7-21(c)、(d)所示。图中显示的是其中一个关节的实验，其他关节的实验结果类似。为了比较这两个实验之间的性能，在图 7-21(b)、(d)画出它们的性能函数 $\rho(t)$。在没有误差变换的情况下，超调要大得多，并且稳定时间比使用了误差变换的方法长得多。值得注意的是，我们提出的方法的关节角度误差在瞬态过程中从未超出性能要求，如图 7-21(d)所示。这意味着瞬态性能满足要求。

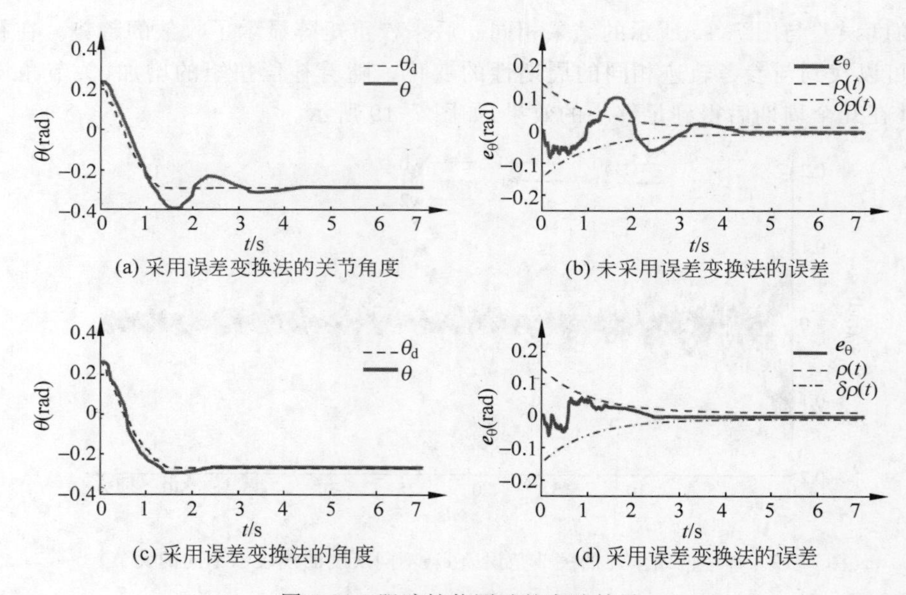

(a) 采用误差变换法的关节角度　(b) 未采用误差变换法的误差

(c) 采用误差变换法的角度　(d) 采用误差变换法的误差

图 7-21　跟踪性能测试的实验结果

3．避障的测试

在该实验组中，我们测试了避障性能。操作者控制机械手在两个固定位置 A 和 B 之间移动物体，如图 7-22 中的桌子上的两处十字叉，绿色盒子是操作对象。根据是否采用我们提出的避障方法，进行了两个实验。

图 7-22　避障实验实物图

实验结果如图 7-23 和图 7-24 所示。我们看到，当机器人的肘部靠近障碍物时，在没有避障控制策略下机械手与障碍物发生碰撞，不能完成任务。相比之下，在我们设计的避障控制模式下，机械手可以调整其姿势以避开障碍物并且能够完成任务。

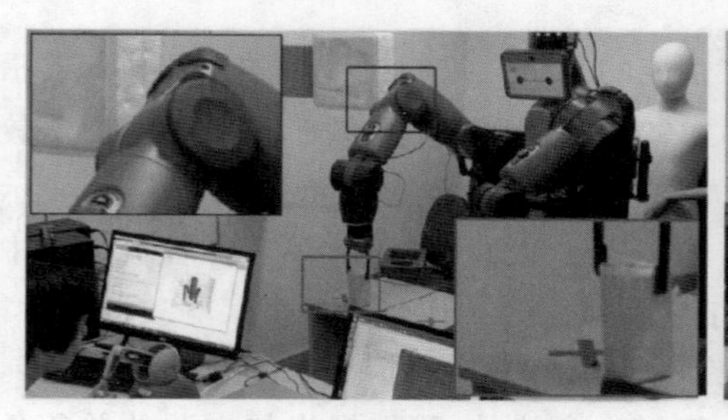

(a) 不避免碰撞

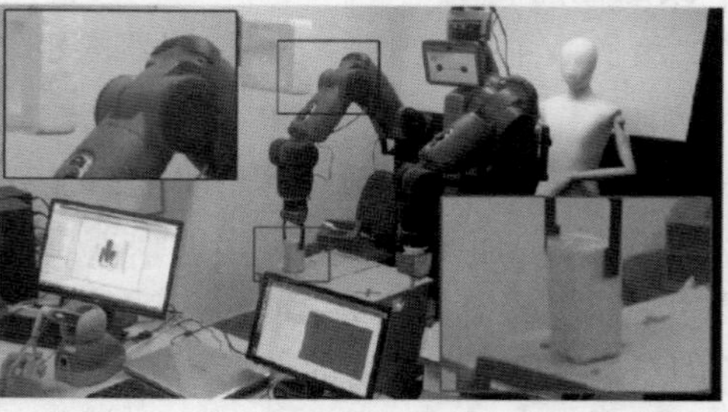

(b) 避免碰撞

图 7-23　避障实验的视频截图

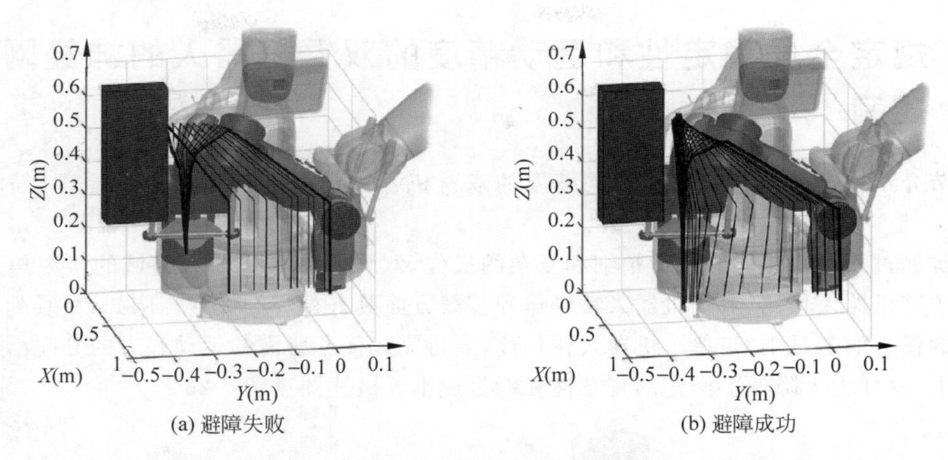

(a) 避障失败　(b) 避障成功

图 7-24　机械手姿势的时间序列(黑线表示机械手,蓝色长方体表示障碍物)

4. 姿态恢复性能测试

最后的实验是测试恢复功能。为了便于测试,操作者静止地握住操纵杆,使得机械手的末端执行器保持在固定位置,同时障碍物以动态方式移动,测试结果如图 7-25 所示。在图中可以看到,当障碍物靠近机械手移动时,其肘部向下移动以避免可能存在的碰撞。注意到,在这个过程中,末端执行器几乎没有变化位置;当障碍物移开时,机械臂自动恢复到其原来的姿势。

(a) t=36s　(b) t=38s　(c) t=39s　(d) t=43s

图 7-25　姿态恢复实验结果

7.3 规定全局稳定性和运动精度的双臂机器人的神经网络控制

本节介绍规定全局稳定性和运动精度的双臂机器人的神经网络控制的原理、编程与实现。

人类通过双手协作能够执行精细和复杂的操作，双臂协作是机器人领域的研究焦点之一。与单臂机器人相比，双臂机器人在操作和装载方面具有显著的优点。例如，在雕刻或螺纹连接的任务的工具中，与单个机器人臂相比，要将完成任务所需的运动和力的分配给两个机器臂上，这样大大降低了操作的复杂性和能量成本。概述图见图 7-26。

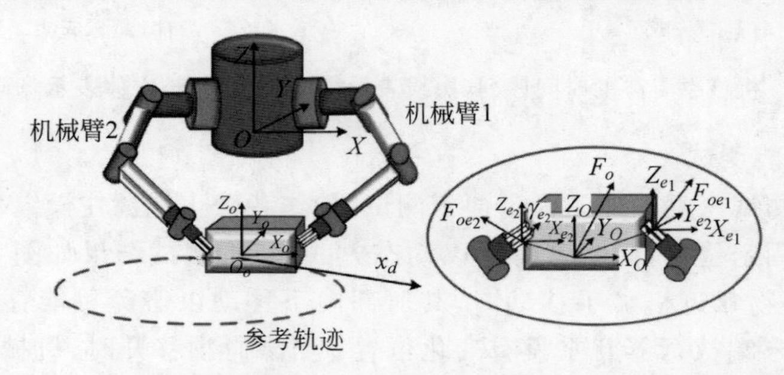

图 7-26 双臂机器人机械手操作同一个对象的概述图

应当强调的是，运动精度对于双臂操作是非常重要的。两臂的精确配合可以确保不会发生过大的内力，并且还减少内力的可能变化。双臂机器人控制器框图见图 7-27。在这方面，对运动精度的严格要求意味着还必须考虑操作中的瞬时性能。因此，研究者们在控制领域已经做出了很多努力来实现期望的瞬态性能。

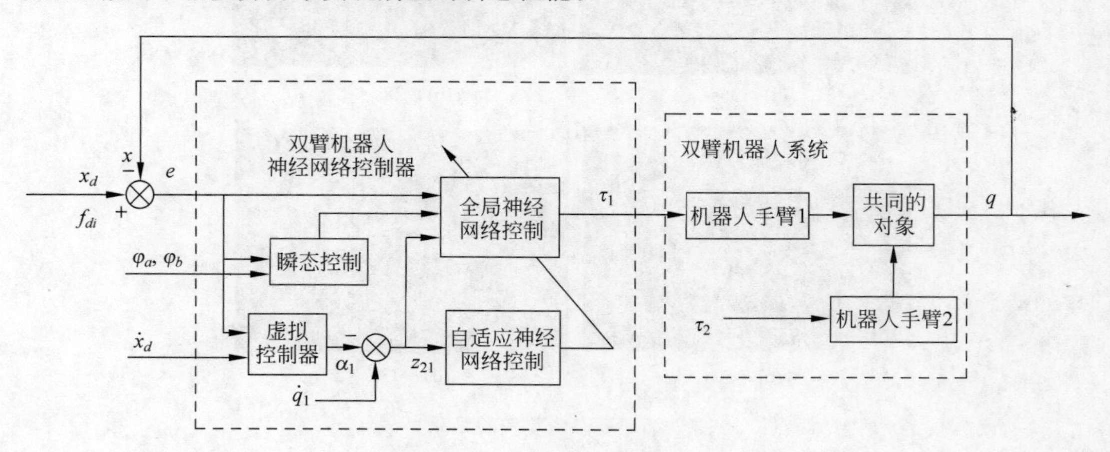

图 7-27 双臂机器人控制器框图

在实践中，机器人的运动学信息可以从制造商那里准确地获知，而动力学信息往往具有较大的不确定性。然而，我们可以利用机器人系统的输入-输出数据，并用它们来逼近机器人动力学参数，以便设计出具有令人满意的控制器。最成功的控制方法之一是基于神经网络的智能控制器，其利用神经网络的强大的通用近似能力来补偿未知的动力学。

应当注意，一般的神经网络控制方法仅确保闭环信号的最终有界意义上的稳定性，因为神经网络的近似仅保持在某个紧凑的集合（所谓的神经网络的近似域）上。因此，必须事先精确地识别状态变量的范围，特别是对于具有多输入和多输出的高度非线性复杂系统。因此，开发具有全局稳定性的神经网络控制器是非常重要的。然而，在大多数现有工作中仅考虑单输入单输出系统，并且很少同时考虑瞬态性能。

本节的目标是通过利用障碍 Lyapunov 函数（BLFs）实现事先规定的瞬态性能，并且同时保证全局稳定性。基于 BLF 的控制器被开发用于控制具有关节空间约束的机器人机械臂。

注意，通过对状态或输出的行为构成约束，可以使用 BLF 的技术间接约束跟踪误差。由此，在本文中，BLF 技术是用来实现瞬态和稳态的目标跟踪性能。与稳态响应的调节相比，瞬态控制的调节要困难得多。通过构造规定的跟踪性能要求函数，为双臂机器人的控制器合成提出了适当的 BLF，使得可以确保瞬态和稳态跟踪性能。同时，在神经网络控制器设计中引入了切换机制，以确保全局稳定性，见图 7-28。与只保证 SGUUB 稳定性的传统神经网络控制器相比，我们提出的神经网络控制器保证了闭环系统的全局稳定性，见图 7-29。这更有利于实际的应用，因为神经网络输入的条件被极大地放宽。

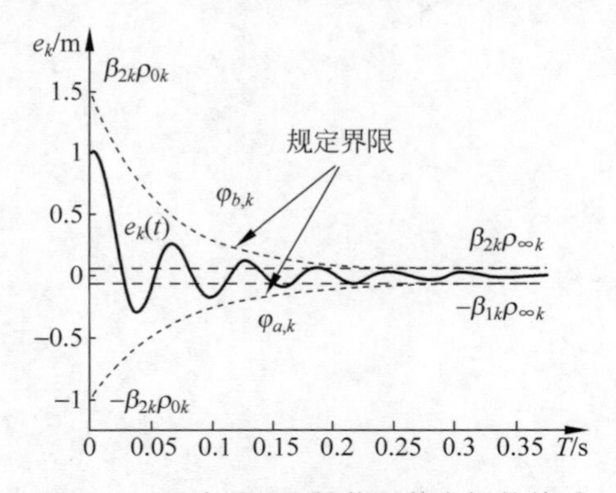

图 7-28 跟踪误差和性能函数之间的关系

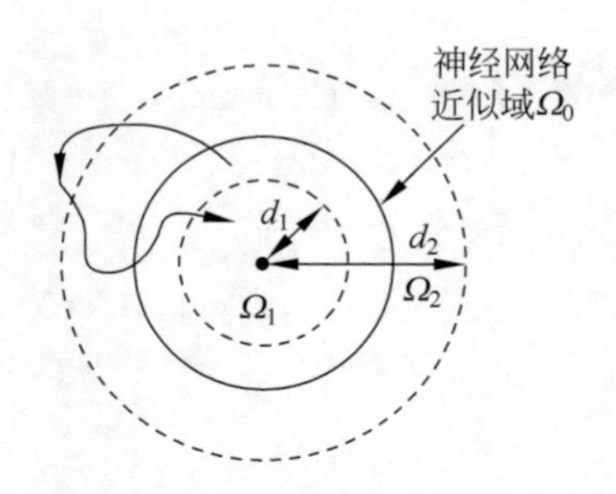

图 7-29 全局跟踪性能

7.3.1 实验设计与实现

1. Python 代码

以下关节空间控制器和 PID 控制器的定义有所不同，程序代码如下：

```
class CJointController:
    def __init__(self, ArmName):
```

```
        self.name = ArmName
        self.qd = np.mat([[0.0],[0.0],[0.0],[0.0],[0.0],[0.0],[0.0]])
        self.dotqd = np.mat([[0.0],[0.0],[0.0],[0.0],[0.0],[0.0],[0.0]])
        #self.qcmd = dict()
        self.limb = baxter_interface.Limb(ArmName)
        self.limb.set_joint_position_speed(1.0)self.limb.set_joint_position_speed(0.5)
        self.torController0 = CPIDController(self.name + 'j0')CPIDController()
        self.torController1 = CPIDController(self.name + 'j1')CPIDController()
        self.torController2 = CPIDController(self.name + 'j2')CPIDController()
        self.torController3 = CPIDController(self.name + 'j3')CPIDController()
        self.torController4 = CPIDController(self.name + 'j4')CPIDController()
        self.torController5 = CPIDController(self.name + 'j5')CPIDController()
        self.torController6 = CPIDController(self.name + 'j6')CPIDController()
        self.torController = [self.torController0, self.torController1,
        self.torController2, self.torController3, self.torController4, self.torController5,
        self.torController6]

        self.krate = 1.0

        self.torController[0].kp = 60.0
        self.torController[0].kd = 6.0#21.0
        #self.torController[0].ki = 0.01

        self.torController[1].kp = 60
        self.torController[1].kd = 6.0#24.0
        #self.torController[1].ki = 0.01

        self.torController[2].kp = 50.0
        self.torController[2].kd = 5.0#18.0
        #self.torController[2].ki = 0.01

        self.torController[3].kp = 30.0
        self.torController[3].kd = 3.0#15.0
        #self.torController[3].ki = 0.01

        self.torController[4].kp = 11.0
        self.torController[4].kd = 1.1#5.4
        #self.torController[4].ki = 0.01

        self.torController[5].kp = 8.0
        self.torController[5].kd = 0.8#4.5
        #self.torController[5].ki = 0.01

        self.torController[6].kp = 5.0
        self.torController[6].kd = 0.5#7.5
        #self.torController[6].ki = 0.002
```

```
    ####################


######## PID Controller ##############################
class CPIDController:
    def __init__(self, name):__init__(self):
        self.kp = 1.0
        self.ki = 0.0
        self.kd = 0.0
        self.sum_max = 1000.0
        self.sum_min = -1000.0
        self.err_old = 0.0
        self.err_sum = 0.0
        self.derr_old = 0.0
        self.sumrate = 1.0
        self.rho = 0.1
        self.name = name


        timestr = time.strftime("%M%H-%d%m")
        self.file = open(timestr + self.name + ".csv", 'w')
        tempstr = "time,given,dotgiven,feedback,dotfeedback,err,derr,errtr,out\r\n"
        self.file.write(tempstr)

    def calculate_dot(self, given, dotgiven, feedback, dotfeedback):
        err = given - feedback
        derr = dotgiven - dotfeedback
        self.derr_old = (self.derr_old*1.0+derr)/2.0
        self.err_old = given
        self.err_sum += err
        if self.err_sum > self.sum_max*self.sumrate:
            self.err_sum = self.sum_max*self.sumrate
        elif self.err_sum < self.sum_min*self.sumrate:
            self.err_sum = self.sum_min*self.sumrate
        #out = self.kp * err + self.kd * derr + self.ki * self.err_sum
        out = self.kp * err + self.kd * self.derr_old + self.ki * self.err_sum
        tempstr = str(rospy.get_time())+","+str(given)+","+str(dotgiven)+","+
str(feedback)+","+str(dotfeedback)+","+str(err)+","+str(derr)+","+str(err)+",
"+str(out)+",\r\n"
        self.file.write(tempstr)
        return out

    def calculate_dot_tr(self, given, dotgiven, feedback, dotfeedback):
        #tempstr = "time,given,dotgiven,feedback,dotfeedback,err,derr,errtr,out\r\n"
        err = given - feedback
```

```
        derr = dotgiven - dotfeedback
        self.derr_old = (self.derr_old * 1.0 + derr)/2.0
        self.err_old = given
        self.err_sum += err
        errtemp = err
        if errtemp > 0.99999 * self.rho:
            errtemp = 0.99999 * self.rho
        if errtemp < - 0.99999 * self.rho:
            errtemp = - 0.99999 * self.rho
        errtr = 0.5 * self.rho * np.log((errtemp/self.rho + 1.0)/(1.0 - errtemp/self.rho))
        if errtr > 0.2:
            errtr = 0.2
        if errtr < - 0.2:
            errtr = - 0.2
        if self.err_sum > self.sum_max * self.sumrate:
            self.err_sum = self.sum_max * self.sumrate
        elif self.err_sum < self.sum_min * self.sumrate:
            self.err_sum = self.sum_min * self.sumrate
        #out = self.kp * err + self.kd * derr + self.ki * self.err_sum
        out = self.kp * errtr + self.kd * self.derr_old + self.ki * self.err_sum
        tempstr = str(rospy.get_time()) + "," + str(given) + "," + str(dotgiven) + "," +
str(feedback) + "," + str(dotfeedback) + "," + str(err) + "," + str(derr) + "," + str(errtr)
+ "," + str(out) + ",\r\n"
        self.file.write(tempstr)
        return out
```

2. MATLAB 代码

以下 3 个 m 文件是共同工作的，它们的作用是生成机器人的轨迹，并转化为机器人末端执行器的轨迹，其中定时器起到了控制时序作用。

(1) 轨迹设置相关代码如下：

```
clear all
close all
global t;
t = 0;
us = udp('192.168.1.100',6101);
fopen(us);
ti = timer();
set(ti,'BusyMode','drop','Period',0.1,'ExecutionMode','fixedRate')
set(ti,'TimerFcn',{@timeChange,us})
start(ti);
t
```

（2）轨迹空间转换代码如下：

```
function baxterPos = moveBaxHand_twoarms(us, leftpos, rightpos, handName)
%移动 baxter 的手臂到坐标 baxxyz。
% baxxyz 为在 baxter 坐标系中期望位置坐标,handName 为想要移动的手臂名称,分别为 left,right
和 both
lftrpy = [pi 0 pi]';
rgtrpy = [pi 0 pi]';
% lftrpy = [ - pi/2 0 0.1]';
% rgtrpy = [ - pi/2 0 0]';
a1 = size(leftpos);
a = size(rightpos);

if a1(1) == 1 & a1(2) == 3         %自动调整坐标为列向量,因为下文中的 encoder 要求为列向量
     leftpos = leftpos';
elseif  a1(1) == 3 & a1(2) == 1
    leftpos;
else
    display('baxxyz error')
    baxterPos = [0  0  0];
    return;
end

if a(1) == 1 & a(2) == 3           %自动调整坐标为列向量,因为下文中的 encoder 要求为列向量
     rightpos = rightpos';
elseif  a(1) == 3 & a(2) == 1
    rightpos;
else
    display('baxxyz error')
    baxterPos = [0  0  0];
    return;
end


if isequal(handName, 'right')    %移动左手或右手或判断移动哪只手
    [data] = encoder1([0.5805 0.2625 0.2141]', rightpos, lftrpy, rgtrpy, [255 255]);
    fwrite(us, data);
elseif isequal(handName, 'left')
     [data] = encoder1(leftpos, [0.5735  - 0.224 0.2141]', lftrpy, rgtrpy, [255 255]);
    fwrite(us, data);
elseif isequal(handName, 'both')
    %[y z j] = theloop2(baxxyz);
    [data] = encoder1(leftpos, rightpos, lftrpy, rgtrpy, [0 255 ]);
    fwrite(us, data);
end
baxterPos = [0  0  0];

end
```

(3) 定时器相关代码如下：

```
function timeChange(obj,event,us)
% UNTITLED2 Summary of this function goes here
%   Detailed explanation goes here
global t;
t = t + obj.Period;
length = 0.1;
tstep = 2.5;
r1 = 0.12;
r2 = 0.1;

xstartl = 0.65;
xstartr = 0.65;
ystartl = 0.2;
ystartr =- 0.2;

% % circular trajectroy
% experiment 1
   leftpos   = [r1 * sin(t * 1 * pi/tstep) + xstartl,r2 * cos(t * 1 * pi/tstep) + ystartl,0.2];
   rightpos  = [r1 * sin(t * 1 * pi/tstep) + xstartr,r2 * cos(t * 1 * pi/tstep) + ystartr,0.2];

%  % % set point
moveBaxHand_twoarms_3joints(us,leftpos,rightpos,'both');

t
end
```

3. Simulink 模块

Decoder1 模块和 Decoder2 模块的作用是将 UDP 传输的数据转化为机器人左臂和右臂的关节角、角速度、角加速度、控制增益等，然后在通过其他 Simulink 模块实现设计的控制算法。

(1) Decoder1 模块的 m 代码如下：

```
function [left_lamda, left_qd, left_dqd, left_q, left_dq, right_lamda, right_qd, right_dqd,
right_q, right_dq,left_torque,right_torque,left_exforce,right_exforce] = fcn(data, N)
persistent Data;
if isempty(Data)
    Data = single(data);
end
left_lamda = [0 0 0 0 0 0 0]';
left_qd = [0 0 0 0 0 0 0]';
left_dqd = [0 0 0 0 0 0 0]';
left_q = [0 0 0 0 0 0 0]';
left_dq = [0 0 0 0 0 0 0]';
```

```
right_lamda = [0 0 0 0 0 0 0]';
right_qd = [0 0 0 0 0 0 0]';
right_dqd = [0 0 0 0 0 0 0]';
right_q = [0 0 0 0 0 0 0]';
right_dq = [0 0 0 0 0 0 0]';
left_torque = [0 0 0 0 0 0 0]';
right_torque = [0 0 0 0 0 0 0]';
left_exforce = [0 0 0 0 0 0]';
right_exforce = [0 0 0 0 0 0]';
if N ~= 0
    Data = single(data);
end

for i = 0:6
    left_lamda(i+1) = (Data(1+2*i) + Data(2+2*i)*256)/1000.0;
    left_qd(i+1) = (Data(15+2*i) + Data(16+2*i)*256 - 32768)/10000.0;
    left_dqd(i+1) = (Data(29+2*i) + Data(30+2*i)*256 - 32768)/10000.0;
    left_q(i+1) = (Data(43+2*i) + Data(44+2*i)*256 - 32768)/10000.0;
    left_dq(i+1) = (Data(57+2*i) + Data(58+2*i)*256 - 32768)/10000.0;

    right_lamda(i+1) = (Data(71+2*i) + Data(72+2*i)*256)/1000.0;
    right_qd(i+1) = (Data(85+2*i) + Data(86+2*i)*256 - 32768)/10000.0;
    right_dqd(i+1) = (Data(99+2*i) + Data(100+2*i)*256 - 32768)/10000.0;
    right_q(i+1) = (Data(113+2*i) + Data(114+2*i)*256 - 32768)/10000.0;
    right_dq(i+1) = (Data(127+2*i) + Data(128+2*i)*256 - 32768)/10000.0;
end
for i = 0:6
    left_torque(i+1) = (Data(141+2*i) + Data(142+2*i)*256 - 32768)/1000.0;
    right_torque(i+1) = (Data(155+2*i) + Data(156+2*i)*256 - 32768)/1000.0;
end
for i = 0:5
    left_exforce(i+1) = (Data(169+2*i) + Data(170+2*i)*256 - 32768)/1000.0;
    right_exforce(i+1) = (Data(181+2*i) + Data(182+2*i)*256 - 32768)/1000.0;
end
```

(2) Decoder2 模块的 m 代码如下：

```
function [leftpos, rightpos, leftrpy, rightrpy, grippers, leftposd, rightposd, leftxyzd,
rightxyzd] = fcn(data,N)
persistent Data;
if isempty(Data)
    Data = single(data);
end
leftpos = [0 0 0]';
rightpos = [0 0 0]';
```

```
leftposd = [0 0 0]';
rightposd = [0 0 0]';
leftrpy = [0 0 0]';
rightrpy = [0 0 0]';
grippers = [0 0]';
leftxyzd = [0 0 0]';
rightxyzd = [0 0 0]';

Data = single(data);
for i = 0:2
    leftrpy(i+1) = (Data(7+2*i) + Data(8+2*i) * 256 - 32768)/10000.0;
    leftpos(i+1) = (Data(13+2*i) + Data(14+2*i) * 256 - 32768)/10000.0;
    rightrpy(i+1) = (Data(25+2*i) + Data(26+2*i) * 256 - 32768)/10000.0;
    rightpos(i+1) = (Data(31+2*i) + Data(32+2*i) * 256 - 32768)/10000.0;
    leftposd(i+1) = (Data(45+2*i) + Data(46+2*i) * 256 - 32768)/10000.0;
    rightposd(i+1) = (Data(51+2*i) + Data(52+2*i) * 256 - 32768)/10000.0;
    leftxyzd(i+1) = (Data(57+2*i) + Data(58+2*i) * 256 - 32768)/10000.0;
    rightxyzd(i+1) = (Data(63+2*i) + Data(64+2*i) * 256 - 32768)/10000.0;

end

    grippers(1) = Data(37);
    grippers(1) = Data(38);
```

7.3.2 实验结果

用于实验操作对象是 Baxter 双臂机器人，如图 7-30 所示。它应用了两个 7 自由度机械臂和先进的传感技术，包括位置、力和力矩传感器和控制，传感器安装在每个关节处。关节传感器的分辨率为 14 位，共 360 度（每刻度分辨率为 0.022 度），而可施加到关节的最大关节扭矩为 50N·m（前四个关节）和 15N·m（最后三个关节）。

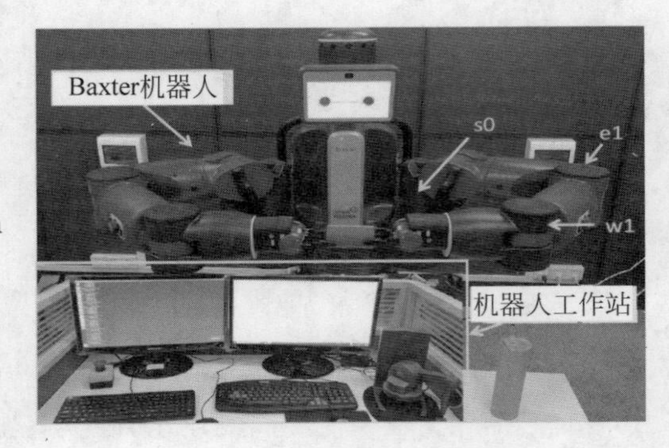

图 7-30 实验装备的插图

在实验中，命令 Baxter 机器人通过使用两个机械臂来抓取物体，夹持器安装在末端执行器上的。对于每个机器臂，我们初始化关节的位置以使臂位于如图 7-30 所示的水平面中。在实验中，为了简单和不失普遍性，使用每个臂上的 3 个平行旋转接头（s_0, e_1, w_1）来规划运动。被抓取的物体是由塑料制成的圆筒，重量为 0.1kg，长度为 0.1m，直径为 0.06m。内力可以通过使用安装在每个关节的扭矩传感器以及重力补偿模型和公式来计算。

为了很好地近似机器人动力学和考虑到精度和计算效率，将 RBFNN 的输入分为 2 组，一组包含$[\boldsymbol{q}_i^{\mathrm{T}},\dot{\boldsymbol{\alpha}}_i^{\mathrm{T}}]^{\mathrm{T}}\in R^6$和另一组为$[\boldsymbol{q}_i^{\mathrm{T}},\dot{\boldsymbol{q}}_i^{\mathrm{T}},\boldsymbol{\alpha}_i^{\mathrm{T}}]^{\mathrm{T}}\in R^9$，并且对于神经网络的每个输入维度使用三个中心，最终每个神经网络总共具有$l_1=20412$个神经网络节点。神经网络节点的中心被均匀地间隔开，根据每个关节的运动范围和速度限制的上限和下限，如$[-1.7,1.7]\times[-1.05,2.61]\times[-1.57,2.09]\times[-1.5,1.5]\times[-1.5,1.5]\times[-1.5,1.5]\cup[-1.7,1.7]\times[-1.05,2.61]\times[-1.57,2.09]\times[-1.5,1.5]\times[-1.5,1.5]\times[-1.5,1.5]\times[-1.5,1.5]\times[-1.5,1.5]\times[-1.5,1.5]$。并且神经网络权重矩阵被初始化为$\hat{W}_1(0)=\mathbf{0}\in\mathbb{R}^{3l_1\times 3}$和$\hat{W}_2(0)=\mathbf{0}\in\mathbb{R}^{3l_2\times 3}$。神经网络自适应定律的增益选择为$\Theta_1=\mathrm{diag}\{2\}$，$\Theta_2=\mathrm{diag}\{2\}$。控制器的设计参数$K_1$和$K_{2i}$规定为$K_1=\mathrm{diag}\{10,9,9\}$，$K_{21}=K_{22}=\mathrm{diag}\{9,4.5,1.2\}$。控制器中的参数$\bar{\omega}$被选择为$\bar{\omega}=0.1$。

在实验中，夹持的物体需要在笛卡儿空间中跟踪以下轨迹

$$\begin{bmatrix}x\\y\\\theta\end{bmatrix}=\begin{bmatrix}0.65+0.1\sin(2\pi/5t)\\0.12\cos(2\pi/5t)\\0\end{bmatrix}\tag{7.5}$$

对象的初始坐标为(0.55,0.2,0.2)，初始速度设置为$\dot{x}(0)=0$，$\dot{y}(0)=0$，$\dot{\theta}(0)=0$。所需的内力选择为$f_{d1}=[0,3,0]$，$f_{d2}=[0,-3,0]$。设计性能函数的参数为：$\rho_{01}=\rho_{02}=0.2$，$\rho_{03}=0.4$，$\rho_{\infty 1}=\rho_{\infty 2}=0.012$，$\rho_{\infty 3}=0.025$，$\alpha_k=2.5$，$\beta_{1k}=\beta_{2k}=1$，$k=1,2,3$。

实验结果见图7-31～图7-34。被操纵对象在任务空间中跟踪性能如图7-31所示。其中观察到当遵循圆形轨迹时所提出的控制器具有良好的性能。x、y和θ的轨迹见图7-28(a)、

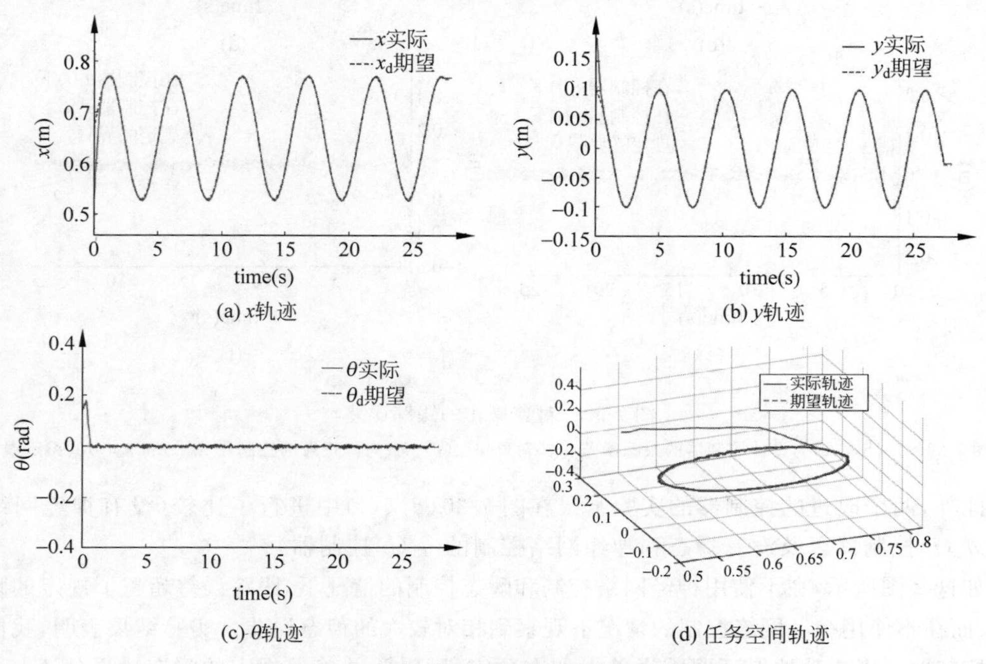

图7-31　被操纵对象的全局稳定跟踪性能

(b)、(c)中给出。被操纵物体的跟踪误差示于图 7-30(a)、(b)、(c)。如这些图所示，所抓取的对象非常好地遵循参考轨迹，跟踪误差收敛到零附近，而不违反预先规定的瞬态边界(即红色虚线“-”)。控制输入，内力误差，关节位置和神经网络权重范数的轨迹如图 7-33 和图 7-34 所示。从图中可以看出，闭环信号是有界的，并且内力误差收敛到零附近。

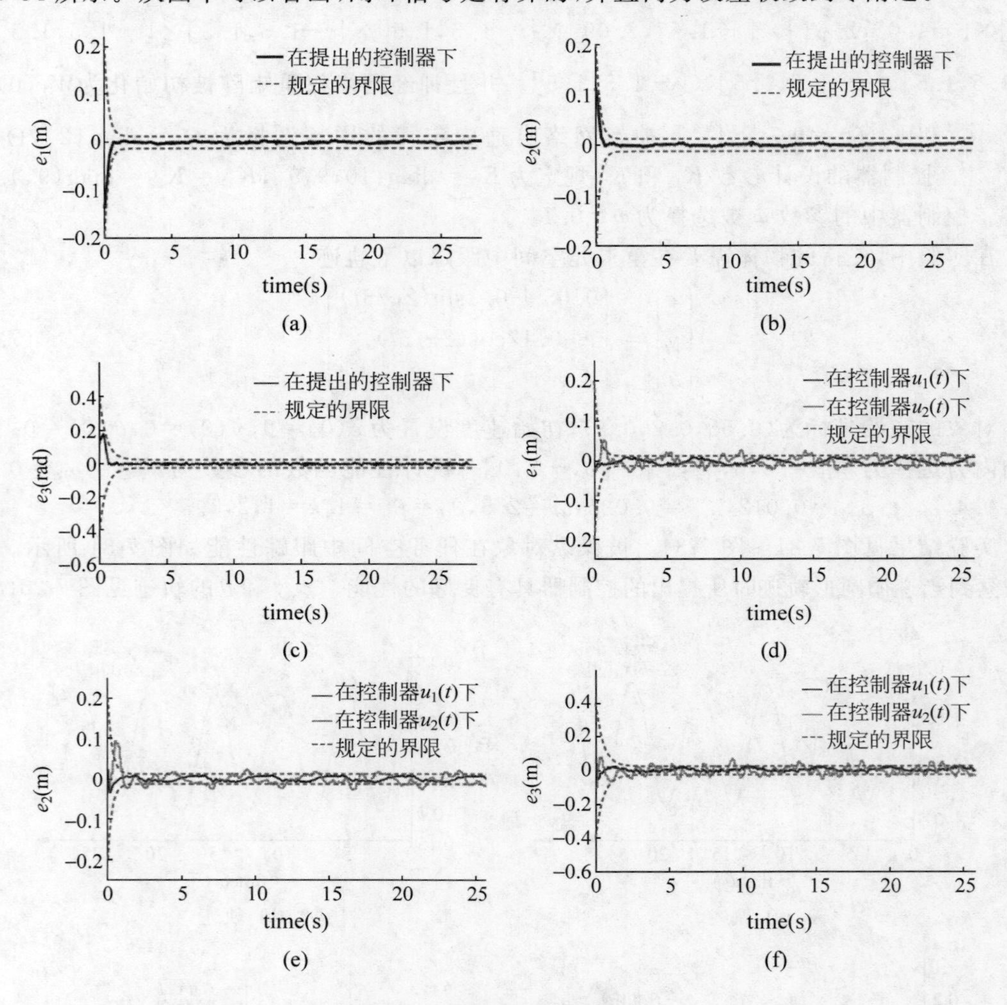

图 7-32 对象操作的跟踪误差

注：图 7-32(a)、(b)、(c)为设计控制器的跟踪误差；图 7-32(d)、(e)、(f)为修正后的控制器 $u_1(t)$ 和 $u_2(t)$ 的跟踪误差。

此外，两个改进的控制器的实验结果在图 7-30(d)、(f)中进行了比较(没有神经网络适应的 $u_1(t)$控制器以及没有瞬态和神经网络控制的 $u_2(t)$控制器)。

如这些图所示，在不使用神经网络控制和瞬态控制的情况下，跟踪误差超越了规定的瞬态边界，而在不使用神经网络控制的情况下观察到相对较大的稳态误差。实验结果表明，我们提出的控制器可以成功地保证跟踪误差保留在预定义区域，并确保规定的瞬态边界从不超越。

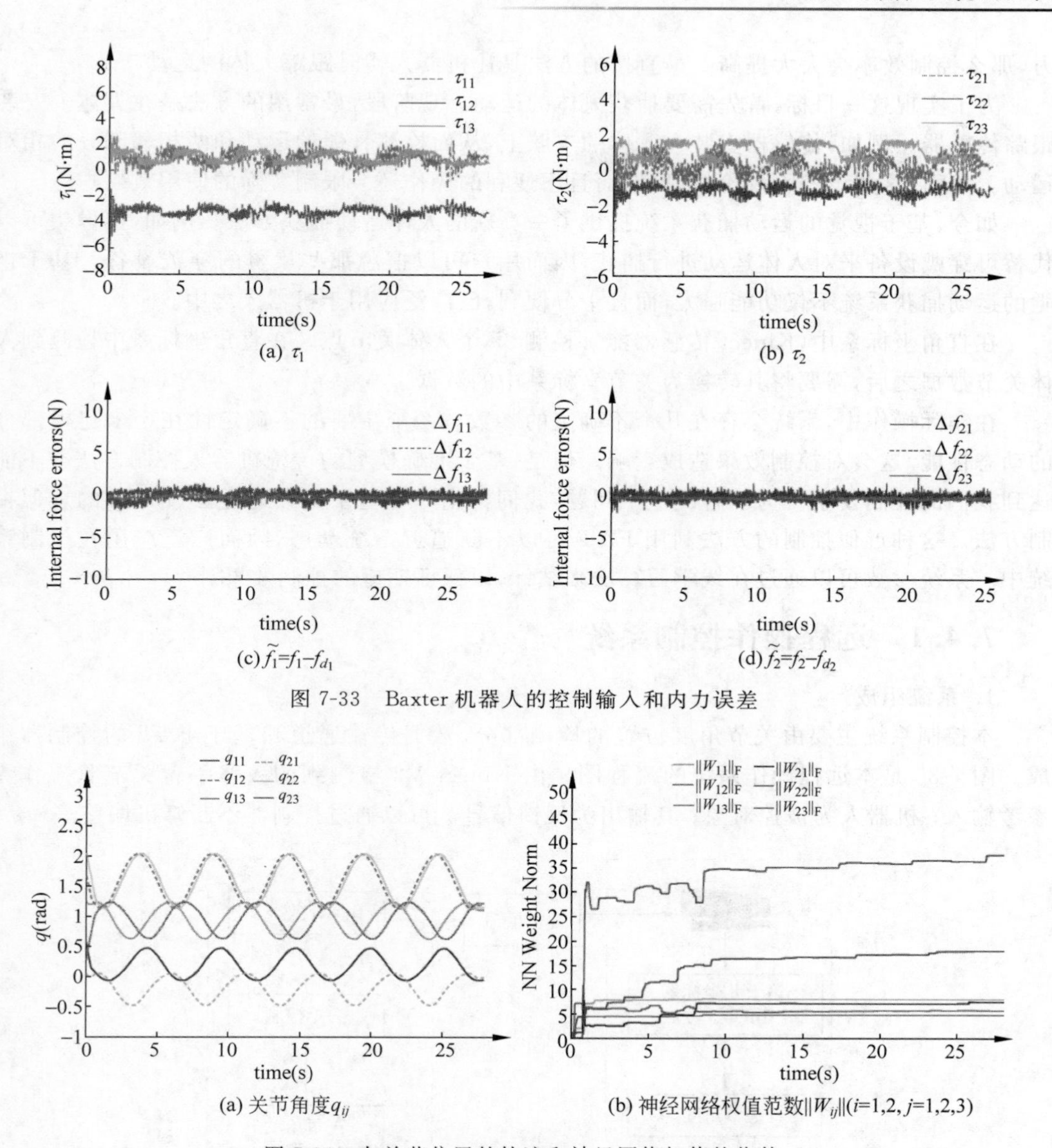

(a) τ_1　(b) τ_2

(c) $\tilde{f}_1=f_1-f_{d_1}$　(d) $\tilde{f}_2=f_2-f_{d_2}$

图 7-33　Baxter 机器人的控制输入和内力误差

(a) 关节角度q_{ij}　(b) 神经网络权值范数$\|W_{ij}\|(i=1,2, j=1,2,3)$

图 7-34　九关节位置的轨迹和神经网络权值的收敛

7.4　基于人体运动捕获对 Baxter 机器人的远程操作控制

本节介绍基于人体运动捕获对 Baxter 机器人的远程操作控制的系统架构、编程与实现。

在过去几十年，机器人在制造业中的应用越来越广泛。机器人可以在特定环境中代替人类完成重复和危险的工作。但是用户需要通过外部设备才能对机器人进行操作，因此会增加操作的复杂度和给用户带来不便。如果机器人能够学会人类的技能和适应环境的能力,那么控制效率会大大提高。最直接的方法是让机器人实时跟踪人体的运动。

为了实现这一目标,首先需要捕获人体的运动。现阶段,最常用的方法是在人体上安装跟踪传感器。例如,传感器安装在人体的皮肤上,从而检测骨骼的运动和两相邻部分的相对运动。然而,这些设备不仅价格高昂,而且不便利的操作还会限制实际的使用效果。

如今,基于视觉的运动捕获系统提供了一类新的人体运动捕获方法。例如,摄像头可以代替可穿戴设备来对人体运动进行捕获,因而用户可以摆脱那些累赘的穿戴设备。基于视觉的运动捕获系统不仅功能强大,而且十分便利,已广泛应用于机器人之中。

在直角坐标系中,Kinect 传感器能够检测 25 个人体关节点。在直角坐标系中检测到人体关节数据之后,需要将其转换为关节坐标系中的数据。

在实际操作中,系统会存在几个不确定的参数。系统主要的不确定性在于未建模部分的动态性能,这会对控制效果造成影响。但是,基于准确模型的传统机器人控制方法并不能达到我们的控制要求。为了解决这个问题,我们提出一种基于函数逼近法(FAT)的近似控制方法。这种近似控制的方法利用 FAT 可以不断逼近系统动态,因而广泛应用在控制系统中。系统参数可以通过在线学习算法来估计,以保证期望的控制效果。

7.4.1 远程操作控制系统

1. 系统组成

本控制系统主要由关节角度位置的检测部分、数据传输通道和基于 FAT 的控制器组成。图 7-35 是本远程操作系统的流程图。由 Kinect V2 检测到的人体手臂关节状态作为参考输入;机器人为被控对象;其输出为反馈信号。可以通过控制器不断修正偏差。

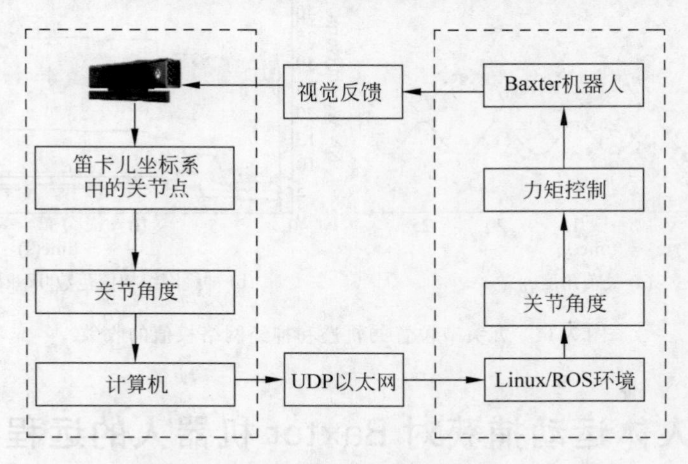

图 7-35 远程操作系统流程图

2. Kinect

微软公司第二代用于 Windows 系统的产品 Kinect V2 功能强大而且价格低廉,已广泛应用于控制系统中,用以捕获三维运动数据。第二代 Kinect 传感器包含一个麦克风阵列、一个 RGB 摄像头以及一个深度传感器，如图 7-36 所示。RGB 摄像头可以收集物体的光线并将其转换为数字信号；深度传感器可以获取物体的深度图像。在遥操作控制系统中，人体可以看作由 25 个关节点构成的骨架，包括臂部、肩部以及肘部等。图 7-37 为人体关节的三维空间图。区别于传统的基于 RGB 数据的运动捕获系统，该系统无须依靠复杂的编程技术。利用开源的软件开发包，设备可以直接应用于遥操作控制系统当中。

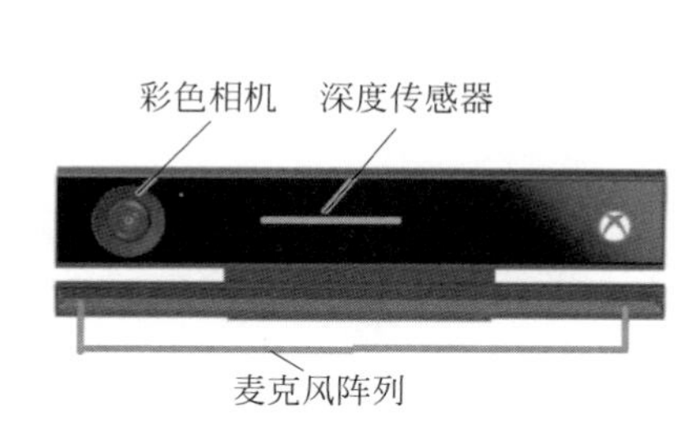

图 7-36　Kinect V2 传感器外观图

图 7-37　人体关节的三维空间图

3. Kinect DevelopSoftware

许多软件都为 Kinect 传感器开发者提供开发平台。Kinect SDK 2.0 for Windows 就是一种由微软公司提供的开发工具。开发者可以使用 Kinect 软件开发包扩展 Kinect 传感器设备的应用。开发平台支持 Windows 8 以上的系统。

开发软件需要在 Windows 环境下工作，并且能与 Kinect 进行信息交互。而且要求能够计算从 Kinect 提取出来的骨骼运动数据，并将其发送到 Linux 平台的开发工作区间，来对 Baxter 机器人进行控制。因此，我们选择能满足以上开发要求的 Microsoft Visual C++。这款软件能够与 Kinect 进行交互，并检测人体骨骼信号。

4. 机器人操作系统 ROS 和 Rospy

ROS（机器人操作系统）是一款机器人软件平台，为用户提供一些标准的操作系统服务。ROS 可以分为两层，下层为操作系统层，而上层则是为用户实现不同功能而配备的软件包，例如映射、动作规划、视觉和仿真等。Rospy 是稳态 ROS 核心发行版的一部分，为程序员提供接口。

5. Baxter 机器人

Baster 机器人是 Robotics Rethink 公司生产的一款具有学习能力的工业机器人。它不需要专门的机器人专家或者复杂的用户程序来完成生产操作任务。这款机器人是针对一系列不同的简单工业任务而设计出来的。如图 7-38 所示，Baster 机器人高约 3 英尺，拥有双臂和卡通人物脸。机器人手臂拥有 7 个自由度（肩关

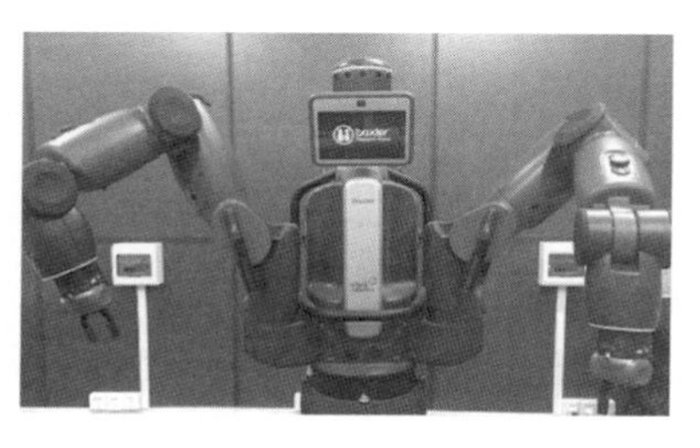

图 7-38　Baxter 机器人

节：sj0，sj1，sj2；肘部关节：ej0，ej1；手腕关节：wj0，wj1，wj2）。在扭矩-转角模式下，每个关节都能独立驱动和控制。

D-H 人体手臂模型见图 7-39。

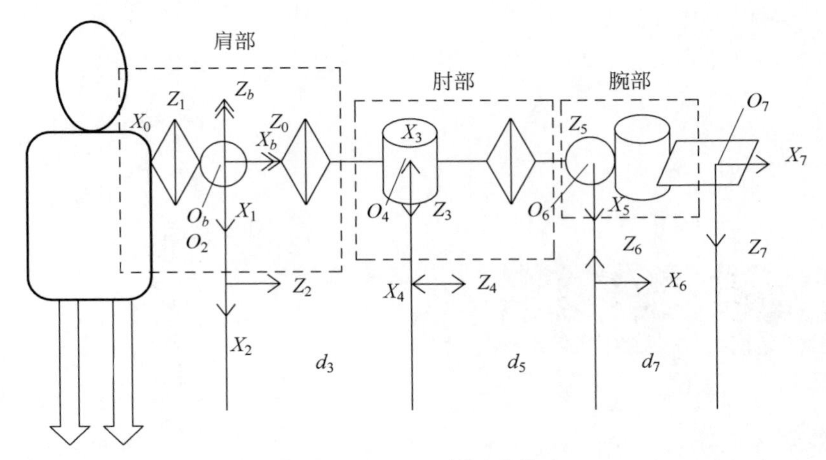

图 7-39 D-H 人体手臂模型

人体手臂模型参数列表见表 7-1。

表 7-1 人体手臂模型参数列表

i	θ_i	d_i	α_i	a_i
0	$-\pi/2$	0	0	$-\pi/2$
1	$\varphi_1(\pi/2)$	0	0	$-\pi/2$
2	$\varphi_2(0)$	0	0	$-\pi/2$
3	$\varphi_3(\pi/2)$	d_3	0	$\pi/2$
4	$\varphi_4(0)$	0	0	$-\pi/2$
5	$\varphi_5(-\pi/2)$	d_5	0	$-\pi/2$
6	$\varphi_6(-\pi/2)$	0	0	$-\pi/2$
7	$\varphi_7(0)$	0	d7	π

基于向量法的角度计算见图 7-40。

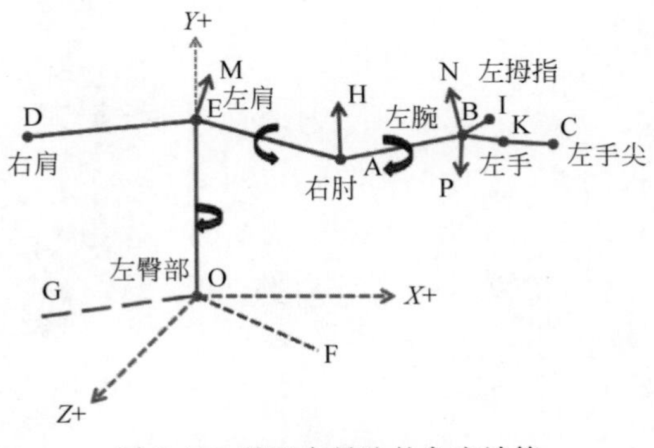

图 7-40 基于向量法的角度计算

7.4.2　实验的设计与实现

本节内容所设计的框架如图 7-41 所示，其中 C++程序用于接收 Kinect 传感器传输的数据，并进行处理，生成关节角度 q_d。Python 程序主要是围绕主控制器而设计的，对关节角度进行处理后输出力矩 τ，而 MATLAB/Simulink 运用神经网络控制算法，系统的未知项进行估计，相当于前馈控制，并生成了补偿力矩 τ_c。

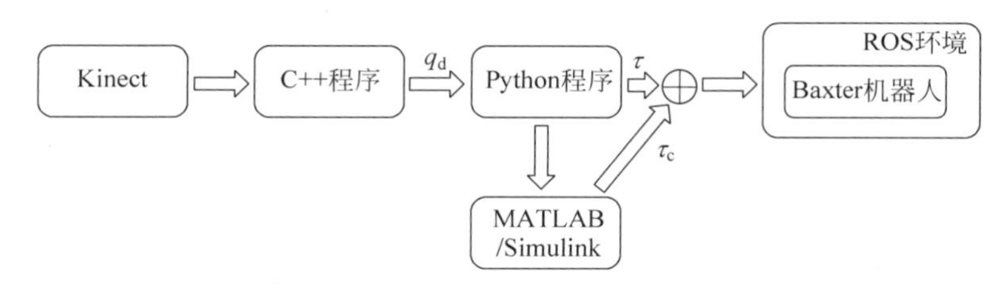

图 7-41　实验程序框架

1. Python 代码

该 Python 程序主要实现的功能是接收并处理 Kinect 发送的相关数据。它将接收到的字符串型数据改为浮点型数据，并将人体的关节空间映射到机器人运动的关节空间，已达到使用 Kinect 摇操作机器人的目的，程序代码如下：

```
class CudptoFFAT:
    def __init__(self, leftarm, rightarm):
        self.HOST = '192.168.1.100'
        self.PORT = 6103
        self.BUFSIZE = 1024
        self.ADDR = (self.HOST,self.PORT)
        self.RemotePORT = 6103
        self.udpSock = socket.socket(socket.AF_INET,socket.SOCK_DGRAM)
        self.udpSock.settimeout(1)
        self.udpSock.bind(self.ADDR)
        self.connected = False
        self.t = threading.Thread(target = self.listenWorker)
        self.thread_stop = False
        self.leftarm = leftarm
        self.rightarm = rightarm
    self.PI = 3.14159267
        self.qd = np.mat([[0.0],[0.0],[0.0],[0.0],[0.0],[0.0],[0.0]])
        self.errcounter = 0
        self.t.start()

    def Decode(self, data):
        self.FATResultLeft[0,0] = ((ord(data[0]) * 256 + ord(data[1])) - 32768.0)/1000.0
        self.FATResultLeft[1,0] = ((ord(data[2]) * 256 + ord(data[3])) - 32768.0)/1000.0
```

```
        self.FATResultLeft[2,0] = ((ord(data[4]) * 256 + ord(data[5])) - 32768.0)/1000.0
        self.FATResultLeft[3,0] = ((ord(data[6]) * 256 + ord(data[7])) - 32768.0)/1000.0
        self.FATResultLeft[4,0] = ((ord(data[8]) * 256 + ord(data[9])) - 32768.0)/1000.0
        self.FATResultLeft[5,0] = ((ord(data[10]) * 256 + ord(data[11])) - 32768.0)/1000.0
        self.FATResultLeft[6,0] = ((ord(data[12]) * 256 + ord(data[13])) - 32768.0)/1000.0

        self.FATResultRight[0,0] = ((ord(data[14]) * 256 + ord(data[15])) - 32768.0)/
1000.0
        self.FATResultRight[1,0] = ((ord(data[16]) * 256 + ord(data[17])) - 32768.0)/
1000.0
        self.FATResultRight[2,0] = ((ord(data[18]) * 256 + ord(data[19])) - 32768.0)/
1000.0
        self.FATResultRight[3,0] = ((ord(data[20]) * 256 + ord(data[21])) - 32768.0)/
1000.0
        self.FATResultRight[4,0] = ((ord(data[22]) * 256 + ord(data[23])) - 32768.0)/
1000.0
        self.FATResultRight[5,0] = ((ord(data[24]) * 256 + ord(data[25])) - 32768.0)/
1000.0
        self.FATResultRight[6,0] = ((ord(data[26]) * 256 + ord(data[27])) - 32768.0)/
1000.0

    def listenWorker(self):
        udp_rate = rospy.Rate(1000.0)
        while not self.thread_stop:
            try:
                data, addr = self.udpSock.recvfrom(self.BUFSIZE)
                self.connected = True
        #print data
                #self.Decode(data)
        qd = np.mat([[0.0],[0.0],[0.0],[0.0],[0.0],[0.0],[0.0]])
            qd[0,0] = float(data[0:8])
            qd[1,0] = float(data[9:17])
            qd[2,0] = float(data[18:26])
            qd[3,0] = float(data[27:35])
            qd[4,0] = float(data[36:44])
            qd[5,0] = float(data[45:53])
            qd[6,0] = float(data[54:62])

            qd[0,0] =- 1.7 + qd[0,0]/self.PI * 1.7
            qd[1,0] = 1.05 - qd[1,0]/self.PI * 3.19 + 0.5
            qd[2,0] = - 3.05 + qd[2,0]/self.PI * 3.05
            qd[3,0] = 2.61 - qd[3,0]/self.PI * 2.66
            qd[4,0] = qd[4,0]
            qd[5,0] = qd[5,0]
            qd[6,0] = qd[6,0]
```

```
            self.leftarm.qkinect = qd
                except:
                    self.errcounter += 1
                    self.connected = False
                    print "FFAT UDP time out. Counter = ", self.errcounter

                udp_rate.sleep()

        def stop(self):
            self.thread_stop = True
##########################################

############
qd = self.qkinect
errqk = self.qkinect - qnow
print 'self.qkinect', self.qkinect,'errqk = ', errqk
dotqd = self.poscontroller.calculate_mul_err(errqk)
for i in range(0, 7):
  if dotqd[i] > 0.2:
   dotqd[i] = 0.2
  if qnow[i] < - 0.2:
   qnow[i] = 0.2

for i in range(0, 7):
  if qnow[i] > self.qmax[i]:
     qnow[i] = self.qmax[i]
     dotqd[i,0] = 0
  if qnow[i] < self.qmin[i]:
     qnow[i] = self.qmin[i]
     dotqd[i,0] = 0
###############
```

2. Kinect 捕捉人体骨骼

（1）坐标点计算的代码如下：

```
HipRight.x += joint[JointType_HipRight].Position.X;
HipRight.y += joint[JointType_HipRight].Position.Y;
HipRight.z += joint[JointType_HipRight].Position.Z;

HipLeft.x += joint[JointType_HipLeft].Position.X;
HipLeft.y += joint[JointType_HipLeft].Position.Y;
HipLeft.z += joint[JointType_HipLeft].Position.Z;

ShoulderRight.x += joint[JointType_ShoulderRight].Position.X;
ShoulderRight.y += joint[JointType_ShoulderRight].Position.Y;
```

```
ShoulderRight.z += joint[JointType_ShoulderRight].Position.Z;

ShoulderLeft.x += joint[JointType_ShoulderLeft].Position.X;
ShoulderLeft.y += joint[JointType_ShoulderLeft].Position.Y;
ShoulderLeft.z += joint[JointType_ShoulderLeft].Position.Z;

ElbowLeft.x += joint[JointType_ElbowLeft].Position.X;
ElbowLeft.y += joint[JointType_ElbowLeft].Position.Y;
ElbowLeft.z += joint[JointType_ElbowLeft].Position.Z;

WristLeft.x += joint[JointType_WristLeft].Position.X;
WristLeft.y += joint[JointType_WristLeft].Position.Y;
WristLeft.z += joint[JointType_WristLeft].Position.Z;

HandLeft.x += joint[JointType_HandLeft].Position.X;
HandLeft.y += joint[JointType_HandLeft].Position.Y;
HandLeft.z += joint[JointType_HandLeft].Position.Z;

ThumbLeft.x += joint[JointType_ThumbLeft].Position.X;
ThumbLeft.y += joint[JointType_ThumbLeft].Position.Y;
ThumbLeft.z += joint[JointType_ThumbLeft].Position.Z;

HandTipLeft.x += joint[JointType_HandTipLeft].Position.X;
HandTipLeft.y += joint[JointType_HandTipLeft].Position.Y;
HandTipLeft.z += joint[JointType_HandTipLeft].Position.Z;

ElbowRight.x += joint[JointType_ElbowRight].Position.X;
ElbowRight.y += joint[JointType_ElbowRight].Position.Y;
ElbowRight.z += joint[JointType_ElbowRight].Position.Z;

WristRight.x += joint[JointType_WristRight].Position.X;
WristRight.y += joint[JointType_WristRight].Position.Y;
WristRight.z += joint[JointType_WristRight].Position.Z;

HandRight.x += joint[JointType_HandRight].Position.X;
HandRight.y += joint[JointType_HandRight].Position.Y;
HandRight.z += joint[JointType_HandRight].Position.Z;

ThumbRight.x += joint[JointType_ThumbRight].Position.X;
ThumbRight.y += joint[JointType_ThumbRight].Position.Y;
ThumbRight.z += joint[JointType_ThumbRight].Position.Z;

HandTipRight.x += joint[JointType_HandTipRight].Position.X;
HandTipRight.y += joint[JointType_HandTipRight].Position.Y;
HandTipRight.z += joint[JointType_HandTipRight].Position.Z;
```

（2）向量和角度计算的代码如下：

```
//计算向量;
CvPoint3D32f CO, CD, CB, CE, CH, DC, DD1, DE, EC, ED, EH, EF, EG, L_X5, L_X7;
//LeftArm
CO = GetVector(ShoulderLeft, HipLeft);
CD = GetVector(ShoulderLeft, ElbowLeft);
CB = GetVector(ShoulderLeft, ShoulderRight);
CE = GetVector(ShoulderLeft, WristLeft);
CH = GetVector(ShoulderLeft, ThumbLeft);
DC = GetVector(ElbowLeft, ShoulderLeft);
DD1.x = 0; DD1.y =- 1; DD1.z = 0;
DE = GetVector(ElbowLeft, WristLeft);
EC = GetVector(WristLeft, ShoulderLeft);
ED = GetVector(WristLeft, ElbowLeft);
EH = GetVector(WristLeft, ThumbLeft);
EF = GetVector(WristLeft, HandLeft);
EG = GetVector(HandLeft, HandTipLeft);
Left_k =- (EF.x * DE.x + EF.y * DE.y + EF.z * DE.z) / (EH.x * DE.x + EH.y * DE.y + EH.z * DE.z);
L_X5 = VectorPlus(VectorMultiply(Left_k, EH), EF);
L_X7 = CrossProduct(EF, CrossProduct(EF, EH));
//RightArm
CvPoint3D32f BA, BK, BC, BL, KB, KL, LK, LP, LN, LM, R_X5, R_X7;
BA = GetVector(ShoulderRight, HipRight);
BK = GetVector(ShoulderRight, ElbowRight);
BC = GetVector(ShoulderRight, ShoulderLeft);
BL = GetVector(ShoulderRight, WristRight);
KB = GetVector(ElbowRight, ShoulderRight);
KL = GetVector(ElbowRight, WristRight);
LK = GetVector(WristRight, ElbowRight);
LP = GetVector(WristRight, ThumbRight);
LN = GetVector(WristRight, HandTipRight);
LM = GetVector(WristRight, HandRight);
Right_k =- (LM.x * KL.x + LM.y * KL.y + LM.z * KL.z) / (LP.x * KL.x + LP.y * KL.y + LP.z * KL.z);
R_X5 = VectorPlus(VectorMultiply(Right_k, LP), LM);
R_X7 = CrossProduct(LM, CrossProduct(LM, LP));
    //计算角度;
    /LeftArm
Leftangle1 = PI - AngerOf(CrossProduct(CO, CD), CrossProduct(CB, CO));
Leftangle2 = AngerOf(CO, CD);
Leftangle3 = AngerOf(CrossProduct(CO, CD), CrossProduct(CD, CE));
Leftangle4 = AngerOf(DC, DE);
Leftangle5 = AngerOf(CrossProduct(DE, DD1), CrossProduct(ED, EH));
Leftangle6 = PI / 2 + AngerOf(CrossProduct(EH, EF), ED);
```

```
Leftangle7 = AngerOf(L_X5, L_X7);

//RightArm
Rightangle1 = PI - AngerOf(CrossProduct(BA, BK), CrossProduct(BC, BA));
Rightangle2 = AngerOf(BK, BA);
Rightangle3 = AngerOf(CrossProduct(BA, BK), CrossProduct(BK, BL));
Rightangle4 = AngerOf(KB, KL);
Rightangle5 = AngerOf(CrossProduct(KL, DD1), CrossProduct(LK, LP));
Rightangle6 = PI / 2 + AngerOf(CrossProduct(LP, LM), LK);
Rightangle7 = AngerOf(R_X5, R_X7);
```

（3）画出人体骨骼的代码如下：

```
void DrawBone(Mat& SkeletonImage, CvPoint pointSet[], const Joint * pJoints, int whichone,
JointType joint0, JointType joint1)
{
    TrackingState joint0State = pJoints[joint0].TrackingState;
    TrackingState joint1State = pJoints[joint1].TrackingState;

    if ((joint0State == TrackingState_NotTracked) || (joint1State == TrackingState_
NotTracked))
    {
        return;
    }

    if ((joint0State == TrackingState_Inferred) && (joint1State == TrackingState_
Inferred))
    {
        return;
    }

    CvScalar color;
    switch (whichone)    //跟踪不同的人显示不同的颜色
    {
    case 0:
        color = cvScalar(255);
        break;
    case 1:
        color = cvScalar(0, 255);
        break;
    case 2:
        color = cvScalar(0, 0, 255);
        break;
    case 3:
        color = cvScalar(255, 255, 0);
```

```
        break;
    case 4:
        color = cvScalar(255, 0, 255);
        break;
    case 5:
        color = cvScalar(0, 255, 255);
        break;
    }

    if ((joint0State == TrackingState_Tracked) && (joint1State == TrackingState_Tracked))
    {
        line(SkeletonImage, pointSet[joint0], pointSet[joint1], color, 2);
    }
    else
    {
        line(SkeletonImage, pointSet[joint0], pointSet[joint1], color, 2);
    }
}

void drawSkeleton(Mat& SkeletonImage, CvPoint pointSet[], const Joint * pJoints, int
whichone)
{

    DrawBone(SkeletonImage, pointSet, pJoints, whichone, JointType_Head, JointType_Neck);
    DrawBone(SkeletonImage, pointSet, pJoints, whichone, JointType_Neck, JointType_
SpineShoulder);
    DrawBone(SkeletonImage, pointSet, pJoints, whichone, JointType_SpineShoulder, JointType_
SpineMid);
    DrawBone(SkeletonImage, pointSet, pJoints, whichone, JointType_SpineMid, JointType_
SpineBase);
    DrawBone(SkeletonImage, pointSet, pJoints, whichone, JointType_SpineShoulder, JointType_
ShoulderRight);
    DrawBone(SkeletonImage, pointSet, pJoints, whichone, JointType_SpineShoulder, JointType_
ShoulderLeft);
    DrawBone(SkeletonImage, pointSet, pJoints, whichone, JointType_SpineBase, JointType_
HipRight);
    DrawBone(SkeletonImage, pointSet, pJoints, whichone, JointType_SpineBase, JointType_
HipLeft);

    //Right Arm
    DrawBone(SkeletonImage, pointSet, pJoints, whichone, JointType_ShoulderRight, JointType_
ElbowRight);
    DrawBone(SkeletonImage, pointSet, pJoints, whichone, JointType_ElbowRight, JointType_
WristRight);
    DrawBone(SkeletonImage, pointSet, pJoints, whichone, JointType_WristRight, JointType_
HandRight);
```

```
    DrawBone(SkeletonImage, pointSet, pJoints, whichone, JointType_HandRight, JointType_
HandTipRight);
    DrawBone(SkeletonImage, pointSet, pJoints, whichone, JointType_WristRight, JointType_
ThumbRight);

    //Left Arm
    DrawBone(SkeletonImage, pointSet, pJoints, whichone, JointType_ShoulderLeft, JointType_
ElbowLeft);
    DrawBone(SkeletonImage, pointSet, pJoints, whichone, JointType_ElbowLeft, JointType_
WristLeft);
    DrawBone(SkeletonImage, pointSet, pJoints, whichone, JointType_WristLeft, JointType_
HandLeft);
    DrawBone(SkeletonImage, pointSet, pJoints, whichone, JointType_HandLeft, JointType_
HandTipLeft);
    DrawBone(SkeletonImage, pointSet, pJoints, whichone, JointType_WristLeft, JointType_
ThumbLeft);

    //Right Leg
    DrawBone(SkeletonImage, pointSet, pJoints, whichone, JointType_HipRight, JointType_
KneeRight);
    DrawBone(SkeletonImage, pointSet, pJoints, whichone, JointType_KneeRight, JointType_
AnkleRight);
    DrawBone(SkeletonImage, pointSet, pJoints, whichone, JointType_AnkleRight, JointType_
FootRight);

    //Left Leg
    DrawBone(SkeletonImage, pointSet, pJoints, whichone, JointType_HipLeft, JointType_
KneeLeft);
    DrawBone(SkeletonImage, pointSet, pJoints, whichone, JointType_KneeLeft, JointType_
AnkleLeft);
    DrawBone(SkeletonImage, pointSet, pJoints, whichone, JointType_AnkleLeft, JointType_
FootLeft);
}
```

（4）相关的计算如下：

```
//计算向量
CvPoint3D32f GetVector(CvPoint3D32f point1, CvPoint3D32f point2)
{
    CvPoint3D32f V;
    V.x = point2.x - point1.x;
    V.y = point2.y - point1.y;
    V.z = point2.z - point1.z;
    return V;
}
```

```
//计算叉积
CvPoint3D32f CrossProduct(CvPoint3D32f V1, CvPoint3D32f V2)
{
    CvPoint3D32f V;
    V.x = V1.y * V2.z - V1.z * V2.y;
    V.y = V1.z * V2.x - V1.x * V2.z;
    V.z = V1.x * V2.y - V1.y * V2.x;
    return V;
}
//计算向量间的夹角
float AngerOf(CvPoint3D32f V1, CvPoint3D32f V2)
{
    float anger;
    anger = acos((V1.x * V2.x + V1.y * V2.y + V1.z * V2.z) / (sqrt(V1.x * V1.x + V1.y * V1.y +
V1.z * V1.z) * sqrt(V2.x * V2.x + V2.y * V2.y + V2.z * V2.z)));
    return anger;
}
//函数,计算向量加法
CvPoint3D32f VectorPlus(CvPoint3D32f point1, CvPoint3D32f point2)
{
    CvPoint3D32f point;
    point.x = point2.x + point1.x;
    point.y = point2.y + point1.y;
    point.z = point2.z + point1.z;
    return point;
}
//函数,计算向量与数相乘
CvPoint3D32f VectorMultiply(float k, CvPoint3D32f point1)
{
    CvPoint3D32f point;
    point.x = k * point1.x;
    point.y = k * point1.y;
    point.z = k * point1.z;
    return point;
}
```

7.4.3 实验及结果

接下来设计实验去验证算法的效果。在第一个实验中，操作者保持一个静态的姿势。实验场景如图 7-42 和图 7-43 所示，得到人体关节角度值并送至 MATLAB 软件进行处理。实验表明，当操作者保持静态姿势，7 个关节角的检测结果稳定地处于正确变化范围。其中存在的波动是由于 Kinect 检测的关节平面并非绝对平稳以及操作者自身无法保持绝对的静止而造成的少量偏差。虽然结果存在波动，但结果仍处于可接受范围。这表明 7 个关节角度计算方法可在静态动作中效果良好。

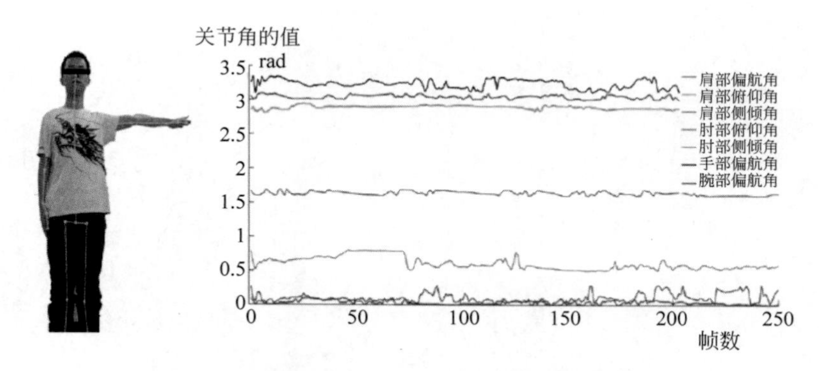

图 7-42 操作者静立于 Kinect 前面，整只手臂水平放置

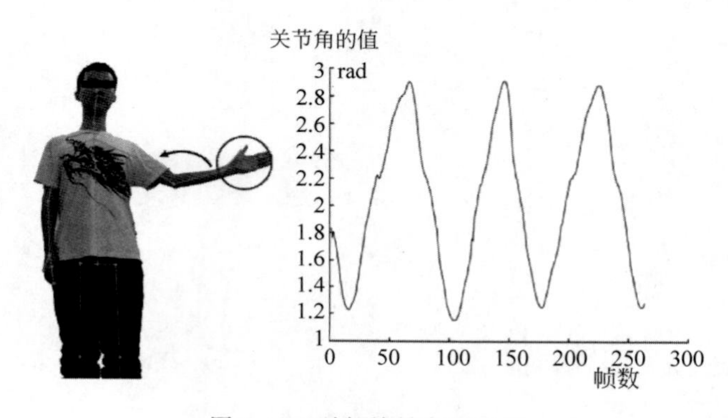

图 7-43 肘部旋转角度变化

第二个实验是当操作者处于动态时检测关节角度趋势。操作者保持身体静止，慢速地上下运动肘部，使其由指定的起点运动到指定的终点。如第一个实验的操作方法，将数据送至 MATLAB 处理肘部角度随着人体肘部的运动呈规律性变化。波形存在微小抖动的原因是由于操作者自身的微小抖动和传感器检测点的不确定性。总体来说，实验的结果与期望一致，可以证明该运动捕捉方法的正确性得到人体关节的角度数据后，下面的任务就是将数据进行变换再传送至机器人。

最后，由于 Baxter 机器人的坐标系和 Kinect 传感器的坐标系不同，因此需要用转换矩阵 $\boldsymbol{T}$ 和偏移矩阵 $\boldsymbol{B}$ 将人体关节角度转换为 Baxter 机器人的关节角度：

$$\boldsymbol{\theta}_{\text{Baxter}} = \boldsymbol{T}\theta_{\text{Kinect}} + \boldsymbol{B} \tag{7.6}$$

其中

$$\boldsymbol{T} = \text{diag}\left(\frac{-1.7}{\pi}, \frac{-3.9}{\pi}, \frac{-3.05}{\pi}, \frac{-2.66}{\pi}, \frac{-3.05}{\pi}, \frac{-2.09}{\pi}, \frac{-3.05}{\pi}\right) \tag{7.7}$$

$$\boldsymbol{B} = [1.7, 1.55, 3.05, 2.61, 0.01, -1.7, -0.02]^{\text{T}} \tag{7.8}$$

由于人体的 7 个角度随操作者的动作平稳变化，因此，若不受外界干扰影响，Baxter 机器人对应的角度会作出相同的变化。

本章节设计实验去检验基于函数逼近法的控制器的控制效果。实验使用每个臂 7 自由度的双臂 Baxter 机器人。操作者采取匀速周期性运动。本次实验中选取 4 个主要的关节测试，分别为肩部偏移角、肩部转动角、肘部偏移角和肘部转动角。因此选择这 4 个关节数据检验结果。采用前面章节的实验方法获取人体关节数据，通过变换矩阵 $\boldsymbol{T}$ 和偏移矩阵 $\boldsymbol{B}$ 映射到机器人端。将关节角度送至 Python 代码后，使用转矩模式控制 Baxter 机器人。将人体关节看作参考信号，Baxter 机器人角度则看作实际的反馈信号。

基于 FAT 的控制器实验结果如图 7-44～图 7-49 所示。图中的 q 表示实际的关节角度和 qd 参考的关节角度，分别代表肩部偏移角、肩部转动角、肘部偏移角和肘部转动角。图 7-48 展示了 FAT 中 4 个关节权矩阵$\hat{\boldsymbol{G}}$的收敛性。图 7-49 展示了由 FAT 获得的补偿转矩$\boldsymbol{\tau}_c=\hat{\boldsymbol{G}}+\hat{\boldsymbol{M}}\dot{v}+\hat{\boldsymbol{C}}_v$。可知，补偿转矩不为 0。由图 7-48 和图 7-49 可知，关节角度误差逐渐变小，并且该神经网络权值收敛，这可以说明提出算法的有效性。

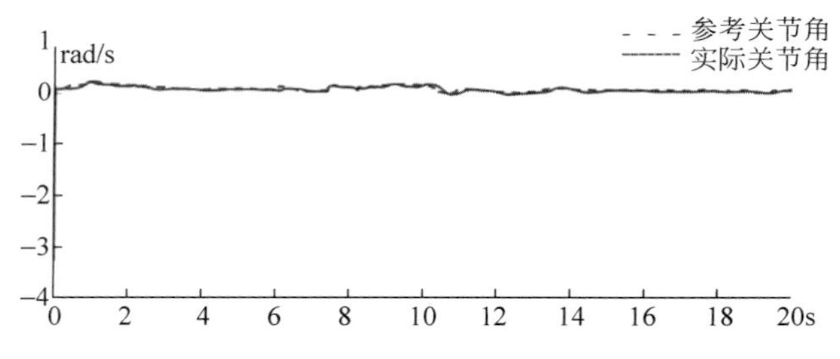

图 7-44 FAT 控制器下的关节角度 qd1 和实际角度 q1

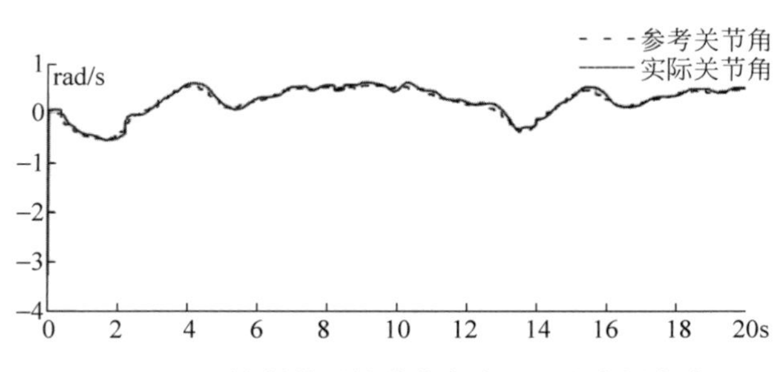

图 7-45 FAT 控制器下的关节角度 qd2 和实际角度 q2

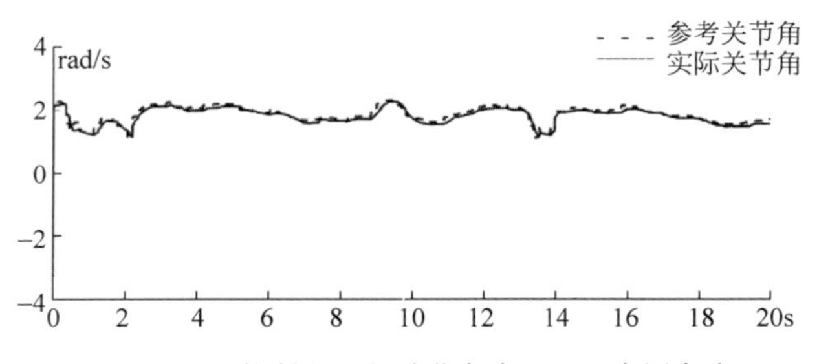

图 7-46 FAT 控制器下的关节角度 qd3 和实际角度 q3

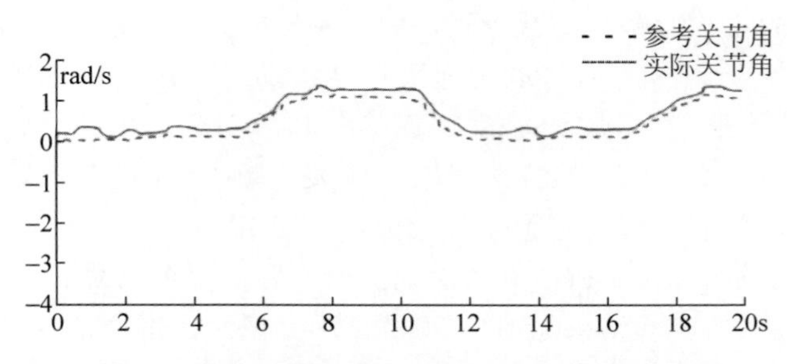

图 7-47 FAT 控制器下的关节角度 qd4 和实际角度 q4

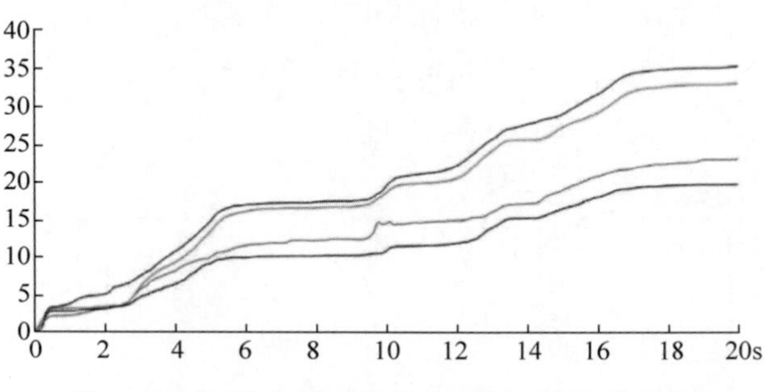

图 7-48 FAT 中四个关节的 G 权重矩阵的趋势

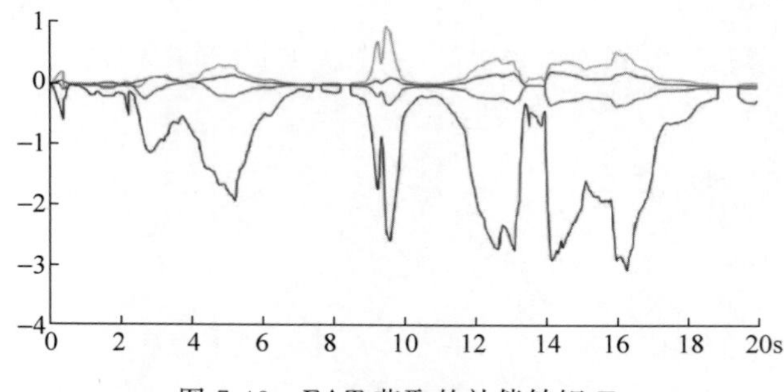

图 7-49 FAT 获取的补偿转矩 $\boldsymbol{T}_c$

本章小结

本章介绍了机器人操作系统在 Baxter 机器人上的应用实例，包括了如何使用 ROS 对机器人进行远程控制，如何借助 ROS 在机器人上实现控制算法等课题。

参考文献

[1] C Yang, X Wang, L Cheng, et al. Neural-learning-based telerobot control with guaranteed performance[J]. IEEE Transactions on Cybernetics, vol 47,2017.

[2] C Yang，Y Jiang，Z Li，et al. Neural control of bimanual robots with guaranteed global stability and motion precision[J]. IEEE Transactions on Industrial Informatics，vol 13，2017.

[3] Peng G，Yang C，Jiang Y，et al. Teleoperation control of Baxter robot based on human motion capture[C]. Information and Automation（ICIA），2016 IEEE International Conference on. IEEE，2016：1026-1031.